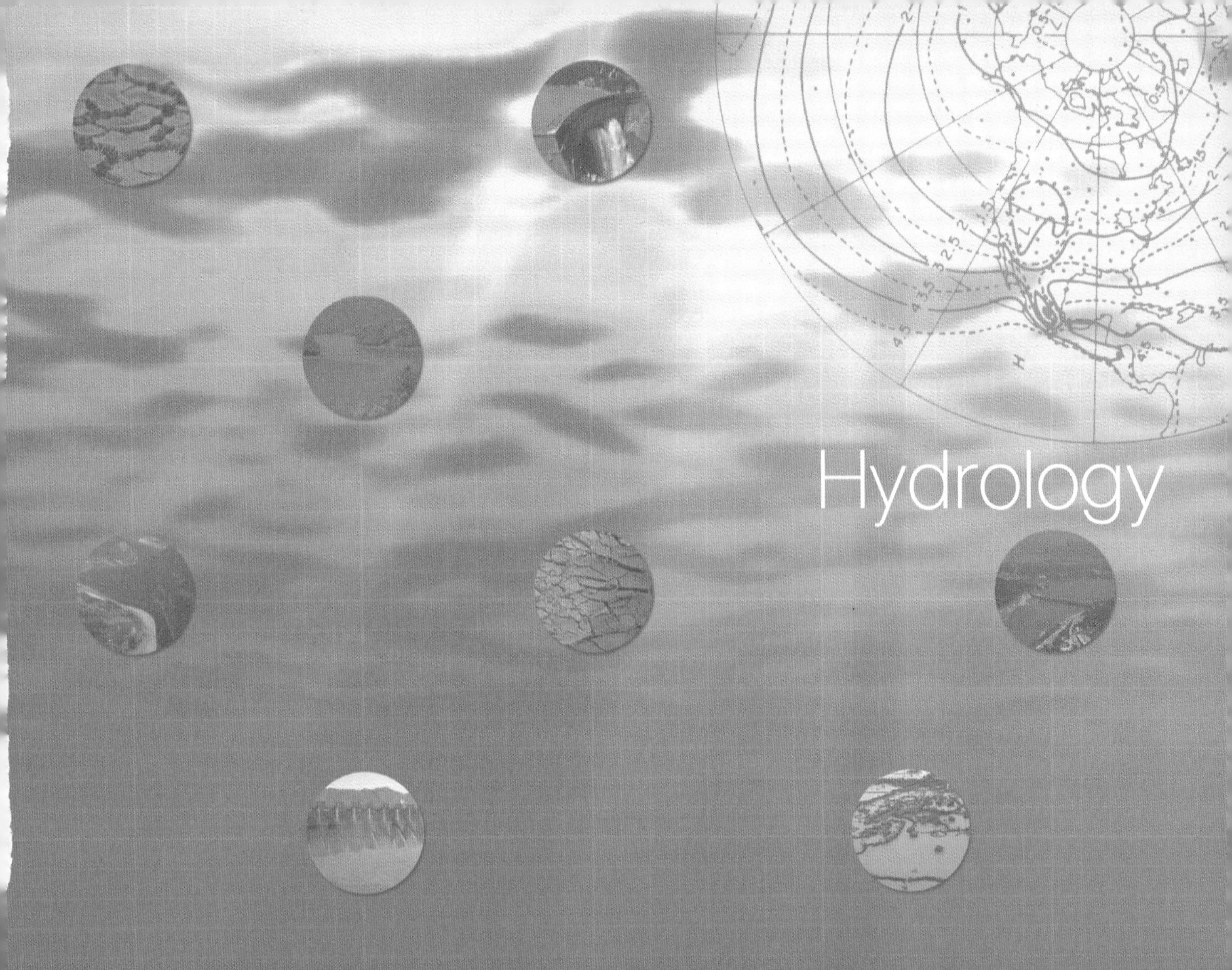

Hydrology

수문학

기초와 응용

윤용남 지음

청문각

머리말

수문학(水文學)은 지구상의 물의 순환 전 과정을 다루는 과학의 한 분야로서 인간과 생물이 필요로 하는 물의 공급이라든지, 홍수 및 가뭄과 그로 인한 피해의 경감, 도시 내 배수처리, 홍수터의 관리 등 물의 환경적 중요성 때문에 토목 및 환경공학분야 기술자뿐만 아니라 수문지질 등 기타 지구과학자 및 기술자에게는 기본적으로 대단히 중요한 학문분야라 할 수 있다.

20세기 전반부까지만 하더라도 수문학의 주된 관심사항이었던 수자원의 개발과 관리는 주로 물의 공급과 홍수조절에 초점이 맞추어져 왔으나 오늘날은 이들 문제 이외에도 자연환경 및 생태의 보호와 안전한 식수의 공급보장, 그리고 경관적 및 위락적 가치의 확보를 위한 친수환경의 유지노력 등이 정부의 관심과 예산을 놓고 서로 경합하게 되었다. 뿐만 아니라, 환경보전의 중요성에 대한 일반대중의 의식이 크게 높아져서 물 문제의 해결에 종래의 구조물적 수단보다는 다른 새로운 대안을 내어 놓으라는 압력을 받고 있는 것이 현실이다.

따라서, 본서에서는 수문학분야에서 전통적으로 다루어오던 이수(利水)와 치수(治水)를 위한 각종 분석기법에 추가하여 하천환경 및 생태의 보전에 관련되는 각종 내용을 담으려고 노력하였다. 또한, 물의 순환에 대한 기본원리를 물리적으로 자세하게 설명하려 하였으며, 수문실무에의 적용방법 및 절차를 제시하는 데 주력하였다.

본서의 집필과정

본서는 1970년 저자가 미국 Illinois 주립대학교에서 수문학분야 박사학위를 취득한 후 이듬해에 귀국하여 육군사관학교 교수부에서 근무하면서 겁 없이 집필을 시작하여 1974년 2월에 『水文學(381쪽)』이라는 이름으로 『태창출판사』에서 처음으로 출판하였다. 그 후 1976년에 약간의 내용을 보완하여 『水文學-基礎와 應用-(408쪽)』으로 『청문각』에서 다시 출판하였다. 그로부터 약 10년이 지난 1987년 고려대학교 토목공학과에 재직 중에 책의 내용을 11개장에서 14개장으로 대폭 보완하면서 『工業水文學(656쪽)』이라는 이름으로 출간하였고, 1998년에 책의 내용을 국문으로 전부 바꾸면서 일부 개정을 하여 『공업수문학(660쪽)』으로 재판하였다. 책의 이름을 『水文學』에서 『工業水文學』으로 바꾼 것은 수문실무에 있어서의 수문학의 공학적 응용의 중요성을 강조하기 위함이었으나 20여 년이 지난 지금에 와서는 전술한 바와 같이 이수, 치수 이외에 하천환경보전측면에서의 수문학의 역할이 증대되고 있어 『수문학, -기초와 응용-』으로 책 이름을 다시 바꾸게 된 것이다.

본서의 내용구성

본서는 전부 15개 장(章)으로 되어 있으며 장별 주요내용을 요약하면 다음과 같다.

제1장　서론

수문학에 관한 전반적인 소개를 위해 수문학의 정의, 물의 순환과 물 순환시스템, 수문학에서 취급하는 주요 분야의 분류 및 타 과학 분야와의 관계, 수문학의 역사적 발달과정, 그리고 지구상의 물의 분포와 우리나라 수자원 현황 등을 소개하였다.

제2장　수문기상론

각종 수문현상을 지배하는 일기와 기후의 형성, 대기압, 기온, 습도, 바람 등 기상인자들의 측정방법과 시간적 및 지리적 변동 특성 등을 소개하였다.

제3장　강수

강수의 유형과 종류를 살펴본 후 강수량의 측정방법, 강수계측망의 적정밀도, 국내 우량관측소 운영현황 및 우량자료의 보관·제공현황을 소개하였다. 강수량 자료의 해석에 앞서 실시하는 자료의 일관성 검사와 보삽 및 확충방법, 유역평균우량산정방법, 각종 목적의 단기 강우량 자료의 분석방법과 가능최대강수량의 산정방법 등을 다루었다.

제4장　증발과 증산

증발현상에 영향을 미치는 인자를 살펴본 후 저수지 증발량의 산정방법, 저수지 증발이 하류의 유출에 미치는 영향, 증산량과 증발산량의 측정 및 산정방법, 그리고 농작물의 소비수량 산정방법 등을 다루었다.

제5장　침투와 침루

차단과 지면저류현상을 개관하고 침투현상에 영향을 미치는 인자를 살펴본 후 토양의 침투능 결정방법과 침투지수법에 의한 유역평균침투능 결정방법, SCS 방법에 의한 유역의 유효우량산정방법, 총 우량-유출량 관계 곡선방법 등을 다루었다.

제6장　지하수

지하수의 생성과 지하암석의 성질 및 지하수의 연직분포, 대수층의 종류와 투수능 정도 등을 살펴본 후 지하수 흐름의 기본방정식인 Darcy 공식을 소개하였으며, 유선망에 의한 정상 지하수 흐름의 도식적 해법, 정상 일방향 흐름해석, 양수정으로의 방사상 부정류해석, 피압대수층 내 양수정으로의 방사상 부정류해석, 영상정 방법에 의한 양수정의 해석방법 등을 살펴보았으며, 해수침입에 의한 지하수 오염, 지하수의 인공함양, 지하수의 채취방법 등도 소개하였다.

제7장 하천유량과 유출

하천수위 및 유량의 측정방법과 국내 하천유량관측소 운영현황을 살펴본 후 수위-유량관계 곡선의 작성 및 연장이용방법을 정리하고, 유량자료의 보관 및 제공현황에 관해 살펴보았다. 또한, 하천유출의 구성과 유출순환과정의 특성, 유출에 영향을 미치는 인자, 강우-유출관계 및 유역크기에 따른 관계 분석방법, 소유역의 첨두홍수량 산정 방법을 소개하였으며, 월 강우량과 월 유출고간의 관계분석방법에 관해서도 살펴보았다.

제8장 수문곡선해석 및 합성

수문곡선의 구성과 호우 및 토양수분조건에 따른 수문곡선의 모양이 어떻게 나타나는지를 검토하고 수문곡선의 분리방법, 수문곡선해석을 위한 시간매개변수 간의 관계, 단위유량도이론 및 유도방법, 단위유량도의 지속기간 변경방법, 합성단위유량도 방법 등을 소개하였으며, 유도된 단위도를 적용하여 홍수수문곡선을 합성하는 방법과 표면류의 수문곡선 작성방법에 대해서도 살펴보았다.

제9장 수문학적 홍수추적

수문학적 홍수추적의 기본 방정식인 저류 방정식을 소개하고 저수지와 자연하도의 저류량 결정방법을 살펴보았으며, 저수지를 통한 홍수추적방법과 하도홍수추적방법, 그리고 유역을 일련의 선형저수지로 구성되었다고 가정하여 유출의 전이와 지체에 의해 유출수문곡선을 계산하는 유역추적법을 소개하였다. 또한, 유역을 일련의 비선형저수지와 하도구간으로 구성되었다고 가정하여 유역으로부터의 유출을 계산하는 저류함수법에 의한 유출수문곡선의 계산방법에 대해서도 살펴보았다.

제10장 수리학적 홍수추적

수리학적 홍수추적은 부정류인 홍수류의 연속 및 운동량방정식을 연립하여 풀어서 지점별로 시간별 유속과 수심을 산정하여 홍수수문곡선을 계산하는 방법이라 할 수 있으며, 지배 방정식의 유도 및 변형방법에 대해 소개한 후 간략해법인 운동파 추적기법을 살펴보았다. 수리학적 하도추적을 위한 3가지 수치해석기법과 초기 및 경계조건의 내용을 소개하였으며 확산파 추적기법에 속하는 Muskingum-Cunge 홍수추적방법에 관해 자세하게 살펴보았다. 또한, 동역학파 홍수추적을 위해 널리 사용되고 있는 각종 범용 컴퓨터 프로그램을 간략하게 소개하였다.

제11장 도시수문 및 도시유출관리

도시유역의 수문분석을 위한 접근방법을 살펴본 후 도시화가 도시유역으로부터의 유출에 미치는 영향과 각종 유출계산방법을 다루었으며, 비점 오염부하량과 토양손실량의 산정방법을 광범위하게 살펴보았다. 도시지역의 홍수피해저감시설인 유수시설과 저류시설의 계획 및 수문·수리학적 설계방법을 소개하였으며, 도시지역의 빗물펌프장과 침사지의 설계절차에 관해서도 살펴보았다.

제12장 확정론적 수문모의기법

수문모의모형을 분류하고 확정론적 수문모의기법의 기본개념을 소개하였으며 이미 개발되어 있는 단일사상 모형과 연속형 모형 중 가장 많이 사용되고 있고 대표적인 강우-유출관계를 모의하는 모형들을 소개하였으며 모형의 검정 및 정확도 기준설정과 모형의 검정절차를 살펴보았다. 또한, 확정론적 수문모의모형의 적용분야로 자료관리, 수문학적설계, 수문시스템 운영조작, 하천유역관리, 교육 및 연구 등의 응용에 관해 소개하였다.

제13장 확률론적 수문해석기법

확률의 기본개념과 수문 빈도해석에서 흔히 사용되는 각종 확률 분포를 소개하였으며, 각종 확률분포의 몇 가지 매개변수 추정방법에 대해 살펴보았다. 특히, 최근에 확률분포의 매개변수 추정에 많이 사용되는 확률가중모멘트법과 L-모멘트법을 상세하게 소개하였으며 분석대상 자료집단의 최적확률분포형 결정절차도 소개하였다. 수문자료 계열의 구성방법과 구성된 자료계열의 점 빈도해석에 의한 지점 확률수문량의 결정방법과 지역빈도해석방법에 의한 대상유역의 확률수문량 결정방법에 관해 살펴보았으며, 수문자료 계열의 빈도해석에 범용되고 있는 국내외 컴퓨터 프로그램을 소개하였다.

제14장 추계학적 수문모의발생기법

한정된 수문자료계열을 사용하여 장기간 수문자료계열을 모의발생시키는 두 가지 방법인 무작위 발생방법과 자기 회귀형 발생방법의 이론과 절차를 살펴보았다. 두 방법 중 어느 방법을 선택해야 하는지는 표본자료계열의 수문학적 지속성 여부에 달려 있으므로 수문학적 지속석 판정방법으로서 1차 계열상관계수에 의한 방법과 계열상관도에 의한 방법을 각각 소개하였다. 또한, 이들 수문자료계열의 모의발생방법의 응용분야로서 저수지의 적정규모 결정 및 운영조작분석과 광역수자원시스템의 분석방법 등을 살펴보았다.

제15장 수공구조물의 수문학적 설계

수공구조물은 대상 유역면적의 크기 혹은 설계홍수량의 크기에 따라 소규모, 중규모 및 대규모 수공구조물로 분류할 수 있으며, 설계홍수량의 결정방법도 동일하지 않은 것이 보통이다. 따라서,

수공구조물의 규모분류기준과 수문설계방법을 분류하였으며, 수문설계에 필요한 기상 및 수문자료와 지상학적 자료의 획득방법을 제시하였다. 수공구조물의 설계빈도설정기준과 그에 따른 설계호우의 합성방법, 수공구조물의 규모에 따른 설계홍수량의 산정방법 및 절차에 관해 상세하게 살펴보았으며, 이수기능을 가지는 다목적댐의 경우 용수공급목적을 달성하기 위해 필요한 댐의 소요활용저수용량의 결정방법과 일정용량을 가진 저수지로부터의 용수공급 능력을 결정하는 절차에 관해서도 살펴보았다.

본서를 집필함에 있어서 저자는 지구상의 물의 순환과정을 형성하는 개개성분과정의 정량적 해석과 성분과정 간의 관계에 대한 기본원리를 물리적으로 이해하기 쉽게 설명하려고 노력하였으며, 중요한 이론이나 자료의 경우는 독자의 더 깊은 이해를 위해 참고할 문헌의 목록을 장별로 수록하였다. 또한, 가급적 최신의 국내 수문관련 정보를 소개함으로써 우리나라 수문실무에 빨리 익숙할 수 있도록 노력하였다. 따라서, 본서가 수문학을 처음 공부하는 학생들에게는 수문학에서 다루는 여러 가지 세부토픽에 대한 이론과 실제를 쉽게 이해할 수 있게 하는 도우미의 역할을 하는 한편, 수문분야 실무기술자들에게는 이 책이 수문학의 기본원리뿐만 아니라 실무해결을 위한 각종 방법 및 기존모형을 소개해주는 참고도서가 되었으면 하는 마음이다. 또한, 본서에 포함되어 있는 130여 개의 예제풀이는 수문학분야의 주요 실무해결을 위한 대표적인 계산 예라 할 수 있으며, 250여 개의 연습문제는 각종 수문계산 요령에 대한 이해의 폭을 더 넓히기 위해 학생들에게 주어진 선물이라 할 수 있겠다.

본서의 교습방법에 대한 제언

본서는 토목·환경공학 분야의 학부 및 대학원 학생과 하천, 수자원, 수력분야의 실무기술자를 대상으로 집필되었다. 본서는 학부과목인 수문학, 수자원공학, 수공설계 등의 강의교재로 선별적으로 사용할 수 있으리라 생각되는 바, 수문학 강좌의 경우 1개 학기 과정이면 제6장을 제외한(『지하수』는 응용수리학 과목에서 강의하는 것이 바람직) 제1~9장 전부와 제10장의 일부(제10.6절)를 강의할 수 있을 것으로 본다. 만약 2개 학기 과정이면 1개 학기 과정에 강의할 내용 전부와 제12장 및 제13장을 강의하면 적절할 것으로 본다. 수공설계와 수자원공학 과목의 경우는 수문학 과목을 마친 후에 강의되므로 제11~13장과 제15장을 강의하는 것이 적절할 것이다. 대학원 과정의 경우는 제10~14장의 내용이 각각 대학원 과정의 단일과목으로 강의될 수 있는 내용이므로 본서의 내용이 참고도서의 역할을 할 수 있을 것으로 본다.

또한, 수자원개발 및 수력개발부문의 설계업무에 종사하는 실무기술자의 경우는 본서가 제1~9장의 기초수문학분야뿐만 아니라 제10~15장까지의 비교적 고급 수문학분야까지 다루고 있으므로 설계실무에 많은 도움이 되는 참고도서의 역할을 할 수 있을 것으로 믿는다.

감사의 글

1972년 천학(淺學)으로 『水文學』이라는 책을 집필하기 시작하여 오늘에 이르기까지 35년여 동안 중단없이 수문학을 공부 할 수 있도록 격려해주시고 도와주신 나의 스승과 선배, 동료, 그리고 사랑하는 제자들에게 깊은 감사를 드리면서 경건한 마음으로 이 책을 출간하는 바이며, 이 책이 국내 수문학의 발전과 수문실무 해결에 보탬이 될 수 있기를 바라는 마음이다.

저자가 이 책을 집필하는 데 필요한 여러 가지 국내수문실무 관련자료를 제공해 주신 한국건설기술연구원의 **정성원** 박사와 ㈜삼안의 **김원석** 이사, **윤여승** 박사, 그리고 제12장에서 수문모의모형의 실행 예제 3개를 풀이해 주신 **장수형** 박사에게 심심한 사의를 표하는 바이다.

지난해 초부터 오늘 이 시간까지 아주 좋은 환경 속에서 집필에 전념할 수 있도록 배려해주신 프라임그룹의 **백종헌** 회장님과 ㈜삼안의 **임종아** 사장님께 마음깊이 감사드리며, 같은 공간에서 같이 호흡해온 ㈜삼안의 수자원부와 수력부의 임원 및 직원 여러분과 함께 이 책을 출간하는 기쁨을 나누고 싶다.

또한, 본서를 이렇게 품위 있는 작품으로 제작해 주신 청문각 출판사의 **류제동** 사장님과 꼼꼼한 편집과 교정을 하느라 수고해 주신 직원여러분께도 깊은 감사를 드린다.

마지막으로, 정년 후에도 집으로 퇴근해서까지 원고를 쓰고 고치는 나날을 넉넉한 마음으로 이해해 준 사랑하는 아내에게도 고마움을 표시하고 싶다.

2007년 12월

윤용남

차 례

1장 서 론

2장 수문기상론

3장 강 수

12장 확정론적 수문모의기법

13장 확률론적 수문분석기법

15장 수공구조물의 수문학적 설계

부 록

Hydrology

1장 서론

1.1 수문학의 정의

미국 과학기술 평의회(U.S. Federal Council for Science and Technology)의 정의에 따르면 "수문학(水文學, hydrology)은 지구상에 존재하는 물의 생성, 순환, 분포와 물의 물리화학적 성질 및 물이 환경에 어떠한 작용을 하며, 생물과는 어떠한 관계를 가지는가를 취급하는 과학의 한 분야로서 지구상의 물의 순환 전 과정을 구명하고자 하는 학문이다." 한편 Webster 사전의 정의를 인용하면 "수문학이란 물의 성질, 시간 및 공간적 분포와 그 순환을 다루는 과학으로서 지구상의 물이나 암석층 내의 물 및 대기 중에 있는 물의 연구에 치중하는 과학의 한 분야이다."

세계인구의 증가와 물질문명의 발달에 따른 물 수요의 점증현상과 기후변화로 인한 홍수재해의 대형화가 현실로 나타나면서 과학의 한 분야로서의 수문학은 물의 기원으로부터 물 순환과정을 거쳐 다시 시발점으로 돌아오기까지의 물의 움직임의 제반과정을 보다 더 정확성 있고 광범위하게 밝혀야 하는 사명을 갖게 되었다.

수문학은 실제문제의 해석에 다양하게 응용되는 분야로 순수과학이라고 보는 데는 거리가 있다는 의미에서 응용수문학(applied hydrology)이라고 부르기도 한다. 또한 수문학적 지식은 수리학, 환경공학, 농공학, 수자원공학 및 기타 수많은 공학분야에 응용되고 있으므로 공업수문학(engineering hydrology)이라고도 하며, 유럽에서는 의학적 수문학(medical hydrology)과 구별하기 위해서 과학적 수문학(scientific hydrology)이라고도 부른다. 또한, 수문학은 근래에 와서 물과 관련되는 수질이라든지 생태 등을 포함하는 환경문제의 해결에 중요한 역할을 하는 학문이므로 환경수문학(environmental hydrology)이라고 부르기도 한다.

광범위한 의미에서 본다면 수문학은 바다의 물에 관한 연구도 포함해야 하겠으나 이는 주로 해양학(oceanography)에서 다루므로 이 책에서는 지구상의 육지지역 내의 물에 관해서만 취급하기로 한다.

1.2 물의 순환

지구상에서의 물의 순환(循環, hydrologic cycle) 개념은 수문학을 연구하는 데 있어서 대단히 편리하고 유용한 개념이다. 그림 1.1은 물의 순환과정을 서술적으로 표시하고 있으며 그림 1.2는 이를 도식적으로 표시하고 있다. 그림에서 볼 수 있는 바와 같이 물은 지면이나 바다로부터 증발하여 수증기가 되며, 구름을 형성하게 되고 기단(気団)에 의해 이동하다가 적절한 기상학적 조건이 구비되면 강수(降水, precipitation)의 형태로 지상에 떨어지게 된다. 지상에

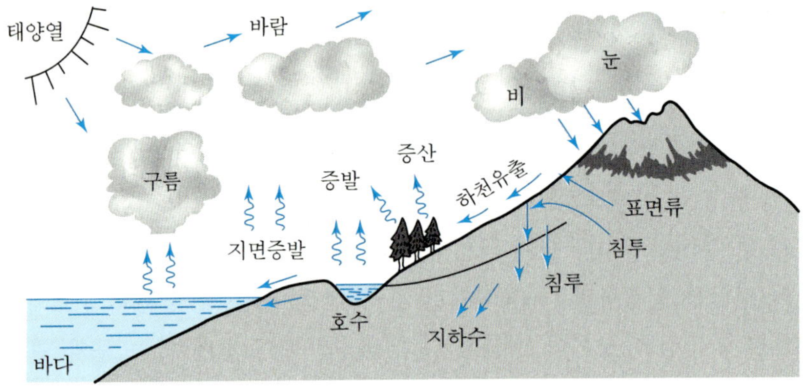

그림 1.1 물의 순환과정

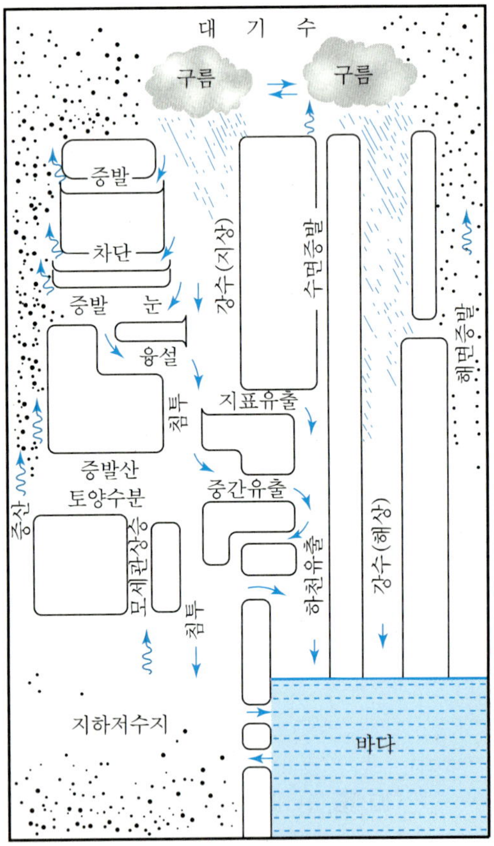

그림 1.2 물의 순환과정 모식도

떨어지는 강수는 여러 가지 과정을 거치게 된다. 즉, 강수의 상당한 부분은 강수지역의 지표면이나 토양 속에 저류되나 종국에는 증발(蒸發, evaporation) 및 식물의 뿌리를 통한 증산(蒸散,

transpiration)에 의해 대기 중으로 되돌아간다. 또한 강수의 일부분은 지표면이나 토양 속을 통해 흘러 하도로 유입되기도 하며 일부는 토양 속으로 더 깊이 침투하여 지하수(地下水, groundwater)가 되기도 한다. 자연하도로 유입되는 지표수(地表水, surface streamflow)와 토양 속으로 흐르는 지하수는 중력에 의해 높은 곳으로부터 낮은 곳으로 흘러 종국에는 바다에 이르게 된다. 그러나 지표수와 지하수의 상당한 부분은 바다에 도달하기 전에 증발과 증산현상에 의해 대기 중으로 되돌아가게 된다.

그림 1.1과 그림 1.2는 물의 순환과정을 개념적으로 표시하는 데 불과한 것으로 실제의 순환과정은 도시된 것보다 대단히 복잡하다. 예를 들면 지표하천을 통해 흐르는 물은 지하로 침투될 수도 있고 반대로 지하수가 하천으로 방출되는 경우도 있으며, 눈(snow)의 형태로 내린 강수가 수개월 동안 지상에 쌓여 있다가 기온의 상승으로 녹아서 지표하천이나 지하수층으로 흐를 수도 있다. 물의 순환과정 중 수문기술자의 주관심사가 되는 5개의 성분과정은 강수, 증발과 증산, 침투와 침루, 지표수 유출 및 지하수 유출로서 이들 각 과정에 대한 상세한 내용은 연속되는 장에서 다루어질 것이다.

위에서 소개한 물의 순환과정은 성분과정 간의 물의 이동이 일정률로 연속된다는 의미는 결코 아니다. 즉, 순환과정을 통한 물의 이동은 시간 및 공간적인 변동성을 가지는 것이 보통이다. 때로는 강수가 극심하여 하천의 통수능력을 초과함으로써 홍수를 발생시키기도 하며 반대로 장기간에 강수가 전혀 없어서 하천유출이 중단되어 가뭄을 발생시키기도 한다. 또한 인접한 지역이지만 물의 순환양상이 크게 상이한 경우도 대단히 많다. 물의 순환과정의 이와 같은 시간 및 공간적 변동성을 극복하기 위한 인위적인 수단으로 각종 수공구조물이 건설되는 것이므로 수문기술자가 가장 관심을 가지는 부분은 물의 극한적 과다와 과소현상인 홍수와 가뭄이라 하겠다. 홍수와 가뭄의 궁극적인 원인은 기상학(meteorology) 분야에서 주로 취급하고 있으나 수문기술자로서도 최소한의 이해를 필요로 하므로 제2장에서 간단하게 다루기로 한다.

1.3 물의 순환 시스템

1.3.1 유 역

물의 순환과정은 그림 1.1에 도시된 바와 같이 대단히 복잡하지만 어떤 하천유역에 내린 강우와 유역에서 발생하는 침투 및 증발 등의 특정 조건이 주어지고 간단한 가정을 도입하면 유역의 반응인 유출(流出)은 산정이 가능하다. 여기서, 유역(流域, watershed 혹은 catchment)이란 강수로 인해 하천의 임의 단면에 위치한 단일 출구지점에 유출을 발생시키는 지역의 범위로 정의할 수 있으며, 물의 순환이 이루어지는 기본적인 수문시스템(hydrologic system or hydrologic unit)이라 할 수 있다. 유역의 분계선은 그림 1.3에서 보는 바와 같이 인접한 두 유역을 분리하는 점들을 연결하는 궤적(능선)이며 이 분계선으로 둘러싸이는 면적을 유역면적(流域面積, watershed area)이라 한다. 유역의 분계선은 통상 지형도상에서 입접한 두 유역을 분리하는 지점들을 연결하여 그리며, 그림 1.4는 전형적인 두 개의 상이한 모양의 유역을 예시하고 있으며, 유역으로부터의 강수로 인한 유출은 고도가 높은 지역으로부터 낮은 지역으로, 등고선에 직각인 방향으로 중력에 의해 발생하게 된다.

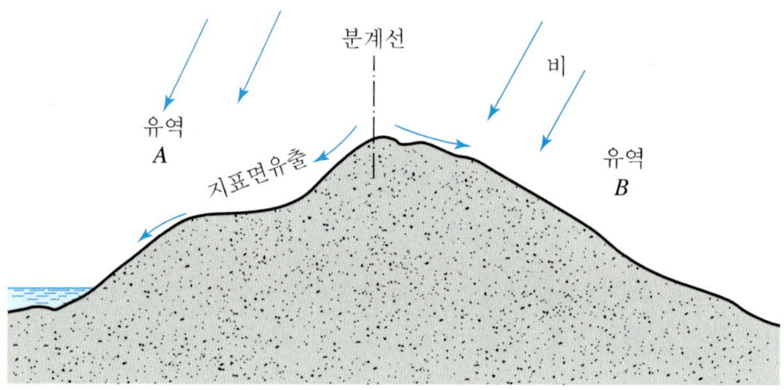

그림 1.3 지형에 의한 유역 분계선

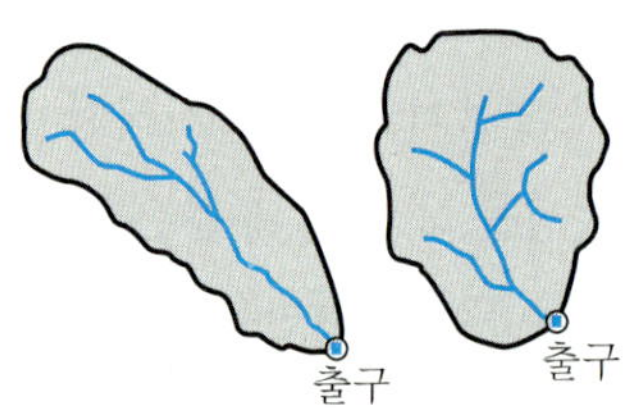

그림 1.4 전형적인 유역도

따라서, 물의 순환과정에 대한 분석은 하천 유역을 단위 수문시스템으로 보고 수문성분과정 중의 하나인 강수를 시스템의 입력(入力, input)으로 하고 유역으로부터의 유출을 시스템의 출력(出力, output)으로 하면서 기타 성분과정인 침투, 증발, 증산, 지하수 등을 중간과정 변수(throughput)로 하여 강수와 유출 간의 관계를 구명하는 것이라 할 수 있다. 이 수문시스템의 특성은 유역의 각종 지상학적 특성뿐만 아니라 중간 과정변수에 영향을 미치는 여러 가지 특성치에 의해 지배된다.

1.3.2 수문시스템에 대한 물 수지 분석

물 순환의 여러 과정을 통한 물의 이동은 시간과 공간에 따라 크게 변동하게 되므로 홍수와 가뭄 등 극한 수문사상이 발생하게 된다. 이들 극한 수문사상은 수자원 시설의 설계와 운영측면에서 대단히 중요하며 수문시스템의 입력과 출력을 고려하여 다음과 같은 수문학적 연속방정식에 의해 물 수지(收支, water budget)의 계산이 가능하다.

$$I - O = \frac{dS}{dt} \tag{1.1}$$

여기서, I는 시스템으로의 유입량(流入量)이며, O는 유출량(流出量)이고, S는 시스템 내의 저류량(貯溜量)을 표시한다.

도시지역의 포장된 주차장의 경우처럼 침투와 증발을 무시하면 주차장을 통해 배수된 물의 총 체적이 저류량이며 다음과 같이 계산될 수 있다.

$$S = \int_O^T (I - O)dt \tag{1.2}$$

여기서, T는 유출이 계속된 시간이다.

소규모 혹은 대규모 자연하천유역의 경우에도 시스템 내에서의 물 손실을 고려하면 위와 동일한 개념으로 물 수지 분석이 가능하다. 즉, 어떤 기간의 대상유역(수문시스템)에 내린 강수량(P)과 지표유출량(R), 지하수유출량(G), 증발량(E), 증산량(T)을 알고 유역 내 저류량의 변화량(ΔS)을 추정하려면 다음의 물 수지방정식을 사용하면 된다.

$$\Delta S = P - R - G - E - T \tag{1.3}$$

수문기술자들은 수자원 관련 시설의 수문학적 설계를 적절히 하기 위해 물 순환과정의 여러 성분과정을 대표하는 수문량을 계산하거나 추정할 수 있어야 한다. 대규모의 홍수조절 프로젝트의 경우는 극한 홍수로 인한 피해를 최소화할 수 있도록 홍수경감 시설물의 규모를 설계해야 하며, 용수공급 프로젝트의 경우는 극한 가뭄에 대비하여 저수지의 용량을 결정해야 하는 등이다. 보다 더 구체적으로 수문실무에서 해결해야 할 문제들을 열거하면 다음과 같다.

- 도시확장에 따른 홍수량의 증가를 고려한 도시 배수시스템의 장래 소요용량의 결정
- 특정 가뭄기간에 생활 및 도시용수와 관개용수의 적정공급에 소요되는 저수지의 용량 결정
- 하천의 홍수위에 미치는 홍수조절용 저수지나 제방 등 홍수조절시설의 영향 평가
- 홍수조절지점이나 댐 여수로, 고속도로 암거 등의 설계를 위한 계획 홍수량의 결정

- 주거지역이나 상업지역 개발시 홍수침수를 피하기 위한 홍수터의 구역화(zoning) 작업 등

1.4 수문학에서 취급하는 분야

수문학에서는 물의 순환과정에서 이미 설명한 바와 같이 대기권 내의 비 혹은 다른 형태의 강수(precipitation)의 기원, 발생과정, 크기, 분포 및 양의 변화를 취급하며 또한 증발, 승화 및 증산에 의해 물이 대기 중으로 복귀하는 전 과정에 관련된 제반문제를 취급한다. 대기 중에서 발생하는 모든 현상을 연구하는 학문인 기상학(氣象學, meteorology)의 분야를 좀더 광범위하게 해석하면 대기 중의 물에 관한 연구도 포함시킬 수 있으며 이를 수문기상학(水文氣象學, hydrometeorology)이라 부른다.

지표수 수문학(地表水 水文學, surface water hydrology)에서는 하천유출과 그의 시간 및 공간적 변화, 호수, 연못 및 저수지에서의 물의 저류, 호수 및 하천수계의 물리적 특성, 그리고 지표수의 기원과 생태 등에 관하여 광범위하게 다루고 있는 반면에, 지하수 수문학(地下水 水文學, groundwater hydrology)은 지하수의 기원과 성질 및 발생과정, 그의 지하로의 침루, 그리고 지하수층으로부터 지표면 하천으로의 유출 등에 관한 제반 수문학적 문제를 다룬다.

1.5 타 과학분야와의 관계

지구상의 물 순환을 다루는 수문학은 다학제 학문(多學制 學問)이며, 물의 순환은 대단히 복잡한 과정으로서 기상과 기후, 지형, 지질과 토양, 바다와 호수 등과 연관되어 영향을 받으므로 수문학도들은 이들 관계에 대한 광범위한 지식이 필요하다.

1.5.1 기상학과 기후학(meteorology and climatology)

기상학(氣象學, meteorology)은 각종 수문현상의 발생요인이 되는 대기권 내의 제반현상을 다루는 분야이며, 기후학(氣候學, climatology)은 기상현상의 평균값 및 극대값 등을 다루는 분야로서 통계학적 기상학(statistical meteorology)이라고 부른다. 즉, 기후학에서는 기상학적 요소들의 평균값, 정상값, 빈도, 변화과정, 분포 및 이들의 통계학적 관계를 취급한다. 일반적으로 볼 때 어떤 지역의 기후는 비, 눈, 바람 또는 계절의 변화 등에 의하여 그 지역의 여러 가지 수문현상을 지배하게 되나 기상학이나 수문학에서는 어떤 지역에 국한된 기후현상의 연구 이상의 것을 요구하는 것으로서 이들 특성이 지역별로 상이한 이유를 공기의 움직임 및 열역학적 원리로서 구명하고자 하는 것이다. 현대 기상학에서는 대기물리학(atmospheric physics)

의 원리를 이용하여 가능최대강수량(可能最大降水量, Probable Maximum Precipitation, PMP)과 같은 극한 수문현상의 결정을 시도하고 있다. 수문학도들은 이와 같은 기상학도들의 연구에 힘입어 유출현상의 해석 등을 통하여 궁극적으로 주요 수공구조물의 수문학적 설계방법을 개선해 나가고 있다.

1.5.2 지형학(physical geography)

어떤 국지(局地)의 수문현상은 지표면의 지형에 의하여 좌우되는 경우가 대단히 많다. 지형학의 지식을 이용함으로써 산악이 강수현상에 미치는 영향이나 가파른 경사가 유출률을 증가시킨다거나 혹은 호수나 늪지대 등이 물을 저류한다는 것 등을 알 수 있다. 만약 어떤 하천유역이 바다에 근접해 있거나 큰 호수부근에 위치한다면 이 유역의 기상학적 특성은 바다나 호수의 직접적인 영향을 받게 되므로 그 지역의 수문학적 특성도 영향을 받게 된다.

1.5.3 지질학과 토양학(geology and soil physics)

지표면 혹은 지하의 물의 분포는 그 지역의 지질학적 구조와 토양의 특성에 큰 영향을 받게 되며 이들 분야에 관한 지식은 지질학도나 토양학도에 의하여 얻어지지 않으면 안된다. 토양학도들은 지표면 부근에 있는 토양의 투수능이나 강수 및 유출에 미치는 토양의 영향 등에 관한 정보를 제공해야 하며 수문학도들은 각종 수문현상이 토양에 미치는 영향에 관한 지식을 토양학도들에게 제공하여 그들로 하여금 토양보존(soil conservation)을 위한 모든 방법을 개발하도록 하는 반면에 그들로부터 배수, 용수공급 및 홍수조절 등을 위한 설계에 필요한 토양자료를 획득하게 된다.

1.5.4 해양학과 호수학(oceanography and limnology)

바다와 호수는 천연적인 저수지라고 볼 수 있으며 이들 표면으로부터 증발되는 수분은 결국 대기를 통하여 지표면으로 되돌아오게 된다. 증발된 수분은 부근의 기온 및 습도 등에 변화를 주므로 그 부근 지역의 기상 내지 기후를 변동시키게 되어 결국 그 지역의 수문순환과정에도 큰 영향을 주게 된다. 오늘날 호수학(湖水學, limnology)에서는 천연적인 호수뿐만 아니라 인공적 호수 및 대규모 저수지도 아울러 취급하고 있다. 이러한 호수나 저수지의 수와 크기가 증가해 감에 따라 수문기술자들은 저수지로부터의 증발 및 누수(seepage)와 저수지 내의 파동현상 및 토사침전 등의 특성에 대한 연구를 가속시키고 있다.

1.5.5 수리학(hydraulics)

수리학(水理學)은 수문학과 불가분의 관계를 가지고 있다. 수문학에서 취급하는 하천의 정상류, 홍수파의 이동, 지하로의 침투 및 지하수의 흐름 등은 근본적으로 수리학의 제반원리를 이용하여 설명될 수 있다. 따라서, 수리학은 물을 지표면과 지하로 분산시키며 한 지역의 수문학적 특성을 형성시키는 힘(force)에 관한 학문이라고도 할 수 있으며 수문학과 함께 수자원 개발 및 관리에 기초가 되는 분야라고 말할 수 있다.

또한, 현대수문학에서 크게 문제가 되고 있는 하천수와 지하수의 오염과 오염물질의 이동에 관한 해석의 기본원리는 수리학에 근거하고 있으며, 본서의 범위를 넘는 분야이므로 다루지는 않기로 한다.

1.6 수문학의 역사적 발달과정

1.6.1 고대수문학

고대로부터 A.D. 1400년경까지의 물의 순환과정은 Homer(B.C. 1000년), Thales, Plato, Aristotle, Seneca 등의 여러 철학자들에 의해 추측되었던 것 같다. 이러한 철학자들의 추측은 대부분이 그릇된 것으로 밝혀졌으나 Christ 시대에 살았던 Vitruvius의 지하수 생성에 관한 추측은 오늘날의 지하수 이론과 흡사하다. 그는 “지하수는 대부분이 비나 눈이 지표면을 침투하여 얻어지는 것”이라고 주장했다. 문예부흥기(1400~1600 A.D.)에 들어와서는 수문학을 철학적인 개념으로 풀이하려고 노력하는 대신에 수문현상의 관찰에 의해 해결하려는 움직임이 있었으며, Leonardo da Vinci는 관찰에 의하여 물 순환에 대한 올바른 이해를 할 수 있었고, 특히 비가 흙 속으로 침투하는 과정을 관찰했다고 한다.

1.6.2 근대수문학

근대수문학은 17세기에 접어들면서 수문현상을 실측함으로써 시작되었다고 말할 수 있다. Perrault는 Seine강 유역의 우량과 증발량을 측정했고, Mariotte는 Paris에서 Seine강 유역의 우량 및 증발량을 측정하였으며, Hally는 지중해에 대한 연구를 위해 증발량과 하천유량을 실측하였다.

18세기는 수문현상의 연구를 위한 수리학적 실험방법이 활발하게 발전된 시기로서 많은 수리학적 원리가 이 시기에 발견되었다. Bernoulli의 piezometer와 Pitot관, Woltman의 유속계, D'Alembert 법칙, Bernoulli 원리라든가 Chezy의 평균유속공식 등은 이 시기에 등장했으며 이로 인해 수문현상을 양적으로 연구할 수 있는 기초가 마련되었던 것이다.

19세기는 여러 가지면에서 볼 때 수문학에서 근대화의 기반을 마련하는 데 공헌한 시기라고 하겠다. 그러나 대부분의 공헌은 지하수와 지표수의 측정에 불과했다. 지하수 연구를 위해 Smith는 처음으로 지질학의 지식을 수문학적 문제해결에 응용했으며 지하수의 흐름에 대한 Darcy의 법칙이나 Dupuit-Thiem의 우물공식 등은 대표적인 발견이라 하겠다. 지표수의 연구 분야에서는 수문계측이 큰 발전을 보았는데 여러 가지 유량산출공식, 측정계기 등이 개발되었으며 체계적인 하천관측이 시작되었다. 대표적인 것을 들면 Francis의 위어(Weir) 공식, Ganguillet-Kutter의 Chezy 유량계수 결정, Manning의 유량공식과 Ellis와 Price가 개발한 유속계 등이 있다. 수문자료수집과 각종 수자원개발사업을 담당하고 있는 미국의 U.S. Army Corps of Engineers(1802)와 U.S. Geological Survey(1879), U.S. Weather Bureau(1891)도 이 시기에 설립되었다.

19세기에 들어와서 비록 수문학의 근대화 기반이 마련되었다고는 하나 양적 수문학의 발전은 완숙단계에 들어가지 못하였고 과학으로서의 수문학은 주로 경험적인 관찰에 의존하는 수밖에 없었으며 수문현상의 모든 특성을 양적으로 표현할 수 있는 물리적 기본법칙의 발견은 이루어지지 못했다.

1900년부터 1930년 사이에는 수많은 경험공식이 수문량(水文量)을 결정하기 위해 제안되었으나 대부분의 이들 공식들은 실제의 수문문제를 해결하는 데 부적당함이 밝혀지기도 했다. 따라서, 각국에서는 학문으로서의 수문학의 발전을 위해 각종 기구 및 기술협회를 조직하기에 이르렀다. 미국에서는 Bureau of Reclamation[USBR(1902)], Forest Service(1906), U.S. Army Corps of Engineers의 Waterway Experiment Station[WES(1928)] 등이 이 시기에 설립되었으며, 국제학회로는 1922년에 International Association of Scientific Hydrology (IASH)가 International Union of Geology and Geophysics(IUGG) 내에 설립되었으며, 미국의 American Geophysical Union(AGU)이 National Research Council of the National Academy of Science 내에 설립되었다. 또한 이 기간에 수문학과 관계된 분야에 속하는 국제기구들도 결성을 보았는데 대표적인 것으로는 International Society of Soil Science(1924), The World Power Conference(1924), The International Commission on Large Dams [ICOLD(1923)] 등이 있다.

1.6.3 현대수문학

1930~1950년 기간에는 미국의 물 관련 기관들이 각종 수문학 분야의 연구 프로그램을 개

발하여 연구활동을 계속함에 따라 수문학 분야 기술의 획기적인 발전이 이룩되었다. 이 기간에 개발된 Sherman(1932)의 단위유량도 이론과 Horton(1933)의 침투이론, Theis(1935)의 집수정의 비평형 방정식 유도, Penman(1948)의 증발량 산정이론 등은 수문학의 발전에 크게 기여하였으며, Gumbel(1958)은 수문자료 계열의 빈도해석에 극치확률분포를 적용함으로써 현대통계수문학의 기초를 마련하였다. 이 기간에 미 육군공병단(U.S. Army Corps of Engineers, ACOE), 미 기상청(National Weather Bureau, 현재는 National Weather Service, NWS라 부름), 미 농무성(U.S. Department of Agriculture, USDA), 미 지질조사국(U.S. Geological Survey, USGS)과 영국의 수문연구소(British Institute of Hydrology) 등은 수문학 분야의 각종 이론개발과 강수, 증발, 하천유량 등의 측정을 위한 전국적인 수문계측망을 구축 운영함으로써 현대수문학의 발전에 크게 기여하였다.

NWS는 주로 강수량 측정 및 이상호우의 관측업무와 관련조사연구 업무를 맡고 있고, ACOE와 USDA의 토양보존국(Soil Conservation Service, SCS, 현재는 Natural Resources Conservation Service, NRCS라 부름)은 홍수조절과 저수지 개발운영, 관개, 토양보존 등에 관련되는 수문분야의 발전에 크게 기여하였다. 최근에는 USGS가 수량과 수질자료의 수립을 위한 우량 및 유량 관측망을 전국적으로 대폭 강화한 바 있으며, USGS가 지속적으로 발간하고 있는 Water Supply Paper와 특별조사보고서들은 복잡한 수문자료의 분석을 통해 수문량 간의 상관성을 밝혀서 수문순환과정을 설명하는 데 공헌함으로써 수문학의 발전을 가속화하고 있다. 또한, NWS와 USGS 등은 미국 전역의 유역관련정보와 수천 개에 달하는 수문관측망의 우량 및 유량자료를 유통시키기 위해 방대한 웹사이트(websites)를 운영하고 있다.

1950년대와 1960년대에는 미국과 유럽 등지에서 도시화가 가속됨에 따라 도시확장으로 인한 첨두 홍수량의 추정방법개발과 용수공급용 저수지의 저수량 변화추정의 필요성이 대두되었으며, 도시지역에서의 홍수와 가뭄의 발생에 대한 폭넓은 이해를 위해 관련연구가 활발히 진행되었다.

현대수문학의 연구추세는 강우-유출 관계를 모형화하여 설계수문량을 결정하는 이른바 확정론적 수문학(確定論的 水文學, deterministic hydrology) 분야와 설계수문량을 확률론적(probabilistic) 및 추계학적(stochastic) 분석방법으로 추정하고자 하는 통계학적 수문학(統計學的 水文學, statistical hydrology) 분야로 크게 이분되어 있으며, 통계학적 수문학 분야의 연구는 1961년 미국 콜로라도 주립대학교(Colorado State University, CSU)의 Yevjevich 교수가 시작하여 오늘에 이르기까지 주로 확률통계학적 이론을 활용하여 활발한 연구가 계속되어 왔다.

1970년대와 1980년대에는 미 연방재난관리청(Federal Emergency Management Agency, FEMA)과 지역별 홍수조절 및 배수관련 기관의 요구에 부응하기 위해 범람 및 침수 해석에 의한 홍수터의 경계설정이 수문기술자들의 주된 역할이었다. FEMA에 의해 운영되고 있는 미국의 홍수보험제도에 가입하기 위해서는 도시별로 그 지역의 홍수터 경계를 설정하여 범람 침수지역을 수문모형에 의해 해석하여 결정해야 하기 때문이다. 이와 같은 업무는 도시지역에서 반복되는 홍수피해를 보험제도에 의해 해결하고자 하는 노력이라 하겠다. 1993년 미시시피강의 대홍수 이후 미국의 치수 방재정책은 종래의 제방이나 댐, 인공 방수로 등의 구조물 위주의 대책에서 저습지 시설물의 고지대 이전과 홍수예경보, 홍수보험 등의 비구조물적 대책(非構造物的 対策)도 함께 강구하는 방향으로 바뀌고 있다.

1.6.4 컴퓨터 시대 수문학

1960년대와 1970년대에 수문학 분야에 도입된 디지털 컴퓨터는 복잡한 물 문제를 하나의 시스템으로 모의할 수 있게 해주었다. 대형컴퓨터 수문모형은 기왕에 발생한 수문사상을 재현하는 데 사용될 수 있으며, 복잡한 수문현상을 해석하여 설명할 수 있는 도구로 사용되고 있다. 최초의 종합적인 수문모형은 미국 Stanford 대학에서 여러 해 동안에 걸쳐 개발된 Stanford Watershed Model-IV(1966)로서 이 모형은 물의 순환과정을 형성하는 강수, 증발과 증산, 침투, 지표면 유출, 지하수 유출, 하천 유출 등의 과정을 전부 모의할 수 있도록 구축되어 있다.

모형의 구조가 대단히 간단하면서도 실무적용에 강점을 가지는 또 하나의 수문모형은 U.S. ACOE의 Hydrologic Engineering Center(HEC)에서 개발한 HEC-1 모형(1973)으로 간단한 강우손실함수와 단위유량도를 사용하여 강수로부터 유출을 모의해 내는 모형이다. HEC-1의 동반모형인 HEC-2 모형(1976) 역시 HEC에 의해 개발되었으며, 이 모형은 HEC-1에 의해 산정된 첨두유량이 주어진 하도에 흐를 경우의 수면곡선을 계산하는 수리학적 모형이다. 미 환경청(Environmental Protection Agency, EPA)에 의해 개발된 Storm Water Management Model[SWMM(1971, 1988)]은 도시 우수관거망 내의 도시유출을 모의할 수 있는 가장 종합적인 수문모형이다. 이들 수문 모의 모형들은 최근에 와서 윈도 환경(windows environment)에서 컴퓨터의 그림 인쇄를 활용하는 Graphical User Interface(GUI)로 개선되었으며, 그 예로 HEC-1의 개선모형인 HEC-HMS(1998), HEC-2의 개선모형인 HEC-RAS(1995)를 들 수 있다.

1970년대 이후에 개발된 수문학적 컴퓨터 모형들은 도시홍수 해석이라든지, 홍수터 수문해석, 배수설계(排水設計), 저수지 설계 및 운영, 강우 및 홍수 빈도분석, 대규모 하천유역 관리 등 하천유역의 수문분석 및 설계에 광범위하게 사용되어 왔으며, 특히 근년에 들어와서는 개인용 컴퓨터(PC)의 용량과 성능이 엄청나게 개선됨에 따라 대부분의 모형을 PC 환경에서 작업할 수 있게 되었다.

이들 수문학적 컴퓨터 모형들은 수공구조물의 수문·수리학적 설계 및 운영 등에 계속적으로 적용될 것으로 보이며, 근래에 와서 최신 전자계산시스템에 의한 대규모 수문 데이터 베이스의 구축이 가능해짐에 따라 앞으로도 수문학적 예측과 설계 및 운영 등에 계속적으로 사용될 것으로 보인다. 또한 수년 전에 개발된 오래된 수문모형들을 온라인으로 취득 가능한 수문자료의 처리가 가능하도록 함과 동시에 모형의 지형 입력자료를 위한 지리정보시스템(GIS)까지 도입할 수 있도록 개선하는 노력도 계속되고 있다.

1.7 지구상의 물의 분포

물의 순환과정에서 살펴본 바와 같이 물은 수면으로부터 대기 중으로, 대기 중으로부터 육지면으로, 또한 지면이나 지하를 통해 다시 바다로 그 윤회를 반복하고 있다. 이들 물의 순환과정을 정량적으로 파악하기란 쉽지 않으며 인류문명의 발달에 따른 물 수요의 증대 때문에 인간의 활동이 물의 순환과정에 미치는 영향 또한 적지 않다.

표 1.1은 지구상 수자원의 분포를 상세하게 나타내고 있다. 바다가 차지하는 물의 총 체적은 약 $1,338 \times 10^6\,\text{km}^3$로서 지구상의 전체 물의 체적인 $1,386 \times 10^6\,\text{km}^3$의 약 96.5%를 차지하고 있으며, 이를 지구표면에 골고루 분포시킨다면 그 깊이는 약 2.6 km에 달할 것으로 알려져 있다. 육지지역에 존재하는 물은 약 3.5%에 불과한데 이는 남극과 북극에 존재하는 만년빙하가 차지하는 1.7%의 물과 지하수 1.69%, 그리고 약 1%의 지표수 및 대기수로 구성된다. 대기수의 총량은 $12,900\,\text{km}^3$로서 지구상 총 물량의 0.00093% 정도이다.

그런데, 육지상의 물 3.5% 중 약 1%는 지하 200~600 m 깊이에 있는 심층지하수(深層地下水)로 염분을 포함할 뿐 아니라 물의 이용이 어려우므로 인간이 사용 가능한 담수는 지구상 총량의 약 2.5%로 보고 있다. 표 1.1에서 볼 수 있는 바와 같이 담수총량 중 68.6%는 만년빙하 상태로 존재하여 수자원으로서의 이용이 어렵고, 담수의 0.04%인 대기수와 토양수분 0.05% 등도 가용수자원으로 볼 수 없기 때문에 실제로 이용 가능한 수자원은 천층지하 담수(淺層地下 淡水) 30.1%, 기타 빙설 1.0%, 호수의 담수 0.26%, 습지수 0.03%, 하천수 0.0006%와 동식물의 조직에 존재하는 생물수(生物水) 0.003%를 합한 담수(淡水) 총량의 31.4%에 해당하는 $10.5 \times 10^6\,\text{km}^3$ 정도이다.

표 1.1 지구상 물의 분포

항목	면적(10^6 km^2)	체적(km^3)	총 수량 대비 백분율(%)	담수량 대비 백분율(%)
바다	361.3	1,338,000,000	96.5	
지하수				
담수	134.8	10,530,000	0.76	30.1
염수	134.8	12,870,000	0.93	
토양수분	82.0	16,500	0.0012	0.05
만년빙하	16.0	24,023,500	1.7	68.6
기타빙설	0.3	340,600	0.025	1.0
호수				
담수	1.2	91,000	0.007	0.26
염수	0.8	85,400	0.006	
습지	2.7	11,470	0.0008	0.03
하천	148.8	2,120	0.0002	0.006
생물수	510.0	1,120	0.0001	0.003
대기수	510.0	12,900	0.001	0.04
총계 총 수량	510.0	1,385,984,610	100	
총계 담수량	148.8	35,029,210	2.5	100

자료: Shiklomanov and Sokolov(1983)

1.8 우리나라의 수자원

1.8.1 우리나라의 주요 하천 및 대규모 댐 현황

우리나라 대부분의 하천은 그 유역면적이 작고 유로연장이 짧으며 또한 산지가 많기 때문에 하천의 경사도 급한 곳이 많다. 우리나라를 남북으로 종관(縱貫)하고 있는 척추격인 태백산맥이 수원지대로서의 역할을 하여 각 하천을 함양하고 있으며 남북한을 합한 면적 222,223 km^{2}의 약 70%가 산지이다. 지질학적으로 보면 우리나라는 대지각운동이 있은 후 제3기의 단층작용을 지나 제4기를 이루는 사이에 조산운동(造山運動)이 있었을 뿐 근대에 와서는 별다른 지각운동이 없었으므로 지표면은 풍화작용과 침식작용을 받아 고저기복(高低起伏)이 적은 노년기말의 지형을 이루고 있다.

표 1.2 국내외 주요 하천의 하상계수 비교

하천명	국명	하상계수(평균값) (최대유량/최소유량)
한강(인도교)	한국	90
낙동강(진동)	한국	260
금강(공주)	한국	190
섬진강(송정)	한국	270
영산강(나주)	한국	130
도네강	일본	236
요도강	일본	117
시나노강	일본	85
양쯔강	중국	22
메콩강	월남	35
갠지스강	인도	35
나일강	이집트	30
센강	프랑스	23
라인강	독일	14
템스강	영국	8
콩고강	콩고	4

자료: 수자원 편람(건설교통부/수자원공사, 1998) 및 다목적댐 운영 실무편람(한국수자원공사, 2003)
한국 5대 하천의 하상계수(河狀係數)는 댐 조절효과 고려

우리나라의 산지는 대체로 고원성을 나타내며 산봉우리는 침식에 저항하다가 남은 구릉이 많고 암반이 노출된 곳이 많다. 이와 같은 수원지대에 내린 강수는 동해안 쪽에서는 유로가 짧고 급경사이기 때문에 유출(流出)이 대단히 빠르고 남서해안 쪽 각 해안의 중상류부에서도 급경사인 곳이 많아서 태풍이나 국지호우가 수원지대에서 일어날 경우 많은 토사가 함유된 홍수파가 중하류에 짧은 시간 내에 도달하여 하천을 범람시키게 되며 운반된 토사는 하상(河床)에 퇴적된다. 수원지대의 지질은 수목의 성장에 부적당한 화강암지대가 많아 임상이 대체로 불량한 편이다. 이와 같은 유역의 유출여건 때문에 우리나라 하천에서의 평수량 및 갈수량의 크기는 대단히 작은 반면에 홍수량은 대단히 커서 연간 하천유량의 변동이 극심하며, 우리나라 수자원개발 및 관리라는 측면에서 커다란 불리한 점이 되고 있다. 하천유황의 변동정도를 표시하는 지표인 하상계수(河狀係數)는 대하천의 주요지점에서의 연중 최대유량과 최소유량의 비로 정의되는데 우리나라의 주요하천은 표 1.2에서 볼 수 있는 바와 같이 댐의 홍수조절효과를 고려하더라도 하상계수가 대체로 100~300 사이에 있어서 주요 외국하천에 비해 하천유황이 대단히 불안정함을 알 수 있다.

표 1.3 우리나라의 12대 하천

수계명 (하천수)	유역		하구로부터 최원거리에 위치한 발원지	
	면적 (km²)	관할 시도	거리 (km)	위치
01. 한 강	*35,770.41 25,953.60	서울, 인천, 경기, 강원, 충북, 경북	494.44	강원도 태백시 창죽동 금태봉(EL. 1,418.1 m) 북서쪽 계곡(골지천 상류)
02. 낙동강	23,384.21	부산, 대구, 울산, 강원, 전북, 전남, 경북, 경남	506.17	강원도 태백시 화전동 삼각점(EL. 1,442.3 m) 동쪽 계곡(황지천 상류)
03. 금 강	9,912.15	대전, 경기, 충북, 충남, 전북, 경북	394.79	전북 장수군 장수읍 수분리 신무산(EL. 896.8 m) 동쪽 계곡(수분천 상류)
04. 섬진강	4,911.89	전북, 전남, 경남	223.86	전북 진안군 백운면 신암리 팔공산(EL. 1,151.0 m) 서쪽 계곡(섬진강 상류)
05. 영산강	3,467.83	광주, 전북, 전남	138.49	전남 담양군 월산면 용흥리 병풍산(EL. 822 m) 북쪽 계곡(황룡강-북하천 상류)
06. 안성천	1,655.73	경기, 충북, 충남	75.54	경기도 용인시 이동면 묵리 시궁산(EL. 471 m) 동쪽 계곡(진위천-용덕사천 상류)
07. 삽교천	1,649.39	충남	63.91	충남 청양군 화성면 장계리 백월산(EL. 472 m) 북쪽 계곡(무한천-산정천 상류)
08. 만경강	1,504.35	전북	80.86	전북 완주군 동상면 사봉리 삼각점(EL. 675.4 m) 남서쪽 계곡(만경강 상류)
09. 형산강	1,132.96	울산, 경북	63.34	경북 경주시 서면 도리 인내산 삼각점(EL. 388.6 m) 동쪽 계곡(심곡천 상류)
10. 동진강	1,124.14	전북	51.03	전북 정읍시 내장동 내장산의 까치봉(EL. 717 m) 북쪽 계곡(정읍천 상류)
11. 태화강	643.96	울산, 경북, 경남	46.02	울산광역시 울주군 상북면 덕현리 능동산(EL. 983.0 m) 동쪽 계곡(덕현천 상류)
12. 탐진강	508.53	전남	55.07	전남 영암군 금정면 세유리 궁성산(EL. 484.2 m) 북쪽 계곡(탐진강 상류)

주: * 북한지역을 포함한 한강유역 면적
자료: 한국하천일람(건설교통부, 2004)

우리나라의 주요 하천유역은 그림 1.5와 같으며 표 1.3은 우리나라 12대 하천의 유역면적, 유로연장, 수원지점 및 하구지점 등을 표시하고 있다.

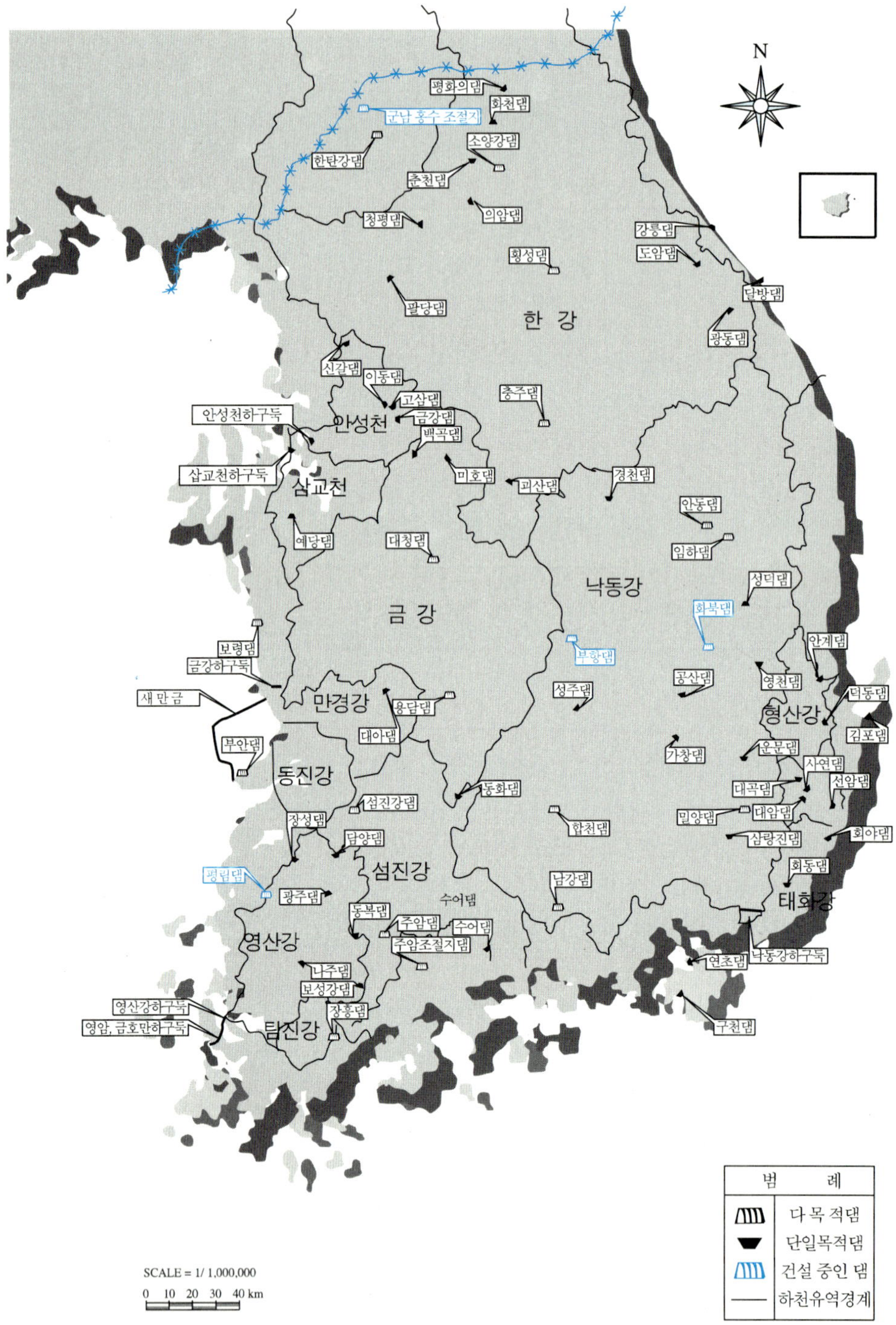

그림 1.5 우리나라의 주요 하천유역 및 대댐 현황
자료: 다목적댐 운영실무편람(한국수자원공사, 2003)

표 1.4 국내 주요댐의 건설현황(2006년 현재)

구분	수계명	댐명	유역면적 (km²)	제원 높이 (m)	제원 길이 (m)	총저수량 (10^6 m³)	유효저수용량 (10^6 m³)	발전시설용량 (10^3 kW)	사업효과 홍수조절 (10^6 m³)	사업효과 용수공급 (10^6 m³/년)	공사기간
계	-	-	-	-	-	14,455.8	9,834.2	2,470.3	2,306	12,671	
다목적댐	한 강	소양강	2,703	123	530	2,900	1,900	200	500	1,213	'67~'73
	한 강	충 주	6,648	97.5	447	2,750	1,789	412	616	3,380	'78~'86
	한 강	횡 성	209	48.5	205	87	73	1	9.5	119.5	
	낙동강	안 동	1,584	83	612	1,248	1,000	90	110	926	'71~'77
	낙동강	남 강	2,285	34	1,126	309	300	14	270	573	'87~'99
	낙동강	합 천	925	96	472	790	560	101.2	80	599	'82~'89
	낙동강	임 하	1,361	73	515	595	424	50	80	497	'84~'92
	금 강	대 청	4,134	72	495	1,490	790	90	250	1,649	'75~'81
	금 강	용 담	930	70	498	815	672	24.4	137	650	'90~'01
	섬진강	섬진강	763	64	344	466	370	34.8	32	350	'60~'65
	섬진강	주 암	1,010	58	330	707	562	22.5	80	489	'83~'91
	직소천	부 안	59	49	280	41.5	35.6	-	9.3	37	'90~'96
	웅 천	보 령	164	50	291	117	108.8	0.7	10	106.6	'92~'98
	탐진강	장 흥	193	53	403	191	171	0.8	8	127.8	'96~'06
하구둑	낙동강	낙동강	23,560	18.7	2,320	50	50	-	-	648	'83~'88
	금 강	금 강	9,313	16.6	1,814	139	122	-	-	365	'83~'89
	영산강	영산강	3,371	19.5	4,351	253	80.9	-	-	258	'78~'82
	안성천	안성천	1,634	20	2,564	142	-	-	-	184	'70~'73
	삽교천	삽교천	1,639	18	3,360	84	-	-	-	173	'77~'79
발전 전용댐	한 강	화 천	3,901	81.5	435	1,018	658	108	213	-	'39~'44
	한 강	춘 천	4,736	40	453	150	61	57	14	-	'61~'65
	한 강	의 암	7,709	23	273	80	580	45	16	-	'62~'67
	한 강	청 평	9,921	31	407	185	83	79.6	19	-	'39~'43
	한 강	괴 산	671	28	171	15	5.7	2.6	-	-	'52~'57
	한 강	팔 당	23,800	29	575	244	18	80	7	-	'66~'73
	한 강	청평양수	-	62	290	185	-	400	-	-	'75~'80
	한 강	도 암	144.9	72	300	51	-	82	-	-	'85~'91
	낙동강	삼량진양수	1.5	88	269	6.1	-	600	-	-	'79~'85
	섬진강	보성강	275	12	274	5.7	4.7	3.0	213	-	'31~'37
생공용수 전용댐	한 강	광 동	125	40	282	11	8	-	-	26	'85~'89
	전 천	달 방	29	54	326	8	6.5	-	-	15	'86~'89
	낙동강	운 문	301	55	407	135	126.2	-	21	168	'85~'92
	낙동강	영 천	235	42	300	96	81.4	-	-	107	'74~'80
	낙동강	가 창	43	45	266	9	8.1	-	-	17	'84~'86
	낙동강	공 산	60	63.5	239	28	4.5	-	-	18	'79~'81
	회야천	회 야	127	24.5	424	17	12.3	-	-	44	'62~'64
	대곡천	사 연	125	46	300	25	20	-	-	36	'62~'65
	대암천	대 암	77	27	318	9	5	-	-	18	'68~'69
	형산강	안 계	7	32.5	233.5	18	13	-	-	37	'68~'71
	연초천	연 초	11.7	25	120	5	4.6	-	-	5	'77~'79
	산양천	구 천	12.7	50	234	10	9.3	-	-	8	'84~'87
	섬진강	동 복	189	44.7	188	100	92	-	-	117	'83~'85
	섬진강	수 어	5	67	437	28	22	-	-	30	'74~'78
	여천천	선 암	1	22	331	2	1.5	-	-	-	'62~'64
	웅 천	보령댐	163.6	50	291	116.9	108.7	0.1	10	107	'92~'97
농업 용수댐	영산강	장 성	123	36	613	90	84.8	-	5	135	'71~'76
	영산강	담 양	66	46	306	67	64.8	-	2	64	'73~'76
	영산강	광 주	41	25	505	17	15.2	-	2	26	'74~'76
	영산강	나 주	105	31	496	91	87.8	-	3	109	'73~'76

자료: 수자원편람(건설교통부/한국수자원공사, 1998)
2006년도 업무편람(건설교통부, 수자원 기획관실)

이상과 같은 우리나라 하천의 유역특성을 감안하여 조기에 바다로 유출되는 하천수를 저류함으로써 용수확보율을 제고하고 아울러 홍수조절효과를 얻자는 것이 우리나라의 수자원 개발정책의 골간이 되어 왔으며 이는 그동안 대규모 다목적댐의 건설에 의해 이루어져 왔다.

그림 1.5에는 현재까지 건설된 다목적댐과 하구둑, 발전전용댐, 생공용수댐 및 주요 농업용댐의 위치가 표시되어 있으며, 이들 댐의 주요 제원은 표 1.4에 수록되어 있다.

1.8.2 우리나라 수자원의 부존량 및 이용현황과 전망

남북한을 합한 한반도의 총 면적은 222,223 km^2이고 이 중 남한의 면적은 44.8%인 99,461 km^2이다. 남한 전역에 내린 1974년~2003년간의 연 평균강수량은 1,245 mm로서 우리나라의 연간 수자원 부존량(水資源 賦存量)은 남한 면적에 연 평균강수량을 곱한 값인 약 1,240억 m^3에 달한다. 우리나라의 연 평균강수량 1,245 mm는 세계평균 880 mm의 약 1.4배이나 인구밀도가 높기 때문에 인구 1인당 연 강수총량은 2,591 m^3로 세계평균 19,635 m^3의 약 1/8에 지나지 않으므로 우리나라는 수자원 빈국(貧國)에 속한다고 할 수 있다. 그림 1.6은 세계주요 국가별 수자원 부존현황을 비교하고 있다.

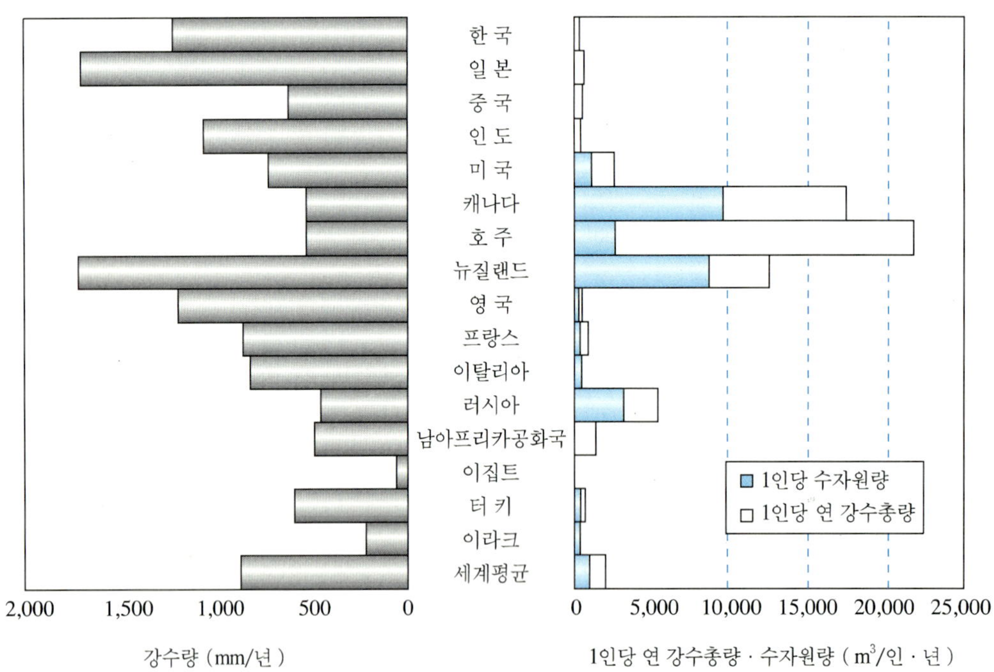

그림 1.6 세계 주요 국가별 수자원 현황

자료: 수자원 장기종합계획, 2006~2020(건설교통부, 2006)

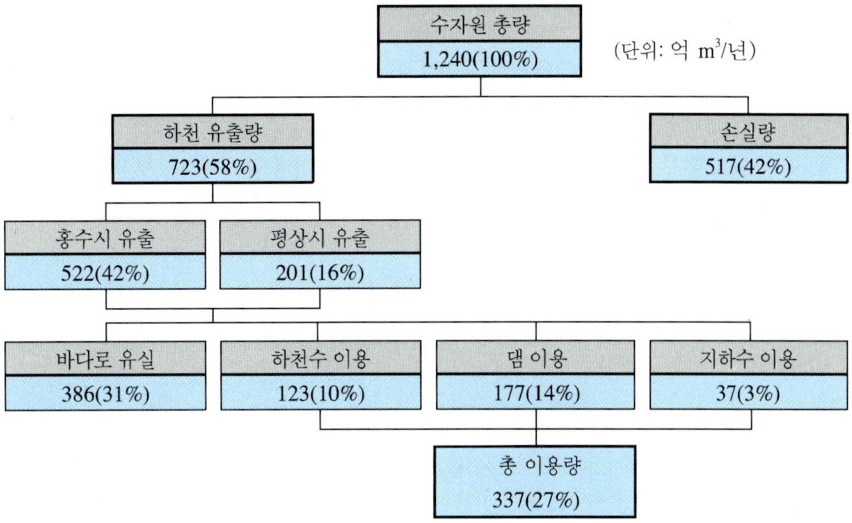

그림 1.7 우리나라의 수자원 부존구성(2003년 현재)
자료: 수자원장기종합계획, 2006~2020(건설교통부, 2006)

그림 1.7은 우리나라 연간 수자원의 부존구성을 표시하고 있다. 전국의 연간수자원 부존량 1,240억 m^3 중 손실량 517억 m^3(42%)를 제외한 723억 m^3(58%)가 연간 가용수자원량이지만 홍수시 유출되는 522억 m^3(42%)와 평상시 유출되는 201억 m^3(16%) 중 상당부분인 386억 m^3(31%)는 바다로 흘러가 버리고, 나머지 중 123억 m^3(10%)는 하천으로부터 직접 취수하여 이용하며, 177억 m^3(14%)는 댐으로부터, 그리고 37 m^3(3%)는 지하수원으로부터 취수하여 이용하고 있어 2003년 현재의 우리나라의 연간 수자원 이용량은 337억 m^3(27%)라 할 수 있다.

표 1.5는 1965년 이후 2003년까지의 연간 수자원 이용총량과 용수목적별 이용량 및 구성률

표 1.5 계획연도별 수자원 이용량 변화추이 (단위: 억 m^3/년)

구분 \ 연도	1965년	1980년	1990년	1994년	1998년	2003년
수자원 총량	1,100	1,140	1,267	1,267	1,276	1,240
총 이용량	51.2(100%)	153(100%)	249(100%)	301(100%)	331(100%)	337(100%)
생활용수	2.3(4%)	19(12%)	42(17%)	62(21%)	73(22%)	76(23%)
공업용수	4.1(8%)	7(5%)	24(10%)	26(8%)	29(9%)	26(8%)
농업용수	44.8(88%)	102(67%)	147(59%)	149(50%)	158(48%)	160(47%)
유지용수	-	25(16%)	36(14%)	64(21%)	71(21%)	75(22%)

자료: 수자원장기종합계획, 2006~2020(건설교통부, 2006)

을 표시하고 있으며, 2003년 현재의 연간 총 이용량 337억 m^3 중 생활용수로 76억 m^3, 공업용수로 26억 m^3, 농업용수로 160 m^3, 그리고 하천유지용수로는 75억 m^3가 이용되고 있다. 표 1.5로부터 수자원 이용총량 및 용수목적별 이용량은 연차별로 계속 늘어왔음을 알 수 있다.

최근 건설교통부는 2000년에 수립한 수자원장기종합계획의 보완작업을 통해 표 1.6과 같이 장래의 계획연도별 용수수요량과 공급가능량 및 과부족량을 전망한 바 있다.

표 1.6 계획연도별 용수수요량 및 공급량과 과부족량 추정치 (단위: 백만 m^3/년)

구분 \ 연도		2006년		2011년		2016년		2020년	
		최대 가뭄년	평균년	최대 가뭄년	평균년	최대 가뭄년	평균년	최대 가뭄년	평균년
○ 용수수요량		34,030	34,030	34,504	34,504	34,062	34,062	33,301	33,301
- 생활용수		7,711	7,711	7,896	7,896	7,929	7,929	7,912	7,912
- 공업용수		2,698	2,698	2,921	2,921	3,128	3,128	2,900	2,900
- 농업용수		15,884	15,884	15,319	15,319	14,637	14,637	14,121	14,121
- 유지용수		7,737	7,737	8,368	8,368	8,368	8,368	8,368	8,368
○ 용수공급량		33,673	34,030	34,234	34,504	33,844	34,062	33,123	33,301
○ 과부족량	전국	△ 357	-	△ 270	-	△ 218	-	△ 178	-
	지역별	△ 814	△ 201	△ 685	△ 178	△ 623	△ 174	△ 559	△ 166

자료: 수자원장기종합계획 2006~2020(건설교통부, 2006)

표 1.6에서 수자원의 과부족량은 계획연도별로 최대가뭄년과 평균년의 두 가지 경우로 나누어 추정하였으며 전국적으로 총량개념에서의 과부족량과 용수공급의 지역적 한계를 고려하여 지역별 과부족량을 별도로 추정하여 용수공급계획을 수립한 바 있다.

참고문헌

건설교통부, 수자원장기종합계획(2006~2020), 2006.

건설교통부, 2006년도 업무편람, 수자원기획관실, 2006.

건설교통부, 한국하천일람, 2004.

건설교통부/한국수자원공사, 수자원편람, 1998.

한국수자원공사, 다목적댐 운영실무편람, 2003.

Bedient, P.B. and Huber, W.C., *Hydrology and Floodplain Analysis*, 3rd Ed., Prentice Hall, Inc., New Jersey, 2002.

Biswas, A.K., *History of Hydrology*, American Elsevier, New York, 1992.

Chow, V.T., Maidment D.R., Mays, L.W., *Applied Hydrology*, McGraw Hill, New York, 1988.

Shihklomanov, I.A. and Sokolov, A.A., *Methodological Basis of World Water Balance Investigation and Computation*, IAHS, Publication No. 148, 1983.

UNESCO, *World Water Balance and Water Resources of the Earth*, 1978.

Wilson, E.M., *Engineering Hydrology*, 3rd Ed., Macmillan Press, 1983.

Hydrology

2 장

수문기상론

2.1 서 론

한 지역의 수문학적 특성은 그 지역의 기후와 지형 및 지질구조에 의하여 결정되며 중요한 기상인자로는 강수의 양과 그의 시간 및 공간적 분포, 눈과 얼음의 생성, 그리고 증발과 증산 및 융설에 미치는 대기압, 기온, 습도 및 바람의 영향 등 여러 가지를 들 수 있다. 따라서 수공구조물의 효율적인 설계, 관리 및 운영을 위해서는 수문기상학적인 고려(hydrometeorological considerations)가 있어야 하는 것이다. 기상학 분야에 대한 깊은 이해가 필요한 수문학적 문제를 열거해 보면, 댐 여수로 설계를 위한 가능최대강수량(最大可能降水量, Probable Maximum Precipitation, PMP)이라든가 최적 융설조건의 결정, 저수지의 효율적인 운영조작을 위한 강수 및 강설의 예보, 또는 댐이나 제방의 설계에 고려되어야 할 파고(波高)의 산정을 위한 최대풍속의 결정 등 여러 가지를 들 수 있다. 따라서 수문기술자는 수문현상의 직접적인 발생요인이 되는 모든 문제를 취급하는 기상학에 대한 깊은 이해가 있어야 함은 물론이다.

2.2 일기와 기후

한 지역의 수문기상은 그 지역의 기후와 지형 및 지질에 의하여 지배된다고 할 수 있다. 한

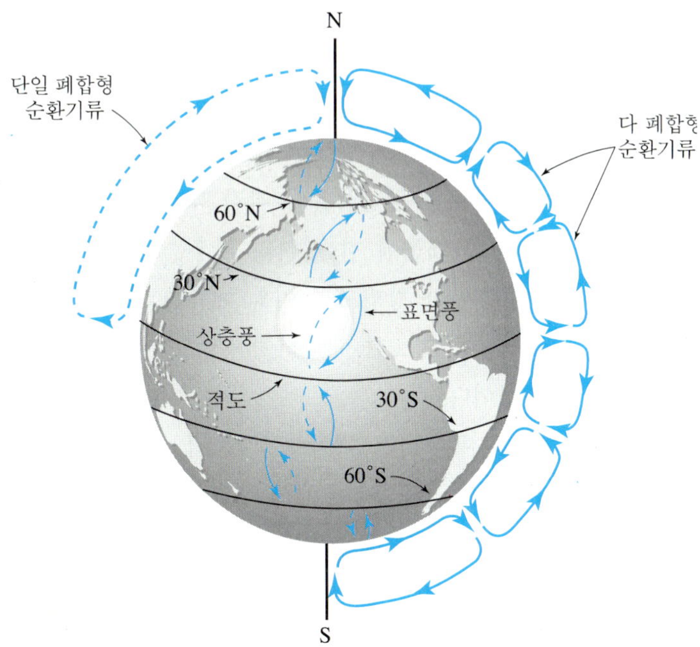

그림 2.1 지구상의 대기순환

지역의 기후는 그 지역이 지구상의 어떤 위치에 자리잡고 있느냐에 따라 주로 결정되는 것이며 중요한 기상학적 인자로서는 대기압, 기온, 습도, 바람 및 강수 등을 들 수 있다. 이들 인자들은 모두 지구상의 물 순환의 한 과정인 증발과 증산에 직접적인 영향을 미친다.

지형인자는 강수의 형(形)이나 강수량의 분포에 영향을 미치게 되며 호수나 늪지대의 형성 및 유출률(runoff rate)의 정도에 결정적인 요소가 되므로 한 지역의 수문기상에 대단히 중요한 영향을 미친다.

지질인자는 한 지역의 지형형상을 지배할 뿐만 아니라 지표면을 통해 침투한 물이 지하수를 형성하는 대수층(帶水層, aquifer)의 구조에 막대한 영향을 미치게 된다.

대기권 내에 있어서의 열순환(熱循環, thermal circulation)의 양상은 대단히 복잡하다. 만약 지구가 정지상태에 있는 구형체라면 단순한 열순환이 이루어질 것이다. 즉, 적도지방은 위도가 높은 지역보다 더 많은 태양방사열(solar radiation)을 받게 될 것이므로 그림 2.1의 좌상단부에 단일 폐합형 순환기류(單一 閉合形 循環氣流)로 표시한 바와 같이 적도지역의 난기단(暖氣團)은 상승할 것이며 이는 위도가 높은 지역의 한기단(寒氣團)을 대치시켜 극지방의 한기단이 적도지방으로 하강하게 될 것이다. 그러나 실제의 열순환은 다음의 몇 가지 이유 때문에 그림 2.1의 우상단부에 표시한 것처럼 다 폐합형 순환기류(多 閉合形 循環氣流)들이 위도에 따라 공존한다.

그 첫 번째 이유는 지구의 자전(自轉)이다. 타원형의 지구가 그 축을 중심으로 1일 1회씩 자전하기 때문에 지구상의 임의 지점의 기단은 12시간씩 가열과 냉각이 반복된다. 뿐만 아니라 지구는 태양 주위를 연 1회씩 공전하므로 기단의 가열과 냉각은 계절성을 가진다. 다른 한 가지 이유는 지구표면은 지면과 수면으로 구성되어 있으며, 그 분포도 불규칙할 뿐만 아니라 수면과 지면의 비열(比熱) 및 열반사율이 각각 다르다는 점이다.

이와 같은 몇 가지 이유 때문에 한 지역의 기후는 각종 인자들의 복합작용에 의하여 그 특성이 결정되는 것이며 간단한 방법으로 이를 예측하기란 대단히 어려운 것이다. 따라서 비교적 장기간 동안의 기상관측 자료를 획득하여 통계학적으로 분석함으로써 기후의 장기적 예측을 수행하는 것이 통상이다.

각종 수문학적 연구를 위해서는 대기압이라든지, 기온, 습도, 바람, 일조시간 및 강수 등에 대한 자료의 획득이 필수적이다. 이 중에서 대기의 특성인자에 속하는 대기압, 기온, 습도, 바람에 대해서는 본 장에서 간단히 살펴보기로 하고 수문순환과정에 있어서 수자원의 원천이 되는 강수현상에 대해서는 제3장에서 상세하게 다루기로 한다.

2.3 대기압

공기는 작지만 무게를 가지고 있어서 특정 면적상에는 공기의 무게로 인한 힘이 작용하게 되며, 이와 같은 공기가 미치는 단위면적당의 힘, 즉 압력을 대기압(大氣壓, air pressure)이라 한다. 한 지역에서의 대기압의 변화는 바람을 발생시키고, 이는 다시 기온과 습도를 변화시키는 등 기상 변화를 초래하는 중요한 역할을 한다.

따라서, 이 절에서는 대기압의 측정방법과 지구상의 시간적 및 공간적 기압분포 및 고도변화에 따른 대기압의 변화 등을 살펴보기로 한다.

2.3.1 대기압의 측정 및 고도에 따른 대기압의 변화

전술한 바와 같이, 대기압은 단위면적당 작용하는 공기의 무게(혹은 힘)로서 통상 수은기압계(水銀氣壓計, mercury barometer)나 아네로이드 기압계(aneroid barometer)로 측정한다. 수은기압계는 그림 2.2(a)에서 보는 바와 같이 1643년 토리첼리(Torricelli)가 처음 실험하여 대기압을 측정한 장치로서, 한쪽 끝이 막힌 유리관에 수은을 채우고 이를 수은이 들어 있는 그릇에 뒤집어서 그릇 속의 수은 표면으로부터 유리관 내 수은 표면까지의 높이, 즉 수은주(水銀柱)를 측정함으로써 기압을 계산하였다. 즉, 그림 2.2(a)에서 보는 바와 같이 수은주의 높이에 해당하는 수은의 무게와 대기압이 평형을 이루는 것이므로 수은주의 무게가 곧 대기압인 것이다.

대기압이 높아지면 유리관 내의 수은주도 상승하게 되며 반대로 대기압이 낮아지면 수은주도 하강하게 된다.

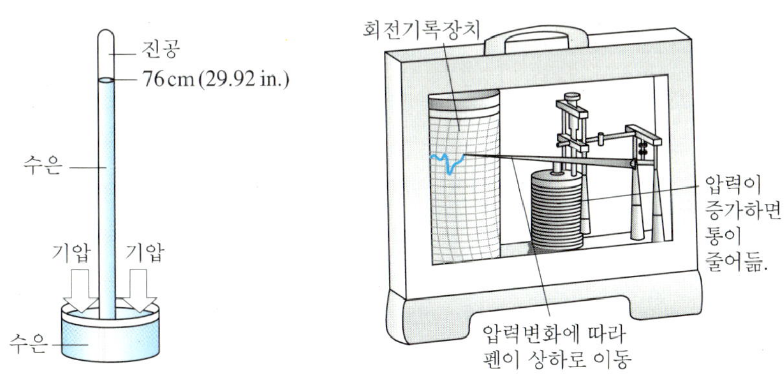

(a) 수은기압계 (b) 아네로이드 기압계

그림 2.2 수은기압계와 아네로이드 기압계

토리첼리에 의해 최초 실험된 수은기압계는 그 정밀도를 개선하여 오늘날도 표준대기압을 측정하는 도구로 사용되고 있다. 표준대기압은 해수면을 기준으로 하고 있으며 수은주의 높이는 760 mm이다. 따라서, 1기압은 760 mmHg에 해당하는 압력이며, 다른 압력단위와의 관계는 다음과 같다.

$$\begin{aligned} 1\text{기압} &= 760\ \text{mmHg} = 13.6 \times 0.76\ \text{m}\ H_2O = 10.33\ \text{m}\ H_2O \\ &= 1{,}000 \times 10.33\ \text{kg/m}^2 = 1.033\ \text{kg/cm}^2 \\ &= 9.8 \times 1{,}000 \times 10.33\ \text{N/m}^2 = 1.013 \times 10^5\ \text{N/m}^2 \\ &= 1.013\ \text{bar} = 1{,}013\ \text{mb} \end{aligned} \tag{2.1}$$

한편, 그림 2.2(b)는 아네로이드 기압계로 공기를 뺀 금속통을 사용하여 기계적으로 기압을 측정한다. 금속통은 기압의 변화에 대단히 민감하여 압력이 증가하면 압축되고 압력이 감소되면 팽창하여 모양이 변하게 되며 이와 같은 금속통의 압축과 팽창정도가 기압으로 표시되도록 만들어져 있다. 아네로이드 기압계는 그림 2.2(b)에서와 같이 시간에 따른 기압의 변화를 기록지에 표시할 수 있도록 되어 있으며, 이를 자기기압계(自記氣圧計, barograph)라 한다.

대기압은 연직방향의 고도변화에 따라 평균 해수면에서의 표준대기압과는 다르게 변화하며 한 지역의 기상과 밀접한 관계를 가진다. 일반적으로 고도가 높아지면 공기의 밀도가 낮아져 단위체적당의 공기의 무게가 가벼워지므로 기압은 낮아지게 된다. 대기압이 정수압(靜水壓, hydrostatic pressure) 조건에 따라 변화한다는 가정하에 고도별 평균기압을 산정해보면 표 2.1의 결과를 얻을 수 있다.

표 2.1 고도변화에 따른 대기압의 변화

고도 (km)	0	1	2	3	4	5	10	20	30	40
기압 (mb)	1,013	899	795	701	617	540	265	55	12	3

2.3.2 대기압의 지리적 분포

해수면에서의 대기압 분포는 수시로 변하며 매우 불안정하나 평균적으로는 거의 일정한 양상을 보이는 것으로 알려져 있다. 그림 2.3과 그림 2.4는 1월과 7월의 평균 해수면에서의 전지구적 대기압의 분포를 보여주고 있다.

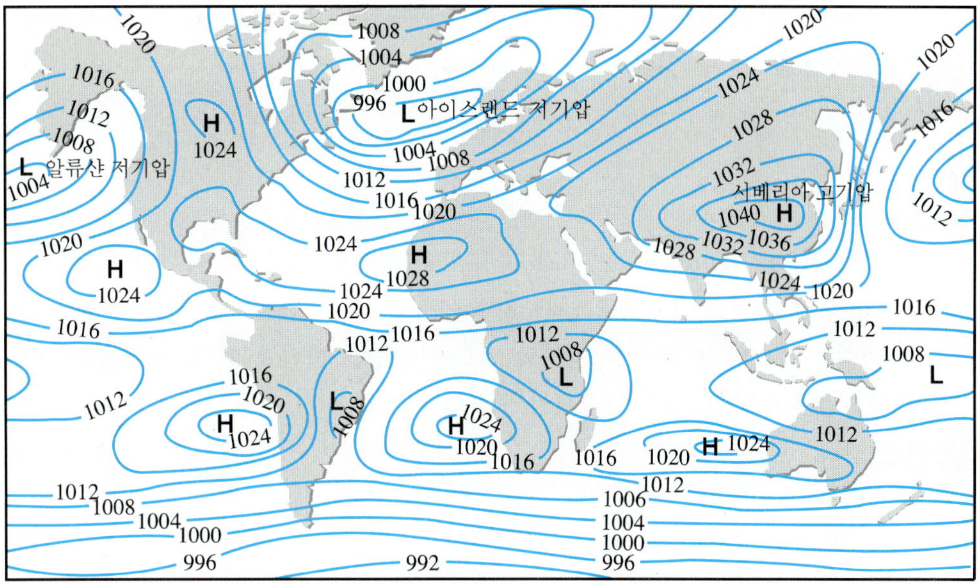

그림 2.3 1월의 대기압(milibar) 분포

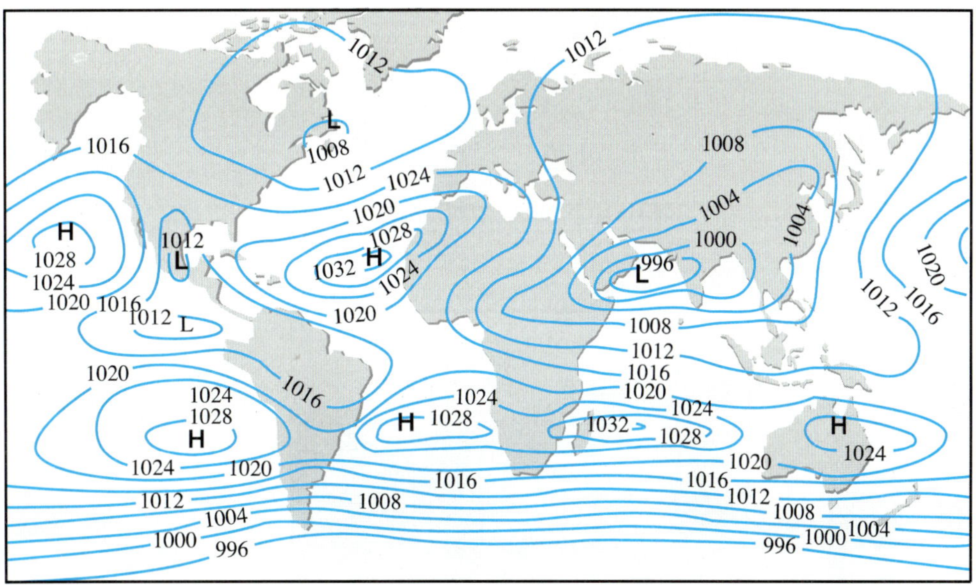

그림 2.4 7월의 대기압(milibar) 분포

그림에서 알 수 있는 바와 같이 북반구와 남반구 모두 중위도(25°~35°) 지역에서 고기압을 나타내고 있고, 이 두 고기압대의 중간 위도에 열대성 저기압이 형성되고 있으며, 극지방에 가까운 지역에도 저기압대가 형성되고 있음을 알 수 있다. 또한, 북반구에서는 등기압선이 타원형에 가까운 셀(cell)형상을 보이는 반면 남반구의 극지방 근처에서는 연속적인 띠 형태를 나타내고 있음을 알 수 있다.

2.4 기 온

기온(氣溫, air temperature)이란 대기의 온도를 말한다. 태양복사에너지와 지구에너지 간의 열수지(熱收支)의 불균등으로 인해 지구표면 및 대기 중에서의 온도는 다양하게 나타나게 되며, 이러한 온도의 변화는 한 지역의 기후에 영향을 미치게 된다. 여기서는 기온의 측정 방법과 양적 표현방법, 대기권 내에서의 기온의 시간적 변화, 수평 및 연직변화 등에 관해 살펴보기로 한다.

2.4.1 기온의 측정

기온은 온도계(溫度計, thermometer)에 의해 섭씨(℃) 혹은 화씨(°F)로 측정되며 절대온도인 Kelvin 온도(K)로도 표시되며 이들 간의 관계는 다음과 같다.

$$℃ = (°F - 32) \times 5/9 \tag{2.2}$$

$$°F = (9/5 \times ℃) + 32 \tag{2.3}$$

$$K = ℃ + 273.15 \tag{2.4}$$

온도계에는 그림 2.5에서 보는 바와 같이 수은을 사용하는 일 최고치 온도계(daily maximum

(a) 일 기온 측정장치 (b) 자기온도계

그림 2.5 일 기온 측정장치 및 자기온도계

thermometer)와 알콜을 사용하는 일 최저치 온도계(daily minimum thermometer)가 있으며, 시간에 따른 순간온도를 기록지에 자동적으로 기록하도록 되어 있는 자기온도계(thermograph)가 있다.

온도계 설치지점에서의 지면부근 연직방향 기온변화는 대단히 크므로 그림 2.5(a)에서 보는 바와 같이 일 최고치 및 최저치 온도계는 비교적 통풍이 잘 되는 곳에 지붕이 있는 나무상자(shelter) 속에 설치하는 것이 좋으며, 나무상자 속 온도계는 지면으로부터 약 1.4 m 높이에 위치시키는 것이 보통이다.

2.4.2 기온의 통계학적 표현방법

어떤 시간장경(時間長徑) 동안의 평균기온(average or mean temperature)은 산술평균기온을 의미하며, 정상기온(正常氣溫, normal temperature)은 특정일이나 월, 계절 혹은 연에 대한 최근 30년간의 평균값으로 정의된다. 예를 들면 2001년 현재의 어느 지점의 특정기간에 대한 정상기온이란 1971~2000년간의 30년 평균값으로 표시된다.

일 평균기온(mean daily temperature)은 몇 가지 방법으로 결정되고 있다. 가장 정확한 방법은 하루 동안의 시간별 기온을 평균하는 방법이며 때로는 3시간 혹은 6시간 간격의 기온을 평균하는 방법을 사용하기도 한다. 실제로 가장 많이 사용하고 있는 방법은 일 최고 및 일 최저기온을 산술평균하는 방법으로, 이 방법에 의해 계산되는 일 평균기온은 시간별 기온의 평균값보다 약 1℃ 이내로 더 높은 것으로 알려져 있다.

정상 일 평균기온(normal daily temperature)은 특정일의 30년간의 일 평균기온을 평균한 기온을 말하며, 월 평균기온(mean monthly temperature)은 해당 월의 일 평균기온 중 최고값과 최저값을 평균한 기온을 말한다. 정상 월 평균기온(normal monthly temperature)은 특정월에 대한 장기간(30년간) 동안의 월 평균기온의 산술평균값을 뜻하며 연 평균기온(mean annual temperature)은 해당년의 월 평균기온의 평균값으로 정의된다.

2.4.3 하루 중 기온의 시간적 변화

기온은 낮 동안에는 올라가고 밤에는 내려가게 되며 지면으로 태양복사에너지가 최대로 유입될 때와 온도가 가장 높은 때와는 몇 시간의 차이가 나게 된다. 이러한 차이는 그림 2.6과 같이 최대 태양복사에너지 유입과 지구로부터 방출되는 최대 복사에너지의 발생시각 차이 때문에 생긴다. 육지에서 하루 동안의 온도변화는 바다에서의 온도변화보다 크게 나타나는데 바다는 물 속에 에너지를 보다 효과적으로 분포시켜 빠르게 온도가 변하는 것을 억제하기 때문이다.

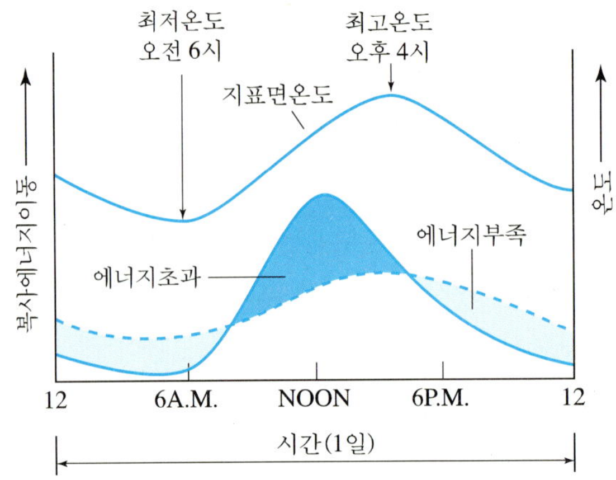

그림 2.6 복사에너지 수지에 따른 하루 중 기온변화
자료: Marsh(1986)

계절적인 온도변화 또한 유입되는 태양복사에너지의 연중 분포와 매우 밀접한 관계를 가진다. 그림 2.7은 전형적인 태양복사에너지와 기온의 연중 분포를 보여주고 있으며 지구로 유입되는 태양복사에너지와 지구로부터 지체되어 방출되는 태양복사에너지의 차이로 인해 최고치의 발생시기에 차이가 나타나고 있다. 이러한 완충효과는 바다나 바다에 의해 영향을 받는 지역에서 더욱 뚜렷하게 나타나며 북반구인 경우 최대 및 최저 기온은 8월과 2월에 나타나며, 대륙지역에서는 최대 및 최저기온이 7월과 1월에 각각 발생한다.

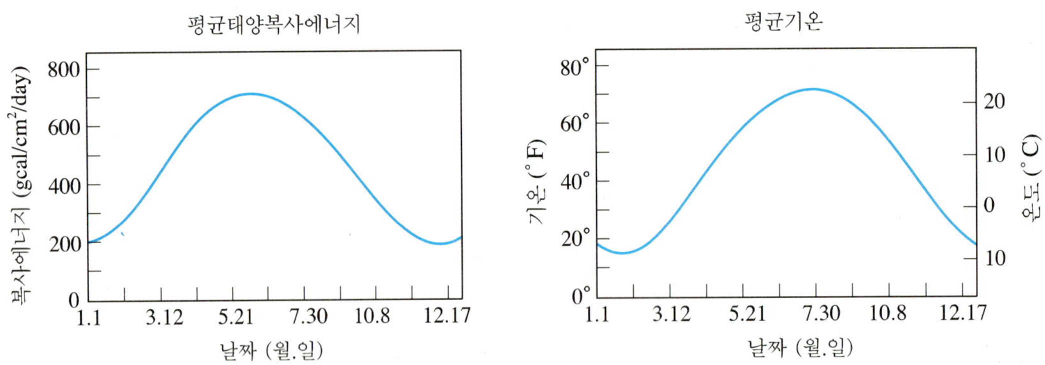

그림 2.7 연간 태양복사에너지 유입에 따른 기온의 변화(미국 Wisconsin주 Madison)
자료: Trewartha(1968)

2.4.4 기온의 연직방향 변화

기온의 연직방향 변화율(lapse rate)은 기온이 지면으로부터 연직방향으로 감소해 가는 율을 말한다. 대류권(지표면으로부터 10~20 km까지의 대기층)의 하부층 내에서의 기온변화율은 고도 100 m당 약 0.7℃ 정도이며 기온변화율이 가장 심한 곳은 지표면 부근이다. 연직방향 기온변화율은 시간에 따라 크게 변동된다.

지표면 부근에서는 일조시간 동안의 태양복사열에 의한 가열 때문에 기온변화율은 대단히 크나 밤에는 냉각되므로 기온변화율이 크게 떨어진다. 고도가 높아짐에 따라 대기압은 낮아지므로 단위질량의 공기가 차지하는 용적은 더 커지며 이에 따른 기온저하는 주위 공기가 건조할 경우 고도 100 m당 약 1℃ 정도이다. 이 기온변화율을 건조단열 기온변화율(乾燥斷熱 氣溫變化率, dry-adiabatic lapse rate)이라 부른다. 만약 공기가 상승했을 때 주위 공기가 습윤한 상태이면 용적증가와 더불어 냉각이 일어나 공기가 함유하고 있는 수증기는 응축하게 되며 이때 방출되는 응축열은 기단이 건조한 공기일 때처럼 빨리 냉각되지 못하게 한다. 이때의 기온변화율을 포화단열 기온변화율(飽和斷熱 氣溫變化率, saturated-adiabatic lapse rate)이라 하며 고도 100 m당 약 0.6℃ 정도로서 건조단열시보다 낮다.

2.4.5 기온의 지리적 분포

일반적으로 지구표면에서의 기온은 그림 2.8에 표시된 바와 같이 적도 부근에서 가장 높고 양극지방으로 갈수록 낮아지나 이러한 성향은 육지와 바다의 분포라든지 지형, 식생피복 등에 의해 상당한 영향을 받는다. 커다란 육지의 내부에서는 동일 위도상의 해안지방보다 여름에는 기온이 높고 겨울에는 오히려 낮다. 고도가 높은 곳에서는 낮은 곳에서보다 기온이 낮으며 남향지대가 북향지대보다는 높은 기온을 갖게 된다.

고도에 따른 기온감소율은 대체로 고도차 100 m당 0.5~1.0℃ 정도이며 삼림이 우거진 지역은 헐벗은 지역보다 일 최고기온은 낮으나 일 최저기온은 높고 평균기온은 1~2℃ 정도 낮은 것으로 알려져 있으며 그 차이는 여름에 더 크다.

대도시지역에서의 복사열은 한 지역의 기온양상을 국지적으로 변화시키기 때문에 도시 근교지역의 연 평균기온보다 약 1℃ 정도는 큰 것이 보통이며 이는 주로 도시지역의 높은 일 최저기온 때문인 것으로 알려져 있다.

우리나라의 정상 연 평균기온은 대체로 위도가 높아질수록 작아지는 경향을 보이며 그림 2.9는 정상 연 평균기온의 등온선을 표시하고 있고 그림 2.10 및 2.11은 지역별 일 평균 최고 및 일 평균 최저기온의 분포를 표시하고 있다.

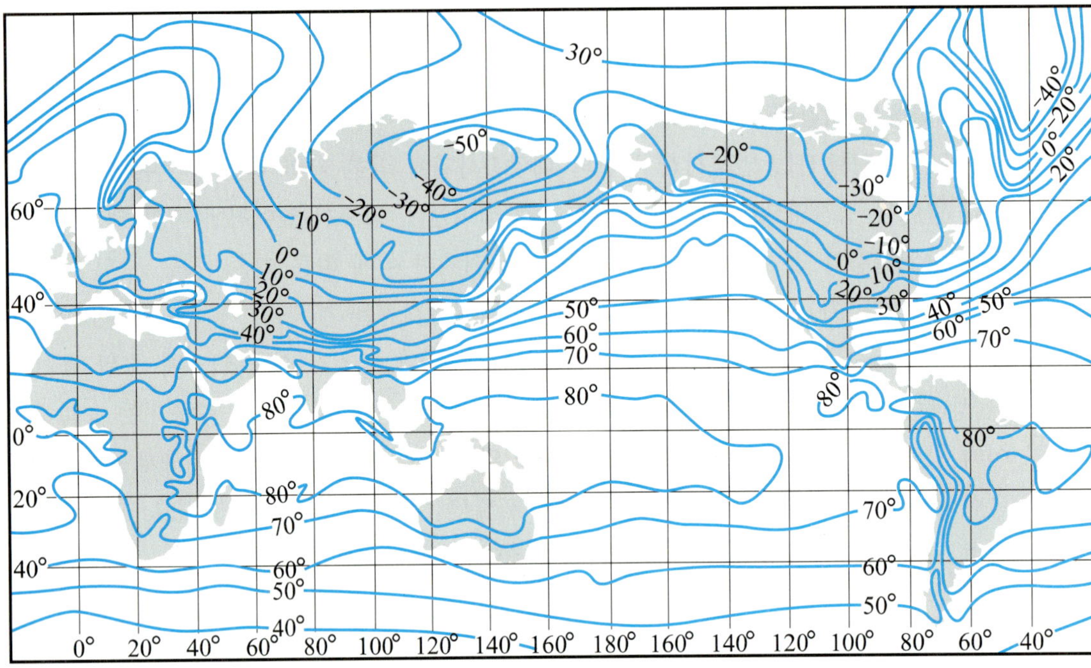

(a) 1월의 평균기온(°F)

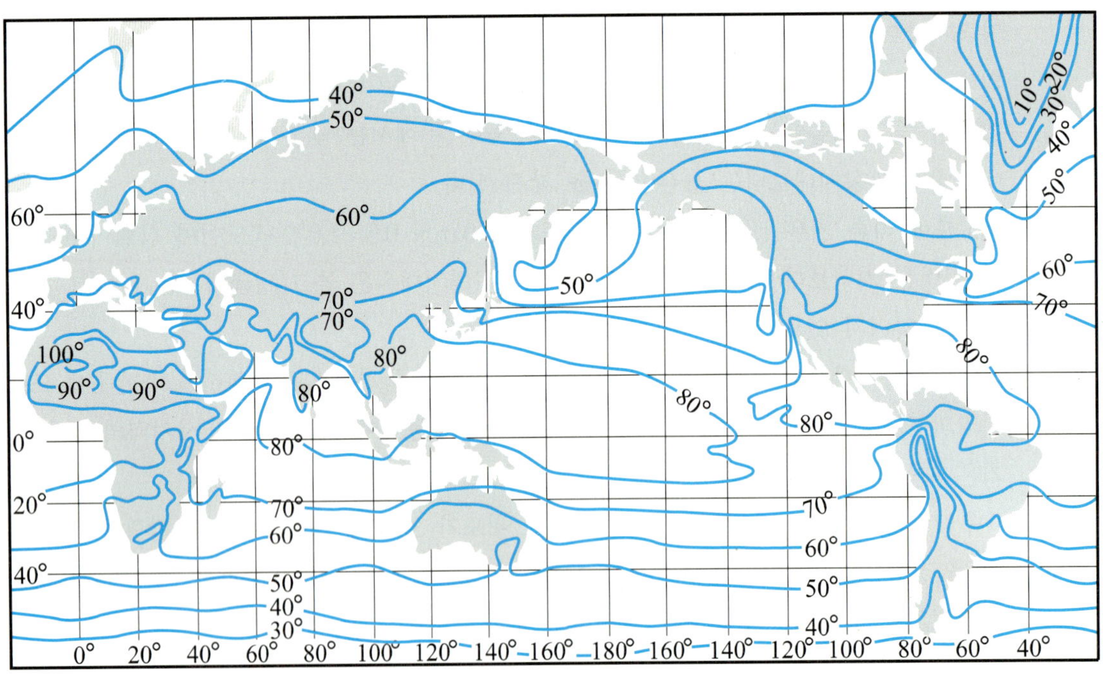

(b) 7월의 평균기온(°F)

그림 2.8 지구상의 1월과 7월 평균기온(°F) 분포 [자료: Linsley, Kohler, Paulhus(1982)]

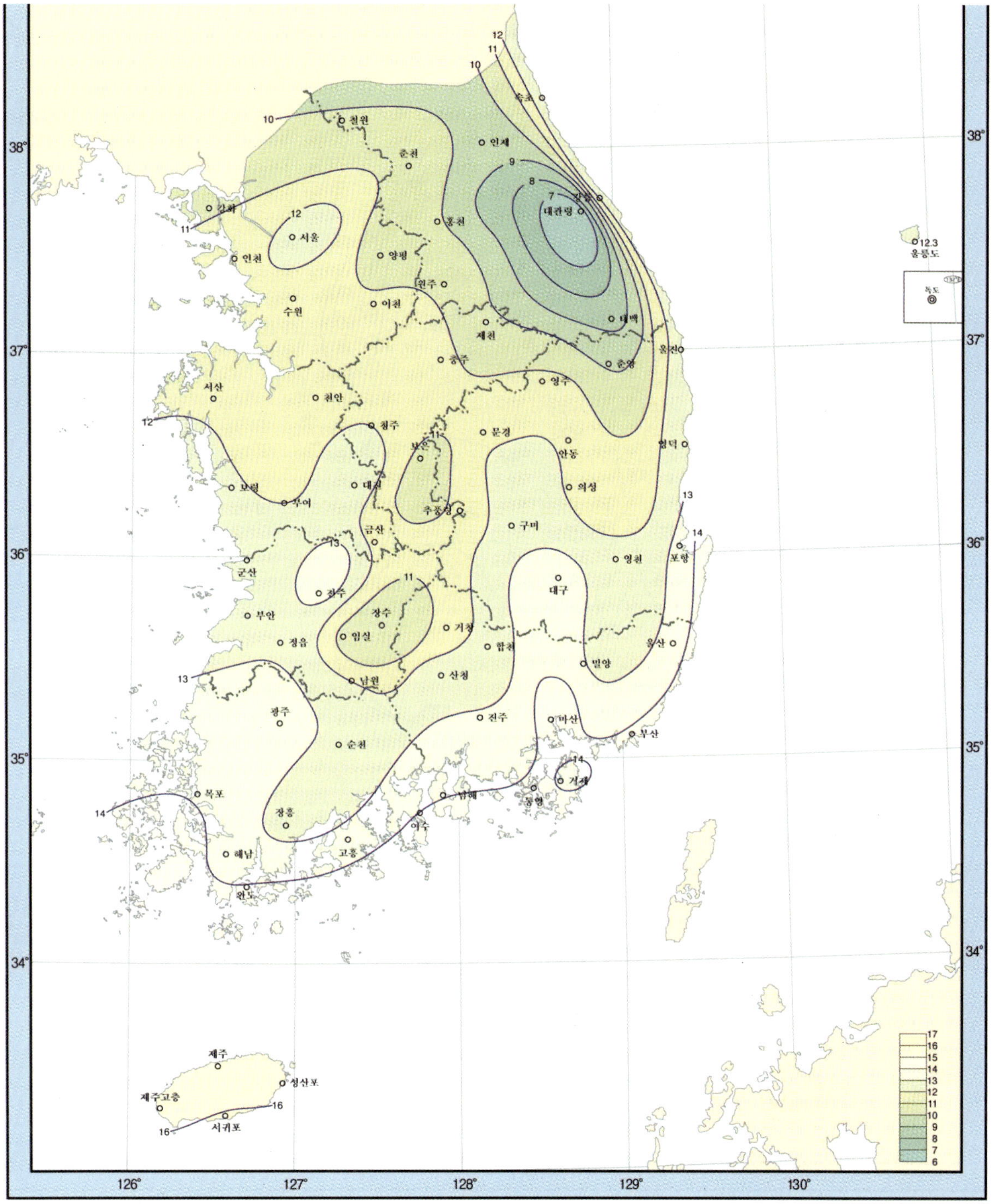

그림 2.9 정상 연 평균기온(℃) 분포도
자료: 한국기후도(기상청, 2001)

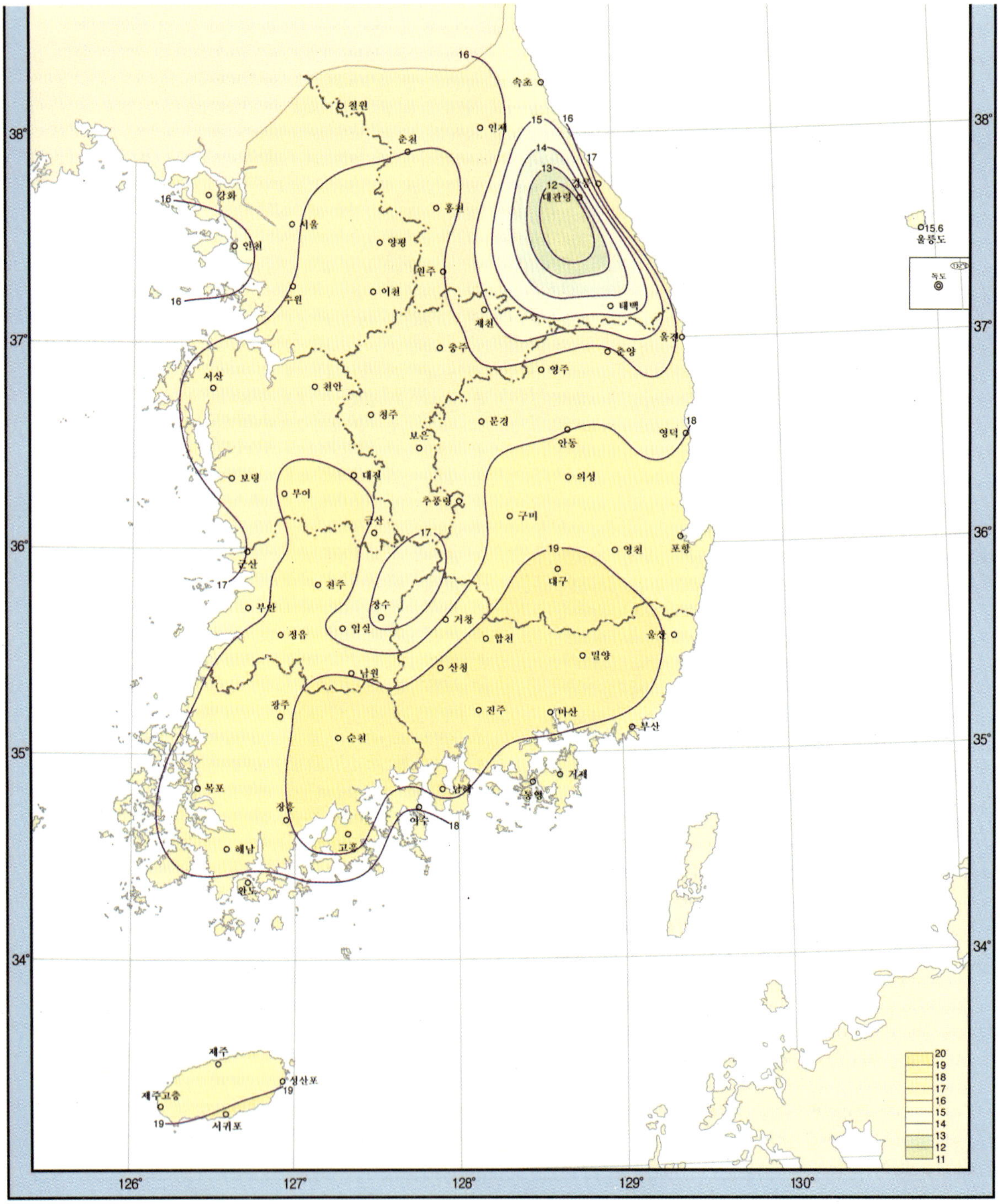

그림 2.10 정상 일 평균 최고기온(℃) 분포도
자료: 한국기후도(기상청, 2001)

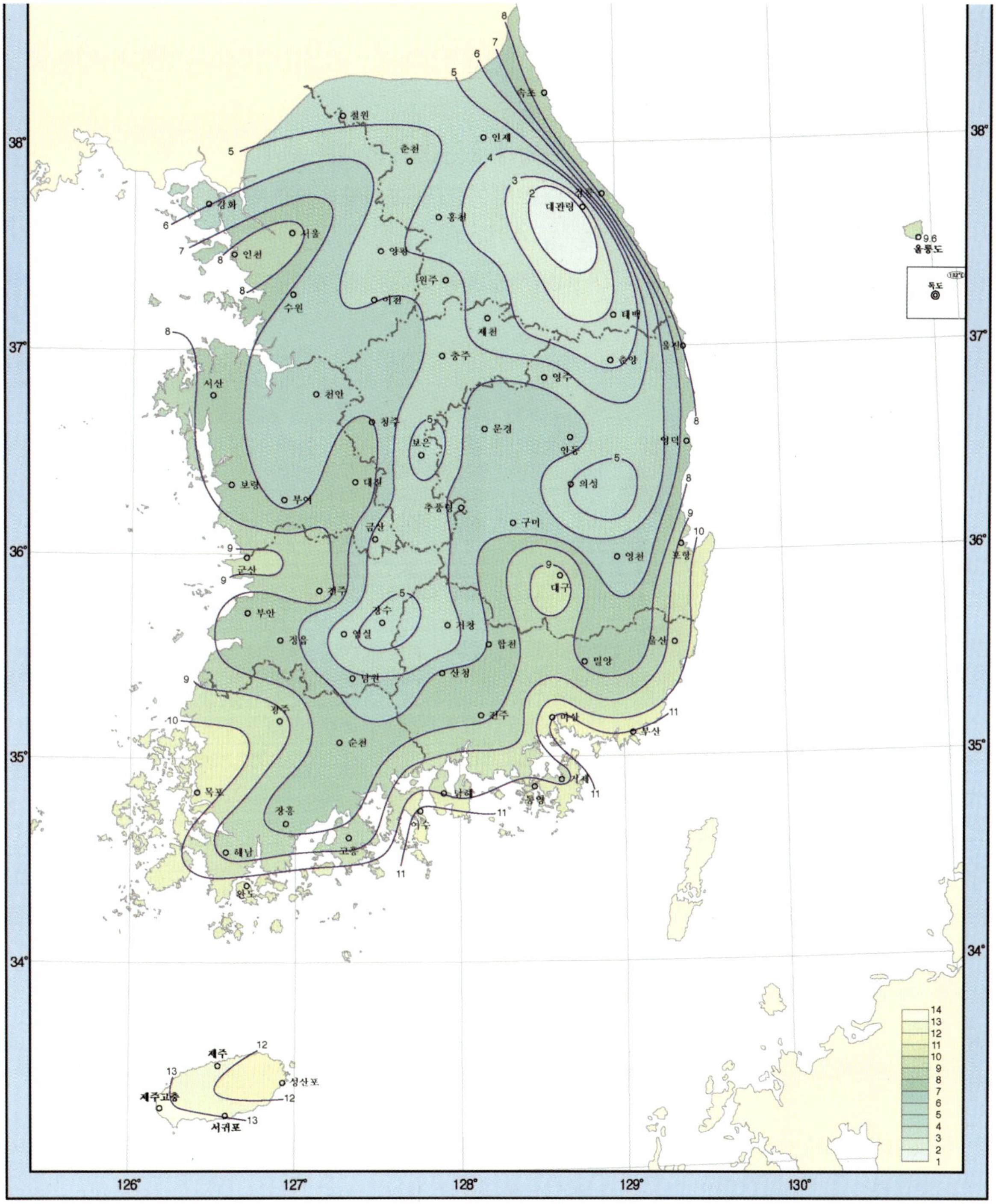

그림 2.11 정상 일 평균 최저기온(℃) 분포도
자료: 한국기후도(기상청, 2001)

2.4.6 기온의 연중변화

기온은 하루 중의 시간에 따라 변화할 뿐 아니라 연중의 시기에 따라서도 크게 변화하는 성향을 가진다.

표 2.2는 기상청이 2001년 현재로 운영해 온 36개 기상대와 35개 관측소 중 주요 기상대 지점에서의 정상 월 평균기온(1971~2000년 기간)을 표시하고 있으며, 대체로 8월 평균기온이 최고이고 1월 평균기온이 최저임을 알 수 있다.

표 2.3과 2.4는 각각 최근 30년(1971~2000년) 동안의 주요 기상대 지점별 일 최고 및

표 2.2 주요 기상대 지점별 정상 월 평균기온 (단위: ℃)

측후소 \ 월별	1	2	3	4	5	6	7	8	9	10	11	12	전년
속 초	−0.2	0.9	5.2	11.3	15.9	19.0	22.8	23.7	19.7	14.9	8.6	2.9	12.1
춘 천	−4.5	−1.8	4.2	11.4	16.8	21.5	24.5	24.3	18.9	12.1	4.8	−1.7	10.9
서 울	−2.5	−0.3	5.2	12.1	17.4	21.9	24.9	25.4	20.8	14.4	6.9	0.2	12.2
울릉도	1.3	1.6	5.2	10.8	15.4	18.6	22.3	23.4	19.7	15.1	9.5	4.4	12.3
수 원	−3.2	−1.0	4.5	11.2	16.7	21.4	24.8	25.2	20.2	13.4	6.1	−0.4	11.6
대 전	−1.9	0.2	5.4	12.4	17.6	22.0	25.3	25.5	20.3	13.8	6.8	0.7	12.3
포 항	1.6	3.1	7.4	13.4	17.9	21.0	24.8	25.4	21.3	16.1	9.9	4.0	13.8
대 구	0.2	2.1	7.1	13.8	18.7	22.5	25.7	26.1	21.3	15.4	8.6	2.5	13.7
광 주	0.5	1.9	6.5	12.9	17.8	22.0	25.5	26.1	21.4	15.4	8.7	2.8	13.5
목 포	1.8	2.6	6.5	12.3	17.0	21.1	24.8	26.0	22.0	16.6	10.2	4.4	13.8
부 산	3.0	4.3	8.3	13.4	17.4	20.5	24.2	25.7	22.1	17.3	11.3	5.6	14.4
제 주	5.6	6.0	8.9	13.6	17.5	21.2	25.7	26.5	22.7	17.8	12.6	8.0	15.5

자료: 기상청, 한국기후표(1971~2000), 2001

표 2.3 주요 기상대 지점별 월별 일 최고기온의 평균값 (단위: ℃)

측후소 \ 월별	1	2	3	4	5	6	7	8	9	10	11	12	전년
속 초	3.7	4.7	9.0	15.6	20.1	22.2	25.8	26.7	23.2	19.0	12.6	6.9	15.8
춘 천	1.3	4.4	10.8	18.7	23.6	27.4	29.2	29.5	25.1	19.3	10.8	3.7	17.0
서 울	1.6	4.1	10.2	17.6	22.8	26.9	28.8	29.5	25.6	19.7	11.5	4.2	16.9
울릉도	4.2	4.6	8.8	14.7	19.2	21.9	25.3	26.5	23.1	18.7	12.9	7.6	15.6
수 원	2.1	4.4	10.2	17.6	22.6	26.5	28.9	29.5	25.6	19.8	11.9	4.9	17.0
대 전	3.3	5.7	11.5	19.1	23.8	27.4	29.7	30.2	25.9	20.4	12.7	6.1	18.0
포 항	6.5	8.1	12.3	18.5	23.1	25.3	28.8	29.3	25.4	21.2	15.0	9.2	18.6
대 구	5.3	7.5	12.9	20.1	25.0	28.0	30.3	30.9	26.6	21.7	14.4	8.0	19.2
광 주	5.1	7.0	12.4	19.3	23.9	27.2	29.7	30.5	26.6	21.5	14.3	8.0	18.8
목 포	6.5	7.6	11.9	17.9	22.2	25.5	28.4	30.1	26.7	22.1	15.4	9.3	18.6
부 산	7.6	9.1	13.0	17.8	21.5	24.0	27.3	29.2	26.1	22.1	16.1	10.3	18.7
제 주	8.3	8.9	12.2	17.3	21.3	24.7	28.8	29.5	25.6	21.1	15.8	10.9	18.7

자료: 기상청, 한국기후표(1971~2000), 2001

표 2.4 주요 기상대 지점별 월별 일 최저기온의 평균값 (단위: ℃)

측후소 \ 월별	1	2	3	4	5	6	7	8	9	10	11	12	전년
속 초	−3.8	−2.6	1.4	7.1	11.9	16.0	20.2	20.9	16.3	10.7	4.6	−1.0	8.5
춘 천	−9.7	−7.3	−1.6	4.4	10.4	16.4	20.7	20.5	14.3	6.7	0	−6.3	5.7
서 울	−6.1	−4.1	1.1	7.3	12.6	17.8	21.8	22.1	16.7	9.8	2.9	−3.4	8.2
울릉도	−1.0	−0.8	2.3	7.5	12.0	15.8	20.0	21.2	17.3	12.3	6.8	1.9	9.6
수 원	−7.9	−5.8	−0.7	5.3	11.2	17.0	21.5	21.6	15.5	7.7	1.1	−5.0	6.8
대 전	−6.3	−4.5	0.2	6.3	11.7	17.2	21.8	21.8	15.8	8.3	1.9	−3.9	7.5
포 항	−2.4	−1.1	3.0	8.6	13.1	17.5	21.7	22.4	17.7	11.8	5.6	−0.1	9.8
대 구	−4.1	−2.4	2.1	7.9	12.8	17.8	22.1	22.4	16.9	10.1	3.7	−2.0	8.9
광 주	−3.3	−2.3	1.6	7.3	12.4	17.8	22.4	22.6	17.2	10.3	4.2	−1.2	9.1
목 포	−1.4	−0.8	2.7	8.1	13.1	17.9	22.2	23.1	18.6	12.5	6.4	0.9	10.3
부 산	−0.7	0.5	4.6	9.7	14.0	17.7	21.9	23.2	19.2	13.7	7.6	1.8	11.1
제 주	3.0	3.1	5.6	9.8	13.9	18.2	23.0	23.8	19.7	14.5	9.4	5.0	12.4

자료: 기상청, 한국기후표(1971~2000), 2001

표 2.5 주요 기상대 지점별 일 최고 및 일 최저기온의 극값 (단위: ℃)

구분	일 최고		일 최저	
측후소 \ 기온	기온	발생연월일	기온	발생연월일
강 릉	39.4	42. 7. 25	−20.2	15. 1. 13
춘 천	36.6	72. 7. 21	−27.9	69. 2. 6
서 울	38.4	94. 7. 24	−23.1	27. 12. 31
울릉도	34.6	94. 8. 4	−13.6	81. 2. 26
수 원	37.3	94. 7. 23	−25.8	69. 2. 6
대 전	37.7	94. 7. 24	−19.0	69. 2. 6
포 항	38.6	94. 7. 14	−15.0	45. 1. 6
대 구	40.0	42. 8. 1	−20.2	23. 1. 19
광 주	38.5	94. 7. 19	−19.4	43. 1. 5
여 수	37.1	94. 7. 20	−12.6	77. 2. 16
부 산	36.7	83. 8. 4	−14.0	15. 1. 13
제 주	37.5	42. 7. 25	−6.0	77. 1. 16

자료: 기상청 website(www.kma.go.kr/weather/climate), 2006

일 최저기온의 월별 평균값을 표시하고 있으며, 표 2.5는 기상대 지점별 기록상의 일 최고 및 일 최저기온을 수록하고 있다.

2.5 습 도

습도(濕度, humidity)란 대기 중의 공기가 함유하게 되는 수분의 정도를 표시하는 척도이며 이는 수문순환과정 중 중요한 하나의 성분과정인 증발 및 증산현상에 큰 영향을 미치는 기상인자이다. 따라서 여기서는 수증기의 일반적인 성질과 습도의 측정방법, 그리고 공간 및 시간적 변화에 대해 각각 살펴보기로 한다.

2.5.1 수증기의 성질

액체상태의 물이 기체상태의 수증기로 바뀌는 현상을 기화(氣化, vaporization) 혹은 증발(蒸發, evaporation)이라 부른다. 물 분자가 충분한 운동에너지를 받아 물 분자 간의 응집력보다 운동에너지가 더 커지면 물 분자는 수표면을 이탈하게 된다. 마찬가지로 눈이나 얼음표면으로부터 물 분자가 직접 수증기로 변환될 수도 있는데 이를 승화(昇化, sublimation)현상이라 부르며 수문학에서는 증발현상에 포함시키는 것이 보통이다. 증발현상과는 반대로 수증기가 물 혹은 눈, 얼음으로 변환하는 현상을 응축현상(凝縮現象, condensation)이라 한다.

두 가지 이상의 기체가 혼합체를 구성하고 있을 경우 각 기체는 다른 기체에 무관하게 부분압(部分壓, partial pressure)을 가지게 되며 공기와 수증기의 혼합체에 있어서 수증기가 가지는 부분압을 증기압(蒸氣壓, vapor pressure)이라 한다.

만약 증발수표면이 폐쇄된 계(system) 내에 있고 증발표면 위에 공기가 채워져 있을 때 열에너지가 이 계 내에 가해지면 수면으로부터 수분이 공기 중으로 증발하게 될 것이다. 이러한 증발현상은 공기가 수증기로 포화되어 더 이상 증발할 수 없을 때까지, 즉 평형상태에 도달할 때까지 계속된다. 이때 수증기분자는 수표면에 압력을 가하게 되며 이 압력을 포화증기압(飽和蒸氣壓, saturation vapor pressure) e_s라 부른다. 물론 포화증기압은 그 계의 온도에 따라 달라지며 표 2.6에 그 값이 수록되어 있다. 표 2.6은 mmHg 단위로 표시한 포화증기압이며 milibar와의 관계는 다음과 같다.

$$1\ \text{mmHg} = 1.333\ \text{milibar} = 1.333 \times 10^3\ \text{dyne/cm}^2 = 133.3\ \text{N/m}^2 \qquad (2.5)$$

그림 2.12는 표 2.6의 관계를 도표화한 것이다. 그림 2.12를 살펴보면 질량 M의 공기가 어떤 온도 t℃에서 e mmHg의 증기압을 가진다면 M점은 포화증기압곡선(飽和蒸氣壓曲線, saturation vapor pressure curve) 아래에 있으므로 온도가 일정하게 유지될 때 이 기단은 더 많은 수증기를 계속 흡수하여 그림의 연직점선 ①을 따라 포화증기압 e_s에 도달하게 될 것

표 2.6 온도 t℃에 따른 포화증기압 e_s(mmHg) (참고: 1 mmHg=1.333 milibar)

온도 t(℃)	0.0	0.1	0.2	0.3	0.4	0.5	0.6	0.7	0.8	0.9
−10	2.15									
−9	2.32	2.30	2.29	2.27	2.26	2.24	2.22	2.21	2.19	2.17
−8	2.51	2.49	2.47	2.45	2.43	2.41	2.40	2.38	2.36	2.34
−7	2.71	2.69	2.67	2.65	2.63	2.61	2.59	2.57	2.55	2.53
−6	2.93	2.91	2.89	2.86	2.84	2.82	2.80	2.77	2.75	2.73
−5	3.16	3.14	3.11	3.09	3.06	3.04	3.01	2.99	2.97	2.95
−4	3.41	3.39	3.37	3.34	3.32	3.29	3.27	3.24	3.22	3.18
−3	3.67	3.64	3.62	3.59	3.57	3.54	3.52	3.49	3.46	3.44
−2	3.97	3.94	3.91	3.88	3.85	3.82	3.79	3.76	3.73	3.70
−1	4.26	4.23	4.20	4.17	4.14	4.11	4.08	4.05	4.03	4.00
0	4.58	4.55	4.52	4.49	4.46	4.43	4.40	4.36	4.33	4.29
0	4.58	4.62	4.65	4.69	4.71	4.75	4.78	4.82	4.86	4.89
1	4.92	4.96	5.00	5.03	5.07	5.11	5.14	5.18	5.21	5.25
2	5.29	5.33	5.37	5.40	5.44	5.48	5.53	5.57	5.60	5.64
3	5.68	5.72	5.76	5.80	5.84	5.89	5.93	5.97	6.01	6.06
4	6.10	6.14	6.18	6.23	6.27	6.31	6.36	6.40	6.45	6.49
5	6.54	6.58	6.54	6.68	6.72	6.77	6.82	6.86	6.91	6.96
6	7.01	7.06	7.11	7.16	7.20	7.25	7.31	7.36	7.41	7.46
7	7.51	7.56	7.61	7.67	7.72	7.77	7.82	7.88	7.93	7.98
8	8.04	8.10	8.15	8.21	8.26	8.32	8.37	8.43	8.48	8.54
9	8.61	8.67	8.73	8.78	8.84	8.90	8.96	9.02	9.08	9.14
10	9.20	9.26	9.33	9.39	9.46	9.52	9.58	9.65	9.71	9.77
11	9.84	9.90	9.97	10.03	10.10	10.17	10.24	10.31	10.38	10.45
12	10.52	10.58	10.66	10.72	10.79	10.86	10.93	11.00	11.08	11.15
13	11.23	11.30	11.38	11.75	11.53	11.60	11.68	11.76	11.83	11.91
14	11.98	12.06	12.14	12.22	12.96	12.38	12.46	12.54	12.62	12.70
15	12.78	12.86	12.95	13.03	13.11	13.20	13.28	13.37	13.45	13.54
16	13.63	13.71	13.80	13.90	13.99	14.08	14.17	14.26	14.35	14.44
17	14.53	14.62	14.71	14.80	14.90	14.99	15.09	15.17	15.27	15.38
18	15.46	15.56	15.66	15.76	15.96	15.96	16.06	16.16	16.26	16.36
19	16.46	16.57	16.68	16.79	16.90	17.00	17.10	17.21	17.32	17.43
20	17.53	17.64	17.75	17.86	17.97	18.08	18.20	18.31	18.43	18.54
21	18.65	18.77	18.88	19.00	19.11	19.23	19.35	19.46	19.58	19.70
22	19.82	19.94	20.06	20.19	20.31	20.43	20.58	20.69	20.80	20.93
23	21.05	21.19	21.32	21.45	21.58	21.71	21.84	21.97	22.10	22.23
24	22.27	22.50	22.63	22.76	22.91	23.05	23.19	23.31	23.45	23.60
25	23.75	23.90	24.03	24.20	24.35	24.49	24.64	24.79	24.94	25.08
26	25.31	25.45	25.60	25.74	25.89	26.03	26.18	26.32	26.46	26.60
27	26.74	26.90	27.05	27.21	27.37	27.53	27.69	27.85	28.00	28.16
28	28.32	28.49	28.66	28.83	29.00	29.17	29.34	29.51	29.68	29.85
29	30.03	30.20	30.38	30.56	30.74	30.92	31.10	31.28	31.46	31.64
30	31.82	32.00	32.19	32.38	32.57	32.76	32.95	33.14	33.33	33.52

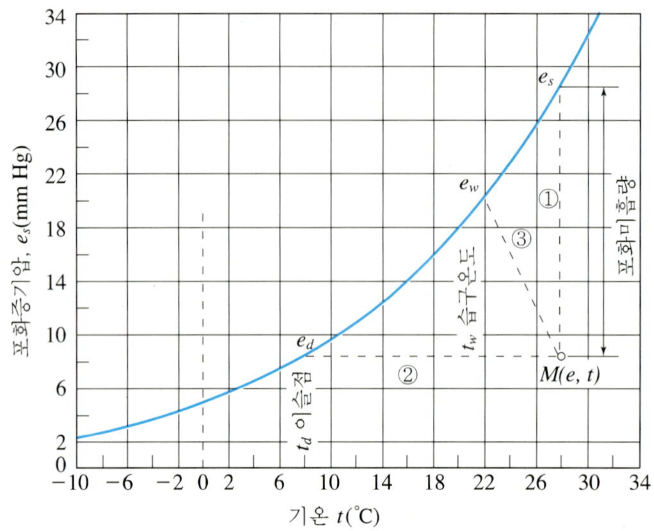

그림 2.12 물의 포화증기압 곡선

이다. 이때 증기압의 증가량($e_s - e$)을 포화미흡량(飽和未洽量, saturation deficit)이라 한다.

반대로, 기단의 습도를 일정하게 유지하면서, 즉 기단의 증기압을 일정하게 유지하면서 온도를 강하시켜 공기를 냉각시키면 M점은 수평점선 ②를 따라 좌측으로 이동하여 포화증기압곡선과 만나게 된다. 이 점에서 기단은 다시 포화상태에 도달하게 되며 이때의 온도를 이슬점(露点, dew point)이라 한다. 기단을 이슬점 이하로 냉각시키면 응축현상(凝縮現象, condensation)이 일어나게 된다.

증기화현상은 증발되는 액체로부터 열을 뺏는 것이며 응축현상은 반대로 열을 가하는 것이다. 잠재증기화열(潛在蒸氣化熱, latent heat of vaporization)은 온도의 변화없이 액체상태로부터 기체상태로 변환하는 데 필요한 단위질량당의 열량을 말하며 40℃까지 다음 경험식에 의해 비교적 정확하게 결정될 수 있다.

$$H_v = 597.3 - 0.564\,t \tag{2.6}$$

여기서, H_v는 잠재증기화열(cal/g)이며 t는 대기의 온도(℃)이다. 따라서 습도와 증기압이 상승함에 따라 공기의 온도는 강하하게 되며 그림 2.12의 M점은 사선 ③을 따라 포화증기압에 도달할 때까지 이동하게 된다. 이때의 온도 t_w를 습구온도(濕球溫度, wet-bulb temperature)라 하며 습구온도계에 의해 측정된다.

잠재융해열(潛在融解熱, latent heat of fusion)은 단위질량의 얼음 혹은 눈을 동일 온도의 물로 변환시키는 데 필요한 열량(cal/g)을 말하며 0℃에서의 물의 잠재융해열은 79.7 cal/g이다.

수증기의 비중(specific gravity)은 동일 온도와 압력에서의 건조공기 비중의 0.622배 정도이고 증기밀도(density) ρ_v(g/cm^3)는 다음 식으로 구할 수 있다.

$$\rho_v = 0.622\frac{e}{R_g t} \tag{2.7}$$

여기서, t는 대기의 절대온도(K, Kelvin 온도)이며 R_g는 건조공기의 기체상수로서 $2.87\times 10^3\,\text{cm}^3/\text{sec}^2/\text{K}$이고 e는 증기압(milibars)이다.

한편, 건조공기의 밀도는 다음 식으로 표시할 수 있다.

$$\rho_d = \frac{p_d}{R_g t} \tag{2.8}$$

여기서, ρ_d는 건조공기의 밀도(g/cm^3)이며 p_d는 milibar 단위로 표시한 대기압이다.

습윤한 공기의 밀도는 단위 혼합체적당 수증기와 건조공기의 질량합과 같으며 습윤한 공기에 작용하는 전압력을 p_a라 하면 $(p_a - e)$는 건조공기만의 부분압 p_d가 된다. 식 (2.7)과 식 (2.8)을 더하고 $p_d = p_a - e$로 놓으면

$$\rho_a = \frac{p_a}{R_g t}\left(1 - 0.378\frac{e}{p_a}\right) \tag{2.9}$$

식 (2.9)로부터 습윤한 공기는 건조공기보다 가벼움을 알 수 있다.

2.5.2 습도관련 변수의 정의 및 경험공식

대기 중에 포함되어 있는 수분의 정도를 표시하기 위한 방법에는 여러 가지가 있으나 수문학에서 자주 사용하는 변수에 국한해서 살펴보기로 한다. 증기압은 그 자체로서 대기 중의 수분함유량을 직접 표시하는 척도는 아니지만 공기의 밀도나 수증기의 함유 정도를 표시하기 위한 실질적인 기본요소로 사용됨에는 틀림없다.

전술한 바와 같이 포화증기압은 온도에 따라 변하며 이를 결정하는 방법은 다분히 경험적이며 표 2.6에 수록한 바와 같은 표의 형태로부터 얻게 된다. 포화증기압을 결정하기 위한 경험공식 중 대표적인 것은 다음과 같이 표시되는 Goff-Gratch형의 공식으로 $-50^\circ \sim +55$℃ 에서 1% 미만의 오차로 포화증기압을 계산할 수 있다. 즉,

$$e_s \approx 33.8639\left[(0.00738\,t + 0.8072)^8 - 0.000019\,|1.8\,t + 48| + 0.001316\right] \tag{2.10}$$

여기서, e_s는 포화증기압(milibars)이고 t는 기온(℃)을 표시한다.

전술한 바의 이슬점(dew point) t_d는 일정한 압력과 일정한 물-수증기비 아래서 공기가 냉각됨에 따라 물-수증기 혼합체가 수증기로 포화되는 온도를 말한다. 만약 어떤 온도 t℃에서의 상대습도(相對濕度, relative humidity) f를 알면 이슬점은 다음 식에 의해 −40℃ ~ +50℃ 에서 0.3℃ 이내의 오차로 계산이 가능하다.

$$t - t_d \approx (14.55 + 0.114\,t)X + [(2.5 + 0.007\,t)X]^3 + (15.9 + 0.117\,t)X^{14} \tag{2.11}$$

여기서, t는 기온(℃)이고 X는 1.0으로부터 소수점으로 표시한 상대습도 f를 뺀 값이다. 즉, $X = 1.0 - f/100$이다.

상대습도 f는 어떤 온도 t℃에서의 포화증기압 e_s에 대한 실제증기압 e의 비를 백분율로 표시하여 정의한다. 즉,

$$f = 100 \times \frac{e}{e_s} \tag{2.12}$$

상대습도는 대기의 온도 t와 이슬점 t_d를 사용하는 다음과 같은 경험공식을 사용하여 계산할 수도 있으며 컴퓨터에 의한 계산에 편리하다.

$$f \approx 100 \times \left(\frac{112 - 0.1\,t + t_d}{112 + 0.9\,t} \right)^8 \tag{2.13}$$

여기서, t와 t_d는 ℃로 표시하여야 하며 이 식에 의한 상대습도의 계산은 −25℃ ~ +45℃에서 0.6% 이내의 오차를 가질 뿐이다.

비습도(比濕度, specific humidity) q_h는 습윤공기 단위질량당 수증기의 질량(g/kg)으로 정의되며 다음과 같은 경험식으로 계산할 수 있다.

$$q_h = 622 \frac{e}{(p_a - 0.378e)} \approx 622 \frac{e}{p_a} \tag{2.14}$$

여기서, p_a는 대기압(milibars)이고 e는 어떤 온도에서의 실제증기압(milibars)으로서 후술할 습도계 측정에 의해 산정된다.

어떤 두께의 공기층 내에 존재하는 수증기의 총량은 흔히 가능강수수분량(可能降水水分量, precipitable water) W_p(mm)로 표시하기도 한다. 어떤 두께의 공기층 내 가능강수수분량의 크기는 그 층 내에서의 평균압력과 층의 상부 및 하부면에서의 온도, 습도 등의 측정에 의해 다음과 같은 경험식으로 계산할 수 있다.

$$W_p = \sum 0.01 \bar{q}_h \Delta p_a \tag{2.15}$$

여기서, W_p는 가능강수수분량(mm)이며 Δp_a는 층 내 대기압의 변화량(milibars), $\bar{q}_h$는 해당층의 상부면과 하부면에서의 비습도의 평균값(g/kg)이다.

2.5.3 습도의 측정

지구표면의 공기층에서의 습도는 통상 습도계(濕度計, psychrometer)로 측정한다. 그림 2.13(a)의 회전식 습도계는 2개의 온도계로 구성되어 있는데 그 중 하나는 온도계의 벌브(bulb) 부분을 물에 축인 면포로 둘러싼 습구온도계(濕球溫度計)이며 다른 한 개의 온도계는 공기 중에 노출되어 있다. 이들 온도계에는 바람이 잘 통하도록 환기장치가 부착되며 증발로 인한 냉각 때문에 습구온도계의 독치(讀值)는 건구온도계(乾球溫度計)의 독치보다 낮아지는데 그 차를 습구온도강하량(濕球溫度降下量, wetbulb depression)이라 하며 건구온도계에 나타나는 온도하에서의 실제증기압을 계산하는 데 사용된다. 즉, 임의의 기온 t℃에 있어서의 실제증기압 e는 다음 식으로 표시할 수 있다.

$$e = e_w - \gamma(t - t_w) \tag{2.16}$$

여기서, t_w는 습구온도계의 독치(℃)이고 e_w는 t_w에서의 포화증기압(milibars)이며 e는

(a) 회전식 습도계 (b) 자기습도계

그림 2.13 습도계

기온 t℃에서의 실제증기압(milibars)이다. 또한 γ는 습도계 계수(psychrometer constant)로서 e를 milibar로 표시할 때 0.66의 값을 가지나, e를 mmHg로 표시할 때에는 0.485의 값을 가진다. 이들 γ값은 온도계의 벌브를 통해 최소한 3 m/sec 이상의 풍속으로 환기시켜 줄 때의 값이다.

식 (2.16)으로 어떤 온도 t℃에서의 실제증기압을 계산하고 나면 식 (2.12)에 의해 상대습도를 계산할 수 있다. 또한 이와 같은 계산에 의하지 않고 습도계의 건구 및 습구온도계로 측정되는 온도만을 사용하여 상대습도를 결정할 수 있도록 하기 위하여 표 2.7과 같은 습도계표

표 2.7 습구온도강하량에 따른 대기온도별 상대습도(대기압 990 milibars일 때)

기온 t(℃)	습구강하량($t-t_w$), ℃															
	0	1	2	3	4	5	6	7	8	9	10	11	12	13	14	15
−10	91	60	31	2												
−8	93	65	39	13												
−6	94	70	46	23	0											
−4	96	74	53	32	11											
−2	98	78	58	39	21	3										
0	100	81	63	46	29	13										
2	100	84	68	52	37	22	7									
4	100	85	71	57	43	29	16									
6	100	86	73	60	48	35	24	11								
8	100	87	75	63	51	40	29	19	8							
10	100	88	77	66	55	44	34	24	15	6						
12	100	89	78	68	58	48	39	29	21	12	4					
14	100	90	79	70	60	51	42	34	26	18	10	3				
16	100	90	81	71	63	54	46	38	30	23	15	8				
18	100	91	82	73	65	57	49	41	34	27	20	14	7			
20	100	91	83	74	66	59	51	44	37	31	24	18	12	6		
22	100	92	83	76	68	61	54	47	40	34	28	22	17	11	6	
24	100	92	84	77	69	62	56	49	43	37	31	26	20	15	10	5
26	100	92	85	78	71	64	58	51	46	40	34	29	24	19	14	10
28	100	93	85	78	72	65	59	53	48	42	37	32	27	22	18	13
30	100	93	86	79	73	67	61	55	50	44	39	35	30	25	21	17
32	100	93	86	80	74	68	62	57	51	46	41	37	32	28	24	20
34	100	93	87	81	75	69	63	58	53	48	43	39	35	30	26	23
36	100	94	87	81	75	70	64	59	54	50	45	41	37	33	29	25
38	100	94	88	82	76	71	66	61	56	51	47	43	39	35	31	27
40	100	94	88	82	77	72	67	62	57	53	48	44	40	36	33	29

(濕度計表, psychrometric table)가 만들어져 있다.

습도를 측정하기 위한 계기에는 회전식 습도계 이외에도 여러 가지가 있다. 모발습도계(hair hygrometer)는 동물의 털이 상대습도에 따라 수축하고 팽창하는 성질을 이용한 것으로, 털의 신축에 따른 상대습도의 변화를 연속적으로 기록하도록 만든 계기이다. 이외에도 그림 2.13(b)에서 보는 바와 같이 자기습도계(自記濕度計, hygrothermograph) 등이 있으나 오차가 대단히 심하여 실무에 적용하기에는 어려움이 많다.

예제 2.1 어떤 지점에 설치한 회전식 습도계의 건구와 습구가 가리킨 온도가 각각 30℃ 및 22℃였다. 다음을 구하라.

1) 포화증기압
2) 실제증기압
3) 상대습도
4) 이슬점

풀이 1) 건구온도계로 측정된 30℃가 대기의 온도이므로 표 2.6으로부터 $e_s = 31.82$ mmHg $= 42.42$ milibars이다. 한편 식 (2.10)을 사용하여 계산하면

$$e_s = 33.8639[(0.00738 \times 30 + 0.8072)^8 - 0.000019(1.8 \times 30 + 48) + 0.001316] = 42.41 \text{ milibars}$$

식 (2.10)에 의한 계산값은 표 2.6에서 구한 값과 비슷하다.

2) 식 (2.16)을 사용하려면 $t_w = 22℃$, $e_w = 19.82$ mmHg $= 26.42$ milibars, $t = 30℃$, $\gamma = 0.66$이다. 따라서

$$e = 26.42 - 0.66(30 - 22) = 21.14 \text{ milibars}$$

3) 식 (2.12)에 의하면

$$f = 100 \times \frac{21.14}{42.42} = 49.83\%$$

한편, 표 2.7에서 $t = 30℃$ 이고 $t - t_w = 30 - 22 = 8℃$ 일 때의 $f = 50\%$ 이므로 거의 같은 값임을 알 수 있다.

4) 이슬점은 2)에서 구한 실제증기압이 포화증기압으로 되는 대기의 온도이므로 표 2.6으로부터 $e = 21.14$ milibars $= 15.86$ mmHg에 해당하는 기온 $t_d = 18.35℃$가 이슬점이다.

한편, 식 (2.11)을 사용하면, $X = 1 - 0.5 = 0.5$ 이며

$$t - t_d = [(14.55 + 0.114 \times 30) \times 0.5] + [(2.5 + 0.007 \times 30) \times 0.5]^3$$
$$+ [(15.9 + 0.117 \times 30) \times (0.5)^{14}] = 11.48$$
$$\therefore t_d = 30 - 11.48 = 18.52℃$$

예제 2.2 어떤 지역에서 측정한 고도별 대기압과 회전식 습도계 측정자료로부터 계산한 층별 비습도가 표 2.8과 같을 때 이 지역의 가능강수 수분량의 크기를 추정하라.

표 2.8 고도별 대기압과 비습도

고도번호	대기압 p_a(milibars)	비습도 q_h(g/kg)	고도번호	대기압 p_a(milibars)	비습도 q_h(g/kg)
1	1,200	18	6	510	8
2	1,000	16	7	430	6
3	850	15	8	320	4
4	700	13	9	250	2
5	600	10	10	200	1

풀이 식 (2.15)에서 $\bar{q}_h$는 고도구간별(층별) 평균비습도이며, Δp_a는 대기압차임을 고려하여 표 2.9에 필요한 계산을 하였으며 식 (2.15)를 적용하면

$$W_p = \sum 0.01\,\bar{q}_h \cdot \Delta p_a = 0.01 \sum \bar{q}_h \cdot \Delta p_a = 0.01 \times 11,180 = 111.8\ \text{mm}$$

표 2.9 가능강수 수분량의 계산

고도 번호	p_a	Δp_a	q_h	$\bar{q}_h$	$\bar{q}_h \cdot \Delta p_a$	고도 번호	p_a	Δp_a	q_h	$\bar{q}_h$	$\bar{q}_h \cdot \Delta p_a$
1	1,200	200	18	17	3,400	6	510	80	8	7	560
2	1,000	150	16	15.5	2,325	7	430	110	6	5	550
3	850	150	15	14	2,100	8	320	70	4	3	210
4	700	100	13	11.5	1,150	9	250	50	2	1.5	75
5	600	90	10	9	810	10	200		1		
계											11,180

2.5.4 습도의 지리적 및 시간적 분포

대기 중의 수분은 지구상의 위도가 높아짐에 따라 감소하나 온도에 대체로 반비례하는 상대습도는 증가한다. 또한 대기 중 수분은 해안지역에서 많고 내륙으로 들어감에 따라 감소하며, 고도가 높아짐에 따라서도 감소하게 된다. 그림 2.14는 1958년 북반구의 평균 가능강수 수분량(inch)의 분포를 표시하고 있다. 그림에서 볼 수 있는 바와 같이 대기 중 수분량을 표시하는 평균 가능강수 수분량은 적도지방으로부터 위도가 높아짐에 따라 감소하는 것으로 나타나 있으며 이 분포는 경년적인 변화가 크지 않으므로 연평균 가능강수 수분량의 분포로 보아도 될 것이다.

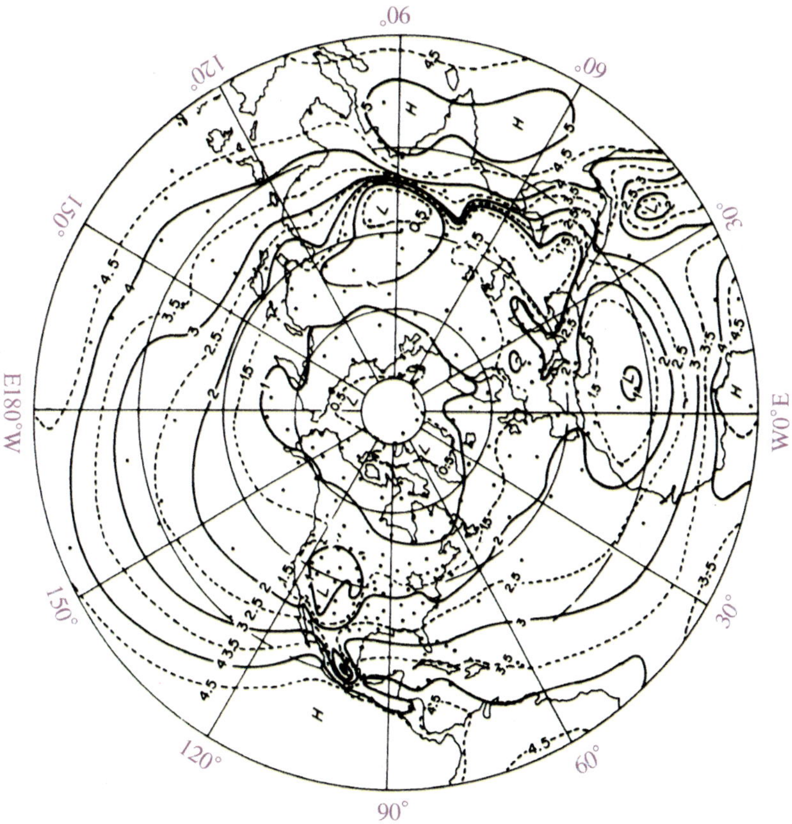

그림 2.14 북반구의 1958년도 가능강수 수분량(inch 단위)의 분포

대기의 온도와 마찬가지로 대기 중의 수분량도 겨울에 최소이고 여름에는 최대가 된다. 북반구에 있어서는 1월과 2월이 가장 건조한 달이고 7월과 8월이 가장 습한 달이 되며 위도가

45° 이상인 지역의 육지지방에서는 가장 건조한 달의 월 평균 가능강수 수분량은 연간 월 평균값의 절반 정도이고 가장 습한 달의 경우는 연간 월 평균값의 약 2배가 된다. 대기 중 수분의 계절적 변화는 바다나 해안지방에서는 대단히 작으며 열대의 바다에서 최소가 된다. 대기 중에 실제로 존재하는 수분의 양과는 반대로 상대습도는 여름에 최소이고 겨울에 최대가 된다.

지표면 부근에서는 밤 동안에 이슬이 맺히고 낮에 다시 증발하기 때문에 일출시가 수분이 가장 적은 때이고 정오 경에 수분이 제일 많다. 하루 동안의 상대습도는 기온과는 반대로 이른 아침에 최고이고 오후에 최저가 된다.

표 2.10은 기상청의 주요 지점별 월 평균 상대습도를 표시하고 있다. 우리나라의 경우 연중 상대습도가 가장 낮은 달은 대체로 4월로서 대략 60~70% 정도이고 가장 높은 달은 7월로서 80~85% 정도이다. 1월의 각 지방의 상대습도 분포는 서해안지방이 65~70%로서 동해안지방의 50~55%보다 약 15~20% 높은데 이는 북서계절풍이 서해의 습한 공기를 강제로 상승시키고 태백산맥의 동쪽으로 넘어갈 때 이른바 Föhn 현상에 의해 공기가 건조되고 기온이 상승하기 때문인 것으로 알려져 있다.

한편 그림 2.15는 우리나라 전역의 연평균 상대습도(%)의 지역적 분포를 표시하고 있다.

2.6 바 람

바람(wind)이란 고기압 지역에서 저기압 지역으로 이동하는 기단(氣團, air mass)을 지칭하며 기압의 수평적인 변화 때문에 발생하는 몇 가지 수문기상학적 과정에 있어서 대단히 중요한 역할을 하는 기상인자이다. 만약 수면과 접촉하고 있는 기단이 정체상태에 있다면 기단의 증기압은 수면의 증기압과 같으므로 증발현상은 일어나지 않을 것이며 마찬가지로 정체상태의 기단이 눈이나 얼음과 접촉하고 있다면 기단의 온도나 증기압이 눈이나 얼음 표면의 온도 및 증기압과 같음을 의미하므로 융해와 응축은 일어나지 않게 된다. 따라서 바람은 증발현상이나 융설, 융빙현상에 큰 영향을 미치는 것임을 알 수 있다. 뿐만 아니라 강수는 습윤한 기단이 호우중심으로 이동할 때만 형성되므로 바람은 강수현상에도 필수불가결한 인자이다.

표 2.10 주요 기상청 지점별 월 평균 상대습도 (단위: %)

측후소 \ 월별	1	2	3	4	5	6	7	8	9	10	11	12	연도
속 초	53.0	57.7	63.3	63.3	68.5	80.1	83.2	83.0	77.4	66.1	58.2	51.8	67.1
춘 천	70.8	67.5	65.1	61.6	66.4	72.7	79.9	80.4	79.0	76.1	74.8	73.6	72.3
서 울	62.6	61.0	61.2	59.3	64.1	71.0	79.8	77.4	71.0	66.2	64.6	63.8	66.8
인 천	63.8	63.6	65.7	66.7	70.6	76.6	82.4	80.1	74.2	68.7	66.0	64.8	70.3
울릉도	70.7	71.1	71.0	71.0	72.4	82.1	86.1	85.3	80.3	72.7	69.8	68.8	75.1
대 전	68.9	66.0	63.8	61.6	65.8	73.2	80.1	79.8	77.6	73.7	73.4	71.8	71.3
포 항	51.9	54.1	59.5	60.6	64.4	74.6	78.2	78.3	75.2	66.6	60.2	53.6	64.8
대 구	58.5	57.3	57.9	56.8	60.0	67.6	74.3	74.0	72.0	66.5	63.8	60.5	64.1
광 주	70.5	68.9	66.2	65.2	68.4	75.1	80.6	79.0	75.8	71.0	71.6	71.7	72.0
목 포	69.5	70.4	69.1	70.0	73.0	78.9	83.4	80.4	75.9	70.2	68.9	69.5	73.3
부 산	51.0	53.6	59.1	64.6	69.6	79.3	84.8	80.8	74.3	65.2	59.5	52.9	66.2
제 주	69.2	69.4	69.3	71.2	73.7	80.1	81.6	79.8	75.8	70.7	69.3	68.9	73.3

자료: 기상청, 한국기후표(1971~2000), 2001

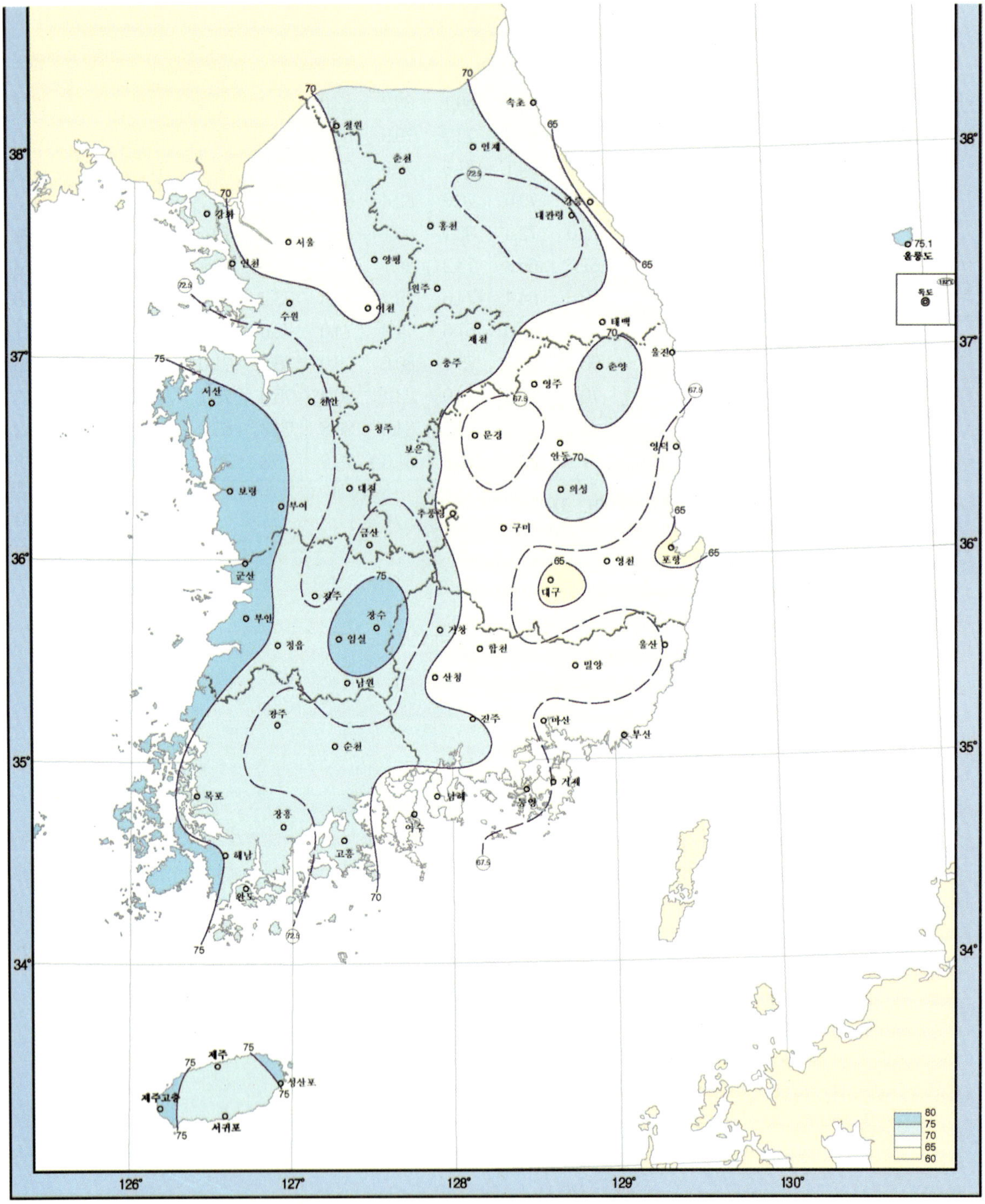

그림 2.15 연 평균상대습도(%) 분포도

2.6.1 바람의 측정

바람은 속도와 방향을 가지는 벡터(vector)량으로 그 크기를 표시한다. 바람의 방향, 즉 풍향(風向, wind direction)은 바람이 불어오는 방향으로 그 명칭을 붙이게 된다. 예를 들면, 북동풍은 북동쪽에서 불어와 남서쪽으로 불어가는 바람을 말한다.

풍향은 통상 나침반의 16개 방향(N, NNE, NE, ENE 등)으로 표시하는 것이 보통이며, 그림 2.16과 같은 풍향계(wind vane)에 연결되어 있는 나침반이 가리키는 각도를 읽어서 풍향을 결정할 수 있다. 즉, 0°와 360°는 북쪽, 90°는 동쪽, 180°는 남쪽, 270°는 서쪽을 의미한다.

그림 2.16 풍향계 및 나침반

풍속을 측정하는 계기를 풍속계(風速計, anemometer)라 부르며 여러 가지 종류가 있지만 가장 많이 사용되고 있는 형은 3개 혹은 4개의 컵(cup)이 연직축 주위로 회전하도록 되어 있는 컵형 풍속계(cup anemometer)이나 바람이 불 때 컵은 가속회전을 하기 때문에 평균풍속을 실제보다 약간 높게 측정하는 성향이 있다. 프로펠라형 풍속계(propeller anemometer)는 수평축 주위로 회전하게 되어 있으며, 압력튜브형 풍속계(pressure-tube anemometer)는 피토관의 작동원리를 이용한 풍속계이다. 그림 2.17은 컵형 풍속계와 풍향계가 함께 설치되어 있는 광경을 나타내고 있으며, 그림 2.18은 철탑 위에 설치된 풍속계 및 풍향계뿐만 아니라 대기온도 측정을 위한 온도계와 습도계, 우량계, 증발계 및 기타 기상 및 수문자료 측정을 위한 기기를 설치하여 운영하는 무인자동기상관측소(Automatic Weather Station, AWS)의 광경을 나타내고 있다.

그림 2.17 컵형 풍속계와 풍향계

그림 2.18 무인 자동 기상관측소(AWS)

풍속계에 의해 측정되는 풍속의 크기를 표시하는 단위들 간의 관계는 식 (2.17)과 같다.

$$1 \text{ km/hr} = 0.621 \text{ mi/hr} = 0.278 \text{ m/sec} = 0.540 \text{ knots} \tag{2.17}$$

풍속의 크기는 지표면으로부터 떨어진 높이에 따라 크게 변하나 지금까지 풍속계의 설치높이가 표준화되어 있지 않다. 풍속계의 일반적인 설치높이는 수 미터에서 수십 미터에 이르며 이로 인한 풍속의 크기 차는 풍속계의 측정오차에 비교할 수 없을 정도로 크다.

2.6.2 바람의 지리적 및 시간적 변화

지표면 부근에서의 바람은 겨울에는 추운 내륙지방에서 상대적으로 따뜻한 바다 쪽으로 불어오나 여름에는 반대방향으로 불게 된다. 마찬가지로 하루 중의 육풍과 해풍은 육지와 바다의 상대적인 온도 크기에 따라 차가운 쪽에서 따뜻한 쪽으로 불게 된다.

지표면 부근에서는 나무나 건물 혹은 기타 장애물로 인해 마찰을 받게 되므로 풍속은 감속되고 풍향도 바뀌어지는 것이 보통이다. 이와 같은 영향은 해발 600 m 이상이 되면 거의 무시할 수 있으며 이 영역을 마찰층(摩擦層, friction layer)이라 부른다. 마찰층 내에서의 지표면 풍속과 해양면 풍속은 평균적으로 볼 때 마찰층 바깥 풍속의 약 40% 및 70% 정도인 것으로 알려져 있다.

지표면으로부터의 높이에 따른 풍속의 변화는 마찰층 내에서 풍속분포곡선(wind profile)으로 표시할 수 있으며 이 곡선의 방정식은 대수함수곡선식(logarithmic profile) 혹은 멱함수곡선식(power-law profile)으로 표현될 수 있음이 알려져 있다. 이들 두 곡선식 중 어느 것이 더 정확한 결과를 주는가에 대해서는 논란이 많으나 멱함수곡선식을 소개하면 다음과 같다.

$$\frac{\overline{v}}{\overline{v_1}} = \left(\frac{z}{z_1}\right)^k \tag{2.18}$$

여기서, $\overline{v}$는 지표면으로부터 어떤 높이 z에 있어서의 평균풍속이며, $\overline{v_1}$는 지표면으로부터 어떤 기준 높이 z_1에 설치한 풍속계로 측정한 평균풍속이고, k는 지표면의 조도상태와 기류의 안정성 정도에 따라 변하는 지수로서 표면경계층 내에서는 표 2.11에 나타낸 바와 같이 약 0.1~0.6의 값을 가진다.

표 2.11 지표면의 조도와 기류의 안정성에 따른 k값

지표면 유형	지표면상 높이(m)	과단열	중립	안정	불안정
목초지	10~70	0.25	0.27	…	0.61
평지	11~49	0.16	0.20	0.25	0.36
초지	8~120	0.14	0.17	0.27	0.32-0.77
비행장	9~27	0.09	0.08	0.18	…
사막	6~61	0.15	0.18	0.22	…
산림지 부근	11~124	0.19	0.29	0.35	…

연중 풍속이 가장 크고 변화가 심한 계절은 겨울이며, 바람이 가장 조용한 계절은 여름이다. 하루 동안의 바람의 변화는 지표면 부근에서 중요하며, 특히 여름에 심하고 풍속은 통상 일출 시 부근에서 최소에 가까우며 이른 오후 경에 최대에 달한다. 지표면으로부터 약 300 m 정도의 고도에서는 최대풍속은 밤에 발생하고 최소풍속은 낮에 발생하는 것으로 알려져 있다.

우리나라 각 지방의 풍향을 살펴보면 겨울철에는 대체로 북서풍이 지배적이며, 여름철에는 남동풍 혹은 남서풍이 지배적이며, 봄과 가을철에는 뚜렷한 특성을 보이지 않는다. 풍향은 지형특성의 영향을 크게 받으므로 태백산맥의 동쪽에 위치하고 있는 강릉에서는 서남서 내지 남서풍이 지배적이며 소백산맥의 중부에 위치하고 있는 추풍령에서는 7~8월에는 동풍이, 그밖의 달에는 서풍이 지배적이다. 풍속 역시 지형의 영향을 크게 받아 일반적으로 섬지방, 해안지방 및 내륙지방의 순으로 강해지며 표 2.12에서 볼 수 있는 바와 같이 월 평균 풍속은 11

월~4월에 강하게 나타나 겨울철 계절풍이 여름철 계절풍보다 우세함을 말해주고 있다. 또한 연평균 풍속은 목포가 4.2 m/sec로 가장 강하고 그밖의 지방은 대략 2~4 m/sec 정도이다.

표 2.12 주요 기상대 지점별 월 평균 풍속 (단위: m/sec)

측후소 \ 월별	1	2	3	4	5	6	7	8	9	10	11	12	전년
속 초	3.7	3.5	3.4	3.7	3.3	2.7	2.4	2.4	2.6	2.9	3.4	3.6	3.1
춘 천	1.3	1.6	1.8	1.9	1.7	1.4	1.3	1.3	1.2	1.2	1.3	1.3	1.4
서 울	2.5	2.7	2.9	2.9	2.6	2.3	2.3	2.1	1.9	2.0	2.3	2.3	2.4
인 천	3.7	4.0	4.0	4.0	3.4	2.8	3.0	2.8	2.6	2.7	3.5	3.7	3.4
울릉도	4.0	4.1	4.3	4.9	4.9	3.6	3.8	3.8	3.6	3.8	4.0	3.9	4.0
대 전	1.4	1.7	2.0	2.2	2.1	1.9	1.9	1.8	1.5	1.3	1.3	1.3	1.7
포 항	3.1	3.1	3.1	3.2	3.0	2.7	2.8	3.0	3.0	2.7	2.7	2.9	2.9
대 구	3.1	3.2	3.2	3.2	3.1	3.0	2.9	2.9	2.5	2.4	2.6	2.9	2.9
광 주	2.2	2.4	2.5	2.5	2.3	2.1	2.4	2.1	1.9	1.8	1.9	2.0	2.2
목 포	4.8	5.2	4.8	4.3	3.9	3.5	3.9	3.7	3.6	3.9	4.3	4.4	4.2
부 산	4.1	4.2	4.3	4.4	3.9	3.6	4.2	4.1	3.8	3.6	3.8	3.9	4.0
제 주	4.9	4.7	4.1	3.7	3.2	3.1	3.2	3.2	3.2	3.5	4.1	4.6	3.8

자료: 기상청, 한국기후표(1971~2000), 2001

다음의 표 2.13은 우리나라 주요 기상대 지점별 최대순간풍속을 표시하고 있다.

표 2.13 주요 기상대 지점별 최대순간풍속(2002년 현재)

측후소	최대순간풍속 (m/sec)	발생연월일	측후소	최대순간풍속 (m/sec)	발생연월일
강 릉	41.6	83. 4. 27.	충 주	20.6	97. 8. 3.
춘 천	32.8	73. 11. 17.	대 구	30.0	85. 7. 17.
서 울	31.5	95. 9. 26.	광 주	39.6	87. 8. 3.
인 천	40.0	72. 11. 20.	여 수	46.1	59. 9. 17.
울릉도	40.0	72. 11. 20.	부 산	43.0	87. 8. 31.
대 전	29.3	00. 9. 16.	제 주	46.9	59. 9. 17.

표 2.13에서 보는 바와 같이 2002년 현재 공식적으로 기록된 최대순간풍속은 1959년에 발생했던 태풍 사라호 때 제주 기상대 지점에 기록된 46.9 m/sec이다.

해마다 풍수해를 동반하는 우리나라의 태풍은 7월부터 9월 사이에 중부 이남 지방을 주로 통과한다. 우리나라 여러 지방의 연간 폭풍일수를 살펴보면 울릉도가 약 179일로 가장 많고 다음은 남해안, 동해안, 서해안지방의 순으로 많으며 내륙지방이 가장 적으나 추풍령과 대구지방은 56일 정도로 비교적 많은 편이다.

해마다 막대한 풍수해를 동반하는 우리나라의 태풍은 7월부터 9월 사이에 발생하며 해마다 태풍의 통과 경로는 약간씩 다르나 최근에 우리나라를 통과한 대형 태풍의 경로는 그림 2.19와 같다. 그림 2.19에서 보는 바와 같이 남태평양 지역에서 열대성 저기압으로 인해 발생하는 태풍은 대체로 서북방향으로 진행하다가 중국 대륙의 영향으로 방향을 북동방향으로 선회하면서 우리나라의 중부 이남 지역을 강타한 후 대한해협을 빠져나가는 것이 보통이다.

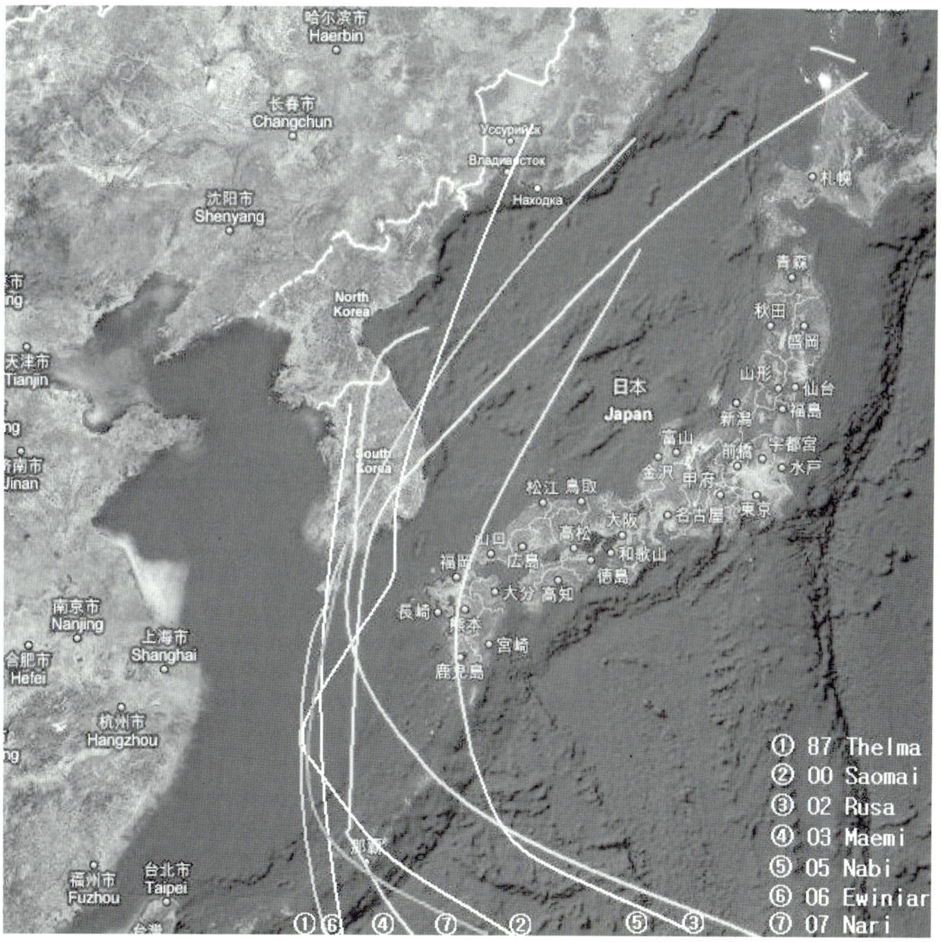

그림 2.19 최근의 주요 태풍경로도

예제 2.3 지상 5 m와 60 m 위치에 설치한 풍속계로 측정한 풍속이 각각 5 m/sec 및 10 m/sec이었다. 식 (2.18)을 사용하여 지상으로부터 각각 10 m 및 30 m 위치에서의 풍속을 계산하라.

풀이 식 (2.18)에 $z_1 = 5\ \text{m}$, $\bar{v}_1 = 5\ \text{m/sec}$와 $z = 60\ \text{m}$, $\bar{v} = 10\ \text{m/sec}$를 대입하면

$$\frac{10}{5} = \left(\frac{60}{5}\right)^k \qquad \therefore k = 0.279$$

따라서, 식 (2.18)을 다시 사용하면, 지상 10 m 지점에서는

$$\frac{\bar{v}}{5} = \left(\frac{10}{5}\right)^{0.279} \qquad \therefore \bar{v} = 6.067\ \text{m/sec}$$

지상 30 m 지점에서는

$$\frac{\bar{v}}{5} = \left(\frac{30}{5}\right)^{0.279} \qquad \therefore \bar{v} = 8.243\ \text{m/sec}$$

연습문제

2장 수문기상론

2.1 국지대기압 754 mmHg를 kg/cm^2, N/m^2, milibar, bar 단위의 압력으로 표시하라.

2.2 우리나라 5대 도시인 서울, 부산, 대구, 대전, 광주의 최근 40년간의 기온자료를 사용하여 지점별로 월 평균기온, 연 평균기온 및 8월의 정상 월 평균기온을 산정하라.

2.3 습도계의 건구 및 습구온도계의 독치가 각각 25℃ 및 17℃이었으며 이때의 대기압은 770 mmHg였다. 다음을 구하라.

가) 이슬점　　나) 상대습도　　다) 포화증기압　　라) 실제증기압

2.4 포화상태에 있는 기층에서 Radio Sounding으로 측정한 3개 고도에서의 대기압과 상응하는 기온은 각각 900, 800, 700 milibars 및 14.0, 9.2, 3.5℃였다. 대기압이 900 및 700 milibars가 되는 기층 내에서의 가능강수 수분량을 계산하라.

2.5 호우시작 바로 전에 대기 중에 포함되어 있는 수분은 대체로 거의 일정하므로 습도도 대략 일정한 것이 통상이다. 만약 어떤 기상관측소에서 측정한 오전 7시의 기온이 22℃였으며 예보된 일 최대기온이 30℃였다면 최대기온에서의 상대습도는 얼마나 되겠는가? 대기 중의 수분량에는 큰 변화가 없는 것으로 가정하라.

2.6 표 2.6으로부터 다음 표에 표시된 온도에 해당하는 포화증기압을 구하고 상대습도 10%, 30%, 50%, 70% 및 90%에 대한 실제증기압을 계산하여 표를 작성한 후

가) 증기압을 종축에, 온도를 횡축에, 상대습도별로 표시하여 곡선을 그리고 상대습도를 표시하라.

나) 가)에서 그린 곡선을 이용하여 다음 문제를 풀어라. 어느 겨울날 새벽에 측정한 지면에서의 온도가 −5℃였으며 수 시간 후의 지면에서의 온도가 0℃였다면 이때의 상대습도는 얼마였겠는가? 대기압과 대기 중의 수분량은 일정하다고 가정하라.

대기온도(℃)	포화증기압 e_s(mmHg)	상대습도(%)				
		10	30	50	70	90
−10						
−5						
0						
5						
10						
15						
20						
25						
30						

2.7 다음 표와 같이 고도별 대기압과 실제증기압이 주어졌을 때 고도구간 내의 총 가능강수 수분량을 산정하라.

고도구간번호	대기압 p_a(milibars)	실제증기압 e(milibars)
1	1,200	38
2	1,000	28
3	850	22
4	600	12
5	430	6
6	200	1

2.8 지상 5 m 위치에 풍속계를 설치하여 측정한 풍속은 32 km/hr였다. 지상 200 m에 걸친 마찰층을 20 m 간격으로 등분한 각 고도에 있어서의 풍속을 계산하여 풍속곡선을 그려라.

2.9 지상에서 100 m 높이의 기상탑에 설치한 풍속계로 측정한 풍속이 40 knot였다면 지상 100 m 위치에서의 풍속은 몇 mi/hr인가? 멱함수 분포곡선식[식 (2.18)]을 사용하고 $k=1/7$일 때와 $k=1/5$일 때에 대해 각각 계산한 후 서로 비교하라.

2.10 무게를 무시할 수 있는 풍선이 지상 500 m 고도에서 40 km/hr의 속도로 이동한다고 가정할 때 지상 15 m 지점에서의 풍속은 얼마나 될 것인가?

참고문헌

기상청, 한국기후도(1971~2000), 2001.

기상청, 한국기후표(1971~2000), 2001.

임경택, 이영형, 성낙창(번역), 수문기상학(*Hydrometeorology* by Wiesner, C.J), 지구문화사, 2002.

이재수, 수문학, 구미서관, 2005.

Chow, V.T., Maidment, D.R., and Mays, L.W., *Applied Hydrology*, McGraw Hill, 1988.

Gupta, R.S., *Hydrology and Hydraulic Systems*, Prentice-Hall, Eaglewood Cliffs, New Jersey, 1989.

Linsley, R.K., Kohler, M.A. and Paulhus, J.L.H, *Hydrology for Engineers*, 3rd Ed. McGraw Hill, New York, 1982.

Marsh, W.M. and Dogier, J., *Landscape : An Introduction to Physical Geography*, Wiley, New York, 1986.

Singh, V.T., *Elementary Hydrology*, Prentice-Hall, Eaglewood Cliffs, New Jersey, 1992.

Trewartha, G.T., *An Introduction to Climate*, 4th Ed. McGraw Hill, New York, 1968.

Wilson, E.M., *Engineering Hydrology*, 3rd Ed., Macmillan Press, 1983.

Hydrology

3장

강수

3.1 서 론

수문학에 있어서 강수(降水, precipitation)란 용어는 구름이 응축되어 지상으로 떨어지는 모든 형태의 수분을 통틀어 말한다. 강수의 형성과정과 그것이 지상에 떨어질 때까지의 제반 사항은 기상학분야의 관심사이나 일단 강수가 지상에 도달하면 수문학분야에서 다루는 요소가 된다.

강수는 수문시스템(hydrologic system)의 입력요소이므로 시스템의 올바른 각종 분석을 위해서는 강수의 형성과정과 종류, 강수량의 측정방법, 강수자료의 집성 및 자료의 일관성 검정 등의 분석을 위한 자료의 정리방법에 대한 절차를 올바르게 이해할 필요가 있다. 이와 같이 정리되는 강수자료의 각종 분석방법은 수문시스템의 해석 및 설계를 위한 시발점이 된다. 이 장에서는 강수에 관련되는 이들 절차와 방법 및 강수의 시간적 및 공간적 변화특성에 관해 살펴보기로 한다.

3.2 강수의 유형

현재까지의 지식에 의하면 강수의 형성을 위해서는 몇 가지 기상학적 조건이 구비되어야 하는 것으로 알려져 있다. 첫째로 공기를 이슬점(dew point)까지 냉각시킬 수 있어야 하고, 둘째로 수분입자를 형성시킬 수 있는 응결핵(凝結核, condensation nuclei)이 존재해야 하며, 셋째로는 응결된 작은 수분입자를 점점 크게 할 수 있어야 하고, 마지막으로는 충분한 강도의 수분을 집적(集積)할 수 있어야 한다. 물론 수분입자들의 응결을 위해서는 응결핵이 필요하지만 이들은 보통 대기 중에 다량으로 존재하므로 별문제가 없다. 통상적인 응결핵으로서는 바닷물의 증발에 의한 소금입자 및 도시굴뚝을 통하여 대기 중으로 날라가는 연소찌꺼기 등을 들 수 있다. 이와 같은 네 가지 조건이 동시에 만족될 경우에 호우(豪雨, heavy precipitation)가 발생하게 되며, 이는 열에너지에 의해 따뜻해진 공기가 상승하여 대규모의 냉각이 이루어질 때 발생된다. 일반적으로 강수는 이러한 따뜻한 기단(warm air mass)의 상승요인에 따라 대류형, 선풍형 및 산악형으로 분류할 수 있다.

대류형 강수(對流型 降水, convective precipitation)는 따뜻하고 가벼워진 공기가 대류현상에 의해 보다 차갑고 밀도가 큰 공기 속으로 자연히 상승할 때 발생하며 이때의 온도차는 불균등하게 지표면이 가열되거나 상부의 공기층이 불균등하게 냉각될 때 생기게 된다[그림 3.1(a)]. 대류형 강수는 점상(點狀, spotty)으로 발생하며 강수의 강도는 지나가는 소나기(shower)로부터 뇌우(thunderstorm)에 이르기까지 다양하다.

선풍형 강수(旋風型 降水, cyclonic precipitation)는 저기압지역으로 몰려드는 기단이 상승되어 발생되는 것으로 전선성(前線性)일 수도 있고 비전선성일 수도 있다. 전선형 강수(frontal precipitation)는 전선의 한쪽 면에서 다른 한쪽의 차갑고 밀도가 큰 기단 위로 따뜻한 기단이 상승할 때 발생한다[그림 3.1(b)]. 온난전선형 강수(溫暖前線型 降水, warm-front precipitation)는 난기단(暖気团)이 한기단(寒気团) 위로 진행할 때 발생하며 때로는 강수전선보다 300~500 km 전방지역에까지 내리는 경우도 있다. 이 형의 강수는 강도가 그다지 크지는 않으나 전선이 완전히 통과할 때까지 계속해서 강수가 발생하는 특성을 가진다. 한편, 한랭전선형 강수(寒冷前線型 降水, cold-front precipitation)는 빠르게 이동하는 한기단에 의해 난기단이 강제 상승될 때 발생하며 소나기와 같은 성질을 가진다. 일반적으로 한랭전선은 온난전선보다 이동속도가 빠르므로 온난전선의 경우보다는 난기단을 더 빠른 속도로 상승시키게 되어 강수강도도 일반적으로 훨씬 크며 최대강도의 강수는 역시 전선면(前線面)에서 발생한다.

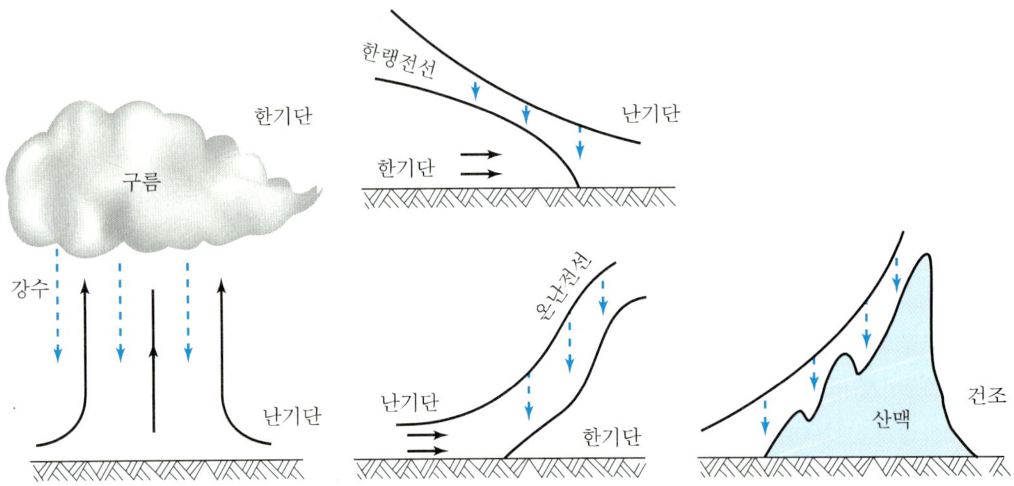

그림 3.1 강수의 세 가지 유형

이상에서 언급한 선풍형 강수는 강수의 유형 중에서 가장 보편적인 것이며 보통 평야지대에서 가장 많이 발생하나 지구상 어디에서나 발생하고 있다.

산악형 강수(山岳型 降水, orographic precipitation)는 습윤한 기단을 운반하는 바람이 산맥에 부딪쳐서 기단이 산 위로 상승할 때 생기며 바람이 불어오는 방향의 사면(windward)에는 호강수(豪降水)가 발생하게 되나 배사면(leeward)에는 대단히 건조한 것이 보통이다. 우리나라와 같이 험한 산맥이 많은 지형에서는 산악형 강수는 대단히 중요한 강수형이라 할 수 있다.

지구상의 특정지역에서 발생하는 광역적인 기단의 충돌로 인해 형성되는 장마전선에 의해 장기간에 계속되는 호우 또한 특수한 강수의 유형이라 할 수 있다. 우리나라에 주로 영향을 주는 기단에는 시베리아 기단과 오호츠크해 기단 및 북태평양 기단 등이 있다. 시베리아 기단은 북서계절풍으로 겨울철에 한랭 건조한 기단의 이동으로 혹한을 동반하며, 오호츠크해 기단은 늦은 봄에서 이른 여름철에 걸쳐 발생하고, 한랭(寒冷), 습윤(濕潤)한 기단으로 우리나라에 오래 머무르면 장마가 늦어지며, 북태평양 기단은 온난 다습한 기단으로 강한 소나기와 천둥 번개를 동반한다.

우리나라에서는 6월 하순에서 7월 하순에 걸쳐 한랭 습윤한 해양성 기단인 오호츠크해 고기압의 형성에 의한 북동기류와 온난 다습한 북태평양 고기압에 의한 남서기류가 충돌하여 생기는 정체전선(停滯前線)인 장마전선은 한 달여간 계속되는 우리나라 장마의 원인이 되며, 이 기간에 집중호우가 여러 차례 발생하면서 많은 강우량을 뿌리게 된다.

실제 자연계에서 발생하는 강수는 위에서 설명한 세 가지 형태의 기단 상승요인에 의해 각각 발생할 수도 있으나, 때로는 이들 기단 상승요인이 복합적으로 작용하여 강수가 발생할 수도 있다.

기단의 상승요인에 의한 강수 이외에도 지구상의 특정 지역에서 매년 반복적으로 발생하는 저기압과 광역적인 기단의 충돌로 인해 발생하는 강수도 있다. 열대성 저기압(熱帶性低氣壓, tropical cyclones)은 열대지방에서 해수면 온도가 26℃보다 높을 때 발생하는 강한 회오리바람을 동반하는 폭우성 강우를 말하며, 바람의 속도는 통상 33 m/sec를 상회한다. 열대성 저기압은 멕시코만 부근에서는 허리케인(hurricane), 동지나해 부근에서는 태풍(typhoon), 인도양 부근에서는 사이클론(cyclone)이라 부르며, 우리나라를 매년 수차례에 걸쳐 강타하는 태풍은 그림 3.2와 같이 태풍의 눈(eye)을 중심으로 북반구에서는 반시계방향으로 회전하면서 강한 속도로 태풍경로를 따라 이동하면서 많은 양의 비를 뿌리게 된다.

그림 3.2 열대성 저기압(태풍)

3.3 강수의 종류

어떤 지역의 기상조건에 따라 여러 가지 종류의 강수가 발생하게 되는데 그 종류를 분류해 보면 대략 다음과 같다. 비(rain)는 지름이 약 0.5 mm 이상인 물방울로 형성되는 것이 통상이다. 지름이 0.64 mm 이상인 빗방울이 공기 중을 강하하게 되면 그 자중에 대한 대기의 마찰력 때문에 중도에서 파괴되는 경향이 있다. 따라서 실제로 존재하는 빗방울의 한계지름은 약 0.64 mm로 보고 있다. 눈(snow)은 대기 중의 수증기가 직접 얼음(氷)으로 변하여 생성된다. 설편(雪片, snow flake)은 여러 개의 얼음결정이 동시에 엉켜서 이루어진 것이며, 우박(hail)은 지름 5~125 mm의 구형 또는 덩어리 모양의 얼음상태의 강수이며, 이것은 상승한 기단이 냉각되고 강하하는 단계에서 기류의 난류상태가 극심한 경우에 작은 결정체가 상하로 운반됨에 따라 얼었다 녹았다 하는 상태를 여러 번 겪어 생기게 된다. 부슬비(drizzle)는 지름이 0.1~0.5 mm의 물방울로 형성되며, 강수강도는 보통 1 mm/hr 이하이다. 우빙(glaze)은 비나 부슬비가 강하하여 지상의 찬 것과 접촉하자마자 얼어버린 것을 말하며, 진눈깨비(sleet)는 빗방울이 강하하다가 빙점 이하의 온도를 만나 얼어버린 것을 말한다.

이 밖에도 지표면의 수분이 직접 응결되어 이슬(dew) 혹은 서리(frost)를 형성하게 된다. 이들 이슬과 서리는 보통 증발이나 승화현상에 의하여 곧 대기 중으로 돌아가게 되므로 지표상의 물의 중요한 원천으로 취급하지는 않으나 반 사막지대 같은 곳에서의 이슬은 가용강수량의 큰 부분을 차지하는 경우도 있는 것으로 알려져 있다.

3.4 인공 강우

대기의 기상현상을 인공적으로 수정하고자 하는 노력은 1940년대 말부터 진행되어 왔으며 일반적으로 일기수정(日氣修正, weather modification) 혹은 일기조절(日氣調節, weather control)로 알려져 있다. 예를 들면 강수량을 늘리거나 줄이기 위한 인공적 수단을 동원한다든가, 우박이나 번개의 방지, 태풍의 약화, 안개의 제거 등이 이에 속한다. 일기수정 중 구름수정(cloud modification) 혹은 구름씨앗 뿌리기(cloud seeding)는 천연의 구름 속에 특수물질을 주입시켜 강수현상을 촉진시키는 것을 말하며 이를 인공강우(人工降雨, artificially induced rainfall)라 부른다.

1946년 미국의 General Electric 연구소에서 과냉(過冷) 물방울을 포함하는 구름 속에 드라이아이스(dry ice)를 주입하여 인공적으로 강수를 유발하는 데 성공한 이래 소금의 일종인 옥화은(沃化銀, silver iodide)도 강수를 촉진시키는 데 대단히 효과적임이 밝혀졌으며 이들

물질은 과냉구름 속에서 결빙핵의 역할을 하는 것으로 알려져 있다. 드라이아이스를 구름 속에 뿌리기 위해서는 비행기나 풍선 혹은 로켓 등을 사용해야 하며 옥화은의 살포를 위해서는 비행기를 사용하거나 혹은 지상기지에서 가열에 의해 옥화은을 증기화시켜 구름 속으로 보낼 수도 있다. 드라이아이스를 사용하는 방법에 비해 지상기지를 사용할 수 있는 옥화은의 살포 방법은 운영경비가 저렴하므로 더 많이 사용되고 있다.

인공강우를 촉진시키기 위한 구름씨앗 뿌리기 방법에는 정적 방법(static approach)과 동적 방법(dynamic approach)이 있으며 구름의 종류에 따라서도 구름씨앗 뿌리기의 효과가 크게 다른 것으로 밝혀져 있으나 보다 상세한 내용은 생략하기로 한다.

양호한 강수조건하에 있는 구름 속에 씨앗을 뿌림으로써 강우를 촉진시킨다는 데는 의문이 없으나 국지적인 효과가 광범위한 지역에 어떻게 나타나는가에 대해서는 아직도 논란이 많으며, 대규모 지역에 걸친 구름씨앗 뿌리기의 실무적용 가능성에 대한 검토가 더 필요하다. 참고적으로 미국에서 실험해 온 인공강우사업의 규모를 보면 1972년에 221,000 km^2, 1977년까지는 23개 주에서 88건에 676,000 km^2에 걸친 지역에서 인공강우 실험을 해왔다. 우리나라에서도 1994년~1995년 전국적인 가뭄을 계기로 기상청이 1995년 3월에 경북 문경과 강원도 인제에서 인공강우 실험을 한 바 있으며, 이어서 2001년과 2002년에도 CN-235 항공기를 사용하여 연구차원의 실험을 한 바 있다.

3.5 강수량의 측정

강수량은 다른 수문현상의 측정에 비해 최소한의 측정기구를 필요로 하며 역사상 최초로 관측된 수문현상으로서 인도에서는 기원전 4세기에 관측된 우량기록이 남아 있다고 하며, 우리나라에서는 세종대왕께서 세종 23년(1441년)에 그림 3.3과 같은 측우기를 발명하여 우량을 측정하기 시작한 것으로 알려져 있다. 전 절에서 살펴본 바와 같이 강수의 종류에는 여러 가지가 있으나 물의 이용과 홍수의 관리에서 의미를 가지는 강우량과 강설량의 측정방법에 관해서만 살펴보기로 한다.

3.5.1 보통우량계

우량의 크기는 일정한 면적 위에 내린 총 우량의 부피를 그 면적으로 나눈 깊이로서 표시하며, 우리나라에서 사용하는 단위는 mm이고, 미국 등의 나라에서는 inch를 사용하기도 한다.

그림 3.3 측우기(세종 23년)

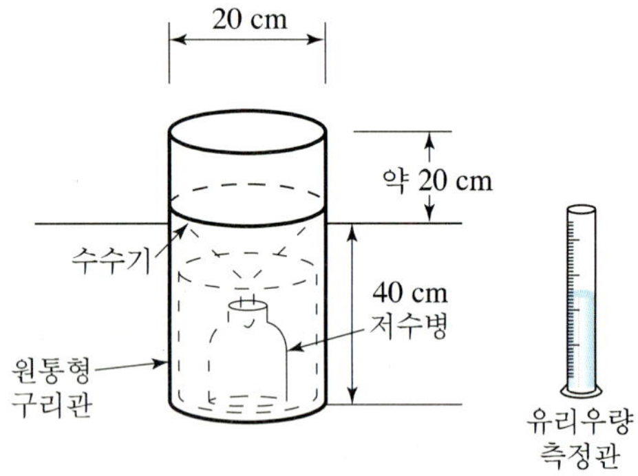

그림 3.4 보통우량계(한국)

우량을 측정하는 계기를 우량계(雨量計, rain gauge)라 하며 두 가지로 대별할 수 있다. 그 하나는 보통우량계(普通雨量計)이며, 다른 하나는 자기우량계(自記雨量計, automatic recording rain gauge)이다. 우리나라에서 많이 사용하고 있는 보통우량계는 그림 3.4와 같은 지름 20 cm, 높이 60 cm의 윗부분이 개방된 원통형 구리관 혹은 아연 도금 철관으로서 이 관 상단의 내부에 깔때기 모양의 수수기(受水器)를 넣어 빗물을 받은 다음 이를 눈금이 든 유리 우량 측정관(mass cylinder)에 부어 측정하게 된다. 우량측정관의 안지름은 4 cm이고 길이는 36 cm이며, 우량측정관의 단면적은 수수기 단면적의 1/25이므로 깊이를 25배 확대해서 읽을 수 있다. 보통우량의 측정시간은 매일 1회 0시부터 24시까지이며, 측정된 우량을 일 우량(日 雨量)이라 한다. 일 우량이 0.1 mm 이하일 때는 무강우로 취급하며, 비 이외의 다른 강수의 측정은 수수기에 담긴 눈, 우박 등에 일정량의 더운 물을 넣어 녹인 후에 물의 총량을 측정한 후 첨가해 준 물의 양을 뺌으로써 측정할 수 있다. 미국 기상청(U.S. National Weather Service)에서는 그림 3.5와 같은 8인치(inch) 표준강수계(標準降水計, standard precipitation gauge)를 사용하고 있으며, 단면적이 수수기 단면적의 1/10되는 우량측정관(measuring tube)에 물을 받아 측정척(測定尺, measuring stick)으로 깊이를 측정한다.

보통우량계에 의한 일 우량의 측정은 당일 0시부터 24시까지 하루에 내린 총 우량(누적우량)을 측정하는 것으로 총 우량의 시간적 분포는 알 수가 없다. 따라서, 어떤 시간 동안 내리는 우량의 시간적 분포와 총 우량을 동시에 측정할 수 있는 자기우량계(自記雨量計)로 측정되는

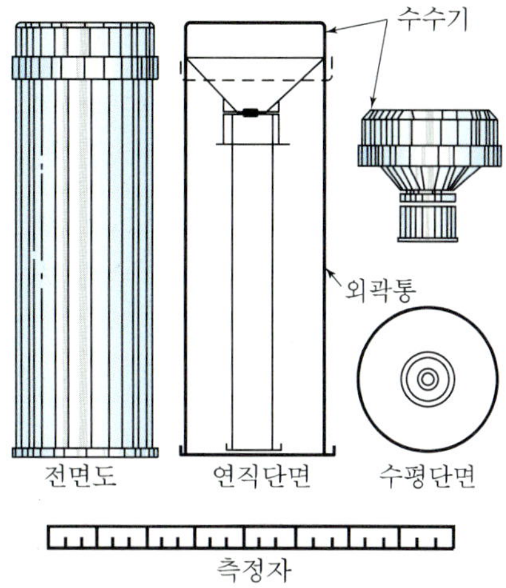

그림 3.5 8인치 표준강수계(미국)

총 우량을 체크하기 위한 목적으로 주로 사용된다. 따라서 자기우량계와 동일한 지점에 설치 운영하는 것이 보통이다.

3.5.2 자기우량계

강수기록의 수문학적 해석을 위해서는 보통우량계로 측정되는 일 강우량 및 순, 월 강우량도 특정 목적을 위해 충분한 자료가 될 수 있지만, 하천 범람에 의한 홍수해석 및 기타 여러 가지 수문현상의 올바른 해석을 위해서는 짧은 시간 내에 발생하는 호우의 강도 및 지속시간 등이 절대적으로 필요하다. 이와 같은 목적을 위해서는 우량을 시간에 따라 연속적으로 측정할 수 있는 자기우량계를 사용하게 되며 보통 세 가지 기계적 조작에 의해 시간별 누적우량을 계측하게 된다.

1) 전도식 버킷형 자기우량계

그림 3.6(a)는 미국 기상청이 개발한 전도식(転到式, tipping bucket) 자기우량계로서 현재 우리나라에서 가장 많이 사용되고 있는 자기우량계이다. 이 우량계는 그림 3.6(b)에서와 같이 두 개의 소형컵[그림 3.6(c) 참조] 중 한 개의 컵에 일정량(0.01 inch=0.25 mm)의 빗물이 고이면 물의 무게에 의해서 한쪽으로 기울어지면서 빗물을 저수탱크에 비우게 되며, 이때 전기회로가 연결되면서 전기신호가 발생하게 된다. 시간에 따라 누적되는 이들 전기신호는 A/D 변환기에 의해 디지털 자료로 변환되어 펜기록계(pen recorder)에 의해 자기지(自記紙)에 곡선으로 기록되거나, 혹은 전자식 디지털 기록장치인 데이터 로거(data logger)에 숫자로 기록된다.

(a) 전체 모양

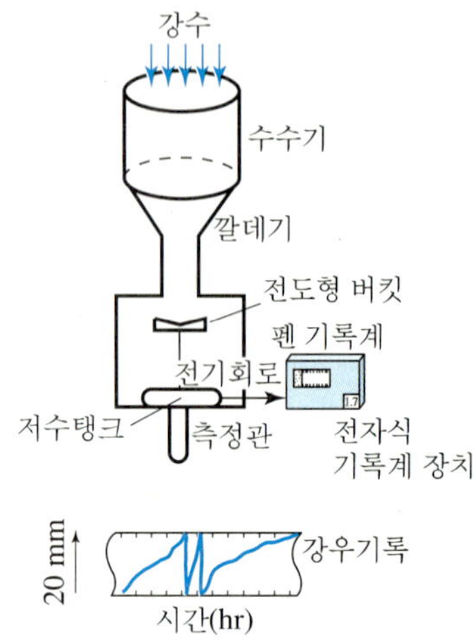

(b) 모식도

(c) 내부구조

그림 3.6 전도형 버킷식 자기우량계

2) 부자식 자기우량계

그림 3.7은 부자식(浮子式, float type) 자기우량계의 구조를 표시하는 모식도이다. 수수기상에 내린 비로 인해 우량측정통 내의 수면이 상승함에 따라 기록펜에 연결된 부자가 상승하게

되며, 이때 기록지가 부착되어 있는 자기시계(自記時計)는 일반 시계와 같은 속도로 회전하게 되므로 기록지에는 시간에 따른 누적우량(累積雨量)이 기록된다. 우량측정통은 일정용량(20 mm)을 가지므로 물이 일정 수면에 도달하면 사이폰 작용에 의해 일시에 물이 비워지게 되어 부자가 우량측정통의 바닥으로 떨어지고 다시 측정이 계속된다. 시간에 따른 누적우량의 기록은 전도식 버킷형 자기우량계의 경우처럼 자기 기록지나 데이터 로거(그림 3.9 참조)에 의한다.

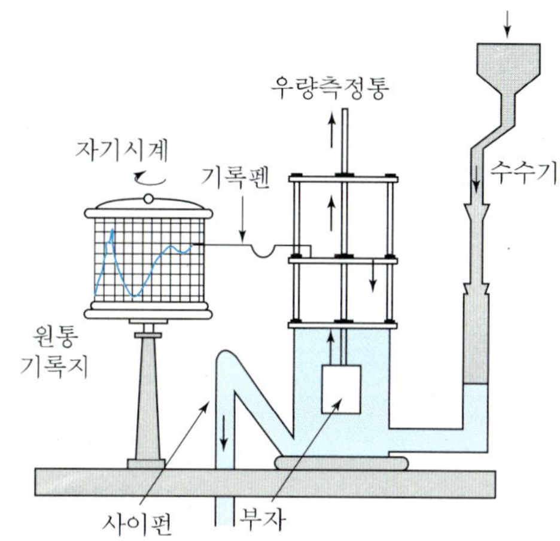

그림 3.7 부자식 자기우량계의 구조도

3) 무게측정식 자기우량계

그림 3.8은 무게측정식(weighting type) 자기우량계로서 누적되는 우량을 계속적으로 기록한다는 점에서는 부자식이나 전도형 버킷식과 비슷하나 우량측정 버킷에 누적되는 물의 무게를 연속적으로 측정하여 강우 깊이로 환산함으로써 시간에 따른 누적우량을 계측하게 된다.

(a) 무게측정식 자기우량계의 구조

(b) 측정지점에 설치된 무게측정식 자기우량계

그림 3.8 무게측정식 자기우량계

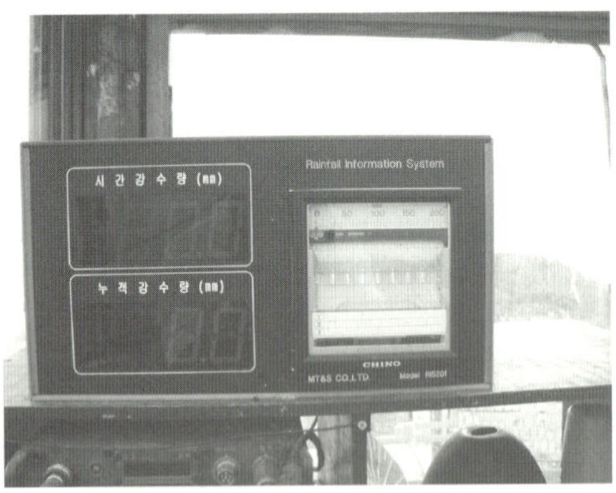

(a) 펜 기록계

(b) 데이터 로거(data logger)

그림 3.9 우량자료 기록장치

4) 텔레미터 시스템에 의한 측정우량기록의 원격전송

위에서 소개한 전도식 버킷형이나 부자식 혹은 무게측정식 자기우량계로 측정되는 우량자료는 우량 관측소 현장에서 그림 3.9와 같이 펜기록계에 의해 아날로그(analog) 데이터의 형태로 기록할 수도 있고 데이터 로거에 의해 디지털(digital) 데이터로 기록할 수도 있으나 현장에서 측정한 우량 자료를 실시간으로 홍수 통제소와 같은 자료 처리센터(data processing center)로 보낼 수는 없다.

하천 유역에 대한 실시간 홍수예보를 하고자 할 경우 우량자료의 실시간 원격전송(遠隔傳送)은 필수적이며 이를 위해 자동신호 전송장치(automatic radio transmitter)를 사용한다. 텔레미터 시스템(telemetering system, T/M)은 관측소에서 측정되는 우량 또는 후술한 하천 수위 등 수문관측치를 디지털 신호로 변환하여 무선통신망(UHF, VHF, 인공위성 등)에 의해 실시간으로 현장에서 자료처리센터로 전송하게 되고 센터에서는 이들 자료를 자동처리하여 우량 혹은 수위 자료를 여러 목적에 사용하거나 혹은 데이터 베이스(data base, D/B)로 저장할 수 있으며, 노트북 컴퓨터나 주전산기에 바로 입력하여 수문계산을 할 수도 있다.

우량계 혹은 수위계로 측정되는 자료에 상응하는 신호의 전송은 전송거리가 짧을 경우는 VHF(Very High Frequency)나 UHF(Ultra High Frequency)를 사용하고 전송거리가 상당

(a) 고지대 T/M 장치

(b) 저지대 T/M 장치

그림 3.10 텔레미터(T/M) 전송장치

히 긴 경우는 HF(High Frequency)를 사용한다. VHF와 UHF를 사용할 경우 적정 전송거리는 40 km 정도이며 전송거리가 길어지면 30~60 km 구간으로 잘라서 연속적인 전송이 되도록 한다. 그림 3.10은 T/M 전송장치가 설치되어 있는 광경을 보여주고 있다.

5) 누가우량곡선과 우량주상도

위에서 소개한 자기우량계에 의해 측정되는 우량관측지점의 시간별 우량은 펜 기록계나 데이터 로거 혹은 T/M 전송장치에 의해 그림 3.11에서 보는 바와 같이 시간에 따라 관측된 우량이 계속적으로 누가되어 한 개의 곡선으로 나타나는데 이를 누가우량곡선(累加雨量曲線, rainfall mass curve)이라 하며, 여러 가지 목적을 위한 시간우량 자료의 분석에 널리 사용된다.

그림 3.11의 누가우량곡선이 표시하는 시각별 누가우량자료로부터 임의시간구간별 우량(mm)을 구간시간(hr)으로 나누면 해당시간구간의 평균 강우강도(mm/hr)를 얻게 되며 이를 시간구간별로 표시하면 그림 3.11에서와 같이 막대그래프를 그릴 수 있다. 이와 같이 시간구간별 평균강우 강도를 표시한 그래프를 우량주상도(雨量柱狀圖, rainfall hyetograph)라 하며 제7장 및 제8장에서 취급하게 될 강우-유출관계 분석에 꼭 필요한 자료이다.

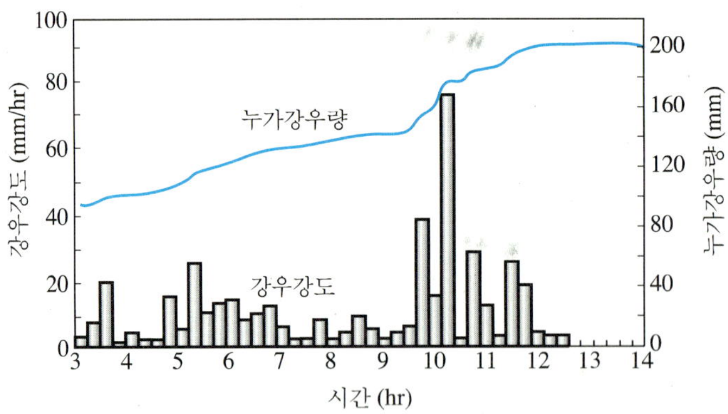

그림 3.11 누가우량곡선과 우량주상도

3.5.3 설량계와 적설계

강설량(降雪量)을 측정하기 위한 설량계(雪量計)로는 우량계가 그대로 사용되며 보통설량계와 자기설량계로 구분할 수 있다. 보통설량계는 보통우량계로 눈을 받아서 특정시간 동안 내린 눈의 무게를 달거나 눈을 녹여서 우량측정과 같은 방법으로 강설량을 mm 단위로 측정한다. 관측되는 강설량의 대표성을 유지하기 위해 관측소 지점에 두세 대의 계기를 설치하여 측정한 강설량의 평균값을 취하는 것이 좋다.

자기설량계는 기존 자기우량계에 열선(熱線)을 장착하여 동절기에 눈을 녹일 수 있도록 하여 시간에 따른 누적강설량을 측정하게 된다. 장착되는 열선에는 온도감지기가 부착되어 영상 1℃ 이하에서는 가열되도록 하고 온도가 15℃ 이상으로 올라가면 전원이 차단되어 평상시의 자기우량계 역할을 그대로 하게 된다.

강설량의 정도를 파악하기 위해 설량계 대신 그림 3.12와 같은 적설계(積雪計)를 사용하기도 한다. 적설(積雪)이란 고체 상태의 눈이 지면에 내려 쌓이는 깊이를 말하며, 그림 3.12의 적설계는 적설판(snow measuring plate)이라 부르기도 하며 적설 깊이를 측정하기 위해 사용되는 측정판은 50 cm × 50 cm 크기의 판(板)으로 태양복사열의 흡수를 막기 위해 백색페인트로 칠하는 것이 보통이다.

적설된 눈을 녹였을 경우 적설판 면적상의 물의 깊이를 적설상당수량(積雪相当水量, snow water equivalent)이라 하며 강수량과 같이 mm 단위로 표시하며, 이는 댐의 설계와 운영관리, 해빙기의 홍수대책수립 등을 위한 유출량의 추정에 소중한 자료가 된다.

그림 3.12 적설계(적설판)

3.5.4 강수계에 의한 강수량의 측정오차

우량계나 설량계 등 강수계(降水計, precipitation gauge)로 측정되는 강수량은 강수가 계속되는 시간 동안 지름이 20 cm인 수수기를 통과한 비나 눈의 양을 평균깊이(mm 단위)로 표시하는 것이므로 어떤 크기를 가지는 하천유역 전체에 내린 강수량을 대표하는 것이 아니라 계기의 설치지점에서의 점 강수량(點 降水量, point precipitation)을 의미한다.

우량관측소 지점에서의 우량계에 의한 강수량 측정에는 두 가지 종류의 측정오차가 발생하게 된다. 그 첫째는 계기오차(計器誤差, instrumental error)로서 우량계 자체의 결함으로 인한 기계적 오차로서 발생오차는 규칙성을 가지는 것이 보통이며, 계기의 주기적인 성능점검으로 오차를 극복할 수 있다. 다른 한 가지 오차는 관측오차(觀測誤差, observational error)로서 우량계의 설치조건이라든지, 계측절차의 부적절성 등 인위적인 원인에 의해 발생하는 오차로서 우량계의 설치위치 선정이라든지 우량계에 기록되는 계측값의 정확한 판독 등에 세심한 주의를 기울임으로써 오차를 최소화할 수 있다.

강수량의 측정에 수반되는 오차 중 가장 큰 오차는 바람에 의한 것으로서 우량계 주위에서 바람이 상향(上向)으로 불게 될 경우엔 강수량이 실제보다 적게 측정되며, 강설량을 측정할 때 이 오차는 더 극심하여 풍속 30 mile/hr에서는 약 60%까지 커지는 것으로 알려져 있다. 이와 같은 바람에 의한 오차를 감소시키기 위해 그림 3.13과 같이 우량계 주위에 바람막이(wind shields)를 설치하면 효과적이나 인공적인 바람막이만으로는 우량계의 부적절한 설치위치로 인한 오차를 방지할 수는 없다. 따라서, 우량계의 설치위치는 대단히 중요하며, 지붕이나 바람이 몰아치는 경사면은 좋지 않고, 가장 좋은 위치는 숲이나 나무들이 자연적인 바람막이 역할을 하는 평지가 제일 좋으며, 우량계가 강수를 정상적으로 포착할 수 있도록 인접한 숲이나 나무, 건물 등의 높이의 약 1.5배 이상만큼 우량계를 이격시켜 설치하는 것이 바람직하다.

그림 3.13 우량계와 바람막이(wind shields)

3.5.5 기상레이더에 의한 강우량 측정

강우로 인한 하천유역으로부터의 유출량 등을 예측하는 수문학적 분석에서 가장 심각한 오차를 발생시키는 인자는 우량계에 의해 측정되는 점우량(point rainfall)의 측정오차로 인한 것이라 할 수 있다. 점우량은 유역상에 떨어지는 강우의 공간적 분포를 고려할 수 없으나 레이더를 사용하면 강우의 공간적 분포를 실시간으로 고려하여 유역 차원의 강우량을 추정할 수 있으므로 실시간 홍수예보 시스템의 입력 강우자료 획득에 유리한 측면이 있다. 레이더(Radar)는 "Radio Detection And Ranging"의 두문자(頭文字)를 딴 합성어인 RADAR로서 레이더의 안테나에서 발사된 전파의 반사 및 산란특성을 이용하여 목표물의 방위와 거리를 결정해서 목표물의 위치에 관한 정보를 얻기 위한 장치이며, 1930년대에 항공기를 탐색하기 위한 장비로 개발되었었다. 그러나, 오늘날의 레이더는 각종 목표물을 탐색하기 위해 전파발생기와 수신기가 컴퓨터 처리시스템에 연결되어 작동되는 아주 복잡한 시스템으로 변전되었으며, 강수 등 기상인자가 목표물이 되기도 한다.

레이더 시스템은 전자에너지(電磁 energy)를 마이크로웨이브 주기스펙트럼(microwave frequency spectrum)으로 송출(送出)한 후 반사시그널(returned signal)을 측정하게 된다. 레이더에서 송출된 펄스(pulse)와 돌아온 반사시그널(反射波, reflectivity)의 시간차에 의해 목표물까지의 거리가 측정될 수 있으며, 반사시그널의 강도는 목표물의 횡단면적과 전기적 특성에 의해 결정된다. 반사시그널의 강도와 목표물까지의 거리 등을 고려한 조정으로 목표물의 특성에 대한 정보를 얻게 되는데, 빗방울의 경우 레이더에서 송출된 에너지의 일부를 반사하게 되며, 반사에너지(반사파)의 강도가 바로 강우강도(降雨强度, rainfall intensity)와 상관되게 된다.

레이더에 의한 강우량 측정의 가장 중요한 장점은 공간과 시간에 대한 높은 해석능력이라 할 수 있는데, 5분 간격으로 작게는 1 km^2에 대한 점 강우량의 추정이 가능하며, 레이더로부터의 우량추정 가능거리는 안테나의 빔(beam)이나 출력, 수신 감도 등에 따라 약 40~200 km 정도인 것으로 알려져 있다. 또한, 레이더는 넓은 지역을 단시간에 동시 관측할 수 있으므로 수평관측뿐만 아니라 연직방향 관측도 가능하므로 강우분포를 쉽게 영상화하여 나타낼 수 있다.

이와 같은 레이더에 의한 강우량 측정의 여러 가지 장점에도 불구하고 측정의 신뢰도 측면에서는 아직도 문제점이 있으므로 실제 수문분석에서는 레이더 측정우량자료는 제한적으로 이용되고 있다. 이와 같은 측면에서 보면, 레이더에 의한 강우량은 지면 우량계와 연계하여 측정함으로써 측정자료의 신뢰도를 높일 필요가 있다 하겠다. 우리나라에서는 1968년 관악산에 기상레이더가 처음으로 설치되어 지금까지 운영되고 있으며, 이후 기상청이 제주, 부산, 동해, 군산, 백령도, 광덕산 등에, 건설교통부가 강화도에 설치하여 기상예보 및 홍수예경보 목적으로 운영하고 있다.

3.5.6 인공위성에 의한 강우량 측정

인공위성(人工衛星, satellite)은 강우량을 직접 측정하는 것이 아니고 인공위성에서 찍은 구름사진의 선명도와 강우강도의 상관성을 이용하여 강우량을 추정하게 된다. 구름사진의 선명도는 최상층 구름의 온도 또는 고도를 나타내며, 사진이 선명할수록 구름의 고도는 높으므로 가장 높고 밀도가 큰 구름이 가장 큰 강우강도를 나타내게 된다. 즉, 구름사진의 선명도와 강우강도의 관계는 우량계나 레이더에 의한 지상우량계나 레이더에 의한 강우량 측정치를 이용한 검정(檢正, calibration)에 의해 결정된다.

또 다른 간접적인 방법은 여러 형태의 구름으로 덮힌 면적의 백분율을 결정하고 면적별 백분율에 경험적으로 결정된 계수를 곱해서 개개 구름에 의한 강우량을 추정 합산하는 방법이다.

이와 같이 인공위성에 의한 강우량 측정자료는 자기우량계나 레이더에 의한 강우량 측정치와의 관계에 의한 검정을 거쳐야 하며, 그 검정 자체의 신뢰도가 크게 높지 못하므로 아직까지는 각종 수문분석을 위한 강우량 자료의 확보수단으로는 여러 가지 문제점이 있다 하겠다. 따라서, 인공위성에 의한 강우량 측정방법은 지상우량계나 레이더의 설치가 용이하지 않은 지역이나 해양지역의 강우량 측정에 사용되고 있다.

우리나라에서 인공위성으로 촬영된 구름사진을 강우량의 예보에 이용하기 시작한 것은 1970년부터이나 본격적인 이용은 1978년 기상청에 위성기상과(衛星氣象課)가 설치되고 1980년 GMS 위성으로부터 보내오는 자료를 받아 처리하는 자료출력기능을 갖춘 위성사진 수신장치 SDUS(Small-scale Data Utilization System)가 도입되면서 가능하게 되었다. 현재에는 두 개의 정지위성(停止衛星) GMS-5와 Meteoset-5, 그리고 다수의 극궤도위성인 NOAA와 TERRA로부터 위성영상자료를 전송받아 기상관측 및 예보에 활용하고 있다.

3.6 강수계측망의 밀도

강수계측망의 밀도(precipitation gauge network density)는 일반적으로 강수자료를 사용할 목적의 종류에 의하여 결정된다고 볼 수 있다. 예를 들면 비교적 평탄한 지세를 가진 넓은 지역에 대한 연평균우량과 같은 일반적 호우가 관심의 대상일 경우에는 계측망의 밀도는 조밀할 필요가 없으나 여름철의 단기간 집중호우 해석이 주요 관심사일 경우에는 비교적 조밀한 계측망을 운영해야 할 것이다. 동일한 유역에 내린 호우를 두 개의 상이한 계측망으로 측정하여 등우선(等雨線, isohyets)을 그리면 완전히 다른 형태의 등우선도를 얻을 경우가 많으며 특히 관측된 호우 중심의 위치가 달라질 수도 있다.

따라서, 계측망은 다우지역이나 과우지역에 치중해서 우량계를 설치하지 말고 한 유역상에 내리는 강우의 지역적 분포를 대표할 수 있도록 잘 계획해야 하는 것이다.

그림 3.14는 강수계측망의 밀도가 유역의 평균우량 산정값에 미치는 영향을 표시하고 있다. 이는 미국 Ohio주의 Muskingum 유역의 호우해석으로부터 얻은 결과로서 유역 면적증가에 따른 유역평균우량의 감소곡선으로부터의 우량관측소 지점별 강수량의 편차의 제곱값의 합을 평균한 후 제곱근을 취하여 계산하는 표준오차(標準誤差, standard error of estimate, 제12장의 식 참조)가 계측망의 밀도와 유역면적에 따라 어떻게 변화하는지를 표시하고 있다.

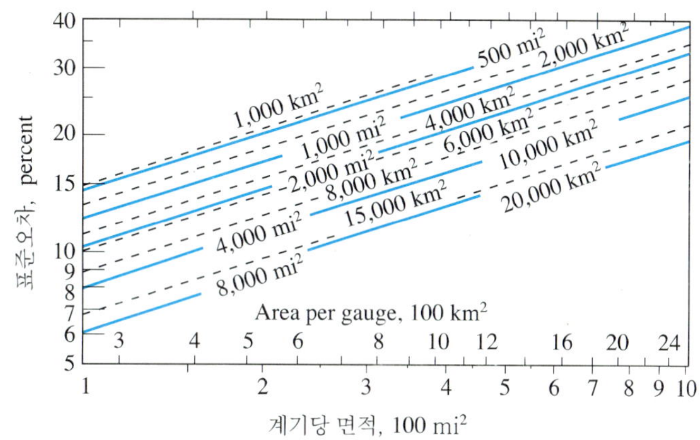

그림 3.14 계기당 면적–유역평균우량의 표준오차 관계

그림 3.14로부터 알 수 있는 바와 같이 일반적으로 표준오차는 유역평균우량의 크기에 비례해서 커지며 반대로 계측망 밀도와 강우지속기간 및 유역면적의 크기에 비례하여 작아진다. 따라서, 특정 계측망의 표준오차는 단기간 호우의 경우가 월 혹은 연 우량의 경우보다 크며, 하계의 표준오차는 동계의 것보다 큰 것이 보통이다.

강수량 자료의 수문기상학적 분석을 위한 목적으로 세계기상기구(世界氣象機構, World Meteorological Organization, WMO)가 각종 강우특성을 가지는 다양한 지역에 대하여 추천하고 있는 강수계측망의 최소밀도는 표 3.1과 같다. 이 기준은 다양한 강우특성을 가지는 여러 국가에서 적용할 수 있는 최소기준으로서 우리나라와 같이 산악지형의 영향을 받는 지역이나 도시지역 등에서는 보다 정확한 강수량 관측을 위해 강수계측망의 밀도를 더 높일 필요가 있으며, 자기화(自記化)된 관측장비의 설치가 필요하다.

한편, 우리나라의 강수량 측정을 위한 우량관측소는 건설교통부와 기상청, 한국수자원공사, 한국농촌공사 등에서 운영하고 있으며, 하천유역별, 기관별 우량관측소 개소 수는 표 3.2에서 보는 바와 같이 총 676개소에 달하며, T/M 우량관측소가 506개소, 자기우량관측소가 170개

표 3.1 세계기상기구에서 추천하고 있는 강수계측망의 최소밀도

지 역	최소밀도 (km²/관측소)	
	보통우량계	자기우량계
해안 지역	900	9,000
산지	250	2,500
내륙 평원	575	5,750
구릉지/파상 지역	575	5,750
작은 섬 지역	25	250
도시 지역	-	10~20
극 지역/건조 지역	10,000	100,000

자료: WMO(1994)

표 3.2 국내 우량관측소 운영현황(2005년 현재)

수계명	건설교통부			기상청	한국수자원공사			한국농촌공사			합계		
	T/M	자기	소계	자기 (AWS)	T/M	자기	소계	T/M	자기	소계	T/M	자기	소계
합 계	346	88	434	76	157		157	3	6	9	506	170	676
한 강	106	29	135	14	56		56				162	43	205
낙 동 강	88	33	121	15	52		52				140	49	189
금 강	47	12	59	7	24		24		1	1	71	20	91
섬 진 강	25	3	28	2	9		9		1	1	34	5	39
영 산 강	19		19	1							19	1	20
안 성 천	13		13	1							13	1	14
양양 남대천	1	1	2								1	1	2
삼척 오십천		1	1									1	1
강릉 남대천	1		1								1		1
한강 동해				3	1		1				1	3	4
한강 서해		2	2	3								5	5
형 산 강	11	2	13		1		1				12	2	14
태 화 강	6		6	1	2		2				8	1	9
회 야 강		1	1	1								2	2
낙동강 동해		1	1	4								5	5
낙동강 남해				4	2		2				2	4	6
삽 교 천	10		10	1					3	3	10	4	14
금강 서해		2	2	3	4		4		1	1	4	6	10
만 경 강	8		8	1	3		3				11	1	12
동 진 강	6		6	2							6	2	8
탐 진 강	5		5	1	3		3				8	1	9
섬진강 남해		1	1	3				3		3	3	4	7
영산강 서해				2								2	2
영산강 남해				1								1	1
기 타				6								6	6

AWS: 무인자동기상관측소(Automatic Weather Station)
자료: 한국수문조사연보(우량편), 2005

소이고, T/M 혹은 자기우량계와 병설운영되고 있는 보통우량계의 총수는 집계되어 있지 않다. 표 3.2의 우량관측소 이외에 대부분의 도, 시, 군 등 지방자치단체에서도 재해관리 목적으로 수많은 우량관측소를 운영하고 있으나 공식적인 자료로는 인정받지 못하고 있다.

이상에서 살펴본 바와 같이 우리나라 국토면적 99,461 km^2에 걸쳐 676개의 자기우량계가 설치되어 있으므로 강수계측망의 밀도는 약 147 km^2/관측소로서 도시지역을 제외하고는 WMO의 최소기준을 크게 상회하고 있음을 알 수 있다.

3.7 강수량 자료의 수집 및 보관

우량계와 설량계에 의해 측정되는 관측소별 강수량이나 강설량 등 수문자료는 각종 수자원 개발 및 관리를 위한 설계에 사용되며, 해당 정부기관은 이들 자료를 수집·처리·보관하고 유통시키는 업무를 담당하게 된다.

우리나라에서는 1917년에 일본총독부에 의해 본격적인 우량관측이 시작되었으며 1962년에 건설부(현 건설교통부)에서는 1917년부터 1961년까지의 일 우량기록을 측점별로 집성하여 『한국수문조사서, 우량편』이라는 단행본을 출간하였다. 1962년 이후의 일 우량자료는 건설부가 매년 출간해 온 『한국수문조사연보』에 수위자료와 함께 관측점별로 수록되어 오다가 1979년에 1962년~1978년 자료를 집성하여 『한국수문조사서(우량편, 수위편)』를 발간하였고 그 이후 오늘에 이르기까지 매년 『한국수문조사연보』를 이듬해 후반에 출간하고 있다. 이 이외에 건설부는 1973년에 설립된 한강홍수통제소가 한강유역의 T/M 우량관측소의 일 우량 및 호우기간의 시간우량을 수신하여 기록으로 보관하여 왔다. 또한, 1980년대 이후에 설립된 낙동강, 금강 및 영산강 및 섬진강 홍수통제소에서도 T/M 우량자료를 수신해 왔으며 이들 자료들은 한강 홍수통제소에 전송되어 통합처리 보관되어 왔다.

근년에 와서는 대용량 컴퓨터에 의한 우량이나 수위 등 수문자료의 전산화가 보편화됨에 따라 건설교통부는 산하 4개 홍수통제소의 전국적인 수문자료를 취합하여 한강홍수통제소의 홈페이지(http://www.hrfco.go.kr)를 통해 2000년 자료부터 인터넷으로 우량, 수위, 유량 등 원시 수문자료가 실시간 및 기록자료로 제공되고 있으며, 자료처리과정을 거쳐 매년 한국수문조사연보(우량편)를 통해 공식자료가 제공되고 있다. 「한국수문조사연보(우량편)」에는 전국 우량관측소 현황과 건설교통부, 기상청, 한국수자원공사, 한국농촌공사의 관측소별 일 우량연표와 건설교통부 및 한국수자원공사의 주요 관측소별 시 우량연표(時 雨量年表)가 수록되어 있으며, 부록으로 수계별 월 강우량도가 수록되어 있다. 일 우량연표는 자기우량계로 측정된 매일의 1시~24시까지의 고정시간 1일 강우량을 매년 12개월 365일에 걸쳐 수록한 표이며, 시우량연표는 주요 관측소별로 일 강우량이 50 mm 이상인 호우사상과 시간우량이 20 mm 이상인 호우사상에 대하여 호우사상별로 1시간 단위 강우량을 수록한 표이다. 또한 수계별 월 강우량도는 전국 5대강 및 주요 하천 수계별로 수계 내의 우량관측소에서 관측된 월 강우량을 산술평균한 월 평균강우량을 주상도(柱狀図)의 형태로 표시한 막대그래프이다.

이 밖에도 건설교통부는 국가수자원관리종합정보시스템인 WAMIS(Water Management Information System, http//www.wamis.go.kr)를 운영하며 수자원관련 종합정보를 관리・제공하고 있다. WAMIS에는 주요 관측지점별 각종 강우자료는 물론이고 수위, 유량, 유사량, 기상자료 및 유출분석 등 수문기상정보 이외에도 유역정보와 하천, 댐, 지하수, 이수, 수도, 환경생태, 자연재해, 지형공간 등 총 10개 항목, 42개 소항목, 220개 세부 수자원관련 항목에 대한 정보를 취합하여 제공하고 있다.

한편, 기상청의 우량자료는 기온, 일조시간, 습도, 증발량, 풍향 및 풍속 등의 기상자료와 함께 기상청 홈페이지(http//www.kma.go.kr)를 통해 무인자동기상관측소(AWS) 자료의 실시간 제공과 기록자료 D/B를 구축하여 자료를 일반에게 제공하고 있으며, 기록자료를 정리하여 매월 기상월보(氣象月報)와 매년 기상연보(氣象年報)를 간행물로 제공하고 있다.

3.8 강수량 자료의 일관성 검사와 보상 및 확충

획득된 강수량 자료를 수문학적 문제의 해결을 위한 분석에 이용하기 이전에 자료가 기상학적 원인 이외의 다른 영향을 받았는지의 여부를 판단하는 것은 대단히 중요한 일이다. 예를 들어 어떤 우량관측점의 위치를 상당한 거리 이동시켰음에도 이동 전후의 자료를 조정하지 않고 통틀어 사용하여 어떤 기간의 평균우량을 산정했다면 이 평균값은 왜곡된 값이 될 것이다.

뿐만 아니라, 어떤 우량관측점이 모종의 사정으로 한동안 강우량을 측정하지 못했거나 혹은 관측점의 관측연한이 짧을 경우에는 이들 결측값이나 가용자료의 부족 때문에 일련의 자료로서의 가치가 대폭 감소되는 경우가 많다.

따라서, 측정된 자료가 가지는 각종 오차를 수정하고 결측값을 보완하며 가용자료의 양을 확충함으로써 일관성 있는 일련의 풍부한 강수량 자료를 확보한다는 것은 정확한 수문학적 해석의 기본이 되는 것이다.

3.8.1 강수량 자료의 일관성 분석

수십 년에 걸친 장기간의 강수자료는 각종 수자원계획의 수립을 위한 수문학적 해석에 사용함에 앞서 우선 장기간 자료로서의 일관성(一貫性, consistency)에 대한 검사가 필요하다. 만약 우량계의 위치, 노출상태, 우량계의 형식, 관측방법 및 주위환경에 변화가 생겼을 경우엔 이들 변화요소가 자료에 직접적인 영향을 주기 때문에 전반적인 자료의 일관성이 없어지며 무의미한 기록값이 되어 버릴 수도 있다. 이를 교정하기 위한 한 방법을 이중누가우량분석(二重累加雨量分析, double mass analysis)이라 한다. 이 분석은 문제가 된 관측점에서의 연 혹은 계절강우량의 누적총량(accumulated totals)을 그 부근에 있는 일군(一群)의 관측점 누적총량의 평균값과 비교함으로써 이루어진다. 물론, 부근에 위치한 관측점들이 가지는 동질성이 양호하면 할수록 이 절차는 더욱 정확해지며, 가능하면 10개 이상의 부근 관측점을 선택하는 것이 통상이다. 이 해석의 결과 그림 3.15에서와 같이 관계직선의 경사가 어떤 연도에서 갑자기 변할 때는 상기한 변화가 생겼음을 추측할 수 있으며, 따라서 보다 최근의 기록(1924~1945년)을 그대로 유지하는 반면에 과거 기록(1910~1923년)을 237/278로 곱해 줌으로써 자료의 일관성을 얻게 된다.

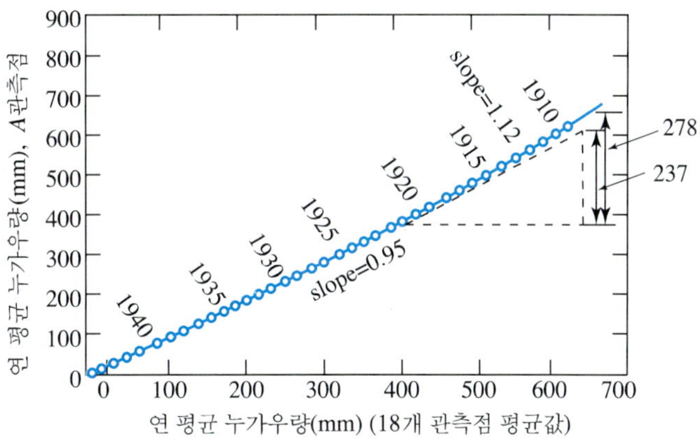

그림 3.15 이중누가우량분석

우리나라와 같이 강수량의 계절적 변화가 극심한 지역에서는 연 강수량보다 계절강수량의 누적량에 대하여 상기한 절차를 사용함이 보다 효과적이다.

이중누가우량분석법을 적용할 때에 특히 주의해야 할 점은 관계직선이 변화하는 정도를 정확하게 판단하는 것이다. 만약 경사의 변화가 도상에서 최소한 5년 이상 계속되지 않으면 상기한 바와 같은 계측방법 및 우량계 위치의 변화에 의한 경사의 변화라고 단정해서는 안된다. 따라서 이 방법의 정확한 응용을 위해서는 상당한 경험이 필요하다.

예제 3.1 X우량관측점 및 인접 25개 관측점에 있어서의 연 우량자료가 표 3.3에 수록되어 있다. 이중누가우량분석에 의해 자료의 수정이 필요하다면 수정하라. 1970년도 관측점 위치에서의 연 평균강우량을 계산하고 수정 없이 구한 연 평균강우량과 비교하라.

풀이 표 3.3의 (1), (2)란에 수록된 자료로부터 X관측점과 인접 25개 관측점의 연 강우량 평균값으로부터 각각의 누가값을 1970년부터 1944년까지 계산하여 (3), (4)란에 표시하였다. 이들 누가값을 그림 3.16에 나타낸 결과 1959년 이전과 이후의 자료가 이질성을 가짐을 알 수 있다.

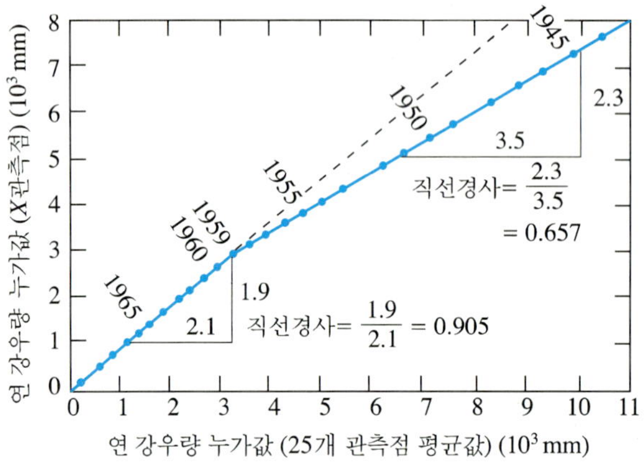

그림 3.16 이중누가우량분석

그림 3.16에서처럼 두 직선의 경사를 구해보면 0.657과 0.905이다. 따라서, 1959년 이전과 X관측점의 연 강우량 자료는 직선경사비 $0.905/0.657 = 1.378$을 곱해서 수정함으로써 전 자료가 동질성을 가진다고 볼 수 있다.

표 3.3으로부터 X관측점의 연 평균강우량(27년 평균값)을 계산하면

1) 자료의 수정을 하지 않았을 경우

$$P_{m1} = \frac{X\text{관측점의 총 누가값}}{\text{기록연수}} = \frac{7545}{27} = 279.4 \text{ mm}$$

2) 자료의 수정을 했을 경우

$$P_{m2} = \frac{(1959 \sim 1970\text{년 누가값}) + (1944 \sim 1958\text{년 수정 누가값})}{\text{기록연수}}$$
$$= \frac{1}{27}[2939 + (7545 - 2939) \times 1.378] = 343.9 \text{ mm}$$

표 3.3

기록연	연 강우량(mm)		연 강우량 누가값(mm)	
	(1) X관측점	(2) 25개 관측점 평균값	(3) X관측점	(4) 25개 관측점 평균값
1944	328	530	7545	10410
1945	320	555	7217	9880
1946	305	457	6897	9325
1947	389	539	6592	8868
1948	437	727	6203	8329
1949	323	494	5766	7602
1950	374	438	5443	7108
1951	220	443	5169	6670
1952	383	745	4849	6227
1953	484	465	4366	5482
1954	246	330	4082	5017
1955	218	342	3836	4687
1956	282	445	3618	4345
1957	173	277	3336	3900
1958	224	360	3163	3623
1959	285	312	2939	3263
1960	241	231	2654	2951
1961	269	234	2413	2720
1962	206	231	2144	2486
1963	295	333	1938	2255
1964	284	264	1643	1922
1965	203	246	1359	1658
1966	224	282	1156	1412
1967	216	289	932	1130
1968	228	234	716	841
1969	305	371	488	607
1970	183	236	183	236

3.8.2 강수량 기록의 보상 추정

어떤 관측점에서의 강수기록 측정이 모종의 사정에 의하여 짧은 기간 혹은 상당한 기간 동안 중단될 경우가 가끔씩 있다. 이러한 결측값을 보완하여 월 혹은 연 강수총량을 결정하기 위해서는 결측값을 가진 관측점으로부터 가능한 한 근거리에 운영되어온 3개의 관측점을 선정하여 동일기간에 대한 동일기록을 획득하여 관측점별 정상연 평균강수량을 산정하고 그 편차의 크기에 따라 다음 두 가지 절차에 의해 결측값을 보완하게 된다. 여기서, 정상 연 평균강수량(正常 年 平均降水量, normal annual precipitation)이라 함은 30년 이상 기간의 연 강수량 자료의 평균값을 의미하나 자료기간이 30년이 못될 경우에는 자료기간 평균값을 사용하게 된다. 첫째 방법은 산술평균법으로서, 3개 관측점 각각의 정상 연 평균강수량과 결측값을 가진 관측점의 정상 연 평균강수량의 차가 10% 이내일 경우엔 3개 관측점에서의 결측기간의 강수량을 산술평균함으로써 보완하며, 두 번째 방법은 정상 연 강수량비율법(正常 年 降水量比率法, normal ratio method)으로서 3개 관측점 중 1개라도 10% 이상의 차를 가지면 정상연 평균강수량의 비에 의해 측정값을 보삽 추정한다. 즉,

$$P_X = \frac{N_X}{3}\left(\frac{P_A}{N_A} + \frac{P_B}{N_B} + \frac{P_C}{N_C}\right) \tag{3.1}$$

여기서, P는 강수량을 표시하며, N은 정상 연 평균강수량, X는 결측값을 가진 관측점이고, A, B, C는 3개의 부근 관측점을 각각 표시한다. 첫 번째 방법보다 두 번째 방법이 강수현상이 산악의 영향을 많이 받는 지역에 더 효과적으로 적용될 수 있음을 짐작할 수 있다.

만약 결측값을 가진 관측점 X의 부근에 1개의 다른 관측점 Y만이 존재한다면 X 및 Y의 정상 연 평균강수량 N_X, N_Y를 사용하여 단순비례법에 의해 결측값을 보완하게 된다.

$$P_X = \frac{P_Y}{N_Y} N_X \tag{3.2}$$

여기서, P_X는 X관측점에 있어서의 결측값이다. 식 (3.2)는 양 관측점에 있어서의 연 평균강수량 관계가 결측기간에도 그대로 적용될 수 있다는 가정에 근거를 두고 있다.

결측관측점과 인접관측점의 정상 연 평균강수량비를 사용하지 않고 결측값을 보완하는 또 다른 한 가지 방법은 역거리 자승법(逆距離 自乘法, inverse distance squared method)이다. 이 방법은 결측관측점을 기준으로 동서남북 4개 방향으로 제일 인접한 관측소를 각각 1개소씩 선정하여 결측관측점과 인접관측점 간의 거리의 제곱의 역수(逆數)를 가중인자로 하여 결측값을 산정한다. 즉,

$$P_X = \frac{\sum_{i=1}^{n}\left[\left(\frac{1}{D_i^2}\right)P_i\right]}{\sum_{i=1}^{n}\left[\frac{1}{D_i^{\,2}}\right]} \tag{3.3}$$

여기서, P_X는 결측관측점 X의 보완하고자 하는 결측값이고 D_i와 P_i는 X관측점과 i관측점 간의 거리 및 i관측점에 기록된 강수량이다.

보통우량계로 우량을 측정할 경우에는 어떤 강우지속기간(duration) 동안의 총 우량은 획득할 수 있으나 이 누가우량의 시간적 분포는 알 수가 없다. 따라서 배수설계(排水設計) 등에

필요한 지속기간별 강우강도의 획득이 불가능하게 된다. 이러한 경우에는 보통우량측점 A부근에 위치한 자기우량측점 B의 누가우량곡선으로부터 A측점에 대한 누가우량곡선을 가정함으로써 필요한 강우강도 자료를 얻게 된다. 그림 3.17의 실선을 어떤 호우에 대한 B관측점의 누가우량곡선이라 하고 실선의 끝에 표시된 점을 총 우량 P_B라 하자.

측점 A에 측정된 총 우량이 P_A일 때의 누가우량곡선은 그림 3.17에서와 같이 B측점에 대한 누가우량곡선의 형태와 비슷하게 P_A점을 통과하는 곡선(점선으로 표시되어 있음)을 그어 얻을 수 있다. 물론 이 방법은 관측점 A가 B에 비교적 가까운 곳에 위치하고 있으며 두 관측점에서의 강우특성이 대체로 비슷하다는 가정에 의한 것이므로 그 사용에 있어서 세심한 주의가 필요하나 때로는 대단히 유용하게 사용될 수도 있다.

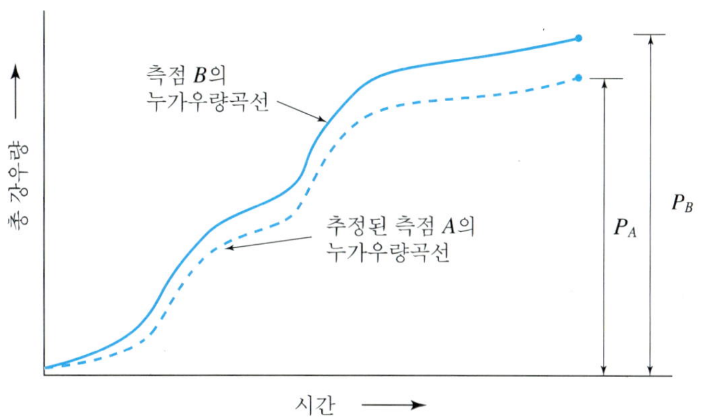

그림 3.17 누가우량곡선의 추정

예제 3.2 X우량관측점의 우량계 고장으로 1개월 동안 우량관측을 할 수 없었다. 이 기간에 집중호우가 발생하여 인접 관측점 A, B, C에 표 3.4와 같은 우량이 측정되었다. 정상 연 평균강우량과 X관측점-인접관측점 간 거리가 아래에 주어진 바와 같을 때 결측기간의 X관측점의 총 강우량을 (1) 정상 연 강수량 비율법과 (2) 역거리자승법으로 각각 보삽 추정하라.

표 3.4

관측점	월 강우량 P_i(mm)	정상 연 평균강수량 N(mm)	X관측점과의 거리 D_i(km)
X	?	9634	0
A	105	1103	6
B	88	920	7
C	120	1180	10

풀이 1) 정상 연 강수량비율법

$$\frac{N_C - N_X}{N_X} = \frac{1180 - 963}{963} = \frac{217}{963} = 0.225 > 10\%$$

따라서, 정상 연 강수량비율법을 사용하면

$$P_X = \frac{1}{3} \times 963 \times \left(\frac{105}{1103} + \frac{88}{920} + \frac{120}{1180}\right) = 93.9\ \text{mm}$$

2) 역거리자승법

$$P_X = \frac{\sum_{i=1}^{3}\left[\left(\frac{1}{D_i^{\,2}}\right)P_i\right]}{\sum_{i=1}^{3}\left[\frac{1}{D_i^{\,2}}\right]} = \frac{\frac{1}{6^2}\times 105 + \frac{1}{7^2}\times 88 + \frac{1}{10^2}\times 120}{\frac{1}{6^2} + \frac{1}{7^2} + \frac{1}{10^2}}$$

$$= \frac{5.9126}{0.0582} = 101.6\ \text{mm}$$

3.8.3 강수량 자료의 양적 확충

강수기록 연한이 비교적 짧은 관측점의 강수량 자료를 통계학적으로 해석하고자 할 때 자료의 양을 합리적으로 확충할 수 있다면 모집단(母集團, population)에 가까운 특성을 발견할 수 있을 것이다. 이와 같은 목적을 위한 한 방법이 관측점-기록년 방법(觀測點-記錄年 方法, station-year method)이다. 이 방법은 동일 유역 내의 N개 관측점에서 각각 측정된 x자료는 그 측정시기에 관계없이 유역 내의 한 개 관측점에 대한 Nx개의 자료로 생각할 수 있다는 것이다. 따라서 어떤 유역 내의 100개 관측점에서 각각 10년간의 자료를 획득했다면 이는 유역을 대표하는 한 개 관측점에 대한 1000년간의 자료와 같다고 보는 것이다.

이 방법에는 두 가지 중대한 약점이 있다. 그 첫째는 각 측점에 있어서의 강수량의 장기간 발생빈도분포(long-term frequency distribution)가 비교적 일정하지 못할 경우 이 방법에 의해 수집된 자료는 기상학적 동질성(meterological homogeneity)을 결여하게 된다. 즉, 각 측점에 기록된 강수량 자료의 특성이 서로 다르기 때문에 동일류의 자료로 취급하기가 곤란하다는 것이다. 이와 같은 자료의 동질성 조건 때문에 이 방법은 산악지역보다 평지지역에 사용하는 것이 좋다. 두 번째 약점은 만약 동일호우로 인하여 유역 내의 각 측점에 최대값에 가까운 강수량이 동시에 기록된 경우 이 방법에 의한 자료의 확충은 왜곡된 자료계열을 결과시키고 만다. 따라서 이 방법은 관측점들이 각각 독특한 기상학적 특성을 가지고 있을 경우에 가장 효과적이다. 이러한 약점 때문에 관측점-기록년 방법의 신뢰도는 강수계측망 내에 있는 각 측점의 독립성 정도에 달려 있다. 즉, 한 호우사상을 유역 내의 한 개 관측점만이 기록하게끔 측점들이 분포되어 있다면 전 기간에 수집된 여러 개 측점의 자료는 완전한 독립성을 유지할 것이므로 이 방법은 대단히 효과적으로 적용될 수 있다.

3.8.4 강수량의 장기변동성향의 정성적 판단

강수량의 계절적 혹은 연차적 변동성향은 간단한 통계학적 방법에 의하여 변동폭을 둔화시킴으로써 용이하게 판단할 수 있다.

어떤 관측점에 있어서의 수개년 강수기록이 그림 3.18(a)와 같다고 하자. 그림 3.18(a)로부터 강수량이 연차적으로 변동하고 있음은 알 수 있으나 연차적 변동폭이 너무 크기 때문에 변동의 장기성향을 쉽게 판단할 수가 없다.

그림 3.18(b)에는 첫 5개년간의 강수량 평균값을 구하여 5개년의 중앙년인 2.5년에 표시한 후 제1년 값을 제외하고 제2년부터 제6년까지의 다음 평균값을 계산하여 그의 중앙년(3.5년)에 표시하였으며 그 이하의 평균강우량도 동일한 방법으로 산출하여 표시하였다. 이 방법을 점진평균방법(漸進平均方法, method of progressive average)이라 부르며 강수량뿐만 아니라 유량, 기온, 일조시간, 풍속 및 운량(雲量) 등의 여러 자료가 가지는 장기변동성향의 분석에도 사용될 수 있다.

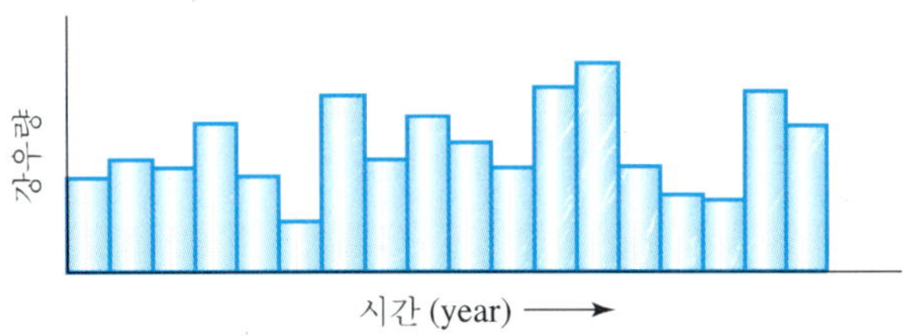

(a)

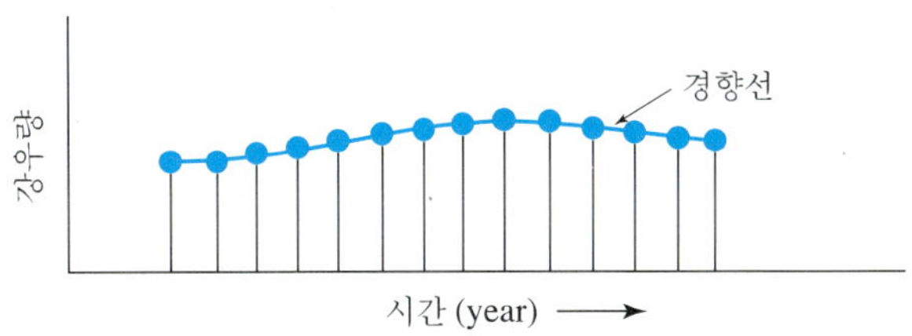

(b)

그림 3.18 점진평균방법에 의한 장기변동성향 판단

3.9 유역의 평균강우량 산정

특정 호우로 인한 유역의 평균우량(average rainfall)은 우량 깊이-유역면적 간의 관계뿐만 아니라 여러 가지 목적을 위해 필요할 때가 많다. 또한 호우별 평균우량 이외에 강우지속기간을 더 길게 잡아 월별, 계절별 및 연별 평균우량을 산정해야 할 경우도 있다.

평균우량의 산정방법은 대략 다음 3가지로 분류할 수 있는데 이들 방법에 의해 산정되는 평균우량은 실제의 평균우량과 어느 정도의 편차를 가지며 그 편차 정도는 우량계측망(rain-gauge network)의 밀도(density)에 따라 직접적인 영향을 받게 된다.

가장 간단한 방법은 유역 내 관측점의 지점강우량을 산술평균하여 유역평균우량을 산정하는 산술평균법(算術平均法, arithmetic average method)이다. 이 방법을 식으로 표시하면

$$P_m = \frac{P_1 + P_2 + \cdots + P_N}{N} = \frac{1}{N}\sum_{i=1}^{N} P_i \tag{3.4}$$

여기서, P_m은 어떤 호우로 인한 유역의 평균강우량이며 $P_1, P_2 \cdots, P_N$은 유역 내 혹은 인접한 관측점에 각각 기록된 강우량이고 N은 우량 관측점의 총수이다(그림 3.19). 산술평균법은 강수에 대한 산악효과나 우량계의 분포상태 및 밀도 등에 대한 고려가 전혀 없으므로 비교적 평야 지역에서 강우분포가 비교적 균일한 경우에 사용함이 좋다.

우량계가 유역 내외에 불균등하게 분포되어 있을 경우에는 Thiessen의 가중법(加重法, weighting method)을 사용한다. 이 방법에서는 전 유역면적에 대한 각 관측점의 지배면적을 가중인자(加重因子, weighting factor)로 잡아 이를 각 우량값에 곱하여 합산한 후 이 값을 유역 면적으로 나눔으로써 평균우량을 산정하는 방법이다(그림 3.20).

각 우량계의 지배면적은 우선 인접 관측점들을 직선으로 연결하여 여러 개의 삼각형을 만든 후(그림 3.20의 점선 삼각형) 각 변의 수직이등분선을 그으면 얻게 되는 삼각형의 내심(內心)을 연결하는 직선과 유역분수계로 둘러싸이는 관측점 주위의 다각형(Thiessen's polygon)을 만듦으로써 결정된다. 다각형으로 둘러싸인 면적이 곧 각 우량계의 지배면적(支配面積)이 되며 구적기(求積器, planimeter)로 측정할 수 있다. 이 방법을 식으로 표시하면

$$P_m = \frac{A_1P_1 + A_2P_2 + \cdots + A_NP_N}{A_1 + A_2 + \cdots + A_N} = \frac{\sum_{i=1}^{N} A_iP_i}{\sum_{i=1}^{N} A_i} \tag{3.5}$$

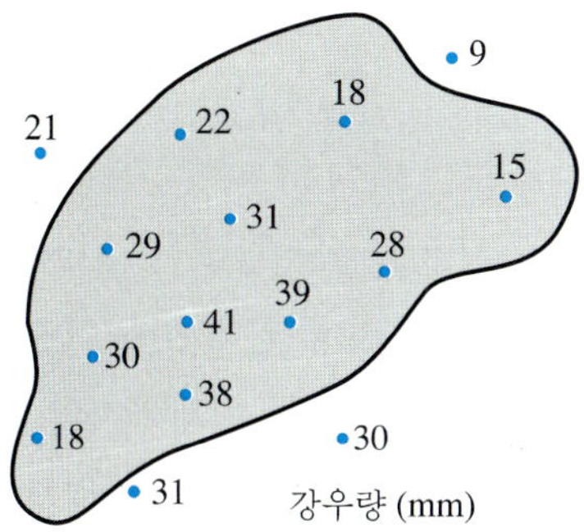

그림 3.19 산술평균법

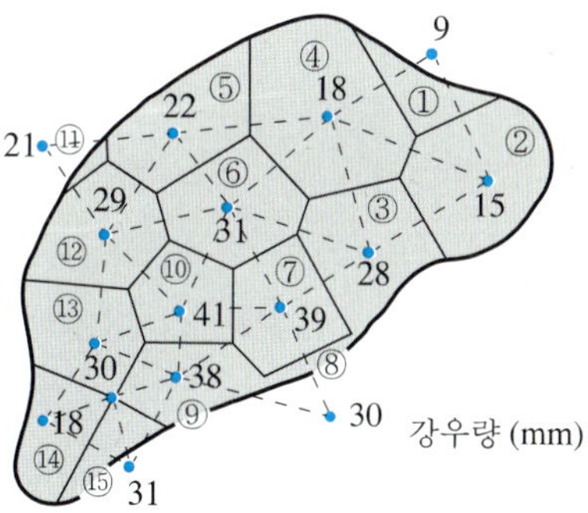

그림 3.20 Thiessen의 가중법

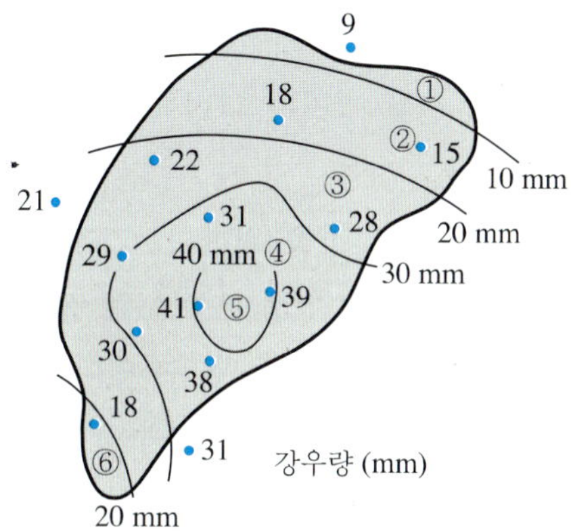

그림 3.21 등우선법

여기서, P_m은 유역의 평균강우량이며 P_1, P_2, ⋯ P_N은 유역 내 각 관측점에 기록된 총 강우량이고 A_1, A_2, ⋯ A_N은 각 관측점의 지배면적이다.

이 방법에서도 강우에 대한 산악효과는 무시되고 있으나 각 우량계의 지배면적에 의해 우량계의 분포상태는 고려하고 있으므로 산술평균법보다는 정확하며 적용방법의 객관성 때문에 실제로 가장 널리 사용되고 있는 방법이다.

강우에 대한 산악의 영향은 등우선법(等雨線法, isohyetal method)에 의해 고려될 수 있다. 이 방법에서는 우선 지형도상에 관측점의 위치와 강우량을 표시한 후 등우선(isohyets)을 그리고 각 등우선 간의 면적을 구적기로 측정한 후 이를 해당 등우선 간의 평균우량에 곱하여 전부 합산한 후 이 값을 유역면적으로 나눔으로써 전 유역에 대한 평균우량을 구하게 된다. 여기서, 두 등우선 간의 평균우량으로는 통상 등우선상의 우량값을 평균한 값을 사용한다(그림 3.21).

등우선법을 식으로 표시하면

$$P_m = \frac{A_1 P_{1m} + A_2 P_{2m} + \cdots + A_N P_{Nm}}{A_1 + A_2 + \cdots + A_N} = \frac{\sum_{i=1}^{N} A_i P_{im}}{\sum_{i=1}^{N} A_i} \tag{3.6}$$

여기서, A, P는 식 (3.3)에서 정의된 것과 같고 N은 등우선에 의해 나누어지는 면적구간의 수이며 P_{im}은 두 인접 등우선 간의 면적에 대한 평균강우량이다. 현재까지의 경험에 의하면 우량계가 비교적 등분포되어 있고 유역면적이 약 500 km^2 미만인 평지지역에서는 산술평균법도 다른 방법에 못지않은 정확성을 가지고 있으며, 산악효과가 비교적 작고 유역면적이 약 500~5,000 km^{2}인 곳에서는 Thiessen법을 사용하는 것이 좋다. 유역면적이 더 이상 커지거나 산악지역에서는 등우선법을 사용하는 것이 정확한 결과를 얻을 수 있으나 우량계의 밀도가 조밀해야 할 뿐만 아니라 등우선을 그리는 과정에서 생기는 주관적 오차에 특별한 주의를 하지 않으면 안된다.

이상에서 소개한 유역평균우량산정을 위한 세 가지 방법은 관측지점별 일, 월, 연 우량자료의 유역평균뿐만 아니라 일정지속시간 동안 계속된 집중호우로 인한 관측지점별 총 우량을 사용하여 유역평균우량을 산정하는 데 사용할 수 있다. 뿐만 아니라 산술평균법이나 Thiessen 가중법은 집중호우로 인한 관측지점별, 시간별 누적우량을 유역평균함으로써 관측지점별 누가우량곡선으로부터 유역평균 누가우량곡선을 작성하는 데 사용할 수 있다.

예제 3.3 그림 3.19와 같은 유역에 집중호우가 발생하여 유역 내의 11개 우량관측점과 부근의 4개 관측점에서 측정된 관측별 총 우량은 그림 3.19에 표시된 바와 같다.

평균우량을 산정하기 위하여 Thiessen의 다각형과 등우선을 그려본 결과는 그림 3.20 및 3.21과 같다. 이 유역의 평균강우량을 산술평균법, Thiessen법 및 등우선법에 의하여 산정하라. Thiessen의 다각형별 면적과 등우선 간의 소구역면적은 표 3.5와 같다.

표 3.5

소구역번호	Thiessen 다각형면적(km^2)	등우선 간 면적(km^2)	소구역번호	Thiessen 다각형면적(km^2)	등우선 간 면적(km^2)
1	40	55	9	60	
2	118	220	10	60	
3	99	390	11	8	
4	150	278	12	86	
5	95	63	13	70	
6	86	34	14	52	
7	86	8	15	25	
8	5				

풀이 1) 산술평균법

유역 내에 있는 11개 관측점에 기록된 우량의 산술평균값이 곧 평균우량이므로 식 (3.4)를 사용하면

$$P_m = \frac{1}{11}(15+28+18+22+31+39+38+41+29+30+18) = 28.09 \text{ mm}$$

2) Thiessen의 가중법

표 3.6의 계산값을 사용하면 식 (3.5)로부터

$$P_m = \frac{\sum_{i=1}^{15} A_i P_i}{\sum_{i=1}^{15} A_i} = \frac{27075}{1040} = 26.03 \text{ mm}$$

3) 등우선법

표 3.6의 계산값과 식 (3.6)으로부터

$$P_m = \frac{\sum A_i P_i}{\sum A_i} = \frac{26845}{1040} = 25.81 \text{ mm}$$

표 3.6

소구역번호	Thiessen 가중법			등우선법		
	다각형면적 A_i(km²)	우량 P_i(mm)	A_iP_i	등우선 간 면적 A_i(km²)	등우선 간 평균 우량 P_{im}(mm)	A_iP_i
1	40	9	360	55	10*	550
2	118	15	1770	220	15	3300
3	99	28	2772	390	25	9750
4	150	18	2700	278	35	9730
5	95	22	2090	63	45	2835
6	86	31	2666	34	20*	680
7	86	39	3354			
8	5	30	150			
9	60	38	2280			
10	60	41	2460			
11	8	21	168			
12	86	29	2494			
13	70	30	2100			
14	52	18	936			
15	25	31	775			
계(Σ)	1040		27075	1040		26845

* 추정값임.

3.10 강수량 자료의 분석

보통우량계로 측정되는 일 강우량 자료와 이로부터 산정되는 월 및 연 강우량 자료는 통상 몇 개월 혹은 몇 년 등 비교적 장기간에 걸쳐 발생하는 가뭄의 해석이나 이수(利水) 목적의 물 수지분석 등에 필요한 자료이다. 그러나, 단시간에 걸쳐 내리는 집중호우(集中豪雨) 등으로 인한 홍수피해를 방어하기 위한 치수(治水) 목적의 계획수립을 위해서는 짧은 시간 간격의 강우량 자료의 분석이 필요하므로 통상 자기우량계로 측정한 시간우량자료가 사용된다.

짧은 기간에 내리는 호우의 특성을 제대로 파악하기 위해서는 다음의 질문에 대한 해답이 필요하다. 즉, 얼마나 강하게?, 얼마나 긴 시간 동안?, 얼마나 자주?, 그리고 얼마나 넓은 지역에 걸쳐 비가 내렸는지? 이다.

"얼마나 강하게?"는 강우강도(rainfall intensity)를 뜻하며 이는 단위시간에 내리는 강우량(mm/hr)으로 표시되며, "얼마나 긴 시간 동안?"은 강우가 계속되는 시간장경(時間長徑)으로 강우의 지속기간(duration)을 뜻하며 통상분(minutes) 혹은 시간(hours) 단위로 표시된다. "얼마나 자주?"는 특정크기의 강우량을 초과하는 호우가 일정 연한 동안에 평균적으로 발생할 횟수를 의미하는 것으로 평균발생빈도(平均發生頻度, mean frequency of occurrences)를 뜻하며, 당해 호우로 인한 특정 크기의 강우량(x)보다 클 초과확률(exceedance probability) P로 표시하거나, 초과확률의 역수인 평균재현기간(平均再現期間, mean recurrence interval 혹은 return period) T(years)로 표시하며, 다음의 관계가 성립된다.

$$T = \frac{1}{P(X > x)} \tag{3.7}$$

여기서, $P(X > x)$는 강우량(X)이 특정 크기의 강우량 x(mm)를 초과할 확률을 뜻하며, x가 커질수록 초과확률 $P(X > x)$는 작아지고, 따라서 재현기간 T는 커진다. 예를 들면, 어떤 우량관측지점의 연 강우량(X)이 $x = 2{,}000$ mm를 초과할 확률 $P(X \geq 2{,}000)$가 1%라면 이 연 강수량의 평균재현기간은 100년이 되는 것이다. 즉, 100년에 평균 1회 정도 연 강우량이 2,000 mm를 초과한다는 의미이다.

마지막으로, "얼마나 넓은 지역에 걸쳐 비가 내렸는지?"는 우량계에 의해 측정되는 점우량이 대표할 수 있는 지역적 범위(地域的 範圍, areal extent)가 얼마나 넓은 지역(km^2)인지를 뜻한다.

위에서 설명한 강우의 4가지 특성인 강우강도, 지속기간, 발생빈도 및 지역적 범위가 밝혀지면 발생한 호우(豪雨, heavy rainfall)의 공학적 규모가 결정되는 것이며, 이들 특성 인자들 사이에는 서로 독특한 관계를 가지게 되는데 이들 관계에 대해 살펴보기로 한다.

3.10.1 강우강도와 강우지속기간 관계

일정시간 동안 계속된 호우에 대하여 강우지속기간을 짧게 잡을수록 최대강우강도는 일반적으로 커지는 특성을 가지고 있다. 이는 강우강도가 강우지속기간 동안 내린 총 강우량을 지속기간으로 나눈 평균 강도로 정의되며, 지속기간을 짧게 잡을수록 강우강도는 커지기 때문이다. 다음 예제 3.4는 이와 같은 강우강도의 특성을 설명하고 있다.

예제 3.4 어떤 유역에 30분간 계속된 집중호우로부터 기록된 5분간격 우량값은 표 3.7과 같다. 표 3.7의 강우량 자료로부터 지속기간별(5분 단위) 최대강우강도를 결정하라.

표 3.7

시간 (min.)	0~5	5~10	10~15	15~20	20~25	25~30
우량 (mm)	2.0	4.0	6.0	4.0	8.0	6.0

풀이 표 3.7로부터 지속기간별 최대강우량을 결정한 다음 지속기간 1시간에 해당하는 최대강우량으로 환산함으로써 표 3.8과 같이 각 지속기간에 대한 최대강우강도를 얻게 되며, 지속기간을 길게 잡을수록 최대강우강도는 작아지고 있음을 볼 수 있다.

표 3.8

지속기간 (min.)	최대강우량 (mm)	최대강우강도 (mm/hr)	지속기간 (min.)	최대강우량 (mm)	최대강우강도 (mm/hr)
5	8.0	96.0	25	28.0	67.2
10	14.0	84.0	30	30.0	60.0
15	18.0	72.0			
20	24.0	72.0			

우량관측소 지점에서의 최대강우강도-지속기간관계(rainfall intensity-duration relationship)는 통상 지역적인 특성을 가지므로 각 지역별로 기왕에 관측된 자기우량자료를 빈도해석(제13장 참조)하여 수립하게 된다.

일반적으로, 단기간 동안 계속되는 강우의 발생빈도가 동일할 경우(예를 들면 $T=10$년) 최대강우강도는 예제 3.4에서 살펴본 바와 같이 강우의 지속시간이 커짐에 따라 작아지는 관계를 가지며, 지역에 따라 다르나 대체로 다음과 같은 3가지 경험공식으로 표시될 수 있다.

$$\text{Talbot형:}\qquad I=\frac{a}{t+b} \tag{3.8}$$

$$\text{Sherman형:}\qquad I=\frac{c}{t^n} \tag{3.9}$$

$$\text{Japanese형:}\qquad I=\frac{d}{\sqrt{t}+e} \tag{3.10}$$

여기서, I는 최대강우강도(mm/hr), t는 강우지속기간(min., hrs 등)이며, a, b, c, d, e와 n은 지역에 따라 다른 값을 가지는 지역상수(地域常數)로서 우량관측소별로 강우지속시간(t)별 최대강우강도(I) 자료계열을 통계처리에서 사용하는 최소자승법(最少自乘法, method of least squares)에 의한 회귀분석(回歸分析, regression analysis)으로 결정할 수 있다(제13장 참조).

식 (3.8)~(3.10)은 소규모 수공구조물의 설계강우강도를 산정하는 데 사용되는 경험공식으로 강우강도식(降雨强度式 , rainfall intensity formula)이라고 부르며 특정 발생빈도별(2, 5, 10, 20년 등)로 제13장의 빈도해석결과를 사용하여 유도될 수 있으며, 도시지역의 우수관리라든지, 고속도로를 횡단하는 암거(culvert), 비행장의 배수시설 등의 설계를 위한 설계홍수량을 산정하는 데 사용된다.

3.10.2 강우강도-지속기간-발생빈도 관계

강우강도-지속기간 관계에 강우의 발생확률을 제3의 변수로 도입하면 각종 수문 설계에 대단히 유용한 일련의 곡선을 얻게 된다. 그림 3.22는 서울기상대 지점에 대한 최대강우강도-지속기간-발생빈도(intensity-duration-frequency, IDF) 곡선을 표시하고 있다.

이들 관계 곡선은 우량 관측소 지점의 장기간 자기우량자료(가급적 30년 이상)로부터 강우지속기간(10분, 30분, 60분, 120분, 360분, 1440분)별 연도별 최대강우량을 선별한 후 연도별 최대강우량을 각 지속기간으로 나누어 연도별 최대강우강도 자료계열을 작성한 후 이 시계열(時系列)에 제13장의 빈도해석방법을 적용하면 재현기간별, 지속기간별 최대강우강도 관계를 얻게 된다.

그림 3.22의 서울기상대 지점의 IDF 곡선을 보면 재현기간이 20년이고 지속기간이 1시간인 최대강우강도는 90 mm/hr이고, 2시간 동안 100 mm의 호우가 내렸다면 강우강도는 50 mm/hr이고 이 강도로 2시간 동안 내린 강우의 재현기간은 그림 3.22로부터 약 10년임을 알 수 있고 초과확률 $P(X>50\,\text{mm/hr})=0.1$임을 알 수 있다.

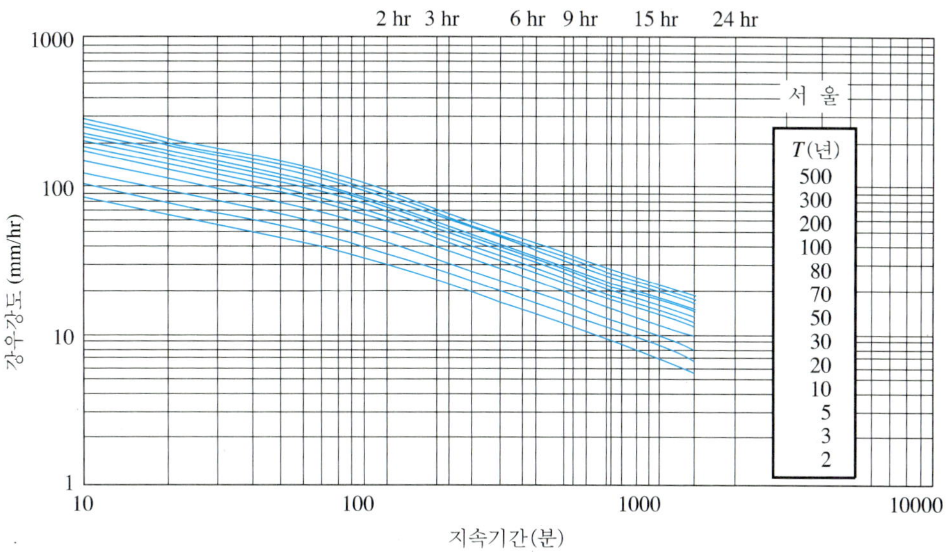

그림 3.22 강우강도-지속기간-빈도 관계곡선(서울 기상대 지점)

그림 3.22의 관계로부터 재현기간별 강우강도는 재현기간과 강우지속기간의 함수임을 알 수 있으며 이를 일반식으로 표시하면 다음과 같다.

$$I(T, t) = \frac{kT^x}{t^n} \tag{3.11}$$

여기서, I는 강우강도(mm/hr), T는 재현기간(년, years), t는 강우지속기간(min)이며 k, x, n은 지역에 따라 회귀분석에 의해 결정되는 상수이다. 식 (3.11)로부터 재현기간별 강우강도, 즉, 소규모 수공구조물의 설계강우강도는 강우지속기간의 길이에 반비례하고 재현기간에는 비례함을 알 수 있다.

한편, 건설교통부(2000)는 '한국확률강우량도 작성' 연구에서 기상청에서 운영해 온 22개 우량관측소의 연 최대치 시간우량자료를 Type-I 극치 확률분포(Gumbel 분포, 13.4.8절 참조)에 적합(適合)시켜 빈도분석한 결과를 이용하여 다음과 같은 통합형 확률 강우강도식을 제시한 바 있다.

$$I(T, t) = \frac{a + b\ln\left(\dfrac{T}{t^n}\right)}{c + d\ln\left(\dfrac{\sqrt{T}}{t}\right) + \sqrt{t}} \tag{3.12}$$

여기서, I는 강우강도(mm/hr), t는 지속기간(min), T는 재현기간(년, years)이고, a, b, c, d 및 n은 지역별로 결정되는 상수로서 기상청의 22개 우량관측소별 지역 상수값은 표 3.9와 같다.

표 3.9 기상청 주요 우량관측지점의 통합 확률강우강도식의 회귀상수값

지점번호	지점명	단·장시간 구분경계점		회귀상수값				
				a	b	c	d	n
090	속초	240분	단기간	93.7767	77.1755	1.1261	0.2165	−0.2620
			장기간	158.2023	82.0172	2.8169	0.6434	−0.0835
101	춘천	전체	전체	172.6329	82.6687	0.0555	0.1444	−0.0073
105	강릉	120분	단시간	98.1820	78.2095	0.1927	0.1525	−0.1758
			장기간	188.0071	101.6393	3.5588	0.5308	0.0141
108	서울	120분	단기간	153.0746	144.5254	0.6011	0.1562	−0.1488
			장기간	324.7979	91.6429	−2.8899	0.0176	0.2685
112	인천	120분	단기간	322.0633	147.1074	2.1344	0.2689	0.1109
			장기간	338.1145	97.8410	−2.0748	0.0655	0.2937
114	원주	전체	전체	368.0955	126.2754	1.0182	0.1342	0.2777
119	수원	30분	단기간	79.1287	78.0319	−0.2551	0.1088	−0.6026
			장기간	828.3783	144.8427	4.9127	0.1139	0.6580
129	서산	240분	단기간	187.1922	82.8980	0.0432	0.0997	−0.0486
			장기간	585.5659	119.4289	7.8698	0.7273	0.4891
131	청주	60분	단기간	206.9811	93.6890	0.1992	0.1380	−0.0266
			장기간	194.5685	67.0847	−1.7755	0.0855	0.0791
133	대전	90분	단기간	157.7852	98.5065	0.1822	0.1356	−0.2843
			장기간	521.6633	101.0004	−0.1721	−0.0005	0.5153
135	추풍령	60분	단기간	90.8913	64.2279	−0.3600	0.1091	−0.2834
			장기간	119.4443	47.8249	−2.1360	0.0675	−0.0654
138	포항	120분	단기간	51.8427	72.6780	−0.2845	0.1044	−0.3374
			장기간	266.0319	91.7480	3.0201	0.5121	0.2019
140	군산	90분	단기간	317.0764	96.5720	1.9521	0.1943	0.1353
			장기간	888.6918	100.2966	2.9299	−0.5044	1.0673
143	대구	90분	단기간	147.9781	98.0911	0.2046	0.1725	−0.0518
			장기간	310.0363	66.9800	−1.8327	−0.0354	0.4384
146	전주	180분	단기간	412.1723	138.2680	1.9288	0.3150	0.3174
			장기간	351.8756	82.1814	−2.3994	0.0696	0.3885
152	울산	30분	단기간	569.2767	185.9155	4.6126	0.2583	0.4327
			장기간	255.6156	124.4030	1.2410	0.2497	0.1373
156	광주	60분	단기간	185.4785	97.5953	0.5941	0.1531	−0.1131
			장기간	354.2587	78.4099	−0.6737	−0.0313	0.3859
159	부산	90분	단기간	253.5492	159.1007	1.6795	0.1470	0.0109
			장기간	380.9872	118.4000	−0.5210	0.0627	0.2784
162	통영	240분	단기간	217.0543	115.5635	1.5085	0.1156	−0.0008
			장기간	462.6959	118.7615	2.3610	0.4478	0.3651
165	목포	60분	단기간	140.3045	74.9801	−0.0001	0.1289	−0.1577
			장기간	350.2751	76.0617	1.1267	0.1034	0.3669
168	여수	240분	단기간	256.060	116.194	1.497	0.282	0.100
			장기간	292.5127	80.2553	−2.4705	0.1490	0.2509
170	완도	180분	단기간	4410.9550	447.7651	27.7054	−3.0745	1.3390
			장기간	354.2686	141.2124	−0.3229	0.3520	0.1945

자료: 한국확률강우량도 작성(건설교통부, 2000)

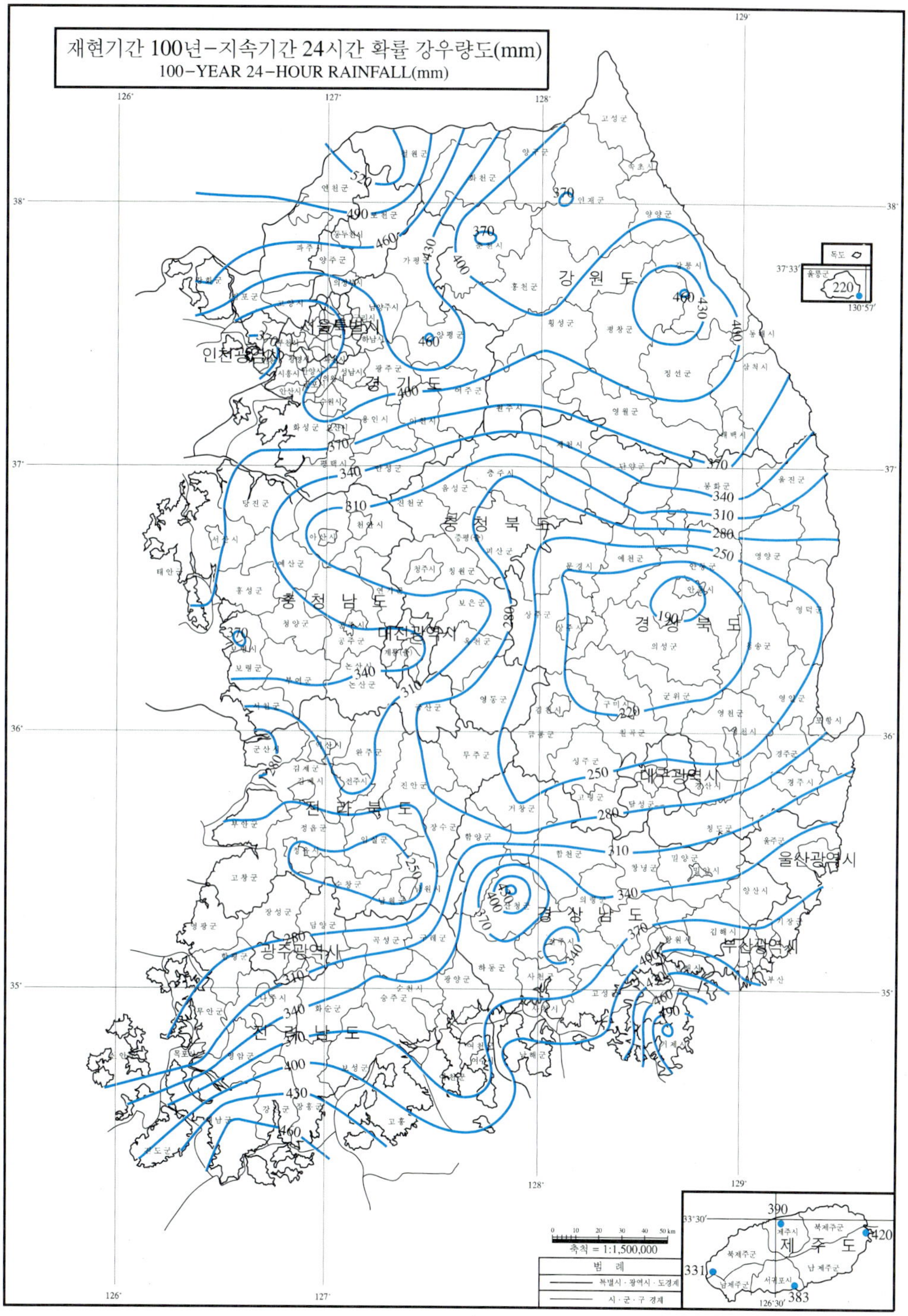

그림 3.23 확률강우량도(재현기간 100년, 지속기간 24시간)

한편, 식 (3.12)의 확률강우강도식은 유도과정에서 회귀식의 적합도를 높이기 위해 표 3.9에서 보는 바와 같이 우량관측소별로 단시간과 장시간으로 지속기간을 나누어 분석하였으며, 단시간과 장시간 자료의 회귀직선에 큰 차이가 없는 지점에 대해서는 단일 회귀식을 유도하였다. 그림 3.22의 서울기상대 지점에 대한 강우강도-지속기간-발생빈도 관계곡선의 경우 단시간과 장시간의 구분경계점은 120분임을 알 수 있다.

식 (3.12)는 전국의 22개 기상청 우량관측소 지점에 대한 강우강도식이므로 지점별 지속기간별 확률강우강도(確率降雨强度, probability rainfall intensity)를 산정하는 데 사용할 수 있으나 미 관측지역에는 사용할 수가 없다. 이에 건설교통부(2000)에서는 우리나라 전역의 68개 우량관측소의 장기간 자기우량자료를 빈도분석하여 지속기간이 30분, 1, 2, 3, 6, 12, 24시간이고 재현기간이 2, 5, 10, 20, 50, 100, 200년인 확률강우량을 지점별로 산정한 후 이를 이용하여 그림 3.23과 같이 등우선(等雨線, isohyets)을 그려 소위 확률강우량도(rainfall frequency map) 49매를 제작하였다. 그림 3.23은 건설교통부가 제작한 확률강우량도 중 강우지속기간이 24시간이고 재현기간이 100년인 확률강우량의 전국적인 공간분포를 표시하는 지도이다.

예제 3.5 식 (3.12)를 이용하여 서울기상대 지점에 대한 재현기간이 100년이고, 지속기간 1시간과 24시간에 대한 강우강도를 각각 계산하고, 100년 빈도 24시간 강우강도의 경우는 그림 3.23의 확률강우량도에서 구한 값과 비교하라.

풀이 표 3.9로부터 서울기상대 지점에서 1시간(60분)과 24시간(1440분)은 각각 단시간과 장시간으로 분류되므로 강우강도식의 회귀상수를 표 3.9로부터 읽으면 표 3.10과 같다.

표 3.10

회귀상수 / 지속기간(분)	a	b	c	d	n
60분	153.0746	144.5254	0.6011	0.1562	−0.1488
1440분	324.7979	91.6429	−2.8899	0.0176	0.2685

식 (3.12)에 $t=60$분과 $t=1440$분에 해당하는 회귀상수값 a, b, c, d, n과 강우의 재현기간 $T=100$년을 대입하여 강우강도를 계산한 결과는 다음과 같다.

$$I(100,\ 60) = 112.4\ \text{mm/hr}$$
$$I(100,\ 1440) = 20.0\ \text{mm/hr}$$

한편, 그림 3.23으로부터 서울지점의 100년 빈도 24시간 확률강우량을 개략적으로 읽으면 약 400 mm이고 이를 강우강도로 표시하면 $I(100, 1440) = 400/24 = 16.7\ \mathrm{mm/hr}$이다. 따라서, 식 (3.12)에 의해 계산된 100년 빈도 24시간(1440분) 강우강도 20.0 mm/hr는 그림 3.23의 확률강우량도에서 확률강우량을 읽어서 강우강도로 표시한 값 16.7 mm/hr와 약간의 차이가 있음을 알 수 있으나, 그림 3.23의 확률강우량도는 우량관측도 지점별 식 (3.12)를 지역화(地域化)한 그림으로 이해하면 될 것이다.

3.10.3 평균우량깊이와 유역면적 관계

일정면적을 가진 유역의 전반에 걸쳐 균일한 강우가 발생할 경우는 대단히 드물다. 일정한 강우지속기간에 유역상에 내린 평균우량깊이는 호우중심지역으로부터 멀어질수록 점차 감소하게 된다. 여기서, 말하는 평균우량깊이(mean rainfall depth)는 어떤 유역면적상에 내린 총우량을 유역면적으로 나눈 유역상의 등가우량깊이(mm)를 의미한다. 따라서 호우중심점으로부터 면적이 증가됨에 따라서 등가우량깊이는 점점 작아지며 강우강도 또한 감소하게 된다. 그림 3.24는 어떤 유역에 있어서의 특정호우로 인한 전형적인 유역평균우량-유역면적 관계곡선(rainfall depth-area curve)을 도시하고 있다. 그림 3.24의 실선은 유역면적을 크게 잡을수록 평균우량깊이가 작아짐을 표시하며 점선은 해당 유역의 외곽선상에 있는 지점에서의 평균우량깊이가 유역면적이 커짐에 따라 더 많이 감소함을 나타내고 있다.

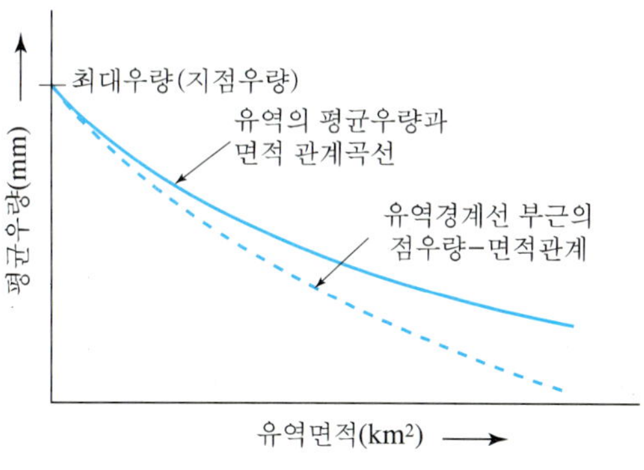

그림 3.24 전형적인 유역평균우량-유역면적 관계

어떤 크기의 면적을 가지는 유역에 여러 개의 우량관측소가 설치되어 있을 경우 어떤 호우가 발생할 때 각 관측소에서 계측되는 우량은 점우량이며, 유역평균우량은 앞에서 소개한 산술평균법이나 Thiessen 방법 혹은 등우선법 등으로 산정할 수 있다. 그러나, 하천제방이나 댐 등 수공구조물의 설계 홍수량을 구하고자 할 때에는 특정 발생빈도(설계빈도 혹은 설계재현기간, design return period)를 가지는 당해 유역의 평균강우량 산정이 필요하다. 이를 위해서는 수공구조물 지점을 유역출구(流域出口, outlet)로 하는 유역 내에 설치되어 있는 다수의 우량관측소의 점 우량자료를 빈도해석(제13장 참조)하여 특정빈도를 선택함으로써 지점별 설계강우량을 얻게 되며 이로부터 유역평균 설계강우량을 산정하게 된다. 그림 3.23에 표시된 확률강우량도는 우량관측지점별 확률강우량을 그림으로 나타낸 것이나 어떤 크기의 면적을 가지는 유역을 대상으로 할 경우에는 이들 지점별 확률강우량으로부터 유역평균 확률강우량을 산정하여야 한다. 지점별 확률강우량의 평균방법으로는 단일호우의 경우처럼 Thiessen 방법 등을 사용할 수 있으나 이들 방법으로 산정되는 유역평균 확률강우량은 모든 지점에 동일한 설계빈도(예를 들면 100년 빈도) 호우가 동시에 발생한다는 가정이며, 이러한 가정은 물리적으로 타당하지 않다. 따라서, 그림 3.25에서처럼 지점우량은 유역면적이 커짐에 따라 감소할 수밖에 없다는 사실을 고려해주기 위해 면적감소계수(area reduction factor, ARF)를 적용하게 된다. 면적감소계수는 지점별 설계 강우량을 유역면적에 걸쳐 평균한 후 유역면적이 커짐에 따라 감소하는 유역평균강우량(면적우량)으로 보정해주기 위해 백분율(%)로 표시되는 계수로서 면적우량환산계수(面積雨量換算係數)라고도 부른다.

건설교통부(2000)는 한강유역 전역에 걸쳐 강우지속기간 30분~24시간 강우량 자료를 분석하여 면적우량환산계수(ARF)를 추정할 수 있는 일반식을 다음과 같이 유도하였다.

$$\mathrm{ARF}(A) = 1 - M\exp\left[-(aA^{b})^{-1}\right] \tag{3.13}$$

여기서, A는 유역면적(km^2)이고, M, a, b는 재현기간(T년)과 강우지속기간(t hr)에 따라 결정되는 회귀상수이다. 식 (3.13)으로 표시되는 ARF의 유도방법과 회귀상수 M, a, b에 대해서는 제15장에서 보다 상세하게 살펴보기로 한다.

그림 3.25는 한강유역의 100년 빈도강우에 대한 면적우량환산계수–강우지속기간–유역면적

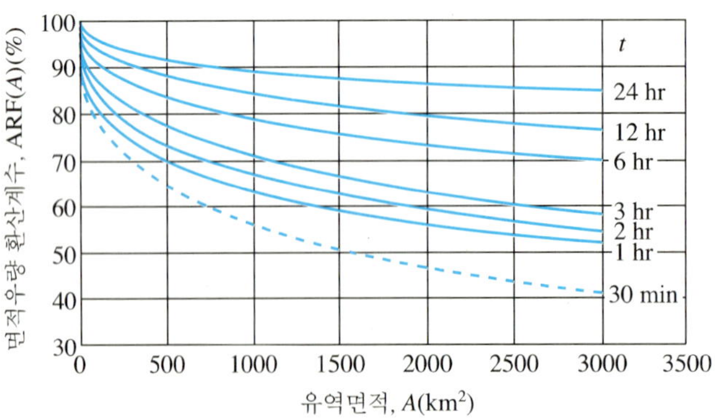

그림 3.25 유역면적–ARF–강우지속기간 관계(한강유역, T=100년)

관계를 표시하고 있다. 그림 3.25에서 서울 우량관측소 지점의 100년 빈도 24시간 점 강우량이 약 400 mm일 때 서울지역에 위치한 중랑천 유역(유역면적이 약 300 km^2)에 대한 면적우량환산계수는 그림 3.25부터 약 93%임을 알 수 있으므로 중랑천 유역의 100년 빈도 24시간 평균우량(면적우량)은 $400 \times 0.93 = 372$ mm로 추정할 수 있는 것이다.

3.10.4 최대평균우량깊이-유역면적-강우지속기간 간의 관계분석

각종 크기의 유역면적에 여러 가지 지속기간을 가진 강우가 발생할 때 예상되는 지속기간별 최대강우량을 유역별로 결정해 두면 도로 암거의 설계나 지하수 흐름에 대한 하천수위의 시간적 변화가 주는 영향 등 제반 수문학적 문제의 해결에 대단히 유용하다. 이러한 목적을 위해 유역별로 최대평균우량깊이-유역면적-지속기간(rainfall depth-area-duration) 관계를 수립하는 작업을 DAD 분석이라 부른다.

이러한 관계를 얻기 위해서는 유역에 설치된 여러 개의 우량관측소에서 관측된 일련의 호우 중 최대강우량을 해당지역에 초래한 호우를 택하여 그 유역 전 면적에 대하여 다음과 같은 절차를 밟아 해석하게 된다.

1) 유역 내 각 관측점에 있어서의 누가우량곡선(rainfall mass curve)을 구하고 전 유역을 등우선 혹은 Thiessen 다각형에 의해 몇 개의 소구역으로 나눈 후,
2) 각 소구역에 대한 평균누가우량곡선을 산정 작성하고,
3) 소구역 누가면적별로 평균누가우량곡선을 산정한 후,
4) 각종 지속기간에 대한 최대평균 우량깊이를 소구역의 누가면적별로 결정하여 이들을 반대수지(semi-logarithmic paper)에 표시함으로써 DAD 곡선을 작성한다.

DAD 곡선은 유역면적을 대수축(logarithmic scale, 통상 종축)에, 최대평균우량깊이를 산술축(arithmetic scale, 횡축)에 표시하고 지속기간을 제3의 변수로 표시하여 작성한다. DAD 분석을 위한 상기절차는 다음과 같은 예제로서 가장 쉽게 설명될 수 있다.

예제 3.6 그림 3.26과 같은 하천유역에 최대우량에 가까운 호우가 발생하여 유역 내의 우량관측점 A, B, C, D, E, F, G에 그림에 표시된 바와 같은 점우량이 기록되었으며 예비작업으로 등우선을 그림과 같이 그어 전 유역을 5개 소구역으로 나누었다.

각 소구역의 면적은 그림에 표시된 바와 같고 각 관측점의 자기우량기록으로부터 얻은 시간별 누가우량값(accumulated rainfall amount)은 표 3.11과 같다. 지속기간 2, 4, 6, 8, 10, 12시간을 사용하여 이 유역에 대한 DAD 해석을 실시하라.

표 3.11 관측점별 누가우량자료 (단위: mm)

시간(hrs) \ 관측점	A	B	C	D	E	F	G
4	0.0	0.0	0.0	0.0	0.0	0.0	0.0
6	10.2	0.0	0.0	0.0	0.0	0.0	0.0
8	15.2	12.7	0.0	0.0	0.0	5.1	0.0
10	22.8	20.3	0.0	0.0	7.6	12.7	5.1
12	30.5	30.5	15.2	5.1	20.3	20.3	7.6
14	35.6	38.1	28.0	15.2	30.5	28.0	12.7
16	43.1	43.1	43.1	30.5	35.6	30.5	15.2
18	43.1	53.4	55.9	43.1	50.8	33.0	15.2
20	43.1	53.4	73.6	55.9	55.9	35.6	15.2
22	43.1	53.4	81.2	68.5	55.9	35.6	15.2
24	43.1	53.4	81.2	68.5	55.9	35.6	15.2

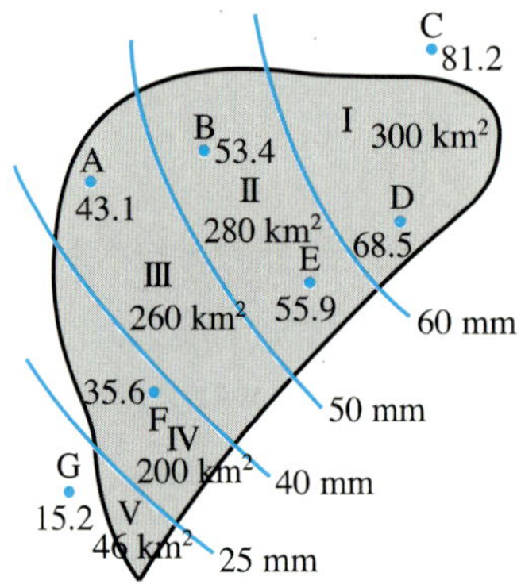

그림 3.26

풀이 1) 각 소구역에 대한 평균누가우량의 산정

각 소구역의 평균누가우량은 해당 소구역 내 혹은 부근에 있는 관측점의 누가우량(표 3.11)에 가중인자(weighing factor)를 곱하여 평균함으로써 얻어질 수 있는데 이 가중인자의 결정을 위해서는 소구역의 지형 및 호우양상(storm pattern) 등을 고려하여 공학적인 판단을 하거나 Thiessen법에서처럼 면적을 가중인자로 사용하기도 한다. 예를 들어 소구역 I, II, III, IV, V에 대한 평균누가우량은 다음 관계식으로부터 얻어진다고 가정하자.

$$P_{\text{I}} = \frac{P_C + 2P_D}{3}, \qquad P_{\text{II}} = \frac{P_E + 1.5P_B}{2.5}$$

$$P_{\text{III}} = \frac{P_A + P_F + P_E}{3}, \quad P_{\text{IV}} = \frac{P_A + P_G + 7P_F}{9} \qquad \text{(a)}$$

$$P_{\mathrm{V}} = \frac{P_G + P_F}{2}$$

여기서, P_{I}, P_{II}, $\cdots$, P_{V}는 5개 소구역의 평균누가우량(mm)이며, P_A, P_B, $\cdots$, P_G는 7개 관측점에 있어서의 누가점우량(mm)이다.
식 (a)의 관계를 사용하여 예제에 주어진 표로부터 계산된 소구역별 평균누가우량은 다음 표와 같다.

표 3.12 소구역별 평균누가우량 (단위: mm)

시간(hrs) \ 소구역	I	II	III	IV	V
4	0.0	0.0	0.0	0.0	0.0
6	0.0	0.0	3.4	1.1	0.0
8	0.0	7.6	6.8	5.7	2.6
10	0.0	15.2	14.4	13.0	8.9
12	8.5	26.4	23.7	20.0	14.0
14	19.5	35.1	31.4	27.1	20.4
16	34.7	40.1	36.4	30.2	22.9
18	47.4	52.4	42.3	32.1	24.1
20	61.8	54.4	44.9	34.2	25.4
22	72.7	54.4	44.9	34.2	25.4
24	72.7	54.4	44.9	34.2	25.4

2) 소구역 누가면적별 평균누가우량의 산정

소구역 누가면적별 평균누가우량은 위의 소구역별 평균누가우량에 각 소구역의 전체 유역면적에 대한 면적비를 고려함으로써 다음과 같은 관계를 사용하여 계산할 수 있다.

$$\begin{aligned}
P_{\mathrm{I}} &= \frac{300P_{\mathrm{I}}}{300} \\
P_{\mathrm{I+II}} &= \frac{300P_{\mathrm{I}} + 280P_{\mathrm{II}}}{580} \\
P_{\mathrm{I+II+III}} &= \frac{300P_{\mathrm{I}} + 280P_{\mathrm{II}} + 260P_{\mathrm{III}}}{840} \\
P_{\mathrm{I+II+III+IV}} &= \frac{300P_{\mathrm{I}} + 280P_{\mathrm{II}} + 260P_{\mathrm{III}} + 200P_{\mathrm{IV}}}{1040} \\
P_{\mathrm{I+II+III+IV+V}} &= \frac{300P_{\mathrm{I}} + 280P_{\mathrm{II}} + 260P_{\mathrm{III}} + 200P_{\mathrm{IV}} + 46P_{\mathrm{V}}}{1086}
\end{aligned} \tag{b}$$

표 3.13 소구역의 누가면적별 평균누가우량

시간(hrs) \ 누가면적(km^2)	I (300)	I~II (580)	I~III (840)	I~IV (1040)	I~V (1086)
4	0.0	0.0	0.0	0.0	0.0
6	0.0	0.0	1.1	1.1	1.0
8	0.0	3.7	4.6	4.8	4.8
10	0.0	7.4	9.5	10.2	10.1
12	8.5	17.1	19.2	19.3	19.1
14	19.5	27.0	28.4	28.1	27.8
16	34.7	37.3	37.0	35.7	35.2
18	47.4	49.8	47.5	44.5	43.7
20	61.8	58.1	54.1	50.3	49.2
22	72.7	63.9	58.0	53.4	52.2
24	72.7	63.9	58.0	53.4	52.2

표 3.13은 누가면적 I, I+II, I+II+III, I+II+III+IV 및 I+II+III+IV+V의 5개 소유역에 대한 평균누가우량을 식 (b)에 의해 산정 수록한 것이다.

3) 누가면적별, 지속기간별 최대평균우량의 결정

일정한 누가면적에 대한 지속기간별 최대평균우량은 표 3.13으로부터 쉽게 구할 수 있다. 표 3.14는 표 3.13의 임의 누가면적(I, I+II, …, V 중 임의의 것)에 대하여 지속기간별로 최대우량값을 찾아서 수록한 것이다. 예를 들면 누가면적(I+II)에 있어서의 4시간 최대평균우량은 22.8 mm(14시에서 18시까지)임을 표 3.13으로부터 알 수 있다.

표 3.14 누가면적별 지속기간별 최대평균우량

시간(hrs) \ 누가면적(km^2)	I (300)	I~II (580)	I~III (840)	I~IV (1040)	I~V (1086)
2	15.2	12.5	10.5	9.1	9.0
4	27.9	22.8	19.1	17.9	17.7
6	42.3	32.7	28.3	25.5	25.1
8	53.3	42.4	38.0	34.3	33.6
10	64.2	50.7	44.6	40.1	39.1
12	72.7	56.5	49.5	45.5	44.4

표 3.14의 결과를 반대 수지에 표시한 그림 3.27이 DAD 곡선이다. 이 곡선은 비교적 큰 유역에 대해서는 거의 직선에 가까우나 유역면적이 작아짐에 따라 직선으로부터의 변이는 점점 커지는 것으로 알려져 있다. 다음의 그림 3.27로부터 알 수 있는 바와 같이 어떤 유역의 최대평균우량은 지속기간에 비례하고 유역면적의 크기에 반비례하여 작아진다.

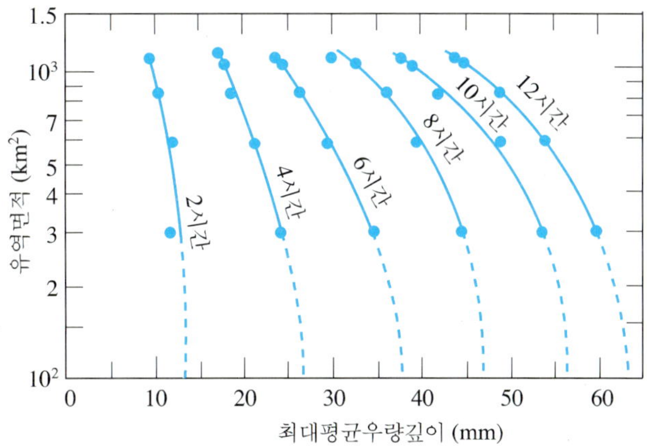

그림 3.27 DAD 곡선(예제 3.6)

3.11 가능최대강수량의 산정방법

미국 국립기상청(U.S. National Weather Service, NWS)에 의하면 가능최대강수량(可能最大降水量, probable maximum precipitation, PMP)이란 어떤 지역에서 생성될 수 있는 가장 극심한 기상조건하에서 발생 가능한 호우로 인한 최대강수량을 의미하며, 물론 강우지속기간과 유역면적의 크기에 따라 그 크기가 달라질 것임을 DAD 관계로부터 쉽게 짐작할 수 있다.

PMP는 대규모 댐과 같이 파괴로 인한 댐 하류의 인명 및 재산피해가 극심할 것으로 예상되는 주요 수공구조물의 설계강우량으로 사용되며, 대기 중의 가능강수수분량, 구름층의 두께, 바람, 기온 등 호우를 발생시킬 기단(氣團)의 각종 특성과 유역의 지형학적 특성, 연중계절, 유역의 위치 등 여러 가지 복합적인 요인에 의해 발생한다. PMP를 산정하는 방법에는 수문기상학적 방법(水文氣象學的 方法, hydrometeorological method)과 최대우량 포락곡선방법(最大雨量 包洛曲線方法, maximum rainfall evelope curve method) 및 통계학적 방법(統計學的 方法, statistical method)의 세 가지가 있으나 수문기상학적 방법이 물리적으로 가장 타당한 방법이므로 실무에서 주로 사용되고 있다.

3.11.1 수문기상학적 방법

이 방법은 대상 유역에서 실측된 극대호우기록이나 혹은 극대호우기록이 없는 경우에는 인접 타 지역에 내린 극대호우기록을 호우전이(豪雨轉移, storm transposition)하여 DAD 분석을 실시함으로써 유역면적별, 강우지속시간별 유역평균 최대강우량을 먼저 산정한다.

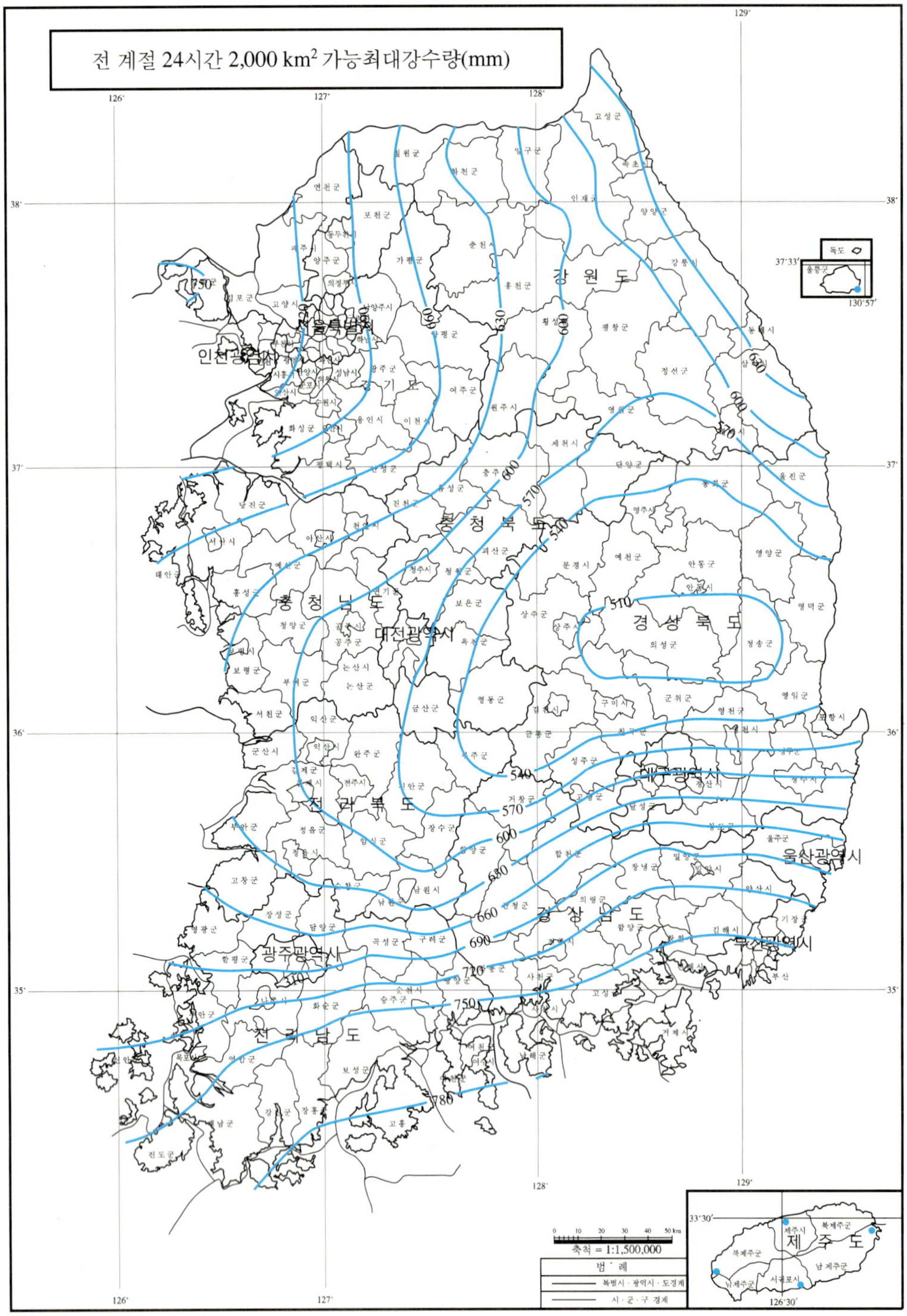

그림 3.28 전 계절 24시간 2,000 km^2 가능최대강수량(mm)

다음으로는 대기 중의 수분량을 산정하기 위한 이슬점, 기온, 바람, 기압 등의 기상자료를 이용하여 수분최대화비(水分最大化比)를 계산하고, 호우전이로 인한 영향을 고려하기 위해 수평전이비(水平転移比)와 수직전이비(水直転移比)를 구하며, 지형영향의 고려를 위한 지형영향비(地形影響比)를 계산하여 이들 비(比)를 유역평균 최대우량산정치에 곱해줌으로써 PMP를 산정하게 된다. 좀더 자세한 PMP 산정절차는 제15장에서 소개하기로 한다.

수문기상학적 방법에 의한 우리나라의 PMP 산정은 건설교통부가 1988년에 처음으로 실시하여 한국가능최대강수량도(韓國可能最大降水量圖, PMP도)를 작성하였으며, 건설교통부가 2000년에 재작성하였고, 이어서 2002년의 태풍 Rusa와 2003년의 태풍 Maemi로 인한 극대강우를 포함하여 분석하기 위해 2005년에 PMP도를 보완 제작하였다. 2005년 제작한 PMP도는 강우지속기간 1, 2, 6, 12, 24, 48, 72시간, 유역면적 25, 100, 200, 1,000, 2,000, 10,000, 20,000 km^2에 대한 전 계절 PMP 등우선도로 되어 있으며, 지도의 축척은 1:1,500,000이다. 그림 3.28은 이 중 전 계절 24시간 2,000 km^2에 대한 PMP도를 예시하고 있다(건설교통부, 2005).

PMP도에는 상기 7개 지속기간과 7개 유역면적과 상이한 지속기간 및 유역면적에 대한 PMP를 이들 곡선으로부터 보삽 추정할 수 있는 방법이 제시되어 있다.

3.11.2 최대강우량 포락곡선 방법

이 방법은 수문기상학적 방법으로 PMP를 산정하는 것이 아니라 전세계의 기록상의 최대 호우사상의 강우지속기간별 최대강우량의 포락곡선(包洛曲線, envelope curve)을 그림 3.29와 같이 그려서 포락곡선의 방정식을 사용하여 PMP에 상응하는 최대강우량을 추정하는 방법이다.

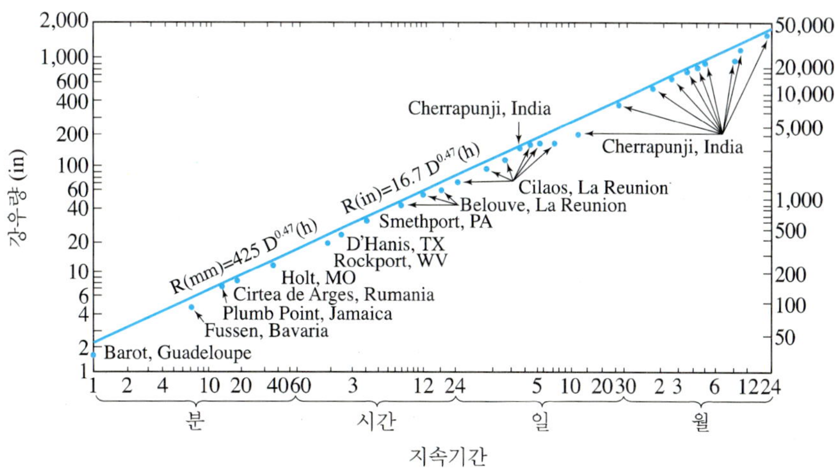

그림 3.29 PMP 산정을 위한 세계 최대의 점강우량(WMO)

그림 3.29의 강우량-지속기간관계 포락곡선은 WMO에서 수문기상학적 방법으로 PMP를 산정하는 과정에서 수집한 전 세계의 극심한 강우자료를 사용하여 그렸으며, Creager의 포락곡선(Creager's envelope curve of world's greatest rainfalls)을 보완한 것이다. 그림 3.29의 포락곡선과 Creager의 포락곡선 및 Bleasdale의 PMP 추정 공식을 표시하면 다음과 같다.

$$\text{WMO:} \qquad R = 16.7D^{0.47} \tag{3.14}$$

$$\text{Creager:} \qquad R = 15.3D^{0.485} \tag{3.15}$$

$$\text{Bleasdale:} \qquad R = 15.5D^{0.50} \tag{3.16}$$

여기서, R은 PMP 추정치(inch)이고 D는 강우지속기간(hr)이다.

우리나라의 경우 중앙기상대(1976; 현재의 기상청)는 전국의 연 강우량 분포와 지형인자를 감안하여 전국에 적용하기 위한 PMP 공식을 아래와 같이 유도한 바 있다.

$$\text{PMP} = 118.6D^{0.449} \quad (D \le 24\text{ hr 일 때}) \tag{3.17}$$

$$\text{PMP} = 186.8D^{0.306} \quad (D > 24\text{ hr 일 때}) \tag{3.18}$$

3.11.3 통계학적 방법

이 방법은 우량관측소 지점에서의 매년 최대 일 강우량을 선별하여 만든 자료계열을 제13장의 방법에 의해 빈도분석하여 지점 PMP를 추정하는 방법으로 Hershfield(1961)는 지속기간 24시간인 지점 PMP를 추정하기 위한 경험공식을 다음과 같이 제안하였다.

$$\text{PMP}_{24} = \overline{\text{P}} + Ks_n \tag{3.19}$$

여기서, PMP_{24}는 지속기간이 24시간인 지점 PMP(mm)이고 $\overline{\text{P}}$는 우량관측소 지점의 자료기간의 24시간 연 최대우량의 평균값이고, s_n은 24시간 연 최대우량자료 계열의 표준편차, 그리고 K는 상수로서 약 15 정도의 값이 추천되어 있다.

3.12 강수량의 지리적 및 시간적 변동성

강수량은 지리적으로 변동할 뿐 아니라 시간적으로도 변동한다. 즉, 동일 기간의 강수량일지라도 지역적인 위치에 따라 그 크기가 달라질 뿐 아니라 1년 중의 시기 혹은 계절에 따라 한 지역의 강수량의 크기는 다른 것이 보통이며 이를 강수량의 지리적 및 시간적 변동성(geographic and time variation)이라 한다.

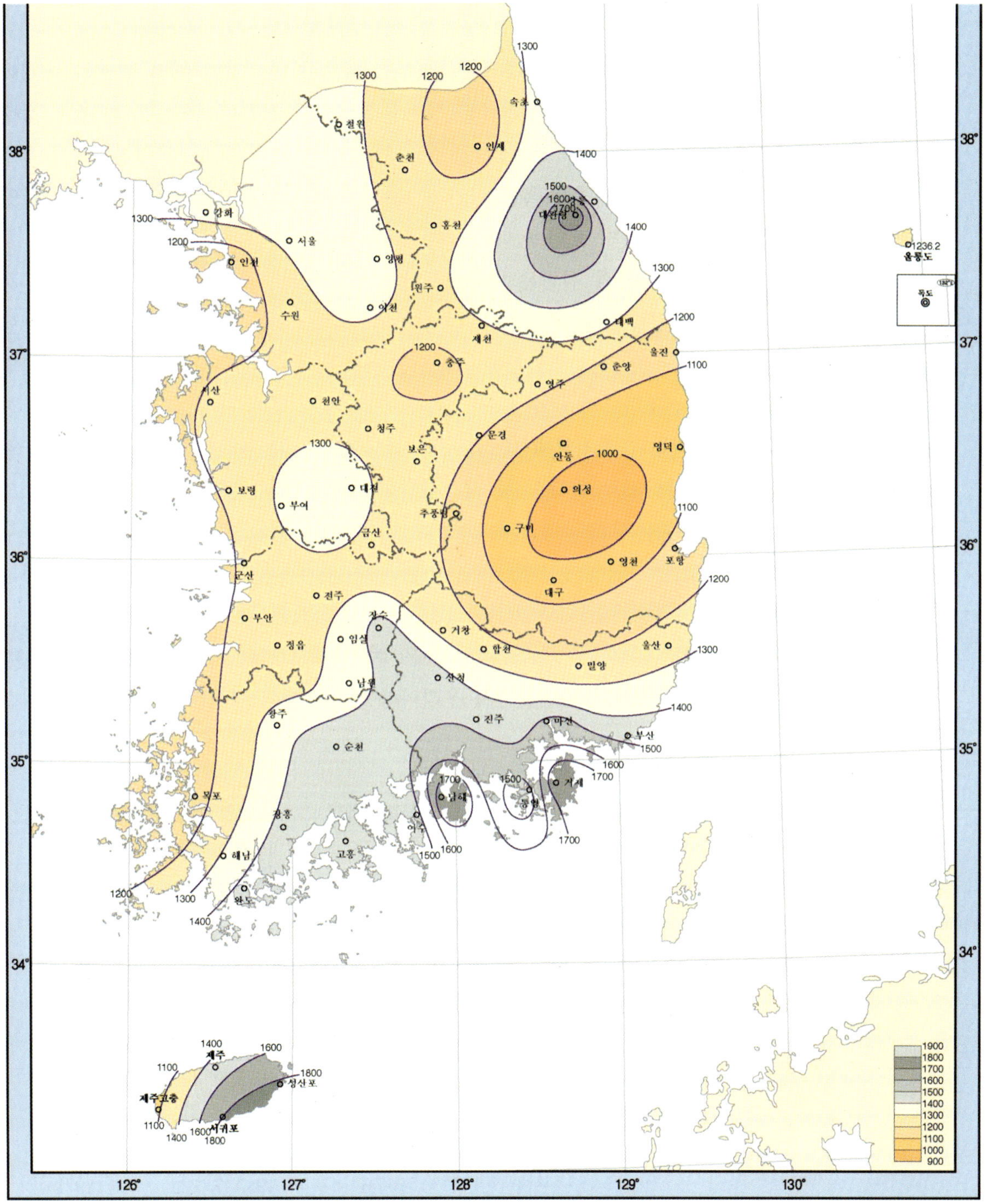

그림 3.30 우리나라 연 평균강수량 분포도

3.12.1 강수량의 지리적 변동성

일반적으로 볼 때 강수량은 적도부근에서 가장 많고 위도가 높아짐에 따라 감소하는 것이 보통이다. 그러나 그림 3.30의 우리나라 연 평균강수량 분포도에서 볼 수 있는 바와 같이 등우선은 위도방향으로 평행선을 그리는 것이 아니라 불규칙적이고 그 방향 또한 일정하지 않음을 알 수 있다. 따라서 강수량의 지리적(혹은 공간적) 분포는 적도로부터의 거리에만 관계가 있는 것이 아니라 다른 여러 가지 요인에 따라 좌우되는 것임을 알 수 있다.

강수의 요건인 대기 중 수분의 원천은 바다로부터의 증발이므로 해안지역에 가까울수록 강수량은 많아지며 산악의 영향 또한 중요하다. 산맥이 가로놓여 있을 경우, 바람이 불어오는 향사면(向斜面) 지역에서는 습윤한 기단의 상승으로 강수량이 많고 강수횟수도 많으나, 배사면(背斜面) 지역은 통상 건조하므로 강수량 및 강수횟수도 적은 것이 보통이다. 대체로 유사한 지리적 특성을 가지고 있는 산악지역에서는 강수량이 고도에 따라 약간씩 증가하는 것으로 알려져 있으나 산악의 경사라든지 방향성 등에도 상당한 영향을 받게 된다.

우리나라의 연 평균강수량은 그림 3.30에서 볼 수 있는 바와 같이 제주도 및 남부와 북동부 지역에서 가장 많고 중동부지역에서 가장 적다. 또한, 우리나라 5대강 유역별 연 평균강수량의 크기는 섬진강, 영산강, 금강, 한강, 낙동강의 순으로 되어 있음이 알려져 있다.

극치강수량(極値降水量, extreme precipitation)은 여러 가지 수문분석에서 대단히 중요한 자료가 되므로 표 3.15에는 2004년 현재까지 우리나라에서 발생한 강우지속기간 10분, 1시간

표 3.15 우리나라에서 발생한 기록강우량(2004년 현재)

강우지속기간	순위	지명	강우량(mm)	발생연월일	관측개시연도
10분	1	서울	47.2	1956. 6. 22	1907
	2	순천	42.5	1998. 7. 31	1971
	3	부산	40.0	1981. 9. 24	1904
	4	부여	35.0	1987. 7. 22	1971
	5	서울	34.7	1942. 8. 5	1907
1시간	1	순천	145.0	1998. 7. 31	1971
	2	강화	123.5	1998. 8. 6	1907
	3	서울	118.6	1942. 8. 5	1907
	4	서울	116.0	1964. 9. 30	1907
	5	부여	116.0	1999. 9. 10	1971
1일	1	강릉	870.5	2002. 8. 31	1911
	2	대관령	712.5	2002. 8. 31	1971
	3	장흥	547.4	1981. 9. 2	1971
	4	부여	517.6	1987. 7. 22	1971
	5	포항	516.4	1998. 9. 30	1942

자료: 기상청 내부자료, 2005

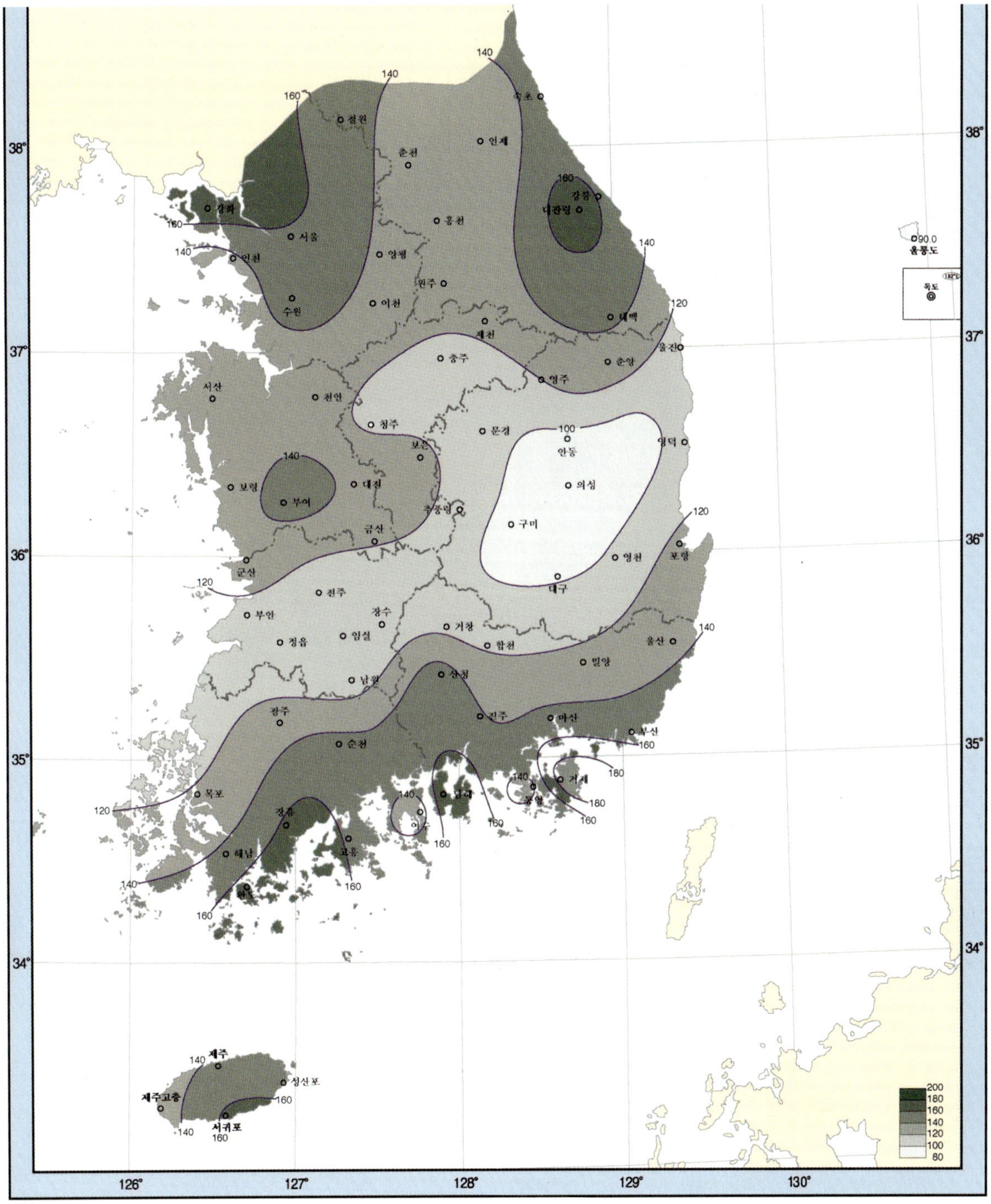

그림 3.31 (a) 연 1일 최대강수량 분포도(mm 단위)

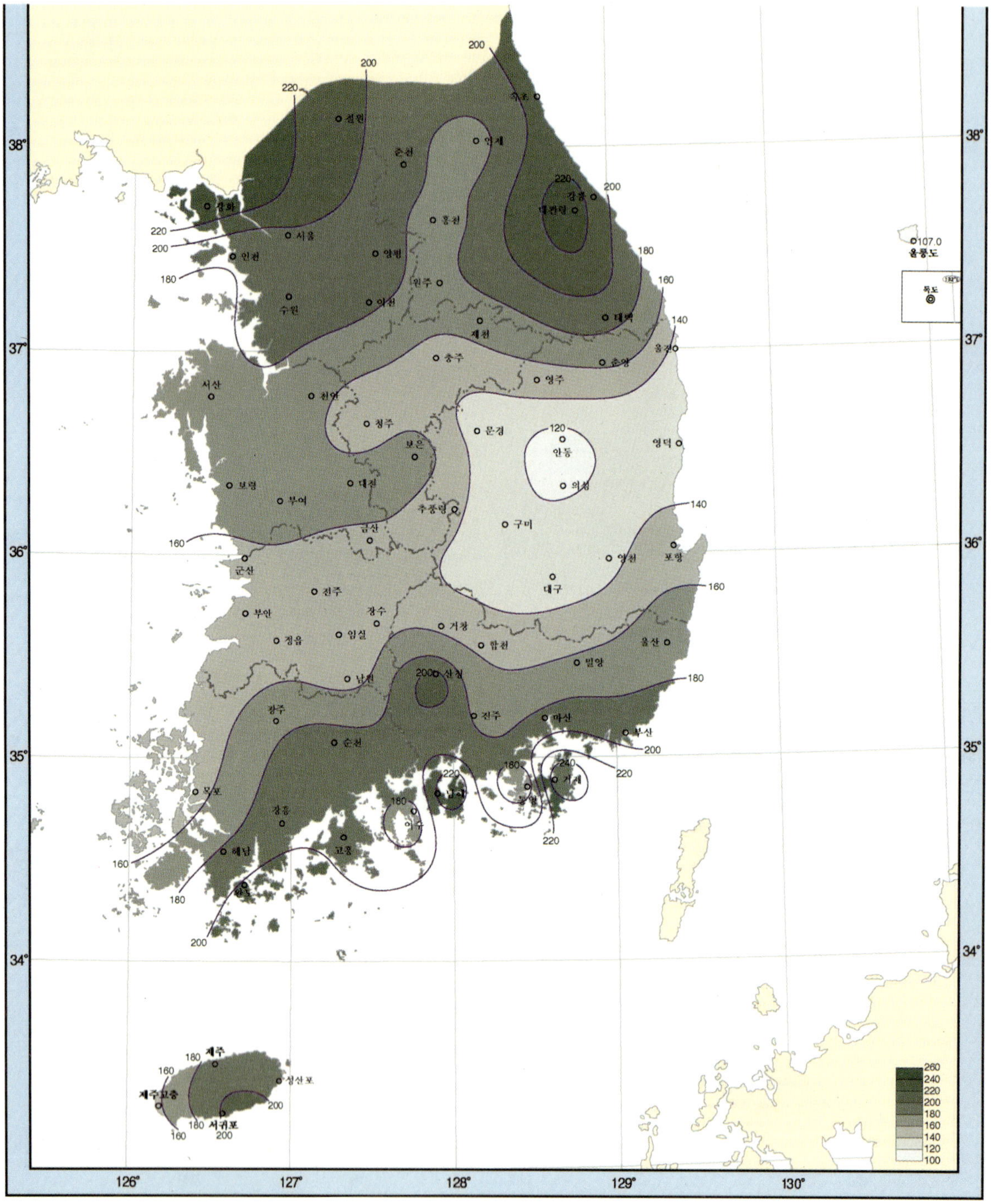

그림 3.31 (b) 연 2일 계속 최대강수량 분포도(mm 단위)

표 3.16 세계 주요국의 연 평균강수량 분포

국 명	면적 (10^3 km^2)	연 평균강수량 (mm)	연간 총 수자원량 (10^7 m^3)
미 국	7,828	750	58,700
영 국	244	1,170	2,860
프랑스	551	770	4,240
서 독	247	630	2,220
스위스	41	1,200	492
스웨덴	440	630	2,770
이탈리아	301	500	1,501
인 도	3,288	920	30,250
일 본	370	1,855	6,045
한 국	98	1,274	1,267

표 3.17 지속기간별 관측최대강우량(전 세계)

지속기간	강우량		관측지점	연월일
	in.	mm		
1 min	1.50	38	Barot, Guadeloupe	Nov. 26, 1970
8 min	4.96	126	Füssen, Bavaria	May 25, 1920
15 min	7.80	198	Plumb Point, Jamaica	May 12, 1916
20 min	8.10	206	Curtea-de-Arges,	July 7, 1889
42 min	12.00	305	Holt, Mo.	June 22, 1947
2 h 10 min	19.00	483	Rockport, W.Aa	July 18, 1889
2 h 45 min	22.00	559	D'Hanis, Tex.(17mi NNW)	May 31, 1935
4 h 30 min	30.8	782	Smethport, Pa.	July 18, 1942
9 h	42.79	1,087	Belouve, Réunion	Feb. 28, 1964
12 h	52.76	1,340	Belouve, Réunion	Feb. 28~29, 1964
18 h 30 min	66.49	1,689	Belouve, Réunion	Feb. 28~29, 1964
24 h	73.62	1,870	Cilaos, Réunion	Mar. 15~16, 1952
2 d	98.42	2,500	Cilaos, Réunion	Mar. 15~17, 1952
3 d	127.56	3,240	Cilaos, Réunion	Mar. 15~18, 1952
4 d	146.50	3,721	Cherrapunji, India	Sept. 12~15, 1974
5 d	151.73	3,854	Cilaos, Réunion	Mar. 13~18, 1952
6 d	159.65	4,055	Cilaos, Réunion	Mar. 13~19, 1952
7 d	161.81	4,110	Cilaos, Réunion	Mar. 12~19, 1952
8 d	162.59	4,130	Cilaos, Réunion	Mar. 11~19, 1952
15 d	188.88	4.798	Cherrapunji, India	June 24 July 8, 1931
31 d	366.14	9,300	Cherrapunji, India	July 1861
2 mo	502.63	12,767	Cherrapunji, India	June~July 1861
3 mo	644.44	16,369	Cherrapunji, India	May~July 1861
4 mo	737.70	18,738	Cherrapunji, India	Apr.~July 1861
5 mo	803.62	20,412	Cherrapunji, India	Apr.~Aug. 1861
6 mo	884.03	22,454	Cherrapunji, India	Apr.~Sept. 1861
11 mo	905.12	22,990	Cherrapunji, India	Jan.~Now. 1861
1 y	1041.78	26,461	Cherrapunji, India	Aug. 1860~July 1861
2 y	1605.05	40,768	Cherrapunji, India	1860~1861

자료: WMO(1986)

및 1일인 발생지점별 5순위까지의 기록강우량과 각각의 발생 연월일이 수록되어 있다.

또한, 그림 3.31(a) 및 3.31(b)에는 우리나라의 연 1일 및 2일 최대강수량의 지역적 분포가 각각 도시되어 있다.

한편, 전 세계의 연 평균강우량도 지리적으로 크게 변동을 하고 있으며, 세계 주요국의 연 평균강수량과 연간 총 수자원량은 표 3.16과 같으며, 강우지속기간별 전 세계의 관측최대강우량은 표 3.17과 같다.

3.12.2 강수량의 시간적 변동성

한 지역의 강수량은 기간의 장단(長短)에 관계없이 시간적 변동성을 가진다. 예를 들면 한 지점의 연 강수량 기록은 경년적으로 약간씩 변화하는 것이 보통으로 어떤 해에는 평균값보다 크나 어떤 해에는 평균값보다 작게 나타나며 일반적으로 연 평균강수량 주위에서 변동하게 된다. 또한 강수량의 연중 계절적 분포는 한 지역의 지리적 위치에 따라 다르긴 하지만 경년적 변동성보다 훨씬 큰 것이 보통이다. 그림 3.32는 우리나라 연 평균강수량의 경년적 변동성을 표시하고 있으며, 그림 3.33은 전국의 2005년도 월 강수량의 월별 변동성을 표시하고 있다.

그림 3.32에서 보는 바와 같이 우리나라 연 평균강우량의 경년적 변동폭은 약 700~1,800 mm임을 알 수 있으며, 그림 3.33으로부터 2005년도의 전국 연 강수량 1,283.2 mm의 약 76%인 977.3 mm가 6~9월에 편재해 있음을 알 수 있다.

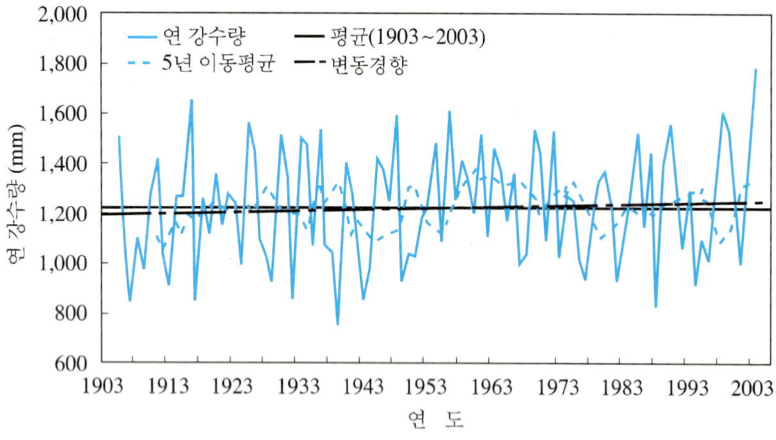

그림 3.32 우리나라 연 평균강수량의 경년변화
자료: 건설교통부(2006)

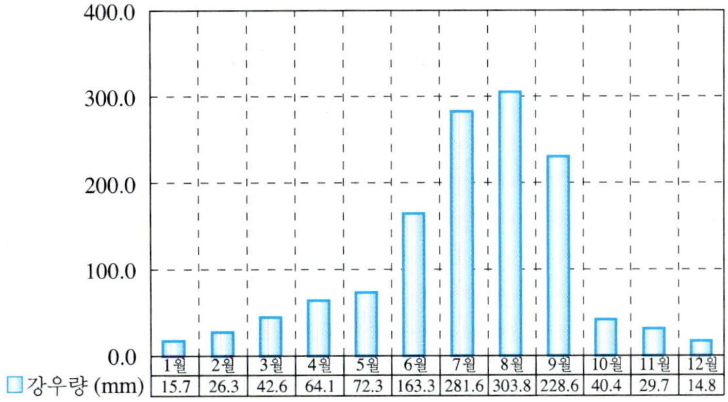

그림 3.33 2005년도 전국 월 강수량 분포도

자료: 한국수문조사연보(우량편), 2005

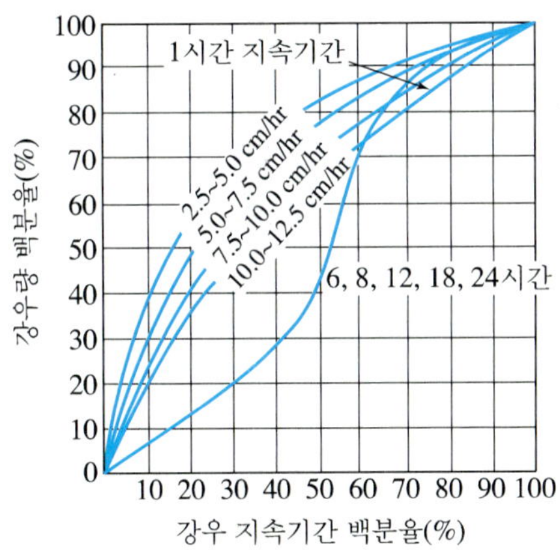

그림 3.34 무차원 강우량-시간분포곡선(미국 중부지역)

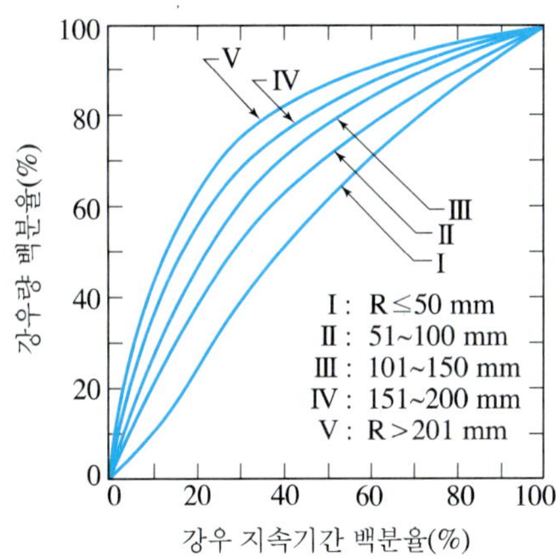

그림 3.35 무차원 강우량-시간분포곡선(한강 경안천 대표시험유역)

특정 호우기간의 강우량도 시간에 따라 크게 변화하며 총 강우량의 시간적 분포는 강우로 인한 홍수의 시간적 변화특성에 큰 영향을 미치게 된다. 물론, 호우사상별 총 우량의 시간적 분포는 그 호우를 초래한 강우의 형이나 강우강도, 지속기간 등에 따라 달라지므로 지역별로 전형적인 분포특성을 확정적으로 표시할 수는 없으나 이들 요인을 기준으로 어떤 지역에 대한 강수량의 시간적 분포양상을 몇 가지로 분류할 수는 있다.

그림 3.34는 한 지역의 단시간 호우사상별 총 우량의 시간적 분포특성을 표시하는 한 예로서 미국 중부지방의 강우를 분석한 결과로 얻어진 것이다. 그림으로부터 관찰할 수 있듯이 강우의 지속기간이 6시간 이상인 경우는 단일무차원 분포곡선으로 표시할 수 있었으나 강우지속기간이 1시간인 경우는 강우강도에 따라 시간적 분포가 상당히 달라지는 것으로 나타났다.

또한, 그림 3.35는 우리나라 건설부의 국제수문개발계획(International Hydrological Program, IHP) 연구조사사업의 일환으로 조사된 한강본류의 지류인 경안천의 상류부에 선정된 경안천 대표시험유역에서 1980년대 초에 몇 년간 수집한 강우자료를 분석하여 작성한 무차원 강우량-시간분포 곡선을 예시하고 있다.

연습문제

3장 강수

3.1 연직방향으로 비가 내리고 있을 때 연직선과 30°의 경사를 이루고 있는 우량계에 집수되는 우량은 연직방향으로 설치된 우량계에 집수되는 양의 몇 %가 되겠는가?

3.2 어떤 우량 관측소 'A'에서의 연도별 총 우량과 부근에 위치한 25개 우량관측소에 대한 장기간의 연 평균우량은 다음 표와 같다.

연도	연도별 우량(mm)		연도	연도별 우량(mm)	
	A관측소	25개 관측소 평균값		A관측소	25개 관측소 평균값
1973	564	793	1955	671	1082
1972	556	686	1954	518	701
1971	930	1158	1953	846	998
1970	884	892	1952	655	709
1969	625	853	1951	739	754
1968	861	1052	1950	853	853
1967	549	709	1949	1448	1082
1966	914	1113	1948	960	846
1965	686	701	1947	823	815
1964	648	867	1946	968	823
1963	671	846	1945	1311	907
1962	610	739	1944	1166	1052
1961	853	793	1943	914	686
1960	884	998	1942	960	937
1959	617	693	1941	983	846
1958	808	701	1940	922	945
1957	724	693	1939	907	838
1956	853	937	1938	1242	1029

이중누가우량 분석에 의하여 A관측소의 우량기록의 일관성을 검사하여 몇 년도부터 변화가 생겼는지를 확인하라. 변화가 생기기 시작한 연도 이후의 A관측소 연 우량을 수정하여 연 평균우량을 산출하고, 이를 수정 전의 A관측소 연 평균우량과 비교하라.

3.3 우량관측소 X의 우량계 고장으로 수개월간 관측을 하지 못하였다. 이 기간에 인접한 A, B, C관측소에서 관측된 총 우량과 관측소별 정상 연 평균강수량 및 X관측소로부터 A, B, C관측소까지의 거리가 다음 표에 수록되어 있다. X관측소의 결측우량을 정상 연 강수량 비율법과 역거리 자승법으로 각각 구하여 비교하라.

우량관측소	X	A	B	C
기간 강우량 (mm)	(?)	214	178	244
정상 연 평균강수량 (mm)	1,174	1,344	1,122	1,439
X관측소 간 거리 (km)	0	9.5	6.5	4.5

3.4 우량관측소 X 및 Y의 1974년 11월 강우량이 결측되었다. 인접 A, B, C, D관측소의 1974년 11월 강우량과 정상 연 평균강우량이 다음과 같을 때, X와 Y관측소의 1974년 11월 강우량을 정상 연 강수량비율법으로 추정하라.

우량관측소	X	Y	A	B	C	D
1974년 11월 강우량 (mm)	?	?	175	165	160	155
정상 연 평균 강우량 (mm)	990	1,030	1,120	1,100	1,070	1,050

3.5 어떤 유역 내에 우량관측소 A, B, C 및 D가 있다. 각 관측소에서의 1961~1970년간의 연별 총 우량이 아래의 표와 같을 때 D관측소에서의 1966년 평균우량을 보삽 추정하여라. 정상 연 평균강우량의 산정을 위해 전제로 해야 할 가정은 무엇인가?

연도	관측소				연도	관측소			
	A (mm)	B (mm)	C (mm)	D (mm)		A (mm)	B (mm)	C (mm)	D (mm)
1961	800	700	500	800	1966	950	1,000	700	(?)
1962	900	550	800	700	1967	600	800	1,100	950
1963	1,000	750	700	700	1968	700	400	1,300	750
1964	800	400	600	800	1969	1,100	350	750	1,000
1965	850	800	800	600	1970	800	750	1,050	900

3.6 4개의 지류유역으로 구성되어 있는 비교적 큰 유역의 특정 년의 평균강우량을 산정하고자 한다. 각 소유역의 연 강우량이 각각 1,008, 1,123, 848 및 734 mm이고 각 유역의 면적이 922, 704, 1,075 및 1,664 km^2이라면 전 유역의 평균강우량은 얼마인가?

3.7 다음 표는 어떤 유역 내에 설치된 3개의 자기우량계에 의하여 측정된 시간우량(mm) 자료이다.

가) 각 관측점에 대한 누가우량을 계산하라.

나) 관측점별 누가우량곡선을 그려라.

다) B관측점의 누가우량곡선을 총 우량 및 강우지속기간을 사용하여 무차원 곡선으로 표시하라.

라) 이 호우의 이동방향을 판단하라.

관측소	A		B		C	
시각 \ 우량(mm)	시간우량	누가우량	시간우량	누가우량	시간우량	누가우량
1000	0		0		0	
1100	0		0		0.3	
1200	1.2		0		37.2	
1300	60.6		31.5		42.6	
1400	29.1		36.9		24.0	
1500	27.0		39.6		3.9	
1600	2.2		32.4		27.9	
1700	20.4		0.6		3.9	
1800	3.9		7.8		0.3	
1900	0		4.2		1.5	
2000			0.6		0	
2100			0			

3.8 다음 표의 우량 관측소별 우량과 관측소 위치도를 사용하여 다음 문제를 풀이하라.

관측소	우량(mm)	관측소	우량(mm)	관측소	우량(mm)
A	110	I	21	R	20
B	100	J	245	S	22
C	45	K	50	T	16
D	36	L	56	U	102
E	50	M	120	V	210
F	130	N	217	W	51
G	25	P	18	X	17
H	22	Q	170	Y	14

가) 관측점 위치를 투명지에 복사하여 관측점별 우량을 기입하고 20, 50, 100, 150 및 200 mm 등우선을 스케치하라.

나) 20 mm 등우선을 유역의 경계선으로 가정하고 등우선 간 면적을 구적기(求積器)로 구하라.

다) 등우선법에 의하여 평균우량을 산정하라.

라) 평균우량 깊이-유역면적 관계곡선을 적당한 방안지에 그려라.

마) Thiessen 방법에 의해 평균우량을 구하여 등우선법에 의한 결과와 비교하라. 단, 20 mm 등우선을 유역 경계선으로 가정하라.

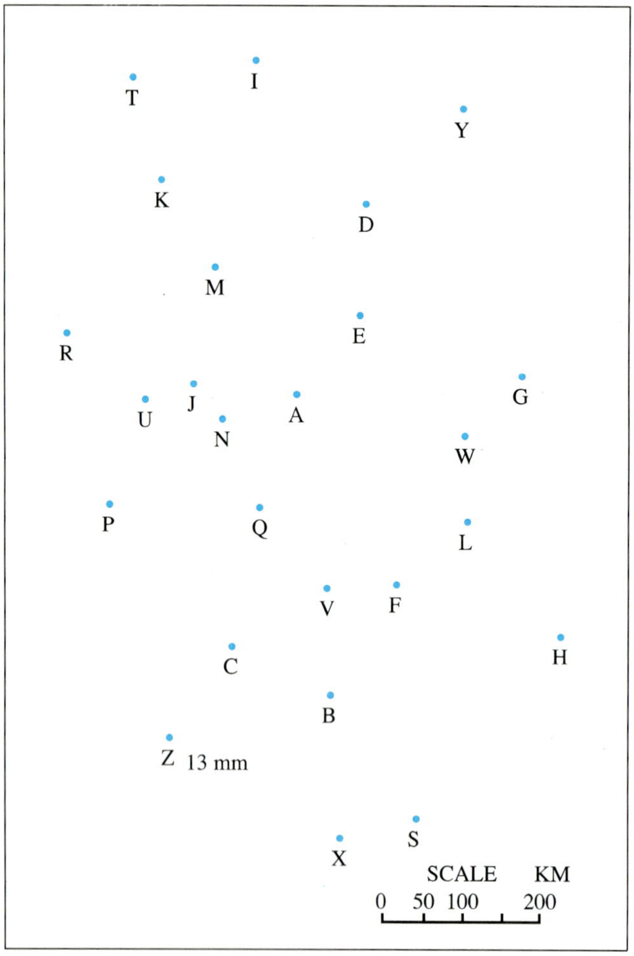

우량 관측소 배치도

3.9 아래 그림과 같은 유역 내외에 5개의 자기 우량관측소가 설치되어 있다. 설치된 자기 우량관측소에서 측정된 강우량(mm)의 시간별 측정값은 다음 표와 같다.

관측소 \ 시간	10:00	11:00	12:00	13:00	14:00	15:00	16:00	17:00	18:00	19:00	20:00
P1	1	60	29	27	20	10	3	2	0	0	0
P2	0	0	20	50	70	20	15	10	7	5	3
P3	0	5	35	55	28	25	20	10	5	3	0
P4	0	0	60	30	27	2	20	4	0	0	0
P5	0	0	37	43	24	5	28	4	1	1	0

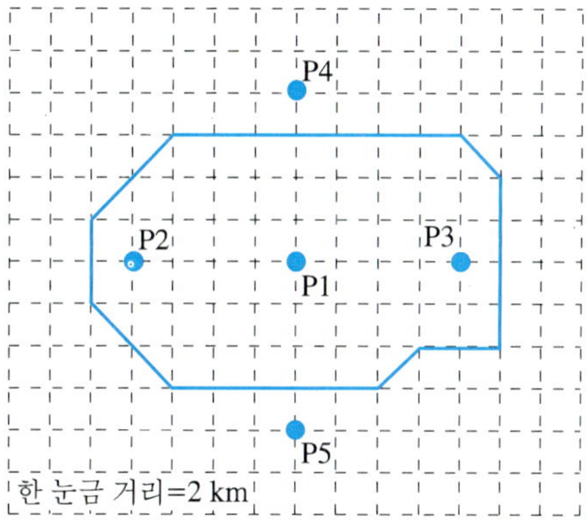

가) 시간별 유역평균 누가우량을 Thiessen 가중법을 이용하여 계산하라.

나) 관측소별로 강우지속기간 3시간 및 5시간 최대강우량(mm) 및 강우강도(mm/hr)를 계산하라.

다) 이 호우로 인한 유역 내 총 강우량을 부피(m^3)로 환산하라.

3.10 한강유역을 휩쓴 1984년 9월 1~3일 호우로 인한 홍천강유역의 평균강우량을 산술평균법 및 Thiessen법으로 계산하고 그 결과를 비교 토의하여라. Thiessen법의 적용을 위해서는 1 : 250,000 지형도상에서 홍천강유역의 분수계 및 Thiessen 다각형을 그리고 면적은 구적기로 구해야 할 것이다.

3.11 어떤 소유역에 30분간 내린 집중호우의 시간별 누적우량은 다음 표와 같다. 선형방안

지에 누가우량곡선을 그리고 강우강도-지속기간 관계곡선의 작성에 필요한 강우지속기간별 최대 강우강도를 구하여 전대수방안지에 표시하라.

시간(min.)	0	5	10	15	20	25	30
누가우량(mm)	0	6.6	18.0	31.0	35.3	38.1	41.0

3.12 서울 기상대의 관측기간 동안의 우량자료를 획득하여 정상 연 평균강우량을 계산하라. 또한 최대한의 기록값을 사용하여 서울지역의 월 평균강우량을 산정한 후 주상도로 표시하고 월별 강우량의 변화에 관해 토론하라.

3.13 현재 우리나라 5대강 유역 내에 설치되어 있는 자기 및 보통우량관측소의 위치 및 관측시작연도를 표시하는 목록표를 작성하라.

3.14 점진평균방법에 의하여 서울, 부산 및 대구 기상대에 기록된 연 강우량의 장기적인 변동성향을 그림 3.18에서와 같이 판단하고 관측값이 주기성이 있는지를 검사하라.

3.15 그림 3.22에 표시되어 있는 서울지방의 강우강도-지속기간-재현기간 관계를 식 (3.11)과 같은 식으로 표시하라. 식 (3.11)의 상수 k, x, n을 결정하기 위해서는 최소자승법(제13장 참조)을 사용하라.

3.16 우리나라 4대강 유역의 유역면적 및 연 평균강우량은 다음 표와 같다. 각 유역의 연 강우총량을 m^3 단위로 표시하라.

유역명	한강	낙동강	금강	영산강
유역 면적(km^2)	26,129	23,852	9,886	2,798
연 평균강우량(mm)	1,230	1,106	1,242	1,285

3.17 우리나라 금강유역 내에 건설부가 운영하였던 IHP 무심천 대표 시험유역에 1974년 7월 8일 12 : 00시부터 7월 9일 12 : 00시까지 내린 우량관측소별 누가우량기록은 다음 표와 같으며 등우선도는 아래 그림에 작도되어 있고 등우선 구간별 지배면적도 km^2 단위로 그림에 표시되어 있다. 이 호우사상을 최대값에 가까운 호우라 가정하고 DAD 해석을 실시하라. 소유역별 평균우량은 등우선 사이에 위치하는 관측소우량의

평균값을 사용하라.

(호우기록 1974. 7. 8. 12:00~7. 9. 12:00)

시간 \ 관측점	#1	#2	#4	#5	자기 1	자기 2	자기 3
0	0	0	0	0	0	0	0
2	6.8	2.1	1.5	2.0	1.9	2.0	0
4	20.1	18.0	11.0	16.0	15.4	14.6	12.0
6	27.1	25.1	14.1	19.8	21.8	20.2	16.0
8	32.6	31.3	18.7	25.0	24.8	22.8	17.5
10	40.2	37.5	24.3	31.8	26.4	24.4	22.0
12	55.0	49.2	37.5	42.0	35.6	33.2	33.0
14	80.0	69.9	53.0	60.0	52.5	50.5	42.9
16	111.2	105.1	72.1	87.2	65.5	59.5	64.9
18	144.5	135.5	99.0	120.7	88.7	84.5	90.8
20	171.0	161.2	129.9	154.1	113.5	132.0	132.8
22	181.5	171.1	142.5	169.8	148.7	151.0	138.3
24	185.9	175.0	151.7	173.3	160.7	156.6	138.3

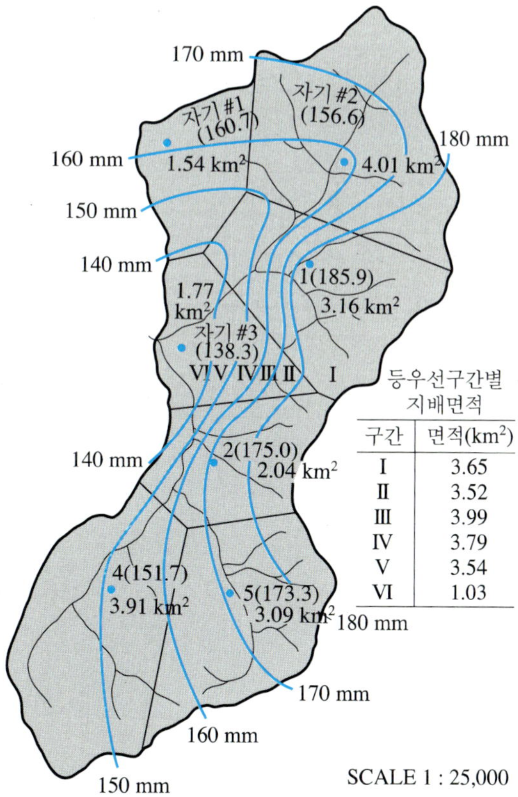

DAD 분석을 위한 등우선도(금강 무심천 대표유역)

3.18 다음 그림과 같은 유역에 4개의 우량관측소가 설치되어 있으며, 각 우량관측소별 누가우량은 아래의 표와 같다. 유역의 Thiessen망을 구성하여 우량관측소별 지배면적을 구하여 누가면적별 평균 누가우량을 계산한 후 이 유역에 대한 DAD 해석을 실시하여 누가면적별 지속기간 3시간에 대한 최대강우량을 작성하라.(Thiessen망으로 구성된 우량관측소별 지배유역을 A=I, B=II, C=III, D=IV로 하여 I, I+II, I+II+III, I+II+III+IV의 순서로 DAD 분석을 실시하라.)

관측소	시 간						
	0	1	2	3	4	5	6
A	–	3.4	6.8	14.4	23.7	31.4	36.4
B	–	2.5	5.7	13.2	21.5	29.7	35.5
C	–	1.1	4.5	12.2	18.4	27.6	30.2
D	–	1.0	4.2	11.9	18.0	26.8	29.7

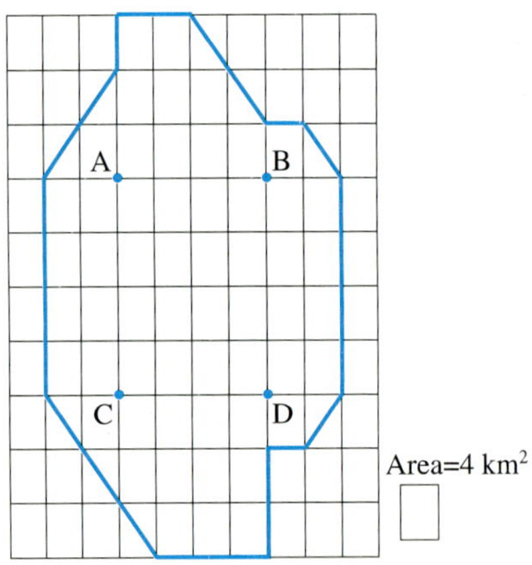

참고문헌

3장 강 수

건설교통부, 한국확률강우량도 작성, 1999년도 수자원관리기법 연구조사보고서, 제1권 및 별책부록, 2000.

건설교통부, 한국의 최대가능강수량 추정, 1999년도 수자원관리기법 연구조사보고서 제2권, 2000.

건설교통부, 전국 PMP도 재작성보고서 및 별책부록, 2005.

건설교통부, 수자원국 수문관측메뉴얼, 2004.

건설교통부, 한국수문조사연보(우량편), 2005.

건설교통부, 수자원장기종합계획(2006-2020), 2006.

건설부, 가능최대강수량추정, 수자원관리기법 연구조사보고서, 1988.

기상청, 한국기후도(1971-2000), 2001.

기상청, 한국기후표(1971-2000), 2001.

윤태훈, 응용수문학, 청문각, 1997.

이재수, 수문학, 구미서관, 2005.

중앙기상대, 수문기상 연구에 필요한 강수조사, 1976.

Chow, V.T. (Ed.), *Handbook of Hydrology*, McGraw-Hill, New York, 1964.

Chow, V.T., Maidment, D.R., Mays, L.W., *Applied Hydrology*, McGraw-Hill, New York, 1988.

Creager and Justin, *Hydroelectric Handbook*, Wiley, New York, 1950.

Gupta, R.S., *Hydrology and Hydraulic Systems*, Prentice-Hall, Eaglewood Cliffs, New Jersey, 1992.

Hershfield, D.M., "Estimating The Probable Maximum Precipitation", ASCE, *J. of Hydraulics Div.*, Vol. 87, No. HY5, 1961.

Linsley, R.K., Kohler, M.A. and Paulhus, J.L.H., *Hydrology for Engineers*, 3rd Ed. McGraw-Hill, New York, 1982.

Maidment, D.R. (Ed.), *Handbook of Hydrology*, McGraw-Hill, New York, 1993.

McCuen, R.H., *Hydrologic Analysis and Design*, Prentice Hall, New Jersey, 1998.

Ponce, V.M., *Engineering Hydrology,-Principles and Practices-*, Prentice-Hall, New Jersey, 1989.

Raudkivi, A.J., *Hydrology*, Pergamon Press, Oxford, 1979.

Wilson, E.M., *Engineering Hydrology*, 3rd Ed., Macmillan Press, 1983.

World Meteorological Organization, *Manual for Estimation of Probable Maximum Precipitation*, Operational Hydrology Report 1, WMO No. 332, 2nd Ed., Geneva, Switzerland, 1986.

Hydrology

4장

증발과 증산

4.1 서 론

지표면에 떨어지는 강수량의 많은 부분은 증발, 증산 및 승화현상에 의해 대기 중으로 되돌아가게 된다. 이들 세 가지 현상은 물 순환과정을 반복시키는 태양복사열에너지에 의한 것이다. 증발현상(蒸發現象, evaporation)은 수표면 혹은 습한 토양표면의 물 분자가 태양이 방사하는 열에너지를 얻어 액체상태로부터 기체상태로 변환하는 과정을 말하며 물 1 g의 증발에 소요되는 열량은 약 600 cal 정도로서 태양복사열에 의하거나 혹은 수표면 아래에 저장되어 있는 에너지로부터 공급되는 것이다. 한편, 승화현상(昇華現象, sublimation)은 증발현상과 비슷하나 물 분자들이 눈 혹은 얼음과 같은 고체상태로부터 액체상태를 거치지 않고 바로 기화한다는 점이 다르다. 물은 또한 동물이 생명을 유지하기 위해 필수적인 존재일 뿐만 아니라 식물이 탄소동화작용을 하는 데 필수불가결한 요소로서 식물의 엽면을 통해 땅 속의 물이 수증기의 형태로 대기 중에 방출된다. 이 현상을 증산(蒸散, transpiration)이라 하며 증발과 증산에 의한 물의 수증기화를 총칭해서 증발산(蒸發散, evapotranspiration)이라 한다.

지구 전체에 대하여 생각하면 증발산의 총량은 강수총량과 같아야 하기 때문에 증발산은 지역적인 견지에서 본 물의 손실이라고 볼 수 있으며 Wüst에 의하면 지구 전체의 연 강수량과 연증발산량은 약 1,000 mm로 알려져 있다.

물 순환과정의 구성요소 중의 하나인 증발 및 증산과정은 수자원개발을 위한 계획의 수립과 수자원 시스템의 운영면에서 대단한 중요성을 가진다고 하겠다. 즉, 수자원을 개발하고자 하는 지점에서의 가용 수자원 중 순수하게 이용 가능한 양을 추정하기 위해서는 증발량의 산정이 필요한 것이며 이는 단기간보다는 비교적 장기간의 수자원의 양적 손실 정도를 판단하는 기준이 된다.

비교적 짧은 기간에 발생하는 호우시의 증발산율은 포화증기압과 실제증기압의 차가 크지 않아 강우강도에 비해 대단히 작으므로 호우기간 중의 증발산량은 거의 무시할 수 있다.

이렇게 볼 때 증발 및 증산은 이수(利水) 측면에서는 대단히 중요한 고려 사항이나 치수(治水) 측면에서는 무시하더라도 별 문제가 없는 과정이라 할 수 있다.

본 장에서는 증발과 증산현상의 일반적인 기구(mechanism)를 살펴본 후 이들 현상을 지배하는 인자를 검토하고 양적으로 산정 혹은 실측하는 방법에 관해 살펴봄으로써 한 유역의 장·단기 물 수지계산(물 收支計算, water budget computation)에 필수적인 입력 중의 하나를 추정하는 기법을 살펴보도록 한다.

4.2 증발현상을 지배하는 인자

증발률(蒸發率, evaporation rate)은 물 분자들이 태양이 방사하는 열에너지를 얻어 수표면을 뚫고 대기 중으로 빠져 나가는 물 분자의 수에 의존하게 되며, 빠져나간 물 분자들은 주위의 공기분자들과 섞여 혼합체를 이루게 된다. Dalton의 법칙에 의하면 혼합체가 수면에 미치는 총 압력은 증기압(蒸氣壓, vapor pressure)이라 불리는 수증기의 압력과 건조한 공기압력의 합이다. 혼합체가 수증기로 포화되었을 때 증기압은 최대가 되며 이때의 압력을 포화증기압(飽和蒸氣壓, saturation vapor pressure)이라 부른다. 포화증기압은 물 및 공기의 온도에 따라 증가되며 그 관계는 표 2.6 및 그림 2.12에 이미 표시한 바 있다. 따라서 증발현상은 공기와 수증기의 혼합체가 포화상태에 도달할 때까지는 계속되며 증기압에 영향을 미치는 인자가 곧 증발현상을 지배하는 인자들이며 물과 공기의 온도, 바람, 상대습도, 대기압, 수질 및 수표면의 성질과 형상 등이 이에 속한다.

온도 : 물 분자의 운동에너지는 수온이 상승함에 따라 증가하므로 증기압은 온도에 따라 상승하게 된다. 증발률 $\frac{dE}{dt}$는 대기온도에서의 포화증기압 e_s와 혼합체의 실제증기압 e의 차에 비례하므로 가능한 최대증발률은

$$\frac{dE}{dt} = K(e_s - e) \tag{4.1}$$

여기서, K는 비례상수이다. 식 (4.1)은 수온과 증발표면의 주위 온도가 동일할 때 적용된다. 만약 수온이 대기온도보다 낮으면 e가 그 수온에 해당하는 포화증기압 e_w에 도달할 때까지 증발이 계속된다. 이때 e_w는 대기온도에서의 포화증기압 e_s보다는 물론 작다. 그러나, 수온이 대기온도보다 높을 때에는 e_w는 e_s보다 크며 식 (4.1)에 표시된 것보다 더 큰 증발률로 증발이 계속되기 위해서는 응축현상(凝縮現象, condensation)이 일어날 것이다.

바람 : 바람은 기화된 분자들을 증발표면으로부터 이동시켜 e를 감소시킴으로써 증발률을 증가시키는 영향을 준다. 증발률에 풍속이 미치는 영향은 다음과 같은 경험식으로 표시된다.

$$\frac{dE}{dt} = K'\left(1 + \frac{W}{10}\right) \tag{4.2}$$

여기서, W는 수면상 약 25 ft에 있어서의 풍속(mi/hr)이며 K'은 비례상수이다. 식 (4.1)과 (4.2)에 표시된 영향을 종합하여 Meyer는 증발률공식을 제한하였으며 이는 Meyer 공식으로

알려져 있다. 즉

$$\frac{dE}{dt} = C(e_s - e)\left(1 + \frac{W}{10}\right) \tag{4.3}$$

여기서, $\frac{dE}{dt}$는 증발률로서 in./day로 표시되며 C는 비례상수로서 실험적으로 결정되고 수심 25 ft 저수지에 대해서는 약 0.36, 습한 지면이나 웅덩이 및 수심이 얕은 증발표면에 대해서는 약 0.5의 값을 가진다.

상대습도: 공기의 상대습도가 높아짐에 따라 공기가 수표면으로부터 이탈하는 수분입자를 흡수할 능력이 감퇴되므로 증발률은 감소하게 된다. 증발표면 부근에 있는 포화상태의 공기는 바람에 의해 이동되는 보다 더 건조한 공기에 의해 대치되어야만 증발률은 증가하게 된다.

대기압: 증발에 대한 대기압(barometric pressure)의 영향은 대체로 근소하나 고도의 증가에 따른 대기압의 감소현상은 수표면으로부터의 물 분자의 이탈을 촉진시키므로 증발률을 증가시킨다.

수질: 수질도 증발률에 영향을 주는 한 요소인데 이는 물 속의 불순물 때문에 포화증기압이 강하하여 순수한 물의 경우보다 증발률을 감소시키게 된다. 일반적으로 오염된 물 속에 존재하는 불순물의 백분율과 같은 정도로 증발률은 감소하는 것으로 알려져 있다. 즉, 만약 해수가 35,000 ppm(3.5%)의 불순물을 함유하고 있다면 순수한 물에 비해 그 증발률은 3.5%만큼 감소함을 의미한다.

증발표면의 성질과 형상: 증발에 영향을 미치는 인자 중 중요성이 가장 작은 인자이긴 하나 언급할 필요가 있다고 생각된다. 평탄한 증발표면에서는 오목(凹)한 증발표면의 경우보다 높은 증발률을 가지는 반면에 볼록(凸)한 증발표면의 경우보다는 낮은 증발률을 가진다. 또한 지면이나 다른 표면으로부터의 증발은 수면으로부터의 증발보다 동일조건하에서 일반적으로 낮음이 알려져 있다.

4.3 저수지 증발량의 산정방법

물의 순환과정에 있어서의 증발은 주로 자유수면으로부터 발생하는 것에 관심을 가지게 되며, 대규모 수표면을 가지는 저수지 수면으로부터의 증발이 중요성을 가질 것임은 분명하다. 이와 같은 저수지 증발량을 산정하기 위한 방법에는 물 수지방법, 에너지 수지방법, 공기동역학적 방법, 그리고 에너지 수지 및 공기동역학적 원리를 혼합적용하는 방법 및 증발접시에 의한 측정방법 등이 있으며 이는 증발 가능한 물은 항상 풍부한 양이 존재한다는 가정 아래 기상자료와 태양방사에너지 등의 자료를 이용하여 소위 잠재 증발량(潛在蒸發量, potential evaporation)을 산정하기 위한 방법들이다.

4.3.1 물 수지방법

이 방법은 일정기간의 저수지(혹은 호수)로의 물 유입량과 저수지로부터의 유출량을 고려하여 물 수지(물 收支, water budget)를 따짐으로써 어떤 기간의 증발량을 산정하는 방법이다.

저수지의 저류량을 S라 하고 저수지로의 지표면 유입량 및 유출량을 각각 I 및 O, 지하로의 침투량(seepage)을 O_g, 강수량을 P라 하면 저수지로부터의 증발량 E는 다음의 식으로 표시할 수 있다.

$$E = (S_1 - S_2) + I + P - O - O_g \tag{4.4}$$

여기서, 우변의 각 항은 어떤 기간(최소한 1주일)의 부피단위로 표시되며 측정이 가능하다.

식 (4.4)에 의한 물 수지방법(물 收支方法, water budget method)은 이론 자체는 대단히 간단하나 우변 각 항의 측정에서 생기는 오차 때문에 정확한 증발량을 산정하기란 무척 어렵다. 이 중 침투량은 지하수위의 변동이나 지반의 투수능 등을 고려하여 간접적으로 산정해야 하므로 그 결정이 가장 어렵다. 강수량 중 우량의 측정은 저수지 지역에 우량계측망을 적절히 설치하면 큰 어려움이 없으며 강설량의 측정은 강풍이 불 때는 오차가 커지므로 주의를 요한다. 저수지의 저류량은 수면 표고별 저수량 곡선(elevation-storage curve)이 정확하게 작성되어 있으면 저수위 측정을 위한 수위계로 임의 시각에 있어서의 저수량 결정이 가능하므로 식 (4.4)의 기간 중 저수량의 변화량인 $(S_1 - S_2)$의 계산이 가능하다. 한편, 저수지로의 유입량과 유출량의 측정에서 생기는 오차는 저수지에 따라 크게 다를 뿐 아니라 저수지에 가까운 미계측 유역의 범위라든지 수위-유량 관계곡선(제7장 참조)의 신뢰도에 크게 좌우되며 유량을 오차 5% 범위 이내로 측정할 수만 있다면 양호한 것으로 볼 수 있다.

이상에서 살펴본 바와 같이 식 (4.4)의 각 항은 비교적 장기간에 대해 측정하는 것이 바람직할 것이므로 짧은 기간보다는 월 혹은 연 증발량의 산정에 적용될 수 있는 방법이라 하겠다.

4.3.2 에너지 수지방법

증발량을 산정하기 위한 에너지 수지방법(energy budget method)은 증발에 관련되는 에너지항으로 표시되는 연속방정식을 풀어서 증발량을 산정하는 방법으로 미국 Oklahoma주의

Hefner호와 New Mexico주의 Elephant Butte 저수지에 처음으로 적용해 본 결과 상당히 좋은 결과를 얻었으며 실무에서 많이 사용되고 있다. 이 방법에서는 저수지 수면부에 저장되어 있는 에너지와 유입 및 유출되는 에너지를 고려한 에너지 보존원리를 적용하는 것으로 측정되는 자료의 신뢰성과 정확성에 의해 증발량 산정의 정확도가 결정되는 것이며, 대체로 10~20% 오차 범위 내로 증발량을 산정할 수 있는 것으로 알려져 있다.

저수지에 대한 에너지 수지방정식을 쓰면

$$Q_o = (Q_s - Q_r) + (Q_a - Q_{ar}) + Q_v - Q_{bg} - Q_e - Q_h - Q_w \tag{4.5}$$

여기서, Q_o = 증발표면에 저장된 에너지의 변화량

Q_s = 증발표면에 도달하는 태양복사에너지

Q_r = 증발표면으로부터 반사되는 태양복사에너지

Q_a = 증발표면으로 입사하는 장파복사에너지

Q_{ar} = 증발표면으로부터 반사되는 장파복사에너지

Q_v = 저수지로 유입 혹은 유출되는 물로 인한 순에너지의 변화량

Q_{bg} = 증발표면의 물이 방사하는 장파복사에너지

Q_e = 증발에 사용된 에너지

Q_h = 증발표면으로부터 대기로 전도된 에너지

Q_w = 증발된 물로 인해 손실된 에너지

식 (4.5)의 모든 항은 cal/cm^2/day의 단위로 표시된다.

식 (4.5)에서 Q_{bg}와 Q_w는 일반적으로 그 크기가 미소하여 생략할 수 있으므로 다음과 같이 식을 단순화할 수 있다(그림 4.1 참조).

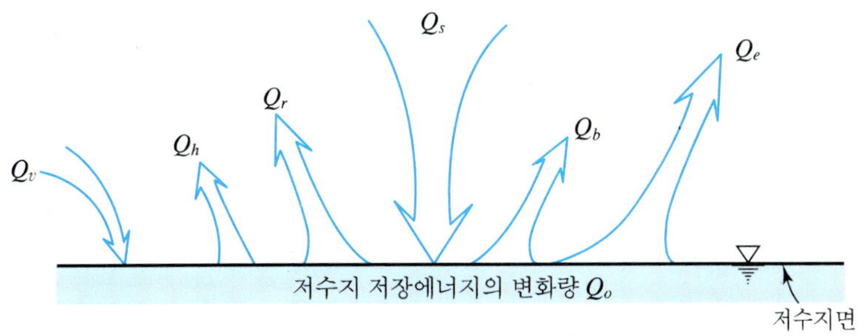

그림 4.1 에너지 수지 모식도

$$Q_o = Q_s - Q_r - Q_b + Q_v - Q_e - Q_h \tag{4.6}$$

여기서, $Q_b = Q_{ar} - Q_a$는 증발표면에서의 장파복사에너지의 교환량이다.

식 (4.6)에서 Q_e를 제외한 각 항의 값은 이론식 혹은 측정에 의해 결정될 수 있으므로 증발에 사용된 에너지인 Q_e의 산정이 가능하며, 증발량 E(mm)는 식 (2.6)으로 표시되는 물의 잠재 증기화열 H_v로 나누어 줌으로써 얻을 수 있다. 즉,

$$E = \frac{Q_e}{H_v} \tag{4.7}$$

여기서, 식 (2.6)을 다시 쓰면 다음과 같다.

$$H_v = 597.3 - 0.564\,t \tag{4.8}$$

식 (4.8)의 H_v는 cal/g 단위이며 수면온도 t는 ℃로 표시된다.

식 (4.6)으로부터 Q_e를 결정하여 식 (4.7)에 의해 증발량 E를 구하기 위해서는 식 (4.6)의 각 항을 실측 혹은 경험공식으로 결정해야 하므로 이에 대해 살펴보기로 한다.

1) 태양복사에너지(Q_s)의 산정

Penman에 의하면 지구상의 한 지점이 실제로 받는 단위면적당 일 평균 태양복사에너지 Q_s (cal/cm^2/day)는 대기권 내에 도달하는 단위면적당 일 평균 태양방사열량(Q_A)과 월별 최대가능 일조시간(D)에 대한 관측된 월별 일조시간(n)의 비인 일조율(日照率) n/D에 의해 결정된다고 한다. 즉,

$$Q_s = Q_A\left(a + b\frac{n}{D}\right) \tag{4.9}$$

여기서, a, b는 지역상수로서 표 4.1에는 지구상의 몇몇 지역에 대한 값을 표시하였으며, 이로부터 구름이 완전히 덮힌 날($n/D = 0$)에도 18~25%의 태양방사열량이 지표면에 도달하며

표 4.1 지역상수 a, b의 값

지역명	a	b
세계(평균)	0.23	0.48
영국 남부	0.18	0.55
미국 Virginia	0.22	0.54
호주 Canberra	0.25	0.54
캐나다(5~8월)	0.25	0.60

표 4.2 지구상에 도달하는 태양방사열량(cal/cm^2/day)

위도 \ 월	1	2	3	4	5	6	7	8	9	10	11	12	연 총계
북위 90	0	0	55	518	903	1077	944	605	136	0	0	0	3540
80	0	3	143	518	875	1060	930	600	219	17	0	0	3660
60	86	234	424	687	930	983	892	714	494	258	113	55	4850
40	358	538	663	847	912	1001	941	843	719	528	397	318	6750
20	631	795	821	914	803	947	912	887	856	740	666	599	8070
적도	844	963	878	876	608	803	792	820	891	866	873	829	8540
남위 20	970	1020	832	737	358	580	588	680	820	892	986	978	8070
40	998	963	686	514	95	308	333	453	648	817	994	1033	6750
60	947	802	459	240	0	50	77	187	403	648	920	1013	4850
80	981	649	181	9	0	0	0	0	113	459	917	1094	3660
90	995	656	92	0	0	0	0	0	30	447	932	1110	3540

자료: Brunt(1944)

표 4.3 우리나라에 도달하는 태양방사열량(cal/cm^2/day)

위도 \ 월	1	2	3	4	5	6	7	8	9	10	11	12
33° N	473.3	591.7	742.2	878.3	965.7	997.8	978.6	908.4	790.7	642.7	505.8	437.6
34	458.8	578.4	732.7	873.6	965.4	999.7	979.5	905.5	783.1	631.2	491.9	422.8
35	444.2	565.4	723.0	868.6	964.7	1001.3	980.1	902.4	775.4	619.4	477.8	407.9
36	429.5	552.2	713.2	863.4	963.9	1002.6	980.5	899.1	767.4	607.5	463.6	393.0
37	414.8	538.9	703.1	857.9	962.8	1003.8	980.6	895.5	759.2	595.4	449.4	378.1
38	400.1	525.5	692.7	852.2	961.4	1004.8	980.6	891.7	750.8	583.2	435.1	363.2
39	385.3	511.9	682.2	846.2	959.9	1005.5	980.3	887.6	742.1	570.8	420.7	348.2
40	370.5	498.2	671.5	840.0	958.1	1006.0	979.8	883.3	733.2	558.2	406.3	333.3
41	355.6	484.4	660.6	833.5	956.1	1006.4	979.1	878.8	724.1	545.5	391.8	318.4
42	340.8	470.5	649.4	826.9	953.9	1006.5	978.1	874.0	714.8	532.6	377.2	303.5
43	325.9	456.5	638.5	820.0	951.4	1006.5	977.0	869.0	705.3	519.6	362.6	288.6
44	311.1	442.4	626.6	812.8	948.8	1006.3	975.7	863.8	695.5	506.5	348.0	273.7

완전히 청명한 날($n/D=1$)에는 71~85% 정도 도달함을 알 수 있다. 또한 식 (4.9)의 Q_A는 Angot에 의해 표 4.2와 같이 월별로 지구상의 위도에 따라 추정된 바 있으며, 우리나라에 도달하는 태양방사열량 Q_A는 표 4.3과 같이 추정되어 있다.

한편, 식 (4.9)의 월별 최대가능 일조시간, D(hr/month)의 추정치는 표 4.4와 같다.

표 4.4 위도별 최대가능 일조시간(hr/month)

위도 \ 월	1	2	3	4	5	6	7	8	9	10	11	12
50° N	265	280	366	415	480	490	495	450	380	330	274	252
40	303	300	370	400	445	450	455	425	375	345	300	290
30	324	314	370	388	425	420	430	410	370	353	320	316
20	341	324	370	378	407	400	410	400	366	360	335	338
10	360	327	370	370	390	380	390	385	366	366	352	356
0	375	340	375	363	375	363	375	375	363	375	363	375
10	388	350	378	355	363	346	360	364	360	380	378	396
20	410	360	378	350	346	328	340	344	360	388	393	414
30	430	370	380	342	330	306	328	345	360	404	410	435
40	466	380	385	334	310	280	302	330	260	415	432	463
50° S	490	403	387	320	276	242	266	315	356	427	465	508

2) 반사복사에너지(Q_r)의 산정

지표면에 도달하는 태양복사에너지 Q_s의 일부는 표면의 반사효과 때문에 지표면을 떠나게 된다. 따라서, 반사계수(反射係數, reflection coefficient 혹은 albedo)를 r이라 하면 반사복사에너지 Q_r은 다음과 같다.

$$Q_r = r\,Q_s \tag{4.10}$$

여기서, 반사계수 r의 값은 지상의 물체성질에 따라 다르며 표 4.5에 대표적인 값이 수록되어 있다.

표 4.5 반사계수 r값

물체	물	숲, 초지	모래	흙	얼음	눈
r	0.05~0.15	0.05~0.20	0.10~0.20	0.15~0.30	0.4~0.5	0.6~0.9

3) 장파복사에너지 교환량(Q_b)의 산정

장파복사에너지 교환량은 대기권으로부터 증발표면에 도달하는 장파복사에너지(Q_a)와 증발표면에서 반사되는 장파복사에너지(Q_{ar}) 간의 교환을 의미하는 것으로 대기의 온도, 대기중의 수분량이라든지 반사물체의 종류, 일조율 등의 영향을 받으며 다음과 같은 이론식으로 산정된다.

$$Q_b = \sigma T_a^{\ 4}(\epsilon - 1)\left(0.1 + 0.9\frac{n}{D}\right) \tag{4.11}$$

여기서, σ는 Stefan-Boltzman 상수[1.17×10^{-7} cal/cm^2/(K)^4/day]이며 T_a는 대기의 절대온도(t℃ + 273)이고 ϵ은 방사율(放射率, emissivity)로서 어떤 온도에서의 실제 증기압 e_a의 함수로 다음과 같이 표시된다.

$$\epsilon = c + d\sqrt{e_a} \tag{4.12}$$

식 (4.12)에서 c, d는 지역상수로서 표 4.6은 그 대표적인 값을 표시하고 있으며 e_a는 증발표면상 2 m 위치에서의 실제 증기압(mmHg)이다.

표 4.6 방사율 공식에서의 상수값

측정지역	c	d
세계(평균)	0.51	0.066
영　국	0.53	0.065
스웨덴	0.43	0.082
호　주	0.47	0.063
미국(Washington, D.C)	0.44	0.061
미국(California)	0.50	0.032
인　도	0.62	0.029

4) 전도에너지(Q_h)의 산정

증발표면의 온도와 수면에 접하고 있는 대기 온도 간의 차이 때문에 에너지의 교환이 생기게 되며 이를 측정한다는 것은 어려운 일이다. Bowen은 증발에 소요되는 에너지 Q_e와 전도에너지(傳導 energy) Q_h의 비를 쉽게 측정할 수 있는 기상인자의 항으로 표시하였으며 Bowen비(Bowen ratio), B로 알려져 있다. 즉,

$$B = \frac{Q_h}{Q_e} = \gamma\left[\frac{t_o - t_a}{e_o - e_a}\right]\frac{p}{1000} \tag{4.13}$$

여기서, γ는 습도계 계수(濕度計 係數, psychrometer constant)로서 식 (4.13)의 대기압 P를 milibar로 표시할 때 대기류의 안정성에 따라 0.58~0.66의 값을 가지며 정상조건하에서는 0.61의 값을 사용함이 좋다. 또한, e_o는 수면온도 t_o(℃)에서의 포화증기압(milibar)이고, e_a는 대기온도 t_a(℃)에서의 실제증기압(milibar)이다.

따라서, 식 (4.13)을 다시 쓰면 $Q_h = BQ_e$가 되며 이를 식 (4.6)에 대입함으로써 미지수 하나를 소거할 수 있음을 알 수 있다.

5) 저수지 유입 및 유출수로 인한 순에너지 변화량(Q_v)의 산정

저수지로 유입되거나 저수지로부터 유출되는 물의 온도는 항상 변화하므로 저수지에 저장되어 있는 물의 온도에도 변화를 준다. 저수지로 유입 혹은 유출되는 물의 온도차는 바로 순에너지 변화량으로 저수지에 저장되어 있는 총 에너지에 변화를 일으킨다. 만약 저수지로 유입하는 물과 저수지로부터 유출되는 물의 온도에 큰 변화가 없다면 순에너지 변화량은 거의 무시할 수 있으므로 $Q_v = 0$으로 가정할 수 있다.

6) 저수지 저장에너지 변화량(Q_o)의 산정

어떤 기간의 저수지 수온의 변화에 따라 에너지의 증감이 있을 수 있다. 저수지 내의 온도는 유입부로부터 유출부를 연하는 횡방향뿐만 아니라 물의 연직방향 밀도차로 인해 종방향으로도 변화한다. 이로 인한 에너지의 변화량을 실측한다는 것은 불가능하며 다음과 같은 이론식으로 추정할 수는 있다.

$$Q_o = \rho_1 c V_1 (t_1 - t_b) - \rho_2 c V_2 (t_2 - t_b) \tag{4.14}$$

여기서, ρ_1, ρ_2는 증발기간의 시점과 종점에 있어서의 물의 밀도, c는 물의 비열, V_1, V_2는 시점과 종점에서의 저수지 내의 물의 부피, t_1, t_2는 수온이며, t_b는 기준온도(0℃)이다. Q_o의 경우도 증발량 산정기간이 짧아 수온의 변화를 무시할 수 있다면 $Q_o = 0$으로 가정할 수 있다.

7) 에너지 수지방법에 의한 증발량(Q_e)의 산정공식

이상에서 소개한 방법으로 식 (4.6)의 Q_e를 제외한 각 항을 산정할 수 있으면 증발에 사용되는 에너지 Q_e를 계산할 수 있고 이를 식 (4.7)에 의해 mm 단위로 표시할 수 있다. 즉, 식 (4.6)에 식 (4.13)의 $Q_h = BQ_e$를 대입하고 정리하면

$$Q_e = \frac{1}{1+B}[(1-r)Q_s - Q_b + Q_v - Q_o] \tag{4.15}$$

식 (4.15)를 식 (4.7)에 대입하면

$$E = \frac{1}{H_v(1+B)}[(1-r)Q_s - Q_b + Q_v - Q_o] \tag{4.16}$$

이상의 절차에 의하는 에너지 수지방법을 미국의 Hefner호에 적용한 결과 비교적 단기간(1주 이내)에 걸친 증발량 산정값은 실측값에 가까운 결과를 주었으나 기간이 길어지면 산정오차가 커지는 것으로 나타났다. 이는 산정기간이 길어질수록 Q_v와 Q_o값의 결정에 어려움이 많기 때문인 것으로 생각된다.

예제 4.1 위도가 북위 40°인 어떤 지역에서의 6월 중 어느 날의 저수지 증발량을 에너지 수지방법으로 계산하고자 한다. 이날의 일조율 $n/D = 0.4$, 평균대기온도는 22°C, 수표면 온도는 20℃, 상대습도는 50%, 대기압은 1010 milibars이었다. 저수지의 유입 및 유출량은 극히 적으며 저수지 내 물의 온도변화도 거의 없다고 가정하라.

풀이

1) 태양복사에너지

표 4.1로부터 $a = 0.18$, $b = 0.55$를 택하고 표 4.2로부터 북위 40°에서의 6월의 태양방사열량 $Q_A = 1{,}001\,\text{cal/cm}^2/\text{day}$를 택하여 식 (4.9)를 적용하면

$$Q_s = 1{,}001 \times (0.18 + 0.55 \times 0.4) = 400.4\,\text{cal/cm}^2/\text{day}$$

2) 반사복사에너지

반사복사에너지를 식 (4.10)으로 계산하기 위한 반사계수 r을 표 4.5로부터 취하면 수표면의 경우 $r = 0.10$이다.

3) 장파복사에너지 교환량

식 (4.12)의 c, d값을 표 4.6의 $c = 0.53$, $d = 0.065$로 취하고 대기온도 22℃일 때의 포화증기압 19.82 mmHg(표 2.6)와 상대습도 50%를 사용하여 실제증기압 e_a를 구하면

$$e_a = fe_s = 0.5 \times 19.82 = 9.91\,\text{mmHg}$$

따라서, 방사율 ϵ은 식 (4.12)로부터

$$\epsilon = 0.53 + 0.065\sqrt{9.91} = 0.735$$

식 (4.11)로 장파복사에너지 교환량을 계산하면

$$Q_b = 1.17 \times 10^{-7} \times (22 + 273)^4 \times (0.735 - 1) \times (0.1 + 0.9 \times 0.4)$$
$$= -108.01\,\text{cal/cm}^2/\text{day}$$

4) 전도에너지

전도에너지 Q_h와 증발에 소요되는 에너지 Q_e의 비인 Bowen비를 식 (4.13)으로 계산

하기 위해 $t_o = 20$℃ 에서의 $e_o = 17.53\,\text{mmHg} = 23.37$ milibars, $t_a = 22$℃ 에서의 $e_a = 9.91\,\text{mmHg} = 13.48$ milibars를 사용하면

$$B = 0.61 \times \left[\frac{20-22}{23.37-13.48}\right] \times \frac{1010}{1000} = -0.125$$

5) 저수지의 유입 및 유출량이 극히 적고 저수지의 수온변화도 거의 없는 것으로 가정하므로 $Q_v = 0$, $Q_o = 0$으로 볼 수 있다.

6) 식 (4.16)으로 증발량 E를 계산하기 위해 식 (4.8)로부터

$$H_v = 597.3 - 0.564 \times 20 = 586.02\,\text{cal/g}$$

따라서 식 (4.16)을 사용하면

$$E = \frac{1}{586.02(1-0.125)} = [(1-0.1) \times 400.4 + 108.01] = 0.913\,\text{cm/day}$$
$$= 9.13\,\text{mm/day}$$

4.3.3 공기동역학적 방법

공기동역학적 원리(空氣動力學的 原理, aerodynamic principle)는 난류이송공식(亂流移送公式, turbulent-transport equation)으로 통상 표시되며 이 원리를 이용하여 증발률을 표시하기 위한 각종 경험공식이 제안되어 왔다. 이들 경험공식은 자유표면으로부터의 물 분자의 이동이 연직방향의 증기압 경사에 비례한다는 Dalton 법칙에 의하며 일반식은 다음과 같이 표시된다.

$$E = c(e_o - e_h)(a + bW) \tag{4.17}$$

여기서, e_o는 수표면 온도에서의 포화증기압이며 e_h는 수표면상 높이 h에 있어서의 실제증기압이고 W는 어떤 높이에 있어서의 풍속이며 a, b, c는 상수이다.

미국의 Hefner호에서 측정된 자료로부터 유도된 Dalton형의 공식을 소개하면 다음과 같다.

$$E = 0.122(e_o - e_2)W_4 \tag{4.18}$$

$$E = 0.109(e_o - e_8)W_8 \tag{4.19}$$

여기서, E는 저수지 표면에서의 증발률(mm/day)이고 e_2, e_8은 각각 수면으로부터 2 m 및 8 m 높이에서의 실제증기압(milibars)이며 W_4, W_8은 수표면상 4 m 및 8 m 높이에서의 풍속

(m/sec)이다.

한편, 화란의 Ijsselmeer호(湖)에 적용하기 위해 만든 경험공식은 다음과 같다.

$$E = 0.345(e_o - e_a)(1 + 0.25\,W_6) \qquad (4.20)$$

여기서, e_o는 수표면 온도에서의 포화증기압(mmHg), e_a는 평균기온에서의 실제증기압(mmHg)이고, W_6는 수표면상 6 m 위치에서의 풍속(m/sec)이다.

일반적으로 수표면에서의 수온은 대기온도와 상당한 차이를 가지나 수온의 측정은 기온의 측정보다 번거로우므로 식 (4.20)의 e_o 대신 대기온도에서의 포화증기압 e_s를 사용하는 다음과 같은 식도 일 증발량의 산정에 사용된 바 있으나 대체로 과다산정의 경향을 보이는 것으로 알려져 있다.

$$E_a = 0.35(e_s - e_a)(0.5 + 0.54\,W_2) \qquad (4.21)$$

여기서, e_s는 mmHg 단위이며 W_2는 m/sec 단위를 갖는다.

공기동역학적 원리를 사용하는 또 다른 Dalton형 경험공식으로 다음과 같은 Dunne의 공식을 들 수 있다.

$$E = (0.013 + 0.00016\,W_2)e_a\left(\frac{100 - f}{100}\right) \qquad (4.22)$$

여기서, E는 저수지 증발률(cm/day)이고, W_2는 지표면으로부터 2 m 높이에서 측정한 풍속(km/day), e_a는 대기온도 t℃에서의 실제증기압(milibars), f는 상대습도(%)이다.

예제 4.2 저수지 수표면의 평균온도가 20℃이며 평균대기온도가 25℃, 평균상대습도가 60%일 때 저수지면으로부터의 일 증발량을 산정하고자 한다. 저수지면상 4 m 지점에서 측정한 풍속은 4 m/sec이었다. Dalton형 공식들에 의해 일 증발량을 계산하여 비교하라.

풀이 $t = 25$℃ 일 때의 포화증기압 $e_s = 23.75$ mmHg(표 2.6)이고 수면온도 $t_o = 20$℃ 일 때의 포화증기압 $e_o = 17.53\,\text{mmHg} = 23.37\,\text{milibars}$ 이다.

1) 식 (4.18)에 의한 계산

수면상 2 m 높이에서의 상대습도를 평균상대습도와 같다고 가정하면

$$e_2 = 23.75 \times 0.6 = 14.25\,\text{mmHg} = 19.0\,\text{milibars}$$

따라서,

$$E = 0.122(23.75 - 19.00) \times 4 = 2.32\,\text{mm/day}$$

2) 식 (4.20)에 의한 계산

대기온도에서의 실제증기압 $e_a = fe_s$이므로

$$e_a = 0.6 \times 23.75 = 14.25\,\text{mmHg}$$

따라서 $W_6 \doteqdot W_4 = 4\,\text{m/sec}$라 하면

$$E = 0.345(17.53 - 14.25)(1 + 0.25 \times 4) = 2.26\,\text{mm/day}$$

3) 식 (4.21)에 의한 계산

$W_2 \doteqdot W_4 = 4\,\text{m/sec}$라 가정하고 식 (4.21)을 사용하면

$$E_a = 0.35(23.75 - 14.25)(0.5 + 0.54 \times 4) = 8.84\,\text{mm/day}$$

4) 식 (4.22)에 의한 계산

$W_2 \doteqdot W_4$라 가정하고 식 (4.22)를 사용하기 위해 단위 환산을 하면

$$W_4 \equiv W_2 = 4\,\text{m/sec} = 345.6\,\text{km/day}$$
$$e_a = fe_s = 0.6 \times 23.75 \times 1.333 = 19.0\,\text{milibars}$$

따라서

$$E = (0.013 + 0.00016 \times 345.6) \times 19.0 \times \left(\frac{100 - 60}{100}\right)$$
$$= 0.519\,\text{cm/day} = 5.19\,\text{mm/day}$$

5) 비교

위의 계산에서 $W_2 \doteqdot W_4 \doteqdot W_6$라는 가정을 하였으나 식 (4.21)에 의한 산정값은 앞에서 언급한 바와 같이 식 (4.18), (4.20)에 의해 계산된 값보다 지나치게 크게 산정되었으며, 식 (4.22)에 의한 일 증발률은 식 (4.18)과 (4.20)에 의한 값보다는 크나 식 (4.21)에 의한 값보다는 작게 계산되었다.

4.3.4 에너지 수지 및 공기동역학적 원리의 혼합적용 방법

전술한 바의 에너지 수지분석에 의한 태양복사에너지 중 증발표면에 최종적으로 남는 순에너지의 공급과 이에 의한 증발표면으로부터의 수증기의 이동, 즉 공기동역학적인 분석을 혼합 적용하여 증발량을 산정하는 방법이 시도되어 왔으며 이 중 가장 대표적인 방법은 Penman 방법(1948)으로 알려져 있다.

1) 태양복사에너지의 순공급

Penman에 의하면 태양복사에너지 중 증발표면에 최종적으로 남는 순태양복사에너지(Q_n)는 식 (4.6)의 태양복사에너지(Q_s)에서 반사복사에너지(Q_r) 및 장파복사에너지 교환량(Q_b)을 뺀 것으로서 다음과 같이 표시할 수 있으며, 이는 태양복사에너지의 순공급이라 할 수 있다.

$$Q_n = Q_s - Q_r - Q_b = Q_e + Q_h + Q_o - Q_v \tag{4.23}$$

식 (4.23)에서 비교적 단시간 동안의 에너지 축적량인 Q_o, Q_v는 증발에 소모되는 에너지 Q_e와 전도에너지 Q_h에 비해 거의 무시할 수 있으므로 다음과 같이 쓸 수 있다.

$$Q_n = Q_e + Q_h \tag{4.24}$$

Penman은 식 (4.24)의 Q_n을 식 (4.9), (4.10) 및 (4.11)과 유사한 이론식을 사용하여 다음과 같은 식으로 표시하였다.

$$\begin{aligned} Q_n &= Q_s - Q_r - Q_b \\ &= Q_A(1-0.06)\left(0.18+0.55\frac{n}{D}\right) - (117.74\times10^{-9})\,T_a^4(0.47-0.077\sqrt{e_a}\,) \\ &\quad \left(0.20+0.80\frac{n}{D}\right) \end{aligned} \tag{4.25}$$

식 (4.25)의 모든 변수는 앞에서 정의한 바와 같다. 한편, 식 (4.25)의 각 항은 cal/cm^2/day 단위의 에너지(혹은 열량)이므로 이를 단위증발표면적(cm^2)당 증발률(mm/day) 단위로 환산하기 위해서는 약 590 cal/g으로 나누어 주어야 한다[식 (4.8)에서 $t = 13$℃일 때 $H_v = 590\,\text{cal/g} = 590\,\text{cal/cm}^3$이므로 $1\,\text{mm}\times 1\,\text{cm}^2 = 0.1\,\text{cm}^3$의 증발에 소요되는 에너지는 59 cal이다]. 따라서 식 (4.24)의 각 항을 59 cal/cm^{2}로 나누어주면 mm/day 단위를 갖게 되며 다음과 같이 표시하기로 하자.

$$H = E + K \tag{4.26}$$

여기서, H, E, K는 각각 mm/day로 표시되는 증발표면에 남는 순태양복사에너지량, 증발에너지량 및 전도에너지량이다.

2) 증발표면으로부터의 수증기의 이동

Penman은 수증기가 물 표면으로부터 이탈하는 현상과 열이 물 표면으로부터 외부로 전도되는 현상은 둘 다 공기의 난류확산작용(turbulence diffusion process)에 의한 것이라고 보아 물 표면으로부터의 증발률(evaporation rate) E(mm/day)에 대한 에너지 전도율 K(mm/day)의 비인 Bowen비를 식 (4.13)과 유사하게 다음과 같이 표시하였다.

$$\frac{K}{E} = B = \gamma \frac{t_o - t_a}{e_o - e_a} \tag{4.27}$$

여기서, γ는 습도계 계수(psychrometer constant)로서 t를 ℃로, e를 milibar로 표시할 경우에는 0.66 milibars/℃, mmHg로 표시할 경우에는 0.485 mmHg/℃가 추천되고 있으며, e_a는 대기온도 t_a℃에서의 실제증기압이다.

식 (4.26)과 식 (4.27)로부터

$$H = E + K = E + BE = E(1 + B) \tag{4.28}$$

따라서,

$$E = \frac{H}{1 + B} = \frac{H}{1 + \gamma \dfrac{t_o - t_a}{e_o - e_a}} \tag{4.29}$$

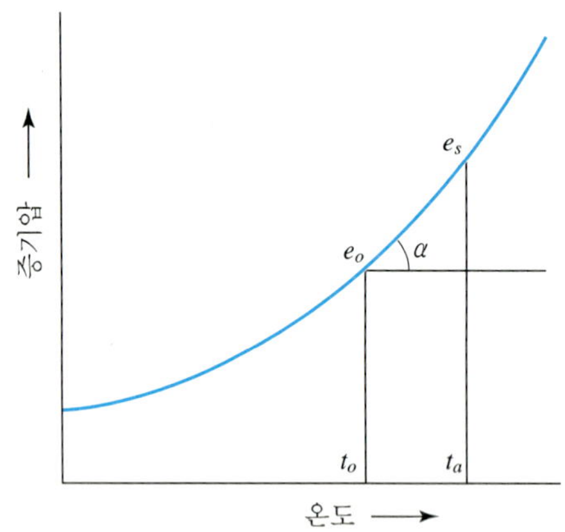

그림 4.2 포화증기압 곡선

그림 4.2의 포화증기압 곡선을 참조하면 대기온도 t_a℃ 에서의 곡선에의 접선경사는

$$\tan \alpha = \frac{e_s - e_o}{t_a - t_o} = \frac{e_o - e_s}{t_o - t_a} \tag{4.30}$$

따라서,

$$t_o - t_a = \frac{e_o - e_s}{\tan\alpha} \tag{4.31}$$

여기서, e_o는 수면온도 t_a℃ 에서의 포화증기압(milibars)이며 e_s는 대기온도 t_a에서의 포화증기압(milibars)이다.

식 (4.31)을 식 (4.29)에 대입하면

$$E = \frac{H}{1 + \dfrac{\gamma(e_o - e_s)}{\tan\alpha(e_o - e_a)}} \tag{4.32}$$

식 (4.32)에서

$$\frac{e_o - e_s}{e_o - e_a} = \frac{(e_o - e_a) - (e_s - e_a)}{e_o - e_a} = 1 - \frac{e_s - e_a}{e_o - e_a} \tag{4.33}$$

한편, 식 (4.20)과 식 (4.21)의 관계에서 다음과 같은 비례관계가 성립된다.

$$\frac{E_a}{E} = \frac{e_s - e_a}{e_o - e_a} \tag{4.34}$$

식 (4.34)를 식 (4.33)에 대입한 후 이를 다시 식 (4.32)에 대입하면

$$E = \frac{H}{1 + \dfrac{\gamma}{\tan\alpha}\left(1 - \dfrac{E_a}{E}\right)} \tag{4.35}$$

식 (4.35)를 E(mm/day)에 관해 정리하면

$$E = \frac{H\tan\alpha + \gamma E_a}{\tan\alpha + \gamma} \tag{4.36}$$

여기서, $\tan\alpha$의 전형적인 값은 표 4.7과 같으며, H는 식 (4.25)로 계산한 순에너지(cal/cm^2/day)를 59 cal/cm^2/mm로 나눈 값을 사용하며, $\gamma = 0.485$이고, E_a는 식 (4.21)을 사용하도록 되어 있다.

표 4.7 포화증기압 곡선에 그은 온도별 접선의 기울기

온도(℃)	0	10	20	30
$\tan\alpha$(mmHg/℃)	0.36	0.61	1.07	1.80

한편, Linsley, Kohler, Paulhus(1982)는 $\tan\alpha$의 산정을 위한 다음 공식을 제안한 바 있다.

$$\tan\alpha = (0.00815\, t_a + 0.8912)^7 \tag{4.37}$$

여기서, $\tan\alpha$는 대기온도 t_a℃에서 포화증기압 곡선에 그은 접선의 기울기이며, milibars/℃의 단위를 가진다.

이상에서 소개한 Penman의 공식은 이론적 근거가 충실한 공식으로서 세계 각지에 적용해 본 결과 대단히 좋은 결과를 나타냈으며 증발량의 실측자료가 없는 지역에 있어서의 수자원개발을 위한 예비조사 단계에서 대단히 효과적으로 사용될 수 있다.

예제 4.3 북위 40° 선상에 위치한 어떤 저수지 표면으로부터 6월 중 어느 날의 일 증발률을 Penman 공식으로 산정하고자 한다. 그날의 평균기온은 22°C였으며 상대습도는 50%, 일조율은 0.4, 저수지면상 2 m 지점에 있어서의 풍속은 3 m/sec였다. 일 증발률을 산정하라.

풀이 표 4.2로부터 북위 40° 선상의 6월에 대한 $Q_A = 1{,}001\ \text{cal/cm}^2/\text{day}$

$$\frac{n}{D} = 0.4, \quad T_a = 22 + 273 = 295\text{K}$$

표 2.6으로부터 기온 22℃에 대한 포화증기압은 $e_s = 19.82$ mmHg이다.
따라서, 실제증기압 $e = 0.5 \times 19.82 = 9.91$ mmHg
식 (4.21)로부터

$$E_a = 0.35(19.82 - 9.91)(0.5 + 0.54 \times 3) = 7.35\ \text{mm/day}$$

식 (4.25)와 1 mm의 물을 증발시키는 데 59 cal/cm²의 열량이 소요된다는 사실을 고려하면

$$\begin{aligned} H &= 1{,}001 \times (0.18 + 0.55 \times 0.4) \times (1 - 0.06) - (117.4 \times 10^{-9}) \\ &\quad \times (295)^4 \times (0.47 - 0.077\sqrt{9.91}) \times (0.20 + 0.8 \times 0.4) \\ &= 271.15\ \text{cal/cm}^2/\text{day} = 4.60\ \text{mm/day} \end{aligned}$$

식 (4.30)의 $\tan\alpha$값을 표 4.7로부터 $t_\alpha = 22$°C에 대하여 선형보간법으로 구하면

$$\tan\alpha = 1.07 + (1.80 - 1.07) \times 0.2 = 1.216 \text{ mmHg/℃}$$

한편, 식 (4.37)을 사용하여 $t_a = 22$℃ 일 때의 $\tan\alpha$를 구하면

$$\tan\alpha = (0.00815 \times 22 + 0.8912)^7 = 1.611 \text{ milibar/℃}$$

1 mmHg=1.333 milibars이므로 $\tan\alpha = 1.209$ mmHg/℃가 되며 포화증기압곡선을 사용하여 보간법으로 구한 값 $\tan\alpha = 1.216$과 비슷함을 알 수 있다.

따라서, $\tan\alpha = 1.216$ mmHg/℃, H = 4.60 mm/day, $\gamma = 0.485$ mmHg/℃, $E_a = 7.35$ mm/day를 식 (4.36)에 대입하면,

$$E = \frac{1.216 \times 4.60 + 0.485 \times 7.35}{1.216 + 0.485} = 5.40 \text{ mm/day}$$

4.3.5 증발접시에 의한 저수지 증발량의 측정

이상에서 살펴본 저수지 증발량의 산정을 위한 네 가지 방법은 모두 증발표면의 수온측정을 필요로 하므로 저수지의 설계나 운영에 이들 방법을 사용하기가 쉽지 않으므로 대부분의 댐 후보지역이나 인근지역에 증발접시(evaporation pan)를 설치하여 측정한 증발량을 저수지 증발량(貯水池 蒸發量, reservoir evaporation)으로 환산하는 방법이 사용되고 있다. 물론 저수지면으로부터의 증발기구(蒸發機構)와 증발접시로부터의 증발기구 사이에는 상당한 차이가 있으나 기상인자를 사용하는 경험식이나 기타 전술한 바의 산정법은 그들 방법이 개발된 지역에서 어느 정도의 신뢰성을 가질 뿐이므로 증발접시에 의한 측정방법은 근래에 와서 실무에서 대단히 많이 사용되고 있다.

1) 증발접시의 종류

증발접시는 설치 위치에 따라 지상식 증발접시(surface pan), 함몰식 증발접시(sunken pan) 및 부유식 증발접시(floating pan)의 세 가지로 나누며 접시의 크기에 따라 소형 증발접시와 대형 증발접시로 구분된다.

지상식(地上式) 증발접시는 그림 4.4에서 볼 수 있는 바와 같이 지상에 설치하여 증발량을 측정하는 계기로서 설치가 용이하고 비용이 적게 들 뿐만 아니라 그림 4.3에서처럼 나무격자판을 사용하여 지면으로부터 어느 정도 높이만큼 떨어지게 설치함으로써 이물질의 투입을 막을 수 있다. 그러나 태양복사열에 의한 접시 벽면에서의 열전도 때문에 실제의 증발량보다 더 많이 측정되는 것이 보통이다.

우리나라에서는 주로 지상식 증발접시를 사용하고 있으며 그림 4.3(a)는 안지름이 120 cm, 깊이가 30 cm인 아연도금 철제의 원통형 용기인 대형 증발접시를 표시하고 있다. 안지름이 20 cm, 깊이가 10 cm인 청동제 소형 증발접시도 사용되어 왔으나 접시의 크기가 작아 태양복사열에 의한 열전도로 증발량이 과대하게 측정되어 신뢰도가 크게 떨어지게 된다.

(a) (b)

그림 4.3 지상식 대형증발접시와 함몰식 증발접시

미국 기상청(National Weather Service, NWS)에서 사용하고 있는 지상식 증발접시는 표준 A급 증발접시(standard class A pan)이다. 이 증발접시는 안지름 4 ft(122 cm), 깊이가 10 inch(25.4 cm)인 아연철로 만든 원통형 용기이며 바닥면이 지면으로부터 6 inch(15.2 cm) 만큼 떨어지도록 목재판 위에 설치된다.

함몰식(陷沒式) 증발접시는 그림 4.3(b)와 같이 접시벽면의 일부 혹은 전부가 땅 속으로 함몰되도록 설치하는 것으로서 벽면을 통한 열전도를 어느 정도 막을 수 있으나 지열(地熱)의 영향은 면하지 못한다. 또한 이 접시는 설치나 고장수리가 어려울 뿐 아니라 이물질이 쉽게 들어갈 수 있으므로 운영관리면에서 불리하다. 미국에서 사용되고 있는 함몰식 증발접시 중 대표적인 것은 Young pan으로 안지름이 2 ft(61 cm), 깊이가 3 ft(91.5 cm)이며, $\frac{1}{4}$ inch (6 mm) 간격으로 짜여진 스크린이 접시 상단부에 설치되어 있어 이물질의 진입을 막아준다.

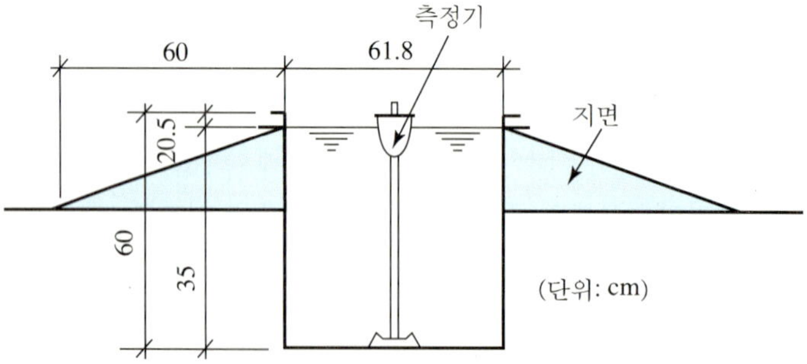

그림 4.4 함몰식 증발접시

그림 4.5 유역증발계

영국에서 사용하고 있는 부분함몰식 증발접시는 사방 6 ft(183 cm)의 구형용기(矩形容器)로 깊이는 2 ft(57 cm)이고 접시의 일부가 땅 속에 들어가 있고 상부단은 지면으로부터 3 inch (7.6 cm) 떨어지도록 설치된다. 소련에서 사용되고 있는 함몰식 증발접시는 GGI-3000으로서 증발면적이 3,000 cm^2(안지름은 61.8 cm)이고 벽면에서의 깊이는 60 cm이나 중앙부로 갈수록 깊어지는 아연철 용기로 되어 있고 강우량의 동시 측정을 위한 동일한 크기의 우량통을 운영한다. 그림 4.4는 체코의 수문기상국(Czechoslovakia Hydrometeorological Service)에서 사용한 바 있는 함몰식 증발접시를 도시하고 있다. 또한 체코 수문기상국은 증발접시의 크기가 클수록 자연상태에 가깝게 증발현상을 관측할 수 있다는 점에 착안하여 그림 4.5와 같은 초대형의 유역증발계(流域蒸發計, basin evaporimeter)를 설치 운영하였으며 증발표면적은 20~100 m^2에 달한다.

부유식(浮游式) 증발접시는 그림 4.6에 표시된 바와 같이 저수지상에 특수시설을 하여 증발접시를 띄워 측정하는 것으로서 벽면이 물과 접하고 있으므로 열전도를 막을 수 있어 실제에 가까운 증발량을 측정할 수 있는 장점은 있으나 접근이 불리하여 관측에 어려움이 있을 뿐 아니라 시설 및 유지관리비가 과대하게 소요되는 단점이 있다. 그러나, 증발접시에 의한 측정치와 실제 증발량의 비(比)인 후술할 증발접시 계수를 결정하는 데 가장 적합한 증발접시이다.

그림 4.6 부유식 증발접시(용담댐 시험 유역)

2) 증발량의 측정방법

증발접시에 의한 증발량의 측정방법은 대단히 간단하다. 그림 4.3(a)와 같은 증발접시에 물을 채우고(30 cm 깊이 중 20 cm 정도) 접시벽면에 부착된 훅 게이지(hook gauge)로 수면고(水面高)를 읽고 1일(24시간) 후에 다시 수면고를 읽어 수면고차를 mm 단위로 읽으면 일 증발량(mm/day)을 얻게 된다. 우리나라 기상청의 경우 09:00시에서 익일 09:00시까지를 1일 기준으로 하고 있다. 이때 수면고를 원래의 위치로 유지하기 위해 접시 내에 매일 증발한 양만큼의 물을 보충하도록 되어 있다. 또한 비가 오는 날의 증발량을 구하기 위해 증발접시 인근지역에 우량계를 설치 운영하는 것이 보통이며, 일 증발량은 훅 게이지로 측정한 수면고차에서 mm 단위의 일 우량을 더한 것이 된다. 이와 같이 어떤 지점의 일 증발량을 연속적으로 측정하면 월 및 연 증발량을 구할 수 있으며 표 4.8과 표 4.9는 우리나라 주요지점의 월 평균 및 연 평균증발량의 소형 및 대형 증발접시 측정값을 수록하고 있다. 표 4.8 및 표 4.9로부터 알 수 있는 바와 같이 월 평균 증발량은 4월~8월에 상대적으로 많고 대형 증발접시보다는 소형 증발접시로 측정한 월 평균 증발량이 훨씬 큰 것을 알 수 있다. 한편, 그림 4.7은 소형 증발접시로 측정한 연 평균증발량의 지역적 분포를 표시하고 있다.

표 4.8 기상청 주요 관측소별 월 평균증발량(소형 증발접시) (단위: 0.1 mm)

관측소명 \ 월	1	2	3	4	5	6	7	8	9	10	11	12	전년
속 초	703	639	906	1357	1604	1225	1190	1200	998	1009	830	778	12439
대관령	487	507	750	1256	1554	1202	1081	975	814	870	636	532	10664
춘 천	356	439	744	1177	1443	1439	1286	1235	973	714	435	352	10593
강 릉	658	626	889	1341	1611	1305	1304	1212	1013	961	758	719	12397
서 울	373	463	823	1199	1423	1374	1145	1216	1079	895	552	400	10942
인 천	454	513	814	1214	1450	1399	1303	1350	1190	972	621	473	11753
울릉도	417	436	765	1194	1542	1190	1237	1247	1003	906	645	486	11068
수 원	363	454	791	1158	1420	1425	1286	1306	1079	853	507	377	11019
서 산	376	458	800	1075	1409	1365	1215	1323	1020	809	463	368	10681
울 진	678	624	871	1288	1600	1318	1280	1327	1042	989	761	708	12486
청 주	337	437	775	1174	1432	1411	1299	1318	1017	785	444	339	10768
대 전	357	453	797	1212	1473	1385	1311	1312	1031	814	464	354	10963
추풍령	540	612	975	1463	1740	1485	1318	1391	1143	1039	703	572	12981
포 항	641	644	913	1279	1595	1353	1391	1372	1013	957	717	659	12534
군 산	426	510	816	1097	1340	1331	1342	1480	1144	977	605	463	11531
대 구	530	606	978	1373	1736	1588	1486	1574	1134	978	630	522	13135
전 주	322	372	671	1048	1368	1330	1262	1358	1014	838	470	331	10384
울 산	591	627	916	1193	1474	1301	1381	1477	1079	986	713	618	12356
광 주	404	485	866	1223	1479	1488	1437	1484	1121	938	557	422	11904
부 산	688	704	904	1095	1255	1115	1211	1347	1065	1017	764	712	11877
통 영	567	587	854	1073	1275	1112	1137	1340	993	904	637	574	11053
목 포	478	520	820	1129	1337	1226	1258	1445	1184	1052	679	514	11642
여 수	726	751	1021	1260	1476	1295	1353	1531	1307	1198	838	719	13475
제 주	543	575	864	1126	1390	1289	1609	1570	1212	1081	732	589	12580
진 주	513	590	870	1138	1366	1202	1220	1273	1019	914	613	498	11216

자료: 기상청, 한국기후표(1971~2000), 2001

표 4.9 기상청 주요 관측소별 월 평균증발량(대형 증발접시) (단위: 0.1 mm)

관측소명 \ 월	1	2	3	4	5	6	7	8	9	10	11	12	전년
속 초				1000	1205	916	876	911	767	746			6421
대관령					1100	822	727	659	540	564			4412
춘 천				804	1014	999	899	891	675	455			5737
강 릉				939	1150	904	912	873	702	644			6124
서 울				856	1032	988	835	896	767	585			5959
인 천				845	1010	965	873	931	799	614			6037
울릉도				848	1124	831	889	891	700	629			5912
수 원				785	1008	1011	934	969	777	553			6037
서 산				761	1068	1052	941	1042	765	564			6193
울 진				923	1169	930	922	947	736	718			6345
청 주				838	1050	1031	934	982	741	524			6100
대 전				859	1060	997	931	944	710	533			6034
추풍령				1006	1194	1034	894	963	758	680			6529
포 항				951	1174	965	1011	1008	728	691			6528
군 산				772	960	932	919	1063	813	650			6109
대 구				1053	1339	1207	1113	1201	838	703			7454
전 주				744	980	926	884	991	706	551			5782
울 산				799	1033	922	937	1033	717	621			6062
광 주				867	1066	1010	1011	1079	784	637			6454
부 산				751	891	774	841	955	760	711			5683
통 영				745	858	750	772	921	678	591			5315
목 포				788	944	864	892	1031	819	703			6041
여 수				886	1072	915	982	1143	962	855			6815
제 주				781	969	889	1112	1075	828	713			6367
진 주				812	1042	912	931	982	761	660			6100

주: 결측값(11월~3월)은 동계의 결빙으로 인해 관측하지 못한 값임.

자료: 기상청, 한국기후표(1971~2000), 2001

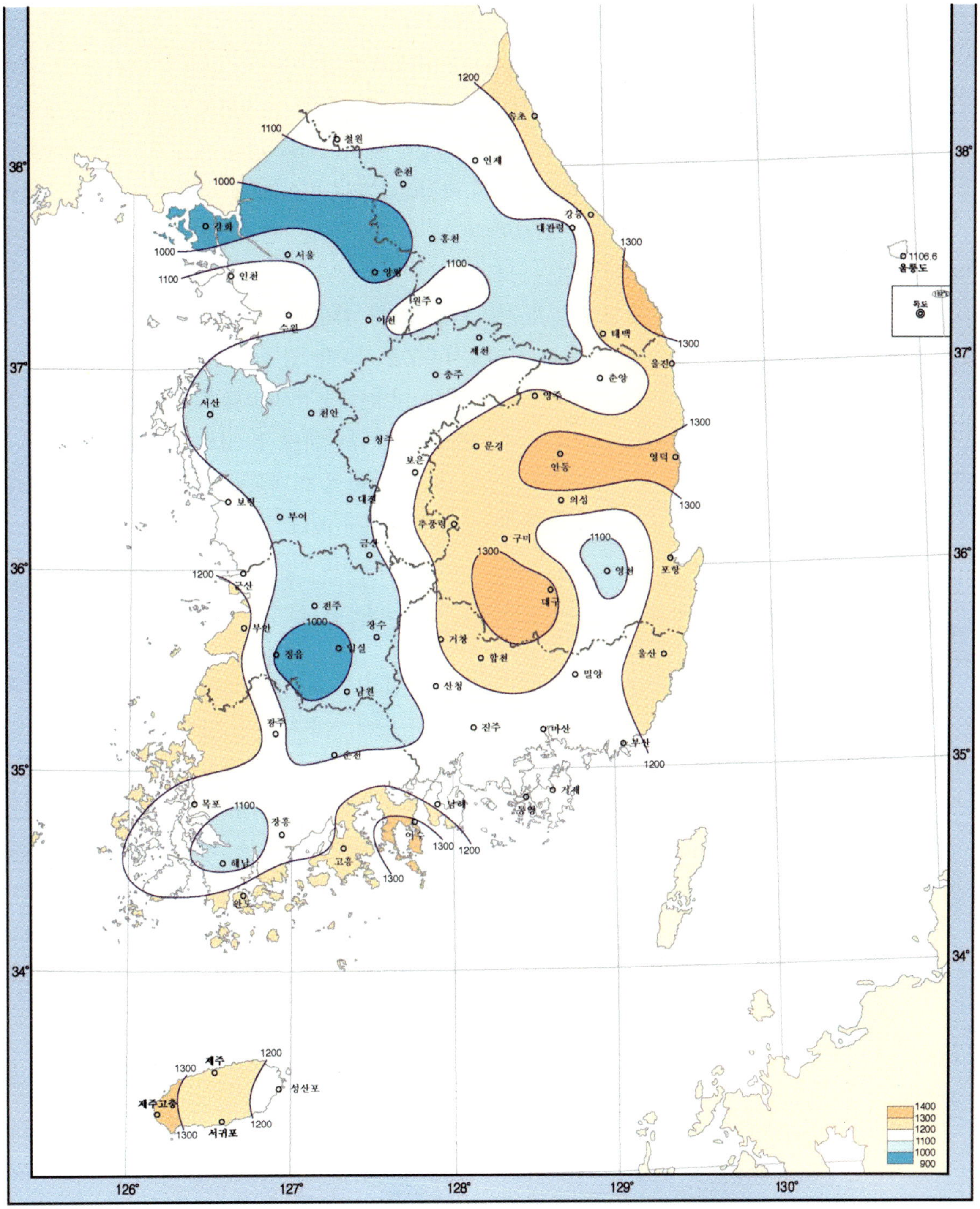

그림 4.7 연 평균증발량(mm)의 지역적 분포(소형 증발접시)

3) 증발접시 계수

전술한 바와 같이 증발접시로부터의 증발은 접시벽면을 통한 열전도라든지 기타 여러 가지 영향 때문에 자연상태의 저수지면으로부터의 증발률보다 높기 마련이며, 증발접시 증발량에 대한 저수지면으로부터의 실제 증발량 비를 증발접시 계수(evaporation pan coefficient)라 한다. 증발접시 계수는 장기간 동안의 증발접시 측정값을 저수지의 실제 증발량과 비교함으로써 얻어지는 것이며, 표 4.10은 미국을 위시한 몇 개 나라에서 실측한 값으로부터 얻은 접시계수의 예를 표시하고 있다.

표 4.10으로부터 지상식 증발접시 계수는 함몰식보다 작음을 알 수 있고, 미국의 Class A Pan의 연 증발접시 계수는 0.65~0.81 사이로서 0.7을 사용할 경우의 오차범위는 15% 이내인 것으로 알려져 있다. 우리나라에서 사용되고 있는 대형 증발접시[그림 4.3(a)]는 미국 기상청의 Class A Pan과 거의 같은 크기이므로 측정 자료가 부족하여 연 평균 증발접시 계수를 구하기 곤란할 경우에는 0.7을 사용할 수 있겠다. 또한 월별 혹은 계절별 증발접시 계수는 연 증발접시 계수보다 변화의 진폭이 대체로 큰 것으로 알려져 있다.

4.4 저수지 증발이 하류의 하천유량에 미치는 영향

자연하천 수계 내의 임의지점에 인공저수지를 건설하면 그 저수지로부터의 증발은 하류의 유량에 지대한 영향을 주게 된다. 만약 일정 기간 동안에 저수지의 전 수면적으로부터의 증발량이 동일 면적상에 떨어지는 강수량보다 크다면 저수지 하류의 하천유량은 저수지 건설 이전보다 감소할 것이며 반대로 증발량이 강수량보다 적을 경우에는 하류 하천유량은 일반적으로 증가하는 것이 보통이다. 그러나 후자의 경우 저수지 건설 이전에 그 지역의 유출계수(流出係數, runoff coefficient)가 비교적 클 경우에는 하천유량은 감소할 수도 있다. 여기서 말하는 유출계수란 일정한 유역상에 일정 기간에 내리는 강수량으로 인해 그 유역의 출구를 통과하는 유출량의 총 강수량에 대한 비율을 뜻하므로 유역의 지형 및 지질 등에 의해 결정되며 다음과 같은 관계식으로 표시할 수 있다.

$$R = CP \tag{4.38}$$

여기서, R은 하천유역으로부터의 유출량이고, P는 강수량이며, C는 유출계수이다. 자연하천에 대한 유출계수 C의 값은 하천유역의 토양, 식생피복, 토지이용상태, 지형 등 여러 가지 유출관련 특성에 따라 광범위하게 변하며, 호수나 저수지가 차지하는 면적상에 내리는 강수는

표 4.10 지역별 연 평균 증발접시 계수

지역명	기록연한	기간	Class-A Pan (지상식)	Young Pan (함몰식)	GGI-3000 (함몰식)
Davis, Calif.	1966~69	Ann.	0.72	···	0.94
Denver, Colo.	1915~16	Ann.	0.67		
	1916	June~Oct.	···		
Felt Lake, Calif.	1955	Ann.	0.77	0.99	
Ft. Collins, Colo.	1926~28	Apr.~Nov.	0.70	···	
Fullerton, Calif.	1936~39	Ann.	0.77	0.98	
Lake Colorado City, Tex.	1954~55	Ann.	0.72		
Lake Elsinore, Calif.	1939~41	Ann.	0.77	0.98	
Lake Hefner, Okla.	1950~51	Ann.	0.69	0.91	
Lake Mead, Ariz-Nev.	1966~69	Ann.	0.66	···	0.71
Lake Okeechobee, Fla.	1940~46	Ann.	0.81	···	
Red Bluff Res., Tex.	1939~47	Ann.	0.68		
Salton Sea, Calif.	1967~69	Ann.	0.64		
Silver Hill, Md.	1955~60	Apr.~Nov.	0.74	···	
Sterling. Va.	1965~68	Apr.~Nov.	0.69	···	1.11
Australia					
Lake Albacutya	···	Ann.	0.79		
Lake Cawndilla	···	Ann.	0.71		
Lake Hindmarsh	···	Ann.	0.74		
Lake Menindee	···	Ann.	0.71		
Lake Pamamaroo	···	Ann.	0.66		
Stephens Cr. Resv.	···	Ann.	0.69		
India					
Poona	1965~68	Ann.	0.69	···	0.78
Israel					
Lod Airport	1954~60	Ann.	0.74		
Sudan					
Khartoum	1960~61	Ann.	0.65		
United Kingdom					
London	1956~62	Ann.	0.70		
U.S.S.R					
Dubovka	1957~59	May~Oct.	0.64	···	0.91
	1962~67	May~Oct.	0.64	···	0.84
Valdai	1949~53	May~Sept.	0.82	···	0.93
	1958~63	May~Sept.	0.67	···	0.98

손실 없이 전부 유출되기 때문에 유출계수의 값은 1임이 분명하다.

저수지 증발량이 하천에 미치는 영향은 다음 계산 예로서 명백하게 설명될 수 있다.

예제 4.4 어떤 하천 수계 내의 임의지점에 저수지를 건설하고자 한다. 계획상의 만수면적은 30 km^2이고 이 지역에 대해 표 4.11과 같은 자료가 획득되었다면 댐 하류의 하천유량은 증가할 것인가? 혹은 감소할 것인가? 연간 총 증감량을 구하라.

표 4.11

연 강수량(mm)	연 증발량(mm)	유출계수 C	증발접시 계수
1,000	800	0.30	0.70

풀이 저수지 건설 이전의 댐지점에 있어서의 연유하량 $= 1{,}000 \times 10^{-3} \times 30 \times 10^6 \times 0.30 = 90 \times 10^6$ m^3, 저수지 건설 이후의 하류유하량은 만수면적상에 내린 연 강수량에서 만수면적으로부터의 연간 총 증발량을 뺀 것이다. 즉

$$(1{,}000 \times 10^{-3} - 800 \times 10^{-3} \times 0.7) \times 30 \times 10^6 = 13.2 \times 10^6 \, m^3$$

따라서, 저수지 건설 이후의 하류로의 유하량은 증가할 것이며 연간 증가량을 부피로 표시하면 다음과 같다.

$$(13.2 - 9) \times 10^6 = 4.2 \times 10^6 \, m^3$$

4.5 증 산

4.1절의 서론에서 간단히 언급한 바와 같이 모든 종류의 식물은 그 생명을 유지하기 위해 물을 필요로 한다. 식물이 필요로 하는 물 중 아주 적은 부분만을 식물의 체내에 함유하고 뿌리를 통해 빨아들인 대부분의 물은 나무줄기를 거쳐 엽면(葉面)을 통해 대기 중으로 방출하게 된다. 이 현상을 증산(蒸散, transpiration) 혹은 엽면증발(葉面蒸發)이라 한다.

4.5.1 증산현상을 지배하는 인자

증산은 물 분자가 이탈하는 표면이 자유수표면이 아니고 엽면이라는 점을 제외하고는 수면 증발의 경우와 본질적으로 같은 현상이라 할 수 있다. 식물의 잎은 일반적으로 얇은 세포조직(cell)으로 형성되어 있으며 수분에 대해 비교적 불투수성이지만 다공(多孔)에서의 증기압이

잎사귀 주위에 있는 공기의 증기압보다 크면 증산현상이 일어나게 되는 것이다.

증산에 영향을 미치는 인자는 식물생리학적 인자(plant physiological factors)와 환경학적 인자(environmental factors)의 두 가지로 대별할 수 있다. 생리학적 인자로는 다공의 밀도와 특성, 엽면의 구조 및 식물병리학적인 요소 등을 들 수 있으나 광범위한 지역의 식물 혹은 농작물 전체를 고려한다면 식물의 종류나 생리학적 인자는 증산에 그다지 중요한 영향을 미치지는 않는다. 환경학적 인자에는 기온(air temperature), 태양복사열(solar radiation), 바람(wind), 토양의 함유수분(soil moisture) 등이 있으며 이들은 생리학적 인자보다 더 중요한 인자로 알려져 있다.

엽면이 태양에 노출되어 있을 때에는 일반적으로 엽면의 온도는 주위 공기의 온도보다 크므로 다공 내부의 증기압은 주위 공기의 증기압보다 커지므로 엽면증발이 일어난다. 온도가 상승할수록 이들 증기압 차이는 더 커지므로 증산은 온도에 비례하여 활발해진다. 엽면이 받는 에너지의 주된 원천은 태양의 복사열에너지이며 잎사귀가 이 에너지를 흡수하면 엽면의 온도가 상승하게 되고 따라서 다공 내 증기압도 상승하게 된다. 그러므로 태양복사열의 흡수 정도가 커지면 증산율도 높아진다고 말할 수 있다. 바람은 엽면 주위의 수분을 몰아냄으로써 증산을 촉진시키는 역할을 한다. 즉 바람이 엽면 주위의 습한 공기를 이동시킴으로써 건조한 공기가 엽면 주위에 위치하게 되고 따라서 주위 공기와 다공 내의 증기압 차는 더욱더 커지므로 증산율은 증가하게 되는 것이다.

증산현상은 식물이 이용할 수 있는 수분의 양에 의해 제한을 받게 됨은 틀림없는 사실이다. 어떤 학자들은 식물이 말라 죽게 될 때의 토양함수상태(wilting point)에 이를 때까지 증산은 가용수분의 양에 아무런 관계가 없다고 주장하는 반면에, 증산율은 토양 속의 가용수분량에 대략 비례한다고 믿고 있는 학자들도 있다. 그러나 강수 후의 과잉중력수(excess gravitational water)가 지하로 침투한 후 토양 속에 남아 있는 수분량(field capacity)보다 큰 양이 토양 속에 존재하게 되면 식물에 해로운 영향을 미치게 되나 wilting point와 field capacity 사이의 함유량을 가지는 토양에 있어서의 증산은 토양의 함수량에 비교적 관계가 없다는 것이 현재의 이론으로 되어 있다.

4.5.2 증산량의 측정

자연상태하에 있는 비교적 넓은 지역으로부터의 증산량을 측정한다는 것은 불가능한 일이므로 증산량은 주로 실험실 조건하에서 조그마한 표본식물로부터 측정되고 있다. 그 한 가지 방법은 분(盆) 속에서 자라고 있는 식물을 밀폐된 용기 속에 넣어 용기 내 수분량의 증가분을 측정함으로써 증산량을 추정하는 것이다. 대부분의 측정은 증산계(蒸散計, phytometer)로 실시하는데 이것은 흙을 채우고 그 속에 식물을 심어 둔 큰 용기로 되어 있다. 증산작용에 의해 대기 중으로 방출된 수분의 양은 식물이 들어 있는 용기의 무게 변화를 어떤 시간 간격으로 저울질함으로써 구할 수 있다. 이때 수분이 식물의 엽면을 통해서만 방출되도록 하기 위해 용기 속의 흙은 불투수성 물질로 씌워 두게 된다.

이와 같은 증산계에 의한 증산량의 측정은 주로 학술적인 흥미거리로서 연구되어 왔으며 자연조건하의 식물이 소모하는 물의 양이 얼마나 되는가에 대한 개략적인 지표(index)가 된다. 증발접시에 의한 증발량의 측정에서처럼 자연상태하에서의 증산량의 산정을 위해서는 실험실에서 얻은 증산계 측정값에 계수를 곱하여 쓰기도 한다.

4.6 증발산

수문학에서 어떤 유역에 대한 가용 수자원을 조사할 때 고려하는 유역으로부터 대기 중으로의 물의 손실이란 증발과 증산을 합한 이른바 증발산(蒸發散, evapotranspiration)을 의미한다. 즉, 유역으로부터의 증발과 증산을 구분하여 해석할 수는 없으므로 유역 내의 수면이나 토양, 눈, 얼음, 식생피복으로부터의 증발과 식물에 의한 증산을 통틀어 대기 중으로의 물의 손실로 취급한다.

저수지 증발의 경우는 증발될 물이 무한정 있을 경우이지만 자연유역의 경우는 항상 그러하지는 않으므로 실제 증발산량(actual evapotranspiration)과 잠재 증발산량(potential evapotranspiration)을 구분하게 된다. Thornthwaite(1948)에 의하면 잠재 증발산량은 유역의 토양이 수분으로 완전포화되어 있는 상태에서의 증발산량을 의미하며, 따라서 지표면의 성질이나 조건에는 전혀 무관하다. 이와 같은 Thornthwaite의 정의에 따르면 잠재 증발산량은 유역이 식생으로 완전 피복되어 있을 경우에는 저수지면으로부터의 증발량과 다를 것이 없다.

실제 증발산량을 결정하는 방법에는 증발산계(evapotranspirometer 혹은 lysimeter)에 의한 측정방법, 물 수지계산방법, 에너지 수지계산방법 및 기상자료에 의한 계산방법 등이 있다.

4.6.1 증발산계에 의한 측정방법

증발산량의 일반적인 실험실 측정방법은 증산량의 측정에서 사용하는 용기보다 좀더 깊고 용기 내의 토양으로부터의 증발도 허용하는 라이시미터(lysimeter)라고 불리는 증발산계(蒸發散計)를 사용한다.

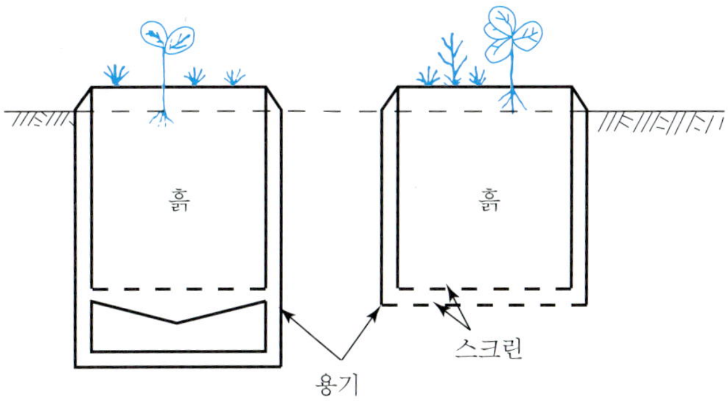

그림 4.8 증발산계

용기 내 식물의 정상적인 성장을 위해서는 일정량의 수분이 유지되어야 하며 이 수분을 공급하는 데 필요한 물의 양을 측정함으로써 증발산량을 결정하게 되는 것이다.

초목이 우거진 자연상태하에서의 증발산량을 측정하는 계기도 증발산계라 부르며, 그림 4.8에 표시된 바와 같이 금속 혹은 플라스틱 용기 내에 설치 장소 주위와 비슷한 흙을 넣고 초목을 심어서 땅 속에 위치시키게 된다. 이 용기는 땅 속으로부터 끄집어 낼 수 있도록 되어 있으며, 일정한 시간 간격으로 끄집어 낸 용기의 무게를 측정함으로써 물 수지계산에 의하여 증발산량을 추정하게 된다. 용기의 크기는 다양하며 $1 \times 1 \times 1.5$ m 정도로 큰 증발산계도 실제로 사용되고 있다.

4.6.2 물 수지계산에 의한 산정방법

유역 내의 저류량(貯溜量)이나 유입량 및 유출량을 측정하면 이론적으로는 물 수지계산에 의해 유역 평균 증발산량을 추정할 수 있다. 이 방법의 적용에 있어서 중요한 것은 산정기간이라 할 수 있다. 만약 어떤 유역의 평균적인 연간 증발산량을 추정하고자 한다면 장기간의 연 평균강우량으로부터 연평균 유출량을 뺌으로써 얻을 수 있다. 왜냐하면 장기간에 걸쳐 생각하면 한 유역의 저류량의 변화는 크지 않기 때문이다. 그러나 일반적으로 지표저류량의 변화라든지 지하수의 유동, 토양수분량의 변화 등으로 인해 유역의 저류량은 시시각각으로 변화하므로 정확한 증발산량을 산정하기란 어렵다.

물 수지방법은 제한된 가정하에서 비교적 단기간에 대해서도 유역의 실제 증발산량을 계산하는 데 사용할 수 있으며, 그 예는 다음의 예제 4.5에 설명되어 있다.

예제 4.5 그림 4.9는 어떤 유역에 내린 호우와 그로 인한 유출량의 크기를 표시하고 있다. 첫 번째 호우가 끝난 후(June 21)부터 유역은 거의 포화상태에 있다고 가정하고 두 번째 호우로 인한 유출기간(6월 25일~30일)의 일 평균 증발산량과 6월 25일~7월 16일간의 일 평균 증발산량을 산정하라.

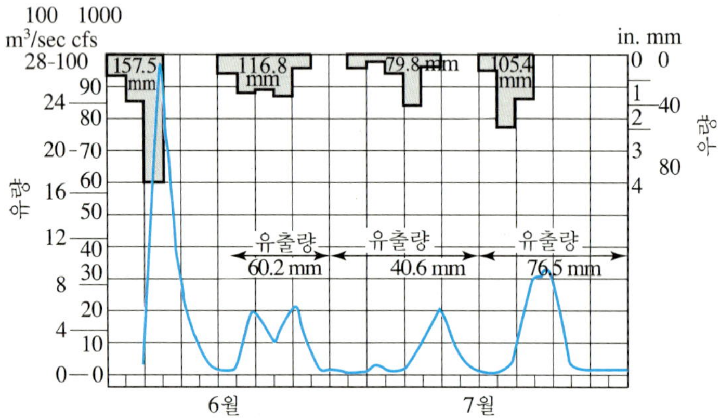

그림 4.9 물 수지계산방법에 의한 단기간 증발산량의 산정 예

풀이 1) 6월 25일~6월 30일간의 일 평균 증발산량

두 번째 호우(6월 25일~30일)로 인한 총 우량은 116.8 mm이고 유출량은 60.2 mm이다. 호우 종료 후 토양은 거의 포화상태에 있다고 가정하므로 유역의 저류량 변화는 없는 것으로 본다. 따라서 두 번째 호우로 인한 유출기간 동안(6월 25일~30일, 6일간)의 증발산량은 $(116.8-60.2)=56.6$ mm이므로 일 평균 증발산량은 $56.6/6=9.43$ mm/day 이다.

2) 6월 25일~7월 16일간의 일 평균 증발산량

이 기간 동안의 총 증발산량은

$$(116.8-60.2)+(79.8-40.6)+(105.4-76.5)=124.7\text{ mm}$$

따라서, 일 평균 증발산량은 $124.7/22=5.67$ mm/day

4.6.3 에너지 수지계산에 의한 산정방법

증발산량의 산정을 위한 에너지 수지계산방법은 저수지 증발량의 산정을 위한 에너지 수지계산방법과 거의 비슷하다. 저수지 증발량의 산정에서는 저수지 내의 물에 저장되는 에너지를 계산하지만 증발산량의 경우는 지표토양에 저장되는 에너지를 계산해야 한다. 지표토양에 저장되어 증발산에 사용되는 에너지는 태양복사에너지 중 증발표면에 최종적으로 남는 순에너지(Q_n)에서 토양면으로부터의 열증산량(G)과 토양과 대기 간의 경계층에 남는 에너지(M)를 뺀 것으로 표시될 수 있다. 따라서, 식 (4.29)와 유사한 식으로 표시하면

$$E_T = \frac{Q_n - G - M}{H_v(1+B)} \tag{4.39}$$

여기서, E_T는 증발산량(mm 단위)이며, G, M은 에너지 단위이고, H_v는 물의 잠재 수증기화열로서 E_T를 mm 단위로 환산하기 위한 것이며[식 (4.8)], B는 전술한 바 있는 Bowen비이다.

1) Priestly-Taylor의 잠재 증발산량 산정방법

Priestly-Taylor는 시험단지에서의 여러 실험자료를 분석하여 실제 증발산량을 산정하기 위한 다음과 같은 식을 제안한 바 있다.

$$E_T = 1.26\frac{\tan\alpha(Q_n - G - M)}{(\tan\alpha + \gamma)H_v} \tag{4.40}$$

식 (4.40)은 식 (4.36)의 Penman식에서 $H = (Q_n - G - M)/H_v$, $\gamma E_a = 0$으로 놓았을 경우에 얻을 수 있는 식이다. 식 (4.40)의 적용에 있어서 G와 M은 그 크기가 Q_n에 비해 미미하고 또한 실측하기도 힘들므로 이들을 무시하고 잠재 증발산량을 계산하는 것이 보통이다. 즉,

$$E_T = 1.26\frac{\tan\alpha}{\tan\alpha + \gamma}H \tag{4.41}$$

2) Penman의 잠재 증발산량 산정방법

유역으로부터의 잠재 증발산량을 에너지 수지계산에 의해 산정하는 또 하나의 방법으로는 다음과 같은 Penman 공식을 들 수 있다.

$$E_T = \frac{H \cdot \Delta + 0.27E}{\Delta + 0.27} \tag{4.42}$$

여기서, Δ = 대기온도(°F)에서 포화증기압 곡선에 그은 접선의 기울기(mmHg/°F)로서 그림 4.10으로부터 결정

H = 지표면에서의 일 열수지(순 방사열량의 추정치), (mm/day)

E = 일 수면증발량(mm)

E_T = 일 잠재 증발산량(mm/day)

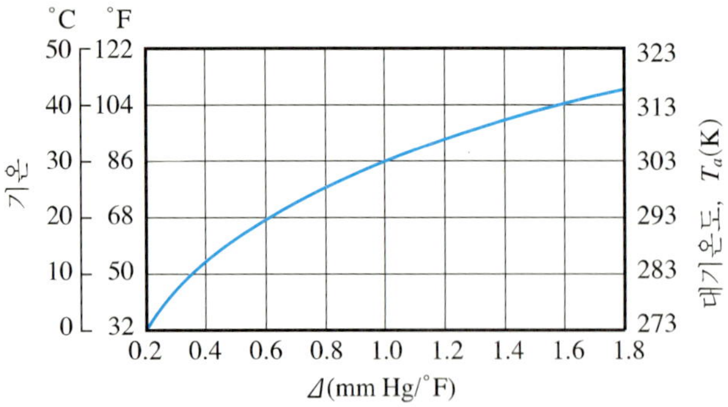

그림 4.10 대기온도와 Δ 간 관계곡선

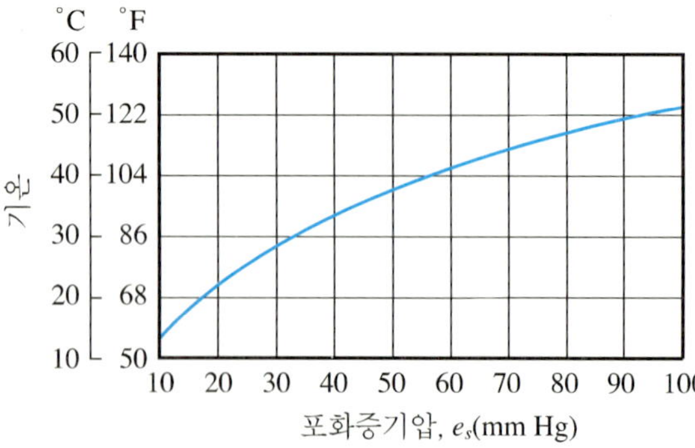

그림 4.11 포화증기압 곡선

식 (4.42)의 일 수면증발량 E는 다음 식으로 산정된다.

$$E = 0.35(e_s - e_a)(1 + 0.0098\,W_2) \tag{4.43}$$

여기서, e_s = 대기온도에서의 포화증기압(mmHg)이며, 그림 4.10으로부터 결정

e_a = 대기온도에서의 실제증기압(mmHg)

W_2 = 지상 2 m에서의 평균 풍속(mi/day)

한편, 식 (4.42)의 H는 다음 식으로 산정된다.

$$H = R(1-r)(0.18 + 0.55\,S) - B(0.56 - 0.092\,e_a^{0.5})(0.10 + 0.90\,S) \tag{4.44}$$

여기서, R = 월 평균 태양방사열 강도(solar radiation intensity)로서, 일 수분증발량 단위 (mmH_2O evaporated/day)로 표시되며 표 4.12로부터 결정

r = 지표면의 반사계수(0.05~0.12)

B = 대기온도에 따라 결정되는 상수(mmH_2O/day)이며, 표 4.13으로부터 결정

S = 최대가능 일조시간에 대한 실제 일조시간의 비[식 (4.2)의 일조율 n/D와 동일]

유역의 잠재 증발산량 산정을 위한 Penman 방법은 위의 일련의 경험공식에서 보는 바와 같이 증기압이라든지, 일조시간, 순 복사열량, 풍속, 대기온도 등의 기상자료가 필요하나 증발산량은 측정하고자 하는 지점에 이들 자료가 없는 경우가 많으나 인접 관측소 자료를 이용할 수 있다. 또 한 가지 문제는 유역 지표면이 식생 및 수목으로 덮혀 있을 경우의 증발산량을 산정하기 위해서는 감소계수(reduction factor)를 곱해주어야 하나 감소계수는 대체로 1에 가까운 것으로 밝혀져 있다.

표 4.12 월 평균 태양방사열 강도(R) [단위: 일 수분증발량(mmH_2O/day)]

위도 \ 월별	1	2	3	4	5	6	7	8	9	10	11	12
북위 60	1.3	3.5	6.8	11.1	14.6	16.5	15.7	12.7	8.5	4.7	1.9	0.9
50	3.6	5.9	9.1	12.7	15.4	16.7	16.1	13.9	10.5	7.1	4.3	3.0
40	6.0	8.3	11.0	13.9	15.9	16.7	16.3	14.8	12.2	9.3	6.7	5.5
30	8.5	10.5	12.7	14.8	16.0	16.5	16.2	15.3	13.5	11.3	9.1	7.9
20	10.8	12.3	13.9	15.2	15.7	15.8	15.7	15.3	14.4	12.9	11.2	10.3
10	12.8	13.9	14.8	15.2	15.0	14.8	14.8	15.0	14.9	14.1	13.1	12.4
0	14.5	15.0	15.2	14.7	13.9	13.4	13.5	14.2	14.9	15.0	14.6	14.3
남위 10	15.8	15.7	15.1	13.8	12.4	11.6	11.9	13.0	14.4	15.3	15.7	15.8
20	16.8	16.0	14.6	12.5	10.7	9.6	10.0	11.5	13.5	15.3	16.4	16.9
30	17.3	15.8	13.6	10.8	8.7	7.4	7.8	9.6	12.1	14.8	16.7	17.6
40	17.3	15.2	12.2	8.8	6.4	5.1	5.6	7.5	10.5	13.8	16.5	17.8
50	17.1	14.1	10.5	6.6	4.1	2.8	3.3	5.2	8.5	12.5	16.0	17.8
60	16.6	12.7	8.4	4.3	1.9	0.8	1.2	2.9	6.2	10.7	15.2	17.5

표 4.13 기온에 결정되는 계수(B)

T_a(K)	B (mmH_2O/day)	T_a (℉)	B (mmH_2O/day)
270	10.73	35	11.48
275	11.51	40	11.96
280	12.40	45	12.45
285	13.20	50	12.94
290	14.26	55	13.45
295	15.30	60	13.96
300	16.34	65	14.52
305	17.46	70	15.10
310	18.60	75	15.65
315	19.85	80	16.25
320	21.15	85	16.85
325	22.50	90	17.46
		95	18.10
		100	18.80

주: $B = \alpha T_a^{\ 4}$이고, α는 Boltzman 상수로 2.01×10^{-9} mm/day이며, T_a는 절대온도(K)임.

예제 4.6 예제 4.3에 주어진 어떤 저수지에 대한 기상조건이 어떤 하천유역에 대한 조건이라 가정하고 Priestly-Taylor 방법에 의해 유역으로부터의 일 증발산량을 산정하라.

풀이 예제 4.3의 풀이로부터 $H=4.60$ mm/day, $\tan\alpha=1.216$ mmHg/℃, $\gamma=0.485$ mmHg/℃이므로 식 (4.41)을 사용하면

$$E_T = 1.26 \times \frac{1.216}{1.216+0.485} \times 4.60 = 4.14 \text{ mm/day}$$

예제 4.7 북위 33°에 위치한 어떤 하천 유역의 6월 어느 날의 기상자료가 다음과 같을 때 Penman 방법[식 (4.42)]을 사용하여 이 유역의 잠재 일 증발산량을 산정하고 이를 Penman의 저수지 증발량 산정공식[식 (4.36)]에 의한 잠재 일 증발량과 비교하라.

대기온도: $t=33$℃ 상대습도: $f=45\%$
풍속: $W_2=1.5$ mi/hr (36 mi/day) 반사계수: $r=0.07$
일조율: $S=0.70$

풀이 1) Penman의 잠재 일 증발산량 산정공식 적용[식 (4.42)]

대기온도 33℃일 때의 포화증기압 $e_s=38.04$ mmHg(표 2.6 및 그림 4.11)

실제증기압 $e_a=38.04\times0.45=17.12$ mmHg이므로 식 (4.43)을 사용하면

$$E=0.35(38.04-17.12)[1+(0.0098\times36)]=9.88 \text{ mm/day}$$

그림 4.10으로부터 $\Delta=1.2$ mmHg/°F이고, 표 4.12로부터 $R=16.56$ mmH$_2$O/day이며, 표 4.13으로부터 $B=17.69$ mmH$_2$O/day이므로 식 (4.44)에 대입하면

$$H=16.56(1-0.07)[0.18+(0.55\times0.70)]-17.69[0.56-0.092\times(17.12)^{0.5}][0.10+(0.90\times0.70)]=6.38 \text{ mm/day}$$

따라서, 식 (4.42)에 이들 값을 대입하면

$$E_T=\frac{(1.2\times6.38)+(0.27\times9.88)}{1.2+0.27}=7.02 \text{ mm/day}$$

2) Penman의 저수지 증발량 산정공식 적용[식 (4.36)]

Penman의 저수지 증발량 산정공식[식 (4.36)]을 적용하면 북위 33°에서의 6월의 $Q_A=978$ cal/cm^2/day(표 4.2), $\frac{n}{D}=0.70$, $T_a=33+273=306$K

대기온도 33℃에서의 $e_s=38.04$ mmHg(표 2.6)

실제증기압 $e_a=38.04\times0.45=17.12$ mmHg

식 (4.21)로부터 ($W_2 = 1.5\,\text{mi/hr} = 0.67\,\text{m/sec}$)

$$E_a = 0.35(38.04 - 17.12)(0.5 + 0.54 \times 0.67) = 6.42\,\text{mm/day}$$

식 (4.25)를 사용하면 ($T_a = 33 + 273 = 306\text{K}$)

$$\begin{aligned} Q_n &= 978(1-0.07)(0.18+0.55\times0.70) - (117.74\times10^{-9})(306)^4 \\ &\quad (0.47 - 0.077\sqrt{17.12})(0.20+0.80\times0.70) \\ &= 434.06\,\text{cal/cm}^2\text{/day} \end{aligned}$$

따라서, $H = \dfrac{434.06}{59} = 7.36\ \text{mm/day}$

한편, 식 (4.37)을 사용하면

$$\tan\alpha = (0.00815 \times 33 + 0.8912)^7 = 2.83\ \text{mmHg/℃}$$

식 (4.36)의 Penman의 저수지 증발량 산정공식을 쓰면,

$$E = \frac{7.36 \times 2.83 + 0.485 \times 6.42}{2.83 + 0.485} = 7.22\ \text{mm/day}$$

3) 비교

이상의 풀이에서 보는 바와 같이 Penman의 저수지 증발량(잠재 증발량) 산정공식에 의한 일 증발량 $E = 7.22\,\text{mm/day}$이고, 잠재 증발산량 산정공식에 의한 일 증발산량 $E_T = 7.02\,\text{mm/day}$로 잠재 증발량이 약간 작으나 큰 차이를 보이지는 않는다.

4.6.4 기상자료를 이용한 월 잠재 증발산량의 산정방법

증발산에 영향을 미치는 기상인자와 증발산량 간의 상관관계를 분석하여 경험적인 방법으로 유역의 월 잠재 증발산량을 산정하고자 하는 노력은 계속되어 왔다.

유역으로부터 월별 잠재 증발산량을 산정하는 데 흔히 사용되는 방법으로 Thornthwaite의 월 열지수법(月 熱指數法, monthly heat index method)을 들 수 있다. Thornthwaite는 북위 29°~43° 사이의 미국 전역에 걸쳐 증발산계 측정에 의해 자료를 수집하여 평균기온 및 일조시간과 잠재 증발산량 간의 관계를 광범위하게 연구하였다. 그의 연구결과를 요약하면 대략 다음과 같다.

만약 한 해의 매월 평균기온을 t_n℃ (여기서, $n = 1,\ 2,\ 3,\ \cdots,\ 12$)라 하고 월 열지수(monthly heat index)를 j라 할 때 경험적으로 얻은 t_n과 j의 관계는

$$j = \left(\frac{t_n}{5}\right)^{1.514} = 0.0875\, t_n^{\ 1.514} \tag{4.45}$$

따라서, 연 열지수(年 熱指數, yearly heat index) J는 월 열지수의 합이므로

$$J = \sum_{n=1}^{12} j_n \tag{4.46}$$

월 평균기온이 t℃인 임의 월의 잠재 증발산량 PE_x는 다음 식으로 표시된다.

$$PE_x = 1.6\left(\frac{10t}{J}\right)^a \text{cm/month} \tag{4.47}$$

여기서,

$$a = (675 \times 10^{-9})J^3 - (771 \times 10^{-7})J^2 + (179 \times 10^{-4})J + 0.49239 \tag{4.48}$$

식 (4.47)에 의한 PE_x는 1개월을 평균 30일로 잡고 월 평균 일조시간(일출, 일몰시간 간의 평균 시간장경)을 12시간으로 잡았을 때의 월 잠재 증발산량의 이론값이므로 평균기온이 t℃인 특정 월에 대한 PE는 다음 식으로 표시된다.

$$PE = PE_x \frac{DT}{30 \times 12} \text{cm/month} \tag{4.49}$$

여기서, D와 T는 각각 잠재 증발산량을 산정하고자 하는 달의 일수(days) 및 일조시간(hours)이다.

Serra는 Thornthwaite의 방법을 검토한 후 식 (4.45)와 (4.48)의 관계를 다음과 같이 간단히 표시할 수 있음을 밝혔다.

$$j = 0.09\, t_n^{3/2} \tag{4.50}$$

$$a = 0.016J + 0.5 \tag{4.51}$$

Thornthwaite 방법은 잠재 증발산량이 기온에 바로 비례한다는 데 근거를 두고 있다. 이는 실제 여러 가지 인자들이 증발산에 영향을 미친다는 것을 생각하면 이론적인 약점이 없지 않으나 대체로 만족할만한 결과를 주는 것으로 알려져 있으며 여러 가지 수자원 개발사업의 수립에 있어서 Penman의 잠재 증발산량 산정공식을 보완해 주는 한 방법으로 사용할 수 있다.

표 4.14는 Thornthwaite의 경험식에 의하여 우리나라 주요 지방의 월 평균기온 및 일조시간으로부터 산정한 월 및 연 평균 증발산량이다.

표 4.14 Thornthwaite 경험식에 의한 월 평균 증발산량 (단위: mm)

지방명 \ 월별	1	2	3	4	5	6	7	8	9	10	11	12	연 총계
강 릉	-	0.3	13.1	47.3	88.6	111.6	141.3	138.1	93.6	55.1	25.2	4.2	719
서 울	-	-	9.7	41.7	85.0	119.2	150.5	149.4	96.6	51.2	16.0	-	719
인 천	-	-	8.9	38.5	78.1	109.5	143.8	145.1	98.9	56.3	20.1	-	699
추풍령	-	-	12.6	45.1	88.3	118.3	151.3	143.8	90.6	50.4	18.3	0.2	719
전 주	-	0.2	12.9	44.0	84.7	119.6	157.5	148.5	95.8	51.4	20.2	2.3	737
광 주	-	1.2	15.1	43.6	84.7	118.6	156.2	150.8	97.9	51.9	21.3	3.7	745
목 포	1.0	2.7	14.9	42.5	80.0	111.3	148.8	150.8	102.0	62.1	28.4	7.7	752
여 수	1.7	4.7	18.5	46.9	83.5	107.7	145.1	148.5	103.0	65.0	31.0	8.2	764
포 항	0.5	3.3	16.0	48.4	84.7	109.8	140.1	141.5	96.8	59.2	28.4	6.0	735
대 구	-	0.5	15.1	47.9	89.5	122.0	155.0	150.8	95.0	53.4	20.0	1.7	752
울 산	0.3	3.2	17.0	45.7	82.3	109.8	146.3	143.8	95.8	57.2	25.2	5.7	732
부 산	2.2	5.7	20.6	48.0	82.3	105.3	139.0	145.0	102.0	65.0	31.8	9.7	757

예제 4.8 어떤 지방의 1985년 월 평균기온이 표 4.15와 같을 때 이 지방의 연 잠재 증발산량을 산정하라.

표 4.15

월별	1	2	3	4	5	6	7	8	9	10	11	12
평균기온(℃)	1	2	7	11	15	19	22	20	15	11	5	2
평균일조시간(hr)	10	11	12	13	14	15	14	13	12	11	10	9

풀이 식 (4.45)와 (4.46)을 사용하여 j와 J값을 계산한 후 매월의 PE_x값과 PE값을 식 (4.47)과 (4.49)에 의해 계산 후 PE를 12개월에 걸쳐 합산함으로써 연 증발산량을 결정한다(표 4.16 참조).

식 (4.48)의 a값 결정

$$a = (675 \times 10^{-9})(45.89)^3 - (771 \times 10^{-7})(45.89)^2 + (179 \times 10^{-4})(45.89) + (0.492) = 1.14$$

표 4.16으로부터 이 지역의 연 잠재 증발산량은 59.36 cm(593.6 mm)임을 알 수 있다.

표 4.16 Thornthwaite 월 열지수법에 의한 연 잠재 증발산량의 산정 예

월별	1	2	3	4	5	6	7	8	9	10	11	12	연평균
평균기온 t_n(℃)	1	2	7	11	15	19	22	20	15	11	5	2	
평균일조 시간(hr)	10	11	12	13	14	15	14	13	12	11	10	9	
$\frac{t_n}{5}$	0.2	0.4	1.4	2.2	3.0	3.8	4.4	4.0	3.0	2.2	1.0	0.4	
$j=\left(\frac{t_n}{5}\right)^{1.514}$	0.09	0.25	1.7	3.3	5.3	7.6	9.4	8.2	5.3	3.3	1.0	0.25	$J=45.89$
PE_x	0.282	0.621	2.595	4.355	6.210	8.120	9.580	8.600	6.210	4.355	1.810	0.621	47.359
$\frac{DT}{360}$	0.862	0.855	1.033	1.082	1.205	1.250	1.205	1.120	1.000	0.948	0.834	0.775	
PE	0.243	0.531	2.685	4.720	7.500	10.160	11.540	9.650	6.210	4.130	1.510	0.482	59.36

4.7 실제 증발산량의 추정

유역의 토양이 수분으로 포화되어 있는 상태에서 증발산이 계속되면 토양 중의 수분이 점차로 감소하게 되어 식물의 뿌리를 통한 증산뿐만 아니라 토양면으로부터의 증발도 둔화된다. 따라서, 실제 증발산율은 다음 호우로 인해 유역이 물로 포화될 때까지 점점 감소하게 되므로 실제 유역에서의 실제 증발산량 E_{Ta}는 포화상태에서의 증발산량인 잠재 증발산량 E_T보다 작은 것이 사실이다. 즉,

$$E_{Ta} = kE_T \tag{4.52}$$

여기서, k는 월 혹은 계절에 관계되는 상수로서 Penman은 그의 방법에 의해 계산되는 잠재 증발산량에 표 4.17의 계수를 곱하여 남반구 지역에서의 실제 증발산량을 산정하도록 제안하였으며, 실무적용을 위해서는 월별 관계없이 $k=0.7$을 추천하였다.

표 4.17 잠재 증발산량과 실제 증발산량의 비

월별	5, 6, 7, 8	3, 4, 9, 10	11, 12, 1, 2
k	0.8	0.7	0.6

4.8 농작물의 소비수량 산정방법

관개(灌漑) 시스템(irrigation system)의 설계에 있어서 가장 중요한 것은 관개용수 수요량의 결정이며 이 수요는 작물의 성장에 필요한 소비수량(消費數量, consumptive use)에 관개용수로를 통한 수로 및 조작손실 수량을 더한 것에서 강수로 인한 유효우량을 뺀 것이다.

소비수량은 식생으로 피복된 지면으로부터의 증발량과 증산량만을 의미한다. 따라서 저수지나 하천, 호수면으로부터의 증발량은 소비수량에서 제외되나 증발산량과 소비수량을 같은 의미로 사용할 경우도 많다. 소비수량을 다시 풀이하면 식생이나 농작물의 성장에 소모되는 수량이라는 뜻으로서 관개에 소요되는 물의 양이라고 말할 수도 있겠다.

한 지역의 소비수량은 그 지역의 기후나 토양함유 수분, 작물의 종류, 토양의 종류 및 토지관리방법 등의 여러 가지 요인에 의해 지배된다. 기후 인자로는 강수, 기온, 습도, 바람 및 작물의 성장기간(growing season)의 장·단을 결정하는 정도 등을 들 수 있으며 토양함유수분은 강수현상뿐만 아니라 그 지역의 지형 및 지하수에도 관계가 있다. 토양의 종류와 토지 관리방법은 지역에 따라 많이 다르다. 따라서 한 지역의 연간 소비수량을 산정할 수 있는 일반성을 가진 공식은 없으나 지역계수(locality coefficient)를 고려하여 몇몇 경험식을 사용하고 있다.

4.8.1 Blaney-Criddle 방법

잠재 증발산량의 산정을 위한 공식은 풍부한 양의 수분이 항상 유지될 때 소모 가능한 물의 양을 계산하는 것이나 소비수량은 자연조건하(필요한 양의 수분이 항상 존재하는 것이 아님)에서 실제로 소비되는 수량을 말한다. 그림 4.11을 참조하면 어떤 지역에 물이 필요할 때 충분한 양의 강수가 없으면 작물의 성장기간에 심각한 물 부족현상을 일으키게 됨을 알 수 있다. 이러한 경우는 잠재 증발산량이 강수량보다 큰 경우로서 지역의 관개에 의하여 성장기에 충분한 양의 물을 농작물에 공급할 수 있도록 해야 한다.

소비수량의 실측은 대단히 어려울 뿐만 아니라 또한 비용이 많이 드는 작업이므로 보통 기상인자를 사용하여 산정하는 것이 보통이며 가장 대표적인 방법으로는 Blaney-Criddle 방법이 알려져 있다. Blaney and Criddle(1950)은 미국 농림성 산하의 토양보존국(Soil Conservation Service, SCS)[현재는 자연자원보존국(Natural Resources Conservation Service, NRCS)이라 부름]에서 얻어진 소비수량 자료를 월 평균기온과 일조시간, 작물의 성장기간, 강수량 등에 상관시켜 각종 농작물에 의한 소비수량을 산정하는 데 사용되는 계수를 작물별로 결정하여 기상자료가 있는 지역의 소비수량을 추정할 수 있는 방법을 제안하였으며 그 절차를 살펴보면 다음과 같다.

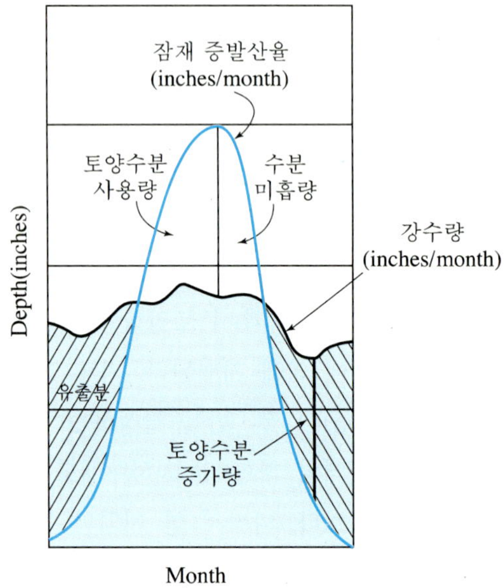

그림 4.12 전형적인 월별 토양수분 미흡량의 변화

1) 해당 지역의 월별 평균기온 t(°F)를 얻는다.
2) 연간 총 일조시간에 대한 월간 일조시간의 백분율 p(%)를 결정한다(표 4.18).
3) 매월의 월 소비수량계수(monthly consumptive-use coefficient) f(inches)를 다음 식으로 구한다.

$$f = \frac{tp}{100} \tag{4.53}$$

4) 월별 소비수량 u(inches)는 작물의 종류에 따라 결정되는 표 4.19의 작물계수(crop coefficient) k를 f에 곱하여 구한다. 즉,

$$u = kf \tag{4.54}$$

즉, 충분한 양의 물이 있을 때 소비수량은 계수 f에 직접 비례한다고 가정한다.

5) 식물의 전체 성장기간에 걸친 소비수량 U(inches)는

$$U = \sum_1^n kf = K \sum_1^n f \tag{4.55}$$

여기서, K는 작물계수 k가 월별로 상이한 값을 가지는 것이 아니라 성장기간에 일정하다고 볼 때의 계절 작물계수를 표시하며 n은 월수를 뜻한다.

표 4.18 위도별 연간 총 일조시간에 대한 월간 일조시간의 백분율, p (단위: %)

위도 \ 월별	1	2	3	4	5	6	7	8	9	10	11	12
20 N	7.57	7.85	8.26	8.67	9.02	9.15	9.08	8.74	8.40	8.05	7.71	7.50
30 N	7.16	7.57	8.19	8.81	9.36	9.70	9.57	9.02	8.47	7.85	7.30	7.02
40 N	6.61	7.23	8.12	9.08	9.84	10.32	10.05	9.36	8.53	7.64	6.81	6.40

표 4.19 작물별 월 작물계수, k

지방명	농작물명 \ 월별	3	4	5	6	7	8	9	10	11
애리조나주 (Arizona)	Alfalfa(목초)	0.74	0.84	0.91	1.10	1.30	-	0.90	0.75	0.75
	목 화	-	0.30	0.40	0.60	0.80	0.80	0.70	0.60	-
	대 두	-	-	-	0.35	0.60	0.90	0.80	0.50	-
	Guar	-	-	-	-	0.30	0.80	0.90	0.55	-
	Grape fruits	0.55	0.65	0.65	0.70	0.70	0.75	0.70	0.70	0.65
	Oranges	0.53	0.56	0.56	0.58	0.58	0.61	0.61	0.61	0.60
캘리포니아주 (California)	Alfalfa(목초)	-	0.70	0.80	0.80	0.90	0.90	0.90	0.80	0.70
	Lemons	-	0.40	0.40	0.50	0.50	0.55	0.60	0.50	0.40
	Oranges	-	0.50	0.50	0.55	0.60	0.60	0.60	0.60	0.50
	Beets	-	0.30	0.60	0.85	0.95	0.90	0.40	-	-
	Tomatos	-	-	-	0.45	0.80	0.70	0.80	0.70	-

주: (-)란은 해당 작물의 비성장기임.

한편, Blaney-Criddle 공식으로 일 소비수량을 산정하기 위해 국제단위를 사용할 경우의 일 소비수량계수 f는 다음 식으로 계산된다.

$$f = p'(0.46t + 8.13) \tag{4.56}$$

여기서, f는 일 소비수량계수(mm), p'은 위도별 연간 총 일조시간에 대한 해당월의 일 평균 일조시간의 백분율(%)로 표 4.20으로부터 결정되며, t는 해당월에 속하는 일별 평균기온(℃)이다.

표 4.20 위도별 연간 총 일조시간에 대한 해당월의 일 평균 일조시간 백분율, p'(%)

위도별 \ 월별	1	2	3	4	5	6	7	8	9	10	11	12
20 N	0.25	0.26	0.27	0.28	0.29	0.30	0.30	0.29	0.28	0.26	0.25	0.25
30 N	0.24	0.25	0.27	0.29	0.31	0.32	0.31	0.30	0.28	0.26	0.24	0.23
40 N	0.22	0.24	0.27	0.30	0.32	0.34	0.33	0.31	0.28	0.25	0.22	0.21

예제 4.9 북위 40°에 위치한 어떤 지방에서의 목화의 성장기간을 5월 20일부터 8월 31일까지라고 할 때 성장기간의 소비수량을 산정하라. 5, 6, 7, 8월의 월별 평균기온은 표 4.21에서와 같이 각각 55°, 66°, 68° 및 63°F이다.

풀이 표 4.21 월별 소비수량의 산정

월별	t(℉)	p(%)(표 4.17)	f(inches)	k(표 4.18)	u(inches)
5	55	9.84	5.412	0.40	2.165
6	66	10.32	6.811	0.60	4.087
7	68	10.05	6.834	0.80	5.467
8	63	9.36	5.897	0.80	4.717

표 4.21의 계산결과를 사용하여 성장기간 동안의 총 소비수량을 산정하면 다음과 같다.

$$U = \sum kf = (0.40 \times 5.412) \times \frac{(31-19)}{31} + (4.087 + 5.467 + 4.717)$$

$$= 15.101\,\text{inches} = 383.77\ \text{mm}$$

예제 4.10 북위 40°에 위치한 어떤 지역의 5월 어느 날의 일 평균기온이 20℃일 때 일 소비수량계수 f(mm)를 구하라.

풀이 식 (4.56)을 사용하면(표 4.20으로부터 $p'=0.32$이므로)

$$f = 0.32(0.46 \times 20 + 8.13) = 2.89\ \text{mm}$$

4.8.2 Penman-Monteith 방법

이 방법은 Penman의 증발산량 산정방법을 일부 개선하여 관개작물(灌漑作物)에 의한 증발산량(소비수량)을 산정하기 위한 방법으로 세계식량기구(FAO)에서 표준으로 사용하고 있는 방법이다.

Penman-Monteith 공식은 다음과 같이 표시된다.

$$E_T = \frac{0.408\Delta(Q_n - G) + \gamma \dfrac{900}{t+273} W_2 (e_s - e_a)}{\Delta + \gamma(1 + 0.34 W_2)} \tag{4.57}$$

여기서, E_T = 증발산량(mm/day)

Δ = 대기온도에서 포화증기압 곡선에 그은 접선의 경사, $\tan\alpha$(kPa/℃)

[표 4.7 혹은 식 (4.37)의 $\tan\alpha$]

Q_n = 순태양복사에너지(MJ/m^2/day), [식 (4.25)]

G = 토양의 열유동량(MJ/m^2/day)

γ = 습도계 계수(kPa/℃)

W_2 = 지상 2 m 높이에서 측정한 풍속(m/sec)

e_s = 대기온도에서의 포화증기압(kPa)

e_a = 대기온도에서의 실제증기압(kPa)

식 (4.57)에서는 국제단위계(SI unit)를 사용하고 있으므로 공학단위계로 환산하고자 할 경우는 다음의 관계를 사용하면 단위환산이 가능하다.

1 milibar = 0.1 kPa(kilo-Pascal)

1 cal/cm^2/day = 0.041868 MJ/m^2/day

(여기서, MJ = Million Joule = 10^6 Joule)

1 mm/day = 2.45 MJ/m^2/day

식 (4.57)의 우변값을 계산하기 위한 변수 중 Δ, Q_n, γ, W_2, e_s, e_a 등은 기온, 풍속, 상대습도 등의 기상자료만 있으면 본 장에서 이미 살펴본 관계식에 의해 공학단위계로 산정이 가능하며, 이들 값을 국제단위계로 환산하여 식 (4.57)에 대입하면 되고, 토양으로 흡수되는 열유동량 G(MJ/m^2/day)는 다음의 관계식으로부터 산정한다.

$$G = c_s \cdot d_s \left(\frac{t_n - t_{n-1}}{\Delta t} \right) \tag{4.58}$$

여기서, c_s = 열용량(평균 토양함수비에서 2.1 MJ/m^3/℃ 사용)

d_s = 예상 유효토양깊이(일별의 경우 0.18 m, 월별의 경우 2.0 m 사용)

t_n = n일(혹은 월)의 평균기온(℃)

t_{n-1} = $n-1$일(혹은 월)의 평균기온(℃)

Δt = 시간간격(일 혹은 월)

연습문제

4.1 한강 본류상에 위치한 팔당 저수지로부터의 7월 중 어느 날의 일 증발량을 에너지 수지방법으로 산정하라. 이 날의 일조율 $n/D = 0.10$, 평균기온은 30℃, 수표면온도는 24℃, 상대습도는 40%이었고 대기압은 1025 milibar이었다. 저수지 내로의 유입량과 유출량은 극히 적고 수온변화도 무시할 수 있는 것으로 가정하라.

4.2 수표면적이 8 km^{2}인 저수지로부터의 일 증발량을 공기동역학적 방법에 의해 계산하고자 한다. 어떤 날의 평균기온이 20℃이고 상대습도가 75%, 저수지면상 6 m 지점에서의 풍속 $W_6 = 12.6\,\text{km/hr}$이며 저수지면 경계층의 수온이 20℃로 추정되었다면, 이 저수지로부터의 일 증발량은 얼마나 되겠는가? 식 (4.18)~(4.22)를 사용하여 계산한 결과를 비교평가하라. $W_6 = W_2 = W_4 = W_8$으로 가정하라.

4.3 문제 4.2에서의 실제증기압 $e_a = 1.20e_2$(여기서, e_2는 수면상 2 m 지점에서의 실제증기압), $W_6 = 1.10\,W_4$(W_4는 수면상 4 m 지점에서의 풍속)라 할 때 식 (4.18)을 사용하여 일 증발량을 계산하라.

4.4 소양강 댐지점에서의 7월 중 어느 날에 대한 일 증발량을 추정하고자 한다. 그날의 평균기온이 20℃였고, 상대습도가 60%, 일조율이 0.3, W_2가 10.8 km/hr였다. 이 날의 소양강 댐의 저수면적이 70 km^{2}였다면 1일 총 증발량은 몇 m^{3}나 될 것인가? Penman의 저수지 증발량 산정방법에 의해 계산하라.

4.5 어떤 저수지에 월별 강우량, 유출량 및 증발접시에 의하여 실측한 월별 증발량이 다음 표에 수록되어 있다. 저수지로부터의 누수가 전혀 없다고 가정하고 월별 및 연 증발접시 계수를 구하라.

월별	1	2	3	4	5	6	7	8	9	10	11	12
강 우 량(mm)	86.4	73.7	88.9	91.4	94.0	99.1	101.6	116.8	91.4	68.6	61.0	78.7
유 출 량(mm)	40.6	43.2	45.7	43.2	35.6	30.5	20.3	25.4	17.8	20.3	27.9	33.0
접시증발량(mm)	49.5	58.4	62.3	72.0	85.0	98.4	101.3	120.7	92.6	81.3	43.2	35.4

4.6 어떤 저수지 부근에 설치한 대형 증발접시에 의하여 측정된 6월 중 증발량은 25 mm이었으며 저수지 수표면적은 20 km^2로부터 15 km^2로 감소하였다. 6월 중 이 저수지로부터 증발한 물의 양은 몇 m^3나 되겠는가? 이 계산을 위한 가정은 무엇인가?

4.7 어떤 날 저수지면상에 띄운 증발접시로 측정한 증발량은 4 mm/day이었다. 다음과 같은 기상자료를 사용하여 저수지로부터의 증발량을 산출하라.

평균기온: 25℃	증발접시 내 평균수온: 20℃
저수지 수표면 경계층의 수온: 19℃	평균습도: 60%

단, 증발접시 내 및 저수지면상의 풍속은 동일하다고 가정하라.

4.8 다음 표는 기존 'A' 저수지로부터의 월별 평균 증발량과 증발접시 계수를 표시하고 있다. 'A' 저수지 부근에 'B' 저수지를 건설하고자 하며 저수지의 운영 조작계획을 수립하기 위해 'B' 저수지로부터의 월별 증발량을 산정할 필요가 있다. 'B' 저수지의 월별평균 수위에 해당하는 수표면적이 아래 표와 같을 때 증발량을 산정하라.

월별	접시증발률 (cm/day)	접시계수	실제증발률 (cm/day)	'B' 저수지		
				수표면적(km^2)	일 증발량(10^6 m^3)	월 증발량(10^6 m^3)
1	0.87	0.75		2.48		
2	0.96	0.76		2.52		
3	1.05	0.78		2.56		
4	1.11	0.68		2.58		
5	0.99	0.63		2.60		
6	1.08	0.66		2.50		
7	0.96	0.68		2.38		
8	0.87	0.70		2.32		
9	0.84	0.71		2.32		
10	0.78	0.72		2.36		
11	0.78	0.72		2.36		
12	0.75	0.73		2.40		

4.9 1980년도에 준공한 낙동강 수계상의 안동댐의 계획만수면적은 51.5 km^{2}이다. 안동댐 지역에 대해 다음과 같은 자료가 획득되었다면 댐 하류의 하천유량은 증가할 것인가 혹은 감소할 것인가? 연간 유량의 총 증감량을 계산하라.

연 강우량(mm)	연 증발량(mm)	유출계수	증발접시 계수
1100	980	0.55	0.70

4.10 형산강 유역 내에 위치한 경주지방의 1984년 월별 평균기온은 다음 표와 같다. Thornthwaite 월 열지수법으로 연 잠재 증발산량을 산정하라.

월별	1	2	3	4	5	6	7	8	9	10	11	12
평균기온(℃)	0.8	2.0	5.3	12.1	17.9	20.4	25.7	24.1	21.0	14.3	10.1	2.8
평균일조시간(hr)	10	11	12	13	14	15	14	13	12	11	10	9

4.11 문제 4.10에서 8월 중 어느 날 평균기온은 29℃, 상대습도 45%, 구름이 낀 시간이 3시간, $W_2 = 2\,\text{m/sec}$이었다. Penman 방법과 Priestly-Tayler 방법에 의해 일 증발산량을 산정하라.

4.12 유역면적이 23,000 km^{2}인 유역에 1년 동안 내린 총 우량은 925 mm이며 유역출구에서의 연 평균유출량은 600 m^3/sec이었다. 기간 중의 증발산량을 물 수지계산방법에 의해 개략적으로 추정하라. 어떠한 가정이 필요한가?

4.13 북위 40°에 위치한 어떤 농경지는 목초 40%, 대두 35%, 목화 25%의 재배지로 구성되어 있다. 이 지역의 정상 월 평균기온이 다음 표와 같을 때 Blaney-Criddle 방법으로 월별 및 연간 소비수량을 산정하라.

월별	1	2	3	4	5	6	7	8	9	10	11	12
평균기온(℃)	−5	0	+5	+9	+13	+17	+19	+17	+13	+9	+5	0

4.14 북위 40°에 위치한 유역면적 10 km^2인 어떤 목화재배지역에서 목화의 성장기간은 4월에서 7월까지이다. 이 기간의 총 강우는 100 mm일 때 소비수량을 고려하면 지하수나 인근 하천에서 총 얼마(m^3)의 물을 취수하여야 하는지 결정하라. 소비수량은 다음 표를 이용해서 Blaney-Criddle 방법으로 구하고, 취수시 손실률은 20%로 가정하라.

월별	4	5	6	7
일 평균기온 t (℉)	50	55	60	65
일조시간 백분율 p (%)	9.08	9.64	10.32	10.05
목화의 월 곡물계수 k	0.3	0.4	0.6	0.8

4.15 북위 35°에 위치한 어떤 농경지역의 8월 어느 날의 일 평균기온이 28°C일 때 일 증발산량을 산정하라. 이 농경지에 재배되는 작물은 오렌지이며, 작물계수 $k=0.60$이라 가정하라.

4.16 문제 4.1에 주어진 기상조건하에서의 일 증발산량을 Penman-Monteith 방법으로 산정하라. 해당일의 평균기온은 30℃이며, 그 전날의 평균기온을 27°C였다고 가정하라.

참고문헌

기상청, 한국기후도(1971-2000), 2001.

기상청, 한국기후표(1971-2000), 2001.

이재수, 수문학, 구미서관, 2005.

정종호, 윤용남, 수자원설계실무, 구미서관, 2003.

Blaney, H.F. and Criddle, W.D., *Determining Water Requirements in Irrigated Areas from Climatological and Irrigation Data*, Div. Irr. Water Conserv, Soil Conservation Service, SCS-TP-96, Washington, D.C., 1950.

Brunt. D., *Dynamical Meteorology*, Cambridge University Press, London, 1944.

De Wiest, R.J.M., *Geohydrology*, John Wiley & Sons, New York, 1965.

Dunne, T. and Leopold, L.B., *Water in Environmental Planning*, Freeman and Co., San Francisco, 1978.

FAO, *Report on the Expert Consultation for the Revision of FAO Methodologies for Crop Water Requirements*, 1991.

Linsley, R.K., Kohler, M.A., and Paulhus, J.L.H., *Hydrology for Engineers*, 3rd Ed. McGraw-Hill, New York, 1982.

Maidment, D.R., Ed., *Handbook of Hydrology*, McGraw-Hill, 1993.

Nemec, J., *Engineering Hydrology*, McGraw-Hill, New York, 1972.

Penman, H.L., "Nature Evaporation from Open Water, Bare Soil, and Grass", *Proc. Royal Society of London,* Ser. A, Vol. 193, 1948.

Ponce, V.M., *Engineering Hydrology,-Principles and Practices-*, Prentice-Hall, New Jersey, 1989.

Shaw, E.M., *Hydrology in Practice*, Chapman & Hall, London, 1994.

Singh, V.P., *Elementary Hydrology*, Prentice-Hall, New Jersey, 1992.

Thornthwaite, C.W., "An Approach toward a Rational Classification of Climate", *Geological Review*, 38, 1948.

Viessman, W. and Lewis, G.L., *Introduction to Hydrology*, 5th Ed. Prentice-Hall, New Jersey, 2003.

Hydrology

5장

침투와 침루

5.1 서 론

지상에 내리는 강수의 일부는 우선 지표면에서 자라는 나무의 엽면(葉面) 혹은 식생표면(植生表面)에 의해 차단되거나, 지표면상의 함몰부(凹면부, depression)에 저류된다. 차단(遮斷, interception)은 강수의 일부분이 지표면의 나무, 식생 등에 부착되어 머물다가 결국에는 증발현상에 의해 대기 중으로 되돌아가는 현상으로 정의되며, 지면저류(地面貯溜, depression storage)는 지표면에 산재해 있는 함몰부(凹면부)에 강수의 일부분이 고였다가 증발되는 현상으로 정의할 수 있다.

강수로 인해 지표면의 차단과 지면저류가 충족되어 완전히 습윤상태에 도달되면 빗물은 지표면의 토양층을 스며들거나 불투수층 위로 흘러 하천수로에 도달하게 된다.

지표면이 투수층일 경우에는 토양 속에 미소한 공극(空隙, pore)이 있으므로 이를 통해 물이 지하로 스며들게 된다. 이와 같이 물이 토양면을 통해 토양 속으로 스며드는 현상을 침투(浸透, infiltration)라 한다. 일단 물이 토양면을 통해 스며들면 물의 무게에 미치는 중력의 영향 때문에 계속 지하로 이동하여 포화대(飽和帶, zone of saturation)인 지하수면(ground-water table)까지 도달하게 되며, 이 현상을 침루(浸漏, percolation)라 부른다. 침투와 침루를 이와 같이 분리하여 정의할 수 있지만 토양면을 통해 침투한 물을 아래로 계속 이동시키는 침루현상 없이는 더 이상의 침투가 불가능하므로 이 두 현상은 밀접히 연관되어 있다고 말할 수 있다. 따라서, 본 장에서는 침루현상을 따로 분리하지 않고 침투현상에 포함시켜서 다루기로 한다.

차단과 지면저류현상은 강수의 일부분이 지표면에 머물다가 증발현상에 의해 대기 중의 수분으로 되돌아가는 현상이므로 유출(流出)에는 전혀 기여하지 못하게 된다. 한편, 침투현상에 의해 땅 속으로 스며드는 물이 흙 속으로 이동하는 기구(機構)는 지표면 위로의 물의 흐름기구와는 판이하므로 지표면으로 흐르는 물과 침투된 물이 한 유역의 유출에 공헌하는 비중 또한 대단히 다르다.

따라서, 본 장에서는 지표면으로부터 강수의 일부가 증발되어 손실되는 차단 및 지면저류현상과 그의 정량적 산정방법에 대해 살펴본 후, 침투현상을 지배하는 인자, 토양의 침투능 측정 및 산정방법 등에 대해 살펴보고, 한 유역에 내린 강수량 중 침투량에 상응하는 강수량 성분을 분리하여 지표면을 직접 흐르는 유출의 근원이 되는 우량의 크기를 결정하는 방법 등에 관해 살펴보기로 한다.

5.2 차단과 지면저류

5.2.1 차 단

강수로 인한 빗방울은 지면에 떨어지기 전에 나무나 각종 식생의 잎사귀에 떨어져 식물의 줄기(stem)를 타고 지면으로 흘러내리거나(stemflow), 잎사귀 사이를 통해 지면에 떨어지기도 한다(throughfall). 이와 같은 차단량의 크기는 발생한 강우의 종류 및 규모나 나무 혹은 식생의 수종(樹種)이나 수령(樹令), 밀도, 그리고 연중의 계절에 따라 다르나 성수기(盛需期, growing season)에는 총 강우량의 약 10~20%에 달하는 큰 양으로 알려져 있다.

이와 같이 연중 혹은 장기간의 차단량은 무시할 수 없을 정도로 크므로 장기유출계산을 위한 장기수문 모델링에서는 꼭 고려해 주어야 하나, 단일 호우 발생시의 차단량은 상대적으로 대단히 작으므로 홍수유출 계산시에는 무시하여도 무방하다. 그림 5.1은 어떤 유역에 t시간 동안 i mm/hr의 강도로 강우가 발생했을 경우 시간에 따른 차단량, 지면저류량, 침투량, 표면유하량(表面流下量, overland flow) 등의 변화를 표시하고 있다.

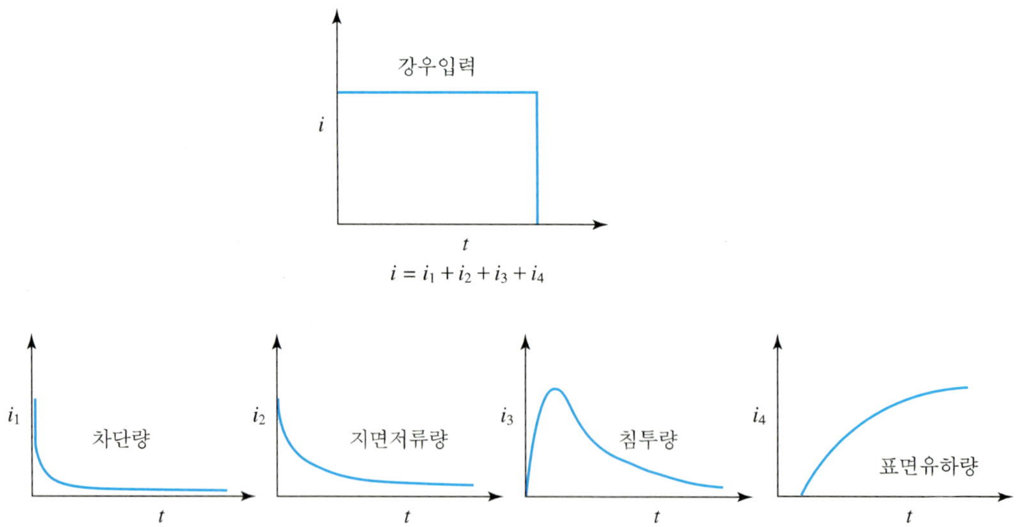

그림 5.1 강우입력과 손실우량 및 표면유하량 간의 관계

그림 5.1에서 보는 바와 같이 차단율(遮斷率, interception rate)은 강우 초기에 상대적으로 크나 시간이 경과함에 따라 급속하게 감소하여 0에 가까워지며, 지면저류의 경우도 마찬가지이다. 그러나, 침투율은 강우 초기에 급격히 커지다가 시간의 경과에 따라 점차적으로 감소하

여 일정한 값에 도달하게 되며, 표면유하율은 차단 및 지면저류량이 충족된 이후부터 발생하기 시작하여 점점 커져서 최대치에 도달한 후 다시 감소하여 0이 된다.

Horton(1919)에 의하면 잠재차단손실량은 다음 식으로 표시될 수 있다.

$$L_i = S + KE \cdot t \tag{5.1}$$

여기서, L_i =잠재차단손실량(inches)

S=엽면의 차단가능용량(0.01~0.05 inches)

K=차단 엽면(葉面의 수평투영면적에 대한 차단엽면 표면적의 비)

E=강우기간 동안의 증발률(inches/hr)

t =강우계속시간(hr)

식 (5.1)은 차단 엽면의 차단가능용량 S를 충족시킬 수 있도록 강우가 충분히 내렸을 경우에 적용할 수 있는 공식이나 강우량이 충분하지 못할 경우에는 Gray(1973)의 다음 식이 적용된다.

$$L_i = S(1 - e^{-P/S}) + KE \cdot t \tag{5.2}$$

여기서, P는 강우량(inches)이다.

한편, throughfall의 양은 식물의 종류 및 덮개밀도(canopy density), 엽면의 면적, 풍속, 강우강도 등의 지배를 받으며, 미국 동부지역에서 개발된 경험공식은 다음과 같다.

성수기(growing season) $\quad T_h = 0.901P - 0.031n \quad$ (5.3)

비성수기(dormant season) $\quad T_h = 0.914P - 0.015n \quad$ (5.4)

여기서, T_h =throughfall(inches)

P=총 강우량(inches)

n =발생 호우의 수

5.2.2 지면저류

지표면에 떨어지는 강수는 그림 5.1에서 보는 바와 같이 식생에 의해 차단되거나, 지표면상의 수많은 작은 凹면부에 의해 저류되거나 혹은 지표면의 토양을 통해 중력에 의해 침투되며 강수량의 나머지 부분이 지표면의 경사를 따라 표면류(表面流, overland flow)를 발생하게 된다. 따라서, 지표면의 凹면부 저류현상인 지면저류(地面貯溜, depression storage)는 그림

5.1에서처럼 강우 초기에는 저류율이 상대적으로 크나 시간경과에 따라 凹면부가 물로 채워지면서 빠른 속도로 감소하게 되며, 대체로 주위 지형이라든지 지표면의 상태, 토지개발 범위 및 이용현황 등의 영향을 받는다.

Linsley et al.(1949)은 어떤 시간 동안의 지면저류량 산정을 위해 다음 식을 제안하였다.

$$V = S_d(1 - e^{-kPe}) \tag{5.5}$$

여기서, V = 어떤 시각에서의 지면저류량(inches)

S_d = 凹면부의 최대 저류용량(inches)

P_e = 총 우량에서 증발량과 차단량 및 침투량을 뺀 초과강우량(inches)

$k = \dfrac{1}{S_d}$에 상응하는 상수

한편, 표면류 공급률 σ(in/hr)와 강우강도 i(in/hr) 및 침투율 f(in/hr) 사이에는 다음의 관계가 있음을 증명할 수 있다(Viessman, 2003).

$$\frac{\sigma}{i-f} = 1 - e^{-kPe} \tag{5.6}$$

식 (5.5)와 식 (5.6)으로부터

$$V = S_d\left(\frac{\sigma}{i-f}\right) \tag{5.7}$$

Hicks(1944)에 의하면 큰 호우로 인한 지면저류 손실은 모래질 토양의 경우는 0.20 inches, loam질의 경우 0.15 inches, 점토질의 경우 0.10 inches를 제시하였으며, Tholin & Keifer (1960)는 도시지역의 불투수지역에 0.0625 inches, 투수지역에 대해서는 0.25 inches를 제시하였다.

지면저류로 인한 짧은 호우기간 중의 강수량의 일부 손실은 크지 않으므로 유출분석 측면에서 무시해버리는 것이 보통이며, 고려할 필요가 있다고 판단될 경우에는 강우 초기의 손실로 취급하여 총 우량주상도(總 雨量柱狀図, total rainfall hyetograph)에서 제외시키는 것이 보통이다.

5.3 침투현상을 지배하는 인자

Horton의 정의에 의하면 주어진 조건하에서 토양면을 통해 물이 침투할 수 있는 최대의 율을 침투능(浸透能, infiltration capacity) f_p라 하며, 통상 mm/hr 혹은 in./hr의 단위로 표시한다. 따라서 토양의 침투능은 토양의 종류라든지 함수량(含水量), 토양면의 상태 및 기타 여러 가지 인자에 의하여 지배된다. 강우강도 I는 분명히 침투율에 영향을 미치며 강우강도가 토양의 침투능보다 최소한 커야만 실제침투율 f_a는 f_p에 도달할 수 있다. 만약 강우강도가 침투능보다 작으면 실제침투율은 강우강도보다는 더 커질 수 없음은 분명하다. 그러나 여기에 한 가지 복잡한 문제점이 있다. 즉, 침투능 f_p는 일정하게 유지되는 것이 아니라 계속되는 강우로 인하여 침투가 계속됨에 따라 토양면과 내부 토양의 상태가 시간에 따라 변한다는 사실이다. 따라서 f_p의 결정은 그다지 쉬운 일이 아니며 여러 가지 인자에 의해 결정된다.

침투현상은 물의 토양면 유입(suface entry), 토양 내부로의 이동(transmission in the soil) 및 토양 내 저류용량의 고갈(depletion of storage capacity)의 3단계 과정을 거쳐 이루어지게 되며 이들 각 단계에 영향을 미치는 인자에는 다음의 여러 가지가 있다.

토양의 종류 : 침투능은 주로 토양 속의 공극(空隙) 크기(pore size), 공극 크기의 분포상태(pore size distribution) 및 강우시나 관개용수 주입시 이들 공극의 안정성에 의하여 크게 좌우된다. 모래질 토양에 있어서는 공극이 비교적 크고, 또한 안정성이 크기 때문에 침투율은 대체로 크다. 물론, 빗방울이 가지는 충격력 때문에 흙 입자가 재배치되므로 공극 크기는 건조상태 때보다 약간 작아지지만 다른 토양에 비하면 비교적 안정성이 큰 편이다. 실트(silt)질이나 점토질 토양은 강우에 의하여 그 구성이 일단 분해되어 건조시의 비교적 큰 공극은 대폭 줄어들게 된다. 이는 통상 이런 유형의 토양이 내포하고 있는 콜로이드 물질(colloidal material)이 물에 의하여 부풀기 때문이다. 따라서 토양의 투수성(透水性, permeability)은 모래질 토양의 경우보다 크게 떨어지게 된다. 뿐만 아니라 빗방울이 가지는 충격력에 의해 흙덩어리가 분해될 때 생기는 미립자가 부유하다가 공극을 막아버리게 되므로 침투율은 크게 저하하게 된다.

지면보류수의 깊이와 포화층의 두께 : 토양면을 통한 물의 침투현상은 토양 속의 공극으로 형성되는 수많은 미소관을 통한 흐름에 비유할 수 있다.

그림 5.2는 지름이 D, 길이가 L인 미소관을 통해 물이 침투하는 과정을 도시하고 있다.

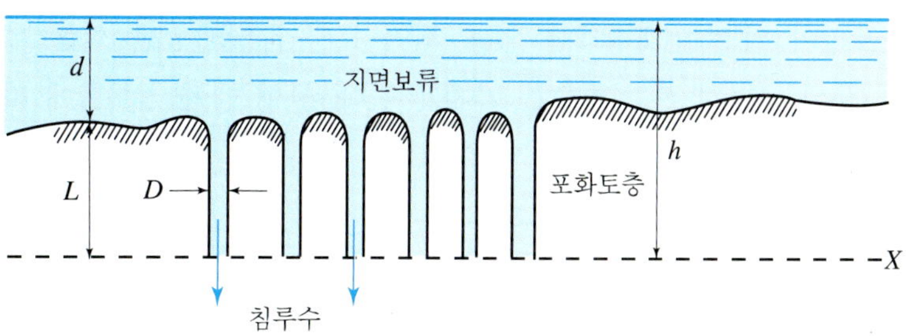

그림 5.2 침투과정

그림 5.2의 1개관을 통한 흐름을 생각하면 단위질량의 물이 X면까지 도달하는 데 소모되는 손실수두(損失水頭) h는 다음과 같다.

$$h = d + L \tag{5.8}$$

여기서, d는 토양면 위에 고여있는 지면보류수(地面保留水, surface detention)의 깊이이다. 흐름에 대한 마찰력은 L에만 비례하므로 강우 초기의 포화층(saturation layer)의 두께 L의 증가는 흐름에 대한 마찰력을 증가시키게 된다. 따라서 침투능 f_p는 점차로 감소하게 된다. 강우가 계속됨에 따라 포화대(zone of saturation)가 완전히 포화되면 L은 d보다 훨씬 커지게 되며 거의 일정한 값을 가지게 된다. 즉,

$$h \fallingdotseq L \fallingdotseq \text{일정} \tag{5.9}$$

이는 흐름에 대한 마찰이 일정하게 됨을 의미하므로 침투능 f_p는 거의 일정하게 된다. 따라서, 침투능은 그림 5.3(a)에 나타낸 바와 같이 강우가 계속되는 시간에 따라 점차로 감소하게 된다.

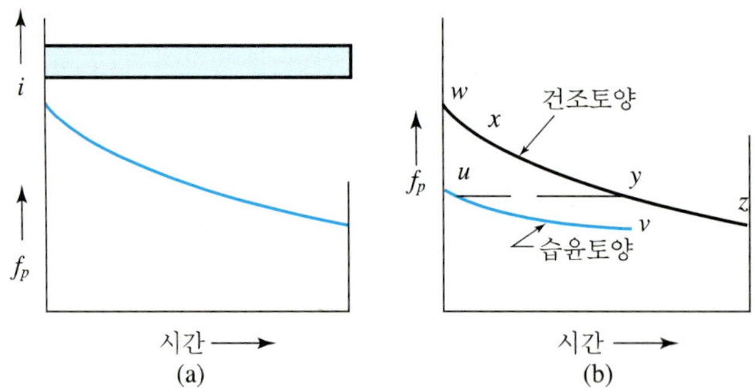

그림 5.3 시간에 따른 침투능의 변화

토양의 함유수분(含有水分) : 선행강수(先行降水, antecedent precipitation)가 없으면 강우 초기에 토양이 완전 건조상태에 있게 되어 토양공극을 통한 심한 모관력(毛管力, capillary force) 때문에 대단히 큰 침투능을 가지게 된다. 물이 계속 침투함에 따라 지표토층은 어느 정도 포화상태에 가까워지므로 침투능은 그림 5.2(b)의 $wxyz$ 곡선처럼 감소하게 된다. 만약 토양이 초기에 어느 정도의 수분을 함유하고 있었다면 f_p값은 곡선 uv와 같이 초기 건조시보다 낮을 것이다. 이 uv 곡선은 $wxyz$ 곡선의 일부인 yz 곡선을 일정시간만큼 좌측으로 평행이동시킨 것에 불과하다.

토양의 침투능이 그림 5.3(a)에서와 같이 시간에 따라 감소하는 원인 중 다른 한 가지는 토양의 종류에서 언급된 바와 같이 건조토양 속의 콜로이드 물질이 습윤해지면 부풀게 되며 이로 인해 공극의 크기가 줄어든다는 것이다.

토양의 다짐 정도: 인간이나 동물에 의해 토양이 다져지면 토양공극의 크기는 작아지며 공극분포도 변하게 된다. 특히 우기에 차량바퀴에 의한 토양의 다짐 정도는 대단히 커서 토양면에 가까운 얇은 층이 거의 불투수층이 되는 경우도 가끔 있다. 따라서 침투능은 토양의 다짐 정도에 비례해서 현격하게 감소될 것임을 짐작할 수 있다.

식생피복: 식생피복(植生被覆, vegetal cover)은 여러 가지 면에서 침투능을 증대시킨다. 식물은 우수의 마찰력으로부터 토양을 보호할 뿐만 아니라 조밀한 뿌리조직은 주위의 토양이 다져지는 것을 방지하여 공극을 크게 하는 결과를 주며 주위에 생기는 유기물질은 흙의 상태를 스펀지(sponge)처럼 만드는 효과를 주게 된다. 또한, 식물의 증산작용에 의해 토양의 함유수분 중 일부는 대기 중으로 방출된다. 이러한 여러 가지 현상은 모두 침투능을 증대시키게 된다. 따라서, 수원지역에 식생피복을 철저히 하면 사방효과가 클 뿐 아니라 침투를 조장시켜 지표유출량(surface runoff)을 감소시키게 되므로 하류지역의 홍수량을 감소시키는 이중 효과를 얻게 된다.

기타 인자: 침투능에 영향을 미치는 기타 인자에는 여러 가지가 있겠으나 중요한 것은 토양의 동결 및 계절에 따라 변하는 기온이라 하겠다. 토양이 물로 포화된 상태에서 동결되면 흙덩어리가 얼음 덩어리와 같이 되므로 거의 불투성이 되나, 비교적 건조상태의 토양이 동결되면 표면이 부풀고 큰 공극이 생겨 침투능이 오히려 커진다. 흙 속의 온도 또한 침투능에 어느 정도의 영향을 준다. 토양공극을 통한 흐름은 통상 층류(層流, laminar flow)이므로 Newton의 마찰법칙(law of friction)에 의하면 물의 점성에 직접 비례하는 마찰력은 온도에 비례하여 작아진다. 따라서 모든 조건이 동일하다면 침투능은 추운 계절에 비하여 따뜻한 계절에 더 크다.

5.4 토양의 침투능 결정방법

토양의 침투능은 소규모 시험지에서 침투계(浸透計, infiltrometer)에 의해 측정하는 방법과 이들 측정 자료를 사용하여 유도한 경험공식에 의해 산정하는 방법이 있다. 이들 방법은 한 유역의 어떤 지점에 있어서의 특정한 토양침투 조건하에서만 적용될 수 있으므로 유역 전체에 걸친 평균 침투능의 결정에 사용하기에는 무리가 있다.

5.4.1 침투계에 의한 침투능의 측정방법

침투계에 의한 침투능의 측정은 통상 소규모의 시험포(試驗圃, test plot)에서 실시되며 사용되는 침투계의 종류에는 Flooding형과 Sprinkling형의 두 가지가 있다.

Flooding형 침투계: 대표적인 Flooding형 침투계로는 그림 5.4와 같이 직경이 약 9 in.(약 22.9 cm)이고 높이가 약 20 in.(50 cm)인 내부관과 지름이 14 in.(35.6 cm), 높이가 20 in.(50 cm)인 외부관으로 되어 있는 한 쌍의 동심원통관을 사용한다. 내부관 바깥 부분에 지름이 더 큰 외부관을 사용하는 이유는 침투계 외부에 있는 건조토양에 의한 단효과(端效果, end effect)를 가능한 한 최소로 하기 위한 것이다.

Sprinkling형 침투계: 이 형의 침투계에도 여러 가지가 있으나 가장 대표적인 것은 F형 노즐(nozzle)을 사용하는 방법이다. 6 ft × 12 ft(약 1.83 m × 3.66 m)되는 작은 시험포 위에 노즐을 사용하여 일정한 강도의 인공강우를 어떤 시간 동안 내리게 한다. 이때 시험포로의 유입률(강우강도)과 그 지역으로부터의 유출률을 측정하면 그 차가 곧 임의시간에 있어서의 침투능이 된다. 이 방법은 Flooding형 침투계보다는 실제의 침투현상에 가까운 조건하에 침투능을 측정할 수 있다는 장점이 있으나 일반적으로 자연조건하에서의 침투능보다 큰 값을 나타내는 것이 통상이다.

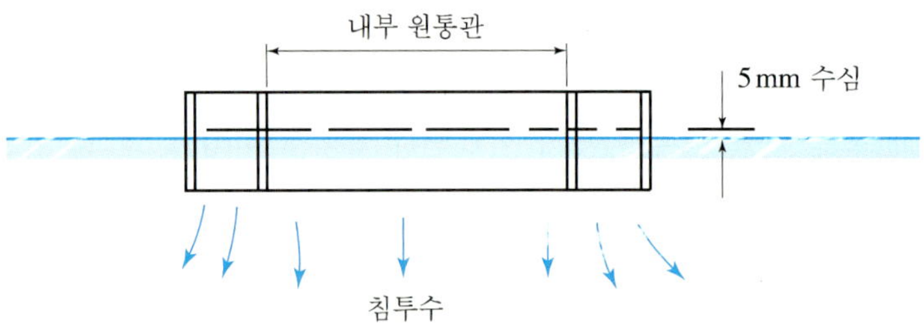

그림 5.4 Flooding형 침투계

5.4.2 침투모형에 의한 침투능의 산정

토양의 침투능을 결정하기 위해 경험적으로 개발된 여러 가지 침투모형은 대부분 시험포에서의 침투량 실측자료로부터 유도되었거나 혹은 토양물리학적 이론해(理論解)로부터 얻어졌으며, 여기서는 널리 알려져 있는 Horton의 침투모형과 Philip 모형, Holtan 모형, 그리고 Green-Ampt 모형 등에 관해 살펴보기로 한다.

1) Horton의 침투모형

Horton(1933)은 그의 침투능 실측자료를 사용하여 다음과 같은 침투능 곡선식(浸透能 曲線式, infiltration capacity curve)을 제안하였다.

$$f_p = f_c + (f_0 - f_c)e^{-kt} \tag{5.10}$$

여기서, f_p는 임의시각에 있어서의 침투능(浸透能, mm/hr)이며, f_0는 초기침투능(初期浸透能, mm/hr), f_c는 종기침투능(終期浸透能, mm/hr), t는 강우시작시간으로부터 측정되는 시간(hr)이며, k는 주로 토양의 종류에 따라 결정되는 상수(hr^{-1})이다.

식 (5.10)을 강우시작시간으로부터 임의시간 T까지 적분하면 해당 기간의 누가침투량(accumulated infiltration)을 얻을 수 있다. 즉

$$\begin{aligned} F &= \int_0^T f_p dt = \int_0^T f_c dt + \int_0^T (f_0 - f_c)e^{-kt} dt \\ &= f_c T + \frac{1}{k}(f_0 - f_c)(1 - e^{-kT}) \end{aligned} \tag{5.11}$$

그림 5.5는 식 (5.10)과 (5.11)의 관계를 표시하고 있는 것으로서 초기침투능 f_0는 강우시점에서의 침투율로서 토양의 침투능 f_p와 같고 강우시작 후 시간에 따라 감소하다가 일정한 값 f_c에 도달함을 나타내고 있다. 뿐만 아니라 누가침투량은 강우 초기에는 급격히 증가하나 강우가 계속됨에 따라 그 증가율이 점차 감소하여 일정한 값에 도달하게 된다.

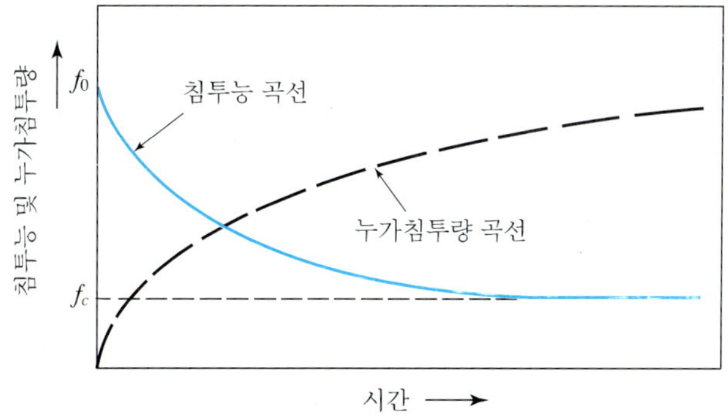

그림 5.5 침투능 및 누가침투량 곡선

식 (5.10)과 식 (5.11)의 f_0, f_c 및 k값은 표 5.1에서 보는 바와 같이 토양의 종류에 따라 특정한 값을 가지며, k값의 변화에 따른 침투능 곡선의 변화는 그림 5.6과 같다. 즉, 초기침투능

f_0가 일정할 때 k값이 커짐에 따라 침투능 곡선의 경사가 급격히 커져서 침투능이 급속하게 감소하여 종기침투능에 도달함을 알 수 있다.

표 5.1 Horton 침투능 곡선식의 토양종류별 변수값

토양의 종류	초기침투능 f_0		종기침투능 f_c		토양상수 k (1/hr)
	(cm/hr)	(in/hr)	(cm/hr)	(in/hr)	
Alpha loam	48.26	19.00	3.56	1.40	38.29
Carnegie sandy loam	47.68	14.77	4.49	1.77	19.64
Cowarts loamy sand	38.81	15.28	4.95	1.95	10.65
Dothan loamy sand	8.81	3.47	6.68	2.63	1.40
Fuquay pebbly loamy sand	15.85	6.24	6.15	2.42	4.70
Leefield loamy sand	28.80	11.34	4.39	1.73	7.70
Robertsdale loamy sand	31.52	12.41	2.99	1.18	21.75
Stilson loamy sand	20.59	8.11	3.94	1.55	6.55
Tooup sand	58.45	23.01	4.57	1.80	2.71
Tifton loamy sand	24.56	9.67	4.14	1.63	7.28

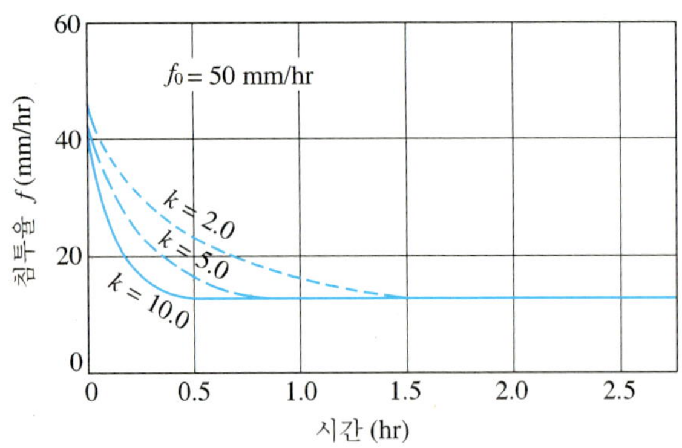

그림 5.6 k 값의 변화에 따른 침투능 곡선

예제 5.1 강우지속기간 12시간 동안의 누가침투량이 81.68 cm이고 종기침투능이 6.68 mm/hr이며 토양의 종류는 Dothan loamy sand($k = 1.40\,\text{hr}^{-1}$)이다. 초기침투능 f_0를 구하여 Horton의 침투능 곡선식을 구하여라.

풀이 식 (5.11)에 기지값을 대입하면

$$81.68 = 1.4 \times 12 + \frac{1}{1.4}(f_0 - 6.68)(1 - e^{-1.4 \times 12})$$

$$\therefore f_0 = 8.81\,\mathrm{cm/hr}$$

표 5.1로부터 Dothan loamy sand의 초기침투능은 8.81 cm/hr로 계산값과 일치한다. 따라서, 식 (5.10)으로부터

$$f_p = 6.68 + (8.81 - 6.68)e^{-1.4t} = 6.68 + 2.13e^{-1.4t}\,(\mathrm{cm/hr})$$

예제 5.2 토양의 침투능 f_p는 식 (5.10)과 같이 표시될 수 있다. 어떤 토양의 $f_0 = 80\,\mathrm{mm/hr}$, $f_c = 15\,\mathrm{mm/hr}$, $k = 2.0$일 때 강우강도(I) 90 mm/hr, 40 mm/hr 및 10 mm/hr에 대한 침투능 곡선을 그려라.

풀이 이 토양의 침투능 곡선은 식 (5.10)으로부터

$$f_p = 15 + (80 - 15)e^{-kt} = 15 + 65e^{-2t}$$

1) $I = 90\,\mathrm{mm/hr}$일 때
강우강도가 침투능보다 항상 크기 때문에 실제의 침투율 f_a는 $t = 0$일 때의 $f_0 = 80\,\mathrm{mm/hr}$로부터 $t = \infty$일 때의 $f_c = 15\,\mathrm{mm/hr}$까지 지수함수적으로 감소한다[그림 5.7(a)]. 즉,

$$f_a = f_p = 15 + 65^{-2t}$$

2) $I = 40\,\mathrm{mm/hr}$일 때
실제의 침투율은 토양의 침투능이 40 mm/hr가 되는 시간까지는 강우강도와 같고 그 이후는 침투능 곡선[그림 5.7(a)]을 따라 감소한다[그림 5.7(b)].

3) $I = 10\,\mathrm{mm/hr}$일 때
강우강도가 $t = \infty$일 때의 침투능 15 mm/hr보다 작으므로 강우량이 전부 침투하게 된다[그림 5.7(c)].

2) Philip의 침투모형

Philip은 비포화층 내의 물의 흐름에 대한 편미분 연속방정식과 운동량방정식인 Richard 방정식을 해석적으로 풀어서 균일특성을 가지는 토양 속을 통하여 연직방향으로 침투하는 누가침투량을 다음과 같이 시간과 토양특성의 함수로 표시하였다.

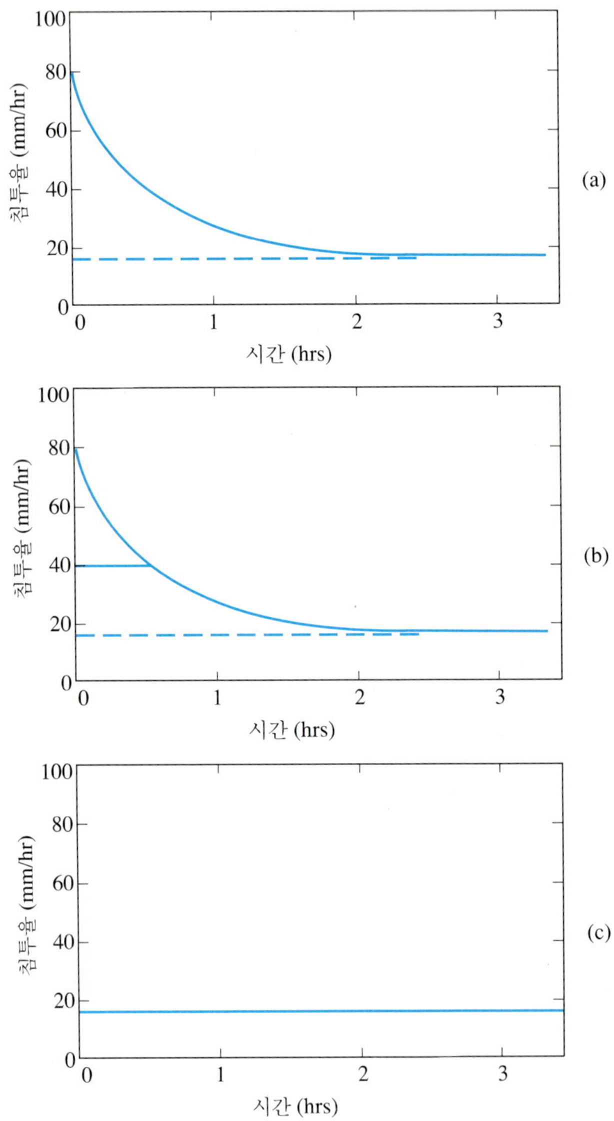

그림 5.7 Horton의 침투능 곡선

$$F(t) = St^{1/2} + (A_2 + K_0)t + A_3 t^{3/2} + A_4 t^2 + \cdots \tag{5.12}$$

여기서, $F(t)$는 시각 t에 있어서의 누가침투량(cm)이며 S는 흡습률(吸濕率, sorptivity) (cm/sec$^{1/2}$), K_0, A_2, A_3, A_4, …는 토양의 특성상수이다.

식 (5.12)를 시간 t에 관해 미분하면 침투율 $f(t)$를 얻을 수 있다. 즉,

$$f(t)=\frac{1}{2}St^{-1/2}+(A_2+K_0)+\frac{3}{2}A_3t^{1/2}+2A_4t+\cdots \tag{5.13}$$

식 (5.12) 및 (5.13)에 의하면 시간이 경과함에 따라 침투는 무한히 계속되는 것이므로 Philip은 세 번째 항 이하를 무시하여 다음과 같은 이변수 침투능 곡선을 제안하였다.

$$F(t)=St^{1/2}+Kt \tag{5.14}$$

$$f(t)=\frac{1}{2}St^{-1/2}+K \tag{5.15}$$

식 (5.15)에서 $t\rightarrow\infty$ 인 경우 $f(t)\rightarrow K$가 되며, K는 토양의 투수계수(透水係數)로서 대단히 작은 값이 되므로 식 (5.14)의 우변 두 번째 항은 무시할 수 있다. 따라서 흡습률 S는 최종 누가침투량 F를 총 침투시간 t의 제곱근으로 나누어 얻을 수 있다. 즉,

$$S=\frac{F}{\sqrt{t}} \tag{5.16}$$

예제 5.3 지름이 10 cm되는 원통형 연직관에 흙을 채우고 30분 동안의 침투량을 측정하였더니 300 cm^3가 되었다. Philip 모형으로 1, 4, 6, 10, 12시간에 있어서의 침투능을 계산하라.

풀이 원통형 연직관의 단면적

$$A_c=\frac{\pi(10)^2}{4}=78.5\,\text{cm}^2$$

총 누가침투량을 cm 단위로 표시하면

$$F=\frac{300}{78.5}=3.82\,\text{cm}$$

따라서, 토양의 흡습률은 식 (5.16)으로부터

$$S=\frac{3.82}{\sqrt{30\times60}}=0.09\,\text{cm}/\sqrt{\text{sec}}$$

식 (5.15)에서 K는 투수계수와 같아 대단히 작은 값을 가지므로 이를 무시하고 $f(t)=\frac{1}{2}S/\sqrt{t}$ 로 계산하면 표 5.2와 같다.

표 5.2

시간(hr)	1	4	6	10	12
침투능(mm/hr)	27.0	13.5	11.0	8.5	7.8

주: 단위환산: $f(t)=\frac{1}{2}\frac{0.09\times10}{\sqrt{t\times3{,}600}}\times3{,}600=\frac{27}{\sqrt{t}}\,\text{mm/hr}$

3) Holtan의 침투모형

Holtan은 토양의 함유수분과 토양표면으로 연결된 연직방향의 공극 및 식물의 뿌리조직이 침투율을 지배한다는 가정하에 농경지 지역에 적합한 다음과 같은 공식을 제안하였다.

$$f = f_c + (GI \cdot a \cdot S_a^{1.4}) \tag{5.17}$$

여기서, f는 침투능(in/hr)이며, GI는 식물의 성장 정도를 표시하는 지표(growth index), a는 토양의 공극과 식물뿌리 조직의 밀도에 관계되는 식생매개변수로서 가용수분의 침투능 [(in./hr)/in$^{1.4}$]을 표시하며, 표 5.3의 값을 가진다. 그리고, S_a는 지표토층에서의 침투가능수분량(in.)이며 f_c는 종기침투능(in./hr)으로 표 5.4에 표시된 바와 같은 값을 가진다.

표 5.3 Holtan 모형에서의 식생매개변수 a값

토지이용(식생피복)	피복처리상태	
	불량	양호
Fallow	0.10	0.30
Row crops	0.10	0.20
Small grains	0.20	0.30
Hay(legumes)	0.20	0.40
Hay(sod)	0.40	0.60
Pasture(bunchgrass)	0.20	0.40
Temporary pasture(sod)	0.40	0.60
Permanent pasture(sod)	0.80	1.00
Woods and forests	0.80	1.00

표 5.4 Holtan 공식에서의 종기침투능

토양형별	A	B	C	D
f_c(in./hr)	0.45~0.30	0.30~0.15	0.15~0.05	0.05~0.0

주: A형: 유기질 토양(최상층)
B형: 콜로이드질 토양(상중층)
C형: 풍화토양(중하층)
D형: 암석층(최하층)

식 (5.17)에 의해 시간별로 침투율을 산정하는 일반적인 절차를 살펴보면, 우선 지표면의 초기가용수분량을 결정하여 계산을 시작하고, 계속되는 매시간 침투가능수분량은 다음 관계식을

사용하여 산정해나간다.

$$(S_a)_t = (S_a)_{t-1} - f_{t-1} + (f_c)_{t-1} \tag{5.18}$$

여기서, $(S_a)_t$와 $(S_a)_{t-1}$은 각각 현 시간과 전 시간에서의 토양의 침투가능수량(in.)이고 f_{t-1}은 전 시간의 침투율(in./hr), $(f_c)_{t-1}$은 토양의 종기침투능(in./hr)이다. 식 (5.18)을 보면 매시간 S_a는 침투율(f)만큼 감소되고 종기침투능(f_c)만큼 보충되면서 그 크기는 감소될 것임을 알 수 있다.

예제 5.4 어떤 지역에 표 5.5와 같은 강우가 발생하였으며 강우 초기의 침투조건으로 $GI = 1.0$, $a = 0.8(\text{in./hr})/\text{in}^{1.4}$, $S_a = 0.5\,\text{in.}$가 결정되었을 때 Holtan 모형으로 시간별 침투율을 계산하라. 토양층은 B군으로 가정하라.

표 5.5

시간 (hrs)	1	2	3	4	5
우량 (in.)	0.5	0.4	0.35	0.1	-

풀이 식 (5.17)의 S_a를 식 (5.18)의 관계를 사용하여 매시간별로 계산한 후 식 (5.17)에 의한 매시간별 침투율 계산결과는 표 5.6에 수록하였다.

표 5.6 Holtan 모형 적용 예

시간 (hrs)	$GI \cdot a$	Sa (in.)	$Sa^{1.4}$	$GI \cdot a \cdot Sa^{1.4}$	f_c (in./hr)	f (in./hr)
1	0.8	0.5	0.379	0.303	0.2	0.503
2	0.8	0.197	0.104	0.083	0.2	0.283
3	0.8	0.114	0.048	0.038	0.2	0.238
4	0.8	0.076	0.027	0.022	0.2	0.222
5	0.8	0.054	0.017	0.014	0.2	0.214

주: 표 5.4로부터 B층 토양의 경우 $f_c = 0.2$ in./hr 선택

4) Green-Ampt의 침투모형

Green-Ampt의 침투모형은 1911년에 처음 발표되었으나 그 후 여러 학자들의 계속적인 연구로 개선되어 왔으며, 물리적으로 이론적 근거가 강한 침투능 결정방법으로 알려져 있다.

Green과 Ampt는 그림 5.8에서 보는 바와 같이 토양표면은 얕은 깊이 H_o의 물로 덮혀 있

고, 물은 침투 초기의 토양의 총 부피에 대한 수분부피의 비인 초기함수비(初期含水比) θ_i인 균질의 토양 속으로 침투하는 것으로 가정하였다. 물이 토양 속으로 침투하기 시작하면 습윤선(濕潤線, wetting front)이 생성되어 습윤토양과 건조토양이 분리되며, 빠른 속도로 아랫방향으로 진행하게 된다. 습윤선의 아랫부분 함수비(含水比)는 θ_i이고 윗부분은 포화상태의 함수비 θ_s(토양의 공극률 η와 동일)가 되며, 초기 토양수분 미흡량(初期 土壤水分 未洽量, initial moisture deficiency, IMD)은 $\theta_s - \theta_i = IMD$로 표시된다.

습윤된 토양의 수리전도율(水理傳導率, hydraulic conductivity)을 표시하는 투수계수(透水係數, permeability coefficient)를 K_s로 표시하고 그림 5.8의 침투율에 Darcy 법칙을 적용하면 다음과 같다.

$$f_p = K_s \frac{L+S}{L} \tag{5.19}$$

여기서, L은 그림 5.8에서 보는 바와 같이 지표면으로부터 습윤선까지의 거리이고, S는 길이단위로 표시되는 습윤면에서의 모세흡인수두(毛細吸引水頭, capillary suction head)이다.

한편, 습윤선까지의 거리가 L이 되는 시각까지의 누가침투량 $F(t)$는 토양의 단위면적당 저장된 물의 증가량을 깊이 단위로 표시한 $L(\theta_s - \theta_i)$와 같다. 즉,

$$F(t) = L(\theta_s - \theta_i) = L \times IMD \tag{5.20}$$

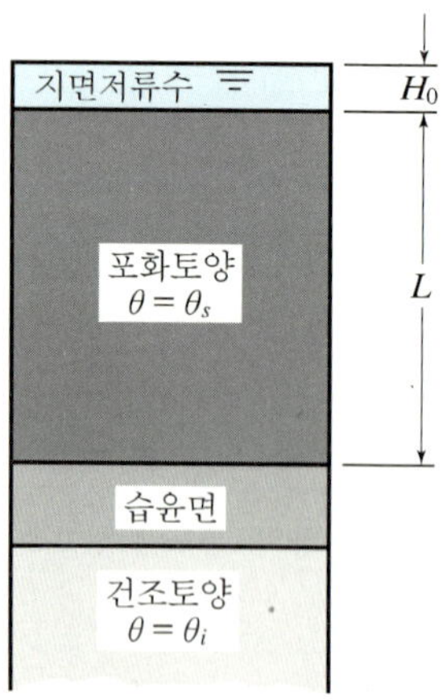

그림 5.8 Green-Ampt 모형에서의 침투개념

식 (5.20)을 식 (5.19)에 대입한 후 정리하면

$$f_p(t) = K_s\left(1 + \frac{S \times IMD}{F(t)}\right) \tag{5.21}$$

식 (5.13)의 침투능 $f_p(t) = dF(t)/dt$로 놓고 적분한 후 $t = 0$일 때 $F = 0$을 대입하여 정리하면

$$F(t) - (S \times IMD) \times \ln\left[\frac{F(t) + (S \times IMD)}{S \times IMD}\right] = K_s t \tag{5.22}$$

식 (5.22)는 누가침투량 $F(t)$에 대한 비선형 방정식이므로 다음과 같이 식을 정리하여 시행착오법으로 $F(t)$를 결정할 수 있다.

$$F(t) = K_s t + (S \times IMD) \times \ln\left[1 + \left(\frac{F(t)}{S \times IMD}\right)\right] \tag{5.23}$$

즉, K_s, t, S, IMD가 주어졌을 때 $F(t)$의 초기값으로 $K_s t$를 이용하여 식 (5.23)의 좌변과 우변값을 계산하여 등식이 성립하는지를 확인한다. 만약, 등식이 성립하지 않으면 $F(t)$값을 반복 가정하여 등식이 성립할 때의 값을 누가침투량 $F(t)$값으로 확정하게 된다. 이와 같이 $F(t)$가 계산되면 이를 식 (5.21)에 대입하여 침투능 $f_p(t)$를 계산할 수 있고, 따라서 침투능곡선을 그릴 수 있다.

Green-Ampt 공식을 적용하기 위해서는 매개변수인 K_s, S와 $IMD = (\theta_s - \theta_i)$값을 알아야 한다. 이 중 K_s와 S는 표 5.7에서와 같이 토양의 종류에 따라 결정되는 토양상수이며, 포화함수비 θ_s는 토양의 공극률(空隙率, porosity) η와 같으므로 역시 토양상수이다.

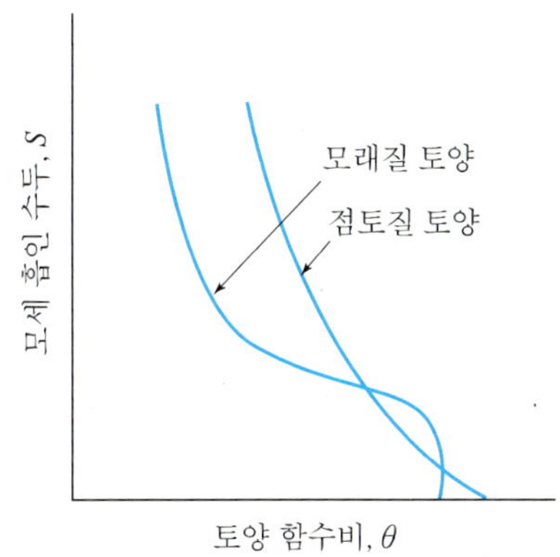

그림 5.9 토양의 모세흡인수두와 함수비 간의 관계곡선

Green-Ampt 공식의 매개변수인 K_s, S, IMD 중 K_s는 토양의 투수계수로서 토양의 종류에 따라 표 5.7에서 보는 바와 같이 거의 일정한 값을 가지나 토양의 공극률 η(혹은 포화함수도 θ_s)와 모세흡인수두 S는 동일한 토양 종류라 하더라도 표 5.7에서와 같이 그 값이 상당한 범위로 변함을 알 수 있다.

그림 5.9는 토양의 모세흡인수두 S가 토양의 함수비가 커짐에 따라 크게 증가하며 토양의 종류에도 상당한 관계가 있음을 보여주고 있다.

표 5.7 Green-Apmt 공식에 적용하는 매개변수값

토양 종류	공극률 η	습윤면 모세흡인수두 S (cm)	투수계수 K_s (cm/hr)
Sand	0.437(0.374~0.500)	4.95(0.97~25.36)	11.78
Loamy sand	0.437(0.363~0.506)	6.13(1.35~27.94)	2.99
Sandy loam	0.453(0.351~0.555)	11.01(2.67~45.47)	1.09
Loam	0.463(0.375~0.551)	8.89(1.33~59.38)	0.34
Silt loam	0.501(0.420~0.582)	16.68(2.92~95.39)	0.65
Sandy clay loam	0.398(0.332~0.464)	21.85(4.42~108.0)	0.15
Clay loam	0.464(0.409~0.519)	20.88(4.79~91.10)	0.10
Silty caly loam	0.471(0.418~0.524)	27.30(5.67~131.5)	0.10
Sandy clay	0.430(0.370~0.490)	23.90(4.08~140.2)	0.06
Silty clay	0.479(0.425~0.533)	29.22(6.13~139.4)	0.05
Clay	0.475(0.427~0.523)	31.63(6.39~156.5)	0.03

주: η와 S의 값은 평균값이며, 괄호 안의 값은 값의 변동범위임.

예제 5.5 토양의 초기 함수비 $\theta_i = 0.25$인 모래질 옥토(sandy loam)를 통한 2시간 후의 침투능과 누가침투량을 Green-Ampt 모형으로 산정하라. 표 5.7로부터 Sandy loam 토양의 $K_s = 1.09$ cm/hr, $\eta = \theta_s = 0.453$, $S = 11.01$ cm이다.

풀이

$$IMD = \theta_s - \theta_i = \eta - \theta_i = 0.453 - 0.25 = 0.203$$

기지의 값들을 식 (5.23)에 대입하면

$$F(t) = 1.09 \times 2 + (11.01 \times 0.203) \times \ln\left[1 + \frac{F(t)}{(11.01 \times 0.203)}\right]$$
$$= 2.18 + 2.235 \ln[1 + 0.447 F(t)]$$

$F(t) = K_s t = 2.18$로 가정하고 우변의 값을 계산하면

$$우변값 = 2.18 + 2.235\ln(1 + 0.447 \times 2.18)$$
$$= 3.700 \text{ cm}$$

$F(t) = 3.700$ cm를 식 (5.23)에 다시 대입하고 계산하면

$$우변값 = 2.18 + 2.235\ln[1 + 0.447 \times 3.700]$$
$$= 4.363 \text{ cm}$$

좌변과 우변의 값이 같아질 때까지 반복계산하면

$$F(t) = 4.711 \text{ cm}$$

따라서, 2시간 후의 침투능을 식 (5.21)로 계산하면

$$f_p(t = 2\text{hr}) = 1.09\left(1 + \frac{11.01 \times 0.203}{4.711}\right) = 2.09 \text{ cm/hr}$$

5.5 침투지표법에 의한 유역의 평균침투능 결정

침투계에 의한 한 지점의 침투능 측정방법을 개선하기 위하여 비교적 동질성을 가진 소유역(homogeneous basin)을 택하여 강수량, 증발산량 및 지표유출량을 정확하게 측정하여 이들 간의 관계를 양적으로 해석함으로써 유역의 평균침투능(平均浸透能, mean infiltration capacity)을 결정하고자 하는 노력은 끊임없이 계속되어 왔다.

Horton(1933)은 호우기간의 증발량은 우량에 비하면 극히 작기 때문에 이를 무시할 수 있으며 총 강우량과 침투량의 차인 초과강우량(超過降雨量, rainfall excess)은 모두 지표면유출(surface runoff)이 된다고 가정하여 유역에 내리는 총 강우량과 유역으로부터의 총 유출량 간의 관계로부터 유역의 평균 침투능을 결정하였다. 즉, 우선 유역 내의 여러 우량관측점에서 우량을 측정하여 특정 호우로 인한 유역의 총 평균우량(mm)을 얻고, 또 유역의 출구지점에서의 유량을 결정하여 유출량의 시간적 분포를 나타내는 총 유출수문곡선(總 流出水文曲線, total runoff hydrograph)을 얻는다.

이 총 유출수문곡선은 통상 지표면 및 지하로 흐르는 유량으로 구성되어 있으므로 적절한 방법에 의해서 지표면유출과 지하수유출로 분리함으로써 초과강우량에 해당하는 지표면유출량(mm)을 산정하게 된다(제8장 참조).

이와 같이 산정된 지표면유출량(혹은 초과강우량)을 총 강수량으로부터 빼면 호우기간의 총 침투량을 얻게 되고 이를 강우지속기간으로 나누면 평균침투능이 되며 이를 침투지표(浸透指

標, infiltration index)라 한다.

유역의 실제 침투능은 강우가 계속됨에 따라 식 (5.10)이 표시하는 바와 같이 지수함수곡선적으로 감소되기 때문에 침투지표법(infiltration index method)에 의한 유역평균침투능을 사용하면 강우 초기에는 실제보다 너무 작은 침투율이 되며 강우 종기에 대해서는 지나치게 큰 침투율이 된다. 따라서 침투지수법은 토양의 함유 수분이 대체로 크거나 혹은 호우의 강도가 크고 지속기간이 길어서 강우 초기에 침투율이 거의 일정하게 되는 호우의 경우 침투능을 산정하는 데 적합하다. 이와 같은 침투지수법에는 Φ-지표법과 W-지표법의 두 가지가 있다.

5.5.1 Φ-지표법

Φ-지표(Phi-index)란 그림 5.10에 표시한 바와 같이 우량주상도(雨量柱狀図, rainfall hyetograph)상에서 총 강우량과 침투손실량을 구분하는 수평선에 대응하는 강우강도를 의미하며, 이는 곧 이 호우가 발생한 유역에 있어서의 호우로 인한 평균침투능(mean infiltration capacity)인 것이다.

그림 5.10의 음영 부분은 지표유출분의 유역상 등가유출(等價流出)깊이(mm)를 표시하며 그 아랫부분은 지면보류(地面保留, surface detention)라든가 증발산 및 침투 등에 의한 손실을 통틀어 표시하고 있다.

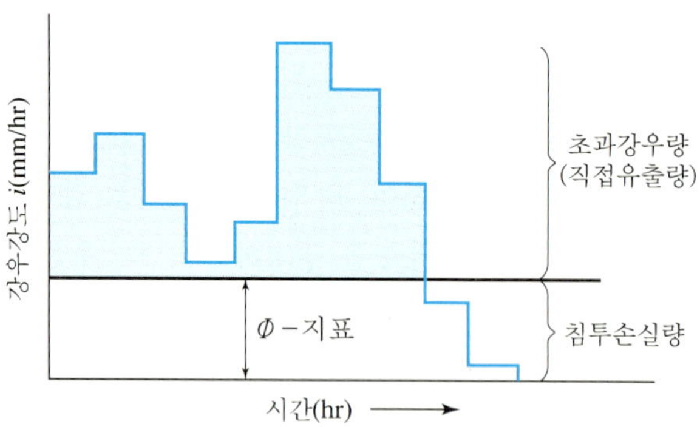

그림 5.10 Φ-지표법에 의한 침투량 결정

이러한 손실들을 모두 포함하는 이 방법에서는 침투능의 시간에 따른 변화를 고려하지 못하는 약점이 있어서 근사법이라고 할 수 있지만 큰 유역에 어떤 호우가 발생했을 때 그 유역으로부터 예상되는 유출량을 개략적으로 산정하기에는 대단히 편리한 방법이며 또한 실제로 많이 사용되고 있는 방법이다.

예제 5.6 그림 5.11(a)와 5.11(b)에 표시된 두 개의 우량주상도는 어떤 지역에 내린 총 우량 75 mm인 두 호우의 시간적 분포를 표시하고 있다. 유역의 출구에서 측정한 지표유출량은 두 호우의 경우 공히 33 mm였다. 각 호우에 대한 Φ-지표를 구하라.

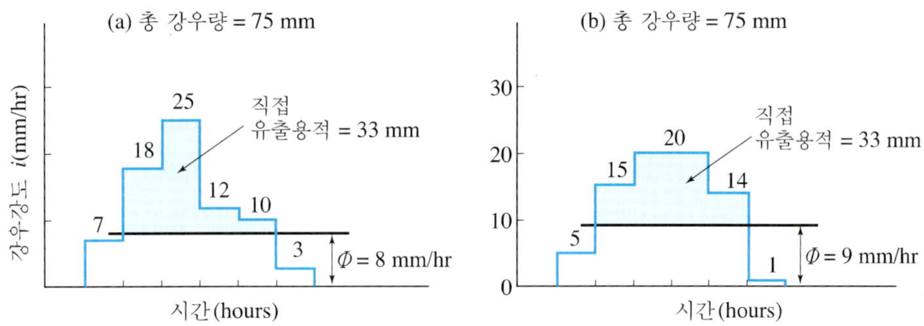

그림 5.11 Φ-지표의 계산 예

풀이 두 경우 공히 음영 부분의 면적이 33 mm가 되도록 Φ-지표선을 수평으로 그어 지표유출량과 손실량을 분리하였다. 그림 5.11(a)의 경우 8 mm, 그림 5.11(b)의 경우는 9 mm가 평균침투능이 된다. 본 예제에서 알 수 있는 바와 같이 강우량이 같고 유출량도 동일한 두 호우일지라도 호우의 시간적 분포가 다르면 Φ-지표의 값도 달라지므로 실제 유역에 대한 Φ-지표의 결정을 위해서는 여러 개의 호우로부터 구한 Φ-지표의 평균값을 그 유역의 값으로 사용해야 한다.

5.5.2 W-지표법

이 방법은 Φ-지표법을 조금 개선한 것이라 할 수 있다. Φ-지표법에서는 유출량과 손실량을 구분하여 손실량에 해당하는 강우강도를 Φ-지표라 하고 이를 평균침투능으로 취급하였다. 그러나 전술한 바와 같이 손실량에 포함되는 지면보류(地面保留)라든가 요면저류(depression storage) 등은 실제로 침투량에 속하지는 않는다. 따라서 이를 손실량에서 제외할 뿐만 아니라 호우기간 중 강우강도가 특정 침투능보다 작은 기간에 대한 고려까지 포함하여 침투능을 결정해야 한다.

그림 5.12에서처럼 유출량 및 강우량 자료를 참고로 하여 W-지표선의 위치를 대략 결정한 다음 각종 손실량을 조정하면서 W-지표선을 연직상하로 이동시켜 측정된 유출량을 만족시키는 정위치를 찾게 된다. 따라서 W-지표는 강우강도가 침투능보다 큰 호우기간 동안의 평균침투율(mm/hr)이라 정의할 수 있다. 즉,

$$W = \frac{F_i}{T} = \frac{1}{T}(P - Q - D - R_n) \tag{5.24}$$

여기서, F_i는 총 침투량(mm)이며 T는 강우강도가 평균침투능보다 큰 시간장경(hr), P는 총 강우량(mm), Q는 지표유출량(mm)이며, 그림 5.12의 D_1은 지면보류 및 요면 저류량(mm)을, D_2는 지연침투량을 각각 대표하는 우량성분이며, R_n은 짧은 무강우기간을 대표하는 우량성분(그림 5.12의 빗금 친 부분)에 해당하는 것이다.

토양이 대단히 습윤한 상태에 있어서 침투능이 거의 종기침투능 f_c에 가까운 조건하에 호우가 발생하면 지면보류량은 최소가 되며 W-지표는 거의 Φ-지표와 가까운 값을 가진다. 이때의 침투지수를 $W_{\min}$-지표라 하며 이는 호우의 크기가 최대가능값에 가까울 때의 침투능으로 사용한다.

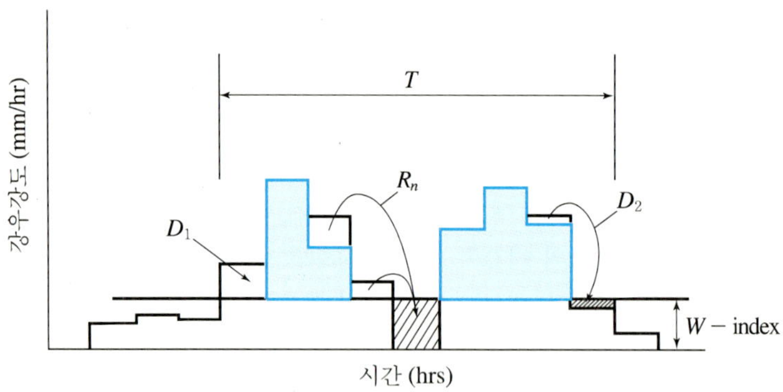

그림 5.12 W-지표법에 의한 침투량 결정

지금까지 살펴본 두 가지 지표들은 유출량을 알고 있는 어떤 호우로부터 유도되는 것이며 이를 실제 문제의 해결에 사용하기 위해서는 반대의 절차를 거치게 된다. 즉, 산정된 침투지표를 사용하여 총 강우량으로부터 지표유출량을 개략적으로 산정하게 되는 것이다. 엄밀하게 말하면 유도된 지표는 호우특성이나 토양조건이 그 지표가 유도되었을 때의 조건과 동일한 경우에만 그 적용이 가능하며 이들 Φ-및 W-지표도 침투조건에 따라서 크게 변하는 것이 통상이므로 지표면 유출 이외의 다른 기지의 인자와 상관시켜 사용하는 것이 바람직하다.

5.6 SCS 방법에 의한 유역의 유효우량 산정

앞 절에서 살펴본 침투지표법은 총 우량주상도로부터 해당 직접유출량에 상응하는 초과강우량을 수평선으로 분리함으로써 일정률의 유역평균침투능(流域平均浸透能)을 결정하는 방법이었다. 따라서 유역의 총 유출수문곡선으로부터 직접유출분을 분리할 수만 있다면(제8.4절 참조) 총 우량주상도상에서 직접유출분에 해당하는 유효우량의 시간적 분포를 표시하는 유효우량주상도(有效雨量柱狀図, effective rainfall hyetograph)를 얻을 수 있게 된다.

만약, 어떤 호우로 인한 유출량 자료가 없을 경우에는 직접유출량의 결정이 불가능하여 Φ-혹은 W-지표를 구할 수 없으므로 유효우량을 결정할 수 없게 된다. 이와 같이 유출량 자료가 없는 경우에 유역의 토양 특성과 식생피복상태 및 선행강수조건(先行降水條件) 등에 대한 상세한 자료만으로서도 총 우량으로부터 유효우량을 산정할 수 있는 방법을 1972년에 미국 토양보존청(U.S. Soil Conservation Service, SCS/현재는 U.S. National Resources Conservation Service, NRCS라 부름)이 개발하였으며, SCS의 유출곡선지수방법(流出曲線指數方法, runoff curve number method)으로 알려져 있으며, 미계측(未計測)유역에서의 유효우량산정에 널리 적용되고 있다(US/SCS, 1972). 이 방법에서는 시간구간별로 총 우량에서 유효우량을 산정하여 유효우량주상도를 작성하게 되며 시간구간별 총 우량에서 유효우량을 뺀 값이 바로 침투량이므로 시간구간별로 침투능곡선을 그릴 수 있다.

이상에서 소개한 SCS 유효우량 산정방법에서는 유효우량의 크기에 직접적으로 영향을 미치는 인자로서 강우가 있기 이전의 유역의 선행토양함수조건(先行土壤含水條件, antecedent soil moisture condition, AMC)과 유역을 형성하고 있는 토양의 종류(soil type)와 토지이용상태(land use) 및 식생피복의 처리상태(vegetal cover treatment), 그리고 토양의 수문학적조건(hydrologic condition) 등을 고려하였으며 이들 인자들이 직접유출량(혹은 유효우량)에 미치는 복합적인 영향을 양적으로 표시하였다.

5.6.1 유역의 선행토양함수조건

총 강수량과 유효우량 간의 관계분석에 있어서 5일 혹은 30일 선행 강수량은 한 유역의 선행토양함수조건을 대변하는 지표로 흔히 사용된다. 즉, 동일한 강수가 내린 경우 선행 강수량이 많으면 유역 토양의 습윤도가 높으므로 직접 유출량, 즉 유효우량은 상대적으로 많아질 것이나 선행 강수량이 적을 경우에는 침투손실이 커지므로 유효우량은 작아져서 유출률은 저하하게 된다. SCS에서 기준으로 삼고 있는 선행토양함수조건은 다음의 3가지로 구분된다(US/SCS, 1972).

AMC-Ⅰ: 유역의 토양은 대체로 건조상태에 있으나 농작물 재배에는 지장이 없는 수분상태. 침투율이 대단히 커서 유출률은 대단히 낮은 상태(lowest runoff potential)

AMC-Ⅱ: 유역의 토양이 0에서 최대잠재보류수량(最大潛在保留水量, maximum potential retention) S 사이의 평균수준의 수분을 함유한 상태. 침투율이 보통이어서 유출률도 보통인 상태(average runoff potential)

AMC-Ⅲ: 선행하는 5일 동안 강우량이 많아서 유역의 토양은 거의 포화상태. 침투율이 대단히 작아서 유출률이 대단히 큰 상태(highest runoff potential)

SCS의 3가지 선행토양함수조건은 5일 선행강수량 P_5의 크기에 의해 유역의 습윤 정도를 분류하는 기준이며 양적 분류기준은 표 5.8과 같다.

표 5.8 5일 선행강수량(P_5)에 의한 유역 선행토양함수조건의 분류

AMC별	비성수기		성수기	
	P_5(in.)	P_5(mm)	P_5(in.)	P_5(mm)
I	$P_5 < 0.5$	$P_5 < 12.70$	$P_5 < 1.4$	$P_5 < 35.56$
II	$0.5 < P_5 < 1.1$	$12.70 < P_5 < 27.94$	$1.4 < P_5 < 2.1$	$35.56 < P_5 < 53.34$
III	$P_5 > 1.1$	$P_5 > 27.94$	$P_5 > 2.1$	$P_5 > 53.34$

표 5.8에서 보는 바와 같이 5일 선행강수량의 크기기준은 계절적으로 비가 많이 오지 않는 비성수기(非盛需期, dormant season)와 강우량이 많은 성수기(盛需期, growing season)로 구분하여 정하였으며 이는 그림 5.13과 같은 SCS의 연구결과를 근거로 하고 있다.

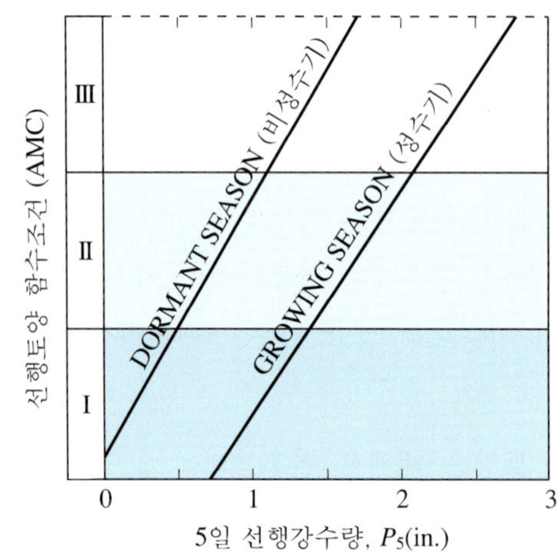

그림 5.13 선행토양함수조건별 5일 선행강수량

5.6.2 수문학적 토양군의 분류

1) 미국 SCS의 분류방법

한 유역의 토양특성은 강우로 인한 유출과정에 직접적인 영향을 미친다. 즉, 토양의 성질에 따라 침투능이 상이하므로 총 우량 중 직접 유출로 유하하는 유효우량의 크기도 다를 수밖에 없다.

SCS는 미국 전역과 푸에르토 리코(Puerto Rico) 지역 전체에 걸쳐 토양조사를 종합하여 총 4,000여 가지 종류의 토양으로 분류하였으며, 각각의 명칭을 부여하였다. 이와 같이 분류한 토양의 성질을 정량적으로 표시하기가 힘들므로 SCS는 토양의 침투능을 기준으로 하여 표 5.9와 같이 4가지 수문학적 토양군(水文學的 土壤群, hydrologic soil group)으로 분류하였다. 표 5.9로부터 알 수 있듯이 토양의 침투능의 크기는 A, B, C, D 순이며, 유출률은 이의 역순이다.

표 5.9 수문학적 토양군의 분류(SCS)

토양군	토양의 성질	침투율(mm/hr)
Type A	유출률이 매우 낮음(low runoff potential). 침투율이 대단히 크며(high infiltration rates), 모래질 및 자갈질 토양. 배수(排水) 매우 양호.	7.62~11.43
Type B	침투율이 대체로 크며(moderate infiltration rates), 세사(細沙)와 자갈이 섞인 모래질 토양. 배수 대체로 양호.	3.81~7.62
Type C	침투율이 대체로 작고(slow infiltration rates), 대체로 세사질(細沙質) 토양. 배수 대체로 불량.	1.27~3.81
Type D	유출률이 매우 높음(high runoff potential). 침투율이 대단히 작고(very slow infiltration rates), 점토질 종류의 토양. 배수 매우 불량.	0~1.27

2) 우라나라의 분류방법

우리나라의 전국적인 토양분포도에는 개략토양도, 정밀토양도, 세부정밀토양도 및 한국개량토양도 등이 있으며, 실무에서 가장 많이 사용되고 있는 토양도(soil map)는 농림부 산하 농업과학기술원에서 제작한 축척 1 : 25,000 이상인 수치화된 정밀토양도(精密土壤圖)이다. 그림 5.14는 금강의 지류인 갑천유역의 수치정밀토양도(數値精密土壤圖)를 예시하고 있다. 우리나라 전역에 산재해 있는 토양의 종류는 부록-Ⅳ에 수록되어 있는 바와 같이 약 1,200여 가지로 조사되어 있고 각각 토양부호가 부여되어 있으며, 개별 토양부호별로 SCS의 4가지 수문학적 토양군(A, B, C, D) 중의 하나로 분류되어 있다(농촌진흥청, 2007).

이와 같은 수문학적 토양군으로의 분류를 위해 우리나라에서 사용되는 기준은 표 5.10과 같다.

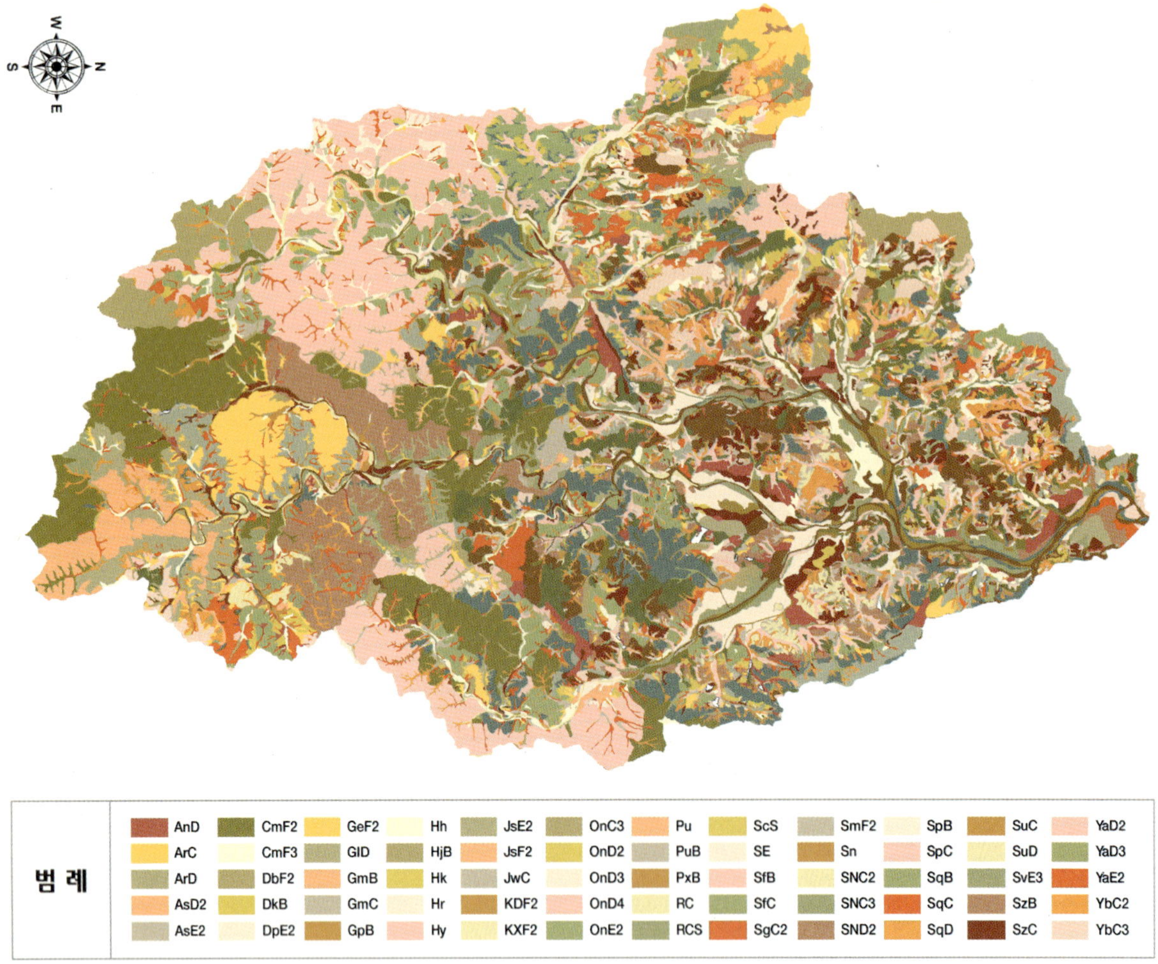

그림 5.14 금강/갑천유역의 정밀토양도

표 5.10에서 보는 바와 같이 토성(土性)과 배수등급, 투수성, 투수저해토층의 유무 및 깊이 등 토양을 통한 침투를 지배하는 인자별로 각각 1~4점을 배점하여 4개 인자에 대한 점수를 합산한 총점이 13점 이상이면 A토양군, 12~11점이면 B토양군, 10~8점이면 C토양군, 7점 이하이면 D토양군으로 분류한다.

표 5.10 국내 토양의 수문학적 토양군의 분류 기준

흙의 특성	흙의 특성에 따른 점수			
	4	3	2	1
○ 토성	사질(사력질)- 자갈이 많은 사양질 (역질)	사양질- 미사사양질	식양질- 자갈이 많은 사양질 (식양질)	미사식양질- 식질
○ 배수 등급	매우 양호	약간 양호	약간 불량	불량
○ 투수성 (cm/hr)	매우 빠름, 빠름 (>12.0)	약간 빠름 (12~6.0)	약간 느림 (6.0~0.5)	느림, 매우 느림 (<0.5)
○ 투수저해토층의 유무 및 깊이(cm)	존재하지 않음.	100~50	50~25	25 이하
수문학적 토양군 (총점)	A (>13)	B (12~11)	C (10~8)	D (<7)

자료: 건설교통부, 하천설계기준·해설, 2005

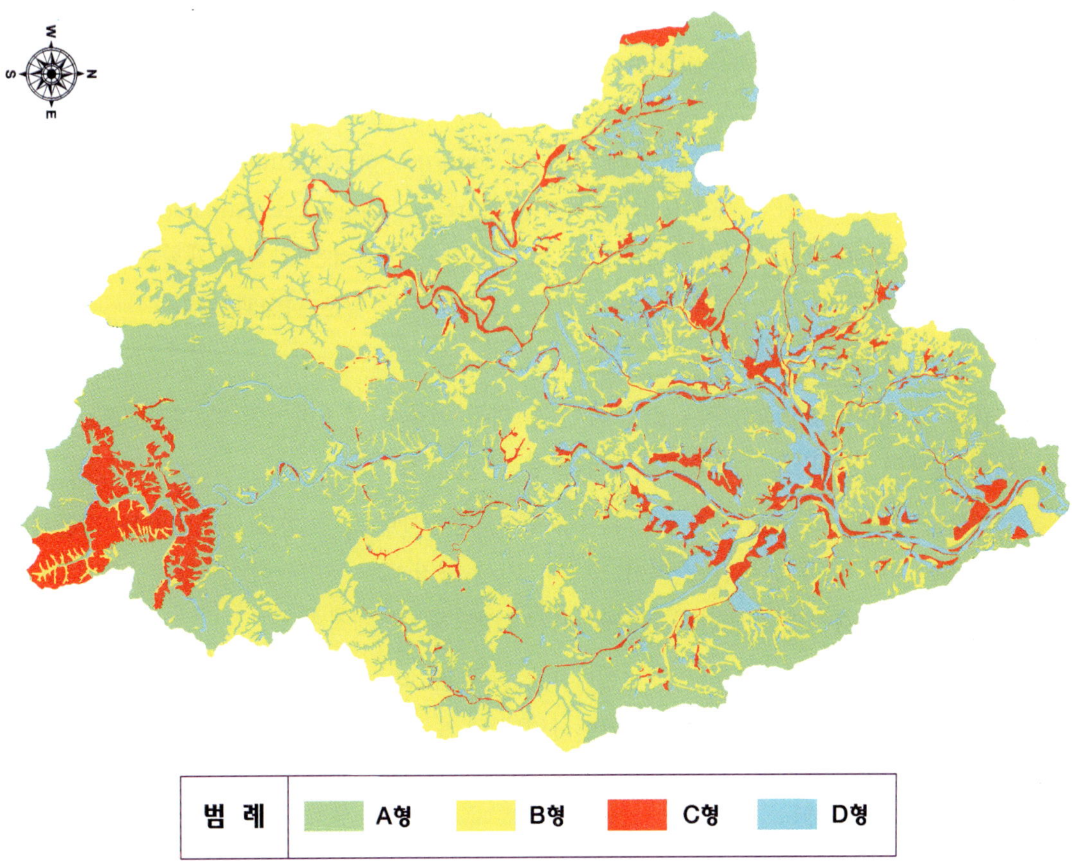

그림 5.15 금강/갑천 유역의 수문학적 토양군 분류도

그림 5.15는 갑천 유역의 토양분포를 미국 SCS의 분류 기준에 의해 4개 토양군으로 분류한 결과를 도시하고 있다.

5.6.3 토지 이용과 식생피복 처리상태 및 수문학적 조건의 분류

1) SCS의 분류방법

직접유출량(혹은 유효우량)을 총 우량으로부터 산정하기 위한 SCS 방법에서는 앞에서 살펴본 선행토양함수조건이라든지, 수문학적 토양군의 종류뿐만 아니라 농경지역의 지표면 조건이 유출에 미치는 영향을 고려하기 위해 토지이용상태(land use pattern) 혹은 식생피복(植生被覆, vegetal cover)과 식생피복의 처리상태(treatment) 혹은 경작방법(practice), 그리고 식생피복의 수문학적 조건(hydrologic condition)을 분류하고 있다.

가) 토지이용상태의 분류

US/SCS(1972)는 농경지역에서의 토지이용의 종류를 재배농경지(cultivated agricultural land)와 기타 농경지(other agricultural land)로 분류하였으며, 도시지역(urban areas)을 별도로 분류하였다. 재배농경지는 다시 이랑경작지(row crops), 조밀경작지(small grains), 조밀식재 콩과 식물 또는 윤번초지(close-seeded legumes or rotating meadow)로 구분하였으며, 기타 농경지는 자연 목초지 또는 목장(pasture or range), 초지(meadow), 수림(woods) 및 농가(farmsteads)로 분류하였고, 별도로 분류한 도시지역은 완전히 개발된 도시지역과 개발 중인 도시지역으로 구분하였으며, 각각의 토지이용 특성은 다음과 같다.

① 재배농경지

휴경지(休耕地, fallow) : 작물을 수확한 후 다른 작물을 파종하기 위해 일시적으로 내버려둔 나지 상태의 경작지로서 유출잠재력이 가장 큰 경작지이다.

이랑경작지(row crops) : 옥수수라든지 수수, 콩, 사탕무, 토마토 등 어떠한 작물이든 줄(row)을 지어서 심고 줄간 간격이 충분히 커서 경작지의 토양면이 충분히 강우에 노출되는 경작지로서 휴경지와 비슷하게 유출잠재력이 상당히 큰 경작지이다.

조밀경작지(small grains) : 밀, 보리, 귀리 등 줄을 따라 식재되나 줄간 간격이 거의 없어서 파종시나 수확 후를 제외하고는 토양면이 강우에 노출되지 않아 유출잠재력이 상대적으로 작은 경작지이다.

조밀식재 콩과 식물(close-seeded legumes) 또는 윤번초지(rotation meadow) : 알팔파초(alfalfa), 클로버 등이 빽빽하게 줄을 지어 식재되거나 혹은 무작위 파종되어 식재되는 경작지로서 1년 이상 토양을 덮고 있어서 토양수분이 보존되어 유출잠재력이 조밀경작지와 비슷한 경작지이다. 윤번경작(rotation planting)은 작물과 알팔파 등의 풀을 교대로 경작함으로써 토양의 비옥도를 높이고 침식을 감소시킨다.

② 기타 농경지

자연 목초지(pasture) 혹은 목장(range) : 자연상태의 목초지로 가축을 방목(放牧)하는 초지를 말하며, 방목 정도가 크면 토양의 침투율이 작아지고 유출잠재력은 커지며, 테라싱(terracing)을 하는 경우는 드물다.

초지(meadow) : 가축의 먹이로 사용할 건초(乾草)의 생산을 위해 지속적으로 재배하는 풀밭으로 방목은 금지되는 경작지로서 일반적으로 침투율이 높아 유출잠재력은 낮은 편이다.

수림(woods) : 농가(農家)나 목장지역에 목초와 함께 소규모로 자생하는 나무군락의 수림(樹林)을 말하며 토양의 유출잠재력은 대체로 자연 목초지보다는 작으나 초지보다는 크다.

농가(農家, farmsteads) : 농촌지역의 가옥, 차도, 주위의 부대시설 등이 이에 속한다.

산림(forest) : 관목으로 울창한 숲을 말하며, 관목 숲으로부터의 유출은 미국 산림청(U.S. Forest Service)의 소관업무분야이므로 별도의 방법에 의해 토지이용상태를 분류하여 유효우량을 산정하며, 그 방법은 후술키로 한다.

③ 도시지역

완전히 개발된 도시지역 : 도시지역의 잔디, 공원, 골프장, 묘지 등의 개활지(open spaces)와 불투수지역, 사막지의 도시지역, 상업 및 업무지역과 공업지역을 포함하는 도시지구, 그리고 주거지구로 분류하였다(표 5.14 참조).

개발 중인 도시지역 : 새로 조성된 주택단지 혹은 산업단지로 식생피복 처리가 되지 않은 지역과 단지 조성도 되지 않은 나머지 지역으로 분류하였다.

나) 식생피복의 처리상태 분류

직선열 경작지(straight row fields) : 직선열(直線列) 경작지는 경사지의 아래와 위를 연결하거나 혹은 경사를 가로질러 직선열로 작물을 식재하는 경작지이다.

등고선 경작지(contoured fields) : 가급적 등고선을 따라 작물을 식재하는 경작지로서, 등고선 사이에 만들어지는 도랑(배수로)에 배수된 물이 지체되어 침투율이 상대적으로 커지므로 유출률은 작아지는 효과가 있다.

테라스식 경작지(terraced fields) : 경사지에 테라스가 조성되고 테라스와 테라스 사이에는 식생수로(植生水路, grassed channel)가 연결되는 경작지로서 식생수로와 작물 간 도랑의 저류효과 때문에 침투율이 상대적으로 커져서 등고선 경작지의 경우보다 유출률은 작아진다.

다) 식생피복의 수문학적 조건

작물 경작지(cultivated land) : 작물 경작지(이랑경작지, 조밀경작지, 조물식재 콩과 식물 또는 윤번초지, 초지) 등의 경우 식생피복의 수문학적 조건(hydrologic condition of vegetal cover)에 대한 SCS의 기준은 상세하게 설정되어 있지 않으나 불량(poor), 보통(fair), 양호(good)의 세 가지 상태로 토양의 배수 정도에 따라 육안으로 결정한다. 배수가 불량하면 침투율이 작은 경우이므로 유출률은 크다.

자연 초지 또는 목장의 경우에 대한 수문학적 조건은 불량(poor), 보통(fair), 양호(good)의 세 가지로 구분되는데 '불량'은 방목정도가 심하고 자연초지가 차지하는 면적이 전체 면적의 50%일 경우이고, '보통'은 방목정도가 보통이고 자연초지가 전체 면적의 50%~75%, '양호'는 방목이 미미하고 전체 면적의 75% 이상일 경우로 육안에 의해 판단하게 된다.

수림지역(woods) : 수림지역의 수문학적 조건도 세 가지로 분류하는데 불량(poor)은 벌목정도가 아주 심하고 떨어진 낙엽이나 잡목 등을 가끔씩 태워서 없애는 경우이고, 보통(fair)은 벌목 정도가 보통이고 낙엽 및 잡목 제거 정도도 보통인 경우이며, 양호(good)는 벌목을 하지 않으며, 낙엽이나 잡목이 토양을 덮고 있어서 침투율이 가장 높아 유출률이 가장 낮은 경우이며, 이들 조건 역시 육안으로 판별하게 된다.

산림지역(forest) : 산림지역의 수문학적 조건은 SCS의 기준이 아니라 미국 산림청(U.S. Forest Service)의 기준에 의한다. 미국 산림청에서는 미국 동부지역의 산림지역에 대한 심도 있는 조사분석을 통하여 유출곡선지수를 결정하고 총 우량으로부터 유효우량을 산정하는 방법을 제시하였으며, 상세한 내용은 유출곡선지수의 결정방법에서 소개하기로 한다.

2) 우리나라의 분류방법

우리나라 전역의 토지이용상태는 (구)건설부 산하 국립지리원이 1972년부터 최근까지 1 : 25,000 축척의 종이지도형태로 제작해 왔었으나 건설교통부 산하 국토지리정보원은 2000년 초부터 수치토지이용도(數値土地利用圖)를 제작해서 보급하고 있다. 토지의 이용상태는 표 5.11에서 보는 바와 같이 4개 대분류, 14개 중분류 및 38개 소분류로 구분되어 있으며, 그림 5.16은 금강의 갑천 유역의 소분류에 기준한 토지이용도이고, 그림 5.17은 중분류를 기준으로 작성한 토지이용도이다.

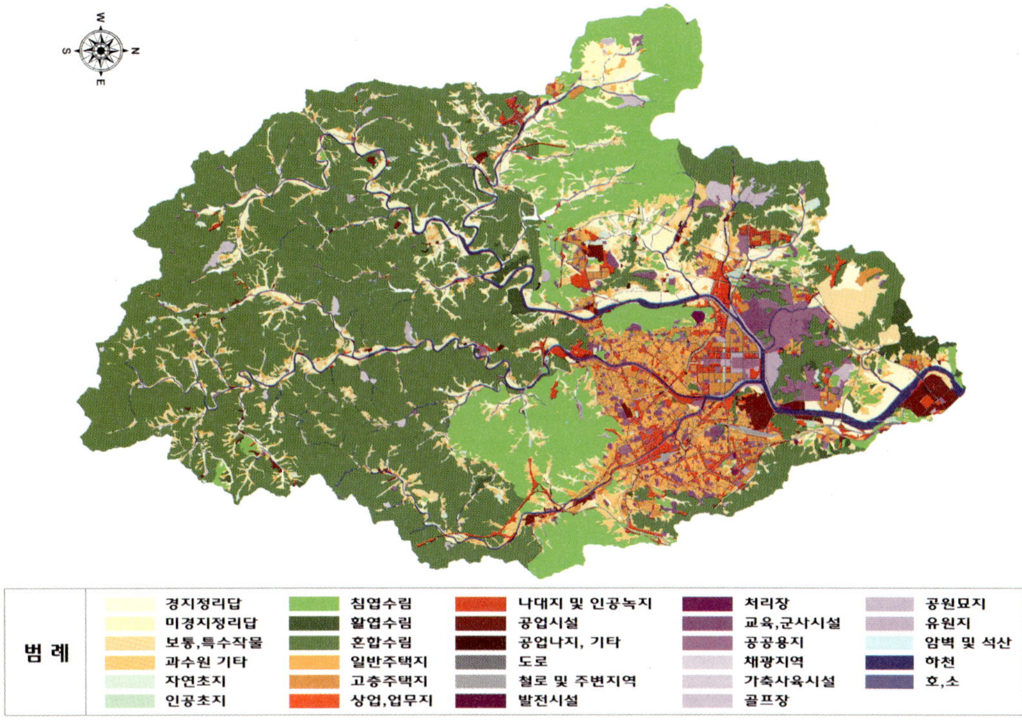

그림 5.16 금강/갑천유역의 토지이용 현황도(소분류)

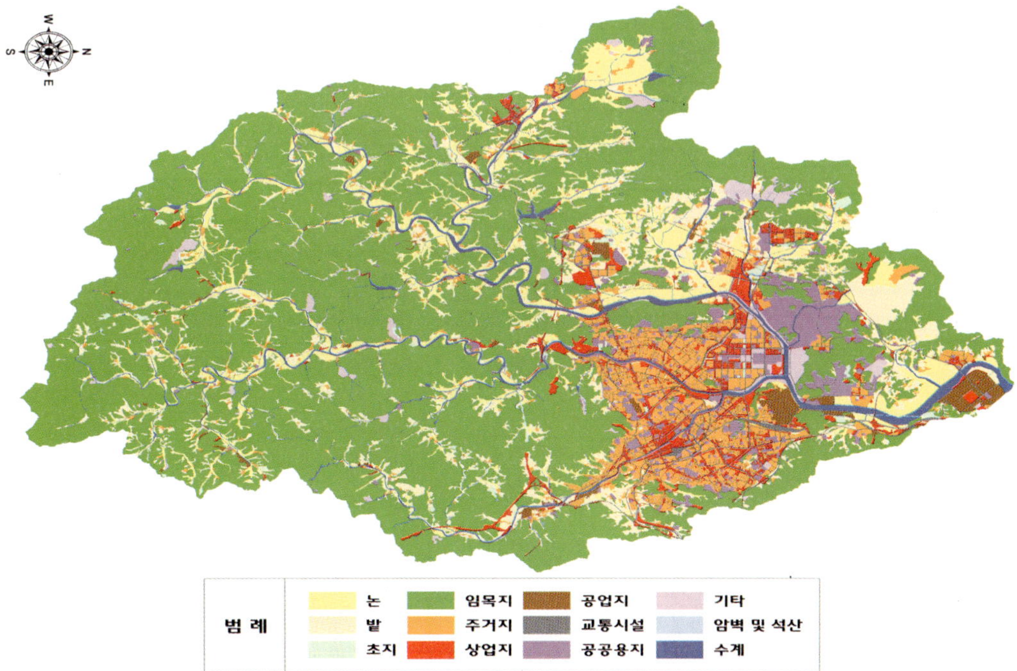

그림 5.17 금강/갑천유역의 토지이용 분류도(중분류)

표 5.11 토지이용현황의 분류체계(건설교통부 국토지리정보원)

대분류	중분류	소분류	코드	정의(38개)
농지	논	경지정리답	1110	물을 이용하여 벼를 재배하기 위한 토지로 수로가 용수를 공급하는 경지 정리지
		미경지 정리답	1120	물을 이용하여 벼를 재배하기 위한 토지로서 주로 계단 형태이며, 경사가 심한 산간지에 위치하며, 관개시설이 없거나 미진한 경지
	밭	보통, 특수작물	1210	물을 대지 아니하고 식물을 재배하는 토지로 보통작물인 무, 배추, 시금치 등의 채소와 특수작물인 약초, 인삼, 담배, 대발, 뽕밭을 포함하며 휴농지 및 간작지를 포함함.
		과수원, 기타	1220	과실수를 재배하는 토지로 사과, 배, 복숭아, 포도, 감, 밀감, 밤, 호두나무 등 과실수와 묘목밭(유실수, 관상수)을 포함.
임지	초지	자연초지	2110	자연적으로 조성된 초지로서 벌목지는 도화상에서는 자연초지로 구분을 하고 현지조사 당시의 상태로 재구분함.
		인공초지	2120	축산과 낙농을 위해 사용되는 초지 및 이를 목적으로 인위적으로 조성한 초지와 도로의 절토부분의 공지 및 공사지역의 사면을 포함하고, 목장의 경우 목초지가 있는 경우에 인공초지로 구분
	임목지	침엽수림	2210	전체의 2/3 이상이 침엽수 위주로 이루어진 산림
		활엽수림	2220	전체의 2/3 이상이 활엽수 위주로 이루어진 산림
		혼합수림	2230	침엽수 또는 활엽수가 혼재하는 산림
	기타	골프장	2310	골프를 위하여 조성된 녹지와 해당 부대 시설
		유원지	2330	위락, 휴양 등을 위한 놀이시설이 포함된 대규모 공원(도심지 내 소규모 공원은 제외)
		공원묘지	2320	사설 또는 공공 공원묘지
		암벽 및 석산	2340	산악지 및 해안가의 바위, 암벽 등을 포함.
도시 및 주거지	주거지 및 상업지	일반주택지	3110	5층 미만의 연립, 다세대 및 단독 주택지(단독 주택에 일부가 점포로 사용되는 경우에는 일반주택지에 포함.)
		고층주택지	3120	5층 이상의 공동주택으로 아파트 및 해당 부대시설을 포함함.
		상업, 업무지	3130	상가, 시장, 서비스업 등 매매를 위한 건물이나 은행, 사무실 등 업무용 건물이 자리하고 있는 지역 및 부속 주차공간(주택과 상업·업무용 건물이 혼재되어 판별이 어려운 경우 2/3 이상의 용도를 차지하는 토지이용으로 일반주택지와 고층 주택지, 상업·업무지를 구분)
		나대지 및 인공녹지	3140	주거 밀집지 내 공토로 존재하는 나대지 및 도심지 내 소규모 공원 및 녹지, 주거 밀집지 및 도심지 내 소규모 공원 및 녹지, 인위적으로 조성된 초지
	교통 시설	도로	3210	6 m 이상의 고속화도로 및 국도, 지방도, 시·군도와 갓길, 인도 포함한 용지를 말하며, 고속도로상의 휴게소는 도로 부대시설로 간주하고 그 외의 휴게소는 상업시설로 분류함.
		철로 및 주변지역	3220	복선 이상의 철로 및 부속용지
		공항	3230	항공기 이착륙을 위한 활주로를 포함한 격납고, 승강장, 관제시설 등이 존재하는 지역
		항만	3240	선박의 정박과 물품을 하역하는 시설이 존재하는 지역으로 창고시설 등을 포함.
	공업지	공업시설	3310	제조업에 이용되는 토지 및 대규모 공업단지(상업시설과 공업시설이 혼재되어 있는 경우 2/3 이상의 시설이 차지하는 토지이용으로 구분)
		공업나지, 기타	3320	공업지대 내에 아직 시설이 들어서지 않은 대지, 공장지대 또는 공업단지로 조성된 부지 중 아직 개발되지 않은 최소단위면적 이상의 나대지

표 5.11 토지이용현황의 분류체계(건설교통부 국토지리정보원) (계속)

대분류	중분류	소분류	코드	정의(38개)
도시 및 주거지	공공 시설물	발전시설	3410	발전소, 변전소, 정류소, 저유조, LNG 저장고 등의 발전시설 및 부속시설
		처리장	3420	하수종말처리장, 취·정수장, 우수배제시설, 상수가압펌프장, 분뇨처리장, 폐수처리장 등과 해당 부속시설
		교육, 군사시설	3430	학교와 학교부속시설, 교도소, 수용소, 군사교육시설, 교회수련원, 폐교인 경우 다른 용도로 사용하는 경우에는 해당 용도시설로 구분
		공공용지	3440	도청, 시청, 군청, 구청, 기타 관청, 연구소(정부, 공공, 민간 등), 병원, 요양소, 교회, 절, 경기장 등의 공공시설
	기타 시설	양어장, 양식장	3510	어류 및 어패류, 해조류 등을 양식하기 위해 사용하는 시설 및 용지
		채광지역	3520	석재를 채취하는 지역 및 부대시설을 말함. 골재채취장의 경우 레미콘 공장이 있는 경우에는 채석장으로 구분하고 없는 경우에는 공업용지로 구분함.
		매립지	3530	폐기물 및 쓰레기 매립지와 집적장, 대규모 소각장
		광천지	3540	지하에서 온수, 약수, 석유류 등이 용출되는 용출구와 용출구의 유지를 위한 용지[온천, 광천수 등의 채굴과 유지관리를 위한 시설(온천공, 온수 탱크 등)만으로 판정하고, 위락시설, 복합시설(목욕탕, 놀이 동산)의 경우에는 사용목적에 따라 판정]
		가축사육 시설	3550	대단위 양계장, 축사, 폐축사 등이 밀집된 지역
수계	습지	갯벌	4110	조석에 따라 그 범위가 달라질 수 있는 지역으로서 수시로 바닷물이 찰 수 있으며, 염분에 강한 식물들이 존재할 수 있는 지역으로 바닷가의 뻘
		염전	4120	바닷가에서 소금 생산에 이용되는 지역
	하천	하천	4210	실폭하천 및 부속토지(일반적으로 하천에서 제방까지를 포함.)
	호소	호, 소	4310	물이 고여있는 저수지, 늪
		댐	4320	발전과 홍수 예방 등을 목적으로 건설된 대단위 저수관제 시설로서 제방 상단의 폭이 6 m 이상인 조정지 댐과 부대 시설을 포함.
	기타	백사장	4410	바닷가의 모래(해변 또는 사빈) 등

3) SCS와 우리나라의 토지이용상태 분류방법의 비교검토

SCS의 유효우량 산정방법을 사용하여 호우사상별 총 우량으로부터 유효우량을 산정하려면 SCS가 사용하고 있는 유역의 선행토양함수조건, 수문학적 토양군, 토지이용 및 식생피복 처리상태와 수문학적 조건을 우리나라 유역의 조건에 맞추어 조정할 필요가 있다. 이 중 선행토양함수조건은 SCS의 5일 선행강수량에 의한 기준을 그대로 쓰면 되고, 수문학적 토양군은 우리나라 토양종류를 표 5.10의 기준에 의해 부록-Ⅳ의 토양부호별로 A, B, C, D군으로 분류하면 된다.

그러나 토지이용상태의 경우는 SCS의 분류기준과 우리나라 국토지리정보원의 분류기준이 많이 달라서 SCS의 토지이용분류기준과 우리나라의 분류기준을 접목시킬 필요가 있다. 즉, 우리나라 주요 토지이용상태의 중분류 및 소분류와 SCS의 유사토지이용분류를 대비해 보면 표 5.12와 같다.

표 5.12 우리나라 및 미국 SCS의 토지이용분류 비교

지역구분	중분류	소분류	SCS 분류	비고
농경지역 및 산림지역	논	- 경지정리답 - 미경지정리답		SCS 분류기준 없음.
	밭	- 보통·특수작물 - 과수원, 기타	- row crops - small grains	- 농경지역에 대한 표 5.13의 분류 참조
	초지	- 자연초지 - 인공초지	- close-seeded legumes or rotation meadow - pasture or range - meadow	
	임목지	- 침엽수림 - 활엽수림 - 혼합수림	- forests	- U.S. Forest Service 분류기준(그림 5.18 참조)
	주거지 및 상업지	- 나대지 및 인공녹지	- woods	- 농경지역에 대한 표 5.13의 분류 참조
	교통시설	- 도로 - 철도 및 주변지역	- roads	
도시지역	임지 (기타)	- 골프장 - 공원묘지 - 문화재 및 유원지 - 암벽 및 석산	- 개활지(잔디, 공원, 골프장, 공원묘지)	- 도시지역에 대한 표 5.14 참조
	교통시설	- 도로 - 철도 및 주변지역	- 도로와 길 - 불투수지역(주차장, 지붕, 접근로)	
	주거지 및 상업지	- 일반주택지 - 고층주택지 - 상업 및 업무지	- 주거지(150평 이하) - 도시지역(상업 및 사무실 지역)	
	공업지	- 공업용지 - 공업나지, 기타	- 공업지역	
	공공시설	- 발전시설 - 처리장 - 교육군사시설 - 공공용지	- 주거지역(300평 이상)	

5.6.4 SCS 유출곡선지수의 결정

1) 농경지역에 대한 SCS의 유출곡선지수

총 우량과 유효우량의 관계는 앞에서 살펴본 바와 같이 유역의 선행토양함수조건과 수문학적 토양군, 토지이용상태(식생피복상태)와 식생피복의 처리상태 및 수문학적 조건에 따라 결정된다. US/SCS(1972)는 주로 미국 전역의 농경지역에 대해 총 우량-유효우량 관계에 영향을 미치는 이들 인자들을 고려한 수문학적 토양-피복형(hydrologic soil-cover complexes)별 유출곡선지수(流出曲線指數, runoff curve number) CN값을 표 5.13과 같이 결정 · 제시하였다. 또한, 도시지역에 대해서는 토양형과 지면의 피복상태 및 불투수율에 따라 유출곡선지수값을 표 5.14와 같이 제시하였다.

표 5.13과 표 5.14는 유역의 선행토양함수조건(AMC)이 평균수준인 AMC-II 조건이고, 후술할 초기손실우량(I_a)이 토양의 최대잠재보류수량(最大潛在保留水量, maximum potential retention) S의 20%(즉, $I_a = 0.2S$)일 경우의 CN값을 표시한다.

표 5.13은 미국의 농경지역에 대한 농지배수(排水) 및 농업용수의 공급 업무를 맡고 있는 SCS가 농경지 시험유역들에서 실측한 자료를 근거로 하여 CN값을 결정한 것이다. 미국의 경우는 일부 주(州)를 제외하고는 벼를 경작하는 논(沓)이 없으므로 SCS는 논에 대한 CN값을 제시하지 못하고 있으나 우리나라의 경우 논은 전국적으로 대단히 흔한 토지이용상태이므로 CN값을 추정할 수 있는 방법이 꼭 필요하다.

표 5.13 농경지역의 유출곡선지수 CN(AMC-II, $I_a = 0.2S$ 경우)

농경지역의 분류	식생피복 및 토지이용상태(land use)	식생피복처리상태 (treatment condition)	수문학적 조건 (hydrologic condition)	토양군 A	토양군 B	토양군 C	토양군 D
재배 농경지	휴경지(fallow)	경사 나지	-	77	86	91	94
	이랑 경작지(row crops)	경사 경작(straight row)	poor	72	81	88	91
		경사 경작	good	67	78	85	89
		등고선 경작(contoured)	poor	70	79	84	88
		등고선 경작	good	65	75	82	86
		등고선, 테라스 경작(terraced)	poor	66	74	80	82
		등고선, 테라스 경작	good	62	71	78	81
	조밀 경작지 (small grains)	경사 경작	poor	65	76	84	88
		경사 경작	good	63	75	83	87
		등고선 경작	poor	63	74	82	85
		등고선 경작	good	61	73	81	84
		등고선, 테라스 경작	poor	61	72	79	82
		등고선, 테라스 경작	good	59	70	78	81
	조밀 식재 콩과 식물 (close-seeded legumes) 또는 윤번초지(rotation meadow)	경사 경작	poor	66	77	85	89
		경사 경작	good	58	72	81	85
		등고선 경작	poor	64	75	83	85
		등고선 경작	good	55	69	78	83
		등고선 테라스 경작	poor	63	73	80	83
		등고선 테라스 경작	good	51	67	76	80
기타 농경지	자연목초지(pasture) 또는 목장(range)		poor	68	79	86	89
			fair	49	69	79	84
			good	39	61	74	80
		등고선 경작	poor	47	67	81	88
		등고선 경작	fair	25	59	75	83
		등고선 경작	good	6	35	70	79
	초지(meadow)	등고선 경작	good	30	58	71	78
	수림(woods)		poor	45	66	77	83
			fair	36	60	73	79
			good	25	55	70	77
	농가(farmsteads)		-	59	74	82	86
	산림(forest)*			56	75	86	91

주: *산림에 대한 CN값은 미국 SCS 방법에 의한 것이 아니고 미국 산림청(Forest Service)의 CN 산정방법에 의한 것으로 하천설계기준(건설교통부, 2005)에 제시되어 있는 값(표 5.13의 산림에 대한 값과 동일)은 산림의 CN값 중 가장 큰 값임.

자료: U.S. Soil Conservation Service, *Hydrology*, Section 4, National Engineering Handbook, 1972

표 5.14 도시지역의 유출곡선지수 CN(AMC-II, $I_a = 0.2S$ 경우)

지표 피복형 및 수문학적 조건	평균불투수 면적비율(%)	수문학적 토양군			
		A	B	C	D
A. 완전히 개발된 도시지역					
(1) 개활지(잔디, 공원, 골프장, 묘지 등):	- 나쁜(poor)상태(초지피복률 50% 이하)	68	79	86	89
	- 보통(fair)상태(초지피복률 50~75%)	49	69	79	84
	- 양호한(good)상태(초지피복률 75% 이상)	39	61	74	80
(2) 불투수지역:	- 포장된 주차장, 지붕, 차도(접근도로 불포함.)	98	98	98	98
	- 가로 및 도로(streets and roads)	98	98	98	98
	· 포장: 연석(curb)아래 우수관거설치(접근도로 불포함.)	83	89	92	93
	· 포장: 개거(open ditches), (접근도로 포함.)	76	85	89	91
	· 자갈도로(접근로도 포함.)				
	· 흙도로(접근도로 포함.)	72	82	87	89
(3) 미국서부 사막지역의 도시지역:	- 자연 사막지역 상태	63	77	85	88
	- 사막지역에 인공배수시설을 설치한 상태	96	96	96	96
(4) 도시지구(urban districts)					
- 상업 및 업무지역	85	89	92	94	95
- 공업지역	72	81	88	91	93
(5) 주거지구(구획지의 크기에 따름.)					
- 1/8 acre(약 150평) 이하	65	77	85	90	92
- 1/4 acre(약 300평) 이하	38	61	75	83	87
- 1/3 acre(약 400평) 이하	30	57	72	81	86
- 1/2 acre(약 600평) 이하	25	54	70	80	85
- 1 acre(약 1,200평) 이하	20	51	68	79	84
- 2 acre(약 2,400평) 이하	12	46	65	77	82
B. 개발 중인 도시지역					
(1) 새로 조성된 단지(식생피복 없음.)	-	77	86	91	94
(2) 단지 조성이 안된 나대지*					

주: * 단지 조성이 안된 나대지의 경우는 표 5.13의 기타 농경지 분류 기준에 따라 CN값 결정

자료: Natural Resources Conservation Service, *Urban Hydrology for Small Watersheds*, Technical Release 55, USDA, 1986.

건설교통부, 하천설계기준 · 해설, 2005.

한편, 임상준과 박승우(1997)는 우리나라 논에 대한 강우량-유출량 관계분석을 통해 AMC별 CN값을 표 5.15에서와 같이 결정하여 제안하였으며, 보다 더 정확한 CN값을 산정하기 위해 논의 확률 담수심, 물꼬높이, 기상자료 등을 이용한 일단위 물 수지분석모형을 사용한 결과도 표 5.15에 수록되어 있다. 우리나라 논의 경우 홍수기에는 담수상태에 있으므로 경지정리답이나 미 경지정리답에 관계없이, 그리고 토양군의 종류에 관계없이 AMC-Ⅰ, Ⅱ, Ⅲ에서의 CN값은 표 5.15에 제시된 70, 79, 89를 각각 사용하는 것이 타당할 것으로 생각된다.

표 5.15 논의 유출곡선지수 CN값 추정치

추정방법	AMC-Ⅰ	AMC-Ⅱ	AMC-Ⅲ
강우량-유출량 관계분석	63	78	88
물 수지분석모형	70	79	89

2) 산림지역에 대한 유출곡선지수의 산정방법

지금까지 소개한 미국 SCS의 농경지역에 대한 유출곡선지수 결정방법에서는 산림(forest)에 대한 것은 다루지 않았다. 이는 미국 SCS의 기본 임무가 농경지의 토양보존으로 농작물 증산을 목표로 하고 있기 때문이다. 일반적으로 하천유역의 상당한 면적을 차지하는 산림지역에 대한 유출곡선지수는 미국 산림청(U.S. Forest Service, US/FS)이 자체적으로 개발한 방법에 의해 결정하고 있으며, 그 절차를 살펴보기로 한다.

미국 산림청은 미국 동부지역의 산림지역에 대한 조사연구 결과 유출곡선지수를 지배하는 인자는 SCS의 수문학적 토양군과 나무 아래에 쌓인 부식토(腐蝕土, humus)의 종류와 깊이 및 압밀정도(compactness)임을 밝혔다. 부식토는 나무 아래로 떨어지는 각종 낙엽과 잡풀 등이 토양과 함께 섞여 유기물질화된 흙으로서 부식토의 깊이는 해가 지남에 따라 점점 깊어져 결국에는 평형상태에 도달하는 것으로 알려져 있으며, 최대깊이는 12 in.(약 30.5 cm)까지 갈 수 있으나 평균적인 조건에서는 5~6 in. 정도이다.

부식토는 토양면의 관리방법에 따라 압밀정도가 달라지는데 압밀정도가 낮은 경우에는 침투율이 대단히 크나 압밀이 심할수록 침투율은 급속하게 떨어지는 성질을 가지고 있다.

US/FS는 산림지역의 유출잠재능(runoff-producing potential)을 지배하는 수문학적 조건을 1~6의 범위에 있는 숫자로 등급화하였으며, 숫자가 작을수록 유출잠재능은 커짐을 표시한다. 그림 5.18은 부식토 깊이(H)와 압밀정도(C)에 따른 산림지역의 수문학적 조건의 등급(Hydrologic Condition, HC)을 결정하는 그림이다.

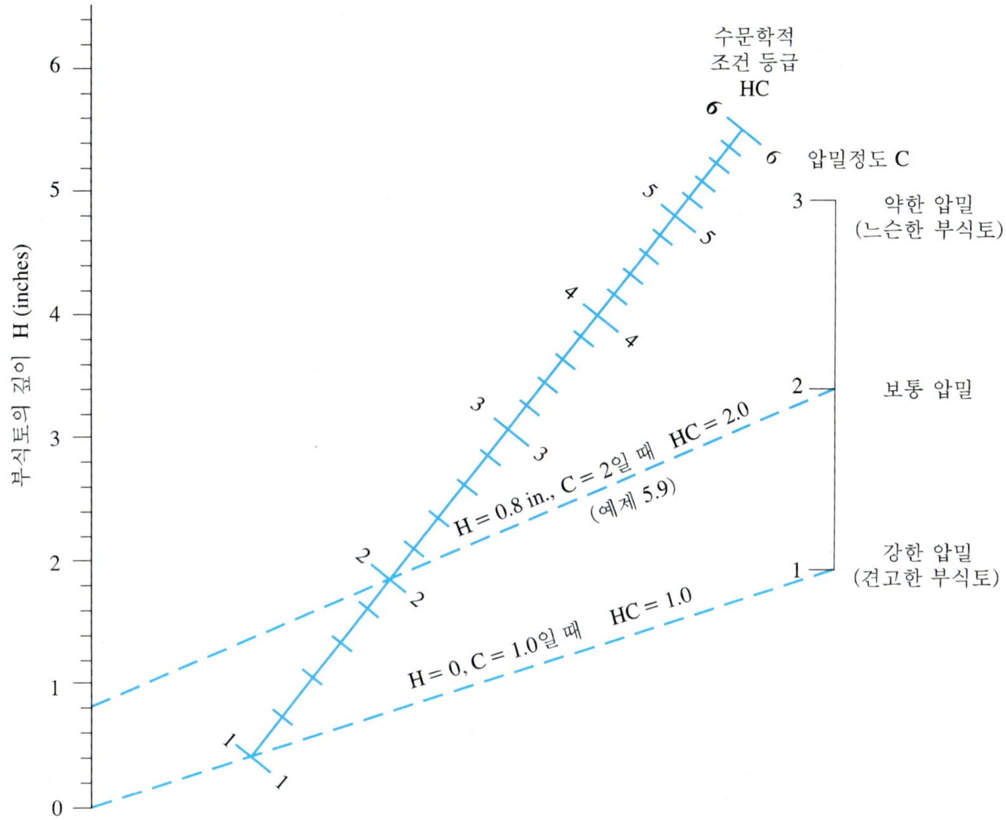

그림 5.18 산림의 수문학적 조건 등급의 결정(미국 산림청, US/FS)

그림 5.18을 보면 압밀정도가 일정할 경우 부식토의 깊이가 커질수록 HC값은 커진다. 부식토의 깊이가 크면 부식토의 침투능은 커지므로 유출잠재능은 작아진다. 따라서, HC값이 커지면 다음의 그림 5.19에서 보는 바와 같이 유출곡선지수 CN은 작아진다.

그림 5.18에서 부식토의 깊이가 6 in.(약 15 cm)이고 압밀정도 가장 클 때(C = 1.0) 수문학적 조건 HC = 3.22 정도이다. 부식토의 평균적인 깊이와 압밀정도는 현장조사를 통해 결정할 수 있다.

이와 같이 산림의 수문학적 조건이 그림 5.18로부터 숫자로 결정되면 SCS의 수문학적 토양군과 숲의 수문학적 조건 등급(HC)을 사용하여 그림 5.19에서 유출곡선지수 CN을 결정하게 된다. 표 5.13의 아래에서 부연 설명한 바와 같이 하천설계기준(건설교통부, 2005)에 제시된 산림의 CN값은 그림 5.19에서 수문학적 조건 등급 HC=1.0에 해당하는 값으로 관목숲이 가질 수 있는 가장 큰 값(예를 들면, 토양군 A의 경우 CN=56)이며, 그림 5.18로부터 부식토의 깊이 H=0이고 압밀정도 C=1.0(강한 압밀)일 때 수문학적 조건 HC=1.0에 해당함을 알 수 있다.

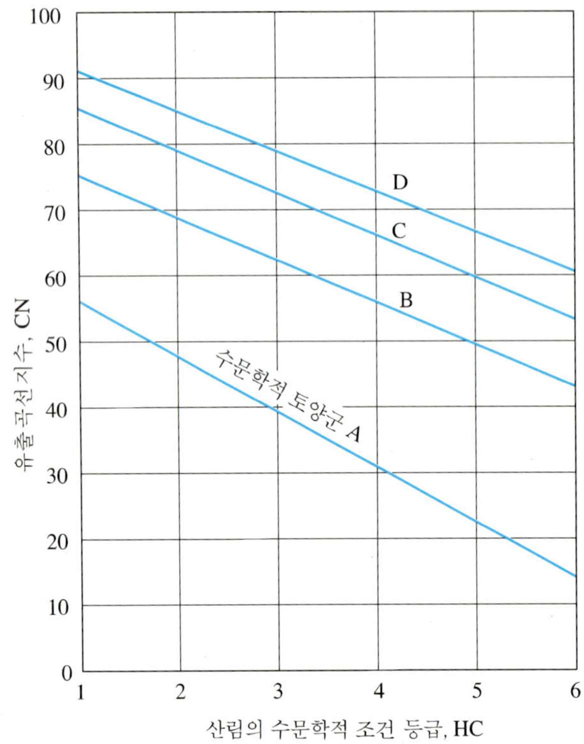

그림 5.19 수문학적 토양군(US/SCS)과 산림의 수문학적 조건 등급(US/FS)에 따른 CN값의 결정

5.6.5 총 우량-유효우량 관계모형의 설정

SCS 방법에서는 강우시점부터 어떤 시각까지의 총 우량(혹은 잠재유출량) P에 대한 유효우량 Q의 비는 토양의 최대 잠재보류수량(最大潛在保留水量, maximum potential retention) S'에 대한 실제 보류수량(혹은 침투량) F의 비와 같다고 가정하였다. 즉,

$$\frac{F}{S'} = \frac{Q}{P} \tag{5.25}$$

여기서, $P \geq Q$이며, $S' \geq F$이다.

토양의 실제보류수량 혹은 침투량은 총 강수량에서 총 유효수량을 뺀 것이므로 다음 식이 성립된다.

$$F = P - Q \tag{5.26}$$

식 (5.25)를 식 (5.26)에 넣고 Q에 관에 풀면

$$Q = \frac{P^2}{P + S'} \tag{5.27}$$

식 (5.27)은 유효우량과 총 우량 간의 관계식이나 강우초기에 내려 유출에 기여하지 못하는 초기손실우량이 고려되지 못하고 있다. 따라서, 초기손실우량 I_a를 고려하기 위해 식 (5.27)의 P를 $(P-I_a)$로, S'을 $(S-I_a)$로 표시하면 다음 식을 얻는다.

$$Q = \frac{(P-I_a)^2}{(P-I_a)+S} \tag{5.28}$$

여기서, S는 초기손실우량 I_a까지를 포함하는 토양의 최대 잠재보류수량 혹은 유역의 토양 수분 저류가능량(watershed storage)이다.

그런데, 초기손실우량 I_a는 차단량과 초기침투량 및 지면저류량 등으로 구성되며 유출이 시작되기 전에 발생하는 것들이며, 그림 5.21 속의 내삽도(內挿圖)에 표시되어 있다. SCS는 식 (5.28)에서 I_a를 소거하기 위해서 다수의 시험유역에서 수집한 호우별 강우량과 유출량 자료를 그림 5.20과 같이 분석하여 다음 식을 제안하였다.

$$I_a = 0.2S \tag{5.29}$$

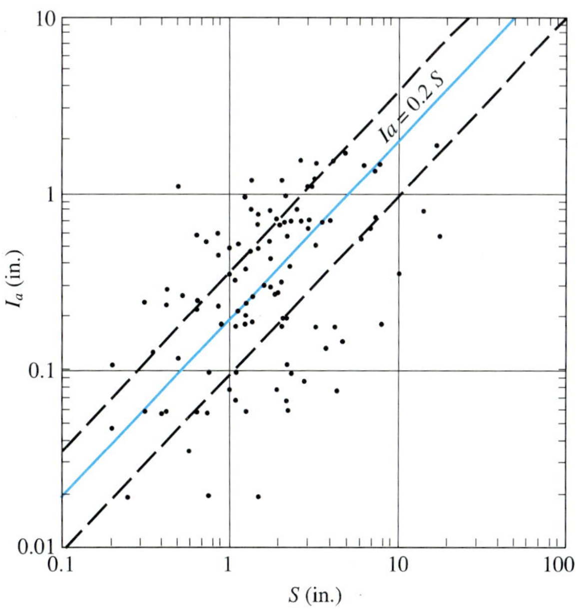

그림 5.20 초기손실우량(I_a)과 최대잠재보류수량(S) 간의 관계

식 (5.29)를 식 (5.28)에 대입하면 SCS의 유효우량 산정방법에 적용되는 총 강우량-유효우량(혹은 직접유출량) 관계를 얻는다.

$$Q = \frac{(P-0.2S)^2}{P+0.8S} \tag{5.30}$$

식 (5.30)은 $P > 0.2S$인 경우에만 적용된다.

SCS는 수많은 시험유역에서 주요 호우사상별로 수집한 자료를 사용하여 총 강우량-유효우량 관계를 도시해 본 결과 여러 개의 관계 곡선을 그을 수 있었으며, 이들 곡선을 표준화하여 그림 5.21에서와 같이 0에서 100 사이의 값을 가지는 무차원의 유출곡선지수(runoff curve number) CN을 개개 곡선에 부여하였다.

그림 5.21은 일정한 값을 가지는 한 개의 총 우량에 대해 유효우량은 CN값에 따라 여러 값이 있을 수 있음을 보여주고 있다. 이는 CN값이 전술한 바 있는 토양의 종류, 토지이용 및

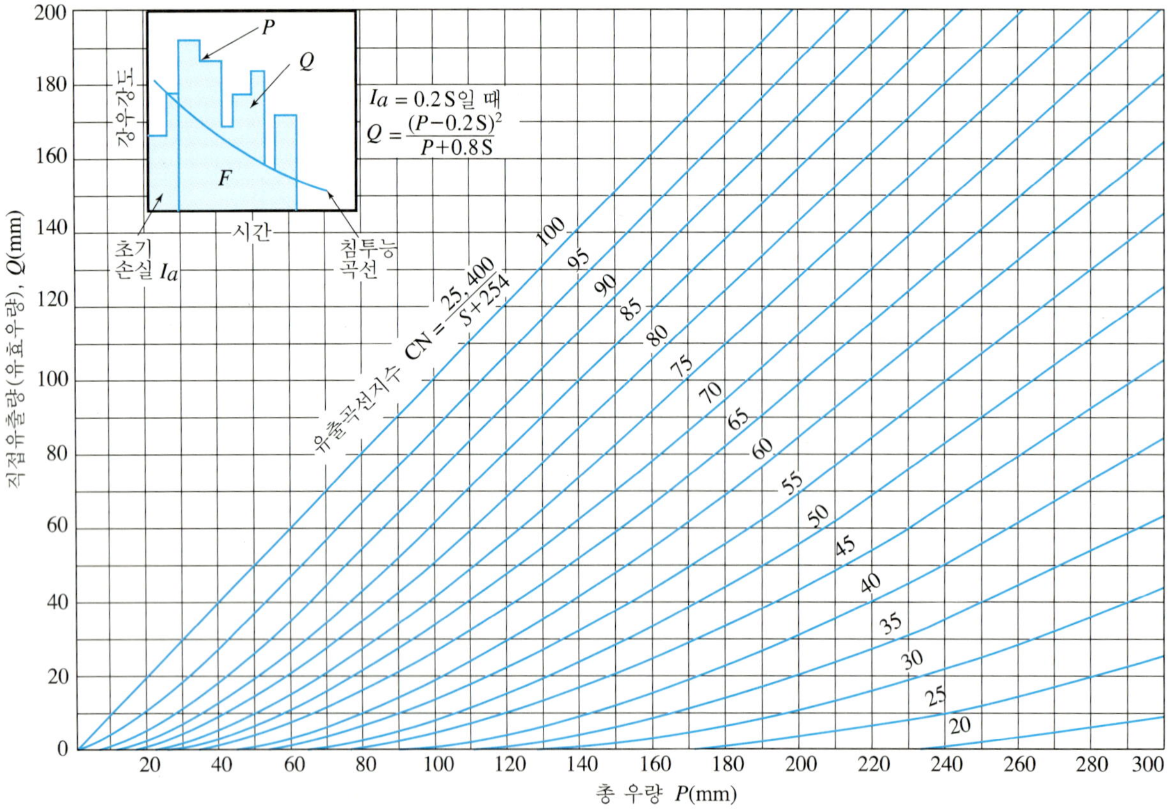

그림 5.21 총 우량-유효우량관계 곡선도(SCS 방법)

표 5.16 선행토양함수조건(AMC)에 따른 유출곡선지수의 환산

AMC별 CN			S (AMC-II) (mm)	AMC별 CN			S (AMC-II) (mm)
II	I	III		II	I	III	
100	100	100	0	50	29.6	69.7	254.0
99	97.7	99.6	2.57	49	28.8	68.8	264.4
98	95.4	99.1	5.18	48	27.9	68.0	275.2
97	93.1	98.7	7.86	47	27.1	67.1	286.4
96	91.0	98.2	10.58	46	26.4	66.2	298.2
95	88.9	97.8	13.37	45	25.6	65.3	310.4
94	86.8	97.3	16.21	44	24.8	64.4	323.3
93	84.8	96.8	19.12	43	24.1	63.4	336.7
92	82.8	96.4	22.09	42	23.3	62.5	350.8
91	80.9	95.9	25.12	41	22.6	61.5	365.5
90	79.1	95.4	28.22	40	21.9	60.5	381.0
89	77.3	94.9	31.39	39	21.2	59.5	397.3
88	75.5	94.4	34.64	38	20.5	58.5	414.4
87	73.8	93.9	37.95	37	19.8	57.5	432.5
86	72.1	93.4	41.35	36	19.1	56.4	451.6
85	70.4	92.9	44.82	35	18.4	55.3	471.7
84	68.8	92.4	48.38	34	17.8	54.2	493.1
83	67.2	91.8	52.02	33	17.1	53.1	515.7
82	65.7	91.3	55.76	32	16.5	52.0	539.8
81	64.2	90.7	59.58	31	15.9	50.8	565.4
80	62.7	90.2	63.50	30	15.3	49.6	592.7
79	61.2	89.6	67.52	29	14.6	48.4	621.9
78	59.8	89.1	71.64	28	14.0	47.2	653.1
77	58.4	88.5	75.87	27	13.4	46.0	686.7
76	57.1	87.9	80.21	26	12.9	44.7	722.9
75	55.8	87.3	84.67	25	12.3	43.4	762.0
74	54.4	86.7	89.24	24	11.7	42.1	804.3
73	53.2	86.1	93.95	23	11.1	40.7	850.4
72	51.9	85.5	98.78	22	10.6	39.3	900.6
71	50.7	84.9	103.8	21	10.0	37.9	955.5
70	49.5	84.3	108.9	20	9.5	36.5	1016
69	48.3	83.7	114.1	19	9.0	35.0	1082
68	47.2	83.0	119.5	18	8.4	33.5	1157
67	46.0	82.4	125.1	17	7.9	32.0	1240
66	44.9	81.7	130.9	16	7.4	30.5	1333
65	43.8	81.0	136.8	15	6.9	28.9	1439
64	42.7	80.3	142.9	14	6.4	27.2	1560
63	41.7	79.7	149.2	13	5.9	25.6	1700
62	40.7	79.0	155.7	12	5.4	23.9	1863
61	39.6	78.2	162.4	11	4.9	22.1	2055
60	38.7	77.5	169.3	10	4.5	20.4	2286
59	37.7	76.8	176.5	9	4.0	18.5	2568
58	36.7	76.1	183.9	8	3.5	16.7	2921
57	35.8	75.3	191.6	7	3.1	14.8	3375
56	34.8	74.5	199.6	6	2.6	12.8	3979
55	33.9	73.8	207.8	5	2.2	10.8	4826
54	33.0	73.0	216.4	4	1.7	8.7	6096
53	32.1	72.2	225.3	3	1.3	6.6	8213
52	31.3	71.4	234.5	2	0.8	4.5	12446
51	30.4	70.5	244.0	1	0.4	2.3	25146

식생피복처리상태, 토양의 수문학적 조건 등 이른바 수문학적 토양-피복형의 성질을 반영하며, 토양의 최대잠재보류수량 S와 관계가 있을 것임을 짐작할 수 있고, SCS는 미터 단위제를 사용할 경우 S와 CN의 관계를 다음 식으로 표시하였으며, 이 식은 그림 5.21의 관계를 대표한다.

$$\mathrm{CN} = \frac{25,400}{S+254} \quad \text{혹은} \quad S = \frac{25,400}{\mathrm{CN}} - 254 \tag{5.31}$$

여기서, CN은 무차원 변수로 0~100의 값을 가지며, 불투수면에서는 CN=100이고, S는 mm의 단위를 가진다. 그런데, 어떤 규모의 수문학적 토양-피복형의 CN값은 선행강수조건에 따라 각각 다른 값을 가진다. 즉, AMC-II 조건에서는 평균적인 값을 가지며, AMC-I 조건에서는 AMC-II 조건의 경우보다 CN값이 작아지고, AMC-III 조건에서는 AMC-II 조건의 경우보다 CN값이 커진다. 표 5.16은 AMC-II 조건에서의 CN값과 그에 해당하는 S값[식 (5.31)에 의해 계산됨]과 함께 AMC-I 및 AMC-II 조건에서의 CN값을 환산관계에 의해 표시하고 있으며, 다음의 관계식에 의해 환산할 수도 있다.

$$\mathrm{CN(I)} = \frac{4.2\mathrm{CN(II)}}{10 - 0.058\mathrm{CN(II)}} \tag{5.32}$$

$$\mathrm{CN(III)} = \frac{23\mathrm{CN(II)}}{10 + 0.130\mathrm{CN(II)}} \tag{5.33}$$

여기서, CN(I), CN(II), CN(III)는 각각 AMC-I, II, III 조건하의 유출곡선지수이다.

5.6.6 SCS 방법에 의한 하천유역의 평균 유효우량 산정

1) 지형도상 작업에 의한 방법

지금까지 소개한 SCS의 유효우량 산정방법은 토지이용상태와 식생피복의 처리상태 및 수문학적 조건과 토양군의 종류에 따른 유출곡선지수를 표 5.13 혹은 표 5.14로부터 선정하여 토지이용 단위구역별로 식 (5.30)에 의해 총 우량으로부터 유효우량을 산정하는 방법이다. 그런데, 하천유역은 일반적으로 여러 종류의 토지이용 단위구역으로 구성되기 때문에 토지이용 단위구역별로 선정된 유출곡선지수를 단위구역별 면적을 가중인자로 하여 평균하여 유역평균 유출곡선지수(流域平均 流出曲線指数)를 구한 후 식 (5.30)에 의해 유역평균 유효우량을 산정하는 절차를 따르며, 자세한 절차는 다음과 같이 요약할 수 있다.

① 분석대상 하천유역의 수치지형도(통상 1:25,000 축척)상에 유역도(流域圖)를 그린다.

② 분석대상유역에 대한 수치정밀토양도(1:25,000 축척)를 중첩시켜 SCS의 4개 토양군별

분포도를 작성한다.

③ 분석대상유역에 대한 토지이용현황도(1:25,000 축척)상의 토지이용상태를 표 5.13 혹은 표 5.14의 분류에 따라 구분하여 4개 토양군별 분포도로 작성된 지형도상에 중첩시킨다.

④ 대상유역의 토지이용상태별, 토양군별 면적을 지형도상에서 구적기(求積器, planimeter)로 구한 후 표 5.13 혹은 표 5.14의 토지이용상태, 처리상태, 수문학적 조건 및 토양군을 고려하여 토지이용상태 및 토양군별 적정 CN값을 선택한다.

⑤ 각 토지이용상태마다 토양군별 CN값에 해당 면적을 가중인자로 곱하여 합산한 후 해당 토지이용상태의 면적으로 나누어 토지이용상태별 평균 CN값을 결정한다.

⑥ 토지이용상태별 평균 CN값에 해당면적을 가중치로 곱하여 합산한 후 총 유역면적으로 나누면 대상유역의 평균 CN(AMC-II 조건하)값을 얻게 된다.

⑦ 대상 호우 이전의 선행 5일 강수량(P_5)을 계산하여 표 5.8의 기준에 의해 AMC를 결정한다.

⑧ 표 5.16이나 식 (5.32) 또는 식 (5.33)을 이용하여 ⑥에서 산정한 AMC-II 조건에서의 CN값을 해당 AMC 조건에 맞게 환산한다.

⑨ 대상호우의 총 강우량 P를 결정하고 식 (5.31)을 이용하여 최대잠재보류수량 S를 산정한 후, 식 (5.30)을 이용하여 유효우량 Q를 산정한다. 이때 총 우량 P는 호우기간 중 어떤 시각까지의 누가우량이며, 식 (5.30)으로 계산되는 유효우량도 누가유효우량이므로 유효우량 주상도를 얻기 위한 시간구간별 유효우량은 어떤 시각에서의 누가유효우량에서 한 시간 구간만큼 이전의 누가 유효우량을 뺌으로서 얻을 수 있다.(예제 5.8 참조)

2) GIS 분석에 의한 방법

최근 지형정보시스템(Geographic Information System, GIS) 분석기법의 발달로 GIS 해석 소프트웨어(ARC-View 등)를 사용하여 하천유역 단위의 평균유출곡선지수를 결정하여 식 (5.30)에 의해 유역평균유효우량을 산정하는 방법이 국내 실무에서 보편화되고 있다.

이 방법은 그림 5.22에서 보는 바와 같이 GIS 소프트웨어나 수치지형도(DEM)를 이용하여 분석대상유역을 정하고 여기에 유역의 수치토지이용현황도와 수치토양도를 중첩시켜서 토지이용상태별, 토양군별 적정 CN값을 부여하여 GIS 기법으로 분석하는 ARC-View 등의 소프트웨어에 의해 유역의 평균 CN값을 결정하게 된다.

이와 같이 유역의 평균 CN값이 산정되고 나면 식 (5.30)에 의한 유효우량의 산정방법은 지형도상 작업에 의한 방법에서와 동일하다.

3) 유역의 평균유출곡선지수 산정시 관목숲과 논 지역의 중요성

전술한 바와 같이 하천유역의 평균유출곡선지수를 결정하기 위해서는 토지이용상태별 면적을 가중인자로 사용한다. 우리나라의 경우 대부분의 자연하천유역, 특히 대하천유역의 경우 표 5.13의 토지이용구분 중 다른 토지이용에 비해 산림이 차지하는 비중이 절대적이므로(많은 경우 50% 이상) 산림의 토양군별 CN값을 올바르게 선택하는 것이 대단히 중요하다. 따라서, 그림 5.18과 그림 5.19에 의한 산림의 토양군별 CN값을 적정하게 구해야 한다. 또한, SCS 방법에서 취급하지 못하는 논(畓)은 우리나라 전역에 상당한 비중으로 분포되어 있으므로 논의 CN값은 표 5.15의 물 수지분석모형에 의한 AMC별 값을 토양군에 관계없이 적용하는 것도 중요하다 하겠다.

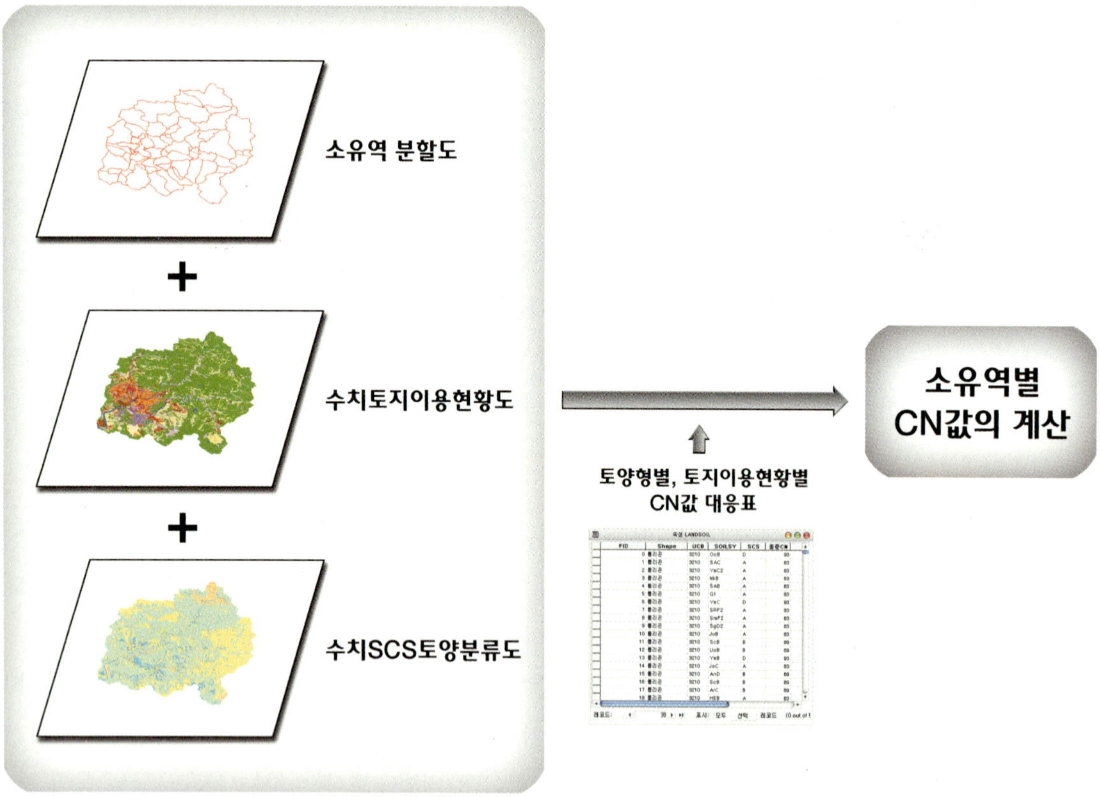

그림 5.22 GIS를 이용한 CN값 산정 모식도

예제 5.7 어떤 하천유역의 토지이용상태별(피복처리상태 및 수문학적 조건 포함), 토양군별 면적 분포는 표 5.17과 같다.

표 5.13과 그림 5.19를 사용하여 토지이용상태 및 토양군별 적정 CN값을 구한 후 다음에 답하라.

1) 이 유역의 평균 유출곡선지수 CN을 구하라.

2) 표 5.18은 1973년도에 이 유역에 내린 주요 호우로 인한 유역평균 총 우량(P)과 5일 선행강수량(P_5)을 표시하고 있다. 호우별 유효우량을 SCS 방법으로 계산하라.

표 5.17 [단위: 면적(km^2)]

토지이용상태	피복처리상태	수문학적 조건	토양군				총 면적
			A	B	C	D	
이랑경작지(row crops)	경사 경작	양호	0.185	0.050	0.845	0	1.080
조밀경작지(small grains)	경사 경작	양호	0.175	0.010	0.185	0	0.370
농가(farmstead)	-	-	0.015	0.025	0.080	0	0.120
산림(forests)	-	HC=1.0	6.895	0.470	0.525	0	7.890
총 면적			7.270	0.555	1.635	0	9.460

주: 산림의 수문학적 조건 HC=1.0은 그림 5.18에서 부식토의 깊이 H=0이고 압밀정도 C=1인 경우임.

표 5.18

호우발생기간	P(mm)	P_5(mm)
8.16~17	93.86	0.0
8.19~23	67.59	93.86
8.27~31	90.74	41.50

풀이 1) 유역의 평균 CN

표 5.13으로부터 이 유역의 토지이용상태별, 토양군별 CN값을 선택하여 표 5.19에 면적과 함께 수록하였다.

표 5.19에서와 같이 토양형별, 토지이용상태별 면적을 가중인자로 하여 CN을 토지이용유형별로 평균한 후 다시 토지이용유형별 면적을 가중인자로 하여 유역 전체에 걸쳐 CN을 평균한 결과 본 유역의 AMC-II 조건하의 평균 CN값은 62.5로 산정되었다.

2) 유역의 평균 CN=62.5≒63(AMC-II 조건하)으로 결정되었으므로 표 5.16으로부터 AMC-I에서의 CN=43, AMC-III에서는 CN=80임을 알 수 있다. 1973년의 8월 호우 3개는 모두 성수기에 내렸으므로 표 5.8의 기준에 의하면 각 호우별 AMC 구분은 표 5.20과 같고 CN값도 표시된 바와 같다.

따라서, 호우별 유역의 총 우량과 유역의 평균 CN값을 사용하여 그림 5.21로부터 유효우량 Q를 읽거나 혹은 호우별 유역평균 CN값을 사용하여 식 (5.31)로 S를 구하여 식 (5.30)에 의해 유효우량 Q를 계산하면 표 5.20과 같아진다.

표 5.19 유역의 평균유출곡선지수 CN의 산정(AMC-II 조건하)

토지이용상태	토양군								총 면적 (km^2)	평균유출 곡선지수 CN
	A		B		C		D			
	면적 (km^2)	CN	면적 (km^2)	CN	면적 (km^2)	CN	면적 (km^2)	CN		
이랑경작지	0.185	67	0.050	78	0.845	85	0	89	1.080	81.6
조밀경작지	0.175	63	0.010	75	0.185	83	0	87	0.370	73.3
농가	0.015	59	0.025	74	0.080	82	0	86	0.120	77.5
산림*	6.895	56	0.470	75	0.525	86	0	91	7.890	59.1
유역총계 혹은 평균값	7.270		0.555		1.635		0		9.460	62.5

* 산림의 CN값 중 최대치임.

표 5.20 호우별 유효우량의 계산

호우기간	P(mm)	P_5(mm)	AMC	CN	Q(mm)
8.16~17	93.86	0.0	I	43	1.94
8.19~23	67.59	93.86	III	80	25.45
8.27~31	90.74	41.50	II	63	17.66

예제 5.8 표 5.21은 어떤 유역에 내린 시간구간별 우량을 표시하고 있다. 이 유역의 토양-피복형의 분석으로 구한 SCS의 유역 평균유출곡선지수가 AMC-III 조건하에서 80.0이라 가정하고 시간구간별 유효우량을 계산하라.

표 5.21

시간(hr)	0~1	1~2	2~3	3~4	4~5	5~6	6~7
우량(mm)	9.0	12.2	21.8	83.9	15.3	10.3	4.7

풀이 표 5.21의 시간구간별 우량을 누가하여 누가우량을 표 5.22에서와 같이 구한다. AMC-III에서의 CN=80은 AMC-II에서는 CN=63(표 5.12)과 같으므로 식 (5.31)로 S를 구하여 식 (5.30)에 의해 매 시각별 유효누가우량을 구한다. 매 시간별 유효우량은 매 시각별 누가유효우량에서 전 시각까지의 누가유효우량을 뺌으로써 구한다.

즉, 식 (5.31)을 사용하면

$$S = \frac{25,400}{63} - 254 = 149.2\ \text{mm}(\text{표 5.12 참조})$$

식 (5.30)으로부터

$$Q = \frac{(P - 0.2 \times 149.2)^2}{P + (0.8 \times 149.2)} = \frac{(P - 29.84)^2}{P + 119.36}$$

표 5.22

구분 \ 시간(hr)	0	1	2	3	4	5	6	7
총 누가우량 P(mm)	0	9.0	21.2	43.0	126.9	142.2	152.5	157.2
유효누가우량 Q(mm)	0	0	0	1.1	38.3	48.3	55.3	58.7
시간구간별 유효우량(mm)		0	0	1.1	37.2	10.0	7.0	3.4

예제 5.9 예제 5.7의 유역 전체가 울창한 산림(forests)으로 덮여 있다고 가정하고 유역의 평균유출곡선지수를 구하라. 유역의 부식토의 평균깊이 H=0.8 in.이고 부식토의 압밀정도는 보통으로 C=2라고 가정하라.

풀이 1) 그림 5.18에서 H=0.8 in.이고 C=2일 때 산림의 수문학적 조건 HC=2.0이다. 그림 5.19로부터 HC=2.0일 때 토양군별 CN값은 다음과 같다.

토양군 A: CN=48
토양군 B: CN=69
토양군 C: CN=85
토양군 D: CN=91

2) 토양군별 면적을 가중인자로 하여 유역평균 유출곡선지수를 계산하면,

$$\overline{\text{CN}} = \frac{48 \times 7.270 + 69 \times 0.555 + 85 \times 1.635 + 91 \times 0}{9.460} = 55.6$$

3) 산림으로 울창하게 덮힌 유역의 평균 유출곡선지수 $\overline{\text{CN}} = 55.6$이며 이는 예제 5.7의 $\overline{\text{CN}} = 62.5$보다 작다. 그 이유는 예제 5.7의 이랑경작지와 조밀경작지 및 농가의 토양군별 CN값이 예제 5.9에서의 CN값보다 크고, 산림의 경우도 예제 5.7에서는 최대 CN값을 사용한 데 반해(그림 5.19에서 HC=1.0으로 가정) 예제 5.9에서는 예제 5.7에서보다 작은 CN값(HC=2.0 적용)을 사용하였기 때문이다.

5.7 토양의 초기함수조건에 따른 총 우량-유출량 관계

앞 절에서 살펴본 SCS의 유효우량 산정방법에서는 유역의 침투특성을 대변하는 토양-피복형별 유출곡선지수에 의해 총 우량-직접유출량 관계를 모형화하여 유효우량을 산정하였으며, 이때 유역의 선행함수조건을 고려하였다. 유역의 선행함수조건은 강우 초기의 토양함수조건, 즉 토양의 초기함수조건(土壤의 初期含水條件, initial soil moisture condition)을 의미하는 것으로서 유역의 평균적인 침투능력 혹은 직접유출 잠재력과 직결된다. 이와 같이 볼 때 SCS의 유효우량 산정방법도 토양의 초기함수조건에 의해 총 우량-유출량 관계를 구하는 방법이라 할 수 있겠으나, 이 이외에도 토양의 초기함수조건을 양적으로 표시하여 총 우량으로부터 유출량을 산정하고자 하는 방법에는 선행강수지수(先行降水指數, Antecedent Precipitation Index, API)라든지 호우 초기의 지하수유출량(ground-water discharge) 및 증발량 측정에 의한 토양함수미흡량(土壤含水未洽量, soil moisture deficit) 등을 기준으로 하는 방법 등이다.

이들 방법에 의한 총 우량-유출량 관계는 대부분 토양의 초기함수조건을 제3의 변수로 하여 실측된 호우별 총 우량과 유출량 간의 상관성을 한층 더 높일 수 있도록 도출된 것이다. 따라서 이 방법은 관계가 도출된 유역 혹은 지역에는 대체로 적합하나 타 지역의 적용에는 무리가 따른다.

5.7.1 선행강수지수

연 강수량과 연유출량의 상관관계 해석에서 Butler는 선행강수지수 P_a를 다음과 같은 식으로 표시하였다.

$$P_a = aP_0 + bP_1 + cP_2 \qquad (5.34)$$
$$a + b + c = 1$$

여기서, P_0는 해당 연(current year)의 강우량이고, P_1, P_2는 해당 연의 전년 및 전전년에 있어서의 강우량이며, a, b, c는 가중계수(weighing coefficients)로서 식 (5.34)의 상관도가 가장 크게 되도록 시행착오법으로 결정된다. 개개 호우에 대한 API 공식으로는 Linsley, Kohler 등이 제안한 다음 식이 있다.

$$P_a = b_1P_1 + b_2P_2 + \cdots + b_tP_t \qquad (5.35)$$

여기서, P_t는 해당호우보다 t일 선행하는 호우의 양이며 b_t는 1보다 작은 상수로서 통상 t

의 함수로 표시된다. 만일 일 선행강수지수를 알 필요가 있을 때에는 다음 식에서와 같이 b_t가 t와 멱함수관계를 가진다고 가정한다. 즉

$$b_t = k^t \tag{5.36}$$

여기서, k는 감소상수(減少常數, recession constant)이다.

따라서, 일 선행강수지수는 토양의 함유수분이 토양 내 저류수량에 비례하여 멱함수적으로 감소한다고 가정할 수 있으며 다음 식에 의해 산정될 수 있다.

$$P_{at} = P_{ao}k^t \tag{5.37}$$

여기서, P_{ao}는 강수지수의 초기값(mm)이며, P_{at}는 t일 후의 강수지수(降水指數), k는 감소상수로서 약 0.92의 값을 가지나 대략 0.85~0.98 사이의 값을 가지는 것으로 알려져 있다.

식 (5.37)에서 만약 $t=1$이라면 임의 일의 P_a값은 전 일의 P_a값에 k를 곱한 것임을 알 수 있다. 식 (5.37)로 표시되는 일 선행강수지수는 증발산에 의해 감소되며 이 증발산량은 계절에 따라 변하므로 식 (5.36)의 k값도 계절에 따라 다른 값을 가진다.

Linsley, Kohler, Paulhus(1958)는 어떤 호우로 인한 유출량을 결정하기 위하여 실유역으로부터 얻은 방대한 양의 강우 및 유량자료를 해석하여 그림 5.23과 같이 API, 연중주, 호우

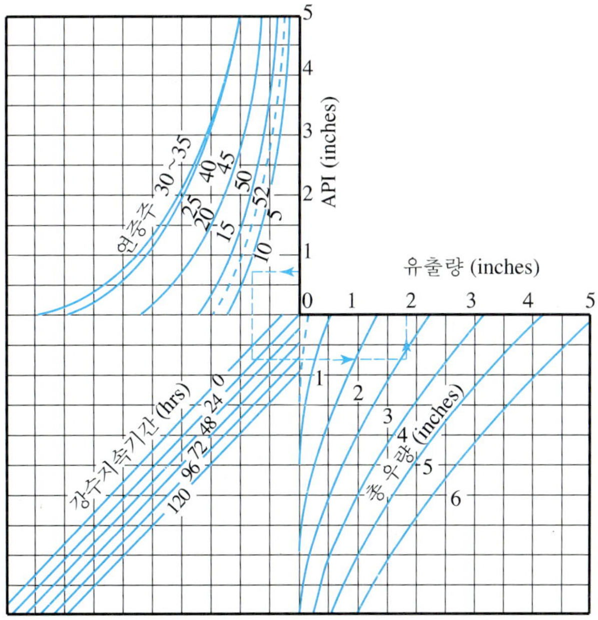

그림 5.23 API에 의한 총 우량-유출량 관계

의 지속시간 및 총 강수량으로부터 유출량을 결정하는 도표를 만들었다. 그림 5.23에 의해 어떤 호우로 인한 유출량을 예보하기 위해서는 우선 그 유역의 임의 지점에 있어서 API를 결정하고 그 다음에 예상되는 강우지속기간과 총 우량을 택하여 그림 5.23에 점선 화살표로 표시한 절차에 따라 유출량을 결정하게 된다.

5.7.2 지하수 유출량과 토양함수 미흡량

다우지역에 있어서의 토양의 초기함수조건은 호우 초기의 지하수 유출량, 즉 건기하천유출량(乾期河川流出量, dry-weather streamflow)과 밀접한 상관성이 있음이 알려져 있다. 그림 5.24에서처럼 일반적으로 지하수 유출량이 클수록 동일 강우량으로 인한 유출량이 더 크다. 이는 건기의 하천유량이 크다는 것은 선행강수로 인하여 토양의 함유수분이 비교적 크기 때문에 침투에 의한 유출량의 손실이 상대적으로 작을 것임을 생각하면 당연하다.

유역으로부터의 토양의 초기 함수조건을 양적으로 표시하는 한 방법으로 증발산량 자료를 사용할 경우도 있다. 증발산 현상은 토양으로부터 수분을 계속 이탈시키는 반면에 강수는 수분을 공급하므로 이 두 양을 계속해서 측정하면 토양수분 미흡량(土壤水分 未洽量, soil moisture deficit)을 산정할 수 있다. Linsley, Ackerman에 의하면 임의 시각에 있어서의 수분미흡량은 토양의 선행 포화상태로부터 그 시각까지 측정된 증발량에 0.9를 곱한 값으로부터 기간 동안의 총 우량을 뺀 것과 같다고 한다.

이 방법은 영국 기상청(British Meteorological Office)에서 주로 사용하고 있으며 그림 5.25는 토양의 함수미흡량을 정성적으로 표시하여 임의 총 우량으로 인한 유역의 유출량을 산정하는 한 방법을 표시하고 있다.

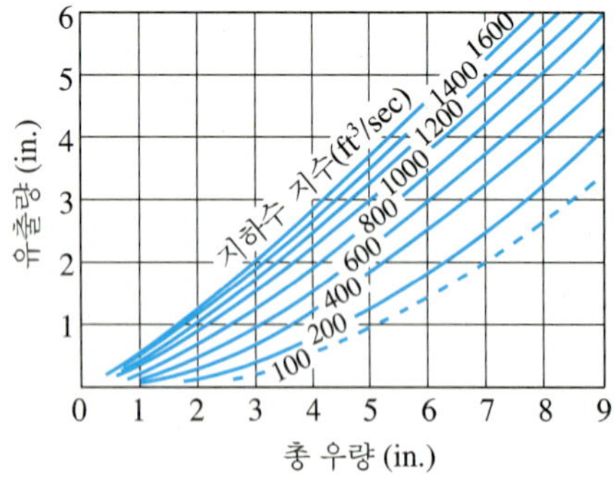

그림 5.24 지하수 유출량에 의한 총 우량-유출량 관계

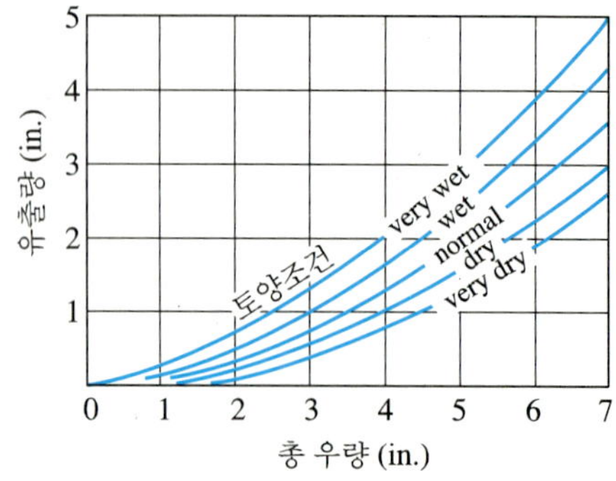

그림 5.25 토양의 함수조건에 의한 총 우량-유출량 관계

연습문제

5장 침투와 침루

5.1 내부관의 지름이 26 cm인 Flooding형의 동심원통관 침투계를 사용하여 572.6 cm^2되는 시험지에 대한 침투시험을 실시하였다. 침투계 내의 수심은 1.5 cm로 유지하였으며 이 실험결과로부터 얻은 자료는 다음 표와 같다.

(1) 시험 시작으로부터의 시간 (min.)	(2) 시간증분 (hr)	(3) 가한 물의 부피 (cc)	(4) 누적우량분 (cm)	(5) 침투량 (cm)	(6) 침투율 (cm/hr)
0		0			
1		63			
2		120			
5		269			
10		436			
20		681			
30		862			
60		1153			
90		1298			
120		1440			

가) 위의 표를 완성하라.

나) 산술 방안지에 침투능곡선을 그려라.

다) 종기침투능을 결정하라.

5.2 Sprinkling형 침투계를 사용하여 인공강우강도 5 cm/hr로 침투시험을 실시한 결과가 다음 표에 수록되어 있다.

시간 (min)	시간별 누적 우량 (cm)	유출량 (cm)	시간 (min)	기간별 누적 우량 (cm)	유출량 (cm)
0	0	0	25	6.26	3.64
1	0.25	0.05	30	7.50	4.45
2	0.50	0.20	60	15.00	9.95
5	1.25	0.63	90	22.50	15.86
10	2.51	1.32	120	30.00	22.00
15	3.75	2.07	150	37.50	28.40
20	5.00	2.87			

가) 시간별 누적침투량을 구하라.

나) 시간별 누적침투량을 방안지에 표시하고 회귀분석(제12장 참조)에 의해 회귀곡선식을 유도하라.

다) $t = 5$, 10, 30, 60, 120 및 150분에서 누적침투량곡선에 접선을 그으면 각 시각에 있어서의 침투능이 될 것이다. 이를 계산하라.

라) 다)에서 계산한 시각별 침투능 자료를 사용하여 침투능곡선을 그려라.

5.3 어떤 소유역에 내린 호우로 인한 시간별 강우량은 다음 표와 같다.
이 유역 내 토양의 초기침투능은 10.2 mm/hr이며 토양이 포화상태에 도달할 경우의 침투능은 1.3 mm/hr이고 Horton의 토양상수 k값은 0.5/hr이다. 초기손실우량이 6.35 mm로 추정되었다고 가정하고 다음에 답하라.

시간(hr)	08:00~09:00	09:00~10:00	10:00~11:00	11:00~12:00
총 우량(mm)	15.2	25.4	20.3	7.6

가) 침투능곡선 및 누가침투량곡선에 대한 식을 구하고 방안지에 표시하라.

나) 총 유효우량을 산정하라. 어떤 가정이 필요한가?

5.4 어떤 토양의 초기침투능이 120 mm/hr, 종기침투능이 10 mm/hr이며 k값이 0.35/hr이다. 강우 시작 후 10분, 30분, 1시간, 2시간 및 6시간에 있어서의 침투능을 구하고 이로부터 침투능곡선을 그려라.

5.5 폭이 4 m, 길이가 12.5 m인 침투시험지에 50 mm/hr의 인공강우를 강하시켜 토양의 침투능 시험을 실시하였다. 강우가 어느 정도 계속하여 평행상태에 도달했을 때 시험지로부터의 유출량은 0.0005 m^3/sec로 일정하였다.

가) 단위면적당 유출량은 몇 mm/hr인가?

나) 종기침투능은 얼마인가?

5.6 지름이 20 cm되는 원통형 연직관에 흙을 채우고 20분 동안에 침투한 수량을 측정하였더니 1.4 l가 되었다. Philip 공식을 사용하여 10시간 동안 침투할 수 있는 수량을 계산하라. 물의 공급은 무제한이라 가정하라.

5.7 문제 5.3에서 Φ-지표는 얼마인가?

5.8 문제 5.3 가)에서 얻은 침투능곡선을 사용하여 다음 표의 강우로부터 유출용적(mm 단위)을 구하고 Φ-지표를 계산하라.

시간 (hr)	1	2	3	4	5	6
우량 (mm)	2.54	3.81	6.35	5.08	2.54	1.78

5.9 유역면적이 1 km^2인 운동장에 내린 호우로 인한 강우량과 직접유출량이 다음 표와 같을 때 Φ-지표법과 Horton의 침투능곡선식으로 매 시간별 유효우량을 구하고 이를 그림으로 표시하라. 단, 토양의 초기침투능 $f_0 = 30\,\text{mm/hr}$, $k = 0.25\,\text{hr}$이다.

시간 (hr)	0~1	1~2	2~3	3~4	4~5	5~6	6~7	7~8
강우량 (mm)	27	33	21	19	17	15	6	0
직접유출량 (m^3/sec)	0	1.2	2.4	1.6	1.1	0.5	0.2	0

5.10 어떤 침투시험포에서 6시간 동안 침투능(mm/hr)과 누가침투량을 구하였더니 그림과 같았다. Horton의 침투능곡선식을 구하라.

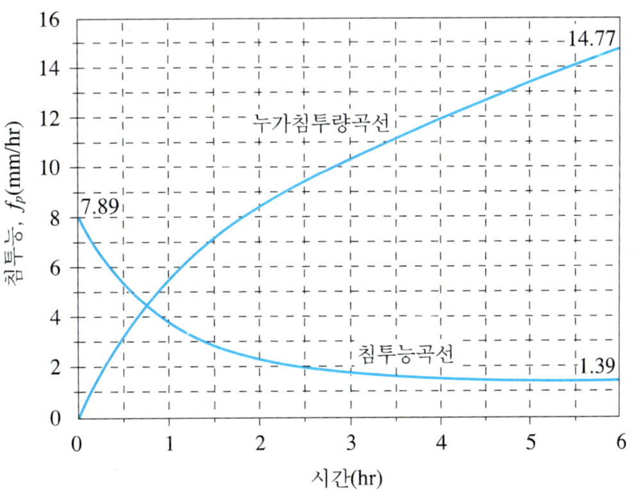

5.11 점토에 대한 Phillip 모형의 흡습률 $S = 42\ \mathrm{mm/hr}^{1/2}$, $k = 90\ \mathrm{mm/hr}$일 경우 0.5시간 간격으로 3시간 동안의 누가침투량과 침투율을 계산하라. 침투율과 누가침투량을 시간의 함수로 도시하라. 지면은 계속 담수상태로 있는 것으로 가정하라.

5.12 다음 표의 강우에 대하여 각 시간 간격별 침투량을 Holtan 모형으로 산정하라. 유역의 절반은 피복처리상태가 양호한 삼림(woods and forests) 지역이고, 나머지 절반은 이랑경작지(row crops)이며, 토양형은 B형, $GI = 1.0$이다.

시간(hr)	0~1	1~2	2~3	3~4	4~5
강우량(mm)	10	20	30	5	0

5.13 어떤 지역에 내린 강우량이 다음 표와 같을 때 Holtan 모형으로 침투능곡선식을 도출하고 그림으로 그려라. $GI = 0.9$, $S_a = 15\,\mathrm{mm}$이며, 토양형은 'C', 토지이용은 휴경지(fallow)이며, 피복처리상태는 양호한 것으로 가정하라.

시간(hr)	0~1	1~2	2~3	3~4	4~5
강우량(mm)	8	16	24	4	0

5.14 초기 함수비 $\theta_i = 20\%$인 사질롬(sandy loam) 토양에 12 mm/hr의 강우가 일정하게 내린다. Green-Ampt 모형으로 유효강우강도를 결정하라. 포화상태에서의 함수비 $\theta_s = 52\%$이고 $k_s = 2 \times 10^{-4}\,\mathrm{mm/sec}$이며 습윤면 모세흡인수두 $S = 260\,\mathrm{mm}$이다.

5.15 30분 간격으로 3시간 동안 내린 강우강도가 다음 표와 같을 때 Green-Ampt 모형으로 30분 간격의 유효우량을 계산하라. 토양은 사질토(sand)로서 공극률 $\eta = 0.6$, 투수계수 $k_s = 8.4 \times 10^{-3}\,\mathrm{mm/sec}$, 초기 함수비 $\theta_i = 0.15$, 습윤면 모세흡입수두 $S = 162\,\mathrm{mm}$이다.

시간(hr)	0~0.5	0.5~1.0	1.0~1.5	1.5~2.0	2.0~2.5	2.5~3.0
강우강도(mm/hr)	12	15	35	50	20	10

5.16 어떤 유역에 다음과 같은 시간 강우가 내렸을 때 SCS 방법에 의해 유효우량을 산정하고 총 우량 주상도상에 유효유량 주상도를 사선으로 표시하라. 유역의 토양-피복형의 조사에 의해 결정된 AMC-II 조건에서의 평균유출곡선지수 CN=75이며 이 호우의 선행함수조건은 AMC-II라 가정하라.

시간(hr)	1	2	3	4	5	6	7	8	9	10	11	12
강우량(mm)	0	12	14	25	32	20	6	0	2	0	15	18

5.17 유역면적이 10 km^{2}인 어떤 유역의 토양군별 및 토지이용 상태별 백분율 구성(%)은 다음 표와 같다. 산림(forests)의 수문학적 조건 HC=2.0으로 가정하라.

토지이용 상태	토양군			
	A	B	C	D
Row Crops(Straight, Good)	5	3	2	0
Small Grains(Contoured, Poor)	4	1	4	0
Pasture(Contoured, Good)	3	1	1	0
Woods(Fair)	7	2	1	0
Forests(very sparse)	48	4	3	0
Farmsteads	2	4	1	1
Roads(hard surface)	2	1	0	0

가) 이 유역의 평균 유출곡선지수를 계산하라.

나) 이 유역의 우기에 내린 호우로 인한 총 우량이 285 mm였다면 유효우량은 얼마이겠는가? 5일 선행강수량은 55 mm였다고 가정하라.

다) 이 유역에 예제 5.8의 표 5.20과 같은 호우가 발생했다고 가정하고 유효우량 주상도를 계산하여 그려라.

5.18 면적이 400 km^{2}인 아래 그림과 같은 유역의 소유역 A, B, C, D의 평균 CN값(AMC-II 조건하)은 그림에서 표시된 바와 같으며, 이 유역의 소유역별, 시간구간별 강우량이 다음 표와 같을 때 다음 물음에 답하라. 이 유역의 5일 선행강수량은 40 mm(성수기)이다.

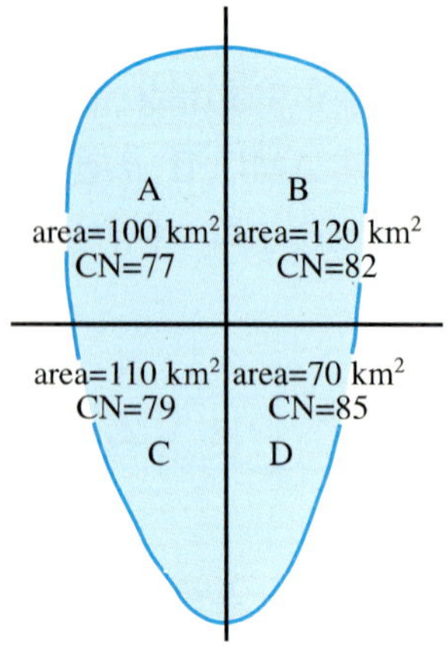

시간(hr) \ 우량(mm)	A	B	C	D
1	5	7	4	6
2	15	17	16	18
3	30	29	31	30
4	20	22	21	23
5	40	38	40	39
6	10	12	9	11

1) 시간별 유역평균 누가우량을 산정하고 강우지속기간 3시간에 대한 유역최대평균우량을 구하여 강우강도로 표시하라.
2) 6개 시간구간별 유역평균 유효우량을 SCS 방법으로 산정하여 유효우량주상도를 그려라.
3) SCS 방법으로 구한 총 유효우량이 직접유출량이라 할 때 Φ-index를 계산하고 유역의 평균 Φ-index 결정방법에 대한 의견을 제시하라.

참고문헌

5장 침투와 침루

건설교통부, 하천설계기준 · 해설, 2005.

농촌진흥청, 수문해석을 위한 토양수리특성과 토양전자지도의 활용, 농업과학기술원, 2007.

임상준, 박승우, 논의 유출곡선번호추정, 한국수자원학회논문집 제30권, 제4호, 1997.

정정화, 장승표, 김호일, 정연태, 허기술, 박호, 유출률 추정을 위한 토양수문군의 분류, 한국농공학회지, 제37권, 제6호, 1995.

Chow, V.T.(Ed.), *Handbook of Applied Hydrology*, McGraw-Hill, New York, 1964.

Gray, D.M.(Ed.), *Handbook on the Principles of Hydrology*, National Research Council, Canada, Water Information Center, Inc., 1973.

Hicks, W.I., "A Method of Computing Urban Runoff", *Trans., ASCE*, 109, 1944.

Holtan, H.N., *A Concept for Infiltration Estimates in Watershed Engineering*, U.S. Department of Agriculture, Agricultural Research Service, Washington, D.C., 1961.

Horton, R.E., "Rainfall Interception", *Monthly Weather Review*, 47, 1919.

Horton, R. E., "The Role of Infiltration in the Hydrologic Cycle", *Transaction, American Geophysical Union*, 14, 1933.

Linsley, R.K, Kohler, M.A. and Paulhus, J.L.H., *Applied Hydrology*, McGraw-Hill, New York, 1949.

Linsley, R. K., Kohler, M. A. and Paulhus, J. L. H., *Hydrology for Engineers*, McGraw-Hill, New York, 1958.

Tholin, A.L. and Keifer, C.J., "The Hydrology of Urban Runoff", *Trans, ASCE*, 125, 1960.

U.S. Forest Service, *Handbook on Methods of Hydrologic Analysis*, Chapter 1, Washington, D.C., 1959.

U.S. Forest Service, *Forest and Range Hydrology Handbook*, Chapter 4, Washington, D.C., 1955.

U.S. Soil Conservation Service(US/SCS), *Hydrology, Section 4 : National Engineering Handbook,* U.S. Department of Agriculture, 1972.

U.S. Soil Conservation Service, *A Method for Estimating Volume and Rate of Runoff in Small Watersheds,* Technical paper No. 149, USDA-SCS, Washington, D.C., 1973.

Viessman, W., Jr. and Lewis, G.L., *Introduction to Hydrology*, 5th Ed., Prentice-Hall, Pearson Education Inc., New Jersey, 2003.

Hydrology

6장 지하수

6.1 서 론

지하수(地下水, groundwater)는 지상에 떨어진 강수가 일단 지표면을 통해 침투하여 짧은 시간 내에 하천으로 방출되지 않고 지하에 머무르면서 흐르는 물을 말하며 생활용수라든가 공업용수 및 농업용수 등 여러 가지 목적을 위한 중요한 수자원으로 이용되고 있으며, 건천후시 하천유량의 유일한 공급원이 되기도 한다. 지하수를 수자원으로 이용하기 위해서는 지하에서의 물의 흐름 원리, 즉 지하수의 수리(hydraulics of groundwater)를 정확하게 이해함이 필요하다. 따라서, 본 장에서는 지하수의 생성과 기원 및 연직분포, 지하대수층(地下帶水層, groundwater aquifer)의 종류와 투수능을 살펴본 후 지하수 흐름의 기본법칙의 전개와 이를 이용한 지하수 흐름의 해석방법, 그리고 각종 조건하에 있는 지하수를 채취하는 수단인 양수정의 수리(揚水井의 水理, hydraulics of wells), 해수의 침입에 의한 지하수의 오염 및 통제방법, 그리고 지하수의 채취방법 등에 대해 살펴 보기로 한다.

6.2 지하수의 생성과 지하암석의 성질

그림 6.1은 지구의 표면에 가까운 전형적인 지형을 자른 단면도이며 지하수면(groundwater table of phreatic surface)에 의하여 두 개의 구역으로 나누어져 있다.

지하수면의 아랫부분은 물로 포화되어 있으며 이를 포화대(飽和帶, zone of saturation)라 부르고 윗부분은 공기와 물로 차 있으며 이를 통기대(通氣帶, zone of aeration)라고 부른다. 통기대 내의 물은 토양물리학(soil physics)의 원리로서 그 흐름이 설명되며 농작물의 재배에 대단히 중요한 수원이 되는 반면에 포화대 내의 물은 지하수리학 분야의 주요관심사인 것이다.

지하수의 기원에 대한 논란은 예로부터 지금까지 계속되어 왔으나 오늘날에 와서는 대기수(meteoric water), 암석수(connate water) 및 화산수(volcanic water)로부터 유래한 것으로 알려져 있다. 이 중 대기수는 대기권으로부터 강수현상에 의해 내려 침투 및 침루현상에 의해

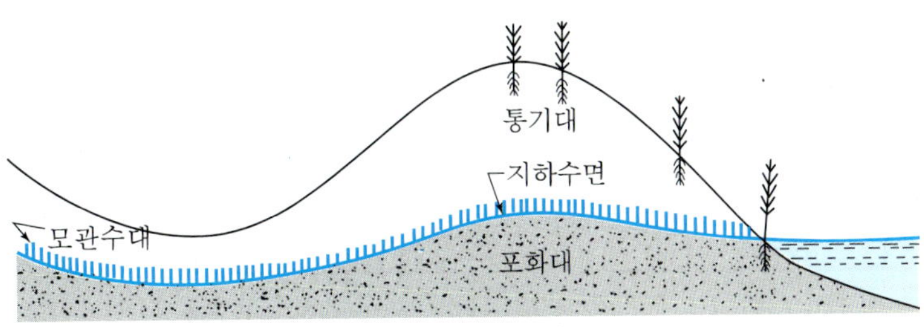

그림 6.1 지하수면의 위치

포화대에 도달한 것이며 물의 순환과정의 한 부분을 차지하고 있다. 암석수는 암석층이 형성될 때 층 사이의 공극에 낀 물이며, 화산수는 화산작용에 의하여 지하 깊은 곳으로부터 분출하여 지표면을 거쳐 지하수가 된 부분을 말한다. 암석수와 화산수는 그 양에 있어서 대기수에 비교할 수 없을 정도로 적다. 따라서, 지하수의 대부분은 대기수로부터 비롯된다고 말할 수 있다.

지하수는 대수층(帶水層, aquifer)이라고 불리는 투수성을 가진 지질구조 내에 생성된다. 대수층의 지질구조는 물이 토양이나 암석의 공극을 통해 흐를 수 있는 조직을 가지고 있으며 대수층을 지하수 저수지(groundwater reservoir)라 부르기도 한다. 반면에 aquiclude는 점토층과 같이 물을 포용할 수는 있으나 다량의 물이 이동될 수 없는 지질구조를 말하며, aquifuge는 견고한 화강암(granite)과 같이 물을 포용할 수 없고 또 통과시킬 수도 없는 지질구조를 말한다.

암석이나 토양입자 사이에는 통상 조그마한 공간이 존재하며 이를 통해 지하수가 흐르게 된다. 이 공간을 공극(空隙, pores, voids or intertices)이라 부르며 이는 지하수가 흐르는 세관(細管)의 역할을 하므로 지하수의 연구에 있어서 대단히 중요하다. 공극률(空隙率, porosity)은 암석이나 토양이 가지는 내부공간을 양적으로 표시하는 척도로서 다음 식으로 표시된다.

$$n = \frac{V_v}{V_0} \times 100\,\% \tag{6.1}$$

여기서, V_0는 암석과 토양의 총 용적이며 V_v는 이 중에 존재하는 공극의 용적이다.

공극이 물로 포화되면 토양입자 주위에 얇은 수막(水膜)이 형성된다. 이 수막은 부착력에 의해 입자에 붙어 있어서 공극 내의 물이 배제되더라도 그대로 공극의 일부를 차지하게 되므

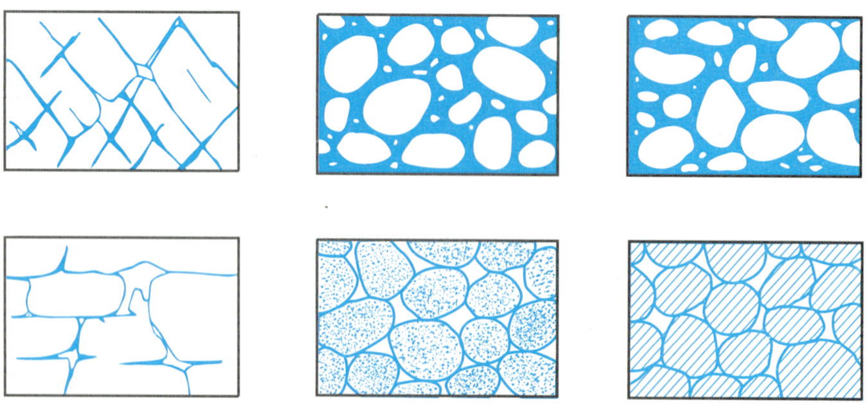

그림 6.2 암석의 공극 예

로 지하수의 이용면에서 볼 때 이 부분의 물은 가용수량(可用水量)에서 제외해야 하며 가용수가 차지하는 순 공극률을 유효공극률(有效空隙率, effective porosity) n_e라 한다.

그림 6.2는 몇 가지 전형적인 공극의 형과 그의 공극률과의 관계를 표시하고 있다. 지하수의 획득면에서 볼 때 수성암이 가장 중요한 암석종류이며 수성암 내의 공극은 암석을 형성하고 있는 구상(球狀)입자들의 모양, 분포상태 및 다짐 정도에 따라 달라진다. 공극률은 이들 인자에 따라 거의 0에 가까운 값으로부터 50%보다 약간 큰 값 사이로 변한다.

6.3 지하수의 연직분포

전술한 바와 같이 지하수의 생성대는 포화대와 통기대로 크게 구분할 수 있다. 지구의 표면에 가까운 층은 대부분의 경우 그림 6.3과 같이 포화대 위에 통기대가 있고 통기대가 지표면까지 연장된다.

포화대의 상단은 불투수층이 아닌 경우 통기대와 접하게 되고 하단은 점토질의 불투수층이나 암반까지 연장된다. 포화대와 통기대가 접하는 면을 지하수면(ground water table)이라 하며 이 면의 압력은 대기압과 동일하다. 실제로 포화대는 지하수면의 약간 윗부분까지 연장되는 것이 보통이다.

포화대 내의 물은 통상 지하수(ground water)라 부르며 통기대 내의 물은 현수수(懸垂水, suspended or vadose water)라 한다. 통기대는 다시 토양수대(土壤水帶, soil water zone), 중간수대(中間水帶, intermediate zone) 및 모관수대(毛管水帶, capillary zone)로 나눌 수 있다.

토양수대 : 토양수대는 지표면으로부터 식물의 뿌리가 박혀 있는 면까지의 영역을 말하며 이 대 내(帶 內)의 물은 비포화 상태에 있는 것이 보통이다. 이 대의 두께는 토양이나 식생피복의 종류에 따라 약간씩 변화하며 대 내의 물은 보통 농공학자 및 토양학자의 관심거리이다. 통기대 내의 물은 다시 세 가지로 나눌 수 있는데 토습수(土濕水, hygroscopic water)는 토양입자 표면에 부착되어 얇은 막을 형성하고 있는 수분으로서 부착력이 너무 크기 때문에 식물이 이용할 수 없으며, 모관수(毛管水, capillary water)는 토양입자 주위에 존재하는 일련의 수막(水膜)을 말한다. 모관수는 표면장력에 의해 토양입자에 붙어 있고 모관력에 의하여 이동하게 되며 식물이 직접 이용할 수 있는 물이다. 중력수(重力水, gravitational water)는 중력에 의하여 토양층을 통과하게 되는 토양수 잉여분을 뜻한다.

중간수대 : 중간수대는 토양수대의 하단으로부터 모관수대의 상단까지를 말하며 이 대의 두

께는 지하수위에 따라 크게 변한다. 즉, 지하수위가 높으면 두께는 거의 0에 가까워질 수도 있고 반대로 지하수위가 아주 낮은 경우엔 수십 미터가 될 수도 있다. 이 대는 토양수대와 모관수대를 연결하는 역할을 하며, 이 대 내의 이동하지 않는 피막수(皮膜水, pellicular water)는 흡습력(hygroscopic force)과 모관력(capillary force)에 의하여 토양입자에 붙어서 존재하게 되고, 이는 토양수대 내 토양의 함수능(含水能, field capacity)과 동일하며 과잉수는 중력수로서 중력에 의하여 포화대 쪽으로 흘러내린다.

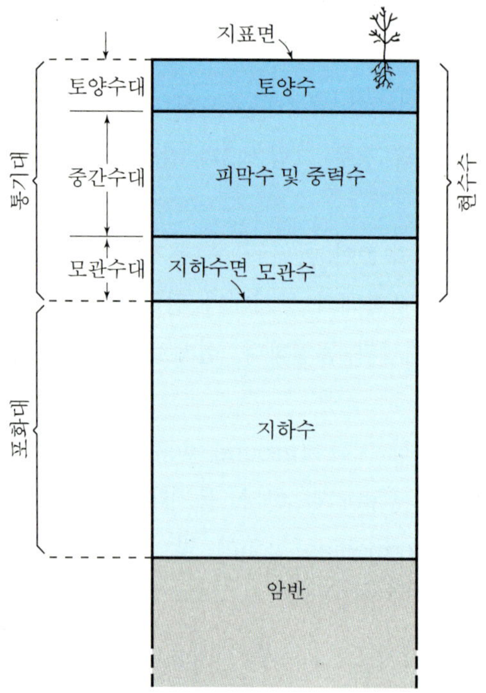

그림 6.3 지하수의 구성

모관수대: 모관수대는 지하수가 모세관현상에 의해 지하수면으로부터 올라가는 점까지의 영역을 차지한다. 만약 토양 내의 공극으로 구성되는 연직방향의 관을 모세관이라 가정하면 그림 6.4의 모관상승고(毛管上昇高, capillary rise) h_c는 정역학적 평형 방정식으로부터 다음의 식과 같이 유도할 수 있다.

$$h_c = \frac{2\sigma}{\gamma r}\cos\theta \tag{6.2}$$

여기서, σ는 표면장력(surface tension), γ는 물의 단위중량(specific weight)이며, r은 모세

관의 반지름, θ는 접촉각(angle of contact)이다. 지하수온 10℃일 때의 $\sigma = 0.074$ g/cm와 $\gamma = 1$ g/cm^{3}를 식 (6.2)에 대입하면

$$h_c = \frac{0.15}{r}\cos\theta \tag{6.3}$$

여기서, 접촉각 θ는 유체의 화학적 구성과 관의 재질 및 관벽에 붙어 있는 불순물의 정도에 따라 결정되며 깨끗한 유리관 내에 순수한 물이 올라갈 때는 거의 0에 가까워진다. 그림 6.4에서 $\theta = 0$이라 가정하면 식 (6.3)으로부터 모관상승고는 자갈층에 있어서는 수 cm, 모래층에 있어서는 수십 cm, 진흙층에서는 수백 cm 정도가 되는 것으로 알려져 있다. 모관수대의 두께는 토양의 조직이나 암석의 결에 따라 다르지만 일반적으로 지하수면으로부터의 높이에 비례하며 수분은 감소한다. Lambe가 세사(細砂)를 가지고 실시한 배수실험에 의하면 모관수대 내의 수분의 분포상태는 그림 6.5와 같다.

그림 6.5로부터 지하수면보다 어느 정도 높은 곳까지 포화되면 포화면은 겉보기 포화면(visual line of saturation)보다 아래에 있고 수분의 분포곡선은 피막수량에 점근함을 알 수 있다.

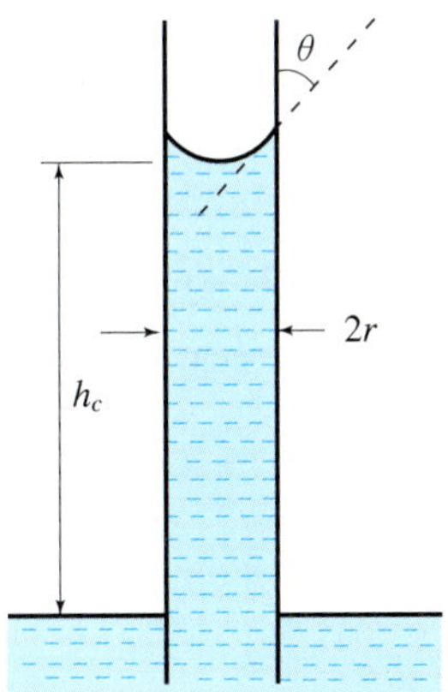

그림 6.4 모세관 내의 물의 상승

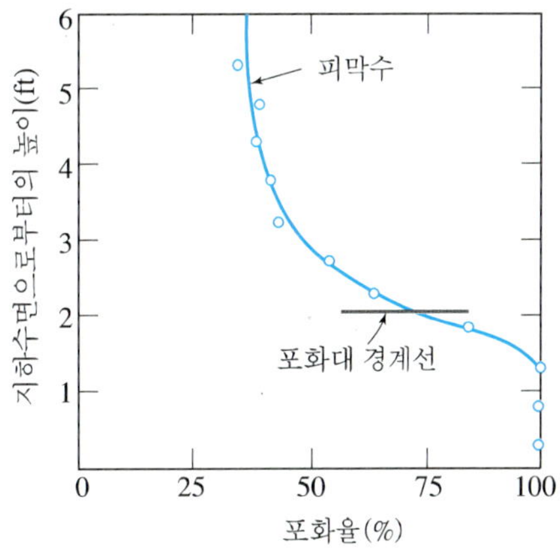

그림 6.5 모관수대 내의 물 분포상태

포화대: 지하수는 포화대 내에 존재하는 모든 공극을 점유하므로 공극률 n은 바로 단위 토양부피 내에 존재하는 지하수량의 척도가 된다. 그러나 물 분자와 흙 입자 간의 응집력이라든지 표면장력 때문에 전 수량을 지하로부터 채취하거나 배수할 수는 없다. 따라서, 포화대에 포장된 물의 일부는 항상 토양이나 암석층 내에 존재하게 되며 이를 보류수(保留水, retained water)라 부르고 특히 포화대의 전체 부피 V_0에 대한 보류수가 차지하는 부피 V_r의 백분율

을 보류수율(保留水率, specific retention) S_r이라 한다. 즉,

$$S_r = \frac{V_r}{V_0} \times 100 \tag{6.4}$$

이와 반대로 포화대로부터의 채취 및 배수가 가능한 수량의 포화대 전체 부피에 대한 백분율을 채수가능률(採水可能率) S_y로 표시하며 이는 유효공극률(effective porosity)과 같다. 즉, 채수가능률 S_y는 포화대로부터 채취 혹은 배수될 수 있는 수량 V_y의 포화대 전 체적 V_0에 대한 백분율로 정의할 수 있다.

$$S_y = \frac{V_y}{V_0} \times 100 \tag{6.5}$$

그런데, 공극의 전체 부피 V_v는

$$V_v = V_r + V_y \tag{6.6}$$

이므로 식 (6.6)을 식 (6.1)에 대입한 후 식 (6.4)와 (6.5)를 이용하면

$$n = S_r + S_y \tag{6.7}$$

따라서, 채수가능률은 대수층의 공극이 차지하는 부피의 한 부분이라 할 수 있으며, 그 크기는 토양입자의 크기, 모양, 공극분포상태 및 토층의 다짐 정도(compaction)에 의해 지배된다. 입자 크기가 비교적 고른 모래질 토양에 있어서의 채수가능률은 30% 정도이며, 대부분의 충적층에서는 10~20%의 값을 가진다. 표 6.1은 포화대의 구성재료에 따른 공극률 및 채수가능률의 개략적인 평균값을 표시하고 있다.

표 6.1 공극률 및 채수가능률

구 분 / 포화대의 구성재료	공극률(%)	채수가능률(%)
점토	45	3
모래	35	25
자갈	25	22
자갈 및 모래	20	16
사암	15	8
혈암	5	2
화강석	1	0.5

물론 표 6.1의 값은 평균값이므로 실제에 있어서는 토양의 상태 및 각종 조건에 따라 실제값은 표 6.1의 값과는 크게 달라질 수도 있다. 표 6.1을 면밀히 관찰하면 점토는 가장 큰 공극률을 가지지만 채수가능률은 가장 낮으며 모래질 및 자갈토양은 공극률도 비교적 크고 채수가능률도 대단히 높음을 알 수 있다.

채수가능률이 포화대로부터 지하수를 채취할 수 있는 정도를 표시하는데 반해 안전채수량(安全採水量, safe yield)은 인간이 이수 목적으로 지하저수지로부터 경제적으로 채수할 수 있는 물의 양을 의미한다. Meinzer에 의하면 '안전채수율이란 대수층의 기능이나 수질에 해를 끼치거나 경제적 타당성을 상실함이 없이 인간이 이수 목적으로 대수층 내의 물을 채수할 수 있는 상한율'이라고 정의된다. 사실상 공학적인 면에서 볼 때 안전채수율은 지하수 연구에 있어서 최대 관심사이며, 여러 가지 인자에 의하여 지배된다. 이 중 가장 중요한 인자는 물의 양이며, 수문학적 물 수지(hydrologic budget) 관계로서 안전채수량 G를 표시해 보면 다음과 같다.

$$G = P - Q_s - E_T + Q_g + \Delta S_g - \Delta S_s \tag{6.8}$$

여기서, P는 대수층이 위치한 유역면적상에 일정기간 동안 내리는 강우량이며, Q_s는 해당 유역으로부터의 지표유출수량, E_T는 증발산량, Q_g는 유역 내로 유입하는 순 지하수량, ΔS_g 및 ΔS_s는 지하수 및 지표수 저류량의 변화량을 표시한다.

만약, 식 (6.8)을 1년 기준으로 계산한다면 ΔS_s는 거의 0에 가까울 것이며 이때 얻어지는 G값은 연 안전채수량(annual safe yield)이 된다. 강수를 제외한 식 (6.8)의 모든 항은 인공적인 변화를 받게 되므로 G는 각 항에 대한 조건을 각각 가정함으로써 계산될 수 있다.

6.4 대수층의 종류와 투수능

지하수를 함유하는 대수층은 여러 가지 지질구조를 가지고 있다. 대부분의 경우 침하현상으로 다져지지 않은 자갈 및 모래로 구성된 층은 양질의 대수층 구실을 하며, 이들 대수층은 각종 이수 목적에 사용되는 물을 공급할 수 있는 지하저수지의 역할을 한다. 자연적 혹은 인공적인 물의 주입(注入, recharge)에 의해 대수층에 도달한 물은 중력에 의해 흐르거나 혹은 우물을 통해 양수된다. 이와 같은 대수층 내의 지하수 흐름이 압력을 받는지 않는지에 따라 비 피압대수층(非 被壓帶水層, unconfined aquifer)과 피압대수층(被壓帶水層, confined aquifer)으로 분류된다.

비 피압대수층은 지하수면이 포화수대의 상한면(上限面)을 형상하는 것으로서 자유대수층

(自由帶水層, free phreatic or non-artesian aquifer)이라고도 부른다. 지하수면은 일반적으로 그 지역의 유량이라든가 주입층, 우물을 통한 양수의 정도, 대수층의 투수능(permeability) 등에 따라 크게 변하며 지하수면의 상승 혹은 하강은 곧 대수층 내 저류수량의 변화를 의미한다. 그림 6.6의 아랫부분은 피압대수층의 전형적인 단면을 표시하고 있으며, 그림 6.6의 윗부분은 전형적인 비 피압대수층을 표시하고 있다. 대수층이 위치한 지역에 여러 개의 우물을 파서 지하수면을 측정하여 그림 6.6과 같은 단면도를 만들면 지하수 부존량이라든가 그의 분포 및 유동상태를 판단하는 데 도움이 된다.

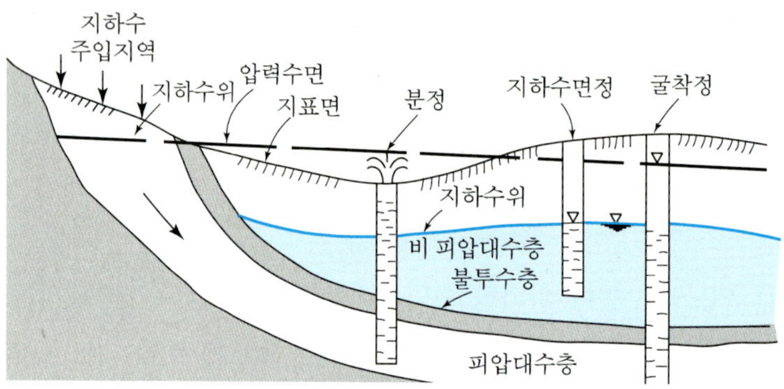

그림 6.6 비 피압 및 피압대수층

피압대수층(confined aquifer or artesian, pressure aquifer)은 지하수가 비교적 불투수성인 두 암석층 사이에 끼어서 대기압보다 큰 압력을 받고 있는 대수층을 말한다. 따라서 피압대수층 내부까지 우물을 파면 상부의 불투수층보다 훨씬 높은 지점까지 수위가 올라가게 된다. 이는 그림 6.6의 분정(噴井, flowing well)과 굴착정(掘鑿井, artesian well)에 표시되어 있다. 피압대수층 내로의 물 주입(recharge)은 그림 6.6에서처럼 불투수층이 지면으로 돌출하거나 지하에서 중단되는 지역을 통해 이루어지며, 이러한 지역을 물 주입지역(recharge area)이라 한다. 피압대수층 속에 박힌 우물 내의 수위 상승 및 하강은 층 내의 저류수량에 의한 것이 아니라 압력변화에 의한 것이다. 따라서, 피압대수층의 저류수량 변화는 대단히 작으며 대수층은 물 주입지역으로부터 지하수의 자연유출 혹은 인공양수지점까지 물을 수송하는 관과 같은 역할을 한다. 피압대수층의 압력수면(壓力水面, piezometric surface)은 대수층 내의 물이 받는 정수압의 크기에 해당하는 높이이다. 즉, 그림 6.6에서와 같이 피압대수층 내부까지 들어가 있는 우물 내의 수위는 바로 대수층 내 우물 위치에서의 물이 받는 압력수두(壓力水頭, pressure head)인 것이다. 따라서, 압력수면이 지면보다 높은 곳에 있으면 분정(噴井)이 생기게 된다.

비 피압대수층의 한 가지 특수한 예가 그림 6.7에 표시되어 있다. 이는 불투수층이 국부적으로 존재하여 그 위에 지하수가 고이게 되어 주 지하수층과 분리되어 있는 경우를 말하며 이러한 대수층을 perched aquifer라 한다. 퇴적층 내의 점토대(clay lenses)는 이러한 경우에 속하는 한 예이며 수량은 통상 미소하다.

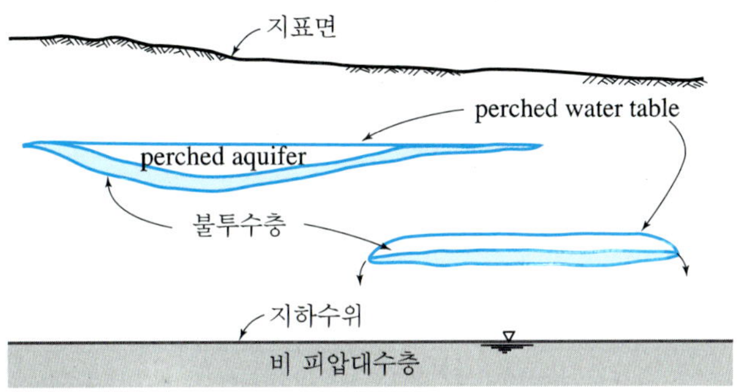

그림 6.7 Perched Aquifer

대수층의 투수능(透水能, permeability)이란 대수층을 통해 지하수가 유동할 수 있는 정도를 나타내는 것으로서 대수층의 공극률이라든가 구성입자의 크기, 분포, 배치상태, 모양 및 층내 물질의 지질학적 변천과정 등에 따라 결정된다.

어떤 재료의 투수능 정도를 양적으로 표시하는 방법으로 통상 투수계수(透水係數, permeability coefficient) 혹은 수리전도율(水理傳導率, hydraulic conductivity) k를 사용한다. 투수계수 k는 상기한 여러 인자는 물론 공극조직의 형상에 의해 결정되며 m/day, ft/day 단위 등으로 표시된다.

투수계수를 결정하는 방법에는 실험실에서 투수계(透水計, permeameter)를 사용하는 방법, 경험공식을 사용하는 방법 및 우물을 통한 양수시험(揚水試驗, pumping well test)에 의한 방법 등이 있다. 실험실 방법은 대수층 내의 토양을 채취하여 자연상태 그대로 투수계에 넣는다는 것이 쉽지 않으므로 측정값 자체가 과연 실제 대수층을 대표할 수 있느냐는 것이 문제이므로 실무에는 적용하기 힘들다. 실험공식을 사용하여 투수계수를 결정하는 한 방법을 소개하면 다음과 같다.

$$k = c{d_{10}}^2 \qquad (6.9)$$

여기서, k는 투수계수 혹은 수리전도율(m/day)이며 d_{10}은 토양재료의 입도 분석결과 시료의 지름이 d_{10}보다 더 작은 값을 가지는 부피가 전시료의 10%가 되는 입자지름(mm)이고 c는 입자의 크기, 분포, 배열상태 및 공극률에 관계되는 상수로서 400~1,200 사이의 값을 가지며 평균값은 대략 1,000이다. 식 (6.9)는 생활용수 공급을 위한 모래층 filter에 대한 실험결과로부터 얻어진 경험식이므로 동질의 모래층에서는 어느 정도 적합하나 이질성 입자들이 혼합되어 존재하는 자연대수층의 투수계수 산정에 사용하기에는 문제점이 많다. 따라서, 오늘날 실무에서 가장 많이 사용되고 있는 방법은 대수층 내부까지 우물을 파서 양수시험정(揚水試驗井, pumping test well)의 수리학적 원리에 의해 해석하여 투수계수를 결정하는 방법이다. 이 방법에 의하면 시험정으로부터 상당한 영역에 걸친 대수층의 평균 투수계수를 결정할 수 있으며, 구체적인 절차는 후술하기로 한다.

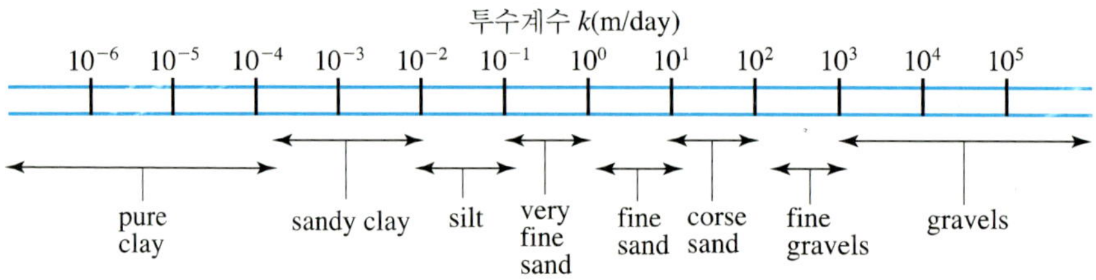

그림 6.8 자연토양의 투수계수 범위

그림 6.8은 자연상태의 대수층에 대한 투수계수의 개략적인 범위를 구성 토양입자의 종류에 따라 표시하고 있다.

6.5 지하수 흐름의 기본방정식

6.5.1 Darcy의 법칙

물이나 다른 유체로 포화된 다공성 물질(porous material) 내의 흐름은 Darcy가 1856년 실험에 의해 발견한 법칙에 따른다. Darcy는 그림 6.9와 같은 실험장치를 써서 다공성 물질을 통해 흐르는 유량이 비교적 적을 때, 유량 Q는 손실수두(損失水頭, head loss) $(h_1 - h_2)$에 직접 비례함을 증명하였다. 즉,

$$Q = kA\frac{h_1 - h_2}{ds} \tag{6.10}$$

여기서, h_1은 유입수가 가지는 총 수두이며, h_2는 유출수가 가지는 총 수두, ds는 흐름의

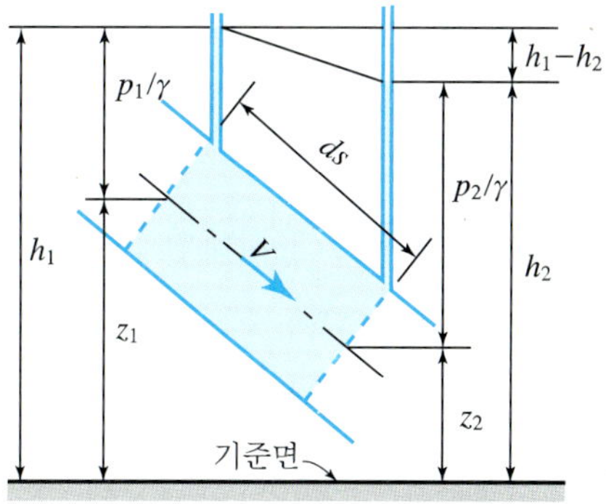

그림 6.9 Darcy의 실험장치

길이, A는 다공성 물질의 단면적이며, k는 비례상수로서 이미 소개한 바 있는 투수계수이다.

식 (6.10)(혹은 그림 6.9)의 h는 피에조메타 수두(piezometric head)라 하며, 임의 단면에 있어서의 위치수두(potential head) z와 압력수두(pressure head) p/γ를 합한 것으로, 단위중량의 물이 가지는 위치에너지와 압력에너지를 합한 총 에너지를 표시한다. 물론 흐르는 물의 속도수두(velocity head)가 대표하는 운동에너지도 있겠으나 다공성 물질을 통해 흐르는 흐름의 속도는 일반적으로 대단히 작으므로 거의 무시할 수 있다. 따라서, 그림 6.9의 $(h_1-h_2)/ds$는 길이 ds의 다공층에 걸친 유체에너지의 손실률을 의미하여 이를 동수경사(動水傾斜, hydraulic gradient) 혹은 수리경사(水理傾斜) i라 부른다. 즉

$$i = \frac{h_1 - h_2}{ds} = -\frac{dh}{ds} \tag{6.11}$$

여기서, 마이너스(−)의 부호를 사용한 것은 에너지(혹은 수두)가 흐르는 방향, 즉 s의 방향으로 감소하기 때문이다. 식 (6.11)을 (6.10)에 대입하고 연속방정식(continuity equation)을 생각하면

$$Q = kAi = VA \tag{6.12}$$

따라서,

$$V = ki = -k\frac{dh}{ds} \tag{6.13}$$

여기서, V는 다공층을 통해 흐르는 물의 평균유속(m/day, mm/sec)으로서 물이 다공층 내 임의의 두 점 간의 거리를 통과하는 데 소요되는 시간을 측정함으로써 구할 수 있으며, 비유속

(比流速, specific velocity) 혹은 Darcy 유속(Darcy velocity)이라고도 부른다. 이 비유속은 실제 흐름의 속도가 아니라 단순히 유량 Q를 단면적 A로 나눈 값이며 공극을 통해 흐르는 물의 실제 평균유속은 비유속보다 크다.

공극을 통한 실제 평균유속을 $\overline{V}$로 표시하면

$$\overline{V} = \frac{\text{유량}}{\text{임의단면에 있어서의 공극이 차지하는 단면적}} = \frac{Q}{An_e} = \frac{AV}{An_e} = \frac{V}{n_e} \tag{6.14}$$

여기서, $\overline{V}$는 누수유속(seepage velocity)이라 하며, n_e는 전술한 바 있는 유효공극률이다.

지하수 흐름의 원리를 표시하는 Darcy의 법칙을 사용함에 있어서 주의해야 할 점은 이 법칙이 전제하고 있는 다음의 세 가지 가정을 충분히 이해하여 경우에 알맞게 적절한 고려를 해야 한다는 것이다. 첫째, 다공층을 구성하고 있는 물질의 특성이 균일하고 동질이며(isotropic and homogeneous), 둘째, 대수층 내에는 모관수대가 존재하지 않으며, 셋째로는, 흐름의 성질이 시간에 따라 변하지 않고 일정한 정상류(定常流, steady flow)라는 가정이다. 일반적으로 관수로 내의 층류(層流, laminar flow)에 있어서의 유속은 흐름 방향으로의 동수경사에 직접 비례한다. 식 (6.13)에 표시된 바와 같이 Darcy의 법칙은 다공층을 통해 흐르는 지하수의 유속이 동수경사에 직접 비례함을 뜻하므로 Darcy의 법칙은 층류에만 적용시킬 수 있다는 귀납적 결론을 내릴 수 있다. 지하수의 흐름이 층류인가를 판단하는 기준은 통상 흐름의 입자 Reynolds수(particle Reynolds Number) **R**에 의한다. 즉,

$$\mathbf{R} = \frac{Vd}{\nu} \tag{6.15}$$

여기서, V는 평균 유속이며, d는 입자의 평균 지름, ν는 유체의 동점성계수(動粘性係數, kinematic viscosity)이다. 대체로 균일한 입자로 구성된 모래층에 실시한 실험에 의하면 층류로부터 난류상태로의 변이는 대략 $\mathbf{R} = 1 \sim 10$ 사이에서 일어나는 것으로 알려져 있다. 자연 대수층 내의 지하수의 흐름은 대부분의 경우 $\mathbf{R} < 1$의 영역에 있으므로 Darcy의 법칙은 안전하게 적용될 수 있으나 양수정(pumping well) 부근에 있어서의 지하수의 유속은 최대가 되므로 층류로부터 난류로의 변이가 일어날 가능성이 많다. 따라서, 이 부분에 Darcy 법칙을 적용할 때에는 주의를 요한다.

예제 6.1 어떤 대수층으로부터 토양표본을 채취하여 그림 6.9와 같은 지름 4 cm, 길이 $ds =$ 30 cm인 실린더에 넣고 물을 흘렸다. 실린더의 출구에서 2분 동안 채취한 물의 부피가 21.3 cm^3였으며 두 단면 간의 압력수두차$(h_1 - h_2) = 14.1$ cm로 측정되었다. 이 대수층의 투수계수(수리전도율)를 구하라.

풀이 실린더의 단면적은

$$A = \frac{\pi \times (4)^2}{4} = 12.56 \text{ cm}^2$$

실린더 단위길이당의 손실수두는

$$\frac{h_1 - h_2}{ds} = \frac{14.1}{30} = 0.47$$

실린더 단면을 통한 유량은

$$Q = 21.3 \text{ cm}^2/2 \text{ min} = 10.65 \text{ cm}^3/\text{min}$$

식 (6.10)의 Darcy의 공식으로부터

$$k = \frac{Q}{A} = \frac{ds}{h_1 - h_2} = \frac{10.65}{12.56 \times 0.47} = 1.80 \text{ cm/min} = 25.92 \text{ m/day}$$

투수계수 $k = 25.92$ m/day이므로 그림 6.8로부터 이 대수층은 굵은 모래(coarse sand)층으로 되어 있음을 짐작할 수 있다.

예제 6.2 그림 6.10과 같이 어떤 피압대수층에 지하수 함양(recharge)이 되고 있다. 대수층의 투수계수 $k = 50$ m/day, 토양의 공극률 $n = 0.2$이며, 간격 1,000 m 떨어진 두 개의 관측점에서 측정한 기준면으로부터의 압력수두는 각각 55 m와 50 m이다. 이 대수층의 평균두께는 30 m이고 평균폭이 5 km일 때 다음을 구하라.

1) 대수층을 통해 흐르는 유량

2) 대수층의 유입부에서 4 km 아래 지점까지의 지하수 유동시간(time of travel)

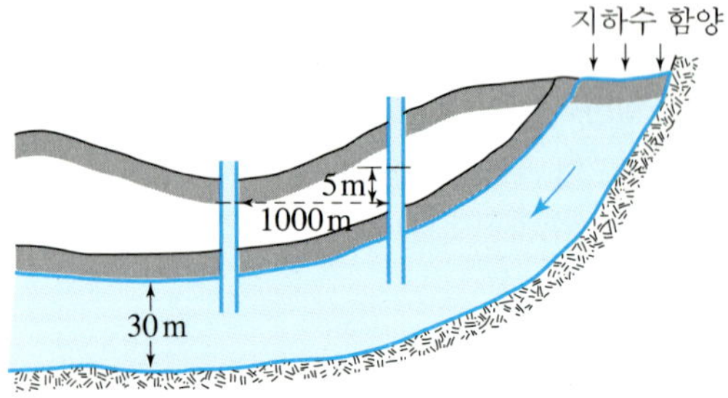

그림 6.10 피압대수층 내 지하수 흐름

풀이 1) 대수층을 통해 흐르는 지하수 유량:

지하수 흐름 단면적: $A = 30\ \text{m} \times 5\ \text{km} = 15 \times 10^4\ \text{m}^2$

수리경사: $i = \dfrac{55 - 50}{1{,}000} = 5 \times 10^{-3}$

유량: $Q = 50\ \text{m/day} \times (5 \times 10^{-3}) \times 15 \times 10^4$
$= 37{,}500\ \text{m}^3/\text{day}$

2) 지하수 유동시간:

지하수 누수유속: $\overline{V} = \dfrac{Q}{An} = \dfrac{37{,}500\ \text{m}^3/\text{day}}{(15 \times 10^4\ \text{m}^2) \times 0.2} = 1.25\ \text{m/day}$

유동시간: $t = \dfrac{4 \times 1{,}000\ \text{m}}{1.25\ \text{m/day}} = 3{,}200\ \text{days}$
$= 8.77\ \text{years}$

6.5.2 지하수 흐름방정식의 일반형

식 (6.13)의 Darcy의 방정식은 다공층의 토사입도가 균일하고 그 특성이 균질일 경우 투수계수가 일정하고 동수경사도 모든 방향으로 동일하다고 가정했을 경우에 적용되는 일차원 방정식이다. 보다 일반적인 경우에 적용될 수 있는 Darcy의 법칙은 다음과 같이 표시할 수 있다.

$$V_* = -k_* \frac{\partial h}{\partial s} \tag{6.16}$$

여기서, V_*와 k_*는 각 방향으로의 유속 및 투수계수를 의미한다. 자연대수층의 투수계수는 일반적으로 흐름의 방향에 따라 다르므로 지하수의 유속도 방향에 따라 달라진다. 즉,

$$V_x = -k_x \frac{\partial h}{\partial x}, \quad V_y = -k_y \frac{\partial h}{\partial y}, \quad V_z = -k_z \frac{\partial h}{\partial z} \tag{6.17}$$

여기서, k_x, k_y, k_z는 x, y, z방향의 투수계수이다. 따라서, 대수층 내 임의점에 있어서의 유속은 이들 세 유속성분을 벡터합성함으로써 얻을 수 있다. 만약 대수층이 균질(homogeneous)이며, 각 방향의 투수계수가 동일하다면 식 (6.17)은 다음과 같아진다.

$$V_x = -k\frac{\partial h}{\partial x}, \quad V_y = -k\frac{\partial h}{\partial y}, \quad V_z = -k\frac{\partial h}{\partial z} \tag{6.18}$$

수리학에서는 속도퍼텐셜(velocity potential) ϕ를 시간과 공간의 함수로 정의하며 유체계 내의 임의점에 있어서 x, y, z방향의 유속성분 V_x, V_y, V_z는 ϕ를 x, y, z방향에 대하여 미분한 값의 마이너스 값으로 정의한다. 즉

$$V_x = -\frac{\partial \phi}{\partial x}, \quad V_y = -\frac{\partial \phi}{\partial y}, \quad V_y = -\frac{\partial \phi}{\partial z} \tag{6.19}$$

따라서, 지하수 흐름에 속도퍼텐셜이 존재한다면 식 (6.18)과 (6.19)로부터

$$\phi = kh = k\left(z + \frac{p}{\gamma}\right) \tag{6.20}$$

여기서, h는 지하수 흐름의 임의 단면에서의 총 수두로서 위치수두 z와 압력수두 p/γ의 합이다.

6.5.3 피압대수층 내의 부정류방정식

직교좌표계에서의 피압대수층에 지하수 흐름의 3차원 부정류 방정식은 x, y, z방향의 미소거리 Δx, Δy, Δz인 정육면체에 각 방향으로의 유출질량과 유입질량의 차이가 질량 $\rho \Delta x \cdot \Delta y \cdot \Delta z$의 시간적 변화율과 같다는 연속방정식을 사용하여 다음과 같이 유도할 수 있다(Gupta, 1989).

$$\frac{\partial}{\partial x}\left(k_x \frac{\partial h}{\partial x}\right) + \frac{\partial}{\partial y}\left(k_y \frac{\partial h}{\partial y}\right) + \frac{\partial}{\partial z}\left(k_z \frac{\partial h}{\partial z}\right) = S_s \frac{\partial h}{\partial t} \tag{6.21}$$

식 (6.21)은 비균질성, 비등방향성 피압대수층(nonhomogeneous, anisotropic confined aquifer)에 대한 부정류 방정식이며, S_s는 대수층의 비저류능(比貯留能, specific storage)으로서 다음과 같이 표시된다.

$$S_s = \frac{S}{b} \tag{6.22}$$

여기서, b는 피압대수층의 두께이며, S는 대수층의 저류계수(storage coefficient)로서 다음 식으로 표시된다.

$$S = \gamma_w b(\alpha + n\beta) \tag{6.23}$$

여기서, γ_w는 물의 단위중량, α는 대수층의 압축률로서 대수층을 구성하는 토양의 부피탄성계수의 역수$(1/E_s)$로 표시되며, β는 물의 압축률로서 물의 부피탄성계수의 역수$(1/E_w)$이고 n은 토양의 공극률이다.

한편, 균질성, 등 방향성 피압대수층(homogeneous, isotropic confined aquifer) 내 부정류 흐름의 경우에는 식 (6.21)의 x, y, z방향의 투수계수는 $k_x = k_y = k_z = k$로 일정한 값을 가지므로 식 (6.21)은 다음과 같아진다.

$$k\frac{\partial^2 h}{\partial x^2} + k\frac{\partial^2 h}{\partial y^2} + k\frac{\partial^2 h}{\partial z^2} = S_s\frac{\partial h}{\partial t} \tag{6.24}$$

만약 대수층 내 흐름이 정상류(定常流, steady flow)이면 수두(h)는 시간에 따라 변하지 않는다. 따라서, 식 (6.24)는 다음과 같아진다.

$$\frac{\partial^2 h}{\partial x^2} + \frac{\partial^2 h}{\partial y^2} + \frac{\partial^2 h}{\partial z^2} = 0 \quad \text{혹은} \quad \nabla^2 h = 0 \tag{6.25}$$

식 (6.25)는 Laplace 방정식으로 알려져 있다.

6.5.4 비 피압대수층 내의 부정류방정식

비 피압대수층의 경우는 일정한 두께(b)를 가지는 피압대수층의 경우와는 달리 지하수면이 대기와 접하고 있으면서 x와 y방향으로 수두(h)가 변화하게 되나 피압대수층의 경우와 동일한 방법으로 연속방정식을 적용하면 다음 식을 얻게 된다.

$$\frac{\partial}{\partial x}\left(k_x h\frac{\partial h}{\partial x}\right) + \frac{\partial}{\partial y}\left(k_y h\frac{\partial h}{\partial y}\right) = S_y\frac{\partial h}{\partial t} \tag{6.26}$$

만약, 지하수면의 변화가 대수층 내 수두(h)의 크기에 비해 상대적으로 작으면 수두(h)는 대수층의 평균 두께(b)와 동일하다고 가정할 수 있으므로 균질성 비 피압대수층의 경우 식 (6.26)은 다음과 같이 표시할 수 있다.

$$k\frac{\partial^2 h}{\partial x^2} + k\frac{\partial^2 h}{\partial y^2} = \frac{S_y}{b}\frac{\partial h}{\partial t} \tag{6.27}$$

여기서, S_y는 비채수율(比採水率, specific yield)로서 토양의 공극률 n으로부터 보유수율(保留水率, specific retention) S_r을 뺀 것으로 정의되므로 $S_y = n - S_r$이다. 여러 가지 토양 및 암석의 대표적인 비채수율은 표 6.2에 수록되어 있으며, 대부분의 대수층에서 $S_y = 0.1 \sim 0.3$의 값을 가지며 평균값은 0.2 정도이다.

표 6.2 토양과 암석의 비채수율(대표값)

토양 및 암석 재료	비채수율(%)
Gravel, coarse	23
Gravel, medium	24
Gravel, fine	25
Sand, coarse	27
Sand, medium	28
Sand, fine	23
Silt	8
Clay	3
Sandstone, fine-grained	21
Sandstone, medium-grained	27
Limestone	14
Dune sand	38
Loess	18
Peat	44
Schist	26
Siltstone	12
Till, predominantly silt	6
Till, predominantly sand	16
Till, predominantly gravel	16
Tuff	21

자료: Todd(1980)

6.6 유선망에 의한 정상 지하수 흐름의 도식적 해법

6.6.1 유선망에 의한 등 방향성 토양에서의 지하수 흐름 해석

Darcy의 법칙은 1차원 지하수 흐름에 대해 유도되었지만 대부분의 실제 지하수 문제는 2차원 혹은 3차원 흐름 문제이다. 유선망방법(流線網方法, flow net method)은 시간에 따라 흐름특성이 변하지 않는 2차원 정상 지하수 흐름(two-dimensional steady groundwater flow)을 도식적으로 해석하는 방법이다.

그림 6.11(a)는 등방향성(等方向性, isotropic soil) 토양에서 지하수 흐름의 유선(流線, stream-line)과 등퍼텐셜선(equipotential line)으로 구성되는 흐름수로(流管, stream channel)를 표시하고 있으며, 그림 6.11(b)의 등퍼텐셜 ①과 ② 사이의 흐름수로의 단위폭당 흐르는 지하수 흐름량 Δq는 Darcy 법칙에 따르면 다음과 같다.

$$\Delta q = k(d_m \times 1)\left(\frac{\Delta h_1}{dl}\right) \tag{6.28}$$

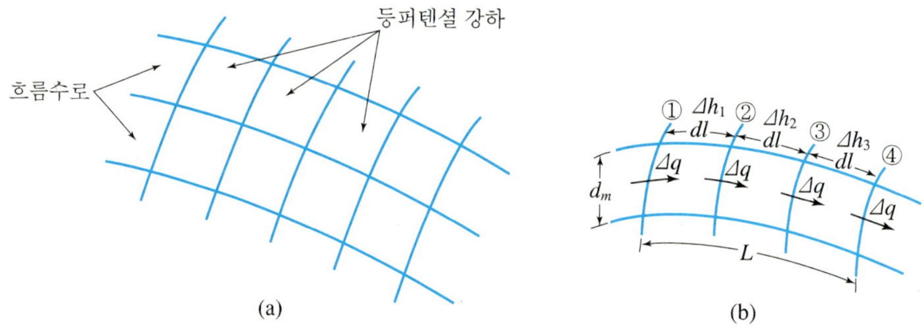

그림 6.11 흐름수로와 등퍼텐셜선 L

또한, 등퍼텐셜선 ②와 ③ 사이의 흐름수로의 단위폭당 지하수 흐름량 Δq는 다음과 같이 표시할 수 있다.

$$\Delta q = k(d_m \times 1)\left(\frac{\Delta h_2}{\Delta l}\right) \tag{6.29}$$

흐름수로를 통한 지하수 흐름량(유량) Δq는 일정하므로 식 (6.28)과 (6.29)를 같게 놓으면,

$$\Delta h_1 = \Delta h_2 = \Delta h \tag{6.30}$$

식 (6.30)은 연속되는 두 개의 등퍼텐셜선 사이에 발생하는 수두강하량(head drop)은 Δh로 동일함을 의미한다. 만약 n_d개의 수두강하가 흐름방향으로 발생한다면,

$$\Delta h = \frac{h}{n_d} \tag{6.31}$$

여기서, h는 첫 번째 등퍼텐셜선으로부터 마지막 등퍼텐셜선까지 발생하는 총 수두손실이다.

식 (6.30)과 (6.31)의 관계를 식 (6.28)에 대입하면

$$\Delta q = k\frac{d_m}{dl}\frac{h}{h_d} \tag{6.32}$$

식 (6.32)는 한 개의 흐름수로에 대한 것이므로 n_f개의 흐름수로에 대해서 생각하면 흐름수로의 단위폭당 총 유량 q는 다음과 같이 표시된다.

$$q = \frac{n_f}{n_d}k\frac{dm}{dl}h \tag{6.33}$$

만약 유선망을 정사각형에 가깝도록 구성하면 $dm \approx dl$이므로 식 (6.26)은 다음과 같이 된다.

$$q = \frac{n_f}{n_d}kh \tag{6.34}$$

유선망에서 등퍼텐셜선은 그 위치에서의 실제수두(총 수두에서 그 위치까지의 손실수두를 뺀 수두)를 표시하는 것이므로 지반구조물의 저면부(底面部)에서의 양압력(揚壓力, uplift pressure)은 다음과 같이 표시할 수 있다.

$$u = \left(\frac{n}{n_d}h + z\right)\gamma_w \tag{6.35}$$

여기서, u는 양압력(kg/m^2)이고, n은 등퍼텐셜선 중 제일 아래에 있는 등퍼텐셜선을 영(zero)으로 할 때의 등퍼텐셜선의 개수이고, z는 상류경계면을 기준면(datum)으로 하는 구조물 저면부의 깊이이며, γ_w는 물의 단위중량(單位重量)이다.

6.6.2 유선망의 작도절차

지하수의 유선망을 작도(作圖)하는 것은 시행착오적인 작업이라 할 수 있으나 다음과 같은 원칙이 적용된다.

- 등퍼텐셜선은 유선을 직교한다.
- 등퍼텐셜선과 유선으로 만들어지는 유선망은 가급적 정사각형에 가깝도록 작도하는 것이 좋다.
- 불투수성 경계면은 유선이 된다.

- 구조물의 상, 하류에 위치하는 토양과 물의 접촉면은 등퍼텐셜선이 된다.
- 누수면(seepage surface)은 유선이 된다.

위에서 소개한 원칙에 따라 유선망을 작도하는 방법을 요약하면 다음과 같다.

1) 적절한 축척으로 지반구조물의 단면과 수위 및 토양층(soil profiles)을 그린다.
2) 지하수 흐름의 경계면(boundaries)을 설정한 후 경계면에 대한 유선과 등퍼텐셜선을 그린다.
3) 경계면 사이의 지하수 흐름역에 대해 유선과 등퍼텐셜선이 서로 직교하도록 작도하되 유선망들이 정사각형에 가깝도록 한다.
4) 유선망의 작도를 계속하다 보면 유선망의 작도원칙이 일관성 있게 지켜지지 못하는 흐름역이 부분적으로 생기게 되나 유선과 등퍼텐셜선을 약간씩 수정하여 유선망 작도의 일관성을 유지하도록 한다.
5) 작도할 유선의 개수 결정에는 특별한 원칙이 있는 것은 아니며, 통상 3~5개의 유선을 그리면 충분하다. 유선의 개수가 결정되면 등퍼텐셜선은 유선에 직교하도록 그려야 하므로 등퍼텐셜선의 개수는 자동적으로 흐름역에 따라 결정된다.

예제 6.3 그림 6.12와 같이 불투수성인 암반 위의 투수성 지반에 건설되어 있는 총폭 100 m인 콘크리트 댐은 상류측면이 시트 파일(sheet pile) 벽으로 지수되고 있다. 투수성 지반의 투수계수 $k = 45$ m/day일 때 유선망 방법으로 (a) 댐 아래로의 지하수유출량과 (b) 댐 저면부에 작용하는 양압력 분포도를 그려라.

풀이 유선망은 그림 6.12에 작도되어 있다. 유선망의 흐름수로의 개수 $n_f = 5$이고, 등퍼텐셜선으로 표시되는 수두강하 횟수 $n_d = 17$, 댐 상하류 간의 총 수두차 $h = 12 - 1.5 = 10.5$ m이다.

(1) 식 (6.34)를 사용하면 댐의 단위폭당 유량은

$$q = \frac{n_f}{n_d} \cdot kh = \frac{5}{17} \times 45\ \text{m/day} \times 10.5\ \text{m}$$
$$= 138.97\ \text{m}^2/\text{day} = 0.00159\ \text{m}^2/\text{sec}$$

댐의 전체폭 $b = 100$ m이므로 총 유량은

$$Q = qb = 0.00159 \times 100 = 0.159\ \text{m}^3/\text{sec} = 159\ l/\text{sec}$$

(2) 식 (6.35)를 사용하면 $h = 10.5$ m, $z = 0.6$ m 이므로 댐 단위폭당 양압력은

$$u = \left(\frac{n}{n_d}h + z\right)\gamma_w = \left[\frac{n}{17}(10.5) + 0.6\right](1000) = (617.65\,\mathrm{n} + 600)\ \mathrm{kg/m^2}$$

표 6.3은 그림 6.12의 댐 저면부 위치별 양압력 강도를 위의 식으로 계산한 결과를 표시하고 있다.

표 6.3 댐 저면부의 양압력 강도 계산

지점	A	B	C	D	E	F	G	H	I	J
댐 Toe로부터의 거리(m)	0	0.9	6.5	11.3	15.0	18.8	22.5	25.8	28.2	30.0
n	16.5	9	8	7	6	5	4	3	2	1.2
$u(10^3\ \mathrm{kg/m^2})$	10.79	6.16	5.54	4.92	4.31	3.69	3.07	2.45	1.84	1.34

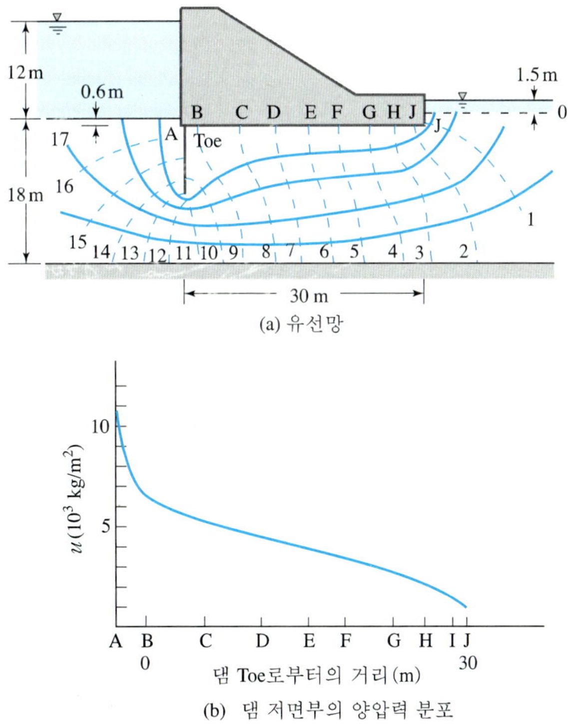

(a) 유선망

(b) 댐 저면부의 양압력 분포

그림 6.12 시트 파일의 지지를 받는 댐 아래의 유선망과 양압력 분포

6.7 정상 일방향 흐름 해석

정상 일방향 흐름(steady unidirectional flow)이란 지하수 흐름의 특성이 시간에 따라 변하지 않고 일정할 뿐 아니라, 다공층을 통한 각 유선의 방향이 평행한 흐름을 말한다. 실제의 지하수 흐름은 정상 일방향 흐름과는 크게 다르나 흐름 방정식 가운데 가장 간단한 경우이며 때로는 이러한 가정에 의한 해석으로부터 만족할 만한 결과를 얻을 수도 있다.

6.7.1 피압대수층 내의 흐름

그림 6.13과 같이 두께가 b로 일정한 피압대수층 내에 유속 V의 지하수가 x방향으로 흐른다고 가정하자. 대수층의 투수계수가 k로 일정하다면 대수층의 단위폭당 유량 q는 식 (6.18)을 사용하면

$$q = bV_x = -kb\frac{\partial h}{\partial x} = -kb\frac{dh}{dx} \tag{6.36}$$

식 (6.36)을 x에 관해 미분하면

$$\frac{dq}{dx} = -kb\frac{d^2h}{dx^2} \tag{6.37}$$

흐름이 정상류라고 가정하였으므로 $\frac{dq}{dx} = 0$이다. 따라서, 식 (6.37)로부터

$$\frac{d^2h}{dx^2} = 0 \tag{6.38}$$

식 (6.36)과 (6.38)은 피압대수층 내 정상류의 기본 미분방정식이며 여러 가지 경계조건(boundary conditions)에 따라 특수해(特殊解)를 구할 수 있다.

식 (6.38)의 일반 해는

$$h = C_1x_1 + C_2 \tag{6.39}$$

여기서, h는 일정 기준면으로부터의 수두이며, C_1, C_2는 경계조건으로부터 결정되는 적분상수이다. $x=0$일 때 $h=h_0$라 가정하면 식 (6.39)로부터 $C_2 = h_0$가 되며

$$h = C_1 x + h_0 \tag{6.40}$$

식 (6.40)을 x에 관하여 미분하고 Darcy의 공식을 사용하면

$$\frac{dh}{dx} = C_1 = -\frac{V}{k} \tag{6.41}$$

식 (6.41)을 (6.40)에 대입하면

$$h = -\frac{V}{k}x + h_0 \tag{6.42}$$

식 (6.42)는 수두가 그림 6.13에 표시한 바와 같이 흐름 방향으로 직선적으로 변함을 표시한다.

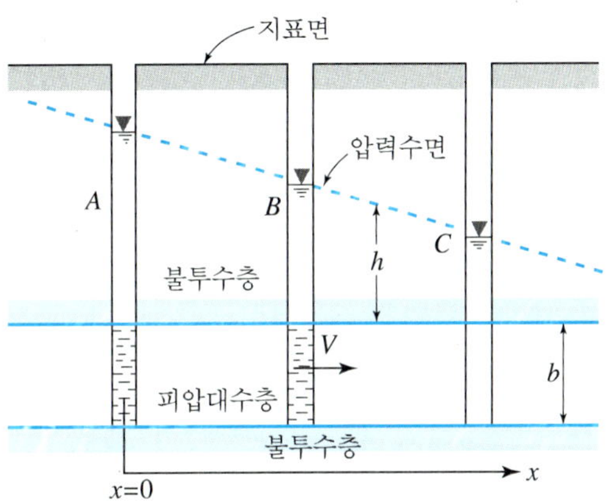

그림 6.13 피압대수층 내의 일방향 정상류

예제 6.4 그림 6.13과 같이 피압대수층 내에 세 개의 폭이 좁은 수로를 500 m 간격으로 굴착했더니 A, B, C 수로 내의 피압대수층 바닥으로부터 각각 5 m, 4 m, 3 m의 깊이로 물이 흘렀다. 대수층의 두께가 10 m이고 투수계수가 10 m/day일 때 대수층 단위폭당 유량을 계산하라.

풀이 식 (6.38)을 두 번 적분하면

$$h = C_1 x + C_2$$

$x = 0$일 때 $h = 5$ m, $x = 500$ m일 때 $h = 4$ m, $x = 1{,}000$ m일 때 $h = 3$ m이므로

$$C_2 = 5, \quad C_1 = -0.002$$

피압대수층의 단위폭당 유량은

$$q = -kb\frac{dh}{dx} = -10 \times 10 \times (-0.002) = 0.2\ \mathrm{m^3/day/m}$$

6.7.2 비 피압대수층 내의 흐름

비 피압대수층 내의 흐름은 피압대수층의 경우처럼 간단하게 해석할 수 없는 어려움이 있다. 그 이유는 피압대수층의 경우에는 대수층 내 임의 단면에 있어서의 통수 단면적이 수두에 관계없이 일정하나 비 피압대수층의 경우에는 그림 6.14의 흙 댐을 통한 흐름에서와 같이 지하수면이 한 개의 유선역할을 하며 지하수면의 모양이 대수층 내의 흐름 분포를 결정할 뿐 아니라, 거꾸로 흐름의 분포에 따라 지하수면의 모양이 변하여 통수 단면적이 변하기 때문이다.

이 경우에 대한 해를 구하기 위하여 Dupuit는 다음과 같이 가정하였다. 첫째 가정은 지하수의 유속이 동수경사선의 정현 $\left(\mathrm{sine},\ \frac{dh}{ds}\right)$ 대신에 정접 $\left(\mathrm{tangent},\ \frac{dh}{dx}\right)$에 비례한다는 것이고, 두 번째 가정은 유속의 방향은 수평이며 한 연직면 내의 모든 곳에서 그 크기가 동일하다는 것이다(그림 6.14 참조). 이 두 가지 가정은 사실과는 어느 정도 거리가 있는 가정이므로 그 적용에 주의를 요한다.

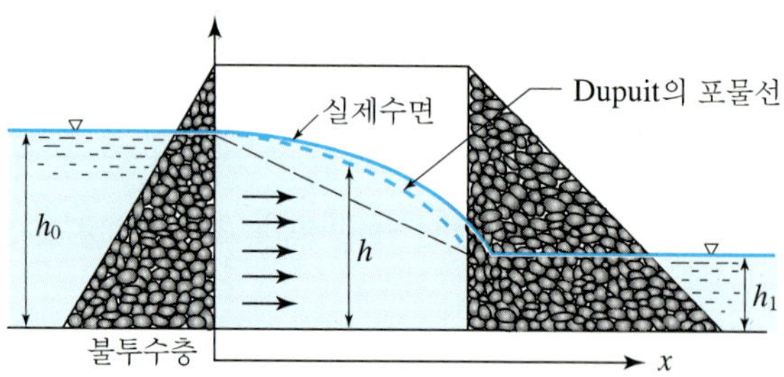

그림 6.14 흙 Dam을 통한 Dupuit의 흐름

그림 6.14의 지하수 흐름에 있어서 대수층 내 임의 연직면의 단위폭당 유량 q는 다음 식으로 표시된다.

$$q = -kh\frac{dh}{dx} = \text{일정(constant)} \tag{6.43}$$

여기서, h는 불투수면으로부터 지하수면까지의 높이이며, 총 수두에 해당하고, x는 수평방향을 가리킨다. 식 (6.43)을 x에 관하여 미분하고 정상류조건을 사용하면

$$\frac{dq}{dx} = -\frac{k}{2}\frac{d^2(h^2)}{dx^2} = 0 \tag{6.44}$$

따라서,

$$\frac{d^2(h^2)}{dx^2} = 0 \tag{6.45}$$

식 (6.43)과 (6.45)는 비 피압대수층 내의 정상류 해석을 위한 기본 방정식이다.

식 (6.43)을 적분하면

$$qx = -\frac{1}{2}kh^2 + C \tag{6.46}$$

만약, $x=0$일 때 $h=h_0$(그림 6.15 참조)라면, $C = \frac{k}{2}{h_0}^2$이므로 식 (6.46)은 다음과 같아진다.

$$q = \frac{k}{2x}({h_0}^2 - h^2) \tag{6.47}$$

식 (6.47)은 q와 h 사이의 2차 방정식이므로 지하수면이 포물선형임을 알 수 있으며, 이를 Dupuit 포물선(抛物線, parabola)이라 부른다.

그림 6.15와 같이 강우로 인하여 대수층 내의 지하수가 증가한다고 가정하자. 이때 내린 우량을 N(임의의 단위를 가진다고 가정)이라 하면 그림 6.14로부터

$$dq = Ndx \tag{6.48}$$

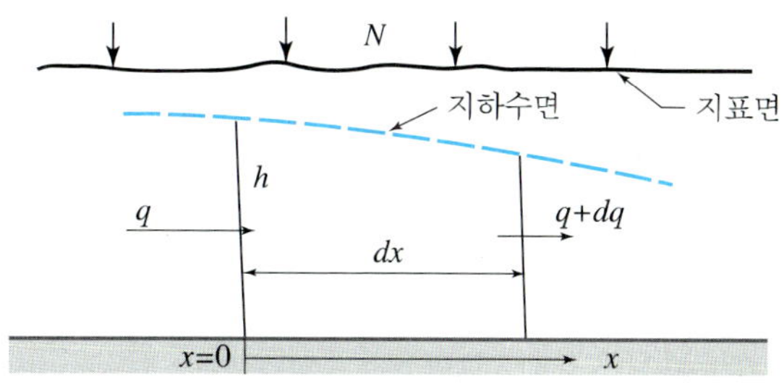

그림 6.15 비 피압대수층 위에 비가 내릴 경우의 지하수 흐름

식 (6.43)을 x에 관하여 미분한 것과 식 (6.48)을 사용하면

$$\frac{dq}{dx} = -\frac{1}{2}k\frac{d^2(h^2)}{dx^2} = N \qquad \therefore \frac{d^2(h^2)}{dx^2} = -\frac{2N}{k} \tag{6.49}$$

식 (6.49)는 강우로 인하여 대수층 내의 지하수가 상승할 때의 지하수면에 관한 미분방정식이다.

예제 6.5 1,000 m 간격으로 떨어져 있는 그림 6.16과 같은 관개수로 내에 물이 흐르고 있다. 두 수로 사이에 있는 토층의 투수계수 $k = 12$ m/day이며 A수로 내의 수위는 B수로 내의 수위보다 2 m가 낮으며 대수층의 두께는 A수로의 수면으로부터 불투수층까지 20 m에 달하고 있다. 수로 A, B의 단위 길이당 유입 및 유출률을 구하라. 연 강수량은 1,200 mm로 가정하고 이 중 60%가 침투에 의하여 대수층에 도달한다고 가정하라.

풀이 그림 6.16으로부터 경계조건은 다음과 같음을 알 수 있다.

$x = 0$일 때 $\qquad h = 20$ m
$x = 1{,}000$ m일 때 $\qquad h = 22$ m
$N = 1.2 \times 0.6 = 0.72$ m/year $= 0.000197$ m/day

식 (6.49)를 두 번 적분하면 다음과 같아진다.

$$h^2 = -\frac{N}{k}x^2 + C_1 x + C_2 \tag{a}$$

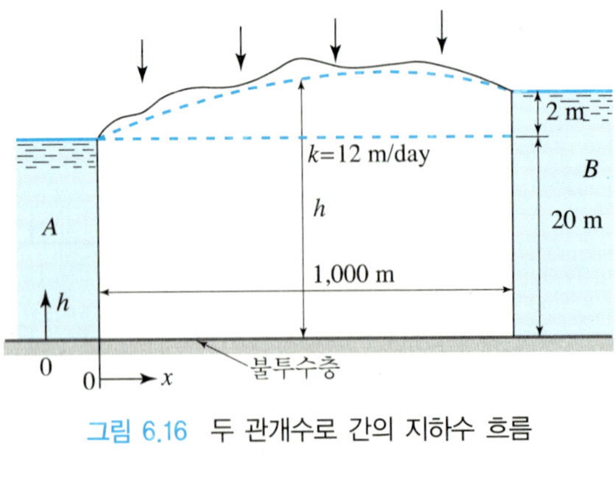

그림 6.16 두 관개수로 간의 지하수 흐름

$x=0$, $h=20$ m를 식 (a)에 대입하면

$$C_2 = 400$$

$x=1{,}000$ m, $h=22$ m를 식 (a)에 대입하면

$$484 = -\frac{0.72\times10^6}{365\times12} + 1{,}000C_1 + 400, \quad C_1 = 0.084 + 0.164 = 0.248$$

따라서, 식 (a)는

$$h^2 = -1.64\times10^{-4}x^2 + 0.248x + 400 \tag{b}$$

따라서,

$$h = (-1.64\times10^{-4}x^2 + 0.248x + 400)^{\frac{1}{2}} = u^{\frac{1}{2}} \tag{c}$$

식 (c)를 x에 관하여 미분하면

$$\frac{dh}{dx} = \frac{1}{2}u^{-\frac{1}{2}}(-3.28\times10^{-4}x + 0.248) \tag{d}$$

식 (6.43)에 식 (c)와 (d)를 대입하면

$$q = -6(-3.28\times10^{-4}x + 0.248) \tag{e}$$

따라서, $x=0$일 때는 $q=-1.49\ \text{m}^3/\text{day/m}$이고, $x=1{,}000$일 때에는 $q=0.48\ \text{m}^3/\text{day/m}$이다.

따라서, 대수층으로부터 A수로로는 평균 1.49 m^3/day/m의 지하수가 유입하며 B수로로부터 대수층 내부로 평균 0.48 m^3/day/m의 지하수가 유출된다.

6.8 양수정으로의 방사상 정상류 해석

우물로부터 일정한 율로 지하수를 양수하면 양수정(揚水井, pumping well) 주위의 대수층으로부터 우물방향으로 방사상 정상류(放射狀 定常流, radial steady flow) 상태로 지하수가 흘러나오게 되고, 지하수면(비 피압대수층의 경우)이나 수압면(水壓面, piezometric surface, 피압대수층의 경우)은 강하하게 된다. 어떤 지점에 있어서의 지하수면 강하량(地下水面 降下量, groundwater drawdown)은 지하수면이 양수 이전의 원래 위치로부터 낮아진 깊이를 의

미한다. 그림 6.17은 피압대수층 내에 굴착한 우물로부터 양수할 경우에 거리에 따른 수면강하량의 변화 양상을 나타내고 있다. 3차원의 경우에 있어서 수면강하곡선(drawdown curve)은 요상원추(凹狀圓錐, cone of depression)라 부르는 깔대기 모양을 가지며 요상원추의 외한선(外限線)은 곧 우물의 영향권(影響圈, area of influence)을 정의하게 된다.

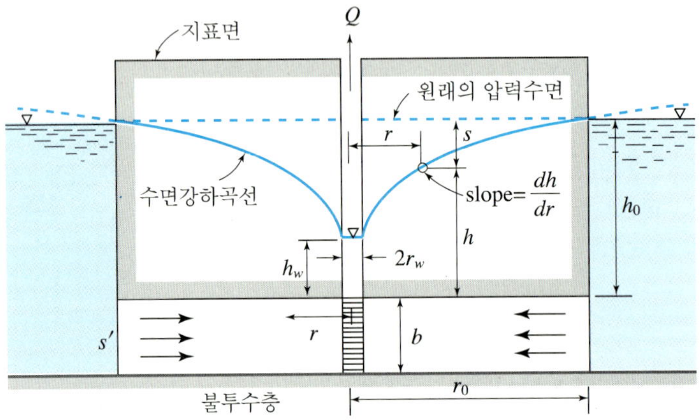

그림 6.17 양수정으로의 방사상 정상류 흐름(원통형 섬의 경우)

6.8.1 피압대수층 내 양수정으로의 방사상 정상류

그림 6.17과 같이 피압대수층 내에 완전히 뿌리박고 있는 양수정을 통해 일정한 유량 Q를 양수할 때 지하수의 흐름 방정식을 유도해 보기로 하자. 경계조건으로서 양수에 의한 임의 단면에서의 수두 h의 강하량은 우물축을 통하는 모든 연직면 내에 있어서 동일한 분포를 가진다고 가정하자. 이 가정은 흐름이 방사상으로 완전히 대칭(극좌표에 있어서 θ방향에 무관함을 의미한다)이라는 것과 같으며, 따라서 우물을 중심으로 하는 임의의 동심원상에서의 수두는 일정함을 뜻한다. 이러한 가정은 균질의 대수층을 가진 원통형 섬(circular island)의 중앙에 위치한 양수정의 경우에만 성립한다. 만약, 우물이 대수층의 바닥까지 뚫려 있다면 지하수의 흐름은 대수층 내 어디서나 불투수성 바닥면에 평행할 것이며 그림 6.17의 s'방향, 즉 우물 중심으로부터 나오는 방향 r의 반대방향으로 흐르게 된다. 우물의 중심을 평면극좌표의 원점으로 잡으면 우물로부터의 양수율 Q는 반지름 r, 높이 b인 원통둘레를 통해 흐르는 유량이다. 따라서, $s' = r_0 - r$이고 $ds' = -dr$이므로

$$Q = AV = 2\pi rb\left(-k\frac{\partial h}{\partial s'}\right) = 2\pi rbk\frac{dh}{dr} \tag{6.50}$$

식 (6.50)을 적분하면

$$h = \frac{Q}{2\pi bk}\ln r + C \tag{6.51}$$

경계조건 $r = r_0$일 때 $h = h_0$를 사용하면

$$C = h_0 - \frac{Q}{2\pi bk}\ln r_0 \tag{6.52}$$

식 (6.52)를 (6.51)에 대입하면

$$h_0 - h = \frac{Q}{2\pi bk}\ln\left(\frac{r_0}{r}\right) \tag{6.53}$$

식 (6.53)의 $(h_0 - h)$는 우물 중심으로부터 r의 거리에 있는 점에 있어서의 수압면 강하량(drawdown)이다. 식 (6.53)에 경계조건 $r = r_w$일 때 $h = h_w$를 대입하면

$$h_0 - h_w = \frac{Q}{2\pi bk}\ln\left(\frac{r_0}{r_w}\right) \tag{6.54}$$

따라서,

$$Q = 2\pi bk\frac{h_0 - h_w}{\ln(r_0/r_w)} \tag{6.55}$$

여기서, h_w는 반지름 r_w인 양수정의 수두이다. 그러므로, 대수층의 특성변수 (k, b) 및 원통형 섬을 둘러싸고 있는 바다 및 우물 내의 수면을 알면 양수율 Q를 구할 수 있다.

피압대수층 내에 굴착되는 양수정의 보다 일반적인 경우는 그림 6.18과 같이 대수층이 그림 6.17에서와 같이 원통형 섬으로 제한되지$(r \to r_0)$ 않고 무한히 연장되는$(r \to \infty)$ 경우이다. 이 경우의 수두는

$$h - h_w = \frac{Q}{2\pi bk}\ln\frac{r}{r_w} \tag{6.56}$$

식 (6.56)은 r이 무한히 커짐에 따라 h가 무한대로 커짐을 표시한다.

그러나, 실제로 h가 가질 수 있는 최대값은 양수 전의 원래수두 h_0로 유한하므로 식 (6.56)은 무한히 연장되는 피압대수층에는 적용할 수 없으며 이론적으로 볼 때 이러한 대수층 내에 방사상 정상류는 있을 수 없다고 말할 수 있다. 그러나, 실제에 있어서 h는 우물로부터의

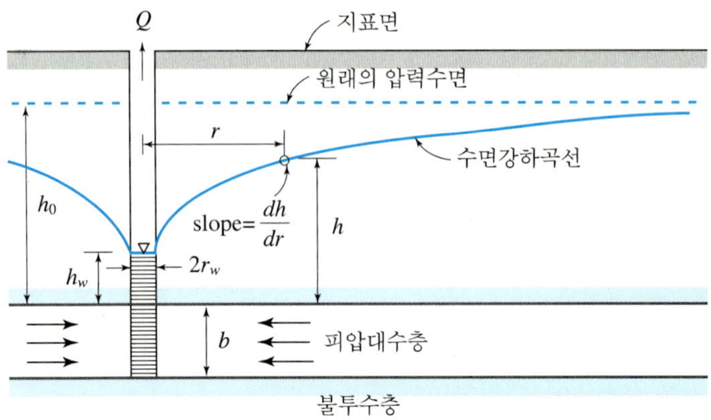

그림 6.18 무한 피압대수층 내 양수정으로의 방사상 정상류

거리 r이 커짐에 따라 h_0에 가까워지며, $r=r_0$라는 가정은 용납된다. 따라서, 식 (6.54)와 (6.56)으로부터 Q를 소거하면

$$h-h_w=(h_0-h_w)\frac{\ln(r/r_w)}{\ln(r_0/r_w)} \tag{6.57}$$

식 (6.57)은 수두 h가 양수율 Q에 관계없이 우물로부터의 거리 r의 대수값(logarithm)에 비례함을 표시하고 있다.

식 (6.56)은 지하수 흐름의 평형 방정식 혹은 Thiem 방정식으로 알려져 있으며, 대수층의 투수계수를 양수시험으로부터 결정하는 데 사용된다. 즉, 양수율 Q로 양수할 때 양수정으로부터 거리 r_1, r_2에 있는 관측정(觀測井, observation well)에서 관측된 수두를 각각 h_1, h_2라 하고 식 (6.56)을 사용하면

$$k=\frac{Q}{2\pi b(h_2-h_1)}\ln\frac{r_2}{r_1} \tag{6.58}$$

식 (6.58)을 투수계수 결정에 사용하기 위해서는 대수층 내의 지하수 흐름이 정상상태(正常狀態, steady state)에 도달할 수 있는 충분한 시간에 걸쳐 일정한 율로 양수해야 하며, 관측정은 가능한 한 양수정 가까이에 굴착하여 수두강하량을 쉽게 측정할 수 있도록 해야 한다. 물론 식 (6.58)은 대수층이 무한대로 연장되어 있으며, 균질의 재료로 구성되어 있고 흐름이 층류라는 등의 몇 가지 가정에 근거를 두고 있으나 투수계수 결정을 위해 많이 사용되고 있다.

예제 6.6 그림 6.19와 같이 큰 호수 가운데 지름이 1 km인 원통형 섬의 중앙에 지름이 1 m의 양수정을 굴착했다고 가정하자. 이 섬의 대수층은 두께 20 m의 사암층으로서 투수계수는 20 m/day로 추정되었으며 사암층의 상하부는 불투수층으로 되어 있다. 양수정에서의 수압면강하량(drawdown)을 4 m로 유지하기 위해서는 얼마만한 일정 양수율로 지하수를 양수해야 할 것인가?

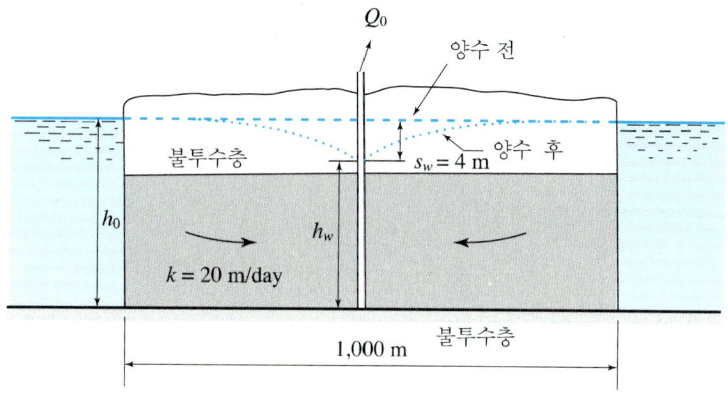

그림 6.19 원통형 섬의 중앙에 위치한 양수정(피압대수층의 경우)

풀이 원통형 섬의 중앙에 위치한 양수정의 경계조건은

$$r = r_w = 0.5\text{ m일 때} \quad s_w = h_0 - h_w = 4\text{ m}$$

$$r = r_0 = 500\text{ m일 때} \quad s_0 = 0$$

피압대수층 내의 방사상 정상류이므로 식 (6.55)에 의해 양수율을 구하면

$$Q = 2\pi bk\frac{h_0 - h_w}{\ln\left(\dfrac{r_0}{r_w}\right)} = 2\times 3.14\times 20\times 20\times\frac{4}{\ln(1{,}000)} = 1{,}455.3\text{ m}^3/\text{day}$$

6.8.2 비 피압대수층 내 양수정으로의 방사상 정상류

비 피압대수층 내에 굴착된 양수정으로 향해 흐르는 방사상 정상류의 흐름 방정식은 일방향 정상류의 경우와 같이 Dupuit의 가정을 사용하여 유도될 수 있다. 그림 6.20과 같이 대수층의 불투수성 바닥까지 굴착된 양수정이 일정한 수두를 가진 동심원 모양의 경계면(concentric boundary)으로 둘러싸여 있다면 양수율 Q는 다음과 같다.

$$Q = 2\pi rkh\frac{dh}{dr} \tag{6.59}$$

식 (6.59)를 적분하면

$$h^2 = \frac{Q}{\pi k}\ln r + C \tag{6.60}$$

경계조건 $r = r_0$일 때 $h = h_0$를 식 (6.60)에 대입하면

$$C = {h_0}^2 - \frac{Q}{\pi k}\ln r_0 \tag{6.61}$$

식 (6.61)을 (6.60)에 대입하면

$${h_0}^2 - h^2 = \frac{Q}{\pi k}\ln\left(\frac{r_0}{r}\right) \tag{6.62}$$

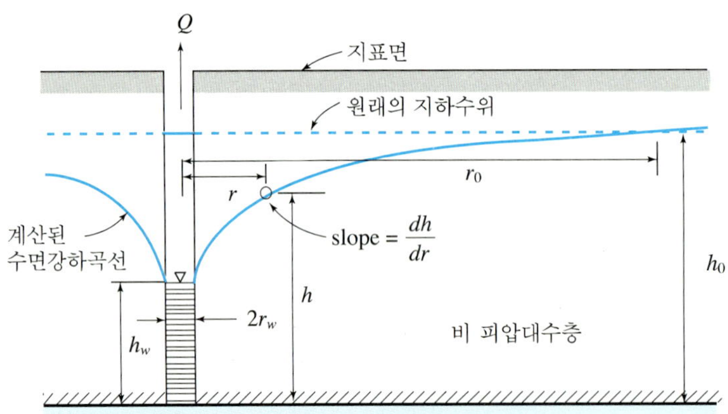

그림 6.20 비 피압대수층 내 양수정으로의 방사상 정상류

식 (6.62)에 경계조건 $r = r_w$일 때 $h = h_w$를 대입하고 Q에 관하여 풀면

$$Q = \pi k\frac{{h_0}^2 - {h_w}^2}{\ln(r_0/r_w)} \tag{6.63}$$

일반적으로 양수정 부근에서는 지하수면곡선이 급하게 강하하므로 Dupuit의 평행흐름(pararell flow)의 가정이 성립하지 않으나 수두 h를 정확히 측정하면 식 (6.63)에 의한 Q는

대체로 정확하다.

실제에 있어서 식 (6.63)의 영향권 반경(影響圈 半徑, radius of influence) r_0의 측정은 대단히 어려우므로 대체로 150~300 m의 값을 사용하는 것이 통상이다.

피압대수층의 투수계수를 결정하기 위한 식 (6.58)과 비슷한 공식을 식 (6.63)으로부터 구할 수 있다. 즉, 양수율이 Q인 우물로부터 거리 r_1, r_2 떨어진 관측정에 있어서의 수두가 h_1, h_2라면 비 피압대수층의 투수계수 k는

$$k = \frac{Q}{\pi({h_2}^2 - {h_1}^2)} \ln\left(\frac{r_2}{r_1}\right) \tag{6.64}$$

식 (6.64)를 사용하여 투수계수를 결정하는 데 주의해야 할 사항들은 피압대수층의 경우와 비슷하다.

예제 6.7 비 피압대수층으로부터 지름 20 m, 깊이 30 m인 우물을 통해 0.1 m³/sec의 지하수를 장시간 동안 양수하여 평형상태에 도달하였다. 양수정의 중립축으로부터 20 m 및 50 m 떨어진 관측정에서의 수압면 강하량이 각각 4 m 및 2.5 m였다면 대수층의 투수계수는 얼마인가? 또한 양수정에서의 수압면 강하량은 얼마인가?

풀이 주어진 조건인 $Q = 0.1\ \mathrm{m^3/sec}$, $r_1 = 20\ \mathrm{m}$, $r_2 = 50\ \mathrm{m}$, $h_1 = 30 - 4 = 26\ \mathrm{m}$, $h_2 = 30 - 2.5 = 27.5\ \mathrm{m}$를 식 (6.64)에 대입하여 투수계수를 계산하면

$$k = \frac{0.1}{\pi(27.5^2 - 26^2)} \ln\left(\frac{50}{20}\right) = 0.000363\ \mathrm{m/sec}$$

양수정의 벽면에서는 $r_w = d_w/2 = 0.2/2 = 0.1\ \mathrm{m}$이며 수두 h_w는 역시 식 (6.64)를 사용하여 구한다. $r_1 = 20\ \mathrm{m}$일 때 $h_1 = 26\ \mathrm{m}$인 조건과 위에서 구한 $k = 0.000363\ \mathrm{m/sec}$를 식 (6.64)에 대입하면

$$0.000363 = \frac{0.1}{\pi(26^2 - {h_w}^2)} \ln\left(\frac{20}{0.1}\right)$$

이를 풀면

$$h_w = 14.54\ \mathrm{m}$$

따라서, 양수정에서의 수압면 강하량은

$$s_w = 30.0 - 14.54 = 15.46\ \mathrm{m}$$

6.8.3 강우시 비 피압대수층 내 양수정으로의 방사상 정상류

그림 6.21과 같이 비 피압대수층 위에 강우강도 P로 비가 내릴 때 양수정으로부터 거리 r에 있는 단면을 통한 지하수 유량 Q는 Darcy 법칙으로부터

$$Q = 2\pi rhk\frac{dh}{dr} \tag{6.65}$$

양수정으로부터 거리 r에 있으며, 폭 dr인 원통형 평면 위에 비가 내릴 때 이 평면적을 통한 미소유량 dQ는 연속방정식으로부터

$$dQ = -2\pi rdr \cdot P \tag{6.66}$$

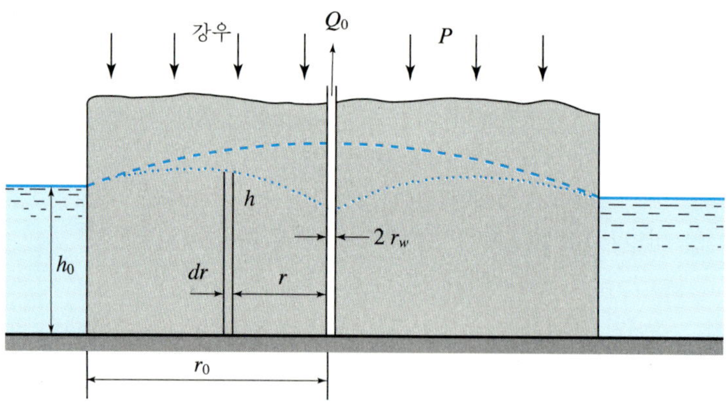

그림 6.21 비 피압대수층에 비가 내릴 경우 원통형 섬 내 양수정으로의 정상류

식 (6.66)을 적분하면

$$Q = -\pi r^2 P + C_1 \tag{6.67}$$

$r = r_w \doteqdot 0$일 때 Q는 양수율 Q_0와 같다. 따라서 식 (6.67)의 $C_1 = Q_0$이며, 이것을 식 (6.67)에 대입하면

$$Q = Q_0 - \pi r^2 P \tag{6.68}$$

식 (6.68)을 (6.65)와 같게 놓고 정리하면

$$hdh = \frac{Q_0}{2\pi k}\frac{dr}{r} - \frac{P}{2k} r dr \tag{6.69}$$

식 (6.69)를 적분하면

$$h^2 = \frac{Q_0}{\pi k}\ln r - \frac{P}{2k} r^2 + C_2 \tag{6.70}$$

여기서, C_2는 적분상수이며 반지름 r_0인 원통형 섬의 중앙에 위치한 양수정이라 가정하면 경계조건 $r = r_0$일 때 $h = h_0$를 사용할 수 있으므로

$$C_2 = {h_0}^2 - \frac{Q_0}{\pi k}\ln r_0 + \frac{P}{2k}{r_0}^2 \tag{6.71}$$

식 (6.71)을 (6.70)에 대입하면

$${h_0}^2 - h^2 = \frac{Q_0}{\pi k}\ln\frac{r_0}{r} - \frac{P}{2k}({r_0}^2 - r^2) \tag{6.72}$$

만약, $Q_0 = 0$이라면, 즉 양수를 하지 않는다면, 식 (6.72)는

$${h_0}^2 - h^2 = -\frac{P}{2k}({r_0}^2 - r^2) \tag{6.73}$$

예제 6.8 반지름이 500 m인 원통형 섬 위에 유효우량 4 mm/day가 내린다. 섬의 중앙에 위치한 그림 6.22와 같은 양수정으로부터 $Q_0 = 25\ \mathrm{m^3/hr}$로 양수할 때 우물 위치 및 분수계(water divide)에서의 지하수면 강하량을 구하라. 대수층의 특성 변수 및 크기는 그림에 표시한 바와 같다.

풀이 1) 비가 내리는 동안에 양수를 하지 않는다면 대수층 내의 지하수면은 상승할 것이며, 우물 중심으로부터 거리 r에 있어서의 지하수위 h는 식 (6.73)으로부터

$${h_0}^2 - h^2 = -\frac{P}{2k}({r_0}^2 - r^2)$$

$$10^2 - h^2 = -\frac{0.004}{2\times 20}(500^2 - r^2) = -25 + \left(\frac{r}{100}\right)^2 \tag{a}$$

따라서, 양수정의 벽면, 즉 $r = r_w = 0.3$ m에 있어서의 지하수위 h_w는 식 (a)에 $r = 0.3$ m를 대입하면 $h_w = 11.18$ m이다.

2) 비가 내리는 동안 양수를 계속할 경우에는 식 (6.72)를 사용하여 지하수위를 결정한다. 즉,

$$h_0{}^2 - h^2 = \frac{Q_0}{\pi k}\ln\left(\frac{r_0}{r}\right) - \frac{P}{2k}(r_0{}^2 - r^2)$$

$$10^2 - h^2 = \frac{25\times 24}{3.14\times 20}\ln\left(\frac{500}{r}\right) - \frac{0.004}{2\times 20}(500^2 - r^2)$$

$$= 22\log_{10}\left(\frac{500}{r}\right) - 25 + \left(\frac{r}{100}\right)^2 \qquad \text{(b)}$$

이때, $r = r_w = 0.3$ m에 있어서의 지하수위 $h_w{}'$은 식 (b)에 $r = 0.3$ m를 대입하면 $h_w{}' = 7.36$ m이다. 따라서, 양수정에 있어서의 지하수면 강하량은

$$s_w = h_w - h_w{}' = 11.18 - 7.36 = 3.82 \text{ m}$$

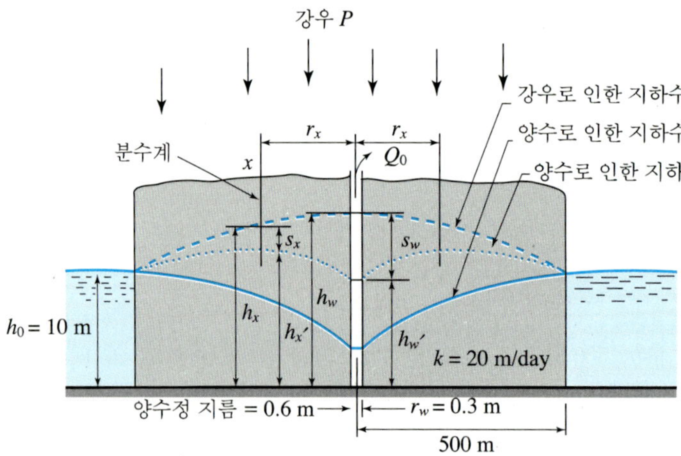

그림 6.22 비 피압대수층을 가진 원통형 섬 중앙에 위치한 양수정(비가 내릴 경우)

3) 만약, 대수층 내에 분수계가 생긴다면(그림 6.22 참조) 양수정으로부터 양수되는 물은 순전히 강우에 의한 것이며 분수계로부터 양수정을 향해 흐르게 된다. 따라서, 양수정 중심으로부터 분수계까지의 거리 r_x는 다음과 같은 연속방정식으로부터 구할 수 있다.

$$Q_0 = \pi r_x{}^2 P$$

$$25 = 3.14\times\frac{0.004}{24}\times r_x{}^2 \quad \therefore\ r_x = 219 \text{ m}$$

식 (a)에 $r_x = 219$ m를 대입하면 $h_x = 10.96$ m이며, 식 (b)에 $r_x = 219$ m를 대입

하면 $h_x{}' = 10.61$ m이다. 따라서

$$s_x = h_x - h_x{}' = 10.96 - 10.60 = 0.36 \text{ m}$$

6.9 피압대수층 내 양수정으로의 방사상 부정류 해석

무한대의 영역을 가진 피압대수층 내에 우물을 파서 일정한 율로 양수하면 그 영향이 시간에 따라 우물 중심으로부터 점점 미치게 된다. Darcy 법칙에 의하면 수두강하율 $\left(\frac{dh}{dr}\right)$에 투수계수를 곱하여 영향권 내의 전 면적에 걸쳐 적분한 것이 양수율(揚水率, pumping rate)이며 이는 대수층 내에 저류된 지하수량을 점점 감소시키는 결과를 초래하기 때문에 수두는 계속 강하할 것이다. 따라서, 전 절에서 살펴본 정상류는 실제로 존재할 수 없는 것이다. 이 경우에 대한 대수층 내의 지하수 흐름의 미분방정식을 평면 극좌표로 표시하면

$$\frac{\partial^2 h}{\partial r^2} + \frac{1}{r}\frac{\partial h}{\partial r} = \frac{S}{T}\frac{\partial h}{\partial t} \tag{6.74}$$

여기서, S는 저류계수(貯溜係數, storage coefficient)로서 단위수두 강하에 따라 단위 단면적을 가진 대수층기둥(aquifer column)을 통해 흐르는 물의 양이며, T는 대수층의 투수계수 k에 두께 b를 곱한 값으로 정의되고 전도계수(傳導係數, coefficient of transmissivity)라고 부르며, t는 양수시점으로부터의 시간이다. Theis는 지하수 흐름과 열전도 간의 유사성으로부터 다음의 경계조건 및 초기조건을 사용하여 식 (6.74)의 특수 해를 얻었다. 즉

경계조건: 1) $t > 0$이고 $r \to \infty$일 때 $h \to h_0$

2) $t > 0$일 때 $\lim_{r \to 0}\left(r\frac{\partial h}{\partial r}\right) = \frac{Q}{2\pi T}$

초기조건: $t \leq 0$일 때 $h(r, 0) = h_0$

위의 초기조건은 대수층 내의 수두는 양수가 시작될 때까지는 h_0로 일정함을 의미하며 식 (6.74)의 특수 해는

$$s = h_0 - h = \frac{Q}{4\pi T}\int_u^\infty \frac{e^{-u}}{u} du \tag{6.75}$$

여기서,

$$u = \frac{r^2 S}{4Tt} \tag{6.76}$$

식 (6.75)의 적분값은 지수적분(指數積分, exponential integral)으로서 우물함수(well function) $W(u)$라고 불리며, 다음과 같은 수렴급수로 표시된다.

$$W(u) = \int_u^\infty \frac{e^{-u}}{u} du$$
$$= -0.5772 - (\log_e u) + u - \frac{u^2}{2 \cdot 2!} + \frac{u^3}{3 \cdot 3!} - \frac{u^4}{4 \cdot 4!} + \cdots \tag{6.77}$$

따라서, 식 (6.75)는

$$s = \frac{Q}{4\pi T} W\left(\frac{r^2 S}{4Tt}\right) \tag{6.78}$$

식 (6.78)은 지하수의 부정류 방정식 혹은 Theis의 비평형 방정식(nonequilibrium equation)이라 부르며, 양수시험에 의하여 대수층의 형상계수인 S, T를 결정하는 데 많이 사용된다. 식 (6.78)의 우물함수 $W(u)$는 Wenzel에 의해 계산되었으며, $u = 10^{-15} \sim 9.0$에 대한 값은 표 6.4와 같다.

표 6.4 Wenzel의 우물함수 $W(u)$

u	1.0	2.0	3.0	4.0	5.0	6.0	7.0	8.0	9.0
×1	0.219	0.049	0.013	0.0038	0.00114	0.00036	0.00012	0.000038	0.000012
$\times 10^{-1}$	1.82	1.22	0.91	0.70	0.56	0.45	0.37	0.31	0.26
$\times 10^{-2}$	4.04	3.35	2.96	2.68	2.48	2.30	2.15	2.03	1.92
$\times 10^{-3}$	6.33	5.64	5.23	4.95	4.73	4.54	4.39	4.26	4.14
$\times 10^{-4}$	8.63	7.94	7.53	7.25	7.02	6.84	6.69	6.55	6.44
$\times 10^{-5}$	10.95	10.24	9.84	9.55	9.33	9.14	8.99	8.86	8.74
$\times 10^{-6}$	13.24	12.55	12.14	11.85	11.63	11.45	11.29	11.16	11.04
$\times 10^{-7}$	15.54	14.85	14.44	14.15	13.93	13.75	13.60	13.46	13.34
$\times 10^{-8}$	17.84	17.15	16.74	16.46	16.23	16.05	15.90	15.76	15.65
$\times 10^{-9}$	20.15	19.45	19.05	18.76	18.54	18.35	18.20	18.07	17.95
$\times 10^{-10}$	22.45	21.76	21.35	21.06	20.84	20.66	20.50	20.37	20.25
$\times 10^{-11}$	24.75	24.06	23.65	23.36	23.14	22.96	22.81	22.67	22.55
$\times 10^{-12}$	27.05	26.36	25.95	25.66	25.44	25.26	25.11	24.97	24.86
$\times 10^{-13}$	29.36	28.66	28.26	27.97	27.75	27.56	27.41	27.28	27.16
$\times 10^{-14}$	31.66	30.97	30.56	30.27	30.05	29.87	29.71	29.58	29.46
$\times 10^{-15}$	33.96	33.27	32.86	32.58	32.35	32.17	32.02	31.88	31.76

식 (6.78)에 의한 S, T값의 결정은 양수정 부근에 설치된 여러 개의 관측정으로부터 일정률로 양수할 때의 시간에 따른 수두강하량을 측정함으로써 얻을 수 있으며, 식 자체의 복잡성 때문에 여러 사람들에 의해 간략해법이 제안되었다. 그 중 잘 알려진 방법에는 Theis 방법, Jacob 방법, Chow 방법 및 Theis의 수두회복법(水頭回復法, recovery method) 등이 있으나 Theis 방법과 Jacob 방법만 살펴보기로 한다.

6.9.1 Theis 방법

식 (6.78)의 각 변수의 단위를 다음과 같이 우리나라에서 사용하는 단위로 취하면

s : m

Q : m^3/min

T : m^3/day/m

r : m

S : 무차량 변량(단위 없음.)

t : days

식 (6.78)은 다음 식으로 표시된다.

$$s = \frac{114.6Q}{T} W(u) \tag{6.79}$$

$$u = \frac{0.25S}{T} \frac{r^2}{t} \tag{6.80}$$

식 (6.79), (6.80)의 양변에 상용대수치(常用対数値)를 취하면

$$\log_{10} s = \log_{10} W(u) + \log_{10}\left(\frac{114.6Q}{T}\right) \tag{6.81}$$

$$\log_{10}\left(\frac{r^2}{t}\right) = \log_{10} u + \log_{10}\left(\frac{T}{0.25S}\right) \tag{6.82}$$

식 (6.81)과 (6.82)는 다른 변수들로부터 상수 $\dfrac{114.6Q}{T}$와 $\dfrac{T}{0.25S}$를 분리하는 데 대단히 효과적이며, 대수값을 취한 것은 변수가 광범위한 값을 가지기 때문이다. Theis는 다음과 같은 도식해법에 의해 S와 T를 결정하였다. 우선, $W(u)$와 u의 관계곡선(type curve)을 표 6.5를 사용하여 전대수지에 표시한 후 양수시험자료로부터 s와 $\dfrac{r^2}{t}$의 관계곡선(data curve)을 같은

축척의 전대수지에 표시한다(그림 6.23 참조). 만약, 양수율 Q가 일정하다면 식 (6.81), (6.82)는 s가 $\frac{r^2}{t}$의 함수인 것처럼 $W(u)$도 u의 함수임을 뜻하므로 Data Curve를 Type Curve에 겹칠 수 있다. 이때, 두 곡선의 좌표축은 평행을 유지하면서 Type Curve에 가장 잘 들어맞게 Data Curve를 중첩시켜야 한다. 두 곡선 중첩부분상에 있는 임의의 점, Match Point를 잡아 그에 해당하는 s, $W(u)$, $\frac{r^2}{t}$ 및 u값을 곡선으로부터 읽어 식 (6.79) 및 (6.80)에 대입하여 풀면 S와 T값을 얻을 수 있다. S와 T 값이 결정되면 $\frac{T}{0.25S}$와 $\frac{114.6Q}{T}$의 값을 계산하여 그림으로부터 구한 S, T값을 검산할 수 있다. 즉, 식 (6.81), (6.82)에 의하면 $u=1$, $W(u)=1$일 때

$$\frac{114.6Q}{T}=s \tag{6.83}$$

$$\frac{T}{0.25S}=\frac{r^2}{t} \tag{6.84}$$

의 관계를 만족시켜야 한다.

예제 6.9 대수층 바닥까지 굴착된 우물로부터 $2\text{ m}^3/\text{min.}$의 율로 지하수를 양수한다. 양수정으로부터 50 m 지점에 있는 관측정으로부터 측정한 지하수위 강하량은 표 6.5와 같다. 이 대수층의 S와 T를 구하라.

풀이 우물함수 $W(u)$를 사용하여 그림 6.23과 같이 Type Curve를 우선 그린 후, Data Curve를 그 위에 겹친다. 겹쳐진 부분상의 임의점, Match Point를 택하여 이에 해당하는 값을 구하면

$$u=0.167,\quad \frac{r^2}{t}=4.4\times10^5\ \text{m}^2/\text{day}$$
$$s=1.28,\quad W(u)=1.40$$

이 값을 식 (6.79)에 대입하면

$$T=\frac{114.6\times2\times1.40}{1.28}=250\ \text{m}^3/\text{day/m}$$

식 (6.80)으로부터

$$S=\frac{0.167\times250}{0.25\times4.4\times10^5}=0.38\times10^{-3}$$

표 6.5 양수시험결과(관측정 위치 $r = 50\text{ m}$)

양수개시로부터의 시간 t		지하수위 강하량 s	r^2/t
min.	days ($\times 10^{-2}$)	m	m^2/day ($\times 10^4$)
0	0	0	∞
2	0.139	0.37	180.00
3	0.209	0.58	119.60
4	0.278	0.75	90.00
5	0.348	0.88	71.80
6	0.417	1.02	60.00
7	0.486	1.11	51.40
8	0.557	1.25	44.90
10	0.696	1.40	35.90
14	0.972	1.68	25.70
18	1.250	1.87	20.00
24	1.670	2.13	15.00
30	2.090	2.36	11.96
40	2.780	2.59	9.00
50	3.480	2.74	7.18
60	4.170	2.90	6.00
80	5.570	3.06	4.50
120	8.330	3.14	3.00
180	12.500	3.20	2.00
240	16.700	3.25	1.50
360	25.000	3.30	1.00

검산: $\dfrac{T}{0.25S} = \dfrac{250}{0.25 \times 0.38 \times 10^{-3}} = 2.63 \times 10^6$

그림 6.23에서 $u = 1.0$일 때의 $\dfrac{r^2}{t} \doteqdot 2.65 \times 10^6$

$$\frac{114.6Q}{T} = \frac{114.6 \times 2}{250} = 0.916$$

그림 6.23에서 $W(u) = 1.0$일 때의 $s = 0.915$. 따라서 결정된 T, S의 값은 정답이다.

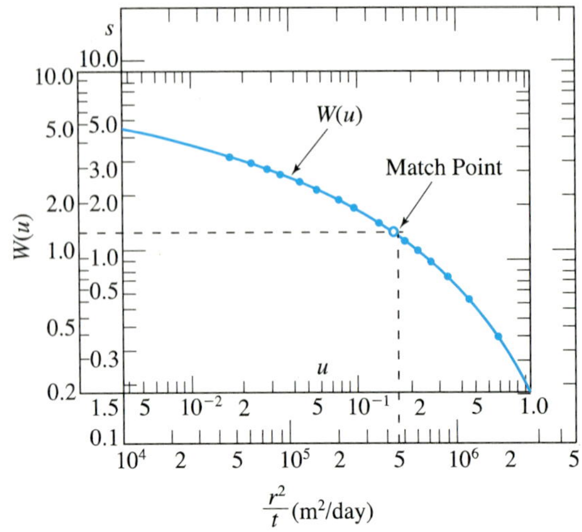

그림 6.23 Theis 방법에 의한 S, T의 결정

6.9.2 Jacob 방법

양수시점으로부터의 시간 t가 크고 r이 작으면 우물 함수식 (6.77)의 $\log_e u$ 이하의 항의 값이 아주 작아지므로 거의 무시할 수 있다. 따라서 Jacob은 $u<0.01$일 때 Theis의 비평형 방정식[식 (6.78)]을 다음과 같이 수정 표시하였다.

$$s=h_0-h=\frac{Q}{4\pi T}\left[-0.5772-\ln\frac{r^2S}{4Tt}\right]$$

$$=-\frac{2.30Q}{4\pi T}\log_{10}\frac{0.445r^2S}{Tt} \tag{6.85}$$

양수시험자료를 사용하면 그림 6.24와 같이 수압면 강하량 s와 시간 t의 관계를 얻을 수 있고 임의 양수시간장경(예를 들면 $t=10hr$에서 $t=100hr$까지) 동안의 수압면 강하량의 변화량 $\Delta s=\Delta(h_0-h)$를 그림으로부터 읽으면 T를 다음 식의 관계로부터 계산할 수 있게 된다.

$$\Delta s=\Delta(h_0-h)=(h_0-h_1)-(h_0-h_2)=h_2-h_1$$

$$=-\frac{2.30Q}{4\pi T}\left[\log_{10}\left(\frac{0.445r^2S}{Tt_1}\right)-\log_{10}\left(\frac{0.445r^2S}{Tt_2}\right)\right]$$

$$\therefore\ T=\frac{2.30Q}{4\pi(h_1-h_2)}\log_{10}\left(\frac{t_2}{t_1}\right) \tag{6.86}$$

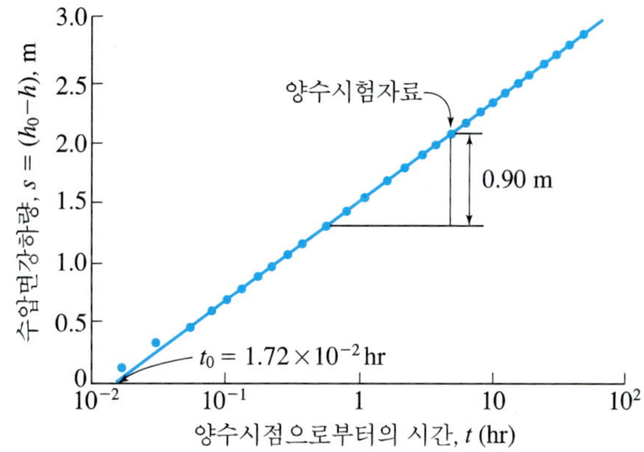

그림 6.24 Jacob 방법에 의한 S, T의 결정

한편, 그림 6.24의 자료점을 지나는 직선이 횡축과 만나는 점 t_0에서의 $s=0$이므로 식 (6.85)로부터

$$0=\log_{10}\left(\frac{0.445r^2S}{Tt_0}\right)$$

혹은

$$\frac{0.445r^2S}{Tt_0}=1$$

따라서,

$$S=\frac{2.246\,Tt_0}{r^2} \tag{6.87}$$

예제 6.10 두께 40 m인 대수층으로부터 8.5 m³/hr의 양수율로 양수시험을 실시한 결과자료로부터 그림 6.24가 얻어졌다고 가정하고 이 대수층의 전도계수 T와 투수계수 k 및 저류계수 S값을 Jacob 방법으로 결정하라. 관측정의 위치는 양수정으로부터 20 m의 거리에 있다고 가정하라.

풀이 그림 6.24에 표시한 바와 같이 $t_1=0.5$ hr에서 $t_2=5.0$ hr 사이의 $\Delta s=0.9$ m이다. 식 (6.86)을 사용하면

$$T=\frac{2.3\times8.5}{4\pi\times0.9}\log_{10}\left(\frac{5.0}{0.5}\right)=1.73\ \mathrm{m^3/hr/m}$$

투수계수는

$$k = \frac{T}{b} = \frac{1.73}{40} = 0.043 \text{ m/hr}$$

저류계수는 식 (6.87)을 사용하면(그림 6.24에서 $t_0 = 1.72 \times 10^{-2}$ hr 임)

$$S = \frac{2.246 \times 1.73 \times 1.72 \times 10^{-2}}{(20)^2} = 1.67 \times 10^{-4}$$

6.10 영상정 방법에 의한 양수정의 해석

양수정(揚水井)이 대수층의 경계면 부근에 위치하여 양수정으로부터의 양수가 경계면의 영향을 받으면 수압면 강하곡선(drawdown curve)의 모양은 달라진다. 따라서, 실제의 양수율은 방사상 흐름 방정식에 의해 계산되는 양수율과 달라진다. 이와 같은 경계면의 영향은 양수정과 꼭 같은 영상정(影像井, image well)을 경계면의 반대쪽에 위치시켜 해석하는 영상정 방법(method of image well)에 의해 처리될 수 있다. 그림 6.25는 불투수성 경계면 부근의 양수정이 받는 경계면의 영향을 표시하고 있으며, 그림 6.26은 이를 영상정 방법으로 해석하기 위해 경계면의 반대쪽에 대칭으로 꼭 같은 양수율 Q인 가상의 영상정을 추가시킨 것을 표시하고 있다. 즉, 양수정의 경계조건 문제를 균질 대수층으로부터의 두 개 양수정 문제로 변환시키는 결과가 된다. 그림 6.26에서와 같이 인접한 두 개의 양수정으로부터 각각 양수하면 서로 영향을 미치게 되며 수압면 강하곡선은 두 양수정 각각에 대한 곡선을 선형중첩(linear superposition)시켜 얻을 수 있다.

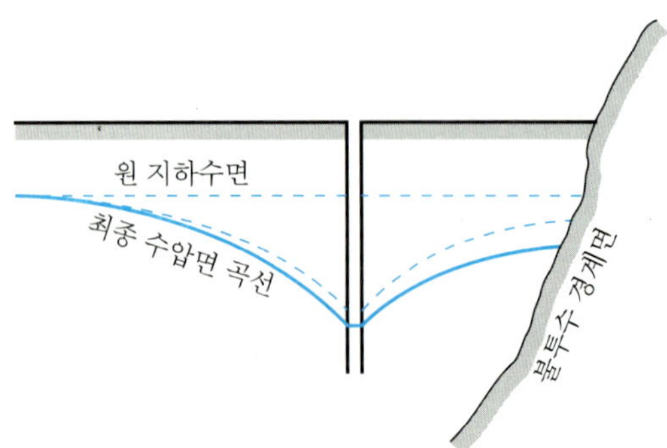

그림 6.25

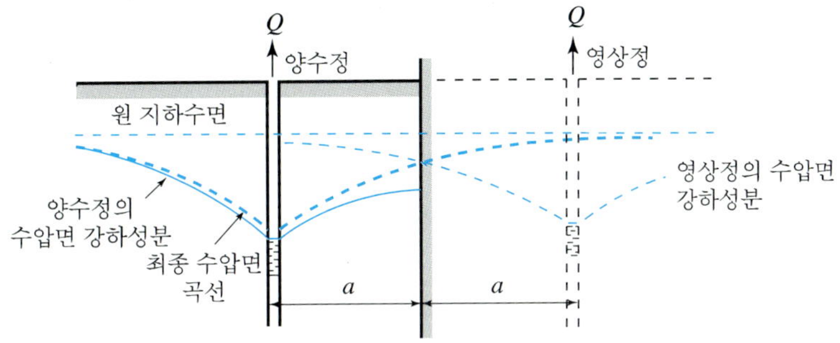

그림 6.26

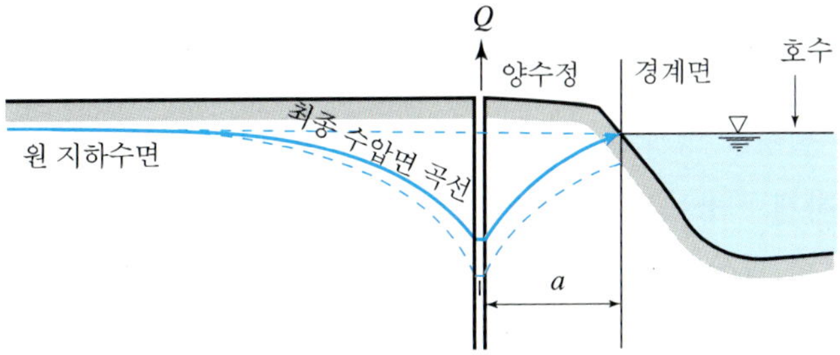

그림 6.27

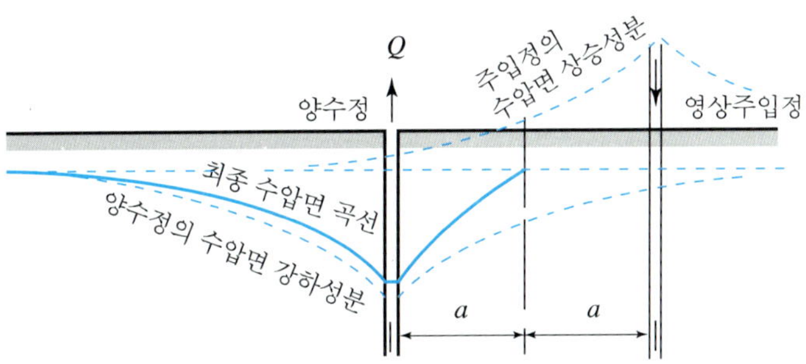

그림 6.28

만약, 그림 6.27과 같이 하천이나 호수와 같이 다량의 물이 존재하는 위치 부근에 양수정이 위치하면 양수율은 무한대의 균질 대수층으로부터 양수하는 경우보다 훨씬 커지게 된다. 즉, 하천이나 호수가 양수정에 미치는 영향은 경계면이 미치는 영향과 정반대이며, 수리학적으로는 그림 6.28에서와 같이 양수정과 꼭 같은 지하수 주입정(注入井, recharge well)을 대칭으로 추가하여 물을 지하로 주입하면서 양수하는 경우와 같아진다. 따라서, 실질적인 수압면 강하곡선은 무한대의 균질 대수층으로부터 양수할 때 양수정에서의 강하곡선과 주입정에 의한 수압면 상승곡선을 선형중첩시켜 그림 6.28에서와 같이 얻을 수 있다.

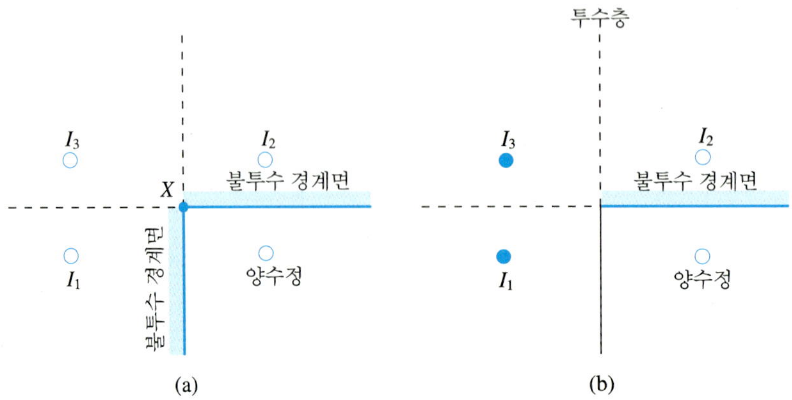

그림 6.29

이상에서 설명한 영상정 방법은 복잡한 경계조건을 갖는 양수정으로의 흐름 문제를 해석하는 데 편리하게 사용된다. 그림 6.29(a)는 두 개의 불투수 경계면을 갖는 양수정으로부터 양수하는 경우로서 영상정 I_1, I_2는 경계면을 기준으로 양수정에 각각 대칭인 우물이고, I_3는 점 X에 대칭인 영상정으로서 3개 영상정으로부터의 양수율은 양수정의 양수율과 같게 취해야 한다. 그림 6.29(b)는 불투수 경계면과 하천 부근에 위치한 양수정으로의 흐름을 영상정 방법으로 풀기 위해 가상의 정호(井戶)를 표시한 것으로서 I_1, I_3는 가상의 지하수 주입정이고 I_2는 가상의 양수정이다.

예제 6.11 하천변에 위치한 어떤 공장에서 투수계수 $k = 0.00012\ \mathrm{m/sec}$이고 두께 $b = 20\ \mathrm{m}$인 피압대수층으로부터 $0.04\ \mathrm{m^3/sec}$의 지하수를 양수하고자 한다. 하천제방으로부터 30 m 떨어진 곳에서의 지하수면이 하천수위보다 0.1 m 이상 떨어지지 않도록 해야 한다면 양수정은 제방으로부터 최소한 얼마 이상 떨어져 있어야 할 것인가?

풀이 영상정 방법의 적용을 위해 도식적으로 표시하면 그림 6.30과 같고 제방으로부터 양수정까지의 거리 P를 구하는 문제이다.

그림 6.30에서 제방으로부터 30 m 떨어진 지점(양수정으로부터 $P - 30\ \mathrm{m}$, 주입정으로부터 $P + 30\ \mathrm{m}$)에서의 실제 지하수압면 강하량은 무한대의 균질 대수층으로부터 양수할 경우의 강하량과 주입정에 의한 수압면 상승량의 중첩에 의해 구한다. 따라서, 식 (6.78)을 바꾸어 쓰면

$$h_2 - h_1 = s_1 - s_2 = \frac{Q}{2\pi bk} \ln\left(\frac{r_2}{r_1}\right) \tag{a}$$

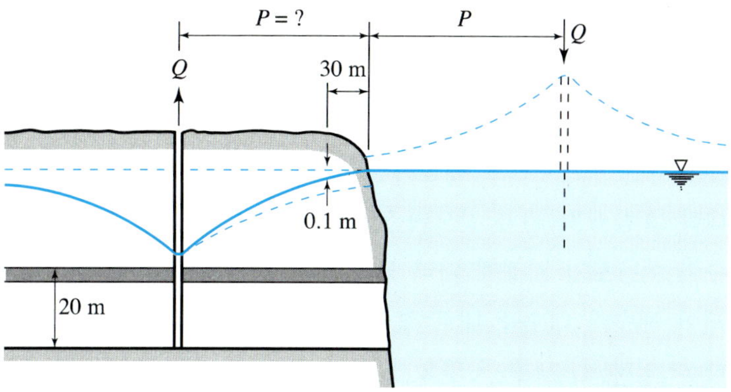

그림 6.30

양수정에 대해 식 (a)를 표시하면

$$(s_1 - s_2)_d = \frac{Q}{2\pi bk} \ln\left(\frac{P}{P-30}\right) \tag{b}$$

주입정에 대해서는

$$(s_1 - s_2)_r = \frac{Q}{2\pi bk} \ln\left(\frac{P+30}{P}\right) \tag{c}$$

양수정과 주입정에 의한 수압면 강하량을 중첩시키면 실제의 강하량을 얻게 되므로 식 (a)와 (b)를 더하면

$$(s_1 - s_2)_d + (s_1 - s_2)_r = \frac{Q}{2\pi bk} \ln\left(\frac{P+30}{P-30}\right) \tag{d}$$

그림 6.30에서 $s_{2d} = s_{1r}$ 이므로 식 (d)는 다음과 같아진다.

$$s_{1d} - s_{2r} = \frac{Q}{2\pi bk} \ln\left(\frac{P+30}{P-30}\right)$$

따라서

$$0.1 = \frac{0.04}{2\pi \times 20 \times 0.00012} \ln\left(\frac{P+30}{P-30}\right) \tag{e}$$

식 (e)를 풀면

$$P = 1{,}592 \text{ m}$$

6.11 해수의 침입에 의한 지하수 오염

해수(海水, salt water)는 비중이 약 1.025로 담수 지하수(淡水 地下水, fresh groundwater)보다 약간 무거우므로 해안지방의 대수층이 평형상태에 있을 경우 해수와 담수의 존재상태는 대략 그림 6.31(a)와 같으며 담수는 바다 쪽으로 흐른다. 그러나 해안지방의 발달로 인한 지하수의 이용도가 커짐에 따라 담수의 수두는 감소하며 그림 6.31(b)와 같이 흐름의 방향이 역전되어 해수가 대수층 내로 흘러들어와 담수를 오염시키는 경우가 번번히 발생한다. 이 현상을 해수침입현상(海水侵入現象, seewater intrusion)이라 하며 일단 해수의 침입에 의하여 순수한 지하수가 오염되면 염분을 제거하는 데 오랜 시간과 경비가 든다. 따라서, 이러한 지하수의 오염을 방지하여 지하수를 다양하게 이용할 수 있도록 보존한다는 것은 대단히 중요한 일이다. 지하수의 염수화를 방지하는 방법에는 다음과 같은 5가지가 있다.

1) 양수량의 제한

이 방법은 양수율(揚水率)을 제한하여 지하수위가 해수위보다 항상 높게 유지되도록 함으로써 지하수가 계속 바다 쪽으로 흐르게 하는 방법이다. 이 방법의 성공을 위해서는 지하수 이용에 관한 법률을 강력하게 시행함으로써 사용자의 과도한 양수를 제한해야 한다.

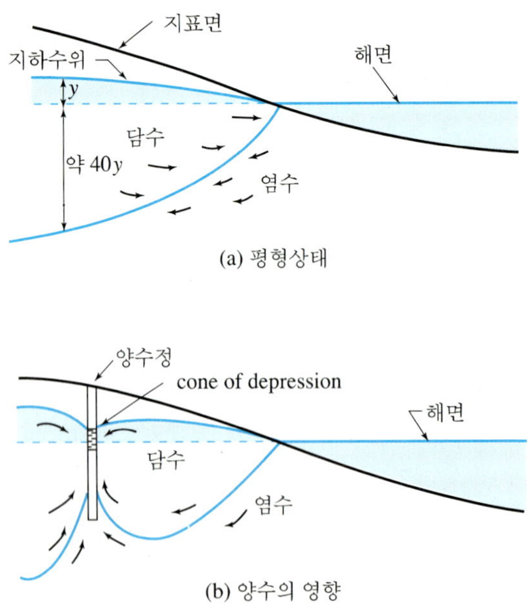

그림 6.31 해안에서의 담수와 염수관계

2) 대수층 내로의 인공주입

과도한 양수로 인한 지하수위의 강하를 방지하기 위해 대수층을 통해 인공적으로 다량의 물을 주입하는 방법이다. 비 피압대수층 지역에는 인공호수나 웅덩이를 파서 우수를 받아 자연히 지하로 침투하도록 함으로써 지하수위를 상승시키며, 피압대수층 지역에는 인공주입정(人工注入井, artificial recharge well)을 굴착하여 위로부터 다량의 물을 주입하게 된다. 이 방법은 기술적으로는 가능하나 경제적인 면에서 여러 가지 문제점이 많다. 미국 캘리포니아 지역에서는 이러한 목적을 위해 사용하고 난 물(waste water)을 바다로 직접 버리지 않고 지하로 침투시키도록 법률로 규정하고 있다. 지층은 자연적인 여과장치의 역할을 하므로 버린 물은 결국 지하수원을 함양하게 된다.

3) 대상 양수정의 운용

해안에 평행하게 일련의 대상양수정(帶狀揚水井)을 운용하여 그림 6.32와 같이 지하수위 요부(凹部, trough)를 형성시킴으로써 내륙지방으로 염수가 침입하는 것을 방지하는 방법이다. 이 방법은 대상 양수정의 건설 및 운용비가 많이 들 뿐만 아니라 대수층 내 담수의 일부분도 염수와 함께 양수되어 낭비되는 결점이 있다.

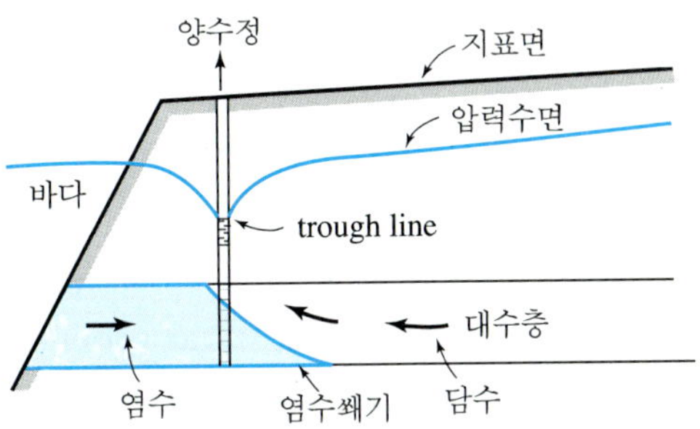

그림 6.32 대상 양수정에 의한 해수침입의 방지(피압대수층)

4) 대상 주입정의 운용

이것은 대상 양수정과 정반대되는 방법으로서 그림 6.33과 같이 해안에 평행하게 일련의 대상주입정(帶狀注入井)을 운용함으로써 지하수위 철부(凸部, ridge)를 형성시켜 주입정으로부터의 물이 바다 및 내륙방향으로 흐르게 하는 방법이다.

이 방법은 지하담수의 낭비는 없으나 대상 양수정의 경우와 마찬가지로 건설운용비가 많이 드는 결함이 있다.

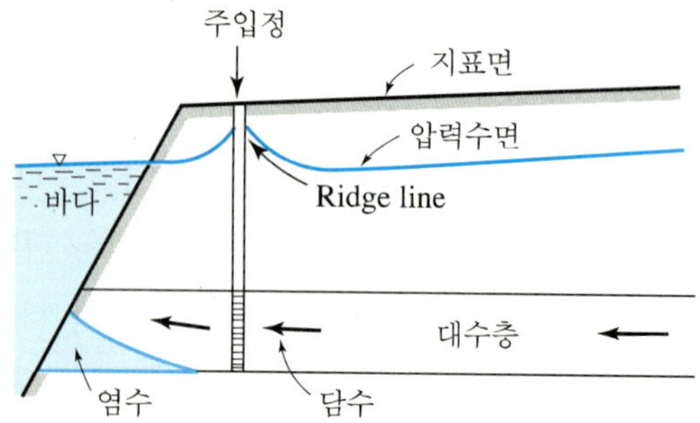

그림 6.33 대상 주입정에 의한 해수침입에 방지(피압대수층)

5) 인공장벽의 설치

해안부근을 따라 지하에 sheet pile, 아스팔트, 콘크리트, 점토 등으로 일련의 인공장벽(人工障壁)을 쌓는 방법이다. 운용 및 유지비는 적게 드나 초기 건설비가 너무 많이 들기 때문에 경제적으로 가능한 방법이라고 할 수는 없다.

이상과 같은 5가지 방법을 살펴보아 알 수 있는 바와 같이 해안지역의 해수침입은 경제적으로 타산이 맞지 않는 것이 실정이다. 따라서, 현재에 실용화되고 있는 해수담수화 기법(海水淡水化 技法, seawater desalinization method)이 경제성을 가지게 되면 해안지역에서의 지하수 이용은 크게 감소할 것이고 따라서 해안에서의 염수 침입의 방지를 위한 필요성이 점차 줄어들 것이다.

6.12 지하수의 인공함양

지하수의 인공함양(地下水의 人工涵養, artifitial groundwater recharge)이란 지표면으로부터 지하로 물을 공급하여 지하저류량을 재충전함으로써 지하수위를 끌어올리는 것을 의미한다. 강수(降水)는 하천유역의 지하수를 함양시켜주는 자연적인 원천이나 인간활동의 결과로 인해 지하수가 자연스럽게 함양되기도 하고 여러 가지 인위적인 수단에 의해 유역의 지하수를 함양시킴으로써 지하수의 용수목적 공급을 꾀해야 하는 경우도 많다. 즉, 유역의 지하수 함양은 지하대수층으로부터의 용수목적의 지속적인 채수(採水)를 위해 꼭 필요한 것이다.

지하수의 인공함양 방법에는 다음의 다섯 가지가 있다.

1) 물 살포법(water spreading method)

지하수 함양을 위한 물의 살포법에는 웅덩이법(basin method), 하천-수로법(stream-channel method), 개구법(開溝法, open ditch method), 플러딩법(flooding method) 등이 있다. 웅덩이법

은 하천으로부터 여러 개의 소규모 웅덩이에 물을 양수하여 살포함으로써 토양을 통해 물이 침투함으로써 지하수 공급원을 함양시키는 방법으로 소규모 웅덩이는 둑을 쌓거나 평지를 굴착하여 만들어진다. 지속적인 물의 침투를 위해 다수의 소규모 웅덩이를 파두는 것이 효과적이며, 지하수 함양률은 하천수위와 지하수위의 차이가 클수록 커진다. 그러나, 시간이 경과함에 따라 토양입자 사이의 공극이 미세한 실트나 점토질 입자로 인해 막혀버리기 때문에 지하수 함양률은 시간에 따라 감소하게 된다.

하천-수로법은 충적 하천에서 물이 하천 바닥이나 제방을 통해 지하로 침투하는 특성을 이용하는 방법이다. 지하수 함양 능력을 높이기 위해 하천 수로 폭을 확대하거나, 수로 경사를 완만하게 하거나 혹은 하상토를 이용하여 보(洑)나 수제(水制) 등을 설치함으로써 물이 지하로 침투할 수 있는 면적과 시간을 증가시키는 등의 구조적인 수단을 동원하기도 한다. 상류에 소규모 저수지가 있는 경우에는 하류 하천 수로의 침투능력에 맞추어 방류량을 조절함으로써 최대한의 침투가 계속되도록 한다.

개구법은 하천-수로법과 유사한 개념으로 일련의 수심이 얕은 개구(開溝)를 좁은 간격으로 설치하여 하천으로부터 물을 끌어들여서 개구 내에서 충분한 양의 물이 침투하도록 하는 방법이다. 개구의 폭은 보통 0.3~1.5 m 정도로 하며 개구의 경사는 미세토사 입자가 퇴적되어 토양공극을 막아 침투율을 떨어뜨리지 않도록 주의하여야 한다.

플러딩법은 웅덩이법과 유사하나 둑이나 굴착방법을 택하지 않고 비교적 평탄한 자연지형에 물을 살포하여 토양 속으로 침투하게 하는 방법이다. 이 방법에서는 지면의 세굴이나 토양층의 구조에 변화를 주지 않도록 아주 작은 유속으로 얕은 수심의 흐름을 유지시켜야 하며 자연적인 경계턱이 없을 경우에는 주위에 인공턱을 만들어 주는 것이 좋다. 이 방법은 가장 간단하고 비용이 가장 적게 드는 방법이기도 하다.

2) 지하수 함양용 피트 설치법

이 방법은 비교적 견고한 대수층 아래에 얕은 깊이의 투수층이 존재할 때 투수층 깊이까지 피트(pits)를 굴착하는 방법으로 지하수 함양에 대단히 효과적인 방법이다. 굴착되는 피트의 바닥과 벽면에 투수성이 높은 자갈 등을 포설하면 침투율을 높일 수 있으며, 자갈층은 몇 년에 한 번씩 새로운 자갈층으로 교체해줌으로써 미립 토사가 퇴적되어 토양공극을 막음으로써 생기는 침투율의 저하를 방지할 수 있다.

3) 지하수 함양용 우물설치법

이 방법은 물을 대수층으로부터 양수하는 양수정(pumping wells)과 유사한 우물을 사용하는 방법이나 지표면으로부터 우물로 물을 주입(注入)하는 방법이다. 그러나, 지하수 주입의 경우는 주입되는 물 속의 미세토양입자가 대수층의 토양공극을 막는 결과를 초래하므로 토양의 투수계수가 감소하기 때문에 지하수 주입률(함양률)은 양수시보다 떨어지게 된다. 이와 같은 이유 때문에 지하수 주입정(注入井, recharge well)은 심층 피압대수층의 지하수 함양에 효과적이다.

4) 유도된 지하수 함양

하천 가까이에 양수정으로부터 지하수가 양수될 경우 양수정 내의 수위는 크게 저하되고 이로 인해 하천으로부터 양수정으로의 동수경사는 급격히 커지게 되어 양수정으로의 지하수 주입량은 급증하게 되는데 이를 지하수의 유도함양(誘導涵養, induced recharge)이라 한다. 하천변 양수정의 경우 하천의 유량이 대단히 클 때에는 하천으로부터의 지하수 함양을 유도함으로써 지하수위가 상승될 수 있도록 양수정을 운영하는 경우가 많다.

5) 처리된 폐수에 의한 지하수 함양

2차 처리된 폐수(wastewater disposal)를 사용하여 지하수를 함양하는 방법은 두 가지 목적을 가진다. 그 첫째 목적은 2차 처리된 폐수의 물리적, 화학적 및 생물학적 불순물을 제거함으로써 지하수의 수질을 개선하기 위한 것이고, 둘째 목적은 지하수를 함양하기 위함이다. 물 살포법이나 지하수 함양 피트, 지하수 함양 우물 등과 같은 방법은 폐수를 통해 지하수를 함양하기 위해 사용될 수 있으며, 이들 방법의 선택에 고려할 사항은 토지공간의 가용여부, 폐수의 활용용도, 그리고 토양조건 등이라 할 수 있다.

6.13 지하수의 채취방법

지하수를 채취하는 가장 간단하고 오래된 방법은 지하수위면 아래까지 우물을 파서 양수용 펌프로 양수하는 것이다. 만약 우물로부터의 수량이 어떤 목적을 충족시키지 못할 때에는 대수층의 지질구조를 고려하여 수평 혹은 연직방향으로 우물을 확대하지 않으면 안된다.

우물을 수평방향으로 확장하면 개구(開溝, open ditch)의 역할을 하게 되며 통상 대수층의 두께가 작을 때 이 방법을 사용한다. 대수층의 두께가 비교적 클 경우(보통 6 m 이상)에는 굴착정(掘鑿井, dug well or drilled well)을 파는 것이 통상이며 대부분의 용수공급용 우물은 굴착정으로서 지름 1 m 이상, 깊이 30~500 m 정도의 것이 보통이다.

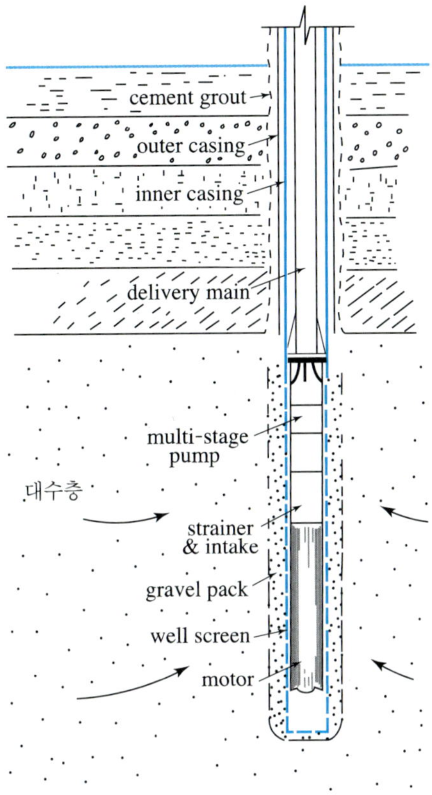

그림 6.34 전형적인 굴착정의 단면도

이들 굴착정은 암반을 뚫을 수 있는 굴착침(掘鑿針, drill bits)을 사용하여 암석을 작은 조각돌로 만든 후 이를 다른 기구로 파냄으로써 만들어진다. 이와 같은 굴착방법에는 두 가지가 있다. 첫째 방법은 충격식 굴착방법(percussion drilling)으로서 굴착기구를 상하로 움직여 암반에 충격을 가하는 방법이고, 다른 한 방법은 회전식 굴착방법(rotary drilling)으로서 굴착침을 회전시켜 우물 바닥을 뚫고 들어가는 방법이다.

그림 6.34에서 볼 수 있는 바와 같이 우물을 파 들어갈 때 우물의 벽이 무너지는 것을 방지하기 위해 강관으로서 케이싱(casing)을 만들어 들어가며 케이싱의 아랫부분, 즉 다량의 지하수가 우물로 스며드는 부분에는 스크린(screen)을 장치하는 것이 통상이다. 이 스크린은 세립토가 우물로 흘러들어와서 우물바닥이나 펌프를 폐쇄하는 위험을 제거하기 위한 것으로서 가능한 한 수두손실을 작게 일으키며 구조적으로 강할 뿐 아니라 녹이 슬지 않는 것이 좋다. 오늘날 흔히 사용되는 스크린용 재료로는 강철, 동, 청동, 나무, 유리 및 플라스틱(plastic) 등이 있으나 주로 많이 사용되고 있는 것은 플라스틱 물질에 가느다란 구멍을 뚫은 스크린이다. 스

크린 바깥쪽에는 지하수를 일차적으로 여과할 수 있도록 자갈층을 채우는 것이 통상이다. 굴착정이 완성된 후 고인 물을 양수하는 데는 각종 양수기(pump)를 사용한다. 오늘날 가장 많이 사용되고 있는 양수기는 잠수식 원심형 양수기(潛水式 遠心型 揚水機, submergible centrifugal pump)로서 전기식으로 작동되는 모터(motor)가 여러 단으로 된 펌프에 장치되어 있으므로 우물바닥 부근에 설치하는 것이 통상이다.

연습문제

6장 지하수

6.1 자연상태의 암석시료를 건조시켜서 그 무게를 측정한 결과 652.47 g이었으며 이를 등유로 포화시켜 측정한 무게는 731.51 g이었다. 이것을 다시 등유 속에 넣었을 때의 배수용량에 해당하는 등유의 무게가 300.66 g이었다면 시료의 공극률은 얼마인가?

6.2 우물 'B'는 우물 'A'의 남동쪽 320 m 지점에, 우물 'C'는 우물 'B'의 서쪽 약 825 m 되는 지점에 위치하고 있으며, 우물 A, B, C의 정수위(靜水位)는 각각 347.4 m, 341.6 m 및 7 m이다. 지하수면 곡선의 경사 및 흐름의 방향을 결정하라.

6.3 어떤 대수층 내의 수온은 15.6℃이며 지하수의 평균유속은 0.37 m/day이다. 대수층을 형성하고 있는 토양의 평균입경이 2 mm일 때 지하수 흐름의 Reynolds수를 구하여 Darcy 법칙의 적용 가능성을 판정하라.

6.4 문제 6.2의 대수층의 투수계수가 1,140 m/day이고 공극률이 18%이면 대수층 내에서의 실제 유속은 얼마인가?

6.5 어떤 대수층의 투수계수 결정을 위해 한 관측정에 추적자(追跡子, tracer)를 주입한 후 25 m 떨어진 다른 한 관측정까지 추적자가 도달하는 시간을 측정하였더니 4시간이 소요되었다. 두 관측정 내의 수위차는 50 cm였고 대수층 시료의 시험결과에 의하면 공극률은 14%로 밝혀졌다. 동질 대수층이라 가정하여 투수계수를 계산하라.

6.6 지름 4 cm, 길이 20 cm인 실린더에 모래를 채우고 24 cm의 일정한 수두하에 물을 흘려서 실린더 단부에서 5분 동안 물을 받았더니 100 cm^3가 되었다. 이 모래 표본을 통한 평균유속과 표본의 투수계수를 구하라.

6.7 균질 대수층에 대한 현장 조사결과 대수층의 단면적은 1,000 m^2로 밝혀졌다. 흐름방향으로 간격 25 m인 두 우물을 굴착하여 수면표고차를 측정했더니 0.35 cm였으며 소금

추적자를 상류정에 유입하여 하류정에서 채취하는 데 42시간이 걸렸다. 이 대수층의 투수계수를 구하라.

6.8 다음 그림과 같은 모래필터의 길이는 1 m, 표면적은 4 m^2이다. 만약, 모래층의 투수계수가 0.65 cm/sec이고 수두차가 그림에서와 같이 0.8 m라면 모래층을 통해 흐르는 유량은 얼마인가?

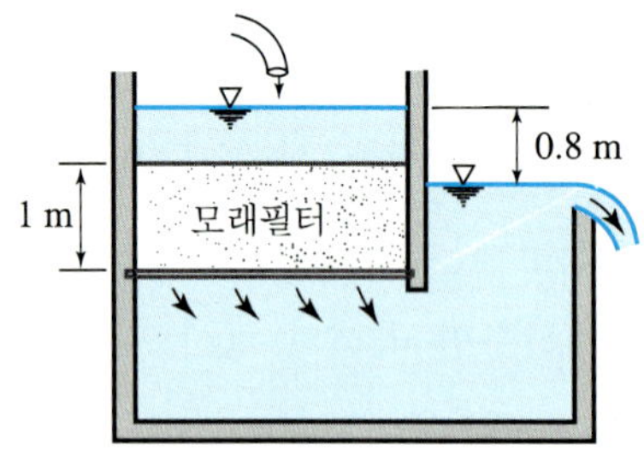

6.9 다음 그림은 두께 15 m인 균질의 사질토 지반에 깊이 7 m로 박혀있는 일련의 시트 파일의 횡단면도를 표시하고 있다. 사질토 지반의 투수계수가 25 m/day일 때 유선망 방법을 사용하여 a) 시트 파일 아래로의 누수량을 구하고, b) A, B, C 지점에서의 양압력을 구하라.

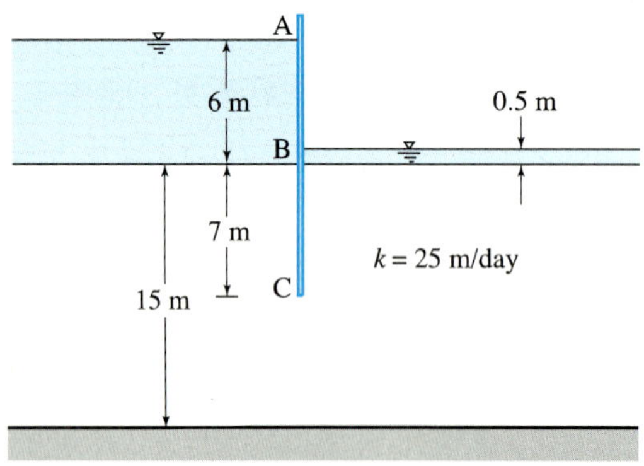

6.10 다음 그림의 콘크리트 댐은 투수계수가 30 m/day인 등방향성 지반 위에 건설되어 있다. 유선망 방법을 사용하여 a) 지반을 통한 누수량을 구하고, b) 댐 기초가 받는 양압력 분포와 총 양력 및 작용점을 구하라.

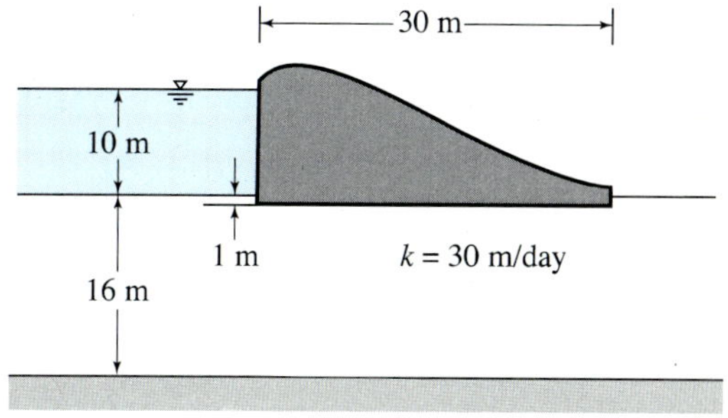

6.11 다음 그림은 하류단에 시트 파일 지수공(止水工)이 설치되어 있는 콘크리트 댐을 표시하고 있다. 유선망 방법을 사용하여 a) 댐 아래로의 누수율을 계산하고, b) 댐 저면에 작용하는 양압력의 분포를 계산하여 분포도를 그려라.

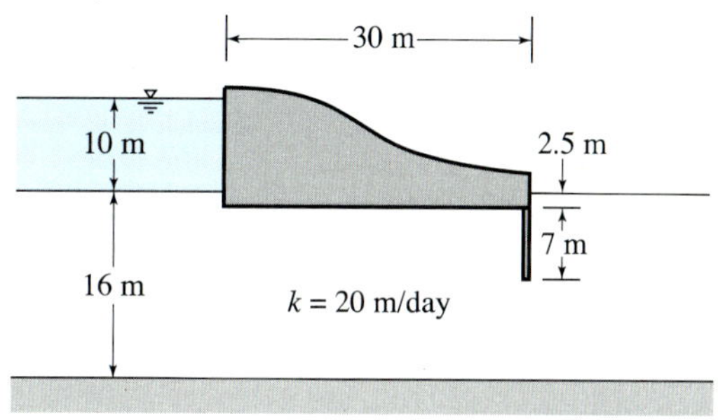

6.12 그림 6.13과 같은 피압대수층에 굴착한 수로의 간격이 1,000 m이고 수로 A, B, C에서의 수두가 각각 10 m, 8 m, 6 m였으며 대수층의 두께가 15 m, 투수계수가 20 m/day일 때 대수층 단위폭당 유량을 계산하라.

6.13 두께가 40 m인 피압대수층 바닥까지 지름 30 cm인 양수정을 팠다. 대수층의 투수계수는 1,440 m/day였으며 이 양수정으로부터 각각 12 m 및 36 m 떨어진 두 관측정 내의 수위차는 3 m였다. 양수정으로 흘러 들어오는 유량을 계산하라.

6.14 지름이 50 cm인 우물을 두께 30 m인 비 피압대수층의 바닥까지 팠다. 양수정으로부터 각각 30 m 및 70 m 떨어져서 위치하고 있는 두 관측정에서의 수면 강하량은 각각 6.77 m 및 6.41 m였다. 흐름이 정상상태에 도달했으며 투수계수가 3,010 m/day라고 가정하고 양수율을 구하라.

6.15 굵은 모래층으로 된 두께 30 m의 대수층의 투수계수를 결정하고자 한다. 정상상태에서의 양수율은 3 m^3/sec이며 양수정으로부터 각각 15 m 및 150 m 떨어진 관측정에서의 수위강하량은 각각 30 cm 및 3 cm였다. 이 대수층의 투수계수를 결정하라.

6.16 두께가 24 m되는 피압대수층으로부터 2.7 m^3/sec의 양수율로 양수했을 때 평형상태에 도달하였다. 이 양수정으로부터 각각 45 m 및 70 m 떨어진 관측정에서 관측된 지하수위가 각각 29.3 m 및 29.9 m였다면, 이 대수층의 투수계수는 얼마인가?

6.17 인접한 하천으로부터의 누수를 배수하기 위한 긴 배수구 내의 수위는 불투수층면으로부터 1.5 m이며 인접한 하천의 수위는 7.5 m이고 하천은 배수구의 축과 450 m 간격으로 평행하게 흐르고 있다. 하천과 배수구 사이 대수층의 투수계수가 700 m/day라면 하천으로부터 배수구로 흘러들어오는 배수구 단위길이당 유량은 얼마나 되겠는가? 배수구로 흘러 들어오는 물은 전부 하천으로부터 오는 것으로 가정하라.

6.18 두께 18 m인 균질의 피압대수층에 완전한 양수정을 굴착하였다. 0.3 m^3/sec의 양수율로 장시간 동안 양수했더니 $r_1 = 20$ m 및 $r_2 = 65$ m인 관측정에서의 수위가 평형상태에 도달했으며 이때 측정된 수압면 강하량은 각각 16.25 m 및 3.42 m였다. 이 대수층의 투수계수를 계산하라.

6.19 다음 그림과 같은 지름이 800 m인 원형 섬의 투수계수는 0.000142 m/sec이며 이 섬의 중앙에 지름이 30 cm인 우물을 파서 0.2 m^3/sec의 물을 양수하고자 한다. 이 우물을 호수의 수면으로부터 최소한 얼마나 깊게 굴착해야 할 것인가?

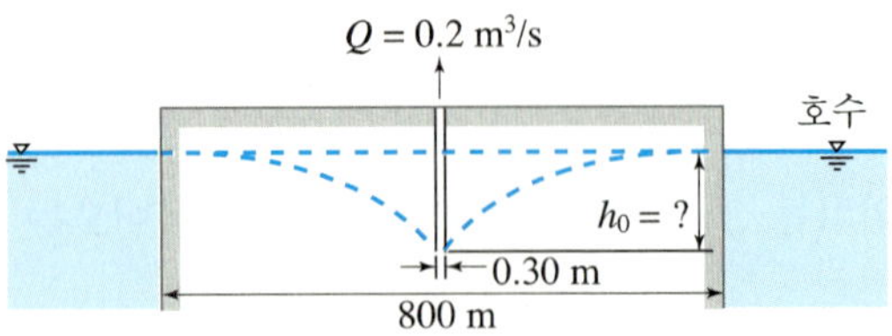

6.20 다음 그림에서 호수의 수면으로부터 우물까지의 지하수면곡선을 구하라. 양수정으로부터의 양수율이 1.5 m^3/hr였다면 대수층의 투수계수는 얼마인가?

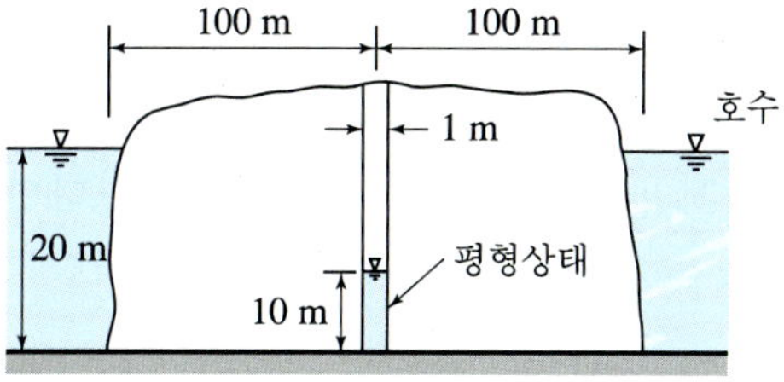

6.21 문제 6.20에서 양수율이 $1.85\ m^3/hr$라면 불투수층으로부터 양수정 내 수면까지의 수위는 얼마인가?

6.22 전도계수 $T = 65\ m^3/day/m$인 대수층에 굴착된 양수정으로부터 지하수를 양수할 때 양수정으로부터 20 m 떨어진 관측정에서 관측된 시간별 수면강하량이 아래 표와 같을 때 양수율을 계산하라.

양수시점으로부터의 시간 t (min.)	수면강하량 s (m)
5	1.71
50	7.05
100	8.60

6.23 어떤 피압대수층으로부터 $67\ m^3/min.$로 양수시험을 실시한 결과는 다음 표와 같다. $r = 20\ m$로 가정하여 대수층의 전도계수(T)와 저류계수(S)를 구하라.

양수시점부터의 시간(min.)	1.3	2.5	4.2	8.0	11.0	100.0
수면강하량 s(m)	1.40	2.47	2.84	3.66	4.61	8.85

6.24 다음과 같은 자료가 주어졌을 때 비평형 상태라 가정하여 수면 강하량 s를 구하라.

$$Q = 1{,}700\ m^3/day, \quad t = 30\ days, \quad r = 30\ cm$$
$$T = 60\ m^3/day/m, \quad S = 6.4 \times 10^{-4}$$

6.25 투수계수가 0.6 m/hr인 두께 40 m인 대수층에 지름이 30 cm인 완전양수정을 굴착하였으며 양수율은 0.10 m^3/sec이다. 수압면 강하곡선을 구하라. 만약 이 양수정과 똑같은 양수정을 20 m 간격으로 하나 더 운영한다면 수압면 강하곡선은 어떻게 될 것인가?

6.26 문제 6.25의 양수정이 불투수 경계면으로부터 직선거리 20 m인 곳에 설치되어 있다고 가정하고 영상정방법으로 수압면 강하곡선을 결정하라.

6.27 불투수 연직경계면 부근에 양수정을 굴착하여 0.10 m^3/sec의 물을 양수하고자 한다. 대수층은 두께 30 m, 투수계수 0.0005 m/sec인 피압대수층이며 경계면으로부터 50 m 떨어진 곳에서의 지하수면이 원래의 수면보다 0.2 m 이상 떨어지지 않도록 하려면 양수정은 경계면으로부터 최소한 얼마 떨어져서 굴착해야 할 것인가?

참고문헌

6장 지하수

Bedient, P.B. and Huber, W.C., *Hydrology and Floodplain Analysis*, 3rd Ed., Prentice-Hall, New Jersey, 2002.

De Wiest, R.J.M., *Geohydrology*, John Wiley & Sons, New York, 1965.

Fetter, C.W., *Applied Hydrogeology*, 3rd Ed., Prentice-Hall, New Jersey, 1994.

Gupta, R.S., *Hydrology and Hydraulic Systems*, Prentice-Hall, Eaglewood Cliffs, New Jersey, 1989.

Harr, M.E., *Groundwater and Seepage*, McGraw-Hill, New York, 1962.

Maidment, D.R., (Ed.), *Handbook of Hydrology*, McGraw-Hill, New York, 1993.

McCuen, R.H., *Hydrologic Analysis and Design*, Prentice-Hall, New Jersey, 1998.

Ponce, V.M., *Engineering Hydrology-Principles and Practices*, Prentice-Hall, New Jersey, 1989.

Show, E.M., *Hydrology in Practice*, Van Nostrand Reinhold(UK) Co. Ltd., 1985.

Todd, D.K., *Groundwater Hydrology*, 2nd Ed., John Wiley & Sons, New York, 1980.

Viessman, W., Jr. and Lewis, G.L., *Introduction to Hydrology*, 5th Ed., Pearson Education, Inc., New Jersey, 2003.

Wilson, E.M., *Engineering Hydrology*, 3rd Ed., Macmillan Press, 1983.

Hydrology

7장

하천유량과 유출

7.1 서 론

하천유량(河川流量, streamflow)이란 하천수로상의 어떤 단면을 통과하는 단위시간당의 물의 부피를 말하며 수문기술자에 의해 자료가 수집되어 수문분야뿐만 아니라 토목공학의 여러 분야에서 각종 목적을 위해 사용되는 소중한 자료이다. 공학으로서의 수문학 분야에서는 이수, 치수 및 하천환경문제에 주된 관심을 가지며 이 · 치수 및 하천환경문제의 해결을 위한 목적변수는 결국 하천유량이므로 하천유량자료의 정확한 획득은 모든 수문분석에 있어서 시발점이며 대단히 중요하다. 하천의 임의 단면을 흐르고 있는 유량(discharge)을 직접 연속적으로 측정한다는 것은 기술적인 면뿐만 아니라 경제적인 면에서도 대단히 어려운 일이므로 비교적 측정이 용이한 하천수위를 연속적으로 측정하여 이를 기수립된 수위-유량관계를 사용하여 유량으로 환산하여 사용하게 된다.

한 유역을 수문시스템(hrdrologic system)으로 볼 때 앞에서 이미 살펴본 강수는 시스템의 입력(入力, input)이고 차단현상이라든지 증발과 증산은 손실출력이며, 침투와 침루 및 지하수 유출은 과정변수(process parameters)이고 하천유량은 시스템의 출력(出力, output)인 것이므로 강우-유출관계의 분석 혹은 모형화에 있어서 정확한 하천유량 자료의 획득은 필수적인 전제조건인 것이다.

7.2 하천수위의 측정

어떤 수위 관측지점에서의 하천수위(river stage)라 함은 임의의 기준면으로부터 측정한 하천수표면의 표고를 뜻한다. 기준면으로는 평균해면을 택할 경우도 있으나 하천수로 바닥보다 조금 낮은 곳에 설정하는 영점표고(零點標高)를 택하는 경우가 보통이다.

7.2.1 하천수위계

하천의 수위를 측정하는 계기를 수위계(stage gauge)라 하면 보통수위표(普通水位標, manual gauge)와 자기수위계(自記水位計, recording stage gauge)로 대별할 수 있다. 보통수위표는 목자판으로 가장 간단한 것은 준척수위표(準尺水位標, staff gauge)로서 이는 그림 7.1(a)에서 보는 것처럼 눈금이 든 자[尺]로 되어 있다. 이 자를 교량의 교각이나 제방 및 기타 하천구조물에 고정시켜 자의 눈금을 사람의 눈으로 측정하게 된다. 보통수위표로 사용되는 목자판(目字板)의 규격은 넓이가 15 cm, 두께가 2.6 cm, 길이가 1~2 m로, 바탕은 백색으로 도장하며 눈금은 흑색(m 단위는 적색)으로 표시하도록 되어 있으며, 자기수위계로 측정하는 수위와

(a) 준척수위표

(b) 청계천 수표

그림 7.1 준척수위표 및 청계천 수표

(a) 부자식 자기수위계

(b) 부자식 자기수위 기록지

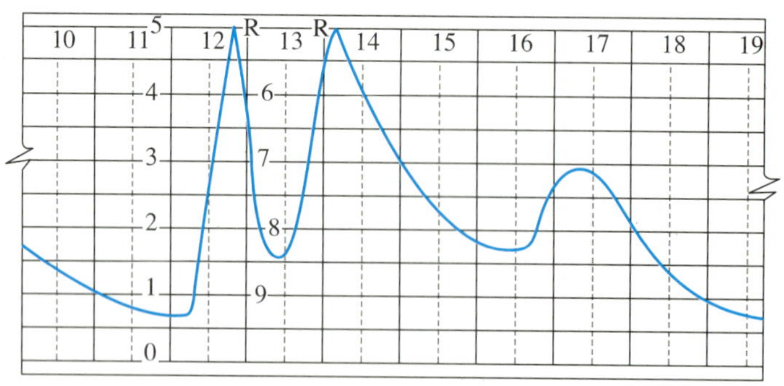

(c) 자기수위 기록

그림 7.2 부자식 자기수위계 및 기록지

비교하기 위해 자기수위계의 설치 위치 부근에 설치하는 것이 보통이다. 한편, 그림 7.1(b)는 조선조의 성종 때 청계천에 세웠던 수표(水標)를 기념물로 보관하고 있는 광경을 보이고 있다. 사각돌기둥에는 1척(약 21.5 cm)에서 10척까지 매 1척마다 눈금이 새겨져 있고, 3, 6, 9척에는 각각 0표시를 하여 갈수(渴水), 평수(平水), 대수(大水)라고 표시하였으며, 수위가 9척을 넘으면 위험수위로 보아 하천의 범람을 미리 예고하였다고 한다.

자기수위계에는 여러 가지가 있으나 현재 가장 많이 사용되고 있는 것은 그림 7.2(a)에 표시되어 있는 부자식 자기수위계(浮子式 自記水位計, float-type stage gauge)이다. 그림 7.2(a)에서처럼 부자가 쇠줄에 의해 도르레 주위를 돌아 기록기(recorder)에 연결되어 있어 수위 변동에 따라 부자가 연직 상하로 움직이게 되고, 도르레가 돌게 됨에 따라 펜을 움직여 일정한 속도로 진행하는 그림 7.2(b)와 같은 기록지 위에 수위를 기록하게 된다. 펜이 기록지의 상단(上端)까지 도달하면 자동적으로 방향을 바꿀 수 있도록 장치가 되어 있어 그림 7.2(c)에 표시한 바와 같이 연속적인 수위 기록을 얻을 수 있다.

부자식 자기수위계는 그림 7.3(a)에서 볼 수 있는 바와 같이 감세용 우물(減勢用 井戶,

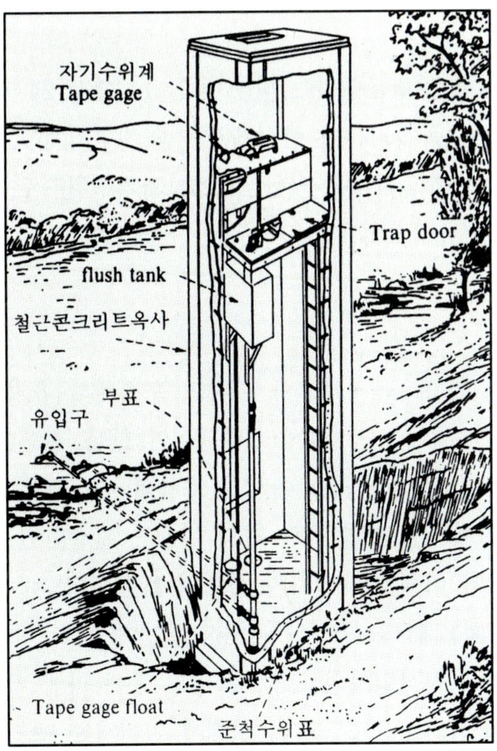

(a) 감세용 우물

(b) 하천구조물에 연결 설치된 자기수위계

그림 7.3 부자식 자기수위계의 설치방법

stilling well) 위에 설치된다. 감세용 우물은 쇠줄에 매달린 부자와 추(錐)가 하천의 유수로 인한 표면와(表面渦)에 의하여 움직이는 것을 방지하기 위한 것이다. 또한, 부자식 자기수위계는 그림 7.3(b)에서 보는 바와 같이 특수구조물이나 교량 등 하천 구조물에 원통관을 설치하여 감세용 우물을 대신하는 경우도 많다.

이상에서 살펴본 보통수위표와 자기수위계는 각각 장·단점을 가진다. 보통수위표는 시설 및 운영비는 적게 드나 관측자가 하루에 한두 번씩 직접 읽어야 하는 불편이 있을 뿐 아니라, 읽는 순간의 수위밖에 알 수 없고 수위가 변동하는 동안의 시간에 따른 수위변화를 알 수 없다. 우리나라에서 보통수위표에 의한 일 평균수위(daily mean stage)는 매일 08 : 00시와 20 : 00시에 읽은 수위를 평균하여 얻는다.

반면에 자기수위계는 시설 및 운영비가 많이 드는 단점은 있으나 관측자를 상주시킬 필요가 없으며 계기의 고장이 없는 한 측정기간의 시간별 수위변동이 자동적으로 기록지에 표시되므로 전기간(全期間) 동안의 수위자료를 얻을 수 있다. 또한, 기록지에 기록되는 자기수위자료는 자기우량계의 경우처럼 데이터 로거(data logger)에 디지털 자료로 저장되거나 텔레미터(T/M) 시스템에 의해 신호를 디지털화하여 무선통신망으로 장거리 떨어져 있는 데이터 센터(data center)에 실시간으로 전송할 수 있다.

보통수위표의 경우와는 달리 자기수위계에 의한 일평균수위는 하루 동안 1시에서 24시까지의 매시 수위를 평균하여 얻으며, 이 수록은 치수목적의 수문분석에서는 자기수위계에 의한 일평균수위 혹은 시간 단위의 수위를 사용하며 보통수위표에 의한 자료는 자기수위계로 측정한 자료에 이상이 있는지를 검사하는 데 사용된다.

7.2.2 하천수위 관측지점의 선정

만약 수위계를 홍수예경보보다 주운(舟運)목적으로 운영하고자 한다면 수위계의 유지관리 측면에서 관측지점까지의 접근용이도가 지점의 선정에 가장 크게 고려되어야 한다. 반면에 장기간의 풍부한 하천유량자료의 집적에 목적이 있다면 하천유로에서의 흐름의 수리학적 원리를 감안하여야 한다. 즉, 하천의 어떤 단면에 있어서 수위와 유량 간의 관계는 관측단면 하류 하도(河道)의 물리적 특성에 의해 지배된다. 만약 이들 지배인자가 하도의 짧은 구간 내에 위치하면 수위관측지점에서의 흐름은 단면통제(斷面統制, section control)를 받게 되고, 수위와 유량관계가 비교적 긴 구간에 걸쳐 하도의 경사나 하상입자의 크기 및 입도 등에 의해 지배되면 관측지점은 하로통제(河路統制, channel control)를 받게 된다. 실제에 있어서는 대부분의 경우 수위관측 지점은 수위의 크기에 따라 단면통제를 받기도 하고 하로통제를 받기도 하는

그림 7.4 인공저수 통제단면(임진강의 설마천 전적비교 수위표 단면에 설치된 Parshall Flume)

것이 보통이다.

가장 이상적인 저수(低水) 통제단면은 급변류(rapid flow)의 발생지점 혹은 단락부(fall)로서 흐름이 상류(常流)에서 사류(射流)로 변화되면서 한계수심(限界水深, critical depth)을 통과하도록 하는 단면이다. 자연하천에서는 이와 같은 통제단면을 찾기가 힘들므로 그림 7.4와 같이 콘크리트로 영구적인 인공저수통제단면인 파샬플룸(Parshall flume)을 만들기도 한다. 이와 같은 통제단면에서는 단면의 변화가 없으므로 일단 수위-유량관계가 수립되면 거의 변동이 없으므로 저수유량에 관한 한 수위측정에 의한 유량의 측정이 용이하다. 이와는 반대로 하로통제단면은 반복되는 홍수로 인해 하상이 세굴 혹은 퇴적되므로 관측단면에서의 수위-유량관계가 계속 변화하기 때문에 유량측정을 자주하여 관계를 교정해 나가지 않으면 안된다. 일반적으로 저수(低水)시에는 하천의 흐름이 단면통제를 받으나 고수(高水)시에는 하로통제를 받게 된다.

수위관측지점의 선정시 가급적 피해야 할 지점으로는 댐이나 하천합류에 의해 배수(背水) 영향이 미치거나 조석의 영향이 미치는 지점 등이다. 이들 지점에서의 수위-유량관계는 일반적으로 대단히 불안정하여 정확한 관계를 수립하기가 어렵다. 따라서 하천의 선형이 만곡부가 아니고 비교적 직선적이면서 하상변동이 심하지 않은 곳을 선정하는 것이 바람직하다.

7.2.3 전국 하천수위 관측소 운영현황

우리나라에서 수위관측소는 건설교통부와 한국수자원공사, 한국농촌공사가 운영하고 있다. 건설교통부는 산하의 한강, 낙동강, 금강 및 영산·섬진강 홍수통제소에서 하천 및 수자원관리 목적으로 하천유역별로 주요지점의 수위기록을 자기수위계(자기기록지형 혹은 T/M형) 및 보통수위표로 관측하여 관리하고 있다. 한국수자원공사는 다목적댐 및 생·공용수댐의 소유주로서 댐의 효율적 운영·관리 목적으로 주로 댐 상류유역의 하천 혹은 저수지에 수위관측소를 운영하고 있으며, 한국농촌공사는 농경지 관개를 위한 농업용수의 관리 목적으로 주로 농업용수댐의 상·하류에 소수의 수위관측소를 운영하고 있다.

표 7.1은 위에서 언급한 3개 기관에서 운영·관리하고 있는 자기수위 관측소의 현황을 집계

표 7.1 전국 자기수위관측소 운영현황(2005년 현재)

수계명	건설교통부			한국수자원공사			한국농촌공사			합계		
	T/M	자기	소계	T/M	자기	소계	T/M	자기	소계	T/M	자기	계
합계	266	31	297	110		110	3	13	16	379	44	423
한강	65	8	73	23		23				88	8	96
낙동강	50	12	62	45		45		1	1	95	13	108
금강	49	3	52	14		14		1	1	63	4	67
섬진강	16	1	17	10		10		1	1	26	2	28
영산강	33		33							33		33
안성천	6	1	7							6	1	7
강릉 남대천	1		1							1		1
양양 남대천	1		1							1		1
삼척 오십천	1		1							1		1
한강 동해	1		1	1		1				2		2
한강 서해	1	2	3							1	2	3
형산강	6		6	1		1				7		7
태화강	4			2		2				6		6
회야강		2	2								2	2
영덕 오십천				1		1				1		1
서낙동강												
낙동강 동해				1		1				1		1
낙동강 남해				2		2				2		2
가화천												
삽교천	12		12					3	3	12	3	15
금강 서해				3		3		1	1	3	1	4
만경강	10		10				3	1	4	13	1	14
동진강	6		6					5	5	6	5	11
탐진강	1		4	3		3				7		7
섬진강 남해		2	2	4		4				4	2	6
영산강 서해												
영산강 남해												

자료: 건설교통부, 한국수문조사연보(수위편), 2005

하고 있다. 전국적으로 보면 건설교통부가 297개소, 한국수자원공사가 110개소, 한국농촌공사가 16개소를 운영하고 있어 총 423개 수위관측소이므로 수위관측소의 밀도는 약 235 km^2/관측소이며, 거의 90%가 T/M 수위관측소로 되어 있음을 알 수 있다. 이는 실시간 홍수예·경보나 홍수시 댐 운영에 무선통신망(VHF, UHF, VSAT, 인공위성 등)에 의한 계측수위자료의 실시간 전송이 필수적이기 때문이다.

7.2.4 하천수위자료의 보관 및 제공

자기수위계에 의해 측정되는 수위관측소 및 하천수위자료는 관측기관인 건설교통부, 한국수자원공사 및 한국농촌공사가 자체적으로 처리하여 보관하고 있으며, 이들 자료는 우량자료(제3장)의 경우처럼 일반에게 제공되고 있다.

건설교통부가 운영하고 있는 전국 수위관측소의 하천수위자료는 한강홍수통제소의 홈페이지(http://www.hrfco.go.kr)를 통해 2000년 자료부터 Internet으로 내려받기 할 수 있도록 되어 있으며, 한국수자원공사의 수위자료도 동 공사의 홈페이지(http://www.kwater.or.kr)로부터 제공받을 수 있다. 이들 하천수위자료들은 각 기관의 자료처리 과정을 거쳐 매년 발간되는 「한국수문조사연보(수위편)」에 공식자료로 수록된다.

「한국수문조사연보(수위편)」에는 전국 수위관측소 현황과 건설교통부, 한국수자원공사, 한국농촌공사의 자기수위계 지점별 일 수위연표(日 水位年表)와 주요 지점별 홍수위연표가 수록되며, 전국적인 다목적댐과 주요 수력발전댐 및 일부 생·공용수댐으로부터의 일 평균방류량(日 平均放流量)이 수록되며 주요 홍수의 홍수위도(flood stage hydrograph)도 부록으로 첨부된다.

일 수위연표는 수위관측소별로 하루의 1시부터 24시까지의 매시간 수위를 산술평균한 일평균수위를 매년 12개월, 365일에 걸쳐 수록한 표이고, 홍수위연표는 매년 수위관측소별 혹은 주요 지점별 경계수위나 위험수위를 초과하였거나, 수위상승으로 인해 홍수피해를 발생시킨 홍수사상 동안의 시간별 순간 홍수위를 수록한 표이다.

또한, 댐별 일 평균방류량연표는 주요 댐의 매년의 1일 평균방류량을 월별로 정리·수록한 표이며, 부록에 수록된 홍수위도는 매년의 주위 수위관측소 지점별 홍수위연표를 수문곡선(水文曲線)의 형태(제8장 참조)로 표시한 그림이다.

이상에서 기술한 하천수위 관련자료는 우량자료의 보관 및 제공(제3장)에서 언급한 바와 같이 국가수자원종합정보시스템인 WAMIS를 통해 Internet으로 제공받을 수 있다.

7.3 하천유량의 측정

하천유량을 측정하는 방법은 직접유량측정법과 간접유량측정법으로 대별할 수 있다. 직접유량측정법이란 유량측정 횡단면에서의 흐름단면적(cross-sectional area)과 평균유속을 하천횡단측량과 유속계 등에 의한 점유속(point velocity)의 측정에 의해 각각 결정하여 유량을 산정하는 방법이다. 흐름단면의 평균유속 결정을 위한 점유속의 측정에는 각종 유속계라든지 부자(浮子) 등이 사용된다. 한편, 간접유량측정법은 유량을 측정하고자 하는 단면에 유량측정구조물을 설치하여 구조물상의 흐름수심(혹은 수위)을 측정함으로써 유량을 수위로부터 간접적으로 산정하거나, 혹은 홍수흔적 수위와 하천횡단면의 조도특성(祖度特性) 등을 이용하여 수리학적 원리에 의해 유량을 산정하는 방법이다.

7.3.1 직접유량 측정방법

하천유량의 직접측정법이란 하천흐름의 횡단면적(A)을 측량으로 결정한 후, 유속계 측정에 의한 단면 평균유속(V)을 곱하는 연속방정식($Q = A\,V$)에 의해 하천유량을 산정하는 방법을 말한다.

1) 유속계에 의한 방법

하천의 흐름단면에서 연직방향으로 점유속(点流速)을 측정하거나 표면유속을 측정하여 단면의 수심평균유속을 결정하고 이를 하천 횡단면적과 곱함으로써 하천유량을 산정하는 방법이 사용되고 있다. 점유속의 측정은 통상 회전식 유속계에 의하며, 표면유속의 측정은 전자파 표면유속계에 의한다. 이 이외에 유량측정을 위한 유속계에는 초음파 유속분포측정기(Accoustic Doppler profiler, ADP)와 LSIV(Large-Scale Image Velocimetry) 등 최신의 계기가 있으나 아직은 개발 및 시범·적용 단계에 있다.

① 회전식 유속계에 의한 점유속의 측정

회전식 유속계(rotating current meter)에는 프로펠러식(propeller type)과 프라이스식(Price type)이 있으나 미국지질조사국(U. S. Geological Survey, USGS)에서 개발하여 전 세계적으로 널리 사용되어온 프라이스 유속계(Price current meter)가 가장 많이 사용되고 있다.

Price 유속계는 그림 7.5와 같이 6개의 원추형 컵이 연직축 주위로 회전하게 되어 있다. 유수가 가지는 유속, 즉 운동에너지에 의하여 컵을 회전시키게 되고 컵이 회전할 때마다 전기회로가 구성되어 수신기에 소리가 나도록 되어 있으며, 관측자는 수신기(head phone)를 사용하여 일정한 시간 동안에 소리가 나는 횟수를 헤아리거나 디지털 카운터(digital counter)를 사용하여 컵의 초당 회전수를 얻게 된다. 컵의 초당 회전수 N과 유속 V(m/sec) 사이에는 다음과 같은 일반식이 성립한다.

$$V = A + BN \tag{7.1}$$

여기서, A, B는 유속계의 검정상수(檢正常數, calibration constant)로서 각 계기에 따라 상수 A, B의 값은 조금씩 다르게 되며 사용하는 계기마다 검정에 의해 결정하게 된다. 이 검정은 유속계를 유속계 검정수로(檢正水路) 내의 정수 중에 위치시키고 일정한 거리를 일정속도로 이동시킬 때의 이동속도 측정과 컵의 초당 회전횟수를 동시에 측정함으로써 이루어진다.

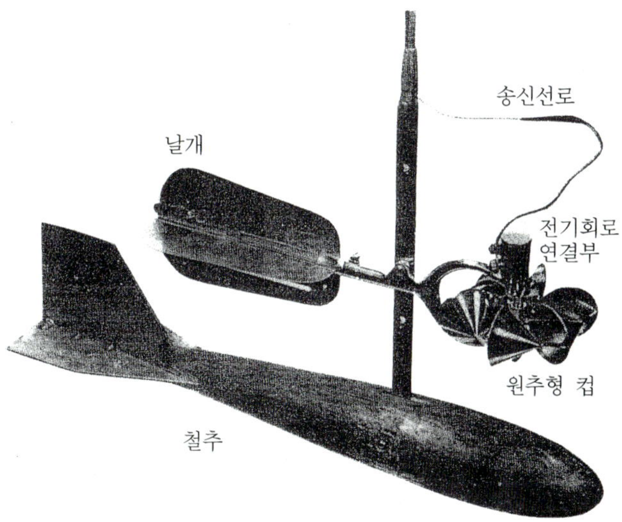

그림 7.5 Price 유속계

② 회전식 유속계에 의한 하천유량의 산정

하천의 어떤 횡단면에 있어서의 유량산정을 위해 위에서 살펴본 회전식 유속계를 사용할 경우에는 그 관측점에 있어서의 평균유속 결정을 위해 충분한 수의 점유속을 측정해야 하며, 결정된 평균유속을 통수단면적에 곱하면, 곧 그 단면을 통과하는 총 유량을 얻을 수 있다. 그러나 홍수기의 경우처럼 하천수위가 급격하게 변할 경우에는 너무 많은 수의 점유속을 측정하기 위해 많은 시간을 소모해서는 안된다.

실제로 유속측정을 하는 절차는 그림 7.6에 표시되어 있다. 먼저 관측점의 통수단면 모양을 하천 횡단측량에 의해 결정한 후 여러 개의 등간격 소 연직단면으로 나눈다. 이때 한 소단면이 총 유량의 10% 이상을 포함하지 않도록 하는 것이 좋으며, 큰 하천의 경우에는 20~30개의 소구간으로 나누는 것이 통상이다. 한 연직면에서의 유속분포는 그림 7.7에서 보는 바와 같이 하천바닥에서는 0이 되고, 바닥에서 멀어짐에 따라 점차로 증가하여 대략 포물선의 유속분포를 가지게 되며, 수표면 부근에서 유속은 최대가 된다. 미국지질조사국(U.S. Geological Survey)에서는 다년간의 경험에 의하여 다음 식을 소단면의 평균유속 결정에 사용되도록 권장하고 있다.

$$V_m = \frac{1}{2}(V_{0.2} + V_{0.8}) \tag{7.2}$$

여기서, V_m은 소단면의 평균유속이며 $V_{0.2}$, $V_{0.8}$은 수면으로부터 각각 수심의 20%, 80%만큼 아래에 있는 지점의 점유속을 말한다. 하안(河岸)부근의 얕은 곳에 있어서의 평균유속으로는 수면으로부터 수심의 60%만큼 아래에 있는 지점의 유속($V_{0.6}$)을 측정하여 그대로 사용하기도 한다.

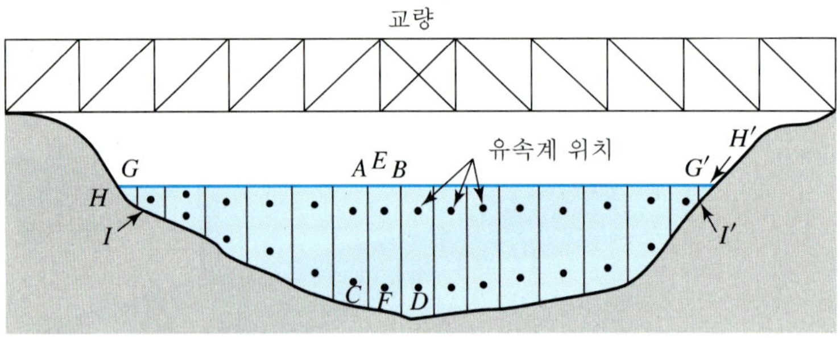

그림 7.6 유속계에 의한 점유속 측정절차

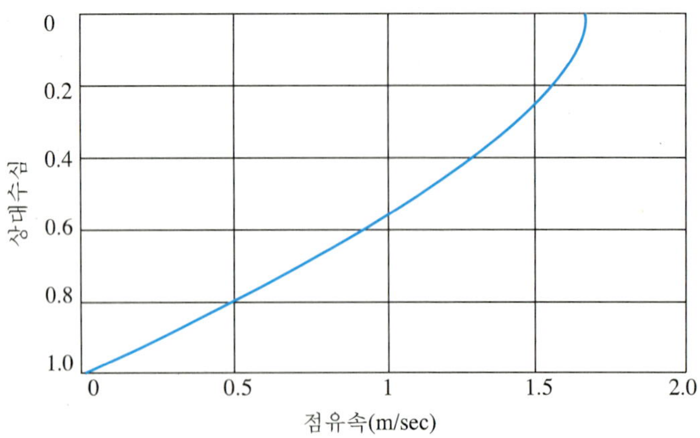

그림 7.7 연직 유속분포

표 7.2는 유속계에 의한 점유속의 측정 및 유량의 계산을 위한 야장(野帳, field notes)을 표시하고 있으며 소 연직단면별 평균 유속의 결정절차는 다음과 같다.

① 유속계가 매달린 케이블로 음파반사(Sounding)에 의해 수심을 측정한다. Sounding은 우선 유속계를 수면에 위치시켜서 하고 다시 케이블을 내려서 유속계의 추(錐)가 하천바닥에 도달했을 때 하게 되며 총 수심은 수심지시기(depth indicator)로 얻는다.

② 케이블을 끌어올려 수면으로부터 수심의 80%되는 위치에 유속계를 위치시킨 후 점유속을 측정한다.

③ 케이블을 더 끌어올려 수면으로부터 수심의 20%되는 위치에 유속계를 위치시킨 후 점유속을 측정한다.

위의 절차 중 케이블에 의해 Sounding을 하여 수심을 측정할 때 만약 유속이 크지 않은 경우에는 유속계가 거의 연직에 가깝게 느려지므로 측정되는 수심은 정확하겠으나, 홍수시 유속이 빨라지면 적절한 유속계 추를 사용한다 하더라도 그림 7.8과 같이 케이블이 연직에서 크게 벗어나므로 Sounding에 의해 결정된 수심이 실제 실수심보다 훨씬 크게 된다. 따라서 이와 같은 경우에는 수심조정법에 의한 조정이 필요하다. 구체적인 조정방법은 여기서 생략하기로 하며 연직으로부터의 변위각 α가 12°일 때의 수심오차는 약 2% 정도인 것으로 알려져 있으므로 대단한 것은 아니다.

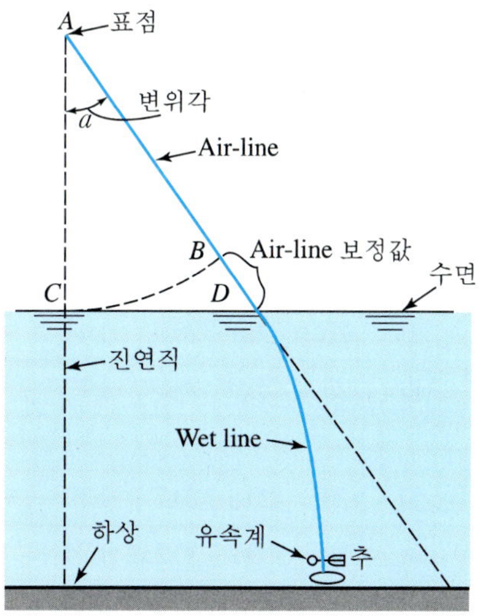

그림 7.8 유속이 클 경우의 Sounding Cable의 변위상태

표 7.2 유속계 측정에 의한 유량계산 야장(예: 한강 충주 수위관측소, 1983. 7. 11.)

관측소명	충주(유속계)		시간	수위	Price식, V = 0.728 N + 0.034	
수계명	한강	시작	08 : 30	0.75 m	총 유량	125.94 m^3/s
하천명	본류	종료	09 : 45	0.75 m	총 면적	126.0 m^2
관측월일	'83. 7. 11.	평균수위		0.75 m	평균유속	1.000 m/s

거리 (m)	수심 (m)	기심 (m)	음수 (회)	시간(sec)			점유속 (m/sec)	평균 유속 (m/sec)	면적 (m^2)	평균 수심 (m/sec)	폭 (m)	유량 (m^3/sec)
				1회	2회	평균						
43.0	0											
50.0	0.75	0.15	20	21.6	21.8	21.7	0.71	0.56	9.9	0.58	17.0	5.54
		0.45	15	29.3	295	29.4	0.41					
60.0	0.70											
70.0	0.55	0.33	30	22.0	22.4	22.2		1.02	7.9	0.49	16.0	8.06
76.0	0											
103.0	0											
110.0	0.55	0.33	25	23.8	23.8	23.8		0.80	9.4	0.55	17.0	7.52
120.0	0.95											
130.0	1.20	0.24	35	23.0	23.2	23.1	1.14					
		0.72	30	26.4	26.6	26.5	0.86	0.81	21.0	1.05	20.0	17.01
		0.96	10	20.1	20.3	20.2	0.40					
140.0	0.85											
150.0	0.65	0.13	15	23.5	23.9	23.7	0.50	0.46	16.8	0.84	20.0	7.73
		0.39	15	27.3	27.5	27.5	0.43					
160.0	1.20											
170.0	1.60	0.32	50	21.1	21.5	21.3	1.75					
		0.96	50	25.9	26.1	26.0	1.44	1.45	28.3	1.42	20.0	41.04
		1.28	40	25.1	25.5	25.3	1.19					
180.0	1.25											
190.0	0.95	0.19	50	20.6	20.8	20.7	1.79	1.52	20.0	1.00	20.0	30.40
		0.57	50	30.2	30.2	30.2	1.24					
200.0	0.85											

이와 같이 각 연직단면에서의 점유속 및 수심의 측정이 끝나면 단면 전체를 통과하는 총 유량을 계산하게 되며 그 절차는 다음과 같다.

① 그림 7.6과 같은 소 연직단면에서 측정한 $V_{0.2}$, $V_{0.8}$을 산술평균하여[식 (7.3)] 평균유속을 구한다.

② ①에서 구한 평균유속에 소 연직단면의 면적($ABDC = EF \times AB$)을 곱하는 연속방정식에 의해 소 연직단면적별 유량을 계산한다.

③ 소 연직단면별 유량을 전체 하천 폭에 걸쳐 합산하여 총 유량을 얻는다. 즉,

$$Q = \sum_{i=1}^{N} A_i V_{mi} \tag{7.3}$$

여기서, A_i, V_{mi}는 소 연직단면별 면적 및 평균유속이며, N은 소단면의 수이다. 또한 그림 7.6의 하천양안에 접해 있는 소 연직단면(GHI 및 G´H´I´)에 대한 유량은 없는 것으로 한다.

③ 회전식 유속계로 유속측정시 하천횡단방법

회전식 유속계로 유속을 측정하여 유량을 산정하기 위해서는 하천의 한쪽 하안으로부터 반대쪽 하안으로 횡단하면서 각 소단면의 점유속을 측정하게 된다. 하천횡단방법에는 도섭(徒涉, wading)에 의하거나 케이블(cableway), 교량, 보트(boat) 등을 이용하는 방법이 있으며 얼음으로 하천이 덮혔을 때는 유속계가 자유롭게 통과할 수 있도록 충분히 큰 구멍을 뚫어 얼음 위에서 직접 측정할 수도 있다. 그림 7.9는 도섭에 의해 유량을 측정하는 광경을 표시하고 있다.

그림 7.9 도섭에 의한 유량측정 광경

예제 7.1 하폭이 20 m인 그림 7.10과 같은 하천단면에서의 유량을 측정하기 위하여 우선 하천횡단측량을 실시한 결과 총 하폭을 10등분했을 때의 각 소단면에서의 평균수심은 표 7.3과 같다.
회전식 유속계에 의하여 측정한 컵의 분당 회전수(rpm)가 표 7.4와 같을 때 평균 유속 $V = 0.8 \times (\text{rps})\ \text{m/sec}$라 가정하고 하천단면을 통과하는 총 유량을 결정하라.

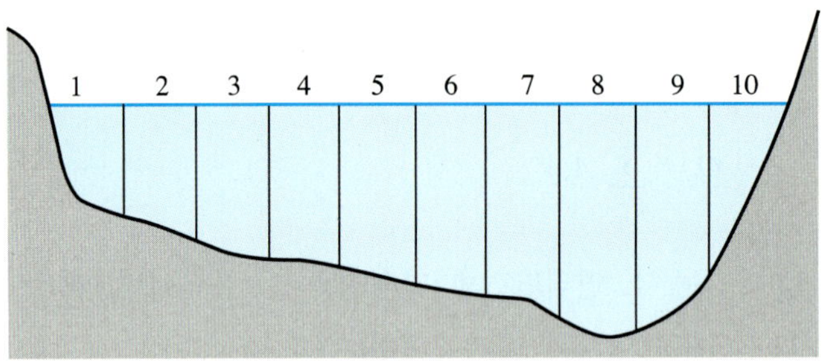

그림 7.10 하천 횡단면도

표 7.3 소단면별 평균수심

소단면	1	2	3	4	5	6	7	8	9	10
평균수심(m)	1.0	1.2	1.5	1.6	1.7	1.9	2.0	2.4	2.2	1.0

표 7.4 소단면별 유속계의 분당회전수

유속계 위치	유속계의 분당회전수(rpm)									
	1	2	3	4	5	6	7	8	9	10
0.2 d	40.0	53.5	58.6	63.0	66.7	61.5	56.3	54.0	52.6	50.0
0.8 d	30.7	42.8	50.0	54.2	58.8	53.3	49.4	46.5	43.2	40.1

주: d는 하천횡단면도의 각 소단면 평균수심

풀이 이 하천단면을 통과하는 총 유량은 각 소단면을 통과하는 유량을 연속방정식에 의해 구한 후 전 횡단면에 걸쳐 합산함으로써 구할 수 있으며 그 계산과정은 표 7.5에 표시되어 있다. 계산된 총 유량은 22.951 m^3/sec이다.

표 7.5 하천단면에서의 총 유량 산정

소단면 (1)	폭 (m) (2)	평균수심 (m) (3)	유속계 위치 (4)	rpm 회(분) (5)	rps (회/초) (6)	유속(m/sec) 점유속 (7)	유속(m/sec) 평균유속 (8)	소단면 면적(m^2) (9) = (2) × (3)	유량(m^3/sec) (10) = (8) × (9)
1	2	1.0	0.2 d	40.0	0.67	0.536	0.472	2.0	0.944
			0.8 d	30.7	0.51	0.408			
2	2	1.2	0.2 d	53.5	0.89	0.712	0.640	2.4	1.536
			0.8 d	42.8	0.71	0.568			
3	2	1.5	0.2 d	58.6	0.98	0.784	0.724	3.0	2.172
			0.8 d	50.0	0.83	0.664			
4	2	1.6	0.2 d	63.0	1.05	0.840	0.780	3.2	2.496
			0.8 d	54.2	0.90	0.720			
5	2	1.7	0.2 d	66.7	1.11	0.888	0.836	3.4	2.842
			0.8 d	58.8	0.98	0.784			
6	2	1.9	0.2 d	61.5	1.02	0.816	0.764	3.8	2.903
			0.8 d	53.3	0.89	0.712			
7	2	2.0	0.2 d	56.3	0.94	0.752	0.704	4.0	2.816
			0.8 d	49.4	0.82	0.656			
8	2	2.4	0.2 d	54.0	0.90	0.720	0.672	4.8	3.226
			0.8 d	46.5	0.78	0.624			
9	2	2.2	0.2 d	52.6	0.88	0.704	0.640	4.4	2.816
			0.8 d	43.2	0.72	0.576			
10	2	1.0	0.2 d	50.0	0.83	0.664	0.600	2.0	1.200
			0.8 d	40.1	0.67	0.536			
총 유량(m^3/sec)									22.951

④ 전자파 표면유속계에 의한 표면유속 측정 및 하천유량의 산정

전자파 표면유속계(電磁波 表面流速計)에 의한 유속측정은 하천의 횡단방향으로 일정간격의 소구간으로 분할하여 유속계를 이동설치하면서 그림 7.11(a)에서처럼 상류방향으로 전자파를 발사한 후 물 표면에서 반사되는 전자파의 도플러 효과(doppler effects)를 이용하여 표면유속을 측정하는 것이다. 이 유속계는 도플러 효과를 이용하여 물과 접촉하지 않고서도 표면유속을 측정할 수 있어 기존의 타 유속계로서는 측정하기 어려운 홍수류의 유속을 측정할 수 있으며 야간측정도 가능한 장점이 있다.

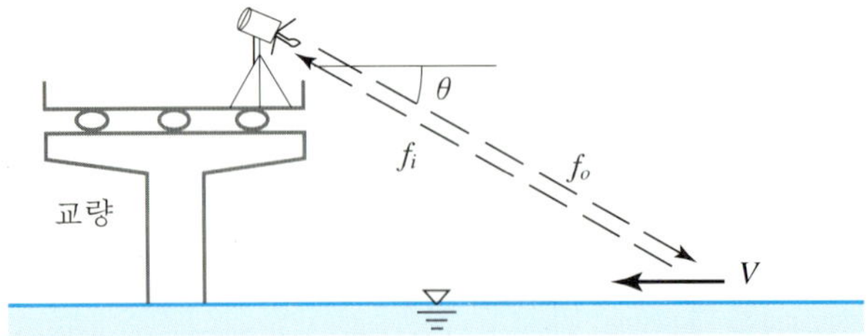

(a) 측정 모식도

(b) 현장 측정 광경

그림 7.11 휴대형 전자파 표면유속계에 의한 측정

수문관측매뉴얼(건설교통부, 2004)에 의하면 운동하는 물체(하천유량의 경우는 흐르는 물)에 의해 산란된 전자파의 주파수가 변하는 현상을 도플러 효과라 하며, 이때의 주파수의 변화량을 도플러 주파수(f_d)라 하고, 그림 7.11(a)에서 다음의 관계가 성립한다.

$$f_d = \frac{2V}{\lambda}\cos\theta \tag{7.4}$$

여기서, V는 표면유속(m/sec)이고, λ는 전자파의 파장(m)이며, θ는 흐름의 속도방향과 전자파의 진행방향이 이루는 각도로서 20∼45° 사이의 각이다.

따라서, 식 (7.4)를 표면유속(V)에 관해 풀면

$$V = \frac{f_d\,\lambda}{2\cos\theta} \tag{7.5}$$

즉, 송신신호의 주파수(f_o)와 수신신호의 주파수(f_i)의 차($f_o - f_i$)인 도플러 주파수(f_d)와 전자파의 파장 λ, 입사각 θ를 측정하면 표면유속을 결정할 수 있다.

위와 같은 방법으로 전자파 표면유속계에 의해 하천횡단의 소구간별로 하천흐름의 표면유속 V_i를 측정하면 이에 수심평균유속환산계수 f를 곱하여 수심평균유속($\overline{V}_i$)을 얻게 되며 하천횡단면에 걸친 총 유량은 다음 식으로 산정할 수 있다.

$$Q = \sum \overline{V}_i A_i = \sum (f V_i) A_i = f \sum V_i A_i \tag{7.6}$$

여기서, $\overline{V}_i$와 A_i는 하천횡단의 소구간별 수심평균유속과 단면적을 표시하며, V_i는 소구간별 표면유속, f는 수심평균유속환산계수로 외국의 연구사례에 의하면 $f = 0.85 \sim 0.95$이나, 국내에서 수행된 실험결과에 따라 $f = 0.85$가 추천되고 있다.

2) 부자에 의한 방법

① 부자에 의한 평균유속의 측정

전술한 바와 같이 홍수시에는 유속이 빠르기 때문에 큰 하천에서는 회전식 유속계로 유속을 측정하는 것은 거의 불가능하므로 부자(浮子, float)를 하천에 띄워서 일정한 거리만큼 이동하는 데 걸린 시간을 측정하여 흐름의 유속을 결정하기도 한다(건설교통부, 2004).

사용되는 부자에는 표면유속 측정을 위한 표면부자(表面浮子)와 수심방향의 평균유속 측정을 위한 봉부자(棒浮子)가 있으나 대부분의 경우 봉부자를 사용한다. 봉부자의 규격은 그림 7.12에서와 같이 안지름 4~5 cm의 PVC 파이프로 제작되며 흘수(吃水) 부분길이로 0.5, 1.0, 2.0, 4.0 m의 4종류로 측정횡단면의 수심에 따라 제작되며, 수면 위로 돌출되는 부분은 약 30~50 cm의 길이로 하는 것이 보통이다.

부자의 흘수심을 유지하기 위해 파이프 내에 모래를 적정량 채우게 되며 파이프 내 모래의 유동방지를 위해 그림 7.12에서처럼 스티로폴 등의 내부 마개로 막는 것이 좋다. 길이 1, 2, 3, 4 m 부자에 대해 각각 0.7, 1.5, 2.4, 3.8 kg 정도의 모래를 채우면 소정의 흘수심을 유지하면서 수면위 돌출부의 길이조건도 만족하게 된다.

부자에 의한 흐름의 평균유속 측정을 위해서는 그림 7.13에서 보는 바와 같이 기존 교량단면을 부자투하 단면으로 하고 하류로 약 30 m 이상 되는 지점에 제1 측정단면을 설정하여 투하된 봉부자가 흘수심을 유지하면서 균형을 잡도록 하며, 평균유속의 측정은 제1 측정단면에서 약 50 m 이상 하류의 제2 측정단면 사이에서 이루어지도록 한다. 따라서, 봉부자의 실측유속은 제1 및 제2 측정단면 간의 거리를 통과하는 데 소요된 시간을 초시계(0.1초 단위)로 측정하여 나눔으로써 얻어지나 표 7.6과 같은 하천의 수심에 따른 유속보정계수(流速補正係數)를 곱하여 최종의 평균유속을 구하게 된다.

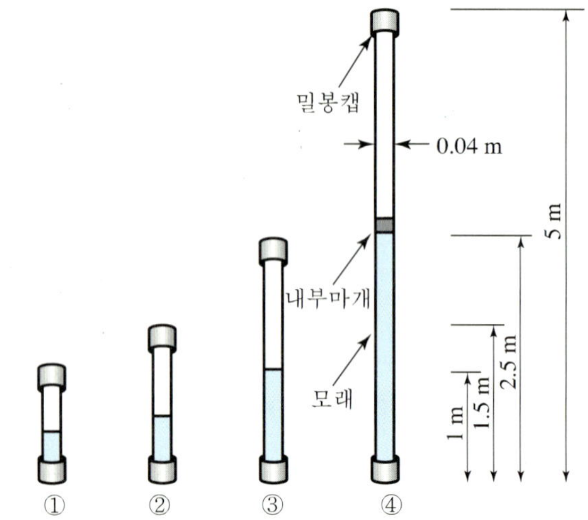

그림 7.12 봉부자의 규격

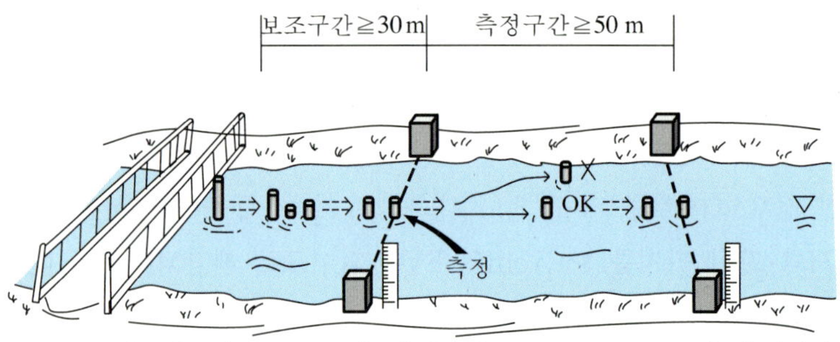

그림 7.13 봉부자에 의한 평균유속 측정

표 7.6 수심에 따른 봉부자의 유속보정계수

부자번호	1	2	3	4	5
수심(m)	0.7 이하	0.7~1.3	1.3~2.6	2.6~5.2	5.2 이상
흘수(m)	표면부자	0.5	1.0	2.0	4.0
보정계수	0.85	0.88	0.91	0.94	0.96

자료: 수문관측매뉴얼(건설교통부, 2004)

한편, 부자에 의한 평균유속 측정으로 하천유량을 산정하기 위한 유속관측 측선의 수는 부자투하단면에서의 기왕 최대홍수위 혹은 계획홍수위에 해당하는 하천폭을 표 7.7의 기준에 따라 등간격으로 분할하도록 추천되고 있다.

표 7.7 평상시 및 홍수시의 하폭에 따른 봉부자에 의한 유속관측 측선의 수

평상시	수면폭(m)	20 미만	20~100	100~200	200 이상		
	관측선 수	5	10	15	20		
홍수시	수면폭(m)	50 이하	50~100	100~200	200~400	400~800	800 이상
	관측선 수	3	4	5	6	7	8

자료: 수문관측매뉴얼(건설교통부, 2004)

② 봉부자 측정에 의한 하천유량의 산정

표 7.7의 기준에 따라 봉부자에 의한 유속관측 측선의 수가 결정되면 측선별로 봉부자에 의한 유속측정값에 표 7.6의 유속보정계수를 곱하여 유속측정구간(제1 및 제2 측정단면 간 거리)의 평균유속을 결정하게 되고, 이 평균유속에 측선별 평균횡단면적을 곱하면 측선별 유량을 얻게 된다. 측선별 평균횡단면적은 제1 및 제2 측정단면에서의 횡단면적을 평균한 값을 사용한다. 이와 같이 측선별 유량이 산정되면 이를 모든 측선에 걸쳐 합산함으로써 총 하천유량을 산정하게 된다.

3) 화학적 방법

유속계나 봉부자에 의한 하천유수의 속도측정은 대부분의 큰 하천에서는 대단히 효과적이나 수원지점에 가까운 계류나 소하천에서는 운반토석이나 얕은 수심 때문에 유속의 측정이 매우 어려우므로 화학적 방법에 의해 흔히 유량을 측정한다.

화학적 방법은 소금이라든지 플루오레세인 색소(fluorescein dye), 방사선 물질 등과 같이 하천수에 존재하지 않으면서 물과 화학반응 혹은 방사능 반응을 일으키지 않는 물질을 어떤 하천구간의 상류단에 주입시켜 하류단에 도달하는 시간을 측정함으로써 평균유속을 측정하는 방법이다.

화학물질을 사용하는 희석법(稀釋法, dilution method)에서는 농도 c_t의 물질을 q_t의 율로 주입한 후 하류단에서 평형상태의 농도 c_e를 측정함으로써 다음 관계에 의하여 유량 q를 직접 계산하게 된다.

$$q=\left(\frac{c_t}{c_e}-1\right)q_t \tag{7.7}$$

이 방법에서는 화학물질이 완전 혼합되어야 하며 주입시의 농도와 평형상태의 농도를 정확히 측정할 수 있어야만 정확한 유량산정을 할 수 있다. 이 방법에서의 평형상태 농도의 측정은 큰 하천의 경우 쉽지 않으므로 이 방법은 아주 작은 하천의 경우가 아니면 그 적용이 어렵다.

7.3.2 간접유량 측정방법

하천유량의 간접측정방법은 유속계에 의한 유속의 직접측정 결과를 사용하여 유량을 산정하는 것이 아니라, 홍수흔적수위(flood marks)와 하천의 하도특성 자료로부터 수리학적 이론에 의해 유량을 추정하거나, 혹은 하천유량과 수위 사이에 특정관계를 가지는 유량측정용 구조물을 하천에 설치하여 수위측정만으로 유량을 산정해 내는 방법을 말한다.

1) 수면경사-단면적법에 의한 하천유량의 추정

대규모의 홍수가 발생할 경우 앞 절에서 살펴본 점유속의 측정에 의한 첨두홍수량의 산정은 큰 하천에서는 실질적으로 불가능한 경우가 많으므로 홍수량은 간접적인 방법으로 추정하지 않으면 안된다. 이러한 목적을 위한 간접적인 방법은 하천유량을 수면경사 및 하천횡단면과 연관시켜 수리학적 관계를 이용하는 것으로, 가장 많이 사용되는 방법이 수면경사-단면적법(水面傾斜-斷面積法, slope-area method)이며, 홍수가 지나간 후 현장조사를 통해 홍수흔적(flood marks)의 위치와 표고 및 횡단면형을 결정하여야 한다.

그림 7.14와 같이 하폭이 축소되는 어떤 구간에서 단면 1과 2 사이의 에너지 방정식(베르누이 방정식)을 세우면

$$y_1 + \alpha\frac{V_1^2}{2g} = y_2 + \alpha\frac{V_2^2}{2g} + h_L + k(\Delta h_v) \tag{7.8}$$

여기서, y는 수면표고(m), V는 단면에서의 평균유속(m/sec), α는 에너지 보정계수, h_L은 두 단면 간의 마찰손실수두(m), k는 단면축소(혹은 확대)로 인한 가속(혹은 감속)을 보정하기

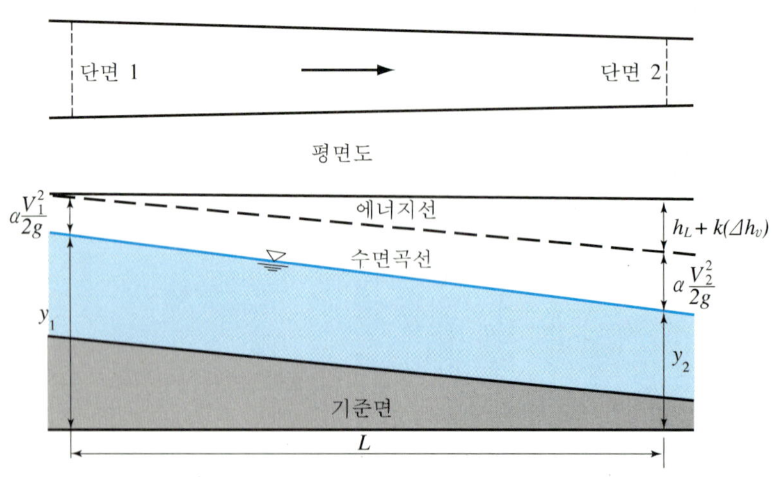

그림 7.14 부등류의 에너지관계

위한 계수이고, Δh_v는 두 단면 간의 속도수두차$(\alpha V_1^2/2g - \alpha V_2^2/2g)$이다.

식 (7.8)을 정리하면

$$h_L = (y_1 - y_2) + (1-k)\Delta h_v \tag{7.9}$$

여기서, $k \cdot \Delta h_v$는 단면이 축소되어 흐름이 가속될 때는 (−)값을 가지고, 확대되어 흐름이 감속될 때는 (+)값을 가지며, k값으로는 흐름이 가속될 때는 0을, 감속될 때에는 0.5의 값을 사용한다.

한편, 그림 7.14의 마찰경사(에너지선의 경사) S는

$$S = \frac{h_L}{L}$$

여기서, L은 구간의 길이(m)이다.

개수로 내 흐름의 유량은 임의 단면에서 Manning 공식으로 표시할 수 있다. 즉,

$$Q = \frac{1}{n} A R^{2/3} S^{1/2} = K S^{1/2} \tag{7.10}$$

여기서, A는 단면적(m^2), R은 동수반경(m), n은 조도계수로서 하상물질에 따라 표 7.8의 값이 사용되며 $K = AR^{2/3}/n$을 하도의 통수능(通水能, conveyance)이라 한다.

표 7.8 Manning의 하상조도계수(n)

하상재료	크기(mm)	n값
콘크리트(concrete)		0.012~0.018
견고한 흙(firm earth)		0.025~0.032
모래(sand)	1~2	0.026~0.035
자갈(gravel)	2~64	0.028~0.035
굵은 자갈(cobbles)	64~256	0.030~0.050
큰 돌(boulders)	256 이상	0.040~0.070

하천의 한 구간에 있어서의 평균통수능은 구간 양단 단면의 통수능을 기하평균(幾何平均, geometric mean)한 값으로 표시할 수 있으므로 식 (7.10)은 다음과 같이 표시된다.

$$Q = \sqrt{K_1 K_2}\, S^{1/2} \tag{7.11}$$

한편 식 (7.9)의 속도수두차 Δh_v를 계산하는 데 필요한 에너지 보정계수 α는 다음 식으로

구한다.

$$\alpha = \frac{\sum(K_t^3/A_t^2)}{K_T^3/A_T^2} \tag{7.12}$$

여기서, 첨자 t는 횡단면을 몇 개로 세분했을 경우의 각 소단면에 대한 값을 표시하며 T는 횡단면 전체에 대한 값을 표시한다.

결국 수면경사-단면적법에 의한 홍수량의 추정은 식 (7.11)에 의한다고 말할 수 있으며 이 방법의 성패는 적절한 하천구간의 선정 및 적절한 n값의 선택에 있는 것으로 알려져 있다. 즉, 하천구간은 가급적 직선적인 선형을 가지면서 통수단면의 변화가 작을수록 좋으며, 홍수 흔적이 남는 직선구간이 없을 경우엔 확대부보다는 축소부가 좋고 횡단면은 3개 이상 택하는 것이 좋다. n값은 통수능에 큰 영향을 미치므로 표 7.8의 값을 기준으로 현장 경험이 있는 기술자의 적절한 평가가 필요하다.

예제 7.2 수면경사-단면적법으로 홍수량을 추정하기 위해 어떤 홍수가 지나간 후 표 7.9에서와 같은 조사를 하였다. 홍수 흔적이 남은 3개 횡단면을 선택하였으며 첫 번째 구간연장은 27 m, 수면표고 강하량은 0.168 m였고, 두 번째 구간의 연장은 36 m, 수면표고강하량은 0.326 m였다. 횡단면의 저수로부와 고수부지의 수리특성이 많이 달랐으므로 아래 표에서처럼 두 부분으로 나누어 자료를 조사하였다. 홍수량을 추정하라.

표 7.9 횡단면별 특성자료

횡단면	구 분	n	A(m²)	R(m)	K	K^3/A^2	α
1	고수부지 저 수 로	0.080 0.045	0.57 18.90	0.21 1.06	2.5 436.4	49 232,606	
			19.47		438.9	232,655 233,031	1.04
2	고수부지(우) 저 수 로 고수부지(좌)	0.080 0.045 0.045	0.93 19.70 0.24	0.23 1.17 0.16	4.4 485.4 1.5	100 294,590 64	
			20.87		491.3	294,754 272,275	1.08
3	고수부지(우) 저 수 로 고수부지(좌)	0.080 0.045 0.045	1.03 17.90 0.30	0.19 1.16 0.17	4.2 437.1 2.1	72 260,669 98	
			19.23		443.4	260,839 235,737	1.11

풀이 1) 조사된 자료로부터 $K = AR^{2/3}/n$ 및 K^3/A^2을 계산하여 식 (7.12)로 α값을 계산하여 위의 표 7.9에 수록하였다.

2) 첫 번째 하천구간에서 식 (7.8)의 $(y_1 - y_2) = 0.168$ m이나 유속을 모르므로 Δh_v를 구할 수 없다. 따라서 $h_L \doteqdot (y_1 - y_2) = 0.168$이라 가정하고 유량을 우선 가정해 본다. 즉, 에너지선의 경사 $S = h_L/L = 0.168/27 = 0.00622$이므로 식 (7.11)과 표 7.9의 K_1, K_2를 사용하면

$$Q = \sqrt{(438.9 \times 491.3)} \times (0.00622)^{1/2} = 36.6 \text{ m}^3/\text{sec}$$

하천 횡단면이 1에서 2로 감에 따라 커지므로 흐름은 감속되기 때문에 식 (7.9)에서 Δh_v는 (+)값을 가진다. 따라서 h_L(혹은 S)이 커지므로 유량은 $Q = 36.6 \text{ m}^3/\text{sec}$보다 실제로는 클 것이다. 따라서, 우선 $Q = 37.5 \text{ /m}^3/\text{sec}$로 재 가정하고 계산을 시행한다. 계산절차는 표 7.10에 수록되어 있다.

3) 표 7.10의 첫 번째 구간에 대한 제1 시산을 보면

$$h_{v1} = \alpha_1 \frac{V_1^2}{2g} = 1.04 \times \frac{(37.5/19.47)^2}{2 \times 9.8} = 0.196 \text{ m}$$

표 7.10 평균유량의 추정을 위한 계산

구간	Q (m³/s)	$y_1 - y_2$ (m)	단면	$\alpha \frac{V^2}{2g}$ (m)	Δh_v (m)	h_L (m)	S (m/m)	Q (m3/s)
				시산(1)				
1~2	37.5	0.168	단면 1	0.196	+0.018	0.177	0.00656	37.6
			단면 2	0.178				
				시산(2)				
1~2	37.7	0.168	단면 1	0.200	+0.019	0.178	0.00657	37.7
			단면 2	0.181				
				시산(1)				
2~3	40.0	0.326	단면 2	0.202	−0.043	0.283	0.00786	41.4
			단면 3	0.245				
				시산(2)				
2~3	41.0	0.326	단면 2	0.213	−0.045	0.281	0.00781	41.2
			단면 3	0.258				
				시산(3)				
2~3	41.2	0.326	단면 2	0.215	−0.045	0.281	0.00781	41.2
			단면 3	0.260				

주: 평균유량=(37.7+41.2)/2=39.45 m³/s

$$h_{v2} = \alpha_2 \frac{V_2^2}{2g} = 1.08 \times \frac{(37.5/20.87)^2}{2 \times 9.8} = 0.178 \text{ m}$$

$$\Delta h_v = h_{v1} - h_{v2} = 0.018 \text{ m}$$

$$h_L = (y_1 - y_2) + (1-k)\Delta h_v$$

$$= 0.168 + 0.5 \times 0.018 = 0.177 \text{ m}$$

$$S = \frac{0.177}{27} = 0.00656$$

$$Q = \sqrt{K_1 K_2}\, S^{1/2} = \sqrt{438.9 \times 491.3)}(0.00656)^{1/2}$$

$$= 37.6 \text{ m}^3/\text{sec}$$

이와 같이 계산된 $Q = 37.6\ \text{m}^3/\text{sec}$는 가정했던 $Q = 37.5\ \text{m}^3/\text{sec}$와 거의 같으나 정확성을 높이기 위해 $Q = 37.7\ \text{m}^3/\text{sec}$로 놓고 동일한 계산과정을 반복하면 표 7.10에서처럼 $Q = 37.7\ \text{m}^3/\text{sec}$를 얻는다.

4) 두 번째 하천구간(단면 2와 3 사이)에 대한 계산도 동일한 방법으로 시행할 수 있다. 초기 가정유량은

$$Q = \sqrt{(491.3 \times 443.4)} \times \left(\frac{0.326}{36}\right)^{1/2} = 44.4 \text{ m}^3/\text{sec}$$

단면 3은 2보다 작으므로(표 7.10) 축소부이며 흐름은 가속되고 Δh_v는 (−)값을 가지므로 실제 유량은 $Q = 44.4\ \text{m}^3/\text{sce}$보다 작을 것이다. 따라서 우선 $Q = 40.0\ \text{m}^3/\text{sec}$로 놓고 시산하기로 했으며, 세 차례에 걸친 시산결과는 표 7.10에 수록되어 있고 둘째 구간에 대한 $Q = 41.2\ \text{m}^3$로 결정되었다.

5) 두 구간에 대한 계산결과, 첫 번째 구간에서는 $Q = 37.7\ \text{m}^3/\text{sec}$, 두 번째 구간에 대해서는 $Q = 41.2\ \text{m}^3/\text{sec}$를 얻게 되어 홍수량의 크기에 차이가 있음을 알 수 있다. 이는 두 하천구간의 횡단면 측정자료나 n값의 선정 등이 각각 별개로 이루어졌기 때문인 것이며 차이가 생기는 것이 오히려 당연하다고 보겠다. 따라서 두 구간에 대해 추정한 홍수량을 평균하여 홍수량으로 삼는다.

$$Q = \frac{1}{2}(37.7 + 41.2) = 39.45 \text{ m}^3/\text{sec}$$

2) 위어 위의 월류수심 측정에 의한 유량산정

하천의 흐름을 가로막아 그 위로 물을 월류시키는 구조물을 위어(weir)라 하며 위어 위의 흐름은 자유수면을 가지므로 중력이 지배적인 힘이 된다.

위어는 그림 7.15에서처럼 하천흐름 방향으로의 길이가 거의 없는 경우를 예연 위어(銳緣 위어, sharp-crested weir)라 하며, 위어의 폭(L)은 하천 폭과 동일한 전폭(全幅)으로 할 수도 있고, 흐름단면을 축소시킬 수 있으며, 축소폭 위어의 경우 사각형, 삼각형 혹은 사다리꼴의 모양을 가진다. 또한 위어의 모양을 댐 여수로(餘水路, spillway)의 경우처럼 유선형인 오지형(ogee shape) 사각형 위어로 할 수도 있다.

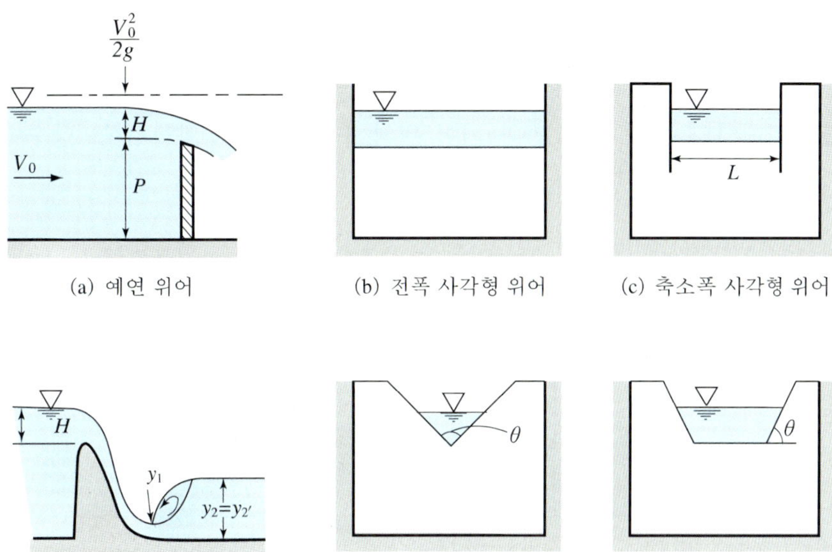

(a) 예연 위어 (b) 전폭 사각형 위어 (c) 축소폭 사각형 위어

(d) Ogee형 여수로 (e) 축소폭 삼각형 위어 (f) 축소폭 사다리꼴 위어

그림 7.15 각종 예연 위어에 의한 유량측정

그림 7.15의 예연 위어 상류의 수위가 하류수위보다 월등하게 높아서 위어 위의 흐름을 중력이 지배하는 경우에는 위어 위의 흐름은 한계류(限界流, critical flow)가 되며 위어 위의 월류 수심(H)과 유량(Q) 사이에는 다음과 같은 일반식이 성립됨을 증명할 수 있다.

사각형 위어: $$Q = C_1 L H^{3/2} \tag{7.13}$$

삼각형 위어: $$Q = C_2 H^{5/2} \tag{7.14}$$

사다리꼴 위어: $$Q = C_3 H L_1^{3/2} + C_4 H^{5/2} \tag{7.15}$$

여기서, L은 사각 위어의 폭이며, L_1은 사다리꼴 위어의 밑변 폭이고, H는 위어 위의 수두(수심)이다. C_1, C_2는 사각형 및 삼각형 위어의 유량계수이고, C_3, C_4는 사다리꼴 위어의 유량계수로서 접근수로에서의 위어 높이(P)와 수두(H), 그리고 삼각형 및 사다리꼴 위어의 경우는 사변경사각(θ) 등의 영향을 받는 상수로서 수리실험을 통해 결정하는 것이 보통이다.

한편, 위어가 그림 7.15에서와 같이 흐름방향으로 상당한 길이를 가질 경우 광정 위어(廣頂 위어, broad-crested weir)라 부르며, 광정 위어 위의 흐름도 한계류가 되어 수심은 한계수심(限界水深, critical depth)이 되며, 위어 상류의 수두(H)와 위어 위로 흐르는 유량(Q) 사이의 관계는 다음과 같이 표시할 수 있다.

$$Q = CLH^{3/2} \tag{7.16}$$

여기서, L은 흐름에 직각인 방향으로의 위어 폭이며, C는 위어의 유량계수로서 위어 상류 접근수로에서의 위어 높이(P)와 위어 위의 수두(H)에 영향을 받는 상수이며, 수리실험을 통해 결정되는 것이 보통이다.

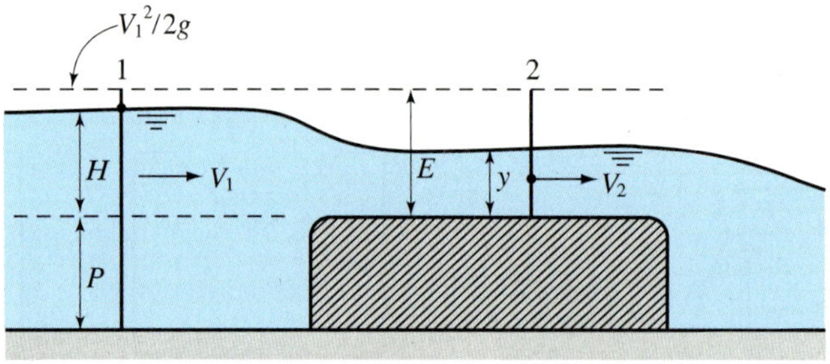

그림 7.16 광정 위어에 의한 유량측정

식 (7.13)~(7.16)에서 보는 바와 같이 위어 위의 하천유량은 위어의 규격(위어 폭 및 사변경사)과 유량계수가 일정하게 주어지면 위어 위의 월류수심인 수두(H)만의 함수이므로 수두만 직접 측정하면 식 (7.13)~(7.16)의 공식에 의해 간접적으로 유량을 산정할 수 있으며, 이와 같이 수두(혹은 수위)와 유량의 관계를 시간에 따라 변하지 않는 거의 확정적인 관계식으로 표시하는 곡선을 수위-유량관계곡선(rating curve)이라 한다.

그러나, 위에서 소개한 각종 위어들은 유량의 측정이 가능한 범위가 제한적이다. 즉, 위어 위의 흐름이 한계류 조건을 만족하여야 하나 하천유량이 커지면 그 조건이 성립하지 않으므로 유량공식의 적용이 어려워진다. 따라서, 이들 위어에 의한 하천유량의 측정은 중소하천에서의 갈수(渴水) 혹은 저수(低水) 유량의 측정이나 인공수로 내의 소규모 유량을 측정하는 데 사용할 수 있다. 그러나, 큰 하천의 경우에도 댐의 방류구조물인 Ogee형 여수로의 유량계수가 수리모형 실험에 의해 정밀하게 결정되어 있을 경우에는 댐 여수로를 통해 하류로 방류되는 하천유량은 위어 공식[식 (7.13)]으로 산정할 수 있다.

3) 파샬플룸에 의한 유량측정

파샬플룸(Parshall flume)은 그림 7.4 및 그림 7.17에서 보는 바와 같이 하천수로의 어떤 단면에서 축소부와 후두부(喉頭部, throat), 그리고 확대부를 두어 하천의 흐름을 축소부를 통해 가속시켜서 후두부에서 한계류(限界流)가 발생한 후에 다시 하류수위로 복귀하도록 하는 인공수로이다.

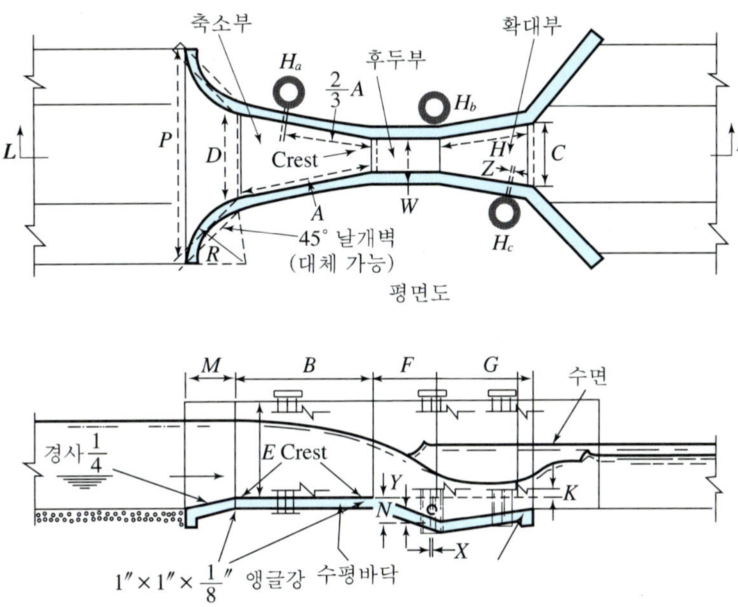

그림 7.17 파샬플룸(Parshall Flume)에 의한 유량측정

플룸을 통해 흐르는 유량(Q)은 후두부의 폭(W)의 크기(3 inch~50 ft 정도)에 따라 축소부에서의 수심(H_a)과 후두부에서의 수심(H_b) 및 후두부의 폭(W)에 의해 결정되며 후두부의 폭 9 inch와 1~8 ft에 대한 실험식을 표시하면 다음과 같다.

$$W = 9\text{ inch}\text{인 경우:} \qquad Q = 3.07\, H_a^{1.53} \tag{7.17}$$

$$W = 1 \sim 8\text{ ft}\text{인 경우:} \qquad Q = 4\, W H_a^{(1.522\,W)^{0.026}} \tag{7.18}$$

파샬플룸의 경우도 플룸의 후두부에서 한계류 조건이 유지되어야만 수심-유량관계가 성립하므로 측정 가능한 유량의 크기에 한계가 있다. Parshall flume의 최대규격인 후두부 폭 W= 50 ft(약 15 m)일 때의 최대유량은 약 2,000 ft^3/sec로서 약 56.6 m^3/sec에 지나지 않는다.

따라서, 파샬플룸도 중소 하천의 갈수 혹은 저수유량이나 인공수로의 유량 측정을 위해 설치할 수는 있겠으나 홍수시 대하천의 유량측정은 불가능할 것임을 짐작할 수 있다.

7.4 전국 하천유량 관측소 운영현황

2005년 현재 우리나라의 하천유량 관측소는 전국의 하천관리 업무를 맡고 있는 건설교통부의 4대강 홍수통제소와 다목적댐 및 생공용수댐과 수력댐의 운영관리 업무를 각각 맡고 있는 한국수자원공사 및 한국수력·원자력(주)에서 운영하고 있으며, 4대강 홍수통제소 관할구역별로 현황을 살펴보면 표 7.11과 같다.

표 7.11 전국 하천유량 관측소 현황(2005년 현재)

관할구역	건설교통부	한국수자원공사	한국수력·원자력(주)	계
한강홍수통제소	26	8	6	40
낙동강홍수통제소	42	16	-	58
금강홍수통제소	15	5	-	20
영산·섬진강홍수통제소	4	9	1	14
계	87	38	7	132

자료: 한국수문조사연보, 유량편, 건설교통부, 2005

표 7.11을 보면 2005년 현재 전국적으로 132개 유량관측소가 운영되고 있음을 알 수 있으며, 이들 유량관측소는 기관별로 운영되고 있는 T/M 수위관측소 지점 부근에 유량측정 지점을 선정하여 프라이스 유속계(Price current meter) 혹은 전자파표면유속계 혹은 봉부자를 사용하여 하천유량을 측정하고 있다. 그러나, 이들 유량관측소 현황은 과거 연도별로 계속 증설되어 왔기 때문에 연도별 유량관측소의 수는 역사기록을 살펴보아야 알 수 있다.

또한, 이들 유량관측소 지점에서의 유량측정업무는 건설교통부의 경우 최근까지 4대강 홍수통제소의 감독하에 해마다 기술용역을 통해 용역회사가 수행해 왔으며, 측정장비나 예산상의 제약 때문에 측정한 유량자료의 신뢰도에 상당한 문제점이 있는 것으로 인식되고 있다. 따라서, 이러한 문제점을 개선하기 위해 건설교통부는 2007년 3월에 한국건설기술연구원의 산하조직으로 「유량조사사업단」을 신설하여 전국적인 유량측정 및 유량자료의 처리·보관·제공업무를 수행하도록 하였다.

7.5 수위-유량 관계곡선

제7.2 및 제7.3절에서 소개한 방법에 의해 어떤 수위관측단면에서의 하천수위와 그에 상응하는 하천유량을 동시에 측정하여 상당한 기간의 자료를 수집하면 수위와 유량 간의 관계를 표시하는 검정곡선(檢正曲線)을 얻을 수 있으며 이를 수위-유량 관계곡선(stage-discharge relation curve) 혹은 Rating Curve라 한다.

7.5.1 수위-유량 관계곡선의 일반형

대부분의 수위관측점에 있어서의 수위-유량 관계곡선은 그림 7.18에서와 같이 단순관계로 나타나는 것이 보통이며, 자연하천의 불규칙한 단면 특성 때문에 저수유량(低水流量, low flow), 중규모유량(中規模流量, intermediate flow) 및 고수유량(高水流量, high flow)에 대한 수위-유량곡선을 별도로 작성하는 것이 바람직하다. 이들 곡선은 대체로 선형 방안지상에 포물선형 혹은 멱함수형으로 나타나며 유량측정 오차나 흐름의 지배단면이 유량이 커짐에 따라 이동하게 되기 때문에 자료점들은 상당한 분산을 보이는 것이 보통이다.

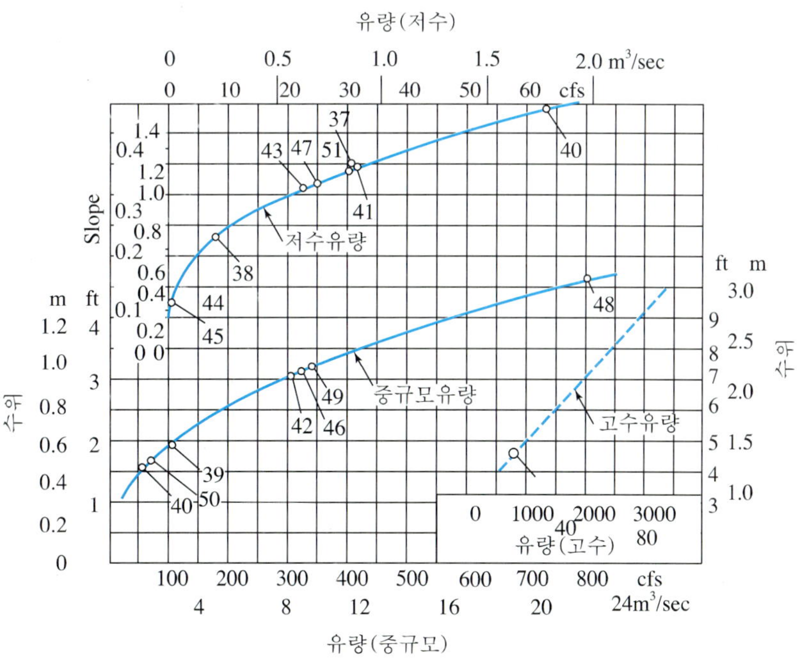

그림 7.18 단순 수위-유량 관계곡선

7.5.2 수위-유량 관계곡선식의 유도

자연하천에서의 흐름은 일반적으로 수면경사가 일정하지 않을 뿐 아니라 횡단면의 횡방향 변화가 심하여 저수시(低水時)에는 단면통제(section control)를 받을 수 있으나 고수시(高水時)에는 주로 하로통제(河路統制, channel control)를 받게 되어 수리계산에 의해 하천수위로부터 유량을 산정하는 것은 어렵다. 따라서, 신뢰도 높은 수위-유량 관계식을 유도하려면 갈수 및 저수시의 수위별 유량측정자료와 고수시의 수위별 유량측정자료를 적절한 방안지에 도시하여 내삽 혹은 외삽에 의해 특정수위에 대한 유량을 읽거나, 수위-유량자료의 회귀분석(제13장 참조)에 의해 수위-유량 관계곡선식(stage-discharge rating equation)을 유도하여 사용한다.

수위-유량 관계곡선식의 형태로는 일반적으로 멱함수형(power fuction type)과 포물선형(parabolic type)의 두 가지를 사용하고 있으며, 부득이한 경우를 제외하고는 멱함수형으로 표시하는 것이 보통이다. 즉,

$$\text{멱함수형:} \quad Q = a(H+b)^c \tag{7.19}$$

$$\text{포물선형:} \quad Q = a'H^2 + b'H + c' \tag{7.20}$$

여기서, Q는 유량(m^3/sec), H는 수위계의 영점표고 기준으로 측정한 하천수위(m)이며, a, b, c와 a', b', c'은 각각 회귀분석으로 결정되는 회귀상수이다.

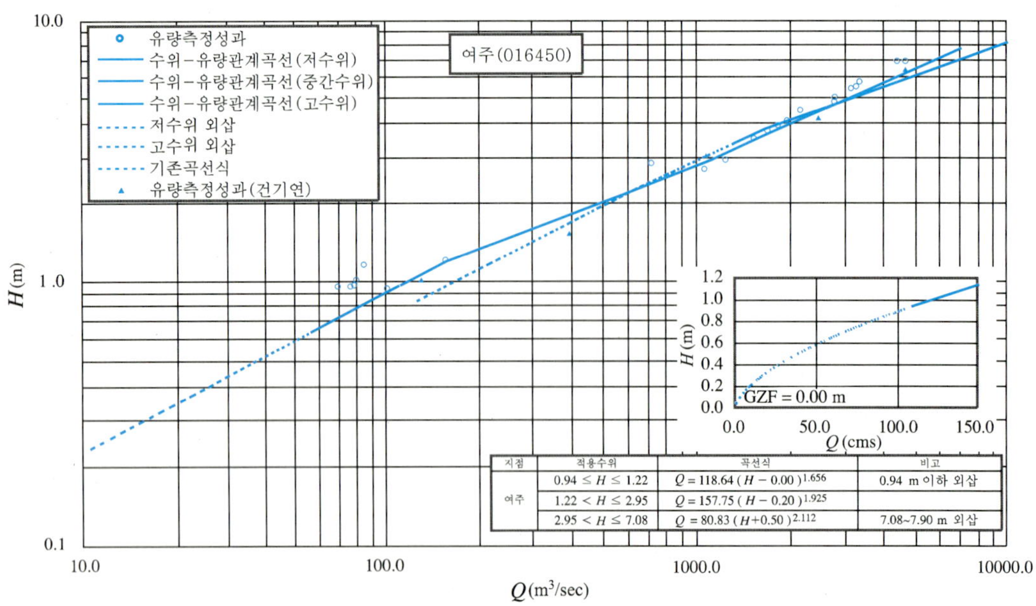

지점	적용수위	곡선식	비고
여주	$0.94 \le H \le 1.22$	$Q = 118.64(H-0.00)^{1.656}$	0.94 m 이하 외삽
	$1.22 < H \le 2.95$	$Q = 157.75(H-0.20)^{1.925}$	
	$2.95 < H \le 7.08$	$Q = 80.83(H+0.50)^{2.112}$	7.08~7.90 m 외삽

그림 7.19 수위-유량 관계곡선(남한강 여주수위관측소)

그림 7.19는 건설교통부가 남한강의 여주수위 및 유량관측소에서 2004년까지 측정한 수위-유량자료를 사용하여 작성한 수위-유량 관계곡선을 표시하고 있다. 그림 7.19에서 보는 바와 같이 기존 곡선식이 표시되어 있을 뿐 아니라 당해연도인 2004년 측정자료가 도시되어 있으며, 저수위와 중간수위 및 고수위 영역에 대한 수위-유량 관계곡선이 각각 표시되어 있고, 회귀분석에 의한 관계곡선식(rating equation)도 유도되어 있다.

표 7.12는 건설교통부가 우리나라 5대 하천에 운영하고 있는 주요 수위 관측소에서의 유량 측정자료로부터 유도한 수위-유량 관계곡선식을 참고로 수록하고 있다. 이들 관계곡선식의 적용시 주의할 사항은 유량관측소의 하천단면이 홍수에 의한 세굴 혹은 퇴적으로 수시로 변동하므로 곡선식의 개발에 이용된 자료의 측정연도에 대해서만 정확성을 가진다는 사실이다. 물론 하상변동이 크지 않은 관측소의 경우는 수년간의 자료를 사용한 곡선식을 사용할 수도 있다. 따라서, 유량관측소별로 누적되는 수위-유량자료를 도시하여 Rating Curve의 경년적 변화가 얼마나 심한지를 수시로 확인하여야 하며, 변화가 심할 경우에는 수위-유량 관계곡선식을 보정하여 사용해야 한다.

표 7.12 국내 주요 수위 관측소의 수위-유량 관계곡선식

하천명	관측소명	측정연도	관계곡선식	적용범위	수위계 영점표고 (EL. m)
한강	한강대교	'90~'91, '94~2000	$Q = 781.03(H-0.3)^{1.601}$	$1.00 < H < 11.20$	1.945
	여주	2000~2001	$Q = 66.297(H+0.5)^{2.372}$	$1.00 < H < 10.00$	32.832
	청평	1996~2000	$Q = 395.029(H-2.052)^{1.543}$	$2.46 < H < 13.03$	22.665
낙동강	진동	2002	$Q = 40.908(H+0.763)^{2.202}$	$0.51 < H < 15.85$	1.929
금강	공주	2000~2002	$Q = 29.341(H+0.806)^{2.065}$	$1.52 < H < 9.28$	5.662
영산강	나주	1998~1999	$Q = 85.628(H-0.343)^{1.785}$	$0.69 < H < 8.75$	1.312
섬진강	적성	2000	$Q = 12.767(H-0.425)^{3.612}$	$0.820 < H < 4.02$	72.694

7.5.3 수위-유량 관계곡선의 조정

자연하천에 있어서 수위관측소는 많은 경우 하로통제(河路統制)를 받으므로 그림 7.18 혹은 7.19와 같이 분산이 작은 단순관계를 갖지 않고 그림 7.20과 같은 loop형 수위-유량관계를 가지게 되어 동일 수위이더라도 수위상승시가 하강시보다 유량이 더 크다.

자연하천의 경우 이와 같이 loop형 수위-유량 관계곡선이 되는 이유로는 준설, 세굴, 퇴적 등에 의한 하도의 인공 및 자연적 변화, 배수 및 수면저하효과, 홍수시 수위의 급상승 및 강

하, 하도 내의 초목 및 얼음의 효과 등을 들 수 있다. 그 중 가장 중요하게 취급되어야 할 것은 배수 및 수면저하효과와 홍수시 수위의 급변 등이며, 이들 영향을 고려하여 수위-유량관계를 조정하는 방법에 대해서 살펴보기로 한다.

1) 배수효과가 발생할 경우

수위 및 유량측점의 하류 부근에 댐이 있거나 지류와의 합류점이 있으면 이로 인한 배수효과(背水效果, backwater effect) 때문에 상류의 수위는 상승하게 되고, 따라서 측점에 있어서의 에너지선의 경사 혹은 수면곡선의 경사는 등류수위(等流水位, normal stage)에서의 경사보다 완만해진다. 이와 반대로 측점하류에 분류점이 있어서 본류의 일부유량이 지류로 방류될 경우에는 수면저하효과(drawdown effect)가 생겨 측점에서의 수위는 등류수위보다 낮아지게 되고, 경사는 급해지며, 이 관계는 그림 7.21에 표시되어 있다. 그런데 자연하천에 대한 속도수두항(velocity head)은 비교적 작으므로 에너지선의 경사는 수면곡선의 경사와 거의 동일하다.

Manning 공식[식 (7.10)]에서 다른 변수값이 일정할 때 유량은 수면경사의 평방근에 비례하므로 그림 7.21에서 볼 수 있는 바와 같이 수면경사가 큰 수위상승시의 유량은 수면하강시의 유량보다 클 것임을 유추할 수 있으며(그림 7.20), 이는 실제의 관측으로부터 입증되고 있다.

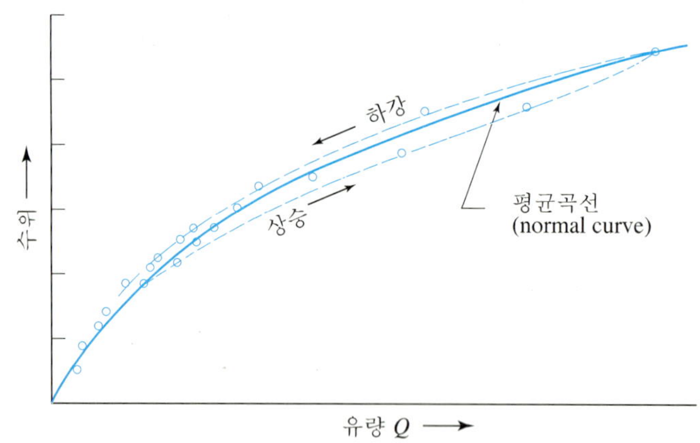

그림 7.20 홍수시 수위-유량관계

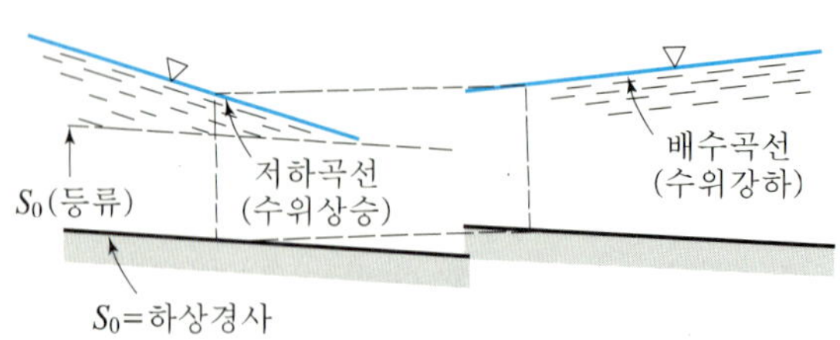

그림 7.21 홍수위 상승 및 하강시 수면곡선

어떤 관측점에서의 수위가 동일하고 수면경사가 S, S_0로 상이할 때의 두 유량을 각각 Q, Q_0라 하면 그 비율은 식 (7.10)을 이용하면

$$\frac{Q}{Q_0} = \left(\frac{S}{S_0}\right)^{1/2} \tag{7.21}$$

에너지선의 경사 S, S_0를 수면경사와 같다고 가정하면

$$S = \frac{F}{L}, \quad S_0 = \frac{F_0}{L} \tag{7.22}$$

여기서, F, F_0는 기준관측점과 하류로 L만큼 떨어져 있는 보조관측점 간의 수면하강고이다. 식 (7.22)를 (7.21)에 대입하면

$$\frac{Q}{Q_0} = \left(\frac{F}{F_0}\right)^{1/2} = \left(\frac{F}{F_0}\right)^{m} \tag{7.23}$$

여기서, m은 지수이며 Manning 공식으로부터 1/2이 됨을 알 수 있으나 일반적으로 두 관측점 간의 수면곡선이 반드시 직선을 이룬다고 볼 수 없으므로(즉, $F/L \neq S$) 지수 m은 항상 1/2의 값을 가지는 것이 아니고 실측에 의해 결정되어야 한다.

이와 같이 어떤 관측점에서의 수면경사는 수면하강고를 제3의 변수로 잡아 수위-유량곡선을 얻기 위해서는 기준관측소(base gauging station)와 보조관측소(auxiliary gauging station)를 동시에 운용해야 한다. 이 두 개의 관측소는 수면하강고(F)의 관측오차를 줄이기 위해서 충분히 떨어져 있어서 두 관측점 간의 수면하강고가 최소한 30 cm 이상 되는 것이 좋은 것으로 알려져 있다.

식 (7.23)의 관계를 사용하여 배수효과를 받는 유량측점의 수위-유량관계를 수립하는 방법에도 일정수면하강고(constant fall)와 정상수면하강고(normal fall)를 각각 제3의 변수로 삼는 두 가지 방법이 있으며, 두 방법 공히 기준관측소와 보조관측소의 동시운용이 필요하다.

① 일정수면하강고에 의한 방법

이 방법은 기준관측점에서 유량 Q를 측정할 때마다 수위 H를 측정하고 동시에 보조관측점까지의 수면하강고 F를 측정하여 F값이 비슷한 것만을 택해서 개략적인 평균수면하강고 F_0를 결정한다.

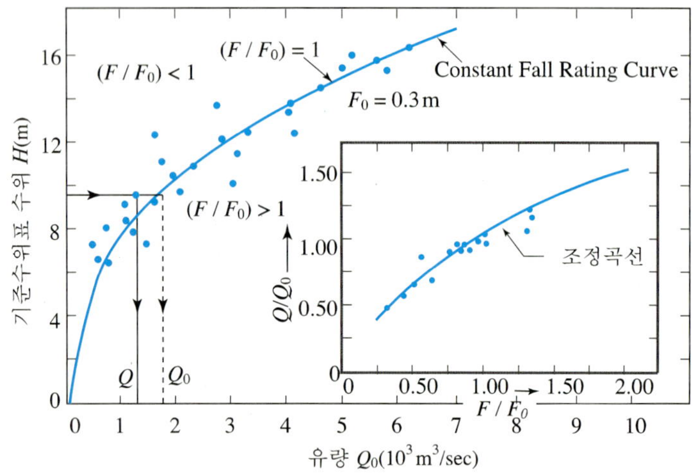

그림 7.22 일정수면하강고에 의한 수위-유량 관계곡선

이때 F_0의 값은 F의 산술평균일 필요는 없으며 대략 산술평균에 가까운 소수점 이하 첫째 자리의 숫자를 가지는 m 단위로 표시하면 된다. 이와 같이 F_0가 결정되면 그림 7.22와 같이 측정된 수위-유량관계점을 표시하고 그 점 옆에 F/F_0의 값을 기입한다. 그러면 점들은 그림 7.22와 같이 $F/F_0 < 1$인 경우와 $F/F_0 > 1$인 경우의 두 부분으로 나누어지므로 $F/F_0 = 1$인 곡선을 대략 그릴 수 있다. 이 곡선이 곧 일정수면하강고에 의한 수위-유량 관계곡선(constant-fall rating curve)이며 측정된 임의 수위에 해당하는 조정유량 Q_0는 그림 7.22에 점선으로 표시한 방법으로 구할 수 있다. 그림의 예에서는 수위 9.6 m일 때의 측정유량 Q는 1,250 m^3/sec이며 유량 Q_0는 1,700 m^3/sec임을 나타내고 있다.

그림 7.22의 수위-유량 관계곡선을 사용하여 임의 측정수위에 대한 유량을 결정하는 일반적인 방법을 살펴보기로 하자. 그림 7.22의 각 점에 대한 Q/Q_0값을 계산한 후 이를 해당 F/F_0의 값과 함께 전 대수지상에 표시하면 그림 7.23에서와 같이 통상 직선으로 나타나며 이 직선의 경사가 곧 m이다. 따라서 기준관측소와 보조관측소에서의 수위만을 동시에 측정하면 F를 결정할 수 있고 F_0는 이미 정해져 있으므로 식 (7.23)의 우변값이 결정되며, 그림 7.22와 같은 수위-유량곡선으로부터 기준관측소의 측정수위에 대한 유량 Q_0를 읽으면 $Q = Q_0(F/F_0)^m$으로부터 실제 유량이 산정된다. 그림 7.22의 우하단에 표시된 조정곡선(調整曲線)은 그림 7.23의 관계를 선형 방안지에다 표시한 것으로서 m값을 결정하지 않고 바로 임의 수위에 해당하는 유량을 결정하기 위한 것이다.

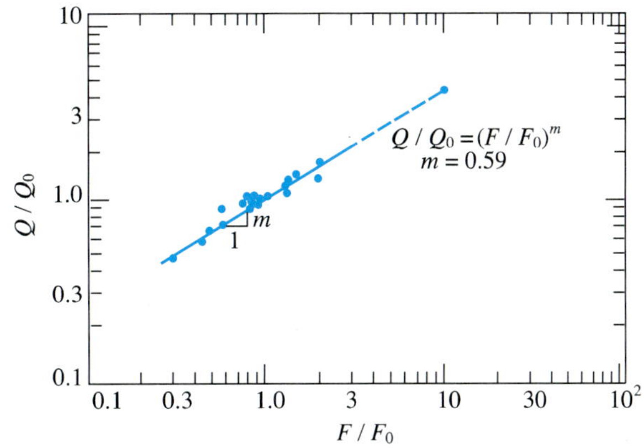

그림 7.23 m값의 결정

② 정상수면하강고에 의한 방법

이 방법은 두 수위관측소(기준 및 보조) 간의 수면하강고의 변화 범위가 클 뿐만 아니라 수면하강고가 기준관측소에서의 수위와 함수관계를 가질 때 사용된다.

이 방법에 의한 수위-유량곡선은 F_0 대신에 기준관측소에서 수위의 함수로 표시되는 정상수면하강고(normal fall) F_n을 사용한다는 점 이외에는 유도 및 적용면에 있어서 일정수면하강고에 의한 방법과 다를 것이 전혀 없다. 그림 7.23은 정상수면하강고에 의한 수위-유량곡선(normal-fall rating curve)이며 이 곡선을 사용하여 임의 측정수위에 해당하는 유량산정을 위해서는 다음과 같은 절차를 밟는다.

우선 기준 및 보조관측소에서의 수위를 측정하여 F를 구하고 기준관측소에서의 수위에 해당하는 F_n을 그림 7.24의 좌상단에 표시한 형태의 곡선으로부터 결정하여 F/F_n을 계산한다. 그 다음에는 그림 7.24의 우하단에 있는 조정곡선으로부터 F/F_n에 대한 Q/Q_n값을 읽어 기준측소의 측정수위에 해당하는 유량 Q_n을 수위-유량 관계곡선으로부터 결정한 다음 여기에 F/F_n을 곱함으로써 실유량 Q를 산정하게 된다.

2) 홍수로 인하여 수위가 급상승 혹은 급하강할 경우

수위-유량 관계곡선이 loop형을 이루는 이유 중의 다른 하나는 홍수파가 전파됨에 따라 수위의 급격한 상승 및 하강으로 수면경사가 변하기 때문이다. 그림 7.25는 하천을 따라 하류로 전파되는 홍수파의 종단면을 표시하고 있다. 홍수파 수면곡선상의 a점이 유량관측소를 통과할 때는 수위가 상승할 경우이며 b점이 유량관측소를 통과할 때는 수위가 하강하는 경우이므로 전자의 경우에는 후자의 경우보다 에너지 경사가 더 크므로 식 (7.9)에 의하면 유량도 더 크다. 따라서 홍수위의 상승 및 하강시에 측정한 유량은 정상류 상태(steady state)의 유량으로 수정해야 할 필요가 있다.

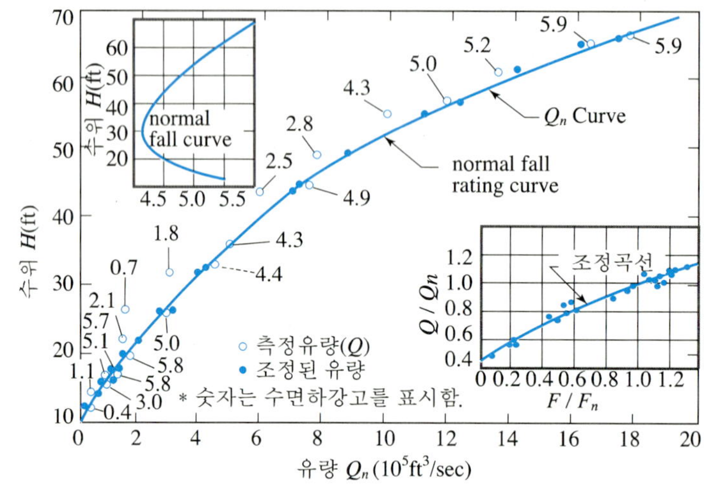

그림 7.24 Normal-Fall Rating Curve

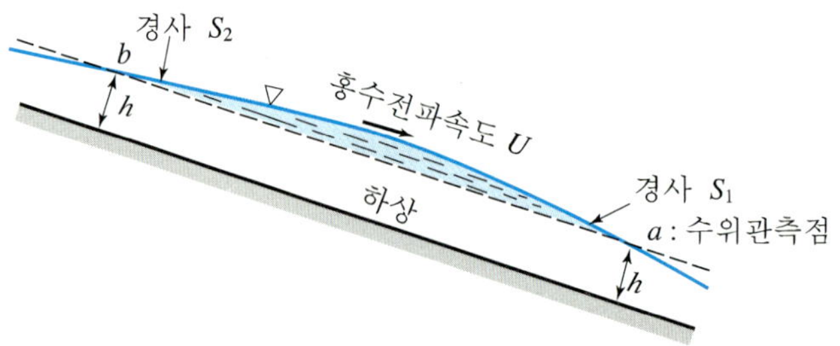

그림 7.25 홍수파의 수면경사 변화

Manning 공식[식 (7.10)]으로부터 정상류 조건하에서의 유량 Q는 통수단면과 조도계수가 주어지면 다음과 같이 표시된다.

$$Q \propto \sqrt{S} \tag{7.24}$$

여기서, S는 정상류 조건하의 에너지 경사이다. 홍수류의 에너지 경사는 S와 다르므로 홍수위의 상승 및 하강시와 같은 부정류 조건에서의 실제유량 Q_a는

$$Q_a \propto \sqrt{S \pm \Delta S} \tag{7.25}$$

여기서, ΔS는 시간에 따른 홍수파의 에너지 경사 변화량을 표시한다. 즉, 그림 7.26으로부터

$$\Delta S = \frac{dh}{Udt} = \frac{dh/dt}{U} \tag{7.26}$$

여기서, dh/dt는 수위의 변화율로서 수위상승시에는 양의 값을, 수위하강시에는 음의 값을 각각 가지며 U는 홍수파의 전파속도(flood wave celerity)이다.

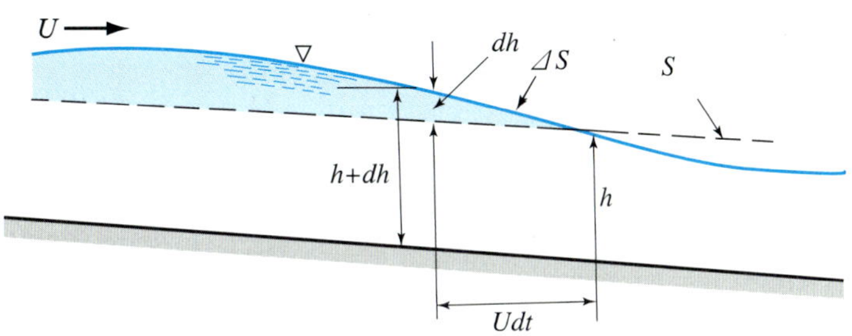

그림 7.26 시간에 따른 홍수파의 수면경사변화

식 (7.24)~(7.26)으로부터

$$\frac{Q_a}{Q} = \sqrt{1 + \frac{dh/dt}{SU}} \tag{7.27}$$

만약 기준수위관측소와 보조수위관측소를 동시에 운영하면 기준측점에서의 유량 Q_a와 dh/dt 및 S를 측정할 수 있으므로 식 (7.27)의 Q와 U만이 미지수가 된다. 그런데, Corbett은 비교적 등단면인 수로에서 발생하는 홍수파의 전파속도 U는 평균유속의 약 1.3배로 표시할 수 있음을 밝혔다. 즉

$$U = 1.3 \frac{Q_a}{A} \tag{7.28}$$

여기서, A는 하천의 횡단면적이다.

식 (7.28)을 (7.27)에 대입하면

$$Q = \frac{Q_a}{\sqrt{1 + \frac{A(dh/dt)}{1.3 S Q_a}}} \tag{7.29}$$

식 (7.29)를 사용하면 홍수파가 하류로 전파되는 동안에 측정한 유량을 정상류 조건하의 유량으로 환산할 수 있다.

예제 7.3 어떤 홍수기간 동안에 한 기준관측소에서 유량을 측정했더니 3,160 m^3/sec였다. 유량관측은 2시간 동안 계속되었으며 이 동안 수위는 EL. 50.40 m부터 EL. 50.52 m로 상승하였고 기준관측소로부터 700 m 하류에 있는 보조관측소에서의 수위는 기준관측소에서의 수위보다 10 cm가 낮았다. 측정기간 동안의 수면폭이 500 m이고 평균수심이 4 m라면 이 유량측정은 수위-유량곡선상에 어떤 좌표점을 제공할 것인가?

풀이 유수단면적 $A = 500 \times 4 = 2,000\ m^2$

평균유속 $V_a = \dfrac{Q_a}{A} = \dfrac{3,160}{2,000} = 1.58\ m/sec$

식 (7.28)을 사용하면

$$U = 1.3 \times 1.58 = 2.054\ m/sec,$$

$$\frac{dh}{dt} = \frac{50.52 - 50.40}{7,200} = 1.67 \times 10^{-5}\ m/sec$$

$$S = \frac{0.1}{700} = 1.43 \times 10^{-4}$$

식 (7.27)을 사용하면

$$Q = \frac{3,160}{\sqrt{1 + \dfrac{1.67 \times 10^{-5}}{2.054 \times 1.43 \times 10^{-4}}}} = 3,080\ m^3/sec$$

따라서, 평균수위인 EL. 50.46 m일 때의 하천유량은 3,080 m^3/sec이다.

7.6 수위-유량 관계곡선의 연장방법

큰 홍수가 발생하면 하천수위가 상승하고 유속이 빨라지며 유량측정에 장애가 되는 오물(debris)이 부유하기 때문에 유량을 실측하기가 대단히 어렵다. 그러나 여러 가지 홍수조절목적을 위해 건설되는 댐 및 부속구조물의 설계를 위해서는 홍수위에 해당하는 유량을 알아야 할 필요가 있다. 만약 어떤 댐의 여수로(餘水路, spillway)를 재현기간 100년인 홍수를 안전하게 소통시킬 수 있도록 설계하고자 할 때 댐 예정지점에 과거 100년간의 유량측정자료가 있다면 기록상의 최대홍수량을 설계홍수량으로 결정할 수도 있겠으나 대부분의 경우에 있어서 극히 한정된 양의 수위기록만이 가용한 것이 통상이다. 따라서 설계자는 과거의 홍수흔적(flood mark)이나 실측으로부터 얻은 그 지점의 기록홍수위에 해당하는 유량을 구하여 예비설계를 위한 홍수량으로 사용할 수도 있는 것이다.

이와 같이 유량측정이 되어 있지 않은 고수위(高水位)에 해당하는 유량은 그 측점의 수위-유량 관계곡선을 연장하여 추정하게 되며 이를 위한 방법에는 다음의 두 가지가 있다.

7.6.1 전 대수지 방법

전 대수지 방법(全 対数紙 方法)은 수위-유량곡선을 다음과 같은 식으로 가정하는 방법이다.

$$Q = a(H - z)^b \tag{7.30}$$

여기서, a, b는 상수이며 z는 수위계의 영점표고와 유량이 0이 되는 점의 표고차(m)이고 Q는 수위 H(m)에 해당하는 유량(m^3/sec)을 표시한다.

유량과 수위 사이에 식 (7.30)의 관계가 성립되면 전 대수방안지(log-log paper)상에서 한 개의 직선으로 나타나기 때문에 쉽게 연장할 수 있다. 그러나 관측점의 영점표고가 분명하지 못할 때는 z값을 결정하는 것이 문제가 된다. 이 경우에 전 대수지상에 $Q \sim H$관계를 나타내어 얻는 곡선이 凹형이면 z는 양의 값을 가지며 반대로 凸형이면 음의 값을 가진다.

이와 같이 z의 부호가 결정되면 식 (7.30)의 관계가 전 대수지상에서 직선에 가까워질 때까지 z값을 가정하여 가장 적합한 z값을 얻어 직선을 연장하게 된다. 자세한 절차는 예제 7.4에서 설명될 것이다.

이 방법은 우선 수위와 유량이 식 (7.30)과 같은 멱함수(冪函數, power function) 관계를 가진다는 가정에 대한 이론적인 근거가 없을 뿐 아니라 홍수위가 크게 상승하면 홍수터를 범람하는 등의 결과로 통수단면적이 급증하게 되므로 그 적용에 있어서 세심한 주의를 요한다.

7.6.2 Stevens 방법

이 방법은 Stevens가 고안한 것으로서 Chezy의 평균유속공식을 이용하는 방법이다. Chezy의 평균유속공식을 이용하면 어떤 단면을 통과하는 유량은 연속방정식에 의해 다음과 같이 표시된다.

$$Q = CA\sqrt{RS} \tag{7.31}$$

여기서, Q는 유량(m^3/sec)이며, A는 통수단면적(m^2), R은 동수반경(m), S는 에너지선의 경사이며, C는 Chezy의 평균유속계수이다. 만약 관측점에서의 $S^{1/2}$이 일정하다고 가정하고 동수반경 R을 단면의 평균수심 D_m으로 대치하면

$$Q = KA\sqrt{D_m} \tag{7.32}$$

여기서, $K = C\sqrt{S}$는 상수이다. 만약 K가 상수이면 식 (7.32)로부터 관측점에서 측정되는 유량 Q와 $A\sqrt{D_m}$ 사이에는 직선관계가 있음을 알 수 있다. 그런데 유량 Q는 이와 동시에 측정되는 수위 H의 함수이며 $A\sqrt{D_m}$은 하천측량으로부터 얻어지는 관측점의 횡단면도에서 특정수위에 따라 그 값이 결정되므로 $A\sqrt{D_m}$ 또한 수위 H의 함수이다. 따라서 선형 방안지에 $Q \sim A\sqrt{D_m}$ 관계직선과 $H \sim A\sqrt{D_m}$ 관계곡선을 함께 표시하면 임의의 고수위에 대한 유량을 연장법에 의하여 추정할 수 있다. 다음의 예제 7.4는 이 방법의 적용 예를 설명해 주고 있다.

예제 7.4 어떤 수위표 지점에 있어서의 수위-유량관계의 수립을 위해 하천횡단측량 및 유량측정에 의하여 표 7.13의 (1)~(4)란과 같은 자료를 얻었다. 수위-유량 관계곡선을 전대수지법과 Stevens법에 의해 연장하여 수위가 14.50 m가 될 때의 유량을 추정하라.

표 7.13 수위-유량 관계곡선의 연장을 위한 계산

(1)	(2)	(3)	(4)	(5)	(6)	(7)
수위 H(m)	횡단면적 $A(\mathrm{m}^2)$	평균수심 D_m(m)	유량 $Q(\mathrm{m}^3/\mathrm{sec})$	$(H-z)^*$	$\sqrt{D_m}$	$A\sqrt{D_m}$ (2)×(6)
1.72	263	1.5	1020	0.72	1.225	322.18
2.50	674	1.8	2700	1.50	1.342	904.51
3.47	1200	2.1	4900	2.47	1.449	1738.80
4.02	1570	2.8	6600	3.02	1.673	2626.61
4.26	1790	3.2	7700	3.26	1.789	3202.31
5.08	2150	3.9	9450	4.08	1.975	4246.25
5.61	2380	4.6	10700	4.61	2.145	5105.10
5.98	2910	4.9	13100	4.98	2.214	6442.74
6.70	3280	5.2	15100	5.70	2.280	7478.40
6.83	3420	5.4	16100	5.83	2.324	7948.08
7.80	3960	5.7	19000	6.80	2.387	9452.52
8.75	4820	6.0	24100	7.75	2.449	11804.18
9.21	5000	6.1	25000	8.21	2.470	12350.00
14.50	8200	9.0	(?)	13.50	3.000	24600.00

주: * z는 시행착오법으로 구하였음.

풀이 1) 전 대수지 방법

그림 7.27에서와 같이 z를 가정하여 각 수위에 있어서의 $(H-z)$와 유량을 전 대수지에 표시해 본 결과 $z=1.0$ m일 때 직선에 가까운 관계를 얻었으므로 $z=1.0$ m로 취하고 이 직선에 의하여 연장값을 구하였다. 그림 7.27에서 $H=14.5$ m, 즉 $(H-z)=13.5$ m에 대한 유량을 읽으면 $Q=47{,}500\ \mathrm{m^3/sec}$이다.

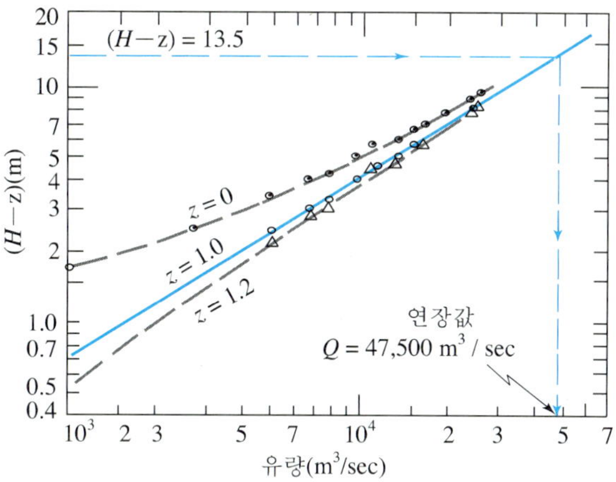

그림 7.27 전 대수지 방법에 의한 Rating Curve의 연장

2) Stevens 방법

예제 7.4의 표의 (1), (4), (7)란의 자료를 사용하여 $A\sqrt{D_m}=\Phi_1(H)$ 및 $Q=\Phi_2(A\sqrt{D_m})$ 관계를 그림 7.28에서와 같이 수립하였다. 수위가 14.5 m일 때의 유량을 그림에 표시한 방법으로 결정하면 $Q=50{,}000\ \mathrm{m^2/sec}$임을 알 수 있다.

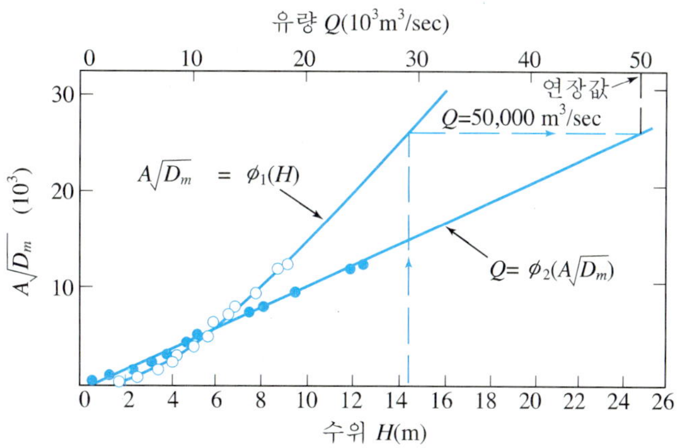

그림 7.28 Stevens 방법에 의한 Rating Curve의 연장

7.7 하천유량의 표시방법과 유량자료의 보관 및 제공

7.7.1 하천유량의 단위 표시방법

미터단위제(單位制)에서의 하천유량 단위는 m^3/sec(혹은 cms)로서 관측단면을 단위시간(1초)에 통과하는 물의 부피로 표시한다. 하천의 임의 단면을 어떤 시간 장경 동안 통과한 물의 부피는 하천유량에 시간을 곱한 것으로서 m^3로 표시하나 이 단위는 일반적으로 너무 작으므로 $10^6\ m^3$를 부피단위로 사용할 경우가 많다.

하천유량의 측정단위로서 m^3/sec/km^2를 쓸 경우도 있는데 이는 유량측정단면에서의 유량(m^3/sec)을 측정단면 상류 유역의 배수면적(km^2)으로 나눈 것으로서 비유량(比流量, specific discharge) 혹은 홍수량의 경우에는 비홍수량(比洪水量)이라 하며 유역면적의 크기가 다른 유역의 유출률을 비교하는 데 편리하게 사용된다.

유출심(流出深, runoff depth) 혹은 유출고(流出高)의 단위로는 mm 혹은 cm를 사용하며, 어떤 유역면적에 대한 유출고란 유역의 출구를 통해 유출된 물의 총 부피를 유역면적으로 나눈 평균깊이를 말한다.

7.7.2 하천유량의 시간적 변화를 표시하는 곡선

하천의 임의 단면에서의 수위 혹은 유량은 유역상에 발생하는 강수상황에 따라 시간적으로 변화한다. 하천수위의 시간에 따른 변화를 표시하는 곡선을 수위수문곡선(水位水文曲線, stage hydrograph)이라 하고, 하천유량의 시간에 따른 변화를 표시하는 곡선은 유량수문곡선(流量水文曲線, discharge hydrograph)이라 부르나, 통상적인 경우 수문곡선이라 하면 유량수문곡선을 의미한다. 유량의 시간적 변동성을 표시하는 시간장경에는 시간, 일, 월 혹은 연 등이 있으며, 일 단위 이상의 시간장경별로 유량의 변동성을 표시할 경우에는 시간장경별 평균유량을 주상도(柱狀圖)의 형태로 표시하며, 통상 이수목적(利水目的)으로 하천유량을 분석할 때 사용한다. 반면에, 홍수시와 같이 하천유량이 시간에 따라 급변하는 경우에는 자기수위계에 의해 관측되는 순간수위를 Rating Curve에 의해 순간유량으로 환산하여 순간유량의 시간적 변화를 연속적으로 표시하는 홍수수문곡선(洪水水文曲線, flood hydrograph)을 작성하여 치수목적(治水目的)의 분석에 사용한다.

7.7.3 하천유량 자료의 보관 및 제공

표 7.1의 423개 자기수위 관측소 중 표 7.11에 표시한 바와 같이 전국 132개 수위관측소에서 유량관측을 실시하고 있다. 유량관측소에서는 매년 수시로 하천유량을 측정하여 동시 자기수위와 상관시킴으로써 수위-유량 관계곡선을 작성하며, 이를 이용하여 일 평균수위를 일 평균유량으로 환산하여 일 유량표(日 流量表)를 한국수문조사연보(유량편, 건설교통부)에 수록 발간하고 있다. 한국수문조사연보(유량편)의 자료는 한강홍수통제소 홈페이지(http://www.hrfco.go.kr)를 통해 인터넷 서비스가 2000년 자료부터 제공되고 있다. 한국수문조사연보(유량편)의 내용을 좀더 구체적으로 소개하면, 우선 132개 유량관측소 일람표가 수록되어 있고, 유량관측소별 해당연도의 일 평균유량표(일 평균수위에 해당하는 유량을 Rating Curve로 환산한 유량자료)가 수록되어 있는데 표 7.14는 낙동강 진동수위 관측소 지점의 2004년도 일 유량표를 예시하고 있다.

또한, 한국수문조사연보(유량편)에는 유량관측소별 유황표(流況表)가 수록되어 있다. 즉, 유량관측소별 일 유량표를 사용하여 다음과 같이 하천의 유황을 표시하는 유량을 설정하고 있다.

- 최대유량 : 일정기간(연)을 통한 최대 일 유량
- 평수량 : 연중 185일 동안 초과하지 않는 일 유량
- 저수량 : 연중 275일 동안 초과하지 않는 일 유량
- 갈수량 : 연중 355일 동안 초과하지 않는 일 유량
- 최소 일 유량 : 일정기간(연)을 통한 최소 일 유량
- 연 평균 일 유량 : 일 평균유량의 1년 통계값을 당해연도의 일수로 나눈 일 유량
- 연 총량 : 연 평균 일 유량에 당해연도 일수를 곱해서 m^3 단위로 표시한 물의 부피

한국수문조사연보(유량편)의 부록에는 당해연도의 유량관측소별 유량측정 성과표와 수위-유량 관계곡선도가 수록되어 있다. 수위-유량 관계곡선도에는 해당유량 관측소의 기존곡선식과 함께 전년도 유량측정 성과에 의한 수위-유량관계 자료점이 표시되어 있으며, 저수위, 중간수위 및 고수위에 대한 회귀곡선이 그려져 있을 뿐 아니라 회귀곡선식도 제시되어 있다(그림 7.19 참조).

표 7.14 일유량표(낙동강수계 진동수위관측소, 2004년)

일 \ 월	1월	2월	3월	4월	5월	6월	7월	8월	9월	10월	11월	12월	합계
1	123.35	116.11	119.12	158.21	142.08	26.60	446.26	328.84	374.02	215.12	105.21	92.93	
2	131.29	108.92	119.98	152.21	145.73	165.73	1402.75	332.03	339.46	209.12	102.88	92.93	
3	126.00	105.70	123.02	149.29	146.96	229.69	2326.10	735.68	338.52	216.99	101.40	92.02	
4	124.42	100.62	124.56	144.78	153.89	191.94	1855.70	2085.77	426.31	249.60	106.60	89.93	
5	126.92	107.82	128.08	137.71	141.54	190.35	1529.73	2533.56	486.04	233.68	99.73	88.54	
6	125.42	123.69	127.75	133.67	156.61	186.28	1290.19	1423.82	469.91	208.89	95.92	88.13	
7	124.92	133.58	129.15	131.95	166.77	166.44	824.02	850.22	523.46	187.48	98.74	89.12	
8	126.30	124.77	125.71	136.37	170.36	156.20	607.68	706.47	423.70	174.87	102.42	88.50	
9	129.50	124.04	125.42	133.75	174.87	149.29	521.56	1647.13	318.52	168.37	100.34	85.08	
10	126.00	121.42	123.94	182.19	158.08	143.31	562.55	1028.23	288.22	162.34	98.92	75.65	
11	122.91	119.02	119.28	338.94	162.01	209.82	768.20	695.06	264.04	161.52	99.71	74.05	
12	121.92	114.01	120.23	293.55	148.33	296.63	2130.30	696.14	252.67	153.60	104.07	82.09	
13	122.82	114.05	123.19	245.93	141.12	338.34	3412.28	1026.64	251.45	147.36	140.93	85.55	
14	121.59	114.62	117.20	229.39	138.79	277.00	2322.67	844.47	261.00	141.29	101.26	85.12	
15	123.95	111.70	112.33	224.63	135.96	221.57	1212.03	565.52	249.34	133.65	97.12	85.12	
16	124.92	125.63	118.12	200.52	129.87	191.26	814.94	454.89	232.51	130.31	95.83	85.12	
17	123.95	145.70	125.43	184.03	126.87	169.55	653.49	397.64	219.70	125.57	97.67	85.12	
18	121.80	157.91	152.90	172.54	151.59	161.77	508.64	374.44	212.55	124.09	102.97	85.12	
19	127.91	147.29	174.12	160.60	193.43	151.76	399.16	433.92	196.76	125.64	98.50	85.12	
20	130.55	141.96	169.45	173.50	173.25	148.71	347.18	1055.30	195.74	120.24	102.42	85.12	
21	122.50	139.98	152.81	213.25	170.87	148.21	310.75	2937.65	213.94	115.56	100.08	82.74	
22	118.22	134.87	157.25	205.40	177.37	155.25	273.30	2723.58	240.78	112.73	93.41	80.55	
23	117.00	133.21	272.48	195.75	161.71	150.51	253.94	1764.74	413.98	111.13	91.43	83.40	
24	121.54	128.74	297.50	199.59	148.19	149.84	239.21	1345.26	697.58	111.21	91.65	80.56	
25	122.48	125.45	256.58	187.40	140.99	140.06	228.82	1347.22	539.61	113.12	94.50	81.10	
26	128.39	123.65	239.62	184.92	134.12	136.10	218.37	1425.71	381.67	112.96	92.93	84.09	
27	129.12	121.08	217.78	171.51	127.39	138.69	188.36	1114.50	306.09	109.29	93.11	84.09	
28	128.85	119.45	208.42	161.60	123.04	156.31	178.68	739.85	275.43	108.93	95.86	83.18	
29	125.92		190.84	158.04	120.74	246.45	209.68	560.28	245.29	108.17	94.04	81.70	
30	126.75		178.74	141.55	115.24	331.67	306.95	474.64	223.53	108.13	92.93	78.08	
31	126.04		166.62		113.53		342.74	405.43		106.28		78.68	
합계	3873.25	3485.59	4917.62	5502.77	4591.30	5622.33	26686.23	33049.63	9861.82	4607.24	2956.58	2618.53	107772.89
평균	124.94	124.49	158.63	183.43	148.11	187.41	860.85	1066.12	328.73	148.62	98.55	84.47	295.27

각종 치수목적의 계획수립을 위해서는 시간 단위의 홍수유량자료가 필요하나 아직까지는 한국수문조사연보(유량편)에 주요 호우로 인한 유량관측소 지점에서의 홍수수문곡선을 작성할 수 있는 시간유량자료의 제시가 없다. 따라서, 현재로서는 제7.2.4절에서 언급한 바와 같이 한국수문조사연보(수위편)의 부록에 수록되어 있는 당해연도 주요 홍수위도를 수위-유량 관계곡선에 의해 홍수수문곡선으로 바꾸어 분석할 수밖에 없다.

표 7.14와 같은 일(평균)유량표를 사용하면 주요 호우로 인한 일단위 홍수량의 시간적 변화를 표시하는 홍수수문곡선을 작성할 수 있으나 유역의 면적크기에 따라 일 평균유량과 순간유량 사이에는 큰 차이가 있으므로 주의를 요한다. 유역면적이 큰 대하천유역의 경우는 유출에 대한 유역의 지체 및 저류효과 때문에 그림 7.29(b)에서 보는 바와 같이 유역출구지점에서의 순간최대유량(시간유량)과 최대일 평균유량의 차이가 크지 않으나, 유역면적이 작은 소하천유역의 경우는 그림 7.29(a)에서처럼 순간최대유량이 최대 일 평균유량보다 월등히 크게 나타난다. 따라서, 유역면적이 작은 경우에는 가급적 자기수위기록을 Rating Curve에 의해 순간 유량으로 환산한 순간유량수문곡선을 사용하여 각종 수문분석을 실시하는 것이 바람직하다.

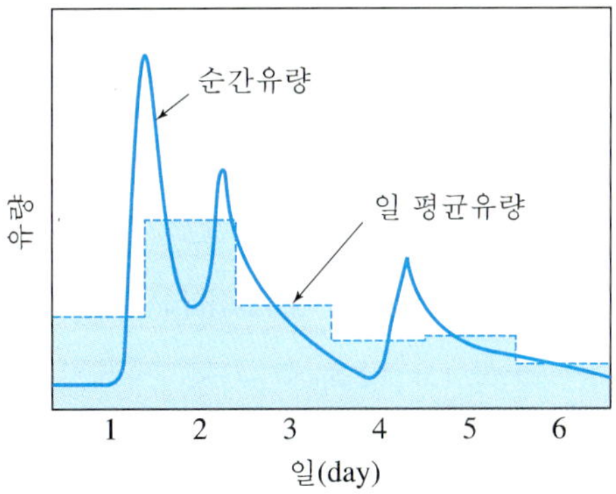

(a) 소하천유역

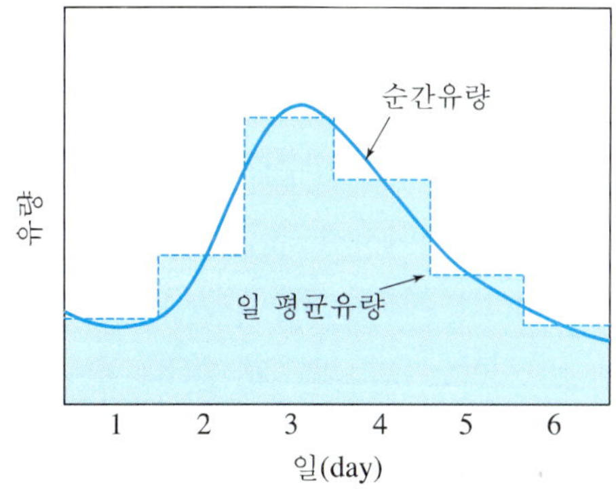

(b) 대하천유역

그림 7.29 순간유량과 일 평균유량 간의 관계

7.8 유출의 구성 및 유출순환과정

유출(流出, runoff)이란 일반적으로 지표면을 따라 물이 흐르는 현상을 말하며, 지금까지 앞에서 살펴본 하천유량 혹은 하천흐름(stream flow)은 자연적으로 형성된 유로(流路)를 따라 물이 배수(排水)되는 현상이라 할 수 있다. 유역에 내린 강수가 토양과 식생피복의 침투능을 충족시킨 후에는 지표면 유출이 생기게 되며, 지하로 침투된 물의 일부도 결국 하천으로 되돌아와 유역으로부터 전체적인 배수가 이루어진다. 이와 같은 유출현상은 인간이 물을 이용하고 홍수를 관리하는 입장에서 보면 인간과 가장 밀접하고 직접적인 관계를 가지는 물의 순환과정 중의 하나라 할 수 있다.

따라서, 공학의 한 분야인 수문학에서의 주된 관심사는 유출현상으로 생기는 하천유량의 세 가지 특성을 정량적으로 분석하여 올바른 예측을 통해 수자원의 최적이용 및 관리를 도모하자는 것이다. 즉, 그 첫째는 각종 이수목적을 위해 저류 가능한 월 및 연 유출용적이고, 둘째는 하천수의 이용에 제약조건이 되는 갈수유량(渴水流量)이며, 마지막으로는 인간에게 막대한 피해를 주는 홍수의 크기이다.

이들 세 가지 특성 중 첫째 및 둘째 특성은 이수목적을 위해 비교적 시간장경이 긴 자료를 확률통계학적으로 분석하는 것이 보통이나(제13장), 비교적 짧은 기간에 걸쳐 발생하는 홍수의 특성분석은 강우와 유출 간의 인과관계를 정량적으로 분석하여 치수목적을 달성하는 데 초점을 두고 있다.

따라서, 홍수의 특성분석을 위한 강우-유출관계를 자세하게 제8장에서 살펴보기 이전에 유출의 구성요소와 반복되는 유출의 순화과정에 대해 살펴보기로 한다.

7.8.1 유출의 구성

그림 7.30은 강수량과 연관시켜 유출고(流出高)의 항으로 유출의 구성을 요약하고 있다. 그림 7.30에서처럼 유출은 유수(流水)의 생기원천에 따라 지표면 유출(地表面 流出, surface runoff), 지표하 유출(地表下 流出) 혹은 중간유출(中間流出, subsurface runoff or interflow) 및 지하수 유출(地下水 流出, groundwater runoff)로 나눌 수 있다. 지표면 유출수는 지표면 및 지상의 각종 수로를 통해 흘러 유역의 출구에 도달하는 유출의 한 부분을 말한다. 하천에 도달하기 전에 지표면 위로 흐르는 흐름을 표면류(表面流, overland flow)라 부르며 하천에 도달한 후 다른 성분의 흐름과 합친 흐름을 총칭해서 총 유출(總 流出, total flow)이라 한다. 표면류와 구별하기 위해 하천수로 내에서 흐르는 흐름을 하천유출(河川流出, stream flow)이라 부른다.

지표하 유출수는 지표토양 속으로 침투하여 지표에 가까운 상부토층을 통해 하천을 향해 횡적으로 흐르는 강수의 한 부분으로서 지하수위보다는 높은 층을 흐르는 유수를 말한다. 지표하유출의 일부는 곧 하천으로 흘러들어갈 수도 있는 반면에 잔여 부분은 상당한 기간이 지난 후 하천수와 합류하거나 혹은 지하수에 합류하기도 한다.

지하수유출수는 지표토층을 통해 침투한 물이 더 깊이 침루하여 지하수를 형성하는 총 유출의 한 부분으로서 비교적 장기간 동안 지하심층수로 존재하게 되며 지하수도 중력 및 압력에 의해 수두가 낮은 곳으로 흘러 결국에는 바다로 흘러들어가게 된다.

실용적인 유출해석을 하기 위해서는 하천수로를 통한 총 유출을 통상 직접유출(直接流出, direct runoff)과 기저유출(基底流出, base flow)로 분류한다. 직접유출은 강수 후 비교적 단시간 내에 하천으로 흘러들어가는 지표면 유출수와 단시간 내에 하천으로 방출되는 지표하 유출수(prompt subsurface runoff) 및 하천 또는 호수 등의 수표면에 직접 떨어지는 수로상 강수(水路上 降水, channel precipitation)로 구성된다.

수로상 강수는 다른 유출수에 비하면 상대적으로 적기 때문에 통상 지표면 유출의 일부로 취급하며 또한 실제로 유출해석을 할 때에는 중간유출수의 전부를 직접유출수에 포함시키는 것이 통상이다.

기저유출은 비가 오기 전의 건천후시 유출(dry-weather flow)을 말하며 지하수 유출과 시간적으로 지연된 지표하 유출에 의해 형성된다.

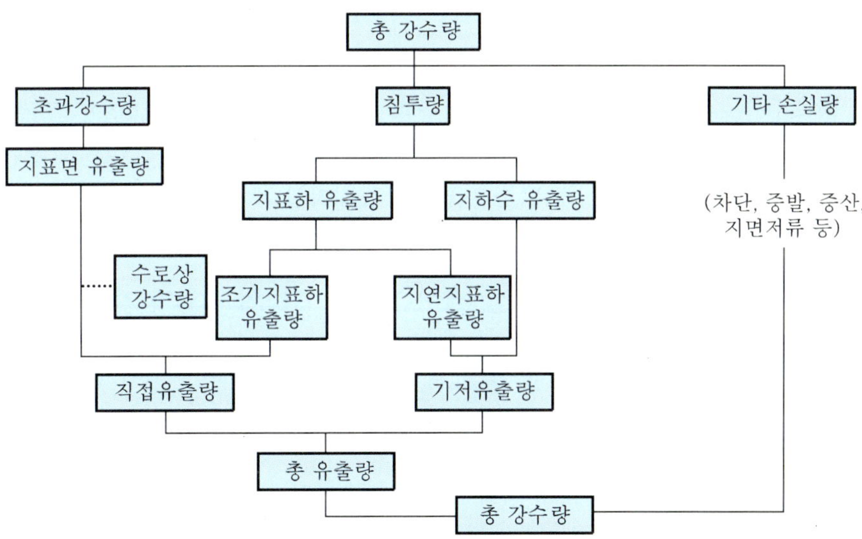

그림 7.30 유출의 구성

유출현상을 일으키는 호우 기간의 총 강수량은 초과강수량(超過降水量, precipitation excess)과 손실우량(損失雨量, rainfall losses or abstractions)으로 구성된다고 볼 수 있다. 초과강수량은 지표면 유출수의 형성에 직접적인 공헌을 하는 총 강수량의 한 부분을 말하며, 손실우량은 궁극적으로 지표면 유출수가 되지 않는 총 강수량의 잔여 부분을 뜻한다. 이러한 강수량의 손실은 차단(interception), 증발, 증산, 지면저류(surface detention), 침투 등에 의해 생기게 되는 것이며 수문순환과정의 전반적인 입장에서 볼 때에는 물의 손실이 아니지만 이수면에서 볼 때에는 손실이라고 볼 수도 있다.

직접유출수의 근원이 되는 강수의 부분을 유효강수량(effective precipitation)이라 하며 강수가 비인 경우 이를 유효우량(effective rainfall)이라 부른다. 따라서 유효강수량은 초과강수량과 단시간 내에 하천으로 유입하는 지표하 유출수의 합이며 만약 지표하 유출수를 직접유출수에서 완전히 제외한다면 유효강수량은 곧 초과강수량을 뜻하게 되는 것이다.

7.8.2 유출의 순환과정

유출현상은 지상에 내리는 강수의 특성에 의존하는 일종의 순환과정이라고 말할 수 있다. 유출순환의 첫 단계는 비가 오기 직전의 무강우기간(rainless period)이다. 이 기간 동안에는 지하수위는 대체로 낮으며 계속 하강의 추세를 보이게 되고 하천유량은 지표면 및 수면으로부터의 증발, 엽면증발 등에 의해 감소하게 된다. 눈, 얼음, 서리 등이 존재할 때의 온도가 만약 빙점 이하라면 이런 상태는 계속될 것이나 온도가 빙점 이상이면 이들은 녹아서 유출수가 되며 순환의 제2단계에 들어가게 된다.

제2단계는 강우의 시작단계이다. 강우가 시작됨에 따라 내린 우량은 증발, 증산, 차단 및 지표면 저류 등에 의해 손실되어 표면류의 형성은 대단히 어렵다. 눈, 얼음, 서리 등이 융해점 이상의 온도에 의해 녹을 때에는 유출현상이 시작할 수도 있으나 이 기간에는 전 강우량은 통상 손실(abstraction)로 없어지므로 초과강우량은 없다.

제3단계는 각종 강도의 강우가 계속되는 기간이다. 이 기간에는 비가 계속됨에 따라 강우량이 엽면에 의한 차단, 지표면 저류 등의 능력을 초과하게 됨으로 초과강우량이 생겨 이것이 곧 유출의 원천이 된다. 따라서, 유효강우율(effective rainfall rate)이 침투율(infiltration rate)보다 커지면 지표유출수가 시작되어 침투되는 물은 강우가 계속됨에 따라 통기대(zone of aeration)를 포화시키게 되어 지하수위는 상승한다. 지하수위가 하천수위보다 상승하게 되면 지하수는 하천으로 배출되어 하천유량을 증가시키게 되며 하천수위가 급격히 상승하여 비교적 서서히 상승하는 지하수위보다 높으면 하천수는 제방으로 스며들어가 자하수위를 상승시키게 된다. 이 기간에는 증발 및 증산은 완만하게 진행된다.

제4단계는 자연상태의 모든 저류공간이 충만될 때까지 강우가 계속되는 단계이다. 이 기간의 우수의 침투율은 통기대를 통한 물의 통과율과 같아지고 통기대층 내에 있는 흙의 공극률(porosity)에 의존할 것임은 분명하다. 비록 이와 같은 극단적인 상태는 좀처럼 발생하지 않으나 평탄한 늪지대 같은 곳에서는 장시간의 호우로 인해 발생될 수도 있는 것이다.

마지막 단계는 강우가 끝나고 다음 강우가 시작될 때까지의 기간이다. 이 기간은 비교적 장기간 계속되는 것으로서 하천수 및 지표면 저류량은 점점 감소하게 되고 증발 및 증산은 활발해지고 침투도 계속된다. 통기대 내의 수분은 지하수위면 혹은 하천수로에 도달하게 되며 하천수량은 계속적인 유출로 점점 감소하게 된다.

이와 같은 유출순환의 5단계는 유출순환과정의 각 시점에서 일어나는 수문학적 현상을 임의 하천단면에 대하여 상세하게 살펴본 것이라 하겠다.

그러나 강수와 유량 간의 양적 서술을 위해서는 비교적 건조상태에 있는 유역에 호우가 계속되는 동안에 각종 수문학적 인자가 시간적으로 어떻게 변하는가를 살펴보는 것도 의미 있는 일이라 하겠다. 그림 7.31은 거의 일정한 강도로 내리는 호우로부터 유출에 이르기까지의 과정을 개략적으로 도시하고 있다. 강우 초기에 있어서는 거의 대부분의 강우는 차단, 요면저류 및 증발의 합인 지면보류(地面保留, surface retention)의 형태로 지면에 머무르게 되며 시간이 경과함에 따라 지면보류는 점점 충족되며 침투는 가속되어 토양의 침투능에 도달하게 된다.

지면보류가 완전히 충족되면 표면류(表面流, overland flow)가 생기며 이는 하천에 도달하여 지표수 유출(surface runoff)이 되는 것이다. 충분한 시간이 경과하여 지면보류가 평형상태에 도달하면 증발만이 계속되며 토양의 함유수분은 증발산에 의하여 대폭 감소되고 지하수위도 점점 떨어져 거의 일정한 값에 도달하게 된다.

그림 7.31은 자연계에서 가능한 수많은 경우 중 아주 간단한 한 가지 예에 지나지 않는다. 강우강도가 시간적으로 변한다면 유출구성인자들의 크기 또한 달라질 것이며 그 외의 여러 가

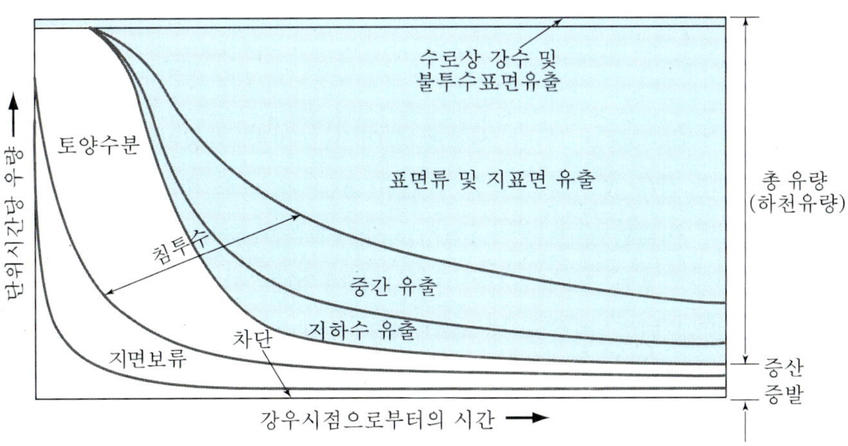

그림 7.31 일정강도 강우로부터의 유출 및 손실

지 요인 때문에 실제에 있어서 그림 7.31의 여러 인자들은 한 유역 내에서도 지점별로 항상 변하는 것이 사실이다.

7.9 유출에 영향을 미치는 인자

한 유역으로부터의 유출(流出, runoff)은 유역이라는 물 순환시스템의 출력(出力, output)으로서 시스템의 입력(入力, input)인 강우와 매개력(媒介力, throughput)인 차단, 증발, 증산 등을 포함하는 기후학적 인자(climatic factor)와 강우에 대한 시스템의 유출반응 특성을 대표하는 유역의 지상학적 인자(physiographic factor)인 유역특성과 유로특성(流路特性) 인자 및 유역의 토양 및 토지이용상태, 식생피복상태 등 침투특성 인자에 의해 영향을 받는다.

7.9.1 기후학적 인자

유출의 원천은 강수이며 유역에 내린 강수는 차단, 증발, 증산 및 침투에 의해 그의 일부가 손실되고 나머지 부분만이 유출하게 된다. 따라서 강수와 차단, 증발, 증산은 유출의 크기 및 시간적 분포에 절대적인 영향을 미치게 되며 이들 인자는 하나같이 유역의 기후에 의해 지배된다.

1) 강수

강수는 유출에 가장 큰 영향을 미치는 기후인자로서 강수의 종류(비, 눈, 서리 등), 강수의 유형, 강우강도, 지속시간, 시간적 및 공간적 분포, 생기빈도, 이동방향 등은 모두 유출에 크게 영향을 미치며, 이에 대해서는 제3장에서 비교적 상세하게 다룬 바 있다.

2) 차단

차단(遮斷, interception)이란 지상에 떨어지는 비가 식생피복에 의해 일단 보류(保留)되는 현상을 말한다. 강우 초기에는 식물의 엽면(葉面)에 의해 빗방울이 차단되나 엽면의 차단용량이 포화상태에 이르면 엽면 간 흐름(throughfall) 및 줄기흐름(stemflow) 상태로 토양 속으로 침투하게 되며 강우가 끝나면 시간이 경과함에 따라 차단되어 엽면에 저류되었던 물은 대기 중으로 증발하게 된다. 이렇게 볼 때 차단은 유역을 피복하는 식물의 종류나 밀도 및 성장 정도 등에 의해 지배되며 이와 같은 식물의 성질은 한 유역의 기후에 의해 좌우된다고 볼 수 있다. 유출의 입장에서 볼 때 차단은 우수를 엽면에 보류시켜 유출을 감소시키는 역할을 하지만, 홍수의 경우와 같이 짧은 시간에 걸친 차단량은 홍수유출에 그다지 큰 영향을 미치지는 않는다.

3) 증발 및 증산

한 유역의 증발현상은 기온, 바람, 상대습도 및 대기압 등의 기후인자에 의해 영향을 받으며, 증산 또한 기온, 태양복사열, 바람, 상대습도 등의 기후인자에 의해 지배된다. 이러한 증발과 증산도 차단의 경우처럼 일반적으로 유출을 감소시키는 역할을 한다. 이수측면에서 보면 장기간 동안의 증발 및 증산량을 무시할 수 없으나, 치수측면에서 보면 단시간 동안의 증발 및 증산량은 강우량에 비교가 되지 않을 정도로 작으므로 홍수량 해석에서는 무시할 수 있다.

7.9.2 유역특성인자

유역(流域, watershed, catchment, river basin 등)이란 제1장에서도 이미 정의한 바와 같이 하천의 임의 횡단면을 통과하는 하천유량에 직접적인 공헌을 하는 지역의 범위를 말한다. 따라서, 하천상의 어떤 지점에 있어서든 그 지점 고유의 유역을 정의할 수 있으며, 유역의 크기는 하류로 내려갈수록 커져서 바다에 이를 때 최대가 된다.

유출에 영향을 미치는 유역의 특성인자에는 여러 가지가 있으나 중요한 인자를 정량화하는 방법과 유출에 미치는 인자별 영향을 살펴보기로 한다.

1) 유역면적

유역면적(watershed area 혹은 drainage area)은 지형적인 분수계(分水界)로 둘러싸이는 지역의 수평투영면적을 의미하며, 수치지도(DEM)를 사용하거나 지형도상에서 구적기(求積器, planimeter)를 이용하여 결정할 수 있다.

유역면적은 유역으로부터의 유출량과 직접적인 관계가 있으므로 오랫동안 강우-유출관계를 표시하는 경험공식의 중요한 변수로 사용되어 왔으며 일반식의 형태는 다음과 같다.

$$Q = cA^m \tag{7.33}$$

여기서, Q는 연 평균유출량 등의 유량(m^3/sec)이고, A는 유역면적(km^2)이며, c, m은 회귀분석에 의해 결정되는 회귀상수이다.

식 (7.33)의 단순유출량 공식을 보면 유출량은 유역면적의 멱승에 비례하므로 유역면적이 커지면 유출량도 비례하여 커짐을 알 수 있다. 따라서, 수치지도나 지형도를 이용하여 유역면적을 결정할 때 오류가 발생하면 산정되는 유출량이 잘못 산정되므로 세심한 주의를 요한다.

또한, 동일 빈도의 호우규모로 인한 유역으로부터의 첨두유출량을 유역면적으로 나누어 단위유역면적당 유량, 즉 비유량(比流量, specific discharge)으로 표시해 보면, 다른 조건이 동일한 경우 비유량(홍수의 경우는 비홍수량)은 유역면적이 클수록 작은 값을 가지는 것으로 알려져 있다. 이는 유역면적이 클수록 유수(流水)가 유역의 가장 먼 지점으로부터 유역출구까지 흐르는 데 소요되는 시간, 즉 집중시간(集中時間, time of concentration) 혹은 도달시간(到達時間)이 길어질 뿐 아니라, 유수가 흐르는 과정에서 저류되고 지체되는 효과가 더 크기 때문이다.

2) 유역 길이

유역 길이(watershed length)는 유역의 출구로부터 유역의 주유로(主流路, principal flow path)를 따라 유역분수계까지 측정한 길이로 정의된다. 일반적으로 주유로는 유역분수계까지 연장되어 있지 않으므로 주유로가 끝나는 지점으로부터 지형도상의 계곡부를 고려하여 분수계까지 연장하여 유역출구점으로부터 분수계 지점까지 직선을 따르지 않고 주유로를 따라 거리를 측정하여 유역길이를 결정하며 이는 수문학적 계산에 사용되는 유역길이이므로 수문학적 유역길이(hydrologic watershed length)라 한다.

Hack(1959)의 연구에 의하면 미국 Maryland-Virginia 지역의 하천유역의 경우 다음의 관계식이 얻어진 바 있다.

$$L = 1.4A^{0.6} \tag{7.34}$$

여기서, L은 유역길이(mi)이며, A는 유역면적(mi^2)이다.

또한, 우리나라 한강유역에 대한 연구결과(윤용남, 1973)는 다음 식과 같다.

$$L = 2.0905A^{0.5337} \tag{7.35}$$

식 (7.35)로부터 유역길이는 유역면적의 멱승에 비례하여 커짐을 알 수 있으며 유역의 집중시간(혹은 도달시간)을 결정하는 데 사용될 수 있을 뿐 아니라 하천유로의 연장과도 밀접한 상관성을 가진다.

따라서, 유역길이가 유출에 미치는 영향은 식 (7.33)의 관계에서 유추할 수 있는 바와 같이 유역면적이 미치는 영향과 거의 비슷하다 할 수 있다.

3) 유역의 평균경사

유역평균경사(流域平均傾斜, watershed mean slope) S는 유역의 주유로(principal flow path)를 따른 유역표고의 변화율을 대표하는 것으로 다음 식으로 구할 수 있다.

$$S = \frac{\Delta E}{L} \tag{7.36}$$

여기서, ΔE는 유역의 최대표고차(m)이며, L은 표고차이가 설정된 두 지점 간의 수평거리(m)이다. 같은 유역 내에서도 지점에 따라 지표면의 경사가 크게 변화하며, 식 (7.36)에 의해 산정되는 유역평균경사는 대체로 큰 값을 나타내므로 이를 보완하는 몇 가지 방법이 있다.

Horton(1932) 방법은 지형도상에서 유역의 경계선을 표시하여 유역도를 만든 후 그림 7.32와 같이 격자망을 그린다. 그림 7.32의 유역 경계선 내에 있는 가로 격자선의 거리를 축척에 맞추어 측정하여 이들의 합 L_H를 구하고, 세로 격자선에 대해서도 동일한 방법으로 세로 격자선 거리의 합 L_V를 구한다. 다음으로 가로 격자선이 등고선과 만나는 점의 수 N_H와 세로 격자선이 등고선과 만나는 점의 수 N_V를 구하면 유역평균경사 S는 다음과 같이 구할 수 있다.

$$S = \frac{1}{2}(S_V + S_H) \tag{7.37}$$

여기서, 평균세로경사 S_V와 평균가로경사 S_H는 다음과 같다.

$$S_V = \frac{N_V h}{L_V} \tag{7.38}$$

$$S_H = \frac{N_H h}{L_H} \tag{7.39}$$

여기서, h는 등고선 간 간격이다.

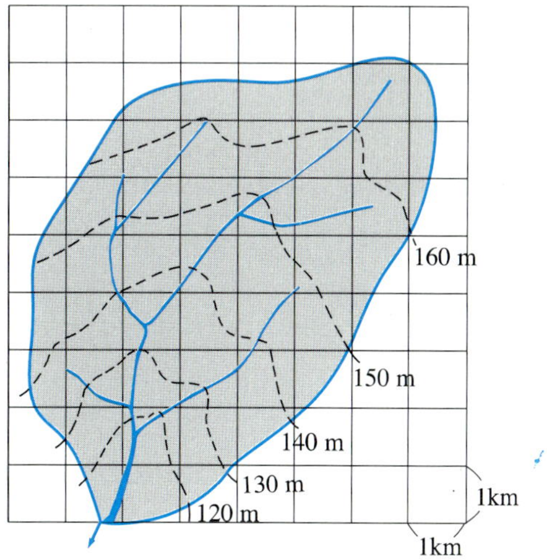

그림 7.32 유역평균경사 결정을 위한 격자망

한편, 등고선법은 다음 식으로 유역평균경사 S를 결정하는 방법이다.

$$S = \frac{hL_c}{A} \tag{7.40}$$

여기서, h는 등고선 간 간격이고, L_c는 유역도에 표시된 등고선의 총 길이이고, A는 유역면적이다.

유역평균경사 결정을 위한 Fleming(1977)의 방법은 유역을 그림 7.34와 같이 격자망으로 분할한 후 각 격자점에서 가장 가까운 수로에 수직선을 그어(가장 경사가 급한 방향으로 선을 그음) 수선의 경사를 각각 구하고 이들 개개 경사의 평균을 취함으로써 유역의 평균경사를 결정한다(예제 7.5 참조). 즉,

$$S = \frac{1}{N}\sum_{i=1}^{N} S_i \tag{7.41}$$

여기서, S_i는 각 격자점에서 가장 가까운 수로에 그은 수직선의 경사이고 N은 격자점의 총 수이다.

식 (7.36)~(7.41)로 산정되는 유역경사가 유역의 유출에 미치는 영향을 살펴보면, 유역평균경사가 클수록 지표면 유출의 속도가 빨라지므로 유역의 집중시간이 짧아지고 첨두유량도 커지게 된다. 뿐만 아니라, 유역평균경사가 급할수록 사면의 식생밀도(植生密度)는 조밀하게 되고 토양은 침식이 용이하므로 침투능이 저하되어 유출을 가속시키는 결과를 초래한다.

4) 유역의 평균고도

유역평균고도(流域平均高度)를 구하는 방법에는 교점법(交點法), 등고선 면적법(等高線 面積法) 및 등고선 연장법(等高線 延長法)이 있다.

교점법(intersection method)은 대상유역도상에 격자망을 그린 후 유역경계선과 격자선이 만나는 점을 제외한 유역 내부의 각 격자점의 고도 H_i를 합한 후 격자점의 수 N으로 나누어 산정하는 방법이다. 즉

$$EL. = \frac{\sum_{i=1}^{N} H_i}{N} \tag{7.42}$$

등고선 면적법(contour-area method)은 유역도상의 서로 인접한 두 등고선의 표고값 H_i

및 H_{i+1}의 평균값에 두 등고선 사이의 면적 A_i를 곱하여 합산한 후 전체 면적 A_t로 나누어 산정한다. 즉,

$$EL. = \frac{1}{A_t}\sum_{i=1}^{N}\left(\frac{H_i + H_{i+1}}{2}\right)A_i \tag{7.43}$$

한편, 등고선 연장법(contour-length method)에서는 유역도 내에 표시된 각 등고선 길이 l_i에 등고선의 표고 H_i를 곱하고 이를 전체 등고선 길이의 합으로 나누어 산정한다. 즉,

$$EL. = \frac{\sum_{i=1}^{N} H_i\, l_i}{\sum_{i=1}^{N} l_i} \tag{7.44}$$

이상의 방법으로 하천유역의 평균고도를 산정할 수는 있으나 평균고도가 유역의 유출에 미치는 직접적인 영향을 정량화하기는 어렵다. 그러나, 유역의 여러 기후조건에 따라 약간씩 다르겠지만 일반적으로 강수량은 유역의 고도에 비례하여 많아지는 것으로 알려져 있다. 그러나, 고도가 높은 지역에서의 기온은 일반적으로 낮고 수분이 눈이나 얼음의 형태로 존재하기 때문에 증발률은 저하한다. 증발률의 저하는 강수량을 감소시키게 되므로 유역의 고도증가에 따른 강수량의 증가성향을 상쇄시키는 결과를 초래한다. 따라서, 한 유역의 유출에 유역의 고도가 미치는 영향은 아직 분명하지 않으므로 고도가 다양한 여러 유역의 유출특성값에 대한 통계학적 해석이 필요하다 하겠다.

5) 유역의 상대고도-상대면적 관계곡선

한 유역의 상대고도-상대면적 관계곡선(hypsometric curve)은 Langbein(1947)이 처음으로 제시한 무차원곡선으로서, 유역도로부터 각 고도(h)별로 면적(a)을 구한 후 전체 유역면적(A)으로 나눈 상대면적(a/A)을 횡축에, 그리고 각 고도(h)를 유역 전체의 최대고저차(H)로 나눈 상대고도(h/H)를 종축에 표시하여 그림 7.33과 같은 곡선의 형태로 표시한 것이다.

그림 7.33은 서로 다른 상대고도-상대면적 곡선의 형태를 보여주고 있다. 곡선 A는 원래의 지표면이 크게 침식되지 않은 유년기 유역(young basin)으로 하천은 대체로 V자형을 나타낸다. 곡선 B는 지표면이 상당히 침식된 장년기 유역(mature basin)으로 하천은 U자형으로 나타나며, 곡선 C는 지표면의 침식이 더욱더 진행되어, 준 평원에 가까워진 노년기 유역(old basin)으로 하천은 더 넓은 U자형을 이루게 된다.

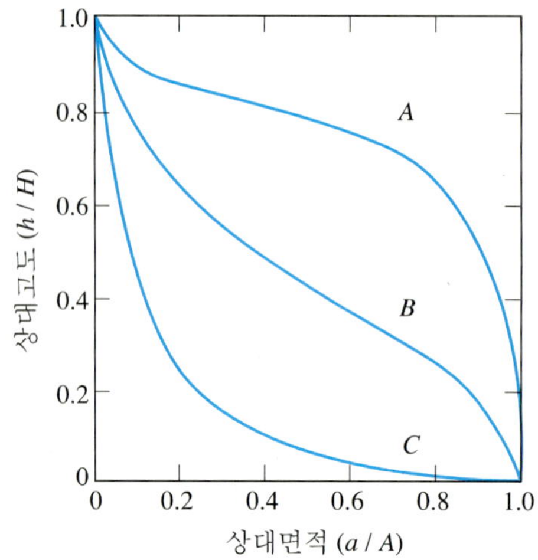

그림 7.33 상대고도-상대면적 곡선

이상과 같은 유역의 상대고도-상대면적 곡선은 분석대상하천 유역의 장기적인 형성과정에 대한 정보를 제공하지만 구체적으로 유역의 유출특성과 상관시키기는 어렵다. 그러나, 기본적으로는 유년기 유역이 노년기 유역의 경우보다는 유출의 도달시간이 짧아 첨두유량의 발생시간은 빠르고 크기 또한 상대적으로 클 것으로 예상된다.

6) 유역의 평균 표면류연장 및 경사

한 유역의 상류 수원부에서 발생하는 평균 표면류연장(average overland flow length)과 평균 표면류경사(average overland flow slope)는 예제 7.5의 그림에서와 같은 Fleming(1977)의 방법으로 결정될 수 있다. 그림에서와 같이 하천유역도상에 가로 및 세로의 격자선(grid line)을 그어 격자망을 구성한 후 각 격자점으로부터 가장 가까운 수로에 수직선을 그어 표면류의 길이(L_{0i})를 측정하고 이를 모든 격점에 걸쳐 합산한 후 격점수(N)로 나눔으로써 평균 표면류 연장($\overline{L}_0$)을 얻는다. 즉,

$$\overline{L}_0 = \frac{\sum_{i=1}^{N} L_{0i}}{N} \tag{7.45}$$

평균 표면류경사($\overline{S}_0$)는 격점별로 최근거리에 있는 수로에 내린 수직선의 표면류의 연장과 최대표고차를 사용하여 격점별 경사(S_{0i})를 구하여 합산한 후 이를 격점수로 나누어 산정한다. 즉,

$$\bar{S}_0 = \frac{\sum_{i=1}^{N} S_{0i}}{N} \tag{7.46}$$

유역의 평균 표면류의 연장과 경사는 강우로 인한 유출이 상당한 크기의 하도로 유입하기 이전의 지표면 흐름특성을 지배하는 인자이며, 후술하게 될 표면류의 하도유입시간(inlet time)과 관계가 있다. 즉, 표면류의 평균연장이 길고 평균경사가 완만할수록 유입시간은 길어진다.

예제 7.5 그림 7.34와 같은 하천유역의 평균 표면류의 연장을 Fleming 방법으로 산정하라.

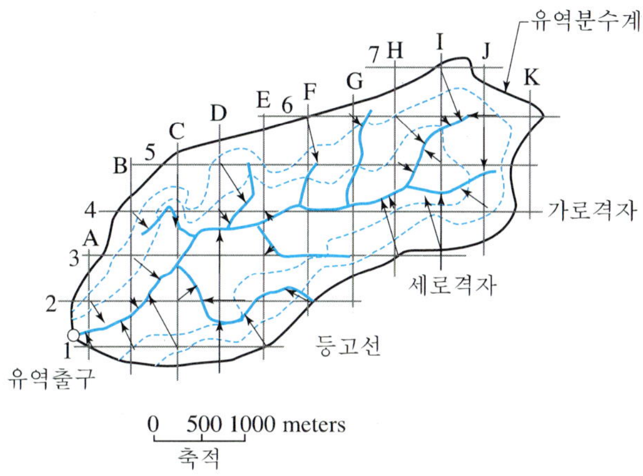

그림 7.34 유역의 평균 표면류의 연장산정

풀이 각 격점에서 가장 가까운 수로에 내린 수선까지의 길이(m)를 정리하면 표 7.15와 같으며,

표 7.15 격점별 표면류의 연장

격자 번호	A	B	C	D	E	F	G	H	I	J	K
1	200	300	675	300	450						
2	300	100	200	250	100	350					
3		400	50	250	100	0	0	600	650		
4		250	50	100	100	0	0	150	150	350	
5			450	500	250	100	100	200	250	100	
6						500	150	450	150	200	650
7									600		
합계	500	1050	1425	1400	1000	950	250	1400	1800	650	650

모든 격점(N= 43개)에 대한 표면류의 연장을 합산하면 $\sum L_{0i}$= 11,075 m이다. 따라서, 평균 표면류 연장은

$$\overline{L}_0 = \frac{11,075}{43} = 257.6 \text{ m}$$

7) 유역의 형상

유역형상(流域形狀, watershed shape)은 다양하게 변하며, 동일한 강우 조건하에서도 유역 출구에서의 유출량의 크기 및 시간적 변화는 유역형상에 따라 큰 차이를 보인다. 그림 7.35는 여러 가지 모양을 가지는 가상의 유역을 모식화하고 있으며, 각 형상의 유역에 표시된 숫자는 유역 출구까지의 도달시간을 표시하는 등시간선이다.

그림 7.35(d)와 같은 원형(圓形)유역의 경우에는 모든 방향으로부터 유역출구까지 한꺼번에 유출이 집중되므로 빠른 시간 내에 첨두유량(尖頭流量)에 도달하게 된다. 그러나 그림 7.35(g)와 같이 원형유역의 면적과 동일한 타원형 유역의 장축 말단부에 유역출구가 있을 경우 유역

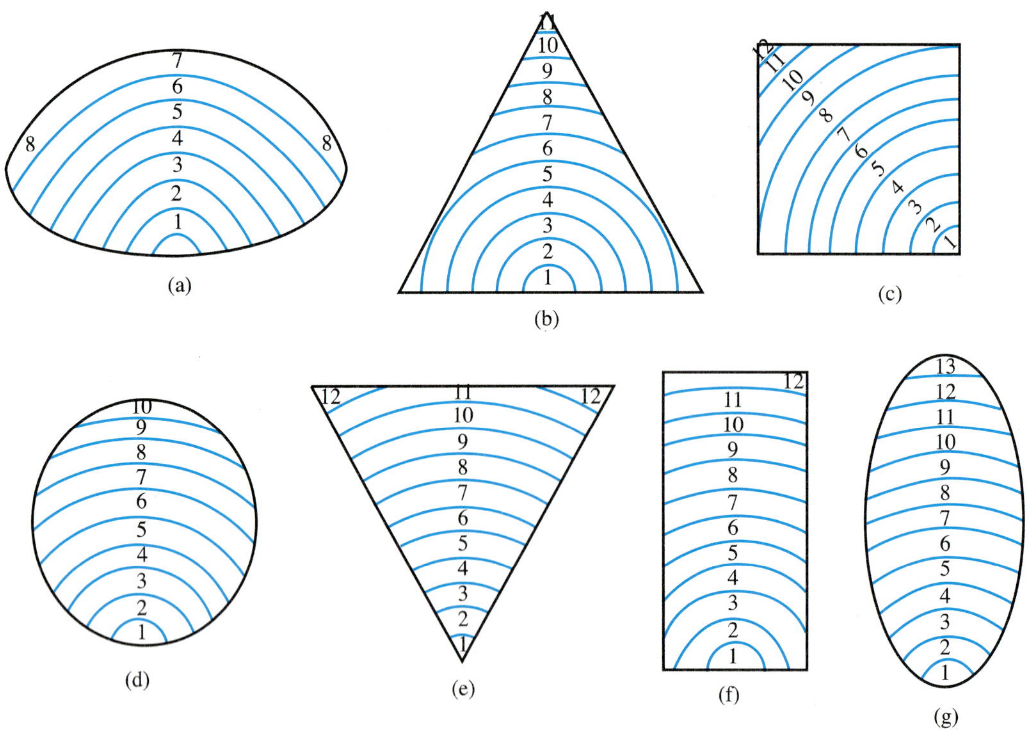

그림 7.35 가상적인 유역형상의 예

출구에서의 유출량은 보다 긴 시간에 걸쳐 분산되므로 첨두유량은 원형유역의 경우보다는 작아질 것으로 예상된다.

유역형상이 유역의 유출에 미치는 영향을 대표하기 위해 사용되는 매개변수를 정리하면 다음과 같다.

① 유역의 중심(watershed center)까지의 거리(L_{ca}): 유역의 주유로를 따라 유역출구로부터 유역의 중심(中心 혹은 重心)에 가장 가까운 주유로상 지점(유역중심에서 주유로에 내린 수직선이 만나는 지점)까지 측정한 거리를 말한다.

② 모양계수(shape factor):

$$L_l = (L \cdot L_{ca})^{0.3} \tag{7.47}$$

여기서, L은 유역길이(mi)이며, L_{ca}는 위에서 설명한 바와 같이 유역중심까지의 거리(mi)이며, L_l은 유역의 지체시간 산정에 사용된다(제8.12절 참조).

③ 형상계수(form factor):

$$k_f = \frac{A}{L_c^2} \tag{7.48}$$

여기서, A는 유역면적이고 L_c는 주유로의 길이이다.

식 (7.48)에 의해 계산되는 유역형상계수는 정사각형 유역의 경우 $k_f = 1$이고 원형유역은 $k_f = 0.79$이다. 대부분의 자연하천 유역의 경우는 $k_f < 0.5$이고 유역이 길고 폭이 좁아질수록 유역형상계수는 작아진다.

④ 원형성 계수(cricularity coefficient):

$$F_c = \frac{P}{(4\pi A)^{0.5}} \tag{7.49}$$

여기서, P와 A는 각각 유역의 주변장(周辺長, perimeter)과 유역면적을 표시한다.

⑤ 원형성 비(circularity ratio):

$$R_c = \frac{A}{A_0} \tag{7.50}$$

여기서, A_0는 유역의 주변장과 동일한 원둘레를 가지는 원의 면적이다.

위에서 소개한 유역형상관련 매개변수 중에서 유역의 유출과 가장 관계가 깊은 매개변수는 L_{ca}와 $(L \cdot L_{ca})^{0.3}$으로 이들 값이 작을수록 유역의 지체시간이 짧고 첨두홍수량이 커지는 것으로 알려져 있으며, 기타 매개변수들도 유역의 유출 특성을 분석하는 데 사용될 수 있다.

유역으로부터의 유출에 미치는 유역형상의 영향은 그림 7.36(a)와 같은 모양의 동일면적을 가진 유역에 내린 일정한 강도의 강우로 인한 유역출구지점에서의 유량의 시간적 변화양상을 관찰함으로써 보다 쉽게 설명될 수 있다. 만약 각 유역을 그림 7.36(a)와 같이 동일간격을 가진 동심원 모양으로 구분하고 유수의 유속이 일정하다고 가정하면 A, B, C유역의 도달시간은 각각 10, 5, 8.5의 시간단위(hrs로 가정하자)를 가질 것으로 가정할 수 있다.

이들 유역상에 내린 등강도의 강우로부터 결과되는 유량의 시간적 변화는 대략 그림 7.36(b)와 같을 것이다. 유역 B의 도달시간은 A나 C보다 짧으므로 가장 빨리 첨두유량에 도달할 것이고 유출률은 강우강도와 같아져서 평형상태에 도달하게 되며, 강우가 끝나면 가장 빨리 감수(減水)하게 될 것이다.

유역형상의 영향은 강우가 유역전반에 걸쳐 일시에 발생하지 않고 유역의 한쪽 끝에서 다른 쪽 끝으로 이동할 때에는 더 현저하게 나타난다. 예로서 유역 A상에 상류방향으로 5시간에 걸쳐 이동하는 호우로 인한 유출량을 생각해 보자. 유역 A의 마지막 구역(10번)에 내리는 호우가 이 유역의 출구에 도달하는 데는 강우 시작시간으로부터 15시간이 필요하다. 따라서 첨두유량에 도달하는 시간은 그림 7.36(b)의 A_1곡선과 같이 길어지게 된다. 반대로 호우가 유역의 하류방향으로 이동한다면 마지막 구역에 내린 우수는 다른 구역에 내린 우수와 거의 같은 시각에 출구를 통과하게 될 것이므로 그림 7.36(b)의 A_2곡선과 같이 유량은 10시 부근에서 급상승하게 될 것이다. 강우전선의 이동방향이 B 및 C유역으로부터의 유출에 미치는 영향은 A의 경우보다는 작겠지만 상당할 것임을 짐작할 수 있다.

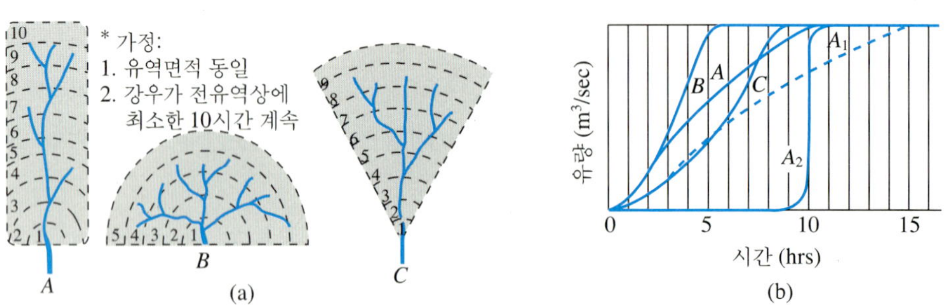

그림 7.36 유역형상이 유출에 미치는 영향

8) 유역의 방향성

유역방향성(流域方向性, orientation)이라 함은 전선성 강우의 경우 호우의 이동방향과 유역의 하천수계 구성방향의 관계를 말하며 이는 유역의 유출특성에 큰 영향을 미친다.

그림 7.36(a)의 사각형 모양의 유역 A상에 내리는 강우가 하천수계의 상류방향으로 이동할 경우와 하류방향으로 이동할 경우 유역출구에서의 유출량의 시간적 변화는 그림 7.36(b)에서 설명하였듯이 A_1곡선과 A_2곡선으로 엄청난 차이를 보인다. 만약 유역 A상에 강우가 서쪽에서 동쪽방향으로 이동했다면 유역의 폭이 크지 않을 경우 유역출구에서의 유출수문곡선은 A곡선에 가까울 것이다.

위에서 설명한 전선성 강우의 이동방향과 유역의 수계조직 구성방향의 관계는 우리나라의 경우처럼 여름 우기에 남동방향으로 형성되는 계절성 호우전선의 이동방향에 대하여 유역이 어떤 방향으로 놓여 있느냐에 따라 같은 크기의 호우더라도 유역으로부터의 유출은 큰 차이를 보이게 된다는 것이다.

9) 기타 유역특성인자

위에서 언급한 지형학적 유역특성인자 이외에도 한 유역으로부터 발생하는 유출의 크기나 시간적 분포에 영향을 주는 인자에는 여러 가지가 있다. 특히 유역 내에 대규모 저수지나 자연호수, 홍수터(flood plains), 늪지대(wet lands) 등이 존재할 경우에는 유역의 유출에 큰 영향을 미친다. 또한, 유역의 토양 종류 및 토지이용상태, 유역의 침투능 및 지하수 함양능력 등 지형학적 특성이 아닌 유역특성인자도 유출에 큰 영향을 미치며, 이들 인자에 대해서는 제5장에서 살펴본 바 있다.

7.9.3 하천유로 특성인자

한 유역의 유출에 영향을 미치는 하천유로특성(河川流路特性, channel characteristics)에는 여러 가지가 있으나 중요한 인자로는 하천연장, 하천경사, 하천밀도, 하천의 횡단면 특성 및 조도특성 등을 들 수 있다.

1) 하천망의 형성법칙

하천망(河川網, stream network) 혹은 수계조직(水系組織)은 유역의 지형이 기후학적 및 지질학적 영향을 받아 장기간에 걸쳐 형성되어 강수로 인해 유역에 떨어진 물을 유역 출구지점으로 흘려보내는 본류 및 지류의 계층적인 시스템이라 할 수 있다.

Horton(1945)은 하천망의 특성을 정량적으로 표현하기 위해서 하천차수(河川次數, stream order)별 하천의 수와 평균연장 및 평균경사에 대한 법칙을 제안한 바 있다.

Strahler(1952)에 의해 제안된 하천차수의 결정방법에서는 그림 7.37에서처럼 수원부(水源部)의 가장 작은 초기지류에 차수 $u=1$을 부여하고 이 하천이 동일 차수의 하천과 만나면 합류지점 하류의 하천 차수를 하나 높여준다. 예를 들면, 2개의 1차 하천이 만나면 합류지점 하류의 하천은 2차 하천이 되고, 2개의 2차 하천이 만나면 그 하류하천은 3차 하천이 된다. 그러나, 3차 하천이 차수가 낮은 1차, 혹은 2차 하천과 만나더라도 하천차수는 변하지 않고, 또 다른 3차 하천과 만나야만 4차 하천이 된다.

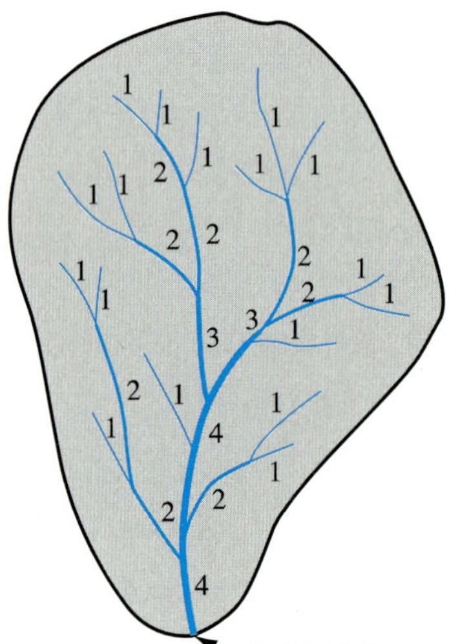

그림 7.37 하천차수 결정법(4차 하천)

Horton-Strahler에 의한 하천차수 결정방법에 근거하여 Horton은 하천차수와 하천수, 하천평균연장, 하천평균경사 간의 관계를 다음과 같이 표시하였으며, 이를 각각 하천수 법칙(law of stream number), 하천평균연장법칙(law of mean stream length), 하천평균경사법칙(law of mean stream slope)이라 한다.

$$\log_e N_u = a - bu \tag{7.51}$$

$$\log_e L_u = c - du \tag{7.52}$$

$$\log_e S_u = e - fu \tag{7.53}$$

여기서, N_u, L_u, S_u는 각각 u차 하천의 수, 평균연장 및 평균경사이며, a, b, c, d, e, f는 회

귀상수이다.

하천망의 구성특성을 표시하는 한 가지 중요한 매개변수인 하천분기율(河川分岐率, bifurcation ratio) R_B는 u차 하천의 총수 N_u를 $(u+1)$차 하천의 총수 N_{u+1}로 나눈 값으로 정의되며, 식 (7.51)의 회귀상수 b를 사용하면 다음과 같이 표시할 수 있으며, 자연하천의 경우 3.0~5.0의 값을 가진다.

$$R_B = \frac{N_u}{N_{u+1}} = e^b \tag{7.54}$$

그림 7.38은 한강수계의 하천형태학적 연구(윤용남, 1973)에서 한강전체유역에 대한 결과를 표시하고 있으며, 한강전체유역에 대한 $R_B = 4.059$로 결정된 바 있다.

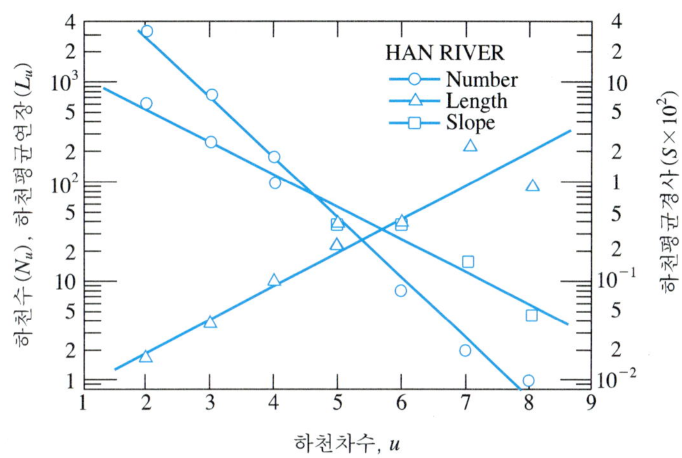

그림 7.38 Horton의 3대 법칙(한강유역)

이상에서 살펴본 바와 같이 유역 내 하천수계망은 대체로 Horton이 제안한 법칙에 따라 구성되며, 하천분기율이 크다는 것은 수원부에 가까운 하천의 밀도가 조밀함을 뜻하므로 유역의 배수속도는 빨라질 것임을 알 수 있다.

2) 하천연장

전술한 바 유역면적과 유역길이와 달리 여러 가지 수문학적 계산에서 하천연장(河川延長, stream length)을 매개변수로 택하여 사용하는 경우가 많다.

McCuen(1998)에 의하면, 하천연장은 그림 7.39에서와 같이 하천의 주유로(main channel)를 따라 유역출구지점(outlet)으로부터 지형도상에 나타난 유로의 종점까지의 거리(L_c)로 정의하는 것이 일반적이나, 때로는 유역출구지점으로부터의 총 유로거리의 10% 및 85%되는 지점 간의 거리(L_{10-85})를 하천연장으로 정의하는 경우도 있다.

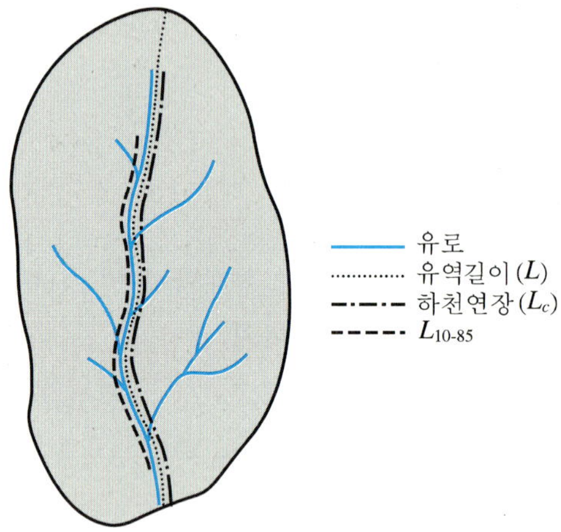

그림 7.39 유역길이와 하천연장의 정의

작은 하천유역의 경우 그림 7.39로부터 유추할 수 있는 바와 같이 유역길이(L)와 하천연장 L_c 혹은 L_{10-85} 사이에는 큰 편차가 있을 수 있으나 큰 하천유역의 경우는 그 편차가 그다지 크지 않은 것이 보통이다. 그러나 대부분의 수문계산 목적으로는 L_c로 정의되는 하천연장을 채택한다.

하천연장은 유역길이와 큰 차이가 나지 않는 인자이므로 유출에 미치는 영향은 유역길이 혹은 유역면적이 미치는 영향과 대동소이하다 하겠다.

3) 하천경사

하천종단도(河川縱斷圖, longitudinal river profile)는 유역경계선으로부터 하천의 출구지점까지 하천의 수평거리에 대한 하천바닥 표고를 나타낸 곡선으로 하천경사(河川傾斜, stream slpoe)는 하천종단도상에서 임의의 두 지점 간의 표고차와 수평거리의 비(比)로 정의된다. 또한, 하천종단 곡선은 일반적으로 위로 오목한 형태이며, 하천경사는 상류부에서는 경사가 급하고 하류로 내려갈수록 경사는 완만해지며 다음의 몇 가지 방법으로 산정한다.

하천평균경사 결정에 쓰이는 단순경사법(單純傾斜法)은 그림 7.40에서와 같이 하천종단도상에서 상류의 하천시점과 하류의 종점 사이의 표고차 $\Delta H(H_{max} - H_{min})$를 상하류의 수평거리 L로 나누어 하천평균경사 S_1을 단순하게 산정하는 방법이다.

$$S_1 = \frac{\Delta H}{L} \tag{7.55}$$

등 면적경사법(等 面積傾斜法)은 그림 7.40에서와 같이 하천종단도에서 상류부 종단곡선 아래의 면적 A_1이 하류부 종단곡선 위의 면적 A_2와 동일하도록 직선을 그어 하천평균경사 S_2를 산정하는 방법이다. 즉,

$$S_2 = \frac{\Delta H}{L} \tag{7.56}$$

한편, Laurenson(1962)이 제안한 등가경사법(等價傾斜法)에서는 하천의 경사가 크게 변하지 않는 몇 개의 소구간으로 나눈 후 Manning의 평균유속 공식에 따라 각 소구간의 유하시간은 하천경사의 제곱근에 반비례하는 것으로 가정하는 한편, 전 하천구간을 유하하는 시간은 하천의 등가경사(S_e)의 제곱근에 반비례하는 것으로 가정하면 다음 관계식을 도출할 수 있다. 즉,

$$S_e = \left(\frac{\sum_{i=1}^{N} L_i}{\sum_{i=1}^{N} \frac{L_i}{S_i^{1/2}}} \right)^2 \tag{7.57}$$

여기서, L_i와 S_i는 각각 분할된 소구간의 길이 및 경사이다.

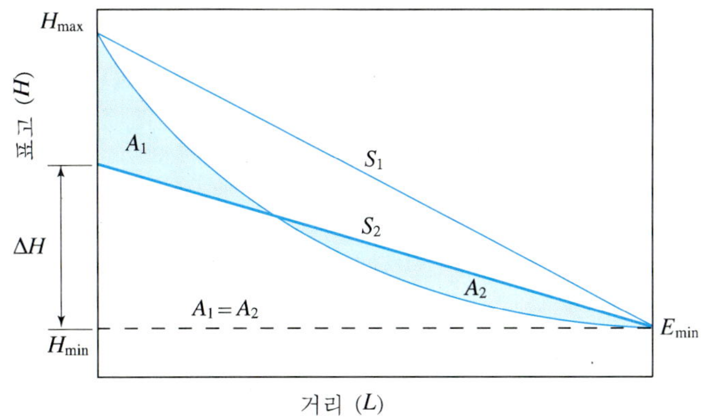

그림 7.40 하천의 평균경사 결정방법

이상에서 살펴본 바와 같이 식 (7.55)~(7.57)에 의해 산정되는 하천평균경사는 상당한 차이를 보이는 것이 보통이다.

일반적으로 보면 식 (7.55)에 의하면 과도하게 큰 하천경사가 산정되고 식 (7.56) 혹은 (7.57)을 사용하면 식 (7.55)보다는 작게 산정되며 평균적인 의미에서는 식 (7.56) 혹은 (7.57)의 사용이 하천평균경사의 산정에 적절하다 하겠다. 그러나, 하천경사가 매개인자로 들어가는 수문계산을 위한 경험공식의 유도과정에서 어떻게 정의된 하천경사가 사용되었는가를 기준으로 그에 맞게 하천경사를 구하여 적용하여야 한다.

위와 같은 방법들에 의해 산정되는 하천경사가 유역의 유출에 미치는 영향을 살펴보기로 하자. 일반적으로 하천경사는 유역경사와 비례관계가 있는 것으로 볼 수 있으며, 유역경사는 유역의 지표면 흐름속도를 지배하는 반면, 하천경사는 하도 내 흐름속도를 지배하므로 하천경사가 크면 유출속도가 빨라져서 하도의 도달시간이 짧아지고, 첨두유출량은 커지며, 첨두유출량에 도달하는 시간은 짧아진다.

예제 7.6 어떤 유역의 하천종단측량에 의한 하천종단도는 그림 7.41과 같다. 유역출구지점으로부터의 거리와 표고가 표 7.16의 (1), (2)란과 같고, 표고 아래의 면적이 (4)란과 같을 때 단순경사법, 등 면적경사법, 그리고 등가경사법을 이용하여 평균하천경사를 산정하라.

풀이

1) 단순경사법

표고차 $\Delta H = 857.26 - 667.09 = 190.17$ m, 거리 $L = 6$ km

따라서 식 (7.55)에 의하면, $S = \Delta H / L = 190.17/6000 = 0.0317$ 이다.

2) 등 면적경사법

기점의 표고 667.09 m를 기준으로 한 표고 아래의 면적을 구하면 323747.5 m^2가 된다. 따라서 등 면적경사방법에 의한 경사면 아래의 면적이 323747.5 m^2가 되는 높이 ΔH는 다음과 같이 구할 수 있다.

$0.5 \times \Delta H \times 6000 = 323747.5$로부터 $\Delta H = 107.92$ m가 되므로 기점 표고 667.09 m를 더하면 $H = 775.01$ m가 된다.

따라서 식 (7.57)에 의하면, 등 면적경사법에 의한 경사 $S = \Delta H/6000 = 0.0180$이다.

표 7.16 하천경사산정을 위한 계산표

(1) 하천길이 (km)	(2) 표고 (m)	(3) 기점기준표고 (m)	(4) 표고아래의 면적 (m^2)	(5) 구간길이 L_i(m)	(6) 구간경사 S_i	(7) $L_i/S_i^{1/2}$
0.00	667.09	0.0	0.0			
0.50	670.15	3.06	765.0	500	0.0061	6391.37
1.00	674.52	7.43	2622.5	500	0.0087	5348.28
1.50	681.67	14.58	5502.5	500	0.0143	4181.21
2.00	689.43	22.34	9230.0	500	0.0155	4013.51
2.50	697.84	30.75	13272.5	500	0.0168	3855.29
3.00	708.21	41.12	17967.5	500	0.0207	3471.89
3.50	719.26	52.17	23322.5	500	0.0221	3363.36
4.00	731.52	64.43	29150.0	500	0.0245	3193.08
4.50	746.52	79.36	35947.5	500	0.0299	2893.51
5.00	766.53	99.44	44700.0	500	0.0402	2495.01
5.50	804.82	137.73	59292.5	500	0.0766	1806.81
6.00	857.26	190.17	81975.0	500	0.1049	1543.92
계			323747.5			42557.25

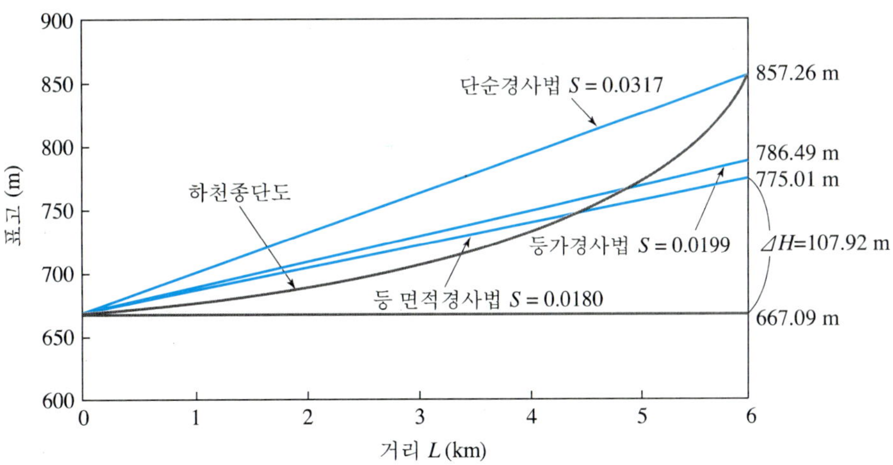

그림 7.41 방법별 하천평균경사 산정

3) 등가경사법

하천의 길이 $L=6{,}000$ m이고, 하천은 12개의 500 m 구간[표 7.16의 (5)란]으로 분할하였으며, 각 구간별 하상경사는 (6)란과 같이 계산되었고, 구간별로 (7)란의 값을 산정한 후 식 (7.57)로 표시되는 등가경사법을 이용하면

$$S_e = \left(\sum_{i=1}^{n} L_i / \sum_{i=1}^{n} L_i / S_i^{1/2} \right)^2 = \left(\frac{6000}{42557.25} \right)^2 = 0.0199$$

따라서, 최상단 표고는 0.0199×6000+667.09=786.49 m가 된다.

4) 하천밀도

하천밀도(河川密度, stream density) 혹은 배수밀도(排水密度, drainage density) D는 k차 하천유역 내 모든 하천의 길이 L_T를 총 유역면적 A_k로 나눈 값으로 유역의 단위면적당 평균 하천길이를 말한다. 즉,

$$D = \frac{L_T}{A_k} = \sum_{j=1}^{k} \sum_{i=1}^{N_j} \frac{L_{ji}}{A_k} \tag{7.58}$$

여기서, L_T는 하천차수 k인 유역면적 A_k 내 모든 차수하천의 총 길이이다. 첨자 j는 하천차수를, i는 하천의 수를 나타낸다. 하천밀도가 높다는 것은 유역의 단위면적당 평균하천길이가 길다는 것을 의미하므로 유역에 내리는 호우에 대한 유출응답(流出應答)이 빨라서 배수가 양호함을 의미하며 이는 토양의 투수성이 낮고 경사가 급하며 식생피복이 빈약한 지역의 경우이다. 반대로 하천밀도가 낮으면 유출응답은 느려서 배수가 불량해짐을 의미하며, 이는 토양의 투수성이 높고 기복이 심한 지역의 경우이다.

5) 하천횡단면

유역 내에 흐르는 하천의 횡단면 특성은 하도의 유출능력에 큰 영향을 미치며 각종 수문분석 및 수리설계에 대단히 중요한 자료가 된다.

일반적으로 유역의 상류부에 있는 소하천의 경우 하천횡단면은 단순한 V-자형을 가지나, 하류부로 내려오면서 유역면적이 커지면 U-자형의 사각형 혹은 사다리꼴 단면으로 변화하며, 유역면적이 더 커지면 반복되는 홍수로 인해 홍수터(flood plain)가 생성되고, U-자형 저수로(低水路)는 홍수터 사이에 위치하게 된다.

하천횡단면은 홍수로 인한 침식 및 퇴적현상으로 인해 끊임없이 변하며, 때로는 교량이나 보 건설 등 홍수터의 인위적인 개발로 인해 하천횡단면적이 감소되어 하천의 홍수소통능력에 지장을 초래하기도 한다.

따라서, 하천의 횡단면은 하도(河道) 내의 유출능력을 크게 지배한다는 측면에서 보면 횡단면적의 축소를 피하고 가급적 통수능력(通水能力)을 크게 확보함이 중요하다 하겠다.

6) 하천유로의 조도

하천유로(河川流路)의 거칠은 정도를 표시하는 조도(粗度, roughness)는 유출특성에 큰 영향을 미친다. 지표면의 조도는 표면류(表面流, overland flow)의 흐름속도를 완만하게 하여 침투능을 증가시키는 반면에 토양침식을 완화시킨다. 또한, 하천의 하도 내 조도도 지표면 유출의 경우와 비슷한 영향을 미친다.

지표면(地表面)이건 하도(河道)이건 간에 흐름의 속도에 영향을 미치는 조도는 Manning의 조도계수(粗度係數, roughness coefficient) n으로 표시되며 평균유속 공식은 다음과 같이 표시된다.

$$V = \frac{1}{n} R^{2/3} S^{1/2} \tag{7.59}$$

여기서, V는 평균유속(m/sec)이고, R은 흐름의 동수반경(m), S는 수로경사이다. 식 (7.59)의 Manning의 평균유속 공식으로부터 흐름의 평균유속은 조도계수 n에 직접 반비례함을 알 수 있으므로 유로(流路)의 조도가 크면(n값이 크면) 하천의 흐름단면의 통수능(通水能)은 작아지게 된다.

자연하천유역의 홍수터나 하도(河道)에 대한 Manning n값은 각종 수리학 교재에 제시된 n값표를 사용하거나, 하천수로에 대한 각종 사진첩에서 추천되고 있는 n값을 선택하거나 혹은 n의 기본값을 택한 후 하천횡단면의 불규칙성, 유로 내의 지장물 존재여부 및 식생피복정도, 하천유로의 만곡정도 등의 조건 각각을 고려하여 보정량을 구하고 이를 n의 기본값에 더하여 최종 n값을 결정하기도 한다(McCuen, 1998).

7.10 강우-유출 관계 및 유역 크기에 따른 관계분석방법

제7.9절에서 살펴본 바와 같이 유역에 내리는 강우로 인한 유역출구에서의 유출에 영향을 미치는 인자는 수없이 많고 강우-유출 관계 또한 대단히 복잡하다.

이수목적의 하천유량자료로는 홍수시가 아닌 평상시에 간헐적으로 내린 수시 강우사상으로 인한 수위관측소에서의 일평균수위를 측정하여 일 평균유량으로 환산한 자료를 사용하거나, 혹은 장기 강우-유출 수문모형을 사용하여 일유량의 모의(模擬)에 의해 하천유량자료를 획득하게 된다. 이와 같이 획득한 이수목적의 유량자료는 제13장의 확률론적 수문분석기법에 의해 각종 수문설계량을 결정하게 된다.

한편, 치수목적의 수공구조물의 설계를 위해서는 홍수를 소통시키거나 저류시켜야 할 구조물의 크기를 결정하기 위해 설계홍수량(設計洪水量, design flood)을 결정하여야 한다. 이를 위해서는 강우와 유출 간의 관계를 분석하여 설계 대상 호우가 발생했을 때 유역 출구에서의 홍수량의 시간적 분포가 어떠하고, 첨두홍수량은 얼마이며, 발생시각은 언제인지 등을 결정해야 하며 이러한 분석이 바로 유역의 강우-유출 관계분석(rainfall-runoff analysis)이다.

이수목적의 유량자료분석은 연중 계속되는 하천유량자료 계열을 갈수에 대비하여 연속적으로 분석하는 반면, 치수목적의 홍수량 자료는 주요 호우사상별로 강우-유출 관계를 분석하게 된다. 홍수시의 한 유역의 강우-유출 관계는 유역면적의 크기에 따라 분석방법론에 있어서 상당한 차이가 있다. Ponce(1989)에 의하면 수문학적으로 소유역(小流域, small catchment)이라 함은 유역에 내리는 강우의 분포가 시간적 및 공간적으로 변하지 않고 일정하며, 강우지속시간(storm duration)이 유역의 집중시간(time of concentration), (혹은 도달시간)보다 길며, 유출의 대부분이 지표면을 따라 흐르는 표면류(表面流, overland flow)이어서 하도의 저류효과는 무시할 수 있다고 가정할 수 있는 크기의 유역이다. 이와 같이 가정되는 소유역의 크기에 대한 상한계는 임의성을 가지나 미국의 일부기관들은 유역면적이 2.5 km^2보다 작거나 유역의 집중시간이 1시간 이내인 유역을 소유역으로 분류하고 있다.

소유역으로부터의 유출량은 유출기구(流出機構, runoff mechanism)가 비교적 단순하기 때문에 유출에 영향을 미치는 각종 수문성분과정을 강우강도라든지 유역면적, 그리고 유역의 침투특성을 대표하는 인자 등 몇 개의 단순매개변수만으로 표시되는 경험공식에 의해 산정하는 것이 보통이므로 본 절에서 상세하게 살펴보기로 한다.

한편, Ponce(1989)는 수문학적으로 중규모 유역(中規模 流域, midsize catchment)을 유역에 내리는 강우의 강도가 호우지속시간 동안 시간적으로는 변한다고 보나, 공간적으로는 변하지 않고 일정한 분포를 가지며, 유출은 표류수(表流水)뿐만 아니라 하도유출(stream channel flow)로 구성되나, 하도 내 유출로 인한 저류효과는 무시할 수 있을 정도로 작다고 가정할 수 있는 크기의 유역으로 정의하였다. 중규모유역의 경우 호우지속기간의 강우강도가 시간적으로는 변하나 공간적으로는 일정하다고 가정하므로 제8장에서 소개할 단위유량도(單位流量圖, unit hydrograph) 개념의 적용에 의한 강우-유출 관계분석이 가능하며, 하도저류효과를 크게 고려할 필요가 없으므로 제9장의 하도 홍수추적(channel flood-routing)을 해야 할 필요성이 없다. 그러나, 중규모 유역의 정의에 전제되는 가정이 받아들여질 수 있는 유역면적 크기의 상한선 또한 소유역의 경우처럼 임의적이라 할 수 있으나, 유출계산이 단위유량도법에 의하므로 후술할 단위유량도의 기본 가정이 적용될 수 있는 크기의 유역면적을 초과하지 않는 유역에 적용함이 바람직하다 하겠다.

중규모 유역의 경우와는 달리 유역면적이 상당히 큰 대하천유역(大河川流域, large catchment)의 경우는 호우지속기간이 큰 면적에 걸쳐 공간적으로 다를 뿐 아니라 강우강도의 시간적 분포 또한 공간적으로 달라지며, 유출은 하도유출이 대부분을 차지하게 되어 하도저류효과가 큰 역할을 하게 된다. 또한, 유역면적이 큰 하천유역을 한 덩어리의 유역으로 취급할 경우에는 단위유량도의 여러 가정이 적용될 수 없으므로 대하천유역을 단위유량도의 적용이 가능한 수준의 소유역으로 나누고 하천의 분류구간을 여러 개의 하도구간으로 분할하여 제9장의 유역추적 및 하도추적을 조합적용하여 산정지점별 홍수량을 계산하게 된다.

중규모유역의 강우-유출 관계 분석방법은 제8장과 제9장에서 살펴보기로 하고 대하천유역은 제15장에서 다루기로 하며, 본 절에서는 소하천유역에 대한 강우-유출 관계분석방법에 대해서만 살펴보기로 하다.

7.11 소유역의 첨두홍수량 산정

치수목적의 수공시설물 중 홍수량의 안전한 소통으로 침수를 방지하고자 하는 시설에는 비행장의 배수로, 도시우수관거, 도로암거(highway culvert), 주차장 배수시설 등이 있으며, 이들의 크기를 결정하기 위한 첨두홍수량의 산정방법들이 많이 개발되어 왔다. 이들 방법에서는 설계호우로 인한 유역출구에서의 완전한 홍수수문곡선을 계산하는 것이 아니라 첨두홍수량의 크기만을 결정하는 것이며, 대표적인 방법으로는 도시지역의 배수설계에 사용하는 합리식(合理式)과 기타 자연하천유역에의 적용을 위해 개발된 단순 홍수량공식(單純 洪水量公式) 등이 있다.

7.11.1 합리식

1) 합리식 및 기본 가정

합리식(合理式, rational formula)은 미국에서는 Kuichling(1889) 방법으로, 영국에서는 Lloyd-Davies(1906) 방법으로 부르고 있으나 Dooge(1957)에 의하면 Mulvaney(1850)가 최초로 합리식에 관한 논문을 발표한 것으로 알려져 있다.

만약 일정한 강도의 강우가 불투수면에 강하하면 그 불투수면으로부터의 단위면적당 유출률은 그림 7.42에서 보는 바와 같이 차차 증가하여 결국 강우강도와 동일하게 되어 평형상태(平衡狀態, equilibrium condition)에 도달하게 된다. 이러한 평형상태의 도달에 소요되는 시간은 강우로 인한 유수가 그 유역 내의 가장 먼 지점으로부터 주유로(主流路)를 따라 유역출구까지 도달하는 데 소요되는 시간과 같으며 이를 유역의 집중시간(集中時間, time of concentration) t_c라 부른다.

만약 작은 면적의 불투수 지역 내에 일정한 강도의 강우가 그림 7.42에서처럼 t_c보다 긴 시간 동안 계속되면 첨두유량은 t_c시간부터 강우강도 I에 유역면적 A를 곱한 값과 같아질 것이다. 한편, 자연상태의 유역에 있어서는 침투현상에 의한 강우량의 손실이 필연적으로 발생하므로 감소계수(C)를 곱하여 첨두유량을 산정하게 된다. 즉

$$Q = CIA \tag{7.60}$$

여기서, Q는 유역출구에서의 첨두유량(ft^3/sec)이며, I는 지속기간이 t_c인 강우강도(in/hr), A는 유역면적(acre)을 표시하며, C는 배수유역의 특성에 따라 결정되는 감소계수인 유출계수(流出係數, runoff coefficient)이다. 식 (7.60)을 합리식이라 부르게 된 이유는 식의 좌우변의 단위가 서로 일치하기 때문이다. 즉 1.008 ft^3/sec = 1 in.acre/hr이므로 I를 in./hr, A를 acre 단위로 표시하면 Q는 ft^3/sec가 된다.

식 (7.60)을 SI 단위제로 표시하기 위하여 I를 mm/hr, A를 km^2 단위로 사용할 때 m^3/sec로 표시되는 유량은 단위환산계수를 곱하여 다음과 같이 표시할 수 있다.

$$Q = 0.2778\,CIA = \frac{1}{360}\,CIA' \tag{7.61}$$

여기서, A'은 유역면적을 헥타르(ha) 단위로 표시한 것이다.

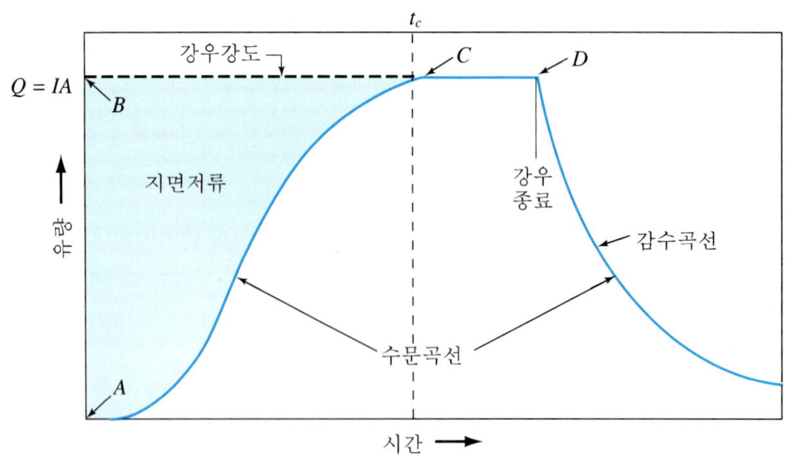

그림 7.42 합리식의 기본 가정

Singh(1988)에 의하면 식 (7.61)의 합리식의 관계에는 다음과 같은 가정이 전제된다.

① 강우강도 I는 도달시간(혹은 집중시간) 내에는 변하지 않고 일정하다.

② 집중시간(혹은 도달시간) t_c는 유역 내의 가장 먼 지점에서 유역출구까지 물이 유하하는데 소요되는 시간이다.

③ 유역의 유출계수 C는 강우지속 기간 동안 일정하다.

④ 첨두유량의 재현기간은 일정한 강우강도의 재현기간과 같다.

이상의 가정은 수문학적으로 소유역(hydrologically small watershed)으로 볼 수 있는 유역에서는 거의 성립하며 마지막 가정은 모든 강우-유출 관계에서 전제되는 가정이다.

2) 합리식의 매개변수 결정방법

가) 유역면적(A)

유역면적은 축척이 표시되어 있는 지형도상에서 구적기(求積器, planimeter)로 측정하거나 수치지도에서 산출하며, 필요한 경우 토지이용 및 식생피복형별로 구분된 면적을 각각 결정한다.

나) 유출계수(C)

일반적으로 유출계수는 유역의 피복특성에 따라 표 7.17~표 7.19 등을 참고로 하여 결정할 수 있다. 표 7.17은 미국토목학회(ASCE, 1970)에서 도시유역의 유출계수로 추천한 값이며, 표 7.18은 Schwab(1971)가 산지, 초지, 경작지 등 자연하천유역에 대해 추천한 값이며, 표 7.19는 일본건설성(1984)에서 하천정비 및 하수도시설 사업지역에 대해 추천하고 있는 유출계수이다.

Ponce(1989)에 의하면 표 7.17~표 7.19의 유출계수 C값은 재현기간이 5~10년인 강수에 대해 추천된 값이므로 재현기간이 더 긴(30년, 50년 등) 강수의 경우에는 침투량 등 손실강우량이 유출에 미치는 영향이 작아지므로 유출계수는 더 큰 값을 가지게 되며 Solano County (1977)는 그림 7.43의 관계를 제시하였다. 그림 7.43을 보면 설계강우의 재현기간이 10년보다 크면 표 7.17~표 7.19에 제안된 값보다 더 큰 유출계수를 사용해야 된다는 것이다.

표 7.17 합리식의 유출계수(도시유역)

토지이용상태		유출계수
상업지역	도심지역	0.70~0.95
	근린지역	0.50~0.70
주거지역	단독주택	0.30~0.50
	독립주택단지	0.40~0.60
	연립주택단지	0.60~0.75
	교외지역	0.25~0.40
	아파트	0.50~0.70
공업지역	산재지역	0.50~0.80
	밀집지역	0.60~0.90
공원, 묘역		0.10~0.25
운동장		0.20~0.35
철도지역		0.20~0.35
미개발지역		0.10~0.30

표면상태			유출계수
포장지역	아스팔트		0.70~0.95
	콘크리트		0.70~095
	벽돌		0.70~0.85
지붕			0.75~0.95
잔디	사질토 (sandy soil)	평탄 (2% 이하)	0.05~0.10
		보통 (2~7%)	0.10~0.15
		급경사 (7% 이상)	0.15~0.20
	중토 (heavy soil)	평탄 (2% 이하)	0.13~0.17
		보통 (2~7%)	0.18~0.22
		급경사 (7% 이상)	0.25~0.35

주) 자료: ASCE(1970)

표 7.18 합리식의 유출계수(자연유역)

유역상태		토양구조별 유출계수		
		성긴 사양토 (open sandy loam)	점토 및 양토 (clay and loam)	조밀한 점토 (tight clay)
산지 (woodland)	0~5% 경사	0.10	0.30	0.40
	5~10% 경사	0.25	0.35	0.50
	10~30% 경사	0.30	0.50	0.60
초지 (pasture)	0~5% 경사	0.10	0.30	0.40
	5~10% 경사	0.16	0.36	0.55
	10~30% 경사	0.22	0.42	0.60
경작지 (cultivated land)	0~5% 경사	0.30	0.50	0.60
	5~10% 경사	0.40	0.60	0.70
	10~30% 경사	0.52	0.72	0.82

주) 자료: Elementary Soil and Water Engineering, 2nd Edition(Schwab, 1971)

표 7.19 합리식의 유출계수(일본)

구분	유역상태	유출계수	구분	유역상태	유출계수
하천정비	밀집 도시지역	0.9	소규모 하수도시설	지붕	0.85~0.95
	일반 도시지역	0.8		도로	0.80~0.90
	농업지역	0.6		기타 불투수지역	0.75~0.85
	논	0.7		수면지역	1.00
	산지지역	0.7		미개발지역	0.10~0.30
대규모 하수도시설	상업지역	0.7~0.9		공원지역	0.05~0.25
	산업지역	0.4~0.6		완경사 산지	0.20~0.40
	주거지역	0.3~0.5		급경사 산지	0.40~0.60
	공원지역	0.1~0.2			

주) 자료: 일본건설성(1984)

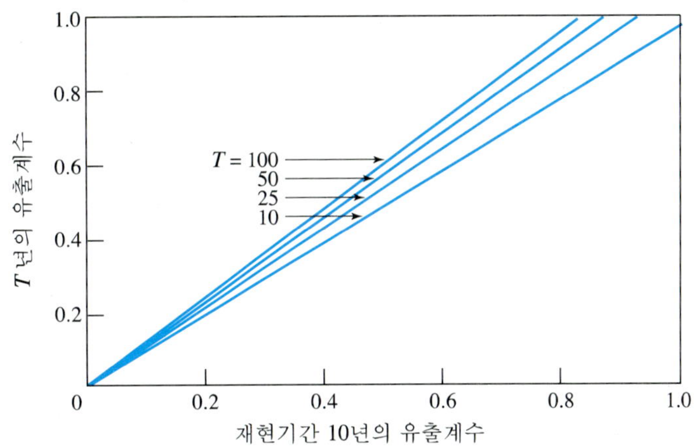

그림 7.43 설계강우 빈도(재현기간)의 증가에 따른 유출계수의 증가

다) 강우강도(I)

식 (7.61)의 강우강도 I는 유역의 도달시간 t_c를 강우의 지속기간(rainfall duration) t로 잡고 설계하고자 하는 소규모 수공구조물의 목적과 중요도에 따라 강우의 허용 재현기간을 선택하여 그림 3.22와 같은 강우강도-지속기간-재현기간 관계곡선으로부터 결정하게 된다. 따라서, 식 (7.61)에 의해 계산되는 홍수량 Q는 설계 강우강도 I와 동일한 재현기간(혹은 생기빈도)을 가진다는 가정을 전제로 하고 있음을 앞에서 이미 언급한 바 있다.

3) 첨두홍수량의 안전소통을 위한 우수관거의 설계

합리식에 의해 소 배수유역의 설계홍수량(design flood)인 첨두홍수량이 결정되고 나면 이를 안전하게 하류로 소통시키는 데 충분한 크기의 관의 지름을 결정해야 한다. 소요관의 지름은 다음의 Manning 유량공식을 사용하여 결정할 수 있다.

$$Q_d = \frac{1}{n} A R^{2/3} S_0^{1/2} \tag{7.62}$$

여기서, Q_d는 설계홍수량(m^3/sec), n은 Manning의 조도계수, A 및 R은 각각 홍수흐름단면의 단면적(m^2) 및 동수반경(動水半徑, m)이며, S_0는 관로의 무차원 경사이다.

따라서, 식 (7.62)로부터 관거의 소요단면적은 다음 식으로부터 계산할 수 있다.

$$AR^{2/3} = \frac{nQ_d}{S_0^{1/2}} \tag{7.63}$$

관거가 원형단면이면 $A = \frac{\pi D^2}{4}$, $R = \frac{D}{4}$ (D는 지름)이므로

$$\frac{\pi D^2}{4}\left(\frac{D}{4}\right)^{2/3} = \frac{nQ_d}{S_0^{1/2}} \tag{7.64}$$

따라서,

$$D = \left(3.208 \frac{nQ_d}{S_0^{1/2}}\right)^{3/8} \tag{7.65}$$

만약, 관거가 구형(矩形)단면이면,

$$bd\left(\frac{bd}{b+2d}\right)^{2/3} = \frac{nQ_d}{S_0^{1/2}} \tag{7.66}$$

여기서, b는 구형단면의 폭, d는 깊이이다.

식 (7.65)와 (7.66)의 우변의 값은 기지값이므로 원형관의 지름 혹은 구형(혹은 제형단면 등) 관거의 크기를 결정할 수 있다.

7.11.2 유역의 집중시간 결정방법

합리식에서 설계강우강도(I)의 지속시간으로 사용되는 집중시간(t_c)은 '해당유역 내의 가장 먼 지점으로부터 주유로(主 流路)를 따라 유역출구점까지 도달하는 데 소요되는 시간'이라 정

의하였으므로 유역 내 가장 먼 지점으로부터 주유로의 시작점까지 흐르는 표면류(overland flow)의 유입시간(流入時間, inlet time)과 주유로 시작점으로부터 유역출구점까지 흐르는 하도 내 흐름(channel flow)의 유하시간(流下時間, travel time)의 합으로 볼 수 있으며, 유하시간을 흐름의 도달시간(到達時間, travel time)이라고도 부른다. 따라서, 집중시간과 도달시간은 유입시간만큼의 차이를 가지나 현 실무에서는 유입시간을 무시하고 유하시간(도달시간)을 집중시간으로 통용하는 경우가 많다.

유역면적이 작은 소규모유역의 경우는 짧은 유하시간에 비해 유입시간도 무시할 수 없으므로 집중시간은 유입시간(t_s)과 유하시간(t_t)의 합으로 산정하여야 한다. 한편, 중규모 이상의 큰 유역의 경우는 유입시간이 유하시간에 비해 상대적으로 짧으므로 유입시간은 무시할 수도 있으며, 유하시간을 집중시간으로 취급하고 이를 도달시간이라 부르기도 한다.

그러나 중규모 이상 크기의 유역을 여러 개의 소유역으로 분할하여 강우-유출 관계를 수문모형(제12장)으로 해석할 경우에는 소유역으로 보아 유입시간을 고려할 필요가 있다.

1) 유입시간의 산정공식

유역의 유입시간을 산정하기 위해 개발된 경험공식에는 여러 가지가 있으나 이들 공식들은 특정한 지역에서 측정된 한정된 자료를 사용하여 개발되었으므로 공식개발시 전제된 가정이나 여건에 맞게 적용해야 한다.

소규모 자연하천유역은 전술한 바 있듯이 유역면적 2.5 km^2 이내의 유역을 말하며, 이들 유역의 경우 유입시간은 산지유역의 경우 약 30분, 급경사 유역의 경우는 약 20분 정도로 「하천시설기준(1993)」에서 추천하고 있으나, 지금까지 개발된 경험공식을 소개하면 다음과 같다.

가) Kerby 공식

자연 및 도시하천유역에 적용되는 Kerby 공식은 다음과 같다.

$$t_s = 36.264 \frac{(Ln)^{0.467}}{S^{0.2335}} \tag{7.67}$$

여기서, t_s는 유입시간(min.), L은 표면류의 길이(km), S는 표류수의 시점과 종점 간 표고차(H)를 거리(L)로 나눈 무차원 경사이며, n은 Manning의 표면조도계수로서 포장지역은 0.02, 나지의 비포장 표면은 0.10, 식생이 없는 나지의 거친 표면은 0.20, 식생으로 피복된 표면은 0.40, 낙엽으로 덮힌 수목지역은 0.60, 초지와 산림이 우거진 표면은 0.80을 사용한다.

나) 미국 연방항공청 공식

표면류의 유입시간을 산정하기 위한 또다른 하나의 경험공식으로 미국 연방항공청(Federal

Aviation Agency, 1970) 공식을 들 수 있다.

$$t_s = \frac{0.994(1.1 - C)L^{0.5}}{S^{1/3}} \tag{7.68}$$

여기서, t_s는 유입시간(min.)이며, C는 합리식의 유출계수, L은 표면류의 길이(m), S는 지표면의 경사(%)이다. 식 (7.68)은 미국육군공병단(U.S. Corps of Engineers)이 비행장 배수시설에 대한 자료를 사용하여 개발한 식이며 도시유역의 표면류의 유입시간 산정에 흔히 사용되고 있다.

다) SCS의 평균유속 방법

미국의 SCS(Soil Conservation Service)는 지표면과 하도 내 흐름의 평균유속을 각각 결정하여 각각의 흐름연장(flow length)을 평균유속으로 나누어 유입시간과 유하시간을 산정함으로써 집중시간을 산정할 것을 제안하였다. 즉,

$$t_c = t_s + t_t \tag{7.69}$$

여기서, t_s는 표면류의 유입시간으로서 그림 7.44로부터 지표면의 토지이용상태와 평균경사에 따라 평균흐름유속을 결정하여 표면류의 연장(overland flow length) L을 평균유속 V로 나눔으로써 산정할 수 있다. 즉,

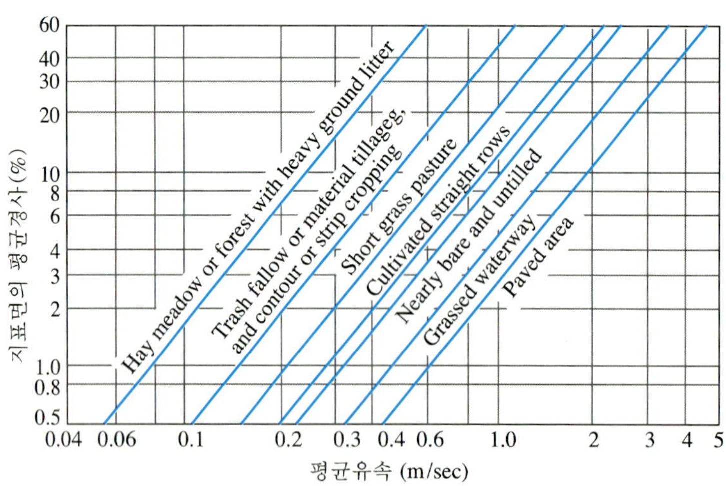

그림 7.44 지표면에서의 평균유속(SCS 방법)

$$t_s = \frac{1}{60}\left(\frac{L}{V}\right) \tag{7.70}$$

한편, 식 (7.69)의 t_t는 하도를 통한 유하시간으로서 하도 내 흐름의 연장을 여러 개의 소구간으로 나누고 하도구간별 길이(L_i)와 평균경사(S_i)를 측정한 후 평균단면적(A_i)과 Manning의 조도계수(n_i)를 추정하여 Manning 공식으로 구간평균유속(V_i)을 구하고, 구간길이를 나누어 계산한 소구간별 유하시간을 합하여 구한다.

$$t_t = \sum_{i=1}^{N} t_{ti} = \sum_{i=1}^{N} \frac{L_i}{V_i} = \sum_{i=1}^{N} \frac{n_i L_i}{R_i^{2/3} S_i^{1/2}} \tag{7.71}$$

여기서, R_i는 소구간별 평균흐름단면의 동수반경(動水半徑, hydraulic radius)이다.

예제 7.7 배수용 구형단면수로($n = 0.014$)로 배수되는 소유역의 도달시간을 구하고자 한다. 유역 출구점에서 상류로 3 km되는 지점까지의 수로경사는 1/5,000이고 폭은 6 m, 설계수심은 1.5 m이며, 다시 상류로 4 km 더 뻗어있는 수로의 경사는 1/2,000, 폭은 4 m, 수심은 1.0 m이다. 수로의 시점부터 유역경계까지의 지표면 연장은 200 m이고 평균경사는 2%이며 울창한 삼림지역이다. SCS 방법으로 이 배수유역의 집중시간을 구하라.

풀이 SCS의 유입시간 산정방법에 의하면, 그림 7.44에서 Forest 지역의 경사 2%일 때 평균유속 $V = 0.11\ \mathrm{m/sec}$이다. 따라서

$$t_s = \frac{200}{0.11 \times 60} = 30.3\ \mathrm{min.}$$

한편, Kerby의 유입시간 산정공식[식 (7.67)]을 사용하면($n = 0.80$ 채택)

$$t_s = 36.264 \times \frac{(0.2 \times 0.8)^{0.467}}{(0.02)^{0.2335}} = 38.42\ \mathrm{min.}$$

두 방법에 의해 산정한 t_s는 비슷하므로 SCS 방법을 채택하기로 한다.

수로의 시점에서 4 km까지의 구간에 대하여 식 (7.71)을 사용하면

$$t_{t1} = \frac{0.014 \times 4{,}000}{\left(\frac{4}{6}\right)^{2/3} (0.0005)^{1/2}} = 3{,}281.7\ \mathrm{sec} = 54.7\ \mathrm{min.}$$

4 km 지점에서 유역출구까지의 구간에 대한 유하시간은

$$t_{t2} = \frac{0.014 \times 3{,}000}{\left(\dfrac{6 \times 1.5}{6+3}\right)^{2/3} (0.0002)^{1/2}} = 2{,}9698.8\,\mathrm{sec} = 49.5\,\mathrm{min.}$$

따라서 유역의 집중시간은

$$t_c = t_s + t_{t1} + t_{t2} = 30.3 + 54.7 + 49.5 = 134.5\,\mathrm{min.}$$

2) 유하시간의 산정공식

자연하천이나 도시하천 유역의 유하시간을 산정하기 위한 경험공식들도 여러 가지가 있으나 각 공식들은 특정목적을 가지고 제한된 실측자료로부터 개발되었기 때문에 모든 지역에서, 어떤 흐름조건이든 완벽하게 적용될 수 있는 공식은 없다. 따라서, 각 공식들이 개발된 대상유역의 특성과 공식에 들어 있는 매개변수의 정의 및 단위 등에 충실하여야 한다.

가) Kirpich 공식

이 공식은 미국 SCS가 하천경사가 3~10%되는 테네시주의 7개 농경지 소하천유역에서 계측한 자료를 사용하여 개발한 공식이다. 즉,

$$t_c = t_t = 3.976 \frac{L^{0.77}}{S^{0.385}} \tag{7.72}$$

여기서, t_c는 집중시간(min.)이고, L은 유역의 주유로를 따라 측정한 하천연장(km)이며, S는 유역출구점과 주유로를 따른 유역의 최원점(最遠點) 간의 표고차(ΔH)를 하천연장(L)으로 나눈 하천의 무차원 평균경사이다.

나) Rziha 공식

이 공식은 자연하천의 상류부에 하천평균경사 $S \geq 1/200$인 경우에 적용하는 공식으로 식중의 매개변수들의 단위는 식 (7.72)에서와 같다.

$$t_c = 0.833 \frac{L}{S^{0.6}} \tag{7.73}$$

다) Kraven(I) 공식

이 공식은 자연하천의 중하류부에 하천평균경사 $S < 1/200$인 경우에 적용하는 공식으로 식

중의 매개변수들의 단위는 식 (7.72)에서와 같다.

$$t_c = 0.444 \frac{L}{S^{0.515}} \tag{7.74}$$

라) Kraven(II) 공식

이 방법은 자연하천의 평균경사별 평균유속을 개략적으로 정하여 하천의 연장을 평균유속으로 나누어 유하시간을 산정하는 방법이다. 즉,

$$t_c = 16.667 \frac{L}{V} \tag{7.75}$$

여기서, 식 중의 매개변수들의 단위는 식 (7.72)에서와 같으며, $S \leq 1/200$일 때의 $V = 2.1\ \mathrm{m/sec}$, $1/200 < S < 1/100$일 때에는 $V = 3.0\ \mathrm{m/sec}$, $S \geq 1/100$일 때에는 $V = 3.5\ \mathrm{m/sec}$를 사용한다.

마) SCS의 유출곡선지수법(Curve Number Method)

이 방법은 미국 SCS(1975)가 유역면적이 2000 acres(약 $8\ \mathrm{km}^2$) 이하인 농경지 유역에서 계측한 자료를 이용하여 개발한 다음과 같은 유역 지체시간(流域 遲滯時間, basin lag time)을 산정하는 공식을 사용하는 방법이다.

$$t_p = \frac{L^{0.8}(S+1)^{0.7}}{1900\, Y^{0.5}} \tag{7.76}$$

여기서, t_p는 유역의 지체시간(hr)이고, L은 하천유역의 총 연장(ft), Y는 유역 지표면의 평균경사(%)이며, 지표토층의 최대잠재보류수량(最大潛在保留水量, maximum potential retention)인 $S = (1000/CN') - 10$(in.)으로 CN'은 지표흐름에 대한 유역의 조도(粗度) 정도를 표시하는 매개변수로 유역의 토지이용과 식생피복형 및 처리상태에 따라 결정되는 SCS의 유출곡선지수(CN)와 거의 같은 값을 가지며 $CN' = 50 \sim 95$가 추천되고 있다.

SCS(1975)에 의하면 한 유역의 지체시간(t_p)은 초과우량주상도의 중심시간으로부터 첨두유량 발생시간까지의 시간간격으로 정의되며(제8장 참조), $t_p = 0.6 t_c$의 경험적 관계를 추천하고 있으므로 집중시간 t_c는 식 (7.76)으로 계산되는 값을 0.6으로 나누어(1.67을 곱해서) 산정한다.

바) 도시우수관거를 통한 유하시간 산정

도시우수관거를 통한 흐름의 유하시간은 관로시스템의 상류에서 하류로 다양한 관로직경별

구간으로 나누어 구간거리를 평균유속으로 나누어 얻는 구간별 유하시간을 합산하여 구한다. 즉

$$t_c = \frac{1}{60}\sum_{i=1}^{N}\frac{L_i}{V_i} \tag{7.77}$$

여기서, t_c는 유하시간(min.)(또는 통과시간, travel time)이며, L_i와 V_i는 각각 관로직경별 관의 길이(m) 및 관 내 평균유속(m/sec)이고, V_i는 Manning의 평균유속 공식으로 결정할 수 있다.

7.11.3 합리식에 의한 첨두홍수량 산정 예

예제 7.8과 7.9는 자연하천유역과 도시유역의 우수관거시스템의 첨두홍수량을 합리식에 의해 산정하는 절차를 상세하게 소개하고 있다.

예제 7.8 그림 7.45와 같은 자연하천유역에서 소유역 A, B의 특성인자는 표 7.20과 같다.

가) 소유역 A, B의 집중시간을 각각 구하여 이 유역 전체의 집중시간을 구하라. 단, 유입시간은 Kerby 공식을 사용하고 유하시간은 여러 가지 공식을 사용하여 산정한 후 한 가지를 택하라.

나) 이 유역의 10년 빈도 강우강도식이 다음과 같을 때 10년 빈도의 설계홍수량을 산정하라.

$$I_T = \frac{1000\,T^{0.2}}{(t+20)^{0.7}}$$

여기서, T=설계재현기간(연), t는 설계강우지속기간(분)이고, I_T는 T년 빈도의 강우강도(mm/hr)이다.

표 7.20 소유역별 유역특성인자

특성인자	소유역 A	소유역 B
유역면적 A (km^2)	0.4	0.6
하천연장 L (km)	1.0	1.8
하천평균경사 S (m/m)	0.086	0.122
수원부 표면류의 길이 (km)	0.1	0.2
조도계수 n	0.06	0.08
유출계수 C	0.6	0.3

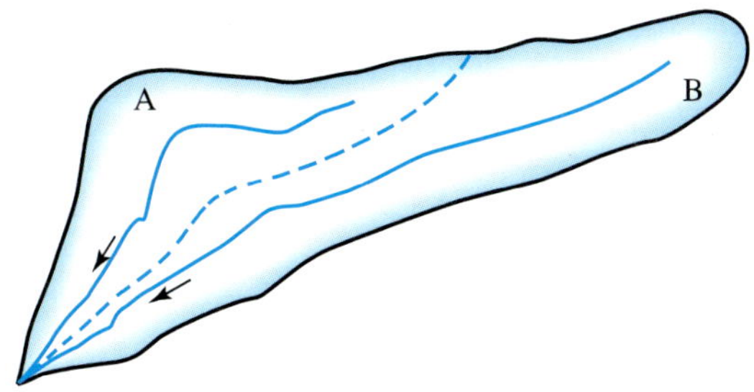

그림 7.45 자연하천 유역도

풀이 가) $t_c = t_s + t_v$라 하고 Kerby 공식[식 (7.67)]을 사용하면, 유입시간(t_s)은 다음과 같이 계산된다.

$$\text{소유역 } A: \quad t_s = 36.264 \frac{(0.1 \times 0.06)^{0.467}}{(0.086)^{0.2335}} = 5.90\text{분}$$

$$\text{소유역 } B: \quad t_s = 36.264 \frac{(0.2 \times 0.08)^{0.467}}{(0.122)^{0.2335}} = 8.59\text{분}$$

한편, 유하시간(도달시간) 계산공식에 의해 소유역 A, B의 유하시간을 계산하면 표 7.21과 같다.

표 7.21 경험공식별 A, B 소유역의 유하시간 산정결과 단위: 분(min.)

공식	Kirpich	Rziha	Kraven (I)	Kraven (II)
소유역 A	10.23	3.63	1.57	4.76
평균유속 V_A(m/sec)	1.63	4.59	10.62	3.50
소유역 B	14.05	5.30	2.36	8.57
평균유속 V_B(m/sec)	2.14	5.66	12.71	3.50

주: 평균유속 V_A, V_B는 각각 A, B유역의 하천연장을 공식별로 산정한 유하시간으로 나눈 값.

표 7.21로부터 알 수 있는 바와 같이 하천을 따른 흐름의 평균유속 측면에서 보면 Rziha 공식과 Kraver(I) 공식을 사용시 평균유속이 지나치게 크게 나와 유하시간이 너무 짧게 산정되는 반면, Kirpich 공식에 의한 평균유속은 지나치게 작아서 유하시간이 과도하게 산정되는 것으로 판단된다. 반면에, Kraven(II) 공식은 홍수시에 수용 가능한 평균유속 3.50 m/sec의 값을 주므로 Kraven(II) 공식에 의한 유하시간을 택하기로 한다. 따라서, 두 유역의 집중시간은 표 7.22와 같이 정리할 수 있다.

표 7.22 소유역별 집중시간

소유역	유입시간 t_s(분)	유하시간 t_v(분)	집중시간 t_c(분)
A	5.90	4.76	10.66
B	8.59	8.57	17.16

합리식에서 필요한 집중시간은 B유역의 집중시간이 A유역보다 크므로 A, B를 합한 전체유역의 집중시간 $t_c = 17.16$분이 된다.

나) 주어진 10년 빈도 강우강도식의 설계강우지속시간 $t = t_c = 17.16$분으로 놓으면,

$$I_{10} = \frac{1000 \times (10)^{0.2}}{(17.16+20)^{0.7}} = 126.18\ \text{mm/hr}$$

한편, 유역의 평균유출계수는

$$\overline{C} = \frac{(0.6 \times 0.4) + (0.3 \times 0.6)}{(0.4 + 0.6)} = 0.42$$

따라서,

$$Q_{10} = 0.2778 \times 0.42 \times 126.18 \times 1.0 = 14.72\ \text{m}^3/\text{sec}$$

예제 7.9 그림 7.46과 같이 서울시내에 위치한 주차장으로부터의 우수를 배제하기 위해 우수관거(雨水管渠)를 설계하고자 한다. 재현기간 10년인 호우에 대하여 설계하기로 결정했다면 우수관거 ab, bc, cd의 설계유량은 얼마나 되겠는가? 재현기간 10년에 해당하는 서울지방의 강우강도식은 $I = \dfrac{6630}{t+37}$ mm/hr이며 각 주차장의 배수면적, 유출계수 및 유입시간은 그림에 표시되어 있다. 우수관거 내의 유속은 2 m/sec로 가정하라.

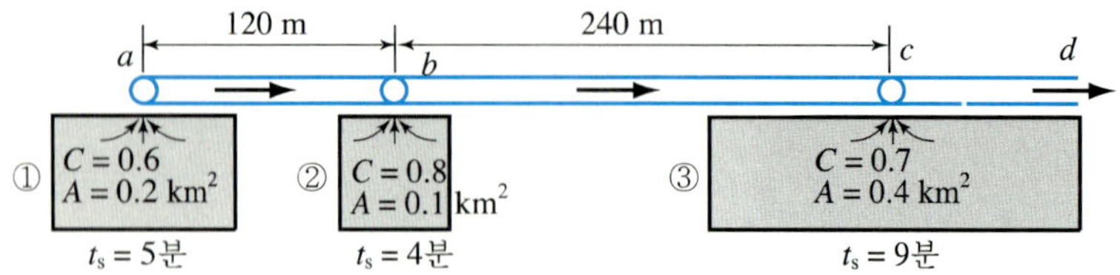

그림 7.46 주차장을 위한 배수망의 설계유량계산

풀이 1) 우수관거 ab의 설계유량

a지점까지의 도달시간 $t_c = 5\text{ min.}$이므로 $I = \dfrac{6,630}{5+37} = 158\text{ mm/hr}$

따라서, 식 (7.61)로부터

$$Q = 0.2778 \times 0.6 \times 158 \times 0.2 = 5.27\text{ m}^3/\text{sec}$$

2) 우수관거 bc의 설계유량

b지점까지의 도달시간 $t_c = 5 + \dfrac{120}{2 \times 60} = 6\text{ min.}$ 따라서 $I = \dfrac{6,630}{6+37} = 154\text{ mm/hr}$

평균 유출계수를 ①, ②번 주차장의 면적을 가중인자로 하여 계산하면

$$C_{1\sim2} = \frac{0.6 \times 0.2 + 0.8 \times 0.1}{(0.2 + 0.1)} = 0.67$$

식 (7.61)을 사용하면

$$Q = 0.2778 \times 0.67 \times 154 \times 0.3 = 8.60\text{ m}^3/\text{sec}$$

3) 우수관거 cd의 설계유량

c지점까지의 도달시간 $t_c = 9\text{ min.}$

따라서 $I = \dfrac{6,630}{9+37} = 144\text{ mm/hr}$

평균 유출계수를 ①, ②, ③번 주차장의 면적을 가중인자로 하여 계산하면

$$C_{1\sim2\sim3} = \frac{0.6 \times 0.2 + 0.8 \times 0.1 + 0.7 \times 0.4}{(0.2 + 0.1 + 0.4)} = 0.68$$

식 (7.61)을 사용하면

$$Q = 0.2778 \times 0.68 \times 144 \times 0.7 = 19.0\text{ m}^3/\text{sec}$$

7.11.4 기타 첨두홍수량 산정공식

여러 가지 설계목적으로 소하천 유역에서 발생할 수 있는 최대홍수량(maximum flood)의 추정을 위한 여러 경험공식들이 홍수량 측정 자료의 분석결과로 개발되어 왔으며, 가장 대표적인 공식은 1879년에 처음으로 발표된 Meyer의 단순홍수량 공식(simple flood formula)으로 일반식은 다음과 같다.

$$Q = CA^n \tag{7.78}$$

여기서, Q는 당해유역의 최대값에 가까운 홍수량(m^3/sec)이고, A는 유역면적(km^2)이며, C는 유역의 기후특성과 유역특성 및 적용단위에 관계되는 지역상수이고, n 또한 상수로서 통상 0.5~1.25의 값을 가지는 것으로 알려져 있다.

식 (7.78)의 첨두홍수량 공식에 유역경사라든지 유로연장 등의 유역특성인자가 추가되는 경우도 있다.

이들 첨두홍수량 공식(flood formula)들은 기록상의 최대값에 가까운 홍수량을 유역특성인자에 상관시킨 단순홍수량 공식으로서 과거 소유역의 치수시설물 설계를 위한 홍수량 추정에 사용된 적도 있으나 오늘날에 와서는 단위유량도 이론 등의 등장과 풍부한 수문자료의 확보가 가능하여 여러 가지 강우-유출모형에 의한 홍수량의 추정이 가능하므로 이들 공식의 실무적용은 거의 사라졌다고 할 수 있다.

따라서, 건설부(1993)가 제시한 바 있는 단순 홍수량 공식과 국내에서 1960~70년대에 사용된 바 있는 대표적인 첨두홍수량 산정공식인 가지야마 공식(梶山 公式, Kajiyama formula)에 대해서 간단히 살펴보기로 한다.

1) 건설부의 비홍수량 공식

건설부(1993)는 미계측 유역의 첨두홍수량을 추정하는 방법으로 단위유역면적당 평균 연최대홍수량 자료를 분석하여 다음과 같은 비홍수량 공식(比洪水量 公式, specific flood formula)을 제시한 바 있다.

$$q = \frac{11.25}{A^{0.25}} \tag{7.79}$$

여기서, A는 유역면적(km^2)이고, q는 단위유역면적당 평균 연최대홍수량($m^3/sec/km^2$)이다. 따라서, 유역면적 A인 유역의 평균 연최대홍수량 Q(m^3/sec)의 크기는 다음과 같아진다.

$$Q = qA = 11.25A^{0.75} \tag{7.80}$$

식 (7.80)은 식 (7.78)의 Meyer 공식의 형태이다.

건설부(1993)에 의하면 식 (7.80)으로 계산되는 평균 연최대홍수량과 빈도별 첨두홍수량의 관계는 2년 빈도의 경우는 0.9, 10년 빈도는 1.71, 50년 빈도는 2.55, 100년 빈도의 경우는 2.93을 환산계수로 하여 확률홍수량을 추정하도록 제안한 바 있다.

2) 가지야마 공식

우리나라에서 주로 사용되어온 단순홍수량 공식으로는 가지야마 공식과 수정 가지야마 공식이 있다. 가지야마 공식은 1922년에 가지야마(梶山, Kajiyama)가 우리나라의 8개 대소 하천의 12개 지점에 대한 최대홍수량 기록을 사용하여 유역면적의 멱승에다 유로연장 및 최대우량 등의 인자를 대표하는 계수를 곱하여 임의유역에 대한 최대홍수량을 구하기 위해 제안한 경험공식으로 다음과 같이 표시된다.

$$Q_{\max} = F(310 + r)\left(4 + \frac{A}{L^2}\right)A^{0.877 - 0.041 \log_{10} A} \tag{7.81}$$

여기서, $Q_{\max}$는 극대홍수량(m^3/sec)이며, A는 유역면적(km^2), L은 유로연장(km), r은 유역의 최대 24시간 평균우량(mm)이며, F는 유역의 경사와 유출능을 대표하는 상수로서 유역상황에 따라 표 7.23과 같은 값이 추천되어 있다. 식 (7.81)에서 24시간 확률강수량(r_T)을 사용하면 계산되는 홍수량은 확률홍수량(Q_T)으로 볼 수 있다.

표 7.23 유역의 유출특성상수(가지야마 홍수량 공식)

유역상태	F
임야가 적고 유출이 많은 급경사 지역	0.0104
비교적 유출이 많은 지역	0.0096
유출이 보통인 지역	0.0088
비교적 유출이 적은 지역	0.0080
유출이 대단히 적은 지역	0.0072

식 (7.81)이 제안된 후 이 식의 유도에 사용된 기왕의 최대홍수량의 크기가 점증하였으므로 이 공식에 포함되는 계수값을 수정한 것이 수정 가지야마 공식으로 알려져 있으며 다음과 같이 표시된다.

$A < 42.91\ \text{km}^2$

$$Q_{\max} = F(310 + r)\left(4 + \frac{A}{L^2}\right)A^{1.016 - 0.1135 \log_{10} A} \tag{7.82}$$

$A > 42.91\ \text{km}^2$

$$Q_{\max} = 1.886F(310 + r)\left(4 + \frac{A}{L^2}\right)A^{0.6784 - 0.0101 \log_{10} A} \tag{7.83}$$

식 (7.82)와 (7.83)에서 F값의 범위는 0.0072~0.0104이며 유역의 경사와 임상상태에 따라 결정된다.

위에서 살펴본 가지야마 공식 및 수정 가지야마 공식은 계수 F의 값을 택함에 있어서 객관성이 없어 사용자의 주관에 의해서만도 20~30%의 오차가 발생하는 것으로 알려져 있다. 뿐만 아니라 가지야마 공식은 홍수량의 발생빈도개념을 도입하여 유도된 것이 아니고 기록상의 최대 24시간 우량과 유역 지형인자 간의 상관해석으로 얻어진 공식이므로 확률홍수량의 결정시 대체로 큰 값을 주는 것으로 알려져 있다.

7.12 월 강우량과 월 유출고 간의 관계

수문실무에서는 흔히 저수지의 소요용량 결정이라든지 저수지 운영조작분석 등을 위해 월별, 계절별 혹은 연별 유출용적에 관한 자료를 필요로 할 경우가 많다. 이와 같이 시간장경이 비교적 긴 유출량을 강우-유출 상관관계에 의해 획득한다는 것은 쉽지 않다. 왜냐하면 유출에 영향을 미치는 여러 인자들이 호우기간별로 너무나 다양하게 변화하기 때문이다.

그러나 온대지방이나 열대성 기후를 가지는 지역에서의 이들 관계는 그림 7.47과 같이 양호한 상관성을 보일 경우도 있다. 즉, 그림 7.47의 관계곡선은 어떤 유역의 연 강우량(年 降雨量)과 연 유출고(年 流出高) 간의 관계를 표시하고 있으며, 이를 사용하여 연 강수량으로부터 연 유출고를 추정할 수 있게 되는 것이다.

그러나 실제에 있어서 그림 7.47과 같은 단순한 관계가 성립될 경우란 거의 없으므로 강우량과 유출고 간의 보다 섬세한 상관관계를 얻기 위해서 강우강도라든지, 강우지속기간, 연중시기 및 토양의 초기함수조건 등 유출에 영향을 미치는 인자를 매개변수로 택하여 비슷한 변수조건을 가진 호우에 대하여 강우량-유출고 관계를 수립하게 된다. 예를 들면 Langbein은 연평균기온을 매개변수로 택했으며, Kohler-Linsley는 선행강수지수(API)를, Hopkins는 선행기온지수를 매개변수로 택하여 훌륭한 강우량-유출고 관계를 얻은 바 있다.

우리나라와 같이 유출기록의 측정역사가 짧고 측정지점의 수가 한정되어 있을 경우 유역의 어떤 지점에 수자원개발 혹은 관리를 위한 수공구조물을 설계하고자 할 때에는 수계상의 어떤 지점에서의 수자원 부존량을 계산하기 위한 방법이 필요하며 이때 강우량과 유출고 간의 관계가 적절히 수립되어 있다면 측정이 용이한 월별 혹은 연별 강우량을 유출고로 환산 사용할 수 있다. 현재 우리나라의 수문실무에서 미계측지점의 월 유출고를 산정하기 위해 가끔 사용되고 있는 방법인 가지야마의 월 유출고 공식(月 流出高 公式)을 소개하면 다음 식과 같다.

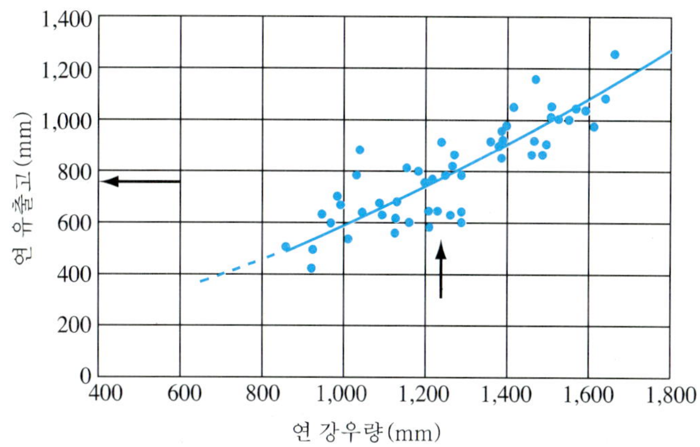

그림 7.47 연 강우량-연 유출고 관계

$$R = \sqrt{P^2 + (138.6f + 10.2)^2} - 138.6f + E \tag{7.84}$$

여기서, P는 월별 강우량(mm)이고, f는 유역의 유출특성에 관계되는 계수로서 표 7.24와 같은 값이 추천되어 있으며, E는 월별 강우량의 크기에 따른 갱정계수(更正係數, mm)로서 3, 7, 8, 11, 12월의 경우는 영(zero)이고 기타 월의 경우는 표 7.25를 사용하여 결정한다. 식 (7.84)의 적합성에 대한 검토는 아직까지 실시된 바 없으나 유출자료가 전혀 없는 지점에 대한 유하량의 추정을 가능하게 하는 방법이 현재로서는 없으므로 이를 가끔 사용하고 있는 실정이다.

표 7.24 유역의 유출특성상수(가지야마 월 유출고 공식)

유 역 특 성	f
경작지 및 임야가 많고, 경사가 완만하여 손실우량 과대	1.4
경작지 및 임야가 많고, 경사가 완만하여 손실우량 대	1.2
경작지 및 임야가 많고, 경사가 완만하여 손실우량 중	1.0
경작지 및 임야가 적고, 경사가 급하여 손실우량 소	0.8
경작지 및 임야가 적고, 경사가 급하여 손실우량 최소	0.6

표 7.25 월별 갱정계수 E값

월 강우량 (mm/mon)	1	2	4	5	6	9	10	비고
0	−2.5	−2.5	5.0	-	−2.0	6.0	7.0	3, 7, 8, 11, 12월에 대한 갱정계수 $E=0$
10	−2.0	−2.0	5.5	-	−3.0	6.4	6.3	
20	−1.5	−1.5	6.0	-	−4.0	6.8	5.6	
30	−1.0	−1.0	7.5	-	−6.0	7.2	4.9	
50	-	-	8.5	−2.4	−9.0	8.0	3.5	
70	-	-	9.0	−3.6	−12.0	8.8	2.1	
80	-	-	10.5	−6.0	−17.0	9.2	1.4	
100	-	-	5.0	−12.0	−20.0	10.0	-	
150	-	-	-	−6.0	−26.0	11.0	-	
200	-	-	-	-	−30.0	12.0	-	
250	-	-	-	-	−22.5	9.0	-	
300	-	-	-	-	−15.0	6.0	-	

연습문제

7장 하천유량과 유출

7.1 다음 표에 수록된 자료를 사용하여 하천유량을 계산하라.
유속계의 검정상수 A 및 B[식 (7.1)]의 값은 각각 0.1 및 0.7로 결정되었다.

좌안으로부터의 거리 (m)	총 수심 (m)	수면으로부터 유속계까지의 수심 (m)	회전수 (rev)	측정시간 (sec)
0.8	0.4	0.24	10	40
1.6	1.4	1.12	22	45
		0.28	35	42
2.4	2.1	1.68	28	43
		0.42	40	48
3.6	2.5	2.00	32	48
		0.50	45	50
4.4	1.7	1.36	28	35
		0.34	33	36
5.2	0.9	0.54	22	40
6.0	0.3	0.18	12	39
6.8	0			

7.2 다음 표의 3개 하천횡단면 측정자료를 사용하여 수면경사-단면적법으로 하천유량을 추정하라. 연속되는 두 개 하천구간의 길이는 각각 9.45 m 및 11.28 m이고, 각 구간에서의 수면강하량은 각각 0.0686 m 및 0.0653 m였다. 고수부지는 없는 것으로 가정하라.

횡단면	n	단면적 (m^2)	윤변 (m)
1	0.038	3.17	5.94
2	0.035	2.76	6.19
3	0.030	2.92	6.40

7.3 폭이 10 m인 사각형 단면의 소하천에서 홍수가 지난 후 1 km 구간의 상·하류에서 조사된 홍수흔적수위가 각각 22.5 m, 22.0 m이다. 이에 대응하는 수심이 2.5 m, 2.1 m이고 Manning 조도계수는 각각 0.030과 0.035로 조사되었다. 수면경사-단면적법(slope-area method)으로 홍수량을 추정하라.

7.4 아래 표는 어떤 수위 관측소의 수위 및 대응유량과 이 수위 관측점의 하류 600 m 지점에 위치한 보조관측소에 있어서의 수위를 표시하고 있다. 이 자료를 이용하여 수면경사-수위-유량관계곡선을 작성하라. 기준관측소 및 보조관측소에서의 7.50 m 및 7.26 m에 해당하는 유량을 결정하라.

기준관측소 수위(m)	유량(m^3/sec)	보조관측소 수위(m)
4.262	72	3.952
7.235	888	7.068
5.381	626	5.046
7.478	2,565	7.159
6.202	846	5.943
5.168	222	4.986
5.670	1,020	5.320
8.026	1,650	7.813
6.749	2,226	6.384
4.925	288	4.651
6.414	1,305	6.120
7.782	2,520	7.478
7.053	2,805	6.673

7.5 수면경사가 1/4,000이고 수위가 6 m인 어떤 하천단면에서의 유량이 70 m^3/sec였다면 수면경사가 1/6,000이고 수위가 6 m일 때의 유량은 얼마가 되겠는가?

7.6 어떤 하천단면에 설치된 기준수위표 및 하류 보조수위표에서의 수위 및 유량이 다음 표와 같다.

기준수위표 수위(m)	보조수위표 수위(m)	유량(m^3/sec)
9.0	8.7	6.75
9.0	8.1	12.69

기준수위표 및 보조수위표에서의 수위가 각각 9.0 m 및 8.4 m일 때 유량을 산정하라.

7.7 배수 영향을 받고 있는 수위관측지점의 수위-유량곡선을 작성하기 위한 기준 및 보조관측소의 수위-유량자료가 다음 표에 수록되어 있다. 두 관측소 간의 거리가 1 km일 때 기준관측소에 대한 수위-유량 관계곡선을 결정하고 기준 및 보조관측소에서의 동시수위가 각각 25.0 m 및 24.2 m일 때의 유량을 산정하라.

기준측점 수위 (m)	유량 (m^3/sec)	보조측점 수위 (m)	기준측점 수위 (m)	유량 (m^3/sec)	보조측점 수위 (m)
14.02	240	13.00	26.40	5,500	25.70
23.80	2,960	23.25	22.20	7,420	21.00
17.70	2,120	16.60	16.20	955	15.30
24.60	8,550	23.55	21.20	4,350	20.13
20.40	2,820	19.55	25.60	8,400	24.60
17.00	740	16.40	23.20	9,350	21.95
18.65	3,400	17.50			

7.8 정릉천 용두인도교 수위표지점에서의 2002년 수위(H)와 유량(Q)의 고수위관계를 관측한 결과로부터 Rating-Curve를 작성하였더니 아래 그림과 같이 직선관계로 나타났다. 수위-유량 관계곡선을 구하고 수위 EL. 18 m일 때의 유량을 추정하라.

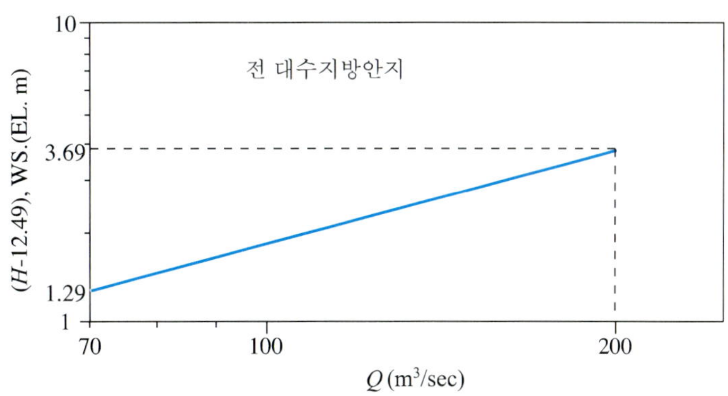

7.9 어떤 수위표 지점에 대한 수위-유량 관계곡선의 작성을 위해 실시한 하천횡단측량 및 유량실측으로부터 얻은 자료는 다음 표와 같다. 이 관계를 전 대수지 방법 및 Stevens 방법으로 연장하여 수위 4.6 m일 때의 유량을 추정하라.

수위 (m)	단면적 (m^2)	평균수심 (m)	유량 (m^3/sec)	수위 (m)	단면적 (m^2)	평균수심 (m)	유량 (m^3/sec)
0.523	24.31	0.456	30.6	0.760	62.29	0.547	81.0
1.055	110.90	0.638	117.0	1.222	145.09	0.851	198.0
1.295	165.42	0.973	231.0	1.544	198.69	1.186	283.5
1.705	219.95	1.398	321.0	1.818	268.93	1.490	393.0
2.037	303.12	1.581	453.0	2.076	316.06	1.642	483.0
2.371	365.97	1.733	570.0	2.660	445.45	1.824	723.0
2.800	462.08	1.854	750.0	3.010	485.18	1.976	819.0
4.600	757.81	2.736	?				

7.10 면적이 600 km^2인 유역의 유출고가 37 mm라면 유출용적은 몇 m^3인가? 이 유역 내 농경지의 단위 ha당의 관개용수심이 60 cm라면 몇 ha를 관개할 수 있겠는가?

7.11 유역면적이 3500 km^2인 유역에 내린 집중호우로 인한 일 평균유량은 다음 표와 같다.

일자	1	2	3	4	5	6
일 평균유량 (m^3/sec)	96.0	313.5	197.4	96.9	46.8	20.1

이 호우로 인한 유역의 총 유출용적을 mm 및 m^3 단위로 계산하라.

7.12 낙동강 유역 내 위천(渭川)유역에 대한 1:50,000 지형도(군위 NJ 52-14-25, 화북 NJ 52-14-26)를 구하여 고노교(古老橋) 지점(위도: 북위 36°5′25″, 경도: 동경 128°45′10″)에 대한 배수유역도를 그리고 다음을 결정하라.

가. 유역면적(km^2)

나. 상대고도-상대유역면적곡선(고도차 100 m 사용) 및 유역의 평균고도

다. 평균 표면류 연장 및 경사(격자망은 2.5 km×2.5 km)

라. 하천종단면도 및 총 길이

마. 하천평균경사(단순경사, 등면적경사, 등가경사)

7.13 어떤 소하천유역의 지형특성자료가 다음과 같을 때 이 유역의 유입시간과 유하시간을 산정하여 집중시간을 결정하라.

하천연장(L): 1.5 km　　　하천평균경사(S): 0.02

표면류연장(L_0): 0.2 km　　　조도계수(n): 0.05

7.14 어떤 유역에 대한 강우강도(I)-지속기간(t)-재현기간(T)의 관계식은 $I = \dfrac{2T^2}{t}$ 으로 표시된다. 배수면적이 15 ha인 운동장(playgrounds)의 출구지점에 대한 재현기간 20년인 설계배수량을 구하라. 이 배수구역의 도달시간은 10분으로 추정되었으며 운동장의 유출계수로서는 최대값을 사용하라.

7.15 경주시의 동북방에 위치한 소황천 상류부의 면적 0.8 km^{2}인 소유역에 적용할 수 있는 50년 빈도의 강우강도식은 $I = \dfrac{307}{t_c^{0.3304}}$ 로 표시될 수 있다. 유역의 평균경사는 0.120이며 유로연장은 약 1.5 km이다. 기존 유역의 토지 이용상태 및 식생피복상태로 보아 유출계수는 0.30이 적합할 것으로 판단되었으며 이 지역을 관광목적으로 개발한 후의 유출계수는 0.45로 증대될 것으로 판단하였다. 개발 전후의 계획홍수량을 계산하여 홍수량이 몇 % 정도 증가할 것인가를 검사하고 개발 후에 계획 홍수량이 증가하는 이유를 설명하라.

7.16 예제 7.9에서 유역 1, 2, 3의 유출계수가 각각 0.4, 0.5 및 0.9이고 도달시간이 7분, 3분, 5분이며, 유역면적이 각각 0.4 km^2, 0.1 km^2 및 0.3 km^{2}라면 우수관거 ab, bc, cd를 위한 계획배수량은 각각 얼마나 되겠는가?

7.17 폭이 120 m이고 길이가 240 m인 구형(矩形) 주차장의 도달시간은 20분으로 추정되었다. 이 도달시간 20분 중 15분은 지표면 유하(overland flow)에 소요되는 시간이며 주차장의 중앙에 위치한 배수구의 도달시간이 나머지 5분이다. 이 주차장에 10 mm/hr의 강도로 5분간만 비가 내렸다면 주차장 출구에서의 첨두홍수량은 얼마가 되겠는가? 유출계수는 0.85로 가정하라.

7.18 계획 중인 한 도로가 어떤 계곡을 횡단하게 되어 있으며 이 계곡으로부터 홍수를 배제하기 위하여 도로를 횡단하는 암거를 설계하고자 한다. 교량지점에 있어서의 배수

면적은 1.3 km이며 계곡의 길이는 0.6 km, 평균경사는 1/500이다. 유역의 80%가 농경지이며 나머지 20%가 주거지역으로 되어 있다면 암거의 계획홍수량은 얼마로 해야 할 것인가? 이 지역에 대한 확률강우강도식은 $I = \frac{1.75T^{2.2}}{t^{0.88}}$ 이며 재현기간 50년인 홍수를 계획홍수로 택하기로 했다고 가정하라. 여기서, t는 분(min.) 단위이다.

7.19 아래 조건을 고려하여 그림에 표시된 한 시가지의 배수시스템을 설계하라. 설계홍수량은 합리식으로 산정하고 관거는 원형관으로 설계하라.

가. 소구역의 면적과 유출계수가 그림에 표시되어 있다.

나. 관거 유입부의 표고, 관거의 구간별 길이가 그림에 표시되어 있으며 관거 유입부까지의 유입시간은 20분으로 일정하다. 관거의 Manning's $n = 0.013$이다.

다. 이 지역의 5년 빈도 강우강도식은 다음과 같다.

$$I = \frac{2700}{t+15} \quad (I: \text{mm/hr}, \ t: \text{min.})$$

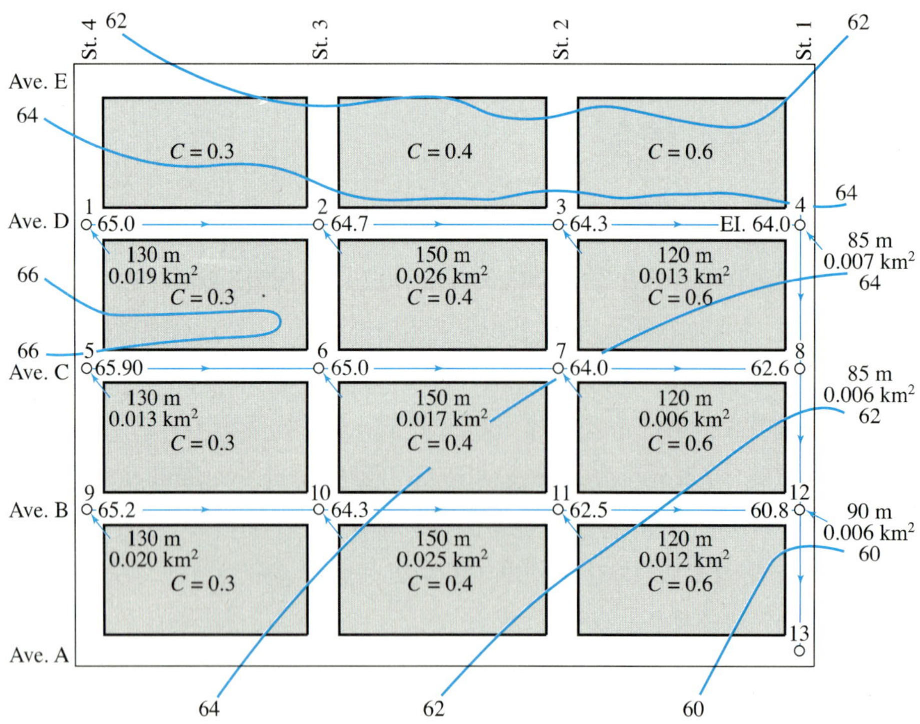

7.20 다음 그림과 같은 도시 배수구역에 우수관거를 설계하고자 한다. 우수관거는 음영으로 표시되어 있으며 5개의 맨홀 유입구(①~⑤)가 표시되어 있다. 소 배수구역 A, B, C, D, E로부터 맨홀 유입구로의 흐름은 네모꼴로 표시된 Cell(100 m×100 m)의 표고(Cell에 표시된 숫자)가 높은 곳에서 낮은 곳으로 직선방향으로만 발생한다.

가) 이 유역출구에서의 도달시간을 구하라. 단, 지표면 흐름의 유속은 100 m/min., 우수관거 내에서의 흐름 유속은 200 m/min.으로 가정하라(⑤번 맨홀의 cell의 거리는 100 m로 하라).

나) 이 배수구역에 대한 10년 빈도 설계 강우강도식과 표고별 유출계수가 다음과 같을 때 유역 출구에서의 설계 홍수량을 합리식으로 계산하라.

$$\text{강우강도식: } I_{10} = \frac{2000}{t+35} \qquad (I\text{: mm/hr, } t\text{: min.})$$

표고(m)	60-69	70-89	90-100
유출계수(C)	0.6	0.7	0.8

다) 유역 출구에 콘크리트($n = 0.014$) 원형 암거를 설계하고자 할 때 암거의 지름을 결정하라. 암거의 경사는 1/500로 설계하는 것으로 한다.

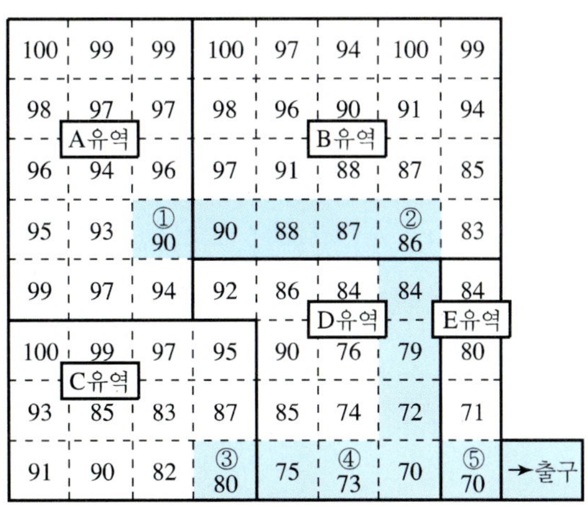

7.21 다음과 같은 두 개 유역의 100년 빈도 홍수량을 수정 가지야마 공식으로 산정하라.

유역	면적 (km^2)	100년 빈도 24시간 강우량 (mm)	하천연장 (km)	F값
A	30	280	10	0.0096
B	60	310	15	0.0088

7.22 유역면적이 200 km^2인 어떤 유역의 월 평균강우량은 아래 표와 같다. 가지야마 월 유출고 공식을 사용하여 월 유출고를 산정한 후 연간유출 용적을 계산하라. 이 유역으로부터의 연간수자원 손실량은 얼마인가? 이 유역의 유출특성상수 $f = 0.8$로 가정하라.

월별	1	2	3	4	5	6	7	8	9	10	11	12	계
평균우량 (mm)	22	31	47	70	72	170	275	242	130	43	36	17	1155

참고문헌

7장 하천유량과 유출

건설교통부, 수문관측매뉴얼, 2004.

건설교통부, 한국수문조사연보(수위편), 2005.

건설교통부, 한국수문조사연보(유량편), 2005.

건설교통부, 하천설계기준·해설, 2005.

건설부, 수자원관리기법 개발연구조사보고서 별책부록 「설계홍수량추정지침서」, 1993.

윤용남, 한강수계의 하천형태학적 특성과 빈도유량과의 상관성, 대한토목학회지, 제21권, 제1호, 1973.

정종호, 윤용남, 수자원설계실무, 구미서관, 2002.

ASCE, *Design and Construction of Sanitary and Storm Sewers*, Manuals and Reports on Engineering Practice-No. 37, American Society of Civil Engineers, New York, 1970.

County of Solano, California, *Hydrology and Drainage Design Procedure*, prepared by Water Resources Engineers, Inc., Walnut Creek, California, 1977.

Dooge, J.C.I., "The Rational Method for Estimating Flood Peaks", *Engineering*, 184, London, 1957.

Federal Aviation Agency, Department of Transportation, *Advisory Circular on Airport Drainage*, Rep. A/C 050-5320-5B, Washington, D.C., 1970.

Fleming, G., *Computer Simulation Technigues in Hydrology*, Elsevier, 1977.

Hack, J.T., *Studies of Longitudinal Stream Profiles in Virginia and Maryland*, USGS, Water Supply Paper 294-B, 1957.

Horton, R.E., "Drainage Basin Characteristics", *Trans. American Geophysical Union*, Vol. 13, 1932.

Horton, R.E., "Erosional Development of Streams and Their Drainage Basins-Hydrological Approaches to Quantitative Morphology", *Geological Society of America*, Vol. 56, 3, 1945.

Kibler, D.F.(ed.), *Urban Stormwater Hydrology*, American Geophysical Union, Water

Resources Monograph 7, 1982.

Kirpich, Z.P., "Time of Concentration of Small Agricultural Watersheds", *Civil Engineering*, 10(6), 1940.

Kuichling, E., "The Relation Between the Rainfall and Discharge of Sewers in Populous Districts", *Transaction, ASCE* 20, 1889.

Laurenson, E.M., *Hydrograph Synthesis by Runoff Routing*, Report No. 66, New South Wales., Water Research Laboratory, Univ. of New South Wales, 1962.

Lloyd-Davies, D.E., "The Elimination of Storm Water From Sewerage Systems", *Minutes of Proceedings, Institution of Civil Engineers*, 164, 1906.

McCuen, R.H., *Hydrologic Analysis and Design*, 2nd Ed., Prentice-Hall, New Jersey, 1998.

Mulvaney, T.J., "On the Use of Self-Registering Rain and Flood Gauges", *Proceedings, Institution of Civil Engineers of Ireland*, 4(2), Dublin, 1850.

Ponce, V.M., *Engineering Hydrology, Principles and Practices*, Prentice-Hall, New Jersey, 1989.

Singh, V.P., *Elementary Hydrology*, Prentice-Hall, Englewood Cliffs, New Jersey, 1992.

Strahler, A.N., "Quantitative Geomorphology of Erosional Landscapes", *19th International Geology Congress, Section 13, Part 3,* Algiers, 1952.

U.S. Department of Agriculture, Soil Conservation Service, *Urban Hydrology for Small Urban Watersheds*, Tech. Release 55, Washington D.C., 1975.

U.S. Department of Agriculture, Soil Conservation Service, *Hydrology, Section 4, SCS National Engineering Handbook,* Washington, D.C., 1972.

Hydrology

8장

수문곡선 해석 및 합성

8.1 서 론

유역이나 하도(河道)의 저류효과가 크지 않은 소하천 유역의 경우 각종 수공구조물의 설계를 위해서는 첨두홍수량(尖頭洪水量, peak flood discharge)만 결정하면 되는 경우가 대부분이다. 예를 들면, 도로의 암거나 공항의 배수시설, 도시우수관거시스템, 소하천의 교량단면설계 등이 이에 속한다. 그러나, 하천에 설치되는 댐이나 저류지 등의 인공수리 구조물이나 하천제방 등으로 형성되는 하도 등의 저류효과(貯溜效果)가 큰 중규모 이상의 하천유역에서는 첨두홍수량뿐만 아니라 유출의 총 부피 및 그의 시간적 분포를 표시하는 완전한 수문곡선(hydrograph)을 하천의 해당 단면에 대하여 결정해야 하며, 이를 위해서는 수문곡선해석 및 합성기법(水文曲線解析 및 合成技法)을 적용해야 한다.

수문곡선 해석 및 합성의 개념을 설명하기 위해서는 물의 순환과정을 그림 8.1(a)에 표시한 것처럼 하나의 시스템(system)으로 보는 것이 편리하다. 즉, 그림 8.1(b)의 우량주상도는 물

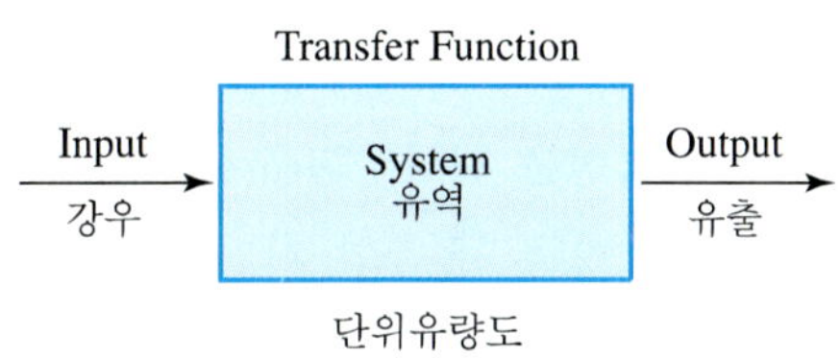

(a)

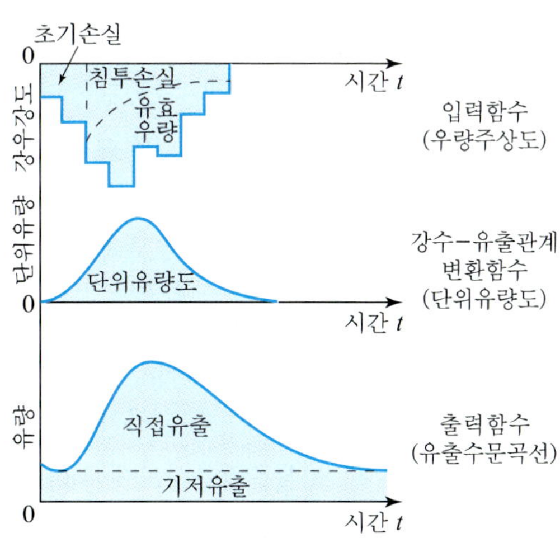

(b)

그림 8.1 강우-유출관계의 개념적 모형

의 순환시스템인 하천유역의 입력함수(input function)이고, 유출수문곡선은 출력함수(output function)이며, 뒤에서 소개할 단위유량도(單位流量圖)는 일종의 강우-유출관계 수립을 위한 변환함수(變換函數, transfer function)이다.

수문곡선 해석의 근본적인 목적은 한 유역에 내린 강우와 그로 인한 유출자료를 상관시켜 분석함으로써 변환함수를 구하는 것이라 할 수 있으며, 일단 변환함수를 구하고 나면 임의의 설계강우가 대상유역에 발생할 경우에 예상되는 유출수문곡선을 계산할 수 있게 되는 것이다.

수문곡선 해석(hydrograph analysis)에 있어서 시스템의 입력함수인 그림 8.1(b)의 우량주상도(雨量柱狀圖, rainfall hyetograph)는 시간함수인 3개의 구성성분, 즉 초기손실(initial abstraction)과 침투손실(infiltration loss), 그리고 유효우량(rainfall excess or effective rainfall)으로 구분할 수 있다. 초기손실은 강우로 인한 직접유출(direct runoff)이 시작되기 이전에 발생하는 손실우량이며, 침투손실은 직접유출이 시작되어 계속되는 동안 침투로 인해 발생하는 손실유량이고, 유효우량은 직접유출로 나타나는 강우의 성분을 의미한다. 그러나, 이들 강우의 3개 구성성분의 분류에서 초기손실우량은 침투손실에 포함시키는 경우가 많아 손실우량과 유효우량의 두 가지로 분류하여 해석하는 것이 보통이다.

한편, 그림 8.1(b)의 유출수문곡선은 직접유출(direct runoff)과 기저유출(base runoff)로 구분한다. 직접유출은 유효우량으로 인한 유출의 시간적 변화를 표시하며, 강우-유출관계 변환함수인 단위유량도는 유효우량을 직접유출로 변환시키며, 기저유출은 해당유역에 발생한 과거 호우사상으로 인해 누적된 지하수가 하천유량으로 나타나는 유출의 성분을 의미한다 할 수 있다.

수문곡선의 해석에 의해 유역의 강우-유출관계 변환함수인 단위유량도가 얻어지면 동일유역에 어떤 설계강우가 발생할 경우 설계우량주상도를 단위유량도에 적용함으로써 유출수문곡선을 계산할 수 있으며, 이를 수문곡선합성(水文曲線合成, hydrograph synthesis)이라 한다.

강우-유출관계 자료가 있는 계측유역(計測流域)의 경우는 변환함수인 단위유량도의 유도가 가능하므로 설계우량주상도에 대한 설계유출수문곡선을 계산할 수 있으나, 미계측유역의 경우는 강우-유출관계 자료로부터 단위유량도 유도가 불가능하므로 단위유량도 자체를 유역의 유출특성인자를 고려하여 합성하는 방법을 사용하며, 이를 합성단위유량도법(synthetic unit hydrograph)이라 하고 상세한 내용에 대해서는 후술하기로 한다. 따라서, 미계측 유역에 대해서는 단위유량도를 우선 합성한 후에 설계우량주상도에 대한 설계유출수문곡선을 합성하게 되는 것이다.

요약하면, 수문곡선의 해석에서는 우량주상도와 유출수문곡선 자료를 가지고 단위유량도를 유도하는 것이며, 수문곡선의 합성에서는 유도되거나 합성된 단위유량도를 사용하여 우량주상도를 유출수문곡선으로 변환시키는 것이라 할 수 있다.

8.2 수문곡선의 구성

독립 호우사상으로 인한 임의 하천단면에서의 총 하천유량의 시간적 분포를 표시하는 수문곡선은 그림 8.2에 표시된 바와 같이 여러 가지 요소로 구성된다.

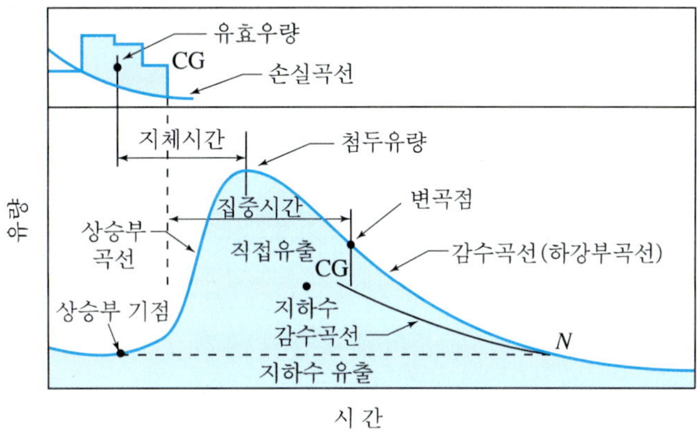

그림 8.2 수문곡선의 구성

강우가 시작되면 차단, 침투 등에 의한 초기손실이 있게 되고 손실률이 점점 작아져서 강우강도보다 작아지면 지표면 유출에 의해 대소 수로를 통해 흐르게 된다. 강우가 계속되는 동안 손실은 계속되나 그 율은 점점 감소되므로 그림 8.2에 표시된 바와 같이 손실로 인한 우량주상도의 수정이 필요하며 음영 부분이 직접유출분에 해당하는 유효우량인 것이다. 초기손실이 만족되면 직접유출(direct runoff)은 상승부곡선(上昇部曲線, rising limb)을 그리며 계속 증가하여 결국 첨두유량(尖頭流量, peak flow)에 이르게 된다. 유효우량주상도의 중심선(重心線)으로부터 첨두유량이 발생하는 시각(혹은 직접유출수문곡선의 중심시각)까지의 시간차를 유역 지체시간(流域 遲滯時間, basin lag time)이라 한다. 첨두유량에 일단 도달하고 나면 다음 호우발생시까지 유출은 하강부곡선(下降部曲線, falling limb) 혹은 감수곡선(減水曲線, recession curve)을 따라 점차 감소하게 된다. 이 동안 침투와 침루는 계속되어 지하수위를 상승시킴으로써 하천유량에 더 많은 보탬을 주게 되며 시간이 지남에 따라 지하수 감수곡선(地下水 減水曲線, groundwater depletion curve)을 따라 더욱더 감소하게 된다.

그림 8.2의 수문곡선의 일반적인 구성에서 상승부의 모양은 대체로 강우의 특성에 의해 좌우되고, 하강부의 변곡점(変曲点, inflection point)은 유역으로부터의 직접유출이 끝나는 시각을 표시하는 것으로 풀이되며, 유효강우가 끝나는 시각부터 변곡점까지의 시간은 유역의 집중시간(제7장)과 같은 것으로 해석된다. 변곡점 이후의 시간에 따른 유량변화를 나타내는 감수곡선은 유역 내의 저류수가 하천으로 방출되는 것으로 보며 감수곡선의 모양은 강우특성과는 거의 무관하고 오히려 지하토층 혹은 대수층(帶水層)의 특성에 따라 좌우된다.

감수곡선의 특성을 표시하기 위한 관계식에는 여러 가지가 있으나 가장 대표적인 관계식은 다음과 같다.

$$Q_t = Q_0 K_r^t = Q_0 e^{-\alpha t} \tag{8.1}$$

여기서, Q_0는 감수곡선상의 어떤 시각에 있어서의 유량이고, Q_t는 Q_0보다 t시간 이후의 유량크기, K_r은 감수상수(減水常數, recession constant), α는 토양 및 대수층의 특성을 표시하는 계수로서 $\alpha = -\ln K_r$의 관계를 가진다. K_r의 값은 1보다 작으며, 시간 t의 단위를 무엇으로 취하느냐에 따라 값이 달라지나 극히 작은 유역의 경우를 제외하면 일단위(24시간)의 시간을 사용하는 것이 보통이다.

식 (8.1)을 적분하면 시간 dt 동안에 유출된 용적 Qdt가 되며 이는 시간 dt 동안의 유역저류량의 감소분($-dS$)과 같으므로 임의시각 t에 유역에 남는 저류량 S_t는 다음과 같이 표시할 수 있다.

$$S_t = -\frac{Q_t}{\ln K_r} = \frac{Q_t}{\alpha} \tag{8.2}$$

식 (8.1)의 상용대수값을 취하면

$$\log_{10} Q_t = \log_{10} Q_0 + t(\log_{10} K_r) = \log_{10} Q_0 - 2.3\alpha t \tag{8.3}$$

따라서, 식 (8.1)을 반대수지에(Q를 대수축에, t를 산술축에) 표시하면 직선관계로 나타날 것이다. 그러나 실제로 총 유출수문곡선을 그림 8.3에서와 같이 반대수지에 표시해 보면 감수곡선이 직선으로 나타나지 않고 점차로 경사가 완만해지는(K_r값은 커짐) 곡선으로 나타난다. 그 이유는 총 유출수문곡선을 형성하는 유량이 지체 특성이 각기 다른 지표면 유출과 지표하 유출 및 지하수 유출로 구성되기 때문이다. Barnes에 의하면 감수곡선은 반대수지상의 3개 직선의 합성으로 구할 수 있다고 한다. 즉, 그림 8.3의 총 유출수문곡선의 감수곡선 중 마지막 부분곡선의 경사는 지하수에 대한 K_r특성값을 대표하는 것으로 본다. 왜냐하면 이 시점에 와서는 지표면 유출이나 지표하 유출(중간유출)은 이미 끝나기 때문이다. 따라서 그림 8.3에서 총 유출수문곡선 말단부의 직선에 가까운 선을 첨두유량의 발생시각까지 연장하여(점선) 지하수를 분리하고 총 유출수문곡선에서 분리된 지하수 유출을 매시각별로 빼어 다시 곡선을 얻으면 지표면 및 중간유출분의 감수곡선을 그림 8.3에서와 같이 얻게 된다. 이 곡선부의 말단부 직선을 다시 연장하면 중간유출의 분리가 가능하며 이를 지표면 및 중간 유출분의 감수곡선으로부터 빼면 지표면 유출을 그림에서와 같이 얻을 수 있다.

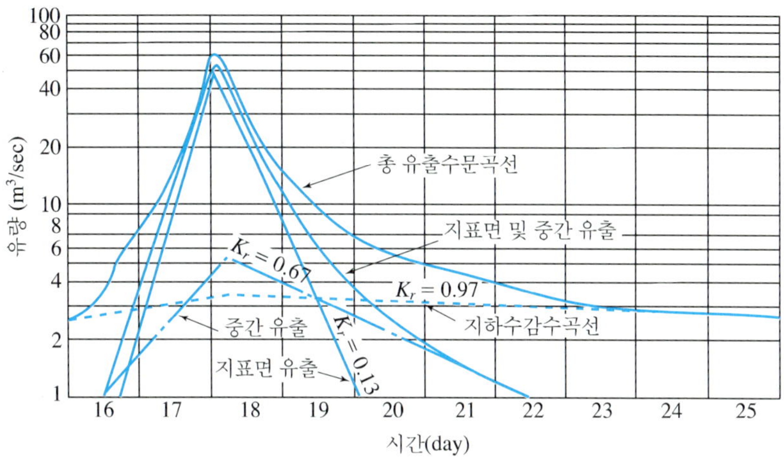

그림 8.3 감수곡선의 분석방법

8.3 호우 및 토양수분조건에 따른 수문곡선의 모양

건기(乾期)의 하천은 시간에 따라 그 유량이 점차적으로 감소하므로 수문곡선은 그림 8.4(a)와 같게 된다. 이때 하천이 위치한 배수유역에 호우가 발생하면 점차 감소하던 유량에 변화가 생겨 수문곡선의 모양은 여러 가지 조건에 따라 각각 변하게 된다. 이들 조건으로는 강우강도(rainfall intensity), 침투율(rate of infiltration), 침투수량(浸透水量, volume of infiltrated water), 토양수분미흡량(土壤水分 未洽量, soil moisture deficiency), 강우지속기간(rainfall duration) 및 호우와 유역의 기타 특성 등을 들 수 있다. 이들 조건 중 가장 중요한 변수 및 그들 변수가 유출의 4가지 중요 구성성분인 지표면 유출, 중간 유출, 지하수 유출 및 수로상 강수(channel precipitation)에 미치는 영향을 살펴보면 대략 다음과 같다.

첫째 경우는 강우강도(I)가 침투율(f_i)보다 작고 침투수량(F_i)이 토양수분 미흡량(M_d)보다 작을 경우, 즉 $I < f_i$이고, $F_i < M_d$인 경우이다. 호우로 인한 중간유출이나 지하수 유출이 하

천유량을 증가시키려면 침투수량이 토양수분 미흡량보다 커야 함은 물론이다. 여기서 토양수분 미흡량이란 토양이 수분으로 완전히 포화되는 데 필요한 물의 양과 토양이 함유하고 있는 실제 수분량의 차를 뜻한다. 지표면 유출은 $I > f_i$일 때에만 생기게 되므로 이 경우에 하천유량을 증가시키는 유일한 인자는 수로상 강수이며 이때의 수문곡선은 그림 8.5(a)에 표시된 것처럼 수로상 강수로 인해 시간에 따라 유량이 조금씩 증가하게 된다.

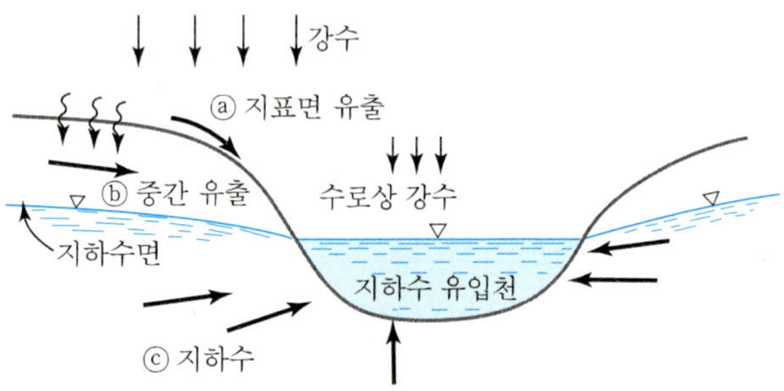

(b)

그림 8.4 건기의 하천

두 번째 경우는 $I < f_i$이고, $F_i > M_d$인 경우로서 호우로 인한 지표면 유출은 없고 토양이 수분으로 포화상태에 도달하여 중간유출과 지하수 유출(그림에 Δ로 표시)이 시작되며 이로 인해 수로상 강수와 함께 그림 8.5(b)와 같은 수문곡선이 된다.

세 번째 경우는 $I > f_i$이고, $F_i < M_d$인 경우로서 이 상태하에서는 지표면 유출과 수로상 강수로 인하여 하천유량이 증가하나 호우로 인한 지하수위의 상승은 없게 된다. 이때의 수문곡선은 그림 8.5(c)와 같이 변하게 된다.

마지막 경우는 $I > f_i$이고, $F_i > M_d$인 경우로서 이는 통상 대규모 호우로 인한 홍수시에 발생한다. 하천유량은 수로상 강수, 지표면 유출, 중간유출 및 지하수 유출(그림에 Δ로 표시)에 의하여 증가하게 되며 수문곡선은 그림 8.5(d)와 같아진다. 이 경우엔 대체로 하천수위가 그 부근 지역의 지하수위(groundwater table)보다 높아져서 그림 8.6과 같이 하천유량의 일부가 제방을 침투하여 지하수위를 상승시키게 되며 이와 같은 경우를 지하수 주입천(地下水 注入川, influent stream) 상태라 한다. 이와 반대되는 경우는 그림 8.7과 같이 하천주위의 지하수위가 하천수위보다 높아 지하수가 하천으로 흘러들어가는 경우를 지하수 방출천(地下水 放出川, effluent stream) 상태라 하며, 건천후시의 하천은 대부분 이러한 상태에 놓이게 된다.

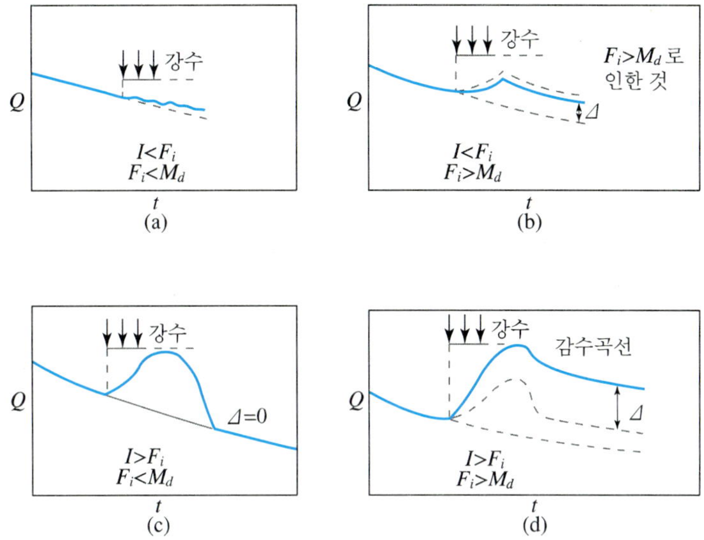

그림 8.5 각 경우의 수문곡선형

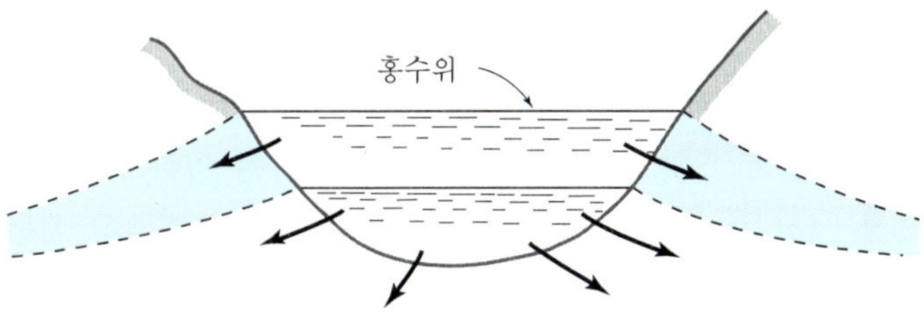

그림 8.6 지하수 주입천(influent stream) 상태

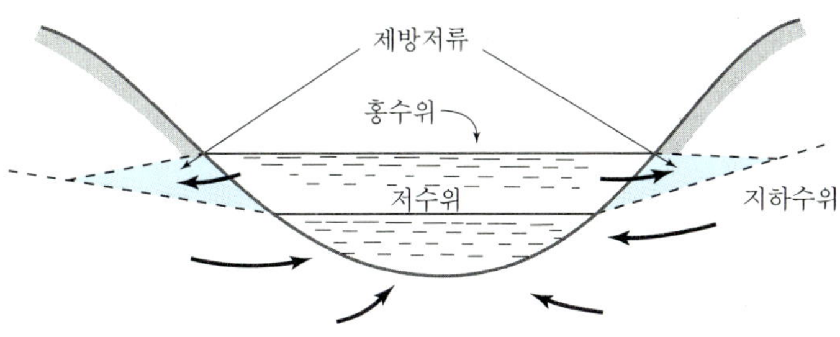

그림 8.7 지하수 방출천(effluent stream) 상태

8.4 수문곡선의 분리

비교적 큰 호우로 인한 수문곡선은 그림 8.5(d)의 경우에 발생하며, 이는 전술한 바와 같이 지표면 유출, 중간유출, 지하수 유출 및 수로상 강수의 네 가지 성분에 의한 것이다. 그림 8.8

은 그림 8.5(d)를 확대한 것으로 상기 네 가지 성분이 총 수문곡선의 구성에 각각 어떤 부분을 차지하는가를 도시하고 있다. 그림 8.8과 같은 수문곡선은 어떤 호우로 인한 해당유역 출구에서의 하천유량의 시간적 변화를 나타내며 각 시각에 있어서의 유량은 상기한 네 가지 성분의 합, 즉 호우 이전의 하천유량에다 호우로 인하여 생긴 유량을 합한 것이므로 특정 호우와 그로 인한 유출 간의 관계를 분석하기 위해서는 우선 총 유량으로부터 특정 호우로 인해 발생된 유량을 분리시키지 않으면 안된다.

이와 같은 수문곡선분리(水文曲線分離, hydrograph seperation)는 단순호우로 인해 1개의 첨두유량점을 가지는 경우와 복합호우로 인해 1개 이상의 첨두유량을 가지는 경우로 나누어 생각할 수 있다.

8.4.1 단순 수문곡선의 분리

전술한 바와 같이 총 유출량은 직접유출량과 기저유출량(혹은 지하수 유출량)으로 구분되며 직접유출량은 유효우량에 해당하는 유출분으로서 지표면 유출(그림 8.8의 ⓐ)과 수로상 강수(그림 8.8의 ⓓ), 그리고 중간유출(그림 8.8의 ⓑ)을 포함시켜 취급한다. 따라서 독립호우(isolated rainfall)로 인한 단순 수문곡선 해석의 첫 단계는 그림 8.8의 ACB와 같은 곡선으로 기저유출분(그림 8.8의 ⓒ)을 직접유출분과 분리시키는 일이다.

기저유출과 직접유출을 정확하게 분리하기 위해서는 유역의 정확한 범위, 지하대수층의 지질, 투수능, 통수능력 등 유역의 지질수문학적 특성(geohydrological characteristics)을 잘

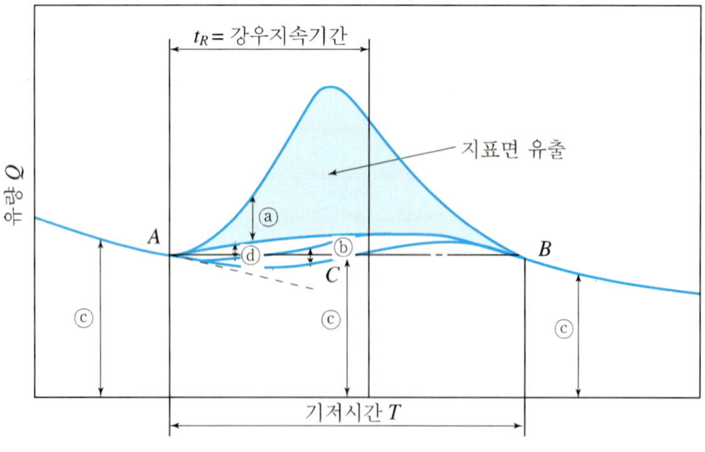

그림 8.8 수문곡선을 구성하는 각종 유량

알아야 하지만, 이들 특성을 해석적으로 규명할 수 있는 방법이 아직까지 마련되어 있지 않으므로 이들 특성을 가능한 한 고려한 몇 가지 간략법이 사용되고 있는 실정이다.

1) 주 지하수 감수곡선법

이 방법은 해당 관측점에 대한 주 지하수 감수곡선(主 地下水 減水曲線, master ground-water depletion curve)을 과거 수문곡선으로부터 작성하여 사용하는 방법으로서 주 지하수 감수곡선을 작성하는 절차는 다음과 같다. 우선 수년간의 연속적인 유량기록을 그림 8.9(a)와 같이 일련의 수문곡선으로 표시한 후 각 수문곡선의 감수곡선(recession curve) 부분을 택하여 그림 8.9(b)와 같이 유량 Q의 대수값($\log Q$)을 시간에 따라 표시한다($a \sim b$, $c \sim d$, $\cdots$ 등). 그 다음에는 그림 8.9(b)에 표시된 각 감수곡선의 최저 $\log Q$값에 대략적으로 접선을 긋는다. 이 곡선의 종축좌표를 다시 선형좌표로 바꾸어 그림 8.9(c)와 같이 표시함으로써 주 지하수 감수곡선을 얻게 되는 것이다. 이와 같이 얻은 곡선은 해당 관측점에 있어서의 지하수의 장기 감소특성을 나타내므로 이를 그림 8.10과 같이 실제로 관측된 수문곡선의 지하수 감수곡선부분에 겹쳐서 두 곡선이 분리되는 점 B_1을 결정하게 된다. 점 B_1이 결정되면 이 점과 상승부 기점 A를 직선으로 연결하여 직접유출과 기저유출을 분리하게 되는 것이다.

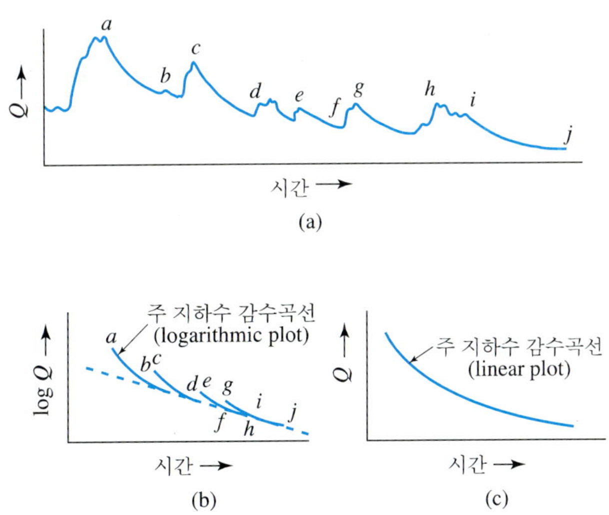

그림 8.9 주 지하수 감수곡선의 유도

2) 수평직선 분리법

수문곡선의 상승부 기점 A로부터 수평선을 그어 감수곡선과의 교점을 B_2라 하고 직선

AB_2에 의해 분리하는 방법으로 호우가 계속되는 짧은 시간 동안의 기저유량의 시간적 변화는 크지 않을 것이라는 가정을 근거로 하며 이론적 근거는 약하나 수문곡선 분리의 간편성 때문에 실무에 많이 사용된다.

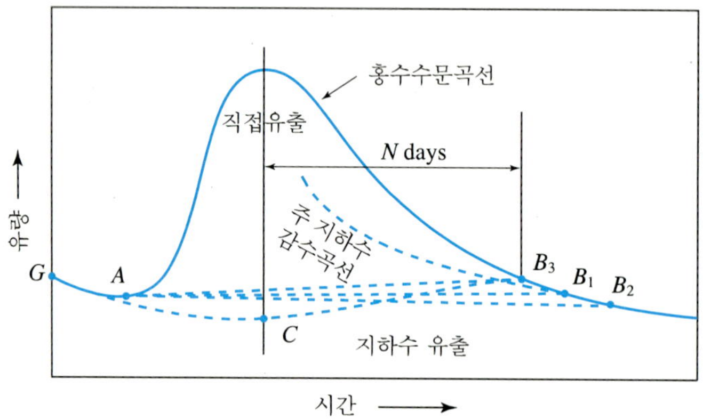

그림 8.10 단순수문곡선의 분리

3) N-day법

수문곡선의 상승부 기점 A로부터 점 B_3에 의해 분리하는 방법이다. 점 B_3는 첨두유량이 발생하는 시간으로부터 N일 후의 유량을 표시하는 점이며 N값은 다음 공식으로 결정한다.

$$N = A_1^{0.2} = 0.827 A_2^{0.2} \tag{8.4}$$

여기서, N은 일(day), A_1과 A_2는 각각 mi^2과 km^2 단위로 표시되는 유역면적을 뜻한다.

4) 수정 N-day법

강우로 인한 지하수위의 상승은 지표면 유출에 비해 그 상승속도가 완만하므로 특정 강우가 발생하기 바로 전의 지하수 감수곡선은 강우가 계속되더라도 어느 정도 기간 동안은 감소하게 된다. 이 효과를 고려하기 위하여 그림 8.10의 강우발생 이전의 감수곡선 GA를 첨두유량의 발생시간 C점까지 연장한 후 C로부터 점 B_3에 직선을 그어 직접유출과 기저유출을 분리하는 방법이다.

이상에서 살펴본 4가지 단순 수문곡선의 분리법 중 가장 신뢰성 있는 방법은 관측점에서 장기간에 걸쳐 획득한 수문곡선의 감수곡선 해석에 의하는 주 지하수 감수곡선법이나 이러한 자료가 없거나 불충분할 경우에는 기타 방법을 사용하더라도 큰 오차는 없다. 왜냐하면 홍수시의 하천유출량은 기저유출량에 비해 월등하게 크므로 수문곡선의 분리에서 오는 오차 자체가 치명적인 것은 아니기 때문이다.

8.4.2 복합 수문곡선의 분리

전 절에서 살펴본 수문곡선의 분리는 단순 호우로 인한 직접유출이 끝날 때까지 연속되는 호우가 없어서 수문곡선 자체가 한 개의 첨두유량을 가지는 경우에 대한 것이었다. 이와 같은 단순 호우의 경우는 몇 개의 호우 사상이 짧은 시간 간격으로 연속될 경우에 생기는 그림 8.11의 복합 수문곡선(complex hydrographs)의 경우보다는 수문곡선 분리가 용이하다.

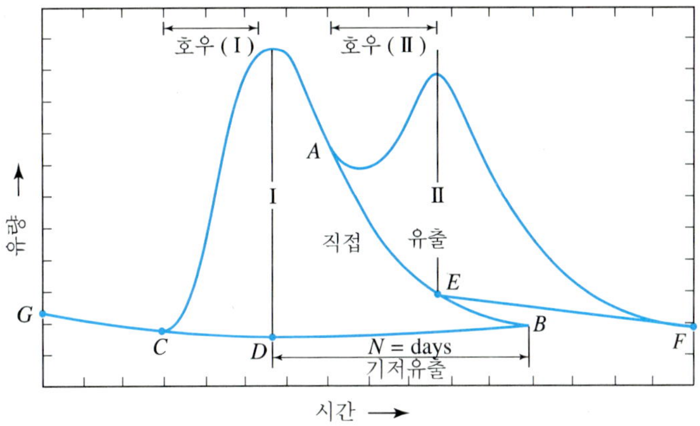

그림 8.11 감수곡선에 의한 복합 수문곡선의 분리

그러나 복합 수문곡선은 자연계에서 자주 발생하는 것이 보통이며 직접유출과 기저유출의 분리뿐만 아니라 각 호우사상별로 대응하는 유출성분, 즉 수문곡선으로 분리하여야 한다.

만약 그림 8.10의 수정 N-day법(ACB_3)에 의해 직접 및 기저유출을 분리하는 방법을 사용하여 복합 수문곡선을 분리하고자 한다면 첫 번째 수문곡선의 감수곡선부를 AB와 같이 연장하여 CDB에 의해 분리하여야 하며, 두 번째 첨두유량을 가지는 수문곡선은 EF에 의해 직접 및 기저유출을 분리하게 된다. 이와 같은 분리법은 그림 8.11과 같이 두 개의 명백한 첨두유량점을 가지며 짧은 감수곡선으로 두 번째 수문곡선과 연결된 경우에만 실질적으로 가능하며 그림 8.10의 지하수 감수곡선법(AB_1) 혹은 수평직선 분리법(AB_2)에 의해 분리되는 방법은 전혀 합당하지 않다.

8.5 수문곡선 해석에 있어서의 시간매개변수 간의 관계

수문곡선 해석에 있어서 유효우량의 발생시간과 직접유출의 계속시간에 관련되는 각종 시간변수(time parameter)의 정의와 이들 간의 관계에 대한 이해는 대단히 중요하다.

제7장에서 도달시간 혹은 유하시간(travel time) t_t는 유로를 따라 흐름이 한 지점에서 다른 지점으로 도달하는 데 걸리는 시간으로 다음 식으로 정의되며, 이는 유역의 집중시간 및 지체시간과 밀접한 관계를 가진다.

$$t_t = \frac{L}{3600\,V} \tag{8.5}$$

여기서, t_t는 구간거리 L(m)에 걸친 도달시간(hr)이며, V는 구간통과평균유속(m/sec)이다.

제7장에서의 합리식(合理式)에 대한 소개에서 한 유역의 집중시간(time of concentration)은 유역의 가장 먼 지점에 떨어진 빗방울이 지표면과 하도를 흘러 유역출구에 도달하는 데 소요되는 시간으로 유입시간(inlet time)과 유하시간(travel time, 도달시간)의 합으로 정의한 바 있으며, 이는 유역의 집중시간에 대한 물리적인 정의라 할 수 있다.

그러나, 수문곡선 해석에서 유역의 집중시간 t_c는 균일한 강도의 강우가 일정시간 계속되는 동안 유역출구에서의 직접유출에 유역의 100% 면적 전체가 기여하는 데 소요되는 시간으로 정의되며, 유효우량이 종료되는 시각으로부터 직접유출 수문곡선의 하강부 곡선상의 변곡점까지의 시간으로 해석된다(그림 8.2). 수문곡선 하강부의 변곡점 시각까지는 유효우량으로 인한 직접유출이 계속되나 이 시각 이후부터는 직접유출의 증가 없이 감수(減水, recession)되는 것으로 해석하는 것이다. 이와 같은 유역의 집중시간을 유역특성변수들과 상관시킨 경험공식에는 여러 가지가 있으며 제7장에서 이미 소개한 바 있다.

한편, 유역의 지체시간(遲滯時間, basin lag-time) t_p는 유효강우의 발생시간과 직접유출의 발생시간 사이에는 그림 8.2에서처럼 지체(lag 혹은 delay)가 생기므로 이 지체의 정도를 표시하는 시간매개변수로 사용된다. 수문곡선 해석에서 유역 지체시간은 유효우량주상도의 중심시각에서 첨두유량의 발생시각까지의 시간간격(그림 8.2 참조), 혹은 직접유출 수문곡선의 중심(CG)까지의 시간간격으로 정의된다.

위에서와 같이 정의된 유역 지체시간의 결정을 위해 수많은 경험공식들이 시험유역으로부터의 강우-유출관계 자료를 사용하여 유도된 바 있으며, 가장 대표적인 관계식은 미국 SCS (1972)가 제안한 다음 관계식이다.

$$t_p = 0.6t_c \tag{8.6}$$

여기서, t_p는 유역 지체시간이며, t_c는 유역의 집중시간으로 제7장에서 그의 산정방법에 대해 상세하게 기술한 바 있다.

유역 지체시간은 유역의 지형태학적(地形態學的) 특성에 의해 주로 지배되므로 유역 지체시간을 유역의 형상이라든지 주 유로(主 流路)의 길이와 평균경사, 기하학적 특성, 하도의 조도, 유역출구로부터 유역중심에서 주 유로에 내린 수선과 만나는 지점까지의 거리(L_{ca}) 등의 매개변수와 상관시키기 위한 노력이 진행되어 왔다. 후술할 Snyder의 합성단위유량도법과 미국 SCS의 무차원 합성단위유량도법에서 유역 지체시간을 결정하는 공식을 소개할 것이며, Linsley와 Ackerman (1942)이 제안한 공식을 소개하면 다음과 같다.

$$t_p = C_t \frac{(LL_{ca})^a}{S^{0.5}} \tag{8.7}$$

여기서, t_p = 유역 지체시간(hr)

L = 유역출구로부터 주 유로를 따라 가장 멀리 떨어져 있는 분수계 지점까지의 거리(mi)

S = 주 유로를 따른 평균경사(ft/mi)

a 및 C_t = 유역의 유출특성에 관계되는 상수

8.6 단위유량도 이론

자연하천 유역에 일정한 유효강우강도로 장기간인 t_r시간 동안 비가 내린다고 가정하면 유역출구에서의 유출수문곡선의 기본 형태는 대략 그림 8.12와 같이 나타날 것이다. 유역의 지표면 위로 표면류(表面流, overland flow)가 흐르려면 어느 정도의 수심이 필요하므로 지면저류(地面貯溜, surface detention)가 생기면서 시간이 경과함에 따라 유역의 상부토양층 저류나 지표면 유출, 하천제방저류 등으로 어느 시점에는 유역 내 총 저류량($ABCA$)이 총 유입량(유효강우량)과 총 유출량의 차와 같아져서 유출량은 평형상태(점 C)에 도달하여 첨두유량이 되며, 이와 같이 첨두유량에 도달하는 데 소요되는 시간을 유역의 집중시간(time of concentration) t_c라고 정의한 바 있다(제7.11절). 그림 8.12의 수문곡선 상승부에는 t_1시간에 변곡점이 발생하게 되는데 이 시간이 되면 지면저류가 거의 충족되어 대부분의 강우가 유역출구에서의 유출에 기여하게 된다.

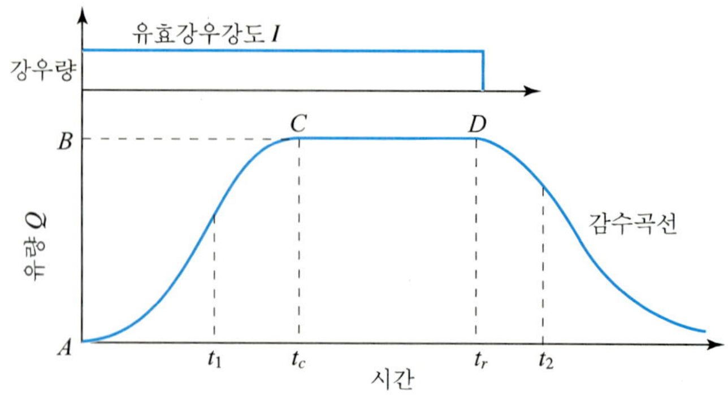

그림 8.12 장시간 강우로 인한 유출수문곡선

만약 t_r시간에 강우가 끝나면(점 D) 유역 내 저류량($ABCA$)을 유지시킬 유입량이 더는 없으므로 유출량은 유역 내 저류량에 의존할 수밖에 없으므로 시간에 따라 감소하게 되어 그림 8.12의 감수곡선(減水曲線)을 그리게 된다.

감수곡선상의 변곡점이 발생하는 t_2시각에서의 유량은 강우로 인한 유출성분이 완전히 없어지고 순전히 유역저류량으로부터 생기는 유량이며 이 이후 시간의 유량은 하천제방의 저류량이나 지하저류량 등으로부터 서서히 생기는 유출에 의한 것이므로 급속하게 감소하고 만다.

한 유역으로부터의 유출수문곡선(流出水文曲線, outflow hydrograph)은 결국 유역을 구성하는 여러 개의 소유역으로부터의 그림 8.12와 같은 기본수문곡선이 유역의 지체효과와 하도의 저류효과를 복합적으로 받은 결과로 나타나는 유역출구점에서의 유량의 시간적 변화를 표시하는 것이다. 일반적으로 볼 때 한 유역의 물리적 특성은 크게 변하지 않고 일정하므로 유사한 특성을 가지는 호우로 인한 수문곡선의 모양은 비슷할 것으로 예상되며 이 점이 바로 Sherman(1932)이 제안한 단위유량도 개념의 초점인 것이다.

한 유역의 단위유량도(單位流量圖, unit hydrograph or unit graph 혹은 단위도)는 '특정단위시간 동안 균일한 강도로 유역전반에 걸쳐 균등하게 내리는 단위 유효우량(單位 有效雨量, unit effective rainfall)으로 인하여 발생하는 직접유출 수문곡선'이라고 정의할 수 있다.

여기서 '특정단위시간'이라 함은 강우의 지속기간이 특정길이의 시간으로 표시됨을 뜻하며, "균일한 강도로 유역전반에 걸쳐 균등하게 내린다"는 것은 강우지속기간의 강우강도가 시간 및 공간적으로 변하지 않고 일정함을 의미한다. '단위 유효우량'은 단위도(單位圖) 이론에서 취급하는 유효우량의 크기를 규정하는 것이다. 강우가 계속되는 기간에 강우강도가 일정하다는 가정을 만족시키기 위해서는 지속기간이 비교적 짧은 호우사상을 택하여 해석함이 좋으며 유역전반에 걸쳐 강우강도가 일정해야 한다는 가정을 만족시키기 위해서는 가능한 한 배수면적이 작은 유역에 대하여 단위도법(單位図法)을 적용하는 것이 정확한 결과를 준다.

단위도의 정의에 내포되어 있는 상기한 두 가지 전제조건 이외에 다음 세 가지 중요한 가정이 단위도 이론의 근저(根底)를 이루고 있다.

1) 일정 기저시간 가정(principle of equal base time)

동일한 유역에 균일한 강도로 비가 내릴 경우 지속기간은 같으나 강도가 다른 각종 강우로 인한 유출량은 그 크기는 다를지라도 유하기간(流下期間), 즉 기저시간은 동일하다.

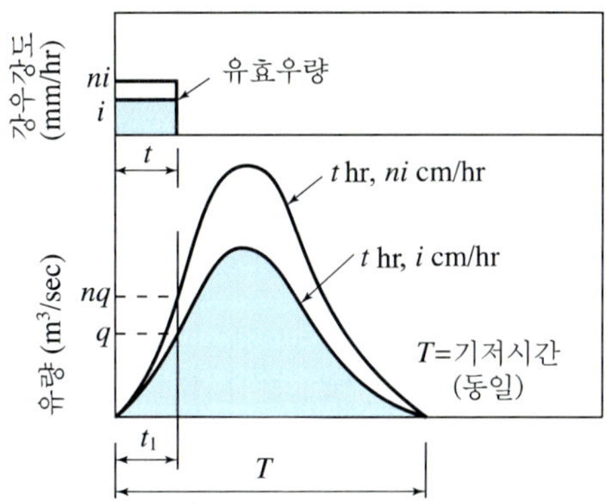

그림 8.13 일정 기저시간 가정 및 비례 가정

예를 들면, i mm/hr와 ni mm/hr의 강도로 t시간 동안 내린 강우로 인한 유출은 그림 8.13에서와 같이 그 크기는 시간에 따라 각각 다르지만 직접유출의 시간적 분포를 표시하는 수문곡선의 기저시간(基底時間, base time) T는 동일하다는 것이 일정 기저시간 가정(一定 基底時間 仮定)이며, 경험적인 가정이지만 실제에 있어서 큰 착오는 없다.

2) 비례가정(principle of proportionality)

동일한 유역에 균일한 강도의 비가 내릴 경우 동일 지속기간을 가진 각종 강도의 강우로부터 결과되는 직접유출 수문곡선의 종거(縱距)는 임의 시간에 있어서 강우강도에 직접 비례(比例)한다는 것이 비례가정(比例仮定)이다. 다시 말하면 일정기간에 n배만큼 큰 강도로 비가 내리면 이로 인한 수문곡선의 종거는 n배만큼 커진다는 것이다. 그림 8.13을 보면 시간 t_1에 있어서 강우강도 i와 ni로 인한 수문곡선은 각각 q와 nq이다.

3) 중첩가정(principle of superposition)

중첩가정(重疊假定)은 일정 기간 균일한 강도를 가진 일련의 유효우량에 의한 총 유량은 각

기간 동안의 유효우량에 의한 매 시간별 개개 유출량을 산술적으로 합한 것과 같다는 가정이다. 그림 8.14에서 볼 수 있는 바와 같이 3개의 호우로 인한 총 유출수문곡선은 이들 3개의 수문곡선의 종거를 매 시간에 따라 합함으로써 얻어진다.

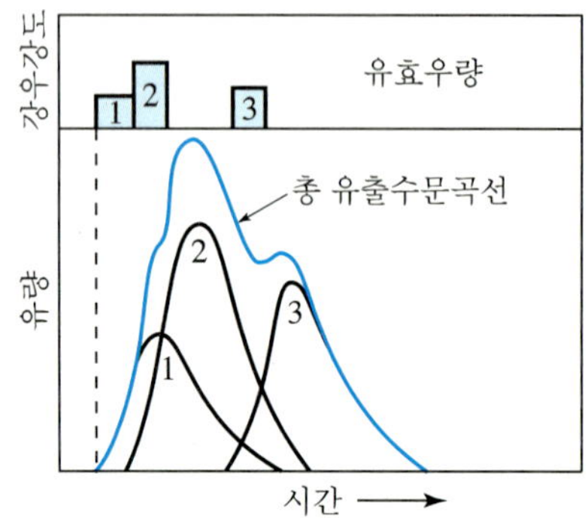

그림 8.14 중첩가정

단위도법의 완전한 적용을 위해서는 상기 세 가지 원리 이외에 단위 유효우량(單位 有效雨量, unit effective rainfall)에 대한 개념이 소개되어야 한다. 단위 유효우량이란 유역 전 면적상의 등가우량 깊이로 측정되는 특정량의 우량을 뜻하는 것으로서, 통상 1 cm 또는 1 in.를 사용한다.

따라서, 단위 유효우량은 유출량의 형태로 단위도상에 표시되며 단위도 아래의 면적은 유량에 시간을 곱한 차원, 즉 부피의 차원을 가진다.

$$[Q]\times[T]=[L^3T^{-1}][T]=[L^3] \quad (8.8)$$

따라서 단위 유효우량이 1 cm란 뜻은 1 cm의 유효우량으로 인해 어떤 유역의 출구를 통과하게 되는 총 유출량은 1 cm에다 유역면적을 곱한 부피가 됨을 의미하며, 단위도는 이러한 총 유출부피의 시간적 분포상태로 설명해 주게 되는 것이다. 따라서 어떠한 유역에 적합한 단위도와 그 단위도의 작성에 사용된 강우의 지속기간만 알면 동일한 지속기간을 가진 어떠한 우량에 대한 수문곡선도 비례가정에 의해 예측할 수 있다.

이상이 강우량-유출량 간의 완전한 상관관계 해석을 위한 1단계 작업이다. 그러나 만약 강우의 지속기간이 단위유량도의 지속기간과 상이할 때, 단위도는 차후에 소개될 방법에 의해 강우의 지속기간에 맞도록 변환되지 않으면 안된다.

8.7 단순 호우사상으로부터의 단위유량도 유도

계측된 하천유역에 대한 단위유량도를 유도하기 위해서는 호우사상별 강우량과 하천유량 자료가 필요하다. 강우량 자료로는 주로 건설교통부와 기상청의 자기우량관측소에서 수집되는 시간 우량자료가 필요하며, 이들 자료는 두 기관의 수문데이터베이스로부터 획득이 가능하다. 한편, 하천유량 자료는 건설교통부의 자기수위관측소에서 수집되는 시간수위 자료를 관측소 지점에 대해 기작성되어 있는 수위-유량 관계곡선에 의해 시간유량으로 환산하여 얻는 유량 수문곡선이며, 이것 역시 건설교통부의 수문데이터베이스로부터 획득하게 된다.

Viessman(2003)에 의하면, 한 유역의 단위유량도를 유도하기 위해서는 대상유역에 내린 과거 호우에 대한 강우자료를 가급적 많이 확보하여 강우의 양이나 시간분포 등을 검토하여 단위유량도 유도에 적합한 호우사상을 택하는 것이 중요하며 다음 사항이 고려되어야 한다.

1) 개별적으로 발생하는 단순 호우사상을 선택하는 것이 좋다.
2) 강우 발생 기간에 강우강도가 대체로 균일한 호우사상을 택하는 것이 좋다.
3) 전체 유역에 걸쳐 강우의 공간분포도 균일한 호우사상을 택하는 것이 좋다.

위의 세 가지 조건이 대체로 충족되는 유역의 규모는 유역면적의 상한치가 약 1,000~2,000 mi^2(약 2,600~5,200 km^2) 정도이며, 하한치는 여러 가지 인자에 관계되므로 특정면적으로 지정하기 어려우나 대체로 2,000 acres(약 8 km^2) 정도로 보고 있다.

Viessman(2003)이 제시한 단위유량도의 유도에 적합한 호우사상을 선별하는 보다 자세한 기준은 다음과 같다.

1) 호우사상의 계속시간은 유역 지체시간(basin lag time)의 약 10~30%인 것이 좋다.
2) 호우로 인한 직접유출고(혹은 유효우량)는 약 0.5~1.75 inch(약 13~44 mm)인 것이 좋다.
3) 비슷한 강우지속기간을 가지는 여러 개(5개 정도)의 호우사상을 선택하여 단위유량도를 유도한 후 후술할 방법(S-곡선법이나 순간단위유량도법 등)에 의해 단위유량도의 지속기간을 통일시켜 유역의 대표 단위유량도를 유도할 수 있도록 한다.

이와 같이 단위도 유도를 위한 대상 호우와 유출수문곡선이 선택되면 단위도 유도를 위한 첫 단계는 전술한 방법에 의하여 기저유출과 직접유출을 분리하여 직접유출량의 시간적 변화를 나타내는 직접유출 수문곡선(直接流出 水文曲線, direct runoff hydrograph)과 우량의 시간적 변화를 나타내는 우량주상도(雨量柱狀圖, rainfall hyetograph or rain-graph)를 동일한 시간축을 사용하여 선형 방안지에 표시하는 것이다. 다음에는 직접유출 수문곡선 아래의 면적을 적분하여 총 직접유출용적(m^3)을 구한 후 유역면적으로 나눔으로써 cm로 표시되는 총 직접유출고를 얻는다. 이와 같이 구한 총 직접유출고(cm)의 크기는 우량주상도상에서 손실우량을 뺀 유효우량과 같아야 하므로 침투능 곡선법, Φ-index법 혹은 W-index법 및 SCS 방법(제5장 참조) 등에 의해 유효우량이 직접유출량과 같도록 우량손실곡선(雨量損失曲線, rainfall loss curve)을 그림으로써 유효우량의 지속기간을 결정한다. 다음 단계는 직접유출 수문곡선의 종거를 cm로 표시한 유효우량으로 나누어 단위유효우량(1 cm)에 대한 단위도의 종거를 구하는 것이다. 이들 종거로 이루어지는 수문곡선이 곧 유효우량의 지속기간과 동일한 지속기간을 가지는 단위도가 된다.

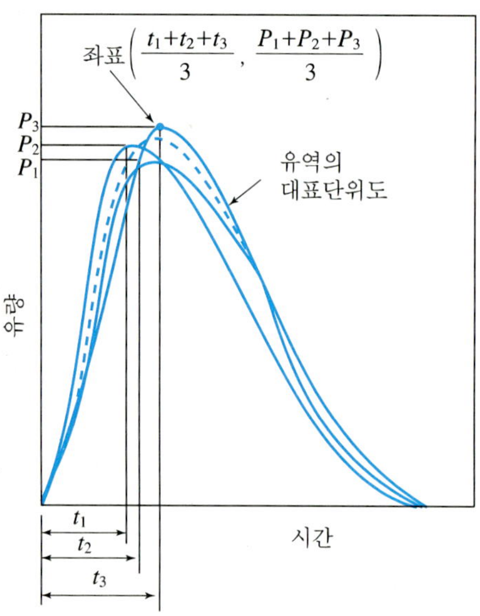

그림 8.15 유역의 대표단위도 작성방법

한 유역을 대표하는 단위도를 작성하기 위해서는 비교적 일정한 강도로 내린 지속기간이 서로 다른 여러 개의 단순 호우사상으로부터 상기절차에 의해 단위도를 유도한 후에 8.13절에 소개될 방법으로 단위도의 지속기간을 통일시켜 같은 지속기간에 대한 여러 개의 단위도를 얻어 그림 8.15와 같이 유역의 대표단위도(代表單位圖)를 얻게 된다. 이 대표단위도는 각 종거를 평균하여 얻는 것이 아니라 각 단위도의 첨두유량의 평균값과 첨두유량의 발생시간의 평균값을 구하여 대표단위도의 첨두유량점의 좌표를 결정한 후, 다른 단위도들의 모양과 비슷하게 스케치하여 얻게 된다. 물론 스케치를 할 때에 대표단위도 아래의 면적이 1 cm의 유출용적과 같아야 한다는 단위도의 기본정의를 잊어서는 안된다.

예제 8.1 유역면적이 900 km^2인 어떤 유역의 출구에서 관측한 홍수량과 이에 대한 강우강도가 표 8.1의 (1), (2), (3)란에 수록되어 있다.
수평직선 분리법에 의해 기저유량을 분리하고 단위유량도를 유도하라. 유도된 단위도의 지속기간은 얼마인가?

풀이 표 8.1의 시간별 총 유량 및 강우강도 자료를 그림 8.16에 수문곡선 및 우량주상도의 형태로 표시하였다. 기저유량을 수평직선 분리법으로 분리하면 상승부의 기점유량 40 m^3/sec를 뺌으로써 직접유출 수문곡선을 얻게 된다[표 8.1의 (5)란]. 기간 중의 직접유출량은 곡선 아래의 면적을 유역면적으로 나눔으로써 cm 단위로 표시할 수 있으며 이것이 곧 유효우량이다. 즉, 단위도는 1 cm의 유효우량에 의한 수문곡선을 의미하므로 직접유출 수문곡선의 종거를 7.9 cm로 나눔으로써 단위도를 얻게 된다[표 8.1의 (6)란 참조].
단위도의 지속기간은 유효우량의 지속기간과 같다. 표 8.1의 (2)란으로부터 기간 중의 총 우량은

$$R = 30.0 \times 3 = 90\ \text{mm} = 9.0\ \text{cm}$$

따라서, 손실우량=9.0−7.9=1.1 cm이므로 우량주상도로부터 이 손실우량을 제외한 부분이 곧 유효우량(음영 부분)이며, 그의 지속기간은 12시간임을 알 수 있다(Φ-index법 적용).

$$R = \frac{6590\ \text{m}^3/\text{sec} \times 3\ \text{hr}}{900\ \text{km}^2} = 7.9\ \text{cm}$$

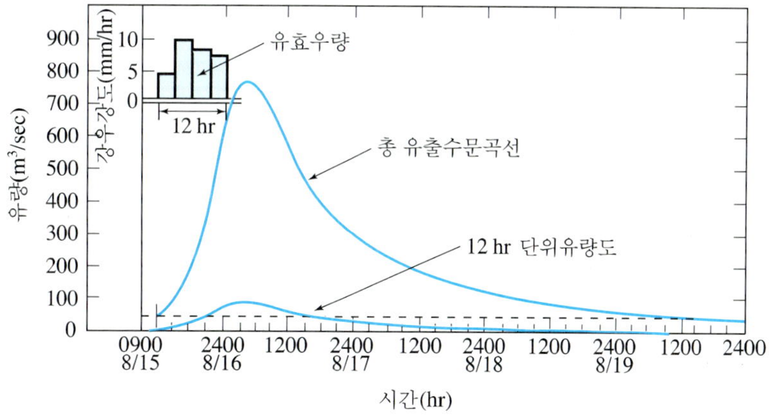

그림 8.16 단위도의 유도

표 8.1 단위유량도의 유도

(1) 일시		(2) 강우강도 (mm/hr)	(3) 총 유량 (m^3/sec)	(4) 기저유량 (m^3/sec)	(5) 직접유출량 (m^3/sec)	(6) 단위도의 종거 (5)/7.9(m^3/sce)
8/15	09 : 00	0.50	40	40	-	-
	12 : 00	4.25	40	40	0	0
	15 : 00	9.50	110	40	70	8.9
	18 : 00	8.00	200	40	160	20.3
	21 : 00	7.25	350	40	310	39.3
	24 : 00	0.50	635	40	595	75.5
8/16	03 : 00		768	40	728	92.2
	06 : 00		750	40	710	90.0
	09 : 00		665	40	625	79.2
	12 : 00		550	40	510	64.5
	15 : 00		470	40	430	54.5
	18 : 00		400	40	360	45.6
	21 : 00		342	40	302	38.2
	24 : 00		287	40	247	31.3
8/17	03 : 00		242	40	202	25.6
	06 : 00		230	40	190	24.1
	09 : 00		202	40	162	20.5
	12 : 00		185	40	145	18.4
	15 : 00		167	40	127	16.1
	18 : 00		150	40	110	14.0
	21 : 00		140	40	100	12.7
	24 : 00		127	40	87	11.0
8/18	03 : 00		117	40	77	9.8
	06 : 00		107	40	67	8.5
	09 : 00		98	40	58	7.4
	12 : 00		87	40	47	6.0
	15 : 00		81	40	41	5.2
	18 : 00		74	40	34	4.3
	21 : 00		69	40	29	3.7
	24 : 00		60	40	20	2.5
8/19	03 : 00		57	40	17	2.2
	06 : 00		54	40	14	1.8
	09 : 00		50	40	10	1.3
	12 : 00		44	40	4	0.5
	15 : 00		42	40	2	0.3
	18 : 00		40	40	0	0
	21 : 00		38	40	-	-
	24 : 00		35	40	-	-
		$\Sigma=30.0$			$\Sigma=6590$	

8.8 복합 호우사상으로부터의 단위유량도 유도

제8.7절에 소개된 단위도의 유도방법은 대단히 간단한 편이나 독립된 일정한 강도의 강우로 인해 생긴 단일 첨두유량점을 가진 수문곡선의 경우에만 사용될 수 있는 방법이다. 그러나, 실제에 있어서 자연강우로 인한 수문곡선은 일련의 복합강우(複合降雨, complex storm)로 인하여 그림 8.17과 같이 여러 개의 정점을 가지는 것이 보통이며 이 경우에 있어서는 제8.7절의 방법을 사용할 수 없고, 보다 복잡한 방법에 의해 단위도가 유도된다.

Linsley-Kohler-Paulhus(1949)에 의한 복합강우로부터의 단위도 유도절차를 살펴보면 다음과 같다. 우선 복합강우의 총 지속기간을 몇 개의 동일 지속기간으로 나누고 각 지속기간을 가진 강우에 해당하는 수문곡선을 총 수문곡선으로부터 나눈다(그림 8.17의 점선). 이와 같이 분리된 그림 8.17의 3개의 직접유출 수문곡선의 기저시간은 일정 기저시간 가정에 의해 동일할 것임을 알 수 있으며 각 수문곡선에 해당하는 직접유출량은 강우강도와 지속기간으로부터 구할 수 있다. 즉, 강우 1, 2, 3의 강도를 각각 i_1, i_2, i_3라 하고 지속기간을 각각 t라 하면 직접 유출량 q_1, q_2, q_3는 다음과 같다.

$$q_1 = i_1 t_1, \quad q_2 = i_2 t_2, \quad q_3 = i_3 t_3 \tag{8.9}$$

그런데 그림 8.17의 $t=4, 8, 12, \cdots, 32$시에 있어서의 수문곡선 종거(縱距)값(Q_1, Q_2, Q_3, … 등)은 관측된 기지값이므로 다음 관계로부터 $t=4$시일 때의 단위도의 종거 U_1을 구할 수 있다. 즉

$$Q_1 = q_1 U_1 \tag{8.10}$$

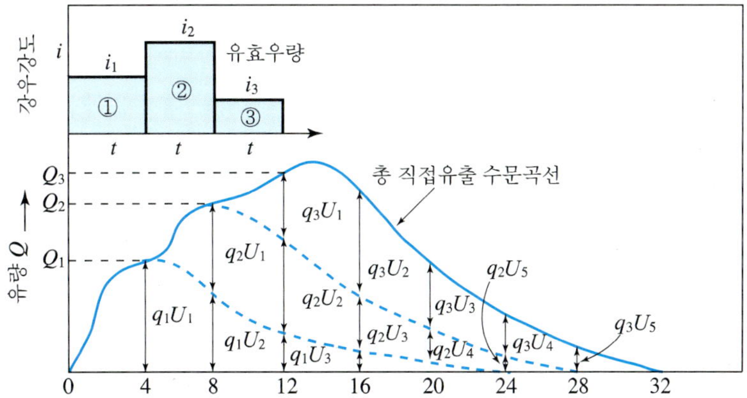

그림 8.17 복합강우로부터의 단위도 유도

$t=8$시일 때에는

$$Q_2 = q_1 U_2 + q_2 U_1 \tag{8.11}$$

식 (8.11)에서 유일한 미지수는 $t=8$시일 때의 단위도의 종거 U_2이므로 계산될 수 있다. 나머지 시간에 대한 U의 값은 마찬가지 방법으로 결정된다.

위의 방법에 의한 계산절차는 비교적 간단하나 여러 가지 문제점이 있다. 각 시간에 있어서의 U값은 전(前) 시간에 계산된 U값에 의해 결정되며 강우강도와 지속기간에 대한 가정 및 기저유량의 부정확한 분리 등에 의해 생기는 오차가 누적되어 단위도의 꼬리에 가까운 부분은 부정확해질 우려가 많다.

복합강우로부터 단위도를 유도하는 다른 한 가지 방법은 홍수자료의 통계학적 해석에 의존하는 최소자승법(最少自乘法, method of least squares)이다. 즉

$$Q_i = b_1 q_1 + b_2 q_2 + b_3 q_3 \cdots + b_i q_i \tag{8.12}$$

여기서, Q_i는 총 직접유출 수문곡선의 종거이며, q_i는 분리된 수문곡선의 직접 유량이며, b_i는 각 시간에 있어서의 단위도 종거에 해당한다. 식 (8.12)는 Q_i와 q_i 간의 선형 복합회귀방정식(multiple linear regression equation)이며, 최소자승법에 의하여 b_i를 구할 수 있다.

8.9 매트릭스 해법에 의한 단위유량도 유도

제8.13절의 단위도의 적용방법에서 상술되겠지만 한 유역에 대한 계획 홍수수문곡선은 그 유역의 계획 유효우량주상도(design storm hyetograph)에 적절한 지속기간의 단위도를 적용함으로써 얻게 된다. 즉, 유효우량주상도의 각 시간구간별 우량으로 인한 수문곡선을 단위도의 비례가정에 의하여 계산하고 지체시킨 후 이를 중첩가정에 의해 시간별로 합산함으로써 계획 홍수수문곡선을 얻게 되는 것이다. 이와 같이 얻어지는 홍수문곡선은 기저유량을 포함하지 않은 것이므로 유역출구지점에 있어서의 기저유량의 특성을 분석하여 적절한 크기의 기저유량을 계획 홍수수문곡선에 추가시킴으로써 완전한 계획 홍수수문곡선(design flood hydrograph)을 얻게 된다.

기저유출분을 제거한 계획 홍수수문곡선을 작성하는 절차가 그림 8.18에 표시되어 있다. 그림 8.18(c)의 계획 홍수수문곡선의 시간별 종거는 다음 식으로 표시될 수 있다.

$$p_1 u_1 = q_1 \tag{8.13}$$

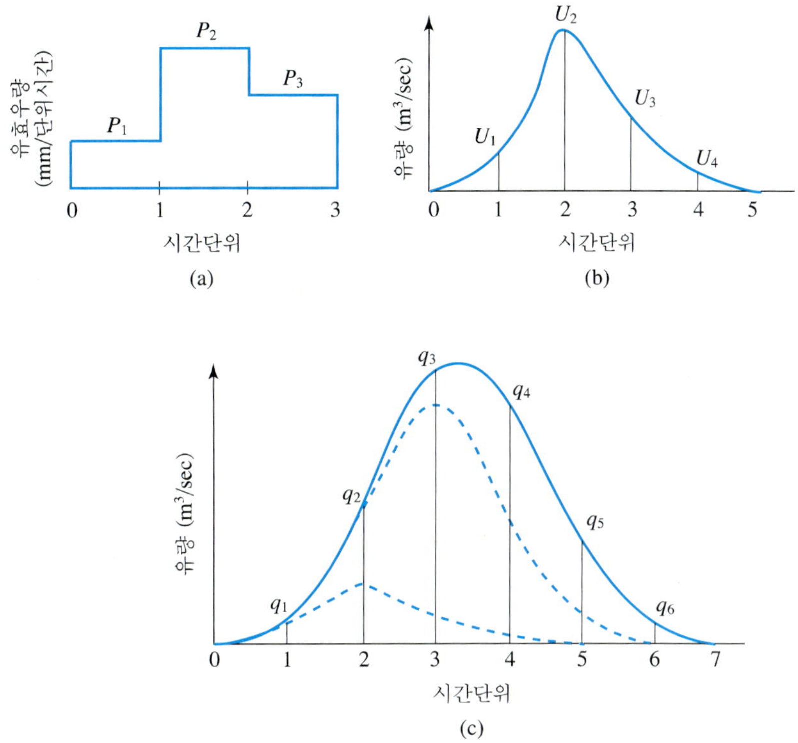

그림 8.18 계획 홍수수문곡선의 작성절차

$$p_2u_1 + p_1u_2 = q_2 \tag{8.14}$$

$$p_3u_1 + p_2u_2 + p_1u_3 = q_3 \tag{8.15}$$

$$p_3u_2 + p_2u_3 + p_1u_4 = q_4 \tag{8.16}$$

$$p_3u_3 + p_2u_4 = q_5 \tag{8.17}$$

$$p_3u_4 = q_6 \tag{8.18}$$

단위도와 우량주상도 및 홍수수문곡선의 시간구간수 사이에는 다음과 같은 관계가 성립한다.

$$n = j + i - 1 \tag{8.19}$$

여기서, n은 홍수수문곡선의 종거수이며, j는 단위도의 종거수, i는 우량주상도의 시간구간수를 표시한다.

식 (8.13)~(8.18)의 관계를 매트릭스(matrix)로 표시하면 다음과 같다.

$$PU = Q \tag{8.20}$$

여기서,

$$P = \begin{bmatrix} p_1 & 0 & 0 & 0 & 0 & 0 \\ p_2 & p_1 & 0 & 0 & 0 & 0 \\ p_3 & p_2 & p_1 & 0 & 0 & 0 \\ 0 & p_3 & p_2 & p_1 & 0 & 0 \\ 0 & 0 & p_3 & p_2 & 0 & 0 \\ 0 & 0 & 0 & p_3 & 0 & 0 \end{bmatrix}, \quad U = \begin{bmatrix} u_1 \\ u_2 \\ u_3 \\ u_4 \\ 0 \\ 0 \end{bmatrix}, \quad Q = \begin{bmatrix} q_1 \\ q_2 \\ q_3 \\ q_4 \\ q_5 \\ q_6 \end{bmatrix}$$

우량 및 유량 실측자료로부터 단위도를 유도하기 위해서는 그림 8.17에 예를 든 경우의 정 반대되는 절차를 밟게 된다. 즉, 식 (8.20)의 우량자료 P와 기저유량을 분리한 유량자료 Q를 사용하여 단위도의 종거를 표시하는 U를 매트릭스 연산에 의하여 구하게 된다.

매트릭스 연산(演算)에 있어서 식 (8.20)으로부터 U를 구하는 방법은 다음과 같다.

$$P^{-1}PU = P^{-1}Q$$

따라서,

$$U = P^{-1}Q \tag{8.21}$$

식 (8.21)의 해가 존재하기 위해서는 강우 매트릭스의 역 매트릭스(inverse matrix) P^{-1}이 존재해야 하며, 역 매트릭스가 존재하기 위한 필요충분조건은 원 매트릭스가 Square 매트릭스이어야 하며, 그의 행렬식(determinant)이 0이 아닌 값을 가져야 한다. 그러나 식 (8.20)으로부터 알 수 있는 바와 같이 P는 Square 매트릭스가 아니므로 P^{-1}이 존재하지 않으며, 따라서 식 (8.21)의 해는 존재하지 않는다. 그러나 P의 Transpose P^T를 사용하여 식 (8.21)을 변환하면 Square 매트릭스를 얻을 수 있다. 즉,

$$P^TPU = P^TQ \tag{8.22}$$

따라서,

$$U = (P^TP)^{-1}P^TQ \tag{8.23}$$

식 (8.23)을 풀어 매트릭스 U를 구하면 우량주상도의 시간구간과 동일한 단위도를 얻을 수 있으나, 이에 우량주상도를 적용하여 홍수수문곡선의 종거를 계산하면 원 수문곡선과 상당한 편차를 보이는 것이 통상이다. 이 편차를 최소로 줄이기 위해 단위도의 종거를 조정하여 계산되는 수문곡선과 원 수문곡선의 종거가 비슷해질 때까지 시행착오법을 적용하며 이 계산은 통상 전자계산기에 의해 쉽게 실행될 수 있다.

8.10 단위유량도 지속기간의 변환

어떤 유역에 발생하는 모든 호우에 적용할 수 있는 단위도를 유도할 수는 없다. 단위도는 반드시 그것이 유도된 유효우량의 지속기간과 동일한 지속기간을 갖게 되므로 어떤 유역에 대하여 유도된 임의 지속기간의 단위도로부터 다른 지속기간을 가진 단위도로 변환해야 할 경우가 많으며 이를 위한 방법에는 다음의 두 가지가 있다.

8.10.1 정수배 방법

정수배 방법(整數倍 方法)은 짧은 지속기간을 가진 단위도로부터 정수배(2, 3, 4, ⋯ n배)로 긴 지속기간을 가진 단위도를 유도하는 가장 간단한 방법이 그림 8.19에 표시되어 있다. 지속기간이 2시간인 단위도로부터 4시간인 단위도를 구하고자 한다고 가정하자. 이 단위도는 2시간 동안의 유효우량 1 cm에 바로 연속해서 2시간 동안 1 cm 유효우량이 더 추가된다고 가정함으로써 쉽게 얻을 수 있다. 추가된 2시간 동안의 유효우량 1 cm로 인한 단위도는 처음의 단위도와 모양과 크기는 꼭 같으나 2시간만큼 오른쪽으로 이동되어 표시될 뿐이다. 중첩의 원리에 의해 이 두 단위도를 도상에서 합한 총 수문곡선은 0.5 cm/hr의 강도로 4시간 동안 계속된 유효우량 2 cm로 인한 유출량의 시간적 변화를 나타낸다. 단위도란 임의의 지속기간을 가진 1 cm의 유효우량으로 인한 유출수문곡선이므로 위에서 얻은 종거를 2로 나눔으로써 4시간 단위도를 얻게 된다. 이와 같이 구한 4시간 단위도는 그림 8.19에 점선으로 표시되어 있다.

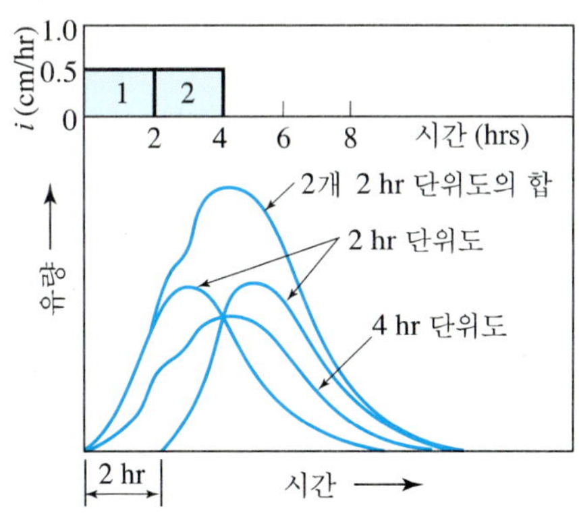

그림 8.19 정수배 지속기간으로의 변환

그림으로부터 4시간에 대한 단위도는 2시간에 대한 단위도보다 기저시간이 2시간만큼 더 길다는 것을 알 수 있으며 이는 약한 강도로 더 오랜 기간 강우가 있었음을 생각하면 당연한 일이라 하겠다.

그림 8.19로부터 알 수 있는 바와 같이 이 방법은 어떤 지속기간을 가진 단위도로부터 그 지속시간의 정수배 되는 지속기간의 단위도를 유도하는 데만 사용될 수 있는 제한점이 있다.

예제 8.2 표 8.2의 (1), (2)란에 어떤 유역에 대한 3시간 대표단위도의 시간별 종거가 주어져 있다. 정수배 방법에 의하여 9시간 단위도를 유도하라.

풀이 $i = 1\ \mathrm{cm/3hr}$인 유효우량 3개가 발생한다고 가정하면 이로 인한 총 수문곡선은 표 8.2의 (3), (4)란과 같이 3시간 단위도 2개를 각각 3시간 및 6시간씩 지체시킨 후 중첩가정에 의해 종거를 합함으로써 얻어진다[표 8.2의 (5)란]. 이 총 수문곡선은 3 cm/9 hr의 등강도강우로 인한 것이므로 1 cm/9 hr에 해당하는 9시간 단위도는 총 수문곡선의 종거를 3으로 나눔으로써 얻어진다[표 8.2의 (6)란].

표 8.2 정수배 방법에 의한 단위도의 지속시간 변환

(1) 시간(hr)	(2) 3 hr 단위도 종거(m^3/sec)	(3) 3시간 지체 3 hr 단위도	(4) 6시간 지체 3 hr 단위도	(5) (2)+(3)+(4)	(6) 9 hr 단위도 (5)×1/3
-	0	-	-	0	0
3	5	0	-	5	1.7
6	14	5	0	19	6.3
9	30	14	5	49	16.3
12	40	30	14	84	28.0
15	36	40	30	106	35.3
18	29	36	40	105	35.0
21	21	29	36	86	28.7
24	13	21	29	63	21.0
27	8	13	21	42	14.0
30	5	8	13	26	8.7
33	3	5	8	16	5.3
36	0	3	5	8	2.7
39	-	0	3	3	1.0
42	-	-	0	0	0

8.10.2 S-곡선법

긴 지속기간을 가진 단위도로부터 짧은 지속기간을 가진 단위도를 유도하기 위해서는 S-곡선법(summation curve method)이라고 불리는 방법을 사용하며, 이 방법은 짧은 지속기간 단위도를 긴 지속기간 단위도로 변환하는 데도 사용될 수 있다. S-곡선이란 어떤 유역에 균일한 강도로 t_1시간 동안 1 cm의 강우가 연속적으로 내릴 때 유역출구에서의 수문곡선을 의미한다. 다시 말하면 S-곡선이란 $1/t_1$ cm/hr의 강도로 계속되는 유효우량에 의한 직접유출수문곡선이다(그림 8.20). 유역으로부터 유출되는 유량은 일정한 시간 이후에는 강우강도와 같아져서 일정하게 유지되므로 평형상태(equilibrium condition)에 도달한다고 볼 수 있으며 이는 그림 8.20에서 총 수문곡선이 일정한 시간 이후에는 수평선이 됨을 관찰하면 쉽게 이해할 수 있다. 따라서, 유역마다 지속기간에 따라 각각 고유의 S-곡선을 가질 것은 짐작할 수 있는 일이다.

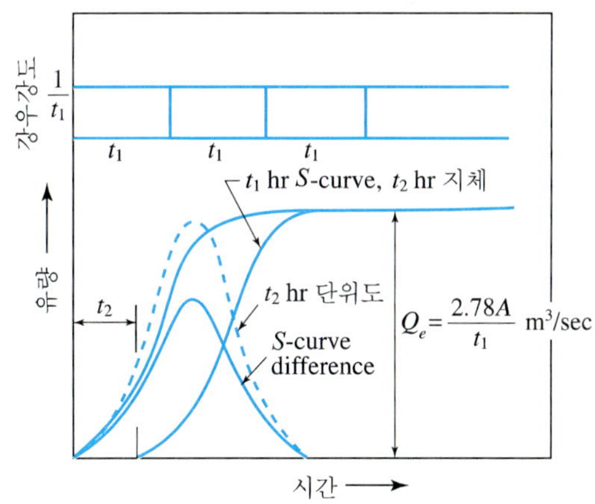

그림 8.20 S-곡선법

만약 상기방법으로 얻어진 S-곡선을 도상에서 t_1시간만큼 오른쪽으로 이동시켜 두 S-곡선 간의 종거차를 수문곡선의 형태로 표시하면 지속기간 t_1인 단위도를 얻을 수 있을 것이다.

이제 지속기간이 t_1보다 짧은 t_2시간에 대한 단위도를 구해 보기로 하자. S-곡선을 원위치로부터 그림 8.20에서와 같이 t_2시간만큼 오른쪽으로 이동시켜 두 S-곡선의 종거차로 구성되는 수문곡선을 얻는다(그림 8.20의 S-curve difference). 이 수문곡선은 $1/t_1$ cm/hr의 강도로 t_2시간 동안 내린 유효우량으로 인한 직접유출수문곡선이다. 따라서 이 수문곡선으로 표시되는 총 유출량과 크기가 동일한 유효우량은 t_2/t_1 cm가 될 것이며 유효우량 1 cm로 인한 수문곡선, 즉 단위도를 얻기 위해서는 수문곡선의 종거를 t_1/t_2으로 곱해 주어야 한다. 이와 같이 얻은 지속기간 t_2시간의 단위도가 그림 8.20에 점선으로 표시되어 있다.

만약 단위도의 기저시간이 T시간이라면 S-곡선의 유량은 시간 T에 평형상태에 도달하게 될 것이며 따라서 S-곡선의 작성을 위해 필요한 단위도의 수는 T/t_1개임을 알 수 있다. 평형상태에 도달한 후의 총 유출량은 일정하게 유지되며 이를 평형유출량(平衡流出量, equilibrium outflow)이라고 부른다. 평형상태하에서는 t시간 동안에 1 cm의 유출량이 유역출구를 통과하게 되므로 평형유출량의 크기는 다음과 같이 표시된다.

$$Q_e = \frac{1\ \mathrm{cm}}{t_1\ \mathrm{hr}} \times A\ \mathrm{km}^2 = \frac{2.778\mathrm{A}}{\mathrm{t}_1}\ \mathrm{m}^3/\mathrm{sec} \tag{8.24}$$

여기서, Q_e는 평형유출량(m^3/sec), t_1은 지속기간(hr), A는 유역면적(km^2)을 나타낸다.

이와 같이 살펴볼 때 S-곡선법은 지속기간이 긴 단위도로부터 지속기간이 짧은 단위도를 유도하고자 할 경우뿐만 아니라 짧은 지속기간으로부터 임의의 긴 지속기간을 가진 단위도를 얻고자 할 때에는 사용될 수 있음을 알 수 있다. 예를 들어 2 hr 단위도로부터 3 hr 단위도를 얻으려 할 때 S-곡선법의 적용순서는 우선 2 hr S-곡선을 얻은 후 이를 3시간만큼 오른쪽으로 이동시켜 두 S-곡선 간의 종거차로서(1 cm/2 hr)×3 hr=1.5 cm에 해당하는 수문곡선을 얻은 다음 1.5 cm에 해당하는 수문곡선의 종거를 1.5로 나눔으로써 1 cm에 해당하는 수문곡선, 즉 단위도를 얻게 된다. 이것이 곧 3시간의 지속기간을 가진 단위도이다. 지금까지 S-곡선법을 도상에서 설명했지만 실제의 정확한 계산은 표 8.3에서처럼 표를 사용하는 것이 보통이다.

표 8.3은 유역면적이 300 km^2인 어떤 유역의 출구 지점에 대한 4 hr 단위도로부터 3 hr 단위도를 S-곡선법에 의해 유도하는 과정을 설명해 주고 있다.

유역의 출구지점에 있어서의 평형유출량은 다음과 같이 계산된다.

$$Q_e = \frac{2.778 \times 300}{4} = 208\ \mathrm{m}^3/\mathrm{sec}$$

표 8.3의 (4)란에 있는 S-곡선의 최종값 207 m^3/sec(t= 18 hr일 때)는 계산값 Q_e = 208 m^3/sec와 거의 일치하고 있으며 이는 여기서 취급한 단위도의 지속기간이 4시간이라는 것이 합당하다는 표시이다. 자연계의 강우는 강도분포가 균일하지 않으므로 유효강우의 지속기간을 잘못 선택하면 S-곡선의 최종값 부분이 광범위한 진동을 하게 될 경우도 생긴다.

표 8.3의 (3)란에 있는 S-곡선 가산값은 제일 첫 번째 단위도를 제외한 나머지의 4시간씩 지체시킨 단위도들의 종거값을 전부 합산한 값을 표시한다.

표 8.3 S-곡선법의 응용

(1) 시간 (hr)	(2) 4 hr 단위도 (m³/sec)	(3) S-곡선 가산값	(4) S-곡선 col.(2)+col.(3)	(5) 지체된 S-곡선	(6) col.(4)−col.(5)	(7) col.(6)×4/3 3 hr 단위도
0	0		0		0	0
1	6		6		6	8
2	36		36		36	48
3	66		66	0	66	88
4	91	0	91	6	85	113
5	106	6	112	36	76	101
6	93	36	129	66	63	84
7	79	66	145	91	53	72
8	68	91	159	112	47	63
9	58	112	170	129	41	55
10	49	129	178	145	33	44
11	41	145	186	159	27	36
12	34	159	193	170	23	31
13	27	170	197	178	19	25
14	23	178	201	186	15	20
15	17	186	203	193	10	13.5*
16	13	193	206	197	9	12*
17	9	197	206	201	5	6.5*
18	6	201	207	203	4	5.5*

* 조정값임.

예제 8.3 예제 8.1에서 유도된 어떤 유역의 12 hr 단위도로부터 지속시간이 6시간 및 18시간인 단위도를 S-곡선법에 의하여 구하라.

풀이 표 8.4의 (1), (2)란에 주어진 12 hr 단위도로부터 12 hr S-곡선을 (4)란에 구하여 그려본 결과 그림 8.21에서와 같이 유량이 커짐에 따라 비교적 큰 분산을 보이고 있다. 이 점들을 통하여 smoothed curve를 그려 12 hr S-곡선으로 정하였으며, (5)란에 시간별 유량을 기입하였다. 6 hr 단위도는 smoothed 12 hr S-곡선을 6시간 지체시켜[(6)란], 그 종거차[(7)란]를 각각 12/6배함으로써 얻어졌으며[(8)란], 18 hr 단위도는 smoothed 12 hr S-곡선을 18시간 지체시켜[(9)란], 그 종거차[(10)란]를 12/18배함으로써 얻었다[(11)란]. 그림 8.21은 표 8.4에서 얻은 6시간 및 18시간 단위도와 주어진 12시간 단위도를 표시하고 있다.

표 8.4 S–곡선법에 의한 단위도 지속시간 변환 (단위: m^3/sec)

(1)	(2)	(3)	(4)	(5)	(6)	(7)	(8)	(9)	(10)	(11)
시간 (hr)	12 hr 단위도 (m^3/sec)	S–곡선 가산값	12 hr S–곡선 (2)+(3)	smoothed 12 hr S–곡선	6 hr 지체된 12 hr S–곡선	S–곡선 종거차 (5)−(6)	6 hr 단위도 (7)×$\frac{12}{6}$	18 hr 지체된 12 hr S–곡선	S–곡선 종거차 (5)−(9)	18 hr 단위도 (10)×$\frac{12}{18}$
0	0		0	0		0	0		0	0
3	8.9		8.9	10.0		10.0	20.0		10.0	7.5
6	20.3		20.3	22.0	0	22.0	44.0		22.0	16.5
9	39.3		29.3	41.5	10.0	31.5	63.0		41.5	31.1
12	75.5	0	75.5	75.0	22.0	53.0	106.0		75.0	56.3
15	92.2	8.9	101.1	97.0	41.5	55.5	111.0		97.0	72.8
18	90.0	20.3	110.3	112.0	75.0	37.0	74.0	0	112.0	84.0
21	79.2	39.3	118.5	127.0	97.0	30.0	60.0	10.0	117.0	87.8
24	64.5	75.5	140.0	139.0	112.0	27.0	54.0	22.0	117.0	87.8
27	54.5	101.1	155.6	149.0	127.0	22.0	44.0	41.5	107.5	80.6
30	45.6	110.3	155.9	157.0	139.0	18.0	36.0	75.0	82.0	61.5
33	38.2	118.5	156.7	164.5	149.0	15.5	31.0	97.0	67.5	50.6
36	31.3	140.0	171.3	171.0	157.0	14.0	28.0	112.0	59.0	44.3
39	25.6	155.6	181.2	176.0	164.5	11.5	23.0	127.0	49.0	36.8
42	24.1	155.9	180.0	180.0	171.0	9.0	18.0	139.0	41.0	30.8
45	20.5	156.7	177.2	184.2	176.0	8.2	16.4	149.0	35.2	26.4
48	18.4	171.3	189.7	188.0	180.0	8.0	16.0	157.0	31.0	23.3
51	16.1	181.2	197.3	191.5	184.2	7.3	14.6	164.5	27.0	20.3
54	14.0	180.0	194.0	194.0	188.0	6.0	12.0	171.0	23.0	17.3
57	12.7	177.2	189.9	196.0	191.5	4.5	9.0	176.0	20.0	15.0
60	11.0	189.7	200.7	199.0	194.0	5.0	10.0	180.0	19.0	14.3
63	9.8	197.3	207.1	200.5	196.0	4.5	9.0	184.2	16.3	12.2
66	8.5	194.0	202.5	202.2	199.0	3.2	6.4	188.0	14.2	10.7
69	7.4	189.9	197.3	204.0	200.5	3.5	7.0	191.5	12.5	9.4
72	6.0	200.7	206.7	205.0	202.2	2.8	5.6	194.0	11.0	8.3
75	5.2	207.1	212.3	206.2	204.0	2.2	4.4	196.0	10.2	7.7
78	4.3	202.5	206.8	207.8	205.0	2.8	5.6	199.0	8.8	6.6
81	3.7	197.3	201.0	208.0	206.2	1.8	3.6	200.5	7.5	5.6
84	2.5	206.7	209.2	208.2	207.8	0.4	0.8	202.2	6.0	4.5
87	2.2	212.3	214.5	208.5	208.0	0.5	1.0	204.0	4.5	3.4
90	1.8	206.8	208.6	209.0	208.2	0.8	1.6	205.0	4.0	3.0
93	1.3	201.0	202.3	209.2	208.5	0.7	1.4	206.2	3.0	2.3
96	0.5	209.2	214.2	209.7	209.0	0.7	1.4	207.8	1.9	1.4
99	0.3	214.5	214.8	210.0	209.2	0.8	1.6	208.0	2.0	1.5
102	0	208.6	208.6	210.3	209.7	0.6	1.2	208.2	2.1	1.6
105		202.3	202.3	210.3	210.0	0.3	0.6	208.5	1.8	1.4
108		209.7	209.7	210.3	210.3	0	0	209.0	1.3	1.0
111		214.8	214.8	210.3				209.2	1.1	0.8
114		208.6	208.6	210.3				209.7	0.6	0.5
117		202.3	202.3	210.3				210.0	0.3	0.2
120				210.3				210.3	0	0

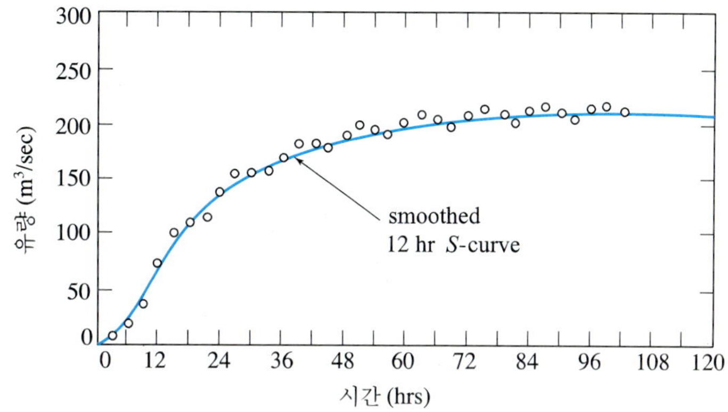

그림 8.21 S-curve

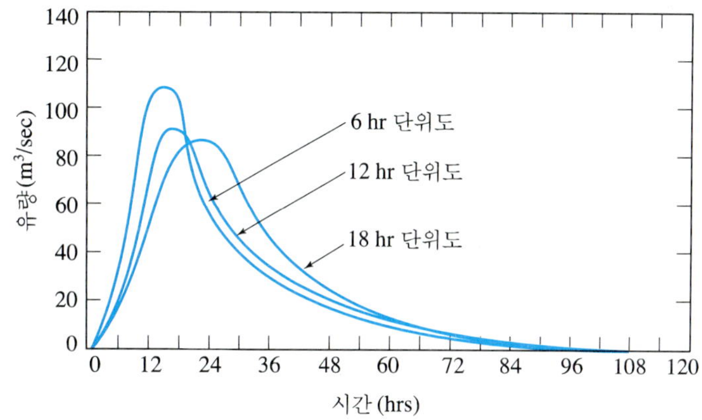

그림 8.22 유도된 단위도

8.10.3 S-곡선법에 의한 순간단위유량도의 유도

순간단위유량도(瞬間單位流量圖, instantaneous unit hydrograph, IUH)의 개념은 단위도 이론의 한 연장이라고 볼 수 있다. 순간단위유량도란 어떤 유역에 단위 유효우량이 순간적으로 내릴 때 유역출구를 통과하는 유량의 시간적 변화를 나타내는 그림(수문곡선)을 의미한다. 앞에서 살펴본 단위도는 반드시 단위 유효우량의 지속기간과 동일한 지속기간을 가지지만 IUH는 지속기간이 영(zero)에 가까운 단위 유효우량에 의한 것이라고 생각하기 때문에 지속기간을 갖지 않는다. 물론 이러한 가정은 실제로 있을 수는 없지만 수문곡선해석에 사용되고 있는 가상의 개념이다.

그림 8.23과 같이 지속기간 t_0인 유효 강우강도의 시간적 분포를 시간의 함수인 $i(\tau)$로 표시하자. 여기서 τ는 그림 8.23에서와 같이 t_0보다 작은 임의시간이며 시간 τ에 순간적으로 내

리는 단위 유효우량으로 인해 τ보다 큰 임의 시간 t에 생기는 직접유출량의 종거 $q(t)$는 $i(\tau)$에 순간단위유량도의 종거 $u(t-\tau)$를 곱하여 표시할 수 있다. 즉

$$q(t) = u(t-\tau)i(\tau)\Delta\tau \tag{8.25}$$

따라서, 시간 $0 \sim \tau$ 사이의 유효우량으로 인한 t시에 있어서의 직접유출 수문곡선의 종거 $Q(t)$는 식 (8.25)를 적분하여 구한다. 즉

$$Q(t) = \int_0^{t \leq t_0} u(t-\tau)i(\tau)d\tau \tag{8.26}$$

식 (8.26)을 회선적분(回旋積分, convolution integral)이라 하며, $u(t-\tau)$를 핵함수(核函數, kernel function)라 부른다.

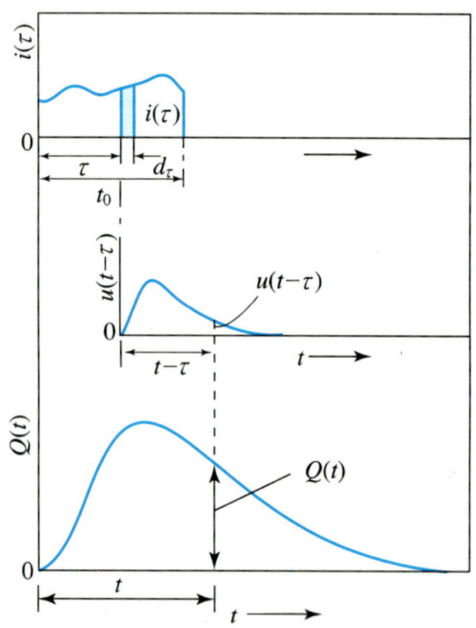

그림 8.23 순간단위유량도

이론적으로 볼 때 어떤 유역에 발생한 여러 호우에 대한 우량 및 유량기록으로부터 식 (8.26)의 $Q(t)$와 $i(\tau)$값들을 알면 $u(t-\tau)$를 구할 수 있으므로 IUH를 유도할 수 있다. 이러한 방법에 의해 식 (8.26)으로부터 IUH를 유도하는 방법에는 Harmonic Analysis, Laplace 변환법 등의 수학적 방법이 있으나 본서의 범위를 넘는 분야이므로 여기서는 S-곡선으로부터 IUH를 유도하는 Chow의 간략법에 대해 살펴보기로 하며, 제9장에서 유역의 시간-면적 주상도(time-area histogram)를 사용하는 유역홍수추적법(流域洪水追跡法, watershed flood routing)

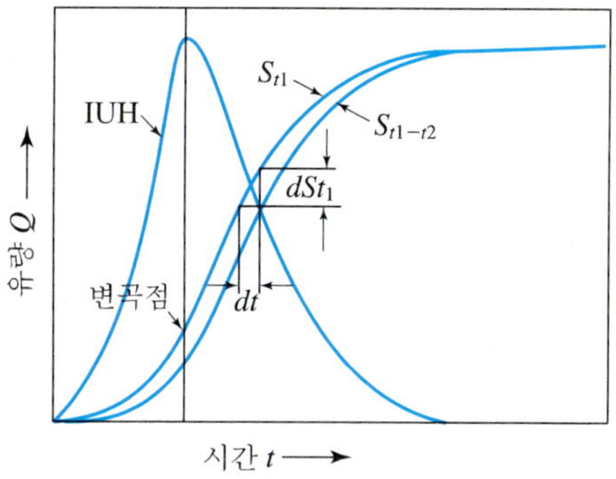

그림 8.24 IUH의 유도

에 의한 IUH의 유도방법에 대해 살펴보기로 한다.

그림 8.24를 참조하면 S-곡선법에 의해 임의의 지속기간 t_1의 단위도로부터 지속기간 t_2인 단위도를 쉽게 유도할 수 있다. 그 절차를 그림 8.24를 참조하면서 방정식으로 표시해 보면

$$u(t_2, t_1) = \frac{t_1}{t_2}[S_{t1} - S_{t1-t2}] \tag{8.27}$$

여기서, $u(t_2, t_1)$은 t_1 hr 단위도로부터 유도된 t_2 hr 단위도의 종거이며 S_{t1}은 t_1 hr S-곡선이며 S_{t1-t2}는 t_1 hr S-곡선을 t_2시간만큼 지체시킨 S-곡선이다. 만약 t_2가 아주 작아져서 거의 영(zero)에 가까워지면 그림 8.24의 두 S-곡선은 거의 겹치게 되므로 식 (8.27)의 t_2는 미소시간 dt로 표시할 수 있고, $(S_{t1} - S_{t1-t2})$는 S-곡선의 미소종거 dS_{t1}으로 표시할 수 있으므로 식 (8.27)은 다음과 같이 표시할 수 있다.

$$u(0, t_1) = t_1 \frac{dS_{t1}}{dt} \tag{8.28}$$

따라서, 식 (8.28)로부터 임의시각 t에 있어서의 IUH의 종거는 시각 t에 있어서의 S-곡선의 접선경사에 S-곡선을 유도한 단위도의 지속시간 t_1을 곱하여 구할 수 있다. S-곡선의 경사는 변곡점에서 최대가 되므로 그림 8.24에서와 같이 IUH의 첨두유량은 변곡점과 같은 시각에 발생하게 된다.

만약 어떤 유역에 대한 순간단위도가 상기방법에 의하여 획득되었다면 이것으로부터 임의 지속기간(n시간이라 하자)을 가진 단위도를 유도하는 것은 대단히 간단하다. 순간단위도의 지속기간은 거의 영(zero)에 가깝다고 정의되었으므로 전술한 바 있는 IUH를 n시간만큼 오른쪽으로 지체시켜 두 개의 IUH의 n시간 간격 종거를 매 시간에 평균하는 정수배방법에 의한 단위도의 지속기간 변환법을 사용하면 된다. 따라서 유도하고자 하는 n시간 단위도의 임의 시간

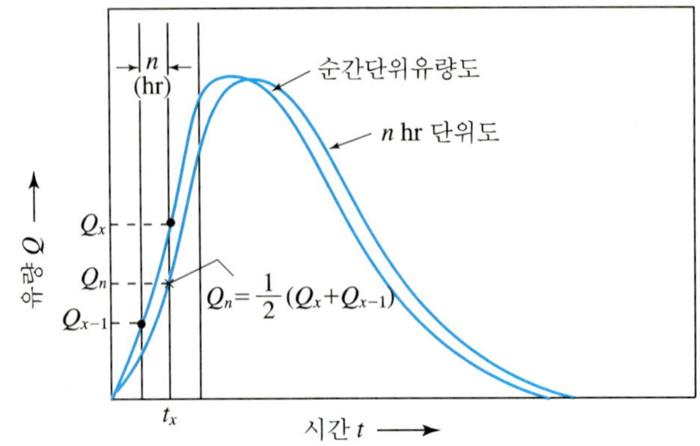

그림 8.25 IUH로부터 n hr-단위도의 유도

t_x에 있어서의 종거는 t_x 및 t_x보다 n시간 전의 IUH 종거를 평균하여 얻을 수 있다. 즉, 그림 8.25와 같이 IUH의 시간축을 n시간 간격으로 등분하여 각 구간의 시점 및 종점의 IUH 종거를 평균한 값을 종점시간에 표시하여 n시간 단위도의 종거로 취하면 된다.

예제 8.4 표 8.3의 4 hr 단위도로부터 S-곡선법에 의해 순간단위유량도를 유도하라.

풀이 4 hr 단위도로부터 IUH를 유도하는 것이므로 식 (8.28)에서 $t_1 = 4$ hr 이고, 표 8.3에서 계산되었던 S-곡선의 매시간(1, 2, 3 hr, ⋯)의 중간점 시간(0.5, 1.5, 2.5 hr, ⋯)에서의 S-곡선경사(dS_{t1}/dt)는 표 8.5의 계산[(4)란]에서 볼 수 있는 것처럼 S-곡선의 종거차가 된다. 따라서 IUH의 종거는 표 8.5의 (4)란의 값에 $t_1 = 4$ hr[식 (8.28)]를 곱하여 (5)란에 구하였다. 이상의 계산으로부터 그림 8.26에 smoothed IUH를 스케치하였다.
원래 S-곡선법에 의해 순간단위도를 유도하기 위해서는 S-곡선의 매시간 접선경사를 사용해야 하나 여기서는 $dt = 1$ hr로 잡았으므로 간략 해(解)라 할 수 있다.

표 8.5 S-곡선으로부터의 IUH 유도

(1) 시간 (hrs)	(2) 4 hr 단위도 (m³/sec)	(3) S-곡선 (m³/sec)	(4) $\frac{dS_{t1}}{dt}$	(5) $U(0,\ t_1 = 4\ \text{hr})$	(6) smoothed IUH
0	0	0	0	0	0
0.5			6	24	
1	6	6			78
1.5			30	120	
2	36	36			128
2.5			30	120	
3	66	66			112
3.5			25	100	
4	91	91			92
4.5			21	84	
5	106	112			80
5.5			17	68	
6	93	129			68
6.5			16	64	
7	79	145			57
7.5			14	56	
8	68	159			50
8.5			11	44	
9	58	170			42
9.5			8	32	
10	49	178			36
10.5			8	32	
11	41	186			30
11.5			7	28	
12	34	193			23
12.5			4	16	
13	27	197			17
13.5			4	16	
14	23	201			12
14.5			2	8	
15	17	203			9
15.5			3	12	
16	13	206			6
16.5			0	0	
17	9	206			3
17.5			1	4	
18	6	207			0
18.5					

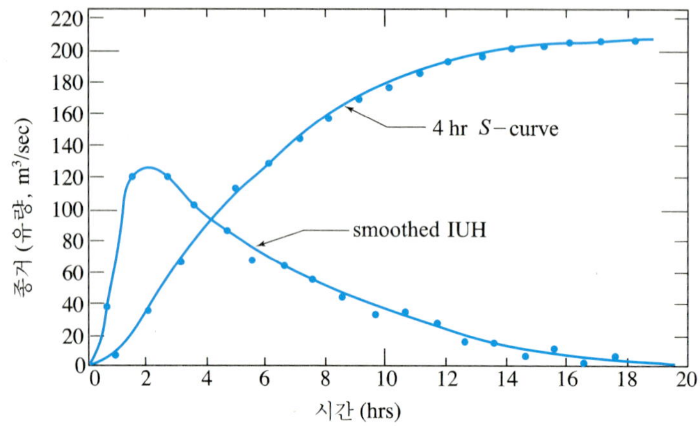

그림 8.26 S–곡선법에 의한 IUH의 유도

8.11 단위유량 분포도

단위유량 분포도(單位流量分布圖, distribution graph)는 Bernard에 의해 처음으로 소개된 것으로써 단위도의 기저시간을 여러 개의 등구간으로 나눈 후 각 구간에 있어서의 유출용적을 총 유출용적의 백분율로 표시한 주상도(柱狀圖, histogram)를 말한다. 따라서 단위유량분포도는 각 시간구간에 해당하는 단위도 아래의 면적(각 구간의 직접유출용적)을 단위도 아래의 총 면적(단위유효우량에 해당하는 총 직접유출용적)으로 나눔으로써 구할 수 있다.

그림 8.27(a), (b)는 단위도와 그로부터 유도된 단위유량분포도를 표시하고 있다. 그림과 같은 단위유량분포도는 각 구간의 평균값으로서 수문곡선을 표시하므로 순간유량(瞬間流量, instantaneous flow)을 표시하는 단위도보다 유량의 순간적 변동성을 명백하게 나타낼 수 없는 결함은 있으나 저수지로의 홍수유입용량의 예보라든가 관개수로로부터의 일평균도수량(導水量) 등 상세한 순간유출률보다 유출용적이 관심사일 경우에는 대단히 유용하게 사용된다.

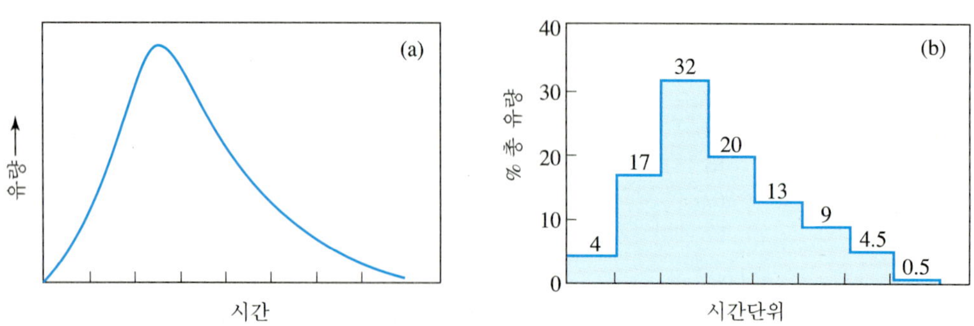

그림 8.27 단위도와 그로부터 유도된 단위유량 분포도

8.12 단위유량도의 합성방법

지금까지는 우량계로 측정한 어떤 하천유역의 우량자료와 유역출구 지점에서 수위계로 측정한 수위 및 유량자료가 확보되어 있는 계측(計測)된 유역에 대하여 호우별 자료를 사용하여 유역의 단위유량도를 유도하는 절차에 대하여 살펴보았다. 그러나, 유역의 각종 치수사업을 계획·설계하고자 할 때 대상유역에 대한 강우 및 유출자료가 없는 경우가 있는 경우보다는 더 많아 수문자료로부터 직접 단위유량도를 유도하여 사용하는 것은 실질적으로 불가능한 경우가 대부분이다.

따라서, 이와 같이 미계측(未計測)된 유역에 대한 단위도는 계측된 유역의 강우 및 유출자료로부터 유도된 단위도의 특성인자와 유역의 지형특성인자 간의 일련의 상관관계식을 이용하여 단위도를 작도(作圖)하는 방법을 사용하고 있으며, 이를 단위유량도의 합성(合成)이라 하고, 작도된 단위유량도를 합성단위유량도(合成單位流量圖, synthetic unit hydrograph)라 한다.

단위유량도의 합성방법에는 여러 가지가 있으나 여기서는 대표적인 방법 몇 가지에 대해서만 소개하기로 한다.

8.12.1 Snyder 합성단위도법

이 방법은 가장 널리 알려져 있는 단위도 합성 방법 중의 하나로 Snyder(1938)가 미국 Appalachian Highlands 지역에서의 연구결과를 종합하여 제안한 방법으로 Taylor and Schwartz(1952)와 미육군공병단(U.S. Army Corps of Engineers, 1959) 등에 의한 수많은 합성단위도 관련 연구의 기초를 제공하였다. 이 방법에서는 유역의 지체시간, 단위도의 지속시간 및 기저시간, 첨두유량, 첨두유량의 50% 및 75%에 해당하는 유량에 해당하는 단위도의 시간폭(W_{50} 및 W_{75})을 계산하는 경험식들이 제시된다. 단위도는 그림 8.28에 표시된 7개 점을 연결하는 매끈한 수문곡선을 스케치하여 얻게 되는데, 이때 곡선 아래의 면적이 1 inch의 직접유출량(유효우량)이 되도록 하여야 한다.

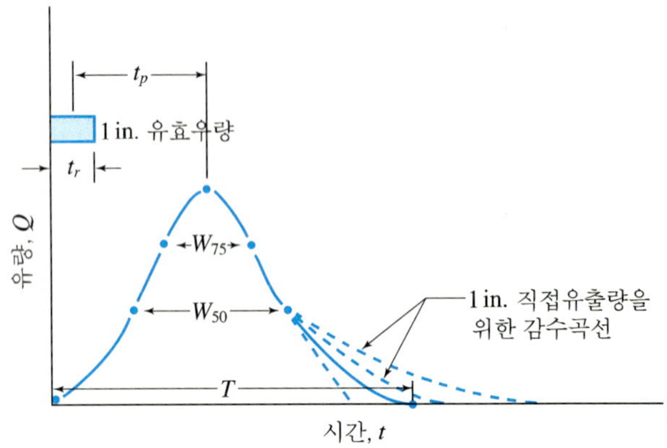

그림 8.28 Snyder 합성단위도법

단위도의 모양은 유역의 크기라든지 형상(shape), 지형, 하도저류량 및 경사, 하천밀도 등 유역 및 하도특성에 의해 영향을 받게 되겠지만 이들 특성들을 단위도의 작도(作圖)에 일일이 전부 고려하기는 어려우므로 Snyder는 다음과 같은 경험적인 회귀식으로 유역 지체시간(流域遲滯時間, basin lag time)을 정의하여 첨두유량의 발생시각을 정의하였다.

$$t_p = C_t (L_{ca} \cdot L)^{0.3} \tag{8.29}$$

여기서, t_p는 유역의 지체시간(hr), 즉 그림 8.28에서처럼 지속기간이 t_r시간인 단위유효우량 주상도의 중심(重心)시각과 첨두유량 발생시각 간의 시간차(hr)로서, 한 유역의 강우-유출 관계특성을 대표하는 유역특성 변수이며, 강우량이나 강우강도 등의 영향을 받지 않고 일정한 값을 가지는 것으로 보고 있다. 한편, 식 (8.29)의 L_{ca}는 유역출구로부터 주 유로를 따라 유역의 중심에 가장 가까운 주 유로상의 점까지 측정한 거리(mi)(그림 8.29의 AB)로서 유역의 형상을 고려하기 위한 특성인자이며, L은 유역출구로부터 본류를 따라 유역경계선까지 측정한 거리(mi)(그림 8.29의 ABC), C_t는 사용되는 단위와 유역특성에 관계되는 계수로서 유역경사가 커지면 C_t값은 작아지는 경향을 가지며 미국 Appalachian Highlands 지역에 대하여 Snyder가 제안한 C_t값의 범위는 1.8~2.2(평균값=2.0)이나, 그 후의 여러 연구를 통해 발표된 미국 내 여러 유역의 C_t값들은 표 8.6에 수록되어 있다(Viessman, Jr., 2003).

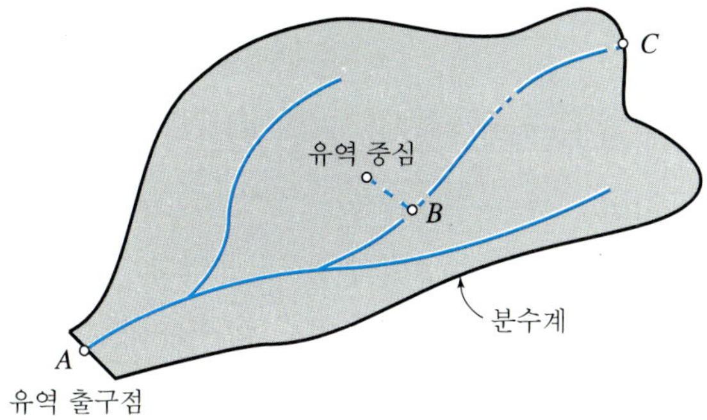

그림 8.29 하천유역도

표 8.6 Snyder 합성단위도법에서의 매개변수값

지역	C_t의 범위	평균 C_t	C_p의 범위	평균 C_p
Appalachian Highlands	1.8-2.2	2.0	0.4-0.8	0.6
Western Iowa	0.2-0.6	0.4	0.7-1.0	0.8
Southern California	-	0.4	-	0.9
Ohio	0.6-0.8	0.7	0.6-0.7	0.6
Eastern Gulf of Mexico	-	8.0	-	0.6
Central Texas	0.4-2.3	1.1	0.3-1.2	0.8
Sewered urban areas	0.2-0.5	0.3	0.1-0.6	0.3
Mountainous watersheds	-	1.2	-	-
Foothills areas	-	0.7	-	-
Valley areas	-	0.4	-	-
Eastern Nebraska	0.4-1.0	0.8	0.5-1.0	0.8
Corps of Engineers training course	0.4-8.0	0.3-0.9	-	-
Great Plains	0.8-2.0	1.3	-	-
Rocky Mountains	1.5-8.8	5.4	-	-
SW desert	0.7-1.9	1.4	-	-
NW coast and Cascades	2.0-4.4	3.1	-	-
21 urban basins	0.3-0.9	0.6	-	-
Storm-sewered areas	0.2-0.3	0.2	-	-

주: L, L_{ca}를 각각 mi., A를 mi^2로 했을 때의 C_t 및 C_p값

식 (8.29)의 L_{ca}와 L을 mi. 단위일 때에는 $C_t = 1.8 \sim 2.2$이나 km 단위를 사용할 때에는 단위환산에 의해 $C_t = 1.35 \sim 1.65$(평균값=1.5)가 된다.

유효강우의 지속시간이 t_r 시간인 단위도의 첨두유량 $Q_p(ft^3/sec)$는 A mi^2상에 1 in의 단위

유효우량이 내릴 경우이므로

$$Q_p = C_p \frac{A\ \mathrm{mi}^2 \times 1\ \mathrm{in}}{t_p\ \mathrm{hr}} = C_p \frac{645.33A}{t_p} \tag{8.30}$$

여기서, t_p는 유역 지체시간(hr)이고, C_p는 유역의 저류능력(貯溜能力)을 대표하는 특성계수로서 Applachian Highlands 지역에서는 0.4~0.8의 값을 가지며 표 8.6에서 보는 바와 같이 대체로 C_t값과는 반비례의 관계가 있는 것으로 알려져 있다.

한편, 식 (8.30)을 SI 단위제로 표시하면 단위도의 첨두유량 Q_p(m^3/sec)는 A km^2 유역상에 1 cm의 단위유효우량이 내릴 경우이므로

$$Q_p = C_p \frac{A\ \mathrm{km}^2 \times 1\ \mathrm{cm}}{t_p\ \mathrm{hr}} = C_p \frac{2.778A}{t_p} \tag{8.31}$$

여기서, t_p는 유역 지체시간(hr)이다.

한편, 직접유출의 지속기간, 즉 단위도의 기저시간 T는

$$T = 3 + 3\left(\frac{t_p}{24}\right) \tag{8.32}$$

여기서, T는 일(day) 단위이고, t_p는 시간(hr) 단위이다.

식 (8.32)에 의하면 최소기저시간은 $t_p = 0$일 때 $T = 3$일이며 이는 아주 작은 배수면적을 가진 유역의 경우 너무 긴 기저시간으로 생각되지만 지하로 일단 침투했다가 결국 직접유출에 기여하는 중간유출분을 고려하면 이해가 가능하기도 하다.

Ponce(1989)에 의하면 식 (8.32)에 의해 단위도의 기저시간을 결정하되 지나치게 큰 값이 계산될 경우에는 다음의 관계를 취할 것을 제안하였다.

$$T = 5.45t_p \tag{8.33}$$

식 (8.29)~(8.33)은 지속기간이 t_r시간인 단위유효우량으로 인한 단위도의 매개변수들을 표시하는 식이며 단위도의 지속기간 t_r은 유역 지체시간 t_p와 다음과 같은 선형관계를 가진다.

$$t_r = \frac{t_p}{5.5} \tag{8.34}$$

그런데, 만일 실제 강우의 지속기간 t_r과 다른 t_R시간 단위도를 유도하고자 할 경우의 첨두

유량 Q_{PR}(ft^3/sec)은

$$Q_{PR} = C_p \frac{645.33A}{t_{PR}} \tag{8.35}$$

여기서, t_{PR}은 지속기간이 t_R인 유효강우에 대한 유역 지체시간(hr)을 나타내며 다음 식으로 표시된다.

$$t_{PR} = t_p + \frac{1}{4}(t_R - t_r) \tag{8.36}$$

식 (8.35)를 SI 단위제로 표시하면

$$Q_{PR} = C_p \frac{2.778A}{t_{PR}} \tag{8.37}$$

여기서, Q_{PR}은 m^3/sec, A는 km^2, t_p는 시간(hr) 단위이다.

한편, 단위도의 기저시간은 식 (8.29)의 t_p 대신 식 (8.36)으로 표시되는 t_{PR}을 대입하면 다음과 같아진다.

$$T_R = 3 + 3\left(\frac{t_{PR}}{24}\right) \tag{8.38}$$

여기서, T_R은 지속기간 t_R인 단위도의 기저시간(day)이다.

지금까지 설명한 Snyder의 합성단위도법은 결국 t_{PR}, Q_{PR}, T_R을 구하여 좌표계의 원점(0, 0)과, 첨두유량점(t_{PR}, Q_{PR}), 기저시간점(T_R, 0) 등 3개의 점을 연결하여 단위도를 스케치하는 방법이나 이들 3개점만으로 단위도를 스케치하기에는 주관성이 너무 많이 개입될 수밖에 없다. 이러한 문제점의 해결을 위해 미육군공병단(1959)에서는 다음과 같은 식을 제안하여 4개점을 추가하여 7개점을 통과하는 단위도를 스케치할 수 있도록 하였다.

$$W_{50} = \frac{770}{(Q_{PR}/A)^{1.08}} \tag{8.39}$$

$$W_{75} = \frac{440}{(Q_{PR}/A)^{1.08}} \tag{8.40}$$

여기서, W_{50}와 W_{75}는 각각 첨두유량 Q_{PR}(ft^3/sec)의 50% 및 75% 크기유량일 때의 단위

도의 시간폭(hr)으로서 첨두유량 발생시각의 전과 후에 각각 1:2의 비율로 배분하여 시간폭을 정할 것을 제안하고 있다.

식 (8.39)와 (8.40)을 SI 단위제로 표시하면 각각 다음과 같다(Ponce, 1989).

$$W_{50} = \frac{5.87}{(Q_{PR}/A)^{1.08}} \tag{8.41}$$

$$W_{75} = \frac{3.35}{(Q_{PR}/A)^{1.08}} \tag{8.42}$$

여기서, W_{50} 및 W_{75}는 시간(hr)단위이고 Q_{PR}은 m^3/sec, A는 km^2 단위이다.

식 (8.39)~(8.42)를 사용하면 그림 8.28에서와 같이 4개의 점을 추가로 표시할 수 있으므로 7개점을 통하는 단위도의 스케치는 3개점을 사용하는 경우보다 쉬워진다. 7개점을 통과하는 t_R시간 단위도를 스케치할 때 주의해야 할 사항은 그림 8.28에 표시한 바와 같이 단위도 아래의 면적이 1 inch의 직접유출량과 같아지도록 시행착오적으로 단위도의 꼬리부분을 조정해야 한다는 것이다. 이를 위해 그림 8.28의 꼬리부분에 점선으로 표시한 바와 같이 여러 개의 감수곡선을 그려 단위도 아래의 면적을 구적기로 구하여 직접유출고로 환산한 값이 1 inch가 되는지를 검사하여야 한다.

Snyder의 합성단위법의 적용에 있어서 표 8.6에서 보는 바와 같이 C_t와 C_p의 값은 미국 내에서도 유역의 위치에 따라 크게 변하므로 그 값의 설정에 주의를 요한다. 단위도를 합성하고자 하는 미계측유역 부근 혹은 유역특성이 비슷한 계측유역으로부터 유도된 단위도를 사용하여 식 (8.29)와 (8.30)에 의해 C_t와 C_p를 결정하여 대상유역에 대한 단위도를 합성할 수 있다.

예제 8.5 어떤 유역에 대한 단위도를 Snyder의 방법에 의하여 합성하고자 한다. 계수 C_t와 C_p의 값이 각각 2.0 및 0.6으로 결정되었을 때 지속기간이 6시간인 단위도를 합성하는 데 필요한 특성계수들을 구하고 단위도의 작도법을 설명하라. 유역면적 $A = 29\ mi^2$이고 유로연장 $L = 9$ mi이며, $L_{ca} = 5.2$ mi이다.

풀이 식 (8.29)로부터 $t_p = 2.0 \times (5.2 \times 9)^{0.3} = 6.34$ hr

식 (8.34)로부터 $t_r = \dfrac{6.34}{5.5} = 1.15$ hr이다. 따라서, 지속기간 $t_R = 6$ hr에 대한 단위도의 지체시간 t_{PR}은 식 (8.36)으로부터

$$t_{PR} = 6.34 + \frac{1}{4}(6 - 1.15) = 7.75 \text{ hr}$$

단위도의 첨두유량 Q_{PR}을 식 (8.35)로 계산하면

$$Q_{PR} = 0.6 \times \frac{645.33 \times 29}{7.75} = 1,448.1 \text{ ft}^3/\text{sec}$$

단위도의 기저시간 T_R은 식 (8.38)을 사용하면

$$T_R = 3 + \left(3 \times \frac{7.75}{24}\right) = 3.97 \text{ day} = 95.3 \text{ hr}$$

식 (8.33)의 관계를 고려하면

$$T_R = 95.3 \text{ hr} \gg 5.45 \times 7.75 = 42.24 \text{ hr}$$

그러므로 단위도의 기저시간이 과대한 것으로 판단할 수 있으므로 $T_R = 42$ hr를 택하기로 한다.

한편, 단위도의 W_{50}, W_{75}를 식 (8.39)와 (8.40)을 사용하여 계산하면,

$Q = 1,448.1 \times 0.5 = 724.1 \text{ ft}^3/\text{sec}$일 때 $\qquad W_{50} = \dfrac{770}{\left(\dfrac{1,448.1}{29}\right)^{1.08}} = 11.28 \text{ hr}$

$Q = 1,448.1 \times 0.75 = 1,086.1 \text{ ft}^3/\text{sec}$일 때 $\qquad W_{75} = \dfrac{440}{\left(\dfrac{1,448.1}{29}\right)^{1.08}} = 6.44 \text{ hr}$

따라서, 이 유역의 6시간 단위도는 산술방안지상에서 다음의 7개 좌표점(t hr, Q ft^3/sec)을 통과하는 수문곡선을 그리되 곡선 아래의 면적이 1 in의 직접유출량이 되도록 하면 된다. 즉,

원점: $(0, 0)$

W_{50}(상승부): $\left(\frac{1}{2}t_R + t_{PR} - \frac{1}{3}W_{50},\ 0.5Q_{PR}\right) = (6.99 \text{ hr},\ 724.1 \text{ ft}^3/\text{sec})$

W_{75}(상승부): $\left(T_p - \frac{1}{3}W_{75},\ 0.75Q_{PR}\right) = (8.60 \text{ hr},\ 1,086.1 \text{ ft}^3/\text{sec})$

첨두유량점: $\left(\frac{1}{2}t_R + t_{PR},\ Q_{PR}\right) = (10.75 \text{ hr},\ 1,448.1 \text{ ft}^3/\text{sec})$

W_{75}(하강부): $\left(\frac{1}{2}t_R + t_{PR} + \frac{2}{3}W_{75},\ 0.75Q_{PR}\right) = (15.04 \text{ hr},\ 1,086.1 \text{ ft}^3/\text{sec})$

W_{50}(하강부): $\left(\frac{1}{2}t_R + t_{PR} + \frac{2}{3}W_{50},\ 0.5Q_{PR}\right) = (18.27 \text{ hr},\ 724.1 \text{ ft}^3/\text{sec})$

기저시간점: (조정된 T_R, 0) = (42 hr, 0)

예제 8.6 아래와 같은 제원을 가진 유역에 대하여 Snyder 합성단위도의 특성값을 계산하라.

$$A = 400\text{ km}^2,\ L = 25\text{ km},\ L_{ca} = 10\text{ km},\ C_t = 1.5,\ C_p = 0.61$$

풀이 식 (8.29)로부터

$$t_p = 1.5(25 \times 10)^{0.3} = 7.86\text{ hr}$$

식 (8.31)로부터

$$Q_p = 0.61 \times \frac{2.778 \times 400}{7.86} = 86.24\text{ m}^3/\text{sec}$$

식 (8.34)로부터

$$t_r = \frac{7.86}{5.5} = 1.43\text{ hr}$$

첨두유량점까지의 시간은

$$T_p = \frac{1}{2}t_r + t_p = \frac{1.43}{2} + 7.86 = 8.58\text{ hr}$$

식 (8.32)로부터

$$T = 3 + 3\left(\frac{7.86}{24}\right) = 3.98\text{ day} = 95.58\text{ hr}$$

$T = 95.58$ hr는 너무 긴 기저시간이므로 식 (8.33)의 제약조건을 따르면

$$T = 5.45 \times 7.86 = 42.84\text{ hr}$$

한편, 식 (8.41)과 (8.42)에 의하면

$$W_{50} = \frac{5.87}{\left(\dfrac{86.24}{400}\right)^{1.08}} = 30.78\text{ hr}$$

$$W_{75} = \frac{3.35}{\left(\dfrac{86.24}{400}\right)^{1.08}} = 17.54\text{ hr}$$

8.12.2 SCS 무차원 합성단위도법

이 방법은 미국토양보존국(U.S. Soil Conservation Service, SCS)에 의해 합성단위유량도를 작성하기 위하여 고안된 방법으로서 그림 8.30과 같은 무차원 단위도(無次元 單位圖, dimensionless unit hydrograph)의 이용에 근거를 두고 있다(US/SCS, 1972). 이 무차원 수문곡선은 미국 내 여러 지방의 대소유역으로부터 유도된 실제의 단위도를 해석하여 얻는 것이므로 유역의 지역적 위치에 별 관계없이 적용할 수 있는 장점이 있다.

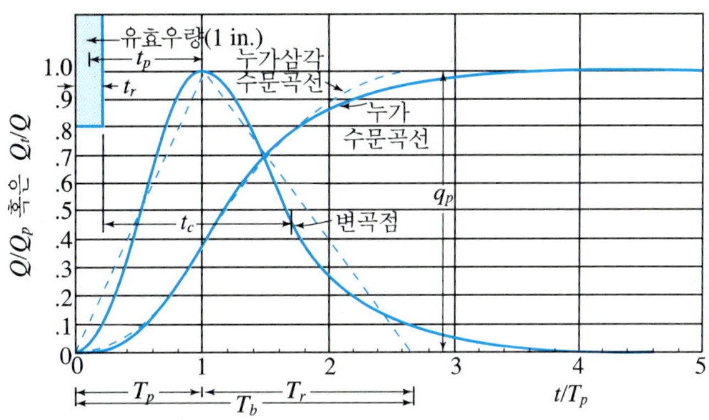

그림 8.30 SCS 무차원 단위유량도 및 삼각형 단위도

표 8.7 SCS 무차원 단위도의 시간별 종거

t/T_p	Q/Q_p	t/T_p	Q/Q_p	t/T_p	Q/Q_p	t/T_p	Q/Q_p
0	0	0.9	0.990	1.8	0.390	3.4	0.029
0.1	0.030	1.0	1.000	1.9	0.330	3.6	0.021
0.2	0.100	1.1	0.990	2.0	0.280	3.8	0.015
0.3	0.190	1.2	0.930	2.2	0.207	4.0	0.011
0.4	0.310	1.3	0.860	2.4	0.147	4.5	0.005
0.5	0.470	1.4	0.780	2.6	0.107	5.0	0
0.6	0.660	1.5	0.680	2.8	0.077		
0.7	0.820	1.6	0.560	3.0	0.055		
0.8	0.930	1.7	0.460	3.2	0.040		

이 방법에 의한 단위도의 합성을 위해서는 단위도의 첨두유량 Q_p와 그의 발생시간 T_p를 결정하여야 하며, 일단 Q_p, T_p가 결정되면 그림 8.30의 무차원 단위유량도(혹은 표 8.7)를 사용하여 단위도를 합성하게 된다.

SCS(1972)에 의하면 그림 8.30에 실선으로 표시되어 있는 무차원 단위유량도의 상승부곡선(rising limb) 아래의 면적은 단위도 아래 전체 면적의 37.5%를 차지하며, 그림에 점선으로 표시된 것과 같이 단위도 아래의 면적과 동일한 면적을 가지는 삼각형 단위도로 대표될 수 있다.

그림 8.30의 삼각형 단위도의 밑변길이(T_b)를 단위도의 첨두유량 발생시간(time to peak, T_p)으로 표시하기 위해 단위도 아래의 면적과 시간 간의 비례관계를 이용하면

$$\frac{T_b}{1} = \frac{T_p}{0.375} \qquad \therefore\ T_b = 2.67\,T_p \tag{8.43}$$

따라서,

$$T_r = T_b - T_p = 1.67\,T_p \tag{8.44}$$

한편, 삼각형 무차원 단위도 아래의 총 면적은 총 유출부피(inch)를 표시하며 그림 8.30으로부터

$$Q = \frac{q_p T_p}{2} + \frac{q_p T_r}{2} = \frac{q_p}{2}(T_p + T_r) \tag{8.45}$$

여기서, Q는 직접 유출부피(inch)를 표시하며, q_p는 단위시간당 첨두유출고(in./hr), T는 시간을 표시한다.

식 (8.45)로부터 q_p(in./hr)를 구하면

$$q_p = \frac{2Q}{T_p + T_r} \tag{8.46}$$

여기서, 다음과 같이 놓으면,

$$K = \frac{2}{1 + \dfrac{T_r}{T_p}} \tag{8.47}$$

단위시간당 첨두유출고는 다음과 같이 표시된다.

$$q_p = \frac{KQ}{T_p} \tag{8.48}$$

이 무차원 단위도의 대상유역면적을 $A(\text{mi}^2)$라면 유역출구점에서의 단위도의 총 첨두유량의 크기(Q_p)는 다음과 같다.

$$Q_p = \frac{KQA}{T_p} \tag{8.49}$$

여기서, Q는 직접유출부피 혹은 유효우량(inch), A는 유역면적(mi^2), T_p는 첨두유량에 도달하는 시간(hr)이다.

식 (8.49)의 Q_p를 ft^3/sec 단위로 표시하기 위해 단위환산을 하면

$$Q_p = \frac{645.33KQA}{T_p} \tag{8.50}$$

식 (8.44)의 관계를 식 (8.47)에 대입하면 $K = 0.75$가 되며 이를 식 (8.50)에 대입하면

$$Q_p = \frac{484QA}{T_p} \tag{8.51}$$

식 (8.51)에서 Q는 직접 유출부피(inch)를 표시하며 단위도의 경우는 $Q = 1\text{ inch}$이므로 유역면적이 $A(\text{mi}^2)$이고 첨두유량에의 도달시간이 $T_p(\text{hr})$인 유역의 첨두유량(ft^3/sec)은 다음 식으로 표시된다.

$$Q_p = \frac{484A}{T_p} \tag{8.52}$$

한편, 식 (8.49)를 미터 단위제에서의 유역면적 $A\text{ km}^2$에 내린 $Q = 1\text{ cm}$의 유효우량으로 인한 단위도의 첨두유량 $Q_p(\text{m}^3/\text{sec})$로 표시하면 다음과 같아진다.

$$Q_p = \frac{0.75 \times 1\text{ cm} \times A\text{ km}^2}{T_p\text{ hr}} = \frac{2.08A}{T_p} \tag{8.53}$$

여기서, T_p는 유효강우의 시작시간부터 첨두유량에 도달하는 시간(hr)이다.

그림 8.30을 보면

$$T_p = \frac{1}{2}t_r + t_p \tag{8.54}$$

여기서, t_r은 유효우량의 지속기간(hr)이고 t_p는 유역의 지체시간(遲滯時間, lag time)(hr)

이다.

따라서, 한 유역의 지체시간 t_p를 구하면 임의의 강우지속시간 t_r에 대한 Q_p와 T_p를 식 (8.52)~(8.54)로 구할 수 있으므로 그림 8.30 혹은 표 8.7을 사용하면 t_r hr-단위도를 작성할 수 있다.

유역면적은 유역의 지체시간 t_p에 가장 큰 영향을 미치는 인자이며 SCS(1972)의 조사결과에 의하면 다음과 같은 관계가 있다.

$$t_p = 1.44A^{0.6} \quad (\text{미국 Texas주}) \tag{8.55}$$

$$t_p = 0.54A^{0.6} \quad (\text{미국 Ohio주}) \tag{8.56}$$

여기서, t_p는 지체시간(hr)이며 A는 유역면적(mi^2)이다.

한편, SCS(1972)는 유역면적이 작은 경우(약 2000 acre 혹은 8 km^2 이하) t_p(hr)를 산정하기 위한 공식으로 제7장에서 소개한 바 있는 다음 식[식 (7.76)]을 제안하였다.

$$t_p = \frac{L^{0.8}(S+1)^{0.7}}{1900\,Y^{0.5}} = \frac{L^{0.8}(1000-9\,CN)^{0.7}}{1900\,CN^{0.7}\,Y^{0.5}} \tag{7.76}$$

여기서, L은 하천유역의 총 연장(ft), Y는 유역지표면의 평균경사(%), CN은 SCS의 유출곡선지수이며, 5장에서 소개한 지표토층의 최대 잠재보류수량(inch) S와는 $S=(1{,}000/CN)-10$의 관계를 가진다. 식 (7.76)은 당초 SCS가 유역면적 2000 acre 이하에 대하여 개발한 경험식이나 Ponce (1989)에 의하면 4000 acre(약 16 km^2) 유역까지도 적용이 가능한 것으로 알려져 있다.

한편, 식 (7.76)을 SI 단위제로 표시하면 다음과 같다(Ponce, 1989).

$$t_p = \frac{L^{0.8}(2540-22.86\,CN)^{0.7}}{14{,}104\,CN^{0.7}\,Y^{0.5}} \tag{8.57}$$

여기서, t_p는 지체시간(hr)이고, L은 하천유역의 연장(m), Y는 유역평균경사(m/m)이다.

또한, SCS(1972)에 의하면 유역의 지체시간(t_p)과 집중시간(t_c) 사이의 다음과 같은 관계를 사용하여 t_p를 결정할 수도 있다.

$$t_p = 0.6t_c \tag{8.58}$$

여기서, 수문곡선 해석에 있어서의 집중시간 t_c는 그림 8.2 및 8.30에서 보는 바와 같이 유효강우가 끝나는 시간으로부터 감수곡선상의 변곡점 발생시간까지의 시간간격으로 풀이되며, 강우시작시간부터 변곡점까지의 시간은 약 $1.7t_p$인 것으로 알려져 있다. 따라서, 그림 8.30으로부터

$$t_c = 1.7T_p - t_r \tag{8.59}$$

식 (8.54), 식 (8.58) 및 식 (8.59)를 연립하여 풀면

$$t_r = 0.2T_p \tag{8.60}$$

혹은

$$t_r = 0.133t_c \tag{8.61}$$

식 (8.60)과 (8.61)은 단위도의 지속기간(유효우량의 계속시간) t_r에 대한 제약조건이다. 식 (8.60)과 (8.61)에 의한 단위도의 지속기간에 약간의 변동을 주는 것은 무방하나 t_r이 $0.25T_P$ 혹은 $0.17t_c$보다 커지지 않도록 할 것을 권장하고 있다. 위의 제약조건에 맞추어 단위도의 지속기간 t_r이 선택되면 t_r-시간 단위도를 SCS 무차원 단위도를 이용하여 유도하고, 단위도 지속기간의 변환이 필요하면 S-곡선법 등을 사용하여 다른 지속기간으로 변환하여 사용할 수 있다.

예제 8.7 면적이 70 mi^{2}인 어떤 유역의 집중시간 $t_c = 16$시간이다. SCS 무차원 단위도법을 이용하여 이 유역의 2시간 단위도를 합성하라.

풀이 식 (8.58)을 사용하면 유역 지체시간 $t_p = 0.6 \times 16 = 9.6$ hr, $t_r = 2$ hr이므로 식 (8.54)로부터

$$T_p = \frac{1}{2}(2) + 9.6 = 10.6 \text{ hr}$$

식 (8.60)의 단위도 지속시간에 대한 제약조건을 검토하면

$$t_r = 2 \text{ hr} \le 0.2T_p = 2.12 \text{ hr}$$

따라서, 제약조건은 만족된다.

식 (8.52)를 사용하여 유효우량 1 inch=2.54 cm일 때의 단위도의 첨두유량을 산정하면

$$Q_p = \frac{484 \times 70}{10.6} = 3,196.23 \text{ ft}^3/\text{sec}$$

따라서, 유효우량 1 cm에 대해서는

$$Q_p = \frac{3196.23}{2.54} = 1{,}258.36\ \mathrm{ft^3/sec} = 35.63\ \mathrm{m^3/sec}$$

한편, 식 (8.53)을 사용하면 유효우량 1 cm에 대한 첨두유량은 (70 mi^2=181.54 km^2)이므로

$$Q_p = \frac{2.08 \times 181.45}{10.6} = 35.61\ \mathrm{m^3/sec}$$

따라서, 영국 단위제와 SI 단위제로 계산한 유효우량 1 cm에 대한 2시간 단위도의 첨두유량은 거의 같음을 알 수 있으며 이하의 계산에서 $Q_p = 35.6\ \mathrm{m^3/sec}$를 채택하기로 한다. 표 8.7의 무차원 시간별 단위도의 종거를 사용하여 2시간 단위도를 유도하면 표 8.8과 같다.

표 8.8 SCS 합성단위도법에 의한 2시간 단위도의 합성

SCS 종거		단위도의 시간별 종거		SCS 종거		단위도의 시간별 종거	
t/T_p	Q/Q_p	$t=10.6\times(t/T_p)$(hr)	$Q=35.6\times(Q/Q_p)$(m^3/sec)	t/T_p	Q/Q_p	$t=10.6\times(t/T_p)$(hr)	$Q=35.6\times(Q/Q_p)$(m^3/sec)
0	0	0	0	2.4	0.147	25.44	5.23
0.2	0.10	2.12	3.56	2.6	0.107	27.56	3.81
0.4	0.31	4.24	11.04	2.8	0.077	29.68	2.74
0.6	0.66	6.36	23.50	3.0	0.055	31.80	1.96
0.8	0.93	8.48	33.11	3.2	0.040	33.92	1.42
1.0	1.00	10.60	35.60	3.4	0.029	36.02	1.03
1.2	0.93	12.72	33.11	3.6	0.021	38.16	0.75
1.4	0.78	14.84	27.77	3.8	0.015	40.28	0.53
1.6	0.56	16.96	19.94	4.0	0.011	42.40	0.39
1.8	0.39	19.08	13.88	4.5	0.005	47.70	0.18
2.0	0.28	21.20	9.97	5.0	0	53.00	0
2.2	0.207	23.32	7.37				

예제 8.8 유역면적이 6.42 km^{2}인 유역의 연장 $L=2204$ m, 유역지표면의 평균경사 $Y=0.02$, 유출곡선지수 $CN=62$이다. 이 유역의 단위도를 SCS 방법으로 합성하라. 합성된 단위도의 지속시간은 얼마인가?

풀이 식 (8.57)을 사용하면

$$t_p = \frac{(2204)^{0.8}(2540 - 22.86 \times 62)^{0.7}}{14{,}104(62)^{0.7}} = 1.8\ \mathrm{hr}$$

표 8.9 SCS 합성단위법에 의한 0.4시간 단위도의 유도
$T_p = 2\text{ hr}$, $Q_p = 6.68\text{ m}^3/\text{sec}$

t/T_p	Q/Q_p	t(h)	Q(m^3/s)
0.0	0.00	0.0	0.000
0.2	0.10	0.4	0.668
0.4	0.31	0.8	2.071
0.6	0.66	1.2	4.410
0.8	0.93	1.6	6.212
1.0	1.00	2.0	6.680
1.2	0.93	2.4	6.212
1.4	0.78	2.8	5.210
1.6	0.56	3.2	3.740
1.8	0.39	3.6	2.605
2.0	0.28	4.0	1.870
2.2	0.207	4.4	1.382
2.4	0.147	4.8	0.982
2.6	0.107	5.2	0.714
2.8	0.077	5.6	0.514
3.0	0.055	6.0	0.367
3.2	0.040	6.4	0.267
3.4	0.029	6.8	0.194
3.6	0.021	7.2	0.140
3.8	0.015	7.6	0.100
4.0	0.011	8.0	0.073
4.2	0.010	8.4	0.067
4.4	0.007	8.8	0.047
4.6	0.003	9.2	0.020
4.8	0.0015	9.6	0.010
5.0	0.0000	10.0	0.000

한편, 식 (8.58)로부터 $t_c = \dfrac{1.8}{0.6} = 3\text{ hr}$이고 식 (8.61)로부터 $t_r = 0.133 \times 3 = 0.4\text{ hr}$. 따라서, 식 (8.54)로부터 첨두유량 발생시각은

$$T_p = \frac{1}{2}t_r + t_p = \frac{1}{2}(0.4) + 1.8 = 2.0\text{ hr}$$

식 (8.53)을 사용하여 첨두유량을 산정하면

$$Q_p = \frac{2.08 \times 6.42}{2.0} = 6.68\text{ m}^3/\text{sec}$$

따라서 표 8.7의 SCS 무차원 단위도 종거를 사용하면 표 8.9와 같은 단위도를 얻게 되며 단위도의 지속시간은 0.4 hr이다.

8.12.3 나까야스 종합단위도법

전술한 바 Snyder 방법 및 SCS 방법과 유사한 합성단위도 방법으로는 일본의 나까야스(中安, Nakayasu)에 의한 무차원 수문곡선법이 있다. 나까야스는 일본 내 여러 유역에서 유도된 단위도의 특성변수와 유역의 지형학적 특성변수 간의 관계를 조사하여 그림 8.31과 같은 무차원 수문곡선을 작성하였으며 이를 이용하여 특정 지속시간의 단위유량도를 합성할 수 있도록 하였다.

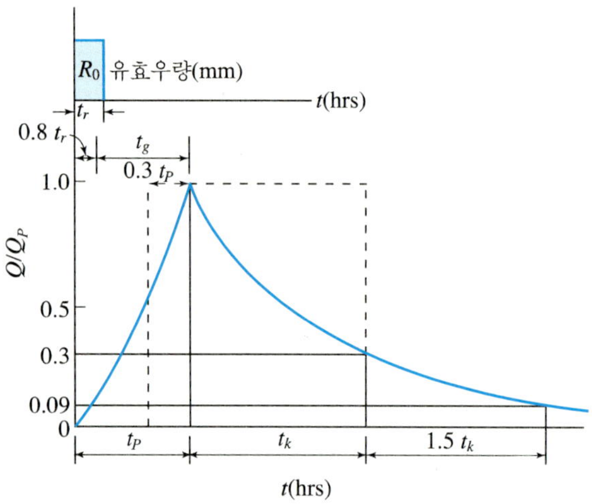

그림 8.31 나까야스 종합단위도

본 방법에 따라 우리나라 유역에의 적용 가능성에 대해서는 홍수기록의 부족으로 진지하게 검토된 바는 없으나 인접 일본의 유역 특성과 우리나라 유역 특성 간의 유사성을 감안하여 우리나라에서도 수문 실무에 많이 사용되어 왔으므로 그 방법론에 대해 살펴보기로 한다.

나까야스(中安)의 종합단위도법(綜合單位圖法)에 의한 단위도의 합성방법은 단위도의 상승부와 하강부(감수곡선)로 나누어서 작도되며 지속시간 t_r(hr)인 R_0(mm)의 유효우량으로 인한 단위도는 다음과 같은 식에 의해 작도된다(그림 8.31).

상승부 곡선:
$$\frac{Q}{Q_P} = \left(\frac{t}{t_P}\right)^{2.4} \tag{8.62}$$

하강부 곡선(감수곡선):

$0.3 \le \dfrac{Q}{Q_P} \le 1.0$일 때
$$\frac{Q}{Q_P} = (0.3)^{\frac{t-t_P}{t_k}} \tag{8.63}$$

$$(0.3)^2 \le \frac{Q}{Q_P} \le 0.3\text{일 때} \qquad \frac{Q}{Q_P} = (0.3)^{\frac{t-t_P+0.5t_k}{1.5t_k}} \tag{8.64}$$

$$(0.3)^3 \le \frac{Q}{Q_P} \le (0.3)^2\text{일 때} \qquad \frac{Q}{Q_P} = (0.3)^{\frac{t-t_P+1.5t_k}{2t_k}} \tag{8.65}$$

여기서, $Q_P(\mathrm{m^3/sec})$는 단위시간 $t_r(\mathrm{hr})$, 유효우량 $R_0(\mathrm{mm})$에 의한 단위도의 첨두유량이며, $Q(\mathrm{m^3/sec})$는 호우시점으로부터의 임의시각 $t(\mathrm{hr})$에 있어서의 유량이고, t_k, $1.5t_k$, $2t_k$는 유량이 Q_P에서 $0.3Q_P$로, $0.3Q_P$에서 $0.09Q_P$로, 그리고 $0.09Q_P$에서 $0.027Q_P$로 각각 감소하는 데 걸리는 시간을 표시한다.

한편, $t_P(\mathrm{hr})$는 호우시점으로부터 첨두유량 발생시각까지의 시간장경으로서의 첨두유량에의 도달시간이라 하며, $0.8t_r$시각으로부터 첨두유량 발생시각까지의 시간을 첨두유량의 지체시간 $t_g(\mathrm{hr})$라 한다. 식 (8.62)~(8.65)에 있는 t_P는 t_g에 따라 결정되므로 t_g 혹은 t_k는 유역의 면적, 유로연장, 하천경사, 유역형상 등 유출에 영향을 미치는 인자들의 함수일 것으로 예상되며 나까야스는 다음과 같은 경험식을 제안한 바 있다.

$$L < 15\ \mathrm{km}\text{일 때} \qquad t_g = 0.21L^{0.7} \tag{8.66}$$

$$L > 15\ \mathrm{km}\text{일 때} \qquad t_g = 0.4 + 0.058L \tag{8.67}$$

그리고

$$t_k = 0.47(AL)^{0.25} \tag{8.68}$$

여기서, L은 하천의 최대 유로연장(km)이고 A는 유역면적($\mathrm{km^2}$)이며 t_g는 그림 8.31에서 보는 바와 같이 $(t_P - 0.8t_r)$시간이다.

이와 같이 하면 지속시간은 t_r hr이고 유효우량이 R_0인 단위도를 작도할 수 있으며 단위도 아래의 총 면적, 즉 직접유출용적은 단위도를 적분함으로써 얻을 수 있고 이는 총 유효우량 R_0A와 같게 놓을 수 있다.

$$\int_0^\infty Q dt \doteqdot Q_P(0.3t_P + t_k) = R_0A \tag{8.69}$$

$$\therefore\ Q_P = \frac{0.2778R_0A}{0.3t_P + t_k} \tag{8.70}$$

따라서, 식 (8.70)을 사용하면 유효우량 $R_0(\mathrm{mm})$로 인한 단위도의 첨두유량을 구할 수 있고 그림 8.31과 같은 무차원 수문곡선을 이용하여 단위도를 합성할 수 있다.

예제 8.9 최대 유로연장 $L=50$ km이고 유역면적이 1,250 km^{2}인 하천유역에 대한 2시간 단위도를 나까야스의 종합단위도법으로 유도하라.

풀이 $L=50\text{ km}>15\text{ km}$이므로 식 (8.64)로부터

$$t_g=0.4+0.058\times 50=3.3\text{ hr}$$

식 (8.68)을 사용하면 $t_k=0.47\times(1{,}250\times 50)^{0.25}=7.43\text{ hr}$
따라서, 그림 8.31로부터($t_r=2$ hr이므로)

$$t_P=0.8t_r+t_g=0.8\times 2+3.3=4.9\text{ hr}$$

따라서, 상승부곡선의 방정식은

$$0\le t\le 4.9\text{ hr 일 때,}\qquad \frac{Q}{Q_P}=\left(\frac{t}{4.9}\right)^{2.4} \tag{a}$$

하강부곡선에서 $Q/Q_p=0.3$이 될 때의 시각은 그림 8.31에서

$$t_{0.3}=t_P+t_k=4.9+7.43=12.33\text{ hr}$$

따라서, 식 (8.63)에 의하면

$$4.9\le t\le 12.33\text{ hr 일 때,}\qquad \frac{Q}{Q_P}=(0.3)^{\frac{t-4.9}{7.43}} \tag{b}$$

하강부곡선에서 $Q/Q_P=0.3^2=0.09$가 될 때의 시각은 그림 8.31로부터

$$t_{0.09}=t_P+2.5t_k=4.9+2.5\times 7.43=23.48\text{ hr}$$

따라서, 식 (8.64)에 의하면

$$12.33\le t\le 23.48\text{ hr 일 때,}\qquad \frac{Q}{Q_P}=(0.3)^{\frac{t-1.185}{11.145}} \tag{c}$$

$Q/Q_P=0.3^3=0.27$보다 작을 때는 식 (8.65)로부터

$$t\ge 23.48\text{ hr 일 때,}\qquad \frac{Q}{Q_P}=(0.3)^{\frac{t+6.245}{14.86}} \tag{d}$$

한편, 2 hr 단위도는 $t_r = 2$ hr 동안의 유효우량 $R_0 = 1$ cm $= 10$ mm로 인한 것이며 유역면적 $A = 1,250$ km^{2}이므로 식 (8.70)에 의하면

$$Q_P = \frac{0.2778 \times 10 \times 1,250}{(0.3 \times 4.9) + 7.43} = 390.2 \text{ m}^3/\text{sec}$$

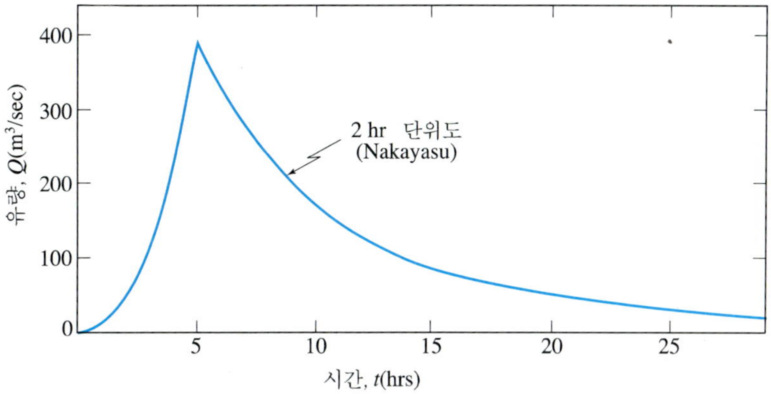

그림 8.32 나까야스 종합단위도법에 의해 유도된 2시간 단위도

식 (a), (b), (c), (d)에 $Q_P = 390.2$ m^3/sec를 대입하여 시간별 단위도의 종거를 계산하면 표 8.10과 같으며 그림 8.32에 2 hr-단위도를 표시하였다.

표 8.10 2시간 단위도 종거의 계산(나까야스방법)

시간 t(hr)	식번호	Q/Q_P	Q (m^3/sec)	시간 t(hr)	식번호	Q/Q_P	Q (m^3/sec)
0	a	0	0	10	b	0.438	170.9
1	a	0.022	8.6	12	b	0.317	123.7
2	a	0.116	45.3	14	c	0.251	97.9
3	a	0.308	120.2	16	c	0.202	78.8
4	a	0.614	239.6	18	c	0.163	63.6
4.5	a	0.815	318.0	20	c	0.131	51.1
4.9	a	1.000	390.2	22	c	0.106	41.4
6	b	0.837	326.6	24	d	0.086	33.6
8	b	0.605	236.1	28	d	0.062	24.2
9	b	0.515	200.8	40	d	0.024	9.4

8.12.4 Espey의 10분 합성단위도법

Espey and Altman(1978)은 미국 내 19개 도시하천유역에 대한 지역해석을 통하여 10분 지속시간의 단위도를 스케치할 수 있는 방법을 제안하였다. 이 방법에서는 선형좌표계에서 7개의 점을 찍은 후 매끈한 곡선으로 단위도를 작도하되 단위도 아래의 면적은 단위도의 정의에 따라 1 inch(미국 단위)의 유효우량이 되도록 하는 것이다.

단위도의 작도를 위한 7개 점의 위치 결정에 필요한 첨두유량에 도달하는 시간, 첨두유량의 크기, 단위도의 기저시간, 첨두유량의 50% 및 70%에 해당하는 단위도의 시간폭 등에 관한 회귀식은 다음과 같다.

$$T_P = 3.1L^{0.23}S^{-0.25}I^{-0.18}\phi^{1.57} \tag{8.71}$$

$$Q_P = 31.62\times 10^3 A^{0.96}T_P^{-1.07} \tag{8.72}$$

$$T_B = 125.89\times 10^3 A Q_P^{-0.95} \tag{8.73}$$

$$W_{50} = 16.22\times 10^3 A^{0.93} Q_P^{-0.92} \tag{8.74}$$

$$W_{75} = 3.24\times 10^3 A^{0.79} Q_P^{-0.78} \tag{8.75}$$

여기서, $L=$ 하천의 분수계로부터 주 유로를 따라 측정한 하천연장(ft)

$S=$ 주 유로의 하천경사로서 $H/0.8L$로 계산됨. H는 하천의 상류분수계로부터 $0.2L$ 거리 떨어진 하류 지점에서의 하상표고와 유역출구점에서의 하상표고의 차(ft)

$I=$ 유역 내 불투수면적 비율(%)

$\phi=$ 무차원의 유역통수능인자(watershed conveyance factor)

$A=$ 유역의 배수면적(mi^2)

$T_P=$ 강우시점으로부터 첨두유량에 도달하는 시간(min.)

$Q_P=$ 첨두유량(ft^3/sec)

$T_B=$ 단위도의 기저시간(min.)

$W_{50}=$ 50% Q_P에 해당하는 단위도의 시간폭(min.)

$W_{75}=$ 75% Q_P에 해당하는 단위도의 시간폭(min.)

식 (8.71)의 유역통수능인자(ϕ)는 그림 8.33으로부터 결정하며 W_{50}와 W_{75}는 시간폭의 1/3은 첨두유량점을 기준으로 하여 왼쪽에, 그리고 2/3는 오른쪽에 각각 표시하도록 추천하고 있다.

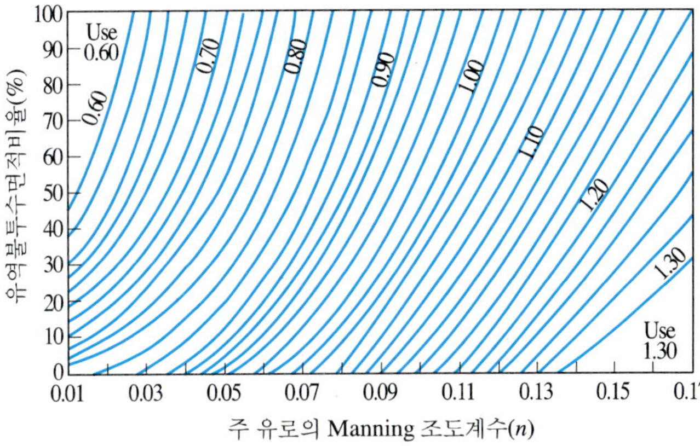

그림 8.33 무차원 유역통수능인자(ϕ)

8.13 단위도의 적용에 의한 홍수수문곡선의 합성

8.13.1 유역의 형상이 단위도의 특성에 미치는 영향

지금까지 살펴본 계측유역에서의 강우-유출자료로부터의 단위도 유도방법과 미계측유역에서의 단위도의 합성방법에 의해 얻어지는 단위도의 특성, 즉 첨두유량의 크기와 발생시각, 단위도 종거의 시간적 분포 등은 유역의 형상(shape)에 따라 큰 영향을 받는다.

그림 8.34의 A유역과 같이 장방형에 가까운 유역의 경우는 강우 후 유역출구로의 유출이 신속하게 이루어지기 때문에 집중시간(t_c)이 짧아 단위도의 첨두홍수량이 크고 발생시각이 빠른 반면, B유역의 경우는 유역의 길이가 폭에 비해 길어서 집중시간(t_c)이 길고 단위도의 첨두유량의 크기도 상대적으로 작을 뿐 아니라 발생시각도 늦어진다. 한편, 그림 8.34의 C유역의 경우는 소유역 C_1과 C_2로 구성되는 복합유역으로서 유역출구에서의 홍수수문곡선은 그림 8.34(c)에서처럼 유효강우에 각각의 단위도를 적용하여 계산한 후 유역출구에서 합성할 수도 있고 그림 8.34(d)에서처럼 두 소유역의 단위도를 미리 합성하여 단일 단위도로 만든 후 유효강우에 적용하여 홍수수문곡선을 합성할 수도 있다.

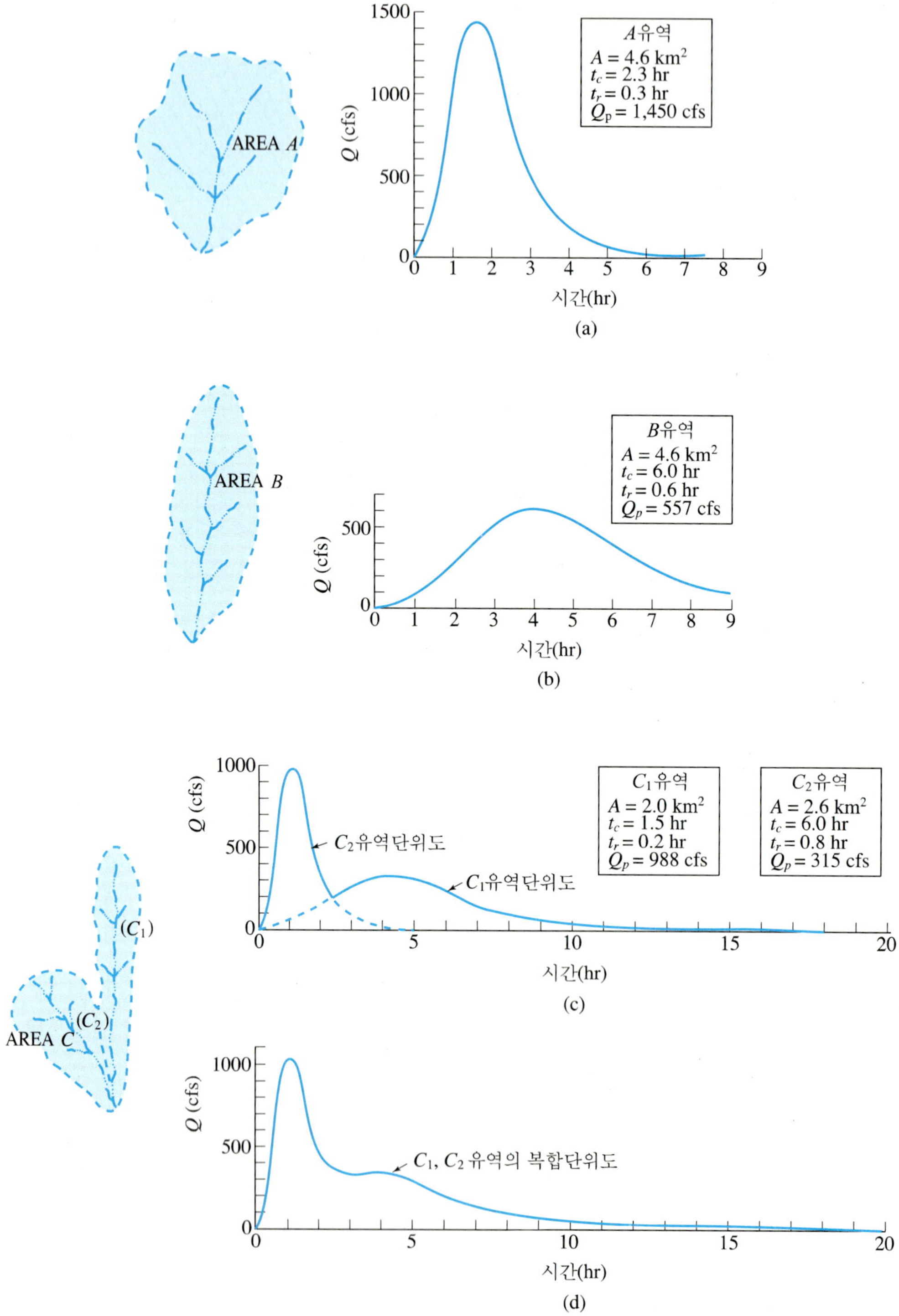

그림 8.34 유역형상에 따른 단위도의 특성(SCS 합성단위도법 사용)

8.13.2 홍수수문곡선의 합성

한 유역에 대한 어떤 지속기간의 단위도가 얻어지면 이를 이용해서 임의 호우로 인한 유역출구에서의 총 유출수문곡선을 획득할 수 있으므로 각종 수자원계획을 위해 유효하게 사용될 수 있다. 단위도의 적용순서는, 첫째, 유역에 내린 총 강우량을 제5장에 소개된 방법에 의하여 유효우량과 손실우량으로 분리하고, 둘째, 우량주상도상의 강우강도가 일정한 각 부분 유효우량과 그와 동일한 지속기간을 가진 단위도를 사용하여 비례가정에 의해 각 부분 유효우량에 대한 수문곡선을 얻고, 셋째로는 이들 수문곡선을 중첩가정에 의하여 합함으로써 직접유출 수문곡선을 얻게 된다. 이와 같이 획득된 직접유출 수문곡선은 유효우량만에 의한 것이므로 관측점에서 예상되는 기저유량을 이에 합하여 총 유출수문곡선을 얻는다. 예제 8.10은 상술한 방법의 적용 예이다.

예제 8.10 예제 8.1의 유역에 표 8.11과 같은 호우가 발생했을 경우 이 호우로 인한 유역출구에서의 계획홍수량을 결정하라. 기저유량은 40 m^3/sec로 가정하라.

풀이 총 강우량에 유출계수를 곱함으로써 지속기간별(12시간) 유효우량을 각각 23.00, 42.78 및 36.00 mm로 계산하였다(표 8.11).

표 8.11 유출수문곡선의 합성

일시		총 강우량(mm)	유출계수	유효우량(mm)
5/1	12 : 00			
	24 : 00	57.50	0.40	23.00
5/2	12 : 00	71.30	0.60	42.78
	24 : 00	48.00	0.75	36.00

이들 부분 유효유량의 지속기간은 각각 12시간이므로 예제 8.1에서 유도한 유역의 12 hr-단위도에 비례가정과 중첩가정을 적용함으로써 유역출구에서의 설계홍수량을 결정할 수 있다. 표 8.12는 3개의 12시간 강우로 인한 직접유출 수문곡선을 계산하여 기저유량(40 m^3/sec)을 더함으로써 총 유출수문곡선을 얻는 계산과정을 나타내고 있으며, 이는 그림 8.35에도 표시되어 있다. 표 8.12와 그림 8.35로부터 최대유량은 강우시작 시간으로부터 39시간에서의 663.9 m^3/sec임을 알 수 있으며 이것이 곧 계획홍수량이다.

표 8.12 유출수문곡선의 합성

(1)	(2)	(3)	(4)	(5)	(6)	(7)
강우시작 후 시간(hr)	12 hr 단위도 종거(m^3/sec)	(2)×2.300	(2)×4.278	(2)×3.600	기저유량 (m^3/sec)	총 수문곡선종거 (3)+(4)+(5)+(6)
0	0	0			40	40
3	8.9	20.5			40	60.5
6	20.3	46.7			40	86.7
9	39.3	90.5			40	130.5
12	75.5	173.7	0		40	213.7
15	92.2	212.0	38.1		40	290.1
18	90.0	207.0	86.9		40	333.9
21	79.2	182.0	168.1		40	390.1
24	64.5	148.2	323.0	0	40	511.2
27	54.5	125.2	394.6	32.0	40	591.8
30	45.6	105.0	385.0	73.1	40	603.1
33	38.2	88.0	338.5	141.5	40	608.0
36	31.3	72.0	276.0	272.0	40	660.0
39	25.6	58.9	233.0	332.0	40	663.9
42	24.1	55.5	195.4	324.0	40	614.9
45	20.5	47.2	163.3	285.0	40	535.5
48	18.4	42.4	134.0	232.0	40	448.4
51	16.1	37.0	109.6	196.2	40	342.8
54	14.0	32.2	103.0	164.4	40	339.6
57	12.7	29.2	87.8	137.4	40	294.4
60	11.0	25.3	78.8	112.8	40	256.9
63	9.8	22.6	69.0	92.2	40	223.8
66	8.5	19.5	60.0	86.9	40	206.4
69	7.4	17.0	54.4	73.8	40	185.2
72	6.0	13.8	47.1	66.3	40	167.2
75	5.2	12.0	42.0	58.0	40	152.0
78	4.3	9.9	36.4	50.5	40	136.8
81	3.7	8.5	31.7	45.8	40	126.0
84	2.5	5.8	25.7	39.6	40	111.1
87	2.2	5.1	22.2	35.3	40	102.6
90	1.8	4.1	18.4	30.6	40	93.1
93	1.3	3.0	15.8	26.6	40	85.4
96	0.5	1.2	10.7	21.6	40	73.5
99	0.3	0.7	9.4	18.7	40	68.8
102	0	0	7.7	15.5	40	63.2
105			5.6	13.3	40	58.9
108			2.1	9.0	40	51.1
111			1.3	7.9	40	49.2
114			0	6.5	40	46.5
117				4.7	40	44.7
120				1.8	40	41.8
123				1.1	40	41.1
126				0	40	40.0

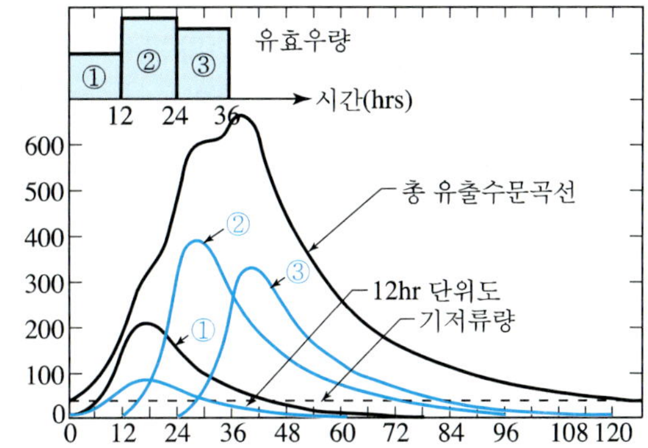

그림 8.35 단위도의 적용 예

8.14 표면류의 수문곡선

표면류(表面流, overland flow)는 하천에 도달하기 이전에 지면을 따라 흐르는 흐름을 말하며 이는 통상 얕은 수심을 가지지만 넓은 지역에 걸친 층상(層狀)의 지면보류수(地面保留水, surface retention)의 양은 막대할 경우가 많아 심각한 배수문제를 야기시키기도 한다.

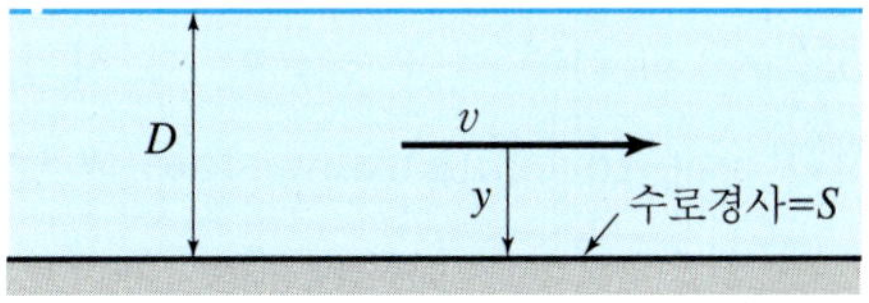

그림 8.36 표면류의 흐름

표면류는 층류(laminar flow)로 가정하여 해석함이 보통이며 그림 8.36을 참조하면 흐름의 방정식은 다음과 같이 표시된다.

$$\tau = \rho g(D-y)S = \mu \frac{dv}{dy} \tag{8.76}$$

여기서, τ는 수로바닥으로부터 y만큼 떨어진 지점에서의 마찰응력이고, ρ는 물의 밀도, g는 중력가속도, D는 총 수심, S는 지면경사, μ는 점성계수이고, v는 지면으로부터의 수심 $(D-y)$에 있어서의 유속을 표시한다. 식 (8.76)을 변형하면

$$dv = \frac{gS}{\nu}(D-y)dy \tag{8.77}$$

여기서, $\nu = \dfrac{\mu}{\rho}$ 이면 동점성계수(動粘性係數, kinematic viscosity)이다. $y=0$일 때 $v=0$이라는 경계조건을 사용하여 식 (8.77)을 적분하면,

$$v = \frac{gS}{\nu}\left(yD - \frac{y^2}{2}\right) \tag{8.78}$$

식 (8.78)은 연직면상의 점유속 분포곡선을 표시하며, 평균유속 v_m은 식 (8.77)을 $y=0$에서 $y=D$까지 적분하면 얻을 수 있다. 즉

$$v_m = \frac{gSD^2}{3\nu} \tag{8.79}$$

단위폭당 유량 q는 평균유속에 수심을 곱한 것이므로 식 (8.79)를 이용하면

$$q = bD^3 \tag{8.80}$$

여기서, b는 지면경사와 동점성계수에 따라 결정되는 계수이다.

표면류에 대한 실험적 연구는 Izzard(1946)에 의해서 광범위하게 행해졌다. 여러 가지 지면경사와 지면조도를 사용하여 실험한 Izzard의 결과를 요약하면 다음과 같다.

일정한 율로 시험포(test plot)에 물을 공급할 때 시험포 출구에서의 유량이 평형상태에 도달하는 데 걸리는 시간(time to equilibrium state) t_e(min.)는

$$t_e = \frac{2V_e}{60q_e} \tag{8.81}$$

여기서, t_e는 시험표의 출구에서의 유량이 물 공급률의 97%에 도달할 때까지의 시간이며, V_e는 평형상태에서의 지면보류수의 부피(m^3)이고, q_e는 평형상태에서의 유출량(m^3/sec)으로서 시험포의 단위폭(m)에 대해서는 다음과 같이 표시된다.

$$q_e = \frac{iL}{3.6\times10^6} \tag{8.82}$$

여기서, i는 물의 공급률(mm/hr)로서 자연상태하에서의 강우강도에 해당하며 L은 시험포의 길이(m)이다. 평형상태하에서의 평균수심 $D = V_e/L$를 식 (8.80)에 대입하면

$$\frac{V_e}{L} = kq_e^{1/3} \tag{8.83}$$

식 (8.82)를 식 (8.83)의 q_e에 대입하면

$$V_e = \frac{kL^{4/3} i^{1/3}}{228} \tag{8.84}$$

여기서, k는 i와 S 및 지면조도에 따라 결정되는 상수로서 다음과 같은 실험식으로 표시되었다.

$$k = \frac{2.76 \times 10^{-5} i + c}{S^{1/3}} \tag{8.85}$$

여기서, c는 지면의 저지계수(抵止係數, retardance coefficient)로서 조도를 표시하며 각종 표면에 대한 값은 표 8.13에 수록되어 있다.

Izzard는 그의 실험으로부터 그림 8.37과 같은 무차원 표면류 수문곡선(dimensionless overland flow hydrograph)을 도출하였다. t_e와 q_e를 식으로부터 계산하면 그림 8.37(a)를 사용하여 수문곡선의 상승부를 그릴 수 있으며 그림 8.37(b)로부터 수문곡선의 하강부(감수곡선)

표 8.13 저지계수

표면의 종류	저지계수, c
Very smooth asphalt pavement	0.007
Tar and sand pavement	0.0075
Crushed-slate roofing paper	0.0082
Concrete	0.012
Tar and gravel pavement	0.017
Closely clipped sod	0.046
Dense bluegrass turf	0.060

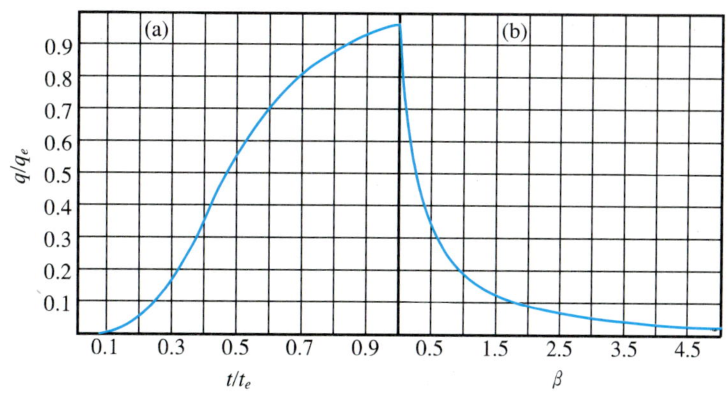

그림 8.37 Izzard의 지표유하수에 대한 무차원 수문곡선

에 해당하는 시간별 유량을 결정할 수 있다. 감수곡선을 그리기 위해서는 그림 8.37(b)의 β값을 결정해야 하는데 이는 다음 식에 의한다.

$$\beta = \frac{60 q_e t_a}{V_e} \tag{8.86}$$

여기서, t_a는 강우 종료시간으로부터 측정되는 시간이며 V_e는 $i=0$로 취하여 식 (8.85) 및 (8.86)으로부터 계산되는 지면보류수의 부피이다.

8.15 단위도법을 사용하는 강우-유출관계 모형

제8장에서 살펴본 자연하천유역의 단위도를 이용하여 유역에 내린 호우사상(혹은 설계강우사상)으로 인한 홍수유출수문곡선을 계산하기 위해 개발된 컴퓨터에 의한 강우-유출관계 모형에는 여러 가지가 있다(표 12.1 참조). 이들 컴퓨터 모형에는 간단한 모형에서부터 아주 복잡한 모형까지 여러 가지가 있으나 실무에서 가장 널리 사용되고 있는 모형은 HEC-1 모형(Hydrologic Engineering Center, 1990)과 HEC-HMS 모형(Hydrologic Engineering Center, 1998)이며, 이들 모형의 구성과 내용에 대해서는 제12.4.1절에서 상세하게 소개하였을 뿐 아니라 국내 유역에의 적용 예(예제 12.1 및 12.2)도 수록하였다.

연습문제

8장 수문곡선 해석 및 합성

8.1 다음 표는 24시간 간격의 수문곡선종거를 표시하고 있다. 이 수문곡선을 반대수지에 표시하여 지표면 유출, 중간 유출 및 지하수 유출에 대한 감수상수를 구하라. 각 유출 성분의 용적도 구하라.

시간 (days)	유량 (m^3/sec)	시간 (days)	유량 (m^3/sec)
1	2,340	8	3,230
2	34,300	9	2,760
3	25,000	10	2,390
4	14,000	11	2,060
5	8,960	12	1,770
6	5,740	13	1,520
7	4,300	14	1,320

8.2 문제 8.1의 대상유역의 면적이 30,000 km^2라 가정하고 N-Day법 및 수정 N-Day법으로 기저유량을 분리하여 직접유출용적을 각각 구하라.

8.3 어떤 소유역의 출구에서 관측된 일별 평균 유량자료는 아래 표와 같다. 반대수지에 이 수문곡선을 표시하여 지하수 감수상수를 결정하라.

일별	4	5	6	7	8	9	10	11	12	13
유량(lit/sec)	0	400	5,150	3,820	730	138	26	7	2	0

8.4 우리나라 5대강 유역 내의 비교적 소유역면적을 가진 수위표지점을 각각 1개씩 선정하여 각 수위표유역에 내린 주요 호우로 인한 유량을 사용하여 수문곡선을 그리고 기저유량을 분리하라. 또한 이들 지점에 대한 주 지하수감수 곡선을 작성하라.

8.5 다음 표의 자료는 면적이 380 km^2인 유역의 출구에서 관측된 홍수량을 표시하고 있다. 기저유량을 분리한 후 직접유출량을 cm 단위로 계산하라.

연월일	시간	유량(m^3/sec)	연월일	시간	유량(m^3/sec)
72/8/17	24:00	45	72/8/21	24:00	255
18	06:00	45	22	12:00	210
	12:00	48		24:00	171
	18:00	60	23	12:00	141
	24:00	93		24:00	117
19	06:00	156	24	12:00	96
	10:00	222		24:00	84
	12:00	288	25	12:00	72
	14:00	360		24:00	66
	18:00	375	26	12:00	60
	24:00	363		24:00	57
20	06:00	333	27	24:00	51
	12:00	306	28	24:00	45
	18:00	279	29	24:00	42

8.6 문제 8.5의 홍수수문곡선으로부터 단위유량도를 유도하라.

8.7 문제 8.6에서 유도된 단위유량도에 대한 유효우량의 지속기간을 4시간이라 가정하고 8시간 동안에 걸쳐 1 cm의 유효우량이 내릴 때의 첨두홍수량을 구하라. 기저유량은 40 m^3/sec로 일정하다고 가정하라.

8.8 다음 표는 유역면적이 320 km^2인 어떤 수위표 지점에서 관측된 홍수량을 표시하고 있다. 강우의 지속기간이 3시간이었다고 가정하고 단위유량도를 유도하라. 기저유량은 15 m^3/sec로 일정하다고 가정하라.

일자 / 시간	1일	2일	3일
03:00	18	138	51
06:00	17	120	45
09:00	180	105	39
12:00	285	93	33
15:00	240	81	27
18:00	210	72	24
21:00	183	63	21
24:00	159	57	18

8.9 다음 표는 유역면적이 320 km^2인 소유역에 내린 3개 호우로부터 유도된 3개 단위유량도의 종거를 표시하고 있으며 이들 3개 호우의 지속기간은 모두 4시간이었다. 이 유역의 대표단위유량도를 그린 후 1시간 간격으로 단위도의 종거를 표로 작성하라.

(단위: m^3/sec)

호우번호 / 시간	①	②	③
0	0	0	0
1	3.30	0.75	0.48
2	10.95	3.75	1.74
3	15.00	10.74	5.19
4	11.70	13.95	10.11
5	9.30	12.15	13.20
6	7.05	9.15	12.00
7	5.25	6.60	8.55
8	3.90	5.10	6.45
9	2.85	3.90	4.95
10	1.95	2.70	3.66
11	1.20	1.80	2.70
12	0.66	1.05	1.80
13	0.30	0.60	1.05
14	0.15	0.24	0.48
15	0	0	0

8.10 유역면적이 190 km^2인 유역에 3시간 동안 내린 강우로 인한 유역출구에서의 유량은 다음 표와 같다.

시간 (hr)	0	3	6	9	12	15	18	21	24
유량 (m^3/sec)	15	20	55	80	60	48	32	20	15

이 유역의 3시간 단위도를 유도하라. 기저유량은 15 m^3/sec로 가정하라.

8.11 유역면적 283 km^2인 유역에 내린 강우와 유출 자료가 다음 표에 주어져 있고 기저유량은 150 m^3/sec이다.

가) 이 유역의 ϕ-index를 구하라.

나) 이 유역의 단위도를 유도하라. 기저유량은 수평직선 분리법으로 분리하라.

다) 유도된 단위도의 지속기간은 얼마인가?

시간	강우강도(cm/hr)	유량(m^3/sec)
0	0.25	160
1	3.00	150
2	3.00	350
3	0.25	800
4		1200
5		900
6		750
7		550
8		350
9		225
10		150

8.12 유역의 2시간 단위도의 종거가 다음 표와 같다.

시간(hrs)	0	1	2	3	4	5	6	7	8	9
유량(m^3/sec)	0	40	130	210	150	120	80	40	15	0

가) 다음 표와 같은 유효우량이 발생했을 때, 유역출구에서의 총 유출수문곡선을 계산하라. 기저유량은 150 m^3/sec이다.

시간(hrs)	0~2	2~4	4~6
유효우량(cm)	2.0	5.0	1.0

나) 이 유역의 면적은 얼마인가?

8.13 다음 표에는 어떤 유역에 대한 4시간 단위도의 종거가 주어져 있다. 이 유역의 6시간 단위도를 유도한 후 이로부터 다시 4시간 단위도를 유도하여 표에 주어진 단위도와 비교하고 그 결과를 토론하라.

시간(hr)	0	2	4	6	8	10	12	14	16	18	20	22	24
유량(m^3/sec)	0	10	30	60	100	90	80	70	50	40	20	10	0

8.14 문제 8.9의 호우 ③에 대한 단위유량도를 사용하여 S-곡선을 작도하고 2시간, 6시간 및 12시간 단위도를 구하라. S-곡선의 평형유량을 계산하고 S-곡선상에 표시하라.

8.15 다음 표는 어떤 하천유역의 4시간 단위도이다.

시간(hr)	유량(m^3/sec)	시간(hr)	유량(m^3/sec)
0	0	11	81
1	12	12	66
2	75	13	54
3	132	14	42
4	180	15	33
5	210	16	24
6	183	17	18
7	156	18	12
8	135	19	6
9	114	20	3
10	96	21	0

가) 이 유역의 면적을 구하라.

나) S-곡선법을 사용하여 2시간 및 6시간 단위도를 유도하라.

다) S-곡선법에 의해 순간단위도를 유도하라.

8.16 문제 8.9의 호우 ①에 대한 단위유량도로부터 단위유량분포도를, 그리고 S-곡선으로부터 순간단위유량도를 그려라. 순간단위유량도 아래의 면적이 몇 mm의 유효우량에 해당하는지를 검사하라.

8.17 유역면적이 100 mi^2, 유로연장이 20 mi, 유역중심까지의 주 유로상 거리가 8 mi인 유역에 대한 3시간 단위유량도를 합성하라. Snyder의 계수는 $C_t = 1.90$, $C_p = 0.63$으로 가정하라.

8.18 여러분의 지역에 가까운 하천의 수위표 지점에 기록된 유량과 대상 호우기록으로부터 단위유량도(임의지속기간)를 유도한 후 Snyder의 계수 C_t, C_p를 산정하여 Snyder가 Appalachian Highland 지역에서 얻은 값과 비교하라.

8.19 다음과 같은 유역특성인자가 주어졌을 때 Snyder의 합성 단위유량도를 스케치하기 위해 필요한 단위도의 특성인자들을 계산하라.

$$A = 380\ \text{mi}^2,\quad L = 30\ \text{km},\quad L_{ca} = 13\ \text{km}$$
$$C_t = 1.65,\quad C_p = 0.57$$

8.20 다음과 같은 유역의 유출특성자료가 주어졌을 때 SCS 무차원 단위도법에 의해 3시간 단위도를 유도하라.

$$A = 48\ \text{km}^2,\quad L = 9\ \text{km},\quad CN = 80,\quad Y = 0.012$$

8.21 배수면적이 1,000 km^{2}이고 유역의 평균연장이 40 km인 어떤 유역의 지체시간이 10시간으로 추정되었다. SCS 방법 및 나까야스의 종합단위도법으로 1시간 단위도를 각각 작성하여 비교하라.

8.22 문제 8.9의 호우 ②에 대한 단위유량도를 이용하여 연속되는 4시간 간격으로 유효우량 75 mm, 22 mm, 35 mm 및 27 mm로 인한 홍수수문곡선을 합성하고 유역의 지체시간, 유출지속기간, 상승시간 및 첨두유량을 결정하라. 기저유량은 무시하라.

8.23 4시간 동안 계속된 20 mm의 유효우량으로 인한 유역출구에서의 첨두홍수량이 60 m^3/sec였다면 8시간 동안 계속된 20 mm의 유효우량으로 인한 첨두홍수량은 얼마나 되겠는가? 기저유량은 무시할 수 있을 정도로 작으며 강우강도는 일정하다고 가정하라.

8.24 어떤 유역에 4시간 동안 계속된 50 mm의 유효우량으로 인한 유출량의 시간적 변화는 다음 표와 같다.

시간(hr)	0	2	4	6	8	12	16	20
유량(m^3/sec)	0	2.7	9.0	15.0	12.6	7.5	3.0	0

이 유역에 처음 4시간 동안 25 mm, 다음 4시간 동안은 38 mm의 유효우량이 균일강도로 내린다면 이로 인한 첨두홍수량의 크기와 발생 시간은 어떠할 것인가? 기저유량은 무시하라.

8.25 다음 표의 3시간 단위도가 어떤 유역에 대해 유도되었다.

시간(hr)	0	3	6	9	12	15	18	21	24
유량(m^3/sec)	0	10	20	30	25	20	15	10	0

다음 표의 12시간 강우가 전 유역에 걸쳐 균등하게 내렸을 경우 유효우량으로 인한 직접유출 수문곡선을 계산하라. 유역의 유출곡선지수 $CN = 80$으로 가정하라.

시간(hr)	0		3		6		9		12
총 우량(mm/hr)		6		10		18		2	

8.26 어떤 유역의 배수면적은 810 km^2이다. 유역 내에 내린 한 호우와 그로 인한 유량자료가 다음 표에 수록되어 있다.

월일(days)	시간	3시간 우량(m)	유량(m^3/sec)
8/15	09 : 00	0.50	36
	12 : 00	2.25	36
	15 : 00	8.50	80
	18 : 00	7.25	180
	21 : 00	7.00	365
	24 : 00	0.50	570
8/16	03 : 00		690
	06 : 00		675
	12 : 00		395
	18 : 00		360
	24 : 00		258
8/17	06 : 00		204
	12 : 00		165
	18 : 00		135
	24 : 00		114
8/18	06 : 00		96
	12 : 00		78
	18 : 00		66
	24 : 00		54
8/19	06 : 00		48
	12 : 00		39

가) 수문곡선과 우량주상도를 작성하라.

나) 9시간 단위유량도를 유도하라.

다) 9시간 단위유량분포도를 결정하라.

라) S-곡선법에 의하여 4, 6, 24시간 단위유량도를 유도하라.

마) 이 유역에 다음과 같은 호우가 발생했을 때 홍수수문곡선을 합성하여 계획 홍수량을 결정하라. 기저유량은 40 m^3/sec로 가정하라.

시간(hr)	0~12	12~24	24~36
총 우량(mm)	58	71	48
유출률(%)	40	60	75

8.27 경사진 방향으로의 길이가 45 m이고 폭이 24 m인 주차장의 경사는 0.0025이며 Tar and Gravel 표면으로 되어 있다. 강우강도 70 mm/hr로 30분간 균등하게 내렸다고 가정하고 Izzard 방법으로 출구에서의 유출수문곡선을 작성하라.

참고문헌

8장 수문곡선 해석 및 합성

American Society of Civil Engineers, *Hydrology Handbook*, Manuals of Engineering Practice, No. 28, New York, 1957.

Espey, W.H and Altman, D.G., *Nomographs for Ten-Minute Unit Hydrographs for Small Urban Watersheds*, Environmental Protection Agency, Rept. EPA-600/9-78-035, Washington, D.C., 1978.

Hydrologic Engineering Center, *HEC-1 Flood Hydrograph Package*, User's Manual, U.S. Army Corps of Engineers, Davis, California, 1990.

Hydrologic Engineering Center, *HEC-HMS: Hydrologic Modeling System*, U.S. Army Corps of Engineers, Davis, California, 1998.

Izzard, C.F., "Hydraulics of Runoff from Developed Surfaces", *Proceedings, 26th Annual Meeting of the Highway Research Board,* Vol. 26, 1946.

Linsley, R.K., Jr. and Ackerman, W.C., "Method of Predicting the Runoff from Rainfall", *Transaction, ASCE* 107, 1942.

Linsley, R.K., Kohler, M.A., and Paulhus, J.L.H., *Applied Hydrology,* McGraw-Hill, New York, 1949.

Maidment, D.R(Ed.), *Handbook of Hydrology,* McGraw-Hill, New York, 1993.

Ponce, V.M., *Engineering Hydrology, Principles and Practices,* Eagleword Cliffs, Prentice-Hall, New Jersey, 1989.

Singh, V.P., *Hydrologic Systems,* Prentice-Hall, New Jersey, 1989.

Sherman, L.K., "Streamflow from Rainfall by the Unit-Graph Method", *Engineering News Records,* 108, 1932.

Snyder, F.F., "Synthetic Unit Graphs", *Transaction, American Geophysical Union,* 19, 1938.

Taylor, A.B. and Schwartz, H.E., "Unit Hydrograph Lag and Peak Flow Related to Basin Characteristics", *Transaction, American Geophysical Union*, 33, 1952.

U.S. Army Corps of Engineers, *Flood-Hydrograph Analysis and Computations, Engineering and Design Manuals,* EM 1110-2-1405, Washington, D.C., 1959.

U.S. Soil Conservation Service, *National Engineering Handbook, Section 4, Hydrology,* U.S. Department of Agriculture, Washington D.C., 1972.

Viessmann, W., Jr. and Lewis G.L., *Introduction to Hydrology*, 5th Ed., Prentice-Hall, New Jersey, 2003.

Wilson, E.M., *Engineering Hydrology*, 3rd Ed., Macmillan Press, London, 1983.

9장

Hydrology

수문학적 홍수추적

9.1 서 론

인류는 인접한 하천에 부존(賦存)하는 수자원으로부터 많은 혜택을 받고 있으나 때로는 큰 홍수로 인하여 많은 인명과 재산의 피해를 입기도 한다. 이러한 피해를 감소 내지 방지하기 위해 홍수조절용 댐이나 제방, 홍수방벽(flood wall) 등의 축조 및 하천개수 등의 공학적 수단을 강구하게 되는 것이다. 따라서 홍수조절을 위한 상기 공학적 방법의 수행절차에 대한 평가 및 홍수의 전파양상에 대한 예측방법 등은 경제적으로 대단한 중요성을 가지는 것이며, 이들 절차와 방법은 일반적으로 홍수추적 분야와 직접 관련되어 있다.

홍수추적(洪水追跡, flood routing)이란 상류의 한 지점에 있어서의 기지(既知)의 홍수수문곡선으로부터 하류의 어떤 지점에 있어서의 홍수수문곡선을 결정하는 절차라고 정의할 수 있다. 바꾸어 말하면, 홍수추적이란 홍수파가 하천의 임의구간을 통과하는 동안에 그 구간 내의 하도저류량에 의하여 그 크기가 얼마나 감소되며 통과시간이 얼마나 걸리는가를 밝혀내는 과정이라고 말할 수 있다. 홍수추적의 방법론에는 수문학적 홍수추적(水文學的 洪水追跡, hydrologic flood routing)과 수리학적 홍수추적(水理學的 洪水追跡, hydraulic flood routing)의 두 가지가 있다.

수리학적 홍수추적방법은 홍수파의 흐름을 수리학적으로 표시하는 부정부등류(不定不等流, unsteady nonuniform flow)의 지배 방정식인 편미분 연속방정식 및 운동방정식을 초기조건과 경계조건에 맞추어 풀이하는 방법으로 고속전자계산기와 각종 소프트웨어(software)의 등장으로 실무적용이 간편해졌다. 한편, 수문학적 홍수추적방법은 홍수파의 연속방정식에 기초를 둔 저류방정식(貯溜方程式, storage equation)을 사용하는 근사해법이며, 실제문제의 해결면에서 보면 저수지추적(貯水池追跡, reservoir routing)과 하도추적(河道追跡, channel routing) 및 유역추적(流域追跡, watershed routing)의 세 가지로 구분된다.

저수지추적은 저수지를 통과하는 홍수파에 미치는 저수지의 홍수조절 효과를 평가하는 수단을 제공하는 것으로 저수지의 홍수조절용량의 결정이라든지 댐 높이 및 댐 부속구조물의 수리설계를 위한 기준수문량(基準水文量)을 제공하게 된다. 하도추적은 자연하천의 하도가 홍수파에 미치는 저류효과를 측정하는 수단으로서 홍수가 하류로 진행함에 따라 그 크기가 어떻게 변화하는가를 계산함으로써 하천개수계획 수립을 위한 기준수문량을 제공한다. 또한 유역추적은 자연하천유역의 홍수 저류효과를 고려하여 유역출구지점에서의 홍수량의 시간적 변화를 추정함으로써 각종 수공구조물의 기준수문량을 제공한다.

본 장에서는 위에서 소개한 세 가지 수문학적 홍수추적 방법의 기본이론과 계산방법 등에 관해 주로 살펴보기로 하며, 수리학적 홍수추적기법의 기본이론과 해석절차에 대해서는 제10장에서 살펴보기로 한다.

9.2 저류방정식

수문학적 홍수추적방법은 전술한 바와 같이 다음 식으로 표시되는 저류방정식(貯溜方程式, storage equation)에 기초를 두고 있다.

$$I - O = \frac{dS}{dt} \tag{9.1}$$

여기서, I, O는 하도의 임의 구간이나 혹은 저수지를 통해 흘러들어가는 유입량(inflow)과 흘러나가는 유출량(outflow)을 각각 표시하며 S는 저류량(storage)을 나타낸다. 따라서 식 (9.1)은 임의 하도구간 내 저류량(channel storage)이나 저수지 저류량(reservoir storage)의 시간적 변화율이 구간의 상류단에서의 유입량과 하류단에서의 유출량의 차로서 표시됨을 뜻하고 있다.

식 (9.1)을 미분의 항으로 표시하면

$$(\overline{I} - \overline{O})\Delta t = \Delta S \tag{9.2}$$

여기서, $\overline{I}$, $\overline{O}$, ΔS는 각각 Δt시간구간 동안의 평균유입량, 평균유출량 및 저류량의 변화량을 표시한다. 따라서, 그림 9.1의 Δt 시간구간에 있어서 저류방정식은 다음과 같이 표시할 수 있다.

$$\frac{I_1 + I_2}{2}\Delta t - \frac{O_1 + O_2}{2}\Delta t = S_2 - S_1 \tag{9.3}$$

여기서, I_1, O_1, S_1은 임의기간 Δt의 시점시각(t_1)에 있어서의 유입량, 유출량 및 저류량이며, I_2, O_2, S_2는 Δt의 종점시각(t_2)에 있어서의 값들을 나타내고, Δt를 추적기간(追跡期間, routing period)이라 부른다.

식 (9.3)과 같은 수문학적 저류방정식을 사용하여 홍수추적을 하는 입장은 하천의 하도이건 저수지이건 간에 유입부(상류단)에서의 유입홍수수문곡선이 주어진(알려진) 상태에서 유출부(하류단)에서의 유출수문곡선을 구하고자 하는 것이다. 즉, 그림 9.1에서 어떤 추적구간 $\Delta t = t_2 - t_1$에 대한 홍수추적계산은 유입량 I_1, I_2를 알고, 초기유출량 O_1을 가정(혹은 측정)하여 식 (9.3)을 사용함으로써 O_2를 계산하는 것이다.

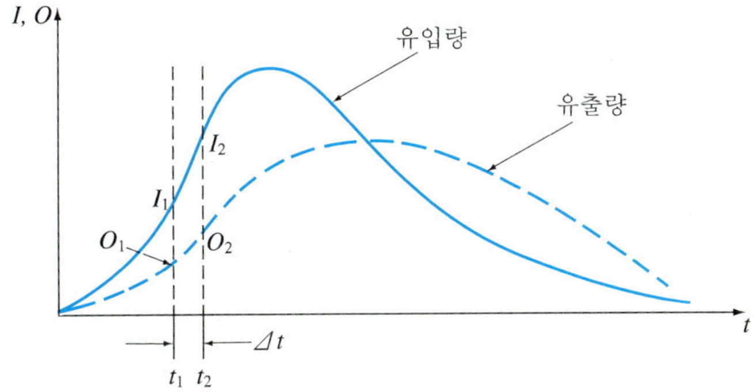

그림 9.1 하도구간의 상하류단 수문곡선

식 (9.3)은 한 개의 방정식에 계산하고자 하는 미지수 O_2뿐만 아니라 S_2와 S_1도 미지수로 포함되어 있어서 O_2를 계산하기 위해서는 저류량 S와 유출량 O 간의 관계식이 추가로 필요하다.

그런데, 하천의 하도구간이나 저수지의 경우 저류량(S)과 유출량(O)은 수면표고에 비례하여 그 크기가 결정되며 저류량과 유출량도 비례관계를 가지므로 식 (9.3) 우변의 S_1, S_2는 각각 O_2, O_1의 항으로 표시할 수 있다. 이와 같은 관계를 사용하면 식 (9.3)의 유일한 미지수는 O_2뿐이므로 O_2를 계산할 수 있게 된다.

식 (9.3)의 유도를 위한 가정 $(I_1 + I_2)/2 = \overline{I}$는 추적기간 Δt 동안에 수문곡선이 직선임을 뜻한다. 따라서 추적기간을 설정함에 있어서 이 점에 큰 착오가 없도록 가능한 한 짧은 추적기간을 선택하는 것이 좋으나 정도 이상으로 짧게 잡아 추적계산량이 방대해지는 것도 문제가 있으며, Δt의 설정기준에 대해서는 후술하기로 한다.

9.3 저류량의 결정

식 (9.3)을 사용하여 홍수추적을 하기 위해서는 임의 하천구간에 대하여 제2의 관계인 저류량-유출량 관계를 수립해야 한다. 이 관계의 수립을 위해서는 우선 각종 크기의 수면표고에 따른 저수지 또는 하도의 저류량을 결정하지 않으면 안된다.

9.3.1 저수지의 저류량 결정

저수지의 어떤 수면표고까지의 저류량은 그림 9.2와 같은 댐지점에서의 지형도로부터 결정할 수 있다. 우선 각 등고선 간의 면적을 구적기(求積器, planimeter)로 구한 다음, 등고선 간의 저류 가능한 용적을 결정하게 된다. 이 계산을 위해서는 평균 단 면적법(平均 端 面積法,

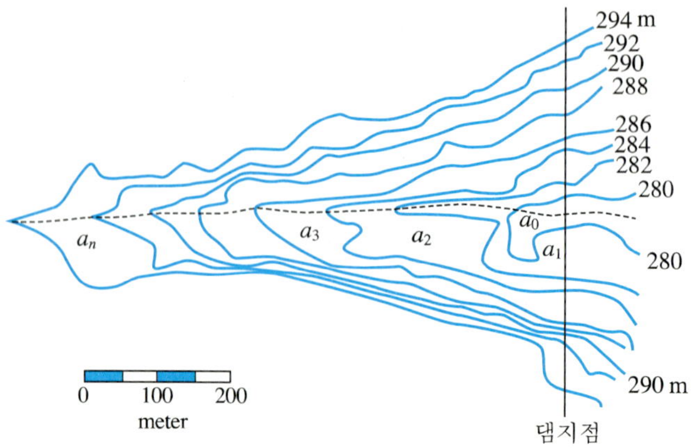

그림 9.2 수면표고별 저류량 결정을 위한 지형도

average end-area method)이 통상 사용된다.

등고선 간격이 h로 일정(그림 9.2에서는 2 m)하고 등고선 간 면적이 $a_0, a_1, a_2, \cdots, a_n$이라면 n번째 등고선까지 저류될 저류량 S는

$$
\begin{aligned}
S &= \frac{1}{2}h[(a_0 + a_1) + (a_1 + a_2) + \cdots\cdots + (a_{n-1} + a_n)] \\
&= \frac{1}{2}h(a_0 + a_n + 2\sum_{i=1}^{n-1} a_i)
\end{aligned}
\tag{9.4}
$$

식 (9.4)로 표시되는 저류량은 특정 수면표고까지의 저류량이며, 수면표고별 저류량과 저수면적은 그림 9.3과 같이 표시될 수 있다.

그림 9.3에서 볼 수 있는 바와 같이 저류량은 저수지 수표면적곡선과 종축으로 둘러싸인 면적을 구적기로 측정함으로써 결정할 수 있으며 다음 식으로 나타낼 수 있다.

$$S = cH^m \tag{9.5}$$

여기서, H는 댐지점에서의 수면표고이며, c, m은 저수지에 따라 결정되는 특성상수이다. 따라서 저수면적곡선은 식 (9.5)의 일차 미분형으로 표시된다. 즉

$$\frac{dS}{dH} = A = cmH^{m-1} \tag{9.6}$$

식 (9.5)와 식 (9.6)의 관계를 전 대수지(logarithmic paper)에 표시하면 대략 직선이 되며, 상수 c와 m은 회귀분석방법에 의해 저수지에 따라 결정할 수 있다.

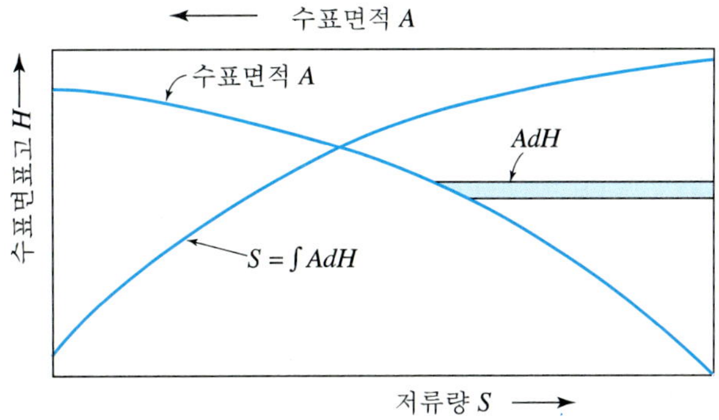

그림 9.3 저수지의 저류량과 수표면적

9.3.2 자연하도구간별 저류량 결정

자연하천구간의 임의 유출조건에 대한 저류량의 결정은 하천측량을 근거로 계산하는 방법과 실측된 유출 및 유입수문곡선의 해석에 의한 방법의 두 가지로 크게 나눌 수 있다.

하천측량에 의한 방법은 홍수추적을 하고자 하는 구간에 대하여 하도의 종·횡단측량을 실시하여 그 구간에서 예상되는 수위 조건에 해당하는 수면곡선을 계산함으로써 각 수위에 따른 저류량을 산정하는 것이다. 즉, 그림 9.4와 같이 추적하도구간(追跡河道區間, routing channel reach)을 여러 개의 소구간으로 나눈 후 양단의 단면적과 소구간 간격으로부터 각 소구간의 저류량을 계산하여 전 구간에 걸쳐 합산함으로써 각 수위 조건에 따르는 저류량을 결정할 수 있다. 이때 각 소구간의 수위로는 소구간 중심점의 위치에 있어서의 배수곡선이 표시하는 수위를 취하며(그림 9.2 참조), 배수곡선은 문제구간에 예상되는 각종 부정부등류 조건과 하천측량 결과로부터 수면곡선을 계산하여 결정하게 된다. 이 방법은 대단히 광범위한 하천측량을 해야 할 뿐만 아니라 부등류의 에너지방정식을 수리학적 방법에 의해 풀어서 수면곡선을 결정해야 하기 때문에 많은 노력과 경비가 소요된다.

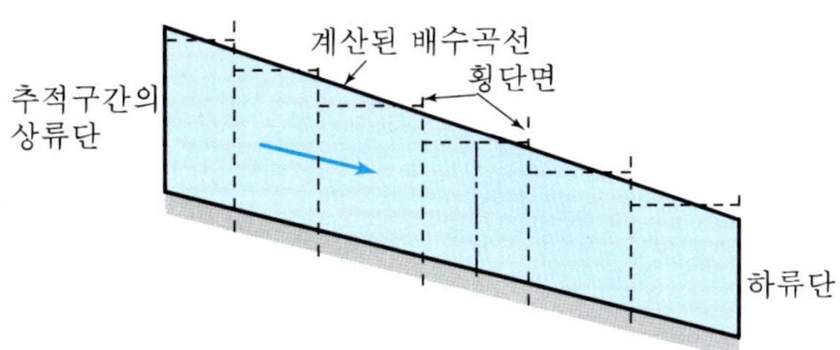

그림 9.4 하도에서의 저류량 결정

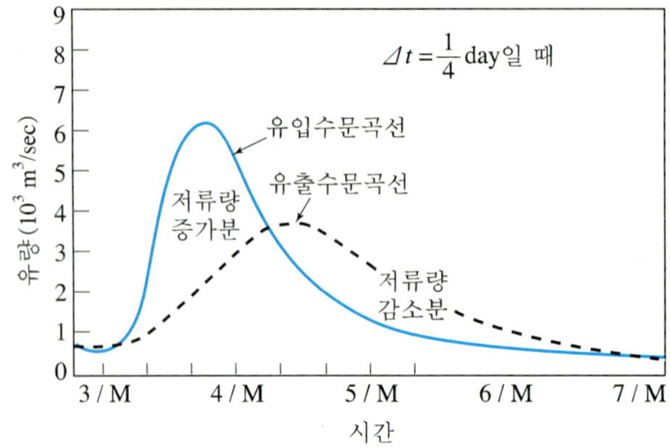

그림 9.5 수문곡선으로부터의 하도저류량 계산

보다 흔히 사용되는 방법은 실측된 유량자료를 이용하여 식 (9.2) 혹은 (9.3)에 의해 하도의 저류량을 결정하는 방법이다. 그림 9.5는 하천의 임의구간에 유입수문곡선(流入水文曲線, inflow hydrograph)과 유출수문곡선(流出水文曲線, outflow hydrograph)을 표시하고 있다. 유입량이 유출량보다 크면 ΔS는 (+)이고, 유출량이 유입량보다 크면 ΔS는 (−)가 된다. 식 (9.2)로부터 알 수 있는 바와 같이 ΔS가 추적계산에 필요한 변량이므로 저류량이 영(零)이 되는(유입량과 유출량이 동일하게 되는) 시각이 결정되면 어떤 시각에 있어서의 저류량은 저류량이 0이 되는 시각으로부터 (+) 혹은 (−) 저류량 증감분의 합으로 구할 수 있다. 이 방법에 의한 저류량의 계산 예는 표 9.1에 표시되어 있다. 표 9.1의 (1), (2), (3)란은 그림 9.5의 관측된 유입 및 유출수문곡선을 표시하며, (4)란은 (2)란에서 (3)란을 뺀 각 시간구간의 저류량의 증감률이고, (5)란은 $3/M$과 $4/6A$ 시간에 있어서의 저류량을 영(zero)으로 잡아 누가값을 계산한 것이며, (6)란은 (5)란의 저류량 누가값을 저류량으로 환산하기 위하여 (5)란의 값에 추적기간인 $\Delta t = 1/4$ days를 곱한 값이다. (6)란의 저류량 S의 단위는 m^{3}로 표시할 수 있으나 그 값이 크고 복잡한 숫자로 표시되기 때문에 1/4(m^3/sec)·day의 체적단위로 나타내고 있다.

표 9.1 하도저류량의 계산 예

(1) 시간	(2) $\bar{I}$ $(\mathrm{m^3/sec})$	(3) $\bar{O}$ $(\mathrm{m^3/sec})$	(4) $\Delta S/\Delta t(\mathrm{m^3/sec})$	(5) $\sum\frac{\Delta S}{\Delta t}$ $(\mathrm{m^3/sec})$	(6) $S=\left(\sum\frac{\Delta S}{\Delta t}\Delta t\right)$ $(1/4\ \mathrm{m^3/sec\cdot day})$
3/6P					
	560	700	−140	-	-
3/M					
	660	660	0	0	0
4/6A					
	2,500	1,020	1,480	1,480	1,480
4/N					
	5,500	1,850	3,650	5,130	5,130
4/6P					
	5,950	2,650	3,300	8,430	8,430
4/M					
	4,200	3,350	850	9,280	9,280
5/6A					
	2,950	3,700	−750	8,530	8,530
5/N					
	2,100	3,680	−1,580	6,950	6,950
5/6P					
	1,470	3,100	−1,630	5,320	5,320
5/M					
	1,000	2,450	−1,450	3,870	3,870
6/6A					
	740	2,000	−1,260	2,610	2,610
6/N					
	600	1,650	−1,050	1,560	1,560
6/6P					
	530	1,300	−770	790	790
6/M					

9.4 국지 유입량의 처리

자연하도를 통한 홍수추적에 있어서 가장 귀찮고 어려운 문제 중의 하나는 추적구간의 상류단과 하류단 사이로 유입하는 국지 유입량(局地 流入量, local inflow)을 어떻게 취급하느냐는 것이다. 만일 지류가 고려 중인 하도구간의 상류단에 가까운 곳에서 유입한다면 그 유량을 본류의 유량에 더해서 홍수추적계산을 하는 것이 보통이고, 만일 하류단에 가까운 곳에서 유입한다면 하도구간에 대한 추적계산을 한 결과에 하류단 부근에 유입하는 지류유입량을 더해 주면 된다. 상기 두 가지 극단적인 경우 이외에 만약 지류가 구간의 중앙부근으로 유입할 경우에는 추적계산 전에 지류의 유량을 본류의 유량에 가감하는 방법 또는 추적계산 후에 가하는 방법 등 여러 가지 현명한 판단에 의할 수밖에 별 도리가 없다. 만약 지류의 유입량이 본류의 유입량에 비해 적다면 어떠한 방법을 사용하더라도 비교적 만족할 만한 결과를 얻을 것이나 지류의 유입량이 상대적으로 클 경우에는 추적구간을 짧게 잡는 것이 안전하다.

미계측 지류유역으로부터의 국지 유입량의 용적은 홍수의 시점 및 종점시간 사이에 실측된 추적구간으로의 유입홍수용적(그림 9.5의 실선 수문곡선 아래의 면적))으로부터 유출되어 나간 홍수용적(그림 9.5의 점선 수문곡선 아래의 면적)을 뺌으로써 얻을 수 있고, 이 홍수용적의 시간적 분포는 미계측 지류유역과 특성이 유사한 본류 계측 유역에서 관측된 유량의 시간분포와 흡사한 것으로 가정하는 것이 최선의 방법이다.

9.5 저수지 홍수추적

댐의 여수로(餘水路, spillway)나 방수로(放水路, outlet works)에 설치되어 있는 수문(水門, gate)이 완전히 개방되어 있거나 일정개도(開度)로 열려 있을 경우 저수지로부터의 유출량 O와 저수지 내 저류량 S는 수면표고에 따라 결정되므로 홍수추적이 비교적 간단하며 이를 단순저수지 홍수추적(simple reservoir flood routing)이라 한다.

저수지 홍수추적은 식 (9.3)의 저류방정식에 의하나 전술한 바와 같이 식 (9.3)을 이용하여 시간구간별 유출량을 계산하기 위해서는 저수지로부터 유출량(O)과 저류량(S) 간의 관계식을 수립하지 않으면 안된다.

이와 같이 식 (9.3)과 $S \sim O$관계곡선을 사용하여 저수지 홍수추적계산을 시행하는 방법을 Puls 방법 혹은 저류량 지시 추적방법(貯溜量 指示 追跡方法, storage-indication routing method)이라 하며 홍수추적방정식을 일부 수정하여 추적계산을 하는 수정 Puls 방법(modified Puls method)도 있다.

9.5.1 저수지의 저류량-유출량 관계곡선의 작성

수문학적 저수지 홍수추적에 필요한 저류량-유출량 관계곡선의 작성을 위해 우선적으로 획득되어야 할 자료는 그림 9.6과 같은 저수지의 수면표고-저류량곡선(stage-storage curve)과 수면표고-유출량곡선(stage-discharge)이다. 수면표고-저류량곡선은 제9.3절의 방법에 의해 작성할 수 있고, 수면표고-유출량곡선은 그림 9.7의 경우별로 다음과 같은 위어(weir) 공식 혹은 오리피스(orifice) 공식을 사용하여 작성할 수 있다.

여수로를 통한 유출량은 위어 공식에 의해 계산되며 그림 9.7(a)의 경우는 여수로 수문이 완전히 개방되거나 수문이 없는 여수로의 경우로서 다음 식으로 표시된다.

$$O = C_s L H_s^{3/2} \tag{9.7}$$

여기서, O는 유출량(m^3/sec), L은 여수로 폭(m), H_s는 여수로 위의 전 수두(m), C_s는 위어의 유량계수이다.

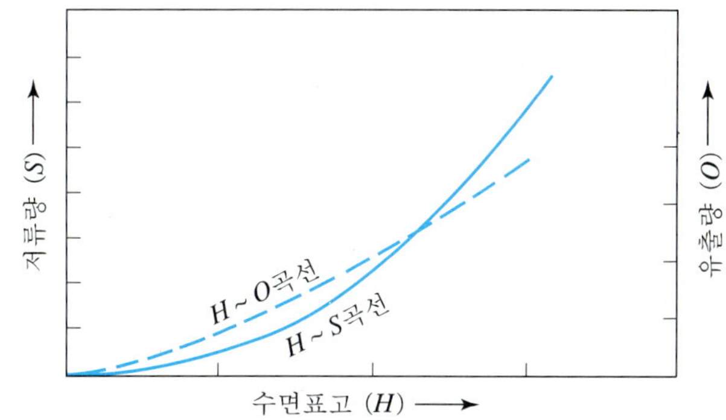

그림 9.6 저수지 수면표고-저류량 및 수면표고-유출량 관계곡선

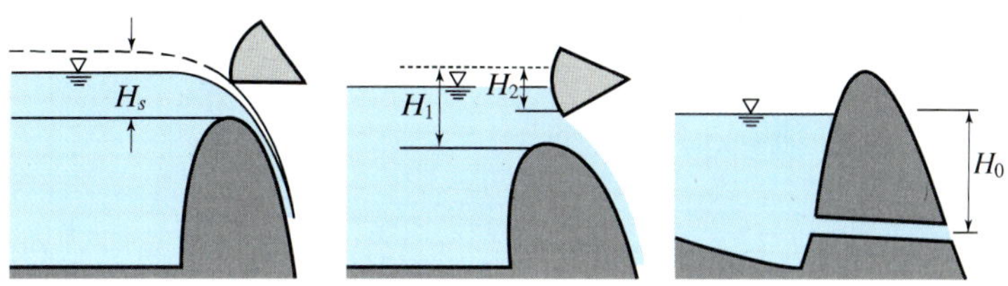

그림 9.7 여수로와 방수로를 통한 유출량

한편, 그림 9.7(b)의 경우는 여수로 수문이 부분 개방되어 있는 경우로서 유출량은 다음 식으로 표시된다.

$$O = \frac{2}{3}\sqrt{2g}\, C_s L (H_1^{3/2} - H_2^{3/2}) \tag{9.8}$$

여기서, O는 유출량(m^3/sec), L은 여수로 폭(m), H_1은 여수로 위의 전 수두(m), H_2는 수문 하단부에서의 전 수두(m), C_s는 위어의 유량계수이며, g는 중력가속도(9.8 m/sec^2)이다.

그림 9.7(c)의 방수로를 통한 유출량은 다음과 같은 오리피스 공식으로 표시된다.

$$O = C_0 A \sqrt{2gH_0} \tag{9.9}$$

여기서, O는 유출량(m^3/sec), A는 방수로의 단면적(m^2), H_0는 방수로의 중심선으로부터의 전 수두(m)이고, C_0는 오리피스의 유량계수이다.

이상과 같이 저수지의 수면표고별 저류량과 유출량을 각각 계산하면 저류량-유출량 관계곡선을 도시(圖示)하거나 혹은 수치파일(digital file)로 작성할 수 있다.

9.5.2 Puls의 저수지 홍수추적 방법

그림 9.6에서 임의 수면표고(H)에 대한 유출량(O)과 저류량(S)을 읽어 그림 9.8과 같은 저류량-유출량 관계곡선을 얻거나 수치파일을 작성하면 이를 이용하여 식 (9.3)을 풀어서 저수지 홍수추적을 할 수 있으며, 이는 Puls 방법 혹은 저류량 지시 추적방법으로 알려져 있다.

실제에 있어서 저수지 내의 저류량과 여수로를 통한 유출량 사이에는 이와 같은 단일관계(invariable discharge-storage relationship)가 항상 성립하는 것은 아니나 저수지 수면이 수평(level pool)이라는 가정하에서는 대체로 성립한다. 식 (9.3)을 재정리하여 기지항을 좌변에, 미지항을 우변에 모아서 표시하면

$$\frac{1}{2}(I_1+I_2)\Delta t+(S_1-\frac{1}{2}O_1\Delta t)=(S_2+\frac{1}{2}O_2\Delta t) \tag{9.10}$$

식 (9.10)을 다시 변형시키면

$$\frac{1}{2}(I_1+I_2)\Delta t+(S_1+\frac{1}{2}O_1\Delta t)-O_1\Delta t=\left(S_2+\frac{1}{2}O_2\Delta t\right) \tag{9.11}$$

여기서, 추적기간 Δt의 시작시간 t_1과 종료시간 t_2에 있어서의 $\left(S+\frac{1}{2}O\Delta t\right)$항은 식 (9.11)의 좌변과 우변에 각각 포함되어 있으며, 저수지의 고유한 저류량-유출량 관계를 고려하면 O와 $\left(S+\frac{1}{2}O\Delta t\right)$도 저수지별로 고유한 관계를 가질 것임을 알 수 있으며, 유출량(O)이 저류량 지시값인 $SI=\left(S+\frac{1}{2}O\Delta t\right)$를 지정해준다는 뜻에서 이를 저류량 지시곡선(storage-indication curve, SI curve)이라 한다(그림 9.8 참조).

식 (9.11)의 추적기간 Δt를 적절히 선정한 후 추적시작시간 t_1과 종료시간 t_2에서의 저수지 유입량 I_1, I_2를 알고, 시간 t_1에서의 저수지로부터의 유출량 O_1을 알면(기지값으로 가정), 그림 9.8에서와 같은 저류량 지시곡선(혹은 수치파일)으로부터 O_1에 해당하는 $\left(S_1+\frac{1}{2}O_1\Delta t\right)$를 결정할 수 있다. 따라서 식 (9.10) 좌변의 모든 항이 계산되므로 합산하여 $\left(S_2+\frac{1}{2}O_2\Delta t\right)$의 값을 결정할 수 있고, 저류량 지시곡선으로 돌아가서 O_2를 결정할 수 있다.

이와 같이 계산한 첫 번째 추적기간의 종점시간 유출량 O_2는 다음 추적기간의 O_1이 되고 그에 따른 $\left(S_1-\frac{1}{2}O_1\Delta t\right)$는 저류량 지시곡선에서 결정되며, I_1, I_2는 유입홍수수문곡선에서 주어지므로 다음 추적기간에서의 O_2가 결정된다. 이와 같은 계산을 반복하면 홍수추적이 끝나게 된다.

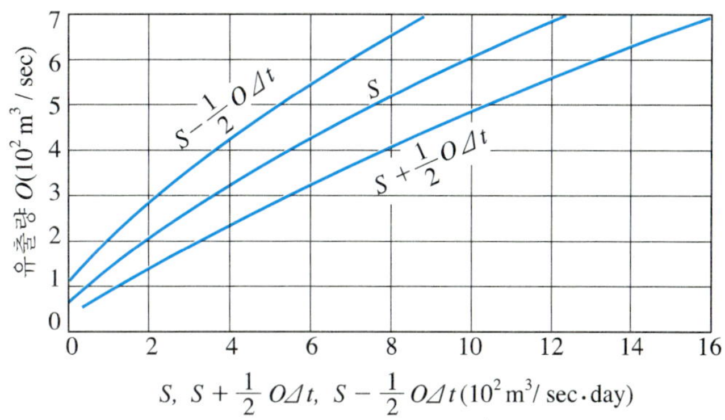

그림 9.8 Puls 방법의 적용을 위한 저류량 지시곡선

한편, 식 (9.11)의 $\left(S+\frac{1}{2}O\Delta t\right)$를 저류량 지시값 SI로 표시하면 다음과 같아진다.

$$\frac{1}{2}(I_1+I_2)\Delta t+(SI)_1-O_1\Delta t=(SI)_2 \tag{9.12}$$

따라서, 대상 저수지의 수면표고(H)-저류량(S)-유출량(O)관계를 사용하여 H-S-O-SI 관계를 수치파일로 만들면 저류량 지시곡선을 사용하지 않고 수치표를 사용하여 식 (9.12)에 의해 저수지 홍수추적을 실행할 수 있다.

다음은 식 (9.11) 대신 식 (9.10)을 사용하여 저수지 홍수추적을 하는 방법을 살펴보기로 한다. 그림 9.8에서와 같이 $S\sim O$관계곡선의 좌·우에 각각 $(S-\frac{1}{2}O\Delta t)$ 곡선과 $(S+\frac{1}{2}O\Delta t)$ 곡선을 그리고(혹은 O와 $S\pm\frac{1}{2}O\Delta t$의 관계를 수치파일화함) 식 (9.10)의 좌변에 추적기간 시작시간(t_1)에서의 기지값을 대입하여 우변의 $(S_2+\frac{1}{2}O_2\Delta t)$값을 계산한 다음 그림 9.8로부터 이 값에 해당하는 O_2를 구함으로써 첫 번째 추적구간 Δt에 대한 계산을 끝낸다.

다음 추적기간 Δt에 대한 계산을 위해서는 전 기간의 O_2가 O_1이 되고, 그림 9.8로부터 다시 $(S_1-\frac{1}{2}O_1\Delta t)$값을 구하여 유입수문곡선 자료로부터 얻을 수 있는 $\frac{1}{2}(I_1+I_2)\Delta t$를 이에 더하여 $(S_2+\frac{1}{2}O_2\Delta t)$를 계산하게 된다. 이 값에 해당하는 O_2를 그림 9.8의 관계(혹은 수치파일)로부터 구하면 이것이 곧 제2 추적기간의 유출량이 되는 것이다.

이상의 홍수추적계산에서 저수지 유입량과 유출량 수문곡선은 연속형 곡선이 아닌 이산형 점들로 표시되므로 추적기간 Δt의 설정에 주의를 요한다. 식 (9.10)의 Δt 동안의 평균유입량 $(I_1+I_2)/2$는 유입수문곡선의 선형성을 가정하는 것이므로 Δt를 크게 잡으면 오차가 발생하게 된다. Ponce(1989)는 Δt의 최소값으로 유입수문곡선의 첨두유량 발생시각(T_P)의 1/5을 제시하였으나 컴퓨터에 의한 홍수추적이 보편화되어 있기 때문에 $\Delta t = (1/10 \sim 1/20)\,T_P$를 추천하고 있다.

이상에서 살펴본 식 (9.10)에 의한 저수지 홍수추적계산 절차를 표 9.2의 유입수문곡선[(1), (2)란]에 대하여 단계별로 살펴보면 다음과 같다. 이 예에서는 홍수추적기간 $\Delta t = 1$ day로 잡았으며 추적구간에 대한 저류량-유출량 관계곡선은 그림 9.8과 같다고 가정하였다.

표 9.2 저류량 지시곡선을 사용한 저수지 홍수추적 계산 예(Plus 방법)

(1) 추적기간 (days)	(2) 유입량 I (m^3/sec)	(3) $\frac{1}{2}(I_1+I_2)\Delta t$ (m^3/sec · day)	(4) 유출량 O (m^3/sec)	(5) $S-\frac{1}{2}O\Delta t$ (m^3/sec · day)	(6) $S+\frac{1}{2}O\Delta t$ (m^3/sec · day)
1	93	115	85*	0	115
2	137	172	103	12	184
3	208	264	143	41	305
4	320	381	206	99	480
5	442	494	288	192	686
6	546	588	373	313	901
7	630	654	456	445	1,099
8	678		527		

* 초기 추적기간에 있어서의 하류단 유출량(이미 알고 있는 값으로 가정)

〈계산 절차〉

1) $(1/2)(I_1 + I_2)$를 계산한다[(3)란].

2) 하류단의 초기 유량값 $O_1 = 85\ \mathrm{m^3/sec}$(주어진 값임)에 해당하는 $(S_1 - \frac{1}{2}O_1\Delta t)$를 그림 9.8로부터 결정한다. 예로서 $O_1 = 85\ \mathrm{m^3/sec}$일 때 $\left(S_1 - \frac{1}{2}O_1\Delta t\right) = 0$이다[(5)란].

3) (3)란과 (5)란을 더하여 $(S_2 + \frac{1}{2}O_2\Delta t)$를 계산한다[(6)란]. 예로서 $\left(S_2 + \frac{1}{2}O_2\Delta t\right) = 115\ \mathrm{m^3/}$ sec · day

4) 그림 9.8의 $\left(S + \frac{1}{2}O\Delta t\right)$ 곡선으로부터 3)에서 구한 $\left(S_2 + \frac{1}{2}O_2\Delta t\right)$에 해당하는 O_2를 읽는다. 예로서 $\left(S_2 + \frac{1}{2}O_2\Delta t\right) = 115\ \mathrm{m^3/sec \cdot day}$에 대한 $O_2 = 103\ \mathrm{m^3/sec}$이다.

5) 4)에서 구한 O_2를 $\left(S_2 + \frac{1}{2}O_2\Delta t\right)$로부터 빼거나 혹은 $\left(S - \frac{1}{2}O\Delta t\right)$ 곡선으로부터 O_2에 대한 $\left(S_1 - \frac{1}{2}O_1\Delta t\right)$를 읽어서 다음 추적기간에 대한 $\left(S_1 - \frac{1}{2}O_1\Delta t\right)$를 구한다. 예로서 $O_2 =$

103 m^3/ sec에 대한 $\left(S_2 - \frac{1}{2}O_2\Delta t\right)$값은 $\left(S - \frac{1}{2}O\Delta t\right)$ 곡선으로부터 12 m^3/sec · day, 혹은 115−103 = 12 m^3/sec · day이다.

6) 제3 추적기간에 대한 O_3는 1)~6)의 절차를 반복하여 구하게 된다.

예제 9.1 어떤 저수지의 표고별 수표면적과 저류량이 그림 9.9와 9.10에 주어져 있다. 저수지를 막고 있는 댐은 지름이 2.7 m인 두 개의 원형 방수로(circular outlet)와 길이 80 m인 수문이 없는 여수로를 가지고 있으며 방수로 중심선까지의 표고는 EL. 54 m, 여수로의 마루표고는 EL. 66 m이고 시간 $t = 0$일 때 방수로는 개방되어 있으며 수면표고는 EL. 63.5 m이다. 표 9.3의 (3)란에 표시된 유입수문곡선이 예보되었을 때 Puls의 저수지 홍수추적법에 의하여 유출수문곡선을 구하고 저수지 내의 최고수위의 크기와 그의 발생시간을 결정하라. 방수로의 유출계수 $C_0 = 0.8$, 여수로의 유출계수 $C_s = 2.0$으로 가정하라.

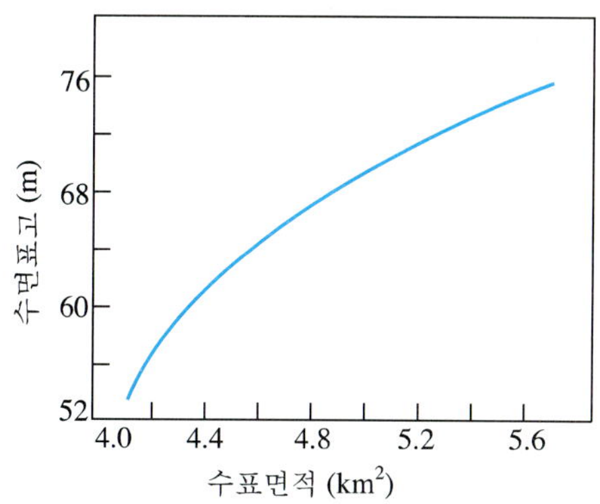

그림 9.9 수면표고-수표면적 관계

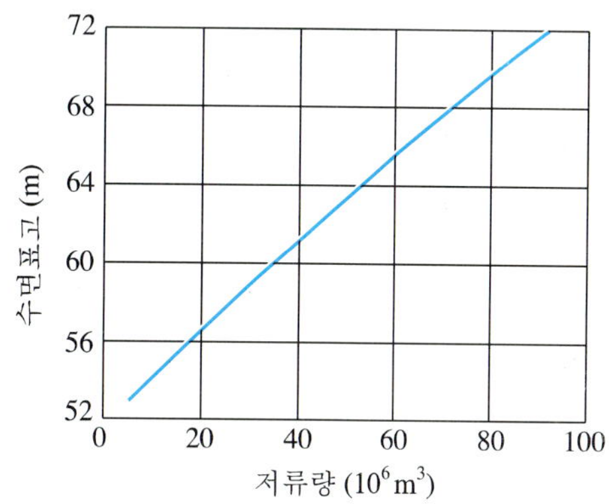

그림 9.10 수면표고-저류량 관계 곡선

풀이 가) 저류량 지시곡선을 사용하는 방법

1) $t = 0$일 때 저수지로부터의 유출량은

$$Q = 2(C_0 A\sqrt{2gH})$$
$$= 2\left[0.8 \times \frac{\pi}{4} \times (2.7)^2 \times \sqrt{2 \times 9.8 \times (63.5 - 54)}\right] = 124 \text{ m}^3/\text{sec}$$

이는 곧 최초 추적기간에 있어서의 O_1에 해당한다. 이 값이 표 9.3의 (5)란의 첫 줄에 기재되어 있다.

2) 그림 9.9로부터 그림 9.10에 표시한 바와 같은 수면표고별 저류량곡선을 얻는다. 예를 들면 54 m에서의 수표면적은 4.13 km^2이고 56 m에서는 4.20 km^2이므로 두 수면표고

간의 저류량은 $\frac{1}{2} \times 2 \times (4.13+4.20) \times 10^6 = 8.33 \times 10^6 \text{ m}^3$이다. 이러한 방법으로 수면표고별 저류량 증분을 축차적으로 계산하여 누적함으로써 EL. 54 m를 기면(基面)으로 잡았을 때의 수면표고별 저류량곡선을 얻는다.

3) 표 9.4에서처럼 수면표고별 유출량을 계산한다. 이때 여수로로부터의 유출량 계산은 위어 공식인 식 (9.7)을 사용하며, 방수로를 통한 유출량은 오피리스 공식인 식 (9.9)로 계산한다. 저수지 내의 수면표고가 EL. 67 m일 때의 방수로 유출량을 식 (9.9)에 의해 계산해 보면

$$O_0 = 2\left[0.8 \times \frac{\pi}{4} \times (2.7)^2 \times \sqrt{2 \times 9.8 \times 13}\right] = 145 \text{ m}^3/\text{sec}$$

4) 그림 9.8과 표 9.4를 사용하여 그림 9.11과 같이 저류량–유출량 관계곡선을 얻는다. 여기서, 추적기간은 $\Delta t = 6 \text{ hr} = 1/4 \text{ day}$이므로 그림 9.11의 횡축은 편의상 1/4 m^3/sec · day=21,600 m^3 단위로 표시하였다. $\left(S \pm \frac{1}{2}O\Delta t\right)$ 곡선은 저류량 곡선(S-곡선)의 양쪽에 $\frac{1}{2}O\Delta t$를 (+) 혹은 (−)함으로써 구해진다. 횡축이 $1/4 \text{ m}^3/\text{sec} \cdot \text{day}$ 단위로 표시되어 있으므로 이들 곡선은 계산을 하지 않고도 쉽게 그릴 수 있다. 즉, $O=$ 200 m^3/sec일 때 $\frac{1}{2}O\Delta t = 100 \text{ m}^3/\text{sec} \cdot \text{day}$이므로 S-곡선의 좌우측으로 100 m^3/sec · day만큼 떨어진 두 점이 $\left(S \pm \frac{1}{2}O\Delta t\right)$점이 된다.

5) 필요한 추적계산이 표 9.3에 표시되어 있다. 색 숫자로 표시된 것은 기지값(旣知値)이다. 우선 잇따르는 유입량의 평균값을 계산하여 (4)란에 기입하고 $O = 124 \text{ m}^3/\text{sec}$에 해당하는 $\left(S - \frac{1}{2}O\Delta t\right)$값을 그림 9.9로부터 구한다. 구한 값은 2,220이며 이를 (6)란의 첫 줄에 기재한다.

6) 제 (4)란과 (6)란의 값을 합하여 (7)란에 기재한다(2,220+62=2,282). 이 값이 곧 식 (9.10)의 좌변값이다. (7)란의 값에 해당하는 O의 값을 $\left(S + \frac{1}{2}O\Delta t\right)$ 곡선으로부터 읽어 (5)란에 기재한다. $\left(S + \frac{1}{2}O\Delta t\right)$ 곡선으로부터 2,282에 해당하는 O의 값은 119 m^3/sec임을 알 수 있다.

7) 이와 같이 얻어진 $O = 119 \text{ m}^3/\text{sec}$는 제1 추적에 대한 O_2에 해당하며 다음 추적을 위한 O_1으로 사용된다. $O_1 = 119 \text{ m}^3/\text{sec}$에 해당하는 $\left(S - \frac{1}{2}O\Delta t\right)$를 그림 9.11로부터 구하여 제5단계로부터 계산을 다시 반복해 나감으로써 표 9.3을 완성할 수 있으며 (1)란의 시간에 따른 (5)란의 값을 표시하면 유출수문곡선(discharge hydrograph)을 얻게 된다(그림 9.12).

그림 9.12에서 알 수 있는 바와 같이 저수지 내의 수면을 수평이라고 가정할 수 있는 저수지를 통한 첨두유출은 반드시 유입수문곡선의 감수곡선상에서 일어나며 유입 및 유출수문곡선의 첨두유량 발생시간의 차를 **저수지 지체시간**(貯水池 遲滯時間, reservoir lag time)이라 부르고 첨두유량의 감소량을 **첨두유량 감소분**(尖頭流量 減少分, peak attenuation)이라 한다.

표 9.3 Puls 방법에 의한 저수지 홍수추적 계산 예(도식해법)

(1) 시간 (hr)	(2) 6 hr 추적 기간	(3) 유입량 $I(\mathrm{m^3/sec})$	(4) $\frac{1}{2}(I_1+I_2)\Delta t$ $\left(\frac{1}{4}\mathrm{m^3/sec\cdot day}\right)$	(5) 유출량 $O(\mathrm{m^3/sec})$	(6) $S-\frac{1}{2}O\Delta t$ $\left(\frac{1}{4}\mathrm{m^3/sec\cdot day}\right)$	(7) $S+\frac{1}{2}O\Delta t$ $\left(\frac{1}{4}\mathrm{m^3/sec\cdot day}\right)$	(8) 수면표고 (EL. m)
0		50		124*			63.5
	1		62		2220	2282	
6		75		119			62.7
	2		127		2100	2227	
12		180		118			62.5
	3		265		2080	2345	
18		350		123			63.2
	4		400		2210	2610	
24		450		129			64.0
	5		485		2360	2845	
30		520		136			65.2
	6		512		2580	3092	
36		505		190			66.5
	7		475		2903	3378	
42		445		380			67.3
	8		402		2995	3397	
48		360		395			67.4
	9		325		3000	3325	
54		290		342			67.2
	10		270		2980	3250	
60		250		290			67.0
	11		230		2955	3185	
66		210		247			66.7
	12		192		2940	3132	
72		175		214			66.6
	13		157		2920	3077	
78		140		183			66.4
	14		125		2900	3025	
84		110		161			66.2
	15		97		2870	2967	
90		85		142			66.0
	16		75		2820	2895	
96		65		136			65.2
	17		60		2600	2660	
102		55		132			64.5
	18		52		2400	2452	
108		50		126			63.6
	19		47		2260	2307	
114		45		121			63.0
	20		42		2120	2162	
120		40		166			62.3

* 색으로 표시한 숫자는 기지값(旣知値)임.

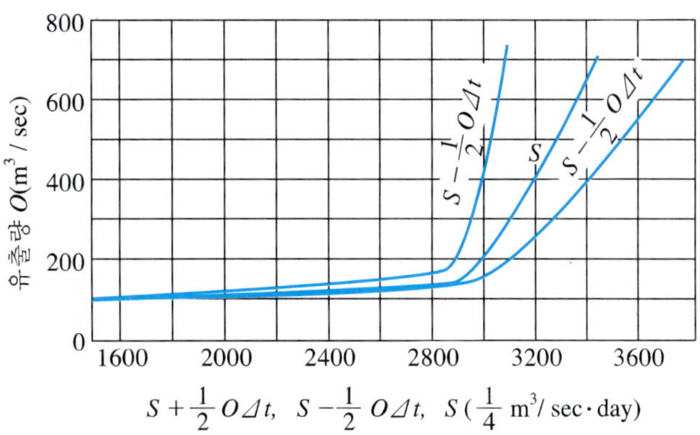

그림 9.11 저류량-유출량 관계곡선

표 9.4 저수지 수면표고-유출량 관계곡선 작성을 위한 계산

수면표고 (m)	방수로상 수두 H_0(m)	방수로유량 O_0(m^3/sec)	여수로상 수두 H_s(m)	여수로유량 O_s(m^3/sec)	총 유량 (m^3/sec)
58.0	4.0	81.0			81
60.0	6.0	98.9			99
62.0	8.0	114.0			114
64.0	10.0	127.6			128
66.0	12.0	140.0	0	0	140
66.1	12.1	140.4	0.1	5.1	146
66.2	12.2	141.0	0.2	14.2	155
66.3	12.3	142.0	0.3	26.0	168
66.4	12.4	142.0	0.4	40.0	182
66.5	12.5	143.0	0.5	56.0	199
66.7	12.7	144.0	0.7	93.0	237
66.9	12.9	145.0	0.9	136.0	281
67.0	13.0	145.0	1.0	160.0	305
67.5	13.5	148.0	1.5	290.0	438
68.0	14.0	151.0	2.0	448.0	599

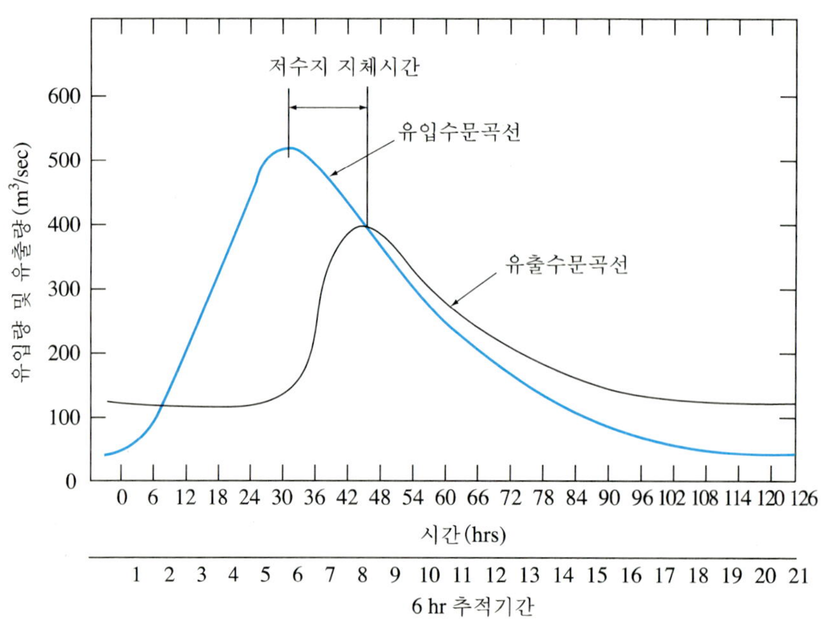

그림 9.12 유입 및 유출수문곡선

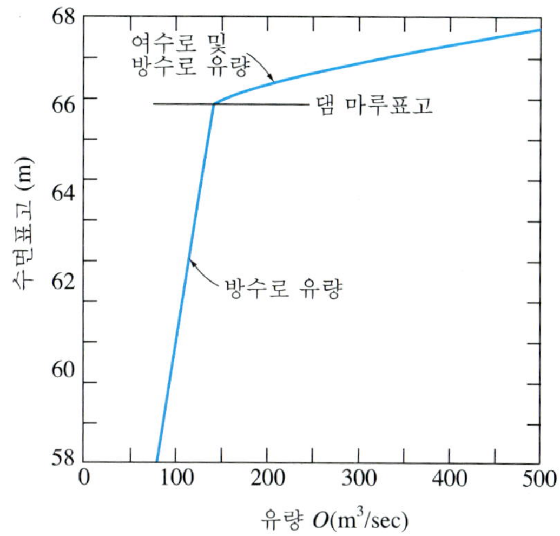

그림 9.13 수면표고별 유출량 곡선

8) 표 9.3의 (8)란에 있는 수면표고는 표 9.4의 수면표고별 유출량자료로부터 그림 9.13과 같은 유량곡선을 그려 표 9.3의 유출량[(5)란]에 해당하는 수위를 읽어 얻은 것이다. 표 9.3의 제 (8)란으로부터 저수지의 최대수위는 EL. 67.4 m로서 $t=$ 48 hour에 발생함을 알 수 있다.

나) 수치파일화된 저류량 지시값(SI)을 사용하는 방법

1) 수면표고(H)별 저류량 지시값(SI)과 유출량(O) 간의 수치파일작성
   그림 9.10과 9.13을 사용하여 표 9.5와 같은 수치파일을 작성한다.

표 9.5 $H-S-O-SI$ 관계표(예시)

수면표고 H(m)	저류량 $S(10^6\ m^3)$	저류량 S(1/4 m^3/sec · days)	유출량 O(m^3/sec)	$SI=S+(O\Delta t/2)$ (1/4 m^3/sec · days)
62.7	46.2	2138.9	118.9	2198.3
62.8	46.8	2166.7	119.6	2226.5
62.9	47.4	2194.9	120.3	2254.6
63.0	48.0	2222.2	121.0	2282.7
63.1	48.4	2240.7	121.7	2301.6
63.2	48.8	2259.3	122.4	2320.5
63.3	49.2	2277.8	123.1	2339.3
63.4	49.6	2296.3	123.8	2358.2
63.5	50.0	2314.8	124.5	2377.1
63.6	50.4	2333.4	125.2	2395.9
63.7	50.8	2351.9	125.9	2414.8

2) 표 9.5의 수치파일을 사용한 저수지 추적

표 9.3의 (1), (3)란의 유입수문곡선과 첫 번째 추적기간($t=0\sim6$ hr)에서의 초기유출량 $O_1=124\,\text{m}^3/\text{sec}$일 때의 SI를 표 9.5로부터 보간법으로 구하면 $(SI)_1=2363.6(1/4\ \text{m}^3/\text{sec}\cdot\text{days})$이다. 식 (9.12)를 사용하면

$$\frac{1}{2}(50+75)\Delta t+2363.6-124\Delta t = 2302.1\left(\frac{1}{4}\,\text{m}^3/\text{sec}\cdot\text{days}\right)=(SI)_2$$

따라서 $t=6$ hr에서의 $(SI)_2=2302.1\left(\frac{1}{4}\,\text{m}^3/\text{sec}\cdot\text{days}\right)$에 해당하는 유출량 O_2를 표 9.5에서 보간법으로 구하면 $O_2 \fallingdotseq 121.7\,\text{m}^3/\text{sec}$이다.

두 번째 추적기간($t=6\sim12$ hr)에서의 $O_1=121.7\,\text{m}^3/\text{sec}$가 되고 $(SI)_1=2302.1\left(\frac{1}{4}\,\text{m}^3/\text{sec}\cdot\text{days}\right)$이므로 식 (9.12)를 사용하면

$$\frac{1}{2}(75+180)\Delta t+2302.1-121.7\Delta t=2307.9=(SI)_2$$

따라서, $t=12$ hr에서의 $(SI)_2=2307.9\left(\frac{1}{4}\,\text{m}^3/\text{sec}\cdot\text{days}\right)$에 해당하는 유출량 O_2를 표 9.5로부터 보간법으로 구하면 $O_2=121.9\,\text{m}^3/\text{sec}$이다.

이상의 수치파일을 사용한 저수지추적결과는 도식적으로 계산한 표 9.3의 값과 약간의 차이는 있으나 이는 그림 9.11을 사용한 부정확성 때문이라 할 수 있다. 컴퓨터로 저류량 지시법에 의해 저수지추적계산을 할 경우는 정밀하게 작성된 수치파일을 사용하기 때문에 계산의 정확성을 높일 수 있다.

9.5.3 수정 Puls 저수지 홍수추적 방법

식 (9.10)을 $\Delta t/2$로 나누면

$$(I_1+I_2)+\left(\frac{2S_1}{\Delta t}-O_1\right)=\left(\frac{2S_2}{\Delta t}+O_2\right) \tag{9.13}$$

식 (9.13)은 수정 Puls 저수지 홍수추적 방법의 기본방정식으로 Puls 방법의 기본식인 식 (9.9) 혹은 식 (9.10)의 모든 항은 저류량(m^3)으로 표시되나 수정 Puls 방법의 기본식인 식 (9.11)의 모든 항은 유량(m^3/sec)으로 표시되는 차이점을 가지고 있다.

수정 Puls 방법에서의 홍수추적 계산은 Puls 방법(저류량 지시방법)에서와 같이 도식적으로, 혹은 수치파일을 이용하여 유사한 방법으로 시행할 수 있다. 즉, 수정 Puls 방법에서는 저류량 지시방법에서의 $O\sim\left(S+\frac{1}{2}O\Delta t\right)$ 관계곡선 대신에 $O\sim\left(\frac{2S}{\Delta t}+O\right)$ 관계곡선(혹은 수치파일)을 사용하는 것만 다르다.

수정 Puls 방법을 적용하기 위해서는 저류량 지시방법에서처럼 적정 Δt를 설정해야 하며 저수지의 수면표고(H)-저류량(S)-유출량(O) 관계를 이용하여 $O \sim \left(\dfrac{2S}{\Delta t} + O\right)$ 관계를 그림 9.14와 같은 곡선 혹은 수치파일로 작성하되 선형보간에 오차가 발생하지 않도록 아주 조밀한 수면표고 간격으로 관계곡선을 작성할 필요가 있다.

첫 번째 추적기간의 시작시각 t_1에서의 I_1, I_2는 기지값이고 O_1 또한 기지값(가정하거나 실측)이므로 O_1에 상응하는 $\left(\dfrac{2S_1}{\Delta t} + O_1\right)$을 그림 9.14의 $O \sim \left(\dfrac{2S}{\Delta t} + O\right)$ 관계곡선으로부터 결정한 후 $2O_1$을 빼면 식 (9.13)의 $\left(\dfrac{2S_1}{\Delta t} - O_1\right)$항을 산정할 수 있어서 식 (9.13)의 좌변값이 결정되므로 우변의 $\left(\dfrac{2S_2}{\Delta t} + O_2\right)$값이 결정된다. 따라서 $O \sim \left(\dfrac{2S}{\Delta t} + O\right)$ 관계곡선으로부터 O_2가 결정되며 다음 추적기간들에 대해 동일한 방법으로 추적계산을 반복하면 완전한 유출수문곡선을 계산할 수 있다.

예제 9.2 어떤 댐의 비상여수로(emergency spillway) 설계를 위해 표 9.6과 같이 저수지로의 설계유입수문곡선[(1)란 및 (2)란]이 결정되었을 때 추적기간 $\Delta t = 1\ \text{hr}$로 하여 유출수문곡선을 수정 Puls 방법으로 추적하라. 여수로의 정점 표고(crest elevation)는 EL. 1070 m이고 이 표고보다 높은 표고에서의 저수지 측벽은 연직에 가깝다. 저수지의 수표면적은 $1\ \text{km}^2$, 댐 천단고(crest elevation)는 EL. 1076 m이고 저수지 내 초기수위는 EL. 1071 m이며 이때의 초기 방류량은 $17\ \text{m}^3/\text{sec}$이다. 여수로 수문은 없는 것으로 가정하라. 여수로는 Ogee형이며, 폭 $L = 10\ \text{m}$, 유량계수 $C_s = 1.70$이고 사각위어 공식 $O = CLH^{3/2}$이 적용된다. 이 유입홍수로 인해 도달하게 될 최고 저수위는 얼마인가?

풀이 표 9.6에는 예제에서 주어진 저수지 특성제원을 사용하여 저류량 지시곡선인 $O \sim \left(\dfrac{2S}{\Delta t} + O\right)$ 관계곡선의 작성에 필요한 계산결과를 수록하고 있으며 계산절차는 다음과 같고 저류량 지시곡선은 그림 9.14에 표시되어 있다.

표 9.6 저류량 지시곡선 작성을 위한 계산

(1)	(2)	(3)	(4)	(5)	(6)
수면표고 EL. (m)	수두 H(m)	유출량 $O(\text{m}^3/\text{sec})$	저류량 $S(\text{m}^3)$	저류량 $(\text{m}^3/\text{sec})\cdot\text{hr}$	$[(2S/\Delta t)+O]$ (m^3/sec)
1070	0	0	0	0	0
1071	1	17.00	1000,000	277.78	572.56
1072	2	48.08	2000,000	555.55	1159.18
1073	3	88.33	3000,000	833.33	1754.99
1074	4	136.00	4000,000	1111.11	2358.22
1075	5	190.07	5000,000	1388.89	2967.85
1076	6	249.85	6000,000	1666.66	3583.17

〈저류량 지시곡선의 계산절차〉

(1)란: 1 m 단위의 수면표고 EL.(m)

(2)란: 여수로 위의 수두(H m)

(3)란: 여수로를 통한 유출량 $O = 1.7 \times 10 \times (H)^{3/2}$ (m³/sec)

(4)란: 수표면적 1 km²에 수두 H를 곱하여 계산한 여수로 정점표고 위의 저류량(m³)

(5)란: (4)란의 저류량(m³)을 (m³/sec)·hr 단위로 표시한 저류량

(6)란: $\Delta t = 1$ hr로 하고 (3)란과 (4)란의 값을 사용하여 계산한 $\left(\dfrac{2S}{\Delta t} + O\right)$(m³/sec)

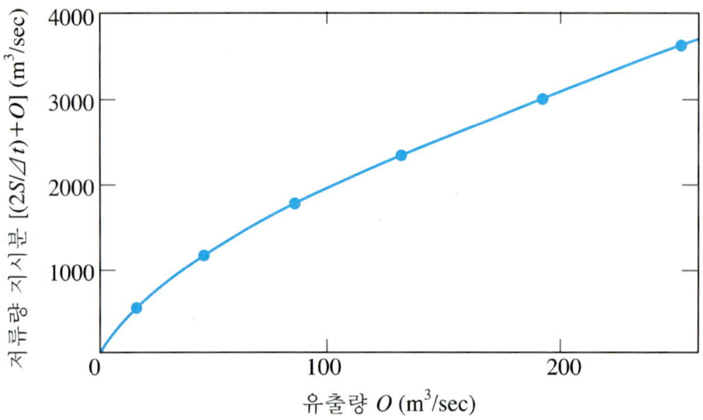

그림 9.14 저류량 지시곡선

한편, 표 9.7에는 (1), (2)란에 주어진 저수지 유입수문곡선을 수정 Puls 방법으로 추적계산하는 절차를 수록하고 있으며, 표 9.6의 란(column)별 계산절차는 다음과 같다.

〈저수지 홍수추적계산 절차〉

1) 첫 번째 추적기간의 경우 $I_1 = 17$ m³/sec, $I_2 = 20$ m³/sec이며 초기유출량 $O_1 = 17$ m³/sec로 주어졌으므로 그림 9.14의 저류량 지시곡선으로부터 $\left(\dfrac{2S_1}{\Delta t} + O_1\right) = 572.56$ m³/sec[(4)란]를 결정한다.

2) $\left(\dfrac{2S_1}{\Delta t} - O_1\right) = \left(\dfrac{2S_1}{\Delta t} + O_1\right) - 2O_1 = 572.56 - (2 \times 17) = 538.56$을 구한다[(3)란].

3) 첫 번째 추적기간의 경우 $I_1 = 17$ m³/sec, $I_2 = 20$ m³/sec이므로 식 (9.13)의 좌변값은 $(17 + 20) + 538.56 = 575.56$ m³/sec[표 9.7의 $t = 1$ hr일 때의 (4)란 값]이고 이 값이 식 (9.13)

의 우변값 $\left(\frac{2S_2}{\Delta t}+O_2\right)$이다.

4) 따라서, 그림 9.14로부터 $O_2 = 17.1\ \mathrm{m^3/sec}$를 구함으로써 첫 번째 추적이 끝난다.

5) 다음 추적기간으로 넘어가면 $O_1 = 17.1\ \mathrm{m^3/sec}$이고 $\left(\frac{2S_1}{\Delta t}+O_1\right) = 575.56\ \mathrm{m^3/sec}$이므로 $\left(\frac{2S_1}{\Delta t}-O_1\right) = 541.36\ \mathrm{m^3/sec}$로 계산되며, $I_1 = 20\ \mathrm{m^3/sec}$, $I_2 = 50\ \mathrm{m^3/sec}$이므로 식 (9.13)에 의해 $\left(\frac{2S_2}{\Delta t}+O_2\right) = 611.36\ \mathrm{m^3/sec}$가 되고 이를 사용하면 그림 9.14로부터 $O_2 = 18.7\ \mathrm{m^3/sec}$로 결정된다.

6) 이상의 계산을 반복하면 표 9.7과 같은 저수지로부터의 유출수문곡선이 (5)란과 같이 계산된다.

표 9.7 수정 Puls 방법에 의한 저수지 홍수추적 계산

(1)	(2)	(3)	(4)	(5)
시간 (hr)	유입량 ($\mathrm{m^3/sec}$)	$[(2S/\Delta t)-O]$ ($\mathrm{m^3/sec}$)	$[(2S/\Delta t)+O]$ ($\mathrm{m^3/sec}$)	유출량 ($\mathrm{m^3/sec}$)
0	17	538.56	572.56	17.0
1	20	541.36	575.56	17.1
2	50	573.96	611.36	18.7
3	100	675.96	723.96	24.0
4	130	839.16	905.96	33.4
5	150	1027.96	1119.16	45.6
6	140	1201.96	1317.96	58.0
7	110	1318.36	1451.96	66.8
8	90	1375.76	1518.36	71.3
9	70	1390.76	1535.76	72.5
10	50	1369.16	1510.76	70.8
11	30	1315.96	1449.16	66.6
12	20	1243.96	1365.96	61.0
13	17	1169.76	1280.96	55.6
14	17	1102.36	1203.76	50.7
15	17	1043.16	1136.36	46.6
16	17	990.96	1077.16	43.1
17	17	944.96	1024.16	40.0
18	17	904.96	978.96	37.4
19	17	867.76	938.16	35.2
20	17	835.56	901.76	33.1
21	17	806.96	869.56	31.3
22	17	781.16	840.96	29.9
23	17	757.96	815.16	28.6
24	17	737.56	791.96	27.4

〈최고 저수위의 계산〉

표 9.7의 저수지 홍수추적 결과를 보면 최대유출량은 9 hr의 72.5 m^3/sec이므로 위어 공식으로부터 상응하는 수두 H를 구하면

$$H = \left(\frac{O}{C_s L}\right)^{2/3} = \left(\frac{72.5}{1.7 \times 10}\right)^{2/3} = 2.63 \text{ m}$$

따라서, 최고 저수위 $(\text{EL})_{max} = 1070 + 2.63 = 1072.63 \text{ m}$

9.5.4 유출량이 조절되는 경우의 저수지 홍수추적

대부분의 대규모 저수지들은 여수로나 방수로에 수문(水門)을 달아서 하류로의 유출량을 조절하는 것이 보통이다. 유출량의 크기는 방류구조물의 수리특성과 운영조작 규칙에 따라 결정되며 방류당시의 저수지 유입량이라든지, 저류량이라든지, 댐 하류의 물 수요량 등에 좌우된다.

댐 하류로의 유출량이 수문에 의해 조절될 경우의 저류방정식은 식 (9.3)에 홍수조절항을 추가하여 다음과 같은 미분항으로 표시할 수 있다.

$$\frac{1}{2}(I_1 + I_2)\Delta t - \frac{1}{2}(O_1 + O_2)\Delta t - \overline{O}_R \Delta t = S_2 - S_1 \tag{9.14}$$

여기서, O는 조절되지 않은 유출량이며 $\overline{O}_R$는 추적기간 Δt 동안에 조절되는 평균유출량(mean regulated outflow)이다.

만약 조절되지 않은 유출량이 전혀 없다면($O = 0$), 유출량은 모두 $\overline{O}_R$로 조절되어 유출되므로 추적방정식은 다음과 같아진다.

$$\frac{1}{2}(I_1 + I_2)\Delta t - \overline{O}_R \Delta t + S_1 = S_2 \tag{9.15}$$

따라서, 추적기간 Δt의 시점시각 유출량 O_1을 알면 S_1이 결정되므로 기지값 I_1, I_2, $\overline{O}_R$를 사용하여 식 (9.14)로부터 S_2가 결정되며 그에 따른 저수지 수면표고도 결정된다.

한편, 조절되지 않은 유출량이 있을 경우($O \neq 0$) 홍수추적방정식을 수정 Puls 방법에서의 기본식인 식 (9.12)의 형태로 표시하면,

$$(I_1 + I_2) + \left(\frac{2S_1}{\Delta t} - O_1\right) - 2\overline{O}_R = \left(\frac{2S_2}{\Delta t} + O_2\right) \tag{9.16}$$

식 (9.16)에 의한 저수지 홍수추적은 조절유출량 $\overline{O}_R$가 추적방정식에 포함되어 있는 것 이외에는 수정 Puls 방법에서의 절차와 동일하다.

일정한 개도(開度, opening)의 수문(水門)을 통한 유출량은 그림 9.15에서처럼 저수지 내 수면표고(H)의 함수이므로 식 (9.16)을 풀기 위해서는 여러 수문개도에 상응하는 그림 9.15와 같은 $(2S/\Delta t+O)$ 곡선의 작성이 필요하다.

그림 9.15를 이용한 저수지 홍수추적 계산절차는 식 (9.13)에 의한 절차와 동일하나 매회에 걸쳐 추적기간(Δt)별 수문개도에 상응하는 $(2S/\Delta t+O)$ 곡선을 사용해야 한다.

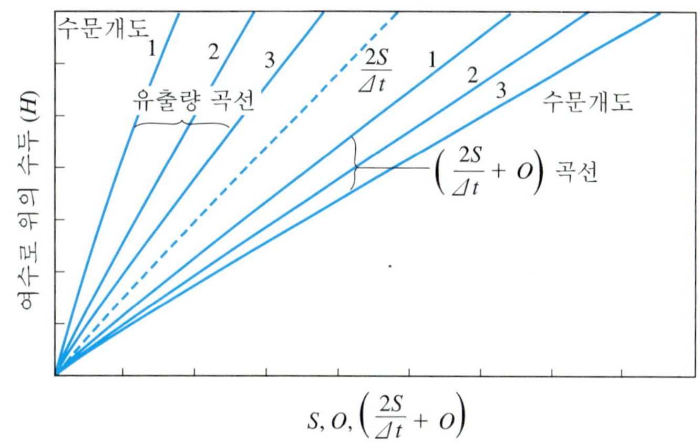

그림 9.15 수문조절 저수지의 홍수추적을 위한 곡선

9.6 하도 홍수추적

하도 홍수추적(河道 洪水追跡, channel flood routing)이란 자연하천의 어떤 하도구간 상류단에 유입하는 유입수문곡선을 추적하여 하류단의 유출수문곡선을 계산하는 절차를 말한다.

자연하천의 어떤 구간에 있어서의 저류량(S)은 저수지의 경우처럼 그 구간으로부터 흘러나오는 유출량(O)만의 함수로 표시할 수 없기 때문에 비교적 복합하다. 자연하도에 있어서의 저류량과 유출량 간의 관계는 그림 9.11(저수지의 경우)과 같은 단일관계가 성립되지 않고 통상 그림 9.16과 같이 한 개의 loop형으로 나타난다. 즉, 동일유량이 유하할지라도 홍수위 상승시의 저류량은 홍수위 하강시의 저류량보다 크다. 이에 대한 이유는 그림 9.17에 표시한 바와 같은 부정부등류인 홍수파의 수면곡선을 관찰하면 쉽게 이해할 수 있다. 하상에 평행한 선의 아래에 있는 저류량을 대형저류(臺形貯溜, prism storage)라 부르고 위에 있는 저류량을 쐐기저류(wedge storage)라 부른다. 그림 9.17에서 보는 바와 같이 홍수위 상승기간 동안에는 유출량의 큰 증가가 있기 이전에 많은 양의 쐐기저류가 생기게 되나 홍수위 하강기간 동안에는 하도구간의 유출량보다 유입량의 감소가 현저하여 쐐기저류량은 (−)가 된다. 따라서 동일 유출량에 대한 저류량은 홍수위 하강시보다 상승시에 더 크게 되는 것이며 쐐기저류량이 유출량에 미치는 영향을 저류량-유출량 관계의 수립에 포함시킴으로써 자연하천에서의 홍수를 해석적으로 추적할 수 있다.

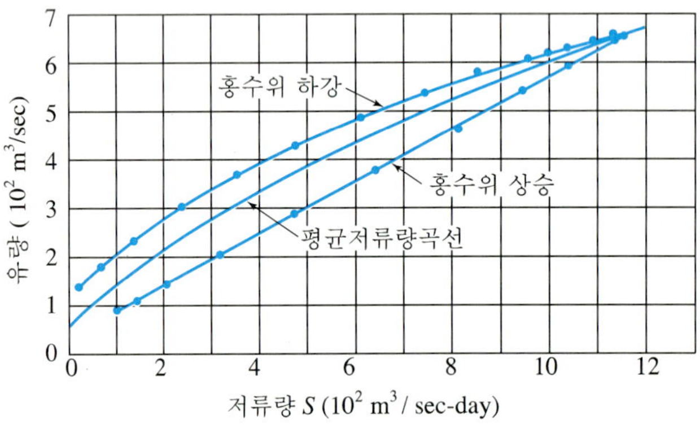

그림 9.16 자연하도에 있어서의 저류량-유출량 관계곡선

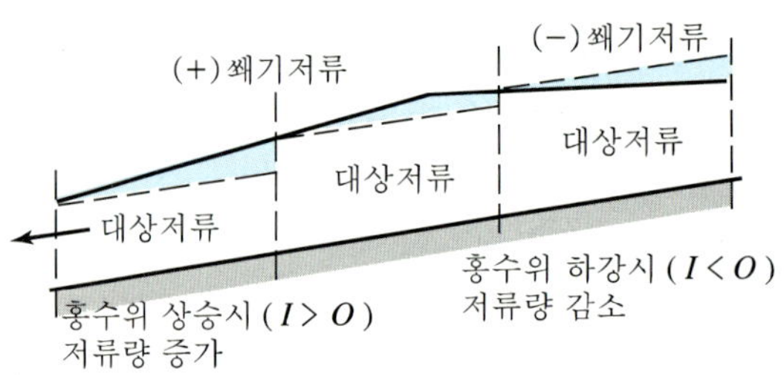

그림 9.17 홍수파 통과시 하도구간의 수면곡선

따라서, 저류량을 유출량만의 함수로 보는 저수지의 경우와는 달리 자연하도의 경우 하도저류량은 유출량과 유입량의 함수로 표시하여 저류방정식을 풀어서 홍수추적계산을 하게 된다.

9.6.1 Muskingum 방법

1) 하도 홍수추적 방정식의 유도

자연하천의 어떤 구간 내에 저류되는 하도저류량(S)은 구간의 유입량(I)과 유출량(O)에 의해 주로 결정되며 하도단면의 수리특성에도 관계가 있는 것으로 알려져 있다. 즉,

$$S = \frac{c}{a}[xI^{m/n} + (1-x)O^{m/n}] \tag{9.17}$$

여기서, a와 n은 구간의 평균수면표고(H)-유출량(O) 관계를 표시하는 식 $O = aH^n$의 상수이며, c와 m은 평균수면표고(H)-저류량(S) 관계인 $S = cH^m$[식 (9.5)]의 상수이고, x는 하천구간의 총 저류량에 공헌하는 유입량과 유출량의 상대적 중요성을 표시하는 무차원 가중인자(加重因子, weighting factor)이다.

하천구간 내 저류량에 미치는 홍수유입량의 영향을 고려하기 위하여 McCarthy(1938)는 구간 내의 총 저류량을 그림 9.18과 같이 대형(台形)저류량과 쐐기저류량으로 구분하여 생각했으며, 대형저류량은 유출량에만 비례하나 쐐기저류량은 유입량과 유출량의 차에 비례한다고 가정하였다. 즉, 총 저류량은 대형저류량과 쐐기저류량의 합(合)으로 본다.

$$S = KO + Kx(I - O) \tag{9.18}$$

혹은

$$S = K[xI + (1-x)O] \tag{9.19}$$

여기서, K는 구간 내 저류량의 유출량에 대한 비를 나타내는 하도 저류상수(河道 貯溜常數, channel storage constant)로서 시간의 차원을 가진다.

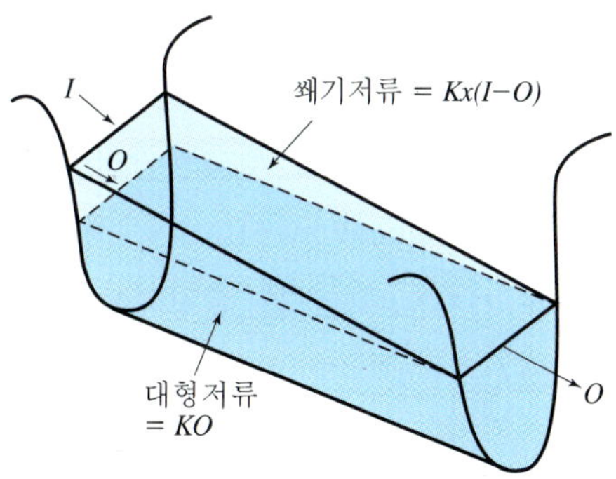

그림 9.18 자연하도에 있어서의 대형저류와 쐐기저류

식 (9.19)의 관계를 저류방정식[식 (9.3)]에 대입하여 얻은 식으로 추적구간 상류단의 유입수문곡선으로부터 하류단의 유출수문곡선을 축차적으로 계산하는 방법을 Muskingum 하도홍수추적방법(河道洪水追跡方法, channel flood routing method)이라 부른다. 이는 McCarthy(1938)가 미육군 공병단 산하의 Muskingum Conservancy District의 홍수조절계획의 수립을 위해 최초로 사용하였다.

식 (9.19)를 임의 추적기간 $\Delta t = t_2 - t_1$에 대해 쓰면

$$S_2 - S_1 = K[x(I_2 - I_1) + (1-x)(O_2 - O_1)] \tag{9.20}$$

여기서, 첨자 1, 2는 한 추적기간의 시점과 종점을 의미한다.

식 (9.20)을 식 (9.3)에 대입하면

$$\frac{1}{2}(I_1 + I_2)\Delta t - \frac{1}{2}(O_1 + O_2)\Delta t = K[x(I_2 - I_1) + (1-x)(O_2 - O_1)] \tag{9.21}$$

식 (9.21)을 정리하여 O_2에 관하여 풀면

$$O_2 = C_0 I_2 + C_1 I_1 + C_2 O_1 \tag{9.22}$$

여기서,

$$C_0 = \frac{-(Kx - 0.5\Delta t)}{K - Kx + 0.5\Delta t},\ C_1 = \frac{Kx + 0.5\Delta t}{K - Kx + 0.5\Delta t},\ C_2 = \frac{K - Kx - 0.5\Delta t}{K - Kx + 0.5\Delta t} \tag{9.23}$$

또한, 식 (9.23)으로부터 다음의 관계가 성립함을 증명할 수 있다.

$$C_0 + C_1 + C_2 = 1 \tag{9.24}$$

식 (9.23)의 Δt는 전술한 바 있는 추적기간으로서 홍수파가 추적구간을 통과하는 데 소요되는 시간(travel time)의 약 1/2~1/3을 선택하거나 저수지 추적에서처럼 $\Delta t = (\frac{1}{10} \sim \frac{1}{20})T_P$ (여기서, T_p는 유입수문곡선의 첨두유량 발생시까지의 시간)가 되도록 추천되고 있다. 한편, 운동파 이론(運動波 理論, kinematic wave theory, 제10장)에 의하면 식 (9.23)의 계수 C_0, C_1, C_2는 모두 양(+)의 값을 가지도록 Δt를 선정해야 한다. 즉, 식 (9.23)에서 $\Delta t \leq 2Kx$이면 $C_0 \leq 0$이 되므로 $\Delta t > 2Kx$가 되도록 Δt를 선정해야 한다는 것이다.

2) Muskingum 방법에 의한 계산절차

표 9.8은 가상의 한 하천구간에서 기왕에 관측된 유입 및 유출수문곡선으로부터 $x = 0.13$, $K = 11\,\mathrm{hr}$의 값을 얻었다고 가정할 때 임의의 유입 홍수수문곡선을 Muskingum 방법에 의해 추적하여 구간의 하류단에서의 유출수문곡선을 계산하는 절차를 보이고 있다.

표 9.8의 계산과정을 살펴보면 우선 추적기간 $\Delta t = 6$시간으로 잡아 식 (9.23)으로부터 $C_0 = 0.124$, $C_1 = 0.353$, $C_2 = 0.523$을 계산한 후 $t = 0$일 때의 구간 하류단에서의 유출량 O를

유입량 I와 같다고 가정하여 $O = I = 10\text{ m}^3/\text{sec}$로 잡았다. 첫 번째 추적기간($0 \sim 6\text{ hr}$)에 대한 $I_1 = 10\text{ m}^3/\text{sec}$이고, $I_2 = 30\text{ m}^3/\text{sec}$이며, $O_1 = 10\text{ m}^3/\text{sec}$이므로 표 9.8의 (3), (4), (5)란에 $C_0 I_2 = 3.7$, $C_1 I_1 = 3.5$, $C_2 O_1 = 5.2$를 각각 계산하여 합산함으로써 (6)란의 $O_2 = 3.7 + 3.5 + 5.2 = 12.4\text{ m}^3/\text{sec}$를 얻었다. 이것이 곧 제1 추적기간의 종점인 6시에 구간 하류단을 통과하는 유출량이며 다음 추적기간의 O_1이 된다. 마찬가지 방법으로 계산을 반복하면 표 9.7을 완성할 수 있다.

표 9.8 자연하도에서의 홍수추적 계산

$C_0 = 0.124,\ C_1 = 0.353,\ C_2 = 0.523,\ \Delta t = 6\text{ hr}$

(1) 시각(hr)	(2) 유입량 $I(\text{m}^3/\text{sec})$	(3) $C_0 I_2$	(4) $C_1 I_1$	(5) $C_2 O_1$	(6) 유출량 $O(\text{m}^3/\text{sec})$
0	10	-	-	-	10*
6	30	3.7	3.5	5.2	12.4
12	68	8.4	10.6	6.5	25.5
18	50	6.2	24.0	13.3	43.5
24	40	5.0	17.7	22.7	45.4
30	31	3.8	14.1	23.7	41.6
36	23	2.9	10.9	21.8	35.6

* 가정값임.

**색으로 표시한 숫자는 기지값(既知值)임.

3) Muskingum 홍수추적 상수의 결정방법

Muskingum 방법에 의한 하도 홍수추적을 위해서는 식 (9.22)의 C_0, C_1, C_2를 식 (9.23)에 의해 계산해야 하므로 저류상수 K와 가중인자 x의 값을 결정해야 하는데 추적구간 상하류단에서의 기왕 홍수수문곡선 자료가 있을 경우에는 다음과 같은 절차를 따른다.

어떤 하천구간에 대한 유입 및 유출수문곡선이 그림 9.19(a)와 같다고 가정하자. 유입량 I가 유출량 O보다 크면 그 구간 내의 저류량은 증가할 것이고 반대로 유출량이 유입량보다 크면 저류량은 감소할 것이다. 그림 9.19(a)로부터 시간에 따른 $(I - O)$값을 계산하면 그림 9.19(b)를 얻을 수 있고 $(I - O)$값을 시간에 따라 누가함으로써 그림 9.19(c)와 같은 저류량의 누가곡선을 얻을 수 있다.

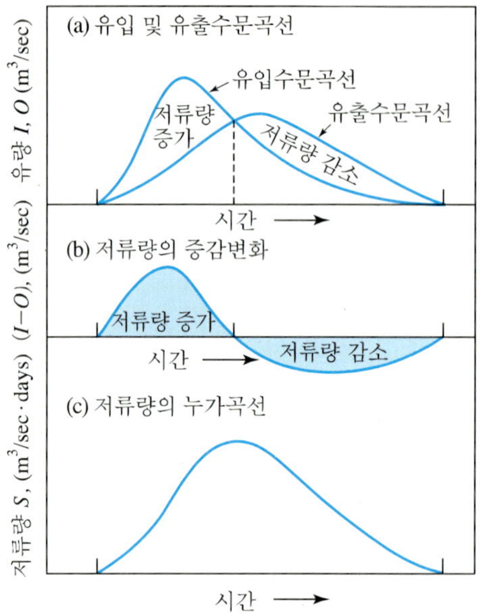

그림 9.19 하도구간의 저류량-유입량-유출량 관계

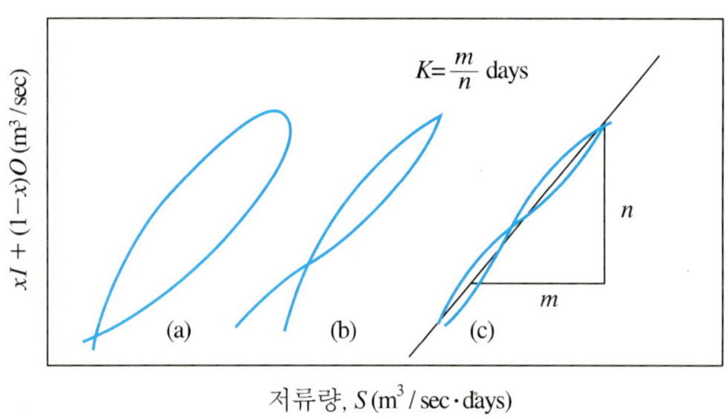

그림 9.20 자연하도에 있어서의 저류량과 유입 · 유출량 관계

만약 $x = 0.1$이라 가정하고 시간별로 $[0.1I + (1-0.1)O]$의 값을 계산하여 그림 9.19(c)의 해당 누가 저류량에 표시해 보면 그림 9.20(a)와 같은 loop형 곡선을 얻게 된다. 이와 같은 loop형 곡선이 한 개의 직선에 가까워질 때까지 x값을 변화시켜 그림 9.20(c)와 같은 결과를 얻을 때의 값을 그 구간에 대한 값으로 취한다. K의 값은 식 (9.19)로부터 알 수 있는 바와 같이 그림 9.20(c)의 직선경사를 측정함으로써 얻을 수 있다. 여기서 주의해야 할 점은 K의 단위이다. 만약 S를 m^3/sec · days, 종축을 m^3/sec로 표시했다면 K는 days의 단위를 가지게 된다.

전술한 바와 같이 저수지 내의 저류량은 유출량과 밀접한 관계를 가지고 있으며 저수지의 경우 식 (9.19)는 다음 식으로 표시되며 이를 선형저수지(線形貯水池, linear reservoir)라 부른다.

$$S = KO \tag{9.25}$$

즉, 저수지 내에서는 저류량(S)에 대한 유입량(I)의 영향을 무시할 수 있으며, 저류량은 유출량(O)의 크기에 선형적으로 비례하는 것으로 보며, 식 (9.19)의 x값은 영(zero)임을 뜻한다. 자연하천 내의 등류의 경우에는 유입량과 유출량이 저류량에 미치는 효과가 동일하므로 x의 값은 0.5이다. 따라서 x의 값은 0에서 0.5의 범위 내에 있고, 대부분의 하천에 있어서는 0~0.3의 값을 가지며, 추적구간에 대한 유출기록이 없을 경우에는 평균값인 $x = 0.2$를 흔히 사용한다.

만약 추적구간 상하류단에서의 관측수문곡선 자료가 없을 경우에는 운동파(運動波, kinematic wave)의 전파속도(celerity) C_k로 하도추적구간 Δx를 나누어 저류상수 K를 개략적으로 결정할 수 있다[식 (10.73) 참조]. 여기서 운동파의 전파속도 C_k는 식 (10.74)로 표시되며 예제 10.1에서와 같이 결정될 수 있다. 한편, 가중인자 x값은 위에서 언급한 바와 같이 0.2 정도의 값을 사용할 수 있다.

예제 9.3 어떤 하천 구간에 대한 유입 및 유출수문곡선이 그림 9.21과 같을 때 상수 x와 K를 구하라.

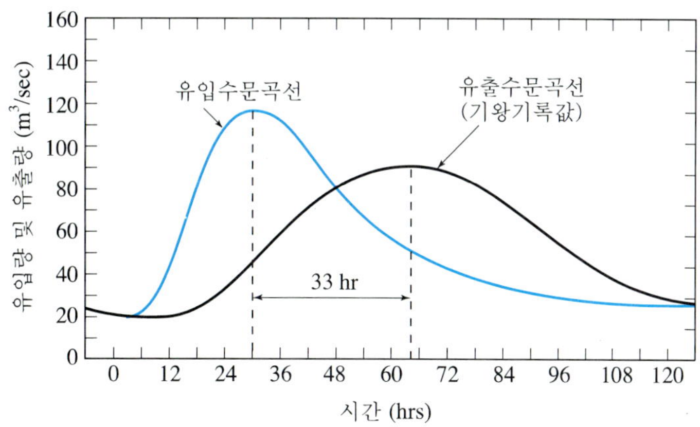

그림 9.21 유입 및 유출수문곡선

풀이 필요한 자료와 계산표가 표 9.9에 수록되어 있다. 제 (1)란~(3)란에는 과거에 관측된 홍수의 유입 및 유출수문곡선이 추적기간(6시간) 단위로 표시되어 있다. 제 (4), (5), (6)란은 그림 9.19(b)와 9.19(c)에서 도시한 것을 수표화(數表化)한 것이다. 특히 (5)란의 평균저류량이란 인접 추적시간 동안에 구간 내에 생기는 저류량의 평균값을 의미하고 있다. 예를 들면 $t=6$ hr일 때의 $(I-O)=2\,\text{m}^3/\text{sec}$이고 $t=12$ hr일 때의 $(I-O)=14\,\text{m}^3/\text{sec}$이므로 $t=6\sim12$ hr 동안의 평균저류량은 $1/2(2+14)\times6\,\text{m}^3/\text{sec}\cdot\text{hr}=8(1/4\,\text{m}^3/\text{sec}\cdot\text{day})$이다.

추적기간을 6시간(1/4 day)으로 잡았으므로 (5), (6)란의 단위를 편의상 $1/4\,\text{m}^3/\text{sec}\cdot\text{days}$로 취하였음에 유의하여라.

다음 단계에서는 x의 값을 임의로 선택한다. 우선 $x=0.2$에 대하여 식 (9.19)의 $[xI+(I-x)O]$값을 계산한 과정이 (7), (8), (9)란에 표시되어 있다. $x=0.25$, $x=0.30$에 대해서도 마찬가지 방법으로 계산하여 (10)~(15)란에 기입하였다. (6)란과 (9)란, (6)란과 (12)란, 그리고 (6)란과 (15)란이 각각 그림 9.22에 표시되어 있다. 그림 9.22를 관찰해 보면 $x=0.25$일 때의 loop가 직선에 가장 가까움을 알 수 있으므로 $x=0.25$를 채택하였다.

표 9.9 상수 x와 K값의 도식적 결정을 위한 계산

(1) 시각	(2) 유입량 I(m^3/sec)	(3) 유출량 O(m^3/sec)	(4) $I-O$ (m^3/sec)	(5) 평균저류량 ($\frac{1}{4}\text{m}^3$/sec·days)	(6) 누가저류량 S, ($\frac{1}{4}\text{m}^3$/sec·days)	(7)	(8)	(9)	(10)	(11)	(12)	(13)	(14)	(15)
						$x=0.2$			$x=0.25$			$x=0.3$		
						$0.20I$	$0.80O$	계	$0.25I$	$0.75O$	계	$0.30I$	$0.70O$	계
0	22	22	0	0	0	4	17	21	5	16	21	7	15	22
6	23	21	2	1	1	5	17	22	6	16	22	7	15	22
12	35	21	14	8	9	7	17	24	9	16	25	10	15	25
18	71	26	45	29	38	14	21	35	18	19	37	21	18	39
24	103	34	69	57	95	20	27	47	26	25	51	31	24	55
30	111	44	67	68	163	22	35	57	28	33	61	33	31	64
36	109	55	54	60	223	22	44	66	27	41	68	33	38	68
42	100	66	34	44	267	20	53	73	25	49	74	30	46	76
48	86	75	11	42	289	17	60	77	21	56	77	26	52	78
54	71	82	−11	0	289	14	66	80	18	61	79	21	57	78
60	59	85	−26	−18	271	12	68	80	15	64	79	18	59	77
66	47	84	−37	−31	240	9	67	76	12	63	75	14	59	73
72	39	80	−41	−39	201	8	64	72	10	60	70	11	56	67
78	32	73	−41	−41	160	6	58	64	8	55	63	10	51	61
84	28	64	−36	−38	122	6	51	57	7	48	55	8	45	53
90	24	54	−30	−33	89	5	43	48	6	40	46	7	38	45
96	22	44	−22	−26	63	4	35	39	5	33	38	7	31	38
102	21	36	−15	−18	45	4	29	33	5	27	32	6	25	31
108	20	30	−10	−12	33	4	24	28	5	22	27	6	21	27
114	19	25	−6	−8	25	4	20	24	5	19	24	6	17	23
120	19	22	−3	−4	21	4	18	22	5	16	21	6	15	21
126	18	19	−1	−2	19	4	15	19	4	14	18	5	13	18

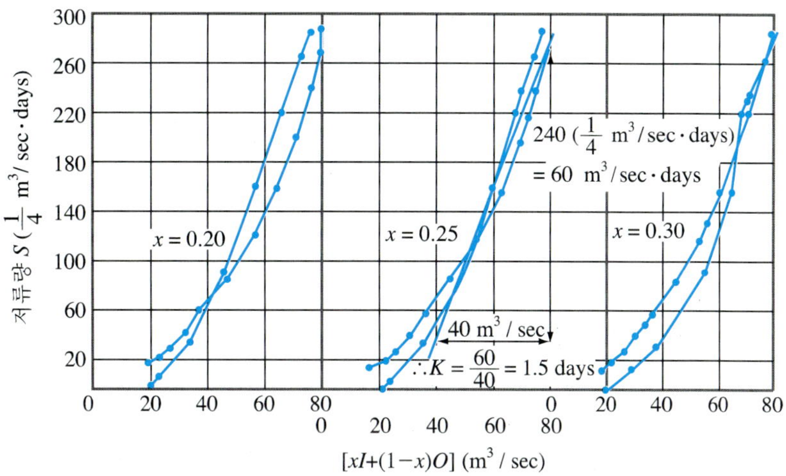

그림 9.22 x 및 K값의 결정

K의 값은 그림 9.22에 표시된 $x = 0.25$일 때의 loop를 지나 그은 직선의 경사를 측정함으로써 결정된다. 결정된 K의 값은 그림 9.22에서 보는 바와 같이 1.5 days이다. 한 가지 흥미있는 것은 그림 9.21의 유입 및 유출수문곡선에 있어서 첨두유량의 발생시간차(홍수파의 통과시간과 비슷함)가 약 33시간으로서 $K = 1.5$ days (36시간)와 비슷하다는 점이다.

예제 9.4 예제 9.3에서와 같이 관측된 수문곡선으로부터 결정된 $x = 0.25$, $K = 1.5$ days를 사용하여 표 9.10의 (1)~(2)란에 표시된 유입수문곡선을 Muskingum 방법으로 추적하여 유출수문곡선을 구하라.

풀이 $\Delta t > 2Kx = 2 \times 1.5 \times 0.25 = 0.75$ day $= 18$ hr 이어야 하므로 $\Delta t = 24$ hr $= 1$ day로 선정하고 C_0, C_1, C_2를 식 (9.23)으로부터 계산한다.

$$C_0 = -\frac{(1.5 \times 0.25) - (0.5 \times 1)}{1.5 - 1.5 \times 0.25 + 0.5 \times 1} = 0.077$$

$$C_1 = \frac{1.5 \times 0.25 + 0.5 \times 1}{1.5 - 1.5 \times 0.25 + 0.5 \times 1} = 0.538$$

$$C_2 = \frac{1.5 - 1.5 \times 0.25 - 0.5 \times 1}{1.5 - 1.5 \times 0.25 + 0.5 \times 1} = 0.385$$

$$\therefore\ C_0 + C_1 + C_2 = 0.077 + 0.538 + 0.385 = 1$$

따라서, 식 (9.22)는 다음과 같이 표시된다.

$$O_2 = 0.077 I_2 + 0.538 I_1 + 0.385 O_1$$

표 9.10 Muskingum 방법에 의한 하도홍수추적 계산

(1) 시간(days)	(2) 유입량 I(m^3/sec)	(3) $0.077I_2$(m^3/sec)	(4) $0.538I_1$(m^3/sec)	(5) $0.385O_1$(m^3/sec)	(6) 유출량 O(m^3/sec)
0	31				31.0
1	50	3.850	16.678	11.935	32.463
2	86	6.622	26.900	12.498	46.020
3	123	9.471	46.268	17.718	73.457
4	145	11.165	66.174	28.281	105.620
5	150	11.550	78.010	40.664	130.224
6	144	11.088	80.700	50.136	141.924
7	128	9.856	77.472	54.641	141.969
8	113	8.701	66.864	54.658	130.223
9	95	7.315	60.794	50.136	118.245
10	79	6.083	51.111	45.542	102.718
11	65	5.005	42.502	39.546	87.053
12	55	4.235	34.970	33.515	72.720
13	46	3.542	29.590	27.997	61.129
14	40	3.080	24.748	23.535	51.363
15	35	2.695	21.520	19.775	43.990
16	31	2.387	18.830	16.936	38.153
17	27	2.079	16.678	14.689	33.446

I_1, I_2는 표 9.10의 (2)란에 주어진 유입수문곡선의 시간별 유량으로부터 얻을 수 있으나 O_1은 미지수이다. 홍수 이전의 평상시 유량은 작은 유량(低流量)이므로 정상류로 가정하여도 큰 오차는 없기 때문에 $O_1 = I_1 = 31\ \mathrm{m^3/sec}$로 가정한다.

첫 번째 추적기간에 대한 계산은

$$O_2 = 0.077 \times 50 + 0.538 \times 31 + 0.385 \times 31 = 32.463\ \mathrm{m^3/sec}$$

$O_2 = 32.463\ \mathrm{m^3/sec}$는 다음 추적기간에 대한 계산에 있어서 O_1이 되며 이러한 계산을 반복함으로써 표 9.10을 완성하게 된다.

표 9.10의 (2)란의 유입수문곡선과 (6)란에 계산된 유출수문곡선은 그림 9.23에 표시하였다.

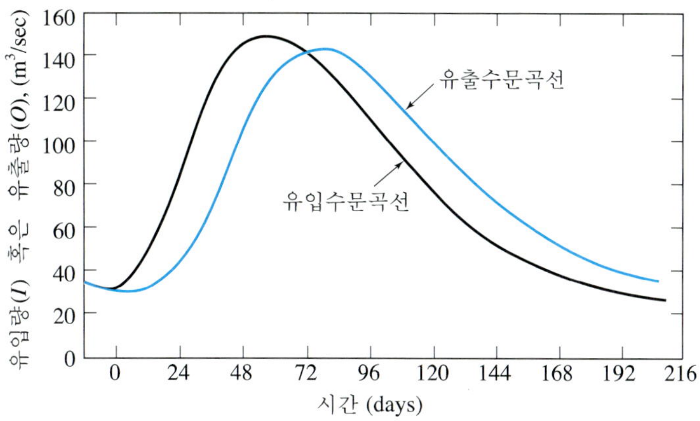

그림 9.23 유입 및 유출수문곡선(예제 9.4)

9.6.2 Muskingum-Cunge 방법의 개요

Muskingum 하도홍수추적방법은 위에서 살펴본 바와 같이 부정류의 연속방정식의 한 가지 변형인 저류방정식(貯溜方程式, storage equation)과 하도의 저류량-유출량 관계를 결합하여 하도구간으로의 유입수문곡선을 추적하여 유출수문곡선을 계산하는 방법이다. Cunge(1969)는 Muskingum 하도홍수추적 방정식인 식 (9.22)가 부정류의 운동량 방정식의 한 가지 간략형인 운동파 방정식(kinematic wave equation)의 해와 같음을 증명하였다. 게다가 부정류의 연속 및 운동량 방정식을 복잡한 수치해석기법을 사용하지 않고 쉽게 풀 수 있으면서도 대부분의 자연하천 내 부정류 해석결과와 비슷한 결과를 얻을 수 있는 소위 Muskingum-Cunge 하도추적방법을 제안하였다.

Muskingum-Cunge 방법에서의 추적방정식의 형식이나 추적계산절차는 Muskingum 하도추적방법과 유사하나 추적계산에 필요한 추적매개변수 k, x[식 (9.22)]의 결정방법이 크게 다르다. Muskingum 방법에서는 식 (9.19)에서처럼 관측된 유량자료를 사용하여 저류량과 유입량 및 유출량 간의 관계를 사용하여 매개변수를 결정하나 Muskingum-Cunge 방법에서는 하도의 폭, 하도경사, 조도계수 등의 하도특성인자들과 하도구간 내 흐름특성에 의해 K와 x 값이 결정된다. 뿐만 아니라, Muskingum-Cunge 방법은 수문학적 홍수추적방법이 아니라 수리학적 홍수추적방법의 범주에 속하며 보다 더 상세한 내용은 제10.6절에 소개되어 있다.

9.7 유역 홍수추적

한 유역으로부터의 유출은 유역의 저류기능을 대표하는 일련의 가상 저수지와 하도의 저류

작용을 받아 유역출구에서의 유출량으로 나타난다고 볼 수 있다. 이 개념은 한 유역의 유출수문곡선을 유도하기 위한 개념적 모형(槪念的 模型, conceptual model)의 근저가 되어 왔으며, Nash, Zoch 등은 유역 전체가 일련의 저수지로 구성되어 있다고 가정하여 홍수추적에 의해 유출수문곡선을 얻을 수 있는 기초를 마련해주었다. 이와 같이 유역 전체가 일련의 저수지와 하도로 구성되어 있다는 가정하에 유역으로부터의 유출량을 홍수추적방법에 의해 산정하는 것을 유역 홍수추적(流域 洪水追跡, watershed flood routing)이라 한다. 이 홍수추적방법에는 선형(linear) 및 비선형(nonlinear) 방법이 있으며, 비교적 간단한 몇 가지 선형방법의 개요를 살펴본 후 비선형 방법인 저류함수법(貯溜函数法)에 대해서도 소개하기로 한다.

9.7.1 선형저수지 가정에 의한 순간단위도의 유도

Nash(1958)는 유역 전체가 그림 9.24와 같이 일련의 n개 저수지로 구성되어 있으며 각 저수지에 대한 저류량과 유출량의 관계는 식 (9.25)와 같은 선형관계를 가진다고 하여 유역추적방법에 의해 유역의 순간단위도(瞬間單位圖, IUH)를 계산한 방법을 제안하였으며, 이 방법을 Nash의 유역추적법이라 한다.

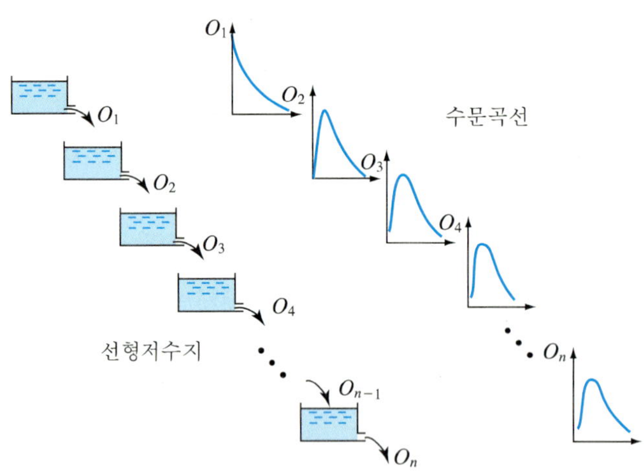

그림 9.24 Nash의 선형저수지 모형

그림 9.24의 첫 번째 저수지가 단위유효우량(1 cm)에 의해 순간적으로 만수(滿水)되어 두 번째 저수지로 유출되고, 두 번째 저수지로부터 세 번째 저수지로 유출되어 마지막 n번째 저수지를 통과한 유출량을 구하고자 한다고 생각하자.

식 (9.25)를 식 (9.1)에 대입하면,

$$I - O = K\frac{dO}{dt} \tag{9.26}$$

여기서, K는 유역 저류상수(流域 貯留常数, watershed storage constant)이다.

첫 번째 저수지가 순간적으로 만수된 후에는 더 이상의 유입량이 없다고 생각하므로 $I=0$이다. 따라서 식 (9.26)은

$$-O_1 = K\frac{dO_1}{dt} \tag{9.27}$$

식 (9.27)을 풀면

$$O_1 = \frac{1}{K}e^{-t/K} \tag{9.28}$$

여기서, O_1은 첫 번째 저수지로부터의 유출량인 동시에 두 번째 저수지로의 유입량이다. 따라서, 두 번째 저수지에 대한 식 (9.26)의 관계는

$$O_1 - O_2 = K\frac{dO_2}{dt} \tag{9.29}$$

식 (9.29)를 풀면

$$O_2 = \frac{1}{K}\left(\frac{t}{K}\right)e^{-t/K} \tag{9.30}$$

마찬가지 방법으로 세 번째 저수지로부터의 유출량을 구하면

$$O_3 = \frac{1}{2K}\left(\frac{t}{K}\right)^2 e^{-t/K} \tag{9.31}$$

마지막 n번째 저수지로부터의 유출량, 즉 전 유역으로부터의 유출량은

$$O_n(t) = \frac{1}{K(n-1)!}\left(\frac{t}{K}\right)^{n-1} e^{-t/K} \tag{9.32}$$

식 (9.32)는 유역 전반에 걸쳐 순간적으로 내린 단위유효량(1 cm)을 n개의 저수지를 통해 선형 추적하여 얻은 순간단위도(瞬間單位圖, IUH)의 종거(cm/hr)를 계산하는 식이며, 유량으로 환산하려면 유역면적을 곱해 주어야 한다. 식 (9.32)에 의해 순간단위도를 계산하기 위해서는 개개 선형 저수지의 저류상수 K_i와 선형 저수지의 수 n의 결정이 필요하며 이는 K_i에 n을 곱한 값 $K_i n$이 유역의 지체시간(basin lag time) t_p와 같음을 증명할 수 있으므로 다음 식으로부터 구한다. 즉

$$K_i \cdot n = t_p \tag{9.33}$$

여기서, 유역의 지체시간 t_p의 정의와 산정방법에 대해서는 제8장에서 자세하게 살펴본 바 있으며, 유역 홍수추적을 위한 저류상수 K값의 결정방법에 대해서는 후술하게 될 Clark의 유역 홍수추적 방법에서 자세하게 살펴보기로 한다.

식 (9.33)의 관계에 의해 대상유역에 적정한 K값과 n값을 결정하여 식 (9.32)로 유역의 순간단위도를 유도할 수도 있으나 더 정확한 방법은 K와 n값을 여러 조합으로 가정하여 얻은 순간단위도를 실측우량에 적용하여 합성한 유출수문곡선을 실측된 호우사상에 해당하는 유출수문곡선과 비교하여 가장 근접하는 결과를 주는 K와 n값을 최종 선택하는 방법이다.

예제 9.5 면적이 $250\,km^2$인 유역의 지체시간 $t_p = 8\,hr$로 추정되었다. $n=5$와 $n=8$을 사용하여 이 유역의 순간단위도를 선형저수지법으로 구하여 비교하라.

풀이 $n=5$로 할 때 $t_p = K_i n$에서 $K_i = t_p/n = 1.6\,hrs$.
따라서, 식 (9.32)는 다음과 같아진다.

$$O_{n=5}(t) = \frac{1}{1.6(5-1)!}\left(\frac{t}{1.6}\right)^{5-1} e^{-t/1.6} = \frac{1}{251.66} t^4 e^{-t/1.6} \tag{a}$$

이와 같이 계산되는 IUH의 매시간 종거 $O_{n=5}(t)$는 cm/hr의 단위를 가진다. 이를 m^3/sec 단위로 환산하려면 유역면적(A)을 곱하여서 단위 환산을 해야 한다. 즉,

$$O'(t) = O(t)\frac{cm}{hr} \times A\ km^2 = 2.778\,O(t) \cdot A\ m^3/sec \tag{b}$$

따라서 식 (b)를 (a)에 대입하면

$$O'_{n=5}(t) = 2.760 t^4 e^{-t/1.6} \tag{c}$$

마찬가지 방법으로 $n=8$일 때 $K_i = 1\,hr$이며, 식 (9.32)는

$$O_{n=8}(t) = \frac{1}{1\times(8-1)!}\left(\frac{t}{1}\right)^{8-1} e^{-t} = \frac{1}{5,040} t^7 e^{-t} \tag{d}$$

$$O'_{n=8}(t) = 2.778 \times \frac{1}{5,040} t^7 e^{-t} \times 250 = 0.138 t^7 e^{-t} \tag{e}$$

식 (c)와 (e)로 매시간별 IUH의 종거를 계산하면 표 9.11과 같으며 이를 그림 9.25에 비교

하였다. 그림 9.25에서 알 수 있는 바와 같이 IUH는 n값을 어떻게 선택하느냐에 따라 상당한 차이를 보이고 있다.

표 9.11 선형저수지법에 의한 IUH 종거계산

시간(hr)	$n=5$일 때 IUH(m^3/sec)	$n=8$일 때 IUH(m^3/sec)
1	1.477	0.051
2	12.651	2.391
3	34.283	15.026
4	57.997	41.412
5	75.791	72.643
6	84.122	95.756
7	83.419	103.634
8	76.171	97.085
9	65.308	81.456
10	53.281	62.651
11	41.754	44.915
12	31.653	30.381
13	23.336	19.572
14	16.800	12.096
15	11.851	7.213
16	8.212	4.169
17	5.602	2.344
18	3.769	1.287
19	2.504	0.691
20	1.646	0.364

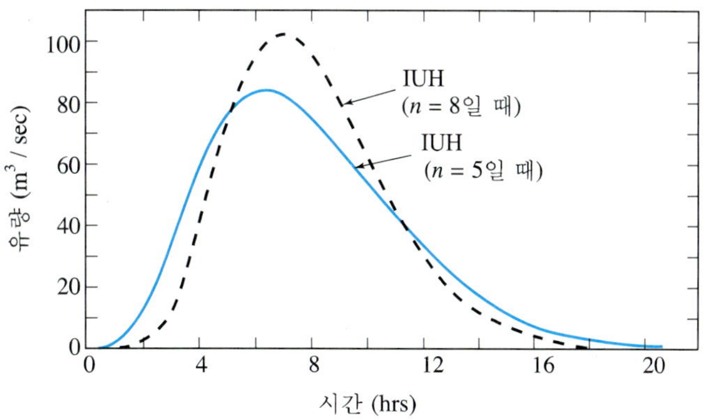

그림 9.25 n값에 따른 IUH의 비교

9.7.2 Muskingum의 유역추적방법

이 방법은 저류방정식[식 (9.1)] 내의 저류량을 Muskingum의 하도추적법에서처럼 식 (9.19)로 표시한 후 미분방정식을 풀어 O를 K, x 및 t의 함수로 표시하는 방법으로서 Overton(1966)이 처음으로 사용한 방법이다.

식 (9.1)에 식 (9.19)를 대입하면

$$I-O=Kx\frac{dI}{dt}+K(1-x)\frac{dO}{dt} \tag{9.34}$$

식 (9.34)를 정리하면

$$\frac{dO}{dt}+\frac{O}{K(1-x)}=\frac{I}{K(1-x)}-\left(\frac{x}{1-x}\right)\frac{dI}{dt} \tag{9.35}$$

그림 9.26과 같은 삼각형 유입수문곡선을 가정했을 때 식 (9.35)의 해는 다음과 같다.

$$O=\frac{I_P}{T_P}[t-K\{1-\mathrm{EXP}(-t/K(1-x)\}] \quad (\text{단, } 0<t<T_P) \tag{9.36}$$

및

$$O=\frac{I_P}{T_P}[2T_P-t+K-K\{2-\mathrm{EXP}(-T_P/K(1-x))\cdot \mathrm{EXP}(-(t-T_P)/K(1-x))] \quad (\text{단, } T_P<t<2T_P) \tag{9.37}$$

여기서, I_P는 유입수문곡선의 시간 T_P에서의 첨두유량이다.

유출수문곡선의 첨두유량 O_P의 발생시간 T_P'은 식 (9.37)의 시간 t에 대한 1차 도함수를 구하여 영(zero)으로 놓고 T_P'에 관하여 풀면

$$T_P'=T_P-K(1-x)\ln\left[\frac{1-x}{2-\mathrm{EXP}(-T_P/K(1-x))}\right] \tag{9.38}$$

식 (9.38)을 식 (9.37)과 연립하여 풀면

$$O_P=\frac{I_P}{T_P}[(T_P'-T_P)+Kx] \tag{9.39}$$

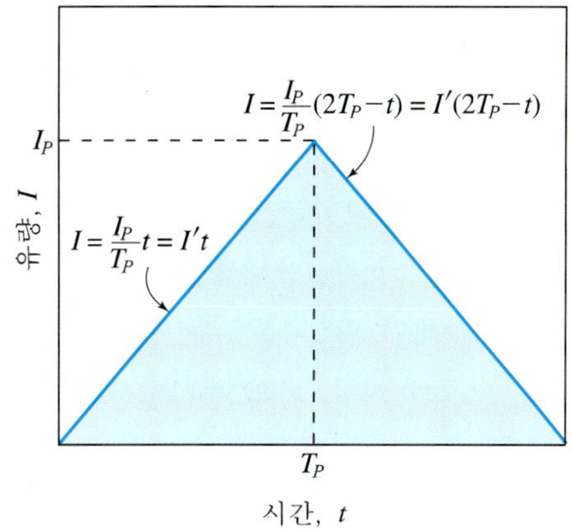

그림 9.26 Muskingum 방법을 위한 삼각형 유입수문곡선

Overton과 Meadows(1976)에 의하면 $0 \leqq x \leqq 0.5$일 때 $K < T_P$이면 식 (9.38)은 다음과 같이 표시된다.

$$T_P' = T_P + 0.71K \tag{9.40}$$

따라서,

$$K = \frac{T_P' - T_P}{0.71} = 1.41(T_P' - T_P) \tag{9.41}$$

식 (9.40)을 식 (9.39)에 대입하여 x에 관하여 풀면

$$x = 0.71 = -\frac{T_P}{K}\left[\frac{I_P - O_P}{I_P}\right] \tag{9.42}$$

따라서, 어떤 유역의 기왕 홍수기록으로부터 유역출구에서의 유입 및 유출수문곡선을 얻어 첨두유입량 및 유출량(I_P, O_P)과 그의 발생시간(T_P, T_P')만 결정하면 식 (9.41)과 (9.42)로부터 K와 x값을 결정할 수 있으며, 이 값을 식 (9.38)과 (9.39)에 대입하여 각 시각에서의 유출량을 구하면 유출수문곡선을 얻을 수 있다.

9.7.3 시간-면적 관계곡선에 의한 유역 홍수추적 방법

이 방법은 유역의 출구지점까지의 도달시간-누가면적 관계곡선(到達時間-累加面積 關係曲線, time-area curve)을 사용하여 주로 도시지역과 같은 불투수성의 소유역에 내리는 집중호우로 인한 유역출구지점에서의 유출량의 시간적 변화(수문곡선)를 계산하는 방법으로 도시지

역의 저류효과는 거의 무시할 수 있으므로 고려하지 않고 유수의 전이(流水의 轉移, translation)만을 고려하여 유출수문곡선을 계산하게 된다.

이 방법의 적용을 위해서는 그림 9.27(a)에서 보는 바와 같이 유역출구까지 도달하는 데 소요되는 시간이 동일한 점들을 연결하는 등 시간선(等 時間線, isochrones)을 그려 유역을 여러 개의 소유역으로 구분한다. 그 후, 유역출구까지의 도달시간(travel time)별 출구지점의 유출량에 기여하는 누가면적관계인 면적주상도(面積柱狀圖)를 결정하여 그림 9.27(b)와 같은 소위 시간-면적관계곡선을 그리게 되며, 이때 등시간선 간의 간격은 동일하게 잡는 것이 보통이다.

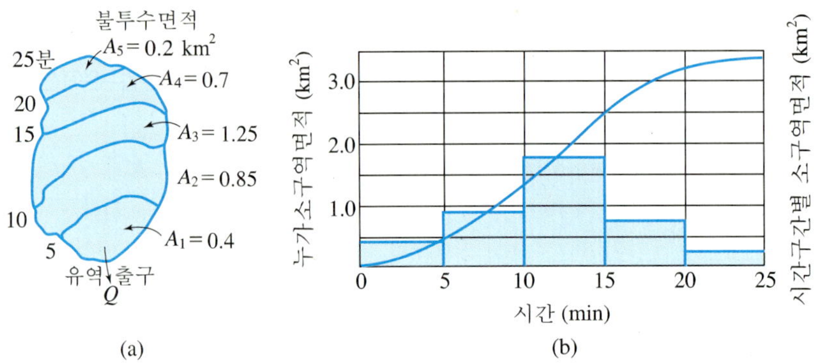

그림 9.27 도달시간-누가면적 관계곡선 및 면적주상도

이와 같이 결정된 도달시간-누가면적곡선(혹은 면적주상도)에 그림 9.28과 같은 강우강도분포를 적용하여 각 소유역의 시간별 유출량을 지체 및 합산함으로써 유역출구에 대한 유출수문곡선을 계산하게 된다. 이 방법의 대표적인 적용 예로서 영국 도로연구소 방법(British Road Research Laboratory Method, BRRL 혹은 RRL Method)을 간단히 살펴보기로 한다.

RRL 방법은 도시 배수관망의 설계홍수량을 계산하기 위해 고안된 방법으로서 도시지역의 불투수지역에 떨어진 우수가 흘러서 배수관망의 유입구(집수면적의 유출구)에 도달하여 나타나는 유입구 수문곡선(流入口 水文曲線, inlet hydrograph)을 계산하고 이를 배수관망을 통해 홍수추적함으로써 배수관망의 출구점에서에서의 유출구 수문곡선(流出口 水文曲線, outlet hydrograph)을 얻고자 하는 것이다.

유입구 수문곡선의 합성을 위해 우선 그림 9.27(a)에서와 같이 유역면적을 등시간선에 의해 몇 개의 소구역으로 나누고, 소구역별 배수면적을 구적기로 구한 후 등시간선별 누가면적을 결정하여 그림 9.27(b)와 같은 도달시간-누가면적곡선을 얻는다. 유입구 수문곡선의 종거는 해당 유역에 적당하다고 생각되는 그림 9.28과 같은 설계우량주상도(design storm hyetograph)를 도달시간 구간별 면적에 적용시켜 계산하며 다음과 같은 관계식에 의한다.

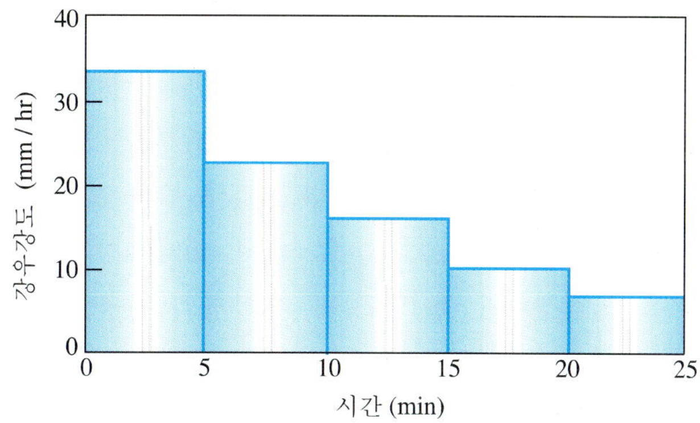

그림 9.28 설계우량주상도

$$I_i = 0.2778 \sum_{j=1}^{i} A_{i+1-j} R_j \tag{9.43}$$

여기서, I_i는 계산하고자 하는 유입수문곡선의 종거(m^3/sec)이며, R_j는 우량주상도의 시간구간별 종거로 강우강도(mm/hr)이고, A_{i+1-j}는 소구역 내의 배수관망에 직접 연결된 불투수표면의 면적(directly connected impervious area, km^2)이다.

식 (9.43)은 제7장에서 소개한 합리식(合理式)과 유사한 공식으로 침투손실이 없는 불투수지역을 대상으로 하기 때문에 유출계수 $C=1.0$인 경우로 보면 된다. 식 (9.43)에 의한 유입수문곡선의 종거계산을 위해서는 유역을 소구역으로 구분하는 등시간선 간 시간간격과 우량주상도의 시간구간이 동일하여야 하며, 이는 예제 9.6의 RRL 방법에 의한 계산 예에 설명되어 있다.

위의 절차에 의해 얻어지는 배수관망 내로의 유입수문곡선은 유역의 저류효과를 무시하고 유수의 전이만을 고려하여 유역추적한 것이라 할 수 있으므로 도시지역에서와 같이 불투수면이 많고 집수면적이 비교적 작은 경우가 아니면 그 적용이 곤란하다.

배수관이 하천으로 방류하게 되는 유출구 지점에서의 유출수문곡선은 위의 절차로 얻은 유입구 수문곡선을 배수관거의 저류량(S)-유출량(O) 관계를 사용하는 홍수추적방법에 의해 추적함으로써 얻게 된다. 저류량은 배수관거의 단면형만 알면 수심의 크기에 따라 계산될 수 있고 배수관거출구에서의 유출량도 수심에 비례한다고 가정할 수 있으므로 저류량과 유출량 간의 관계는 수립할 수 있다. 통상 적용되는 유출량과 수심 간의 관계로는 Manning 공식을 많이 사용한다. 이와 같이 저류량-유출량 관계가 얻어지면 그림 9.8의 관계를 작성할 수 있고, 따라서 식 (9.10)을 사용하여 홍수추적함으로써 유출구 수문곡선(流出口 水文曲線, outlet hydrograph)을 계산할 수 있다.

이상에서 소개한 시간-면적관계곡선에 의한 유역 홍수추적 방법은 RRL 방법처럼 도시지역의 불투수지역에만 적용이 가능한 것이 아니라 자연하천 유역의 경우에도 그 적용이 가능하다. 즉, 유역에 내리는 강우로 인한 총 우량주상도로부터 침투능곡선 등에 의해 손실량을 제외시켜 유효우량주상도(有效雨量柱狀圖, effective rainfall hyetograph)를 작성하고, 도달시간 구간별 면적주상도를 작성하면 식 (9.43)에 의해 유역 홍수추적을 할 수 있다.

예제 9.6 어떤 도시의 배수구역이 그림 9.27(a)와 같다. 그림 9.28과 같은 설계강우에 안전하도록 유역출구에 우수거(storm sewer)를 설계하고자 할 때 유입수문곡선을 RRL 방법에 의하여 작성하라. 그림 9.27(b)는 그림 9.27(a)에 그은 등시간선에 의해 나눈 소구역 $A_1, A_2, \cdots, A_5$ 내의 배수관망에 직접 연결된 불투수면적과 도달시간과의 관계곡선을 표시하고 있다.

풀이 유입수문곡선의 계산절차는 표 9.12에 표시되어 있다. 그림 9.27(a)와 9.28을 참조하면 등우선 간의 간격과 우량주상도의 단위시간이 5분으로 동일하기 때문에 식 (9.43)의 관계는 다음과 같아진다.

$t=0$분일 때 $\quad I_0 = 0$

$t=5$분일 때 $\quad I_1 = 0.2778(R_1A_1)$

$t=10$분일 때 $\quad I_2 = 0.2778(R_1A_2 + R_2A_1)$

$t=15$분일 때 $\quad I_3 = 0.2778(R_1A_3 + R_2A_2 + R_3A_1)$

$t=20$분일 때 $\quad I_4 = 0.2778(R_1A_4 + R_2A_3 + R_3A_2 + R_4A_1)$

$$\vdots$$

$$I_n = 0.2778(R_1A_n + R_2A_{n-1} + \cdots + R_nA_1) = 0.2778\sum_{j=1}^{i} R_j A_{i+1-j}$$

위의 관계를 $t=15$분일 때를 예로 들어 설명하면

$t=0\sim5$분에 A_3에 내린 우량이 출구에 도달하는 데 15분이 소요되며

$t=5\sim10$분에 A_2에 내린 우량이 출구에 도달하는 데 10분이 소요되며

$t=10\sim15$분에 A_1에 내린 우량이 출구에 도달하는 데는 5분이 소요되므로

$t=15$분일 때 출구를 통과하는 유량은 이들 우량으로 인한 유출량을 합한 것이다. 즉

$t=15$분일 때 $I_3 = 0.2778(33\times1.25 + 22\times0.85 + 16\times0.4) = 18.4\ \text{m}^3/\text{sec}$

표 9.12의 매트릭스 연산표는 식 (9.43)에 의한 유입량 계산과정을 표시하고 있으며, 유도된 유입수문곡선은 그림 9.29에 도시되어 있다.

표 9.12 RRL 방법에 의한 유입수문곡선의 계산

(1) 시간 (min)	(2) 강우강도 (mm/hr)	(3) 소구역면적(5분 간격, km²)별 $R_i A_i$ A_1 (0.4)	A_2 (0.85)	A_3 (1.25)	A_4 (0.7)	A_5 (0.2)	(4) $\sum R_i A_i$ (mm/hr · km²)	(5) 유입수문곡선 I_i(m³/sec) (4)× 0.2778
0	$R_0 = 0$	0	–	–	–	–	0	0
5	$R_1 = 33$	13.2	0	–	–	–	13.2	3.7
10	$R_2 = 22$	8.8	28.1	0	–	–	36.9	10.2
15	$R_2 = 16$	6.4	18.7	41.3	0	–	66.4	18.4
20	$R_4 = 10$	4.0	13.6	27.5	23.1	0	68.2	18.9
25	$R_5 = 7$	2.8	8.5	20.0	15.4	6.6	53.3	14.8
30			6.0	12.5	11.2	4.4	34.1	9.5
35			–	8.8	7.0	3.2	19.0	5.3
40		–	–	–	4.9	2.0	6.9	1.9
45		–	–	–	–	1.4	1.4	0.4
50		–	–	–	–	–	0	0

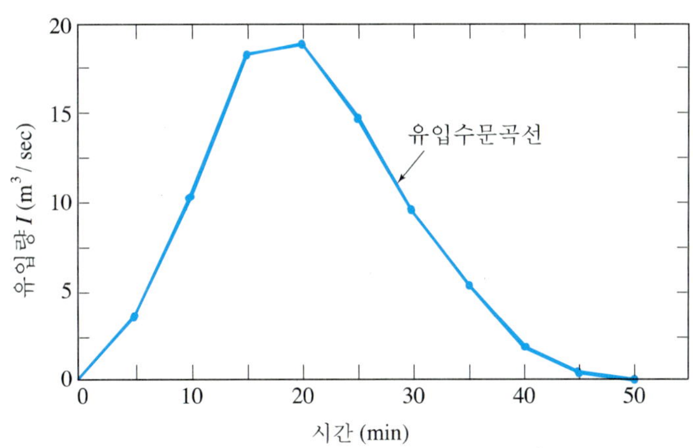

그림 9.29 RRL 방법에 의해 계산된 유입수문곡선

9.7.4 Clark의 유역 홍수추적 방법

1) 유역 홍수추적 방정식의 유도

Clark의 유역 홍수추적 방법(流域 洪水追跡 方法, watershed flood routing)은 앞에서 살펴본 유역의 시간-면적관계를 사용하여 자연하천유역에 내리는 순간단위유효우량(瞬間單位有效雨量, instantaneous unit effective rainfall)으로 인한 유역출구에서의 직접유출수문곡선인 순간단위유량도(IUH)를 유도하는 방법이다. 이는 강우로 인한 유수의 전이(translation)뿐만 아니라 유역의 저류효과에 의한 유출량의 크기 저감(低減, attenuation)도 고려하므로 자연유역에의 적용에 적합하며 Clark(1945)에 의해 처음으로 제안되었다.

이 방법은 시간-면적관계곡선 방법에서처럼 유역의 길이나 형상 등의 유역특성이 시간-면적주상도의 작성에 반영되기 때문에 유도되는 단위도에 이들 특성이 반영되는 장점이 있다.

Clark는 유역의 출구에 한 개의 선형저수지가 존재한다고 가정하였으며 이 저수지로의 매시간 구간별 유입량은 도달시간구간별 면적상에 내린 유효우량을 유량으로 환산한 값으로 보았다. 만약 1 cm의 유효우량이 유역 전반에 걸쳐 순간적으로 내린다면 저수지로 등시간구간 $\Delta t-\mathrm{hr}$ 동안 유입하는 유량은

$$I_i = \frac{A_i \times 10^6}{\Delta t \times 3{,}600 \times 100} = 2.778 \frac{A_i}{\Delta t} \tag{9.44}$$

여기서, I_i는 시간구간 i에 있어서 선형저수지로의 유입량(m^3/sec)이며 A_i는 i번째 등시간구간에 포함되는 유역면적(km^2)이다. 식 (9.44)로 계산되는 유입수문곡선은 유역의 저류효과는 고려되지 않고 단순전이(translation)만 고려하여 계산된 것이므로 선형저수지를 통한 홍수추적과정을 거쳐야 한다.

유역출구에 위치하는 선형저수지의 저류량-유출량 관계는 선형성(線型性, linearity) 가정에 의해 식 (9.25)($S=KO$)와 같으므로 이를 식 (9.3)에 대입하면

$$\frac{I_1+I_2}{2}\Delta t - \frac{O_1+O_2}{2}\Delta t = K(O_2 - O_1) \tag{9.45}$$

식 (9.45)를 O_2에 관해 풀면

$$O_2 = m_0 I_2 + m_1 I_1 + m_2 O_1 \tag{9.46}$$

여기서,

$$m_0 = \frac{0.5\Delta t}{K+0.5\Delta t} \tag{9.47}$$

$$m_1 = \frac{0.5\Delta t}{K+0.5\Delta t} \tag{9.48}$$

$$m_2 = \frac{K-0.5\Delta t}{K+0.5\Delta t} \tag{9.49}$$

그런데 도달시간-누가면적곡선 혹은 면적주상도[그림 9.27(b)]의 경우에는 추적기간 Δt의 시점 및 종점 유입량이 동일하므로 식 (9.46)의 $I_1 = I_2$이다. 따라서 식 (9.46)은

$$O_2 = (m_0 + m_1)I + m_2 O_1 \tag{9.50}$$

만약, 유역 저류상수 K 및 Δt를 결정하면 m_0, m_1, m_2를 식 (9.47)~(9.49)로 계산할 수 있으며 식 (9.50)을 사용하여 Muskingum 추적법에서와 동일한 방법으로 유입수문곡선을 추적기간별로 축차 추적함으로써 유역출구점에서의 순간단위유량도를 얻을 수 있다.

한편, 위와 같이 유도된 순간단위유량도로부터 임의의 지속기간 t-hr의 단위도를 유도하기 위해서는 제8.10.1절에서 이미 설명한 바와 같이 정수배 방법에 의한 단위도의 지속기간 변환법을 사용하면 된다. 즉, IUH를 t시간만큼 오른쪽으로 지체시켜 두 개의 IUH의 t시간 간격 종거를 평균하여 t시간 간격 종점에서의 단위도 종거로 축차적으로 잡아나가면 된다.

이상의 Clark 유역 홍수추적 방법에서는 유역 전체에 걸쳐 순간적으로 1 cm의 단위유효우량이 내릴 경우의 순간단위도 유도에 대해 살펴보았으나 이 방법은 RRL 방법에서처럼 유역 내에 1 cm로 균일하지 않고 시간적으로 변화하는 설계유효우량이 내릴 경우에도 시간구간별 유역면적을 1 cm에 대한 유효우량비로 환산 조정함으로써 꼭 같은 방법으로 설계수문곡선(design-storm hydrograph)을 합성할 수 있다(예제 9.8 참조).

Clark의 유역추적법에서 가장 문제가 되는 것은 유역을 몇 개의 등시간구간으로 나누며, 유역의 저류상수 K를 어떻게 구하느냐이다. 등시간선에 의한 유역의 분할은 유역의 지체시간 t_p의 크기에 따라 적절히 분할하게 되며, 이때 등시간선의 간격이 추적기간 Δt와 같아야 함을 상기하면 충분한 수로 분할하여 Δt가 충분히 작도록 하는 것이 좋다.

한편, 저류상수 K는 호우사상별 강우-유출자료가 있는 계측유역의 경우에는 계측된 유출수문곡선으로부터 추정할 수 있는 방법이 있으나 미계측유역의 경우는 여러 가지 경험공식을 적용한 결과를 비교 검토하여 K값을 최종적으로 결정하게 된다.

2) 계측유역의 저류상수 결정방법

첫 번째 방법은 선형저수지의 저류방정식의 관계를 이용하는 방법이다. 즉, 식 (9.26)을 다시 쓰면

$$I - O = K\frac{dO}{dt} \tag{9.26}$$

그런데 유역출구에서의 그림 9.30과 같은 수문곡선은 강우로 인해 유역의 저류량이 증가하는 부분과 감소하는 부분으로 구성된다고 볼 수 있다. 저류량이 감소하기 시작하는 수문곡선상의 점은 변곡점으로 나타난다. 이 시점 이후부터는 지표면 유출이 끝나기 때문에 저류량은 감소되며 가상 선형저수지로의 유입량은 없어진다. 즉, 식 (9.26)에서 $I = 0$이 된다. 따라서,

$$K = \frac{-O_T}{(dO/dt)_T} \tag{9.51}$$

즉, 유역 저류상수 K는 실측수문곡선의 변곡점에서의 직접유출량(O_T)을 그 점에서 수문곡선에 그은 접선경사 $(dO/dt)_T$로 나누어줌으로써 얻을 수 있다.

두 번째 방법은 실측수문곡선의 감수곡선부에 있어서의 유출량의 감소율과 저류량의 감소율 간의 관계를 이용하는 방법이다. 즉, 선형저수지에 대한 식 (9.26)에서 $t=0$일 때 $O=0$이라는 초기조건을 사용하여 식을 풀면

$$O = O(1-e^{-t/K}) \tag{9.52}$$

식 (9.52)는 $t=0$으로부터 변곡점 T까지의 유출량의 시간적 변화를 나타낸다. 유역으로부터의 유입량은 그림 9.30의 변곡점에 해당하는 시간 T에 있어서는 영(zero)이므로 보다 큰 시간 t에 있어서의 유출량 O_t를 시간 T에서의 유출량 O_T로 표시하기 위해 식 (9.27)을 풀면 다음과 같아진다.

$$\int_{O_T}^{O_t}\frac{dO}{O} = \int_T^t\left(-\frac{dt}{K}\right), \qquad \therefore\ \log_e\frac{O_t}{O_T} = -\frac{(t-T)}{K}$$

따라서,

$$O_t = O_T e^{-(t-T)/K} \tag{9.53}$$

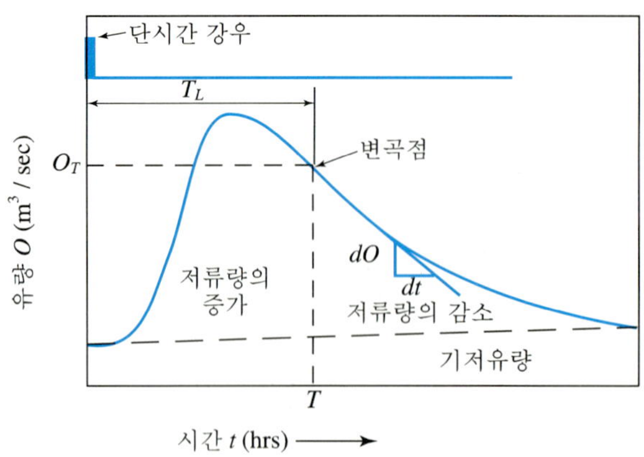

그림 9.30 짧은 호우로 인한 수문곡선

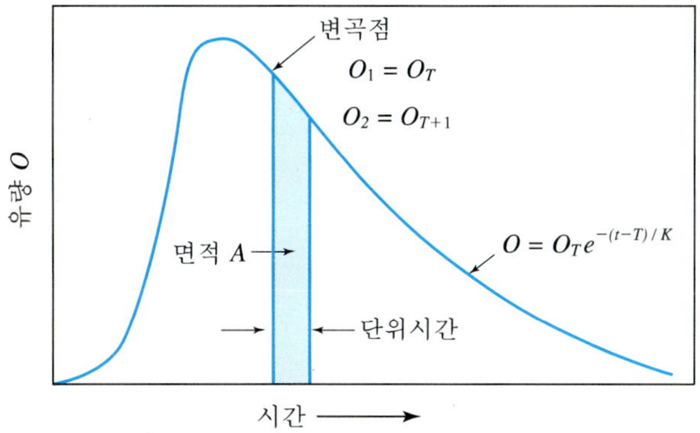

그림 9.31 유역 저류상수 K값의 결정

식 (9.53)은 $t > T$에 있어서의 유출량의 시간적 변화를 나타낸다.

식 (9.53)의 저류상수는 그림 9.31에서와 같이 실측된 수문곡선으로부터 결정될 수 있다. 1~2시간 정도의 짧은 기간에 계속된 강우로 인한 수문곡선을 택하여 그림 9.31과 같이 변곡점에서 단위시간만큼 떨어져 있는 수문곡선상의 두 유량점을 취하면

$$O_1 = O_T \text{이고,} \;\; O_2 = O_{T+1} = O_T e^{-(t-T)/K}$$

따라서, 음영 부분의 면적은

$$A = \int_{t=T}^{t=T+1} O_T e^{-(t-T)/K} dt = \left[-KO_T e^{-(t-T)/K} \right]_{t=T}^{t=T+1}$$

$$= \left[KO_T - KO_T e^{-1/K} \right]$$

$$\therefore A = K(O_1 - O_2) \tag{9.54}$$

식 (9.54)에 의하면 저류상수 K는 그림 9.31의 음영 부분의 면적을 구한 후, 이를 $(O_1 - O_2)$로 나눔으로써 결정할 수 있다.

3) 미계측유역의 저류상수 결정방법

Clark 유역 홍수추적방법에서의 유역 저류상수(storage constant)는 유역 지체시간(basin lag time)이나 집중시간(time of concentration)처럼 시간의 차원(次元)을 가지는 유역의 유출특성변수로서 유출에 영향을 미치는 유역의 주 유로를 따른 유로연장, 하천유로의 평균경사, 유역면적, 유역형상 등의 영향을 받을 것임을 짐작할 수 있다. 따라서, 미계측유역의 저류상수 결정을 위한 대부분의 경험공식들은 이들 인자들의 항으로 표시되나 개개 공식이 유도된 유역

의 기후나 지형, 기타 제약조건 등의 차이로 인해 공식에 의해 계산되는 저류상수값에도 큰 차이가 나타나는 것이 보통이다. 흔히 사용되는 경험공식을 소개하면 다음과 같다.

가) Clark 공식(Clark, 1945)

$$K = \frac{cL}{\sqrt{S}} \tag{9.55}$$

여기서, K는 유역의 저류상수(hr), L은 주 유로의 연장(km), S는 하천의 평균경사(%)이고, $c = 0.5 \sim 1.4$ 범위의 상수이다.

나) Linsley 공식

$$K = \frac{bL\sqrt{A}}{\sqrt{S}} \tag{9.56}$$

여기서, K, L, S는 식 (9.55)에서와 같고, A는 유역면적(km^2), $b = 0.01 \sim 0.03$ 범위의 상수이다.

다) Russel 공식(U.S. Corps of Engineers, 1994)

$$K = \alpha t_c \tag{9.57}$$

여기서, K는 유역의 저류상수(hr), t_c는 유역의 집중시간(hr)이고, α는 도시지역의 경우 1.1~2.1, 자연하천유역의 경우 1.5~2.8, 산림지역은 8.0~12.0 범위의 값을 가지는 상수이다. 유역의 집중시간 t_c의 결정방법에 대해서는 제7장에서 상세하게 살펴본 바 있다.

라) Sabol 공식(Sabol, 1988)

$$K = \frac{t_c}{1.46 - 0.0867\dfrac{L^2}{A}} \tag{9.58}$$

여기서, K는 유역의 저류상수(hr), t_c는 유역의 집중시간(hr), L과 A는 식 (9.56)에서 정의된 바와 같고 L^2/A는 유역의 형상계수의 역수임을 알 수 있다.

마) Peters 공식(Peters, 1993)

$$\frac{K}{t_c + K} = M \tag{9.59}$$

여기서, K는 유역의 저류상수(hr), t_c는 집중시간(hr), M은 유역의 평균경사에 따라 결정되는 상수로서 하천경사가 가파르고 저류능력이 크지 않은 하천상류지역의 자연유역은 0.4, 하천경사가 보통이고 저류능력도 보통인 유역은 0.5 내외, 하천경사가 완만하며 저류능력이 큰 유역은 0.6 이상의 값이 추천되고 있다.

식 (9.59)를 식 (9.57)의 Russel 공식의 형태로 표시해 보면 다음과 같다.

$$M = 0.4\text{이면} \quad K = 0.4(t_c + K) \quad \therefore K = 0.667t_c$$

$$M = 0.5\text{이면} \quad K = 0.5(t_c + K) \quad \therefore K = t_c$$

$$M = 0.6\text{이면} \quad K = 0.6(t_c + K) \quad \therefore K = 1.5t_c$$

$$M = 0.7\text{이면} \quad K = 0.7(t_c + K) \quad \therefore K = 2.3t_c$$

$$M = 0.8\text{이면} \quad K = 0.8(t_c + K) \quad \therefore K = 4.0t_c$$

따라서, Peters 공식은 Russel 공식에서 $\alpha = 0.667 \sim 4.0$에 해당한다.

바) 정성원 공식(정성원, 2005)

$$K = 1.521\frac{L^{0.263}}{S^{0.120}} \tag{9.60}$$

여기서, K는 유역의 저류상수(hr), L은 하천연장(km)이고, S는 하천경사로서 유역의 최대 표고차(H)를 하천연장(L)으로 나눈 것이며, 이 식은 국내 하천의 유량실측자료를 사용하여 유도되었으나 전국을 대표하기에는 부족함이 있다.

예제 9.7 다음과 같은 지형학적 특성을 가지는 유역에 대하여 Clark 유역 홍수추적방법에 사용할 유역 저류상수를 각종 경험공식으로 산정하고 비교 검토하라.

유역면적$(A) = 15\ \text{km}^2$, 유로연장$(L) = 5.5\ \text{km}$

유역의 최대 표고차$(\Delta H) = 5.5\ \text{m}$, 하천평균경사$(S) = 0.001(0.1\%)$

풀이

1) Clark 공식

$c = 0.95$(중간값)를 택하고 식 (9.55)를 사용하면,

$$K = \frac{0.95 \times 5.5}{\sqrt{0.1}} = 16.52\ \text{hr}$$

2) Linsley 공식

$b = 0.02$를 택하고 식 (9.56)을 사용하면,

$$K = \frac{0.02 \times 5.5\sqrt{15}}{\sqrt{0.1}} = 1.35\ \text{hr}$$

3) Russel 공식

Kraven-II 공식으로 집중시간을 산정하면[식 (7.73)]

$$t_c = \frac{16.667 \times 5.5}{2.1} = 43.65\ \text{min} = 0.727\ \text{hr}$$

$\alpha = 2.15$를 택하고 식 (9.57)을 사용하면,

$$K = 2.15 \times 0.727 = 1.56\ \text{hr}$$

4) Sabol 공식

Sabol 공식[식 (9.58)]을 사용하면,

$$K = \frac{0.727}{1.46 - 0.0867 \times \dfrac{(5.5)^2}{15}} = 0.57\ \text{hr}$$

5) Peters 공식

식 (9.59)의 $M = 0.5$를 택하면,

$$K = t_c = 0.727\ \text{hr}$$

6) 정성원 공식

식 (9.60)을 사용하면,

$$K = 1.521 \times \frac{(5.5)^{0.263}}{(0.001)^{0.120}} = 5.46\ \text{hr}$$

본 예제의 풀이 결과로부터 알 수 있는 바와 같이 유역의 저류상수 산정을 위한 6개의 경험공식 중 Clark 공식과 정성원 공식에 의한 K값은 지나치게 큰 것으로 보이며, 나머지 공식의 경우는 $K = 0.57 \sim 1.56\ \text{hr}$의 값으로 대체로 큰 차이를 보이지는 않는 것으로 나타났다. 따라서, 본 예제에서 살펴본 바와 같이 한 유역의 저류상수 K는 이들 경험공식으로 산정한 후 비교 검토하여 적절한 판단에 의해 최종값을 택할 수밖에 없다 하겠다.

예제 9.8 그림 9.32와 같은 배수면적 250 km^{2}인 유역의 순간단위도를 Clark의 유역추적법으로 유도하여 2 hr 단위도를 작성하고자 한다. 그림에서처럼 전 유역을 1시간 간격의 등시간선으로 분할하여 소구역의 면적을 측정한 결과는 표 9.13과 같다.
이 유역의 저류상수 K값을 결정하기 위해 유역출구점에 대한 과거 홍수수문곡선을 분석한 결과 변곡점에서의 유량은 1,000 m^3/sec, 접선경사는 120 m^3/sec/hr였으며, 기저유량은 100 m^3/sec였다. 본 유역에 대한 순간단위도를 유도하여 1 hr 단위도를 작성하라.

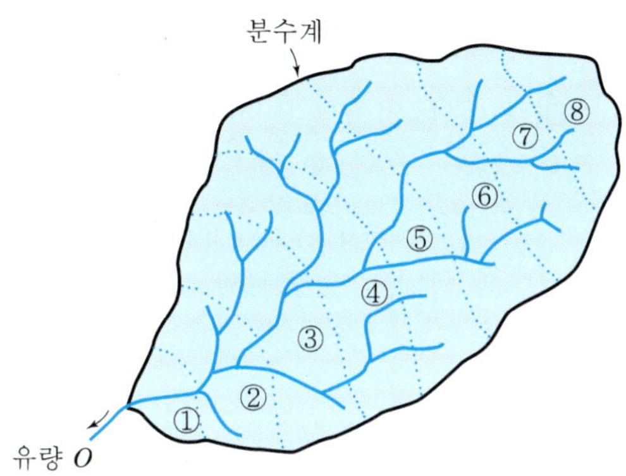

그림 9.32 1시간 간격의 등시간선으로 구분된 유역도

표 9.13 소구역별 면적

소구역	1	2	3	4	5	6	7	8
면적(km^2)	10	23	39	43	42	40	35	18

풀이 이 유역의 저류상수 K를 식 (9.51)로 구하면

$$K = -\frac{O_T}{(dO/dt)_T} = -\frac{1,000-100}{-120} = 7.5 \text{ hrs}$$

$K = 7.5$ hrs 이므로 유역의 지체시간 T_L도 이와 유사하다고 생각할 수 있으며 그림 9.32에 등시간선 간격 $\Delta t = 1$ hr로 하여 8개 소구역으로 나눈 것은 타당하다.
식 (9.47)~(9.49)를 사용하면

$$m_0 = m_1 = \frac{0.5\Delta t}{K+0.5\Delta t} = \frac{0.5\times 1}{7.5+0.5\times 1} = 0.0625$$

$$m_2 = \frac{K-0.5\Delta t}{K+0.5\Delta t} = \frac{7.5-0.5\times 1}{7.5+0.5\times 1} = 0.875$$

따라서 식 (9.50)은

$$O_2 = 0.125I + 0.875O_1 \tag{a}$$

식 (a)에 의한 O_2의 계산은 표 9.14에 표시되어 있다. 표 9.14의 (3)란을 위한 계산은 식 (9.44)의 환산관계를 사용하였으며, (5)란이 순간단위도의 종거이고, 1 hr 단위도는 정수배 방법으로 지속기간이 영(zero)인 IUH를 지속기간 1 hr인 단위도로 변경시키는 방법(제 8.10.1절)에 의해 종거를 계산하여 (6)란에 수록하였다.
그림 9.33은 위와 같이 계산된 이 유역의 IUH와 1 hr 단위도를 표시하고 있다.

표 9.14 순간단위 유량도의 유도 및 1시간-단위도로의 변환

(1) 시각 (hr)	(2) 시간-면적 주상도(km^2)	(3) $0.125I =$ $(2)\times 2.78\times 0.125$ (m^3/sec)	(4) $0.875O_1 =$ $(5)\times 0.875$ (m^3/sec)	(5) IUH 종거 $O_2 = (3)+(4)$ (m^3/sec)	(6) 1 hr 단위도 종거 (m^3/sec)
0	0	0	0	0	0
1	10	3.5	0	3.5	1.75
2	23	8.0	3.1	11.1	7.30
3	39	13.5	9.7	23.2	17.15
4	43	14.9	20.3	35.2	29.20
5	42	14.6	30.8	45.4	40.30
6	40	13.9	39.6	53.5	49.45
7	35	12.1	46.8	58.9	56.20
8	18	6.2	51.4	57.6	58.25
9	0	0	50.5	50.5	54.05
10	0	0	44.1	44.1	47.30
11	0	0	39.6	39.6	41.85
12	0	0	34.6	34.6	37.10
13	0	0	30.2	30.2	32.40
14	0	0	26.4	26.4	28.30
15	0	0	23.1	23.1	24.75

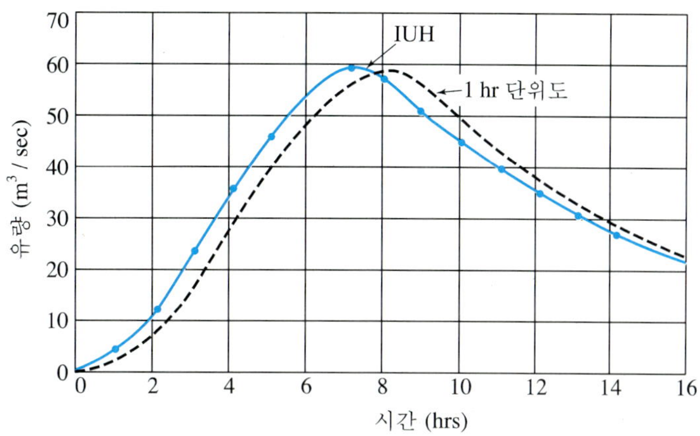

그림 9.33 유도된 IUH와 1 hr 단위도

예제 9.9 예제 9.8의 유역에서 등시간선으로 구분된 8개 소유역에 각각 표 9.15와 같은 유효우량이 1시간 동안 내릴 경우의 유출수문곡선을 Clark 방법으로 합성하라.

표 9.15 소구역별로 동시에 내리는 유효우량

소구역	1	2	3	4	5	6	7	8
유효우량(cm)	2.0	1.5	0.8	0.7	0.6	1.8	1.4	2.5

풀이 강우의 공간적 변동(areal variation)을 고려해 주기 위해서는 그림 9.34의 실선으로 표시한 시간-면적주상도를 유효우량 1 cm에 대한 우량비로 환산조정하여 그림 9.34의 점선으로 표시한 시간-면적주상도를 얻고, 이를 유입량으로 환산한 후 표 9.14와 같은 방법으로 추적계산을 실시하면 된다. 표 9.16은 그 계산결과를 표시하고 있다.

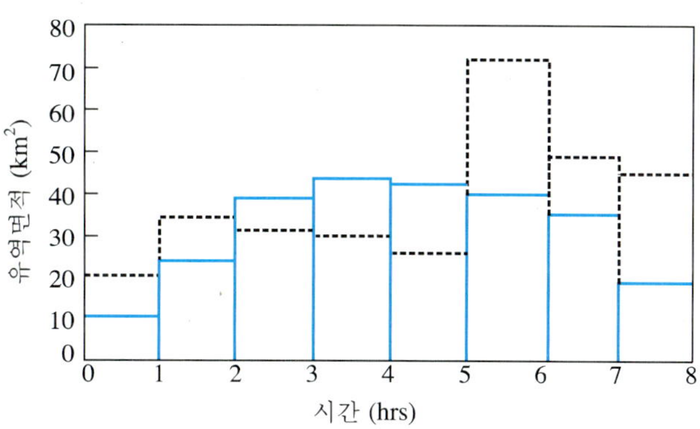

그림 9.34 시간-면적주상도

표 9.16 Clark 방법에 의한 유출수문곡선 계산

(1) 시각 (hr)	(2) 원래의 시간-면적 주상도(km^2)	(3)* 조정된 시간-면적 주상도($km^2 \cdot cm/hr$)	(4) $0.125I=$ $(3)\times 2.78\times 0.125$ (m^3/sec)	(5) $0.875O_1=$ $(6)\times 0.875$ (m^3/sec)	(6) 합성수문곡선 종거 (4)+(5) (m^3/sec)
0	0	0	0	0	0
1	10	20.0	6.95	0	6.95
2	23	34.5	11.99	6.08	18.07
3	39	31.2	10.84	15.81	26.65
4	43	30.1	10.46	23.32	33.78
5	42	25.2	8.76	29.56	38.32
6	40	72.0	25.02	33.53	58.55
7	35	49.0	17.03	51.23	68.26
8	18	45.0	15.64	59.73	75.37
9	0	0	0	65.95	65.55
10	0	0	0	57.71	57.71
11	0	0	0	50.50	50.50
12	0	0	0	44.19	44.19
13	0	0	0	38.67	38.67
14	0	0	0	33.84	33.84
15	0	0	0	29.61	29.61
⋮				⋮	⋮

주: * (2)란의 면적에 표 9.15의 시간별 유효우량비(1 cm에 대한)를 곱한 값

예제 9.10 예제 9.8의 등시간선으로 구분된 8개 소유역 전체에 걸쳐 표 9.17과 같은 유효우량이 발생하였다. Clark 유역추적방법으로 이 유역으로부터의 직접유출수문곡선을 다음의 방법으로 합성한 후 그 결과를 비교하라.

가) Clark 방법으로 유도된 유역의 1시간 단위도(표 9.14)를 적용하여 계산하라.

나) 단위도의 사용 없이 유역추적법에 의해 직접 계산하라.

표 9.17 시간구간별 유효우량

시간(hr)	0~1	1~2	2~3
유효우량(mm)	10	40	20

풀이 가) 예제 9.8의 표 9.14에 유도된 1시간 단위도에 표 9.17의 유효우량을 적용하여 직접유출

수문곡선을 계산한 결과는 표 9.18에 수록되어 있으며, 그림 9.35에 단위도의 유도 없이 Clark의 유역추적법으로 직접 계산한 유출수문곡선과 비교되어 있다.

표 9.18 1시간 단위도를 적용한 유출수문곡선의 계산

① 시각	② 1 hr 단위도 종거 (m^3/sec)	③ ②×1	④ ②×4	⑤ ②×2	⑥ 수문곡선종거 ③+④+⑤ (m^3/sec)
0	0	0			0.00
1	1.75	1.75	0		1.75
2	7.30	7.30	7.00	0	14.30
3	17.15	17.15	29.20	3.50	49.85
4	29.20	29.20	68.60	14.60	112.40
5	40.30	40.30	116.80	34.30	191.40
6	49.45	49.45	161.20	58.40	269.05
7	56.20	56.20	197.80	80.60	334.60
8	58.25	58.25	224.80	98.90	381.95
9	54.05	54.05	233.00	112.40	399.45
10	47.30	47.30	216.20	116.50	380.00
11	41.85	41.85	189.20	108.10	339.15
12	37.10	37.10	167.40	99.60	304.10
13	32.40	32.40	148.40	83.70	264.50
14	28.30	28.30	129.60	74.20	232.10
15	24.75	24.75	113.20	64.80	202.75

나) 단위도의 유도 없이 표 9.17의 유효우량주상도를 시간-면적주상도에 적용하여 표 9.18에서와 같이 선형저수지로의 유출전이(translation)를 계산하여 유입수문곡선(I_i)을 결정한 후 이를 선형저수지를 통해 추적(routing)함으로써 직접유출수문곡선을 계산하였다.

유역출구의 선형저수지로의 유출의 전이만을 고려하면 저수지 유입량은 다음 식으로 산정된다.

$$I_i = \sum 0.2778 R_i A_i \tag{a}$$

선형저수지를 통한 홍수추적방정식을 구하기 위한 홍수추적계수를 식 (9.47)~(9.49)로 산정하면($\Delta t = 1$ hr, $K = 7.5$ hr 이므로)

$$m_0 = m_1 = \frac{0.5 \times 1}{7.5 + 0.5 \times 1} = 0.0625$$

$$m_2 = \frac{7.5 - 0.5 \times 1}{7.5 + 0.5 \times 1} = 0.875$$

따라서, 홍수추적방정식은 다음과 같다.

$$O_2 = 0.125I + 0.778\,O_1 \qquad \text{(b)}$$

표 9.19는 위의 추적방정식 (b)를 사용하여 직접유출수문곡선을 계산한 결과를 수록하고 있으며, 그림 9.35에 단위도의 적용으로 산정한 유출수문곡선과 비교되어 있다. 그림 9.35에서 보는 바와 같이 두 결과는 계산절차의 차이 때문에 유출발생시간에 약간의 차이를 보이나 첨두홍수량의 크기나 총 홍수체적에는 큰 편차가 없음을 알 수 있다.

표 9.19 Clark 유역 홍수추적법에 의한 유출수문곡선의 직접계산

(1) 시간 (hr)	(2) 유효강우 강도 R_i(mm/hr)	(3) 소구역면적(1시간 간격, km^2)별 $R_i A_i$(km^2·mm/hr)								(4) $\sum R_i A_i$	(5) 유입량 I_i (m^3/sec)	(6) $0.125I$ (m^3/sec)	(7) $0.875O$ (m^3/sec)	(8) 유출량 O_i (m^3/sec)
		A1	A2	A3	A4	A5	A6	A7	A8					
		10	23	39	43	42	40	35	18					
0	0	0								0	0			0
1	10	100	0							100	27.80	3.48	0	3.48
2	40	400	230	0						630	175.00	21.88	3.05	24.93
3	20	200	920	390	0					1510	419.50	52.44	21.81	74.25
4			460	1560	430	0				2450	680.60	85.08	64.97	150.05
5				780	1720	420	0			2920	811.20	101.40	131.29	232.69
6					860	1680	400	0		2940	816.70	102.07	203.60	305.69
7						840	1600	350	0	2790	775.10	96.89	267.48	364.37
8							800	1400	180	2380	661.20	82.65	318.82	401.47
9								800	720	1520	422.30	52.79	351.29	404.07
10									360	360	100.00	12.50	353.57	366.07
11										0	0	0	320.31	320.31
12													280.27	280.27
13													245.24	245.24
14													214.58	214.58
15													187.76	187.76
⋮													162.29	162.29
⋮													⋮	⋮

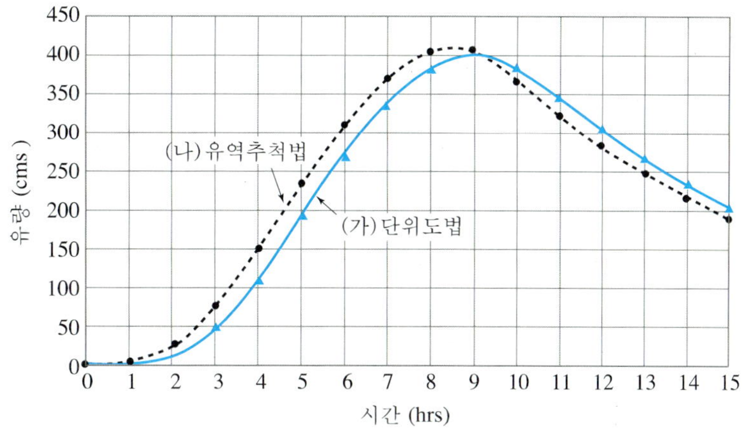

그림 9.35 단위도 적용과 유역추적에 의한 유출수문곡선의 비교

9.8 저류함수법에 의한 유역 및 하도 홍수추적

하천유역으로부터의 홍수유출계산을 위한 저류함수법(貯溜函數法, storage function method)은 홍수류의 연속방정식에 유역이나 하도에서의 유출량과 저류량의 관계를 표시하는 저류함수를 대입하여 홍수류의 연속방정식[식 (9.1)]을 풀어서 홍수유출량을 계산하는 방법으로써 1961년 Kimura(木村俊晃, 昭和 36年)에 의해 제안되었다. 이 방법은 주로 일본에서 널리 사용되어 왔으며 우리나라에서는 한강홍수예경보에 30여 년 이상 사용되어 왔고 계산절차가 간편하며 홍수유출의 비선형성을 고려해 주는 방법이므로 선형모형보다 합리적인 것으로 알려져 있다(JICA, 1980).

홍수유출을 Manning 공식으로 표시할 수 있는 지표면 유출이라 가정하면 유역이나 어떤 하도구간의 저류량 S는 유출량 O의 멱함수로 표시할 수 있다. 즉

$$S_l = K O_l^P \tag{9.61}$$

여기서, K, P는 유역 혹은 하도구간에 대한 상수이며, 식 (9.61)은 홍수류의 운동방정식이다. 한편, 유역에 대한 연속방정식은 바로 물 수지방정식(water budget equation)으로서 다음과 같이 표시된다.

$$\frac{1}{3.6} f\, r_{\text{ave}} A - O_l = \frac{dS_l}{dt} \tag{9.62}$$

여기서, f는 평균유입계수(혹은 유입률)이며, r_{ave}는 단위시간당 유역평균강우량(mm/hr), A는 유역면적(km^2), $O_l(t) = O(t + T_l)$은 유역 지체시간(basin lag time) T_l을 고려한 유역으로

부터의 직접유출량(m^3/sec), S_l은 유역 내의 실제 저류량(m^3)이다.

또한 하도구간에 대한 연속방정식을 표시하면 다음과 같다.

$$(\sum_{j=1}^{n} f_j I_j) - O_l = \frac{dS_l}{dt} \tag{9.63}$$

여기서, f_j는 평균유입계수이며, I_j는 유역 및 지류역으로부터 하도로의 유입량 혹은 하도구간의 상류단으로의 유입량(m^3/sec)이고, $O_l(t) = O(t+T_l)$은 지체시간 T_l을 고려한 하도구간의 하류단에서의 유출량(m^3/sec), S_l은 하도구간 내의 실 저류량(m^3)이다.

식 (9.61)의 상수 K, P는 기왕의 홍수유출자료로부터 쉽게 구할 수 있으며, $S_l \sim O_l$관계가 일단 얻어지면 식 (9.62), (9.63)의 S_l은 O_l의 항으로 표시되므로 식 (9.62)에서의 유역평균강우량 r_{ave} 혹은 식 (9.63)의 하도유입량 I만 주어지면 홍수유출량 O의 계산이 가능하게 된다.

식 (9.62)와 (9.63)으로 표시되는 유역과 하도에 대한 연속방정식에서 평균유입계수 f를 구하는 방법에 대해 생각해 보자. 식 (9.62)에서 $I = r_{\text{ave}}\text{A}/3.6$, 그리고 식 (9.63)에서 $j=1$(한 개 하도구간)로 놓으면

$$fI - O_l = \frac{dS_l}{dt} \tag{9.64}$$

여기서, f를 한 개 홍수사상에 대한 평균유입계수(平均流入係數)라 하고 또한 f를 상수라 가정하고 어떤 시각 t_1에서 t_2까지 식 (9.64)를 적분하면

$$f\int_{t_1}^{t_2} I dt - \int_{t_1}^{t_2} O_l dt = S_{l,2} - S_{l,1} \tag{9.65}$$

여기서, $S_{l,1}$ 및 $S_{l,2}$는 각각 시각 t_1 및 t_2에 있어서의 실 저류량이다.

식 (9.65)에서 저류량 S_l은 유출량 O_l의 1가 함수이므로 홍수유출수문곡선에서 O_l의 값이 같도록 수문곡선의 상승부와 하강부에 각각 t_1 및 t_2를 택하면 $S_{l,1} = S_{l,2}$가 되므로 식 (9.65)는 다음과 같아진다.

$$f = \frac{\int_{t_1}^{t_2} O_l dt}{\int_{t_1}^{t_2} I dt} \tag{9.66}$$

따라서, 평균유입계수 f는 지체시간 T_l을 고려한 홍수수문곡선의 상승부와 하강부에 같은

유량을 가지는 두 시각 t_1, t_2 사이에 발생하는 직접유출량과 총 유입량의 비로서 표시된다. 기왕의 홍수유출 자료로부터 f를 계산하고자 할 때에는 첨두홍수유출량의 약 10~20% 크기의 유량을 기준으로 하여 시각 t_1과 t_2를 결정하는 것이 좋은 것으로 알려져 있다.

이상이 저류함수에 의한 홍수유출계산의 기본원리이다. 유역으로부터의 유출계산을 위해서는 시간에 따라 평균유입계수 f값을 변화시켜 유효우량을 계산해야 한다. 강우초기에는 초기유출률(primary runoff ratio) $f = f_1$으로 유출역(流出域, runoff area) $f_1 A$로부터 유출이 생긴다고 보며, 누가우량이 포화우량(saturated rainfall) R_{sa}에 도달한 이후에는 $f \doteq 1$(포화유출률, saturated runoff ratio)이 되어 침투역(浸透域, percolation area) $(1-f_1)A$로부터 누가우량 R_{sa} 이후에 내린 우량으로 인한 유출이 발생한다고 보는 것이다. 유출역과 침투역으로부터의 홍수유출계산은 홍수종료시까지 각각 독립적으로 시행한 후 시간별로 합성하여 직접유출을 계산하고 이에 기저유출을 더함으로써 총 유출량을 얻게 된다.

지금까지의 경험에 의하면 한 개의 저류함수로서 충분한 정확도를 가지는 유출계산을 하기 위한 유역면적과 유로구간연장의 범위는 각각 10~1,000 km^2 및 10~100 km이나 유역면적이 작을수록(100 km^2 이하면 양호) 정확한 결과를 주는 것으로 알려져 있다. 배수면적이 큰 대하천유역에 대한 유출계산을 위해서는 전 유역을 여러 개의 소유역과 하도구간으로 나누어 축차적으로 유출계산을 시행하게 된다.

9.8.1 유역의 저류함수와 유출계산방법

실제의 유출계산에 있어서 유역의 연속방정식은 식 (9.62)의 유역으로의 유입량($f r_{\text{ave}} A/3.6$)과 유출량(O_l) 및 저류량(S_l)을 유역의 면적환산값인 $fA/3.6$으로 나누어 단위면적당 유입량 r_{ave}(mm/hr)와 단위유출고 q_l(mm/hr) 및 단위저류고 s_l(mm)을 사용하여 다음과 같이 표시하는 것이 보통이다.

$$r_{\text{ave}} - q_l = \frac{ds_l}{dt} \tag{9.67}$$

또한 운동방정식은

$$s_l = K q_l^P \tag{9.68}$$

식 (9.67)과 (9.68)을 사용하여 유역의 강우 및 유출자료를 분석하여 유역의 저류함수식인 식 (9.68)의 저류상수 K, P를 결정함으로써 저류함수를 얻게 된다.

1) 유역 저류함수의 특성

유역으로부터의 유출계산을 위해서는 총 우량 중에서 유효우량을 추정해야 하며 이를 위해서 1차 유출률 f_1과 포화누가우량 R_{sa}를 지표로 삼는다. 유역의 저류함수계산을 위한 요점과 특징을 요약하면 다음과 같다.

첫째로, 총 유출은 홍수로 인한 직접유출과 기저유출의 두 개 성분으로 구성되며 홍수 초기의 유량은 기저유량으로서 일정하다고 본다.

둘째로, 홍수유출은 Manning 공식을 운동방정식으로 하는 지표면 유출(직접유출)이라 생각한다.

셋째로, 유역의 저류함수법에서 가정하는 유출기구는 다음과 같다.

강우 초기에는 유역의 전 부분에서 침투가 발생하여 유출이 전혀 없고 강우량이 증가함에 따라 유역의 어떤 부분에서는 침투만이 계속되나 타부분에서 유출이 발생하기 시작하여 종국에는 전 유역으로부터 유출이 발생한다고 본다. 다시 말하면, 그림 9.36에서처럼 강우 초기에는 유역으로부터의 유출은 전혀 없으나 어느 정도 강우가 계속되면 1차 유출면적 $f_1 A$로부터 유출이 발생하기 시작해서 일정 시간 동안 일정한 유출량을 유지하다가 유역이 계속적인 강우와 그로 인한 침투로 인해 포화되면 전 유역면적 A로부터 일정한 유출량이 계속된다고 본다. 전 유역면적 중 1차 유출면적에 상당하는 지역을 유출역(runoff area)이라 하며 타지역을 침투역(percolation area)이라 한다. 그림 9.36에 표시한 바와 같이 유출면적이 1차 유출면적으로 변화하는 점을 유출점(流出點, runoff point)이라 하며 전 유역면적으로 변화하는 점을 포화점(飽和點, saturation point)이라 하고 포화점까지의 누가우량을 포화우량(saturation rainfall) R_{sa}라 한다.

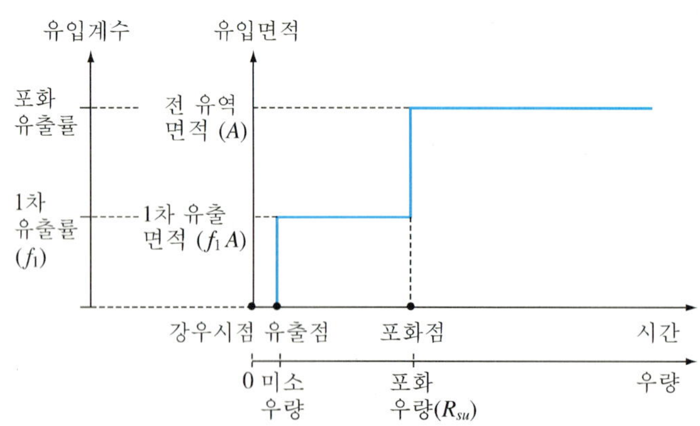

그림 9.36 유입계수와 유출역의 변화

넷째로, 유출점까지의 누가우량은 무시할 정도로 작으므로 1차 유출면적과 전 유출면적의 비인 f_1을 1차 유출률이라 하고 포화점에 도달한 후의 면적비를 포화 유출률이라 하며 $f \doteqdot 1$이라 가정한다. 따라서 유출역의 면적률은 f_1과 같고 침투역의 면적률은 포화 유출률에서 f_1을 뺀$(1-f_1)$과 같다.

2) 유역으로부터의 홍수유출계산

유역 내에 유출역과 침투역이 홍수가 끝날 때까지 병존한다고 가정하여 유출역에서는 전 강우량을 입력으로 하여 유출계산을 수행하고 침투역에서는 포화우량을 초과하는 우량만으로 유출계산을 하게 된다.

즉, 유역으로부터의 유출량계산을 식으로 표시하면

$$q_l' = f_1 q_l + (1-f_1) q_{sa,\,l} \tag{9.69}$$

여기서, q_l'은 전 유역으로부터의 단위직접유출고(mm/hr)이며, f_1은 1차 유출률, q_l은 총 우량으로 인한 단위유출고(mm/hr), $q_{sa,\,l}$은 포화점 이후의 우량으로 인한 단위유출고(mm/hr)이다. 따라서 유역으로부터의 총 유출량 O(m^3/sec)는 식 (9.69)의 전 유역으로부터의 단위직접유출고에 $A/3.6$을 곱한 후 기저유량 O_i(m^3/sec)를 더하면 계산된다. 즉,

$$\begin{aligned} O &= \frac{1}{3.6} q_l A + O_i = \frac{1}{3.6} f_1 A q_l + \frac{1}{3.6}(1-f_1) A q_{sa,\,l} + O_i \\ &= \frac{A}{3.6}[f_1 q_l + (1-f_1) q_{sa,\,l}] + O_i \end{aligned} \tag{9.70}$$

9.8.2 하도의 저류함수와 유출계산방법

1) 하도 저류함수

하도구간에서의 홍수유출계산을 위한 연속방정식은 식 (9.63)에서 단일하도로 생각하면 다음과 같이 쓸 수 있다.

$$I - O_l = \frac{dS_l}{dt} \tag{9.71}$$

식 (9.71)의 하도구간 내 저류량 S_l과 하류단에서의 유출량 O_l 간의 관계를 표시하는 홍수류의 운동방정식은 홍수류가 통상 부정류이므로 다음과 같이 표시될 수 있음을 증명할 수 있다.

$$S_l = KO_l^P - T_l O_l \tag{9.72}$$

식 (9.72)가 바로 하도의 저류함수이며 대상하도구간의 상류단과 하류단에서의 동시유량 자료가 있으면 유역의 저류함수를 구하는 방법과 마찬가지로 S_l과 O_l 간의 1가 함수관계를 구함으로써 K, P를 구해 식 (9.61)의 관계를 수립할 수 있다. 즉

$$S_l = KO_l^P \tag{9.61}$$

만약 유량자료가 전혀 없을 경우에는 대상하도구간의 평균하도단면형을 사용하여 식 (9.72)와 같은 $S_l \sim O_l$관계식을 얻게 된다.

2) 하도로부터의 홍수유출계산

대상하도구간에 대한 저류함수가 식 (9.72)와 같은 관계로 수립되면 상류단으로의 유입홍수량자료 $I(t)$를 입력으로 하여 식 (9.71)의 연속방정식에 저류함수식을 대입하여 하류단으로부터의 유출량 O_l을 축차적으로 홍수추적기법에 의해 계산해 나갈 수 있다.

9.8.3 저류함수를 사용한 홍수추적 계산방법

홍수추적하고자 하는 유역이나 하도구간에 대한 유출량-저류량 관계가 식 (9.61)과 같이 수립되면 식 (9.62)[혹은 식 (9.67)] 및 식 (9.71)로 표시되는 홍수류의 연속방정식과 연립하여 풀어서 시간별 유출량을 계산해 낼 수 있다. 그러나 이 연립 해는 식 (9.61)의 $P \neq 1$일 경우에는 대수해를 얻을 수 없으므로 도해법(圖解法, graphical method)이나 반 도해법(半 圖解法, semi-graphical method) 혹은 수치해법(數值解法, numerical method)에 의하며 도해법 및 반도해법에 의한 계산원리를 유역 홍수추적의 경우에 대해 살펴보기로 한다.

우선 도해법에 의한 계산에서는 시각 t와 $(t+1)$에서의 유출고 및 저류고를 O_t, O_{t+1} 및 S_t, S_{t+1}이라 하고 $t \sim (t+1)$ 동안의 평균강우강도를 R_{t+1}이라 하여 식 (9.67)을 차분방정식(差分方程式)으로 표시하면

$$\left(R_{t+1} - \frac{O_t + O_{t+1}}{2}\right)\Delta t = S_{t+1} - S_t \tag{9.73}$$

여기서, Δt는 $(t+1)$과 t시각 간의 시간간격(hrs)이며 O_t, O_{t+1}의 단위는 mm/hr, S_t, S_{t+1}의 단위는 mm이고 R_{t+1}의 단위는 mm/hr이다.

식 (9.73)을 변형시키면

$$R_{t+1} + \left(\frac{S_t}{\Delta t} - \frac{O_t}{2}\right) = \frac{S_{t+1}}{\Delta t} + \frac{O_{t+1}}{2} \tag{9.74}$$

따라서, 유역의 저류함수식을 일단 구한 후, O와 $\left(\frac{S}{\Delta t} - \frac{O}{2}\right)$, O와 $\left(\frac{S}{\Delta t} + \frac{O}{2}\right)$의 관계를 계산하여 그림 9.37과 같은 곡선을 그린 후, 식 (9.74)의 관계를 이용하여 R_{t+1}, O_t 및 S_t값을 알고 O_{t+1}과 S_{t+1}을 차례로 도식적으로 구해 나감으로써 유출량 O를 추적해 나간다.

만약 $t = t_0$에서 $O_0 = 0$, $S_0 = 0$이라면 그림 9.37에서처럼 원점(0, 0)에서부터 추적계산을 시작하게 된다. 즉, 시간 $t_0 \sim t_1$ 사이에 내린 우량이 R_1이라면 식 (9.74)는 다음과 같아진다.

$$R_1 = \frac{S_1}{\Delta t} + \frac{O_1}{2} \tag{9.75}$$

따라서 그림 9.37에서 $(S_1/\Delta t + O_1/2) = R_1$일 때의 O_1을 읽으면 첫 번째 추적유량을 얻게 된다. 다음으로는 O_1에 상응하는 $(S_1/\Delta t - O_1/2)$의 값을 그림 9.37로부터 읽고 여기에 R_2를 더하여 식 (9.74)에서처럼 $(S_2/\Delta t + O_2/2)$를 계산한 후 그림 9.37의 $(S/\Delta t + O/2)$ 곡선으로부터 O_2를 읽어 두 번째의 추적유량을 결정하게 된다. 이와 같은 추적을 반복함으로써 완전한 유출수문곡선을 얻을 수 있다.

전술한 도해법에서는 $(S/\Delta t \pm O/2)$로 표시되는 두 개의 곡선을 사용하여 완전히 도식적으로 추적하였으나 반 도해법은 $(S/\Delta t + O/2)$와 O 간의 관계곡선만을 이용한다.

식 (9.74)를 변형시키면

$$\frac{S_{t+1}}{\Delta t} + \frac{O_{t+1}}{2} = \left(\frac{S_t}{\Delta t} + \frac{O_t}{2}\right) - O_t + R_{t+1} \tag{9.76}$$

식 (9.76)에 의한 홍수추적방법은 그림 9.37의 $(S/\Delta t + O/2)$ 곡선만을 사용하는 것으로서 시각 t에서의 S_t, O_t 및 시각 $t+1$에서의 R_{t+1}을 알고 식 (9.76)으로서 우변을 계산하여 값을 얻을 후 이를 $(S_{t+1}/\Delta t + O_{t+1}/2)$이라 놓고 그림 9.37로부터 이 값에 해당하는 O_{t+1}을 읽게되며 $(t+2)$에서의 유량 O_{t+2}의 값도 동일한 방법으로 계산하고 이러한 절차를 반복하여 완전한 유출수문곡선을 얻게 된다.

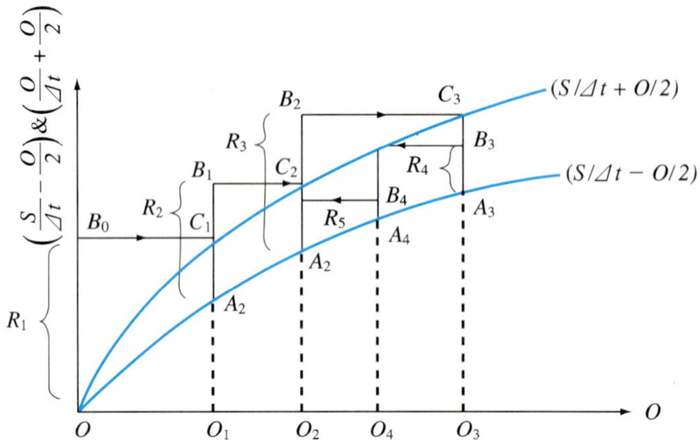

그림 9.37 도해법에 의한 홍수추적

한편, 하도에 대한 홍수추적은 식 (9.61)과 식 (9.71)을 연립해서 유역추적에서와 똑같은 방법으로 유출량을 계산하게 되며 차분방정식으로 표시되는 추적방정식은 다음과 같다.

$$\frac{I_t+I_{t+1}}{2}+\left(\frac{S_t}{\Delta t}-\frac{O_t}{2}\right)=\frac{S_{t+1}}{\Delta t}+\frac{O_{t+1}}{2} \tag{9.77}$$

여기서, I, O의 단위는 m^3/sec이며, S의 단위는 m^3, Δt의 단위는 시간(hrs)이고, 추적계산은 식 (9.77)의 I_t, I_{t+1}, O_t, Δt를 알고 저류함수식의 관계를 표시하는 곡선을 사용하여 O_{t+1}을 축차적으로 결정해 나가는 것이다.

9.8.4 저류함수모형의 각종 매개변수 산정방법

저류함수법에 의한 홍수유출계산을 위한 모형의 각종 매개변수(parameters)는 유역으로부터의 유출계산과 하도로부터의 유출계산의 두 가지로 나누어 생각할 수 있다. 유역의 저류함수를 사용하여 유출계산을 하기 위해서는 저류함수의 상수에 해당하는 K, P와 유출의 상태가 포화점에 도달되기 전의 1차 유출률 f_1, 포화점에서의 포화우량 R_{sa}, 그리고 강우로부터 유출의 지체현상을 나타내는 지체시간 T_l 등의 결정이 필요하다. 한편 하도의 저류함수를 사용하여 하도구간에 대한 홍수추적을 실시하여 유출계산을 하기 위해서는 하도구간의 저류함수의 상수인 K, P와 지체시간 T_l을 결정해야 한다.

1) 유역의 유출계산모형을 위한 매개변수 산정

가) 유역 저류함수의 상수와 지체시간

유역 저류함수의 상수 K, P와 지체시간 T_l을 결정하기 위해 필요한 자료는 유역의 면적(km^2), 시간별 유역평균우량(mm/hr), 유역의 출구에 기록된 시간별 유량(m^3/sec) 등이며, 이들 자료를 이용하여 상수 K, P 및 T_l을 결정하여 식 (9.68)의 관계를 얻는 절차를 예제를 통해 살펴보기로 한다.

예제 9.11 유역면적 $A = 373.6\ \text{km}^2$인 유역에 표 9.20의 (3)란과 같은 유역 평균우량이 내렸을 때 유역출구에 기록된 유량이 표 9.20의 (4)란과 같다. 유역 저류함수의 상수 K, P와 지체시간 T_l을 결정하라.

풀이 상수 K, P, T_l의 결정을 위한 계산과정은 표 9.20과 같으며, 계산절차를 요약하면 다음과 같다.

1) 지체시간 $T_l = 0\ \text{hr}$로 우선 가정한다.
2) 각 시각의 우량을 $T_l\ \text{hr}$만큼 지체시킨다[표 9.20의 (5)란, R_l].
3) 각 시각에서의 누가우량($\sum R_l$)을 구한다[(6)란].
4) 각 시각에서의 유량 $O(\text{m}^3/\text{sec})$를 $O = qA/3.6$의 관계를 사용하여 총 유출고 q(mm/hr)로 환산한다[(7)란]. 즉

$$q = \frac{3.6}{A}O = \frac{3.6}{373.6}O = 0.009636\,O$$

따라서, [(7)란]=0.009636×[(4)란]

5) 총 유출고(q)로부터 기저유출고(q_i)를 뺌으로써 직접유출고 $(q - q_i)$ mm/hr를 계산한다[(8)란]. 여기서 기저유출량 $O_i = 46\ \text{m}^3/\text{sec}$로 볼 수 있으므로 $q_i = 46 \times 0.009636 = 0.438\ \text{mm/hr}$이다.
6) 각 시각과 그 전 시각의 직접유출고의 평균 직접유출고 $(q - q_i)_m$을 계산한다[(9)란]. 즉,

$$(q - q_i)_m = \frac{1}{2}[(q - q_i)_t + (q - q_i)_{t-1}]$$

7) 각 시각의 평균 직접유출고에 Δt를 곱한 값을 시각별로 누가시켜 각 시각의 누가직접유출고 $\sum (q - q_i)_m \Delta t$를 구한다[(10)란].
8) 식 (9.62)의 평균유입계수 f를 식 (9.66)의 관계를 이용하여 계산한다.

표 9.20의 (4)란의 유출량 중 첨두유량은 1229 m^3/sec이므로 이의 약 10%에 해당하는 O= 100 m^3/sec(0.964 mm/hr의 총 유출고에 해당)보다 큰 유출고를 사용하여 f를 계산하기로 한다. q= 0.964 mm/hr는 표 9.20의 (7)란을 보면 5일 1 : 00시~2 : 00시 사이의 값이며, 수문곡선의 상승부의 한 점이므로 정확한 발생시각은

$$t_1 = 1.00 + \frac{0.064 - 0.744}{1.184 - 0.744} = 1.504 \text{ hrs}$$

따라서, t_1= 1.504시까지의 누가우량[(6)란]은

$$\sum R_l = 63.4 + 22.0 \times 0.504 = 74.5 \text{ mm}$$

그리고 t_1= 1.504시까지의 누가직접유출고[(10)란]는

$$\sum (q - q_i)_{m1} \cdot \Delta t = 0.393 + 0.524 \times 0.504 = 0.657 \text{ mm}$$

또한, 수문곡선의 하강부의 q= 0.964 mm/hr에 해당하는 시각은 7일 5 : 00시~6 : 00시 사이이며[(7)란], 정확한 발생 시각을 보간법으로 계산하면

$$t_2 = 5.00 + \frac{0.975 - 0.964}{0.975 - 0.944} = 5.355 (\text{hrs})$$

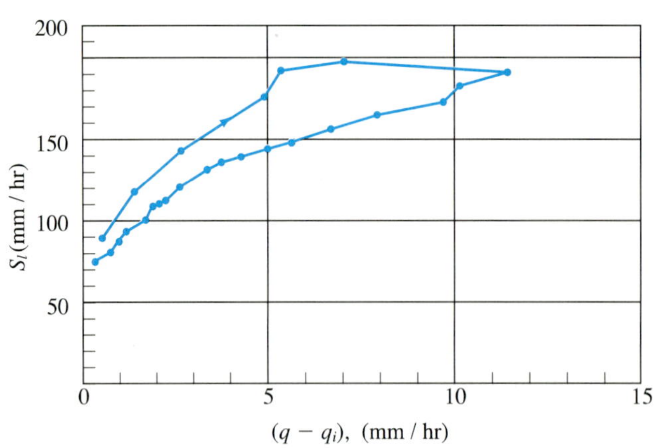

그림 9.38 저류고와 직접유출고 간의 관계

따라서, $\sum R_2 = 209.3 + 0.0 \times 0.355 = 209.3$ mm[(6)란]

$$\sum (q - q_i)_{m2} \cdot \Delta t = 147.019 + 0.521 \times 0.355 = 147.203 \text{ mm}[(10)\text{란}]$$

표 9.20 유역 저류함수의 매개변수결정을 위한 계산($T_l = 0\ \mathrm{hr}$)

(1) 날짜	(2) 시간 (hr)	(3) 우량 R (mm/hr)	(4) 유량 O (m^3/sec)	(5) R_l (mm/hr)	(6) $\sum R_l$ (mm)	(7) q (mm/hr)	(8) $q-q_i$ (mm/hr)	(9) $(q-q_i)_m$ (mm/hr)	(10) $\sum(q-q_i)_m \Delta t$ (mm)	(11) $f\sum R_l$ (mm)	(12) s_l (mm)	(13) $\log_{10}(q-q_i)$	(14) $\log_{10} s_l$
4	13.00	-	48	0.0	0.0	0.458	0.000	0.000	0.000	0.000	0.000	–	–
4	14.00	-	44	0.0	0.0	0.420	0.000	0.000	0.000	0.000	0.000	–	–
4	15.00	-	44	0.0	0.0	0.420	0.000	0.000	0.000	0.000	0.000	–	–
4	16.00	0.8	46	0.8	0.8	0.438	0.000	0.000	0.000	0.870	0.870	–	−0.061
4	17.00	-	46	0.0	0.8	0.438	0.000	0.000	0.000	0.870	0.870	–	−0.061
4	18.00	-	46	0.0	0.8	0.438	0.000	0.000	0.000	0.870	0.870	–	−0.061
4	19.00	3.1	48	3.1	3.9	0.458	0.019	0.010	0.010	4.239	4.230	−1.715	0.626
4	20.00	1.5	48	1.5	5.4	0.458	0.019	0.019	0.029	5.870	5.841	−1.715	0.766
4	21.00	2.7	48	2.7	8.1	0.458	0.019	0.019	0.048	8.805	8.757	−1.715	0.942
4	22.00	2.1	48	2.1	10.2	0.458	0.019	0.019	0.067	11.088	11.020	−1.715	1.042
4	23.00	6.7	50	6.7	16.9	0.477	0.039	0.029	0.096	18.370	18.274	−1.414	1.262
4	24.00	17.4	58	17.4	34.3	0.563	0.124	0.081	0.178	37.284	37.107	−0.906	1.569
5	1.00	29.1	77	29.1	63.4	0.744	0.305	0.215	0.393	68.917	68.524	−0.515	1.836
5	2.00	22.0	123	22.0	85.4	1.180	0.742	0.524	0.915	92.831	91.924	−0.130	1.963
5	3.00	27.0	204	27.0	112.4	1.966	1.527	1.135	2.051	122.180	120.129	0.184	2.080
5	4.00	25.4	344	25.4	137.8	3.315	2.876	2.202	4.253	149.790	145.537	0.459	2.163
5	5.00	17.8	443	17.8	155.6	4.269	3.830	3.353	7.606	169.139	161.533	0.583	2.208
5	6.00	17.5	547	17.5	173.1	5.271	4.832	4.331	11.938	188.162	176.224	0.684	2.246
5	7.00	21.3	608	21.3	194.4	5.859	5.420	5.126	17.064	211.315	194.251	0.734	2.288
5	8.00	10.7	779	10.7	205.1	7.506	7.068	6.244	23.308	222.946	199.638	0.849	2.300
5	9.00	1.5	1229	1.5	206.6	11.843	11.404	9.236	32.544	224.577	192.033	1.057	2.283
5	10.00	2.4	1111	2.4	209.0	10.706	10.267	10.836	43.380	227.185	183.806	1.011	2.64
5	11.00	0.2	1058	0.2	209.2	10.915	9.756	10.012	53.391	227.403	174.011	0.989	2.241
5	12.00	0.1	868	0.1	209.3	8.364	7.926	8.841	62.232	227.512	165.279	0.899	2.218
5	13.00	-	755	0.0	209.3	7.275	6.837	7.381	69.614	227.512	157.898	0.835	2.198
5	14.00	-	652	0.0	209.3	6.283	5.844	6.340	75.954	227.512	151.557	0.767	2.181
5	15.00	-	572	0.0	209.3	5.512	5.073	5.459	81.413	227.512	146.099	0.705	2.165
5	16.00	-	513	0.0	209.3	4.943	4.505	4.789	86.202	227.512	141.310	0.654	2.150
5	17.00	-	453	0.0	209.3	4.365	3.927	4.216	90.418	227.512	137.094	0.594	2.137
5	18.00	-	412	0.0	209.3	3.970	3.532	3.729	94.147	227.512	133.365	0.548	2.125
5	19.00	-	390	0.0	209.3	3.758	3.320	3.426	97.572	227.512	129.939	0.521	2.114
5	20.00	-	366	0.0	209.3	3.527	3.088	3.204	100.776	227.512	126.735	0.490	2.103
5	21.00	-	339	0.0	209.3	3.267	2.828	2.958	103.735	227.512	123.777	0.452	2.093
5	22.00	-	327	0.0	209.3	3.151	2.713	2.770	106.505	227.512	121.007	0.433	2.083
5	23.00	-	316	0.0	209.3	3.045	2.607	2.660	109.165	227.512	118.347	0.416	2.073
5	24.00	-	302	0.0	209.3	2.910	2.172	2.539	111.704	227.512	115.808	0.393	2.064

표 9.20 유역 저류함수의 매개변수결정을 위한 계산($T_l = 0$ hr)(계속)

(1) 날짜	(2) 시간 (hr)	(3) 우량 R (mm/hr)	(4) 유량 O (m^3/sec)	(5) R_l (mm/hr)	(6) $\sum R_l$ (mm)	(7) q (mm/hr)	(8) $q-q_i$ (mm/hr)	(9) $(q-q_i)_m$ (mm/hr)	(10) $\sum(q-q_i)_m \Delta t$ (mm)	(11) $f\sum R_l$ (mm)	(12) s_l (mm)	(13) $\log_{10}(q-q_i)$	(14) $\log_{10} s_l$
6	1.00	-	284	0.0	209.3	2.737	2.238	2.385	114.088	227.512	113.423	0.361	2.055
6	2.00	-	269	0.0	209.3	2.592	2.151	2.226	116.314	227.512	111.197	0.333	2.046
6	3.00	-	259	0.0	209.3	2.496	2.057	2.105	118.420	227.512	109.092	0.313	2.038
6	4.00	-	255	0.0	209.3	2.457	2.019	2.038	120.458	227.512	107.051	0.306	2.030
6	5.00	-	248	0.0	209.3	2.390	1.951	1.985	122.443	227.512	105.069	0.290	2.021
6	6.00	-	240	0.0	209.3	2.313	1.874	1.913	124.356	227.512	103.156	0.273	2.014
6	7.00	-	221	0.0	209.3	2.130	1.691	1.783	126.138	227.512	101.373	0.228	2.006
6	8.00	-	210	0.0	209.3	2.021	1.535	1.638	127.776	227.512	99.735	0.200	1.999
6	9.00	-	199	0.0	209.3	1.920	1.482	1.534	129.310	227.512	98.202	0.171	1.992
6	10.00	-	188	0.0	209.3	1.813	1.375	1.429	130.738	227.512	96.773	0.138	1.986
6	11.00	-	178	0.0	209.3	1.717	1.279	1.327	132.065	227.512	95.446	0.107	1.980
6	12.00	-	169	0.0	209.3	1.630	1.192	1.235	133.301	227.512	94.211	0.076	1.974
6	13.00	-	165	0.0	209.3	1.587	1.149	1.170	134.471	227.512	93.041	0.060	1.969
6	14.00	-	156	0.0	209.3	1.498	1.060	1.101	135.575	227.512	91.936	0.025	1.964
6	15.00	-	151	0.0	209.3	1.456	1.018	1.039	136.614	227.512	90.897	0.008	1.959
6	16.00	-	143	0.0	209.3	1.378	0.940	0.979	137.593	227.512	89.919	−0.027	1.954
6	17.00	-	143	0.0	209.3	1.378	0.940	0.940	138.532	227.512	88.979	−0.027	1.949
6	18.00	-	139	0.0	209.3	1.340	0.902	0.921	139.453	227.512	88.059	−0.045	1.945
6	19.00	-	135	0.0	209.3	1.301	0.865	0.884	140.336	227.512	87.175	−0.063	1.940
6	20.00	-	128	0.0	209.3	1.231	0.792	0.829	141.165	227.512	86.346	−0.101	1.936
6	21.00	-	124	0.0	209.3	1.196	0.757	0.775	141.940	227.512	85.572	−0.121	1.932
6	22.00	-	121	0.0	209.3	1.163	0.725	0.741	142.681	227.512	84.831	−0.140	1.929
6	23.00	-	117	0.0	209.3	1.130	0.692	0.708	143.389	227.512	84.122	−0.160	1.925
6	24.00	-	114	0.0	209.3	1.098	0.659	0.675	144.065	227.512	83.447	−0.181	1.921
7	1.00	-	111	0.0	209.3	1.066	0.627	0.643	144.708	227.512	82.804	−0.203	1.918
7	2.00	-	107	0.0	209.3	1.035	0.596	0.612	145.320	227.512	82.192	−0.224	1.915
7	3.00	-	104	0.0	209.3	1.005	0.567	0.582	145.901	227.512	81.610	−0.247	1.912
7	4.00	-	104	0.0	209.3	1.005	0.567	0.567	146.468	227.512	81.044	−0.247	1.909
7	5.00	-	101	0.0	209.3	0.975	0.537	0.552	147.019	227.512	80.492	−0.270	1.906
7	6.00	-	98	0.0	209.3	0.944	0.506	0.521	147.541	227.512	79.971	−0.296	1.903
7	7.00	-	98	0.0	209.3	0.944	0.506	0.506	148.047	227.512	79.465	−0.296	1.900
7	8.00	-	95	0.0	209.3	0.917	0.479	0.492	148.539	227.512	78.972	−0.320	1.897
7	9.00	-	95	0.0	209.3	0.917	0.479	0.479	149.018	227.512	78.494	−0.320	1.895
7	10.00	-	93	0.0	209.3	0.891	0.453	0.466	149.484	227.512	78.028	−0.344	1.892
7	11.00	-	93	0.0	209.3	0.891	0.453	0.453	149.937	227.512	77.575	−0.344	1.890
7	12.00	-	90	0.0	209.3	0.865	0.427	0.440	150.377	227.512	77.135	−0.370	1.887

식 (9.66)의 관계를 사용하여 평균유입계수 f를 계산하면

$$f=\frac{\int_{t_1}^{t_2} O_l\,dt}{\int_{t_1}^{t_2} I\,dt}=\frac{\sum (q-q_i)_{m2}\cdot \Delta t-(q-q_i)_{m1}\cdot \Delta t}{\sum R_2-\sum R_1}$$

$$=\frac{147.203-0.657}{209.3-74.5}=1.087$$

실제에 있어서 $f \leqq 1$인 것이 보통이나 여기서 계산된 $f=1.087>1$은 $T_l=0\,\mathrm{hr}$라는 가정이 적절하지 못함을 암시해 주고 있다.

9) 각 시각에서의 누가우량[(6)란]에 $f=1.087$을 곱해서 누가유효우량 $f\sum R_l$을 구한다[(11)란].

10) 각 시각에서의 누가유효우량[(11)란]에서 누가직접유출고[(10)란]를 뺌으로서 각 시각에서의 실저류량 $s_l(\mathrm{mm})$을 얻는다[(12)란].

11) 표 9.20의 (8)란에 구한 시각별 직접유출고$(q-q_i)$와 (12)란에서 구한 실저류고 s_l을 그림 9.38에서와 같이 산술 방안지에 도시하여 1가 함수관계가 성립하는지를 검사한다. 그림 9.38에서처럼 관계곡선이 loop를 시계방향으로 크게 그리면 T_l값을 더 크게 가정해야 하고, 만약 반시계방향으로 loop를 그리면 T_l을 더 작게 가정하여 (1)~(11)의 과정을 반복한다.

12) 그림 9.39(c)에서와 같이 1가 함수에 가장 가까운 $s_l \sim (q-q_i)$ 관계를 얻으면 이때의 T_l을 참값으로 택하고 시각별 $(q-q_i)$와 s_l을 그림 9.40에서처럼 전 대수방안지상에 도시하여 직선의 방정식을 최소자승법이나 혹은 Eye-fitting에 의해 얻음으로써 저류함수의 상수 K, P값을 얻게 된다. 이때 $(q-q_i) \sim s_l$의 관계를 전 대수방안지상에서 한 개의 직선으로 표시할 수 없을 경우에는 그림 9.40에서처럼 몇 개의 직선으로 나누어 저류함수식을 얻고 유출계산시 유량크기 구간별로 각각 적절한 식을 사용할 수도 있다. 그림 9.40에서 단일 1가 함수관계로 가정했을 경우의 저류함수식은

$$s_l=19.1(q-q_i)^{0.825}$$

즉 $K=19.1\,\mathrm{hrs}$, $P=0.825$이고, $T_l=3\,\mathrm{hrs}$임을 알 수 있다.

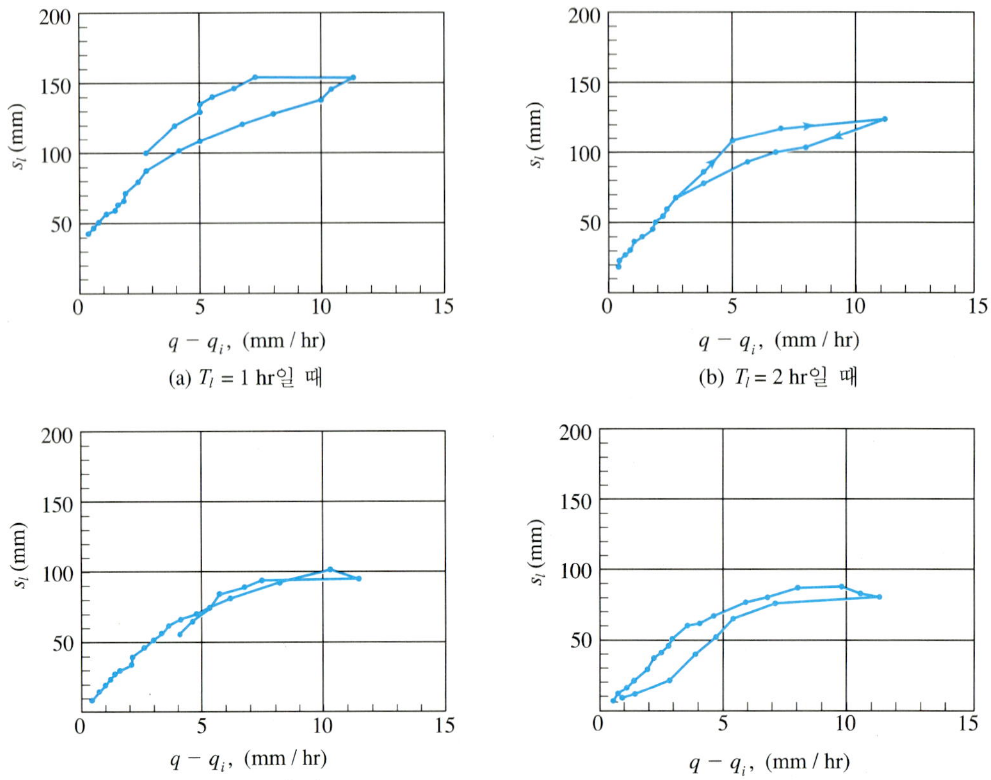

(a) T_l = 1 hr일 때

(b) T_l = 2 hr일 때

(c) T_l = 3 hr일 때

(d) T_l = 4 hr일 때

그림 9.39 지체시간별 유역의 저류고와 직접유출고 간의 관계

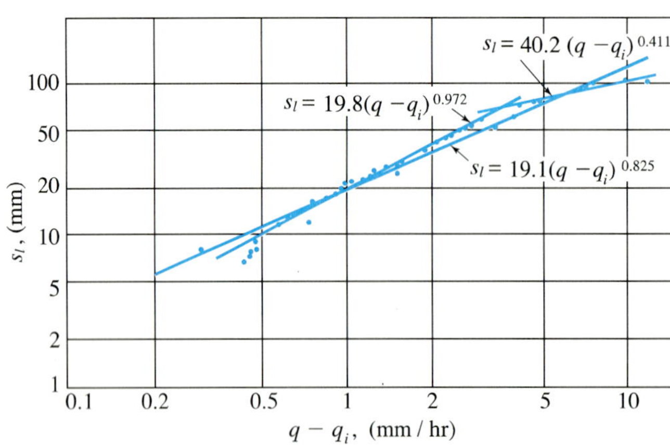

그림 9.40 유역의 저류함수 결정(T_l = 3 hrs)

나) 1차 유출률과 포화우량

홍수유출계산에 있어서 유효우량의 결정은 가장 힘든 일 중의 하나이며, 침투나 지면저류 등의 강우손실현상 자체가 대단히 복잡하고 불분명하므로 유효우량은 여러 가지 가정하에 추산되는 것이 보통이다.

저류함수법에서는 전술한 바와 같이 유역이 유출역과 침투역으로 구성되며, 침투역에서의 유효우량은 누가우량이 포화우량 R_{sa}에 도달할 때까지는 강우의 강도에 관계가 전혀 없다고 봄으로 침투역으로부터의 유출 또한 없다. 누가우량이 포화우량을 초과하면 초과분에 해당하는 우량은 전부 침투역에 내리는 유효우량으로 보며, 따라서 직접 유출분이 된다고 본다. 이와 같이 볼 때, 1차 유출률 f_1과 포화우량 R_{sa}는 유역의 침투능력을 대표하는 지수라고 말할 수 있으며, 이를 결정하는 방법에는 세 가지가 있다.

첫째 방법은 f_1값을 가정하여 R_{sa}를 계산하는 방법이다. 대상홍수에 해당하는 총 우량을 R_T, 총 직접유출량을 O_T라 하면 총 손실량 R_L 및 평균유출률 f[식 (9.62)의 평균유입계수]는 다음과 같이 표시된다.

$$R_L = R_T - O_T \tag{9.78}$$

$$f = \frac{O_T}{R_T} \tag{9.79}$$

식 (9.78)과 (9.79)로부터

$$R_L = R_T(1-f) \tag{9.80}$$

1차 유출률 f_1을 안다고 가정하면 총 손실량 R_L은 침투역 $(1-f_1)A$에서의 포화우량 R_{sa}의 손실분에 해당하므로

$$R_L = R_{sa}(1-f_1) \tag{9.81}$$

식 (9.80)과 (9.81)로부터

$$R_{sa} = \frac{1-f}{1-f_1} R_T \tag{9.82}$$

식 (9.82)의 평균유입계수 f는 전술한 바와 같이 식 (9.66)에 의해 결정되며, 우선 f_1을 적절히 가정하여 R_{sa}를 식 (9.82)로 계산한 후 f_1, R_{sa}값을 이용하여 유출계산을 한다. 계산된

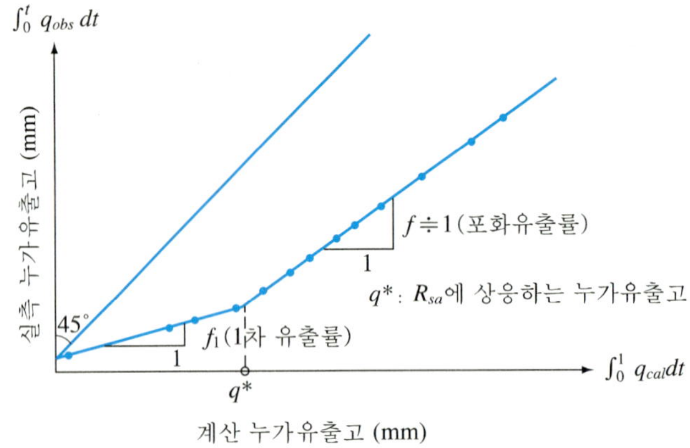

그림 9.41 누가곡선법에 의한 f_1, R_{sa}의 결정

유출수문곡선과 실측 유출수문곡선을 비교하여 만족할만한 결과를 얻을 때까지 수정해 가면서 반복계산함으로써 최적 f_1, R_{sa}의 값을 결정하게 된다.

두 번째 방법은 누가곡선에 의한 방법이다. 이 방법에서는 그림 9.41에서와 같이 $f=1$, $R_{sa}=0$이라 가정하고 유역추적에 의해 계산한 누가유출고 $\int_0^1 q_{cal}\,dt$를 산술방안지의 횡축에 그리고 실측된 유출고의 누가값 $\int_0^t q_{obs}\,dt$를 종축에 표시하여 누가곡선을 얻는다. 일반적으로는 이 누가곡선 관계는 45° 직선의 아랫부분에 위치하게 되며 경사가 상이한 두 개의 직선으로 나타나게 된다. 따라서 도시된 자료점을 지나는 두 개의 직선을 그림 9.41과 같이 그어 원점에 가까운 직선의 기울기를 1차 유출률 f_1이라 가정하고 다른 한 직선의 기울기를 포화유출률 $(f \fallingdotseq 1.0)$이라 하며, 두 직선의 교점을 포화점이라 하고 포화점까지의 우량의 누가값을 포화우량 R_{sa}라 한다. 이 방법은 f_1, R_{sa}의 결정을 위해서는 대단히 실질적이나 전술한 바와 같이 저류함수식이 저류량에서는 많은 오차를 포함하기 때문에 때로는 부정확한 경우도 있다. 이상의 절차에 의한 f_1과 R_{sa}의 결정과정을 예제를 통해 요약하기로 한다.

예제 9.12 예제 9.11에서 결정한 K, P, T_l과 표 9.20의 우량 및 유출자료를 사용하여 이 유역의 f_1과 R_{sa}값을 결정하라.

풀이 전술한 바와 같이 반 도해법으로 시각별 유출고를 계산하기 위해서는 식 (9.76)을 풀어 O_{t+1}을 축차적으로 결정해야 한다.

1) $f_1 = 1.0$, $R_{sa} = 0\,\text{mm}$라 가정하여 전 유역을 유출역으로 가정한다. 즉, 침투역은 없

는 것으로 가정한다.

2) 식 (9.76)에 의한 유역추적을 위해 예제 9.11에서 구한 저류함수식 $s_l = 19.1(q-q_i)^{0.825}$를 사용하여 $[\dfrac{s}{\Delta t} + \dfrac{(q-q_i)}{2}]$와 $(q-q_i)$ 간의 관계곡선을 산술방안지에 그린다(그림 9.42).

3) 그림 9.42의 관계를 이용하여 식 (9.76)에 의한 유역추적계산을 표 9.21에서와 같이 실시한다(여기서는 유역의 지체시간 $T_l = 3$ hrs를 고려하지 않는다).

표 9.21의 계산에서 식 (9.76)을 적용하여 4일 15시에서의 $O_t = 0.0$, $S_t/\Delta t + O_t/2 = 0.0$, $R_{t+1} = 0.8$ mm/hr이므로 식 (9.76)에 의해 $(S_{t+1}/\Delta t) + O_t/2 = (0.0-0.0) + 0.8 = 0.8$이고 그림 9.42로부터 $O_{t+1} = 0.025$ mm/hr이다. 이하 시각에서의 유출량 O_{t+1}도 마찬가지 방법으로 축차계산하게 된다.

4) 표 9.22에서와 같이 실측 직접유출고[표 9.20의 (8)란]의 누가값과 계산 총 유출고[표 9.21의 (4)란]의 누가값(유역 지체시간 $T_l = 3$ hrs 만큼 지연시킴)을 계산한다.

표 9.22의 계산에서 누가우량[(3)란]과 계산유출고[(6)란] 및 그의 누가값[(7)란]은 유역의 지체시간 $T_l = 3$ hrs를 고려하여 3시간씩 지체시켰으며 실측 직접유출고[(4)란]는 표 9.20의 (8)란의 값을 그대로 이용하여 누가값[(5)란]을 계산하였다.

5) 표 9.22에 계산된 시각에서의 $\sum(q-q_i)$[(5)란]와 $\sum q_{cal}$[(7)란]을 사용하여 산술방안지의 횡축에서는 $\sum q_{cal}$을, 종축에는 $\sum(q-q_i)$를 강우종료시(5일 12시)까지의 자료를 그림 9.43에서와 같이 도시한다.

6) 그림 9.43에서 볼 수 있는 바와 같이 매 시각에서의 계산 총 유출고는 실측 직접유출고보다 크다. 이는 $f_1 = 1.0$(전 유역을 유출역으로 가정)으로 가정하여 유출고를 계산했기 때문이다. 그림 9.43에서 도시된 자료점들은 경사가 상이한 두 개의 직선관계로 표시할 수 있으므로 원점에 연결되는 직선의 기울기 $f_1 = 0.7$이 1차 유출률이며, 직선경사가 변화하는 $\sum q_{cal} = 40$ mm 되는 점이 포화점이 되고, 제2의 직선의 기울기 $f = 1.0$이 포화유출률이 된다.

한편, 포화점까지의 누가우량인 R_{sa}는 표 9.21에서 $\sum q_{cal} = 40$ mm가 5일 8시~9시에 발생하므로 이에 상응하는 3시간 지체시킨 누가우량[(3)란]은 155.6 mm와 173.1 mm 사이에 있을 것임을 알 수 있다. 보간법으로 이를 계산하면

$$R_{sa} = 156.6 + (173.1 - 155.6) \times \frac{(40-37.365)}{(47.515-37.365}$$
$$= 160.88 \text{ mm} \doteqdot 160 \text{ mm}$$

이상에서 결정된 이 유역의 1차 유출률, 포화유출률 및 포화우량의 값을 요약하면 다음과 같다.

$$f_1 = 0.7, \quad f = 1.0, \quad R_{sa} = 160 \text{ mm}$$

표 9.21 유역 추적계산(f_1= 1.0)

(1) 시간 (hr)	(2) R_{t+1} (mm/hr)	(3) $(\frac{S_t}{\Delta t}+\frac{O_t}{2})$ (mm/hr)	(4) O_t* (mm/hr)	(5) $(\frac{S_{t+1}}{\Delta t}+\frac{O_{t+1}}{2})$ (mm/hr)
4. 13				
14				
15	0.0	0.0	0.0	0.800
16	0.8	0.800	0.025	0.775
17	0.0	0.775	0.025	0.750
18	0.0	0.750	0.025	3.825
19	3.1	3.825	0.135	5.190
20	1.5	5.190	0.150	7.740
21	2.7	7.740	0.270	9.570
22	6.7	9.570	0.365	15.905
23	17.4	15.905	0.720	32.585
24	29.1	32.585	1.800	59.885
5. 1	22.0	59.885	3.70	78.185
2	27.0	78.185	5.15	100.035
3	25.4	100.035	7.00	118.435
4	17.8	118.435	8.60	127.635
5	17.5	127.635	9.40	135.735
6	21.3	135.735	10.15	146.885
7	10.7	146.885	11.15	146.435
8	1.5	146.435	11.10	136.835
9	2.4	136.835	10.25	128.985
10	0.2	128.985	9.55	119.635
11	0.1	119.635	8.70	111.035
12		111.035	7.95	103.085
13		103.085	7.25	95.835
14		95.835	6.60	89.235
15		89.235	6.10	83.135
16		83.135	5.55	77.585
17		77.585	5.10	72.485
18		72.485	4.70	67.785
19		67.785	4.30	63.485
20		63.485	4.00	59.485

주: $*O_t = (q_t - q_i)$

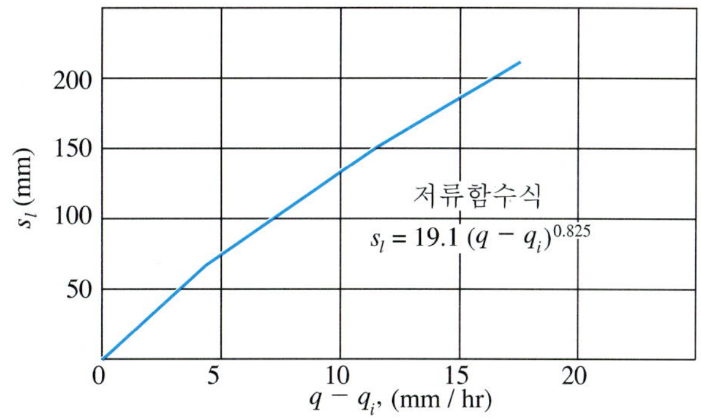

그림 9.42 홍수추적계산곡선(반 도해법)

표 9.22 누가유출고의 계산(T_l= 3 hrs)

(1) 시간 (hr)	(2) 우량 R(mm/hr)	(3) 누가우량 $\sum R$(mm)	(4) 실측($q-q_i$) (mm/hr)	(5) $\sum(q-q_i)$ (mm)	(6) 계산 q_{cal} (mm/hr)	(7) $\sum q_{cal}$ (mm)
4. 16	0.8					
17	0.0					
18	0.0					
19	3.1	0.8	0.019	0.019	0.025	0.025
20	1.5	0.8	0.019	0.038	0.025	0.050
21	2.7	0.8	0.019	0.057	0.025	0.075
22	2.1	3.9	0.019	0.076	0.135	0.210
23	6.7	5.4	0.039	0.115	0.150	0.360
24	17.4	8.1	0.124	0.239	0.270	0.630
5. 1	29.1	10.2	0.305	0.544	0.365	0.995
2	22.0	16.9	0.742	1.286	0.720	1.715
3	27.0	34.3	5.527	2.813	1.80	3.515
4	25.4	63.4	2.876	5.689	3.70	7.215
5	17.8	85.4	3.830	9.519	5.15	12.365
6	17.5	112.4	4.832	14.351	7.00	19.365
7	21.3	137.8	5.420	19.771	8.60	27.965
8	10.7	155.6	7.068	26.839	9.40	37.365
9	1.5	173.1	11.404	38.243	10.15	47.515
10	2.4	194.4	10.267	48.510	11.15	58.665
11	0.2	205.1	9.756	58.266	11.10	69.765
12	0.1	206.6	7.926	66.192	10.25	80.015

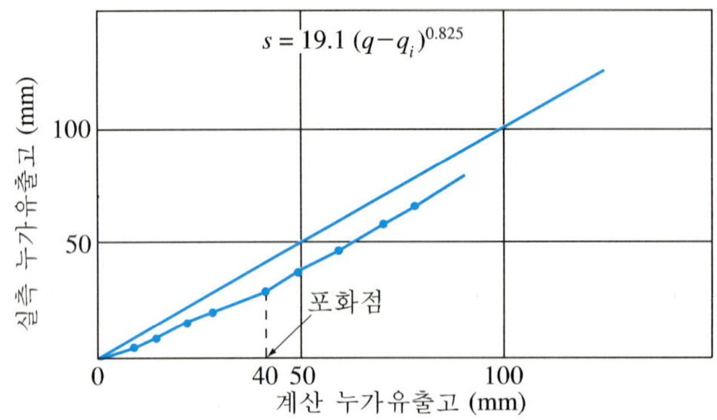

그림 9.43 실측 및 계산 누가유출고 간의 관계

2) 하도의 유출계산모형을 위한 매개변수 산정

하도의 유출계산을 위해 필요한 매개변수는 저류함수식에 포함되는 저류계수 K, P와 지체시간 T_l이며, 이는 하도구간에 대한 과거의 유량자료가 있는 경우와 없는 경우, 그의 산정방법에 약간의 차이가 있으므로 각각 살펴보기로 한다.

가) 유량자료가 없을 경우

하도구간에 대한 홍수유량자료가 전혀 없을 경우의 저류함수는 하도구간에 정상등류가 여러 수위로 흐른다고 가정하여 유량(O_l)은 Manning의 유량공식으로 구하고, 저류량(S)은 구간의 평균횡단면적(A)에 구간의 길이(L)를 곱하여 구한 후 부정류 효과를 고려해 주기 위해 식 (9.72)에 의해 실저류량(S_l)을 구해 $O_l \sim S_l$관계를 얻게 된다. 즉, Manning의 유량공식은

$$O_1 = AV = \frac{1}{n} AR^{2/3} S_o^{1/2} \tag{9.83}$$

여기서, n은 조도계수이고, A는 유수단면적(m^2), R은 동수반경(m)이며, S_o는 하도의 평균경사이다. 한편, 정상등류가 흐를 때의 구간 L에 걸친 하도의 저류량은

$$S = AL \tag{9.84}$$

부정류가 흐를 때의 실저류량은 식 (9.72)로 표시되므로

$$S_l = S - T_l O_l \tag{9.85}$$

식 (9.83)~(9.85)의 관계를 이용하여 $O_l \sim S_l$관계를 얻기 위해서는 하도의 특성변수인 n, A, R, S_o, L 및 T_l을 결정하지 않으면 안된다.

조도계수 n값은 하도구간의 조도특성에 따라 적절히 결정하거나 경험공식으로 산정하기도 한다. 다음은 일본의 이근천(利根川)에 대한 경험공식과 한강홍수통제소의 홍수예경보 조사사업을 통해 얻어진 공식을 표시하고 있다.

$$\text{일본 이근천}: n = 0.1 - 0.02\log(S_o^{-1}) \tag{9.86}$$

$$\text{한국 한강}: n = 0.04773 - 3.8124\times 10^{-6}(S_o^{-1}) \tag{9.87}$$

또한 하도구간의 평균 횡단면적 A와 동수반경 R은 평균 횡단면도만 획득하면 구할 수 있고, 평균경사 S_o와 구간길이 L은 종단면도로부터 구할 수 있다. 한편, 하도의 지체시간 T_l을 추정하기 위해 일본 이근천에 적용된 바 있고, 한강홍수예경보에서도 사용한 바 있는 경험공식을 소개하면 다음과 같다.

$$T_l = 0.00165\frac{L}{\sqrt{S_o}} \tag{9.88}$$

여기서, T_l은 지체시간(hrs)이며, L은 하도구간의 연장(km)이며, S_o는 하도의 평균경사이다.

예제 9.13 어떤 하도구간의 특성값이 다음과 같고 평균 횡단면으로부터 얻은 평균수심(H), 단면적(A) 및 윤변(P)이 표 9.23의 (1), (2), (3)란과 같을 때 이 구간의 저류함수식을 구하고 홍수추적을 위한 $O\sim(S_l/\Delta t+O/2)$ 관계곡선을 그려라.

$$n = 0.040,\quad S_0 = 0.005,\quad L = 25\text{ km}$$

$$T_l = 0.000736LS_0^{-0.5}\ \text{[Kimura(木村) 공식]}$$

풀이

1) 표 9.23에서 주어진 H, A, P값을 사용하여 $R = A/P$, $R^{2/3}$, $V = R^{2/3}S_0^{1/2}/n$(Manning의 평균 유속공식), $O = AV$ 및 $S = AL$을 차례로 계산한다[(1)~(8)란].
2) $T_l = 0.000736\times 25\times(0.005)^{-0.5} = 0.25\text{ hrs}$
3) 매 시각의 O값[(7)란]에 $T_l = 0.25\text{ hrs} = 900\text{ sec}$를 곱하여 $T_l O$[(9)란]를 얻는다.
4) $S_l = S - T_l O_l$에 의해 시각별 실저류량을 얻는다.
5) 표 9.23의 O[(7)란]와 S_l[(10)란]을 그림 9.44에서와 같이 전 대수방안지에 도시하여 직선관계를 얻고 방정식으로 표시하였으며, 결정된 $K = 8.7\times 10^4$, $P = 0.597$이다.
6) 표 9.23의 매 시각별 O와 S_l값으로 $(S_l/\Delta t+O/2)$를 계산하고[(11)란], $O\sim(S_l/\Delta t+O/2)$ 관계곡선을 그림 9.45에서와 같이 작성하여 추적계산에 사용할 수 있도록 한다.

표 9.23 하도 평균단면을 사용한 저류함수 계산

(1) H (m)	(2) A (m^2)	(3) P (m)	(4) R (m)	(5) $R^{2/3}$	(6) V (m/sec)	(7) O (m^3/sec)	(8) $S=AL$ (10^3 m^3)	(9) $T_l O$ (10^3 m^3)	(10) $S_l=S-T_l O$ (10^3 m^3)	(11) $\frac{S_l}{\Delta t}+\frac{O}{2}$ (m^3/sec)
0.0	0.0	0.0	0.0	0.0	0.0	0.0	0.0	0.0	0.0	0.0
0.3	4.90	28.14	0.174	0.312	0.551	2.700	122.5	2.43	120.1	34.71
0.8	20.49	34.09	0.601	0.712	1.258	25.77	512.2	23.19	489.0	148.7
1.3	43.18	53.65	0.805	0.865	1.529	66.02	1,080	59.42	1,021	316.6
1.8	73.82	67.98	1.086	1.057	1.868	137.9	1,846	124.1	1,722	547.2
2.3	107.48	69.19	1.553	1.341	2.368	254.5	2,687	229.0	2,458	810.0
2.8	141.88	71.69	1.979	1.576	2.782	394.7	3,547	355.2	3,192	1,084
3.3	177.74	76.56	2.322	1.754	3.100	551.0	4,444	495.9	3,948	1,372
3.8	214.97	77.93	2.758	1.967	3.477	747.4	5,374	672.7	4,701	1,680
4.3	257.50	79.08	3.256	2.197	3.883	999.9	6,438	899.9	5,538	2,038
4.8	290.46	80.16	3.624	2.359	4.170	1,211	7,262	1,090	6,172	2,320
5.8	328.51	81.26	4.043	2.538	4.486	1,474	8,213	1,327	6,886	2,650
5.8	366.58	82.26	4.456	2.708	4.786	1,754	9,164	1,579	7,585	2,984
6.3	404.90	83.30	4.861	2.870	5.073	2,054	10,120	1,849	8,271	3,324
6.8	443.18	84.31	5.256	3.023	5.343	2,368	11,080	2,131	8,949	3,670
7.3	481.79	85.34	5.646	3.171	5.605	2,700	12,040	2,430	9,610	4,019

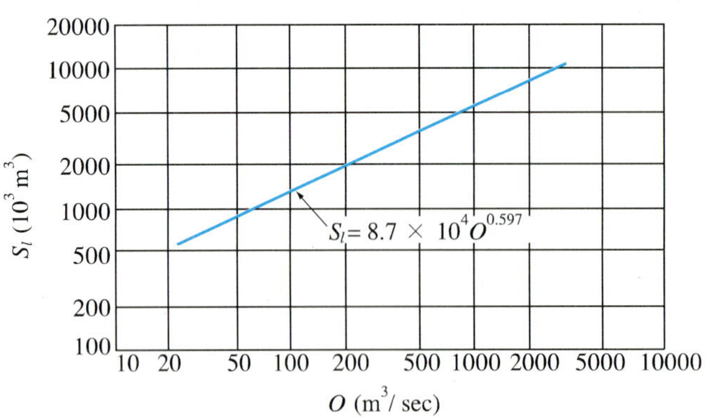

그림 9.44 하도의 저류함수 계산

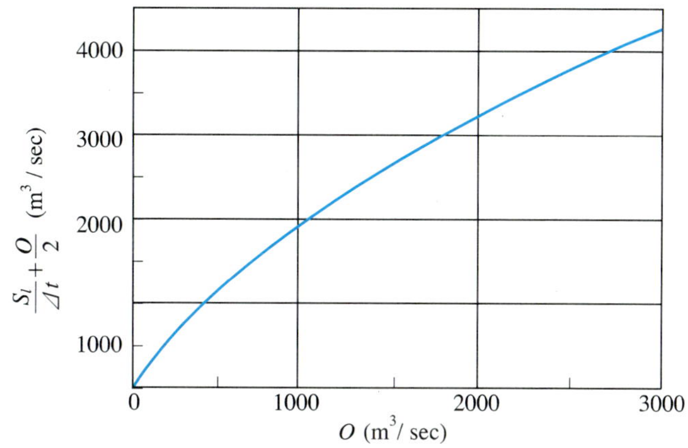

그림 9.45 $O \sim (\frac{S_l}{\Delta t}+\frac{O}{2})$ 관계곡선

나) 유량자료가 있을 경우

홍수자료가 있을 경우에 하도의 저류함수를 결정하는 방법은 유역의 저류함수 결정방법과 대동소이하며, 식 (9.76) 대신 식 (9.77)을 변형한 다음 식을 사용하여 반 도해법으로 홍수추적을 한다는 것만이 다를 뿐이다.

$$\frac{S_{t+1}}{\Delta t}+\frac{O_{t+1}}{2}=\left(\frac{S_t}{\Delta t}+\frac{O_t}{2}\right)-O_t+\frac{I_t+I_{t+1}}{2} \tag{9.89}$$

예제 9.14 예제 9.13의 하도구간 상하류단에서의 홍수기록이 표 9.24의 (2)란 및 (3)란과 같을 때 이 하도구간의 저류상수 K, P와 지체시간 T_l을 구하라.

풀이 표 9.24의 계산절차를 단계별로 요약하면 다음과 같다.

1) 하도의 지체시간 $T_l = 0$ hr로 우선 가정한다.

2) 하도 상류단에서 유입량 I_l을 T_l시간만큼 지체시켜 표시한다[(4)란].

3) 매 시각에서의 평균유입량 $\overline{I_l}$는 그 시각과 그 전 시각에서의 유입량의 평균값으로 계산한다[(5)란].

4) 매 시각의 평균유입량을 누적함으로써 시각별 누가유입용적 $\sum \overline{I_l}\Delta t$를 계산한다[(6)란]. $\Delta t = 1$ hr일 경우 $\sum \overline{I_l}\Delta t = \sum(3{,}600\overline{I_l})$ m^{3}이다.

5) 매 시각에서의 하류단으로부터의 평균유출량 $\overline{O}$는 그 시각과 그 전 시각에서의 유출량 O의 평균값으로 계산한다[(7)란].

6) 매 시각의 평균유출량을 누적함으로써 시각별 누가유출용적 $\sum \overline{O}\Delta t$를 계산한다[(8)란].

7) 매 시각별 누가유입용적[(6)란]으로부터 누가유출용적[(8)란]을 빼어 하도구간의 저류량의 변화량 ΔS를 구하고 추적시점(4일 13시)에서의 하도구간의 평균저류량 S_0를 더하여 시간별 구간 저류량 S_l을 구한다[(9)란]. 즉, $S_l = S_0 + \Delta S$이다.

   본 예제의 경우 추적시점에서의 구간 평균저류량 S_0는 표 9.23으로부터 보간법으로 구할 수 있다.

   즉, 추적시점에서의 유출량 $O = 47.5\ \mathrm{m^3/sec}$는 표 9.23의 (7)란에서 25.77과 66.02 $\mathrm{m^3/sec}$ 사이에 있으므로($S = 512.2\times10^3$과 $1{,}080\times10^3\ \mathrm{m^3}$)

$$S_o = 512.2\times10^3 + \frac{47.5-25.77}{66.02-25.77}\times(1{,}080-512.2)\times10^3 = 819\times10^3\ \mathrm{m^3}$$

8) 표 9.24의 O[(3)란]와 S_l값을 그림 9.46과 같이 산술방안지에 도시하여 보면 일반적으로 loop의 형태로 나타난다.

   본 예제에서는 $S_l \sim O$관계가 거의 직선에 가깝게 나타나므로 가정한 $T_l \fallingdotseq 0$을 받아들이고 $S_l \sim O$관계를 그림 9.47에서와 같이 전 대수방안지에 도시하여 저류함수식을 구하였으며, $K = 7.0\times10^4$, $P = 0.656$을 얻었다.

9) 만약 $S_l \sim O$관계가 상당히 심한 폐곡선(loop)을 그리면 T_l을 다시 가정하여[영(zero)보다 크게] 1)~8)의 절차에 따라 계산을 반복하고 폐곡선이 거의 직선에 가까워지면 계산을 종료하고 K, P 및 T_l값을 확정한다.

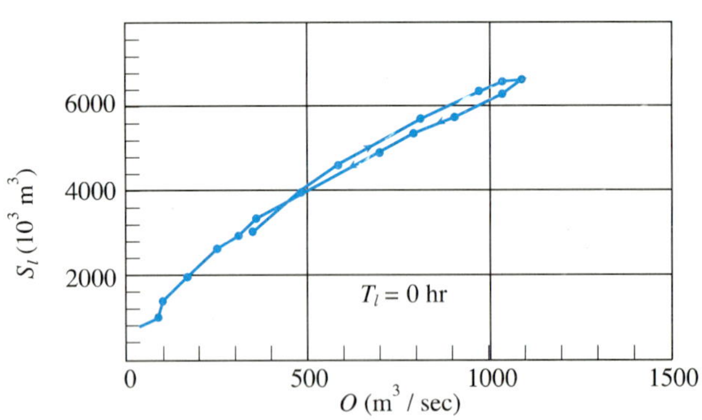

그림 9.46 하도의 저류량과 유출량 간의 관계

표 9.24 하도의 저류함수 계산($T_l = 0\,\text{hr}$)

(1) 시간 (hr)	(2) I (m^3/sec)	(3) O (m^3/sec)	(4) I_l (m^3/sec)	(5) $\overline{I_l}$ (m^3/sec)	(6) $\sum \overline{I_l} \Delta t$ ($10^3\ m^3$)	(7) $\overline{O}$ (m^3/sec)	(8) $\sum \overline{O} \Delta t$ ($10^3\ m^3$)	(9) S ($10^3\ m^3$)
4. 13	47.5	47.5	47.5	47.5	171	47.5	171	819
14	43.6	47	43.6	45.55	335	47.25	341	813
15	43.6	46	43.6	43.6	492	46.5	508	803
16	45.5	46	45.5	44.55	652	46	674	797
17	45.5	46	45.5	45.5	816	46	840	795
18	45.5	45	45.5	45.5	980	45.5	1,004	795
19	47.5	46	47.5	46.5	1,147	45.5	1,167	799
20	47.5	46	47.5	47.5	1,318	46	1,333	804
21	47.5	46	47.5	47.5	1,489	46	1,498	810
22	47.5	47	47.5	47.5	1,660	46.5	1,666	813
23	49.5	47	49.5	48.5	1,835	47	1,835	819
24	58.4	48	58.4	53.95	2,029	47.5	2,006	842
5. 1	77.2	52	77.2	67.8	2,273	50	2,186	906
2	122.5	64	122.5	99.85	2,629	58	2,395	1,053
3	204	80	204	163.25	3,217	72	2,654	1,382
4	344	152	344	274	4,203	116	3,072	1,950
5	443	248	443	393.5	5,620	200	3,792	2,647
6	547	353	547	495	7,402	300.5	4,874	3,347
7	608	460	608	577.5	9,481	406.5	6,337	3,963
8	779	576	779	693.5	11,977	518	8,202	4,594
9	1,229	799	1,229	1,004	15,592	687.5	10,677	5,734
10	1,111	1,040	1,111	1,170	19,804	919.5	13,987	6,636
11	1,059	1,090	1,059	1,085	23,710	1,065	17,821	6,708
12	868	1,030	868	936.5	27,178	1,060	21,637	6,360
5. 13	755	900	755	811.5	30,100	965	25,111	5,808
14	652	765	652	703.5	32,632	832.5	28,108	5,343
15	572	681	572	612	34,836	723	30,711	4,944
16	513	605	513	542.5	36,788	643	33,026	4,581
17	453	581	453	483	38,527	593	35,160	4,186
18	412	465	412	432.5	40,084	523	37,043	3,860
19	390	436	390	401	41,528	450.5	38,665	3,682
20	366	408	366	378	42,889	422	40,184	3,524
21	339	382	339	352.5	44,158	395	41,606	3,371
22	327	359	327	333	45,356	370.5	42,940	3,235
23	316	343	316	321.5	46,514	351	44,204	3,129
24	302	327	302	309	47,626	335	45,410	3,035

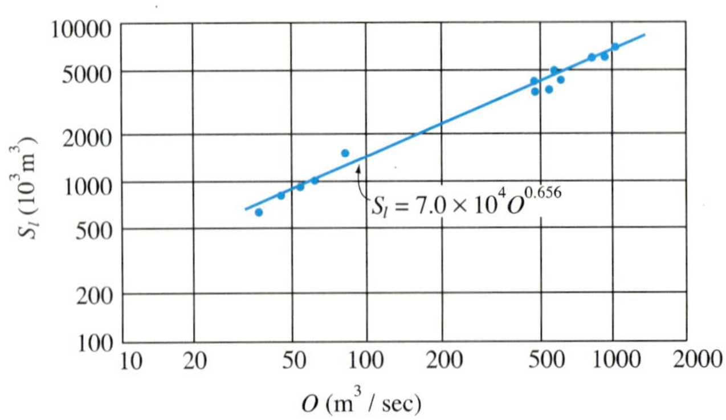

그림 9.47 하도의 저류함수($T_l = 0$ hr)

9.8.5 저류함수법에 의한 유출계산 예

지금까지는 유역 및 하도로부터의 유출계산에 필요한 제 변수의 산정 혹은 추정방법에 대하여 고찰하였다. 일단 제 변수가 결정된 후 유역 혹은 하도로부터의 유출계산절차와 유역 및 하도추적의 복합에 의해 유역출구에서의 홍수수문곡선을 획득하는 절차를 예제를 통해 요약하고자 한다.

예제 9.15 예제 9.11 및 9.12에서 구한 유역의 제 변수값을 사용하여 표 9.20의 (3)란에 있는 평균우량이 내렸을 때 유역으로부터의 유출을 계산하라. 즉,

$$K = 19.1\text{ hrs},\ \ P = 0.825,\ \ T_l = 3\text{ hrs},\ \ f_1 = 0.7,\ \ R_{sa} = 160\text{ mm}$$

풀이 유역으로부터의 총 유출량은 식 (9.70)에 표시한 바와 같이 유출역과 침투역으로부터의 직접유출량에 기저유출량을 합하여 얻게 된다.

1) 유출역으로부터의 단위 직접유출고는 $f_1 = 1.0$일 때이므로 표 9.21의 (4)란에 계산된 값을 채택한다[표 9.26의 (5)란].
2) 침투역으로부터의 단위 직접유출고는 누가우량이 포화우량 $R_{sa} = 160$ mm를 초과하는 시각부터 생기며, 초과우량에 의해서만 생기는 것으로 보며, 계산절차는 표 9.25와 같다. 표 9.25의 5일 6시의 우량 13.1 mm[(2)란]는 표 9.20의 5일 6시까지의 누가우량 173.1 mm [(6)란]에서 포화우량인 $R_{sa} = 160$ mm를 뺀 초과우량이며, 유출로 나타난다고 본 것이다. 표 9.25의 유역추적 방법은 표 9.21에서의 계산과 꼭 같으며, 식 (9.76)에 의한 것이다.

표 9.25 침투역으로부터의 유출계산

(1) 시간 (hr)	(2) R_{t+1} (mm/hr)	(3) $\frac{S_t}{\Delta t}+\frac{O_t}{2}$ (mm/hr)	(4) O_t* (mm/hr)	(5) $\left(\frac{S_{t+1}}{\Delta t}+\frac{O_{t+1}}{2}\right)$ (mm/hr)
5. 4				
5	0.0	0.0	0.0	13.1
6	13.1	13.1	0.625	33.775
7	21.3	33.775	1.950	45.525
8	10.7	45.525	2.55	41.475
9	1.5	41.475	2.50	41.375
10	2.4	41.375	2.50	39.075
11	0.2	39.075	2.30	36.875
12	0.1	36.875	2.20	34.675
13	0.0	34.675	2.05	34.625
14		34.625	1.90	30.725
15		30.725	1.80	28.925
16		28.925	1.70	27.225
17		27.225	1.55	25.675
18		25.675	1.50	24.175
19		24.175	1.40	22.775
20		22.775	1.30	21.475
21		21.475	1.20	20.275
22		20.275	1.15	19.125
23		19.125	1.10	18.025
24		18.025	1.00	17.025

주: * $O_t=(q_t-q_i)$

3) 유출역으로부터의 단위 직접유출고[표 9.21의 (4)란]와 침투역으로부터의 단위 직접유출고[표 9.25의 (4)란]를 유역의 지체시간 $T_l=3$ hrs 만큼 지체시키고 단위 기저유출고를 가산함으로써 표 9.26과 같이 총 단위유출고를 계산하며, 이를 유량으로 환산하면 유역출구에서의 홍수수문곡선을 얻을 수 있다.
표 9.26의 (1), (2), (3), (4)란은 각각 표 9.20의 (1), (2), (3), (6), (7)란의 값을 그대로 기입한 것이며, 제 (5)란의 값은 표 9.21에 계산된 유출역으로부터의 단위 직접유출고를 $T_l=3$ hrs 만큼 지체시킨 것이고, 제 (6)란의 값은 표 9.25에 계산된 침투역으로부터의 단위 직접유출고를 $T_l=3$ hrs 만큼 지체시킨 것이다. 따라서, 제 (7)란의 계산 총 단위유출고는 식 (9.69)에 단위기저유출고 q_i를 가산하여 얻은 것이다. 즉

표 9.26 유역으로부터의 총 유출량 계산

(1) 시간 (hr)	(2) 우량 R(mm/hr)	(3) 누가우량 $\sum R$(mm)	(4) 실측단위 유출고 q_{obs}(mm/hr)	(5) 유출역 단위유출고 q_l(mm/hr)	(6) 침투역 단위유출고 q_{cal}(mm/hr)	(7) 계산단위 유출고 q_l'(mm/hr)	(8) 계산 총 유출량 O_l(m³/sec)
4. 13			0.458			0.438	45.5
14			0.420			0.438	45.5
15			0.420			0.438	45.5
16	0.8	0.8	0.438			0.438	45.5
17		0.8	0.438			0.438	45.5
18		0.8	0.438			0.438	45.5
19	3.1	3.9	0.458	0.025		0.455	47.2
20	1.5	5.4	0.458	0.025		0.455	47.2
21	2.7	8.1	0.458	0.025		0.455	47.2
22	2.1	10.2	0.458	0.135		0.532	55.2
23	6.7	16.9	0.477	0.150		0.543	56.4
24	17.4	34.3	0.563	0.270		0.627	65.1
5. 1	29.1	63.4	0.744	0.365		0.694	72.1
2	22.0	85.4	1.180	0.720		0.942	97.8
3	27.0	112.4	1.966	1.80		1.698	176.4
4	25.4	137.8	3.315	3.70		3.028	315
5	17.8	155.6	4.269	5.15		4.043	420
6	17.5	173.1	5.271	7.00		5.338	555
7	21.3	194.4	5.859	8.60		6.458	671
8	10.7	205.1	7.506	9.40		7.018	729
9	1.5	206.6	11.843	10.15	0.625	7.735	803
10	2.4	209.0	10.706	11.15	1.95	8.833	918
11	0.2	209.2	10.195	11.10	2.55	8.973	932
12	0.1	209.3	8.364	10.25	2.50	8.368	870
13		209.3	7.275	9.55	2.50	7.868	817
14		209.3	6.283	8.70	2.30	7.218	749
15		209.3	5.512	7.95	2.20	6.658	692
16		209.3	4.943	7.25	2.05	6.123	637
17		209.3	4.365	6.60	1.90	5.628	584
18		209.3	3.970	6.10	1.80	5.248	545
19		209.3	3.758	5.55	1.70	4.828	502
20		209.3	3.527	5.10	1.55	4.473	464
21		209.3	3.267	4.70	1.50	4.178	434
22		209.3	3.151	4.30	1.40	3.868	402
23		209.3	3.045	4.00	1.30	3.658	381
24		209.3	2.910	3.70	1.20	3.388	352

$$q_l' = f_1 q_l + (1 - f_1) q_{sa,l} + q_i = 0.7 q_l + 0.3 q_{sa,\,l} + 0.438$$

표 9.26의 (8)란은 (7)란에서 계산된 총 단위유출고에 $A/3.6 = 373.6/3.6 = 103.78$을 곱하여 총 유출량을 계산한 것이다.

표 9.26의 실측 단위유출고[(4)란]와 계산 단위유출고[(7)란]를 비교하면 상당한 차이가 있음을 알 수 있다.

이는 그림 9.40에서 $s_l \sim (q - q_i)_l$ 관계를 단일직선으로 표시했기 때문이며, 이 관계를 몇 개의 직선으로 나누어 추적계산에 사용하면 보다 나은 결과를 얻을 수 있다.

예제 9.16 예제 9.14에서 수립한 하도의 저류함수식($S_l = 7.0 \times 10^4 O_l^{0.656}$)과 $T_l = 0\ \text{hr}$를 이용하여 표 9.24의 유입홍수수문곡선[(2)란]을 추적하여 하도의 유출점에서의 유출홍수수문곡선을 구하라.

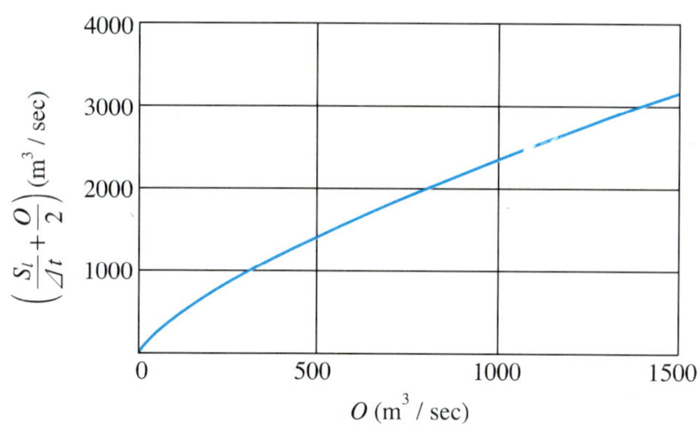

그림 9.48 $O \sim \left(\dfrac{S_l}{\Delta t} + \dfrac{O}{2}\right)$ 관계곡선

풀이

1) 저류함수식 $S_l = 7.0 \times 10^4 O_l^{0.656}$을 사용하여 그림 9.48에서와 같이 $O \sim \left(\dfrac{S_l}{\Delta t} + \dfrac{O}{2}\right)$ 관계곡선을 작성한다.

2) 반 도해추적법의 기본식인 식 (9.89)에 의해 표 9.27에서처럼 추적계산을 실시하여 유출점에서의 홍수유출 수문곡선을 얻는다.

본 하도의 경우는 $T_l = 0\ \text{hr}$이므로 유입점에서의 유입량 I_t[표 9.27의 (2)란]를 지체시킬 필요가 없다.

표 9.27 하도의 홍수추적 계산

(1) 시간 (hr)	(2) I_t (m^3/sec)	(3) $\frac{1}{2}(I_t+I_{t+1})$ (m^3/sec)	(4) $(\frac{S_t}{\Delta t}+\frac{O_t}{2})$ (m^3/sec)	(5) O_t (m^3/sec)	(6) $(\frac{S_{t+1}}{\Delta t}+\frac{O_{t+1}}{2})$ (m^3/sec)	(7) $(O_t)_{abs}$** (m^3/sec)
4. 13	47.5		280.0	47.5*	278.05	47.5
14	43.6	45.55	278.05	47.0	274.65	47
15	43.6	43.60	274.65	47.0	272.20	46
16	46.5	44.55	272.20	46.0	271.70	46
17	46.5	45.50	271.70	46.0	271.20	46
18	46.5	45.50	271.20	46.0	271.70	45
19	47.5	46.50	271.70	46.0	273.20	46
20	47.5	47.50	273.20	46.0	274.70	46
21	47.5	47.50	274.70	47.0	275.20	46
22	47.5	47.50	275.20	47.0	276.70	47
23	49.5	48.50	276.70	47.0	283.65	47
24	58.4	53.95	283.65	48.0	303.45	48
5. 1	77.2	67.80	303.45	53.0	350.30	52
2	122.5	99.85	350.30	64.0	449.55	64
3	204	163.25	449.55	90.0	633.55	80
4	344	274	633.55	144.0	883.05	152
5	443	393.50	883.05	224.0	1,154.05	248
6	547	495	1,154.05	378.0	1,353.55	353
7	608	577.50	1,353.55	474.0	1,573.05	460
8	779	693.50	1,573.05	585.0	1,992.05	576
9	1,229	1,004	1,992.05	898.0	2,264.05	799
10	1,111	1,170	2,264.05	970.0	2,379.05	1,040
11	1,059	1,085	2,379.05	1,035.0	2,307.55	1,090
12	868	963.50	2,307.55	995.0	2,124.06	1,030
13	755	811.50	2,124.06	890.0	1,937.55	900
14	652	703.50	1,937.55	770.0	1,779.55	765
15	572	612	1,779.55	685.0	1,639.55	681
16	513	545				

주: * 추적시점에서의 유출량은 관측된 유량 O=47.5 m^3/sec(4일 13시)로 하였으며, 이때의 $(S_t/\Delta t+O_t/2)=$ 280.0 m^3/sec(그림 9.48)

** 실측유출량

연습문제

9장 수문학적 홍수추적

9.1 수문학적 홍수추적과 수리학적 홍수추적의 근본적인 차이점을 설명하라.

9.2 다음 표는 어떤 저수지의 수면표고-저류량-유출량 관계를 표시한다. 저류량(S)~유출량(O)곡선을 그리고 홍수추적기간 $\Delta t = 2\,\text{hr}$로 하여 저류량 지시곡선 $(2S/\Delta t + O)$~O 및 $(S+\frac{1}{2}O\Delta t)$~O 관계곡선을 S~O관계곡선과 함께 그림에 표시하라.

수면표고 H(El. m)	360	365	370	375	380	381	382	383	384	385	386	387	388	389	390
저류량 $S(10^5\ \text{m}^3)$	0	2.9	17	40	69	80	92	115	126	155	172	230	264	322	345
유출량 $O(\text{m}^3/\text{sec})$	0	0	0	0	0	12	35	69	92	138	161	207	230	310	345

9.3 다음 표와 같은 홍수유입 및 유출수문곡선이 하천의 어떤 구간에 작성되었을 때 이 하천구간 내의 하도 저류량을 계산하고 저류량과 유출량 간의 관계를 표시하는 곡선을 그려라. 구간 내를 유입하는 지류는 없다고 가정하라.

일시	유입량(m^3/sec)	유출량(m^3/sec)
1/24 : 00	1.20	1.20
2/12 : 00	1.05	1.17
24 : 00	1.11	1.11
3/12 : 00	3.75	1.56
24 : 00	7.20	3.90
4/12 : 00	17.55	8.61
24 : 00	21.66	14.16
5/12 : 00	22.20	18.72
24 : 00	20.19	20.28
6/12 : 00	13.68	18.84
24 : 00	9.60	17.22

일시	유입량(m³/sec)	유출량(m³/sec)
7/12 : 00	7.35	11.82
24 : 00	5.76	9.21
8/12 : 00	4.32	7.05
24 : 00	3.54	5.40
9/12 : 00	2.85	4.26
24 : 00	2.40	3.42
10/12 : 00	2.01	2.79
24 : 00	1.68	2.31

9.4 어떤 소규모 저수지의 여수로 마루(spillway crest)표고에 대한 수표면적은 1.2 km^{2}이며, 여수로의 마루표고보다 높은 표고의 댐 제방은 거의 연직을 이루고 있고 여수로의 길이는 12.5 m이고 유량계수는 1.5이다. 문제 9.3의 유입홍수 수문곡선을 이 저수지로의 유입홍수량으로 가정하여 홍수추적을 실시하라. 저수지 내 최대수위와 여수로를 월류(越流)하는 최대홍수량을 계산하라. 저수지 내 수위는 1일 24 : 00시 현재로 여수로의 마루표고와 같다고 가정하라.

9.5 문제 9.2의 저수지 초기수위를 EL. 380 m로 가정하고 다음 유입수문곡선을 저수지를 통해 홍수추적하라. 최대저수위와 최대유출량은 얼마인가?

시간 (hr)	0	2	4	6	8	10	12	14	16	18	20	22	24	26	28	30
유량 (m³/sec)	46	75	92	126	138	195	230	218	184	172	148	126	115	92	69	46

9.6 어떤 저수지에 대한 수면표고별 저수면적 및 유출량은 다음 표와 같다.

수면표고(EL. m)	18.0	17.4	16.8
저수면적(10³ m²)	2100	1820	1620
유출량(m³/sec)	4.68	4.59	4.50

저수지로의 유입량이 3 m^3/sec로 일정하고 저수지 내 수면표고가 EL. 18.0 m에서 EL. 16.8 m로 저하하는 데 소요되는 시간을 계산하라. 증발량 및 투수량은 없는 것으

로 가정하라.

9.7 다음 표는 어떤 저수지에 대한 수면표고-저류량 및 수면표고-유출량 간의 관계를 표시하고 있다. 문제 9.3의 유입수문곡선을 저류량 지시방법으로 추적하여 저수지 내 최대수위와 여수로의 최대 월류 유량을 결정하라. 홍수 이전의 저수지 내 원수위는 EL. 262.5 m(1일 24 : 00시 현재)였다고 가정하라.

수면표고(EL. m)	저류량(10^3 m^3)	유출량(m^3/sec)
258.6	0	0
259.5	50	0
261.0	245	0
262.5	615	0
264.0	1230	0
264.6	1500	3.0
265.2	2000	6.9
265.8	2790	11.8
266.4	3870	18.0

9.8 어떤 저수지의 저류량-유출량 자료가 다음과 같다.

저류량(10^6 m^3)	70	76	81.5	95	105.2
유출량(m^3/sec)	56	225	515	1320	2250

추적기간 $\Delta t = 2$ hr로 저류량 지시곡선을 작성하고, 수정 Puls 방법으로 다음의 유입수문곡선을 저수지를 통해 추적하라. 초기 저류량은 70×10^6 m^3로 가정하라.

시간(hr)	0	2	4	6	8	10	12	14	16	18
유출량(m^3/sec)	50	90	190	250	430	1050	1600	1250	770	540

9.9 문제 9.8에서 저수지의 초기 저류량을 81.5×10^6 m^3로 가정하여 문제를 풀어라.

9.10 어떤 하도구간의 유입 및 유출수문곡선의 종거(縱距)가 다음 표에 주어져 있다. 시간구간(6 hr)별 평균저류량 및 누가저류량을 계산하여 그림으로 표시하라.

시간(hr)	0	6	12	18	24	30	36	42	48	54	60	66
유입량(m^3/sec)	10	17	49	52	41	28	18	13	10	9	8	7
유출량(m^3/sec)	10	10	16	26	36	40	38	30	21	14	10	9

9.11 문제 9.10의 자료를 이용하여 Muskingum 하도추적에 필요한 K와 x를 결정하라.

9.12 문제 9.3에 수록된 홍수로부터 Muskingum의 K 및 x값을 결정하라.

9.13 어떤 하천의 한 구간에 대한 유입 및 유출홍수 수문곡선이 다음 표와 같을 때 Muskingum의 K 및 x값을 결정하라.

일시	유입량(m^3/sec)	유출량(m^3/sec)	일시	유입량(m^3/sec)	유출량(m^3/sec)
1/06 : 00	30	30	3/06 : 00	165	246
12 : 00	120	39	12 : 00	141	225
18 : 00	288	45	18 : 00	123	204
24 : 00	411	93	24 : 00	108	186
2/06 : 00	375	180	4/06 : 00	93	174
12 : 00	306	237	12 : 00	81	153
18 : 00	246	264	18 : 00	72	135
24 : 00	195	261	24 : 00	63	117

9.14 문제 9.3의 홍수수문곡선을 어떤 하천구간에 대한 유입수문곡선으로 생각하여 Muskingum 홍수추적방법에 의하여 첨두유출량을 결정하라. 첨두유량은 몇 % 정도 감소했으며 그의 발생시간은 얼마나 지연되었는가? 이 하천구간에 대한 K 및 x값은 각각 27시간 및 0.2로 결정되었다고 가정하라.

9.15 다음 표는 $K = 10$ hrs, $x = 0$인 어떤 하천구간에 유입하는 유입홍수 수문곡선을 표시하고 있다. 도식적으로 첨두유출량의 발생시간과 크기를 결정하라. $x > 0$라면 유출

수문곡선에 어떠한 영향을 미칠 것인가? 유출량은 $t=11\,\text{hr}$에서 $28.3\,\text{m}^3/\text{sec}$로 상승하기 시작하는 것으로 가정하라.

시간(hr)	유입량 $I(\text{m}^3/\text{sec})$	시간(hr)	유입량 $I(\text{m}^3/\text{sec})$
0	28.3	40	90.6
5	29.9	45	70.8
10	24.1	50	53.8
15	62.3	55	42.5
20	133.1	60	34.0
25	172.7	65	28.3
30	152.9	70	24.1
35	121.8		

9.16 다음 그림과 같은 유역의 유로망상의 점 A와 B에 다음 표와 같은 홍수수문곡선이 동시에 측정되었다고 가정할 때 점 C에서의 유출수문곡선을 Muskingum 방법으로 구하라. $K=9\,\text{hrs}$, $x=0.33$으로 추정되었으며 국지유입량은 없는 것으로 가정하라.

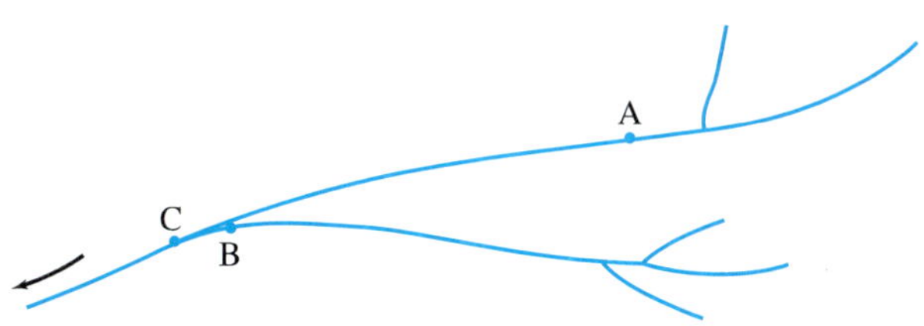

시간(hr)	유입량 $I(\text{m}^3/\text{sec})$	시간(hr)	유입량 $I(\text{m}^3/\text{sec})$
0	10	24	91
3	35	27	69
6	96	30	54
9	163	33	41
12	204	36	33
15	210	39	27
18	190	42	24
21	129		

9.17 문제 9.14를 Muskingum의 유역추적법으로 풀어라.

9.18 Nash 모형에서 유역 저류상수 K가 일정할 때 선형 저수지의 개수 n을 변화시키면서 순간단위도를 유도하여 순간단위도에 대한 n의 영향을 조사하라.

9.19 유역면적이 38 km^{2}인 하천유역에 내린 시간구간(6 hr)별 강우량과 유출량은 다음 표와 같다. 유역의 평균침투능은 6 mm/hr, 기저유출은 5 m^3/sec이다. Nash 모형으로 순간단위도를 구하라.

시간(hr)	1	2	3	4	5	6	7	8	9
강우량(mm/hr)	15	42	35	30	11				
유출량(m^3/sec)	18	90	200	220	175	100	50	21	10

9.20 유역의 지체시간이 10시간인 어떤 유역을 1시간 간격의 등시간선으로 분할한 결과는 다음 표와 같다. 과거의 홍수기록으로부터 결정한 유역의 저류상수 $K = 8$ hrs 라 하고 이 유역의 2 hr 단위도를 Clark의 유역홍수 추적법으로 유도하라.

시간(hr)	1	2	3	4	5	6	7	8	9	10
면적(km^2)	14	30	84	107	121	95	70	55	35	20

9.21 문제 9.20에서 Clark 방법으로 구한 순간단위도가 정확하다고 가정하고 Nash 방법(선형 저수지법)으로 적정한 n을 구하여 IUH를 유도하고 이를 문제 9.20에서 구한 IUH와 비교하라.

9.22 어떤 도시배수구역에 대한 포장지역의 등시간-면적관계를 작성한 결과가 다음 표와 같다. 설계 우량주상도의 시간별 종거가 표에 수록된 바와 같을 때 RRL 방법으로 유입구 수문곡선을 합성하라.

시간(hr)	1	2	3	4	5	6	7
면적(km^2)	0.5	0.8	1.2	1.5	1.1	0.7	0.4
설계우량(mm)	10	25	32	40	22	11	5

9.23 배수면적이 400 km^{2}인 유역의 등시간-면적관계가 다음 표와 같다. 과거에 발생한 단일호우기록으로부터 구한 $t_P = 9$ hr, $K = 5.5$ hr일 때 이 유역의 3시간 단위도를 Clark 방법으로 유도하라.

시간(hr)	1	2	3	4	5	6	7	8	9
면적(km^2)	15	30	50	75	80	60	45	25	20

9.24 어떤 유역에 일정한 강우강도로 1시간 동안 내린 호우로 인한 유역출구에서의 직접유출 수문곡선이 다음 표와 같이 작성되었다.

시간(hr)	유량(m^3/sec)	시간(hr)	유량(m^3/sec)
0	0	8	603
1	40	9	582
2	120	10	540
3	265	11	467
4	405	12	385
5	515	13	306
6	580	14	232
7	607	15	167

이 유역을 등시간선으로 분할하여 작성한 등시간-면적관계가 다음 표와 같을 때 1 hr 단위도를 작성하고 위의 표에 수록된 홍수를 유발시킨 유효우량의 크기를 구하라.

시간(hr)	1	2	3	4	5	6	7	8	9	10	11
면적(km^2)	25	40	80	200	340	300	220	170	110	50	20

9.25 문제 9.23의 유역 전체에 걸쳐 다음 표와 같은 유효우량이 내렸다고 가정하고 Clark 방법으로 유출수문곡선을 다음의 방법으로 계산하라. 기저유량은 무시하라.

시간(hr)	1	2	3	4
유효우량(mm)	10	15	40	70

가) 1 hr 단위도를 유도 적용하여 유출수문곡선을 계산하라.

나) 단위도를 적용하지 말고 유출수문곡선을 직접 합성하여 가)의 결과와 비교하라.

9.26 저수지 홍수추적의 경우에는 유출수문곡선의 첨두유량점이 유입수문곡선의 감수곡선 상에서 발생함을 증명하고 하도 홍수추적의 경우에는 그렇지 않은 이유를 설명하라.

9.27 선형저수지 가정에 있어서 저류상수 K의 값은 유입 및 유출수문곡선의 질량중심(도심) 간의 시간간격과 동일함을 증명하라.

9.28 예제 8.1의 표 8.1(제8장)의 (2), (3)란과 같은 강우와 유출이 배수면적 900 km^{2}되는 유역에 발생했을 때 저류함수법에 의해 홍수추적을 하고자 한다.

가) 저류상수 K, P 및 유역 지체시간 T_l을 구하라.

나) 가)에서 구한 K, P, T_l과 표 8.1의 우량 및 유량자료를 사용하여 이 유역의 f_1과 R_{sa}를 구하라.

다) 가) 및 나)에서 산정한 저류함수모형의 상수를 사용하여 표 8.1의 (2)란과 같은 강우가 내렸을 때 유역으로부터의 유출을 계산하여 실측값과 비교하라.

9.29 문제 9.13과 같은 하도구간의 상류단에 다음 표와 같은 홍수가 유입할 때 하류단에서의 유출량을 저류함수법으로 계산하고자 한다.

가) 이 하도구간의 저류상수 K, P와 지체시간 T_l을 산정하라.

나) 가)에서 산정된 여러 상수와 위의 표에 수록된 유입량을 이용하여 이 하도구간으로부터의 유출량을 저류함수법으로 계산하라.

일시	유입량(m^3/sec)	일시	유입량(m^3/sec)
15/08 : 00	50	16/12 : 00	276
12 : 00	145	16 : 00	232
16 : 00	338	20 : 00	198
20 : 00	522	24 : 00	167
24 : 00	468	17/04 : 00	145
16/04 : 00	385	08 : 00	132
08 : 00	310	12 : 00	120

참고문헌

9장 수문학적 홍수추적

木村俊晃(Kimura), 貯留函數法に洪水流出の追跡法, 學位論文, 土木研究所, 昭和 36年 (1961).

Clark, C.O., "Storage and the Unit Hydrograph", *Trans., ASCE*, Vol. 110, 1945.

Dooge, J., "A General Theory of Unit Hydrograph," *J. of Geophysical Research*, 64(2), 1959.

Japan International Cooperation Agency(JICA), *Runoff Calculation Method*, Reference Material for River Engineering Course, Ministry of Construction, Japan, 1980.

McCarthy, G.T., "The Unit Hydrogarph and Flood Routing", Presentation at a *Conference of the North Atlantic Division*, U.S. Army Corps of Engineers, 1938.

Nash, J.E., "The Form of Instantaneous Hydrograph", *Int. Assoc. Hydrology Conference of IUGG*, Toronto, 1957.

Nash, J.E., "Determining Runoff from Rainfall", *Proc. Institution of Civil Engineers* (Ireland), 10, 1958.

Norton, W.R., et al., "A Finite Element Model for Lower Granite Reservoir," *Water Resources Engineers, Inc.*, Walnut Creek, California, 1973.

Overton, D.E., "Muskingum Flood Routing of Upland Stream Flow", *J. of Hydrology*, 4, 1966.

Peters, J., *Flood Plain Hydrology Using Computer Program HEC-1 on IBM Compatible Personal Computers*: Lecture #6: Unit Hydrograph Development, HEC-1 Course, University Extension, U.C., Davis, California, 1993.

Ponce, V.M., Li, R. M. and Simons, D.B., "Applicability of Kinematic and Diffusion Models," *J. Hydraulics Div., ASCE*, Vol. 14, No. HY3, 1978.

Ponce, V.M., "Diffusion Wave Modeling of Catchment Dynamics", *J. Hydraulic Engineering, ASCE*, Vol. 112, No. 8, 1986.

Ponce, V.M., *Engineering Hydrology*, Prentice-Hall, Engelwood Cliffs, New Jersey, 1989.

Roesner, L.A., Aldrich, J.A. and Dickinson, R.E., *Storm Water Management Model,*

Version 4, User's Manual: Extran Addendum, EPA/600/3-88/001 b (NTIS PB88-236658/AS), Enviromental Protection Agency, Athens, Georgia, 1988.

Raudkivi, A.J., *Hydrology*, Pergamon Press, Elmstared, New York, 1979.

Sabol, G.V., "Clark Unit Hydrograph and R-Parameter", *J. of Hydraulic Engineering, ASCE*, Vol. 114, No. 1, 1988.

U.S. Army Corps of Engineers, *Flood Runoff Analysis*, 1994.

Hydrology

10장 수리학적 홍수추적

10.1 서 론

제9장에서 소개한 수문학적 홍수추적 방법은 수문분야에서 접하게 되는 대부분의 홍수추적 문제를 해결하는 수단으로 충분하나 여러 가지 특수한 경우는 수리학적 홍수추적(水理學的 洪水追跡, hydraulic flood routing) 기법에 의해서만 적절한 해석이 가능하다. 하구부 델타(delta) 지역에서의 복잡한 파천(派川)수계를 통한 흐름이라든지, 배수(背水)영향이 심하고 변동성이 많은 하천구간과 역류부(逆流部)를 가지는 하천에서의 유출해석 등은 이 범주에 속하는 문제들이다. 또한, 댐 파괴로 인한 홍수의 하류전파를 추적한다든지, 가능최대홍수량(probable maximum flood, PMF, 제15장)과 같은 비정상적인 초과홍수를 추적하는 데는 수리학적 추적법이 더욱 효과적이며, 미 계측 하천구간에 대한 수문학적 홍수추적을 하는 데 필요한 저류량을 계산하기 위해서도 수리학적 홍수추적 방법이 사용된다.

수리학적 홍수추적방법은 경험적인 저류량-유출량관계를 사용하여 연속방정식인 저류방정식만을 푸는 수문학적 홍수추적방법과는 달리 부정부등류의 연속방정식과 운동량방정식, 즉 Saint-Venant 방정식의 해를 구한다는 면에서 보면 수문학적 홍수추적방법보다 정확한 해를 구할 수 있는 방법으로 정통 수리학(hydraulics) 분야의 해석기법에 속한다 할 수 있다. St. Venant 방정식을 해석적으로 푸는 방법(analytical solution method)은 없으므로 여러 가지 수치해석기법(numerical method)을 사용하고 있다. 양해성 유한차분법(陽解性 有限差分法, explicit finite difference scheme)은 흐름계를 격자시스템(grid system)으로 구성하여 격점(grid point)에서의 전 시각의 수심과 유속을 알고 다음 시각에서의 값을 축차적으로 계산해 나가는 방법이며, 음해성 유한차분법(陰解性 有限差分法, implicit finite difference scheme)은 격자망별로 일련의 연립수치방정식(연속 및 운동량방정식)을 전 하도구간에 걸쳐 수립한 후 매 시간 단계별로 수치해를 한꺼번에 구하는 방법이다. 또한, 특성곡선법(method of characteristics)은 시간-공간평면($x-t$ plane)에서 특성곡선(characteristic curve) 개념을 도입하여 편미분방정식(partial differential equation)인 부정류의 연속방정식과 운동량방정식을 상미분방정식(ordinary differential equation)으로 변형시켜 수치해를 구하는 방법이다. 이들 수치해석기법의 보다 자세한 내용에 대해서 살펴보기로 한다.

10.2 부정류 지배방정식의 유도

10.2.1 연속방정식

하천 내에 흐르는 홍수류나 지표면에 흐르는 표면류(overland flow)는 시간적 및 공간적으로 특성이 변하는 부정부등류(不定不等流, unsteady nonuniform flow)이다.

흐름의 특성이 흐름방향(x-방향)으로만 변화하는 1차원 부정류의 연속방정식은 어떤 흐름구간으로 흘러들어오는 유입량과 흘러나가는 유출량의 차가 구간의 저류량변화(storage change)와 같아져서 질량보존원리가 성립되도록 하여 유도한다. 그림 10.1에서와 같이 수로상 강수(channel precipitation) 혹은 측방류(側方流, lateral inflow)가 유입하는 하천의 임의 하도구간 Δx에 대해 하도의 단위폭을 생각해 보면 하도구간으로의 총 유입질량은 다음과 같이 표시할 수 있다.

$$\rho\left(V-\frac{\partial V}{\partial x}-\frac{\Delta x}{2}\right)\left(A-\frac{\partial A}{\partial x}\frac{\Delta x}{2}\right)\Delta t+\rho\int_{x}^{x+\Delta x}\int_{t}^{t+\Delta t}q(x,t)\,dt\,dx \qquad (10.1)$$

여기서, ρ는 물의 밀도, V는 흐름의 평균유속, A는 흐름의 단면적, q는 Δx에 걸친 하도의 단위 폭당 강우량 혹은 측방유입량이다.

한편, 구간으로부터의 총 유출질량은

$$\rho\left(V+\frac{\partial V}{\partial x}\frac{\Delta x}{2}\right)\left(A+\frac{\partial A}{\partial x}\frac{\Delta x}{2}\right)\Delta t \qquad (10.2)$$

또한, 구간에 있어서의 저류량의 변화율은

$$\rho\frac{\partial A}{\partial t}\Delta x\Delta t \qquad (10.3)$$

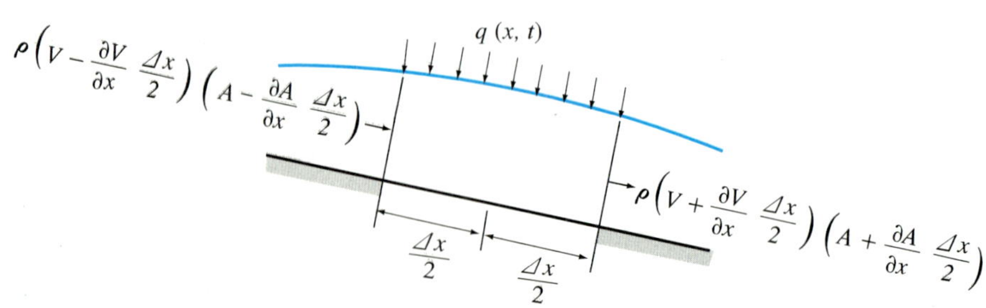

그림 10.1 연속방정식의 유도를 위한 흐름요소

따라서, 식 (10.1)에서 식 (10.2)를 뺀 것을 식 (10.3)으로 나누면 연속방정식은 다음과 같이 표시된다.

$$-\rho\left(A\frac{\partial V}{\partial x}\Delta x+V\frac{\partial A}{\partial x}\Delta x\right)\Delta t+\rho\bar{q}\Delta x\Delta t=\rho\frac{\partial A}{\partial t}\Delta x\Delta t \qquad (10.4)$$

여기서, $\bar{q}$는 Δx에 걸친 Δt 시간 동안의 평균강우 유입량이다.

식 (10.4)를 간단히 하면 공간적으로 변하는 부정부등류의 연속방정식을 다음과 같이 표시할 수 있다.

$$A\frac{\partial V}{\partial x}+V\frac{\partial A}{\partial x}+\frac{\partial A}{\partial t}=\bar{q}$$

$$\therefore\ \frac{\partial Q}{\partial x}+\frac{\partial A}{\partial t}=\bar{q} \qquad (10.5)$$

단위 하도폭에 대해서 생각하면 흐름의 단면적(A)은 수심(y)과 같으므로 식 (10.5)는 다음과 같아진다.

$$y\frac{\partial V}{\partial x}+V\frac{\partial y}{\partial x}+\frac{\partial y}{\partial t}-\bar{q}=0 \qquad (10.6)$$

식 (10.6)에서 미지의 변수는 V와 y이며, 각각 x와 t의 함수이다.

10.2.2 운동량방정식

Newton의 제2법칙에 의하면 임의 통제용적(control volume)에 작용하는 외력의 합은 운동량의 변화율과 같다. 그림 10.2와 같은 공간적으로 변하는 부정부등류의 운동량방정식을 유도함에 있어서 전제하게 되는 가정은 다음과 같다.

1) 흐름은 1방향(unidirectional)이며, 흐름단면에서는 균일 유속분포(uniform velocity distribution)를 가진다.

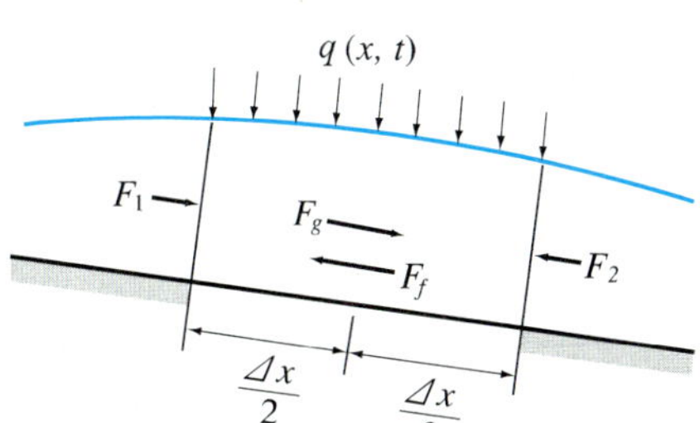

그림 10.2 운동량방정식의 유도를 위한 흐름요소

2) 작용하는 수압은 정수압으로 본다.

3) 하도의 경사는 대체로 완만하다.

4) 하도의 벽면에서 생기는 마찰손실은 Manning 공식으로 계산할 수 있다.

5) 강우 혹은 측방류는 흐름방향으로의 유속성분 없이 유입된다.

6) $\bar{i}$ 는 측방류의 공간적 및 시간적 변화를 대표한다.

그림 10.2의 하도구간 Δx에 작용하는 외력은 양단에서의 정수압 F_1, F_2와 물의 무게의 흐름방향성분 F_g 및 흐름단면의 윤변에 작용하는 마찰력 F_f이다. 정수압 F_1, F_2를 표시하면

$$F_1 = \gamma\left[\bar{y}A - \frac{\partial(\bar{y}A)}{\partial x}\frac{\Delta x}{2}\right] \tag{10.7}$$

$$F_2 = \gamma\left[\bar{y}A + \frac{\partial(\bar{y}A)}{\partial x}\frac{\Delta x}{2}\right] \tag{10.8}$$

여기서, γ는 물의 단위중량이며, $\bar{y}$는 수면으로부터 단면의 도심까지의 깊이이다.
한편, 통제용적 내 물 무게의 흐름방향성분은

$$F_g = \gamma A S_o \Delta x \tag{10.9}$$

여기서, S_o는 하도의 경사이다. 또한, 구간 Δx에 걸쳐 생기는 마찰력은

$$F_f = \gamma A S_f \Delta x \tag{10.10}$$

여기서, S_f는 에너지선의 경사 혹은 마찰경사(friction slope)이다.
따라서, 작용하는 외력의 합은

$$\sum F = (F_1 - F_2) + F_g - F_f = -\gamma\frac{\partial(\bar{y}A)}{\partial x}\Delta x + \gamma A S_o \Delta x - \gamma A S_f \Delta x \tag{10.11}$$

하도구간 Δx에 걸친 운동량의 시간에 따른 변화율은 다음과 같이 표시될 수 있다.

$$\frac{d}{dt}(mV) = m\frac{dV}{dt} + V\frac{dm}{dt} \tag{10.12}$$

여기서, m은 물의 질량이다.
운동량방정식의 유도를 위해 전제한 가정 5), 6)을 따르면 식 (10.12)는 다음과 같아진다.

$$\frac{d}{dt}(mV) = \rho A \Delta x \frac{dV}{dt} + \rho V \bar{q} \Delta x \tag{10.13}$$

여기서, V는 시간 t와 거리 x에 따라 변하는 변수이므로

$$\frac{dV}{dt} = \frac{\partial V}{\partial t} + V \frac{\partial V}{\partial x} \tag{10.14}$$

식 (10.14)를 식 (10.13)에 대입한 후 이를 식 (10.11)과 같게 놓고 정리하면

$$\frac{\partial V}{\partial t} + V \frac{\partial V}{\partial x} + \frac{g}{A} \frac{\partial (\bar{y} A)}{\partial x} + \frac{V \bar{q}}{A} = g(S_o - S_f) \tag{10.15}$$

하도의 단위폭당으로 생각하면 $A = y$이므로 식 (10.15)는 다음과 같이 표시된다.

$$\underbrace{\frac{\partial V}{\partial t}}_{①} + \underbrace{V \frac{\partial V}{\partial x}}_{②} + \underbrace{g \frac{\partial y}{\partial x}}_{③} + \underbrace{\frac{V}{y} \bar{q}}_{④} - \underbrace{g(S_o - S_f)}_{⑤} = 0 \tag{10.16}$$

식 (10.16)에서도 미지의 변수는 역시 $V(x, t)$와 $y(x, t)$이다. 따라서 수리학적 추적에서는 결국 Saint-Venant 방정식이라 불리는 식 (10.6)과 식 (10.16)을 연립하여 적절한 초기 및 경계조건에 맞추어 풀어서 유속 V와 수심 y의 공간적(x) 및 시간적(t) 변화를 차례로 계산하여 단위 폭당 유출량 $q(x, t) = V(x, t) \cdot y(x, t)$를 구하게 된다.

10.3 부정류 지배방정식의 변형

부정부등류의 운동량방정식인 식 (10.16)의 각 항은 각각 물리적인 의미를 갖는다. 즉, ①항과 ②항은 각각 국지 가속도(local acceleration) 및 대류형 가속도(convective acceleration)를 표시하는 항으로서 흐름에 미치는 관성력의 영향을 나타내며, ③항은 흐름의 수심변화에 따른 정수압의 변화를 표시하고, ④항은 측방류에 의한 흐름의 운동량 변화, 그리고 ⑤항은 흐름에 대한 중력 및 마찰력의 영향을 표시한다.

식 (10.16)은 부정부등류에 작용하는 모든 힘과 운동량의 변화율을 고려하여 유도한 완전한 운동량방정식이나 여러 유출현상 중에는 이들 힘이나 운동량 중에서 하나 혹은 몇 가지를 무시하더라도 만족할 만한 해를 얻을 수 있는 경우가 허다하므로 식 (10.16)의 간략화가 가능하다. 동역학파(動力學波, dynamic wave) 및 운동파(運動波, kinematic wave) 방정식은 지배방정식의 간략화 예에 속하며, 이들 식에 관해 살펴보기로 한다.

10.3.1 동역학파 방정식

식 (10.16)에서 관성력에 관련되는 항(①, ②)과 압력을 표시하는 항(③)과 중력 및 마찰력에 관련되는 항(⑤)이 중요한 역할을 하며, 측방류가 없거나($\bar{q}=0$), 측방류에 의한 흐름의 운동량변화항(④)을 무시할 수 있을 경우의 부정류의 연속방정식은 식 (10.5) 및 (10.6)으로부터 다음과 같아진다.

$$\frac{\partial Q}{\partial x}+\frac{\partial A}{\partial t}=0 \tag{10.17}$$

혹은

$$y\frac{\partial V}{\partial x}+V\frac{\partial y}{\partial x}+\frac{\partial y}{\partial t}=0 \tag{10.18}$$

한편, 운동량방정식은 식 (10.16)으로부터

$$\frac{\partial V}{\partial t}+V\frac{\partial V}{\partial x}+g\frac{\partial y}{\partial x}-g(S_o-S_f)=0 \tag{10.19}$$

식 (10.18)과 식 (10.19)를 동역학파 방정식(動力學波方程式, dynamic wave equation)이라 한다.

식 (10.19)는 다음과 같이 경사항(傾斜項)으로 표시할 수 있다.

$$S_f=S_o-\frac{\partial y}{\partial x}-\frac{1}{g}\frac{\partial V}{\partial t}-\frac{V}{g}\frac{\partial V}{\partial x} \tag{10.20}$$

동역학파는 폭이 넓고 수심이 그다지 크지 않은 자연하천에서의 홍수파의 이동이나 댐 파괴로 인한 하류로의 홍수전파 등을 대표할 수 있으므로 이들의 계산을 위해서는 동역학파 방정식[식 (10.18) 및 식 (10.19)]을 풀어야 한다.

10.3.2 운동파 방정식

식 (10.16)에서 관성력과 압력항이 중요하지 않고 측방류의 영향도 무시할 수 있을 경우에는 운동파(運動波, kinematic wave)가 흐름을 지배하게 되며, 중력에 의한 물의 무게가 흐름의 마찰력과 평형을 이루게 되어 가속도는 거의 무시할 수 있고 등류(等流)에 가까운 흐름이 된다.

Lighthill과 Whitham(1955)에 의하면 흐름의 Froude수 $\mathbf{F}\geq 2$이면 운동파가 동역학파보다 지배적이며, 흐름의 평균유속 V가 중력파의 전파속도 $\sqrt{gy}$ (y는 수심)보다 큰 사류(射流,

F > 1) 조건에서는 중력파가 상류방향으로 전파되지 못하여 흐름이 정상등류(定常等流, steady uniform flow)로 접근하게 되므로 운동파로 볼 수 있다는 것이다. 따라서, 표면류(表面流, overland flow)나 수심이 아주 작은 소하천의 하도흐름의 경우는 실질적인 면에서 운동파 이론에 의해 식 (10.16)의 운동량방정식의 간략해(kinematic approximation)를 구하더라도 정해(正解)에 못지않은 결과를 얻을 수 있다는 것이다.

운동파의 운동량방정식은 식 (10.20)의 우변항 중 S_o 이외의 항은 무시하는 경우이므로

$$S_o = S_f \tag{10.21}$$

여기서, 흐름의 마찰경사 S_f는 Darcy-Weisbach 공식을 사용하면 다음과 같이 표시된다.

$$S_f = \frac{f V^2}{8gR} \tag{10.22}$$

여기서, f는 Darcy-Weisbach의 마찰손실계수이고 R은 흐름단면의 동수반경이다.

따라서, 운동파 이론에서는 식 (10.16)으로 표시되는 연속방정식과 식 (10.21)로 표시되는 운동량방정식을 연립하여 풀게 되는 것이다.

운동파의 운동량방정식을 유량의 항으로 표시하기 위해 식 (10.16)의 S_o와 S_f를 Manning 공식으로 표시하면

$$Q = \frac{1}{n} A R^{2/3} S_f^{1/2} = \frac{1}{n} A R^{2/3} S_o^{1/2} = Q_n \tag{10.23}$$

여기서, Q_n은 등류의 유량을 표시한다. 따라서

$$\frac{S_f}{S_o} = \left(\frac{Q}{Q_n} \right)^2 \tag{10.24}$$

식 (10.24)를 식 (10.16)에 대입하고 정리하면

$$Q = Q_n \left[1 - \frac{1}{S_o} \left(\frac{1}{g} \frac{\partial V}{\partial t} + \frac{V}{g} \frac{\partial V}{\partial x} + \frac{\partial y}{\partial x} - \frac{\bar{q} V}{gy} \right) \right]^{1/2} \tag{10.25}$$

운동파의 경우는 식 (10.25)의 ( ) 내 항은 무시하므로

$$Q \approx Q_n \tag{10.26}$$

즉, 부정부등류의 유량은 등류의 유량과 대략 같은 것으로 보는 것이다.

운동파 근사해법(kinematic approximation)을 또 한 가지 다른 의미로 표시해 본다면 유량은 흐름의 수심만의 함수로 표시된다는 것이다. 즉, 표면류에 대한 Manning 공식을 생각하면

$$Q = Q_n = \frac{1}{n} A R^{2/3} S_o^{1/2} = \alpha A^m \tag{10.27}$$

여기서, A는 흐름단면적이며, α는 조도계수 n과 수로경사 S_o 및 흐름의 단면형에 따라 결정되며, m은 단면형에 의해 결정된다.

이상에서 살펴본 바와 같이 운동파 방정식은 식 (10.17) 혹은 식 (10.18)로 표시되는 연속방정식과 식 (10.27)로 표시되는 운동량방정식을 연립해서 풀어 해를 구하게 된다.

10.3.3 확산파 방정식

운동파 방법은 표면류나 급경사 수로 내 흐름추적에 널리 사용되어 왔으며, 기본적으로 홍수파의 전이(轉移, translation)만 있을 뿐 홍수파 모양의 변화가 없어 첨두유량의 감쇄 없이 하류방향으로 전파되는 것으로 본다. 그러나, 자연하천에서의 부정류는 홍수파의 전이와 함께 감쇄영향으로 인한 변형, 즉 확산효과(擴散效果, diffusion effect)가 나타나게 되며, 이러한 홍수파를 확산파(diffusion wave)라 한다.

확산파 방정식(diffusion wave equation)은 식 (10.20)에서 관성력 관련항이 마찰력과 중력, 및 압력항에 비해 무시할 수 있을 정도로 작은 경우의 부정류의 운동량방정식이므로 다음과 같이 표시된다.

$$\frac{\partial y}{\partial x} = S_o - S_f \tag{10.28}$$

식 (10.28)의 운동량방정식은 시간에 무관하므로 정상류(steady flow)이나 흐름방향으로 수심의 변화($\partial y/\partial x$)가 고려되므로 부등류(不等流)이다. 따라서, 흐름은 정상부등류(定常不等流, steady nonuniform flow)라 할 수 있다.

식 (10.28)을 연속방정식인 식 (10.17)과 결합시키면 다음과 같은 전형적인 확산방정식을 유도할 수 있다.

$$\frac{\partial Q}{\partial t} + C_k \frac{\partial Q}{\partial x} = D \frac{\partial^2 Q}{\partial x^2} \tag{10.29}$$

여기서, C_k는 운동파의 전파속도(kinematic wave celerity)로서 (dQ/dA)이며, D는 수리확산계수(水理擴散係數, hydraulic diffusivity)라 부른다. 수리확산계수 D(m^2/sec)는 다음 식

으로 표시될 수 있다.

$$D = \frac{Q_P}{2\,TS_o} \tag{10.30}$$

여기서, Q_p는 하도구간으로의 첨두유입유량(m^3/sec), T는 수로폭(m), S_o는 수로의 평균경사(m/m)이다. 식 (10.29)로부터 산지하천과 같이 급경사 수로에서는 식 (10.30)의 S_o가 커서 D가 작아지므로 식 (10.29)의 우변항을 무시할 수 있어서 좌변은 운동파의 연속방정식이 됨을 알 수 있다. 한편, 완경사 하천에서는 D값이 커지므로 홍수파의 감쇄영향이 커져서 식 (10.29)의 우변의 확산항이 중요하게 되므로 식 (10.29)는 운동파 방정식보다 더 실제의 부정류 흐름에 가까운 식이라 할 수 있다. 따라서, 긴 하천이나 홍수터(flood plain)를 가지는 하천에서 중요한 홍수파의 감쇄영향을 제대로 고려하기 위해서는 확산파 방정식을 풀어서 해를 구하는 것이 바람직하다.

자연계에서 발생하는 홍수파는 어느 정도의 확산효과를 나타내므로 운동파보다는 확산파로 보고 부정류를 해석하는 것이 더 바람직하며, 확산파 가정의 적용한계에 대한 Ponce(1986)의 기준은 다음과 같다.

$$t_r\, S_o \left[\frac{g}{y_0}\right]^{1/2} \geq M \tag{10.31}$$

여기서, t_r은 추적구간으로의 유입수문곡선의 상승시간, S_o는 하도경사, y_o는 평균수심, g는 중력가속도이며, $M=15$를 추천하였다.

10.4 운동파 추적기법

부정류인 홍수파의 흐름을 표시하는 Saint-Venant 방정식의 하나인 운동량방정식에서 관성력과 압력에 관련되는 항을 무시하고 중력과 마찰력이 흐름을 지배하는 부정류의 해를 구하는 방법이 운동파 추적기법(kinematic wave routing)이다.

표면류(overland flow)나 하천흐름(river channel flow)의 추적을 위한 운동파 추적기법은 미국 육군공병단의 수문공학연구소(水文工學硏究所, Hydrologic Engineering Center, HEC)에서 다년간에 걸쳐 개발되었으며, 제12장에서 상세하게 다룰 HEC-1, Flood Hydrograph Package 및 HEC-HMS(1981, 1990, 1998)에 잘 소개되어 있고 전 세계적으로 실무에서 사용되고 있으므로 이에 관해 소개하기로 한다.

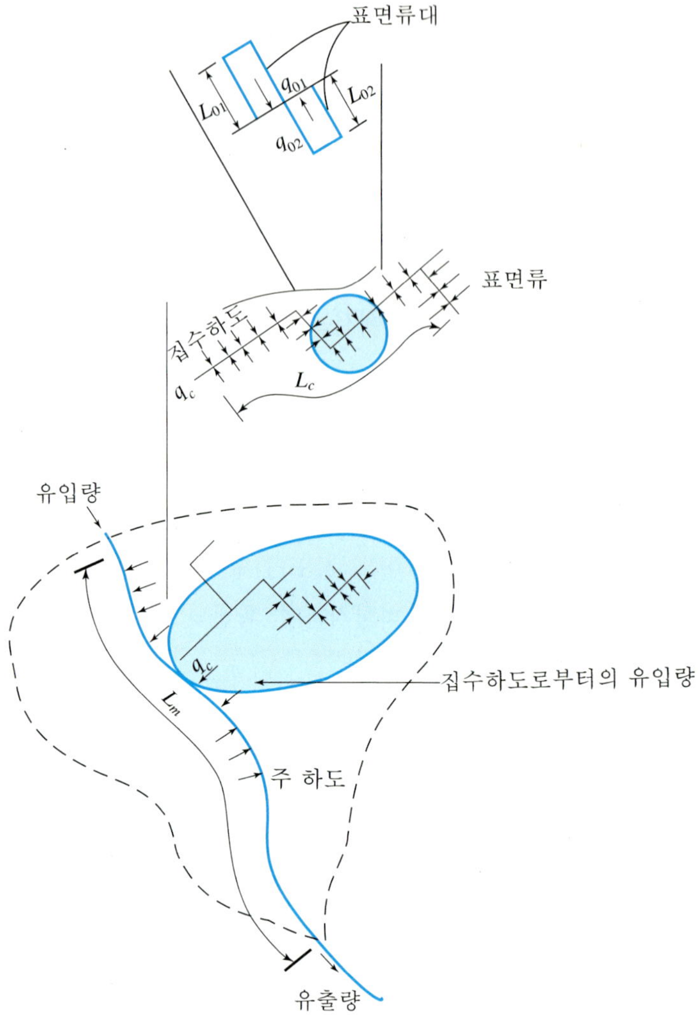

그림 10.3 유역의 흐름계와 흐름성분 간의 관계

HEC-1(HEC-HMS)에서는 그림 10.3에서 보는 바와 같이 하천유역은 세천(細川)에 연결된 표면류대(表面流帶, overland flow strip)와 집수수로(集水水路, collector channel) 및 주하도(主 河道, main channel)로 구성된다고 보며, 유역에서 발생하는 호우사상에 대한 이들 요소의 유출반응을 조합함으로써 유출해석을 하게 된다. 또한, 표면류는 하천흐름과는 특성이 상이하고 운동파 가정이 잘 들어맞는 흐름이므로 개수로 내 흐름과는 별도로 다루어진다.

HEC-1에서의 표면류는 광범위한 영역에 걸쳐 얕은 수심으로 집수수로에 도달할 때까지 흐르는 것으로 모의되며, 여러 경사와 흐름장 및 표면조도를 가지는 투수 혹은 불투수 표면에 흐르는 흐름을 취급할 수 있도록 되어 있다.

표면류가 표면류대에 걸쳐 추적되면 집수수로를 거쳐 결국에는 주 하도를 통해 축차적으로 추적된다. 집수수로를 통해 흐르는 유출은 수로를 따라 유입하는 등분포 측방유입과 합치도록 모의된다.

10.4.1 표면류의 운동파 추적방정식

표면류의 경우처럼 흐름을 운동파로 간주할 수 있을 경우 유량은 식 (10.27)과 같이 흐름 단면적의 항으로 표시할 수 있으며, 표면류의 단위 폭당 유량(q_0 $\mathrm{m^3/sec}$)을 수심의 항 및 Manning 공식으로 표시하면 다음과 같다.

$$q_0 = \alpha_0 y_0^{m_0} = \frac{1}{n} y_0^{5/3} \sqrt{S_o} \tag{10.32}$$

여기서, y_0는 표면류의 평균수심(m)이며, n은 Manning의 조도계수, S_o는 수로경사, $\alpha_0 = \sqrt{S_o}/n$, $m_0 = 5/3$이다.

한편, 표면류의 단위 폭당 흐름에 대한 연속방정식은

$$\frac{\partial y_0}{\partial t} + \frac{\partial q_0}{\partial x} = i - f \tag{10.33}$$

여기서, i는 강우강도(m/sec), f는 침투율(m/sec)이다.

식 (10.32)를 식 (10.27)에 대입하면

$$\frac{\partial y_0}{\partial t} + \alpha_0 m_0 y_0^{m_0 - 1} \frac{\partial y_0}{\partial x} = i - f \tag{10.34}$$

식 (10.34)를 수치해법에 의해 풀면 $y_0 = f(x, t, i - f)$의 형태로 구할 수 있으며, 식 (10.32)를 사용하여 q_0를 계산할 수 있다.

식 (10.32)와 식 (10.33)은 각각 표면류의 운동파 추적을 위한 운동량방정식과 연속방정식을 표시하며, 두 식을 결합한 식 (10.34)를 수치해석적으로 푸는 방법에 대해서는 뒤에서 살펴보기로 한다.

10.4.2 운동파 하도추적방법

HEC-1(1990)에서는 그림 10.4에 표시한 바와 같이 모양이 단순한 횡단면을 집수수로나 하도의 흐름단면으로 사용하고 있다. 이들 흐름단면은 하도의 경사라든지 길이, 횡단면적, Manning의 조도계수(n), 횡단면의 모양 등에 의해 완전히 특성화가 가능하며, 부정류흐름의 연속방정식과 운동량방정식은 다음과 같이 표시된다.

$$\frac{\partial Q}{\partial x} + \frac{\partial A}{\partial t} = \bar{q}_0 \tag{10.35}$$

$$Q = \alpha A^m \tag{10.36}$$

여기서, Q와 A는 각각 하도를 통한 유량(m^3/sec)과 흐름단면적(m^2)이고, $\bar{q}_0$는 하도 내 흐름방향과 직각인 방향으로 측방유입하는 단위 폭당 표면류(m^3/sec/m)이며, α와 m은 운동파 하도매개변수(kinematic channel parameter)라 부르며, 횡단면의 모양에 따라 Manning의 유량공식을 사용하여 결정할 수 있으며, 유도된 결과는 그림 10.4에 횡단형별로 표시되어 있다.

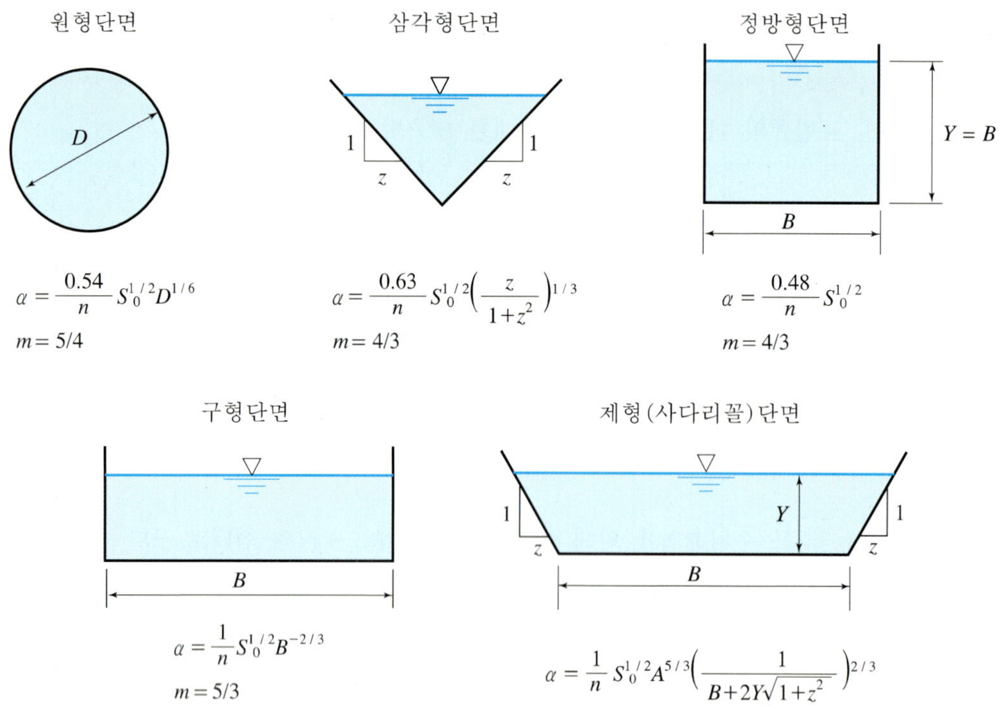

그림 10.4 운동파 홍수추적을 위한 단면형별 α 및 m

운동파 하도추적방정식인 식 (10.35)와 식 (10.36)을 연립해서 풀기 위해 식 (10.36)을 식 (10.35)에 대입하면

$$\frac{\partial A}{\partial t} + \alpha m A_c^{m-1} \frac{\partial A}{\partial x} = \bar{q}_0 \tag{10.37}$$

따라서, 식 (10.37)의 해를 구하는 것이 하도추적 계산이다.

10.4.3 운동파 추적방정식의 수치해법

식 (10.34)와 식 (10.37)로 표시되는 표면류와 자연하도 내 부정류에 대한 운동파 추적방정식을 풀이하는 방법은 동일하므로 식 (10.37)의 운동파 하도추적방정식을 양해성 유한차분법(陽解性 有限差分法, explicit finite difference scheme)으로 푸는 절차를 설명하기로 한다. 그림 10.5에 표시된 시간-공간 격자망에 따라 식 (10.37)을 유한차분식으로 표시하면

$$\frac{A(i,j)-A(i,j-1)}{\Delta t} + \alpha m \left[\frac{A(i,j-1)+A(i-1,j-1)}{2}\right]^{m-1} \left[\frac{A(i,j-1)-A(i-1,j-1)}{\Delta x}\right] = \bar{q}_0 \tag{10.38}$$

여기서,

$$\bar{q}_0 = \frac{1}{2}[q_0(i,j)+q_0(i,j-1)] \tag{10.39}$$

식 (10.38)에서 유일한 미지수는 $A(i,j)$이며, 나머지 변량은 $i-1$, $j-1$에서의 방정식의 해 혹은 경계조건에 의해 알 수 있는 값들이다. 따라서 식 (10.28)을 미지수 $A(i,j)$에 관해 풀면

$$A(i,j) = \bar{q}_0 \Delta t + A(i,j-1) - \alpha m \left(\frac{\Delta t}{\Delta x}\right) \left[\frac{A(i,j-1)+A(i-1,j-1)}{2}\right]^{m-1} [A(i,j-1)-A(i-1,j-1)] \tag{10.40}$$

식 (10.40)으로 $A(i,j)$를 구하면 (i,j)에 있어서의 유량은

$$Q(i,j) = \alpha[A(i,j)]^m \tag{10.41}$$

식 (10.40)에 의한 계산의 안정성(numerical stability) 확보를 위해서는 운동파의 전파속도 C_k와 Δx 및 Δt(그림 10.5) 사이에 다음과 같은 관계가 유지되어야 한다.

$$C_k < \frac{\Delta x}{\Delta t} \tag{10.42}$$

여기서, C_k는 임의 추적구간(routing reach)에 있어서의 유량의 평균변화량(ΔQ)을 흐름

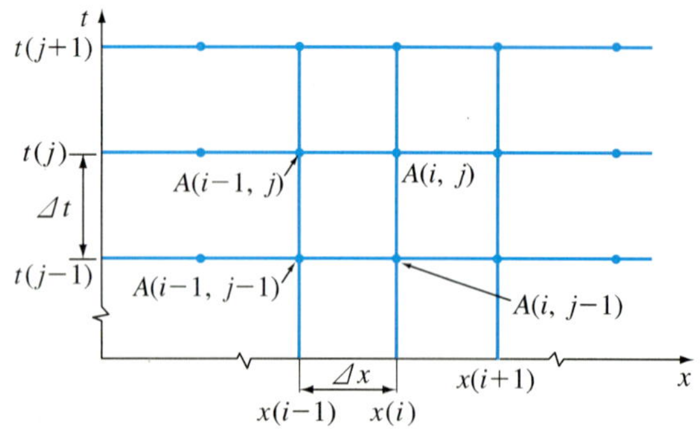

그림 10.5 유한차분법의 적용을 위한 시간–공간 격자망

단면적의 평균변화량(ΔA)으로 나누어 계산되는 것이다.

만약, 식 (10.42)의 관계가 성립되지 않으면 식 (10.35)의 다음과 같은 유한차분식을 풀어야 한다. 즉,

$$\frac{Q(i,j)-Q(i-1,j)}{\Delta x}+\frac{A(i-1,j)-A(i-1,j-1)}{\Delta t}=\bar{q}_0 \tag{10.43}$$

여기서, $Q(i, j)$만이 미지변수이다.

식 (10.43)을 $Q(i, j)$에 관해 풀면

$$Q(i,j)=Q(i-1,j)+\bar{q}_0\Delta x-\left(\frac{\Delta x}{\Delta t}\right)[A(i-1,j)-A(i-1,j-1)] \tag{10.44}$$

따라서,

$$A(i,j)=\left[\frac{Q(i,j)}{\alpha}\right]^{1/m} \tag{10.45}$$

식 (10.44)에 의한 유량의 계산에서도 Δx와 Δt의 선택은 계산의 안정성과 수렴도에 영향을 미치므로 조건식이 필요하며 HEC-1(HEC-HMS)에서는 다음의 관계식을 사용하고 있다.

$$\frac{\mathrm{LREACH}}{50}\le\Delta x\le\frac{\mathrm{LREACH}}{2} \tag{10.46}$$

$$\Delta t\ge\left(\frac{600}{\mathrm{NQ}-1}\right)*\mathrm{TRHR} \tag{10.47}$$

여기서, LREACH는 하도구간의 길이, NQ는 유출수문곡선의 종거수이며, TRHR은 계산에 사용되는 시간구간(computation interval)이다.

10.5 수리학적 하도추적을 위한 수치해석기법

자연하천에서의 홍수추적을 위한 Saint-Venant 방정식의 적용은 추적하고자 하는 하도구간을 따라 여러 횡단면에서의 시간에 따라 변동하는 수심과 유속을 계산하기 위해 연속 및 운동량방정식을 연립해서 수치해석적으로 풀이하는 것으로서 Issacson 등(1956)이 최초로 수치해석기법을 개발한 것으로 알려져 있다.

Price(1974)는 수리학적 하도추적(hydraulic river routing)을 위한 수치해법(numerical methods)에 대한 고찰에서 Amein과 Fang(1970)이 제안한 4점 음해법(four-points implicit method)이 가장 효율적이고 정확한 기법이며, leap-frog 및 Lax-Wendroff의 양해법(explicit method), 그리고 고정격자망을 사용하는 특성곡선법(method of characteristics) 등의 방법을 검토하고 각 방법의 장단점을 비교하였다. 요약하면, 수리학적 하도홍수추적방법에는 양해법과 음해법 및 특성곡선법의 세 가지 방법이 있다 하겠다.

이들 수치해석방법들은 긴 하도구간에 대해서는 계산량이 엄청나게 많으므로 수치해법의 효율성과 정확성을 고려하여 최적방법을 선택하는 것이 중요하다.

10.5.1 양해성 유한차분법

양해성 유한차분법(陽解性 有限差分法, explicit finite difference scheme)은 그림 10.6에서와 같이 시간(t)축과 거리(x)축을 일정한 간격으로 잡고 임의의 점에서 전(前) 시간 단계에서 결정된 수심과 유속을 사용하여 다음 시간단계에서의 수심과 유속을 축차적으로 계산해 나가는 방법으로 식 (10.6)과 식 (10.16)의 각 항을 다음과 같은 유한차분식의 형태로 표시하여 풀게 된다. 즉,

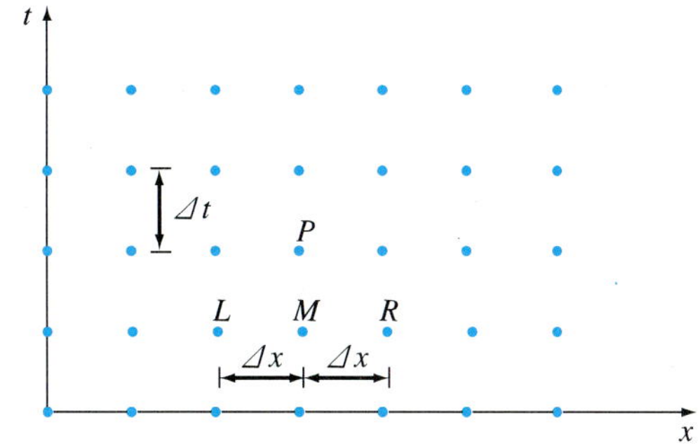

그림 10.6 유한차분법의 적용을 위한 격자망

$$\left(\frac{\partial V}{\partial x}\right)_M = \frac{V_R - V_L}{2\Delta x} \tag{10.48}$$

$$\left(\frac{\partial V}{\partial t}\right)_P = \frac{V_P - V_M}{\Delta t} \tag{10.49}$$

$$\left(\frac{\partial y}{\partial x}\right)_M = \frac{Y_R - Y_L}{2\Delta x} \tag{10.50}$$

$$\left(\frac{\partial y}{\partial t}\right)_P = \frac{Y_P - Y_M}{\Delta t} \tag{10.51}$$

식 (10.48)~(10.51)을 식 (10.6)에 대입하고 풀면

$$Y_P = Y_M + \frac{\Delta t}{2\Delta x}[V_M(Y_L - Y_R) + Y_M(V_L - V_R)] + \bar{q}\,\Delta t \tag{10.52}$$

마찬가지 방법으로 차분방정식 (10.48)~(10.51)을 식 (10.16)에 대입하면

$$\frac{V_P - V_M}{\Delta t} + V_M \frac{(V_R - V_L)}{2\Delta x} + g\frac{(Y_R - Y_L}{2\Delta x} + \frac{V_P}{Y_P}\bar{q} - g(S_o - S_f) = 0 \tag{10.53}$$

식 (10.53)에서 유일한 미지항은 S_f이며, 흐름이 부정부등류이지만 정상등류라 가정하고 Manning 공식을 적용하면

$$S_f = \frac{n^2 V^2}{Y^{4/3}} \tag{10.54}$$

그림 10.6의 점 P에서의 마찰경사 S_f는 식 (10.54)의 $V = V_P$, $Y = Y_P$로 놓으면 되므로 이를 식 (10.53)에 대입하고 정리하면

$$V_P^2 + \left[\frac{Y_P^{4/3}}{n^2 g\Delta t}\left(1 + \bar{q}\frac{\Delta t}{Y_P}\right)\right] V_P - \frac{Y_P^{4/3}}{n^2 g\Delta t}\left[V_M + \Delta t\left\{V_M \frac{(V_L - V_R)}{2\Delta x} + g\frac{(Y_L - Y_R}{2\Delta x} + gS_o\right\}\right] = 0 \tag{10.55}$$

식 (10.55)는 V_P에 관한 2차 방정식이므로 근의 공식을 사용하여 V_P에 관해 풀면

$$V_P = \frac{-Y_P^{4/3}}{2n^2 g\Delta t}\left(1 + \bar{q}\frac{\Delta t}{Y_P}\right) + \left\{\frac{Y_P^{4/3}}{n^2 g\Delta t}\left[\frac{Y_P^{4/3}}{4n^2 g\Delta t}\left(1 + \bar{q}\frac{\Delta t}{Y_P}\right)^2 + V_M\left\{1.0 + \frac{\Delta t}{2\Delta x}(V_L - V_R)\right\} + g\Delta t S_o + g\frac{\Delta t}{2\Delta x}(Y_L - Y_R)\right]\right\}^{1/2} \tag{10.56}$$

위에서 유도한 유한차분방정식인 식 (10.52)와 식 (10.56)을 사용하면 전 시간단계에서의 모든 변수값을 알면 우선 식 (10.52)에 의해 시간단계 P에서의 Y_P를 x방향으로 차례차례 계산할 수 있고 이렇게 구한 Y_P를 식 (10.56)에 차례로 대입함으로써 V_P를 구해나갈 수 있다.

이와 같이 그림 10.6의 공간-시간평면($x-t$ plane)의 임의의 점에서의 Y_P와 V_P를 구하면 하도의 단위 폭당 유량 $q_P = Y_P V_P$가 되며, 총 유량 Q_P는 하도의 총 폭만 곱해주면 되므로 임의 지점에서의 유출수문곡선의 계산이 가능하게 된다.

이상에서 소개한 양해법의 최대 약점은 전 시간단계의 값들로부터 다음 시간단계의 값들을 연속적으로 계산하는 과정에서 생기는 절삭오차(切索誤差, truncation error) 때문에 해(解)가 수렴(converge)하지 않고 발산(diverge)하는 경우가 생겨 소위 해의 안전성 문제(stability problem of solution)가 항상 내재해 있다는 점이다. 이와 같은 해의 발산은 그림 10.6의 Δx에 비해 Δt를 지나치게 크게 잡을 경우에 흔히 생기며, Courant 조건식은 이를 방지하도록 하는 한 기준이 된다. 즉,

$$\Delta t \le \frac{\Delta x}{V+C} \tag{10.57}$$

여기서, C는 동역학파의 전파속도로서 $\sqrt{gy}$ (y는 수심)로 표시되며, V는 계산지점에서의 흐름의 평균유속이다. 그러나 지금까지의 경험에 의하면 식 (10.57)로 표시되는 Courant 조건식으로 계산되는 Δt값의 약 20% 정도로 Δt를 잡아주는 것이 안전한 것으로 알려져 있다.

양해법에 의해 안정해(安定解, stable solution)를 얻을 수 있는 또 하나의 방법은 확산해법(擴散解法, diffusing scheme)을 사용하는 방법으로, 식 (10.6)과 (10.16)에 다음의 관계식을 대입하여 해를 얻는 것이다.

$$\left(\frac{\partial V}{\partial t}\right)_M = \frac{V_P - \frac{1}{2}(V_L + V_R)}{\Delta t} \tag{10.58}$$

$$\left(\frac{\partial V}{\partial x}\right)_M = \frac{V_L - V_R}{2\Delta x} \tag{10.59}$$

$$\left(\frac{\partial y}{\partial t}\right)_M = \frac{Y_P - \frac{1}{2}(Y_L + Y_R)}{\Delta t} \tag{10.60}$$

$$\left(\frac{\partial y}{\partial x}\right)_M = \frac{Y_L - Y_R}{2\Delta x} \tag{10.61}$$

$$S_f = \frac{1}{2}(S_{fL} + S_{fR}) \tag{10.62}$$

식 (10.58)~(10.62)를 식 (10.6) 및 (10.16)에 대입하여 해를 구할 경우에는 Δt를 어느 정도 크게 잡아 계산시간을 줄일 수 있으나 Δt는 역시 Courant 조건식으로 제약을 받아야 하며 식 (10.62)의 S_f가 해의 안정성에 미치는 영향을 고려해 주기 위해서는 추가적인 조건인 마찰조건(friction criteria)을 만족시키도록 해야 한다. 즉,

$$\Delta t \leq \frac{R^{4/3}}{gn^2 V} \tag{10.63}$$

따라서, Δt의 최종적인 결정은 식 (10.53)과 (10.63)으로 계산되는 Δt 중 작은 값에 의하여야 한다.

10.5.2 음해성 유한차분법

앞에서 살펴본 바와 같이 양해성 유한차분법에서는 부정부등류의 지배방정식을 유한차분식으로 표시함으로써 결국 선형 대수식(linear algebraic equations)을 직접 풀어서 전 시간단계의 값으로부터 다음 시간단계의 값을 구하였다. 이에 반해 음해성 유한차분법(陰解性 有限差分法, implicit finite difference method)에서는 한 시간단계에서 모든 값이 전 시간단계에서의 모든 값으로 표시되기 때문에 비선형 대수식(nonlinear algebraic equations)으로 표시되는 일련의 연립 편미분방정식을 반복시산(反復試算, iteration)에 의해 풀어서 미지수를 한꺼번에 구하게 된다.

음해성 유한차분법으로 지배방정식인 식 (10.53)과 식 (10.63)을 연립하여 풀기 위해 그림 10.7과 같은 격자망을 사용하기로 한다. Brakenseik의 중앙차분음해법(central difference implicit scheme)을 이용하면 점 M에서의 변량들의 차분식은 다음과 같이 쓸 수 있다.

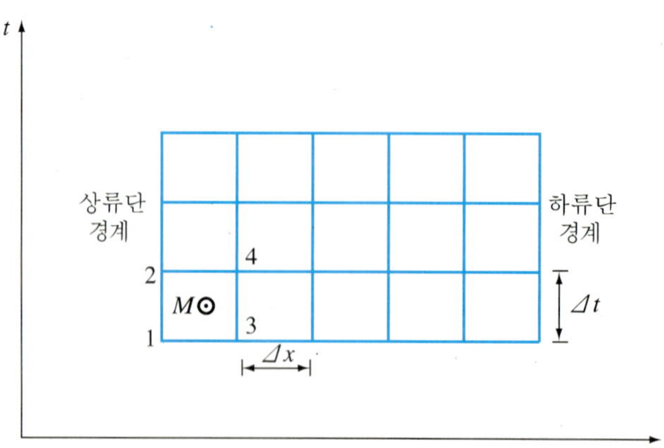

그림 10.7 음해성 유한차분법의 적용을 위한 격자망

$$\left(\frac{\partial Q}{\partial x}\right)_M = \frac{Q(4)+Q(3)-Q(2)-Q(1)}{2\Delta x} \tag{10.64}$$

$$\left(\frac{\partial A}{\partial t}\right)_M = \frac{A(4)+A(2)-A(3)-A(1)}{2\Delta t} \tag{10.65}$$

$$\left(\frac{\partial y}{\partial x}\right)_M = \frac{y(4)+y(3)-y(2)-y(1)}{2\Delta x} \tag{10.66}$$

$$\left(\frac{\partial V}{\partial x}\right)_M = \frac{V(4)+V(3)-V(2)-V(1)}{2\Delta x} \tag{10.67}$$

$$\left(\frac{\partial V}{\partial t}\right)_M = \frac{V(4)+V(2)-V(3)-V(1)}{2\Delta t} \tag{10.68}$$

$$S_{fM} = \frac{1}{4}[S_f(1)+S_f(2)+S_f(3)+S_f(4)] \tag{10.69}$$

$$\bar{q}_M = \frac{1}{4}[q(1)+q(2)+q(3)+q(4)] \tag{10.70}$$

식 (10.64)~(10.70)으로 표시되는 차분식을 식 (10.6) 및 식 (10.16)에 대입하게 된다. 그림 10.7에서 격점 1, 2, 및 3에서의 수리변량의 값은 상류단 경계조건 및 초기조건에 의해 기지값(旣知値)이며, 미지변수는 $Q(4)$, $V(4)$, $y(4)$, $A(4)$ 및 $S_f(4)$이다. 그런데 $y(4)$와 $A(4)$는 서로 상관되며, $Q(4)$, $V(4)$ 및 $A(4)$ 또한 상관되어 있으므로 실제로는 3개의 미지수와 2개의 방정식이 존재하는 셈이다. 따라서 해를 구하기 위해서는 방정식이 하나 더 필요하므로 모든 시간단계(time steps)에 걸쳐서, 그리고 하류단 경계점에 도달할 때까지의 모든 격점에 대한 방정식을 써서 연립 해에 의해 미지수를 한꺼번에 구하게 된다. 그림 10.7을 보면 15개의 격자(格子)가 있으므로 30개의 방정식을 세울 수 있음을 알 수 있으나 미지수는 33개가 된다. 따라서, 해를 구하기 위해서는 3개의 방정식이 추가로 필요하며, 이는 전술한 바 있는 식 (10.27)과 같은 하류단 경계조건식에 의해 얻어진다. 즉,

$$Q = \alpha A^m \tag{10.27}$$

여기서, Q는 하류단에서의 유량이며, A는 흐름단면적이고, α, m은 상수이다.

이상에서 알 수 있는 바와 같이 음해법은 결국 일련의 비선형 대수식을 연립해서 풀어야 하므로 프로그램의 작성이 대단히 어려운 단점이 있으나 양해법에 비해 해의 안정성이 보장될 뿐 아니라 계산의 효율성도 좋은 것으로 알려져 있다. 음해성 유한차분법으로 풀이하는 방법에는 여러 가지가 있으나 가장 선호되고 있는 방법 중의 하나는 Preissman이 제안한 가중4점

음해성 유한차분법(加重四點 陰解性 有限差分法, weighted 4 points implicit finite difference scheme)이다(Chaudhry, 1993).

10.5.3 특성곡선법

특성곡선법(特性曲線法, method of characteristics)은 수치홍수추적(numerical flood routing) 초기에 많이 사용되던 방법으로 부정류의 지배방정식인 편미분연속방정식과 운동량방정식을 특성곡선(characteristic curves)을 도입하여 4개의 상미분방정식(常微分方程式, ordinary differential equation)으로 변형시켜 특성곡선을 따라 해를 구하는 방법이다. Henderson(1966), Overton과 Meadows(1976) 등이 이 방법을 상세하게 소개하고 있으나 시간-공간 영역에서 격자별 변량들의 보간방법이 번거롭고 해를 구하는 데 필요한 계산량이 방대할 뿐 아니라 보다 효율적이고 계산의 정확도가 더 높은 방법들의 등장으로 오늘날에 와서는 특성곡선법을 사용하는 경우가 드물게 되었다.

10.5.4 수리학적 하도홍수추적을 위한 초기 및 경계조건

전술한 바 홍수류의 수치해석 기법으로 수리학적 홍수추적계산을 시작하기 위해서는 추적하고자 하는 하도구간 내에서의 흐름의 초기조건이 알려져야 한다. 흐름의 상태가 상류(常流, subcritical flow)인지 혹은 사류(射流, supercritical flow)인지는 양해법에서의 유한차분망을 구성하는 방법을 결정하는 요소가 될 뿐 아니라 특성곡선법의 경우 특성곡선의 방향을 결정하기도 한다.

흐름의 초기조건(初期條件, initial condition)이란 추적시점 $t=0$에서의 추적 하도구간 내 모든 점에 있어서의 수심과 유속(혹은 유량)의 크기에 관한 정보를 말하며, 경계조건(境界條件, boundary condition)이란 하도구간의 상류단과 하류단에서의 모든 시간($t>0$)에서의 수심과 유속(혹은 유량)에 대한 정보를 말한다. 흐름이 상류(常流)이면 하류의 영향이 상류(上流)로 미치게 되므로 상류단 및 하류단의 경계조건이 둘 다 필요하나 흐름이 사류(射流)이면 하류의 영향은 상류(上流)로 전파될 수 없기 때문에 상류단의 경계조건만으로 충분하게 된다.

하도에서의 수리학적 홍수추적을 위해 일반적으로 가정하게 되는 초기조건은 추적시점에서의 흐름조건이 정상등류(定常等流, steady uniform flow)라는 가정이다. 개수로 내 정상등류에서는 Manning 공식[식 (7.8)]이나 혹은 Chezy 공식[식 (7.21)]에 의해 하도의 형태나 크기를 유량과 상관시키게 되므로 주어지거나 가정되는 등류수심하에서의 초기조건은 전 추적구간에 걸쳐 계산이 가능하다.

한편, 경계조건은 하도구간의 상하류단의 특성에 따라 결정되므로 일양(一樣)하게 언급할 수 없으나 상류단 경계조건으로는 하도구간으로의 유입수문곡선이 주어지며, 하류단 경계조건으로는 수위-유량관계곡선(rating curve)이 주어지는 것이 보통이다.

10.6 Muskingum-Cunge 홍수추적방법

10.6.1 Muskingum-Cunge 홍수추적방정식의 유도

제9.6절에서 소개한 Muskingum 하도추적방법은 부정류의 연속방정식과 하도 내의 저류량-유출량 관계를 이용하는 수문학적 홍수추적방법이다.

Cunge(1969)는 Muskingum 하도추적방법을 확장하여 다음과 같은 유한차분방정식으로 표시되는 Muskingum-Cunge 방법을 제안하였다. 즉, 식 (9.1)의 저류방정식에 식 (9.19)의 관계를 대입하면,

$$\frac{dS}{dt} = K\frac{d}{dt}[xQ_j + (1-x)Q_{j+1}] = Q_j - Q_{j+1} \tag{10.71}$$

여기서, Q_j는 하도구간으로의 유입량, Q_{j+1}은 하도구간으로부터의 유출량, S는 하도구간 내의 저류량, K는 하도구간의 홍수파 통과시간과 관련되는 하도저류상수이고, x는 하도구간 내 저류량에 미치는 유입량과 유출량의 상대적 비중을 표시하는 가중인자(加重因子, weighting factor)로 0~0.5의 값을 가진다. 식 (10.71)을 그림 10.8의 시간-공간평면($x-t$ plane)상의 격자점값을 사용하여 유한차분식으로 표시하면,

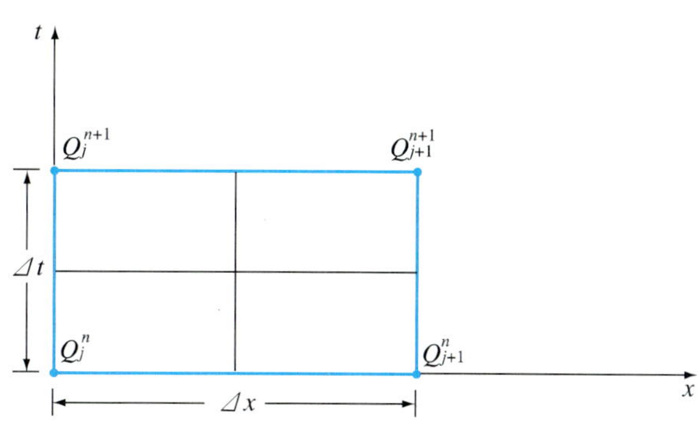

그림 10.8 Muskingum-Cunge 추적계산을 위한 $x-t$ 평면계

$$\frac{K}{\Delta t}\left[\left\{xQ_j^{n+1}+(1-x)Q_{j+1}^{n+1}\right\}-\left\{xQ_j^n+(1-x)Q_{j+1}^n\right\}\right]$$
$$=\frac{1}{2}\left[\left(Q_j^{n+1}-Q_{j+1}^{n+1}\right)+\left(Q_j^n-Q_{j+1}^n\right)\right] \tag{10.72}$$

Cunge(1969)는 하도저류상수 K를 운동파의 하도구간 통과시간으로 가정하여 다음과 같이 표시하였다.

$$K=\frac{\Delta x}{C_k} \tag{10.73}$$

여기서, Δx는 하도추적구간의 거리이고 C_k는 운동파의 전파속도(kinematic wave celerity)로서 다음 식으로 표시될 수 있음을 증명할 수 있다(Chow, Maidment and Mays, 1988).

$$C_k=\frac{dQ}{dA}=\frac{1}{T}\frac{dQ}{dy} \tag{10.74}$$

여기서, $T=dA/dy$는 흐름의 수면폭이고 Q는 유량으로 Manning 공식에 의해 수심(y)의 항으로 표시할 수 있다.

한편, Cunge(1969)는 식 (10.73)이 성립할 때 식 (10.72)는 다음과 같은 운동파 방정식의 유한차분식임을 증명하였다.

$$\frac{\partial Q}{\partial t}+C_k\frac{\partial Q}{\partial x}=0 \tag{10.75}$$

또한, Cunge는 확산파 방정식인 식 (10.29)의 수리확산계수(D)는 식 (10.30)으로 정의되며, 식 (10.76)의 관계가 성립됨을 증명하였다.

$$D=\left(\frac{1}{2}-x\right)C_k\Delta x \tag{10.76}$$

여기서, x는 Muskingum 하도저류량의 가중인자이다.

따라서 식 (10.76)에 식 (10.30)을 대입하여 x에 관해 풀면

$$x=\frac{1}{2}\left(1-\frac{Q_P}{TS_o C_k\Delta x}\right) \tag{10.77}$$

Cunge 방법에 의하면 추적하도구간의 하류단에서의 유출수문곡선은 식 (9.22)와 유사한 다

음 식으로 계산할 수 있다.

$$Q_{j+1}^{n+1} = C_1 Q_j^n + C_2 Q_j^{n+1} + C_3 Q_{j+1}^n + C_4 \tag{10.78}$$

여기서,

$$C_1 = \frac{Kx + \Delta t/2}{D} \tag{10.79}$$

$$C_2 = \frac{\Delta t/2 - Kx}{D} \tag{10.80}$$

$$C_3 = \frac{K(1-x) - \Delta t/2}{D} \tag{10.81}$$

$$C_4 = \frac{q \Delta t \Delta x}{D} \tag{10.82}$$

$$D = K(1-x) + \frac{\Delta t}{2} \tag{10.83}$$

여기서, q는 하도로의 측방유입량이며, 측방유입량이 없을 때에는 $C_4 = 0$이 된다.

위의 식 (10.73)과 식 (10.77)에서 보는 바와 같이 추적매개변수 K와 x는 모두 운동파의 구간 전파속도 C_k의 함수이며, C_k는 식 (10.74)로 표시될 수 있으므로 식 (10.27)의 정상등류에 적용되는 Manning 공식을 흐름단면적 A에 관해 미분하면 다음과 같아진다.

$$\begin{aligned} C_k &= \frac{dQ}{dA} = \frac{d}{dA}(\alpha A^m) = \alpha m A^{m-1} \\ &= m\frac{\alpha A^m}{A} = m\frac{Q}{A} = mV \end{aligned} \tag{10.84}$$

즉, C_k는 흐름의 평균유속의 m배로 표시될 수 있다. 자연하천의 경우처럼 수심(y)에 비해 수면폭(T)이 대단히 큰 ($T \gg y$) 흐름의 경우는 $m = 5/3$(예제 10.1 참조)이며, 삼각형 단면의 경우 $m = 4/3$, 광폭 포물선형 단면수로의 경우는 $m = 11/9$임을 증명할 수 있다.

Muskingum-Cunge 방법에 의한 하도추적은 일정한 C_k값(하도구간의 단일평균흐름유속 V 가정)을 사용하여 K, x값을 구한 후 계산할 수도 있고, 변화하는 C_k값(하도구간의 유량에 따라 변동하는 평균유속 V 사용)을 사용하여 K, x값을 구한 후 추적상수 C_i를 산정하여 계산할 수도 있다.

한편, Cunge(1969)에 의하면 식 (10.78)을 사용하여 추적계산을 하기 위한 추적기간 Δt의 선정은 그림 10.9의 관계를 이용하도록 추천하고 있다. 즉, 식 (10.77)에 의해 x값을 계산한

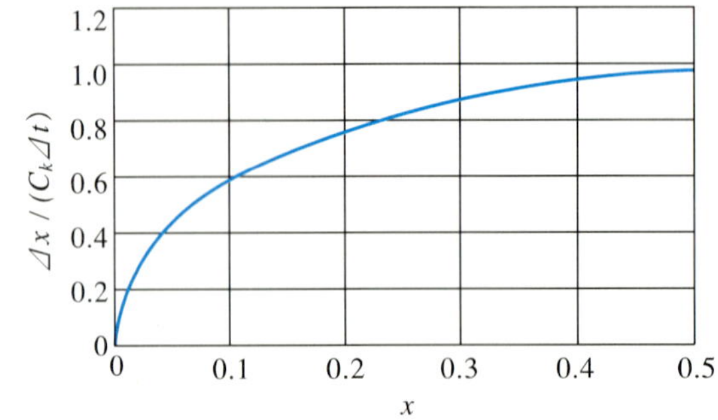

그림 10.9 Muskingum-Cunge 하도추적을 위한 $(\Delta x / C_k \Delta t)$와 x 간의 관계곡선

후 그림 10.9에서 x값에 해당하는 $\Delta x(C_k \Delta t)$값보다 작도록(즉, 곡선 아래에 있도록) Δt를 선정하도록 되어 있다.

10.6.2 Muskingum-Cunge 방법에 대한 평가

Muskingum-Cunge 방법에서는 수문학적 하도홍수추적방법인 Muskingum 방법과는 달리 추적매개변수인 K, x를 과거 유량자료를 사용하여 결정하는 것이 아니라 식 (10.73) 및 식 (10.77)에서와 같이 하천횡단면, 하도경사 등의 물리적 특성인자와 흐름특성(rating curve 등)에 의해 결정하므로 Muskingum 방법에서의 복잡하고 주관성이 많이 개입되는 매개변수 결정방법을 피할 수 있다. 또한, 이 방법은 계측된 유량자료가 없는 하도구간에 대한 홍수추적을 가능하게 할 뿐만 아니라 전술한 바와 같이 시간-공간 평면상의 모든 격점에서 변화하는 매개변수를 사용하여 홍수추적을 할 수 있다.

Muskingum 하도추적방법과 마찬가지로 Muskingum-Cunge 방법도 부정류흐름을 운동파 혹은 확산파로 가정하여 해석하는 방법으로 고리형(loop形) 수위-유량관계를 나타내는 완전한 부정류, 즉 동역학파 조건에서의 해석방법과는 차이가 있다. 따라서, 이 방법은 배수(背水) 영향이 없는 자연하천에서의 부정류 해석에는 적용이 가능하지만 관성력에 의한 가속흐름이나 동역학파(dynamic wave)가 지배하는 흐름역에서는 적용성에 한계가 있다.

또한, Muskingum 하도추적은 하도의 저류량-유출량 관계를 사용하므로 K와 x는 하도구간에서의 평균값을 표시하지만 Muskingum-Cunge 방법에서는 식 (10.73)과 식 (10.77)에서처럼 하도의 횡단면(지점)에서의 값을 표시한다는 점이 다르다.

예제 10.1 수면폭 $T=60\text{ m}$인 광폭 구형단면(矩形斷面) 수로의 경사 $S_0=0.01$이고 Manning의 조도계수 $n=0.035$이며 흐르는 유량은 $140\text{ m}^3/\text{sec}$이다. 이 수로 내 흐름의 평균유속($V$)과 운동파의 전파속도($C_k$)를 계산하라.

풀이 광폭 구형단면으로 가정하면 동수반경(R)은 수심(y)과 같다($R \approx y$). 따라서 Manning 공식을 쓰면

$$Q=\frac{1}{n}AR^{2/3}S_0^{1/2}=\frac{1}{n}(Ty)y^{2/3}S_0^{1/2}$$

$$\therefore\ y=\left(\frac{nQ}{TS_0^{1/2}}\right)^{3/5}=\left(\frac{0.035\times 140}{60\times(0.01)^{1/2}}\right)^{3/5}=0.886\text{ m}$$

$T=60\text{ m} \gg y=0.886\text{ m}$이므로 광폭 구형단면으로 볼 수 있다.
따라서, 흐름의 평균유속은

$$V=\frac{Q}{A}=\frac{140}{60\times 0.886}=2.634\text{ m/sec}$$

식 (10.74)에 의하면 운동파의 전파속도는 다음과 같이 표시할 수 있다(Manning 공식 사용).

$$\begin{aligned}C_k&=\frac{dQ}{dA}=\frac{dQ}{Tdy}=\frac{1}{T}\frac{d}{dy}\left(\frac{1}{n}Ty^{5/3}S_0^{1/2}\right)\\&=\frac{1}{n}\left(\frac{5}{3}\right)y^{2/3}S_0^{1/2}\\&=\left(\frac{5}{3}\right)\frac{1}{n}y^{2/3}S_0^{1/2}\\&=\frac{5}{3}\frac{(0.886)^{2/3}(0.01)^{1/2}}{0.035}=4.393\text{ m/sec}\end{aligned}$$

한편, $V=\dfrac{Q}{A}=\dfrac{\frac{1}{n}Ty^{5/3}S_0^{1/2}}{Ty}=\dfrac{1}{n}y^{2/3}S_0^{1/2}$이므로

$$C_k=\frac{5}{3}V=\frac{5}{3}\times 2.634=4.393$$

즉, 운동파의 전파속도는 흐름의 평균유속의 5/3배임을 알 수 있다.

예제 10.2 하도구간의 길이가 18 km인 어떤 하천의 상류단에 유입하는 수문곡선의 시간별 종거(縱距)가 표 10.1에 주어져 있다. 추적구간 $\Delta x = 6$ km로 하여 Muskingum-Cunge 방법으로 하도구간 하류단에서의 유출수문곡선을 계산하라. 운동파의 파속 $C_k = 2$ m/sec로 일정하며, 평균하폭 $T = 25.3$ m, 하도경사 $S_0 = 0.001$이며, 최대유입량은 150 m^3/sec이다. 측방유입량 $q = 0$으로 가정하라.

표 10.1 하도구간의 상류단 유입수문곡선

시간(hr)	유량(m^3/sec)	시간(hr)	유량(m^3/sec)
0	10	11	129
1	12	12	105
2	18	13	78
3	28.5	14	59
4	50	15	45
5	78	16	33
6	107	17	24
7	134.5	18	17
8	147	19	12
9	150	20	10
10	146	21	10

풀이 식 (10.73)을 사용하면,

$$K = \frac{\Delta x}{C_k} = \frac{6\text{ km}}{2\text{ m/sec}} = 3{,}000\text{ sec}(50\text{ min.})$$

식 (10.77)을 사용하면

$$x = \frac{1}{2}\left(1 - \frac{Q_P}{TS_o C_k \Delta x}\right) = \frac{1}{2}\left(1 - \frac{150}{25.3 \times 0.001 \times 2 \times 6000}\right) = 0.253$$

그림 10.9로부터 $x = 0.253$일 때, $\frac{\Delta x}{C_k \Delta t} \le 0.82$이어야 한다.

따라서,

$$\Delta t \ge \frac{\Delta x}{0.82 C_k} = \frac{6 \times 10^3}{0.82 \times 2} = 3{,}658.5\text{ sec}$$

$\Delta t = 7{,}200$ sec(120 min.)를 선택한다.

식 (10.79)~(10.83)을 사용하면(K, Δt는 min. 단위 사용)

$$D = 50(1-0.253)+(120\times 0.5) = 97.33\ \text{min.}$$

$$C_1 = \frac{(50\times 0.253)+(0.5\times 120)}{97.33} = 0.7466$$

$$C_2 = \frac{(0.5\times 120)-(50\times 0.253)}{97.33} = 0.4863$$

$$C_3 = \frac{50(1-0.253)-(0.5\times 120)}{97.33} = -0.2329$$

$$C_4 = \frac{q\Delta t\Delta x}{D} = 0$$

그런데,

$$\sum c_i = 0.7466+0.4863-0.2329 = 1.0$$

따라서, 식 (10.78)로 표시되는 추적방정식은 다음과 같아지며, 대상하도구간의 3개 단면에서의 유출수문곡선의 추적결과는 표 10.2에 수록되어 있다.

$$Q_{j+1} = 0.7466\,Q_j^n + 0.4863\,Q_j^{n+1} - 0.2329\,Q_{j+1}^n$$

표 10.2의 ②란에 주어진 유입수문곡선의 종거를 보면 $Q = 10\ \text{m}^3/\text{sec}$는 초기유량으로 모든 단면에서 일정하다고 가정한다.

$$(j = 0,\ 1,\ 2,\ 3,\ \text{그리고}\ n = 0\text{일 때}\ Q = 10\ \text{m}^3/\text{sec})$$

첫 번째 하도구간($\Delta x = 6$ km)에 대한 2개 추적기간에 대한 계산 예는 다음과 같다.

① $j = 0$(단면), $n = 0$(시각), $\Delta t = 2$ hr일 때 추적방정식을 쓰면

$$\begin{aligned} Q_1^1 &= 0.7466\,Q_0^0 + 0.4863\,Q_0^1 - 0.2329\,Q_1^0 \\ &= 0.7466\times 10 + 0.4863\times 18 - 0.2329\times 10 \\ &= 13.89\ \text{m}^3/\text{sec} \end{aligned}$$

② $j = 0,\ n = 1$일 때

$$\begin{aligned} Q_1^2 &= 0.7466\,Q_0^1 + 0.4863\,Q_0^2 - 0.2329\,Q_1^1 \\ &= 0.7466\times 18 + 0.4863\times 50 - 0.2329\times 13.89 \\ &= 34.51\ \text{m}^3/\text{sec} \end{aligned}$$

③ 이상과 동일한 방법으로 $j = 1,\ 2,\ 3(\Delta x = 6\ \text{km})$과 $n = 1,\ 2,\ \cdots,\ 14(\Delta t = 2\ \text{hr})$에 대한 유량을 연속적으로 구하면 표 10.2와 같으며 이를 그림으로 표시하면 그림 10.10과 같다.

표 10.2 Muskingum–Cunge 방법에 의한 홍수추적계산 (단위: m^3/sec)

$n\Delta t$ (hr)	$j\Delta x$*			
	0	6	12	18 km
0	10	10	10	10
2	18	13.89	11.89	10.92
4	50	34.51	24.38	18.19
6	107	81.32	59.63	42.96
8	147	132.44	111.23	88.60
10	146	149.91	145.88	133.35
12	105	125.16	138.82	145.37
14	59	77.93	99.01	117.94
16	33	41.94	55.52	73.45
18	17	23.14	29.63	38.75
20	10	12.17	16.29	21.02
22	10	9.49	9.91	12.09
24	10	10.12	9.70	9.30
26	10	9.97	10.15	10.01
28	10	10.01	9.95	10.08

주: * $\Delta x = 6$ km, $j = 0, 1, 2, 3$

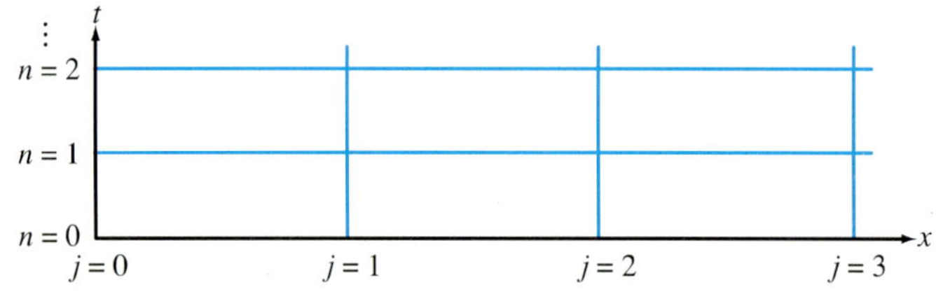

(a) $x-t$ 평면

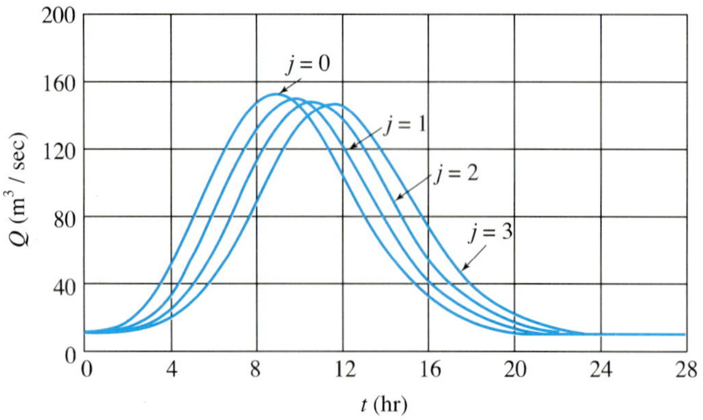

(b) 추적된 유출수문곡선

그림 10.10 하도단면별로 계산된 유출수문곡선(M–C 방법)

10.7 동역학파 홍수추적을 위한 범용 컴퓨터 프로그램

앞에서 살펴본 운동파 홍수추적에서는 정상등류에 부합되도록 운동량방정식을 간단화하였으며, 확산파 홍수추적에서는 정상부등류에 부합하도록 운동량방정식을 간단화하였고 특히 확산파는 하도추적에 널리 사용되어 왔다. 운동파와 확산파 추적모형은 수로경사가 일반적으로 크고($S_o > 0.0001$), 조석, 지류 및 저수지 조작과 같은 하류교란의 영향이 상류로 전파되지 않고, 하류로만 전파되는 흐름을 기술하는 데 적용된다.

경사가 완만한 하천이나 하천교란으로 인한 배수영향을 무시할 수 없는 경우에는 관성력과 압력이 다 같이 중요하므로 올바른 흐름해석을 위해서는 관련항이 운동량방정식에 모두 포함되어야 하며, 이와 같이 완전한 Saint-Venant 방정식의 수치 해를 구하는 것이 바로 수리학적 하도홍수추적이다.

동역학파 홍수추적(dynamic wave flood routing)은 운동파나 확산파 추적보다 많은 물리적 정보를 제공하게 되나 해를 구하기는 더욱더 복잡한 편이다. 일반적인 추적기법에는 양해성 유한차분법, 음해성 유한차분법, 특성곡선법 등이 있으나 전술한 바와 같이 수치해법의 효율성과 해의 정확성 측면에서 음해성 유한차분법이 선호되고 있으며 많은 컴퓨터 수치모형들은 Amein과 Fang(1970)이 제안한 가중4점 음해성 유한차분법을 기반으로 하고 있다.

가중4점 음해법에서의 연속 및 운동량방정식의 항별 시간차분화 및 공간차분화와 유한차분방정식의 유도, Newton-Raphson 방법에 의한 유한차분해를 구하는 절차는 대단히 복잡하다. 이들 절차는 개수로 내 부정류 해석의 범주에 속하므로 자세한 수치해법에 대해서는 참고문헌(Fread, 1985, 1992; Chaudry, 1993) 등의 참조를 바라며, 여기서는 현재 동역학파 홍수추적에 널리 사용되고 있는 범용 컴퓨터 수치모형들을 소개하기로 한다.

10.7.1 DWOPER와 DAMBRK 모형

DWOPER 모형(Dynamic Wave Operational Model)은 미국 기상청 수문연구실험실(U.S. National Weather Service, Hydrologic Research Laboratory, NWS/HRL)이 1970년대에 개발한 동수역학모형(Fread, 1971, 1978)으로서 Saint-Venant 방정식의 완전 해를 구하기 위해 가중4점 음해성 유한차분법을 사용한 동역학파 추적모형이다. 이 모형은 배수영향이 있거나 완만한 경사를 가지는 많은 하천에 적용되어 왔으며, 미국의 Mississippi, Ohio 및 Red River 등에서 광범위하게 적용되었고 해의 정확도나 계산의 효율성 측면에서 훌륭하다는 평가를 받아왔다.

한편, NWS는 댐의 붕괴사고로 인한 댐 하류로의 홍수파의 전파를 계산하기 위한 댐 붕괴 모형으로 DAMBRK 모형(Dam Break Model)을 개발하였다(Fread, 1977). 이 모형은 시간에 따른 댐 붕괴 진행의 기하학적 양상해석, 댐 지점에서의 유출수문곡선계산, 그리고 이 유출수문곡선의 하류전파에 따른 지점별 홍수수문곡선을 동역학모형으로 추적하여 계산하도록 되어 있다.

10.7.2 FLDWAV 모형

FLDWAV 모형(Flood Wave Model)은 미국 NWS의 Fread와 Lewis(1988)가 개발한 모형으로 앞에서 소개한 DWOPER 모형과 DAMBRK 모형의 기능을 결합시키면서 두 모형에 없는 여러 가지 중요한 기능들을 추가한 모형이다.

이 모형은 단일하천이나 여러 지류를 가진 하천에 적용할 수 있는 일반적인 1차원 부정류흐름의 동역학파 모형으로 DWOPER의 경우와 마찬가지로 가중4점 음해성 유한차분법을 사용하여 Saint-Venant 방정식의 수치 해를 구하는 것이다.

이 모형에는 다음과 같은 여러 가지 특징이 있다. 가변 Δx와 Δt, 불규칙 단면적, 수위나 거리에 따른 가변조도계수, 단면이나 조도계수의 내삽생성, 초기 정상류 흐름의 자동계산, 외부경계조건으로서의 수위 또는 유량수문곡선, 단일값 또는 고리형(loop形) 수위-유량관계, 댐 붕괴 및 여수로 등 내부경계조건, 제방의 붕괴 또는 월류, 사류에서 상류로 바뀔 경우 수치해석적 안정성 확보를 위한 특수한 기법, 관측된 수문곡선을 이용하여 유로의 가변조도계수를 자동으로 계산하는 기능 등이다.

FLDWAV 모형의 상류경계조건은 유량수문곡선 또는 수위수문곡선이 되며, 하류경계조건은 유량 또는 수위수문곡선, 또는 수위-유량관계곡선이 된다. 유량 또는 수문곡선의 항으로 표시되는 초기조건은 초기유량의 정상등류해로 주어지거나 $t=0$에서의 부정류 조건이 직접 입력된다. 만약, 하천이 본류와 지류로 구성되면 이를 설명하는 일련의 식은 반복법에 의해 풀게 되고, 이 경우 합류점에서 지류에 대한 흐름은 Saint-Venant 식에서 측방유입 또는 유출량으로 취해진다.

Saint-Venant 방정식은 연속된 수면형을 가지는 부정점변류(不定漸變流)에 적용되므로 댐이나 교량, 짧은 급경사수로 또는 위어 등에 의해 수면형의 단절이 발생할 경우에는 내부경계조건(interior boundary condition)이 필요하다. 교량을 통과하는 흐름의 경우는 유량계수를 사용하고, 접속도로를 횡단하는 흐름에 대해서는 광정위어(廣頂weir)를 사용한다.

FLDWAV 모형은 NWS의 Office of Hydrologic Development Website(http://hsp.nws.

noaa.gov/oh/hrl/rvrmech/fldwavl.htm)로부터 내려받기 할 수 있다.

10.7.3 UNET 모형

미국 육군공병단의 수문공학연구소(Hydrologic Engineering Center, HEC)에서 개발한 정상부등류의 수면곡선 계산을 위한 컴퓨터 프로그램인 HEC-2 모형(Water Surface Profiles)에 여러 가지 기능을 추가하여 개선하고 강력한 사용자 도화기능(使用者 圖畵技能, Graphical User Interface, GUI)으로 보강한 HEC-RAS(River Analysis System, RAS) 모형의 Version 3.0(2000)에 처음으로 홍수터 내에서의 1차원 부정류 해석이 가능한 기능이 추가되어 사용자는 수심의 변화를 시간과 공간의 함수로 윈도(window)에서 확인할 수 있게 되었다. 이 부정류 계산모형은 Barkau(1992)에 의해 최초로 개발되었으며, 개수로 시스템 내에서의 1차원 부정류의 Saint Venant 방정식을 유한차분법으로 해석하는 UNET 모형(Unsteady NETwork simulator)으로 알려져 있다. HEC는 HEC-RAS Version 3.0(2000)에 UNET를 일부 수정하여 추가함으로써 종래의 정상부등류의 수면곡선해석뿐만 아니라 1차원 부정류 해석이 가능하게 되었다. 특히, UNET는 프로그램 사용자가 유량 및 수위수문곡선이라든지, 수위-유량관계곡선, 수문(水門)이 달려 있거나 혹은 없는 여수로, 펌프장, 교량, 암거 및 제방시스템 등의 여러 가지 내부 및 외부 경계조건을 부여하여 부정류 계산을 할 수 있도록 되어 있다.

이 부정류 프로그램은 계산격점(node points)에서의 계산시간구간별로 해를 구할 수 있도록 되어 있으며, 하천의 각 횡단면 자료가 입력되어야 한다. 계산과정에서의 각 횡단면에서의 시간별 수위와 종단방향으로의 수면곡선, 3차원적 도시(圖示)도 가능하므로 사용자는 하류방향으로서 홍수파의 동역학적 전파를 확인할 수 있다.

UNET 모형도 HEC의 Website(http://www.hec.usace.army.mil)에서 내려받기 할 수 있다.

10.7.4 SMS 모형

SMS(Surface Water Modeling System)는 미국 Brigham Young University의 Engineering Computer Graphics Laboratory가 미국 공병단 수로실험국(Water Experiment Station, WES)과 미국 연방도로청(Federal Highway Administration, FHWA)이 협력하여 개발한 모형으로 2차원 유한차분법이나 유한요소법으로 Saint-Venant 방정식을 풀기 위한 모형이며, 전후처리 프로그램(pre-and post-processor)이 장착되어 있다. 다른 모형의 전후처리기로 사용할 수도 있으나 WES에 의해 관리되는 TABS-MD 모형과 FHWA에 의해 발주되어 완성된 FESWMS 모형을 위한 인터페이스가 특별히 설계되어 있다. 이들 프로그램은 천수방정식(淺水

方程式, shallow water equation)을 풀어 계산격점별 수위와 유속을 계산하게 되며, 이 이외에도 SMS는 오염물질의 확산과 유사의 이동 등의 모의에도 사용되고 있다(Brigham Young University, 2000).

TABS-MD 모형은 1973년 Resources Management Associates, Inc.(RMA)의 Norton (1973) 등에 의해 개발된 모형으로 2차원 부정류의 수위와 유속을 계산하는 RMA2, 오염물질의 이동을 계산하는 RMA4 및 유사이송을 계산하는 SED2D 프로그램으로 구성된다.

FESWMS(Finite Element Surface Water Modeling System) 모형은 FHWA의 2차원 부정류의 수면곡선계산 프로그램으로 복잡한 교량흐름을 계산 가능하도록 특별히 개발되었으며, 상류(常流) 혹은 사류(射流)를 모두 모의할 수 있다.

RMA2와 FESWMS를 이용하기 위해서는 입력자료를 위한 격자구성과 출력의 해석을 위해 전문가적 훈련이 필요하나 SMS를 사용함으로써 상당한 시간과 실수를 줄일 수 있다.

SMS는 상용프로그램으로서 다양한 경로를 통해 구입할 수 있는데 그 중 한 곳을 소개하면 The Scientific Software Group의 Website(http://www.scisoftware.com/products/sms_overview.html)를 들 수 있다.

10.7.5 CCHE2D 모형

CCHE2D 모형은 미국 미시시피 대학교의 National Center for Computational Hydroscience and Engineering(CCHE)에서 개발한 2차원 부정류의 흐름, 유사이송, 오염물질 확산이동을 해석할 수 있는 모형이다.

이 모형의 흐름모형(수면곡선 계산모형)은 RMA2의 단점을 대폭 보완한 유한요소 모형으로 상류와 사류의 해석은 물론이고 이 두 가지 흐름의 변화구간의 해석도 가능하다. 이 밖에도 Saint-Venant 방정식의 난류항의 취급 등에서 많은 개선이 이루어졌으며, 3차원 흐름 문제의 해석에까지 모형의 확장이 이루어지고 있다. 그러나, 아직 전후처리 프로그램이 SMS 등 기존의 모형보다 불편한 점이 있어서 계속적인 개선이 이루어지고 있다.

이 모형에 대한 정보는 미국 미시시피 대학교의 연구센터 Website(http://www.ncche.olemiss.edu/cche2d/)에서 얻을 수 있다.

10.7.6 RAMS 모형

RAMS 모형(River Analysis and Modeling System)은 국내에서 과학기술부의 21세기 프론티어 연구개발사업의 하나로 2000년부터 계속 되어온 「수자원의 지속적 확보기술 개발사업단」의 연구성과로 개발된 범용 2차원 하천수리 해석 소프트웨어(과학기술부/건설교통부, 2006)이다. 이는 앞에서 소개한 SMS 모형에서와 같이 2차원 부정류흐름 모형인 RAMS2와 하천수질해석 모형인 RAMS4, 하상변동해석 모형인 RAMS6로 구성되어 있으며, 이들 모형에서의 하천지형생성 및 편집을 위한 Mesh Generator와 사용자 편의를 위한 Pre & Post Processor(RAMS-GUI)가 장착되어 있다.

이 중 2차원 부정류흐름 모형인 RAMS2는 2차원 유한요소 모형으로 복잡한 하천지형 및 자연하천구조의 동역학적인 흐름환경을 효과적으로 다루며, 오염물질의 이송-확산해석 및 토사이송해석과 연계 가능하도록 개발되었다. 이 모형은 상류(常流)와 사류(射流), 그리고 천이영역의 흐름해석에도 사용될 수 있으며, 급격한 흐름변화나 댐 및 제방붕괴류 등에 대한 해석도 가능하다.

RAMS 모형에 대한 정보와 기술지원은 웹솔루스사(E-mail: hsjang@websolus.co.kr)로부터 획득할 수 있다.

연습문제

10.1 사각형 단면수로의 폭이 30 m, 바닥경사가 0.015, 조도계수 $n=0.032$인 수로에서의 부정류 해석을 위한 $x-t$ 평면상에서의 격점별 유량이 다음 표와 같을 때 Q_{j+1}^{n+1}을 구하라.

격점	$j, n+1$	j, n	$j+1, n$
유량(m³/sec)	29	22	20

10.2 구형(矩形) 단면수로의 폭이 60 m, 하상경사가 0.01, 조도계수가 0.03이다. 유량이 170 m³/sec일 때 평균유속과 운동파의 전파속도를 각각 계산하여 비교하라.

10.3 폭이 60 m이고 길이가 5,000 m, 경사가 0.01, 조도계수가 0.03인 구형 단면수로 구간에 대하여 선형 운동파 모형을 사용하여 다음 표의 유입수문곡선을 추적하라. $\Delta x=$ 1,000 m, $\Delta t=3$ min.으로 하고 초기조건으로 유량은 50 m³/sec라 가정하라.

시간(min.)	0	3	6	9	12	15	18	⋯	51	54	57	60
유량(m³/sec)	50	50	50	50	57.5	65	72.5	⋯	155	162.5	170	162.5

시간(min.)	63	66	69	72	75	78	⋯	144	147	150
유량(m³/sec)	155	147.5	140	132.5	125	117.5	⋯	50	50	50

10.4 경사가 0.005인 길이 10 m되는 콘크리트 노면의 주차장에 다음과 같은 호우가 발생할 때 주차장출구에서의 홍수수문곡선을 표면류의 운동파 홍수추적방법으로 계산하라.

시간(min.)	0~5	5~10	10~15
강우강도(mm/hr)	50	40	25

10.5 다음과 같은 특성을 가지는 홍수파를 운동파로 분류할 수 있는지 검토하라. 유입수문곡선의 상승시간 $t_r = 6\,\text{hr}$, 하도경사 $S_o = 0.015$, 평균수심 $y_0 = 3\,\text{m}$ 이다.

10.6 연장 4 km되는 하도구간의 상류단에 다음 표와 같은 유입수문곡선이 발생하였다. $\Delta x = 2\,\text{km}$로 하여 Muskingum-Cunge 추적방법으로 하도구간 하류단에서의 유출수문곡선을 계산하라. 수로는 사다리꼴 단면의 수로(측면경사 2 : 1)로서 밑변의 길이 $T = 10\,\text{m}$이고 수로경사 $S_o = 0.001$, 운동파의 전파속도 $c_k = 1.47\,\text{m/sec}$이다. $\Delta t =$ 30 min.을 사용하라.

시간(min.)	0	30	60	90	120	150	180	210	240	270	300	330	360	390	420
유량(m^3/sec)	0	4	14	27	30	29	27	24	18	12	8	5	3	1	0

10.7 구형 단면수로의 폭이 80 m, 바닥경사가 0.005, Manning의 조도계수가 0.03이다. 유량이 140 m^3/sec인 지점에서 상·하류 방향으로의 동역학파의 전파속도를 계산하고 운동파의 전파속도와 비교 평가하라.

10.8 폭이 30 m이고 대략 구형단면으로 된 하천의 하상경사 $S_o = 0.005$이고 Manning의 $n = 0.04$이다. 하천의 추적구간은 300 m이며 추적시간 구간은 1시간이다.
다음 방법으로 수리학적 홍수추적을 실시하라.
가) 양해성 유한차분법
나) 음해성 유한차분법

위의 문제를 단순화하기 위해 운동량방정식에서의 가속도 항은 무시하고 측방류는 없는 것으로 가정하라. 또한 아래 그림과 같은 격자망과 다음과 같은 초기 및 경계조건을 사용하라.

초기조건:

$$Q(1) = 12.00\ \text{m}^3/\text{sec} \qquad y(1) = 0.525\ \text{m}$$
$$Q(2) = 11.55\ \text{m}^3/\text{sec} \qquad y(2) = 0.490\ \text{m}$$
$$Q(3) = 11.10\ \text{m}^3/\text{sec} \qquad y(3) = 0.420\ \text{m}$$
$$Q(4) = 10.59\ \text{m}^3/\text{sec} \qquad y(4) = 0.385\ \text{m}$$

경계조건:

상류단: $Q(5) = 15.00\ \mathrm{m^3/sec}$, $Q(9) = 19.50\ \mathrm{m^3/sec}$

하류단: $Q = 53.655y^{1.7}$(격점 4, 8, 12)

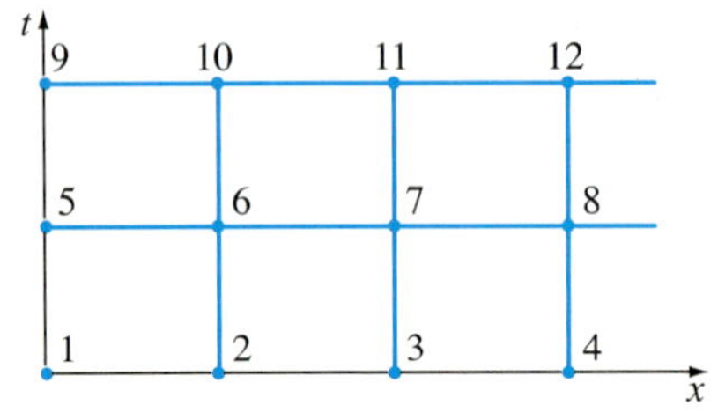

격자망도

10.9 US/NWS Website에서 FLDWAV 모형을 내려받기 하여 다음을 컴퓨터로 실행하라. 3 km 구간의 사다리꼴 관개용 수로의 단면과 상류단으로의 유입수문곡선은 다음 그림과 같다.

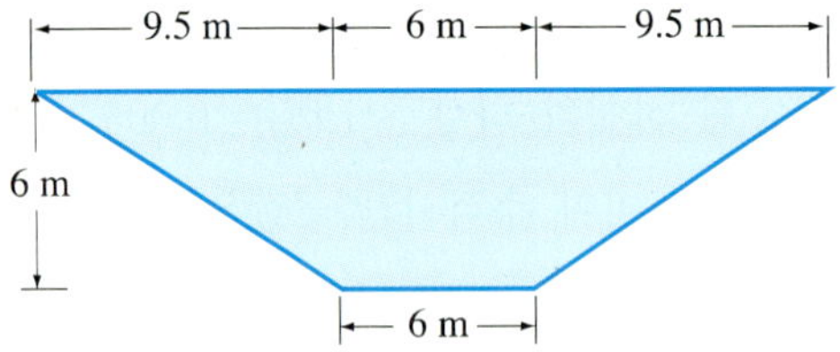

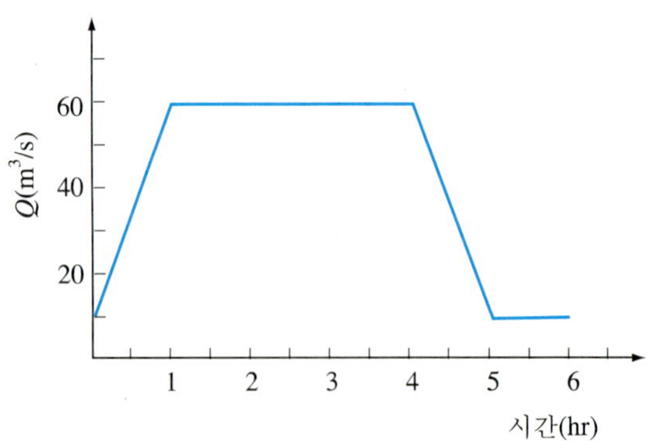

하천경사 $S_o = 0.0003$, 하류단의 하상표고는 EL. 110 m, 조도계수 $n = 0.025$이다. $\Delta x = 300$ m, $\Delta t = 0.1$ hr로 하여 처음 6 hr에 대한 모형의 거동을 모의하라. 유입 및 유출수문곡선을 도시하고 전 수로에 유량분포를 1시간 간격으로 도시하라. 전 수로구간의 초기조건은 $Q = 10\ \mathrm{m^3/sec}$이고 하류경계조건은 다음 표와 같은 수위-유량 관계곡선으로 주어진다.

수위(EL. m)	111	112	113	114	115	116
유량($\mathrm{m^3/sec}$)	6	20	30	56	80	113

10.10 문제 10.9의 수로에 길이 1 km, 경사 0.0006, 조도계수 0.025인 사다리꼴 단면의 지류 수로가 본류 수로 하류단에서 1.2 km되는 지점에서 본류 수로로 유입하며, 유입수문곡선은 본류와 동일하다. 초기조건은 다같이 10 m^3/sec이며, 합류점에서는 20 m^3/sec이다. 이 본류 수로 하류단에서의 유출수문곡선을 계산하고 문제 10.9의 결과와 비교하라.

참고문헌

과학기술부/건설교통부, 범용 2차원 하천수리 해석 소프트웨어, RAMS, 21세기 프론티어 연구개발사업, 수자원의 지속적 확보기술 개발사업, 2006.

Amein, M. and Fang, C.S., "Implicit Flood Routing in Natural Channels", *ASCE, J. Hydraulics Div.*, Vol. 96, No. HY12, 1970

Barkau, R.L., *UNET: One-Dimensional Unsteady Flow Through a Full Network of Open Channels*, Computer Program, St. Louis, Missouri, 1992.

Brigham Young University, *Storm Water Modeling System, SMS*, Tutorials, Version 7.0, Environmental Modeling Research Laboratory, 2000.

Chaudhry, M.H., *Open Channel Flow*, Prentice-Hall, New Jersey, 1993.

Chow, V.T., Maidment, D.R., and Mays, L.W., *Applied Hydrology*, McGraw-Hill, New York, 1988.

Cunge, K.A., "On the Subject of a Flood Propagation Method(Muskingum Method)", *J. Hydraulic Research*, Vol. 7, No. 2, 1969.

Fread, D.L., "The Development and Testing of a Dam-Break Flood Forecasting Model", *Proceedings, Dam-Break Flood Modeling Workshop*, U.S. Water Resources Council, Washington, D.C., 1977.

Fread, D.L., "National Weather Service Operational Dynamic Wave Model, Verification of Mathematical and Physical Models in Hydraulic Engineering", *Proc. 26th Annual Hydraulic Div., Special Conference, ASCE*, College Park, Maryland, 1978

Fread, D.L., *Channel Routing in Hydrological Forecasting*, Anderson, M.G., and Burton, T.B., ed., John Wiley, New York, 1985.

Fread, D.L., and Lewis, J.M., "FLDWAV: A Generalized Flood Routing Model", *Proceedings of National Conference on Hydraulic Engineering, ASCE*, Colorado Springs, Colo., 1988.

Fread, D.L., "Flow Routing", *Handbook of Hydrology*, edited by Maidment, D.R., Chapter 10, McGraw-Hill, New York, 1992.

Henderson, F.M., *Open Channel Flow*, Macmillan, New York, 1966.

Hydrologic Engineering Center, *HEC-1 Flood Hydrograph Package: User's Manual and Programmer's Manual*, updated 1987, U.S. Army Corps of Engineers, Davis, Calif., 1981.

Hydrologic Engineering Center, *HEC-1 Flood Hydrograph Package: User's Manual and Programmer's Manual*, U.S. Army Corps of Engineers, Davis, Calif., 1990.

Hydrologic Engineering Center, *HEC-HMS, Hydrologic Modeling System: User's Manual*, U.S. Army Corps of Engineers, Davis, Calif., 1998.

Hydrologic Engineering Center, *HEC-RAS River Analysis System, Version 3.0, User's Manual*, U.S. Army Corps of Engineers, Davis, Calif., 2000.

Issacson, E., Stoker, J.J., and Troesch, B.A., "Numerical Solution of Flood Prediction and River Regulation Problems", *Inst. Math. Science*, Report No. IMM- 235, New York University, New York, 1956.

Lighthill, M.H., and Whitham, G.B., "On the Kinematic Waves, I. Flood Movement in Long Rivers", *Proc. Royal Society of London*, Vol. 229, No. 1178, 1955.

Overton, D.E., and Meadows, M.E., *Stormwater Modeling*, Academic Press, New York, 1976.

Price, R.K., "Comparison of Four Numerical Methods for Flood Routing", *ASCE, Proc, J. Hydraulics Div.*, Vol. 100, No. HY7, 1974.

11 장

Hydrology

도시수문 및 도시유출관리

11.1 서 론

물의 순환원리에 있어서는 동일하나 도시지역의 수문학적 특성은 자연하천유역과 비교할 때 두 가지의 뚜렷한 차이를 가진다. 첫째로는 불투수 지표면(不透水 地表面, impervious surfaces)의 구성비가 대단히 크며, 둘째로는 수리학적으로 개선된 인위적인 배수시스템(drainage system)을 갖추고 있다는 것이다. 이러한 이유 때문에 강우로 인한 도시유역의 수문학적 반응인 유출은 자연하천유역에 비해 대단히 빠를 뿐 아니라 첨두유출량과 총 유출체적의 크기 또한 상대적으로 대단히 커진다.

도시수문학(都市水文學, urban hydrology)에서 다루는 공학적인 문제는 호우로 인해 발생하는 도시배수시스템 내에서의 첨두홍수량과 홍수체적, 그리고 그로 인한 최대수위를 조절하는 것이라 할 수 있으며, 이를 위해서는 도시하천 유역에서의 유출을 계산하는 방법론에 대한 고찰이 우선적으로 필요하다.

도시유출로 인한 유출수의 수질(水質)은 도시지역의 각종 비점원 오염물질(非点源 汚染物質, non-point source pollutants)의 배출로 인해 나빠질 수밖에 없으므로 오염물질이 수용하천(受容河川, receiving water)으로 배출되기 이전에 유출수의 질을 개선시키기 위한 적절한 대책을 강구하지 않으면 안된다. 따라서, 도시지역으로부터 배출되는 각종 비점원 오염물질 부하량(非点源 汚染物質 負荷量, non-point source pollutant load)을 산정하는 방법에 대해서도 주지할 필요가 있다.

도시지역의 체계적인 유출관리(流出管理, stormwater management)를 위해서는 도시우수관거 시스템에 의한 내배수처리(內排水處理, interior drainage)뿐만 아니라 도시유역의 저지대에 설치하는 유수지시설(遊水池施設, detention facility)이나 도시유역의 상류에서 홍수를 차단 저류시켜 하류 도시지역의 홍수피해를 경감시키기 위해 설치하는 저류지시설(貯留池施設, retention facility) 등을 설치·운영해야 한다. 또한, 홍수시 토사유출로 인해 발생할 수 있는 하류의 피해를 경감시키기 위해 침사지(沈砂池, sedimentation basin)도 설치·운영하게 된다.

따라서, 이들 도시유출관리를 위한 각종 시설물의 수문학적 계획 및 설계를 위한 기본원리와 실무기술은 대단히 중요하다 하겠다. 본 장에서는 도시수문학에서의 공학적 접근방법을 고찰하고, 도시화가 유출의 양과 질에 미치는 일반적인 영향을 살펴본 후, 도시하천 유역으로부터의 각종 유출계산방법 및 도시수문 모의모형(都市水文 模擬模型, urban hydrologic simulation model)을 살펴보기로 한다. 또한, 도시유역의 수질관리와 관계되는 비점원 오염물질 부하량

(非点源物質 汚染物質 負荷量, nonpoint source pollutant load)의 산정, 토양손실량(土壤損失量, soil loss)의 산정에 관한 여러 가지 방법을 비교 검토해 보기로 한다.

마지막으로는 도시유역의 유출관리 수단으로 널리 사용되고 있는 유수지와 저류지 및 침사지의 계획 및 설계 절차에 관해서도 비교적 상세하게 살펴보고자 한다.

11.2 도시수문학의 접근방법

소규모 도시하천 유역이나 도시배수구역으로부터의 홍수유출량을 산정하는 방법은 경험적 방법(經驗的 方法, empirical methods)과 물리기반 방법(物理基盤 方法, physics-based methods)으로 대별할 수 있다. 경험적인 방법은 실측 강우와 유출자료로부터 유도된 관계식을 사용하여 유출계산을 하는 데 반해 물리기반 방법은 각종 물리법칙과 흐름방정식을 사용하여 도시지역의 유출현상을 재연시킬 수 있는 모형을 사용한다.

11.2.1 경험적 방법

도시유출 해석을 위한 여러 가지 경험공식들은 역사적으로 볼 때 도시유역으로부터의 홍수유출량을 산정하기 위한 수단으로 오랜기간 사용되어 왔다. 대부분의 이들 공식들은 집체형 매개변수(集体型 媒介變數, lumped-parameter)로 표시되는 공식으로서 전체 유역을 하나의 시스템으로 보며, 유역 전체에 걸쳐 시간적 및 공간적으로 강우가 균등하게 내린다는 가정 아래 유역 출구지점에서의 유출량만을 산정하게 된다.

집체형 매개변수 모형의 또 한 가지 예는 단위유량도법으로 제8장에서 상세하게 살펴본 바와 같이 특정지속기간의 단위도가 유도되면 임의 지속기간 동안의 강우의 시간분포에 해당하는 유출수문곡선을 단위도를 사용하여 계산할 수 있다. 단위유량도 개념은 원래 상당한 규모의 하천유역에 적용하기 위해 개발되었으나 도시 유역과 같은 소규모 하천유역에서의 유출계산에도 이용될 수 있다.

11.2.2 물리기반 방법

이 방법은 도시유역의 강우-유출시스템의 입력(入力, input)에서 출력(出力, output)까지의 모든 물리 현상을 수학적으로 표시하고 현상 간의 관계를 함수관계로 표시하는 수학적 모형(mathematical model)으로 표시하여 유출을 계산하는 방법이다. 이 방법에서 사용하는 일반적인 절차를 살펴보면 다음과 같다.

1) 설계호우(design storm)를 결정하고 설계호우주상도로 표시한다.
2) 설계호우에서 손실우량을 빼어 유효우량주상도를 작성한다.
3) 표면류 방정식(overland flow equation)에 의해 측거(側渠, gutter)나 배수구로의 유출량을 계산한다.
4) 측거나 배수구를 통해 주 관거(main channel)로 홍수추적 계산을 한다.
5) 주 관거를 통해 간선배수로로 홍수추적함으로써 도시배수시스템의 출구지점 홍수수문곡선을 계산한다.

11.3 도시화가 유출에 미치는 영향

제7장에서 살펴본 바와 같이 유역의 면적크기라든지, 경사, 토양의 종류, 토지이용상태 등 유역의 특성은 유역의 유출특성에 지배적인 영향을 미치게 된다. 따라서, 도시개발로 인해 유역 지표면의 형질에 변화가 생기면 도시유역의 유출특성은 크게 영향을 받게 된다.

만약, 자연상태에 있던 토지를 개간하여 농경지나 목초지 등으로 바꾸면 토양의 침투능이 감소하게 되어 유출용적(runoff volume)과 첨두유출량(peak runoff)이 증가하게 되며, 또한 토지가 도시화(都市化)되고 우수관거가 설치되면 이들 지역의 침수특성 또한 변화하게 된다. 즉, 우수관거들은 물을 신속하게 하류로 배수시키게 되어 하류의 첨두유출량뿐 아니라 유출용적을 증가시키게 된다. 또한, 도시지역 내 저지대로부터 우수관거를 통해 우수가 신속히 하류로 배제됨에 따라 저지대에 머물러서 물이 침투할 수 있는 기회가 줄어들기 때문에 지하수위(地下水位)가 하강하게 되며, 지표면에서의 식생피복(vegetal cover)의 변화 또한 지표면의 침투능에 영향을 주게 되며, 첨두유출의 발생시각과 유출용적의 크기에 중요한 영향을 미치게 된다.

한 지역의 도시화(都市化, urbanzation)는 많은 경우 지표면의 포장이나 건축물 등으로 인한 불투수지역의 증가로 침투율이 크게 떨어져서 자연상태의 경우보다 첨두유출량과 유출용적이 증가하게 되며, 지표면의 조도가 낮아지고 우수관거의 설치로 인해 유출속도가 빨라지기 때문에 첨두유량에 도달하는 시간은 짧아지게 된다.

Leopold(1968)에 의하면 도시화의 주된 영향은 (1) 첨두유출특성(peak runoff characteristics)의 변화, (2) 총 유출용적(runoff volume)의 변화, (3) 수질의 변화, (4) 수문학적 경관성(水文學的 景觀性, hydrologic amenities)의 변화 등이다.

11.3.1 유출특성의 변화

도시화는 전술한 바와 같이 한 지역의 유출특성에 결정적인 영향을 미친다 할 수 있으며, 도시지역으로부터의 유출을 저감시키고 또한 지연시키기 위한 여러 가지 수단들이 표 11.1에서와 같이 추천되고 있다(ASCE, 1992).

그림 11.1은 어떤 하천유역의 도시화 전·후의 가상적인 단위유량도를 비교하고 있다. 그림 11.1(a)는 도시화가 되기 이전의 유역의 단위도이고 그림 11.1(b)는 도시화가 된 이후의 단위도를 도시화 이전의 단위도와 비교하고 있는데, 도시화 이후의 단위도의 첨두홍수량이 도시화 이전보다 증가하였을 뿐 아니라 첨두홍수량의 발생시각 또한 빨라져서 유역의 지체시간(lag time)이 도시화로 인해 짧아짐을 표시하고 있다. 또한, 단위도 아래의 면적인 유출용적도 도시화 이후가 도시화 이전보다 커지고 있음을 알 수 있다. 도시화로 인한 유출용적의 증가는 침투량의 감소를 의미하며 이로 인해 지하수 함양(地下水 涵養, groundwater recharge)이 부족하여 지하수위가 저하하게 됨으로써 국지적으로 지하수 공급량이 크게 감소하게 되는 것도 도시화로 인한 영향 중의 하나이다.

표 11.1 도시유출의 저감 및 지체를 위한 수단

지역 구분	유출량의 저감	유출시간의 지체
대규모 건물지붕지역	· 물탱크에 의한 저장 · 지붕 위의 정원 가꾸기 · 풀(pool) 혹은 분수대 저류 · 지붕면에 잔디 조성	· 지붕에 지체 저류시설 설치 · 지붕에 자갈을 까는 등 지붕조도를 증가시킴.
주차장지역	· 투수성 포장(자갈 바닥 주차장, 투수성 재료 포장 등) · 주차장 지하에 저류시설 혹은 물탱크 설치 · 주차장 주변에 식생저류지 혹은 자갈 트렌치 조성	· 주차장 군데군데에 잔디 식재대(grassed strip) 조성 · 식생수로(grassed waterway) 조성 · 저류 및 유수(遊水) 촉진 수단 강구
주거시설지역	· 우수유출억제용 물탱크 설치 · 투수성 자갈 도로 · 등고선 조경 · 지하수 함양을 위한 맹거(perforared pipe), 자갈 포장, 트렌치, 식생지대 조성 등	· 저류지 혹은 유수지 설치 · 지표면 조도증가를 위한 거친 식생지역 조성 · 자갈도로 조성 · 식생수로 및 측거설치
기타시설지역	· 자갈 포설 차도 · 투수성 보도	· 자갈 포설 차도

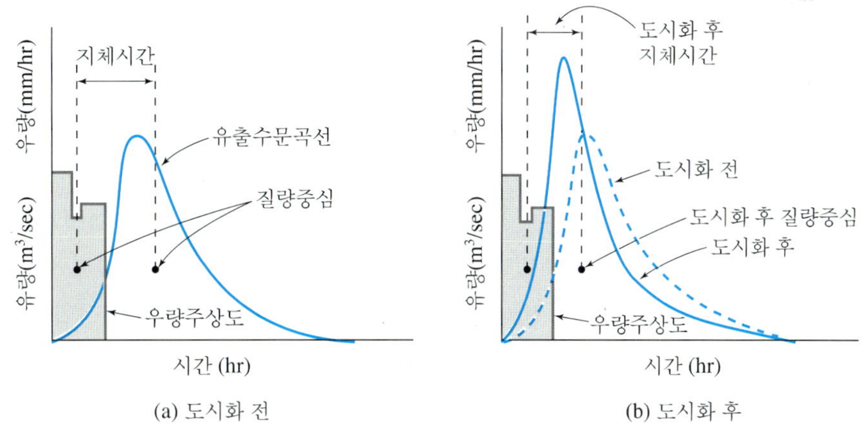

그림 11.1 도시화 전·후의 유출수문곡선의 변화

일반적으로 도시화가 진행됨에 따른 첨두유출량의 증가는 유출용적의 증가보다 빠른 특성을 가지는데 이는 도시하천 수로로의 표면류(表面流, overland flow)의 유출률이 증가하여 유역의 집중시간이 감소하기 때문이다. 강우로 인한 유출은 자연상태의 식생피복에 비해 가로(街路)나 건물지붕으로부터 더 빨리 발생하게 되며 우수관거 시스템이나 콘크리트 수로 등의 홍수소통시설들은 흐름의 유속을 증가시켜 유역의 지체시간(lag time)을 단축시키는 결과를 가져온다. 이와 같은 유역 지체시간의 감소는 어떤 크기의 홍수량의 재현기간에 큰 영향을 미치게 된다. 즉, 지체시간이 6시간인 어떤 유역에 대한 50년 빈도 호우는 도시화로 인해 유역 지체시간이 3시간으로 단축되었을 경우에는 50년 빈도보다 더 큰 빈도의 호우가 될 것임을 알 수 있다.

11.3.2 수질의 변화

도시화에 따른 토지이용의 변화가 수질(水質, water quality)에 미치는 주된 영향은 영양염류라든지 도로로부터의 토사와 각종 화학물질, 소금성분, 기름, 휘발유 성분 등 오염물질의 유입으로 인한 수질악화이다. 수질문제에 있어서 특히 중요한 것은 도시개발 중이나 개발 후에 내리는 호우기간 동안 나대지로부터 토사가 과도하게 유출되어 탁도(濁度, turbidity)를 높힘으로써 수질을 악화시키는 것으로서 도시화가 진행되는 기간 동안의 연간 토사침식량은 도시화 이전의 자연유역 조건에서의 침식량보다 약 100~250배 더 큰 것으로 알려져 있다.

11.4 도시하천 유역에서의 유출계산 방법

도시하천 유역으로부터의 유출, 즉 첨두홍수량과 홍수용적을 산정하기 위한 방법에는 여러 가지가 있다. 첨두홍수량 산정방법은 단순 경험공식(單純 經驗公式, simple flood formula)에 의한 방법과 강우-유출과정의 모형화에 의하는 도시수문곡선방법(都市水文曲線方法, urban hydrograph method)으로 대별할 수 있다. 단순 경험공식은 제7.11절에서 이미 상세하게 소개한 바 있는 합리식(合理式, Rational formula) 등이며 도시수문곡선법은 도시지역에서의 강우-유출관계를 분석하여 유역으로부터의 유출수문곡선을 단위유량도법 등으로 계산하는 수문모형(水文模型, hydrologic model)을 개발하여 사용하는 방법이다.

11.4.1 합리식

도시유역으로부터의 특정 재현기간의 첨두홍수량을 산정하기 위한 단순 경험공식에 속하는 합리식의 기본원리와 전제되는 가정, 그리고 적용방법 및 절차에 관해서는 제7.11절에서 상세하게 소개하였으므로 여기서는 합리식의 기본식과 적용방법에 대하여 간단하게 다시 정리해 보기로 한다.

합리식의 기본식은 식 (7.61)과 같다.

$$Q = 0.2778\,CIA = \frac{1}{360}\,CIA' \tag{7.61}$$

여기서, Q는 첨두홍수량(m^3/sec)이며, C는 지표면의 유출계수(流出係數, runoff coefficient) I는 강우지속기간 t_d가 유역의 집중시간(集中時間, time of concentration) t_c와 동일한 호우의 강우강도(强雨强度, rainfall intensity)이며, A와 A'은 각각 km^{2}와 ha 단위로 표시되는 유역면적이다.

식 (7.61)의 설계 강우강도 I는 설계하고자 하는 수공구조물의 중요도에 따라 재현기간이 부여되며 강우지속기간 t_d는 유역의 집중시간 t_c와 동일하게 잡으므로 강우강도-지속기간-발생빈도 관계(Intensity-Duration-Frequency, IDF relation)로부터 결정되고, 식 (7.61)로 계산되는 첨두홍수량(Q)의 재현기간은 강우강도(I)의 재현기간과 동일한 것으로 본다.

한편, 합리식의 적용에 의한 첨두홍수량의 결정 절차를 요약하면 다음과 같다.

① 배수유역의 집중시간(t_c)을 추정한다.

② 유역의 배수면적(A)과 평균 유출계수(C)를 산정한다.

③ 수공구조물의 설계재현기간(T)을 선정하고 배수유역의 집중시간(t_c)을 설계강우의 지속기간(t_d)으로 하여 IDF 관계곡선으로부터 T년 빈도의 설계강우강도(I)를 결정한다.

④ 식 (7.61)로 첨두홍수량(Q)을 산정한다.

위와 같은 절차에 의해 우수관거별 첨두홍수량을 산정하면 이것이 바로 해당관거의 설계홍수량(design flood) Q_d가 되며, Q_d를 기준으로 하여 관거의 크기를 결정하는 수리학적 설계를 수리학적 원리에 의해 하게 되며 그 절차를 요약하면 다음과 같다.

① 설계홍수량 Q_d와 관거 내 평균유속 0.9 m/sec(관거 내 토사퇴적 방지를 위한 최소유속)에 대해 연속방정식으로 관거의 소요직경을 계산한다. 이 값은 최대 직경이다.

② 설계홍수량 Q_d와 지표면의 경사(S_0)를 고려하여 Manning 공식으로 관거의 직경을 계산한다[식 (7.65) 혹은 식 (7.66)을 사용]. 이때 n값은 각종 수리학 교재에서 추천되어 있는 값을 사용한다.

③ 만약 ②에서 결정한 직경이 ①에서 계산한 값보다 작으면 그 값을 설계직경으로 채택하며 지표면의 경사를 관거의 설계경사로 채택한다.

④ 만약 ②에서 결정한 직경이 ①에서 계산한 값보다 크면 ①에서 산정한 관거의 직경을 채택한 후 Manning 공식을 사용하여 관거의 설계경사를 다시 계산한다. 이러한 경우에는 지표면 경사보다 더 가파른 경사로 관거를 설치하게 되며 더 작은 경사로 관거를 설치할 때에는 간헐적인 관거 내 준설작업이 필요하게 된다.

예제 11.1 어떤 도시 지역의 그림 11.2와 같은 우수관거시스템을 설계하고자 한다. 다음과 같은 조건을 고려하여 우수관거를 설계하라.

1) 이 지역의 최대개발 후 구역별 유출계수(C)는 그림 11.2에 표시된 바와 같다.
2) 우수관거시스템으로의 유입시간(inlet time)은 15분으로 동일하다.
3) 우수관거는 5년 빈도 홍수량에 대해 설계하고자 하며 이 지역의 강우강도식은 $I = 3330/(t+19)$ mm/hr [여기서, t는 유역의 집중시간 t_c(min.)와 같게 택함]이다.
4) Manning의 조도계수 $n = 0.013$이다.

풀이 1) 우수관거의 배치계획

그림 11.2에서 보는 바와 같이 이 배수구역의 Ave. B(Avenue-B)에 측거(側渠, lateral sewer)를 설치하고, St. 3(Street-3)에 부 관거(副 管渠, submain sewer)를 설치하여 단지 밖의 주 관거(主 管渠, main sewer)에 연결하도록 계획하였다. 배수구역

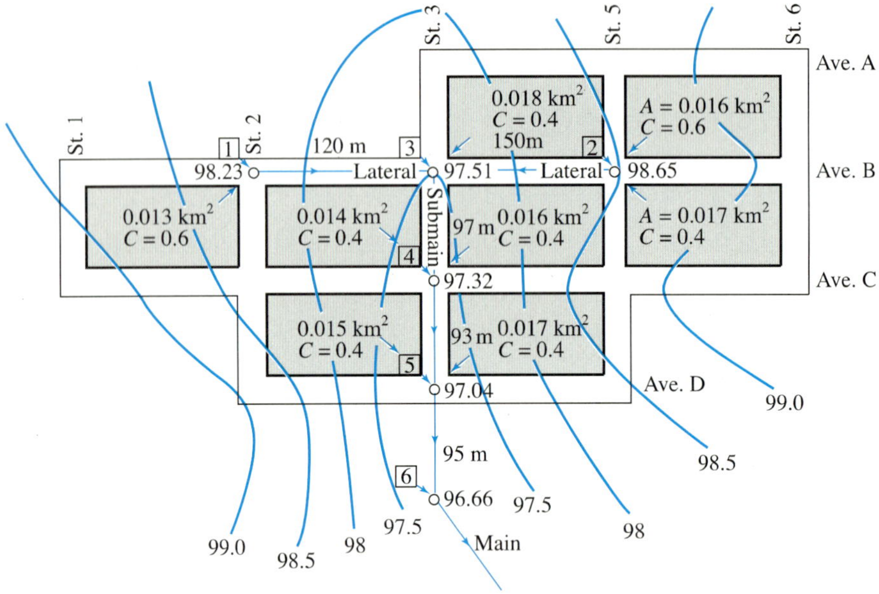

그림 11.2 우수관거시스템 배치도

의 지형을 고려하여 화살표로 표시한 방향을 따라 각 블록(block)으로부터 유입구 지점(intercept point)으로, 그리고 Ave. B의 좌·우측으로부터 [3]번 유입구 지점으로, 그 다음에는 St. 3을 따라 주 관거방향으로 우수가 흐르도록 우수관거의 배치계획을 수립하였다. 그림 11.2에는 블록별 배수면적과 유출계수(주거지역은 0.4, 상업지역은 0.6)가 표시되어 있으며, 유입구 지점은 [1]에서 [6]까지로 표시되어 있고, 설계대상관거는 [1] → [3], [2] → [3], [3] → [4], [4] → [5], [5] → [6]이다.

2) 우수관거별 설계홍수량 산정

합리식을 사용하여 설계대상 관거별로 계산한 설계홍수량은 표 11.2에 수록되어 있다. 표 11.2에서 관거 [1] → [3]에 대해서는 합리식에 $C = 0.6$, $A = 0.013\ \text{km}^2$, $I = 97.9\ \text{mm/hr}$($t_c =$ 15분을 강우지속기간으로 할 때의 강우강도식에 의해 계산된 강우강도)를 대입하면 $Q = 0.212\ \text{m}^3/\text{sec}$가 된다. 한편, [3]번 유입구 지점에서의 설계홍수량을 계산하기 위해서는 이 지점의 집중시간을 결정해야 하는데 이를 위해서는 우수관거 [1] → [3]과 [2] → [3]을 통한 관거 내 유하시간(time of travel) [표 11.2의 (11)란]을 계산해야 하므로 이들 두 관거의 직경과 관거 내 유속을 결정해야 한다. 따라서, 표 11.3에서와 같이 관거의 설치경사를 지표면의 경사와 동일하게 잡아 Manning 공식으로부터 관의 소요직경 D[표 11.3의 (10)란]를 계산하고, 지표면경사로 관거를 설치할 경우의 관 내 평균유속[표 11.3의 (13)란]을 연속방정식에 의해 계산한다.

표 11.2 우수관거별 설계홍수량 계산결과

(1)	(2)	(3)	(4)	(5)	(6)	(7)	(8)	(9)	(10)	(11)	(12)	(13)	(14)
노선	위치	유입구		배수면적 A (km^2)	유출계수 C	AC (m^2)	ΣAC (m^2)	집중시간(min.)				강우강도 (mm/hr)	홍수량 Q (m^3/s)
		시점	종점					경로	지표면	관거 내	계		
1	Avenue B	1	3	0.013	0.6	7,800	7,800	TA-1[a]	15	0	15	97.9	0.212
2	Avenue B	2	3	0.016	0.6	9,600	9,600						
				0.017	0.6	10,200	19,800	TA-2	15	0	15	97.9	0.538
3	Street 3	3	4	0.018	0.4	7,200	34,800[b]	TA-3	15	0	15		
								1-3	15	1.47	16.47	93.9	0.908
								2-3	15	1.31	16.31		
4	Street 3	4	5	0.014	0.4	5,600	40,400						
				0.016	0.4	6,400	46,800	TA-4	15	0	15		
								3-4	16.47	1.23	17.70	90.7	1.180
5	Outside	5	6	0.015	0.4	6,000	52,800						
				0.017	0.4	6,800	59,600	TA-5	15	0	15		
								4-5	17.70	0.95	18.65	88.4	1.464

[a] TA−1 = 배수블록(tributary area, TA)으로부터 1번 유입구로.

[b] TA+area from 1−3+area from 2−3 = 7200+7800+19,800 = 34,800(3번 유입구에 기여하는 ΣAC).

3) 우수관거별 수리계산

표 11.3에서와 같이 관거의 수리계산과 표 11.2의 관거별 설계홍수량 계산은 병행되어야 한다. 예를 들면, 표 11.2에서 관거 [1] → [3]의 경우 설계홍수량은 0.212 m^3/sec로 계산되었으므로 표 11.3의 수리계산에서 관거 내 유속은 1.36 m/sec가 되고 관거 내 유하시간(도달시간)은 1.47분이 된다. 이 관거 내 유하시간은 표 11.2의 (11)란에 표시되어 있으며 [3]번 유입구에서의 집중시간은 16.47분[(12)란]이 되고 설계홍수량은 0.908 m^3/sec가 된다.

다른 관거의 설계홍수량 산정과 수리계산에 의한 관거의 크기 결정도 관거 [1] → [3]에서와 동일한 절차에 따라 표 11.2와 표 11.3을 오가며 차례로 설계홍수량 계산과 관거직경 계산을 하게 된다.

표 11.3 우수관거의 수리계산

(1) 노선	(2) 유입구 시점	(3) 유입구 종점	(4) 설계홍수량 Q_d (m^3/sec)	(5) 관거 길이 (m)	(6) 지면표고 (EL. m) 시점	(7) 지면표고 (EL. m) 종점	(8) 지표면 경사	(9) 최대직경(mm) (V=0.9 m/sec)[a]	(10) 지표면 경사시 관거직경[b] (mm)	(11) 설계치 직경 (mm)	(12) 설계치 관거 경사	(13) 설계치 관거 내 유속[c](m/s)	(14) 관거 내 유하시간(min.) $(\frac{col.5}{col.3} \times \frac{1}{60})$
1	1	3	0.212	120	98.23	97.51	0.006	550	445	445	0.006	1.36	1.47
2	2	3	0.538	150	98.65	97.51	0.0076	875	600	600	0.0076	1.90	1.31
3	3	4	0.908	97	97.51	97.32	0.002	1135	940	940	0.002	1.31	1.23
4	4	5	1.180	93	97.32	97.04	0.003	1290	960	960	0.003	1.63	0.95
5	5	6	1.464	95	97.04	96.66	0.004	1440	990	990	0.004	1.90	0.83

[a] $D = (0.785Q/V)^{1/2}$ (연속방정식).

[b] $D = \left[\dfrac{(3.211)nQ}{S_0^{1/2}}\right]^{0.375}$ (Manning 공식).

[c] $V = 1.274\left(\dfrac{Q}{D^2}\right)$ (연속방정식).

11.4.2 수정합리식

수정합리식(修正合理式, modified rational formula)은 도시지역으로부터의 유출수문곡선(runoff hyrograph)을 계산할 수 있도록 합리식의 원리를 연장 사용하는 방법이다. 즉, 합리식은 특정 재현기간의 강우로 인한 첨두홍수량의 크기만을 결정할 수 있는 방법이므로 우수관거라든지 하천제방과 같은 홍수소통용 소규모 구조물의 설계홍수량 결정에는 사용할 수 있으나, 강우로 인한 홍수용적을 계산할 수 없어서 제11.7절에 상세하게 소개되어 있는 도시지역의 유수지(遊水池, detention pond) 혹은 저류지(貯溜池, retention reservoir) 등의 저류용 구조물의 설계홍수량 결정에는 사용할 수 없으므로 합리식으로 구하는 첨두홍수량값을 사용하여 그림 11.3에서와 같이 삼각형 혹은 사다리꼴의 수문곡선을 그리는 방법이다(Walesh, 1989).

1) 수정합리식에 의한 수문곡선의 형태 구분

식 (7.60)으로 표시되는 합리식에서는 설계강우강도 I의 지속기간을 유역의 집중시간 t_c와 같다고 가정하여 첨두홍수량을 산정하나, 실제에 있어서 강우기간 동안의 평균강우강도를 결정하는 시간장경(rainfall intensity averaging time), 즉 강우지속기간 t_d는 유역의 집중시간 t_c보다 큰 것이($t_d > t_c$) 보통이므로 수정합리식으로 산정되는 홍수용적은 과소추정될 소지가 크다. 뿐만 아니라, 그림 11.3에서 보는 바와 같이 수정합리식에 의한 수문곡선은 삼각형 혹은 사다리꼴로 표시되므로 수문곡선의 상승부와 하강부에서는 선형(線形)의 면적-시간관계를 가정하는 것도 실제와는 다르다 할 수 있다.

따라서, 수정합리식을 사용하여 유출수문곡선을 작성할 경우는 설계강우의 지속기간 t_d와 유역의 집중시간 t_c의 상대적인 크기에 따라 그림 11.3에서와 같이 다음과 같은 3가지 경우가 있을 수 있다.

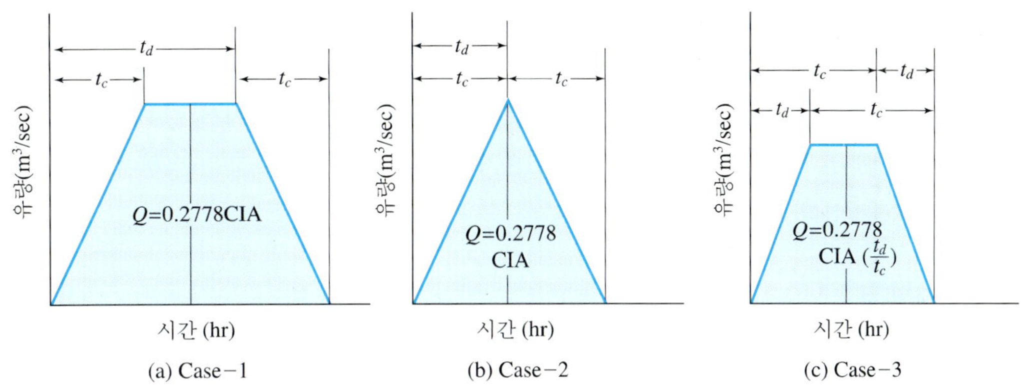

그림 11.3 수정합리식에 의한 수문곡선형태

Case-1 : $t_d > t_c$인 경우로서 사다리꼴 수문곡선의 첨두유량은 식 (7.60)으로 계산되며, 상승부와 하강부는 직선형이고 지속기간은 각각 t_c이다.

Case-2 : $t_d = t_c$인 경우로서 정삼각형 수문곡선의 첨두유량은 식 (7.60)으로 계산되며, 상승부와 하강부는 직선형이고 지속시간은 각각 t_c이다.

Case-3 : $t_d < t_c$인 경우로서 사다리꼴 수문곡선의 첨두유량은 식 (7.60)으로 계산된 값에 (t_d/t_c)를 곱한 값이며, 상승부와 하강부는 직선형이고 지속시간은 각각 t_d이다. $t_d < t_c$인 경우는 첨두유량과 홍수용적이 Case-1과 Case-2의 경우보다 작으므로 저류지 용량 결정측면에서는 고려할 필요가 없다.

2) 수정합리식에 의한 저류지의 용량결정절차

수정합리식에 의한 저류지나 유수지의 소요용량을 결정하는 절차는 4가지 단계로 나눌 수 있다.

제1단계는 설계대상유역 관련 자료를 획득하는 단계로서 유역면적, 유출계수, 유역의 집중시간, 저류지로부터 하류로의 허용방류량 등의 자료를 수집한다.

제2단계는 일련의 유출수문곡선을 작도하는 단계로서 저류지/유수지의 설계빈도를 선정하고 대상유역의 집중시간을 고려하여 설계강우강도(I)를 결정하여 합리식으로 첨두홍수량을 구한 후 저류지의 소요용량 결정을 위한 강우지속기간(강우강도 평균시간)을 임의로 여러 개 선택(유역의 집중시간보다는 크게)하여 수정합리식으로 일련의 유출수문곡선을 작도한다.

제3단계는 일련의 유출용적을 결정하는 단계로서 설계하고자 하는 저류지 하류로의 허용방류량을 고려하여 저류지의 설계강우 지속기간별로 저류시켜야 할 유출용적을 산정한다. 즉, 제2단계에서 수정합리식에 의해 작도한 강우지속기간별 유출수문곡선의 종거에서 하류로의 허용방류량을 뺀 후 수문곡선 아래의 면적을 계산하면 저류지에 저류시켜야 할 유출용적이 된다.

제4단계는 저류지의 소요용량을 결정하는 단계로서 제3단계에서 강우강도 평균시간(저류지의 설계강우 지속기간)별로 산정한 소요저류용적 중 가장 큰 값을 택하여 저류지의 소요용량으로 결정한다.

예제 11.2

그림 11.4에서와 같이 배수면적이 4 ha인 소유역을 개발하고자 하며, 유역개발에 따른 하류홍수량의 증가에 대처하기 위해 유역의 말단부에 설계빈도 10년으로 저류지를 설치하고자 한다. 유역하류 기존 개발지역의 우수배제를 위한 관거의 홍수소통능력(저류지의 허용방류량)이 0.15 m^3/sec로 제한되어 있을 때 수정합리식을 사용하여 저류지의 소요용량을 결정하라. 이 유역의 유출계수 $C = 0.4$이고 유역의 집중시간 $t_c = 10$분으로 가정하라. 이 지역의 10년 빈도 강우강도식은 다음과 같다.

$$I_{10} = \frac{560}{\sqrt{t} + 0.09} \text{ mm/hr} \quad (t : \text{min.})$$

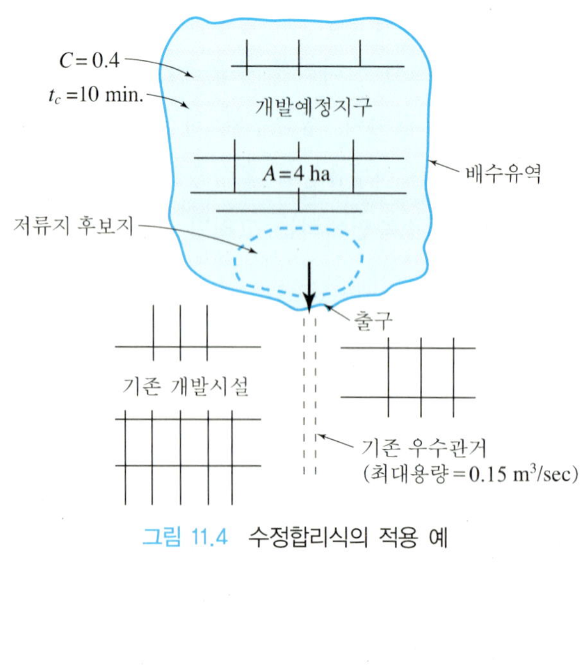

그림 11.4 수정합리식의 적용 예

풀이 저류지의 설계강우 지속기간 $t_d=$ 10분부터 10분 간격으로 늘리면서 수정합리식에 의한 유출수문곡선을 표 11.4에서와 같이 계산할 수 있으며, 이를 그림 11.5에 표시하였다.

표 11.4 수정합리식을 이용한 저류지의 소요용량 산정

설계강우 지속기간 t_d (min.)	10년 빈도 강우강도 I_{10} (mm/hr)[a]	10년 빈도 홍수량 Q_{10}(m^3/sec)[b]	허용방류량 Q_a (m^3/sec)	$Q_{10}-Q_a$	소요저류용량 S (m^3)
10	172.2	0.765	0.15	0.615	296.7
20	122.8	0.548	0.15	0.398	412.2
30	100.6	0.447	0.15	0.297	474.8
40	87.3	0.388	0.15	0.238	516.0
50	78.2	0.348	0.15	0.198	542.8
60	71.5	0.318	0.15	0.168	557.3
70	66.2	0.294	0.15	0.144	558.2

[a] $I_{10}=\dfrac{560}{\sqrt{t_d}+0.09}$

[b] $Q_{10}=\dfrac{1}{360}CI_{10}A=\dfrac{1}{360}\times 0.4\times I_{10}\times 4=0.004444\,I_{10}$

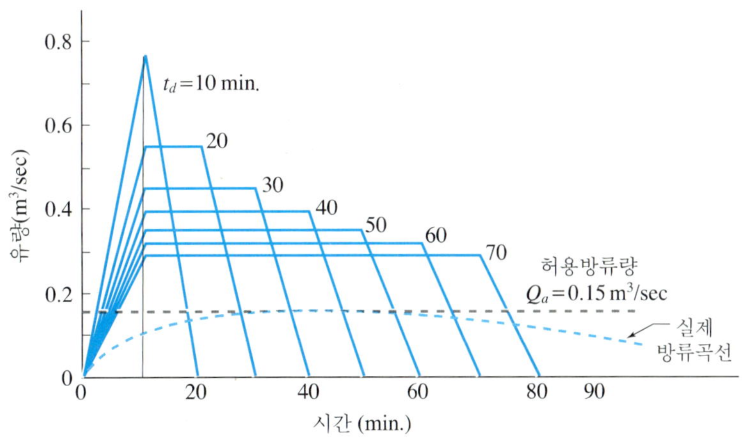

그림 11.5 수정합리식 방법에 의한 홍수수문곡선 합성

표 11.4의 마지막 란(column)은 그림 11.5의 저류지의 설계강우 지속기간별로 삼각형 및 사다리꼴 모양의 수문곡선에서 하류로의 허용방류량 $Q_a=0.15\ m^3$/sec를 제외한 종거를 사용하여 기하학적 분석에 의해 수문곡선 아래의 면적을 구한 저류지의 소요저수용량을 표시한다. 표 11.4로부터 설계강우의 지속기간이 길어짐에 따라 저류지의 소요저류용량은 점점 증가하여

$t_d = 70$분일 때 대략 최대값에 이르고 있음을 알 수 있으며, 이것을 이 저수지의 설계용량으로 채택하면 되겠다.

또한, 그림 11.5의 점선으로 표시된 곡선은 저류지로부터 실제로 방류되는 방류수문곡선을 표시하고 있다. 방류시작 시간 부근에서 순간적으로 허용방류량만큼 자연 방류가 될 수 없기 때문에 방류량이 시간에 따라 점점 증가하여 허용방류량에 도달하다가 강우가 끝나면 방류량은 점점 작아져서 결국은 없어지게 된다. 따라서, 본 예제 풀이에서처럼 저류지의 소요용량을 결정하면 약간의 과소설계의 소지가 있으므로 적절한 안전계수(약 5% 정도)를 고려할 필요가 있다.

11.4.3 RRL 방법

영국도로연구소 방법(British Road Research Laboratory method, BRRL 혹은 RRL method)은 영국에서 도시유역의 강우-유출자료를 사용하여 개발된 도시유출 계산방법으로 미국에서 그 적용성이 우수하다는 평가를 받은 방법이며(Stall and Terstriep, 1972), 기본적인 유출계산 방법론에 대해서는 제9.7.3절에서 이미 상세하게 소개한 바 있다.

RRL 방법은 도시지역의 우수관거시스템에 직접 연결된 불투수면적(directly connected impervious area)만이 호우기간 동안 유역의 유출에 공헌한다는 가정을 토대로 하고 Stall과 Terstriep(1972)은 RRL 방법의 평가에서 다음의 조건이 성립되어야만 타당한 도시유출 계산방법이라 주장하였다.

① 직접 연결 불투수면적이 대상도시 하천유역 면적의 약 15% 이상을 차지해야 한다.
② 설계강우의 재현기간은 20년 이하이어야 한다.
③ 대상유역의 면적은 $5\,\text{mi}^2$(약 $13\,\text{km}^2$) 이하여야 한다.
④ 잔디 피복지역의 경사가 심하거나, 토양의 압밀도가 높거나 혹은 선행토양 함수 정도가 클 때에는 RRL 방법의 적용을 조심해야 한다.

RRL 방법에 의한 도시하천 유역의 유출계산 절차는 그림 11.6에서처럼 다음 4가지 단계로 나누어 설명할 수 있다.

제1단계에서는 그림 11.6에서처럼 대상유역의 유역도를 그리고 투수지역과 불투수지역을 구분하며, 불투수지역은 다시 직접 연결 불투수지역과 간접 연결 불투수지역으로 구분한다. 그림 11.7은 그림 11.6의 대상유역의 토지이용 상태를 보다 상세하게 나타내고 있으며, 음영 부분은 직접 연결 불투수지역을 표시하고 있다. 그림 11.7의 윗부분에 위치하고 있는 3동의 독립가옥의 경우 지붕은 불투수면적으로 분류될 수 있지만 지붕으로부터의 배수구(roof drain)가

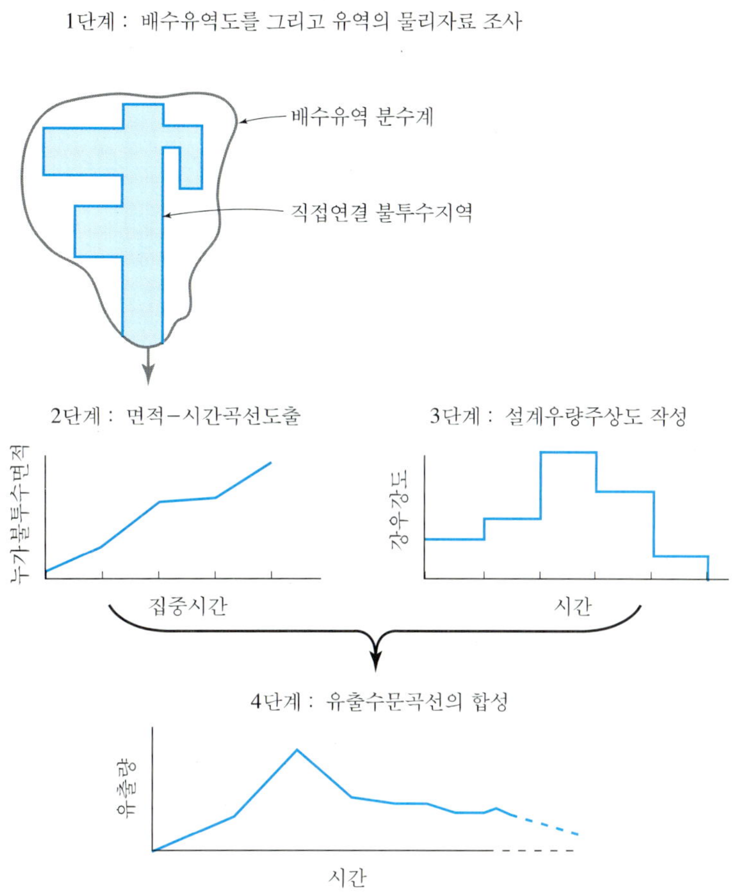

그림 11.6 RRL 방법의 적용절차

우수관거 시스템에 직접 연결된 것이 아니라 잔디 위에 배수하도록 되어 있다고 가정하여 직접 연결 불투수면적이 아닌 간접 연결 불투수지역으로 분류하였기 때문에 음영으로 표시하지 않았다.

제2단계에서는 배수유역으로부터의 유출시간별 누가면적을 표시하는 시간-면적관계(time-area relationship)를 표시하는 곡선을 작성하는 것이다. 즉, 배수유역의 출구를 기준으로 하여 출구까지의 도달시간이 동일한 지점들을 연결하는 등 시간선(等 時間線, isochrones)을 그림 11.8에서와 같이 점선으로 그어 그림 11.9와 같은 도달시간별 누가면적곡선을 작성한다. 이때 등시간선 간의 시간간격은 후술할 설계우량주상도 작성을 위한 시간구간과 같게 잡아야 한다.

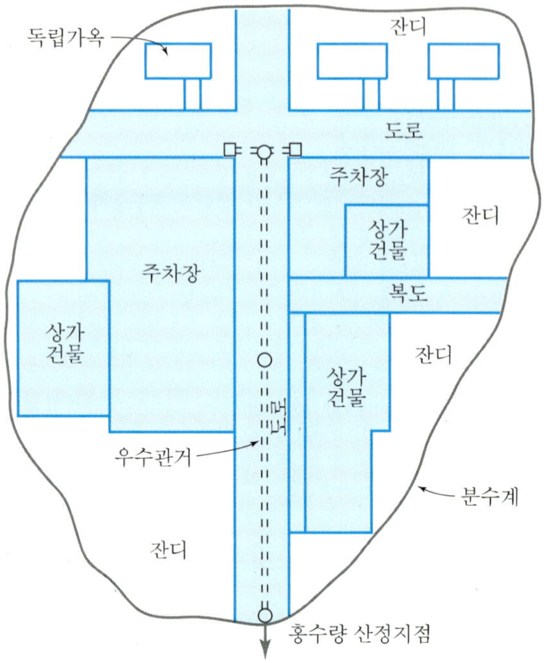

그림 11.7 대상유역의 토지이용현황 및 직접 연결 불투수지역의 구분

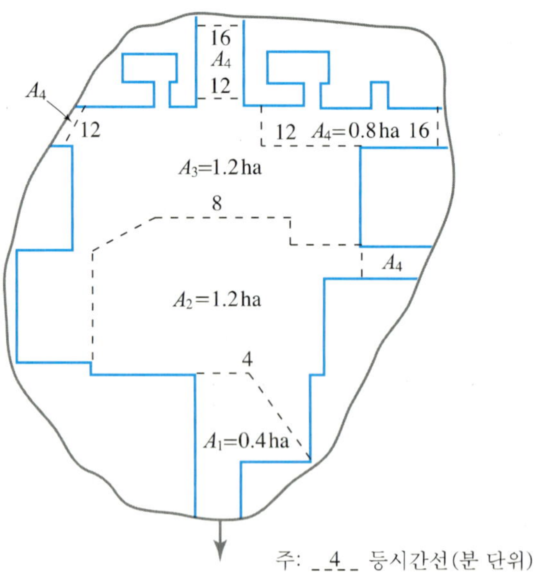

그림 11.8 등시간선에 의한 시간별 면적구분

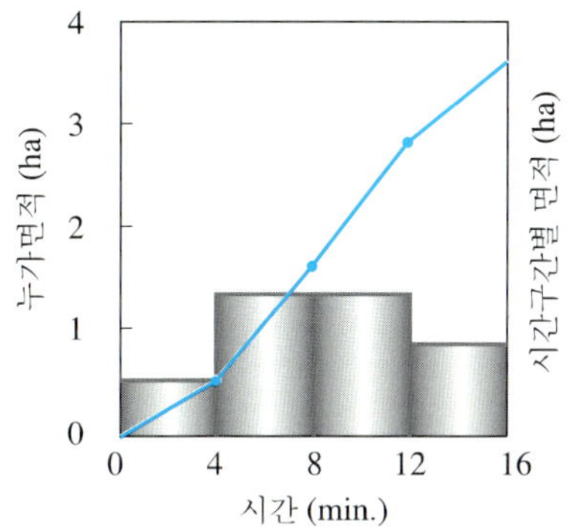

그림 11.9 시간-면적 관계곡선

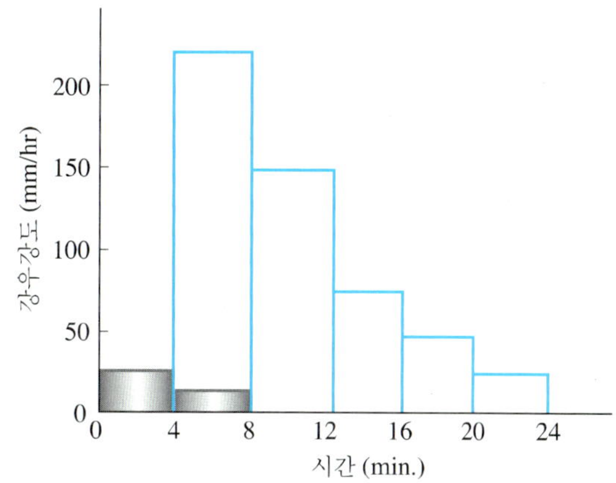

그림 11.10 설계우량주상도

제3단계에서는 유출계산에 적용할 설계우량주상도를 작성하는 것이다. 이를 위해서는 우선 대상유역의 특정설계빈도에 해당하는 강우강도식으로부터 설계강우 지속기간에 상응하는 설계강우량을 구한 후 이를 Huff 분포, Mononobe 분포, 교호블록 방법 등에 의해 시간분포시킨 후 시간구간별 손실우량을 산정하여 시간구간별 우량에서 뺌으로써 유효우량주상도를 작성하게 된다. 이때 우량주상도의 시간구간은 시간-누가면적곡선의 시간구간과 같아야 함은 이미 설명한 바 있다. 그림 11.10은 그림 11.7의 유역출구 지점에서의 설계홍수수문곡선을 RRL 방법으로 계산하기 위한 설계우량주상도를 예시하고 있으며, 그림 11.10의 음영 부분은 지표면의 凹면 저류(depression storage)로 강우초기에 생기는 손실우량 약 2.5 mm(약 0.1 inch)를 표시하고 있다.

마지막 제4단계는 유출수문곡선을 합성하는 것이다. 유출수문곡선은 제2단계에서 작성한 시간-면적 관계곡선을 제3단계에서 작성한 설계우량주상도와 결합시켜 합성하게 된다. 매 시간구간의 종점시각에서의 대상유역출구지점 유출량은 유역의 유출에 공헌하는 강우증분과 면적증분을 곱하고 합산하여 계산하게 된다. 예를 들면, 첫 번째 시간구간의 종점, 즉 강우시작 시각으로부터 4분 후(그림 11.9 참조)의 유역출구유출량은 4분 등시간선 하류유역면적상의 직접연결 불투수면적으로부터만 발생하게 되며 그 크기를 합리식($C = 1.0$)으로 산정하면 다음과 같다.

$$Q_1 = \frac{1}{360} I_1 A_1' \tag{11.1}$$

여기서, I_1은 강우강도(mm/hr)이고, A_1'은 1번 구역의 면적(ha)이다.

두 번째 시간구간의 종점, 즉 강우시작 시각으로부터 8분 후의 유역출구유출량은 4분 등시간선 하류유역면적상의 직접 연결 불투수면적 A_1'에 두 번째 시간구간 강우강도 I_2를 곱한 유출량과 8분 등시간선과 4분 등시간선 사이의 직접 연결 불투수면적 A_2'에 첫 번째 시간구간 강우강도 I_1을 곱한 유출량을 합하여 계산할 수 있다. 즉

$$Q_2 = \frac{1}{360}(I_2 A_1' + I_1 A_2') \tag{11.2}$$

이하 동일한 요령으로 매 시간구간 종점시각에서의 유출량은 표 9.12에서와 같은 매트릭스 연산형식으로 산정할 수 있다.

예제 11.3 그림 11.8과 같이 어떤 도시배수구역의 직접 연결 불투수지역에 대한 등시간선이 4분 간격으로 표시되어 있다. 이 배수구역에 다음과 같은 설계우량주상도가 적용된다고 가정하여 배수구역 출구지점에서의 설계홍수수문곡선을 RRL 방법으로 계산하라.

표 11.5 설계우량주상도

시간(분)	0~4	4~8	8~12	12~16	16~20	20~24
강우강도 I(mm/hr)	25	225	150	75	50	25

풀이 1) 도시지역의 직접 연결 불투수지역에 대한 유출계수 $C = 1.0$이므로 합리식에 의한 홍수량은 식 (7.60)으로 표시된다.

$$Q = \frac{1}{360} CIA' = \frac{IA'}{360}$$

여기서, Q는 홍수량(m^3/sec)이고, I는 강우강도(mm/hr), A'은 헥타르(hectre, ha)이다.

2) 표 11.5는 이 배수구역에 적용될 설계우량주상도로서 그림 11.10에 표시하였으며, 凹면저류 손실우량을 2.5 mm로 하면 처음 4분간의 우량 25 mm/hr×4 min=1.67 mm와 나머지 0.83 mm가 4~8분간의 우량에서 손실로 취급되어야 한다. 따라서, 손실우량 2.5 mm는 그림 11.10에 음영으로 표시되어 있으며 4~8분 시간구간의 유효우량의 강도는 다음과 같다.

$$225 - \left(\frac{0.83 \times 60}{4}\right) = 225 - 12.45 = 212.6 \text{ mm/hr}$$

매트릭스 연산방법(표 9.12 참조)으로 배수구역 출구지점에서의 홍수수문곡선을 계산하면 표 11.6과 같다.

표 11.6 RRL 방법에 의한 설계홍수 수문곡선의 계산

(1) 시간 (분)	(2) 강우강도 I(mm/hr)	(3) 소구역면적(4분간격, ha)별 $I_i A_i'$ A_1' (0.4)	A_2' (1.2)	A_3' (1.2)	A_4' (0.8)	(4) $\Sigma I_i A_i'$ (mm/hr · ha)	(5) $Q=\frac{(4)}{360}$ (m^3/sec)
0	0	0				0	
4	0	0				0	0
8	212.6	85	0			85	0.236
12	150	60	225	0		285	0.792
16	75	30	180	225	0	435	1.208
20	50	20	90	180	170	460	1.278
24	25	10	60	90	120	280	0.778
28		-	30	60	60	150	0.417
32		-	-	30	40	70	0.194
36		-	-	-	20	20	0.056
40		-	-	-	-	0	0

표 11.6의 계산으로부터 이 배수구역 출구지점에서의 첨두홍수량 $Q_p = 1.278\ m^3/sec$이며 강우 시작시각으로부터 20분 후에 발생함을 알 수 있다.

11.4.4 ILLUDAS

미국 일리노이주 수자원조사소(Illinois State Water Survey)의 Terstriep and Stall(1974)이 개발한 일리노이 도시배수구역 모의모형(Illinois Urban Drainage Area Simulator, ILLUDAS)은 도시배수 유역의 우수관거설계를 위한 홍수량을 산정하여 관거를 설계(design)하거나 해석(analysis)하는 수문모형이다. 앞 절에서 소개한 RRL 방법에서는 도시배수시스템에 직접 연결된 불투수지역 혹은 포장지역(directly connected paved area)으로부터의 유출만을 고려하나 대부분의 도시유역에서는 직접 연결 불투수지역뿐만 아니라 간접 연결 불투수지역이나 유출에 기여하는 비포장된 투수지역으로부터도 유출이 발생하므로 이들을 고려하여 홍수량을 산정하고자 한 것이 ILLUDAS 모형이다.

ILLUDAS 모형을 적용하기 위해서는 먼저 전체 배수면적을 그림 11.11에서처럼 우수관거의 유입구 혹은 우수관거의 합류점을 기준으로 여러 개의 소유역으로 구분하고 불투수지역과

투수지역으로부터의 유출량을 각각 계산하여 합성함으로써 소유역별 유출수문곡선을 계산한 다음, 우수관거를 통한 홍수추적 및 다른 소유역으로부터 계산된 유출수문곡선을 합성해 나감으로써 배수유역 출구지점의 홍수수문곡선을 계산하게 된다.

한편, ILLUDAS 모형은 우수관거 내에서의 흐름을 정상등류(定常等流, steady uniform flow)로 가정하며, 연속방정식(저류방정식)에 의해 흐름을 해석하므로 관거 내 흐름의 부정류 특성으로 인한 배수영향(背水影響, backwater effect) 등을 고려할 수 없는 등의 한계가 있다.

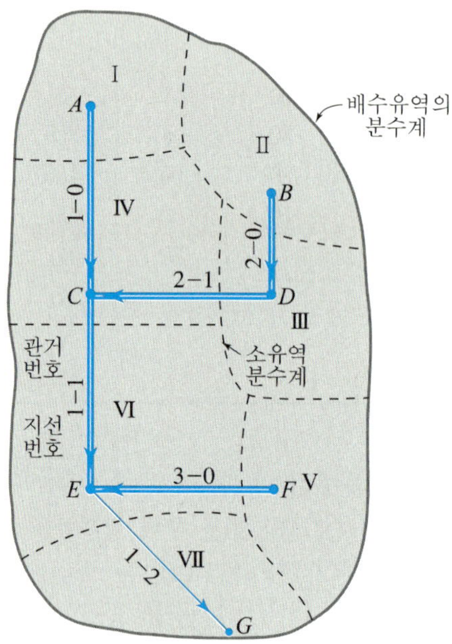

그림 11.11 소유역 분할 및 우수관거시스템

1) 직접 연결 불투수지역으로부터의 유출(Paved-Area runoff)의 계산

그림 11.12(a)에서처럼 배수유역도상에서 직접 연결 불투수지역(그림에서 음영으로 된 지역)을 구분한 후 불투수지역으로부터 배수시스템의 유입구 지점(배수유역의 출구지점)까지의 도달시간(집중시간)을 산정해야 하며 표면류(表面流, overland flow)의 유속과 도달시간은 Hicks(1944)의 공식을 기초로 하여 ILLUDAS 프로그램에서는 다음과 같은 식을 사용하고 있다. 즉, 표면류의 평균유속은

$$V_0 = \frac{1.486}{n} R^{2/3} S_0^{1/2} = \frac{1.486}{0.02} (0.2)^{2/3} S_0^{1/2} \tag{11.3}$$

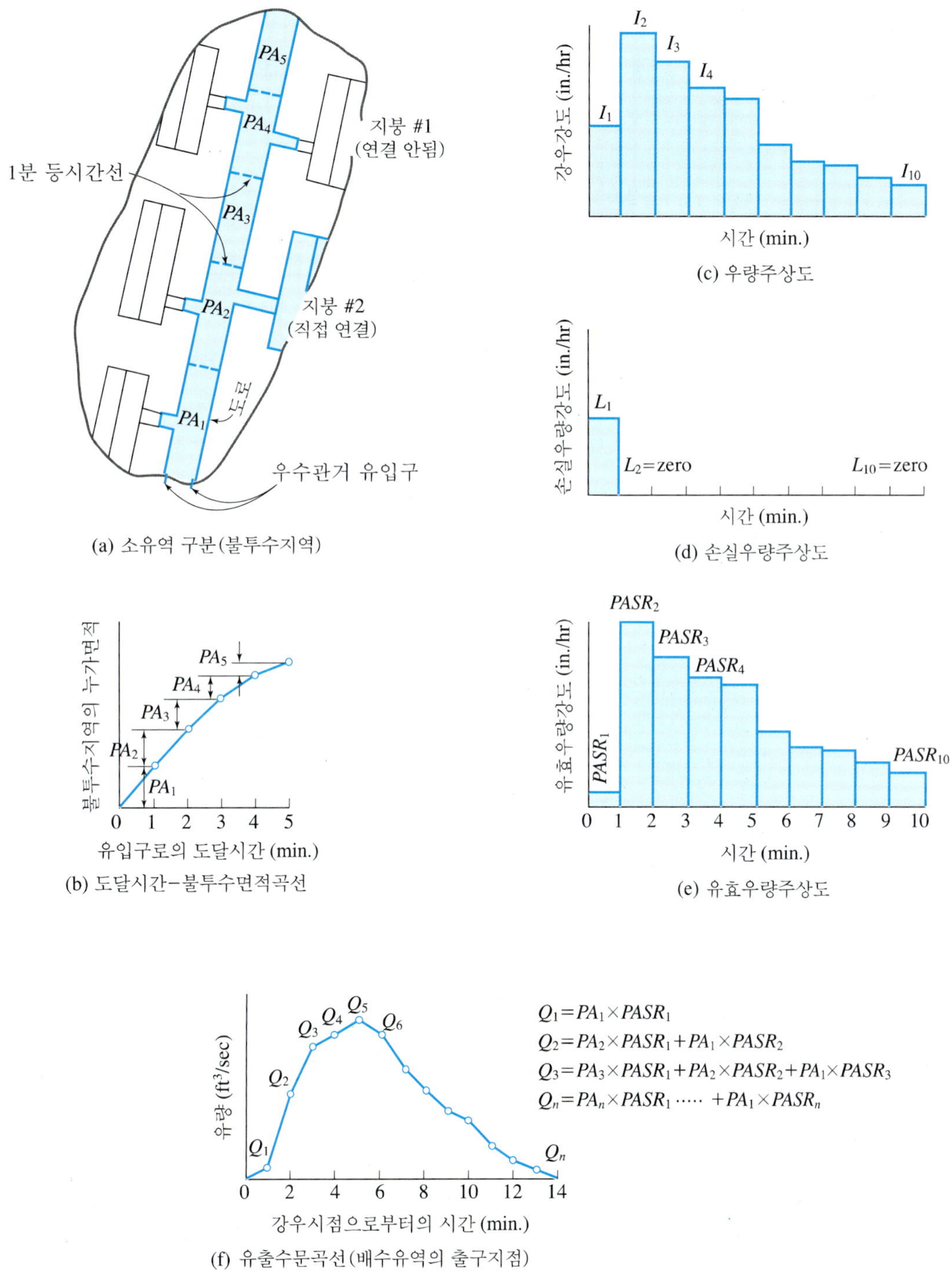

그림 11.12 직접 연결 불투수지역으로부터의 유출수문곡선 계산
(Paved Area runoff hydrograph)

식 (11.3)은 Manning의 평균유속 공식으로 V_0는 평균유속(ft/sec), n은 조도계수($n=0.02$ 사용), R은 흐름의 동수반경(0.2 ft 사용), S_0는 지표면의 경사이다.

한편, 도달시간(집중시간)은

$$t_c = \frac{60l}{V_0} + 2.0 \tag{11.4}$$

여기서, t_c는 도달시간(min.)이며, V_0는 식 (11.3)으로 계산된 평균유속(ft/sec), l은 흐름길이이며, 도달시간은 최소 2분 이상 고려해야 함을 표시하고 있다.

식 (11.4)에 의해 불투수지역 내 여러 지점에서의 도달시간을 산정하고 도달시간이 동일한 등시간선을 그려 등시간선 간의 면적(PA_i)을 구하여 그림 11.12(b)와 같이 도달시간-누가면적 곡선을 작성한다. 그러나, 실제 ILLUDAS 프로그램에서는 계산의 간편성을 위해 도달시간-누가면적 관계를 그림 11.13에서처럼 원점과 전체 배수유역의 도달시간을 연결하는 직선으로 가정하고 있어서 균등시간-면적관계를 사용하고 있다.

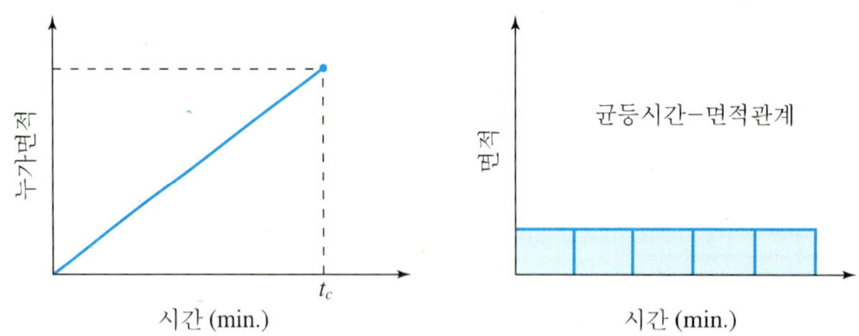

그림 11.13 ILLUDAS에서의 도달시간-면적관계

배수유역 출구지점에서의 유출계산을 위한 우량주상도는 실적우량주상도 혹은 설계우량주상도를 사용할 수 있으며 그림 11.12(c)에서와 같이 우량주상도의 시간구간은 그림 11.12(a)의 등시간선의 간격과 동일해야 하며, 이는 유출계산 시간간격이기도 하다.

설계강우의 경우 ILLUDAS에서는 강우의 지속기간을 60분으로 고정하고 있으며, 이는 도시유역의 임계지속기간(critical storm duration)을 고려한 것이라 할 수 있고, 설계강우의 시간분포는 Huff의 시간분포(제15장)를 권장하고 있다.

유출계산을 위한 우량주상도가 결정되면 유출에 기여하지 못하는 강우초기의 손실우량을 고려해야 하는데 포장지역의 경우는 약 0.1 inch(2.54 mm)를 사용하도록 되어 있으며 그림 11.12(d)에서처럼 강우초기의 손실로 표시된다.

따라서, 유출계산에 실제로 사용되는 우량주상도는 그림 11.12(c)의 총 우량주상도에서 그림 11.12(d)의 손실우량을 뺀 그림 11.12(e)의 유효우량주상도 혹은 포장지역 강우공급률(Paved Area Supply Rate, PASR) 주상도이다.

따라서, 배수구역 출구지점(배수시스템의 유입구 지점)에서의 유출수문곡선은 RRL 방법에서와 동일한 절차에 따라 그림 11.12(b)로부터 작성할 수 있는 도달시간-면적주상도에 유효우량주상도인 그림 11.12(e)를 적용하여 지표면 유출의 단순전이(單純轉移, simple translation)에 의해 그림 11.12(f)와 같이 계산할 수 있다.

2) 투수지역 및 간접 연결 불투수지역으로부터의 유출(Grassed-Area runoff) 계산

불투수지역으로부터의 유출계산 방법은 직접 연결 불투수지역으로부터의 유출계산 절차와 거의 동일하나 간접 연결 불투수지역(indirectly connected impervious area)상에 떨어지는 강우의 유출기여도를 고려해야 할 뿐 아니라 투수지역을 통한 침투현상 때문에 생기는 손실우량을 고려해야 하는 점이 다르다.

여기서, 간접 연결 불투수지역이란 건물의 지붕과 같이 불투수지역이지만 내린 강우가 지붕배수로(roof drain)를 통해 우수관거에 직접 연결되지 않고 잔디밭 등 투수지역에 배수되는 불투수지역을 뜻한다. 그림 11.14(a)는 그림 11.12(a)와 동일한 도시배수유역이며 음영으로 된 부분은 주택의 앞마당 잔디밭으로 투수지역(Grassed Area; GA)이다. 주택들의 측면이나 뒷면의 잔디밭도 유출에 기여할 수 있으나 유역출구까지의 도달시간이 길기 때문에 투수지역으로부터의 유출계산에서는 고려하지 않는 것으로 가정한다.

① 도달시간-면적관계 곡선의 작성

이와 같이 투수지역이 결정되고 나면 그림 11.14(a)에서와 같이 등시간선을 그어 그림 11.14(b)와 같이 도달시간-누가면적관계 곡선을 작성한다. 투수지역에 대한 도달시간 계산에 사용되는 방법은 Izzard 공식(1946)으로 다음과 같다.

$$t_c = \frac{41.025(0.0007I + C)l^{1/3}}{S_0^{1/3} I^{2/3}} \tag{11.5}$$

여기서, t_c는 도달시간(min.), I는 강우강도(in./hr), l은 표면류의 흐름길이(ft), S_0는 지표면경사, C는 지표면의 지체상수(retardance coefficient)로서 0.007~0.046의 값을 가진다.

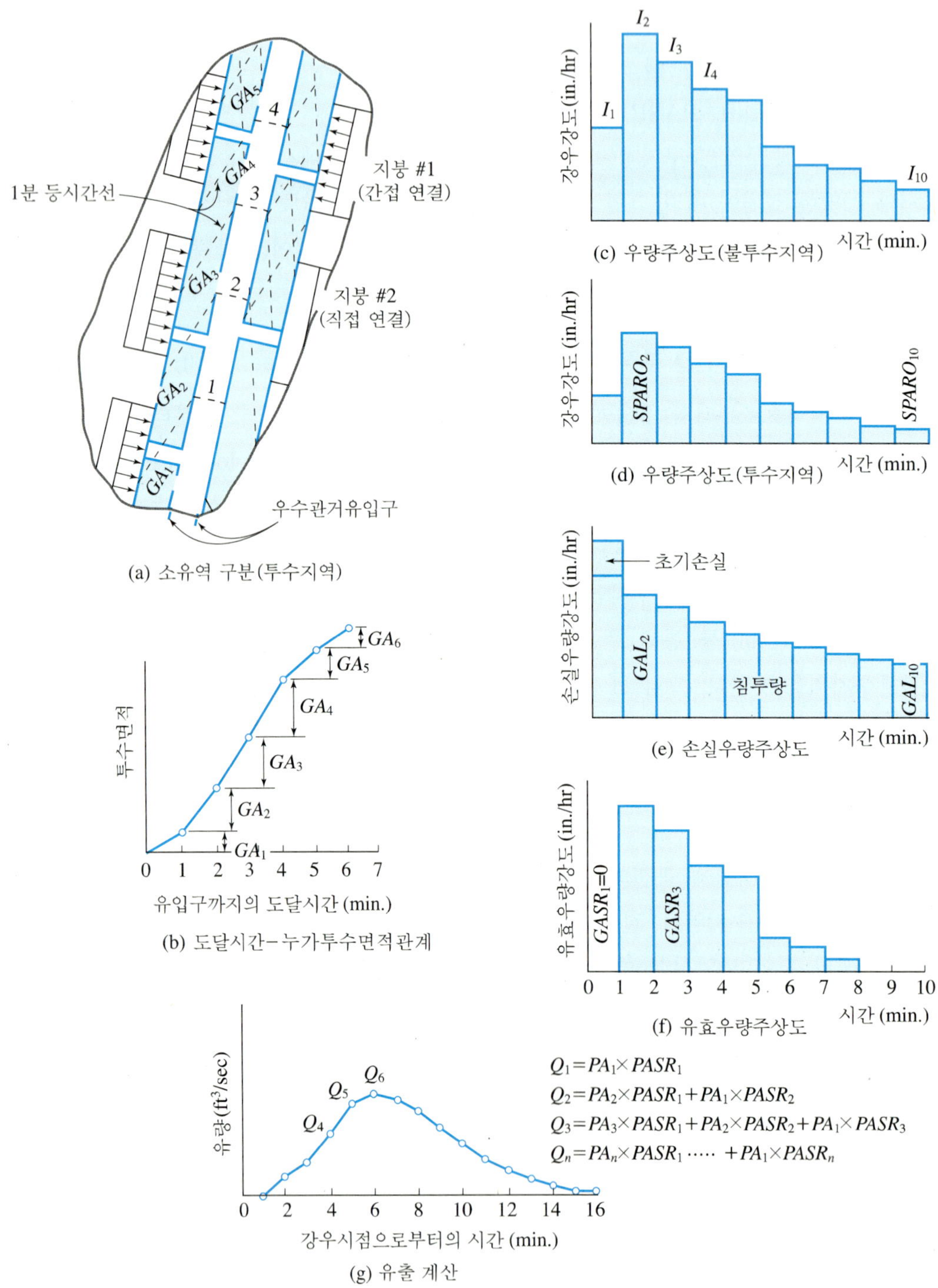

그림 11.14 투수지역으로부터의 유출수문곡선 계산
(Grassed Area runoff hydrograph)

식 (11.5)로 투수지역상의 여러 지점에 대한 도달시간을 계산하여 그림 11.14(b)에서와 같이 등우선을 그릴 수 있고, 따라서, 그림 11.14(c)와 같은 도달시간-면적곡선을 작성할 수 있으나, 실제 ILLUDAS 프로그램에서는 불투수지역의 경우와 마찬가지로 선형의 도달시간-누가면적관계를 사용한다.

② 투수지역에 대한 우량주상도의 작성

불투수지역으로부터의 유출계산에서와 마찬가지로 우량주상도는 강우-유출관계의 입력자료이며 불투수지역의 경우보다는 그 결정이 어렵다. ILLUDAS에서의 일반적인 절차는 대상배수유역에 대한 실적 혹은 설계우량주상도에 간접 연결 불투수지역(Supplemental Paved Area, SPA)에 내린 강우량을 직접 연결 불투수지역으로 전이시킨 우량주상도를 결정하여 더해준 후 투수지역을 통한 침투우량주상도를 뺌으로써 투수지역의 실질적인 강우공급률의 시간적 변화를 표시하는 주상도를 결정하도록 되어 있다. 즉, 그림 11.14(c)는 대상유역에 대한 총 우량주상도이며, 그림 11.14(d)는 그림 11.14(a)의 주택지붕에 떨어진 후 투수지역인 잔디밭에 바로 도달하는 강우의 시간적 분포를 표시하는 주상도로서 시간구간별로 투수지역(GA)상에 전이되는 간접 연결 불투수지역의 강우량 SPARO(inches)는 간접 연결 불투수지역상에 떨어지는 강우량에 투수지역 면적(GA)에 대한 간접 연결 불투수지역(SPA)의 면적비인 SPA/GA로 곱하여 결정한다. 즉,

$$\text{SPARO on GA} = \text{SPARO on SPA} \times \frac{\text{SPA}}{\text{GA}} \tag{11.6}$$

한편, 그림 11.14(e)는 투수지역의 침투능 때문에 생기는 손실우량주상도로서 별도로 그 결정방법을 살펴보기로 한다. 초기 손실우량으로는 불투수지역의 2배인 0.2 inches(5.08 mm)가 추천되고 있으며 그림 11.14(e)의 첫 시간구간에서 고려된다.

그림 11.14(f)는 투수지역의 최종적인 강우공급률 주상도로서 시간구간별로 그림 11.14(c)에 그림 11.14(d)를 더하고 그림 11.14(e)를 빼어 얻게 되며, 이 주상도를 그림 11.14(b)에 적용하여 그림 11.14(a)와 같이 유출수문곡선을 계산하게 된다.

③ 손실우량 주상도의 계산

그림 11.14(e)로 표시되는 손실우량은 지표면의 凹면 저류(depression storage)에 생기는 초기 손실량과 토양의 침투특성에 따라 결정되는 침투손실량으로 구성된다. 초기 손실량은 전술한 바와 같이 0.2 inches로 잡으며 침투손실은 다음과 같은 Holtan 공식(1961)으로 표시된다.

$$f = a(S - F)^n + f_c \tag{11.7}$$

여기서, f는 시각 t에 있어서의 침투율(in./hr)이고, a는 식생피복의 뿌리조직이 물을 저류시키는 능력을 대표하는 변수로서 도시지역 잔디(bluegrass turf)의 경우 $a = 1.0$이며, $n = 1.4$, S는 토양의 저류가능량(available storage) (in.), F는 시각 t까지의 누가침투량(in.), f_c는 종기침투능(終期浸透能) (in./hr)이다.

그림 11.15는 식 (11.7)의 변수들 간의 관계를 표시하며 토양의 종류에 따른 저류가능량 S와 종기침투능 f_c를 알면 F값을 S보다 작게 차례로 가정하여 침투율 f를 계산할 수 있으며 계산시간구간(Δt)별 평균침투능 $\bar{f}$를 계산한 후 $\Delta t = \Delta F / \bar{f}$를 계산하면 시각 t별 침투능 f를 결정할 수 있기 때문에 그림 11.16에서와 같이 토양종류 혹은 토양군별로 도시지역 내 잔디 지역에서의 침투능곡선을 그릴 수 있다.

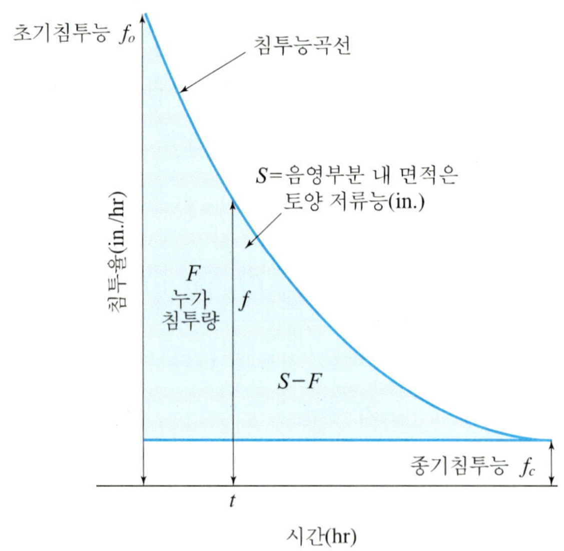

그림 11.15 토양의 저류능과 누가침투량에 따른 침투능 곡선식

그림 11.16에서는 미국 일리노이주의 중부 지역에 분포되어 있는 Alexis silt loam, Ipava silt loam, Toma silt loam, Clinton silt loam 등의 토양에 대하여 계산한 침투능 곡선을 표시하고 있으며, 미국 SCS의 토양군 분류에 의하면 B군(群)에 속한다. 미국 SCS는 토양군을 A, B, C, D로 분류하고 있으며 A군에서 D군으로 감에 따라 침투능은 점차적으로 커진다 함은 제5장에서 소개한 바 있다.

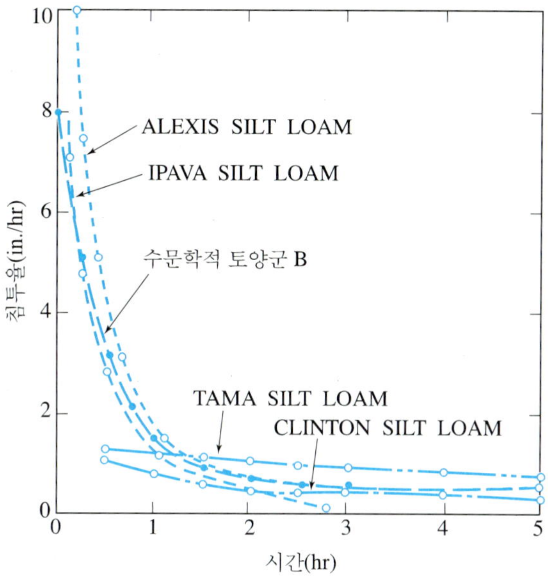

그림 11.16 토양종류별 침투능 곡선(도시 잔디지역)

ILLUDAS 모형에서 사용되는 토양군별 표준 침투능곡선식으로는 제5.4절에서 소개한 바 있는 Horton 곡선식(Chow, 1964)을 사용한다. 즉,

$$f_t = f_c + (f_0 - f_c)e^{-kt} \tag{5.10}$$

한편, 누가침투량 곡선식은 다음과 같다.

$$F_t = f_c t + \frac{(f_0 - f_c)}{k}(1 - e^{-kt}) \tag{5.11}$$

제5장에서 이미 소개한 바와 같이 식 (5.10)의 f_t는 시각 t에서의 침투능(in./hr)이고, f_0와 f_c는 토양의 초기 및 종기 침투능(in./hr), k는 토양의 침투상수이며, 식 (5.11)의 F_t는 시각 t까지의 누가침투량(in.)을 표시한다.

식 (5.10)과 (5.11)을 연립하여 SCS의 4가지 토양군별로 도시지역 잔디(bluegrass turf) 지역의 표준 침투능곡선(standard infiltration curve)을 결정하는 데 필요한 매개변수값을 정리해보면 표 11.7과 같다.

표 11.7 표준 침투능곡선 작성에 필요한 매개변수값

항목(매개변수)	토양군별 매개변수값			
수문학적 토양군				
- U.S. SCS 명칭	A	B	C	D
- ILLUDAS 명칭	1	2	3	4
종기침투능 f_c(in./hr)	1.0	0.5	0.25	0.10
초기침투능 f_0(in./hr)	10	8	5	3
凹면 저류량(in.)	0.2	0.2	0.2	0.2
토양의 침투상수 k	2	2	2	2
선행토양함수조건별 저류가능량 S(in.)				
- 조건 1(Bone Dry)	6	4	3	2
- 조건 2(Rather Dry)	4	2.5	2	1.3
- 조건 3(Rather Wet)	2	1	1	0.5
- 조건 4(Saturated)	0	0	0	0
선행토양함수조건별 누가침투량 F(in.)				
- 조건 1(Bone Dry)	0	0	0	0
- 조건 2(Rather Dry)	2	1.5	1	0.7
- 조건 3(Rather Wet)	4	3	2	1.5
- 조건 4(Saturated)	6	4	3	2

주: ILLUDAS 모형에서의 선행토양함수조건은 5일 선행강수량의 크기로 표 11.8에서와 같이 정의함.

표 11.8 ILLUDAS 모형에서의 선행강수 조건(Bluegrass Turf)

ILLUDAS 조건번호	토양수분 정도 설명	5일 선행강수량(in.)
1	Bone Dry	0
2	Rather Dry	0 ~ 0.5
3	Rather Wet	0.5 ~ 1.0
4	Saturated	> 1.0

한편, 표 11.7과 11.8의 매개변수 및 조건들을 사용하여 식 (5.10)과 식 (5.11)을 풀어서 표준 침투능곡선을 결정하는 절차를 요약하면 다음과 같다.

- 표 11.7의 선행토양함수조건별 토양군별 F값과 f_0, f_c 및 k값을 식 (5.11)에 대입하여 Newton-Raphson 방법으로 $t = t_0$를 계산한다.
- $t = t_0$를 침투시점 $t = 0$으로 잡고 t_0를 식 (5.10)에 대입하여 f_0를 계산하여 강우시점에서의 침투능으로 한다.

- $t = t_0 + \Delta t$(Δt는 계산기간 간격)를 식 (5.10)에 넣고 f_1을 계산하여 $f_{0-1} = (f_0 + f_1)/2$을 구하여 첫 번째 시간구간(Δt)에서의 평균침투능으로 한다.
- 이와 같은 계산을 반복하면 시간구간별 평균침투능을 결정할 수 있다.

그림 11.17은 위와 같은 방법으로 계산하여 작성한 수문학적 토양군별 도시지역 잔디지역에 대한 표준 침투능곡선을 표시하고 있으며 ILLUDAS 모형에서는 투수되는 잔디지역(grassed-area)으로부터의 시간구간별 침투손실률 결정을 위해 사용하고 있다.

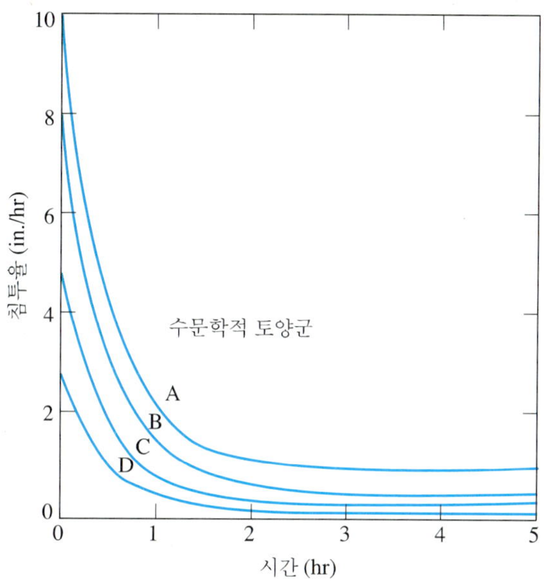

그림 11.17 ILLUDAS에서의 수문학적 토양군별 표준 침투능곡선(Bluegrass turf)

④ 투수지역 유출의 계산

위와 같은 절차에 따라 손실우량주상도[그림 11.14(e)]가 작성되면 그림 11.14(c), (d), (e)로부터 실제로 투수지역에 공급되는 우량의 주상도가 그림 11.14(f)에서처럼 결정되며 이 우량주상도를 그림 11.14(b)로부터 작성할 수 있는 도달시간-면적주상도에 적용하여 그림 11.14(g)에서처럼 유출계산을 하면 투수지역 및 간접 연결 불투수지역으로부터의 유출수문곡선을 계산할 수 있다.

3) 총 유출수문곡선의 작성

대상 배수유역으로부터의 총 유출수문곡선은 배수유역 출구지점에 대하여 계산한 불투수지역으로부터의 유출수문곡선과 투수지역 및 간접 연결 불투수지역으로부터의 유출수문곡선을 단순 중첩(simple superposition)시켜 합성함으로써 작성할 수 있다.

4) 우수관거를 통한 홍수추적

이상에서 살펴본 대상 배수유역으로부터의 총 유출수문곡선 계산은 그림 11.11에서 보인 분할된 몇 개 소유역 중 한 개 소유역(소유역 I 혹은 II)으로부터 배수시스템의 유입구로 흘러들어가는 유입수문곡선(流入水文曲線, inlet hydrograph)을 계산하는 것이었다. 따라서, 그림 11.11에 표시된 도시배수유역의 소유역 I의 경우를 예를 들면 출구지점인 A 지점에 대해 계산된 유출수문곡선은 우수관거 1-0을 통해 C 지점까지 홍수추적 절차를 거쳐야 하며, 홍수추적을 위해서는 우수관거 1-0을 통한 유량-저류량관계(discharge-storage relationship)의 설정이 필요하다. 즉, 우수관거가 원형이든 구형이든 간에 관거 내 수위를 가정하여 유량을 등류공식인 Manning 공식으로 계산하는 동시에 수위에 상응하는 관거 내 저류량을 계산함으로써 유량-저류량 관계곡선을 작성할 수 있다.

그림 11.18을 참고로 하여 홍수추적 절차를 살펴보면 다음과 같다.

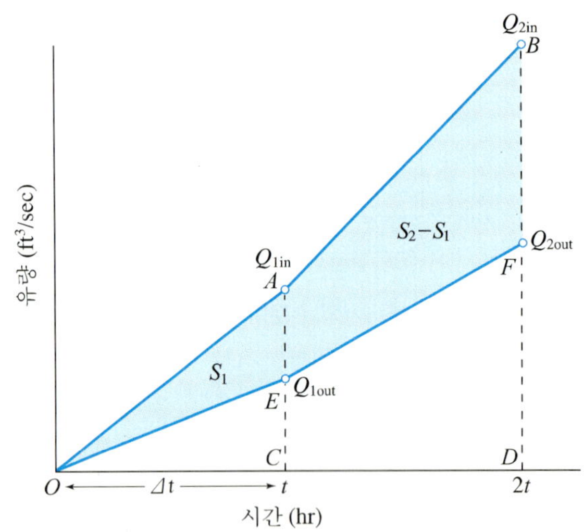

그림 11.18 우수관거 내 홍수추적 계산

그림 11.18에서 수문곡선 OAB는 관거로의 유입수문곡선의 한 부분을 표시하고 있으며, OEF는 유출수문곡선을 나타내고 있다. 시각 t에서의 유입량을 Q_{1in}, 유출량을 Q_{1out}이라 하고 시각 t와 $2t$에서의 관거 내 저류량을 S_1 및 S_2라 하면 그림 11.18로부터 $OAB = OAE + OEC$이다. 따라서, 다음의 관계가 성립한다.

$$\frac{1}{2}(Q_{1\text{in}} \cdot t) = S_1 + \frac{1}{2}(Q_{1\text{out}} \cdot t) \tag{11.8}$$

여기서, 관거의 유량-저류량 관계로부터 식 (11.8)의 S_1은 $Q_{1\text{out}}$의 항으로 표시할 수 있으므로 식 (11.8)의 유일한 미지수인 $Q_{1\text{out}}$을 계산할 수 있으며, 이로써 첫 번째 홍수추적이 끝난다. 다음으로는 시각 t에서 $2t$까지의 홍수추적으로 그림 11.18로부터 $ABCD = EFDC + ABFE$이므로 다음의 관계가 성립된다.

$$\frac{1}{2}(Q_{1\text{in}} + Q_{2\text{in}}) \cdot t = \frac{1}{2}(Q_{1\text{out}} + Q_{2\text{out}}) \cdot t + S_2 - S_1 \tag{11.9}$$

식 (11.9)를 다시 정리하면

$$\frac{1}{2}(Q_{1\text{in}} + Q_{2\text{in}} - Q_{1\text{out}}) \cdot t + S_1 = \frac{1}{2}Q_{2\text{out}} \cdot t + S_2 \tag{11.10}$$

식 (11.10)에서 좌변의 모든 값은 기지값이고 우변의 S_2는 $Q_{2\text{out}}$의 항으로 표시되므로 유일한 미지수인 $Q_{2\text{out}}$을 계산할 수 있으므로 두 번째 홍수추적이 끝나게 된다. 이하의 시간별 홍수추적계산은 동일한 절차에 따라 시행되며 관거의 유입수문곡선으로부터 관거 출구지점의 유출수문곡선을 계산하게 되는 것이다.

5) 도시 배수유역 출구지점에서의 유출수문곡선 계산절차

그림 11.11과 같이 어떤 도시 배수유역이 7개의 소유역으로 분할되고 이들 소유역이 6개의 우수관거로 관망시스템을 이루어 우수를 배제할 때 개개 관거의 합류점과 유역출구지점(G)에서의 유출수문곡선을 계산하는 절차를 요약하면 다음과 같다.

① 소유역 I의 불투수 및 투수지역 유출을 계산하여 관거 1-0의 유입구 A지점으로의 유입수문곡선으로 하고 이들 관거 1-0을 통해 C점까지 홍수추적한다.

② 소유역 II의 유출계산으로 관거 2-0의 유입구 B로의 유입수문곡선을 계산한 후 관거 2-0을 통해 홍수추적하여 D점에서의 유출수문곡선을 계산한다.

③ 소유역 III의 유출계산으로 관거 2-1의 유입구 D로의 유입수문곡선을 계산한 후 이를 ②에서 계산한 D점에서의 유출수문곡선과 합성한 후 합성유출수문곡선을 관거 2-1을 통해 홍수추적하여 관거 2-1의 유출구 C점에서의 유출수문곡선을 계산한다.

④ ①에서 계산한 관거 1-0의 유출구 지점 C에서의 유출수문곡선을 소유역 IV로부터의 유출계산에 의한 C점으로의 유입수문곡선과 합성하는 한편, 합성된 유입수문곡선을 ③에서의 관거 2-1의 유출구인 C점에 대해 계산한 유출수문곡선과 다시 합성한다.

⑤ 이하 소유역 V, VI, VII로부터의 유입수문곡선의 계산과 관거 3-0, 1-1, 1-2를 통한 홍수추적 계산과 합류점에서의 유입수문곡선 합성 등의 절차를 반복함으로써 배수유역의 출구 G에서의 최종적인 홍수수문곡선을 계산할 수 있다.

6) 홍수저류용 유수지의 소요용량 결정

홍수조절용 유수지(洪水調節用 遊水池, flood detension basin)는 그림 11.19에 표시한 바와 같이 도시 배수시스템에 오프라인(off-line)으로 연결되거나 혹은 온라인(on-line)으로 연결되어 홍수유출시 임시로 홍수의 일부를 유수지 내에 저류(貯溜)시킴으로써 하류의 우수관거가 소통시켜야 할 부하를 감소시키기 위한 것으로 치수경제성이 인정되고 있는 치수구조물이다. 홍수기 동안 유수지에 저류된 우수는 홍수가 지나간 후에 펌프에 의해 강제 배수되거나 혹은 자연 배수되고 다음 홍수시까지 비워두게 된다.

ILLUDAS 모형은 기존 우수관거 시스템의 홍수소통 능력을 평가하기 위한 평가모드(evaluation mode)로 실행할 수 있는데 이 모드에서는 관거시스템을 구성하고 있는 각 관거의 홍수소통 능력을 초과하는 유량을 산정할 수 있고, 일정구역에 걸친 이들 초과 유량으로 인한 홍수용적을 결정함으로써 유수지의 소요용량을 결정할 수 있다. 한편, 어떤 도시 지역에 새로운 배수시스템을 설계하고자 할 경우 지역 내의 특정위치에 특정용량의 유수지를 설치하는 것으로 계획하면 이 유수지의 홍수시 저류효과를 고려하여 우수관거들의 설계유량을 결정하여 직경을 정하게 되는데 이 모드를 ILLUDAS의 설계모드(design mode)라 한다.

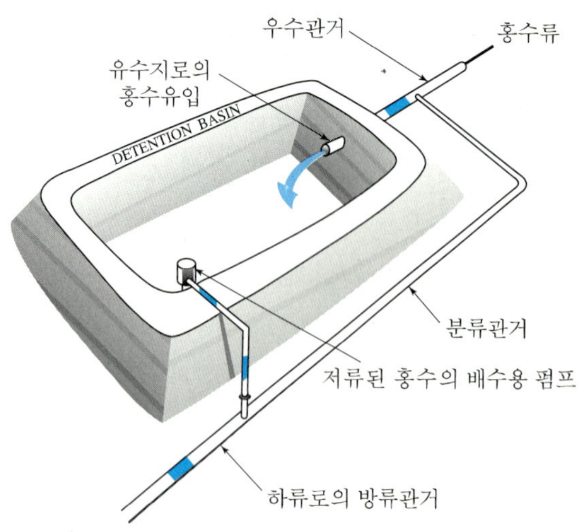

그림 11.19 도시지역의 홍수유수지 개념도

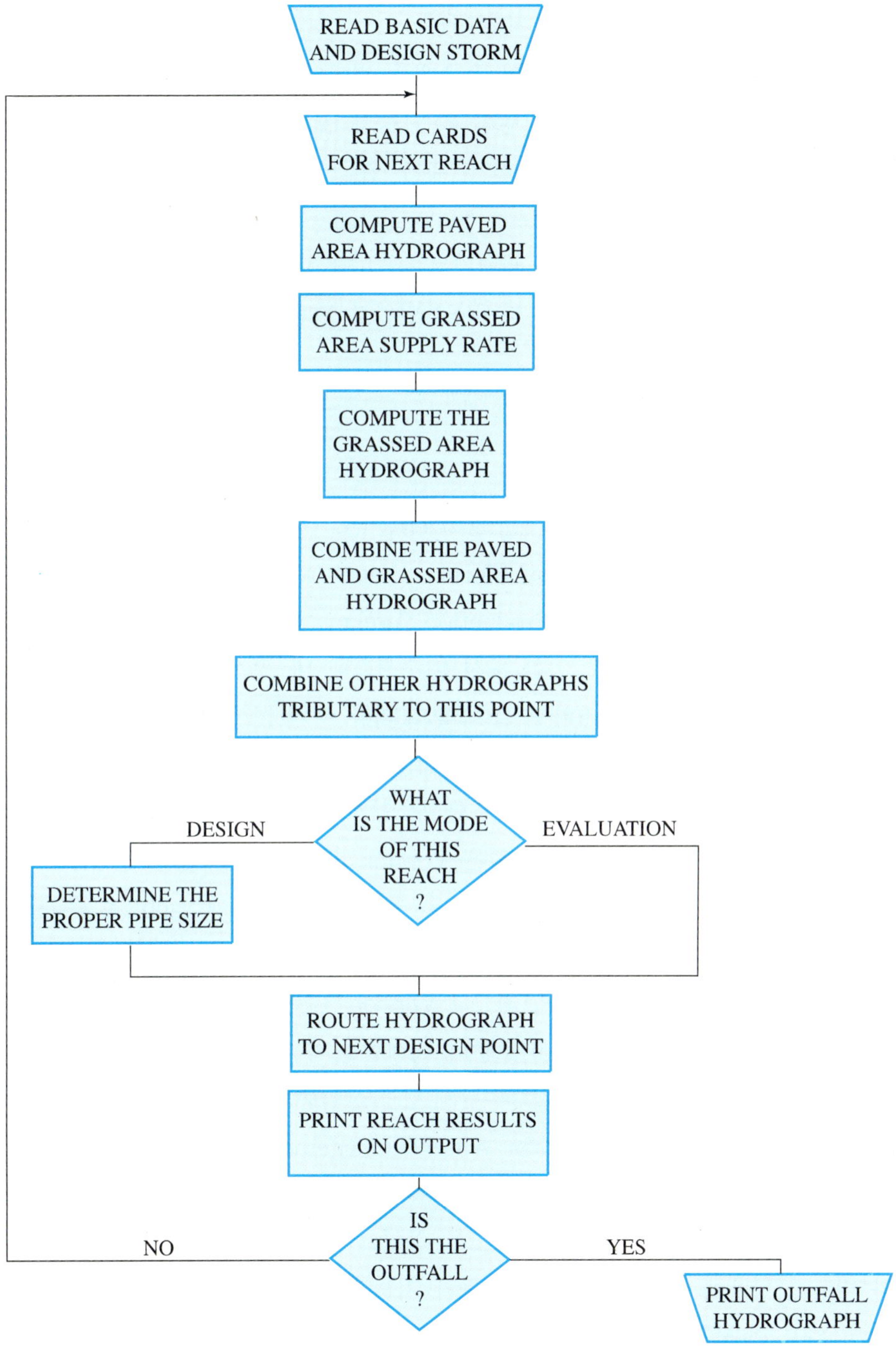

그림 11.20 ILLUDAS의 계산흐름도

7) ILLUDAS 모형의 프로그램 구성 및 사용단위계

지금까지 살펴본 ILLUDAS 모형의 유출계산 절차와 설계모드에서의 관거직경의 결정 및 평가모드에서의 기존 우수관거 시스템의 평가 등을 포함하는 계산흐름도는 그림 11.20과 같다. ILLUDAS 모형에서 원래 사용한 단위는 영국 단위제(British unit system)로 foot-pound-second이나 국제 단위제(Systeme Internationale, SI unit)로 환산할 수 있도록 되어 있다.

따라서, ILLUDAS 프로그램에의 입력자료를 SI 단위로 넣으면 영국 단위제로 환산된 값을 대입하여 계산한 후 그 계산결과는 다시 SI 단위로 변환하여 출력하도록 되어 있다.

11.4.5 SWMM

1) 모형의 개요

SWMM(Storm Water Management Model)은 도시우수 유출과정을 모의하기 위해 Metcalf and Eddy, Inc., University of Florida, Water Resources Engineers(1971) 등이 공동으로 미국환경청(Environmental Production Agency, EPA)을 위해 개발한 모형이다. 이 모형은 특정 강도의 단기 호우로 인한 도시 배수시스템 내, 혹은 방류하천(receiving streams)에서의 국지적인 홍수량의 크기와 수질 등을 모의할 수 있는 능력을 가지고 있는 모형으로 초기에는 사상모의모형(事象模擬模型, event simulation model)으로 개발되었으나 그 후 도시 지역의 장기 물 수지 분석모형으로도 사용할 수 있게 보완되었다(Huber et al, 1981).

미국 EPA에서 개발한 SWMM 모형은 Version 4.0까지는 DOS형 모형으로 개발되었으나 2005년에 공개된 Version 5.0에서는 Window형 모형으로 GUI(Graphical User Interface)를 구축하였다. SWMM 프로그램은 미국 EPA Website(http://www.epa.gov//ceampubl/softdos.htm)로부터 내려받기 할 수 있으며, 최신의 Version 5.0은 Ohio State University의 Website (http://www.ccee.orst.edu/swmm)로부터 내려받을 수 있다.

또한, SWMM을 기본 엔진으로 하여 개발된 상업용 모형으로는 PC SWMM이 있다. PC SWMM(Personal Computer Storm Water Management Model)은 입력 데이터의 구성에서 거의 DOS형과 비슷한 형태를 취하고 있으며, 각 매개변수에 대한 설명, 일부 기본값과 옵션 등을 프로그램에서 쉽게 찾을 수 있도록 하였고, 유전자 알고리즘을 사용한 매개변수 최적화와 다양한 강우에 의한 민감도 분석 등의 기능과 그래픽 기능을 추가하였다.

한편, XP SWMM(Expert Storm Water and Wastewater Management Model)은 다양한 기능과 GUI를 추가하고 있다. 즉, 다양한 그래픽 기능과 함께 보고서 작성기능도 가지고 있으며, 다른 프로그램 파일의 IMPORT 또는 설계측면에서 개선된 여러 기능을 제공하고 있다.

이 모형으로 단기 및 장기 연속모의가 가능하며, 각 시계열에 대하여 우수유출을 모의하기 위하여 EPA SWMM의 Runoff Block에서 사용하는 유출계산방법인 비선형 저류추적법(nonlinear storage routing method)과 SCS Curve Number 방법 등을 비롯하여 9가지 해석방법을 선택 사용할 수 있도록 되어 있으며, 기존 EPA SWMM의 RUNOFF, TRANSPORT, EXTRAN 등의 Block을 사용하여 유출계산을 할 수 있다.

2) SWMM의 계산 블록

이 모형은 도시유출과 합류식 우수관거 시스템 내 문제와 관련되는 수량(水量)과 수질(水質)을 모의할 수 있도록 설계되어 있으나 여기서는 수량의 해석에 관해서만 살펴보기로 한다. SWMM을 사용하여 계산된 정보는 도시우수 유출시스템의 설계를 위해 사용될 수 있으며, 일반적으로 소규모 도시유역에 국한하여 그 적용이 제한되어 있다.

이 모형에 의한 도시유출 모의는 5개의 계산 블록(subroutine blocks)에 의해 수행되며 각 블록은 고유의 독특한 기능을 가지나 개개 블록에서 계산되는 결과는 다른 블록의 입력(入力)으로 사용될 수 있도록 저장되게 되어 있다(Roesner and Dickinson, 1988).

SWMM의 주 프로그램은 Executive Block이라 부르며 이 블록은 다른 4개의 블록 간 자료를 전송하는 역할을 하는 블록이라 할 수 있다.

Runoff Bolck은 SWMM 모형의 초기 연산이 수행되는 부분으로 강우사상에 대해 배수유역에서의 유출현상과 수질변화를 모의하는 블록으로 임의의 우량주상도와 선행강우조건, 토지이용도, 지형도 등의 자료를 이용하여 지표면 유출 및 지표하 유출을 계산함으로써 배수시스템 내에서의 유량과 오염물질을 계산하여 주 관거에서의 수문곡선(hydrograph)과 오염물질 농도곡선(pollutograph)을 출력하게 된다. 이 블록에서 강우로부터 유출의 계산은 흐름의 연속방정식과 Manning의 공식을 사용하는 비선형 저수지방법(non-linear reservoir method)에 의한다(Dooge, 1973).

한편, Transport Block은 Runoff Block에서 연산된 결과를 기본자료로 사용해서 강우시 및 건기시 우수관거 시스템 내에서의 유량과 오염물질을 추적하고 침투수량을 계산한다. 이 블록에서의 유출계산은 운동파 기법(運動波 技法, kinematic wave routing technigue)을 사용한다. 또한, 우수관거 시스템 내의 수질결정을 위한 Subroutine이 Storage Block에 포함되어 있는데 이 블록은 유량과 수질에 대한 조절과 오수처리 장치인 저류지의 영향을 평가하는 데 사용되며 저류지를 통한 추적을 위해서는 수정 Puls 방법(modified Puls method)이 사용된다.

Extran Block(Extended Transport Blcok)은 지표면상의 표면류나 수로 내 흐름 및 관거 내 흐름의 수리계산을 위한 블록으로 Transport Block을 보완하기 위해 개발된 것이다. 이

블록은 기존의 도시유출 모형들이 계산할 수 없었던 Loop형 관망형태의 흐름이나 배수(背水), 역류, 압력류(surcharge)의 계산과 위어, 오리피스, 저류지, 펌프장 등에서 흐름의 추적계산이 가능하도록 완전한 동역학방정식(complete dynamic equations)의 유한차분양해법(explicit finite difference solution)을 사용하고 있다.

3) SWMM/Runoff Block에서의 유출계산 절차

이 모형에서의 임의의 호우사상으로 인한 한 유역의 유출을 모의하기 위하여 전 유역을 수리학적 혹은 기하학적으로 서술할 수 있는 여러 개의 소유역으로 구분하여 강우와 유역 및 유로 특성과의 관계를 해석적으로 표시하여 풀어서 호우별 유출의 시간적 변화를 구명하게 되며, 일반적인 계산절차는 그림 11.21에 표시된 바와 같다. 이 모형은 근본적으로 두 단계의 유출과정, 즉 지표면 유출(surface runoff)과정과 우수관거 내에서의 유출과정을 모의하는 것을 골자로 하고 있으며, 유출계산 프로그램의 입력(input)은 유역면적, 분할된 소유역의 폭, 지면경사, Manning의 조도계수, 침투율 및 지면보류수의 깊이 등이며, 우수관거의 제원으로 필요한 변수는 우수관거의 길이, 조도계수, 직경, 경사 및 단면의 크기 등이다. 유역에 내린 특정 호우로 인한 표면류를 침투손실을 고려하여 상류로부터 하류로 축차적으로 계산함으로써 우수관거로의 유입량이 결정되게 되며 이 유입량을 우수관거를 통해 추적함으로써 유역출구에서의 유출수문곡선을 계산하게 된다.

SWMM/Runoff Block에서의 유출모의과정을 좀더 구체적으로 요약하면 다음과 같다.

① 우량주상도(rainfall hyetograph)의 형태로 분할된 각 소유역에 우량을 적용한다. 즉

$$D_1 = D_t + R_t \Delta t \tag{11.11}$$

여기서, D_1은 강우 후의 수심이며, D_t는 시간 t에 있어서의 소유역상의 수심, R_t는 시간구간 Δt에 있어서의 강우강도이다.

② 침투율 I_t는 Horton의 침투능곡선식[식 (5.10)]에 의하여 계산되며 Δt기간 동안의 침투수량을 D_1에서 뺌으로써 침투를 고려한 각 소유역에서의 수심 D_2를 얻는다. 즉

$$D_2 = D_1 - I_t \Delta t \tag{11.12}$$

③ 만약 D_2가 지면보류수심(地面保留水深) D_d보다 크면 유출량은 Manning 공식에 의하여 다음과 같이 계산된다.

$$V = \frac{1}{n}(D_2 - D_d)^{2/3} S^{1/2} \tag{11.13}$$

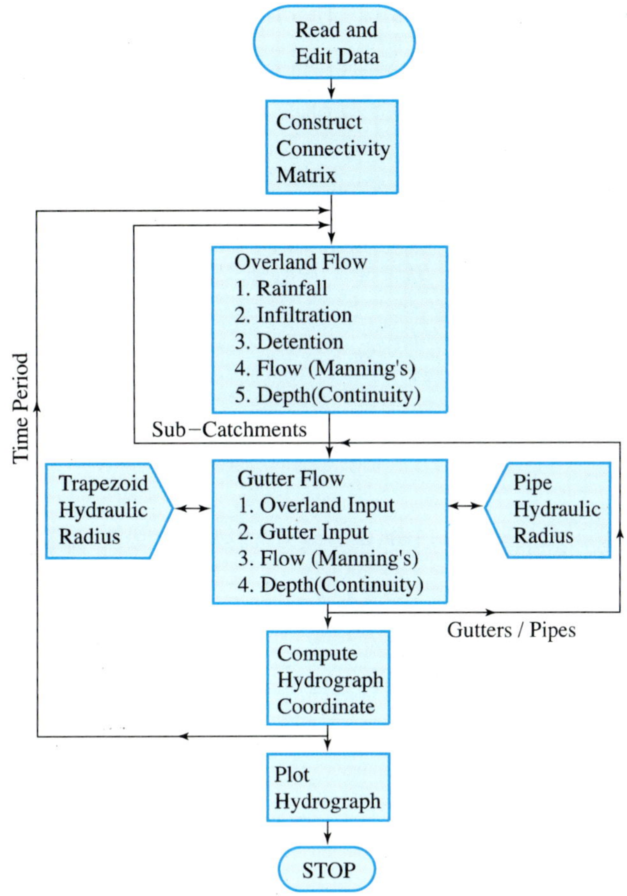

그림 11.21 SWMM의 구조

$$Q_w = VW(D_2 - D_d) = W\frac{1}{n}(D_2 - D_d)^{5/3}S_0^{1/2} \tag{11.14}$$

여기서, V는 평균유속이며, n은 Manning의 조도계수, S_0는 지표면경사, W는 소유역의 폭이며, Q_w는 계산되는 유량이다.

④ 연속방정식을 사용하여 강우, 침투 및 유출을 고려한 소유역별 수심을 결정한다.

$$D_{t+\Delta t} = D_2 - \frac{Q_w}{A}\Delta t \tag{11.15}$$

여기서, A는 소유역의 면적이다.

⑤ 분할된 모든 소유역에 대하여 ①~④의 절차를 반복한다.

⑥ 지류에 위치한 소유역으로부터의 유출량(Q_{wi})과 우수관거 내의 바로 상류지점 유량(Q_{gi})을 합함으로써 우수관거로의 유입량(Q_{in})을 계산한다.

$$Q_{in} = \sum Q_{wi} + \sum Q_{gi} \tag{11.16}$$

⑦ 우수관거의 단면형태를 고려하여 유입량으로 인한 우수관거 내 수심의 증가분을 가산한다.

$$Y_1 = Y_t + \frac{Q_{in}}{A_s} \Delta t \tag{11.17}$$

여기서, Y_1, Y_t는 우수관거 내의 수심이며, A_s는 두 수심에 있어서의 단면적의 평균값이다.

⑧ Manning 공식을 사용하여 우수관거 내의 유출량을 계산한다.

$$Q_g = \frac{1}{n} A_c R^{2/3} S_0^{1/2} \tag{11.18}$$

여기서, A_c는 Y_1수심에 해당하는 유수단면적(流水断面積)이다.

⑨ 연속방정식을 사용하여 유입량과 유출량으로 인한 우수관거 내의 수심을 계산한다.

$$Y_{t+\Delta t} = Y_1 + (Q_{in} - Q_g) \frac{\Delta t}{A_s} \tag{11.19}$$

⑩ 유역 내의 전 우수관거에 대하여 ⑥~⑨의 절차를 반복한다.

⑪ 우수관망상의 임의 지점에 도달하는 유량을 합산함으로써 최초시간에 있어서의 유량을 계산한다.

⑫ ①~⑪의 절차를 각 시간별로 반복함으로써 완전한 유출수문곡선을 얻는다.

4) SWMM 컴퓨터 프로그램의 실행

SWMM의 Runoff Block을 사용하면 도시 우수관망으로 구성되는 배수시스템을 통해 유출계산을 실행하여 주요 지점 및 유역출구에서의 유출수문곡선을 작성할 수 있다. SWMM의 최신 Version 5.0을 사용하여 서울지역의 정릉천 유역에 대해 유출계산을 실행한 예는 제 12.4.1절의 예제 12.3에 상세하게 설명되어 있다.

11.4.6 STORM

1) 모형의 개요

STORM(Storage, Treatment, Overflow Runoff Model)은 미국육군공병단 수문공학연구소(Hydrologic Engineering Center, HEC)가 단일호우사상 혹은 연속되는 일 강우로 인한 도시유출의 양(量)이나 질(質)을 모의하기 위해 개발한 모형이다(U.S. Army Corps of Engineers, 1974).

이 모형은 가정이나 상업 및 공업지역으로부터의 오수 및 폐수유출로 생성되는 도시하천의 건천후 유출(乾天候 流出, dry weather flow)도 모의할 수 있으며, 불연속적인 강우나 몇 시간씩 계속되는 호우로 인한 유출수문곡선도 모의할 수 있어서 도시지역의 각종 수문학적 및 환경공학적 해석 목적으로 사용되어 왔다.

이 모형은 기왕에 발생했던 어떤 호우사상이나 설계호우 등의 복합 호우사상에 대한 오염물질 농도곡선(汚染物質濃度曲線, pollutograph)을 모의함으로써 오염물질이 수용하천(receiving streams)에 배출될 경우 하천에 미치는 영향을 평가하는 데 사용된다. 일반적으로 오염물질 농도곡선은 시간에 따른 유출량과 오염물질의 양 및 오염물질 농도의 변화를 표시한다.

그림 11.22는 STORM에서 대상으로 하는 도시유출시스템의 구성 및 구성요소 간의 관계를 개념적으로 표시하고 있다. 이 모형에서는 융설(snowmelt)도 모의할 수 있으며, 모의로 얻어지는 출력(output)은 도시유출의 관리목적을 충분히 달성하는 데 필요한 저류시설의 용량이나 처리시설의 처리율을 적정하게 결정하는 데 사용된다. 즉, 연평균 유출량(average annual runoff)이라든지 연평균 침식량(average annual erosion), 저류시설로부터의 연평균 월류체적(average annual overflow volume), 그리고 하수처리 시설로부터의 연평균 오염물질 월류량(average annual pollutant overflow) 등이 이 모형에 의해 결정된다.

이 모형은 강수와 유출, 오염물질의 축적, 지표면의 침식, 건천후시의 유출과 저류, 오염물질 처리율, 저류지나 오염물질 처리시스템으로부터의 월류량 등의 상호작용을 모의하며, 단일 호우사상이나 연속적인 호우사상에 대하여 계산할 수 있다.

유출량은 강우량과 凹면 저류량(depression storage)의 차이의 한 부분으로 계산되며, 토지이용이 그 크기를 크게 지배한다. 오염물질 처리시스템의 용량을 초과하는 유출량은 저류지(貯溜池)로 일단 분류시킨 후 추후에 다시 처리되는 것으로 하며, 시스템의 처리율과 저류용량을 함께 초과하는 유출분은 월류량이 되어 수용하천으로 직접 분류시키도록 되어 있다.

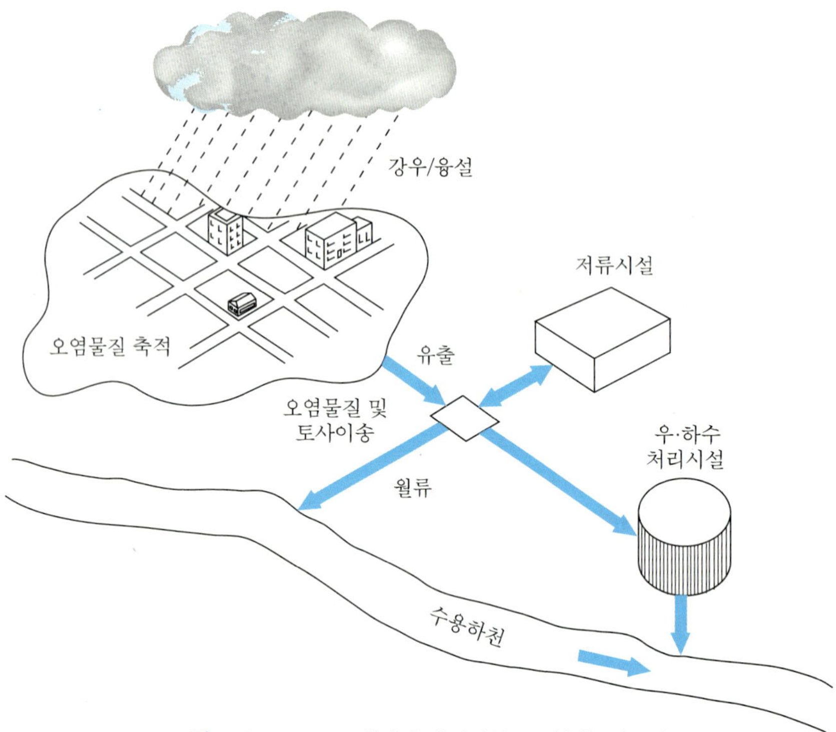

그림 11.22 STORM에서의 개념적인 도시유출 시스템

2) STORM에서의 유출계산 절차

STORM에서의 유출계산은 계수법(係數法, coefficient method), SCS 방법(Soil Conservation Service Method) 및 합성법(合成法, synthetic method)에 의하여 직접 유출량을 산정하고 단위도법으로 수문곡선을 계산한다.

계수법에서는 유역의 투수지역과 불투수지역에 대한 유출 계수들이 사용되며, 단일 합성유출계수는 총 면적에 대한 불투수면적비를 가중인자로 하여 산정되며, 이는 강우나 토양특성과 상관없이 지표면 저류량을 초과하는 강우량에 적용하여 유출량을 산정하게 된다.

계수법에서의 각 시간별 유출량은 다음의 유출고(流出高) 산정공식에 의해 계산된다.

$$r = C(p - f) \tag{11.20}$$

여기서, r은 유출고(mm)이고, C는 합성된 평균유출계수, p는 유역에 내린 강우량 혹은 융설량(mm), f는 지표면 저류량(mm)이다.

SCS 방법에서는 누가강우량에 의한 유효우량 혹은 누가직접유출고(累加直接流出高) 관계곡선을 사용한다. SCS의 유출곡선지수(runoff curve number) CN은 토양특성과 선행토양함수조건에 의해 결정되며 프로그램 내에서 유출고를 산정하는 데 사용된다. STORM은 연속 모의모형(continuous simulation model)이므로 각각의 토지이용에 대한 초기 CN값이 필요하며, 건기시의 토양수분 저류가능량 혹은 최대잠재보류수량(最大潛在保留水量, potential maximum retention)과 초기손실량 등의 자료를 근거로 하여 다음의 식으로 유효우량을 계산한다(제5.6절 참조)

$$Q = \frac{(P - Ia)^2}{(P - Ia) + S} \tag{5.28}$$

여기서, Q는 유효우량 혹은 누가직접유출고(mm), P는 누가강수량(mm), Ia는 초기 손실량이며, S는 토양의 최대잠재 보류수량(mm)이다.

한편, 합성법에서는 유출량 계산을 위하여 투수지역에는 SCS 방법을, 불투수지역에 대해서는 계수법을 사용한다.

단위도(單位圖)는 각 소유역의 출구지점에서 단위 유효우량에 의한 직접 유출량을 추적하는 것으로 STORM에서는 SCS의 삼각형 단위유량도를 사용한다(제8장 참조). 단위도의 적용에 필요한 매개변수들은 소유역의 집중시간(혹은 도달시간), 첨두유량의 도달시간, 감수부의 계속시간 등이다.

강우지속 시간이 1시간인 호우로 인한 단위유량도의 특성치는 다음 식과 같다.

$$T_p = 0.5 + 0.6 t_c \tag{11.21}$$

$$K = \frac{2}{1 + Tr / T_p} \tag{11.22}$$

$$Q_p = 1.00833 \frac{KAQ}{T_p} \tag{11.23}$$

여기서, T_p는 첨두유량에 도달하는 시간(hr)이고, t_c는 유역의 집중시간 혹은 도달시간(hr), Tr은 단위도의 감수시간(hr), A는 유역면적(acre), Q는 1 inch의 유효우량(혹은 직접 유출고)이고, Q_p는 단위도의 첨두유량(ft^3/sec)이다.

11.4.7 MOUSE

1) 모형의 개요

MOUSE 모형은 덴마크 수리연구소(Danish Hydraulic Institute, DHI)에서 개발되어 도시 배수시스템의 수량 및 수질을 모의하고 시스템을 설계하는 데 전 세계적으로 널리 사용되고 있는 컴퓨터 모형이다(DHI, 1999). 이 모형은 우수관거나 오수관으로 구성되는 도시 배수시스템에 대한 지표면 유출, 개수로 흐름, 관수로 흐름, 토사유송 및 수질을 종합적으로 모의할 수 있는 모형으로 수문학이라든지 수리학, 유사론(流砂論)의 이론이 총 동원되는 복잡한 모형이기도 하다.

MOUSE 모형의 전형적인 응용분야는 합류식 관거 월류량(Combined Sewer Overflow, CSO)과 오수관거 월류량(Sanitary Sewer Overflow, SSO)에 대한 분석과 새로운 배수시스템의 설계, 기존 우수 및 오수관거 시스템의 분석 및 성능평가 등에 사용되며 프로그램은 7개의 모듈(module)로 구성되어 있다. 즉, 지표면 유출과정을 해석모의하기 위한 RUNOFF 모듈과 연속적인 수문모의를 위한 RDII 모듈, 장기간의 수문모의를 위한 LTS 모듈, 그리고 각종 수질모의를 위한 TRAP, HD, RTC, GM 등의 모듈로 구성되어 있으며 수량과 수질의 계산과정은 그림 11.23에서와 같다(이종태, 2005).

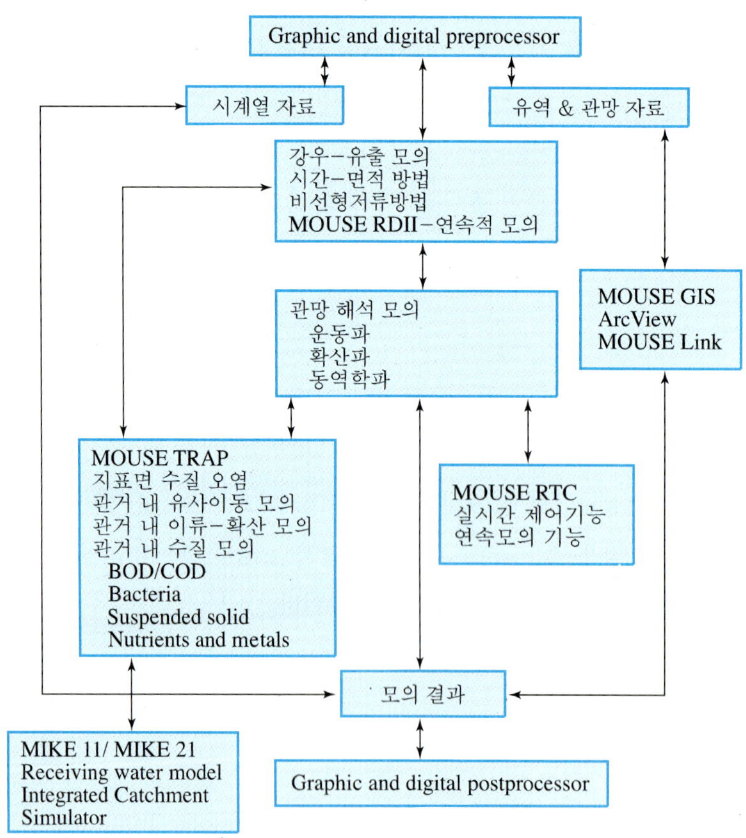

그림 11.23 MOUSE 모형에서의 계산과정

2) MOUSE 모형에서의 유출계산 절차

MOUSE 모형에서 적용 가능한 지표면 유출계산 방법에는 시간-면적곡선법, 비선형 저류방정식, 선형 저류방정식 및 단위도법 등이 있다.

① 시간-면적곡선법

우량주상도와 배수면적으로부터 유출수문곡선을 유도하는 방법으로서 저류영향을 고려하는 경우에 비해 비교적 큰 첨두유량값을 나타내는 경향이 있다. 이 방법에서는 도달시간에 의한 등시간선의 작도와 등시간선에 의한 누가면적 결정이 대단히 중요하며, 우량주상도의 시간구간과 등시간선 간 간격은 동일해야 한다.

② 비선형 저류방정식에 의한 방법

지표면 유출에서는 흐름의 관성력과 압력항의 영향이 크지 않으므로 중력과 마찰력이 흐름을 지배하게 된다. 따라서, 흐름의 에너지 경사는 지표면 경사와 같아지며, Manning 공식이 흐름의 운동량방정식이 되므로 이를 연속방정식과 연립하여 풀게 되는 운동파 방법(kinematic wave method)을 사용하는 것으로 결국 비선형 저류방정식을 Newton-Raphson 방법으로 푸는 방법이다.

③ 선형 저류방정식에 의한 방법

지표면 유출에 대한 선형 저류방정식은 다음과 같이 표시된다.

$$S = KQ \tag{11.24}$$

여기서, S는 저류량이고, K는 저류상수, Q는 유출량이다.

배수구역으로의 강우로 인한 유입량을 I라 하면 저류량의 시간에 따른 변화율은 다음과 같아진다.

$$\frac{dS}{dt} = I - Q \tag{11.25}$$

식 (11.24)를 시간에 관해 미분하여 식 (11.25)와 같게 놓으면

$$\frac{dS}{dt} = K\frac{dQ}{dt} = I - Q \tag{11.26}$$

식 (11.26)의 미분방정식을 유출량 Q에 관해 풀면

$$Q_t = \frac{e^{-t/K}}{K}\int_0^t e^{t/K} \cdot I(t)dt \tag{11.27}$$

④ 단위도법

지표면 유출해석을 위해 사용되는 합성단위도법으로는 U.S. SCS 무차원단위도법, SCS 삼각형단위도법, Snyder 합성단위도법 등이 사용된다.

이상에서 소개한 방법으로 지표면 유출량이 계산되면 다음 단계는 이들 유출량을 우수관거를 통해 추적계산하는 것으로 결국 다음과 같은 우수관거 내 부정류의 연속방정식과 운동량방정식, 즉 동역학파 방정식(dynamic wave equation)을 풀어야 한다.

$$\frac{\partial Q}{\partial x}+\frac{\partial A}{\partial t}=0 \tag{11.28}$$

$$\frac{\partial Q}{\partial t}+\frac{\partial}{\partial x}\left(\frac{\alpha Q^2}{A}\right)+gA\frac{\partial y}{\partial x}=gA(S_0-S_f) \tag{11.29}$$

여기서, 식 (11.28)은 연속방정식으로 Q는 유량(m^3/sec), A는 흐름단면적(m^2)이고, 식 (11.29)는 운동량방정식으로 α는 에너지보정계수, y는 흐름의 수심(m), g는 중력가속도(m/sec^2), S_0는 우수관거의 경사, S_f는 마찰경사이다.

우수관거 내 유출계산은 기본적으로 식 (11.28) 및 식 (11.29)로 표시되는 동역학파 모형에 의해야 하나 MOUSE에서는 흐름특성에 따라 운동파 모형(kinematic wave model)이나 확산파 모형(diffusion wave model)에 의한 간략해 방법을 선택할 수 있도록 되어 있다(제10장 참조).

11.5 비점원 오염부하량의 산정기법

도시지역에서의 각종 인간활동으로 인한 비점원 오염물질[非點源 汚染物質, non-point source(NPS) pollutants]의 생성은 도시주변 수역(水域)에 여러 가지 나쁜 영향을 주고 있어서 큰 관심사가 되어 왔으며, 문제점의 해결을 위해서는 우선 비점원 오염물질의 배출량(NPS yield)의 크기를 추정할 수 있어야 한다. 비점원 오염물질 배출량이란 도시하천 유역의 지표수 흐름 시스템을 따라 연간 혹은 임의기간 동안 수용하천(受容河川, receiving stream)까지 운반되는 비점원 오염물질의 양으로 정의된다.

만약, 도시지역의 홍수나 오염물질의 차단처리를 위해 유수지(遊水池, detention pond) 혹은 저류지(貯溜池, retention pond)를 설계하려면 우선 설계대상 홍수수문곡선을 강우-유출관계 모형에 의해 결정해야 할 뿐 아니라 연평균 부유토사량이라든지 기타 NPS 부하량(負荷量)을 산정하여 유수지/저류지의 용량을 결정하게 된다. 이와 같은 NPS 부하량의 산정은

NPS 오염물질로 인한 지표수 및 지하수의 오염을 방지하기 위해 설치되는 토사침전지(sedimentation basin)라든지 인공습지(artificial wetlands), 침투지(infiltration basin) 등의 설계를 위해 필요할 것이다.

비점원 오염물질의 생성 및 운반에 대한 지식은 도시수문학이나 도시수리학 분야보다 훨씬 뒤떨어져 있어서 NPS 오염물질의 관리를 위한 구조적 및 비구조적 수단 또한 초보단계에 있다고 하지 않을 수 없다. 물론, NPS 부하량을 산정하기 위한 복잡하고 정교한 수질모델(water quality model)들이 지금까지 개발되어 왔지만, 여기서는 NPS 오염물질의 관리를 위한 구조물의 설계에 필요한 연간 혹은 계절별 부하량을 결정하는 실질적인 방법(desktop method)에 대해 주로 살펴보기로 한다.

11.5.1 비점원 오염의 정의 및 기본성질

비점원 오염(non-point source pollution, NPS)에 대한 정의에는 학자에 따라 여러 가지가 있을 수 있으나 여기서는 "호우기간 동안이나 호우 직후 혹은 융설 직후에 직접유출(直接流出, direct runoff)에 의해 지표면을 따라 수용하천으로 오염물질이 이송(移送)되는 현상"이라 정의할 수 있겠다. 또한, NPS 오염부하량(NPS pollution load)에는 하천흐름의 일부를 형성하는 지하수에 의해 지표면 흐름시스템으로 운반되는 오염물질도 포함된다. NPS 오염물질은 강우 중이나 강우 직후 혹은 융설 직후에 대단히 불규칙한 이송률로 지표수 흐름시스템을 통해 운반된다는 점에서 점원 오염(點源 汚染, point-source pollution)과 상이하다.

비점원 오염에 대한 위의 정의에서는 NPS 오염물질의 지표수 흐름시스템으로의 유입이 점원 오염물질의 경우처럼 우수관거시스템의 유입구를 통해 점상(點狀)으로 일어나는 것이 아니라 표면류(表面流, overland flow or sheet flow)를 통해 확산형(擴散形, diffusive fashion)으로 발생한다는 것을 암시해주고 있다.

또한, 비점원 오염물질이나 점원 오염물질은 독성(毒性, toxic)을 가지며, 유기물이나 영양염류, 토사, 방사성물질, 발병성물질 등을 함유하고 있어서 오염문제를 발생시킬 수 있다는 점에서는 동일하다 할 수 있으며, NPS 오염물질 배출의 심각성은 날로 높아져 가고 있는 데 반해 NPS 오염문제의 해결을 위한 기술이나 대책은 점원 오염 대책에 비해 아직 초보단계에 있다고 볼 수 있다.

11.5.2 비점원 오염부하량 산정방법

유출해석을 위한 수문학적 기법에는 여러 가지가 있으나 NPS 오염부하량의 산정방법의 종류는 대단히 제한적이며, 방법의 정확도 또한 큰 차이가 있다. 따라서, 여기서는 연평균 혹은 계절평균 NPS 오염부하량을 산정할 수 있는 몇 가지 방법을 소개하고, 이들 방법 적용을 위해 필요한 자료의 종류와 방법 자체가 가지고 있는 문제점과 적용에 주의해야 할 점 등을 살펴보기로 한다.

1) 단위부하량 방법

단위부하량 방법(單位負荷量 方法, unit load method)은 유역의 토지이용별로 단위면적당 NPS 오염물질의 연간 배출량기준에 토지이용별 면적을 곱하여 유역으로부터의 총 배출량을 산정하는 방법으로 가장 간단한 방법이나 신뢰도 측면에서는 가장 문제가 많은 방법이라 할 수 있다. 이 방법에서는 토지이용형태별 NPS 오염물질의 단위면적당 연간 배출량이 얼마인가가 가장 중요하며, 이는 충분한 기간 동안 여러 유역을 대상으로 부유토사(suspended sediment)라든지 5-일 BOD(5-day Biochemical Oxygen Demand), 총 인(Total Phosphorus, TP), 총 질소(Total Nitrogen, TN) 등의 NPS 오염물질별로 강우시의 배출량을 직접 측정하는 모니터링 프로그램에 의해 신뢰도 높은 기준을 설정해야 한다.

그러나, 사업대상 지역에 대한 모니터링을 일일이 하여서 오염물질 배출기준을 결정하는 것은 경제적으로나 시간적으로 가능하지 못하기 때문에 지금까지의 여러 연구자들의 연구결과로 발표된 문헌상의 기준을 사용하고 있는 것이 현실이다. 이와 같이 문헌상의 배출량 기준을 적용할 경우에 주의해야 할 점은 기준설정시에 적용했던 각종 조건, 예를 들면 유역면적의 크기라든지, 강우조건 등이 유사한지 등이다.

표 11.9는 미국 Wisconsin주 Milwaukee시의 한 도시하천 유역의 계측에 의한 토지이용

표 11.9 토지이용형태별 단위면적당 연평균 오염부하량(예시)

토지이용형태	연평균 NPS 오염부하량(lbs/acre/year)			
	부유토사(SS)	5-Day BOD	총 인(TP)	총 질소(TN)
도시유역				
- 주거지역	545	24	0.32	4.0
- 상업지역	745	98	0.75	9.0
- 공장지역	975	37	0.70	8.4
- 광산지역	150,000	120	45.00	60.0
- 위락지역	420	1.3	0.40	3.3
- 건설공사지역	150,000	120	45.00	60.0
자연유역				
- 미개발지역	420~10,000	2.1~30	0.09~0.64	0.9~23
- 지표수지역	665	162	0.50	8.9

형태별, NPS 오염물질별 단위부하량을 예시하고 있다(SEWRPC, 1978).

2) 농도 · 유량방법

농도 · 유량방법(濃度 · 流量方法, concentration times flow method)은 건기(乾期, dry weather)와 우기(雨期, wet weather)로 나누어 오염물질의 농도에 건기 혹은 우기의 유량을 곱하여 연간 배출량을 각각 구한 후 이를 합하여 연간 총 배출량을 산정하는 방법이다. 여기서 우기는 연중(年中) 직접 유출(直接流出, direct runoff)이 발생하는 기간을 말하며 그 외의 기간은 건기로 간주한다.

이 방법을 위해서는 NPS 오염물질별로 건기와 우기의 전형적인 농도가 평균치 개념으로 조사되어 기준이 마련되어야 하며, 건기와 우기의 해당지역 연평균 유출고(流出高)가 결정되어야 한다. 오염물질의 평균농도는 과거의 각종 연구결과를 수록한 문헌정보(Bedient et al., 1980 등)들로부터 결정하는 것이 통상이며, 건기와 우기의 연평균 유출고는 가능하다면 실측유량기록을 사용하는 것이 제일 좋으나 도시지역의 경우 유량자료를 획득하기는 힘들므로 우량기록이 있는 인접유역의 자료를 이용하여 연속형 유출모의모형(連續型 流出模擬模型)으로 합성한 유량자료를 해당유역으로 전이(轉移, transposition)시켜 건기와 우기의 유출고를 결정한 후 농도 · 유량방법에 의한 연간 오염물질 배출량 산정에 사용하게 된다.

예제 11.4 유역면적이 5 km^2인 어떤 도시하천 유역의 장기간 계측에 의한 NPS 오염물질의 건기 및 우기 농도는 표 11.10과 같다.
이 도시하천 유역에 대한 연간 물 수지 분석결과 연간 총 강수량은 1,250 mm, 증발산량은 650 mm, 하천으로의 직접 유출량은 420 mm, 지하수 유입량은 180 mm이고 이 지역 공장으로부터 하천으로의 방류수는 200 mm이므로 이 유역 출구로부터의 연간 총 방류량은 직접 유출량과 지하수 유입량 및 공장 방류수를 합한 800 mm이다. 이 유역으로부터의 연간 NPS 오염물질의 부하량을 농도 · 유량방법으로 산정하라.

표 11.10 NPS 오염물질별 농도

NPS 오염물질	농도(mg/l)	
	건기	우기
5-Day BOD	5	15
총 인(TP)	0.10	0.30
총 질소(TN)	1.00	1.50
용존고형물(dissolved solids)	500	250

풀이 연간 건기의 유량은 지하수 유입량과 공장방류수를 합한 것이므로 380 mm이고, 우기의 유량은 직접 유출량인 420 mm이다.
따라서, 건기의 5-Day BOD의 연간 배출량을 산정하면,

$$5\ \text{mg/l} \times 380\ \text{mm/year} \times 5\ \text{km}^2 = 9.5\ \text{ton/year}$$

우기의 5-Day BOD의 연간 배출량은

$$15\ \text{mg/l} \times 420\ \text{mm/year} \times 5\ \text{km}^2 = 31.5\ \text{ton/year}$$

동일한 방법으로 나머지 3종류의 NPS 오염물질의 배출량을 건기와 우기로 나누어 산정하고 이를 합한 연간 총 배출량을 표 11.11에 수록하였다.

표 11.11 농도·유량방법에 의한 연간 총 배출량 계산

NPS 오염물질	배출량(ton/year)		
	건기	우기	총계
5-Day BOD	9.5	31.5	41
총 인(TP)	0.19	0.63	0.82
총 질소(TN)	1.90	3.15	5.05
용존고형물(dissolved solids)	950	525	1,475

표 11.11의 분석결과를 보면 NPS 오염물질의 연간 배출량은 우기의 기후조건하에서 훨씬 큼을 알 수 있으며, 5-Day BOD의 경우는 77%, TP도 77%, TN은 62%, 용존고형물은 36%가 각각 우기에 배출됨을 알 수 있다.

3) 오염물질 배출량-유량관계곡선과 유황곡선에 의한 방법

이 방법은 그림 11.24와 같이 NPS 오염물질 배출량-유량관계곡선(constituent rating curve)과 유황곡선(流況曲線, flow duration curve)을 사용하여 유역으로부터의 NPS 배출량을 산정하는 데 주로 사용되며, 하천유역으로부터의 부유사(浮流砂)의 배출량 산정에 흔히 사용되고 있다.

그림 11.24에서 보는 바와 같이 오염물질 배출량-유량관계곡선은 유역 출구지점에서의 상당기간 모니터링에 의해 단위면적당 일평균 유량에 대한 오염물질 배출량의 관계곡선을 수립해야 한다. 이 방법의 적용에 필요한 또 한 가지 관계곡선은 그림 11.24의 유황곡선으로, 이는 유역으로부터의 특정 크기의 유량과 그 유량의 연중 초과 백분율(%) 간의 관계를 표시한다. 이와 같은 유황곡선은 해당지점에 대한 수년간에 걸쳐 측정된 일유량자료를 분석하여 쉽게 작

성할 수 있다.

이와 같이 두 개의 관계곡선이 작성되고 나면 일 평균유량을 매개변수로 하여 그림 11.24의 두 관계곡선으로부터 연평균 오염물질 배출량을 산정할 수 있다. 만약, 분석되는 오염물질이 토사유출량일 경우 측정자료가 부유사(浮流砂, suspended sediment)에 국한되었을 경우는 하상유사(河床流砂, bed load)도 고려해 주기 위해 적절한 백분율(예를 들면 10%)만큼 배출량을 증가시켜 주게 된다.

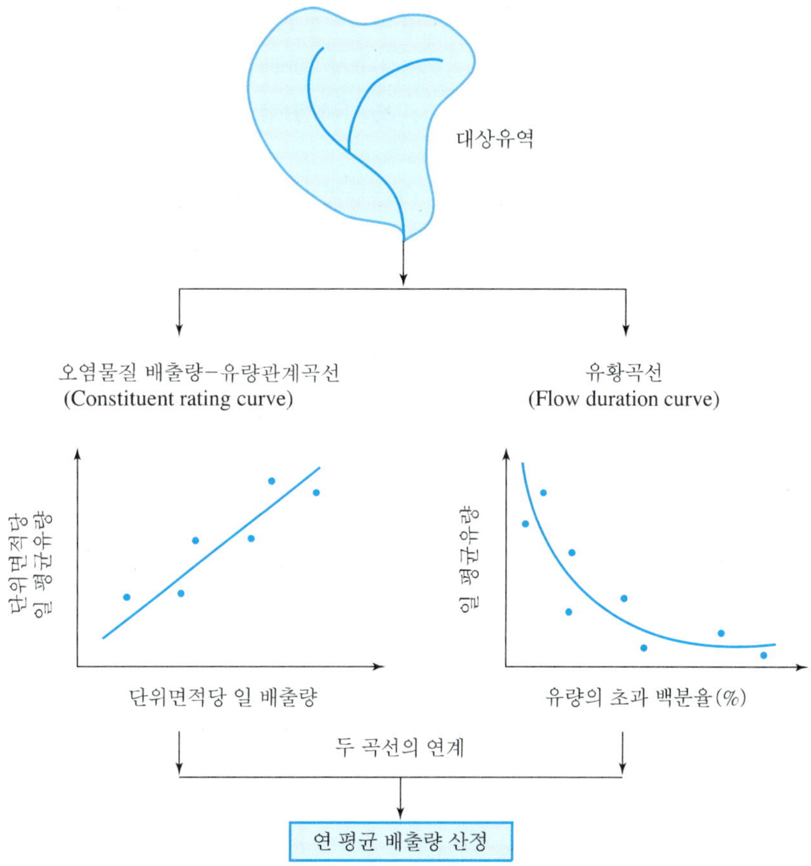

그림 11.24 Constituent Rating Curve-Flow Duration Curve Method

예제 11.5 유역면적이 18 mi^2인 어떤 도시하천 유역에 대한 유사량-유량관계곡선(sediment rating curve)과 유황곡선(flow duration curve)이 그림 11.25 및 11.26과 같이 작성되었다. 이 유역으로부터의 연간 토사유출량을 산정하라. 하상유사는 총 유사량의 10%를 차지하는 것으로 가정하라(본 예제는 Walesh, 1989의 Example 1, p. 237에서 전재하였음).

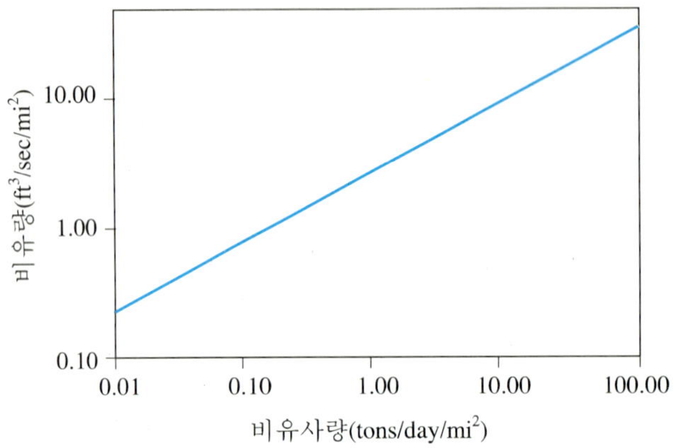

그림 11.25 유사량-유량관계곡선

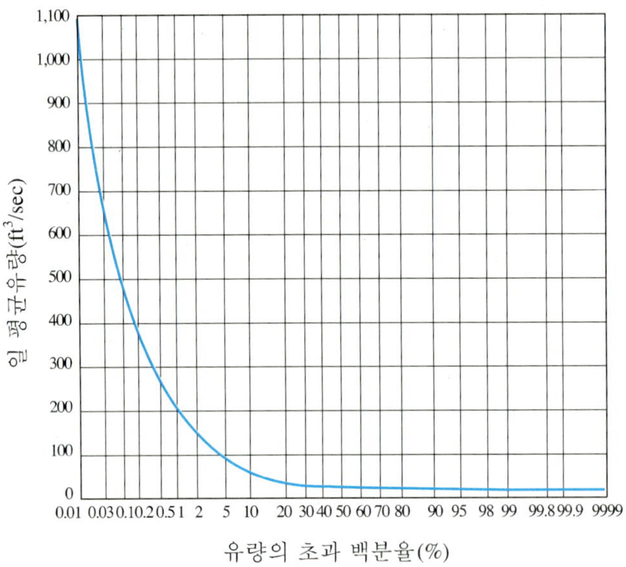

그림 11.26 유황곡선

풀이 그림 11.25와 11.26을 연계하여 연간 토사유출량을 산정한 결과는 표 11.12에 수록되어 있으며 계산절차를 요약하면 다음과 같다.

(1)란: 일 평균유량을 계급구간으로 나눈다.

(2)란: 일 평균유량 계급구간의 중앙값을 대표값으로 정한다.

(3)란: (2)란의 값을 유역면적 18 mi^2로 나누어 단위유역 면적당 유량을 산정한다.

(4)란: 유황곡선(그림 11.26)으로부터 (1)란의 일 평균유량 범위에 해당하는 연중 일 백분율(%)을 읽는다.

(5)란: (4)란에 365일(1년)을 곱하여 대표 유량이 계속되는 일수를 계산한다.

표 11.12 Constituent rating curve–Flow duration curve 방법의 적용에 의한 연간 부유사 배출량 계산 예

(1) 일 평균유량 범위(ft^3/sec)	(2) 대표유량 (ft^3/sec)	(3) 단위면적당 유량 (ft^3/sec/mi^2)	(4) 연간 백분율 (%)	(5) 연간 일수 (day)	(6) 단위면적당 일 부유사량 (tons/day/mi^2)	(7) 단위면적당 연 부유사량 (tons/mi^2/yr)
0~16	12.0	0.66	10	36.50	0.069	2.52
16~18	17.0	0.94	20	73.00	0.14	10.22
18~20	19.0	1.05	20	73.00	0.17	12.41
20~21	20.5	1.14	20	73.00	0.20	14.60
21~27	24.0	1.33	10	36.50	0.27	9.86
27~35	31.0	1.72	5	18.25	0.44	8.03
35~51	43.0	2.38	5	18.25	0.82	14.97
51~63	57.0	3.16	2	7.30	1.41	10.29
63~67	70.0	3.88	2	7.30	2.10	15.33
77~87	82.0	4.54	1	3.65	2.85	10.40
87~101	94.0	5.21	1	3.65	3.71	13.54
101~119	110.0	6.09	1	3.65	5.02	18.32
119~151	135.0	7.48	1	3.65	7.46	27.23
151~211	181.0	10.0	1	3.65	13.2	48.18
211~273	242.0	13.4	0.5	1.82	23.0	41.86
273~523	398.0	22.0	0.4	1.46	59.9	87.45
523~669	596.0	33.0	0.05	0.18	131	23.58
669~1093	881.0	48.8	0.04	0.15	280	42.00
연 총계			99.99	364.96		410.79

(6)란: 유사량-유량관계곡선(그림 11.25)으로부터 (3)란의 단위면적당 유량에 해당하는 단위면적당 일 부유사 유출량을 계산한다.

(7)란: (6)란의 값에 (5)란의 대표유량 계속일수를 곱하여 연간 단위유역 면적당 부유사 유출량을 산정한다.

표 11.12의 계산으로부터 유역으로부터의 단위면적당 연간 부유사 배출량은 410.79 ton/mi^2/year임을 알 수 있으며, 하상유사량 10%와 유역면적 18 mi^2을 고려하여 유역으로부터의 총 토사 배출량을 산정하면 다음과 같다.

$$410.79 \times 1.1 \times 18 = 8{,}133.64 \text{ tons/year}$$

11.6 토양손실량의 산정기법

유역으로부터의 토양침식(土壤侵蝕, soil erosion)으로 인한 토양손실량(soil loss)의 산정은 토양침식을 제어하기 위한 각종 구조물적 계획을 수립하는 데 기본이 되는 자료이다. 강우로 인해 침식되는 토양은 유수(流水)에 의해 하류로 전달되며 이를 토사유출(土砂流出)이라 한다. 토사유출량은 토양침식량에 후술하게 될 유사전달률(流砂傳達率, sediment delivery ratio) 개념을 도입하여 산정하게 된다. 토양손실량의 산정방법에는 여러 가지가 있으나 여기서는 원단위법(原單位法, unit loss rate method)과 범용토양손실공식(凡用土壤損失公式, Universal Soil Loss Equation, USLE)에 관해서만 살펴보기로 한다.

11.6.1 원단위법

원단위법은 토지이용 유형별로 단위기간 동안에 단위면적으로부터 강우로 인해 발생되는 토양침식량 혹은 토양손실량, 즉 원단위(原單位)를 제시한 것으로서, 제시된 원단위에 토지이용별 면적을 곱함으로써 연간 토양손실량을 산정하는 단순한 방법이다. 이 방법은 일본 내 여러 유역에 대한 자료를 이용하여 제시된 방법으로 토지이용의 다양한 특성을 고려하지 않고 단순 평균값을 제시하고 있어서 방법의 신뢰도에 문제가 있으므로 보다 신뢰도 높은 방법인 후술할 USLE 혹은 RUSLE(Revised USLE) 방법에 의한 결과와의 비교검토를 위해 사용되기도 한다. 표 11.13은 中野有(일본 골프협회, 1984)가 추천하고 있는 연간 토양손실 원단위를 표시하고 있다.

표 11.13 토양손실 원단위

토지이용 유형	토양손실 원단위 (m^3/ha/year)	비고
나지, 황폐지	200~400	
배벌지, 초지	15	식재는 완료되었으나 아직 활착되지 않은 상태
택벌지	2	식재의 활착이 어느 정도 진행된 상태
산림지	1	

자료: 中野有, 일본 골프협회(1984)

11.6.2 범용토양손실공식

범용토양손실공식(凡用土壤損失公式, USLE)은 Wischmeier and Smith(1960, 1962, 1965, 1978)가 농경지역에서의 토양침식량을 예측하기 위해서 개발한 공식으로 주로 미국의 중부 및 동부지역에 위치하는 24개 주의 47개 농경지 소유역에서 획득한 자료의 통계분석을 통해 유도되었으며 다음 식으로 표시된다(USBR, 2006).

$$A = R \times K \times LS \times C \times P \tag{11.30}$$

여기서, A: 강우침식인자 R의 해당기간 중 단위면적당 토양침식량(ton/ha)

R: 강우침식인자(降雨浸蝕因子, rainfall factor)[10^7(Joule/ha)·(mm/hr)]

K: 토양침식성인자(土壤浸蝕性因子, soil erodibility factor)(ton/ha/R의 단위)

LS: 지표면의 길이 및 경사도에 관계되는 지형인자(무차원)

C: 토양피복인자(soil cover factor)(무차원)

P: 토양침식제어대책인자(soil erosion control practice factor)(무차원)

식 (11.30)으로 표시되는 USLE는 길이가 72.6 ft(22.13 m)이고 경사가 9%인 표준시험포(unit test plot)에서의 밭작물 재배를 통해 수집한 광범위한 자료로부터 개발되었으며, 시험포로부터의 토사유출량이 아니라 토양침식량을 무게단위(ton/ha)로 산정하는 공식이며, 식 (11.30)의 우변 인자들은 모두 토양의 침식을 지배하는 인자들임을 알 수 있다.

식 (11.30)으로 표시되는 USLE에 의한 토양침식량의 산정을 위한 여러 지배인자의 정량적 결정방법을 살펴보면 다음과 같다.

1) 강우침식인자(R)

강우침식인자 R은 지역별로 상이한 강우강도와 강우지속기간 및 발생빈도를 고려해 주기 위한 인자로서 강우로 인해 지상에 떨어지는 빗방울이 가지는 운동에너지에 의한 연평균개념의 토양침식량의 정도를 대표하기 위한 인자로서 미국의 중동부지역에 대해서는 Wischmeier and Smith(1965)가 등 침식성 지도(等 浸蝕性 地圖, isoerodent map)로 제시한 바 있다.

한편, 국내에서는 USLE의 적용을 위해 전국 우량관측소 지점별로 연평균 강우침식인자를 산정 적용하여 왔으나, 도로건설의 경우 등과 같이 토지이용의 종류에 따라서는 연평균 개념의 강우보다는 단기간 강우의 침식성을 고려하여 침사지를 설계하는 것이 더 바람직할 수도 있다. 또한, 침사지에 퇴적되는 토사의 주기적인 준설을 고려하면 연간 침식되어 침사지에 퇴적되는 토사량이 점유할 공간 확보를 위해서는 큰 용량의 침사지가 필요하게 된다. 따라서, 토사의 퇴적기간을 1년씩 길게 잡지 않고 호우별로 침식되어 퇴적되는 토사를 수시로 준설하는 것을 전제로 하여 단일호우기준의 강우침식인자를 사용하여 토양손실량을 산정하는 방향으로 바뀌고 있으며 국내 실무에서 사용되고 있는 USLE 방법에 의한 토양손실량 산정절차를 살펴보면 다음과 같다.

① 연평균 강우침식인자

연평균 강우침식인자는 연평균 강우량에 의한 토양침식량의 정도를 나타내는 인자로서 국내 연구로는 정필균(1983) 등이 국내 51개 관측소의 6~21년간 자료를 이용하여 산정하였으며, 박정환(2000) 등은 53개 관측소의 24년간 자료를 사용하여 산정하였다. 현재 국내 실무에서는 박정환(2000) 등에 의한 표 11.14의 연평균 강우침식인자를 사용하고 있으며, 정필균(1983) 등에 의한 R값보다 대체로 큰 값을 가지는 것으로 알려져 있다.

표 11.14 우량관측소 지점별 연평균 강우침식인자(R)　　단위: 10^7(J/ha)·(mm/hr)

관측소	강우침식인자	관측소	강우침식인자	관측소	강우침식인자
속초	383	목포	351	남원	411
춘천	413	여수	552	순천	469
강릉	417	진주	523	장흥	598
서울	526	강화	666	해남	488
인천	451	양평	524	고흥	640
수원	491	이천	483	영주	389
서산	498	인제	274	문경	282
청주	441	홍천	486	영덕	258
대전	475	제천	436	의성	265
추풍령	280	충주	395	선산	246
포항	262	보은	386	영천	253
군산	405	아산	492	거창	363
대구	271	보령	551	합천	404
전주	428	부여	540	밀양	366
울산	450	금산	381	산청	542
광주	460	부안	396	거제	797
부산	608	임실	355	남해	803
통영	502	정읍	434	전국 평균	445

② 단일호우에 대한 강우침식인자

단일호우 사상에 대한 강우침식인자는 단일호우로 인한 토양침식량의 정도를 나타내는 인자로서 실무에서 채택하는 재현기간은 통상 침사지(沈砂池, sedimentation basin)의 설계빈도로 사용되는 30년이며, 강우지속기간으로는 24시간을 채택하고 있다(정종호와 윤용남, 2007).

단일호우에 대한 강우침식인자는 다음과 같은 식을 사용하여 산정하게 된다.

$$R = \left(\sum_{i=1}^{n} E_i \right) I_{30} \tag{11.31}$$

$$E_i = e_i \cdot \Delta P_i \tag{11.32}$$

$$e_i = 0.029[1 - 0.72\exp(-0.05 I_i)] \tag{11.33}$$

여기서, R: 단일호우에 대한 강우침식인자 (10^7 J/ha · mm/hr)

I_{30}: 설계재현기간의 30분 강우강도 (mm/hr)

E_i: 강우지속기간별 강우의 총 에너지 (10^7 Joule/ha)

ΔP_i: 강우지속기간 구분시 시간간격당 강우증가량 (mm)

e_i: 강우지속기간별 강우의 운동에너지 (10^7 J/ha/mm)

I_i: 강우지속기간(min.)별 강우강도 (mm/hr)

n: 강우지속기간의 구분 수

예제 11.6 서울 우량관측소 지점 외곽에 위치한 소유역에 대한 토양침식량을 산정하기 위해 USLE의 단일호우 강우침식인자(R)를 산정하고자 한다. 이 지점의 30년 빈도 강우강도식을 사용하여 계산한 24시간 강우의 지속기간별 강우강도가 표 11.15의 (1), (2)란과 같을 때 강우침식인자 R을 계산하라.

풀이 강우지속기간별로 식 (11.31)~(11.33)에 의해 산정한 강우의 총 에너지는 표 11.15와 같다.

표 11.15 단일호우 강우침식인자 산정을 위한 계산

강우지속기간 (min.) (1)	강우강도 I_i (mm/hr) (2)	강우량 (mm)		강우운동에너지 e_i (10^7 J/ha/mm) (5)	강우 총 에너지 E_i (10^7 J/ha) (6)
		P_i (3)	ΔP_i (4)		
0	0	0	-	-	-
10	198.21	33.04	33.04	0.029	0.958
20	154.42	51.47	18.43	0.029	0.534
30	132.03	66.02	14.55	0.029	0.422
40	117.65	78.43	12.41	0.029	0.360
50	107.35	89.46	11.03	0.029	0.320
60	99.48	99.48	10.02	0.029	0.291
120	73.76	147.52	48.04	0.028	1.345
240	51.67	206.68	59.16	0.027	1.597
360	39.35	236.10	29.42	0.026	0.765
480	31.77	254.16	18.06	0.025	0.452
720	24.39	292.68	38.52	0.023	0.886
1440	16.18	388.32	95.64	0.020	1.913
계					9.843

주: (3)란 = (2)란×(1)란/60

표 11.15에서 $\sum_{i=1}^{n} E_i = 9.843 \times 10^7$ J/ha이고, 지속기간 30분인 강우강도 $I_{30} =$ 132.02 mm/hr이므로, 식 (11.32)에 의해 강우침식인자값은 다음과 같이 계산된다.

$$R = (9.843 \times 10^7 \text{ J/ha}) \times (132.02 \text{ mm/hr})$$
$$= 1,299.6 \times 10^7 (\text{J/ha}) \cdot (\text{mm/hr})$$

2) 토양침식성인자(K)

토양침식성인자(土壤侵蝕性因子, soil erodibility factor)는 토양의 침식성을 나타내는 인자로서 입도분포라든지, 토양입자의 구조 및 유기물질 함량 등에 관계되며 일반적으로 K값은 0.13~0.9 ton/ha/R 단위의 범위를 가지는 것으로 알려져 있다.

토양침식성인자를 결정하는 방법에는 Wylie 방법(1979), Erickson 방법(1977), Wischmeier and Smith 방법(1965) 등이 있다. 이 중 가장 많이 사용되고 있는 Wischmeier and Smith 방법을 식으로 표시하면 식 (11.34) 및 (11.35)와 같으며, 그림 11.27은 K값 결정을 위한 도표이다.

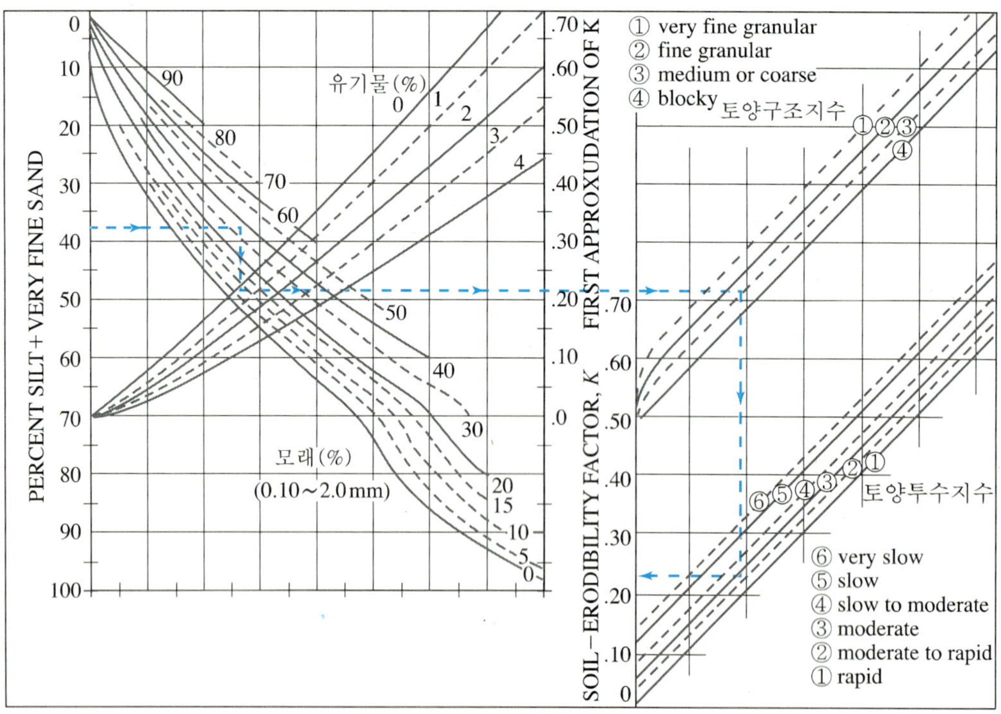

그림 11.27 토양침식성인자 K값의 추정도표(Wischmeier 등, 1965)

$$K = 1.32\left[\frac{2.1\times10^{-4}(12-OM)\cdot M^{1.14}+3.25(S_1-2)+2.5(P_1-3)}{100}\right] \tag{11.34}$$

$$M = (MS+VFS)\cdot(100-CL) \tag{11.35}$$

여기서, K: 토양침식성인자(ton/ha/R 단위)

OM: 유기물 백분율(%)

M: 토사입경에 있어서 주종을 이루는 토립자와 토사 전체에 대한 비율에 대한 함수

S_1: 토양구조지수(그림 11.27에서 ①~④로 구분)

P_1: 토양투수지수(그림 11.27에서 ①~⑥으로 구분)

MS: 실트 백분율(%)

VFS: 극세사(very fine sand) 백분율(%)

CL: 점토(clay) 백분율(%)

한편, Wylie(1979)에 의하면 토양의 종류에 따른 토양침식성인자는 표 11.16과 같다.

표 11.16 토양종류별 토양침식성인자(Wylie, 1979)

토양의 종류	토양침식성인자 K (tons/acre/R*)
Sands and gravels	0.10
Loamy coarse sand, sand and fine sand	0.15
Loamy fine sand and loamy sand	0.17
Fine sandy loam and sandy loam, mollic	0.20
Fine sandy loam and sandy loam, nonmollic	0.24
Loam, clay loam and sandy clay loam, mollic	0.28
Loam, clay loam and sandy clay loam, nonmollic	0.32
Silt loam and silty clay loam, mollic	0.32
Silt loam and silty clay loam, nonmollic	0.37
Silt loam and silty clay loam, subsoil	0.43
Clay and silty clay, less than 50 percent clay	0.32
Clay and silty clay over 50 percent clay	0.28

* R: 단위강우침식인자

예제 11.7 예제 11.6의 유역에 대한 토질조사 결과가 다음 표 11.17과 같을 때 토양침식성인자 K를 Wischmeier and Smith 방법으로 추정하라.

표 11.17 토질조사 결과

토립자 구성비(%)					유기물 함량(%)	토양 구조지수	토양 투수지수
자갈 (2 mm 이상)	모래 (0.1~2 mm)	극세사 (0.01~0.1 mm)	실트 (0.002~0.05 mm)	점토 (0.002 mm 이하)			
13	37	12	25	13	0	3	2

풀이 1) 공식에 의한 K값의 추정

식 (11.35)를 사용하면 $M=(25+12)\times(100-13)=3,219$

식 (11.34)를 사용하면

$$K=1.32\left[\frac{2.1\times10^{-4}(12-0)\times(3,219)^{1.14}+3.25(3-2)+2.5(2-3)}{100}\right]$$

$$=0.342\ \text{ton/ha/R 단위}$$

2) 도표에 의한 K값의 추정

Silt+very fine sand=25+12=37%이고, 0.10~2.0 mm의 모래(sand)는 37%이며, 유기물 함량은 0%, 토양구조지수는 ③, 토양투수지수는 ②이므로 그림 11.27에 화살표로 표시한 선을 따라 가면 $K=0.23$이 된다. 이 값은 공식으로 계산한 값과 다소 차이는 있으나 K값의 일반적인 범위를 벗어나지는 않고 있음을 알 수 있다.

3) 적정한 K값으로 0.342를 채택하는 것으로 한다.

3) 지형인자(LS)

지형인자(地形因子, topographic factor)는 유역의 지형에 따른 토양침식량의 변화를 나타내는 인자로서 무차원의 사면 길이인자(L)와 무차원의 사면 경사인자(S)의 곱으로 구성되며, 각각 다음 식으로 표시된다.

$$L=\left(\frac{\lambda}{22.13}\right)^m \tag{11.36}$$

$$m=\frac{\beta}{1+\beta} \tag{11.37}$$

$$\beta=\frac{11.16\sin\theta}{3.0(\sin\theta)^{0.8}+0.56} \tag{11.38}$$

$$S=10.8\sin\theta+0.03\quad \text{for } \sin\theta<0.09 \tag{11.39}$$

$$S=16.8\sin\theta-0.50\quad \text{for } \sin\theta>0.09 \tag{11.40}$$

여기서, λ: 평면에 투영한 사면의 길이(m)

θ: 사면의 경사각(度)

22.13: 표준시험포의 길이(72.6 ft = 22.13 m)

예제 11.8 예제 11.6의 유역을 소유역으로 분할하여 전체 유역의 토양손실량을 USLE 방법으로 산정하고자 한다. 분할된 어떤 소유역의 평균사면길이가 약 2 km이고 평균폭이 1 km이며 평균사면 경사각은 4°이다.
이 소유역의 무차원 지형인자(LS)를 산정하라.

풀이 1) $\theta = 4°$이므로 $\sin\theta = \sin 4° = 0.0698 < 0.09$이므로
식 (11.40)을 사용하면

$$S = 10.8\sin(4°) + 0.03 = 0.783$$

2) $\lambda = 2{,}000 \times \cos(4°) = 1{,}995.1\text{ m}$
식 (11.39)를 사용하면

$$\beta = \frac{11.16\sin(4°)}{3.0\{\sin(4°)\}^{0.8} + 0.56} = 0.210$$

식 (11.38)을 사용하면

$$m = \frac{0.210}{1 + 0.210} = 0.174$$

식 (11.37)을 사용하면

$$L = \left(\frac{1{,}995.1}{22.13}\right)^{0.174} = 2.189$$

3) 따라서,

$$LS = 2.189 \times 0.783 = 1.714$$

4) 토양피복인자(C)

토양피복인자(土壤被覆因子, soil cover factor)는 나지(bare soil) 상태에서의 강우로 인한 토양손실량에 대한 작물 혹은 식생피복 상태에서의 토양손실량의 비로 정의되며, 지표 토양의 침식을 지배하는 지표면의 피복상태, 식물의 뿌리조직, 지형특성 등에 따라 그 값이 결정되는 무차원 계수이다.

표 11.18은 Wylie(1979)에 의한 토양피복의 종류에 따른 토양피복인자(C)의 대표적인 값을 표시하고 있다.

표 11.18 토양피복종류별 토양피복인자의 대표값(C)

토양피복의 종류	토양피복인자값(C)
나지(bare soil)	1.0
까는 짚(straw mulch)	
0.5 ton/acre	0.35
1.0 ton/acre	0.18
1.5 ton/acre	0.06
3.0 ton/acre	0.03
4.0 ton/acre	0.02
초지(grass)	0.011

5) 토양침식제어대책인자(P)

토양침식제어대책인자(土壤保存對策因子, soil erosion control practice factor)는 자연상태의 지표면으로부터의 토양손실량에 대한 토양보존을 위한 등고선 경작(contouring)이라든지 계단식 축대를 설치하는 테라스 경작(terracing) 등의 대책을 강구했을 경우의 토양손실량의 비로 정의된다.

토양침식제어대책을 사용할 경우 지표면 경사에 따른 토양침식제어대책인자의 대표적인 값은 표 11.19와 같다(Wischmeier and Smith, 1978; Wylie, 1979).

표 11.19 지표면 경사에 따른 토양침식제어대책인자의 대표값(P)

지표면 경사(%)	자연상태(no control)	등고선 경작(contouring)	테라스 경작(terracing)
1~2	1.0	0.6	0.12
3~8	1.0	0.5	0.10
9~12	1.0	0.6	0.12
13~16	1.0	0.7	0.14
17~20	1.0	0.8	0.16

예제 11.9 예제 11.6~11.8의 유역에 대하여 산정한 R, K, LS값을 사용하여 예제 11.8의 소유역의 면적으로부터 침식되는 연간 토양손실량을 USLE 방법으로 산정하라. 이 소유역은 등고선을 따라 초지(草地, grass)를 형성하고 있다고 가정하라.

풀이 1) 예제 11.6으로부터 30년 빈도의 단일호우에 대한 강우침식인자 $R = 1,299.6 \times 10^7$ (J/ha) · (mm/hr)이고, 표 11.5로부터 서울지점의 연평균 강우침식인자 $R = 526 \times$

10^7(J/ha)・(mm/hr)이다.

2) 예제 11.7로부터 Wischmeier and Smith 공식으로 계산한 토양침식성인자 $K=$ 0.342 ton/ha/R 단위이다.

3) 예제 11.8로부터 계산한 면적 2 km×1 km=2 km^2=200 ha에 대한 $LS=1.714$이다.

4) 이 소유역은 초지(草地, grass)로 이용되고 있으므로 표 11.18로부터 $C=0.011$이며, 지표면의 평균경사가 4°이고 등고선 경작이 되고 있으므로 표 11.19로부터 $P=0.5$이다.

5) 식 (11.30)으로 표시되는 USLE로 단일호우로 인한 소유역의 면적 2 km×1 km=2 km^2 =200 ha로부터의 연간 토사침식량을 산정하면

$$\begin{aligned} A &= 1{,}299.6[10^7(\mathrm{J/ha})\cdot(\mathrm{mm/hr})]\times 0.342\ \mathrm{ton/ha}/ \\ &\quad [10^7(\mathrm{J/ha})\cdot(\mathrm{mm/hr})]\times 1.714\times 0.011\times 0.5\times 200\ \mathrm{ha} \\ &= 838.01\ \mathrm{ton/storm} \end{aligned}$$

6) 연평균 강우침식인자 $R=526[10^7(\mathrm{J/ha})\cdot(\mathrm{mm/hr})]$을 사용하면

$$\begin{aligned} A &= 526\times 0.342\times 1.714\times 0.011\times 0.5\times 200 \\ &= 339.2\ \mathrm{ton/year} \end{aligned}$$

7) 5)의 단일호우로 인한 토양손실량은 6)의 연평균 토양손실량보다 2배 이상 크게 산정되었음을 알 수 있다.

11.6.3 도로건설현장에 대한 범용토양손실공식의 적용

도로건설공사장으로부터 토양침식량을 산정하기 위하여 Clide 등(1980)은 식 (11.30)으로 표시되는 USLE를 다음과 같이 변형하였다.

$$A = R\times K\times LS\times VM \tag{11.41}$$

여기서, A, R, K, LS는 각각 식 (11.30)에서 정의된 것과 같고 VM은 토양침식제어인자(土壤浸蝕制御因子, soil erosion-control factor)로서 이론적으로는 USLE의 토양피복인자 C와 토양침식제어대책인자 P를 곱한 값($VM=CP$)과 같다.

미국교통연구단(Transportation Research Board, TRB, 1980)은 USLE에서의 C 및 P 값의 결정에 주관성과 임의성이 크게 개입될 뿐 아니라 두 변량을 곱하게 되면 CP는 더 큰 임의성을 가지게 되므로 표 11.20에서와 같이 도로건설현장의 조건에 따른 VM값의 사용을 추천하고 있다. 그러나, 표 11.20으로부터 알 수 있는 바와 같이 도로건설현장 조건의 종류가 너무나 다양하고 표 11.20으로부터 특정 조건에 맞는 VM값을 선택한다는 것이 쉽지 않을 것임을 짐작할 수 있다.

표 11.20 토양침식제어인자(VM)의 대표값

도로건설현장조건	VM값
1. <u>Bare soil conditions</u>	
freshly disked to 6~8 inches	1.00
after one rain	0.89
loose to 12 inches smooth	0.90
loose to 12 inches rough	0.80
compacted bulldozer scraped up and down	1.30
same except root raked	1.20
compacted bulldozer scraped across slope	1.20
same except root raked across	0.90
rough irregular tracked all directions	0.90
seed and fertilize, fresh	0.64
same after six months	0.54
seed, fertilizer, and 12 months chemical	0.38
not tilled algae crusted	0.01
tilled algae crusted	0.02
compacted fill	1.24~1.71
undisturbed except scraped	0.66~1.30
scarified only	0.76~1.31
sawdust 2 inches deep, disked in	0.61
2. <u>Asphalt emulsion on bare soil</u>	
1250 gallons/acre	0.02
1210 gallons/acre	0.01~0.019
605 gallons/acre	0.14~0.57
302 gallons/acre	0.28~0.60
151 gallons/acre	0.65~0.70
3. <u>Dust binder</u>	
605 gallons/acre	1.05
1210 gallons/acre	0.29~0.78
4. <u>Other chemicals</u>	
1000 lb. fiber Glass Roving with 60~150 gallons asphalt emulsion/acre	0.01~0.05
Aquatain	0.68
Aerospray 70, 10 percent cover	0.94
Curasol AE	0.30~0.48
Petroset SB	0.40~0.66
PVA	0.71~0.90
Terra-Tack	0.66
bwood fiber slurry, 1000 lb/acre fresh	0.05~0.73
bwood fiber slurry, 1400 lb/acre fresh	0.01~0.36
bwood fiber slurry, 3500 lb/acre fresh	0.009~0.10
Portland cement+Latex	
1000 lbs/ac+8 gals/ac	0.13
1500 lbs/ac+12 gals/ac	0.006
5. <u>Seedings</u>	
temporary, 0 to 60 days	0.40
temporary, after 60 days	0.05
permanent, 0 to 60 days	0.40
permanent, 2 to 12 months	0.05
permanent, after 12 months	0.01
6. <u>Brush</u>	0.35
7. <u>Excelsior blanket with plastic net</u>	0.04~0.10
8. <u>Mulch</u>	
(depends on type and amonut of mulch and erosion potential)	0.01~1.00

자료: Transportation Research Board(1980)

11.6.4 개정 범용토양손실공식

유역으로부터의 토양침식과정에 대한 지속적인 연구로 USLE 방법에 대한 수정이 이루어져 왔으며 개선된 방법은 개정 범용토양손실공식(修正 凡用土壤損失公式, Revised Universal Soil Loss Equation, RUSLE)으로 알려져 있다(USBR, 2006). RUSLE에서 사용하는 공식은 기본적으로는 식 (11.30)으로 표시되는 USLE와 동일하나 토양침식량 산정을 위한 식 (11.30)의 우변에 포함되는 5개의 인자를 결정하는 방법을 개선한 것이다(Renard et al., 1994). 즉, 강우침식인자 R은 미국 중부 및 동부지역에 추가하여 미국 서부지역에 대해서도 등 침식성 지도의 형태로 표시되었으며, 수표면에 내리는 강우(ponded area)도 고려할 수 있도록 보정하였다. 토양침식성인자 K는 계절에 따라 변동하는 것으로 고려하였으며, 토양의 침식성에 미치는 암반부의 영향도 고려하여 K값을 결정할 수 있도록 수정하였다.

사면의 길이와 경사에 관계되는 지형인자인 LS도 판상침식(板狀浸蝕, sheet erosion)뿐만 아니라 구상침식(構狀浸蝕, gully erosion)도 고려하여 결정할 수 있도록 수정하였다. 또한, 토양피복인자인 C도 단순히 연중 평균적인 토양피복상태를 고려하여 결정하는 것이 아니라 이전의 토지이용(prior land use, PLU)이라든지 지표면피복(surface cover, SC), 농작물피복(crop cover, CC), 지표면 조도(surface roughness, SR) 및 토양수분(soil moisture, SM) 등의 함수로 취급하여 15일 단위로 결정할 수 있도록 C 인자의 결정방법을 수정하였다.

한편, 토양침식제어 대책인자인 P는 목초지 경작이라든지 등고선 경작(contouring), 대상경작(帶狀耕作, stripcropping), 테라싱 경작(terracing) 등의 조건을 모두 포함하여 적정한 값을 결정할 수 있도록 하였다. 뿐만 아니라, USLE에 포함되어 있는 인자인 K, C, P값의 계절적 변동도 기상자료를 이용하여 고려할 수 있도록 방법론을 개선 제시하였다(Renard et al., 1996).

위와 같이 RUSLE 방법에서는 USLE에 포함되어 있는 각종 인자값의 보다 논리적이고 합리적인 결정을 위한 여러 가지 절차를 개발한 것이라 할 수 있으나 우선 강우침식성인자 R에 대한 유사한 국내 연구가 되어 있지 못할 뿐 아니라 기타 인자의 결정도 미국의 경우처럼 충분한 연구가 되어 있지 못해서 현 시점에서 RUSLE 방법을 국내 실무에 적용하는 것은 무리라고 생각된다.

11.7 유수시설과 저류시설의 계획 및 설계

유수시설(遊水施設, detention facility)과 저류시설(貯溜施設, retention facility)은 호우시

홍수를 저장하여 수량이나 수질을 조절·관리하고자 설치하는 구조물을 말하며 이 절에서는 이들 시설물의 계획 및 수문학적 설계방법에 대하여 살펴보기로 한다.

11.7.1 유수시설과 저류시설의 정의

유수시설은 그림 11.28(a)에서와 같이 지표면 유출수를 저류시키기 위한 시설로서 평상시에는 비워두나 호우로 인해 유출이 발생하는 동안이나 호우 직후 일정기간 동안 지표면 유출수를 저류(貯溜)시켰다가 유출사상이 끝나면 저류수(貯溜水)를 자연방류하거나 양수기(揚水機, pump)에 의해 방류시켜 다음 호우에 대비하여 다시 비워두게 된다. 유수시설에는 둑으로 막은 자연저습지, 인위적으로 건설하는 유수지(遊水池), 지하저장 탱크 혹은 지하저수지, 지붕에 설치하는 저류조(貯溜槽, rooftop storage), 침투지(浸透池, infiltration basin) 등이 있다.

한편, 저류시설은 그림 11.28(b)에서와 같이 지표면 유출수를 저류시키는 측면에서는 유수시설과 동일하나 평상시에도 항상 물을 일정 저수위 이상으로 저류하여 용수공급이나 위락활동 혹은 경관유지나 수질개선 목적 등으로 활용하는 시설을 말하며, 도시의 주거지역이나 상업지역 부근에 설치되는 연못(ponds)이나 소규모 호수 혹은 저수지(small lakes or reservoirs) 등이 이에 속한다.

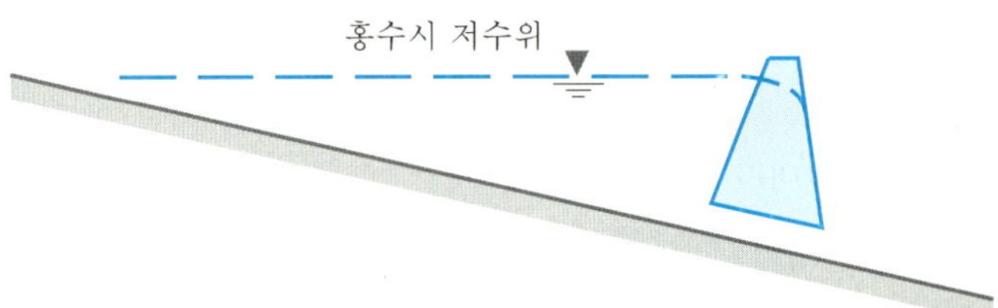

(a) 유수지 시설

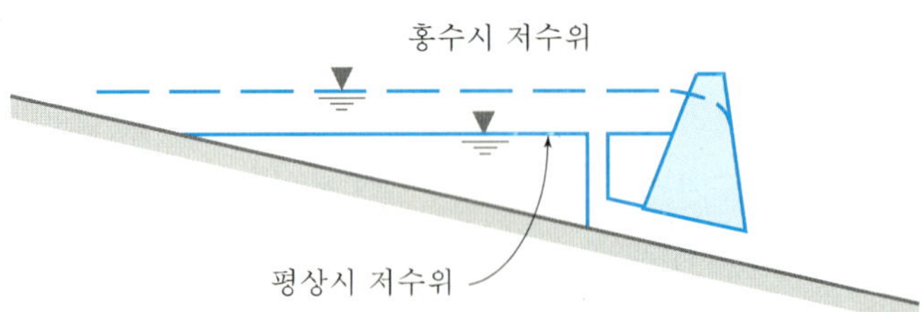

(b) 저류지 시설

그림 11.28 유수지 및 저류지 시설 개념도

11.7.2 유수지 혹은 저류지의 계획 및 설계를 위한 일반절차

유수지(遊水池, detention pond)나 저류지(貯溜池, retention pond)(이하 D/R이라 함)를

계획하고 설계하는 절차는 대체로 6단계로 나눌 수 있다(Walesh, 1989). 전술한 바와 같이 유수지는 호우 발생시 홍수를 저류시켰다가 홍수가 끝나면 자연방류(自然放流)시키는 경우와 도시 저지대의 경우처럼 홍수저류공간이 충분하지 못할 경우 적은 용량의 유수지에 펌프를 설치하여 홍수가 계속되는 동안 인접 도시하천으로 홍수를 토출(吐出)시키는 경우로 나눌 수 있으며, 후자의 경우를 유수지 및 배수펌프장 혹은 빗물펌프장이라 부르며 이의 계획 및 설계에 대해서는 별도로 후술하기로 한다.

자연방류가 가능한 D/R의 계획 및 설계를 위해서는 1) 대상유역 관련자료를 수집하여 기초적인 분석을 하며, 2) D/R 설치 후보지점을 선정하고, 3) 설계홍수량의 재현기간을 결정하며, 4) 예비수문설계를 실시하고, 5) D/R의 평면적 및 입면적 배치계획을 세우며, 6) 세부수문-수리설계를 함으로써 실질적인 계획·설계를 마치게 되며, 각 단계별 절차에 관해 상세하게 살펴보기로 한다.

11.7.3 제1단계: 관련자료 수집 및 분석

1) 대상유역의 설정과 현재 및 장래의 토지이용 계획조사

유수지나 저수지를 설계하고자 하는 지점을 출구지점으로 하는 유역의 분수계(分水界)를 그려 대상유역을 우선 결정하게 된다. 대상유역이 일단 결정되고 나면 지표면 유출의 양과 질에 결정적인 영향을 미치는 현재와 장래의 토지이용상태를 조사해야 하며, 시설물의 규모는 유출량이 최대가 되는 극한적인 토지이용을 고려하여 결정해야 한다. 또한, 부유사 농도와 같은 수질에 대한 최악의 조건은 현재나 목표연도가 아니라 시설물 공사기간 동안의 부유사 배출조건을 고려하여야 한다.

토지이용 현황에 대한 조사는 대상유역을 여러 개의 소유역으로 나누어 소유역별로 자세하게 조사되어야 한다. 이를 위해서는 토지이용도(land-use maps)라든지 항공사진, 그리고 현지조사자료를 활용해야 하며, 장래 토지이용의 예측은 기존의 토지이용계획이라든지, 개발계획 혹은 지역의 사업시행사(事業施行社) 및 공공기관 공무원들로부터 입수되는 자료를 바탕으로 하게 된다.

2) 수문-수리학적 매개변수의 결정

위와 같이 대상유역을 여러 개의 소유역으로 분할하고 현재와 장래의 토지이용 패턴을 파악하고 나면 다음과 같은 소유역별 수문-수리학적 매개변수(hydrologic-hydraulic parameters)를 결정해야 한다.

- 모래, 실트, 점토 혹은 복합토양 등 소유역별 지배적인 토양형

- 수문학적 토양군의 분류(US/SCS의 토양군 분류), SCS의 유출곡선지수(CN) 등
- 유역의 평균경사, 불투수면적의 비율, 유출계수 등
- 유역의 집중시간(혹은 도달시간) 등

3) 강우자료의 수집정리

D/R의 설계를 위해 필요한 자료는 강우자료로서 강우강도-지속기간-발생빈도(Intensity-Duration-Frequency, IDF) 관계곡선과 설계우량주상도 혹은 기왕의 기록강우주상도이므로 이를 수집정리하여야 한다.

4) 지하수위 관련자료의 수집

대상유역의 지하수위(地下水位)에 관한 자료의 수집검토 또한 D/R의 설계에 필요하다. 즉, 유수지의 경우는 평상시에 물이 저류되지 않고 건조한 상태에 있어야 하므로 지하수위는 유수지의 바닥표고보다 낮아야 하는 반면 위락용이나 경관용 저류지의 경우는 지하수위가 높아서 저류지로부터 지하로의 지하수 함양량이 크지 않도록 하는 것이 좋다.

5) 토지 소유권의 확보

D/R의 설치를 위한 토지는 가급적 공공기관이 소유하고 있는 미개발지(undeveloped land)가 가장 좋고, 다음으로는 보상을 통해 획득이 가능한 개발되지 않은 사유지도 좋으며, 가급적 계획단계에서 일찍 부지의 확보를 위한 조치를 해두는 것이 바람직하다.

11.7.4 제2단계: 유수지/저류지 설치 후보지점의 선택

1) 수해 상습지에의 접근성 평가

D/R의 설치 위치선정에 있어서 가장 중요한 고려사항은 그 위치가 홍수로부터 보호가 필요한 지역(flood-prone area) 상류의 가장 가까운 곳이어야 한다는 것이다.

2) 후보지점에서의 가용공간의 적정성 판단

다음으로는 D/R의 설치 후보지점에 상류유역의 홍수를 적절하게 조절할 수 있는 규모의 용량확보가 가능한 충분한 부지면적을 확보할 수 있는 곳이어야 한다. 저류시킬 홍수용적의 크기는 적정 빈도와 지속기간(100년 빈도, 24시간 등)의 강우를 기준으로 적당한 강우-유출모형에 의해 결정할 수 있다.

3) D/R로의 중력유입 및 중력배수 가능 여부의 판단

D/R로의 유입과 하류로의 유출은 가급적 중력(重力)에 의해 흐를 수 있도록 설계되는 것이

좋으며, 여의치 못할 경우에는 유입만이라도 중력으로 될 수 있도록 하여야 한다. 따라서 D/R의 수평적 및 수직적 배치를 상하류의 하도(河道) 혹은 수로(水路)와 잘 연계시켜 중력배수가 가능하도록 하는 것이 대단히 중요하다. 이를 위해 지역에 따라서는 유수지 바닥을 깊이 굴착해야 하는 경우도 있을 수 있다.

4) 기타 고려사항

D/R의 운영관리와 유지보수를 위해서는 공공도로로부터 D/R에 접근할 수 있는 접근로(right-of-way)가 확보되어야 한다.

11.7.5 제3단계: 설계홍수량의 재현기간 설정

1) D/R의 설계를 위한 최대 홍수빈도의 선택

도시 하천유역 내 자산에 대한 홍수방어 수준은 모두 동일하게 정하는 것이 아니라 그림 11.29에서처럼 자산의 위치 혹은 홍수로 인한 피해규모에 따라 다양한 설계빈도(혹은 재현

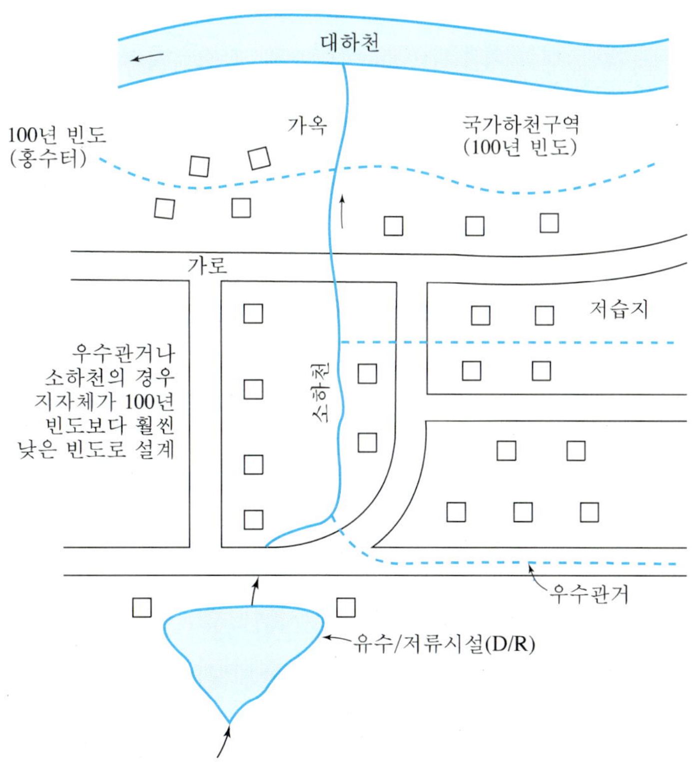

그림 11.29 홍수피해 위험도에 따라 차별화되는 설계빈도

기간)를 택하고 있다. 그림 11.29에서 보는 바와 같이 대하천의 홍수터(flood plain)까지는 하천 범람으로 인한 막대한 홍수피해를 방지하기 위해 통상 100년 빈도 이상으로 설계하나 하천이나 홍수터로부터 떨어져 있는 도시 주거지역이나 소하천의 경우는 100년 빈도 이하의 빈도(도시 주거지역 우수관거의 경우는 5~10년 빈도, 소하천의 경우는 30~50년 빈도 등)로 설계하는 것이 보통이며, 그림 11.29에서와 같이 도시 주거지역을 보호하기 위해 설치되는 D/R은 설계측면에서 최대 홍수빈도로 간주되는 100년 빈도 홍수까지는 방어할 수 있도록 설계되어야 하는 것으로 본다.

2) 저빈도 홍수사상에 대한 대응

D/R의 계획 및 설계를 위해 일단 최대 홍수사상에 대응할 수 있도록 설계홍수를 채택하지만 자주 발생하는 작은 홍수사상들을 어떻게 가장 잘 조절할 것인가를 고려하지 않으면 안된다.

그림 11.30과 같은 하천유역의 현 토지이용상태하에서의 재현기간별 홍수량은 Case-①과 같고 장래 개발로 인한 재현기간별 홍수량은 그림 11.30의 Case-②와 같이 크게 증가한다. D/R을 단일 재현기간기준(single recurrence interval criterion)으로 설계할 경우는 Case-③과 같이 특정재현기간(그림 11.30에서는 50년 빈도 예시)에 상응하는 개발 후의 홍수량(Case-②)을 개발 전의 홍수량(Case-①)으로 감소시켜 하류로 방류할 수 있도록 D/R을 설계하게 된다. 그러나, 단일재현기간 기준에 의한 특정재현기간의 홍수량이 아닐 경우에도 유수지/저류지로부터의 방류시설의 구조에 따라 개발 후의 홍수량(Case-④, Case-⑤)은 현재의 홍수량(Case-①)보다 크거나 작은 경우가 생긴다. 따라서, 단일재현기간 기준에 의한 특정재현기간의 홍수량만을 조절하도록 유수지/저류지를 설계하는 것보다는 상당한 범위에 걸쳐 홍수량을 적절히 조절할 수 있도록 D/R의 방류시설을 설계하는 것이 바람직하며, 이는 그림 11.31에서와 같이 연속 재현기간기준(continuous recurrence interval criterion) 개념을 도입함으로써 가능해진다. 즉, 이 기준에서는 유역개발이 이루어지고 D/R이 설치된 후 하류로의 모든 재현기간의 첨두방류량이 현재의 동일재현기간의 홍수량을 초과하지 않도록 D/R 및 방류시설을 설계하는 것이다.

3) 최대 허용방류량의 결정

D/R로부터의 최대 허용방류량은 설계홍수량-재현기간 관계의 선택에 따라 결정된다. 단일재현기간기준을 적용할 경우 최대 허용방류량은 선택된 특정재현기간에 해당하는 현재의 홍수량이며, 이는 그림 11.30의 Case-① 직선상에 한 개의 점(點)으로 표시되어 있다.

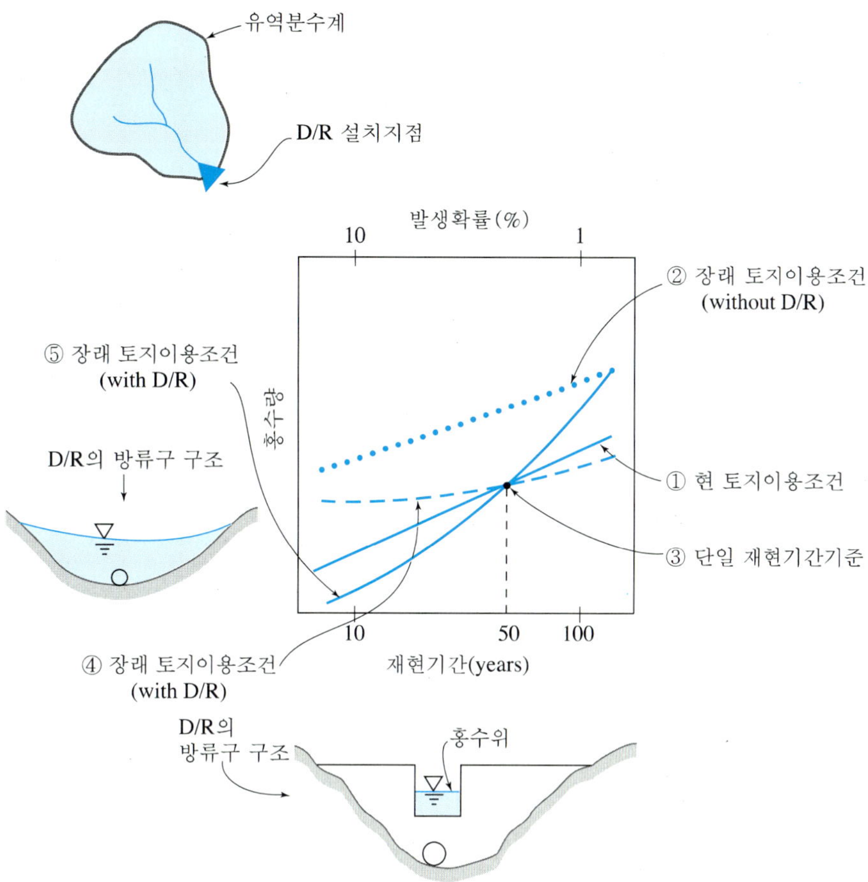

그림 11.30 단일 재현기간기준에 의한 D/R의 설계

한편, 연속 재현기간기준을 적용할 경우는 일련의 재현기간에 상응하는 최대 허용방류량은 그림 11.31의 Case-③의 방류량-재현기간 관계곡선으로 표시되며 이는 개발 이전의 현 토지이용조건하에서의 재현기간별 홍수량(Case-①)과 동일하다.

위에서 언급한 D/R의 설계기준에 따른 최대 허용방류량의 크기에 관계없이 허용방류량의 크기는 D/R 하류의 저습지라든지 하천 혹은 우수관거의 홍수 소통능력을 고려하여 결정하여야 한다.

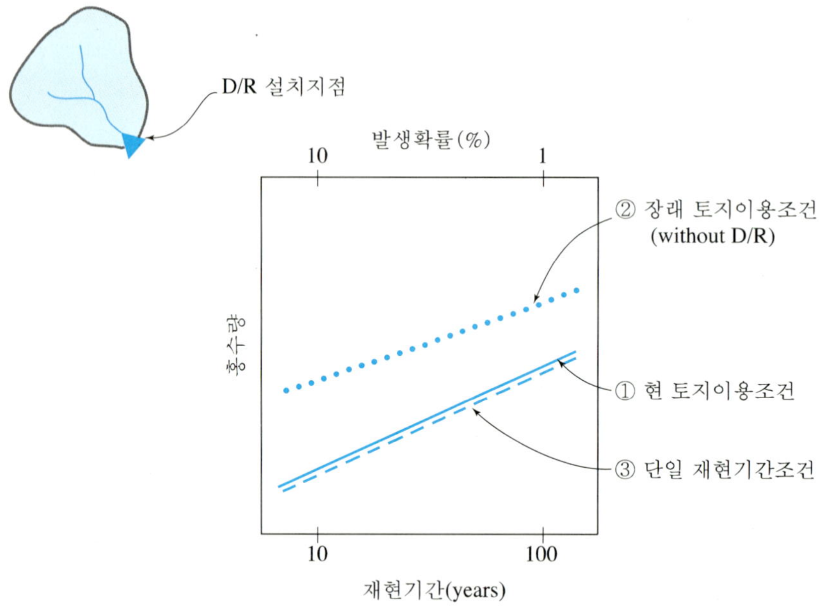

그림 11.31 연속 재현기간기준에 의한 D/R의 설계

11.7.6 제4단계: 예비수문분석에 의한 소요용량의 개략추정

D/R의 계획·설계를 위한 1단계에서의 자료수집 및 분석, 2단계에서의 D/R의 설치 위치결정, 3단계에서의 설계홍수량-재현기간의 설정이 되면 다음 단계로서 D/R 설치 후보지에서의 저류용량을 예비적으로 결정하여 후보지에서의 용량확보가 가능한지를 검토하게 된다. 이 단계에서는 상세한 수문-수리학적 분석을 하지 않고 D/R의 개략적인 용량을 산정해보게 된다.

그림 11.32는 온라인(on-line) D/R 혹은 오프라인(off-line) D/R의 예비수문설계 개념을 도식적으로 표시하고 있다. 그림 11.32(a)의 R은 유역의 설계강우량(mm)이며, d_R은 설계강우의 지속기간(hr), t_c는 유역의 집중시간(혹은 도달시간, hr), Q_{in}은 D/R로의 유입수문곡선이고 Q_{out}은 온라인 D/R의 유출수문곡선이다. 그림 11.32(b)와 (c)에서 보는 바와 같이 설계강우를 사용하여 D/R 지점으로의 유입수문곡선이 계산되면 시간별 유출량(방류량)을 제외시켜 그림 11.32(b)와 (c)의 음영 부분의 용적이 결정되며 이것이 바로 온라인 혹은 오프라인 D/R의 소요용량이 된다. 그림 11.32(b)에서의 온라인 D/R로의 유입계속시간은 강우지속기간(d_R)과 유역의 집중시간(t_c)의 단순 합(合)으로 가정한 것이고, 시간 ($d_R + t_c$)에서의 최대방류량은 D/R 지점 하류로의 허용방류량이며, 방류량은 강우 초기부터 직선적으로 증가하다가 다시 감소하는 것으로 가정한다. 한편, 그림 11.32(c)의 오프라인 D/R의 경우는 D/R지점 하류로의 허용

방류량의 크기에 따라 그림 11.32(c)의 음영 부분과 동일한 크기의 용량을 소요용량으로 잡게 된다.

위에서 설명한 D/R의 개략적인 소요용량 결정을 위한 수문분석에서 설계강우로부터의 설계유입수문곡선 계산은 강우-유출관계 모형인 단순 홍수량 공식이라든지 합리식, ILLUDAS, SWMM, 단위유량도법 등을 사용할 수 있다.

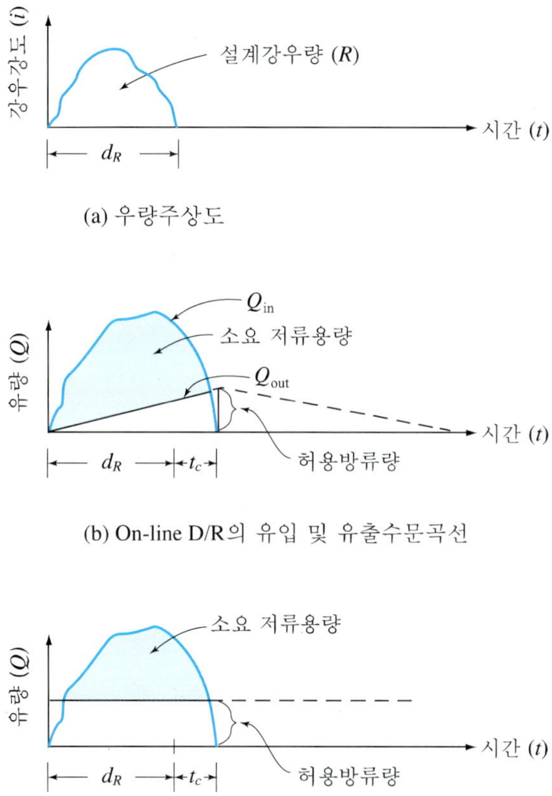

(a) 우량주상도

(b) On-line D/R의 유입 및 유출수문곡선

(c) Off-line D/R의 유입 및 유출수문곡선

그림 11.32 On-line 및 Off-line D/R의 소요 저류용량 결정

예제 11.10 그림 11.33과 같이 유역면적 2.0 km^{2}인 하천유역의 집중시간은 1시간이며, 유출계수는 0.6이다. 이 유역의 강우지속기간 2시간, 3시간, 6시간인 100년 빈도 강우량은 각각 85 mm, 100 mm, 115 mm이며, 24시간 최대 강우기록은 220 mm이다. 오프라인 유수지로의 분류지점 하류에 설치되어 있는 우수관거의 홍수소통능력은 1.5 m^3/sec로 제한되어 있다. 유수지의 소요용량을 개략적으로 추정하라.

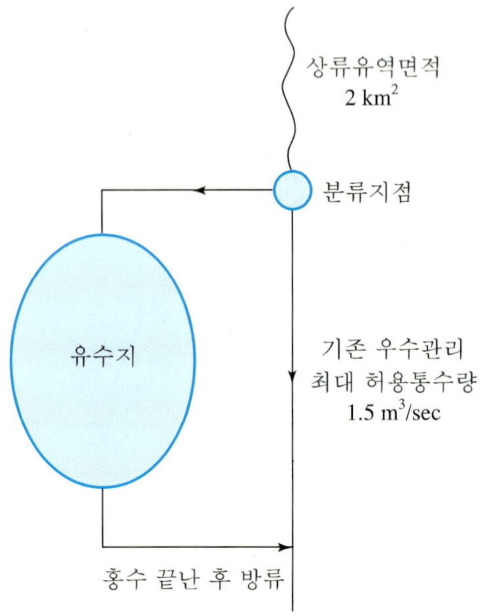

그림 11.33 Off-line 유수지 소요용량의 예비산정

풀이 1) 100년 빈도 2시간 강우량의 경우

- 유역으로부터의 유출체적

$$\mathrm{V}_1 = 85\ \mathrm{mm} \times 0.6 \times 2 \times 10^6\ \mathrm{m}^2 = 102,000\ \mathrm{m}^3$$

- 분류지점 하류 통수유량의 체적

유입수문곡선의 기저시간을 $d_R + t_c = 2 + 1 = 3\ \mathrm{hr}$로 하면,

$$Q_1 = 1.5\ \mathrm{m}^3/\mathrm{sec} \times 3\ \mathrm{hr} = 16,200\ \mathrm{m}^3$$

- 소요유수지 용량

$$S_1 = \mathrm{V}_1 - Q_1 = 102,000 - 16,200 = 85,800\ \mathrm{m}^3$$

2) 100년 빈도 3시간 강우량의 경우

- 유역으로부터의 유출체적

$$\mathrm{V}_2 = 100\ \mathrm{mm} \times 0.6 \times 2 \times 10^6\ \mathrm{m}^2 = 120,000\ \mathrm{m}^3$$

- 분류지점 하류 통수유량의 체적

$d_R + t_c = 3 + 1 = 4\ \mathrm{hr}$이므로

$$Q_2 = 1.5\ \mathrm{m}^3/\mathrm{sec} \times 4\ \mathrm{hr} = 21,600\ \mathrm{m}^3$$

- 소요유수지 용량

$$S_2 = \mathrm{V}_2 - Q_2 = 120,000 - 21,600 = 98,400\ \mathrm{m}^3$$

3) 100년 빈도 6시간 강우량의 경우
  - 유역으로부터의 유출체적

$$\mathrm{V}_3 = 115\ \mathrm{mm} \times 0.6 \times 2 \times 10^6\ \mathrm{m}^2 = 138,000\ \mathrm{m}^3$$

  - 분류지점 하류 통수유량의 체적

  $d_R + t_c = 6 \times 1 = 7\ \mathrm{hr}$ 이므로

$$Q_2 = 1.5\ \mathrm{m}^{3/}\mathrm{sec} \times 7\ \mathrm{hr} = 37,800\ \mathrm{m}^3$$

  - 소요유수지 용량

$$S_3 = \mathrm{V}_3 - Q_3 = 138,000 - 37,800 = 100,200\ \mathrm{m}^3$$

4) 24시간 최대기록 강우량의 경우
  - 유역으로부터의 유출체적

$$\mathrm{V}_4 = 220\ \mathrm{mm} \times 0.6 \times 2 \times 10^6\ \mathrm{m}^2 = 264,000\ \mathrm{m}^3$$

  - 분류지점 하류 통수유량의 체적

$$d_R + t_c = 24 + 1 = 25\ \mathrm{hr}$$

$$Q_4 = 1.5\ \mathrm{m}^3/\mathrm{sec} \times 25\ \mathrm{hr} = 135,000\ \mathrm{m}^3$$

  - 소요유수지 용량

$$S_4 = \mathrm{V}_4 - Q_4 = 264,000 - 135,000 = 129,000\ \mathrm{m}^3$$

5) 따라서, 100년 빈도의 3개 강우지속기간 호우와 24시간 기록강우에 대하여 소요유수지 용량을 개략 추정해 본 결과는 약 85,800~129,000 m^3 범위에 있음을 알 수 있다.

11.7.7 제5단계: 평면적 및 입면적 배치

D/R의 개략적인 소요용량이 위와 같은 방법으로 추정되면 D/R 설치 후보지에 소요용량을 만족시키는 D/R을 어떻게 배치시킬 것인가를 결정해야 한다. D/R의 평면적 배치(lateral layout)를 위해서는 인접한 기존시설 혹은 계획시설의 기능을 훼손하지 않도록 하면서 충분한 평면적을 확보하여 연직방향으로 상당한 깊이를 가질 수 있어서 소요용량을 충족시킬 수 있어

야 한다. 연직방향의 입면적 배치(立面的 配置, vertical layout)를 고려할 경우 기존 가로(街路, street)나 지표면의 경사가 고려되어야 하며, D/R의 계획 홍수위 위로 충분한 여유고가 확보되어야 할 뿐 아니라 D/R로 유입하는 우수관로의 경사 등을 고려하여 적절한 연직방향 규모가 결정되어야 한다.

11.7.8 제6단계: 세부 수문 · 수리설계

이 단계에서는 D/R 시설의 용량을 설계홍수량-연속 재현기간기준에 의해 수문학적으로 결정하고 D/R 시설의 방류구조물을 수리학적으로 설계하게 되며 다음과 같은 절차를 따르게 된다.

1) 유입수문곡선의 작성

적절한 설계강우 지속기간(D/R의 경우 통상 24시간)을 선정하고 재현기간 2, 10, 25, 50, 100년 등에 해당하는 유입수문곡선(inflow hydrograph)을 합리식이라든지 수정합리식(modi-

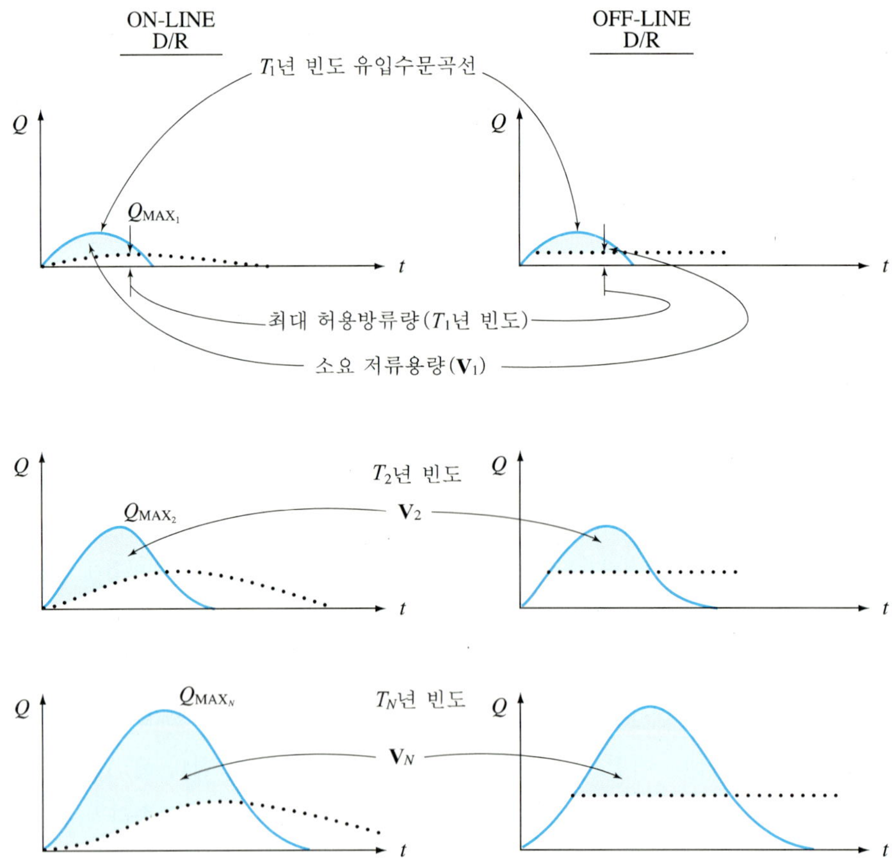

그림 11.34 D/R의 소요저류용량-최대 허용방류량 관계수립을 위한 절차

fied rational method, MRM), HEC-1 등 강우-유출모형을 사용하여 그림 11.34에서와 같이 계산한다.

2) 최대 허용방류량 혹은 허용통수량의 결정

온라인 D/R로부터의 허용방류량(放流量, release rate) 혹은 오프라인 D/R로 분류(diversion)되지 않는 허용통수량(通水量, bypass rate)을 재현기간별로 결정한다. 온라인 D/R의 경우는 유역의 개발 후 재현기간별 유입수문곡선이 D/R시설로의 유입수문곡선이 되며, 개발 전의 재현기간별 유입수문곡선이 허용방류(유출)수문곡선이 되므로 D/R의 소요용량은 그림 11.34의 음영 부분으로 결정될 수 있다.

한편, 오프라인 D/R의 경우는 분류(分流)지점 하류의 수로 혹은 관거의 소통능력이 최대 허용방류량이 되므로 D/R의 소요용량을 결정할 수 있게 된다.

3) 소요 저류용량의 결정

재현기간별 유입수문곡선과 허용방류수문곡선을 비교하여 그림 11.34에서와 같이 소요 저류용량을 결정하며, 유입 혹은 방류수문곡선의 작성에 사용되는 강우-유출관계 모형의 종류에 따라 용량결정방법에 약간의 차이가 있다.

4) 소요 저류용량-방류량 곡선의 작성

허용방류량과 이에 대응하는 계산된 저류용량을 이용하여 소요 저류용량-허용방류량(온라인

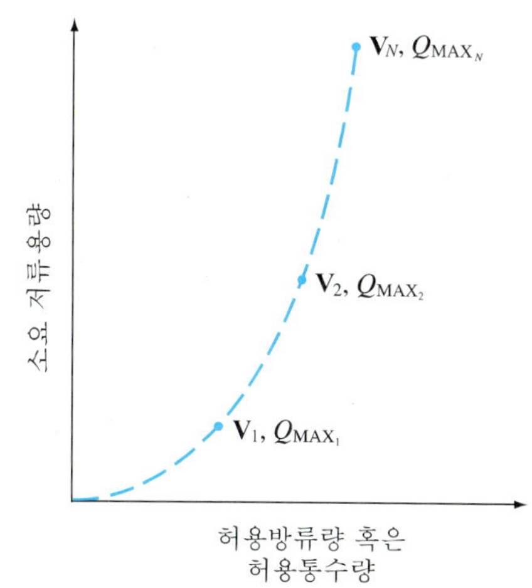

그림 11.35 D/R의 소요 저류용량-허용방류량 관계곡선

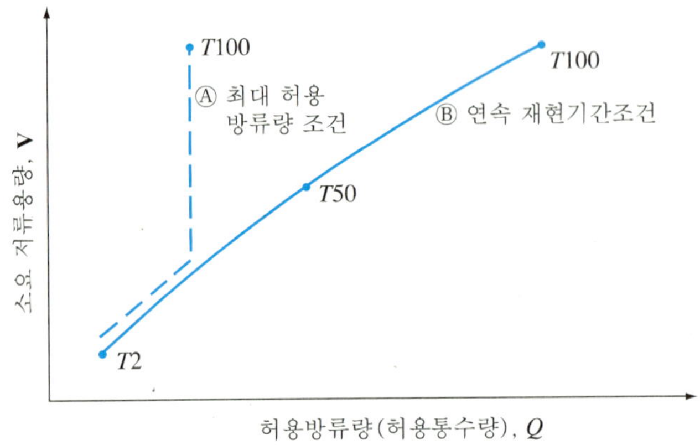

그림 11.36 전형적인 소요 저류용량–허용방류량 관계

D/R의 경우) 또는 소요 저류용량–허용통수량(오프라인 D/R의 경우) 곡선을 그림 11.35에서와 같이 작성한다. 그림 11.35는 그림 11.34의 재현기간별 최대방류량과 저류용량 간의 관계로부터 작성된 소요 저류용량–허용방류량(통수량) 관계를 개념적으로 표시하는 곡선이다. 한편, 그림 11.36은 2개의 상이한 방류조건하에서의 소요 저류용량–허용방류량(통수량) 관계를 구체적으로 표시하고 있다. 즉, 곡선 Ⓐ의 경우는 D/R 하류로의 최대 허용방류량이 특정값으로 제한되어 있을 경우를 표시하고 있으며, 곡선 Ⓑ의 경우는 연속 재현기간조건(continuous recurrence interval condition)에서의 소요 저류량–허용방류량 관계를 표시하고 있다.

5) D/R의 기하학적 형상과 방류구조물의 수리학적 설계

소요 저류용량–허용방류량 곡선을 사용하여 D/R의 기하학적 형상(geometry)과 방류구조물의 수리학적 설계(hydraulic design of outlet structures)를 하게 된다.

자연계곡을 막아서 D/R이 건설될 경우에는 부지의 형상이 고정되는 경우이므로 소요 저류용량–허용방류량 곡선은 방류구조물의 수리설계를 통하여 작성되어야 한다. 그러나, 평지를 굴착하여 D/R을 건설할 경우 소요 저류용량–허용방류량 곡선은 부지의 기하학적 형상과 방류구조물의 수리특성을 고려한 종합적인 설계를 통해서 작성된다.

예제 11.11 그림 11.37과 같은 배수면적이 2 km^2인 하천유역의 개발 전후 유역특성자료와 강우자료는 각각 표 11.21 및 표 11.22와 같다.

그림 11.37에서와 같이 온라인 저류지를 연속 재현기간기준을 적용하여 설계하고자 한다. 재현기간 100년에 이르기까지 개발 후 홍수량이 개발 전 홍수량을 초과하지 않도록 저류지를 설계하라. 홍수량은 합리식을 사용하여 산정하라.

저류지는 자연계곡인 유역 출구지점에 흙댐을 축조하여 건설하며, 저류지 지점의 표고-저류용량 관계는 그림 11.38과 같고 방류구조물은 콘크리트 벽면에 설치되는 오리피스 방류관과 콘크리트 방류구조물의 상단부에 설치되는 광폭 구형위어인 비상여수로로 설계하라.

표 11.21 유역특성자료

매개변수	개발 전	개발 후
유출계수 C	0.3	0.4
집중시간 t_c(hr)	1.5	0.8

표 11.22 강우자료(강우지속기간 = 24시간)

재현기간(years)	설계강우강도 (mm/hr)	
	개발 전	개발 후
2	35	47
10	60	84
25	70	98
50	82	114
100	90	130

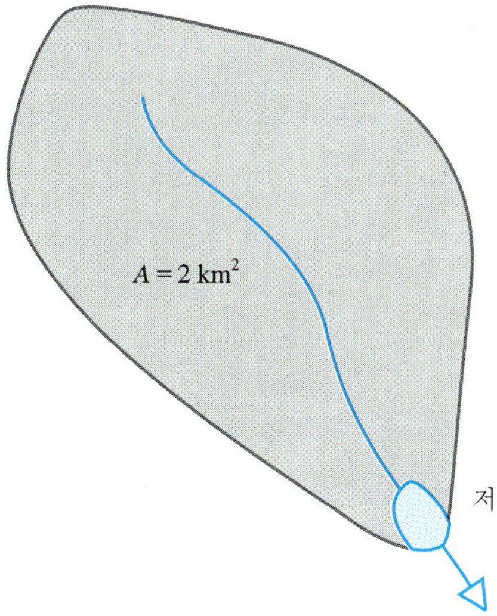

그림 11.37 배수유역도

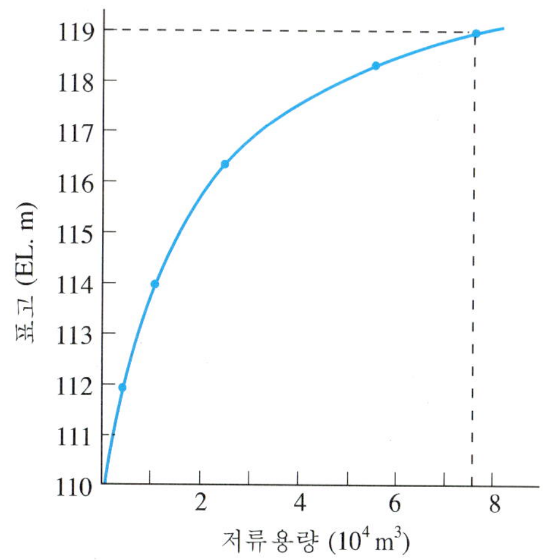

그림 11.38 저류지 설치지점의 표고-저류용량 관계곡선

풀이 개발 전후의 저류지 후보지점에서의 첨두홍수량과 저류지 건설 후 방류량, 소요저류용량 등의 계산결과는 표 11.23에 정리되어 있다.

표 11.23 저류지의 소요용량 결정을 위한 계산결과

(1) 구분	(2) 재현기간 (year)	(3) 강우강도 I(mm/hr)	(4) 유출계수 C	(5) 집중시간 t_c (hr)	(6) 첨두유입량 (m^3/sec)	(7) 첨두방류량 (m^3/sec)	(8) (6)−(7) (m^3/sec)	(9) 소요 저류지용량 (m^3)
개발 전	2	35	0.3	1.5	5.84			
	10	60			10.00			
	25	70			11.68			
	50	82			13.68			
	100	90			15.01			
개발 후	2	47	0.4	0.8	10.45	5.84	4.61	24,894
	10	84			18.68	10.00	8.68	46,872
	25	98			21.79	11.68	10.11	54,594
	50	114			25.35	13.68	11.67	63,018
	100	130			28.91	15.01	13.90	75,060

주: (6)란: 합리식 $Q = 0.2778\,CIA$로 저류지로의 첨두유입량 산정(개발 전·후)

(7)란: 첨두방류량은 개발 전의 재현기간별 첨두유입량을 채택

(8)란: 저류지로의 개발 후 첨두유입량에서 첨두방류량을 뺀 값

(9)란: (8)란의 값에 개발 전 유역의 집중시간(1.5시간)을 곱하여 저류지의 소요 저류용량을 산정(McCuen, 1989).

(계산 예) 재현기간 2년의 경우

$$\mathrm{V} = 4.61\ \mathrm{m^3/sec} \times 1.5\ \mathrm{hr} = 24{,}894\ \mathrm{m^3}$$

1) 소요 저류용량–허용방류량 관계곡선의 작성

표 11.23의 (7)란과 (9)란을 사용하여 그림 11.39와 같은 소요 저류용량–허용방류량 관계곡선을 작성한다.

2) 저류지 방류구조물의 설계

– 오리피스 공식

$$Q_0 = C_0 A\sqrt{2gH} = C_0\left(\frac{\pi D^2}{4}\right)\sqrt{2gH} \tag{a}$$

여기서, Q는 오리피스를 통한 방류량(m3/sec)이며, C_0는 유량계수로서 직각 유입구를 갖는 경우 보통 $C_0 = 0.8$을 사용하며, D는 오리피스의 직경(m), H는 오리피스에 걸리는 수두(m)이다. 식 (a)에 $C_0 = 0.8$을 대입하고 간단히 하면,

$$Q_0 = 2.78D^2\sqrt{H} \tag{b}$$

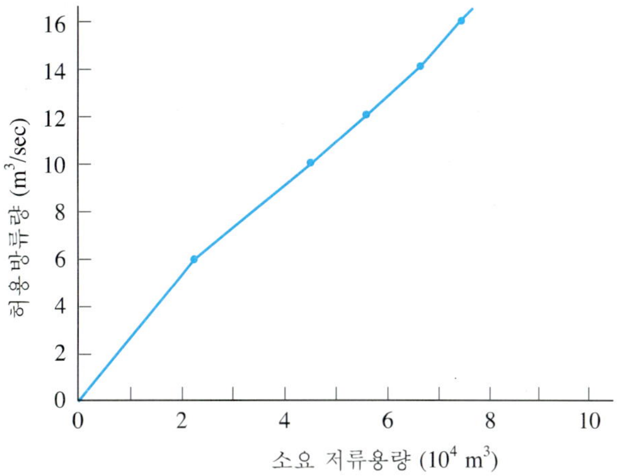

그림 11.39 소요 저류용량-허용방류량 관계곡선

- 위어 공식

$$Q_w = C_w L H^{3/2} \qquad (c)$$

여기서, Q_w는 위어를 월류하는 유량(m3/sec)이며, C_w는 위어의 유량계수로서 보통 C_w =2.0이 사용되며, L은 위어의 폭(m), H는 위어 위의 월류수두(m)이다.

① 저류지의 수면표고를 EL. 114.0 m로 선정하면 그림 11.38로부터 저류용량은 10^4 m^3이고 이에 대한 방류량은 그림 11.39에서 $Q = 2.4$ m^3/sec이다. 따라서, 그림 11.40에서와 같이 콘크리트 방류구조물의 바닥표고 EL. 110.0 m에 오리피스 1개를 설치하는 것으로 하면 $H=$ 4 m이므로 식 (b)로부터 $D=$ 0.65 m이다. 따라서, EL. 110.0 m에 직경 0.65 m인 1개의 오리피스를 설치하는 것으로 한다.

② 저류지의 수면표고를 EL. 116.2 m로 선정하면 그림 11.38로부터 저류용량은 2.4×10^4 m^3이고 이에 대한 방류량은 그림 11.39로부터 $Q=$ 6 m^3/sec이다. 수면표고 EL. 116.2 m에 대한 바닥방류관(EL. 110.0 m에 설치되는 직경 0.65 m의 관)의 방류량은 $Q_0 = 2.78 \times 0.65^2 \times \sqrt{6.2} = 2.92\ m^3/sec$이므로 $6-2.92=3.08$ m^3/sec를 추가로 방류할 수 있는 오리피스의 설치가 필요하다.
그림 11.40에서와 같이 EL. 114.0 m에 오리피스를 설치하기로 하면 $H=$ 2.2 m이므로 식 (b)를 사용하면 $D=$ 0.86 m가 된다. 이는 직경이 너무 크므로 방류관 2개를 설치하기로 하면 $3.08/2 = 2.78\,D^2\sqrt{2.2}$ 로부터 $D=$ 0.61 m가 된다. 따라서, EL. 114.0 m에 2개의 $D=$ 0.61m 오리피스를 설치하기로 한다(그림 11.40 참조).

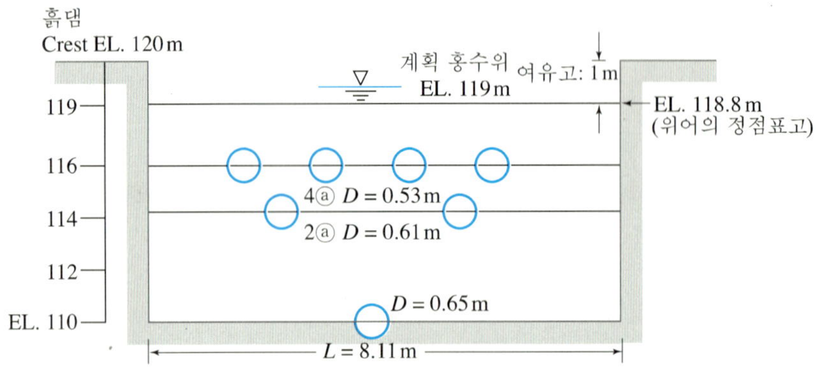

그림 11.40 저류지의 방류구조물 설계 결과(오리피스 및 위어)

③ 저류지의 수면표고를 EL. 118.2 m로 선정하면 그림 11.38로부터 저류용량은 $5.7 \times 10^4\ m^3$이고 이에 대한 방류량은 그림 11.39로부터 $Q_0 = 12.2\ m^3/sec$가 된다. EL. 110.0 m와 EL. 114.0 m에 위치한 그림 11.40의 오리피스를 통해 방류되는 유량을 계산하면 EL. 110.0 m의 1개 오리피스로부터 $Q = 2.78 \times (0.65)^2 \times \sqrt{8.2} = 3.36\ m^3/sec$이고, EL. 114.0 m에 설치되는 2개 오리피스로부터는 $Q = 2 \times 2.78 \times (0.61)^2 \times \sqrt{4.2} = 4.24\ m^3/sec$이다. 따라서, 수위가 EL. 118.2 m에 있을 경우에는 $12.2-(3.36+4.24)=4.6\ m^3/sec$를 추가로 방류시킬 시설이 필요하다. 따라서, 그림 11.40의 EL. 116.0 m에 오리피스를 설치하기로 하면 $H = 2.2$ m이므로 식 (b)를 사용하면 $D = 1.06$ m가 된다. 이는 직경이 너무 크므로 방류관 4개를 설치하기로 하면 $4.6/4 = 2.78D^2\sqrt{2.2}$ 로부터 $D = 0.53$ m가 된다. 따라서, EL. 116.0 m에 4개의 $D = 0.53$ m 오리피스를 설치하기로 한다(그림 11.40 참조).

④ 저류지의 수면표고를 100년 빈도 방류량($15.01\ m^3/sec$)에 해당하는 저류지 용량 $75{,}060\ m^3$(표 11.23 참조)일 때의 EL. 119.0 m로 선정하면 방류량 $Q = 15.01\ m^3/sec$이며, 설계된 오리피스를 통한 방류량은 다음과 같이 계산된다.

- EL. 110 m에 있는 1개의 0.65 m 오리피스관($H=119-110=9$ m):

$$Q = 2.78 \times (0.65)^2 \times \sqrt{9} = 3.52\ m^3/sec$$

- EL. 114 m에 있는 2개의 0.61 m 오리피스관($H=119-114=5$ m):

$$Q = 2 \times 2.78 \times (0.61)^2 \times \sqrt{5} = 4.63\ m^3/sec$$

- EL. 116 m에 있는 4개의 0.53 m 오리피스관($H=119-116=3$ m):

$$Q = 4 \times 2.78 \times (0.53)^2 \times \sqrt{3} = 5.41\ m^3/sec$$

- 오리피스관을 통한 총 방류가능량

$$Q_{\text{total}} = 3.52 + 4.63 + 5.41 = 13.56\ \text{m}^3/\text{sec}$$

⑤ 저류지의 수면표고 EL. 119 m에서의 총 소요방류량은 15.01 m^3/sec인데 오리피스를 통한 방류가능량은 13.56 m^3/sec이므로 1.45 m^3/sec의 추가 방류가 필요하다. 따라서, EL. 119 m를 계획홍수위로 하고 콘크리트 방류구조물의 정점부(crest)를 월류형 전폭 구형 위어(rectangular weir)로 하고 정점표고를 EL. 118.8 m로 하여 위어 월류수심을 0.2 m로 계획하면 식 (c)를 사용하여 1.45 m^3/sec를 추가로 방류할 수 있는 위어의 소요폭(L)을 결정할 수 있다. 즉, 위어의 유량계수 $C_w = 2.0$으로 가정하면 식 (c)로부터

$$L = \frac{Q_w}{C_w H^{3/2}} = \frac{1.45}{2 \times (0.2)^{3/2}} = 8.11\ \text{m}$$

⑥ 위어의 월류수심으로 $H = 0.2$ m를 선택하기로 하며, 최종적으로 콘크리트 방류구조물을 표시하면 그림 11.40과 같다. 여기서, 계획홍수위(EL. 119 m)로부터 여유고는 1 m로 가정하였다.

11.8 도시지역 유수지 및 배수펌프장의 설계

11.8.1 도시지역의 내수처리 방식

도시지역에서 제내지(堤內地)에 내린 강우로 인한 유출에 의해 발생하는 저지대 침수를 방지하기 위한 내수처리 방식에는 자연배수방식(自然排水方式)과 강제배수방식(强制排水方式), 그리고 자연배수와 강제배수를 조합하는 조합배수방식(組合排水方式)의 세 가지가 있다(건설부, 1993).

자연배수는 중력에 의해 내수를 배제시키는 방식으로 지형적 조건과 내수를 받아들이는 하천, 즉 수용하천(receiving water)의 외수위조건(外水位條件) 등을 고려하여 자연배수의 가능성을 먼저 검토해야 한다. 자연배수의 가능성은 주로 배수본천의 외수위에 의해 지배되므로 먼저 수용하천의 계획홍수위를 정하고 이에 대해 내수유입량을 원활하게 배제시킬 수 있도록 배수구의 규모와 위치를 결정해야 한다.

유역 내에 고지대(高地帶)가 상당규모로 있을 경우에는 우수를 유수지로 유입시키지 말고 관로를 통해 수두차에 의한 자연유하방식으로 수용하천으로 직접 배제시킴으로써 유수지 및 배수펌프장(遊水池 및 排水펌프場)의 규모를 크게 줄일 수 있으며, 이를 고지배수(高地排水)라 한다.

강제배수는 펌프를 이용해서 내수를 강제로 배제하는 방식으로 강우상황, 유수지 내의 내수위와 수용하천의 외수위와의 차, 예상침수기간, 시설비 등을 고려해서 자연배수가 불가능하거나 비효율적인 경우에 채택한다. 강제배수는 일반적으로 자연배수에 비해 많은 시설비와 유지관리비를 필요로 하므로 비용-편익분석결과를 충분히 검토하여 채택해야 한다.

한편, 자연배수와 강제배수의 조합방식은 수용하천의 외수위가 낮고 유수지로의 내수유입량이 많아 내수위가 외수위보다 높을 경우에 방류수문(放流水門)을 열어서 유수지 내의 도수로(導水路)를 통해 자연배수를 시키나 수용하천의 외수위 상승으로 자연배수가 불가능해질 경우에는 수문을 닫고 내수유입량을 유수지나 집수정(集水井)에 모아 펌프로 강제배수시킨다.

이와 같은 자연배수와 강제배수의 조합방식은 대규모 유수지 용량확보가 어려운 도심지역에서 한정된 용량의 유수지와 펌프를 사용하는 소위 유수지 및 배수펌프장(혹은 빗물펌프장이라고도 부름) 시설로서 가장 흔히 사용되는 방식이라 할 수 있다.

11.8.2 유수지 및 펌프의 용량결정시 강우발생지역의 범위고려

유수지와 펌프장을 조합하여 내수처리시설을 계획하는 경우에는 유수지 지점의 지형적 조건과 수용하천의 외수위 조건을 검토하여 가장 경제적인 시설이 되도록 시산에 의해 유수지와 펌프의 용량을 결정하게 된다.

대상유역의 규모가 작아서 내수유출지역과 외수유출지역에 강우가 동시에 발생하는 지역의 경우에는 내수유출수문곡선(內水流出水文曲線)과 외수유출수문곡선(外水流出水文曲線)을 동일한 설계강우를 사용하여 산정할 수 있다. 산정된 내수유출수문곡선과 외수유출수문곡선의 관계로부터 외수위가 내수위보다 높아지기 전에 펌프에 의하지 않고 자연배수시킬 수 있는 자연배수량을 구할 수 있으므로 내수유출수문곡선에서 자연배수량을 제외시키면 유수지와 배수펌프장에서 감당해야 할 유출량을 구할 수 있다. 일반적으로 중소하천에서는 자연배수 가능량을 고려함으로써 유수지나 배수펌프장의 규모를 크게 줄일 수 있다.

한편, 유역의 규모가 커서 내수유출유역과 외수유출유역에 동일한 강우가 동시에 발생할 가능성이 거의 없는 지역의 경우 내수유출수문곡선은 산정이 가능하나, 외수유출지역 하천에서의 외수유출수문곡선을 결정하기는 어렵다. 따라서 한강 하류부와 같은 대규모 유역의 본류로 내수를 직접 배출하는 서울시에 설치되는 유수지의 경우는 자연배수량이 전혀 없는 것으로 가정하고 내수유역으로부터의 모든 유출량을 유수지와 배수펌프장이 감당하는 것으로 보고 설계하는 것이므로 치수측면에서 보면 안전측이라 할 수 있다.

11.8.3 설계빈도의 선택

유수지 및 배수펌프장의 설계를 위한 설계빈도(設計頻度, design period)는 해당지역의 지형적, 수문학적, 그리고 사회적 특성을 고려하여 충분한 안전성이 확보되도록 적절한 빈도를 채택해야 한다. 현재 우리나라 실무에서 경험적으로 적용하고 있는 설계빈도는 외수가 대하천의 본류일 경우는 10년, 지류일 경우는 20년 이상으로(30년까지도 하고 있음) 하는 것을 원칙으로 하고 있으나 과거의 기록강우에 대한 대응성과 내수가 배출되는 수용하천의 설계빈도 등을 면밀히 검토하여 결정하는 것이 바람직하다(건설부, 1993).

11.8.4 설계강우의 선택 및 설계유입 홍수수문곡선의 산정

유수지 및 배수펌프장의 설계를 위해서는 강우자료 기간이 긴 단시간 강우자료를 빈도분석하여 설계강우를 결정하는 것이 바람직하다.

설계강우의 지속기간은 30분, 1시간, 2시간, …, 12시간 등 단시간을 대상으로 하며 강우지속기간별 우량자료 시계열의 빈도분석으로 얻는 재현기간별 설계강우량이나 혹은 해당지역에 대해 개발되어 있는 강우강도식을 사용하여 결정한 후 10~30년 빈도의 지속시간별 설계강우량의 시간분포를 교호블록 방법(Blocking method)이나 모노노베 분포, Huff 분포 등(제15장 참조)에 의해 결정하여 설계우량주상도(design rainfall hyetograph)를 작성한다.

유수지로의 설계유입 홍수수문곡선은 설계우량주상도를 사용하여 수정합리식이라든지, RRL 방법, ILLUDAS 모형, SWMM 모형 등(제8장 및 11장 참조) 각종 도시 하천유역에 대한 강우-유출모형에 의해 계산될 수 있으며, 이를 토대로 결정되는 유수지용량-펌프용량 관계를 고려하여 가장 경제적인 규모에 해당하는 강우지속기간을 설계강우의 지속기간으로 선택하게 된다. 참고로 서울시의 경우 소규모 빗물펌프장에 대해서는 설계강우의 지속시간으로 비교적 단시간인 120분을 추천하고 있으나 유면면적이 큰 경우에는 일 강우량 등 장시간 강우를 대상으로 설계할 수도 있다.

11.8.5 자연배수량의 결정

유수지를 설치하고자 하는 하천유역의 면적이 작고 수용하천의 유역면적도 작아서 강우의 동시성(同時性)이 인정되는 경우에는 전술한 바와 같이 동일 설계강우에 대하여 내수유입수문곡선과 외수유입수문곡선을 작성할 수 있어서 외수위가 내수위보다 낮은 기간에는 자연배수가 가능하다. 따라서, 내수유입수문곡선과 외수유입수문곡선의 관계로부터 자연배수량을 결정할 수 있다.

11.8.6 유수지용량-펌프용량 관계곡선의 작성

해당지역에 적절한 강우-유출모형을 선택하고 이 모형을 사용해서 설계빈도별로 내수유입수문곡선을 작성하고 강우 초기에 자연배수가 가능한 경우에는 자연배수량을 계산하여 내수유입수문곡선에서 제외시켜 유수지와 펌프로 저류 및 토출시켜야 할 내수유입수문곡선을 확정한 후 그림 11.41과 같이 누가유입용적곡선(累加流入容積曲線)을 작성한다.

다음으로, 특정설계빈도에 대한 누가유입용적곡선도상에서 여러 용량의 펌프에 대한 누가펌프토출량곡선을 그어서 누가유입용적곡선과의 최대편차를 구하면 이것이 바로 유수지의 소요용량이 된다. 따라서, 그림 11.42에서와 같이 설계강우의 재현기간별로 유수지 소요용량과 펌프용량 간 관계곡선, 즉 유수지용량-펌프용량 관계곡선을 작성할 수 있다.

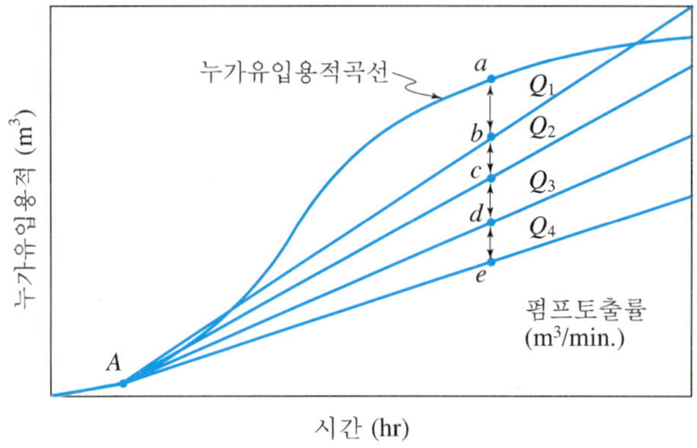

그림 11.41 유수지의 누가유입용적과 누가펌프토출량 관계곡선

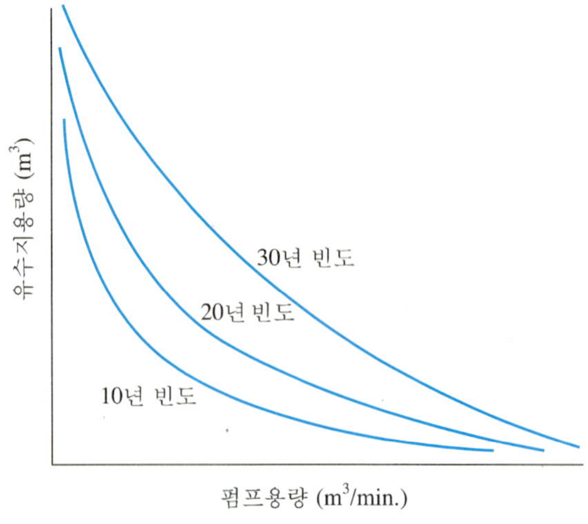

그림 11.42 유수지용량-펌프용량 관계곡선

그림 11.41에서 펌프용량 Q_1, Q_2, Q_3, Q_4 $\mathrm{m}^3/\mathrm{min}$.으로 토출할 경우 각각에 필요한 유수지의 소요용량 $\mathrm{V}_1 = ab$, $\mathrm{V}_2 = ac$, $\mathrm{V}_3 = ad$, $\mathrm{V}_4 = ae$ m^3이며, 점 A는 유수지로부터 자연배수가 가능한 최종 시각의 자연배수량을 표시하는 점이다.

그림 11.41에서와 같이 특정재현기간 강우를 사용하여 누가유입용적곡선을 계산하고 여러 펌프용량으로 홍수를 토출할 때의 최대 소요용량을 결정하면 이로부터 유수지의 소요용량과 펌프용량 간의 관계를 여러 재현기간에 대하여 그림 11.42에서와 같이 수립할 수 있다.

11.8.7 유수지의 계획홍수위와 저수위

유수지는 외수위가 높을 때 수문을 닫아 계획 내수유입량을 충분히 저류할 수 있어야 하고 외수위가 낮아진 후에는 수문을 열어서 내수유입량을 수용하천으로 배제할 수 있어야 한다. 유수지의 계획홍수위가 너무 높으면 유수지의 상류부에 배수효과(排水效果, backwater effects)가 나타나 유수지에 가까운 상류지역의 일부가 침수될 수 있으므로 유수지의 용량과 유역의 표고, 수용하천의 계획홍수위 등을 고려하여 유수지의 계획홍수위를 결정해야 하는데 대부분의 경우 주변의 최저 지반고보다 낮게 설정한다.

일반적으로 내수가 장기간 동안 저류되어 있으면 악취가 발생하는 경우가 많으므로 홍수가 끝나면 신속하게 내수를 배제할 수 있도록 유수지의 저수위(低水位)를 결정하지 않으면 안된다.

11.8.8 유수지 용량의 결정

기본적으로는 그림 11.42와 같은 특정재현기간에 대한 유수지 용량-펌프용량 관계곡선상에서 적절한 점(點)을 선택하여 유수지와 펌프의 용량을 결정하되 편익/비용비가 가장 큰 가장 경제적인 조합이 되도록 하여야 한다.

이를 위해서는 우선적으로 유수지 면적의 확보가 가능한지를 검토하여야 하며, 토지이용과 주변환경에 미치는 영향, 기능적인 측면과 유지관리측면 등을 검토해야 하고, 유수지 건설사업 전반에 대한 치수경제성 분석으로 최적 규모의 유수지 및 배수펌프장이 되도록 하여야 한다.

예제 11.12 유역면적이 140 ha인 어떤 도시 배수구역의 홍수시 내수처리를 위하여 유수지 및 배수펌프장을 설계하고자 한다. 유수지 확보지점으로의 20년 빈도 유입수문곡선을 도시유출모형으로 계산한 결과는 표 11.24의 (1), (2)란과 같다. 이 빗물펌프장 후보지점에서의 가용 유수지용량은 약 20,000 m^3로 제한되어 있다. 유수지 소요용량-소요 펌프용량곡선을 작성한 후 소요 펌프용량을 결정하라.

풀이 1) 펌프용량별 유수지의 소요용량 계산내용은 표 11.24에 수록되어 있다.

2) 그림 11.43(a)에는 유수지로의 유입수문곡선과 누가유입용적곡선이 표시되어 있으며 펌프토출률 100~600 m^3/min.별로 누가토출량 직선이 그려져 있다. 펌프토출률별로 누

표 11.24 유수지 소요용량-소요 펌프용량 관계수립을 위한 계산

(1)	(2)	(3)	(4)	(5)	(6)	(7)	(8)	(9)	(10)	(11)	(12)	(13)	(14)	(15)	(16)
시간 (min.)	유입량 (m^3/sec)	10분 단위 유입 용적 (m^3)	누가 유입 용적 (m^3)	누가펌프토출용적 (10^3 m^3)						유수지 소요용량 (m^3)					
				100 (m^3/min.) 펌핑시	200 (m^3/min.) 펌핑시	300 (m^3/min.) 펌핑시	400 (m^3/min.) 펌핑시	500 (m^3/min.) 펌핑시	600 (m^3/min.) 펌핑시	100 (m^3/min.) (4)−(5)	200 (m^3/min.) (4)−(6)	300 (m^3/min.) (4)−(7)	400 (m^3/min.) (4)−(8)	500 (m^3/min.) (4)−(9)	600 (m^3/min.) (4)−(10)
0	0	0	0	0	0	0	0	0	0	0	0	0	0	0	0
10	0.34	102	102	0	0	0	0	0	0	102	102	102	102	102	102
20	0.82	348	450	0	0	0	0	0	0	450	450	450	450	450	450
30	1.97	837	1,287	0	0	0	0	0	0	1,287	1,287	1,287	1,287	1,287	1,287
40	3.29	1,578	2,865	1	2	3	0	0	0	1,865	1,865	−135	2,865	2,865	2,865
50	4.50	2,337	5,202	2	4	6	4	5	6	3,202	865	−798	1,202	202	−1,798
60	6.17	3,201	8,403	3	6	9	8	10	12	5,403	1,202	−597	403	−1,597	−3,597
70	8.46	4,389	12,792	4	8	12	12	15	18	8,792	2,403	792	792	−2,208	−5,208
80	10.53	5,697	18,489	5	10	15	16	20	24	13,489	4,792	3,489	2,489	−1,511	−5,511
90	12.76	6,987	25,476	6	12	18	20	25	30	19,476	8,489	7,476	5,476	476	−4,524
100	13.28	7,812	33,288	7	14	21	24	30	36	26,288	13,476	12,288	9,288	3,288	−2,712
110	13.80	8,124	41,412	8	16	24	28	35	42	33,412	19,288	17,412	13,412	6,412	−588
120	13.35	8,145	49,557	9	18	27	32	40	48	40,557	25,412	22,557	17,557	9,557	1,557
130	12.74	7,827	57,384	10	20	30	36	45	54	47,384	31,557	27,384	21,384	12,384	3,384
140	11.37	7,233	64,617	11	22	33	40	50	60	53,617	37,384	31,617	24,617	14,617	4,617
150	9.07	6,132	70,749	12	24	36	44	55	66	58,742	42,617	34,749	26,749	**15,749**	**4,749**
160	6.21	4,584	75,333	13	26	39	48	60	72	62,333	46,747	36,333	**27,333**	15,333	3,333
170	4.64	3,255	78,588	14	28	42	52	65	78	64,588	49,333	**36,588**	26,588	13,588	588
180	3.21	2,355	80,943	15	30	45	56	70	84	65,943	50,588	35,943	24,943	10,943	−3,057
190	1.84	1,515	82,458	16	32	48	60	75	90	**66,458**	**50,943**	34,458	22,458	7,458	−7,542
200	0.83	831	83,289	17	34	51	64	80	96	66,289	50,458	32,289	19,289	3,289	−12,711
210	0.00	0	83,289	18	36	54	68	85	102	65,289	49,289	29,289	15,284	−1,711	−18,711
220	0.00		83,289	19	38	57	72	90	108	64,289	45,289	26,289	11,289	−6,711	−24,711

주: (3)란: (2)란의 유입수문곡선의 10분 구간을 직선으로 가정하여 구간별 유입용적을 삼각형 혹은 사다리꼴로 가정하여 산정

(5)란~(10)란: 펌핑 개시 전 자연배수를 고려하여 100~300 m^3/min.의 펌핑은 40분부터 시작하고, 400~600 m^3/min. 펌핑은 50분부터 시작하는 것으로 가정

(11)란~(16)란: 누가유입용적곡선[(4)란]과 펌프토출률(직선) 간의 시각별 차이 산정. 고딕으로 표시된 값이 펌프토출률별 최대 유수지 소요용량임.

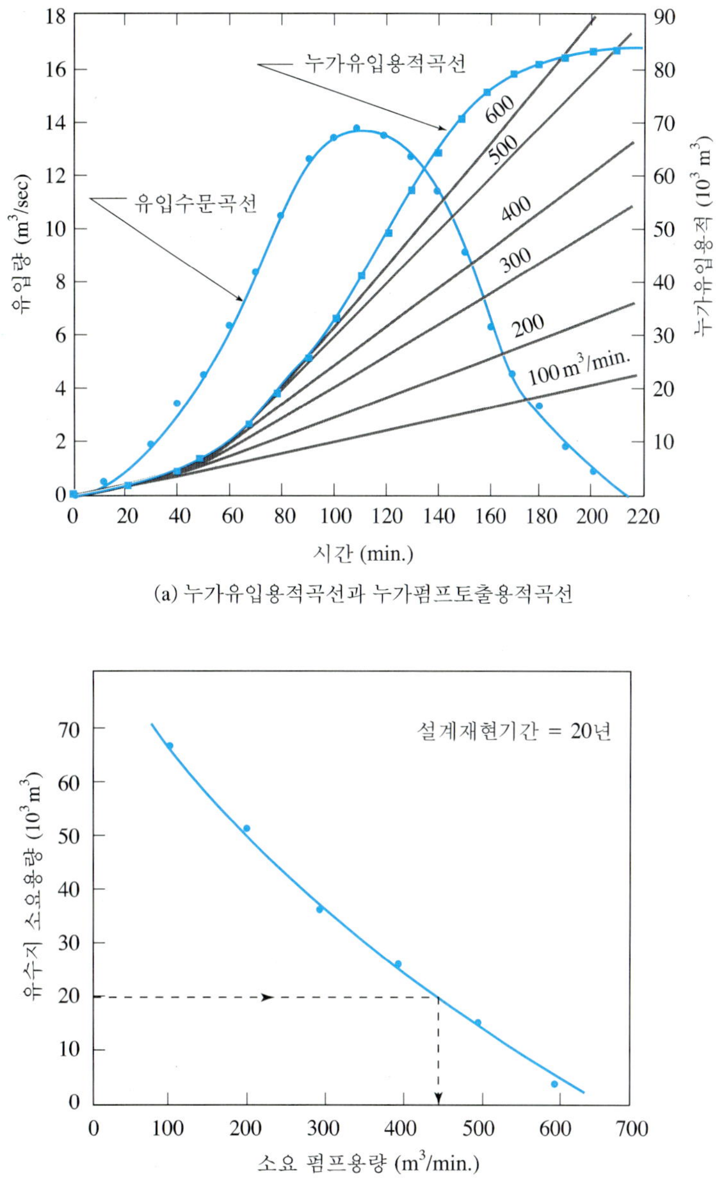

(a) 누가유입용적곡선과 누가펌프토출용적곡선

(b) 유수지용량-펌프용량 관계곡선

그림 11.43 유수지 소요용량과 소요 펌프용량의 조합결정

가유입용적곡선과 누가펌프토출량곡선 간의 최대 종거차가 유수지의 소요용량이며 이는 표 11.24의 (11)~(16)란에 계산되어 있다. 표 11.24로부터 알 수 있는 바와 같이 펌핑 시작 전 유수지로부터의 자연배수를 고려하여 펌프토출률 100~300 m^3/min.의 경우는 40분부터, 400~600 m^3/min.의 경우는 50분부터 펌프토출이 시작되는 것으로 가정

하여 계산하였다.

3) 6개 펌프토출률을 사용하는 경우의 유수지의 소요용량(표 11.24에서 고딕으로 표시된 값)과 해당 펌프용량 간의 관계를 도시하면 그림 11.43(b)와 같아지며 이는 이 지점에서의 20년 빈도 홍수에 대한 유수지용량-펌프용량 관계곡선이다.
4) 그림 11.43(b)에서 본 유수지 후보지점에서의 가용 유수지용량 약 20,000 m^3일 때의 소요 펌프토출량을 구하면 약 440 m^3/min.임을 알 수 있다.

11.9 침사지의 설계

침사지(沈砂池, sedimentation basin, SB)는 도시하천의 배수시스템에 속하는 하나의 주요 시설로써 그림 11.44에서와 같이 우수유출에 의해 운반되는 토사라든지 쓰레기 등 이물질을 침전시켜 준설제거함으로써 오염물질 부하량을 제거하는 역할을 할 뿐 아니라 제11.7절에서 소개한 도시지역의 저류지(retention pond)의 상류에 설치 운영함으로써 토사의 퇴적으로 인한 저류지의 용량이 감소되는 것을 방지할 수도 있다.

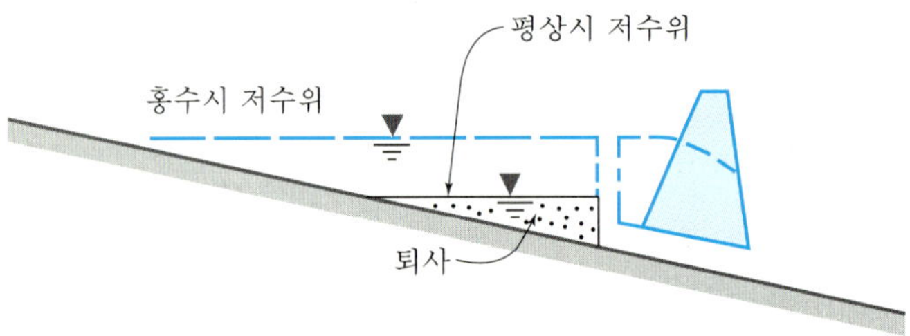

그림 11.44 침사지 시설 개념도

본 절에서는 침사지의 기능에 대한 개요와 침사지의 구조를 살펴본 후 침사지의 설계 절차를 살펴보기로 한다.

11.9.1 침사지의 기능 및 종류

역사적으로 볼 때 참사지는 농경지에서 강우시 유출되는 토사를 침전시켜 준설제거하기 위한 단일목적으로 설치되어 왔으나, 오늘날 토양침식과 유사(流砂)로 인한 수질악화 문제가 심각해짐에 따라 도시배수시스템의 주요 시설물 중의 하나가 되었다. 또한, 침사지는 도시지역의 유수지 혹은 저류지 상류에 설치운영함으로써 유수지 및 저류지의 기능을 도와주는 역할을 하게 된다.

토양침식으로 인한 토사의 유출로 유수지 혹은 저류지(D/R)에는 토사의 퇴적, 즉 퇴사(堆

砂)가 발생하게 된다. D/R 시설은 퇴사가 주 목적은 아니지만 장기간 동안의 퇴사로 인해 저류용량이 감소되어 본래의 목적을 충족시킬 수 없는 경우가 발생할 수도 있으므로 D/R 설계 시에는 토사유입량에 대한 추정도 필요하다 하겠다.

침사지는 개발사업을 위한 공사기간 중에 발생하는 토사라든지 쓰레기 등 부유물을 차단하여 제거하기 위한 임시 침사지(temporary SB)와 도시지역에서 부유 오염물질이라든지 쓰레기 등 수질오염의 원인이 될 수 있는 물질이 하천이라든지 호수, 습지 등으로 유입하지 못하도록 미리 차단하기 위한 영구 침사지(permanent SB)로 구분할 수 있다. 임시 침사지는 공사 중 토사침전용으로 사용하다가 개발이 끝나면 다른 용도의 토지로 활용할 수 있으며, 영구 침사지는 공사시작 전에 설치하여 공사기간 동안 토사 및 오염물질을 차단하는 임시 침사지로 활용하다가 공사가 끝나면 영구 침사지로 전용하게 된다.

11.9.2 침사지의 구성

침사지는 일반적으로 그림 11.45와 같이 유입조절부(流入調節部, inlet control zone), 토사침전부(土砂沈澱部, sediment settling zone), 토사저류부(土砂貯溜部, sediment storage zone), 유출조절부(流出調節部, outlet control zone)로 구성된다(Walesh, 1989).

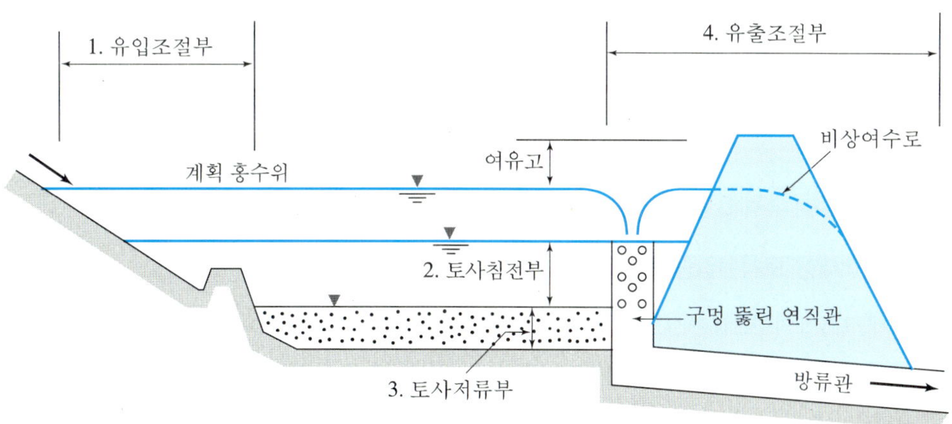

그림 11.45 침사지의 일반구조

1) 유입조절부

유입조절부는 침사지로 유입하는 홍수류가 와류를 형성하거나 한쪽으로 쏠림이 없도록 골고루 배분시켜 토사의 침전효율을 증가시키는 데 기여하는 공간이다.

2) 토사침전부

토사침전부는 침사지로 유입한 홍수류를 가급적 잔잔하게 하여 토사가 직접 침전하도록 하는 공간으로 회전류의 형성을 억제하기 위해 가급적 흐름방향으로 길고 좁게 계획하는 것이 좋다. 침전부의 평면적 크기는 설계홍수량, 포착대상 토사입경 및 설계 토사포착효율(土砂捕捉效率, sediment trap efficiency) 등에 의해 결정된다.

3) 토사저류부

토사저류부는 토사침전부 아래에 위치하며, 침전된 토사를 저장하는 역할을 하는 공간이며, 토사저류부의 규모는 토사유입량과 침사지의 설계토사포착효율 및 준설주기 등에 의해 결정된다.

4) 유출조절부

유출조절부는 침사지의 수위와 침사지로부터 하류로의 유출량(방류량)을 제어하는 역할을 하는 공간으로 낮은 수위에서의 방류를 위한 구멍 뚫린 연직관(perforated riser pipe), 방류관과 홍수의 방류를 위한 비상여수로(emergency spillway) 등의 여러 방류시설물의 조합으로 구성된다. 방류시설물은 토사침전부로부터의 흐름을 완만하게 천이시킬 수 있도록 해야 할 뿐 아니라 흐름의 유속이 퇴적토사를 부유시키지 않도록 주의해야 하며, 부유 쓰레기가 방류시설을 통해 하류로 운반되지 않도록 쓰레기 차집시설도 마련하는 것이 좋다.

홍수의 원만한 방류를 위한 비상여수로의 설계는 침사지 시설의 안전을 위해 대단히 중요하다.

11.9.3 침사지의 소요용량 결정

1) 퇴적대상 토사유입량의 결정

제11.6절의 토양손실량 산정공식인 USLE 혹은 RUSLE에 의해 산정되는 무게 단위의 토양손실량은 단일호우 혹은 연평균 호우로 인해 대상유역상에서 발생하는 토사침식량이므로 대상유역 출구지점에 침사지를 설치할 경우 침사지로의 토사유입량(土砂流入量)을 산정해야 한다. 미국 TRB(1980)는 유역으로부터의 토사침식량 중 침사지 지점까지 도달하는 토사량의 비율인 유사전달률(流砂傳達率, sediment delivery ratio, SDR)과 유역면적 간의 관계를 그림 11.46과 같이 제시하였다. 즉, 유사전달률은 유역면적이 커짐에 따라 작아지고 토사의 입경이 작을수록 커짐(점토의 경우가 모래의 경우보다 큼)을 알 수 있다.

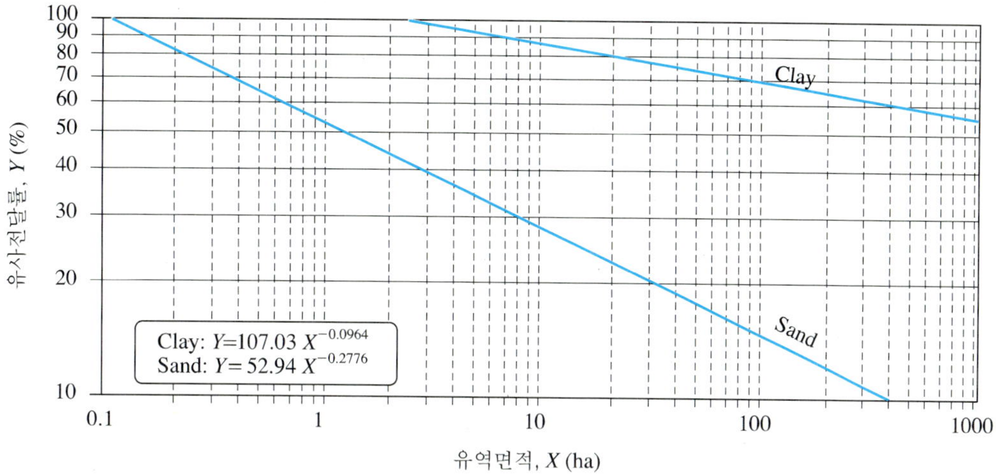

그림 11.46 유역면적과 토사입경에 따른 유사전달률

따라서, USLE로 산정한 토사침식량에 유역면적의 크기에 해당하는 그림 11.46의 점토(clay)와 모래(sand)에 대한 SDR값을 평균하여 적용하면 침사지로 유입하는 토사의 무게를 결정할 수 있다.

그런데, 침사지의 용량은 무게가 아닌 체적으로 결정되므로 무게 단위의 유입토사는 체적단위로 환산되어야 하는바 다음과 같은 Lane-Koelzer(1953)의 퇴적토의 수중 단위중량에 대한 경험공식을 사용한다.

$$\gamma_s = 0.82(P+2)^{0.13} \tag{11.42}$$

여기서, γ_s는 퇴적토의 수중 단위중량(ton/m^3), P는 토양입자의 직경이 0.05 mm 이상되는 모래의 구성비(%)이다.

따라서, USLE 혹은 RUSLE에 의해 산정된 토사침식량에 유사전달률을 곱하고 이를 단위중량으로 나누어 연평균 토사유입체적 혹은 단일호우 토사유입체적을 산정할 수 있다.

예제 11.13 예제 11.9에서 단일호우 강우침식인자와 연평균 강우침식인자를 사용하여 산정한 토양손실량을 사용하여 이 소유역의 말단부에 설치할 침사지로 유입할 토사의 체적을 계산하라. 예제 11.7의 표 11.17에서 알 수 있는 바와 같이 입경이 0.05 mm 이상되는 토립자의 구성비 $P=62\%$이다.

풀이 1) 예제 11.9에서 산정된 30년 빈도의 단일호우로 인한 토양손실량은 838.0 ton/storm이고,

연 평균 토양손실량은 339.2 ton/year이다.

2) 소유역면적 $2\,km \times 1\,km = 2\,km^2 = 200\,ha$에 대한 유사전달률 SDR을 그림 11.46으로부터 구하면

$$\text{Clay: SDR} = 107.03 \times (200)^{-0.0964} = 64.22\%$$

$$\text{Sand: SDR} = 52.94 \times (200)^{-0.2776} = 12.16\%$$

$$\text{평균 SDR} = \frac{1}{2}(64.22 + 12.16) = 38.19\%$$

3) Lane-Koelzer 공식으로 토사의 수중 단위중량을 계산하면,

$$\gamma_s = 0.82(64+2)^{0.13} = 1.408\ \text{ton/m}^3$$

4) 따라서, 30년 빈도 단일호우시 침사지로 유입할 토사의 체적은

$$V_s = 838.0\ \text{ton/storm} \times 0.3819 / 1.408\ \text{ton/m}^3 = 227.30\ \text{m}^3/\text{storm}$$

연 평균 호우로 인한 침사지 유입토사의 체적은

$$V_s = 339.2\ \text{ton/year} \times 0.3819 / 1.408\ \text{ton/m}^3 = 92.00\ \text{m}^3/\text{year}$$

11.9.4 침사지의 세부설계 절차

침사지를 계획 · 설계하는 절차는 대체로 다음의 9단계로 나눌 수 있다(Walesh, 1989).

1) 대상유역의 관련자료 수집 및 분석

침사지의 설계를 위한 유입홍수량과 유사유입량을 산정하는 데 필요한 대상유역의 자료로서 유역의 면적이라든지 지표면 경사, 장래 토지이용계획, 불투수면적의 비율, 유역의 집중시간, 토양의 종류 및 특성 등에 관한 자료를 수집하고 필요한 분석을 실시하게 된다.

2) 침사지 설치 후보지점의 선택

침사지의 설치위치는 토사의 퇴적으로 인해 피해발생이 예상되는 호수라든지, 저수지, 습지, 하천 등의 가급적 가까운 상류(上流)지점으로 선택함으로써 침사지에서 유사를 차단하여 하류의 취약지역을 보호하도록 하여야 한다.

또한, 침사지 후보지점에 충분한 공간이 있어서 침사지의 소요용량을 확보할 수 있어야 하며 토지확보에 있어서도 타용도와의 경합에서 유리한 지점이면 좋다. 침사지는 지형적으로 저습지라든지 하천수로 등 낮은 곳에 위치하여 소요용량 확보를 위한 과다한 굴착을 피하는 것이 좋다. 침사지로의 홍수 및 토사의 유입과 하류로의 유출은 펌핑에 의하지 않고 중력(重力)

에 의하는 것이 좋으며, 침사지의 유지·관리를 위해서는 침사지 지점으로의 접근성이 용이해야 한다.

3) 설계 재현기간의 설정

침사지 설계를 위한 재현기간(recurrence interval)은 두 가지 종류를 선택하게 된다. 그 첫째는 침사지 내 토사침전부의 설계를 위한 재현기간으로 통상 1~2년 빈도의 자주 발생하는 작은 규모의 유량을 대상으로 하게 된다. 왜냐하면 대부분의 부유유사와 쓰레기들은 자주 발생하는 작은 규모의 유출현상으로 인해 침사지 지점으로 운반되어 퇴적이 지속적으로 누적되기 때문이다. 침전부의 설계는 침전부의 평면적 넓이와 깊이를 결정하는 것이며 하류로의 방류관의 설계도 이에 포함된다.

또 하나의 설계 재현기간은 유출조절부에 설치하는 비상여수로 설계를 위한 재현기간으로 드물게 발생하는 큰 규모의 홍수를 대상으로 하며, 침사지의 파괴가 하류에 미치는 피해 정도의 크기를 감안하여 10~100년 등의 재현기간을 선택하는 것이 보통이다. 참고로, 국내에서 각종 개발사업에 대한 재해영향평가(災害影響評價)시 기준으로 삼고 있는 침사지의 설계 재현기간은 30년이다.

4) 설계대상 토사입경과 침전효율의 선택

침사지의 토사침전부 넓이와 모양은 침사지로 제거하고자 하는 최소 토사입경의 크기와 기대하는 침전효율(settling efficiency)에 따라 결정된다. 여기서, 침전효율이란 최대방류량 조건에서 침사지 내에 퇴적되는 특정 입경크기를 가지는 토사의 구성비를 말하며, 침사지의 장기간 동안의 여러 방류량 조건하에서 제거되는 모든 토사의 구성비로 정의되는 침사지의 토사포착효율(土砂捕捉效率, trap efficiency)과는 구별된다. 모든 입경크기의 토사를 완전히 제거하려면 침사지의 크기가 엄청나게 커져야 하므로 실질적으로는 불가능한 일이다.

Hazen의 침전이론(Malcom and New, 1975)에 의하면 침전탱크(sedimentation tank)의 소요평면적은 다음의 Hazen 공식으로 표시된다.

$$A = \frac{NQ}{w}\left[(1-E)^{-\frac{1}{N}} - 1\right] \tag{11.43}$$

여기서, A는 침전부의 소요평면적(m^2), N은 그림 11.47에 표시된 침전탱크의 셀(cell)의 수, Q는 설계유량(m^3/sec), w는 설계대상 토사입자의 침강속도(沈降速度, settling velocity, m/sec)이고, E는 토사의 침전효율이다.

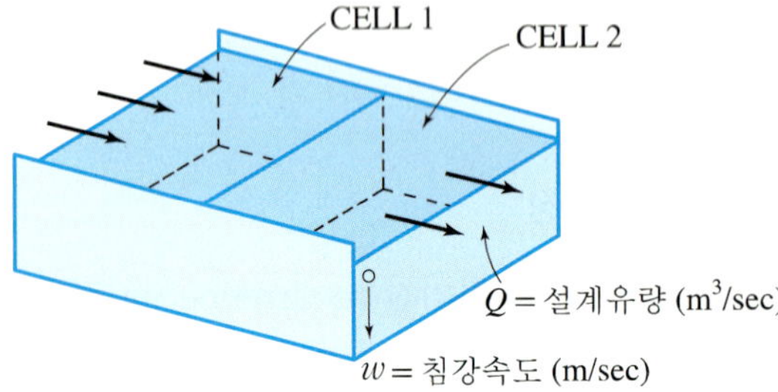

그림 11.47 침사지의 모식도

설계대상 토사입경의 크기는 표 11.25에 표시된 바와 같이 해당유역으로부터의 토양의 종류별 입경범위를 참고로 하여 선택하게 되나 극세사(極細砂, very fine sand)보다 작은 실트나 점토까지 제거한다는 것은 비경제적이다.

표 11.25 토양종류별 입경의 범위

토양의 종류	입경	
	Milimeter (mm)	Micron (10^{-6} m)
Very coarse sand	2.0~1.0	2000~1000
Coarse sand	1.0~0.5	1000~500
Medium sand	0.5~0.25	500~250
Fine sand	0.25~0.10	250~100
Very fine sand	0.10~0.05	100~50
Silt	0.05~0.002	50~2
Clay	<0.002	<2

주: 1 Micron=1 Micrometer=μm=10^{-6} m

한편, 토사입자의 침강속도 w(m/sec)는 일반적으로 다음의 Stokes 법칙으로 계산할 수 있으며, 비중 $S=2.65$이고 수온이 20℃(68°F)일 때(물의 동점성계수 $\nu=1.007\times 10^{-6}\,\mathrm{m^2/sec}$)의 입경($d_s$ m)별 침강속도(m/sec)를 계산해보면 표 11.26과 같다.

$$w = \frac{g(S-1)d_s^2}{18\nu} \tag{11.44}$$

여기서, g는 중력가속도(9.8 m/sec²)이다.

표 11.26 토사입경별 침강속도

입경, $d_s(\mu m)$	8	10	12	15	18	20	25	30	40	50	60	80	100
침강속도 w (10^{-3} m/sec)	0.058	0.088	0.128	0.201	0.290	0.366	0.549	0.823	1.433	2.256	3.353	5.791	8.839

5) 토사침전부의 설계유량 및 용량결정

토사침전부의 설계를 위해서는 두 가지의 설계유량이 필요하다. 그 첫째는 앞에서 소개한 바와 같이 작은 재현기간(1~2년)에 해당하는 첨두방류량으로서 침사지 상류유역으로부터의 침사지 유입수문곡선을 강우-유출모형(ILLUDAS 등)으로 계산한 후 이를 침사지를 통해 홍수추적하여 유출수문곡선을 계산하면 첨두방류량을 결정할 수 있게 된다. 이때의 홍수추적은 침전부의 크기와 방류구조물의 용량 등을 여러 가지로 가정하여 시행착오적으로 계산하게 된다. 보다 보수적인 설계를 위해서는 첨두방류량을 첨두유입량과 동일하다고 가정하는 것으로서 이는 일반적으로 침사지의 용량이 크지 않아 홍수저류효과를 거의 무시할 수 있다는 가정에 따른 것이다.

침전부의 용량은 그림 11.48에서와 같이 작은 재현기간에서의 유입수문곡선과 방류수문곡선으로부터 결정되는 최대저류량(그림 11.48의 음영부분)으로 결정된다.

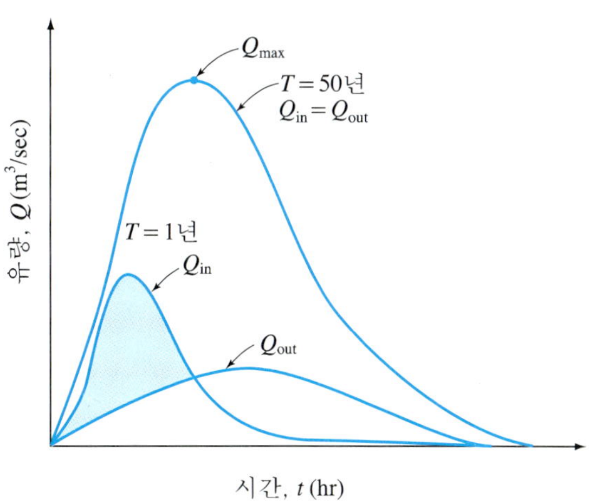

그림 11.48 침전부의 용량 결정 및 비상여수로의 설계

한편, 두 번째로 필요한 설계유량은 비상여수로의 설계 재현기간(예를 들면 T=50년)에 해당하는 첨두홍수량으로서 ILLUDAS, SWMM, HEC-1 등 강우-유출모형에 의해 계산된 그림 11.48의 유입수문곡선에서 첨두유입량을 첨두방류량으로 가정하여 비상여수로를 설계하게

된다. 이와 같은 가정은 침사지의 용량이 크지 않아 저류효과가 작아서 유입홍수수문곡선을 홍수추적하더라도 유출수문곡선은 크게 변하지 않는다는 가정에 근거하고 있다.

6) 유입조절부의 설계

침사지 유입부에서의 침식을 방지하기 위해서는 사석(riprap)이라든지 철선제(鐵線製) 돌상자(gabion) 등 하상안정을 유지할 수 있는 조치가 필요하다. 뿐만 아니라 침전부로의 와류현상을 방지하기 위해 유입하는 홍수가 침사지 폭 전체에 걸쳐 분산되도록 할 필요가 있으며 이러한 목적으로 수중보라든지, 위어, 사석 등을 유입부에 설치하기도 한다.

7) 침전부의 평면적 및 평균수심 결정

설계대상 토사입경과 침전효율을 설정하고 작은 재현기간에 상응하는 첨두방류량을 유입수문곡선의 홍수추적에 의해 결정하고 나면 침전부의 소요평면적은 Hazen 공식[식 (11.43)]에 의해 계산할 수 있고 침전부의 평균수심은 그림 11.48에서와 같이 결정되는 침전부의 용량(음영 부분)을 평면적으로 나누어 결정한다.

예제 11.14 어떤 침사지 설치 후보지점에서 강우-유출모형으로 산정한 1년 빈도 홍수의 유입 및 유출수문곡선으로 산정한 침사지의 침전부 용량은 2,500 m^3로 결정되었다. 설계대상 토사입경이 50 μm이고 침전효율을 70%로 할 경우 침전부의 평면적과 평균수심을 구하라.

풀이 1) $d_s = 50\,\mu\text{m}$일 때의 침강속도를 표 11.24로부터 구하면

$$w = 0.002256 \text{ m/sec}$$

2) Hazen의 공식[식 (11.44)]을 사용하면(cell의 수 $N = 1$) 토사침전부의 평면적은 다음과 같이 계산된다.

$$A = \frac{1 \times 0.85}{0.002256}\left[(1-0.7)^{-1} - 1\right] = 879.1 \text{ m}^2$$

따라서, 침전부의 평균수심은

$$D = \frac{2,500}{879.1} = 2.84 \text{ m}$$

8) 토사저류부의 용량결정

토사저류부의 용량은 침사지로의 연간평균 토사유입량, 침사지의 토사포착효율, 예상되는 토사준설빈도 등에 의해 결정된다. 연평균 토사유입량은 제11.6절에서 살펴본 유역으로부터의 토양손실량 산정방법을 사용하면 추정할 수 있다. 즉, USLE 방법을 사용할 경우 연평균 강우침식인자를 사용하여 연평균 토양손실량을 산정한 후 유사전달률(SDR)과 토사의 단위중량을 사용하여 체적단위의 토사유출량을 산정하게 된다.

한편, 침사지의 토사포착효율은 안전측으로 100%를 가정할 수도 있겠으나 유역토양의 종류를 감안하여 적절히 가정하면 되고, 퇴적토의 준설주기를 결정하기 위해서는 몇 가지 인자를 고려하여야 한다. 즉, 토사저류부의 용량을 최소화하기 위해서는 준설주기를 짧게 잡아야 하며, 유지관리비가 많이 드는 점이 문제가 된다. 반대로 준설주기를 너무 길게 잡으면 토사저류부의 용량을 크게 잡아야 하므로 초기 시설비가 더 많이 들게 된다. 따라서, 경제적이고 적절한 준설주기가 얼마인지를 심층분석하여 결정하는 것이 바람직하다.

예제 11.15 예제 11.13에서 산정된 침사지로의 연평균 유입토사 체적의 준설주기를 2년에 1회로 할 경우 토사저류부의 소요용량을 결정하라. 침사지의 토사포착효율은 80%로 가정하라.

풀이 1) 예제 11.13에서 산정된 침사지로의 연평균 유입토사의 체적 $V_s = 92\ m^3/year$이었으므로 소요용량은 다음과 같이 계산된다.

$$V = 92\ m^3/year \times 2\ years \times 80\% = 147.2\ m^3$$

2) 토사저류부의 평면적을 예제 11.14에서 산정한 토사침전부의 평면적 879.1 m^2와 동일하게 잡고 토사저류부의 평균깊이를 계산하면

$$D = \frac{147.2\ m^3}{879.1\ m^2} = 0.17\ m = 17\ cm$$

9) 유출조절부의 설계

유출조절부에는 그림 11.49와 같이 토사의 침전저류와 관련되는 연직방류관과 홍수의 안전한 소통을 위한 비상여수로의 두 가지 방류구조물이 포함되며 이들의 수리학적 설계가 곧 유출조절부의 설계이다.

침사지의 퇴사기능에 관계되는 작은 재현기간의 홍수량은 그림 11.49의 벽면에 구멍 뚫린

연직방류관(perforated riser pipe)을 통해 하류로 방류되고 큰 재현기간을 가지는 규모가 큰 홍수량은 비상여수로를 통해 방류되도록 설계한다. 연직방류관의 경우 관벽에 구멍이 뚫린(perforated) 경우와 뚫리지 않은(unperforated) 경우의 두 가지로 구분되는데 그림 11.49의 경우는 평소에 침사지가 건조상태에 있도록 하는 경우로서 퇴사위(堆砂位)보다 높은 표고에 구멍을 뚫어 수위가 퇴사위보다 높지 않도록 하는 경우이다. 만약, 연직방류관에 구멍을 뚫지 않을 경우에는 침사지 내 수위는 방류관의 상단부까지 유지되어 평상시 풀(pool)을 형성하게 된다.

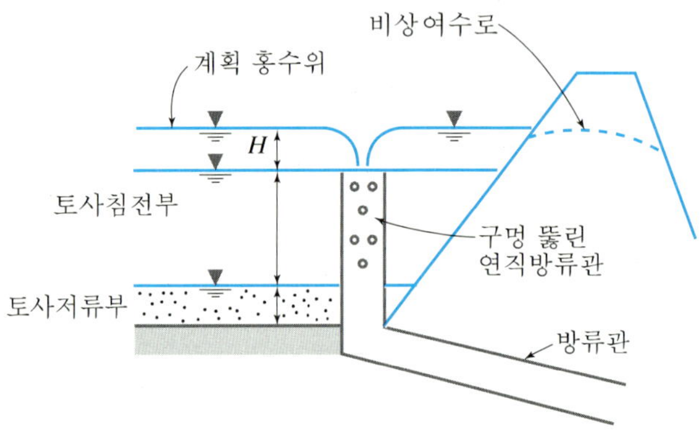

그림 11.49 침사지의 유출조절부

침사지로부터 하류로의 홍수방류는 작은 재현기간 홍수의 경우는 연직방류관을 통해 방류하는 것으로 설계하나 큰 재현기간 홍수발생시 연직방류관이 쓰레기 등으로 인해 막혀서 기능을 제대로 발휘하지 못할 경우에 대비하여 설계홍수량 전부를 비상여수로를 통해 방류할 수 있도록 비상여수로를 설계하게 된다.

연직방류관을 통한 방류의 경우 방류관의 상단부는 원형 위어(circular weir)의 역할을 하며 연직관의 벽에 뚫린 구멍을 통해서도 방류된다. 따라서, 설계홍수량의 상당부분은 원형 위어를 통해 방류하는 것으로 하여 시행착오에 의한 수리계산(위어 공식 사용)을 통해 연직방류관의 직경을 결정하고 설계홍수량의 잔여분은 연직관 벽에 뚫린 구멍을 통해 방류하는 것으로 하여 구멍의 크기와 개수를 수리계산(오리피스 공식 사용)을 통해 결정하게 된다.

큰 재현기간의 홍수발생시 연직방류관의 기능상실을 가정하여 비상여수로를 통해 설계홍수량 전량을 방류하는 것으로 하여 위어 공식에 의해 적정 월류수심의 선정과 그에 따른 여수로의 폭을 결정함으로써 비상여수로를 설계하게 된다.

예제 11.16 예제 11.13~11.15에서 취급한 침사지로의 10년 빈도 설계홍수량이 4.5 m^3/sec로 산정되었다. 이 침사지의 유출조절부를 그림 11.49에서와 같이 연직방류관과 비상여수로로 설계하라. 설계홍수량의 20%는 연직방류관 벽의 구멍을 통해 방류하고 나머지는 연직방류관 상단부 유입구(원형 위어)를 통해 방류하는 것으로 하며, 연직방류관의 기능상실에 대비하여 침사지 둑에 월류형 비상여수로를 설계하는 것으로 한다. 원형 위어의 유량계수 $C_w = 2.0$, 벽면구멍(오리피스)의 유량계수는 $C_0 = 0.7$로 가정하라.

풀이 1) 연직방류관의 직경계산

10년 빈도 설계홍수량 4.5 m^3/sec의 80%인 3.6 m^3/sec를 연직방류관을 통해 방류해야 하므로 원형 위어 공식을 사용하면 위어의 주변장(원둘레) L은 다음과 같이 표시된다.

$$L = \frac{Q_w}{C_w H^{3/2}} \tag{a}$$

그림 11.49에 표시된 원형 위어 위의 월류수심 H를 표 11.27에서와 같이 가정하고 $Q = 3.6\ m^3/sec$, $C_w = 2.0$으로 하여 식 (a)를 사용하여 소요직경을 $D = L/\pi$로 계산하면 표 11.27과 같다.

표 11.27 월류수심별 연직방류관의 소요직경

H(m)	L(m)	$D = L/\pi$(m)
0.3	10.95	3.49
0.4	7.12	2.26
0.5	5.09	1.62
0.6	3.87	1.23
0.7	3.07	0.98
0.8	2.52	0.80

표 11.27로부터 월류수심 $H = 0.7\ m = 70\ cm$일 때의 연직방류관의 소요직경 $D = 0.98\ m$이므로 $D = 1\ m$를 채택하기로 한다.

2) 연직방류관 주변의 구멍 크기 및 개수 결정

연직방류관을 통해 방류할 유량은 설계방류량의 20%인 0.9 m^3/sec이다. 연직방류관 주변에 뚫을 구멍(오리피스)을 통해 방류될 유량은 오리피스 공식으로 표시할 수 있다. 즉,

$$Q_0 = C_0 A \sqrt{2gh} \tag{b}$$

여기서 Q_0는 1개의 오리피스를 통해 흐를 유량(m^3/sec)이며, A는 오리피스의 단면적(m^2), h는 개개의 오리피스에 걸리는 수두(m)이다.

그림 11.50은 예제 11.14와 11.15에서 결정한 침사지의 토사침전부의 깊이(2.84 m)와 토사저류부의 깊이(0.17 m) 및 개개의 오리피스에 걸리는 수두 h를 표시하고 있다.

오리피스의 직경을 5 cm로 택하고, $C_0 = 0.7$을 식 (b)에 대입하면

$$Q_0 = 0.7 \times \left(\frac{\pi \times 0.05^2}{4}\right)\sqrt{2 \times 9.8h} = 0.0061\sqrt{h} \tag{c}$$

식 (c)를 사용하여 그림 11.50에서와 같이 오리피스 위치(h)별 방류량을 구하면 표 11.28과 같다.

표 11.28 오리피스 위치별 방류량

수두 h (m)	1개당 방류량 (m^3/sec)
0.4	0.00385
0.8	0.00546
1.2	0.00668
1.6	0.00772
2.0	0.00863
2.4	0.00945
2.8	0.01021
계	0.05200

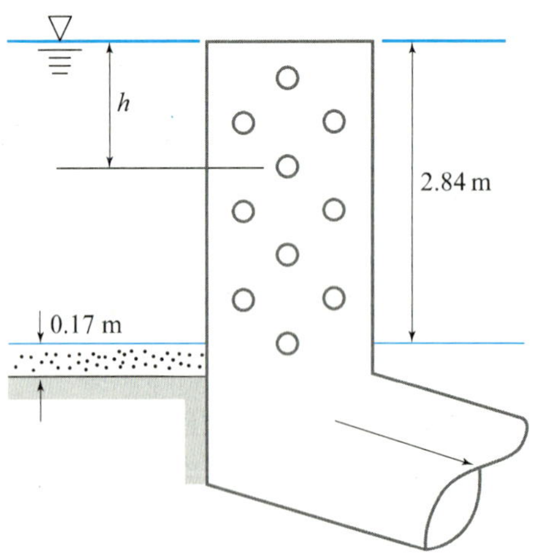

그림 11.50 연직방류관 벽의 오리피스 설계

따라서, 계획수면으로부터 40 cm 표고간격별로 설치해야 할 직경 5 cm 구멍의 개수 $N = 0.9/0.052 = 17.3$개이므로 17개의 구멍을 설치하는 것으로 한다.
또한 연직방류관의 주변에 설치하는 구멍의 간격은 다음과 같이 계산된다.

$$s = \pi D/N = \pi \times 1.0/17 = 0.185\ \mathrm{m} = 18.5\ \mathrm{cm}$$

3) 비상여수로의 설계

연직방류관의 홍수시 기능상실에 대비하기 위해 침사지의 둑에 사각형 위어를 설치하기로 하고, 설계홍수량 4.5 $\mathrm{m^3/sec}$가 유입할 때의 위어 위의 월류수두(H m)별 소요 위어 폭(L m)을 다음의 위어 공식으로 계산하면 표 11.29와 같다.

$$L = \frac{Q_d}{C_s H_s^{3/2}} \tag{c}$$

여기서, $Q_d = 4.5\ \mathrm{m^3/sec}$는 설계홍수량이고 C_s는 위어의 유량계수를 2.0으로 가정하며, H_s는 위어 위의 월류수두(m)이다.

표 11.29 월류수두(H)별 소요 위어 폭(L)의 계산

월류수두 H_s(m)	소요 위어 폭 L(m)
0.1	71.2
0.2	25.2
0.3	13.7
0.4	8.9
0.5	6.4
0.6	4.8

표 11.29의 계산결과로부터 침사지 둑의 폭과 하류 하천의 규모 등을 고려하여 적정한 월류수심에 상응하는 위어 폭(월류수두 0.4 m에 해당하는 위어 폭 9 m 등)을 선택하게 된다.

연습문제

11.1 아래 그림과 같은 어떤 도시유역의 C점에 있어서의 집중시간을 각종 경험공식을 사용하여 계산하고 비교하라. 우수관거 내 흐름의 유속은 1 m/sec로 가정하라.

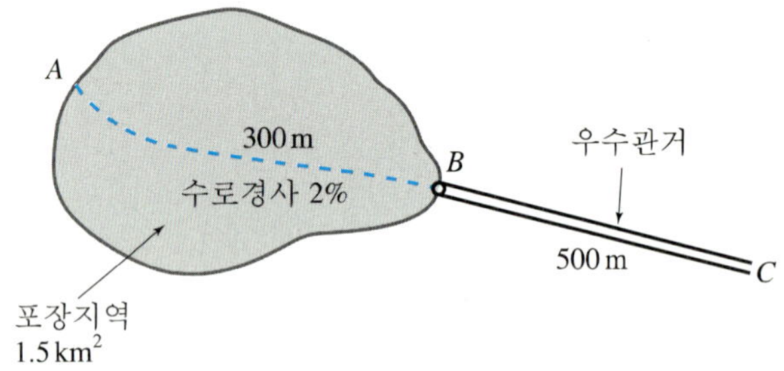

11.2 아래 그림과 같은 서울지역 내 어떤 배수구역의 흐름방향은 맨홀 1에서 4의 방향이다. 각 우수관거에 유입하는 5년 빈도 첨두홍수량을 합리식으로 산정하라. 맨홀 사이의 유하시간은 5분이라 가정하고 강우강도식으로 다음 식을 사용하라.

$$I = \frac{460}{\sqrt{t}+0.09} \text{ mm/hr} \quad (t : \text{min.})$$

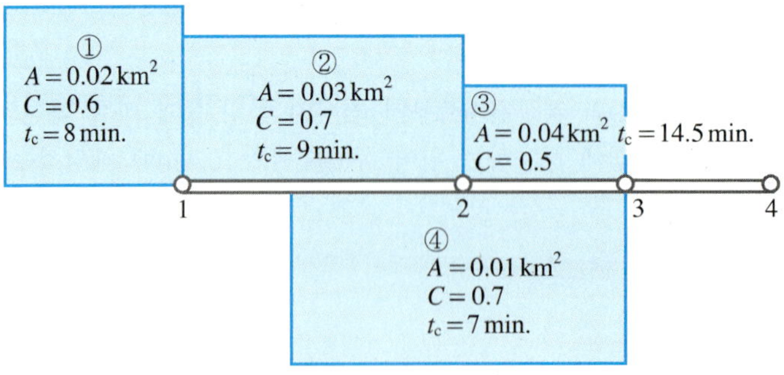

11.3 유역면적이 250 km^{2}인 도시 하천유역의 집중시간(도달시간)은 100분으로 추정되었다. 이 유역에 200분 동안 65 mm/hr의 강도로 비가 내렸을 경우 강우시작 후 130분일 때의 홍수량을 합리식으로 산정하라. 이 유역의 유출계수는 0.8을 사용하라.

11.4 면적이 3 km^{2}되는 주차장의 유출계수 C= 0.8이며 집중시간 t_c= 40분이다. 다음 3가지 호우발생시 유역으로부터의 첨두홍수량을 합리식으로 구하라.

가) 100 mm/hr의 강도로 10분간

나) 25 mm/hr의 강도로 40분간

다) 12.5 mm/hr의 강도로 60분간

강우지속기간 동안의 유출에 기여하는 배수면적과 관련하여 전제하여야 할 가정에 대해 토론하라.

11.5 아래 그림과 같은 도시지역의 우수관거시스템을 다음과 같은 조건으로 설계하라.

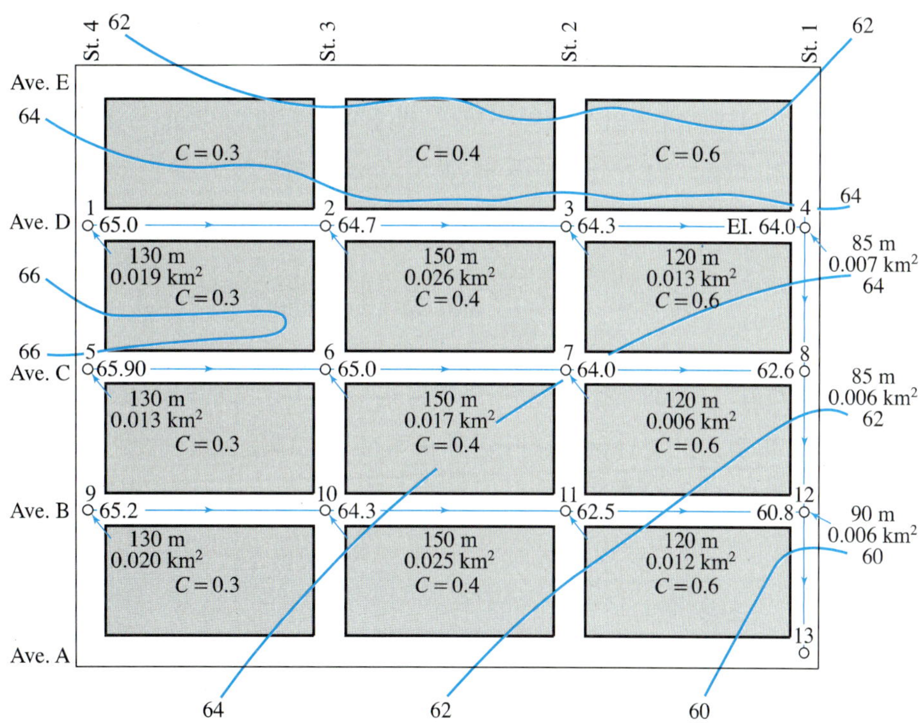

가) 우수관거 시스템의 유입구인 맨홀로 유입하는 유량계산을 위해 소 배수구역별 면적과 유출계수가 그림에 주어져 있다.

나) 맨홀로의 유입시간은 각각 20분이다.

다) 우수관거의 설계빈도는 2년이며, 강우강도식은 다음과 같다.

$$I_2 = \frac{2590}{t+17}\ \text{mm/hr} \quad (t:\ \text{min.})$$

라) 관거의 Manning's $n = 0.013$이다.

11.6 예제 11.2에서의 하천유역에 대한 강우 및 유출조건이 다음과 같이 다를 때 저류지의 소요용량을 수정합리식으로 산정하라.

가) 유역의 유출계수 $C = 0.6$이고, 집중시간 $t_c = 15$분

나) 저류지 후보지점 하류의 기존관거의 홍수소통능력은 0.1 m^3/sec

다) 이 유역의 10년 빈도 강우강도식은 다음과 같다.

$$I_{10} = \frac{500}{\sqrt{t}+0.10}\ \text{mm/hr} \quad (t:\ \text{min.})$$

11.7 도시 배수구역의 면적이 5 km^2, 집중시간은 40분, 평균 유출계수가 0.5인 유역으로부터 하류로 방류시킬 유량이 40 m^3/sec로 제한되는 경우 20년 빈도에 해당하는 유수지의 용량을 결정하라. 이 유역에 대한 강우강도식은 다음과 같다.

$$I_{20} = \frac{754}{\sqrt{t}+1.023}\ \text{mm/hr} \quad (t:\ \text{min.})$$

11.8 그림 11.11의 도시 배수구역의 소유역(I~VII)으로부터 유입구로의 유입시간(포장지역 및 잔디지역)과 관거구간별 유하시간이 다음 표에 주어져 있다. RRL 방법을 사용하여 다음을 풀어라.

소유역 번호	포장지역 유입시간(min.)	잔디지역 유입시간(min.)	우수관거 구간번호	유하시간
I	6.0	30	1-0	1.2
II	7.0	36	2-0	0.7
III	9.5	54	2-1	1.4
IV	7.5	40	1-1	1.0
V	12.0	70	3-0	1.5
VI	7.5	44	1-2	1.0
VII	11.0	66		

가) 우수관거의 유입부 $A \sim G$에서의 유입수문곡선을 계산하라. 5년 빈도 강우강도식은 다음과 같고 강우지속시간은 60분으로 하며, 강우의 시간분포는 Huff의 1분위를 채택하라.

$$I_5 = \frac{900}{t+20}(\text{mm/hr}) \qquad (t: \text{min.})$$

나) 이 유역의 출구 G지점에서의 총 유출수문곡선을 계산하라.

11.9 문제 11.8의 유역의 배수시스템에 ILLUDAS 컴퓨터 프로그램을 사용하여 다음을 계산하라.

가) 소유역별 유입수문곡선(Total subarea hydrograph)

나) 유역 출구지점(G)에서의 유출수문곡선(Outfall hydrograph)

이들 수문곡선의 계산조건은 다음과 같다.

가) 5년 빈도의 60분 지속기간 강우량=42 mm

나) AMC 조건(선행강수조건)=3

다) 수문학적 토양군 조건=3(SCS의 C)

라) 강우시간분포: Huff의 1분위, 발생확률 50%

마) 계산시간 간격 $\Delta t = 5$ min.

바) Manning's $n = 0.015$

11.10 유역면적이 3 km^2(평균길이 2 km, 평균폭 1.5 km)인 어떤 하천유역의 30년 빈도 강우강도식은 $I = 812/(\sqrt{t}+1.016)$ mm/hr (t: min.)로 표시된다. USLE에 의한 토양손실량 산정시 필요한 단일호우로 인한 강우침식인자 R을 산정하라.

11.11 문제 11.10의 유역에 대한 토질조사 결과 다음 표와 같은 결과를 얻었을 때 USLE의 토양침식성인자 K를 산정하라.

토립자 구성비 (%)					유기물 함량 (%)	토양구조지수	토양투수지수
자갈	모래	극세사	실트	점토			
10	40	10	30	10	3	2	5

11.12 문제 11.10의 유역의 평균경사가 5%라 가정하고 USLE의 무차원 지형인자 LS를 산정하라.

11.13 문제 11.10의 유역의 토양피복인자 $C=0.18$, 토양보존대책인자 $P=0.50$이라고 가정하여 이 유역으로부터의 단일호우로 인한 토양손실량을 USLE 방법으로 산정하라.

11.14 도시화가 어느 정도 진행된 도시하천의 유역면적은 2 km^{2}이고 하천연장은 2.5 km, 최대 표고차는 10 m, 평균 조도계수 $n=0.06$이며 불투수면적률 $I=30\%$이다. 장차 이 유역의 불투수면적률 $I=80\%$로 증가될 경우 현재의 홍수량을 초과하지 않도록 하기 위해 토제(土堤) 및 콘크리트 단면의 저류지를 설계하고자 한다. 저류지의 유출조절부는 콘크리트부에 오리피스와 위어를 설치하여 연속 재현기간기준에 의한 최적설계를 하고자 한다. 이 저류지 지점의 표고별 저류량과 재현기간별 24시간 설계강우량 및 유출률은 아래의 표에 제시되어 있다.

저류지 지점에서의 표고별 저류량

EL. (m)	168	169	170	171	172	173	174	175	176	176.5
저류량 (10^3 m^3)	0.0	0.8	1.9	3.5	6.9	12.0	20.8	33.0	50.0	62.5

재현기간별 24시간 설계강우량

재현기간(년)	2	10	25	50	100
강우량(mm)	61	98	116	128	140
유출률(%)	55	58	60	62	65

가) Espey의 10분 합성단위도(제8절)를 작성하여 1시간 단위도로 변경시킨 후 $I=30\%$와 $I=80\%$일 때의 유역출구에서의 확률홍수량을 계산하라. 유효우량의 시간분포는 초과발생확률 50%의 Huff의 2분위를 사용하라. 기저유량은 무시하라.

나) 유역 하류로의 홍수량을 $I=30\%$일 때의 홍수량으로 제한하기 위한 저류지의 소요저류용량-허용방류량 관계를 수립하라.

다) 연속 재현기간기준(2년~100년)에 의해 저류지의 방류구조물을 설계하라. 위어의 유량계수 $C_s=2.0$, 오리피스의 유량계수 $C_0=0.8$로 가정하라.

11.15 유역면적이 1 km^{2}인 도시지역의 개발로 유출계수가 0.3에서 0.5로 증가하였고 유역의 집중시간은 45분에서 30분으로 단축되었다. 이 도시유역이 서울지역에 위치하고 있다고 가정하고 재현기간 20년에 해당하는 유수지의 용량을 결정하라. 서울 우량관측지점의 IDF 곡선은 그림 3.22에 주어져 있으며, 유출계산은 합리식에 의하라.

11.16 유역면적이 0.5 km^2, 도달시간이 30분, 유출계수가 0.6인 유역으로부터 하류로 방류되는 유량이 3 m^3/sec로 제한되는 경우 100년 빈도에 해당하는 유수지 용량을 결정하라. 이 유역의 100년 빈도 강우강도는 다음 표와 같다. 유출계산은 합리식으로 하라.

지속기간 (min.)	10	15	20	25	30	35	40	45	50
강우강도 (mm/hr)	178	150	130	115	103	94	87	81	75

지속기간 (min.)	60	70	80	90	100	110	120	130	140
강우강도 (mm/hr)	67	60	55	51	47	44	41	39	37

11.17 문제 11.16을 수정합리식 방법을 적용하여 유수지의 소요용량을 결정하라.

11.18 도시지역 내 소배수분구의 내수배제를 위해 유수지를 설계하고자 한다. 이 배수분구로부터 유수지 후보지점으로의 20년 유입홍수수문곡선을 산정한 결과는 다음 표와 같다.

시간 (min.)	0	15	30	45	60	75	90	105	120	135	150
유량 (m^3/sec)	0	3.0	8.5	10.0	8.0	5.3	3.0	2.0	1.2	0.7	0

이 유수지는 인근 수용하천의 설계 외수위가 높아서 펌프에 의한 강제배수가 필수적이다. 유수지 소요용량과 펌프 배수용량의 조합에 의한 몇 개 대안을 제시하라.

11.19 어떤 침사지 설치 후보지점에서의 1년 빈도 첨두방류량은 1 m^3/sec이고 소요침전부 용량은 3,500 m^{3}로 결정되었다. 설계대상 토사입경을 40 μm로 하며 침전효율을 80%로 하고자 할 경우 토사침전부의 소요평면적과 평균수심을 구하라.

11.20 어떤 골프장 건설지역에 임시 침사지를 설계하고자 한다. USLE 방법으로 산정한 연평균 토사유출량은 250 ton/year이고, 공사기간 중 매년 1회 준설하고자 하며, 침사지의 토사포착효율은 50%로 가정하여 토사저류부의 소요용량을 산정하라. 토사저류부의 평면적을 문제 11.19에서의 토사침전부의 소요평면적과 동일하게 잡을 경우 평균 퇴사깊이를 계산하라.

11.21 문제 11.19의 침사지로의 10년 빈도 설계홍수량이 5 m/sec로 산정되었다고 가정하고 침사지의 유출조절부를 형성하는 방류구조물을 예제 11.16에서처럼 계산하라.

참고문헌

11장 도시수문 및 도시유출관리

건설부, 하천시설기준, 1993.

박정환, 우효섭, 편종근, 김광일, 토양유실공식의 강우침식도분포에 관한 연구, 한국수자원학회 논문집, 제33권 제5호, 2000.

이종태, 도시유출수질해석 모형의 실무적용 및 예제, FFC05-01, 도시홍수재해관리기술연구사업단, 건설교통부/한국건설교통기술평가원, 2005.

정필균, 고문환, 임정남, 엄기태, 최대웅, 토양유실량예측을 위한 강우인자의 분석, 한국토양비료학회지 제16권 제2호, 1983.

中野有, 골프코스의 설계 및 시공, 일본골프협회, 1984.

ASCE, *Design and Construction of Urban Stormwater Management Systems*, Manuals and Reports of Engineering Practice No. 77, American Society of Civil Engineers, New York, 1992.

Clyde, C.G., et al., *Erosion Control During High-way Construction*, NCHRP Report 221, 1980.

Danish Hydraulic Institute(DHI), *MOUSE, User Manual and Tutorial*, 1999.

Erickson, A.J., *Aids for Estimating Soil Erodibility-"K" Value Class and Soil Loss Tolerance*, U.S. Dept. of Agriculture, Soil Conservation Service, Salt Lake City, Utah, 1977.

Haan, C.T., Barfield, B.J., and Hayes, J.C., *Design Hydrology and Sedimentology for Small Catchments*, Academic Press, 1994.

Hicks, W.I., "A Method of Computing Urban Runoff", *ASCE, Transactions*, Vol. 19, 1944.

Holtan, H.N., *A Concept for Infiltration Estimates in watershed Engineering*, USDA, Agricultural Research Service, ARS 41-51, 1961.

Hortan, R.E., "The Role of Infiltration in the Hydrologic Cycle", *Trans., American Geophysical Union*, Vol. 14, 1933.

Huber, W.C., et al., *Storm Water Management Model, User's Manual, Version III*, EPA-600/2-84-109a, 1981.

Izzard, C.F., "Hydraulics of Runoff from Developed Surfaces", *Proceedings, 26th Annual Meeting*, Highway Research Board, 1946.

Lane, E.W. and Koelzer, V.A., "Density of Sediments Deposited in Reservoirs", *Report No. 9 of A Study of Methods Used in Measurement and Analysis of Sediment Loads in Streams*, St. Paul U.S. Engineering District, Minn., 1953.

Leopold, L.B., *Hydrology for Urban Land Planning*, USGS, Circular No. 554, U.S. Government Printing Office, Washington, D.C., 1968.

Malcom, H., and New, V., *Design Approaches for Stormwater Management of Urban Areas*, Part 4, North Carolina State University, Rayleigh, 1975.

Metcalf and Eddy, Inc., University of Florida, Gainsville, Water Resources Engineers, Inc., *Storm-water Management Model*, Environmental Protection Agency, vol. 1, 1971.

Roesner, L.A., Aldrich, J.A., and Dickinson, R.E., *Storm Water Management Model, Version 4, User's Manual*: Extran Addendum, EPA/600/3-88/001b, Environmental Protection Agency, 1988.

Southeastern Wisconsin Regional Planning Commission(SEWRPC), *A Comprehensive Plan for the Kinnickinnic River Watershed*, Waukesha, WI, 1978.

Stall, J.B., and Terstriep, M.L., *Storm Sewer Design- An Evaluation of the BRRL Method*, Prepared for the Office of Research and Monitoring of the U.S. EPA, 1972.

Terstriep, M.L., and Stall, J.B., *The Illinois Urban Drainage Area Simulator, ILLUDAS*, Illinois State Water Survey, Bulletin 58, 1974.

Transportation Research Board(TRB), *Design of Sedimentation Basins*, National Research Council, Washington, D.C., 1980.

U.S. Corps of Engineers, *Urban Storm Water Runoff, STORM*, Computer Program 723-S8-L2520, Hydrologic Engineering Center, Davis, Calif., 1974.

Walesh, S.G., "Urban Hydrology, Chapter 5, Special Report", No. 49, *American Public Works Association*, Chicago, Ill., 1981.

Walesh, S.G., *Urban Surface Water Management*, John Wiley and Sons, Inc., New York, 1989.

Wischmeier, W.H., and Smith, D.D., "A Universal Soil Loss Equation to Guide Conservation Form Planning", *Trans., International Congress on Soil Science*, Vol. 1,

1960.

Wischmeier, W.H., and Smith, D.D., "Predicting Rainfall Erosion Losses- A Guide to Conservation Planning", *Agriculture Handbook* No. 537, USDA, Science and Education Administration, Washington, D.C., 1978.

Wylie, L.J., "Storm Water Sediment and Erosion Control", Presented at *Storm Water Detention Systems*, Univ. of Wisconsin-Extention Course, 1979.

Hydrology

12장 확정론적 수문모의기법

12.1 서 론

하천에 설치되는 여러 가지 수공구조물(水工構造物, hydraulic Structures)의 해석과 설계에 있어서 꼭 필요한 정보는 하천의 구조물 설치대상 지점에서의 유량(flow rates) 혹은 유출용적(flow volumes)이다. 근래에 와서는 많은 하천들이 연속적인 유량자료의 획득을 위해 계측되고 있지만, 많은 경우 미계측지점에 설치되는 수공구조물의 규모결정이라든지 유역의 토지이용변화, 홍수조절 및 용수공급시설물의 설치 혹은 기후변화 등이 유출에 미치는 영향 등을 분석하기 위해 인위적으로 유출량 자료를 확보하기 위한 수단으로 수문모의기법(水文模擬技法, hydrologic simulation technique)을 광범위하게 사용하고 있다.

수문학적 모의(hydrologic simulation)란 어떤 기간 동안에 발생하는 일련의 수문사상(水文事象, hydrologic events)에 대한 수문시스템의 반응을 수학적으로 서술하는 것이라 정의할 수 있다. 따라서, 수문모의모형(hydrologic simulation model)은 실제의 수문시스템(real hydrologic system)을 설명하고 시스템의 거동을 모방하기 위한 일련의 방정식과 알고리즘(algorithm)이라고 정의할 수 있다. 즉, 수문학적 모의란 유역에 내린 일정기간 동안의 강우로 인한 일, 월 혹은 계절 유출용적을 계산하거나, 실제로 발생한 단기간 동안의 호우사상이나 혹은 가상호우(혹은 설계호우)로 인한 유출수문곡선을 계산하는 작업을 의미한다 하겠다.

본 장에서는 수문모의모형의 종류를 분류하고 모의기법의 기본원칙과 모형의 구조선택 및 매개변수검정 등에 관해 살펴본 후, 기 개발되어 있는 대표적인 모형의 구조와 특성을 개관하고 수문모의모형의 응용분야에 대해 살펴보기로 한다.

12.2 수문모의모형의 분류

최근 수십 년 동안 수문시스템에 대한 컴퓨터 모의기법은 수문학 분야의 공학적인 실무해결을 위해 크게 발전되어 왔다. 지구상의 물 순환과정을 완벽하게 모의할 수 있는 모형을 개발한다는 것은 실질적으로 불가능하므로 지금까지 여러 가지 모형들이 각종 목적을 위해 여러 가지 가정과 개념을 근거로 개발되어 왔으며, 이들 모형을 몇 가지 측면에서 분류해 보면 다음과 같다.

12.2.1 확정론적 수문모의모형

확정론적 수문모의모형(deterministic hydrologic simulation model)은 하천유역에서의 물

순환의 여러 성분과정에서의 각종 현상이 확정성 법칙(確定性 法則, law of certainty)에 따라 발생하며, 이들 현상 간의 상호작용을 수학적인 관계로 표시하는 모형으로서, 하천유역에 내린 강우량으로 인해 발생하는 하천유출량을 모의하는 데 사용된다. 이들 확정론적 수문모의 모형은 강우-유출관계 모형에 의한 모의로 획득된 결과(유출자료 등)를 실측된 자료와 비교하는 절차인 검정(檢正, calibration)을 통해 그 신뢰도가 증명된다. 모형이 검정되고 나면 모의 시스템인 모형에 새로운 입력(入力, input)을 넣어 출력(出力, output)을 원하는 대로 얻을 수 있게 된다. 따라서, 확정론적 수문모의기법에서는 수문시스템이 무작위한 변동성(random variation)을 가지지 않아 확률법칙(law of probability)이 적용되지 않고 확정성 법칙(law of certainty)이 적용되므로 모든 수문관련현상이 확정적으로 발생하는 것으로 가정하는 것이다.

이와 같은 확정론적 수문모의모형은 모형의 모의방법에 따라 다음과 같이 구분할 수 있다.

1) 물리모형과 수학적 모형

물리모형(物理模型, physical model)은 상사법칙에 따라 원형(原型)을 축소시켜 모형으로 만들어 수문 혹은 수리현상을 실험실에서 실험하는 것인 데 반해 수학적 모형(數學的 模型, mathematical model)은 원형계(prototype system)를 대표하기 위해 수학적 알고리즘(algorithm)으로 표시하는 모형을 말하며, 개념적 모형(概念的 模型, conceptual model)이라고도 부른다. 예를 들면, 자연하천을 축소하여 수리 실험실 내에 제작하는 축소된 수로는 물리모형으로 볼 수 있으며, 제8장에서 살펴본 단위유량도 이론과 제9장 및 10장에서 살펴본 홍수추적이론은 강우에 대한 유역의 반응을 대표하는 수학적 모형이라 할 수 있다.

2) 집체형 매개변수모형과 분포형 매개변수모형

수문시스템을 지배하는 매개변수값들의 공간적 변화를 고려하지 않는 모형을 집체형 매개변수모형(集体型 媒介变数 模型, lumped-parameter models) 혹은 집체형 모형(lumped model)이라 한다. 예를 들면, 균질의 배수유역상에 내리는 각종 호우로 인한 지표유출의 시간적 분포를 예측하기 위한 단위유량도의 적용이 이에 속하며 어떤 지속시간의 단위유량도가 바로 집체형 매개변수모형인 것이다.

한편, 분포형 매개변수모형(分布型 媒介变数模型, distributed-parameter models) 혹은 분포형 모형(distributed model)은 수문시스템 내 여러 특성 매개변수의 공간적 변화를 고려하는 모형으로 실제 자연계의 수문시스템을 더 실제에 가깝게 대표하여 모의하는 모형이라 할 수 있다. 예를 들면, 제10장에서 소개한 바 있는 하천유역으로부터의 유출계산을 위한 운동파 홍수추적(kinematic flood routing)은 간략화된 Saint-Venant 방정식을 공간적 및 시간적으로 변화하는 매개변수를 고려하여 풀어서 유역출구에서의 유출수문곡선을 계산하게 된다.

3) 단일사상 모형과 연속형 모형

단일사상 모형(單一事象 模型, single-event models)은 비교적 짧은 시간 동안 발생한 독립호우로 인한 수문곡선의 모의 등 단일사상을 시간(時間) 단위 이하의 시간구간으로 모의하기 위한 모형으로, 대부분의 기존 모형들은 강우-유출관계분석에 의한 홍수해석이나 도시배수망의 설계를 위한 수문분석 등을 목적으로 개발되어 왔다.

한편, 연속형 모형(連續型 模型, continuous models)은 시간장경이 비교적 긴 월(月) 혹은 연(年)에 걸친 유출수문곡선을 모의발생시킬 수 있는 모형으로서, 유출계산에서는 일(日) 단위 등 유한시간구간(finite time step)을 사용하여 이상적인 계산을 하게 된다.

4) 일반목적 모형과 특수목적 모형

일반목적 모형(general-purpose models)은 물의 순환과정 전체를 망라하여 유역에서 발생할 수 있는 모든 수문조건을 고려하여 만들어지는 것으로서 어떤 유역이든 유역 특성을 표시하는 입력자료만 있으면 사용이 가능한 모형이다. 이에 반해, 특수목적 모형(special-purpose models)은 특수한 목적을 위해 작성되는 모형으로 특정한 유역에의 적용에 초점을 두므로 그 유역의 특수성을 모형 내에 미리 가정하는 것이 보통이므로 모형의 적용이 일반목적 모형에 비해 제한적이다.

12.2.2 통계학적 수문분석기법

통계학적 수문분석기법(統計学的 水文分析技法, statistical hydrologic analysis)은 수문시스템인 하천유역의 강우-유출(입력-유출)관계 등에 대한 물리적 인과관계를 전혀 분석하지 않고 수집된 강우량과 유출량 등의 수문자료 계열의 각종 특성을 통계학적 기법에 의해서만 분석하고 모의하는 방법을 말하며 확률론적 분석기법(確率論的 分析技法, probabilistic analysis)과 추계학적 분석기법(推計學的 分析技法, stochastic analysis)으로 구분할 수 있다.

1) 확률론적 수문분석기법

확률론적 수문분석기법은 수문자료 계열을 구성하는 개개자료의 발생순서는 고려하지 않고, 자료기간 동안의 매년 최대치 혹은 최소치 계열을 작성하여 적정 확률분포에 맞추어 분석함으로써 특정 크기의 사상이 발생할 빈도 혹은 재현기간(再現期間)을 결정하는 방법이다. 전통적인 빈도해석(頻度解析, frequency analysis)방법이 여기에 속하며, 자세한 내용은 제13장에서 다루기로 한다.

2) 추계학적 수문분석기법

자연계에서의 각종 수문사상의 발생확률은 일정하지 않고 시간에 따라 항상 변하므로 추계학적 수문분석에서는 개개 자료의 발생순서를 고려하여 분석해야 한다. 따라서, 이 방법에서는 수문자료의 발생순서를 고려하여 자료계열의 통계학적 특성을 분석한 후에 적정 확률분포에 맞추어 추계학적 모의발생모형(stochastic generation model)을 구성한다. 이렇게 구성된 실측자료계열의 통계학적 특성을 재연하는 장기간 자료를 발생시키며, 이를 각종 수자원계획에 사용하게 된다. 이 기법에 대해서는 제14장에서 살펴보기로 하겠다.

12.3 집체형 모형에 의한 수문모의기법

앞에서 분류한 확정론적 수문모의모형은 이론적인 분류이나 수문실무에 사용되는 모형은 단일사상모형이거나 연속형 모형이다. 단일사상모형은 단기간에 발생하는 호우로 인한 홍수유출을 짧은 시간 단위로 모의하기 위해 사용되며, 연속형 모형은 유역 수자원의 평가, 계획 및 관리를 위해 장기간에 걸친 하천유출을 모의하기 위해 사용된다.

이들 두 가지 모형 모두의 경우 모형의 매개변수가 대상유역 내에서 공간적으로 변화하지 않는다고 가정하는 경우는 집체형 모형이라 하며, 실제로는 공간적으로 변화한다는 사실을 인정하여 모의에 반영하고자 하는 경우는 분포형 모형이라 한다. 즉, 집체형 모형은 유역의 강우-유출관계를 모의하기 위해 공간적으로 변화하지 않는 수문성분과정을 대표하는 평균적인 모형 매개변수(model parameters)를 사용하는 반면, 분포형 모형에서는 공간적으로 변화하는 물리변수(物理變數, physical parameters)를 사용하여 강우-유출관계를 표시하는 물리기반(物理基盤, physics-based)의 흐름방정식을 격자기반(格子基盤, grid- based)으로 풀어서 유출을 계산하게 된다.

집체형 모형은 대부분의 경우 강우-유출 관계를 단위유량도 개념으로 모의하며, 수문성분과정의 과정변수(過程變數, process parameters)들이 모형의 매개변수가 되고 실측된 강우-유출자료를 사용하여 모형을 검정(檢正, calibration)하여 모형의 매개변수를 결정하게 된다. 모형의 매개변수의 수가 많지 않을 경우에는 비교적 쉽게 강우-유출관계를 모의할 수 있어서 현재까지도 수문모의를 위한 실무에 주로 사용되어 왔다. 그러나, 유역의 공간적 유출특성변화를 고려할 수 없고, 수문자료 부족으로 인한 모형검정에 어려움이 있을 뿐만 아니라, 유역특성의 장래 변화를 고려하기 위한 매개변수의 결정 등이 쉽지 않다. 이와 같은 집체형 모형의 단점을 보완하기 위해 개발되어온 수문모의모형이 물리기반의 분포형 모형이라 할 수 있다.

분포형 모형의 기본이론이나 기 개발된 대표적인 모형에 대해서는 제12.6절에서 개략적으로 소개하기로 하고, 여기서는 집체형 매개변수를 사용하는 단일사상모형과 연속형 모형에 대하여 살펴보기로 한다.

12.3.1 집체형 모형에 의한 수문모의기법의 기본

집체형 모형에 의한 수문모의기법은 시간에 따라 항상 변화하는 물 순환과정을 형성하는 성분과정(成分過程)들 간의 상호작용을 개념적으로 표시하고, 이를 각 과정의 성분모형화 이론에 의해 통합하는 방법으로서 물의 생성이라든지 순환 및 분포, 화학적 및 물리적 성질, 그리고 물과 주위환경 간의 상호작용 등 물 순환의 여러 면모에 대한 관측 자료를 필요로 한다.

그림 12.1은 집체형 모형에 의한 수문모의기법을 설명하기 위한 것이다(Fleming, 1975). 그림의 왼쪽에 표시된 것은 자연계의 대단히 복잡한 특성을 가지는 유역으로서 물리계(物理系, physical system)이고 오른쪽에 표시한 것은 이 실제의 물리계를 개념적으로 표시한 모형계

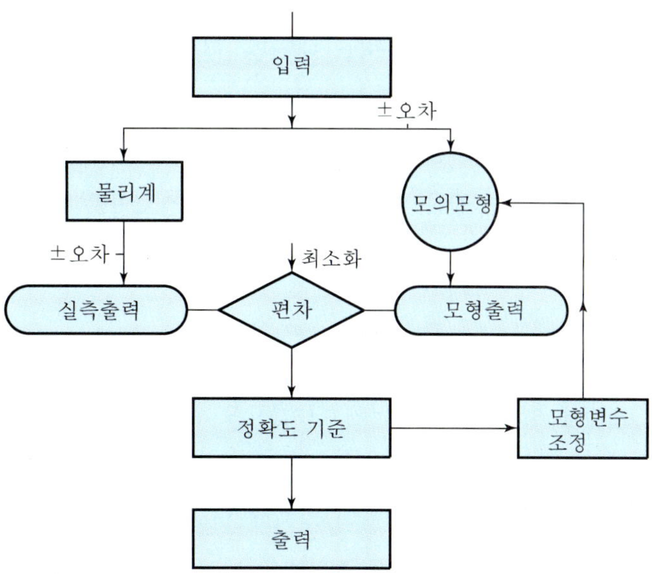

그림 12.1 집체형 모형에 의한 수문모의기법의 적용 흐름도

(模型系)로서 이들 모형의 개발과 검정 및 응용이 바로 확정론적 수문모의기법의 전부인 것이다. 따라서 이하에서는 그림 12.1에 표시한 바와 같은 집체형 모형을 확정론적으로 모의하는 절차를 단계별로 살펴보기로 한다.

12.3.2 모형의 입력 및 출력자료의 선정

모의모형을 개발하기 위해서는 우선 물 순환과정을 하나의 폐합계(閉合界, closed system)로 보고 이 계의 입력 및 출력자료를 정의해야 한다. 수문계통에 대한 입력자료는 강수량 및 기타의 수문기상변수(水文氣象變數, hydrometeorological parameter), 유역특성을 표시하는 물리변수(物理變數, physical parameter), 그리고 과정변수(過程變數, process parameter) 등이다. 물리변수란 유역 내의 물의 분포나 흐름에 영향을 미치는 지형학적 인자를 주로 의미하며, 과정변수는 유역의 지표면상이나 지하에서의 물의 흐름이나 저류상태에 영향을 미치는 침투, 침루, 중간유출, 지하수유출 등을 양적으로 표시하는 변수를 의미한다. 여기서, 유역으로부터의 출력자료에는 하천유출률이라든지 유출용적, 증발량 등이 포함된다.

입력과 출력의 시간 및 공간적 변화는 통상 측정에 의해 양적으로 표시된다. 그러나 이러한 측정은 물의 시간 및 공간적 변동성을 측정하는 방법의 불확정성과 관측오차 때문에 유역의 입력과 출력에 대한 완전한 정보를 항상 획득한다는 것은 불가능하다. 따라서 그림 12.1에 표시된 바와 같이 모형의 입력은 양(+) 혹은 음(−)의 오차를 내포하게 된다. 반면에 실제의 물리계는 진(眞) 입력을 받아 진 출력을 내지만, 이 진 출력을 양적으로 측정하는 과정에서 역시 양 혹은 음의 오차를 발생시키게 된다.

실제의 물리계에서 일어나는 과정을 모형에 의해 모의하면 입력의 측정오차의 영향을 내포하는 모의출력을 얻을 수 있다. 모의출력은 다시 측정오차를 내포하는 출력기록과 비교함으로써 모형이 물리계를 얼마나 근사하게 대표하는가를 표시하는 모형의 정확도를 평가할 수 있다.

12.3.3 모형의 구조선택

모의모형 개발에 있어서의 두 번째 단계는 모형의 구조를 선택하는 것이다. 모형의 구조선택을 위해서는 우선 유역의 수문학적 반응(hydrologic response)을 주로 지배하는 개개 성분과정을 밝혀서 물의 순환에 관한 개념적 지식에 의해 흐름도(flow chart)를 작성하는 것이 통상이다. 모형의 구조의 복잡성은 물의 순환과정을 구성하는 성분과정을 얼마나 정밀하게 고려하느냐에 달려 있다. 즉, 후술하게 될 연속형 모형인 Stanford Watershed Model-IV(1966)에서처럼 물 순환에 포함되는 모든 성분과정을 일일이 고려하려면 대단히 복잡해지지만 모형의 개발목적에 따라 몇몇 성분과정을 무시할 수 있을 경우에 구조는 상대적으로 단순해진다.

이와 같이 모형의 구조가 선택되고 나면 각 성분과정을 가장 잘 대표할 수 있는 수학방정식을 개개 이론에 의거 선택하여 흐름도로 표시된 모형의 구조에 맞도록 컴퓨터 프로그램 내에서 각 성분과정을 연결시키게 된다. 이들 수학방정식은 침투율이라든지 토양함유량, 지하수유출률 등 자연계에서 실제로 일어나는 과정에 물리적 상관성을 가지는 전술한 바의 과정변수를 포함하게 되며, 유역으로의 입력은 이 과정변수 및 물리변수와 함께 어떤 시점에 있어서의 수문계통의 반응을 지배하게 되는 것이다. 이와 같은 모형에 의한 수문계의 모의를 위해서는 일반적으로 측정이 가능한 입력과 물리변수의 양적 서술이 필요할 뿐 아니라, 측정이 어려운 과정변수의 결정을 위해서는 후술할 모형의 검정절차에 의해 개략적인 값을 산정하게 된다.

12.3.4 정확도 기준에 의한 모형의 검정

모형의 정확도를 평가하기 위한 기준을 설정하는 문제는 모형의 모의과정에서 과정변수를 조정하는 기준과 동일하므로 모형의 검정(模型의 檢正, model calibration)에 있어서 대단히 중요한 것이다. 모형의 정확도의 근본기준은 실유역으로부터의 출력기록값과 모형에 의해 모의된 출력값 간의 편차를 최소로 하는 것이며, 이를 식의 형태로 표시하면 다음과 같다.

$$\text{CRITERION OF ACCURACY} = \left|\sum (Q_o - Q_s)^2\right|_{\text{minimized}} \tag{12.1}$$

여기서, Q_o와 Q_s는 각각 관측된 출력값(하천유량)과 모의발생된 출력값을 의미한다.

소요되는 모형의 정확도를 얻기 위해서는 과정변수의 값을 여러 가지로 변화시켜 가면서 컴퓨터에 의한 시산을 행하지 않으면 안되며, 매 시산시마다 식 (12.1)로 표시되는 정확도 기준이 향상되도록 과정변수를 조정하게 된다. 과정변수의 적절한 조정으로 선정된 정확도 기준이 만족되면 모형의 검정은 끝나게 되고, 과정변수의 최종적인 값도 확정된다. 이러한 검정절차는 과정변수의 수가 하나 혹은 두 개뿐일 경우는 비교적 간단하나, 변수가 너무 많아지면 여러 과정변수들의 가능한 조합이 엄청나게 늘어나므로 시산이 실질적으로 불가능하게 될 경우도 있다.

12.3.5 모의된 모형의 응용분야

이상과 같이 모형의 구조가 선택되고 실측자료와 과정변수의 조정에 의해 모형이 검정되면 여러 가지 종류의 수문학적 분석을 위해 모의된 모형을 응용할 수 있다. 모형의 응용분야를 크게 나누면 수문자료의 체계적 관리와 수문학적 설계, 수문시스템의 운영조작 및 분석, 하천유역의 수자원 최적관리 및 수문학 분야의 교육 및 연구 등을 들 수 있으며, 응용의 더 자세한 내용에 대해서는 후술하기로 한다.

12.4 기 개발된 집체형 수문모의모형

1960년대 초부터 최근까지 개발되어온 확정론적 수문모의모형 중 대부분은 집체형 수문모의모형이며, 분포형 모형은 1990년대 이후부터 연구개발되어 왔다.

표 12.1에는 최근까지 개발되어 온 수많은 확정론적 수문모의모형 중 실무에 많이 사용되고 있는 대표적인 집체형 모형을 단일사상 모형(single-event models)과 연속형 모형(continuous models)으로 구분하여 수록하였으며, 도시유역유출 모형(urban runoff models)은 다루는 유출기구(流出機構, runoff mechanism)가 자연하천유역과 차이점이 크므로 별도로 구분하여 수록하였으나 대부분의 경우 연속형 모형이 아니라 단일사상 모형에 속한다. 표 12.1에서 보는 바와 같이 대부분의 모형들은 미국 등 선진국의 대학교 혹은 연방정부기관에 의해 개발되었으며, 모형에 따라 입력자료의 종류와 양도 다양할 뿐 아니라 상당량의 입력자료값(1~10%)을 모형의 사용자가 판단에 의해 결정해야 하는 경우가 대부분이나, 이는 모형의 검정과정(calibration procedure)을 거치면서 반복시산과정을 통해 적정한 값으로 보완할 수 있다.

표 12.1에 수록된 수문모의모형들은 대표적인 집체형 모형들이나 이 중에서도 실무사용빈도가 높은 몇 가지 단일사상 모형 및 연속형 모형에 대하여 보다 상세하게 소개하기로 한다.

표 12.1 기 개발된 주요 집체형 수문모의모형

코드명	모형의 이름	개발기관명	개발연도
	강우-유출관계 단일사상 모형		
HEC-1	HEC-1 Flood Hydrograph Package	HEC	1973
HEC-HMS	Hydrologic Modeling System	HEC	1998
TR-20	Computer Program for Project Hydrology	SCS	1973
USGS	USGS Rainfall-Runoff Model	USGS	1972
HYMO	Hydrologic Model Computer Language	ARS	1972
	도시유역유출 모형(단일사상 혹은 연속형 모형)		
UCUR	University of Cincinnati Urban Runoff Model	University of Cincinnati	1972
STORM	Quantity and Quality of Urban Runoff	HEC	1974
MITCAT	MIT Catchment Model	MIT	1970
SWMM	Storm Water Management Model	EPA	1971
ILLUDAS	Illinois Urban Drainage Area Simulator	Illinois State Water Survey	1972
DR3M	Distributed Routing Rainfall-Runoff Model	USGS	1978
TR-55	Technical Release 55	SCS	1986
MOUSE	Modeling of Urban Drainage System	DHI	1999
	연속형 유출모형		
API	Antecedent Precipitation Index Model	Private	1969
USDAHL	USDA Hydrograph Laboratory Watershed Model	ARS	1970
SWM-IV	Stanford Watershed Model IV	Stanford University	1966
HSPF	Hydrocomp Simulation Program—FORTRAN	EPA	1967
NWSRFS	National Weather Service Runoff Forecast System		1972
SSARR	Streamflow Synthesis and Reservoir Regulation	COE	1958
Tank Model	Tank Model	Sugawara et al.	1984
SWRRB	Simulator for Water Resources in Rural Basins	USDA	1990
SWAT	Soil and Water Assessment Tool	ARS	1994

주: HEC: Hydrologic Engineering Center, U.S. Army Corps of Engineers(COE)
SCS: Soil Conservation Service, U.S. Department of Agriculture
USGS: U.S. Geological Survey
EPA: U.S. Environmental Protection Agency
ARS: Agricultural Research Service, U.S. Department of Agriculture
USDA: U.S. Department of Agriculture
DHI: Danish Hydraulic Institute, Denmark

12.4.1 단일사상 강우-유출 모형

하천유역에서의 극심한 홍수는 단기간 동안의 고강도 강우사상으로 인해 발생하며 단일사상 강우-유출 모형은 이들 강우사상의 발생기간 동안이나 종료 직후의 유출을 모의하기 위해 사용된다. 단일사상 모형은 주로 강우로 인한 첨두홍수량(尖頭洪水量, peak flow)을 결정하거나 혹은 홍수용적을 결정하기 위해 유출 전 기간 동안의 유출수문곡선을 계산하는 데 사용된다.

단일사상 모의모형의 구조는 제8장에서 소개한 강우-유출관계에 의하며 대부분의 경우 단위유량도 방법과 같은 집체형 매개변수 모형을 사용하는 것이 보통이다. 그림 12.2에서와 같이 분석대상유역을 우선 유역특성이 비슷한 몇 개의 소유역으로 분할한 후 유역출구로부터 가장 멀리 떨어져 있는 소유역으로부터 하류방향으로 단위도를 적용하여 유출계산을 해 내려가게 된다. 그림 12.2의 분할 소유역 $A, B, \cdots, E$로부터의 유출은 각각 독립적으로 계산되어 하류로 추적되고, 선정된 지점에 대해 수문곡선을 합성함으로써 유출수문곡선을 계산하게 된다. 발생한 호우를 대표하는 입력매개변수값을 부여하여 최상류의 분할 소유역인 B로부터의 유출수문곡선을 계산하고, 소유역 A로부터의 유출도 마찬가지 방법으로 계산한 후, 두 수문곡선을 단일수문곡선으로 합성하게 되며, 합성한 수문곡선을 하도 C를 따라 저수지 R의 상류단부까지 추적하며, 이 지점에서 소유역 C 및 D로부터 계산된 수문곡선을 다시 합성하게 된다. 이와 같이 저수지 R의 입구부에서 3개의 수문곡선을 합성하여 얻어진 수문곡선을 저수지 R을 통해 저수지 추적한 후 이를 다시 유역출구까지 하도 E를 따라 추적한 후 소유역 E로부터 계산한 수문곡선을 이에 합성함으로써 유역출구에서의 최종적인 유출수문곡선을 얻게 된다.

이상에서 설명한 분할 소유역들로부터의 수문곡선계산은 대부분의 경우 단위유량도를 사용하여 행하며 그림 12.3에 그 절차가 요약되어 있다.

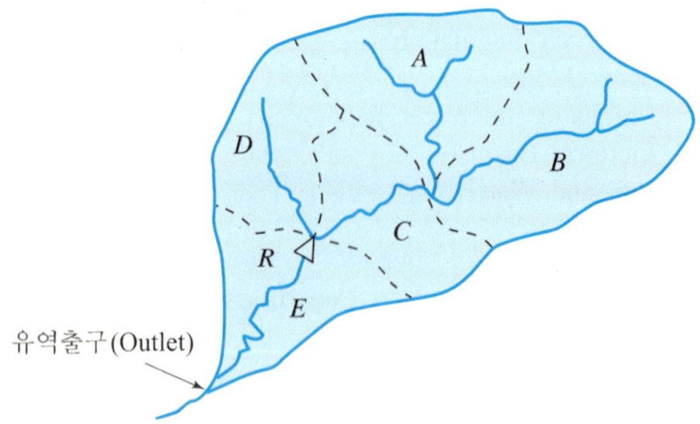

그림 12.2 소유역 분할 및 유출계산절차(단일사상 모의모형)

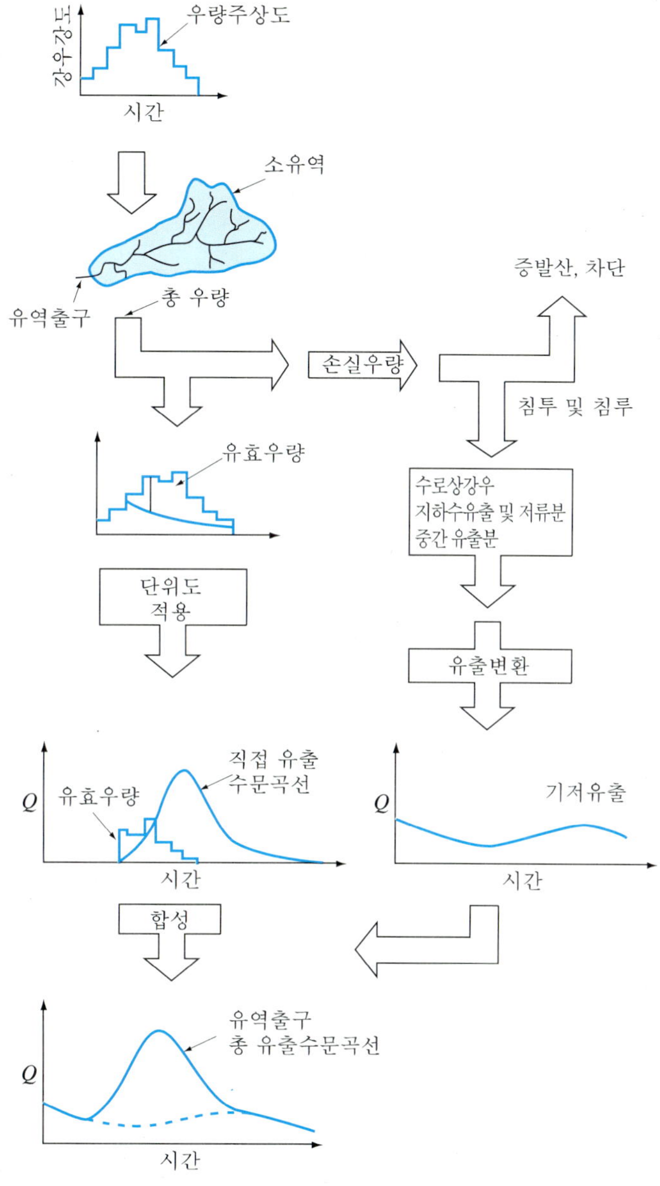

그림 12.3 강우-유출과정의 사상모의 모형화 절차
(집체형 매개변수시스템)

표 12.1의 단일사상 모형 중 자연하천유역에 많이 사용되고 있는 HEC-1, HEC-HMS, TR-20 모형과 도시유역유출 모형인 ILLUDAS, SWMM, DR3M 모형에 대해 개략적인 소개를 하기로 하며, 실무에서 자연하천유역에 많이 적용되는 HEC-1 및 HEC-HMS와 도시하천유역에 많이 적용되는 SWMM은 각각 예제를 통해 실행하여 유출계산을 하는 예를 보이기로 한다.

1) HEC-1 Flood Hydrograph Package

HEC-1 모형은 미국육군공병단(U.S. Army Corps of Engineers)의 수문공학연구소(Hydrologic Engineering Center, HEC)에서 하천유역에 내린 강우로 인한 지표면 유출과정을 모의하기 위해 1973년에 공식적으로 발표한 전산프로그램으로 1967년부터 수년에 걸쳐 개발되었다. HEC-1에 의해 강우로부터 직접유출로의 변환을 위해서는 그림 12.4에서처럼 전체 유역을 몇 개의 소유역으로 분할하여 소유역으로부터의 유출을 단위도법으로 계산하고, 하도 및 저수지 홍수추적을 하며, 지류의 본류 합류점에서 합성하는 절차를 반복함으로써 지점별 홍수수문곡선을 계산해 나간다. HEC-1에 의한 유역으로부터의 유출모의는 Hoggan(1997)과 HEC-1 사용자 매뉴얼(1990)에 잘 소개되어 있으며, 프로그램의 유출계산수행능력을 요약하면 다음과 같다.

- 역사적인 강우 혹은 설계 강우로 인한 유역지표면 유출 및 하천유출을 모의할 수 있다.
- 계측된 유역의 강우 및 유출자료로부터 단위도와 강우손실률, 유출추적 매개변수들을 결정할 수 있다.
- 저수지라든지 하도저류와 같은 홍수조절시설의 효과를 모의할 수 있다.
- 홍수피해 빈도곡선(flood damage frequency curves)과 예상되는 연평균 피해액을 하천의 여러 지점에 대하여 계산할 수 있으며, 홍수조절시설물의 홍수피해 경감효과도 산정이 가능하다.

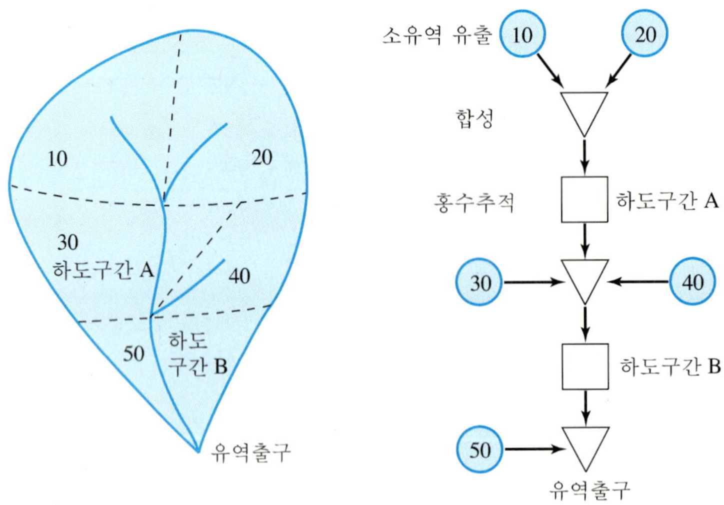

그림 12.4 HEC-1 모형의 계산흐름 모식도

가) 소유역 및 하도구간의 분할

HEC-1 모형은 집체형 매개변수모형(lumped-parameter model)에 속하므로 유출계산을 위한 매개변수는 시간 및 공간적으로 평균한 대표값을 사용한다. 분할하는 소유역의 크기와 하도구간의 길이 및 계산시간 간격 등은 유역의 지형특성과 강우자료 및 하천유량 자료의 가용성 정도와 모의의 정확도 수준 등을 고려하여 결정하게 된다. 전체 대상유역은 그림 12.4에서 보는 바와 같이 지형을 고려하여 유역의 특성이 유사한 소규모 유역으로 분할하는 것이 좋으며, 단위유량도 이론의 적용한계를 고려하여 1~10 mi^2(2.6~26 km^2)의 소유역 분할이 추천되고 있다. 또한, 하도추적구간은 홍수파의 구간 통과시간이 계산시간 구간(computation time step)보다 짧지 않도록 충분히 길게 잡는 것이 좋다.

나) 강우

강우량 P는 관측자료 혹은 설계강우를 사용하여 그림 12.4에서와 같이 각각 분할된 소유역에 대하여 계산된다.

HEC-1에서는 각 분할 소유역에 대한 시간구간별 강우량이나, 총 누가강우량 P와 그의 시간분포, 혹은 각 분할 소유역에 대한 우량관측점별 강우량 자료와 우량가중인자를 사용하여 결정한다. 표준적인 설계호우(design storm)로는 우량깊이-강우지속기간 관계, 가능최대강수량(可能最大降水量, Probable Maximum Precipitation, PMP) 및 표준 설계 강우량(標準設計 降雨量, Standard Project Storm, SPS)의 형태로 사용된다. 강우량 자료는 일정시간 간격으로 모형에 입력되어야 하나 이 시간간격이 수문계산 시간간격과 꼭 일치할 필요는 없다. HEC-1은 강설(降雪)현상과 융설(snowmelt)로 인한 유출계산을 하는 데 적용될 수도 있으나 이에 대해서는 생략하기로 한다.

다) 우량손실률의 분석

HEC-1 모형은 차단이나 침투로 인한 강우량의 손실을 계산하기 위해 표 12.2와 같이 4가

표 12.2 HEC-1 손실우량 계산방법

손실우량 계산방법	HEC-1 입력 변수명
초기손실 및 일정률 손실방법	LU
HEC 지수함수형 손실률 방법	LE
SCS 유출곡선지수법	LS
Holtan 방법	LH
Green and Ampt 방법	LG

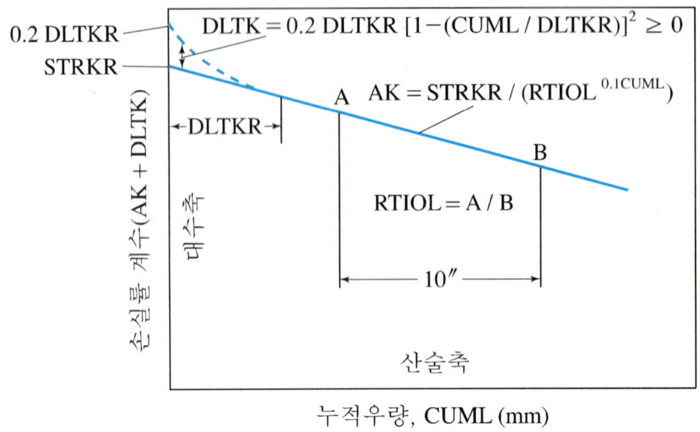

그림 12.5 HEC-1의 우량손실률 함수

지 모형을 포함하고 있다. 가장 간단한 모형은 초기손실 및 일정률 손실함수(initial and constant loss rate function)로서 강우초기에 초기손실이 충족되고 나면 나머지 기간은 Φ-index(제5장)와 같이 일정 손실률로 강우손실이 발생하는 것으로 보는 방법이다.

두 번째 손실 모형은 HEC의 지수함수형 손실률(exponential loss rate) 모형으로서 손실률은 누적강우손실량의 함수이며, 토양함유 수분량과 관계가 있다고 보는 것이다. 손실우량 계산을 위한 공식은 다음과 같으며 그림 12.5의 반 대수지상에 표시하였다.

$$ALOSS = (AK + DLTK)PRCP^{ERAIN} \tag{12.2}$$

$$DLTK = 0.2DLTKR[1 - (CUML/DLTKR)]^2 \quad \text{for } CUML \le DLTKR \tag{12.3}$$

$$AK = STRKR/(RTIOL)^{0.1CUML} \tag{12.4}$$

여기서, ALOSS는 계산시간구간 동안의 손실률(mm/hr)이며, AK는 시간구간 초기의 손실률 계수, DLTK는 누적손실량 CUML 중의 초기손실량 DLTKR(mm)에 해당하는 기간 동안의 손실률 계수의 증분(增分)을 표시하며, 누적손실량 CUML은 각 계산시간구간에 대하여 실제로 계산한 손실량을 전부 합하여 계산한다. 또한, DLTKR은 손실률 계수가 증가한 기간 동안의 초기누적 손실량을 표시하며, 주로 선행 토양함수미흡량(先行 土壤含水未洽量, antecedent soil moisture deficiency)의 함수이다. STRKR은 그림 12.5에서 보는 바와 같이 지수함수형 우량손실곡선의 시점 손실률 계수로서 유역의 침투능의 함수이므로 토양형, 토지이용상태 및 식생피복상태에 의해 결정된다고 본다.

식 (12.4)의 RTIOL은 그림 12.5에서와 같이 지수함수형 우량손실곡선상에서 10 inch(혹은

25 mm) 차이의 누적손실량에 해당하는 두 점에 상응하는 손실률 계수의 비(比)를 표시하며 유역표면의 침투능에 비례한다. 식 (12.2)의 ERAIN은 유역의 평균손실특성에 미치는 강우의 영향을 반영하는 매개변수로 0~1.0 사이의 값을 가진다.

일반적으로 지수형 손실률 모형은 2변수 침투모형으로 해석하는 것이 더 편리한 경우가 많다. 초기손실 및 일정률 손실함수로 표시하려면 식 (12.2)~(12.4)에서 ERAIN = 0, RTIOL = 1.0으로 놓으면 되고 초기손실 없이 손실률 함수가 지수함수적으로 감소하도록 하려면 ERAIN = 0, DLTKR = 0으로 놓으면 된다.

강우손실률의 결정을 위한 HEC-1의 세 번째 모형은 SCS 유출곡선지수법(제5장)으로 유역의 평균 CN값에 의해 누가강우량에 상응하는 누가유효우량(직접유출량)을 시간구간별로 결정해 나감으로써 강우손실률이 자동적으로 결정된다.

네 번째 모형은 Holtan 모형(제5장)으로 침투율을 토양수분 함유량의 멱함수 관계로 계산하는 것이며, 1990년 HEC Version에서는 Green-Ampt 모형이 추가되었다. 이 모형은 침투관련 매개변수를 직접 측정할 수 있으면 가장 정확한 모형이라 할 수 있다. 즉, 시간별 침투율의 결정에 필요한 토양의 수리전도율(hydraulic conductivity)이라든지, 습윤면(wetting front)에서의 모세흡인력, 토양공극률, 토양수분 함유량 등을 측정하면 Green-Ampt 공식에 의해 침투율이 계산된다.

라) 분할 소유역의 유출계산

HEC-1에서 지표수 유출계산을 위한 방법에는 표 12.3에서 보는 것처럼 여러 가지가 있으며, 사용자가 이 중 한 가지를 선택하게 되어 있다.

표 12.3 HEC-1에서의 지표수 유출계산방법

유출계산방법	HEC-1 입력변수명
단위도의 직접입력법	UI
Clark 순간단위도법	UC
Snyder 합성단위도법	UD
SCS 무차원 단위도법	US
표면류의 운동파 추적법	UK

Clark 순간단위도법은 제 9.7.4절에서 소개한 바와 같이 유역에 등시간선을 그려 작성하는 시간-면적주상도에 유효우량주상도를 회선(迴旋, convolution)시켜 직접유출수문곡선을 계산한 후 유역출구에서의 가상 선형저수지(假想 線型貯水池)를 통해 홍수추적함으로써 유역으로부

터의 홍수수문곡선을 계산하게 된다. Clark 방법에서의 매개변수는 유역의 집중시간 TC와 저류상수 R이며, 이의 결정방법에 대해서는 제 9.7.4절에서 상세히 소개한 바 있다.

Clark 방법에서 필요한 시간-면적관계 곡선의 작성은 자연하천유역의 경우 지도작업으로는 쉽지 않으므로 HEC-1 프로그램에서는 일반화된 유역의 모양으로부터 시간-면적관계곡선을 합성(合成)하여 사용하며 다음 관계식에 의한다.

$$AI = 1.414\,T^{1.5} \quad \text{for} \quad 0 \leq T < 0.5 \tag{12.5}$$

$$1 - AI = 1.414(1-T)^{1.5} \quad \text{for} \quad 0.5 < T < 1 \tag{12.6}$$

여기서, T는 유역의 집중시간(TC)에 대하여 분수(分數, fraction)값으로 표시한 무차원 시간이며, AI는 유역의 총 면적에 대하여 분수로 표시한 무차원 누가면적이다.

한편, 표 12.3의 Snyder 합성단위도법과 SCS 무차원 단위도법의 적용원리에 대해서는 제 8.12절에서 상세하게 소개한 바 있으며, 표면류의 운동파 추적법(kinematic wave routing method)에 대해서는 제10.4절에서 이미 소개한 바 있으며, HEC-1에서 적용방법도 이미 설명된 내용과 동일하므로 부연설명은 생략하기로 한다.

마) 기저유출의 계산

HEC-1에서는 홍수수문곡선의 기저유량은 그림 12.6에서처럼 홍수상승부 시작 전의 유량(Q_0)과 수문곡선 하강부에서의 지수함수형 감수율(RTIOR), 그리고 하강부 곡선상에서의 감수 시작점 유량(recession threshold, Q_R) 등을 매개변수로 하여 모의하게 된다. 이들 3개의 매개변수는 통상 홍수수문곡선을 반 대수지(semi-log paper)에 도시(대수축에 유량, 산술축에 시간 표시)하면 결정할 수 있다. 매개변수 Q_R은 수문곡선의 하강부가 반 대수지상에서 직선으로 표시되는 시점에서의 유량을 취하여 결정할 수 있으며, 첨두홍수량에 대한 백분율(5~15%)

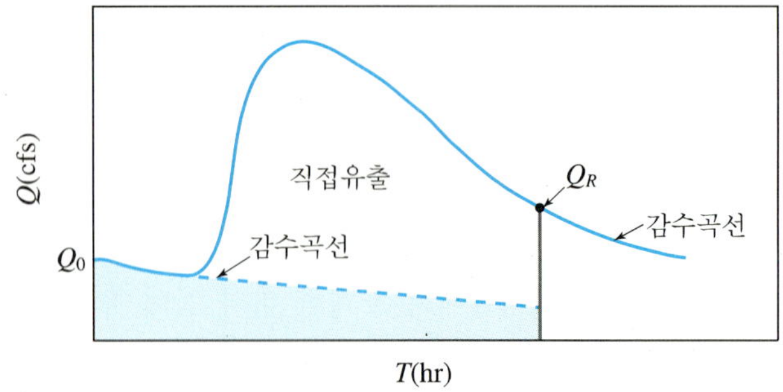

그림 12.6 수문곡선의 구성

로 Q_R을 결정하기도 한다. 한편, RTIOR은 반 대수지상에 직선으로 표시되는 감수곡선의 기울기를 취하게 된다.

HEC-1에서 감수곡선부의 기저유량은 다음 식으로 계산한다.

$$Q = Q_0 (\mathrm{RTIOR})^{-n\Delta t} \tag{12.7}$$

여기서, Q_0는 홍수상승부 이전의 기저유량이며, RTIOR은 감수곡선상에서 $t = 1\,\mathrm{hr}$ 이격된 두 시각에서의 유량비(流量比)를 표시하며, Q는 $n\Delta t$의 종점시각에서의 기저유량이다. 따라서, 기존의 계측자료로부터 Q_0, Q_R, RTIOR을 결정하고 나면 식 (12.7)에 의해 그림 12.6에 표시한 바와 같은 기저유량을 계산할 수 있다.

바) 홍수추적

홍수추적은 하천을 따라 홍수파가 하류로 이동하는 형태를 계산하는 것으로서 HEC-1에는 표 12.4에서 보는 바와 같이 4개의 홍수추적방법이 포함되어 있으며, 이들 홍수추적방법에 대해서는 제9장 및 제10장에서 상세하게 소개한 바 있다. 실제로 HEC-1에 의한 홍수추적을 위해서는 흐름조건과 가용한 자료에 따라 어느 하나의 하도추적방법을 선택해서 적용해야 하며 추적하도구간에 저수지가 있을 경우에는 Modified Puls 추적방법을 적용하게 된다.

표 12.4 HEC-1에서의 홍수추적방법

홍수추적방법	HEC-1 입력변수명
Muskingum 하도추적방법	RM
Muskingum-Cunge 하도추적방법	RD
Modified Puls 저수지 추적방법	RS
운동파(kinematic wave) 추적방법	RK

사) HEC-1의 기타 특장점

HEC-1의 기타 특장점(特長點)으로는 세 가지를 들 수 있다. 첫째로, HEC-1 모형의 검정(檢正, calibration)은 모형 매개변수의 최적화 알고리즘을 사용하여 관측수문곡선과 모의수문곡선을 비교함으로써 이루어진다. 따라서, 홍수수문곡선의 계산지점에서 관측된 여러 개의 수문곡선이 있어야 검정이 가능하다.

HEC-1 모형의 특정 매개변수에 대하여 적절한 값을 시행착오적으로 부여한 후 과거우량자료를 사용하여 모형으로 유출계산을 한 결과를 실제로 관측된 수문곡선과 비교하게 되며, 이 과정을 반복하여 계산된 수문곡선과 실측수문곡선이 허용범위 내에서 일치할 때의 매개변수

값을 최종적으로 선택하게 된다.

HEC-1 모형에는 위에서 설명한 바와 같은 시행착오적 매개변수 결정방법 이외에 자동최적화 알고리즘(automatic optimization algorithm)이 내장되어 있다. 최적화 방법에서는 매개변수값의 범위가 주어진 조건하에서 다음과 같은 목적함수(目的函數, objective function)가 최소값이 되도록 한다.

$$\text{STDER} = \sqrt{\sum_{i=1}^{N}(QOBS_i - QCOMP_i)^2\left(\frac{WT_i}{N}\right)} \tag{12.8}$$

여기서, STDER은 평방근 평균오차(root mean square error)이고 $QOBS_i$는 시각 i에서의 관측수문곡선의 종거(유량), $QCOMP_i$는 HEC-1으로 계산된 시각 i에서의 수문곡선종거, N은 수문곡선의 종거수, WT_i는 첨두유량(peak flow)의 정확한 재연을 위한 i시각에서의 가중인자이다.

둘째로, HEC(1990)는 미계측유역에 HEC-1 모형을 쉽게 적용할 수 있도록 하기 위해 빈도분석방법과 매개변수의 지역화 방법 등을 사용하는 모델링 기법에 대한 상세한 정보를 제공하고 있으며, 모형매개변수의 특성에 관한 이해가 미계측유역의 모델링에 대단히 중요하므로 3가지 사례연구결과에 대해 상세히 설명하고 있다.

세 번째로, HEC-1 모형은 홍수조절 프로젝트의 평가에 폭넓게 사용될 수 있다. 대상하천유역에 대한 최대우량-유역면적-강우지속기간(Depth-Area-Duration, DAD)관계를 수립할 수 있으며, 여러 개의 호우사상에 대한 동시 유출계산 및 계산결과의 상호 비교가 가능하며, 몇 개의 홍수조절 대안을 한꺼번에 분석할 수도 있다. 또한, 대상하천의 임의지점에 대한 연 홍수피해예상액을 추정하는 등의 치수 경제분석도 할 수 있는 등 HEC-1의 홍수관련 모의능력은 대단히 광범위하다 할 수 있다.

다음 예제는 자연하천유역에 대한 HEC-1의 실행 예이다.

예제 12.1 HEC-1 모형을 이용하여 유역면적 2,703 km^2인 소양강댐 유역의 1995년에 발생한 대홍수시의 유출량을 산출하고자 한다. 손실량 및 유효우량의 계산은 SCS 유출곡선지수법, 단위도 및 홍수추적은 Clark 단위도법 및 Muskingum 방법을 적용하라. 소양강댐 유역도는 그림 12.7과 같으며, 유출량 산정에 필요한 강우관련자료는 표 12.5 및 표 12.6과 같고 유역특성 인자 및 매개변수는 표 12.7~표 12.9와 같이 산정된 것으로 가정하여 주요 지점별 홍수수문곡선을 계산하고 첨두홍수량을 결정하라.

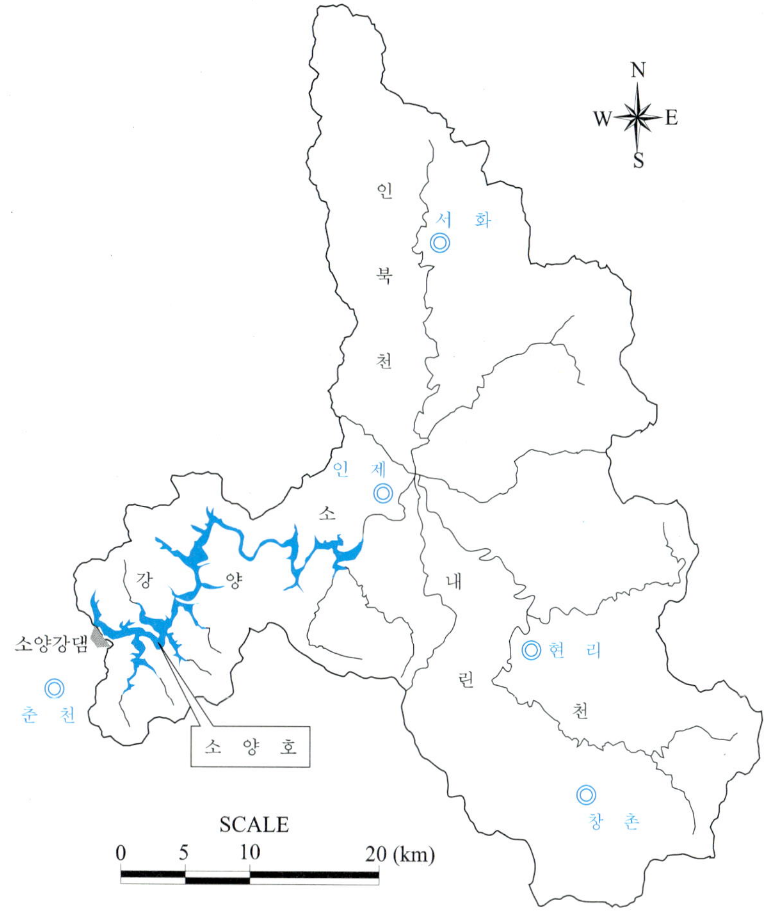

그림 12.7 소양강댐 유역도

1) 강우자료

1995년 홍수발생일자는 8월 23일 01 : 00부터 8월 27일 11 : 00까지이며 소양강댐 유역에는 총 12개의 우량관측소가 있으나, 1995년 홍수당시의 강우자료는 5개의 관측소(서화, 현리, 인제, 창촌, 춘천)에서만 기록되었다. 관측된 관측소별 강우자료는 표 12.5에 수록되어 있으며, 이들 관측소의 지배면적 및 Thiessen 가중치는 표 12.6과 같이 산정되었다.

표 12.5 관측소별 시간우량자료 (1995년 8월 23일 ~ 27일)

일/시	관측우량 (mm)				
	서화	현리	인제	창촌	춘천
23/01	0.0	0.0	0.0	0.0	0.0
23/02	0.0	0.0	0.0	0.0	0.0
23/03	0.0	0.0	0.0	0.0	0.0
23/04	0.0	0.0	0.0	0.0	0.0
23/05	0.0	0.0	0.0	0.0	0.0
23/06	0.0	0.0	0.0	0.0	0.0
23/07	0.0	0.0	0.0	0.0	0.0
23/08	0.0	0.0	0.0	1.0	0.0
23/09	0.0	0.0	0.0	2.0	3.5
23/10	5.0	1.0	5.0	9.0	3.6
23/11	6.0	1.0	9.0	3.0	0.6
23/12	6.0	1.0	0.0	0.0	2.2
23/13	2.0	0.0	2.0	0.0	1.2
23/14	2.0	0.0	3.0	0.0	5.4
23/15	7.0	1.0	6.0	1.0	8.0
23/16	6.0	1.0	8.0	2.0	10.0
23/17	4.0	1.0	5.0	1.0	2.5
23/18	8.0	0.0	9.0	4.0	9.0
23/19	11.0	1.0	18.0	1.0	9.4
23/20	5.0	0.0	5.0	14.0	4.1
23/21	2.0	0.0	4.0	7.0	5.7
23/22	3.0	0.0	5.0	7.0	6.0
23/23	4.0	0.0	8.0	7.0	7.8
23/24	6.0	1.0	7.0	13.0	9.7
24/01	4.0	0.0	5.0	9.0	5.5
24/02	2.0	0.0	5.0	7.0	2.0
24/03	18.0	0.0	1.0	5.0	6.7
24/04	11.0	0.0	9.0	1.0	4.8
24/05	12.0	0.0	8.0	4.0	6.0
24/06	28.0	1.0	16.0	4.0	27.5
24/07	23.0	0.0	7.0	16.0	3.9
24/08	6.0	2.0	10.0	5.0	19.2
24/09	6.0	0.0	21.0	9.0	18.2
24/10	7.0	0.0	8.0	3.0	15.5
24/11	5.0	0.0	18.0	1.0	8.8
24/12	7.0	1.0	24.0	0.0	3.5
24/13	1.0	0.0	13.0	0.0	0.0
24/14	5.0	0.0	1.0	0.0	0.0
24/15	1.0	0.0	1.0	1.0	0.8
24/16	1.0	0.0	1.0	0.0	1.7
24/17	2.0	0.0	5.0	14.0	27.6
24/18	7.0	0.0	14.0	6.0	4.8
24/19	12.0	1.0	2.0	0.0	1.1
24/20	1.0	0.0	0.0	18.0	0.6
24/21	0.0	0.0	4.0	6.0	0.1
24/22	0.0	0.0	3.0	9.0	0.5
24/23	1.0	2.0	0.0	11.0	1.2
24/24	0.0	0.0	1.0	9.0	0.5
25/01	0.0	0.0	0.0	3.0	1.5
25/02	1.0	0.0	3.0	9.0	1.3
25/03	10.0	0.0	3.0	9.0	3.7
25/04	22.0	0.0	1.0	6.0	1.1
25/05	1.0	0.0	1.0	7.0	7.4
25/06	34.0	0.0	16.0	8.0	33.5
25/07	16.0	0.0	19.0	3.0	4.2
25/08	4.0	0.0	5.0	9.0	5.8
25/09	2.0	0.0	6.0	15.0	7.5
25/10	12.0	2.0	19.0	17.0	12.7
25/11	2.0	0.0	11.0	10.0	7.0
25/12	5.0	0.0	18.0	9.0	5.8
25/13	1.0	0.0	2.0	6.0	1.5
25/14	0.0	0.0	0.0	4.0	2.2
25/15	0.0	0.0	3.0	2.0	3.7
25/16	1.0	0.0	1.0	0.0	2.5
25/17	0.0	0.0	0.0	0.0	0.3
25/18	0.0	0.0	1.0	0.0	0.5
25/19	0.0	0.0	0.0	0.0	0.2
25/20	0.0	0.0	0.0	0.0	0.0
25/21	0.0	0.0	0.0	0.0	0.1
25/22	0.0	1.0	0.0	0.0	0.0
25/23	0.0	0.0	0.0	0.0	0.1
25/24	1.0	0.0	1.0	1.0	0.4
26/01	0.0	0.0	1.0	1.0	1.0
26/02	0.0	0.0	1.0	0.0	0.3
26/03	1.0	0.0	2.0	1.0	2.5
26/04	2.0	1.0	5.0	7.0	5.2
26/05	2.0	0.0	5.0	2.0	4.6
26/06	4.0	0.0	2.0	4.0	7.2
26/07	3.0	0.0	17.0	2.0	5.4
26/08	1.0	0.0	1.0	0.0	1.3
26/09	6.0	0.0	6.0	1.0	3.8
26/10	2.0	0.0	3.0	1.0	5.4
26/11	1.0	0.0	0.0	2.0	1.3
26/12	0.0	1.0	0.0	1.0	0.3
26/13	0.0	0.0	0.0	0.0	0.1
26/14	0.0	0.0	1.0	0.0	0.4
26/15	1.0	2.0	3.0	0.0	2.7
26/16	3.0	5.0	1.0	2.0	1.3
26/17	1.0	4.0	1.0	1.0	1.2
26/18	1.0	1.0	2.0	3.0	2.1
26/19	4.0	1.0	4.0	2.0	4.9
26/20	5.0	1.0	2.0	1.0	6.0
26/21	5.0	2.0	3.0	2.0	4.8
26/22	3.0	1.0	3.0	2.0	0.0
26/23	3.0	1.0	1.0	1.0	0.0
26/24	2.0	0.0	0.0	0.0	0.0
27/01	0.0	0.0	1.0	1.0	1.0
27/02	24.0	6.0	13.0	6.0	7.6
27/03	10.0	15.0	21.0	3.0	15.7
27/04	7.0	13.0	8.0	2.0	11.3
27/05	5.0	3.0	6.0	1.0	3.7
27/06	1.0	3.0	2.0	3.0	0.7
27/07	0.0	0.0	0.0	4.0	0.0
27/08	0.0	0.0	0.0	0.0	0.0
27/09	0.0	0.0	0.0	0.0	0.0
27/10	0.0	0.0	0.0	0.0	0.0
27/11	1.0	0.0	0.0	0.0	0.0

표 12.6 소유역의 우량관측소별 Thiessen 가중치

유역	서화	현리	인제	창촌	춘천
인북천	0.84		0.16		
내린천		0.51	0.06	0.43	
소양호			0.60		0.40

2) 유역의 특성 및 매개변수

그림 12.7에 표시된 소양강댐 유역에 내린 강우의 손실량 및 유효우량의 계산을 위한 SCS 유출곡선지수와 Clark 단위도법을 적용하기 위한 매개변수인 도달시간(TC)과 유역 저류상수(R), 그리고 기저유출성분은 표 12.7과 같다. 또한 인북천과 내린천이 합류되는 지점에서 소양강댐까지 Muskingum 하도추적방법을 적용하기 위한 매개변수인 하도구간의 저류상수(K)와 무차원 상수(x)는 표 12.8과 같다.

표 12.7 소유역의 특성 및 매개변수

구분 (소유역)	Area (km^2)	Loss Rate Parameter	Clark's Parameter		Baseflow Parameter		
		SCS Curve Number (CN)	Time of Concentration TC (hr)	Storage Coefficient R (hr)	Initial Q (cms/km^2)	Recession Constant	Threshhold Q (ratio-to-peak)
인북천	923.8	78.3	5.51	6.30	0.12	0.034934	0.1
내린천	1069.3	84.5	6.68	7.23	0.12	0.034934	0.1
소양호	709.9	87.7	1.37	1.81	0.12	0.034934	0.1

표 12.8 하도추적을 위한 매개변수

From	To	Method	Number of Subreach	Routing Parameter
인북천-내린천 합류점	유역출구	Muskingum	1	Muskingum $K = 0.77$ hr Muskingum $x = 0.2$

풀이 1) HEC-1 모형의 입력자료 구성

1995년 대홍수시 소양강댐 유역으로부터의 홍수유입량을 산정하기 위한 HEC-1 모형의 입력자료 구성은 다음과 같다.

```
ID 소양강댐 1995년 대홍수시 유출량 산정
*DIAGRAM
*LIST
IM
IO     1      2
IT    60 23AUG23   0100    200
PG   SEO
PI   0.0   0.0   0.0   0.0   0.0   0.0   0.0   0.0   0.0   5.0
PI   6.0   6.0   2.0   2.0   7.0   6.0   4.0   8.0  11.0   5.0
PI   2.0   3.0   4.0   6.0   4.0   2.0  18.0  11.0  12.0  28.0
PI  23.0   6.0   6.0   7.0   5.0   7.0   1.0   5.0   1.0   1.0
PI   2.0   7.0  12.0   1.0   0.0   0.0   1.0   0.0   0.0   1.0
PI  10.0  22.0   1.0  34.0  16.0   4.0   2.0  12.0   2.0   5.0
PI   1.0   0.0   0.0   1.0   0.0   0.0   0.0   0.0   0.0   0.0
PI   0.0   1.0   0.0   0.0   1.0   2.0   2.0   4.0   3.0   1.0
PI   6.0   2.0   1.0   0.0   0.0   0.0   1.0   3.0   1.0   1.0
PI   4.0   5.0   5.0   3.0   3.0   2.0   0.0  24.0  10.0   7.0
PI   5.0   1.0   0.0   0.0   0.0   0.0   1.0
PG   HYUN
PI   0.0   0.0   0.0   0.0   0.0   0.0   0.0   0.0   0.0   1.0
PI   1.0   1.0   0.0   0.0   1.0   1.0   1.0   0.0   1.0   0.0
PI   0.0   0.0   0.0   1.0   0.0   0.0   0.0   0.0   0.0   1.0
PI   0.0   2.0   0.0   0.0   0.0   1.0   0.0   0.0   0.0   0.0
PI   0.0   0.0   1.0   0.0   0.0   0.0   2.0   0.0   0.0   0.0
PI   0.0   0.0   0.0   0.0   0.0   0.0   0.0   2.0   0.0   0.0
PI   0.0   0.0   0.0   0.0   0.0   0.0   0.0   0.0   0.0   1.0
PI   0.0   0.0   0.0   0.0   0.0   1.0   0.0   0.0   0.0   0.0
PI   0.0   0.0   0.0   1.0   0.0   0.0   2.0   5.0   4.0   1.0
PI   1.0   1.0   2.0   1.0   1.0   0.0   0.0   6.0  15.0  13.0
PI   3.0   3.0   0.0   0.0   0.0   0.0   0.0
PG INJAE
PI   0.0   0.0   0.0   0.0   0.0   0.0   0.0   0.0   0.0   5.0
PI   9.0   0.0   2.0   3.0   6.0   8.0   5.0   9.0  18.0   5.0
PI   4.0   5.0   8.0   7.0   5.0   5.0   1.0   9.0   8.0  16.0
PI   7.0  10.0  21.0   8.0  18.0  24.0  13.0   1.0   1.0   1.0
PI   5.0  14.0   2.0   0.0   4.0   3.0   0.0   1.0   0.0   3.0
PI   3.0   1.0   1.0  16.0  19.0   5.0   6.0  19.0  11.0  18.0
PI   2.0   0.0   3.0   1.0   0.0   1.0   0.0   0.0   0.0   0.0
PI   0.0   1.0   1.0   1.0   2.0   5.0   5.0   2.0  17.0   1.0
PI   6.0   3.0   0.0   0.0   0.0   1.0   3.0   1.0   1.0   2.0
PI   4.0   2.0   3.0   3.0   1.0   0.0   1.0  13.0  21.0   8.0
PI   6.0   2.0   0.0   0.0   0.0   0.0   0.0
PG CHANG
PI   0.0   0.0   0.0   0.0   0.0   0.0   0.0   1.0   2.0   9.0
PI   3.0   0.0   0.0   0.0   1.0   2.0   1.0   4.0   1.0  14.0
PI   7.0   7.0   7.0  13.0   9.0   7.0   5.0   1.0   4.0   4.0
PI  16.0   5.0   9.0   3.0   1.0   0.0   0.0   0.0   1.0   0.0
PI  14.0   6.0   0.0  18.0   6.0   9.0  11.0   9.0   3.0   9.0
PI   9.0   6.0   7.0   8.0   3.0   9.0  15.0  17.0  10.0   9.0
PI   6.0   4.0   2.0   0.0   0.0   0.0   0.0   0.0   0.0   0.0
PI   0.0   1.0   1.0   0.0   1.0   7.0   2.0   4.0   2.0   0.0
PI   1.0   1.0   2.0   1.0   0.0   0.0   0.0   2.0   1.0   3.0
PI   2.0   1.0   2.0   2.0   1.0   0.0   1.0   6.0   3.0   2.0
PI   1.0   3.0   4.0   0.0   0.0   0.0   0.0
PG   CHUN
PI   0.0   0.0   0.0   0.0   0.0   0.0   0.0   0.0   3.5   3.6
PI   0.6   2.2   1.2   5.4   8.0  10.0   2.5   9.0   9.4   4.1
PI   5.7   6.0   7.8   9.7   5.5   2.0   6.7   4.8   6.0  27.5
PI   3.9  19.2  18.2  15.5   8.8   3.5   0.0   0.0   0.8   1.7
PI  27.6   4.8   1.1   0.6   0.1   0.5   1.2   0.5   1.5   1.3
PI   3.7   1.1   7.4  33.5   4.2   5.8   7.5  12.7   7.0   5.8
```

```
PI   1.5     2.2    3.7    2.5    0.3    0.5    0.2    0.0    0.1    0.0
PI   0.1     0.4    1.0    0.3    2.5    5.2    4.6    7.2    5.4    1.3
PI   3.8     5.4    1.3    0.3    0.1    0.4    2.7    1.3    1.2    2.1
PI   4.9     6.0    4.8    0.0    0.0    0.0    1.0    7.6   15.7   11.3
KK INBUK
KM 인북천 유출량 산정
BA 923.8
BF -0.12    -0.1    1.15
PR   SEO    INJAE
PW  1.00     1.00
PT   SEO    INJAE
PW  0.84     0.16
LS     0    78.30
UC  5.51     6.30
KK NARIN
KM 내린천 유출량 산정
BA1069.3
PR  HYUN    INJAE   CHANG
PW  1.00     1.00    1.00
PT  HYUN    INJAE   CHANG
PW  0.51     0.06    0.43
LS     0    84.50
UC  6.68     7.23
KK  SUM1
KM 인북천과 내린천 유출량 합성
HC     2
KK  ROUT
KM 인북천과 내린천의 유출량을 소양강댐으로 하도추적
RM     1     0.77     0.2
KK SYDSI
KM 소양강댐 자체유역 유출량 산정
BA 709.9
PR INJAE     CHUN
PW  1.00     1.00
PT INJAE     CHUN
PW  0.60     0.40
LS     0    87.70
UC  1.37     1.81
KK  SUM2
KM 소양강댐 유출량 합성
HC     2
KO     1        2
ZZ
```

2) HEC-1 모형의 입력카드별 설명

HEC-1 모형의 입력 자료는 입력카드와 실행하기 위한 값으로 구분되며, 입력카드의 실행을 위한 값은 8행씩 10개 란으로 정확히 구분하여야 한다. 본 예제의 소양강댐 유역적용을 위한 HEC-1 모형의 입력카드를 간략히 소개하면 다음과 같다.

ID 카드는 작업의 제목을 의미하며, *Diagram 및 *List 카드는 계산 모식도의 출력 및 입력자료 출력에 대한 제어행이다. IT는 계산시간간격, 시작 일·월·년 및 시간을 나타내며, IM 카드는 미터(metric) 단위체계로 HEC-1 모형은 기본이 영국(British) 단위체계이므로 반드시 확인하여야 한다. IO 카드는 전체 출력을 제어하는 옵션이다.

PG 카드는 우량관측소 및 총 우량, 연평균 우량 등을 나타내는 입력 지시어로 반드시 다음 행에는 PI나 PC(누가강우량 입력시)와 같은 강우입력 카드에 대한 입력행이

이어져야 한다. PI 카드는 우량자료 입력 행으로 지속기간별 강우자료를 의미하며, 이를 지속기간별로 누가하여 입력하는 방법이 PC 카드이다.

KK 카드는 계산을 시행하기 위한 지점명이며, KM 카드는 지점명에 대한 설명문이다. BA 카드는 소유역의 유역면적(km^2)이며, BF 카드는 기저유량, 초기 비유량($m^3/sec/km^2$), 첨두와 변곡점 유량의 비, 감수부의 경사 등 기저유출성분에 대한 제어 행으로 동일 조건이면 한 번만 입력하면 된다.

PR 카드는 해당관측소의 시간적 분포를 계산하기 위한 우량관측소명을 입력하는 입력 행으로 최대 5개까지 가능하다. PT 카드는 총 우량산정을 위한 관측소를 지정하는 입력 행으로 최대 10개까지 가능하며, PW 카드는 관측소별 가중치를 나타낸다.

LS 카드는 SCS 유출곡선지수 산정값이며, UC 카드는 Clark 단위도의 도달시간(TC, hr)과 저류상수(R, hr)이다. 기타 SCS 단위도법은 UD, Snyder 단위도법은 US 카드를 이용하면 된다.

HC 카드는 수문곡선의 합성을 나타내며, KO 카드는 구간출력 제어를 의미한다. RM 카드는 Muskingum 방법에 의한 하도홍수추적으로 구간 수, 저류상수(R), 가중계수(x)를 나타내며, ZZ 카드는 작업의 종료를 의미한다.

3) HEC-1 모형의 출력자료

HEC-1 모형의 출력자료는 입력 자료에서의 제어된 카드의 설명과 함께 출력제어 옵션에 따라 모식도나 지점별 강우량, 손실량, 유효우량, 유출량에 대한 결과값과 그림이 제시되며, 출력자료의 끝에는 유역 전체에 대한 요약자료가 제시된다.

그러나 HEC-1 모형의 출력은 HEC-HMS와 같이 GUI를 통해서 표와 그림의 형태로 주어지지 않고 text 파일로 출력되기 때문에 정리된 그림과 표를 위해서는 별도의 작업이 필요하다.

따라서 HEC-1 모형의 결과를 정리하여 나타내면 그림 12.8과 표 12.9와 같다. 유역별 첨두홍수량 및 첨두홍수 발생시간은 유역에 내린 강우와 유역면적, 그리고 도달시간과 저류상수와 같은 유역특성 및 매개변수에 의해 결정된다.

특히, 우량관측소별 Thiessen 가중치에 따른 평균우량주상도가 유역별로 상이하기 때문에 첨두홍수량 발생시간이 상이하게 나타날 수 있다. 즉, 그림 12.8과 표 12.9에서 보는 바와 같이 인북천은 8월 24일 14시에 첨두홍수량 2,143.11 m^3/sec가 발생하나 내린천은 8월 25일 15시에 1,163.08 m^3/sec, 소양강댐 자체유역은 8월 24일 10시에 2,731.57 m^3/sec로서 첨두홍수 발생시간이 각각 상이한 것으로 나타났다.

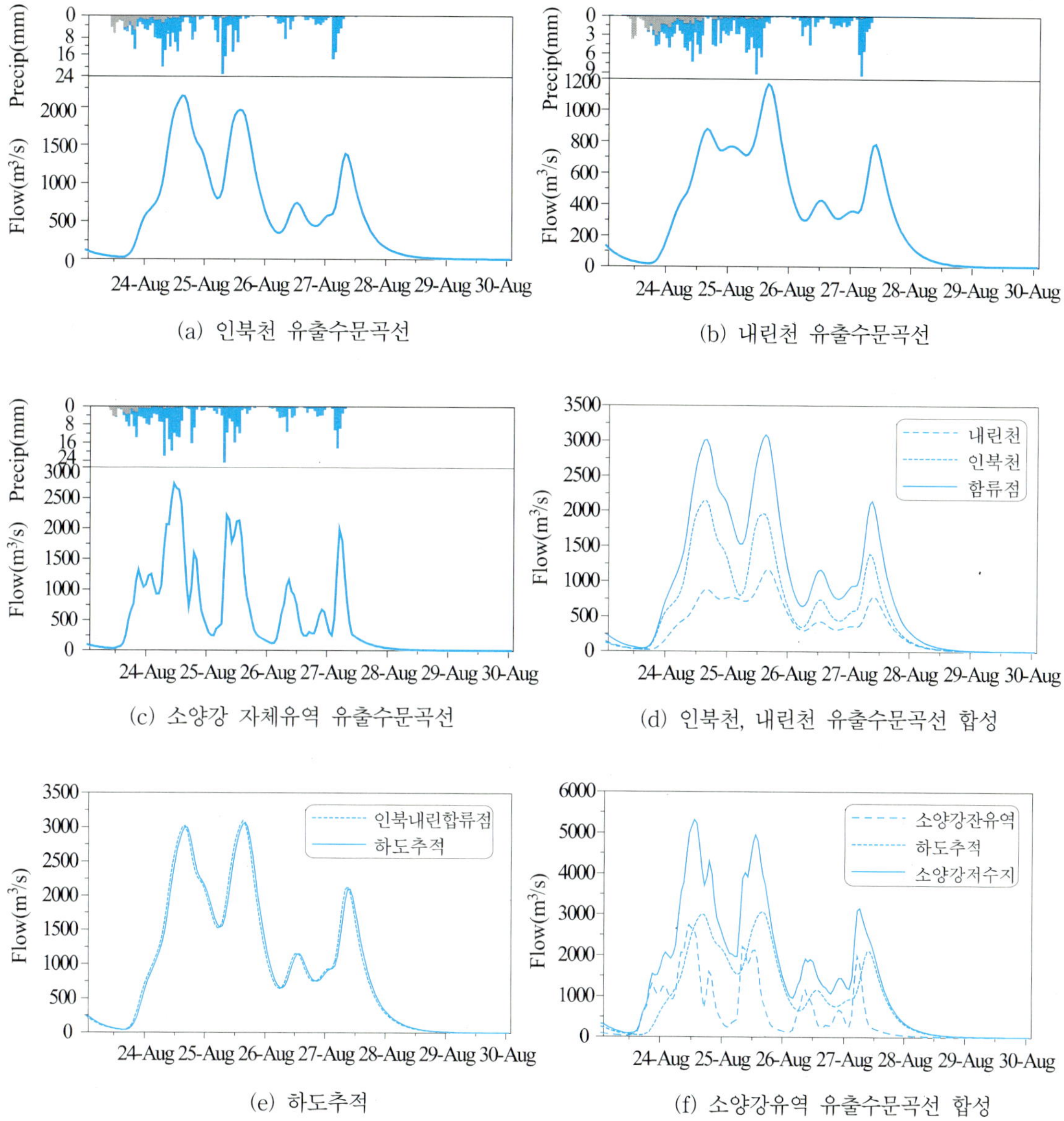

(a) 인북천 유출수문곡선

(b) 내린천 유출수문곡선

(c) 소양강 자체유역 유출수문곡선

(d) 인북천, 내린천 유출수문곡선 합성

(e) 하도추적

(f) 소양강유역 유출수문곡선 합성

그림 12.8 HEC-1 모형을 이용한 주요지점 계산결과

또한, 인북천과 내린천 합류점은 각 유출수문곡선이 합성되어 첨두홍수량은 8월 25일 14시에 3,080.56 m^3/sec가 발생되며, 합성된 수문곡선의 하도추적으로 첨두홍수발생 시간은 1시간이 늦춰진 8월 25일 15 : 00에 3,063.40 m^3/sec로 17.16 m^3/sec 저류효과가 발생하는 것으로 나타났다.

최종적으로 1995년 8월 23일 01 : 00부터 27일 11 : 00까지의 강우로 소양강댐 유역에서는 8월 24일 12시에 5,300.64 m^3/sec의 첨두홍수량이 발생하는 것으로 나타났다.

표 12.9 HEC-1 출력결과 요약

구분	첨두홍수량 (m³/sec)	첨두홍수 발생일시	구분	첨두홍수량 (m³/sec)	첨두홍수 발생일시
인북천	2,143.11	8월 24일 14 : 00	인북천, 내린천 합류점	3,080.56	8월 25일 14 : 00
내린천	1,163.05	8월 25일 15 : 00	합류점～소양댐 (하도추적)	3,063.40	8월 25일 15 : 00
소양강댐 자체유역	2,731.57	8월 24일 10 : 00	소양강댐 유역 전체	5,300.64	8월 24일 12 : 00

2) HEC-HMS

HEC의 Hydrologic Modeling System(HEC-HMS, 1998)은 윈도 기반(Window-based)의 수문학적 모의모형으로서 HEC-1 모형을 대폭 보완하고 있는 모형으로 종국에는 HEC-1을 대체하게 될 차세대 모형이라 할 수 있다.

HEC-HMS의 모의능력이라든지 사용방법 등에 대한 내용은 대단히 방대하며 최신의 사용자 매뉴얼(Version 3.1.0, 2006)을 HEC의 Website(http://www.hec.usace.army.mil/software/software-distrib/index.html.)에서 내려받기 할 수 있으므로 여기서는 HEC-HMS의 주요기능과 프로그램의 사용방법, 기타 유용한 정보 등에 관해 간단히 살펴보기로 한다.

HEC-HMS와 HEC-1의 가장 큰 차이점은 HEC-HMS에 하천유역이라든지 하도, 그리고 유역특성 자료의 입력 등 수문학적 요소를 자유자재로 요리할 수 있는 사용이 대단히 편리한 사용자 도화기능(使用者 圖畵機能, graphical user interface, GUI)이 구축되어 있다는 것이다. GUI는 모형에 의한 계산과정에서 중간결과를 볼 수 있도록 할 뿐만 아니라 GIS 지도파일로부터 하천의 수계조직을 표시하는 유역도를 모니터에 표시할 수도 있다(그림 12.10 참조).

HEC-HMS 모형의 주 화면(main program screen)은 그림 12.9와 같이 크게 Watershed Explorer, Component Editor, Message Log, Desktop의 4개로 구성되며, 모형의 실행을 위한 관리요소는 크게 유역의 특성인자와 매개변수를 설정하는 Basin Model Manager, 강우와 같은 수문기상 요소를 설정하는 Meteorologic Model Manager, 그리고 모형의 시간에 관련되는 모든 정보를 취급하는 Control Specifications Manager로 구성된다. 또한, 이들 관리요소는 Time-Series Data Manager, Paired-Data Manager, Grid Data Manager 등과 함께 사용된다.

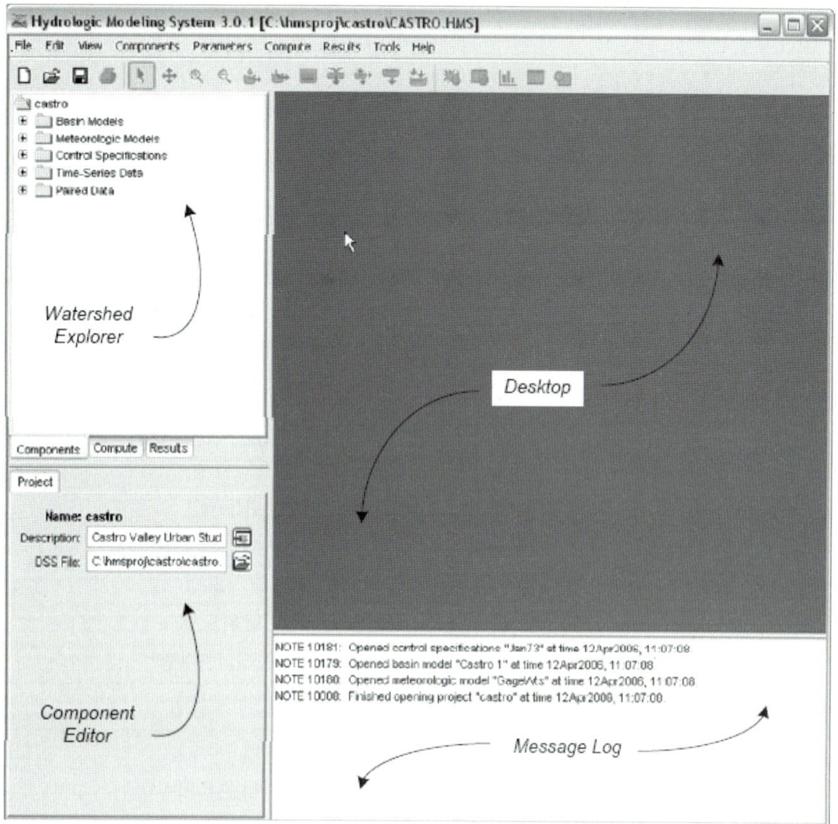

그림 12.9 HEC-HMS의 주 화면(main screen)

가) Basin Model

유출계산은 HEC-1 모형에서처럼 집체형 방법(集体型 方法, lumped method)으로 할 수도 있고 격자형 접근법(gridded approach)을 사용하는 분포형 방법(分布型 方法, distributed method)을 사용할 수도 있게 되어 있다. 격자형 접근방법에서는 강우와 손실우량은 개개 격자셀(cell)(혹은 분할소유역)에서는 균등(uniform)하다고 가정한다. 손실우량의 계산방법은 표 12.10에서 보는 것처럼 초기 및 일정률 손실방법, SCS 유출곡선지수(CN)방법, 격자형 SCS 유출곡선지수방법, Green and Ampt 방법 등이 있다. 집체형 접근법을 사용하는 분할소유역별 유출계산을 위한 단위도 적용방법으로는 표 12.10에서처럼 Clark, Snyder, SCS 단위도법을 사용하나 격자형 접근방법에서는 각 셀(cell)을 좌우 두 개의 표면류가 흐르는 평면으로 보고 운동파 추적방법 혹은 Muskingum-Cunge 방법으로 유출계산을 하게 된다. 또한, HEC-1에는 없는 Option인 수정 Clark 방법은 분할소유역이나 셀로부터 유역출구까지의 도달시간(혹은 도달거리) 기준으로 홍수를 추적하고 합성하여 유역출구의 가상 선형저수지를 통해 추적하게 된다.

유출계산은 표 12.10에 표시한 바와 같은 4가지 방법 중 한 가지 방법으로 계산할 수 있다.

표 12.10 HEC-HMS에서의 수문요소별 Options

수문성분 과정요소	HEC-HMS에서의 Options
손실 우량	초기손실 및 일정률 손실방법 SCS 유출곡선지수법 SCS 유출곡선지수법(격자형) Green-Ampt 방법
강우로부터 유출로의 변환	단위도의 직접입력법 Clark 순간단위도법 수정 Clark 방법 Snyder 합성단위도법 SCS 무차원 단위도법 표면류의 운동파 추적법
기저유출	지수함수형 감수곡선법
홍수추적	지체(Lag) 방법 Muskingum 하도추적방법 Muskingum-Cunge 하도추적방법 Modified Puls 저수지 추적방법 운동파(kinematic wave) 추적방법

나) Meteorologic Model

Meteorologic Model은 HEC-HMS를 위한 실측 혹은 가상우량자료(설계우량자료)를 저장한다. 최근의 HEC-HMS version(v.3.1.0, 2006년 등)은 강우의 모델링을 위해 HEC-1보다 훨씬 많은 Options을 사용하고 있다. 기존강우 자료의 입력 예로는 우량주상도라든지, 우량관측소별 Thiessen 가중인자, 혹은 역거리 가중인자(逆距離 加重因子, inverse-distance gage-weighting) 등을 들 수 있다. HEC-HMS 프로그램이 취급할 수 있는 자기 우량계나 보통 우량계의 수는 거의 무제한이며, 우량자료는 직접 입력할 수도 있고 엑셀자료 파일로부터 구성된 자료저장시스템(資料貯藏시스템, Data Storage System, DSS)으로부터 불러와 사용할 수도 있다. 또한, 위에서 언급한 바와 같이 HEC-HMS는 격자형 셀에 대한 우량을 모델링할 수도 있다.

다) Control Specifications

Control Specifications은 모형의 시간에 관련되는 모든 정보를 취급한다. 즉, 시작시간과 날짜, 종료시간과 날짜, 모의계산 시간간격 등이 이에 속한다. HEC-1에서는 프로그램을 실행할 때마다 모델링에 관계되는 모든 자료를 독립자료군(data set)으로 입력해야 하지만 HEC-HMS에서의 Control Specifications로 입력자료의 구성을 훨씬 쉽게 할 수 있게 되어 있다. HEC-HMS의 또 한 가지 장점은 장기간에 걸친 연속적인 수문곡선 모의가 가능하다는 것이다.

아래의 예제는 자연하천유역에 대한 HEC-HMS의 실행 예이다.

예제 12.2 예제 12.1에 주어진 소양강댐 유역에 대한 유역 및 기상관련 자료와 조건을 그대로 사용하여 HEC-HMS 모형에 의해 소양저수지로의 유입 홍수수문곡선을 계산하고 HEC-1 모형에 의한 계산결과와 비교하라.

풀이

1) 소양강댐 유역으로부터 소양호로 유입하는 홍수수문곡선을 HEM-HMS 모형으로 계산하는 절차를 요약하면 다음과 같다.
   가. 새로운 Project의 생성
   나. 소유역(subbasin)과 하도구간(reach), 합류점(junction) 등으로 구성된 Basin Model의 구성 및 이들 수문요소에 대한 매개변수의 입력
   다. 소유역별 우량관측소 지정 및 Thiessen의 우량 가중치를 부여하는 Meteorologic Model의 구성
   라. 우량관측소별, 강우지속기간별 우량자료를 입력하는 Time-Series Data Manager의 구성
   마. 모의실행을 위한 시간정보를 구성하는 Control Specification의 생성
   바. Run의 실행
   사. Run 결과의 검토

2) Project의 생성

   HEC-HMS 모형을 실행하기 위한 경로 및 프로젝트 정도 등을 기입한다.

3) Basin Model의 구성

   유역을 구성하는 요소(소유역, 하도구간, 합류점)에 대한 수문요소 및 매개변수를 입력한다. HEC-HMS에서는 배경화면에 실제 유역에 대한 base map를 지정할 수 있으며, 이를 위해서는 사전에 base map을 만들어야 한다.

   소양강댐 유역에 대한 Basin model 구축은 그림 12.10과 같이 HEC-HMS 주 화면상의 'Desktop' 및 'Watershed Explorer'에 있는 각 요소를 선택하게 되면 그림 12.10의 왼쪽 하단부 'Component Editor'에서 단위도 및 하도추적에 필요한 유역특성인자 및 산정 방법, 그리고 매개변수를 입력할 수 있다.

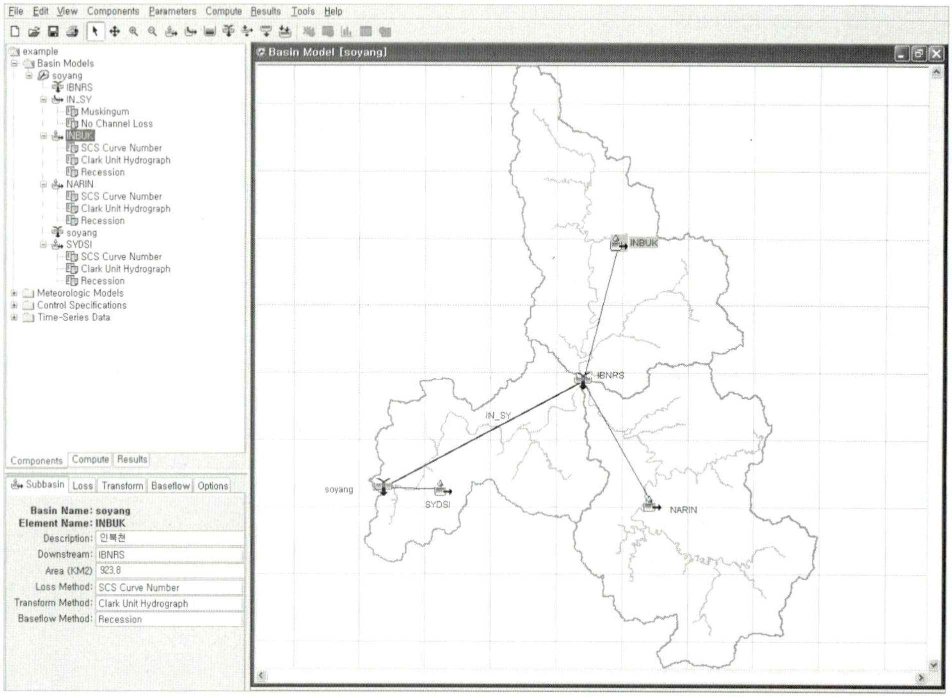

그림 12.10 Basin Model의 구성 및 자료입력 예

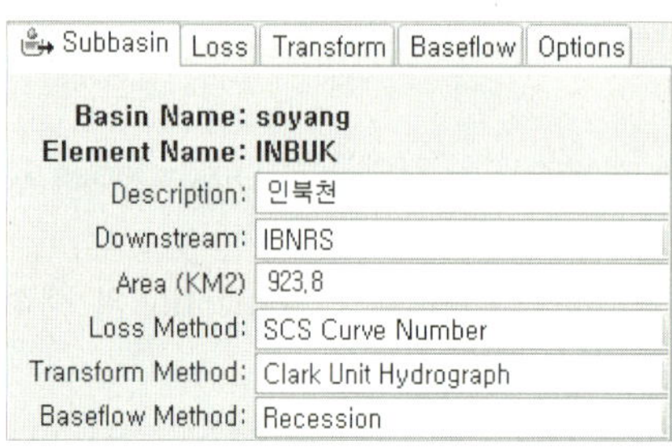

(a) 유역특성인자 및 산정방법

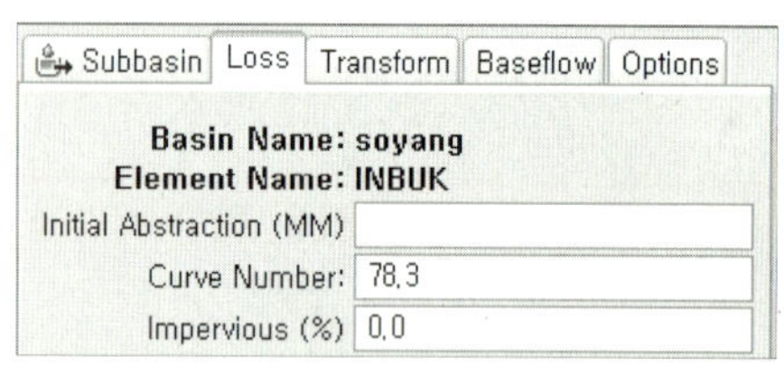

(b) SCS 유출곡선지수(CN)

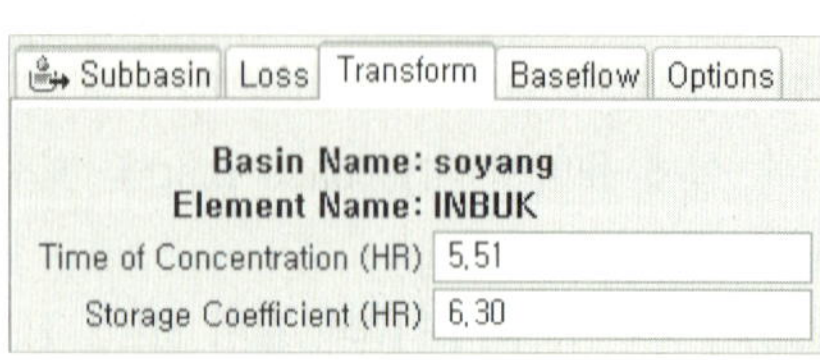

(c) Clark 도달시간(TC) 및 저류상수(R)

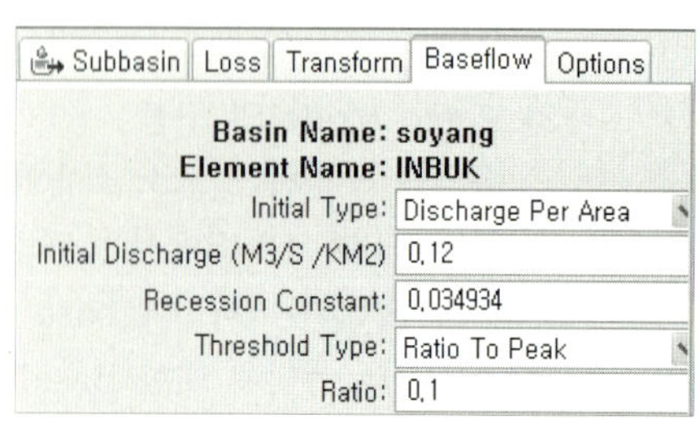

(d) 기저유출 특성

그림 12.11 Basin Model의 자료입력 예(인북천 유역)

그림 12.11은 인북천 유역의 Basin Model 입력 예이다. 표 12.7에 주어진 유역특성 및 매개변수를 'Component Editor'에서 입력하게 되며, 그림 12.11의 (a)에서는 인북천 유역 설명, 하류지점, 유역면적, 손실우량 산정방법, 유출량산정방법, 그리고 기저유출계산방법을 지정하게 된다. 그림 12.11(b)는 그림 12.11(a)에서 지정한 손실우량 방법으로 SCS 유출곡선지수(CN)를 입력하며, 그림 12.11(c)는 그림 12.11(a)에서 지정한 유출량 산정방법인 Clark 단위도법의 매개변수인 도달시간(TC)과 저류상수(R)를 입력한다. 그리고 12.11(d)에서는 12.11(a)에서 지정한 기저유출특성을 입력한다. 이와 같은 방법으로 나머지 요소(내린천 및 소양강댐 자체유역)에 대한 Basin Model을 구성하면 된다.

4) Meteorologic Model의 구성

소유역(subbasin)인 인북천, 내린천, 그리고 소양강댐 자체유역에 대한 우량관측소별 Thiessen 가중치를 HEC-1 모형에서와 같이 표 12.6을 이용하여 Meteorologic Model에서 부여하게 된다.

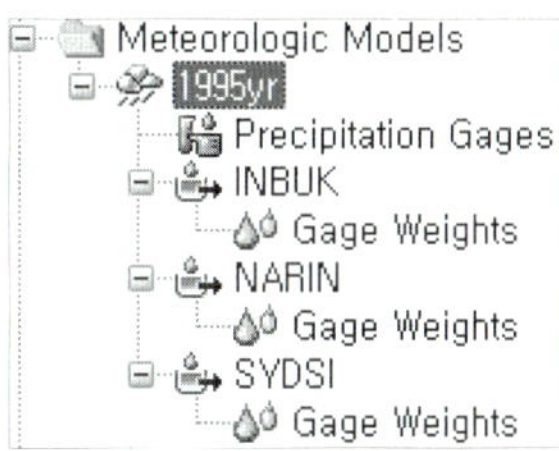

(a) Meteorologic Model 구성유역

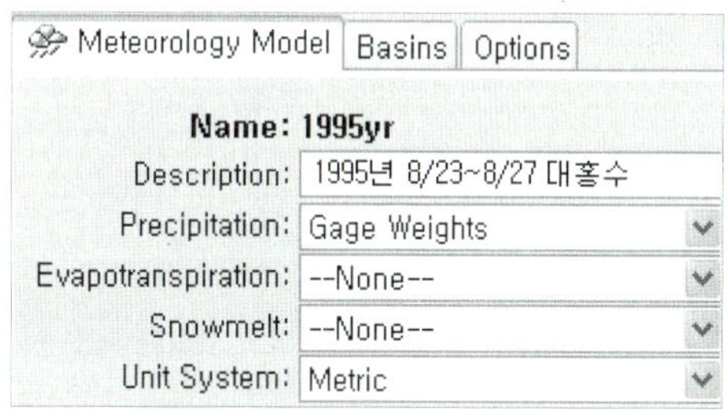

(b) 설명 및 우량주상도 입력방식 선정

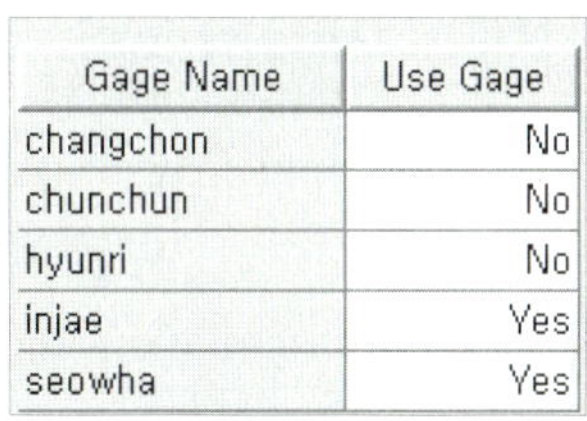

(c) 우량관측소 지정(인북천)

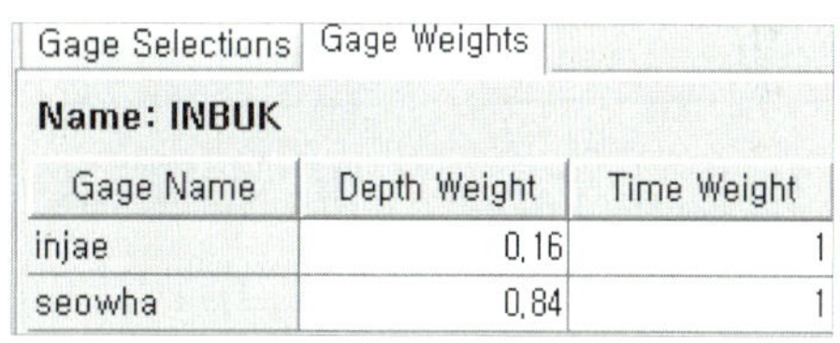

(d) 강우가중치 입력(인북천)

그림 12.12 Meteorologic Model 입력 예(인북천 유역)

인북천 유역에 대한 적용 예는 그림 12.12와 같으며, 그림 12.12(a)는 Meteorologic Model을 구성할 유역을 지정하며, 그림 12.12(b)는 소유역별 우량주상도 입력방식으로서 본 예제에서는 표 12.6의 유역별 우량가중치를 적용하였다. 그림 12.12(c)는 인북천 유역의 평균우량 산정에 기여된 관측소를 선정하며, 그림 12.12(d)는 기여관측소의 우량가중치를 입력하는 것이다. 이와 같은 방법으로 나머지 내린천, 소양강댐 자체 유역에 대한 Meteorologic Model을 구성하면 된다.

5) Time-Series Data의 구성

Meteorologic Model에서 소유역별로 적용될 우량관측소의 지속기간별 강우자료는 Time-Series Data에서 작성하게 되며, 창촌관측소에 대한 적용 예는 그림 12.13과 같다. 그림 12.13의 (a)는 Meteorologic Model의 소유역에 적용될 우량관측소를 지정하며, 그림 12.13(b)는 관측소별 자료입력방식과 단위, 그리고 시간간격을 나타낸다. 그림 12.13(c)는 강우의 시작 및 종료일시를 지정하며, 그림 12.13(d)의 표에 우량관측소별 강우자료를 입력하게 된다. 그림 12.13(e)는 그림 12.13(d)에서 입력된 자료를 우량주상도로 자동으로 확인할 수 있다. 춘천, 현리, 인제, 서화 우량관측소 등에 대해서도 그림 12.13과 같은 Data 입력을 하게 된다.

(a) 우량관측소 및 자료기간

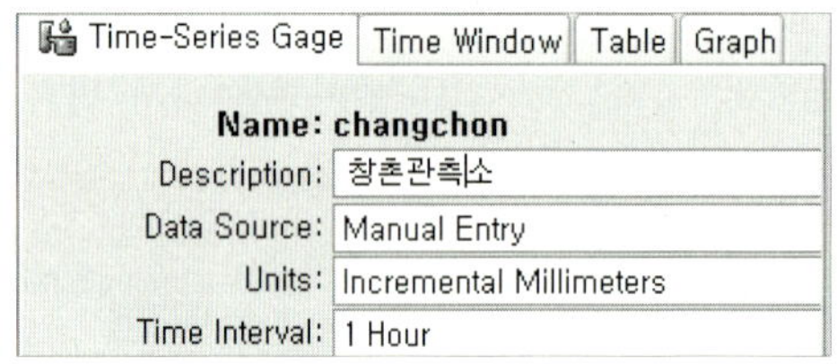

(b) 우량관측소별 강우입력방식, 단위 및 강우자료 시간간격

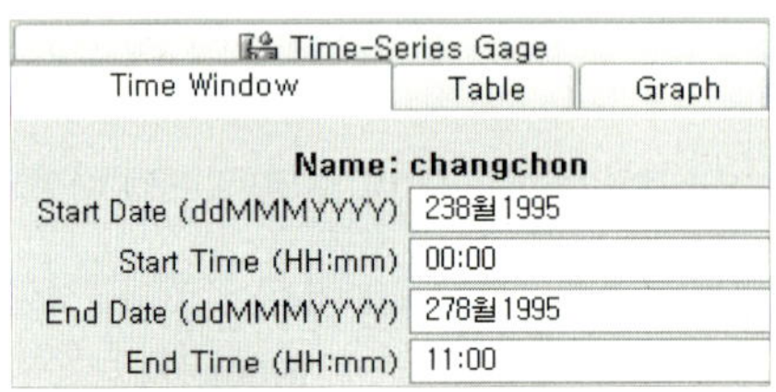

(c) 강우입력 및 종료일시

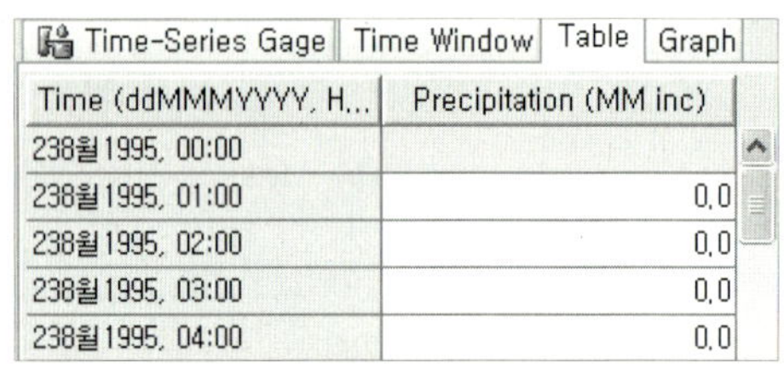

(d) 강우자료 입력(창촌관측소)

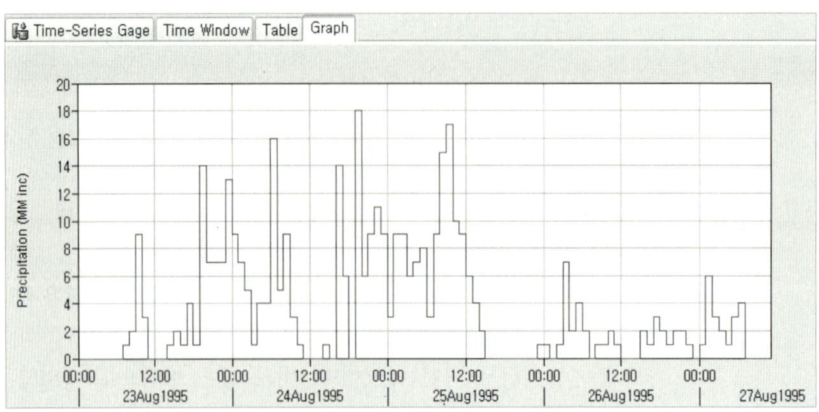

(e) 입력된 우량주상도(창촌관측소)

그림 12.13 Time-Series Data 입력 예

6) Control Specifications의 생성 및 Run 실행

소양강댐 유역의 유출량 산정을 위한 자료의 구성이 위와 같이 끝나면, 모형실행을 위한 시작시간과 종료시간, 그리고 계산시간 간격 등을 입력하는 Control Specifications의 생성 후 Run을 실행하게 된다.

7) HEC-HMS 모형에 의한 계산결과 및 HEC-1 모형에 의한 결과와의 비교 검토

HEC-HMS는 GUI를 통하여 모형실행의 결과를 손쉽게 확인할 수 있으며, 지점별 및 유역 전체에 대하여 요약 및 요소별로 결과를 획득할 수 있다. 주요 지점별 결과는 그림 12.14 및 표 12.11과 같다. 주요지점 유출수문곡선의 특성은 예제 12.1의 HEC-1 모형 실행결과에서 설명한 바와 같기 때문에 생략하기로 한다.

한편, HEC-HMS 모형의 전신인 HEC-1 모형과의 결과비교는 표 12.12와 같으며, 결과적으로 동일한 유역과 방법을 적용하였기 때문에 수문곡선의 형상, 첨두홍수량, 첨두홍수 발생시간 등 산정된 결과는 HEC-1과 거의 동일함을 확인할 수 있다. 다만, 홍수량에서 미미한 차이를 나타내는 것은 HEC-1 모형 입력 자료가 HEC-HMS와 같이 GUI를 통해 직접 입력되지 않아 강우자료의 소수점 반올림 등 입력 자료의 여러 제약조건 때문이다.

따라서, 모형의 구축과 활용 측면에서 GUI를 근간으로 하는 HEC-HMS 모형을 이용하는 것이 보다 효과적이라 할 수 있다.

표 12.11 HEC-HMS의 출력결과 요약

구분	첨두홍수량 (m^3/sec)	첨두홍수 발생일시	구분	첨두홍수량 (m^3/sec)	첨두홍수 발생일시
인북천	2,152.60	8월 24일 14 : 00	인북천, 내린천 합류점	3,094.70	8월 25일 14 : 00
내린천	1,168.70	8월 25일 15 : 00	합류점~소양댐 (하도추적)	3,077.50	8월 25일 15 : 00
소양강 자체유역	2,737.30	8월 24일 10 : 00	소양강유역 전체	5,318.30	8월 24일 12 : 00

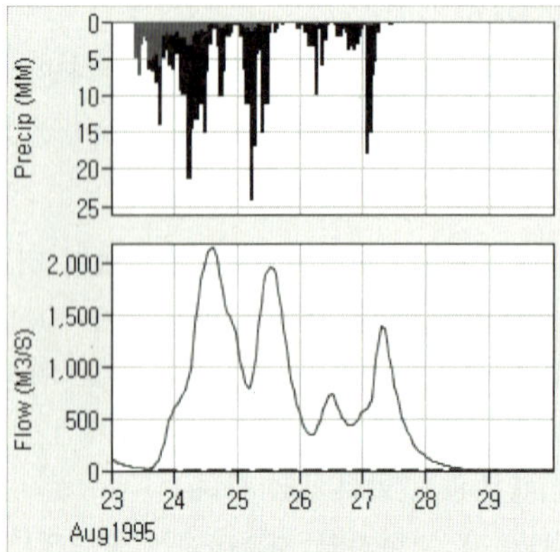

(a) 인북천 유출수문곡선

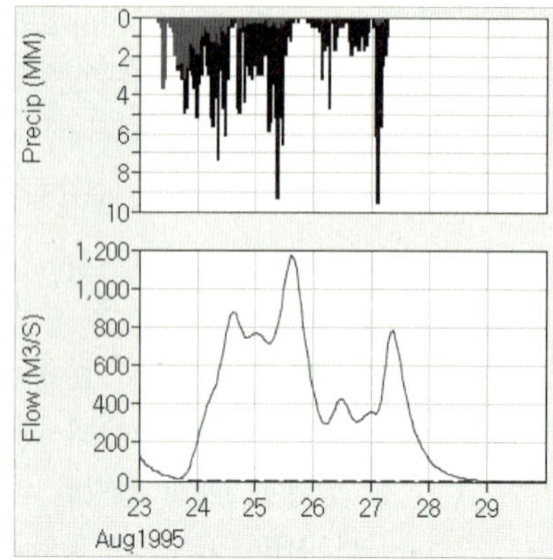

(b) 내린천 유출수문곡선

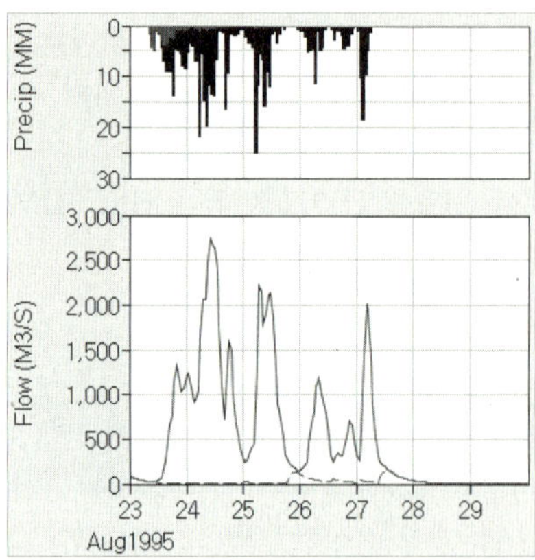

(c) 소양강 자체유역 유출수문곡선

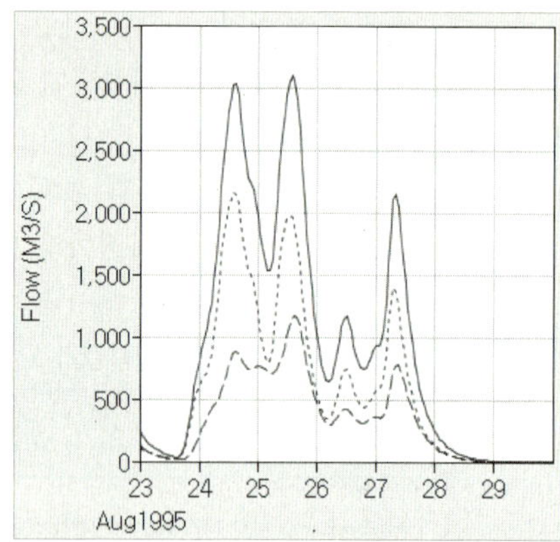

(d) 인북천, 내린천 유출수문곡선 합성

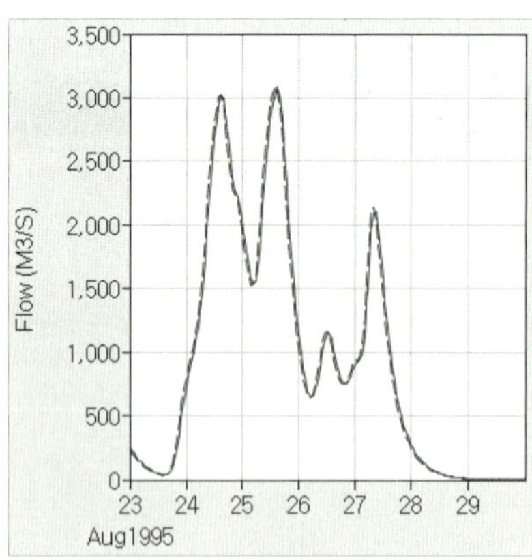

(e) 하도추적

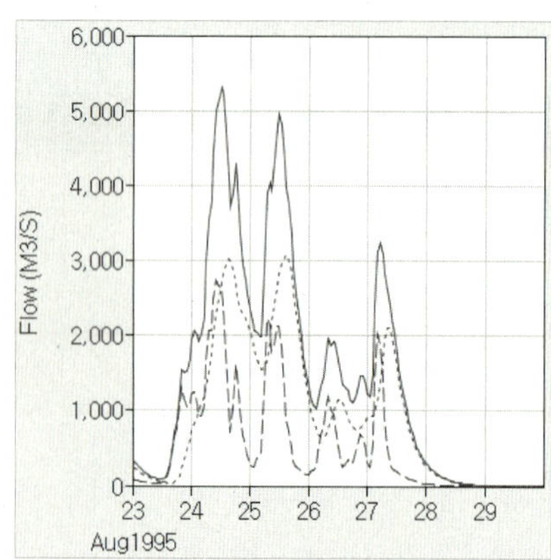

(f) 소양강유역 유출수문곡선 합성

그림 12.14 HEC-HMS 모형을 이용한 주요지점 계산결과

표 12.12 소양강댐 유역 유출량 산정결과 비교(HEC-1 vs HEC-HMS)

구 분	산정방법	첨두홍수량(m^3/sec)	첨두홍수 발생일시
인북천	HEC-1	2,143.11	8월 24일 14:00 (동일)
	HEC-HMS	2,152.60	
내린천	HEC-1	1,163.05	8월 25일 15:00 (동일)
	HEC-HMS	1,168.70	
소양강 자체유역	HEC-1	2,731.57	8월 24일 10:00 (동일)
	HEC-HMS	2,737.30	
인북천, 내린천 합류점	HEC-1	3,080.56	8월 25일 14:00 (동일)
	HEC-HMS	3,094.70	
합류점~소양댐 (하도추적)	HEC-1	3,063.40	8월 25일 15:00 (동일)
	HEC-HMS	3,077.50	
소양강댐 유역 전체	HEC-1	5,300.64	8월 24일 12:00 (동일)
	HEC-HMS	5,318.30	

3) TR-20

TR-20 모형(SCS Project Formulation Hydrology)은 미국 농무성의 토양보존청(SCS)의 기술지침서(Technical Release, 코드명 TR-20)로서 1973년에 개발보급되었으며, 이 모형은 SCS의 National Engineering Handbook(1985)에 제시된 강우-유출관계 분석방법을 컴퓨터 프로그램화한 것이다.

TR-20은 임의 호우사상으로 인한 유역의 유출수문곡선을 토양 및 토지이용정보를 사용하면서 저수지 혹은 하도홍수추적을 통해 계산할 수 있도록 되어 있다. 이 모형은 단일사상 모형으로 연속되는 두 개 이상의 호우사상에 적용할 수는 없으며, 미국 50개 주에서 실무기술자들이 홍수보험이나 홍수재해분석, 저수지나 하도의 설계, 혹은 도시 및 자연하천유역의 치수계획수립을 위해 사용되고 있다.

지표유출은 제5장에서 소개한 SCS 유출수문곡선지수(CN)를 사용하여 유효우량을 산정한 후 SCS 무차원 단위도를 적용함으로써 계산된다. 저수지 추적을 위해서는 저류량 지시법(貯溜量指示法, storage-indication method)이 사용되며, 기저유량을 계산된 지표유출(직접유출)에 더하여 총 유출수문곡선을 계산하게 된다. 이 모형은 200개의 하도구간과 99개의 저수지, 그리고 여러 개의 홍수저류시설물이 포함되어 있는 유역의 강우-유출관계 모의에 사용될 수 있다.

4) ILLUDAS

ILLUDAS(Illinois Urban Drainage Area Simulator) 모형(Terstriep and Stall, 1974)은 제11.4.4절에서 아주 상세하게 소개한 바 있는 도시유출모형으로 시간-면적곡선을 사용하여 지표유출을 계산하는 영국 도로연구소(Road Research Laboratory, RRL)의 RRL 모형을 개선한 모형이다. RRL 방법은 도시우수배제 계통에 직접 연결되는 불투수지역만을 고려하고 유역의 나머지 투수지역인 잔디, 공원, 지붕 등과 같이 배수계통에 직접 연결되지 않은 지역과 불투수지역이라도 투수지역으로 배수되는 지역은 RRL 모형에 의한 유출계산에서 제외된다. 따라서, RRL 모형에 의해 계산되는 유출량은 실제보다 작을 수밖에 없다.

따라서, ILLUDAS 모형은 RRL 방법을 보완하기 위해 투수지역과 직접 연결되지 않은 불투수지역으로부터의 유출을 전부 고려하여 유출을 계산하는 모형으로 개발되었다. ILLUDAS 모형의 출력은 추적된 완전한 유출수문곡선을 제공하나 관거 내에서의 배수영향은 고려되지 못한다. ILLUDAS에는 새로 개발되는 지역의 배수설계를 위한 설계모드(design mode)와 기존 배수관망 시스템의 관거용량을 평가하는 평가모드(evaluation mode)의 두 가지 운영방법이 있다. 설계모드에서는 관거시스템의 구성관거별 크기를 결정하게 되며, 평가모드에서는 기존 배수관거별 용량이 충분한지를 평가하여 부족하다면 추가용량을 제시하도록 되어 있다.

배수유역은 소유역으로 분할되고 각 소유역의 포장지역과 잔디지역 및 기타지역의 유출수문곡선을 각각 계산하여 합성하고 다음 합성지점까지 추적하게 된다. ILLUDAS는 조절지(調節池) 혹은 유수지(遊水池)의 용량을 결정하는 프로그램을 포함하므로 유수지의 용량결정에도 사용할 수 있다.

유수지의 설계는 사용 가능한 저류용량이 주어지는 경우와 방류량의 규모가 주어지는 경우로 나누어진다. 전자의 경우는 방류관의 크기와 펌프의 용량 등이 결정되며, 후자의 경우는 방류량의 크기에 맞도록 유수지 용량을 결정하게 된다.

5) SWMM

SWMM(Storm Water Management Model)은 제11.4.5절에서 이미 상세하게 소개된 바와 같이 미국 환경보호청(Environmental Protection Agency, EPA)이 1969~1971년에 걸쳐 합류식 하수관거시스템 내에서의 수량과 수질모의를 위한 단일사상 강우-유출모형으로 개발한 모형이다(Metcalf and Eddy et al., 1971; Huber, 1995). SWMM은 그동안 많은 보완 연구를 통해 개선되어 왔으며, 최신 Version에서는 단순한 우수관거 설계에서부터 비점원 오염물질의 유출계산을 위한 복잡한 수리계산에 이르기까지 도시유역 배수와 관련한 거의 모든 문제에 사용될 수 있는 광범위한 계산능력이 갖추어져 있으며, 비단 단일사상 모형뿐만 아니라 연속형 수문모의모형으로서의 역할도 수행할 수 있도록 모형이 개선되었다. 이 모형은 분석대상유역을 소유역과 흐름구간으로 나누어 적용함으로써 어떤 규모의 도시유역이든 적용이 가능하며, James(2001)는 SWMM 모형의 기능과 계산능력에 대한 방대한 문헌연구를 한 바 있다.

SWMM 모형은 몇 개의 계산블록(computational 'blocks')으로 구성되어 있으며 그 내용은 여러 관련문헌(Huber and Dickinson, 1988; Roesner, et al., 1988)에 자세히 소개되어 있고, 제11.4.5절에서도 주요 계산블록에 대해 요약한 바 있으므로 중복 설명은 피하기로 한다.

SWMM은 강우량, 융설, 지표유출, 지표하 유출, 흐름추적, 저류 및 흐름처리를 포함하는 도시수문과 수질과정의 광범위한 현상을 모의할 수 있다. 또한, SWMM은 대상지역의 지표면에서 발생되는 오염물질의 합류식 관거 또는 우수배출 방류구까지의 이동을 다룬다. 수문분석에서 계산된 수문곡선은 모형의 수질부분에 입력이 되고, 이의 출력은 모의되는 오염물질의 시간-오염농도곡선이 된다. 수문곡선과 시간-오염농도곡선은 Transport Block에 입력되어 전천후 흐름, 그리고 침투수와 합류되어 수량과 수질의 시간변화곡선을 제공한다. SWMM은 도시유출에 포함된 부유물, 질산, 인 등 오염물의 농도를 예측한다. 매 시간 단계마다 유출률이 모형의 수문분석에서 계산되며, 유출에 의해 이송되는 오염물의 양이 각 시간단계에서 계산되고 유출의 양과 조합되어 시간-오염농도곡선을 작성할 수 있게 된다.

SWMM 모형은 미국 환경보호청(EPA)의 Center for Exposure Assessment Modeling (CEAM)과 National Risk Management Research Laboratory의 기술지원을 받고 있다(Rossman, 2007). SWMM의 초기 Version들은 CEAM의 Website(http://www.epa.gov/ceampub/softwdos.htm)에서 내려받기할 수 있으며, 최근 2005년에 공개된 Version 5.0은 Oregon State University의 SWMM Website(http://www.ccee.orst.edu/swmm)에서 내려받기할 수 있다.

다음의 예제는 SWMM Version 5.0을 사용하여 도시유역인 정릉천 유역의 유출계산을 실행한 예이다.

예제 12.3 SWMM을 이용하여 서울지역에 위치한 도시하천인 정릉천 유역(그림 12.15 및 12.16)의 2006년 7월 15일 22 : 00부터 16일 20 : 00까지 강우로 인한 유출량을 산정하고자 한다. 하도 홍수추적은 Kinematic Wave 방법을 적용하되 기타 필요한 자료는 모형의 기본값(default value)을 사용하라. 단, 유역출구(Outfall) 지점의 하류단 경계조건은 정상조건(normal condition)으로 가정하라.

SWMM의 입력자료 구성에 필요한 자료는 그림 12.15~12.16과 표 12.13~12.16에 제시되어 있다.

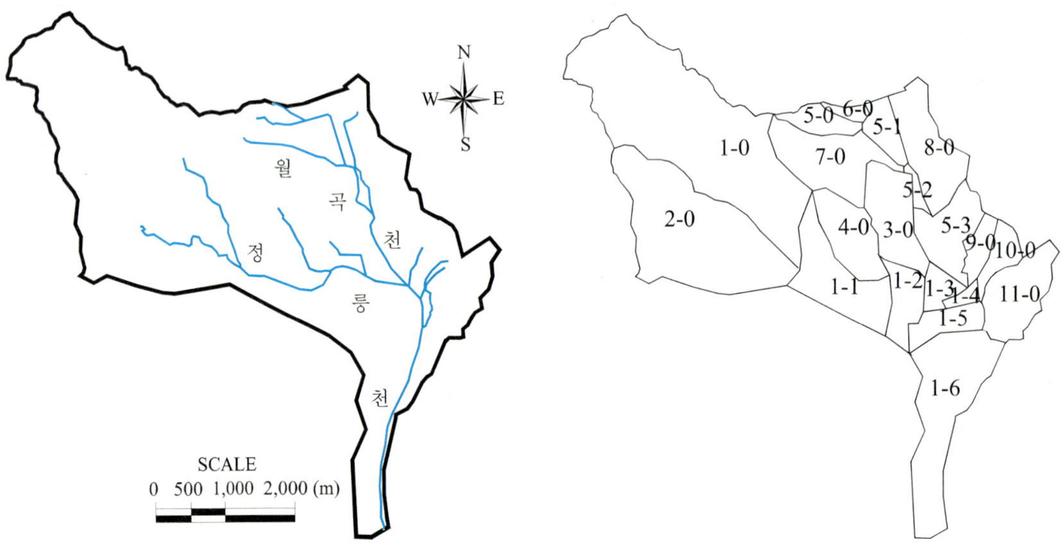

(a) 정릉천 유역도 (b) 소유역 분할도

그림 12.15 정릉천 유역 및 소유역 분할도

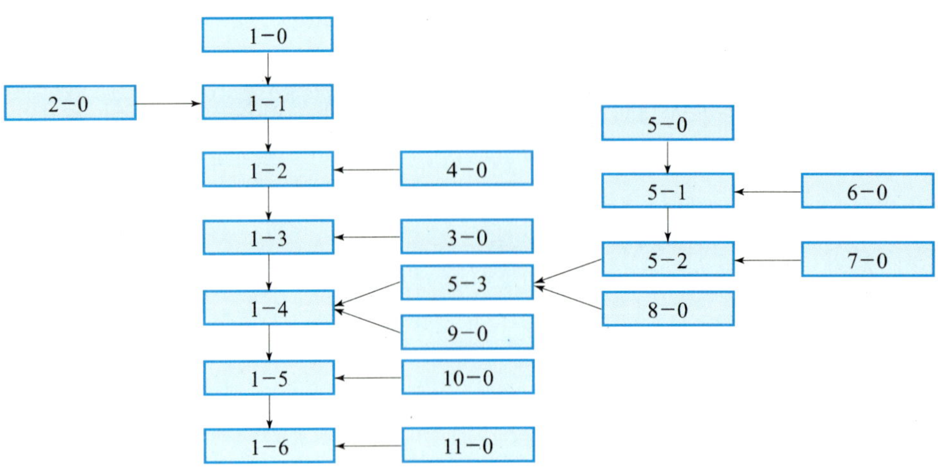

그림 12.16 정릉천 유역 배수시스템 모식도

표 12.13 정릉천 유역 강우자료(2006년 7월)

관측 시각	관측우량(mm)				
	동대문	성북	성동	강북	유역평균
7/15 22 : 00	0.00	0.00	0.00	0.00	0.00
23 : 00	4.00	5.00	5.00	5.00	4.96
7/16 0 : 00	34.00	31.00	30.00	27.00	29.51
1 : 00	43.00	57.00	38.00	55.00	55.39
2 : 00	14.00	14.00	14.00	14.00	13.97
3 : 00	13.00	14.00	11.00	18.00	15.39
4 : 00	20.00	14.00	16.00	16.00	14.93
5 : 00	18.00	16.00	18.00	14.00	15.31
6 : 00	9.00	10.00	9.00	5.00	8.06
7 : 00	17.00	13.00	14.00	12.00	12.73
8 : 00	10.00	10.00	11.00	12.00	10.75
9 : 00	12.00	12.00	11.00	11.00	11.58
10 : 00	11.00	11.00	11.00	13.00	11.73
11 : 00	10.00	9.00	10.00	10.00	9.40
12 : 00	6.00	7.00	6.00	7.00	6.94
13 : 00	11.00	10.00	11.00	16.00	12.27
14 : 00	10.00	11.00	11.00	12.00	11.32
15 : 00	8.00	9.00	9.00	4.00	7.08
16 : 00	5.00	3.00	5.00	2.00	2.71
17 : 00	7.00	7.00	6.00	7.00	6.97
18 : 00	4.00	5.00	4.00	4.00	4.57
19 : 00	3.00	3.00	3.00	0.00	1.87
20 : 00	0.00	0.00	0.00	1.00	0.37

표 12.14 관거 및 접합부 관련자료

관 번호	관의 형상	유입부	유출부	바닥 폭 (m)	최대 깊이 (m)	길이 (m)	접합부 번호	Invert Elev. (EL. m)	최대 수심 (m)
P2	RECT_OPEN	J1	Outfall	28	5	2880.78	J2	21.4381	3.5
P3	RECT_OPEN	J2	J1	28	3.5	410.78	J3	22.4381	3.5
P4	RECT_OPEN	J3	J2	28	3.5	249.83	J4	26.4308	3.5
P5	RECT_OPEN	J4	J3	27	3.5	604.64	J5	28.4408	3.5
P6	RECT_OPEN	J5	J4	25	3.5	572.96	J6	39.4408	3.5
P7	RECT_OPEN	J6	J5	20	3	1470.17	S1	26.4381	3.5
PS1	RECT_OPEN	S1	J3	27	3.5	1176.24	S2	29.4381	3
PS2	RECT_OPEN	S2	S1	8	3	922.63	S3	39.4381	2
PS3	RECT_OPEN	S3	S2	6	2	1096.88	Outfall	16.4400	

표 12.15 지표면 관련자료

소유역 번호	소유역 연결지점	유역면적(ha)	유역 폭(m)	불투수 면적비(%)	유역경사(%)
1-0	J6	471.24	9752.11	86.58	6.97
1-1	J5	105.13	1431.61	94.17	2.42
1-2	J4	46.73	1345.73	85.87	7.21
1-3	J3	2.71	89.73	85.24	2.64
1-4	J2	9.09	728.43	84.95	4.28
1-5	J1	39.44	1922.18	81.39	3.29
1-6	Outfall	183.84	2105.97	75.19	0.12
2-0	J6	339.34	4183.11	74.92	1.60
3-0	J4	76.40	2264.56	86.99	3.78
4-0	J5	86.03	2021.50	84.92	2.89
5-0	S3	30.60	831.05	76.22	10.08
5-1	S2	31.34	1040.02	84.91	1.06
5-2	S1	8.50	184.45	84.90	0.42
5-3	J3	74.41	1266.49	65.00	2.31
6-0	S3	10.02	698.04	73.66	0.60
7-0	S2	114.82	1491.00	77.51	3.56
8-0	S1	103.78	2312.52	65.00	1.60
9-0	J3	25.57	874.48	79.16	4.79
10-0	J2	29.40	814.77	76.34	3.02
11-0	J1	89.89	3115.88	88.60	1.08

표 12.16 유역공통 매개변수

불투수지역 조도계수	투수지역 조도계수	투수지역 저류깊이(mm)	불투수지역 저류깊이(mm)	유출곡선 지수 (CN)	관의 조도계수
0.016	0.15	5.1	1.91	88	0.03

풀이

1) 입력자료의 설명

그림 12.15(a)와 같은 정릉천 유역의 유출해석을 위해 유역을 그림 12.15(b)에서와 같이 소규모 배수구역으로 분할하였으며, 이를 모식도로 나타내면 그림 12.16과 같다. SWMM에서의 강우자료 입력은 배수구역별로 우량관측소를 지정하는 것이 아니라 배수구역별로 유역평균하여 입력하여야 한다. 따라서 배수구역별로 별도의 평균우량을 산정하여야 하며, 정릉천 유역은 배수구역별 평균 우량이 동일하다고 가정하여 표 12.13과 같이 산정하였다. 또한, 강우자료 외 SWMM의 입력자료는 지표면자료와 관거 및 연결부 자료로 구분되며 표 12.14와 표 12.15에 주어진 바와 같다.

2) SWMM의 GUI 및 실행과정

SWMM Version 5.0부터 GUI를 통한 실행이 이루어지도록 구성되어 있어 Version 5.0 이전에서처럼 실행블럭별로 별도의 자료를 입력할 필요가 없이 일괄적으로 적용할 수 있다. 정릉천 배수구역에 대한 SWMM의 적용 순서는 다음과 같다.

- 새로운 Project의 생성 및 모형의 기본 값 설정
- 소유역(subcatchments), 관거, 연결부, 강우 등으로 이루어진 Study Area Map의 구성
- 강우, 지표면, 관거 및 접합부 관련 입력자료의 구성
- 모형 실행을 위한 Simulation Option의 설정
- Run 실행
- 결과 검토

3) Project의 생성 및 모형의 기본 값 설정

SWMM 모형을 실행하기 위한 프로젝트를 생성하고 모형에 일괄적으로 적용하게 될 기본 값을 설정한다. 기본 값 설정은 그림 12.17에서 보는 바와 같이 ID Labels, Subcahtchments, Nodes/Links로 구성되며, ID Labels[그림 12.17(a)]에서는 각 요소의 ID 이름에 대한 설정을 하고 Subcatchments[그림 12.17(b)]에서는 배수구역에 대한 면적, 유역경사, 불투수면적비, 조도계수, 저류깊이, 침투방정식을 지정한다. 그리고 Nodes/Links[그림 12.17(c)]에서는 관거와 맨홀과 같은 연결부의 특성을 설정한다.

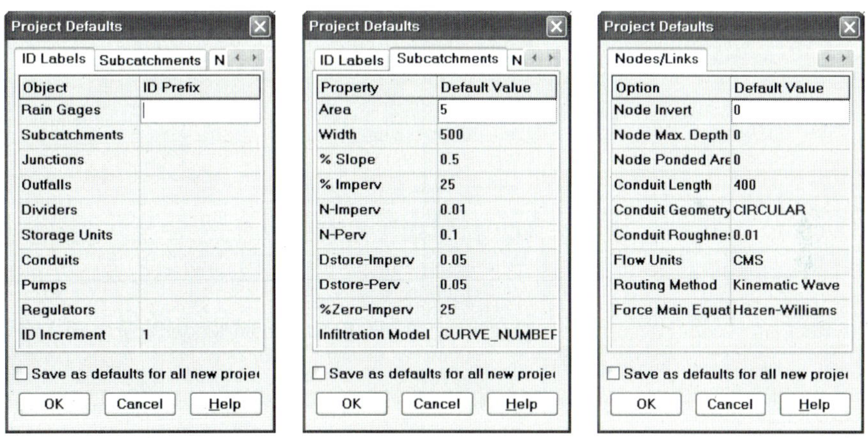

(a) ID Labels (b) Subcatchments (c) Nodes/Links

그림 12.17 Project의 Default값 설정

그러나 이들 기본 값은 배수구역 및 관거, 접합부의 특성에 따라 다를 수 있기 때문에 미리 기본 값을 설정할 필요가 없으나 배수구역의 침투방정식과 유출단위와 같이 유역에 공통으로 적용되는 값은 미리 설정할 필요가 있다. 특히, 침투방정식은 Horton, Green-Ampt, 그리고 SCS 유출곡선지수가 사용이 가능하나 국내유역의 경우 Horton, Green-Ampt를 적용하기 위한 충분한 자료와 적용성이 입증되지 않았기 때문에 본 정릉천 배수유역에서는 SCS 유출곡선지수가 적용되었다.

4) Study Area Map 구성

정릉천 배수유역의 모형실행을 위한 Map 구성은 강우(Rain Gages), 소유역(Subcatchment), 관거(Conduit), 접합부(Junction), 그리고 출구점(Outfall)으로 이루진다. 또한 실제유역 형상과 동일하게 Map을 작성하기 위해서는 별도의 base map이 필요하며, base map을 배경으로 Drawing 아이콘을 이용하여 Study Area Map을 구성한다. 작성된 Study Area Map은 그림 12.18과 같다.

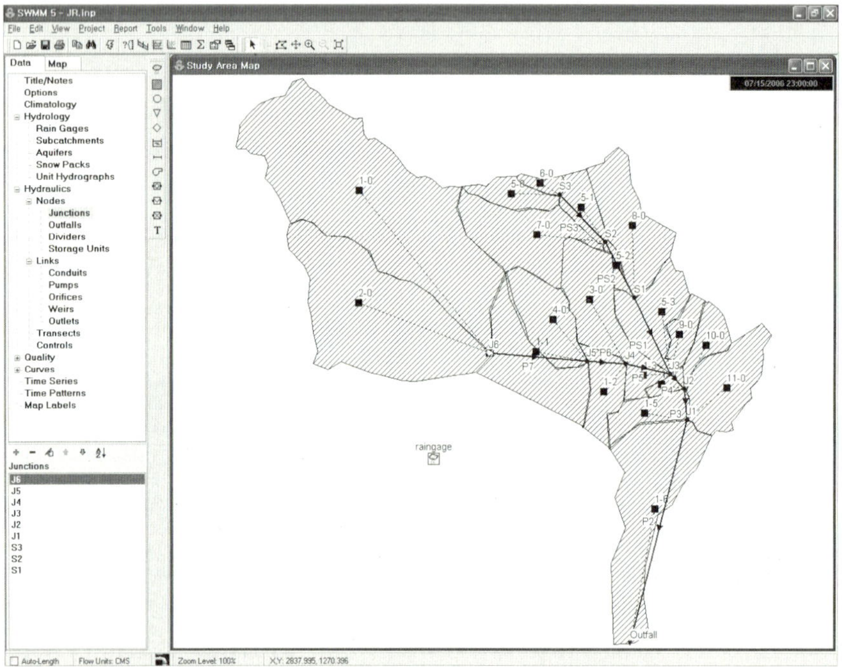

그림 12.18 Basin Model의 구성 및 자료입력 예

5) 입력자료의 구성

정릉천 유역의 입력자료는 Study Area Map에서 구성한 강우(Rain Gages), 소유역(Subcatchments), 접합부(Junctions), 관거(Conduits), 그리고 출구점(Outfalls)으로 구분된다.

강우자료(Rain Gages)의 입력은 우량관측소와 우량관측소별 강우자료를 입력하는 것이며, 우량계 설정[그림 12.19(a)]에서는 강우자료의 형식과 시간간격, 그리고 자료의 입력 조건을 지정한다. 자료의 입력조건은 파일 또는 강우시계열로 입력이 가능하며, 시계열로 입력할 경우 그림 12.19(b)와 같은 표에 직접 입력하거나 외부파일을 불러들일 수 있다. SWMM에서는 배수구역별 평균강우가 이용되기 때문에 배수구역별로 우량관측소를 달리하여야 하나 본 예제에서는 유역 전체에 대하여 동일한 강우조건으로 가정하였기 때문에 표 12.13의 유역평균우량을 적용하였다.

소유역(Subcatchments)에서는 소유역의 지표면 및 지표하 유출해석을 위한 자료를 입력한다. 그림 12.19(c)는 1-0 소 배수구역에 대한 자료 입력 예로서 자료는 우량관측소, 출구점, 배수면적, 유역 폭, 유역경사, 불투수면적비, 투수 및 불투수지역의 조도계수 및 저류수심, 그리고 사용된 침투방정식의 종류 등으로 이들 자료는 표 12.14 및 표 12.15에 수록되어 있다.

이 중 도시하천 배수구역에서의 유역 폭은 정확히 산정이 어렵고 민감도가 크기 때문에 실측 유출량과의 최적화를 통한 매개변수의 보정이 필요하다. SWMM 매뉴얼상 유역 폭은 지표면 흐름길이의 폭으로서 초기 값은 유역면적을 지표면의 최대흐름길이로 나눈 값으로 표기되어 있다.

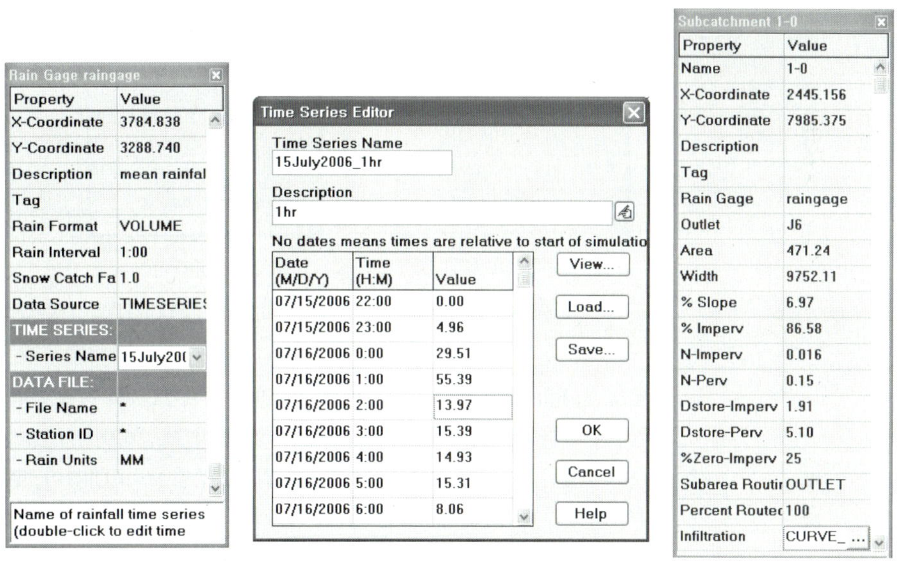

(a) Raingage 설정 (b) 강우자료 입력 (c) 소유역자료 입력 예

그림 12.19 강우자료 및 소유역자료 입력 예(1-0 배수유역)

접합부(Junctions)는 소유역(Subcatchments)의 유출부나 맨홀과 같은 합류점으로 관저고(管底高), 최대수심, 측방유입, 수질처리, 그리고 잉여수심 등을 입력하게 된다. 정릉천 유역의 합류점은 모두 직사각형의 개수로의 형상으로 가정하였기 때문에 접합부로의 유입합류점에서의 바닥표고와 최대수심만을 자료로 입력하였다. 그림 12.20(a)는 접합부 J6에서의 입력 예이다.

Junction J6

Property	Value
Name	J6
X-Coordinate	4754.738
Y-Coordinate	5150.502
Description	
Tag	
Inflows	NO
Treatment	NO
Invert El.	39.4408
Max. Depth	3.5
Initial Depth	0
Surcharge Dep	0
Ponded Area	0

User-assigned name of junction

(a) Junction(접합부)

Conduit P2

Property	Value
Name	P2
Inlet Node	J1
Outlet Node	Outfall
Description	
Tag	
Shape	RECT_OPEN
Max. Depth	5
Length	2880.78
Roughness	0.030
Inlet Offset	0
Outlet Offset	0
Initial Flow	0
Maximum Flow	0
Entry Loss Coe	0
Exit Loss Coeff	0
Avg. Loss Coef	0
Flap Gate	NO

User-assigned name of Conduit

(b) Conduit(관로)

Outfall Outfall

Property	Value
Name	Outfall
X-Coordinate	7251.951
Y-Coordinate	89.186
Description	
Tag	
Inflows	NO
Treatment	NO
Invert El.	16.44
Tide Gate	NO
Type	NORMAL
Fixed Outfall	
Fixed Stage	0
Tidal Outfall	
Curve Name	*
Time Series Ou	
Series Name	*

User-assigned name of outfall

(c) Outfall(유역출구)

그림 12.20 접합부(J6), 관로(P2), 출구점(Outfall)의 자료입력 예

관로(Conduits)는 접합부를 연결하는 관로나 수로로서 SWMM에서는 원형 및 구형 관로 뿐 아니라 단면이 불규칙한 하도단면의 입력이 가능하며 총 24개의 형상을 선택할 수 있도록 되어 있다. 입력자료는 출구 연결지점, 관로형상, 최대깊이, 관로연장, 관의 조도계수, 접합부, 관로저고의 높이차, 초기흐름 및 역류방지 등이다. 본 예제의 관로는 수로로서 맨홀과 같은 별도의 장치가 없으며, 초기유량이 없는 것으로 가정하였기 때문에 관로의 형상과 최대수심, 연장 및 조도계수만 자료로 입력하였다. 그림 12.20(b)는 P2(그림 12.18)에서의 입력 예이다.

유역출구(Outfalls)는 관로시스템의 종점부로 측방유입, 수질처리, 저면표고, 역류방지, 그리고 하류단 경계조건을 입력한다. 하류단 경계조건은 출구로 유입되는 관로의 한계수심과 등류수심 중 최소값으로 결정되는 유역출구의 수심(Free), 등류수심에 의한 유역출구 수심(Normal), 기점홍수위와 같은 특정표고(Fixed), 조위(潮位)에 의한 유역출구지점의 수위 수문곡선(Tidal), 그리고 유역출구에서의 시간별 수위수문곡선(Time series)이다. Free 및 Normal 조건은 모형에서 자동계산되나 Fixed, Tidal, Time series 조건에서는 별도의 자료입력이 필요하다. 본 예제에서는 Normal 조건이 적용되었다.

이와 같은 방법으로 나머지 접합부, 관로(管路)에 대한 자료를 입력하게 되며, 자료입력에 필요한 자료는 표 12.14 및 표 12.16과 같다.

6) Simulation option 설정

모형의 실행을 위한 계산조건[그림 12.12(a)]은 앞서 설명한 Project의 기본 값 설정에 사용한 단위, 침투량계산방식, 하도추적방법이다. 그림 12.12(b)는 계산 시작시간과 출력시간, 그리고 종료시간을 입력한 것이다.

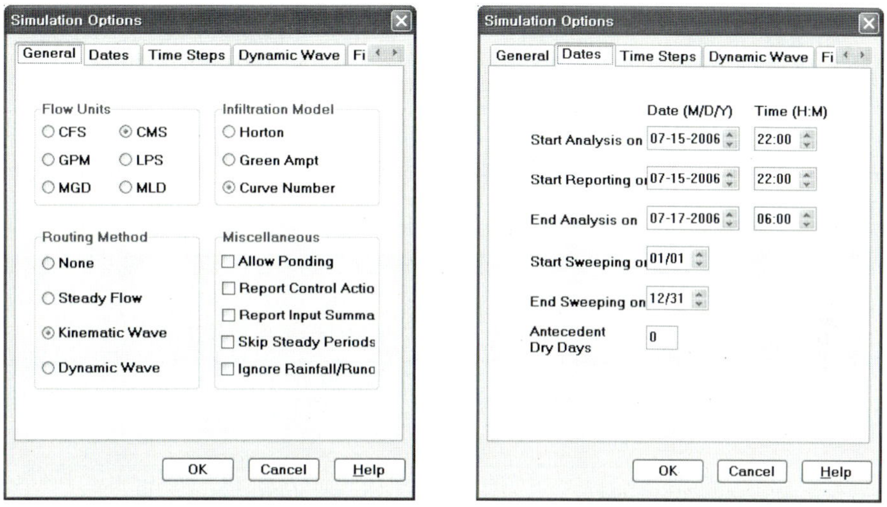

(a) General Option (b) Date Option

그림 12.21 모형실행을 위한 계산조건 및 시간정보 입력

7) 결과 검토

SWMM은 GUI를 통하여 모형실행의 결과를 손쉽게 확인할 수 있으며, 출력결과는 소유역 및 접합부, 그리고 유역출구점에서의 수리특성과 수문특성에 대한 표와 그림으로 GUI에서 손쉽게 획득할 수 있다.

정릉천 유역의 SWMM 구성은 20개의 소유역, 9개의 관로, 9개의 접합부, 그리고 유역출구로 이루어져 있으며, 모형의 실행 결과 또한 개개의 요소지점에서 획득할 수 있다. 유출량 산정시 주요지점은 소구역의 합류점인 접합부와 유역출구로서 나머지 소구역 및 관로에서의 출력결과에 대한 설명은 생략하기로 한다.

2006년 7월 15일 22 : 00부터 16일 20 : 00까지의 강우로 인한 정릉천 유역 주요 지점별 홍수량 산정 결과는 그림 12.12 및 표 12.17과 같다. 정릉천 유역은 유역면적이 19.32 km^2인 소규모 유역으로 첨두유량 발생일시가 7월 15일 14 : 00로 동일하며, 유역출구의 첨두홍수량은 265.77 m^3/sec인 것으로 계산되었다.

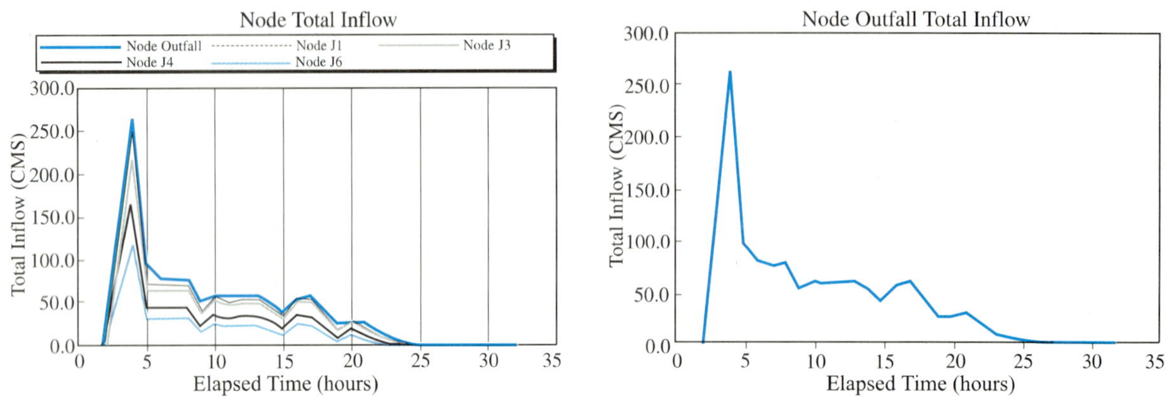

(a) 주요지점 유출수문곡선 (b) 유역출구 유출수문곡선

그림 12.22 SWMM을 이용한 주요지점 및 유역출구 지점의 유출수문곡선 계산결과

표 12.17 주요지점별 첨두홍수량 및 첨두홍수 발생일시

구분	첨두홍수량 (m^3/sec)	첨두홍수 발생일시	구분	첨두홍수량 (m^3/sec)	첨두홍수 발생일시
Outfall	265.77	7월 14일 04 : 00	J4	167.50	7월 14일 04 : 00
J1	250.93		J5	149.07	
J2	231.58		J6	120.49	
J3	225.98				

6) DR3M

DR3M(Distributed Routing Rainfall-Runoff Model)은 미국 지질조사국(USGS)이 도시유역의 강우-유출관계 모의를 위해 1978년에 처음으로 집체형 매개변수 모형으로 개발하였으나 그 후 분포형 매개변수 모형으로 확장되었다(Alley and Smith, 1982). 이 모형은 아주 작은 유역에서부터 10 mi^2 정도 유역까지 적용이 가능한 것으로 추천되고 있으며, 지하수 유출이나 중간유출의 계산은 불가능한 것으로 알려져 있다. 또한, 지표면을 통한 하도로의 홍수추적은 부정류 방정식을 운동파 가정으로 수치해석적으로 풀도록 되어 있으며, 수치 해를 위해 음해법, 양해법, 특성곡선법 중 한 가지 방법을 모형 사용자가 지정해 주도록 되어 있다.

USGS의 DR3M 모형과 그 외 몇 가지 소프트웨어들은 USGS Website(http:/water.usgs.gov/software/surface-water.html)에서 내려받기할 수 있다.

12.4.2 연속형 강우-유출 모형

연속형 강우-유출 모형(連續型 降雨-流出 模型)은 한 유역에 내린 강우와 그로 인한 직접

유출, 침투, 증발산, 중간유출, 지하수유출, 그리고 하천유출 등의 시간적 변화를 고려하여 연속적으로 각 수문성분과정을 양적으로 계산해나감으로써 하천유량을 추정할 수 있는 집체형 매개변수모형(集體型 媒介変数模型)이라 할 수 있다.

비가 오지 않는 기간에 대해서 연속형 모의모형은 유역 내에서의 물의 저류량을 추적하여 다음 비가 올 때까지 증발이나 침루, 기저유출로 손실되는 양을 산정하게 된다.

연속형 모의모형들은 물의 순환과정을 구성하는 강우, 증발과 증산, 침투와 침루, 지하수, 유출 등 여러 수문성분 과정 간의 관계를 기초로 하는 물리적 과정(physical process)에 근거하므로 확정성 법칙에 의하는 확정론적 모형이라 할 수 있다. 연속형 강우-유출모형의 시초는 Crawford and Linsley(1966)의 Stanford Watershed Model-IV(SWM-IV)이므로 이 모형에 대해 간단히 살펴본 후, SWM-IV의 변형인 HSP, HSPF에 대해서도 소개하기로 한다. 또한, 선행강수지수 모형인 API 모형, 저수지 운영을 위한 장기유출 모형인 SSARR 모형과 장기수질 모형인 STORM 모형에 대해서도 간단히 소개하기로 한다.

1) SWM-IV

SWM-IV(Stanford Watershed Model-IV) 모형은 미국 Stanford 대학에서 1959년~1966년에 걸쳐 Crawford and Linsley(1966)에 의해 개발된 일련의 연속형 강우-유출 모형(Model I~Model IV) 중에서 제일 마지막으로 완성된 모형으로 초기모형을 보완하여 만든 가장 개선된 모형이다.

Stanford 모형은 여러 특성의 유역에 다양한 수문조건을 포괄할 수 있는 물 순환과정의 종합적인 표현을 가능하게 한 일반목적 모형으로서, 세계 여러 나라의 유역에 광범위하게 적용되어 모형의 우수성이 높이 평가된 바 있다. 뿐만 아니라 본 모형의 정교성과 일반성 때문에 여러 가지 목적을 위해 이 모형을 변형 혹은 개선 보완한 모형이 등장하게 되었으며, 이 중 가장 대표적인 모형에는 KWM(James, 1970), OPSET(Liou, 1970), HSP(Hydrocomp, Inc., 1969), NWSRFS(NWS, 1972), OSUSWM(Ricca, 1972), TWM(Claborn and Moore, 1970), HSPF(Johanson, Imhoff and Davis, 1980) 모형 등이 있다.

본 모형을 개발함에 있어서 Crawford and Linsley는 첫째, 다양한 하천유역의 수문학적 조건을 최대한 정확하게 표현할 수 있고, 둘째, 가용한 수문자료만 있으면 어떠한 유역에든지 쉽게 적용할 수 있으며, 셋째로, 모형 자체가 물리적으로 타당하여 유출량뿐만 아니라 지표면 유출량이라든지 증발산량 등의 타 수문량의 산정을 위해서도 응용될 수 있어야 한다는 점을 고려하였다.

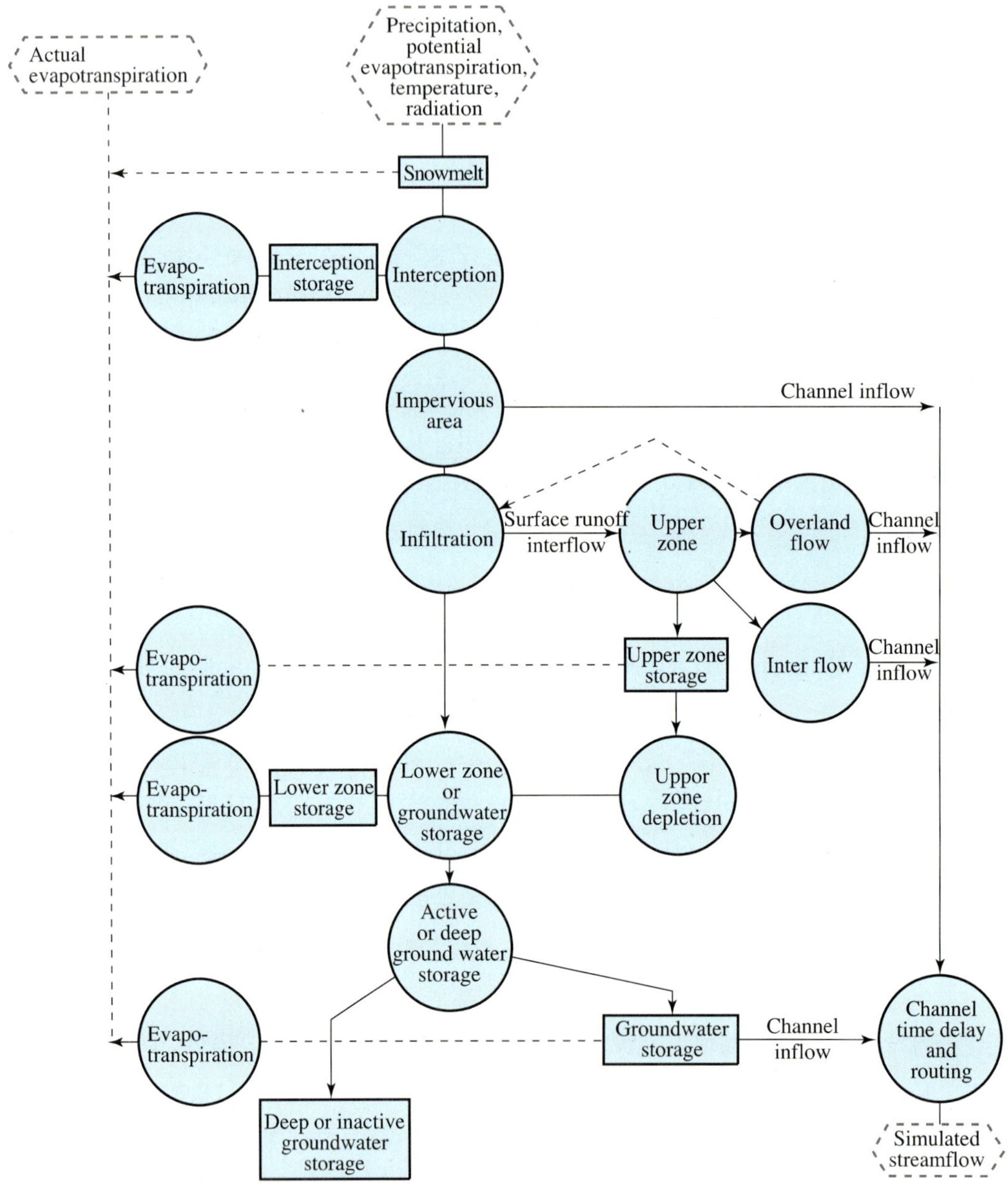

그림 12.23 Stanford Watershed Model-IV의 구조

그림 12.23은 Stanford Watershed Model-IV의 구조를 표시하는 흐름도(Flowchart)이며, 본 모형에서 사용된 매개변수의 수는 34개이다. 이 중 표 12.18의 4개변수는 실측이 곤란하므로 후술할 매개변수 최적화 방법(parameter optimization)에 의한 검정과정에서 결정하게 되며, 나머지 변수들은 지형도라든지 현지측량 및 기존 수문기상자료로부터 얻게 된다.

표 12.18 모형의 검정에 의해 결정되는 변수(Stanford Watershed Model-IV)

변수명	변수의 특성
CB	Infilration index(침투지수)
CC	Interflow index(중간유출지수)
LZSN	Nominal lower zone soil moisture storage(하부토양대 공칭수분저류량)
UZSN	Nominal upper zone soil moisture storage(상부토양대 공칭수분저류량)

2) HSP 모형

HSP 모형(Hydrocomp Simulation Program)은 지금까지 개발된 확정론적 수문모의모형 중 가장 완전한 일반목적모형이라 할 수 있으며, 양적 모의뿐만 아니라 수질 및 토사침식까지 고려할 수 있는 Subprogram이 준비되어 있다. Crawford와 Linsley가 Stanford Watershed Model Series를 개선하여 만든 본 모형은 하도추적과 저수지추적에 있어서의 Stanford 모형의 약점을 보완했을 뿐만 아니라, 입력 및 출력자료의 관리를 완전 자동화할 수 있도록 모형 내에 프로그램화되어 있는 특징을 가지고 있다.

그림 12.24의 모형구조도에 표시되어 있는 바와 같이 양적 모의를 위한 본 프로그램은 Library, Lands 및 Channels 등 3개의 부 프로그램(Subprograms)으로 되어 있다. Library는 자료의 관리, 해석 및 저장을 위한 부 프로그램이며, Lands는 유역에 내린 강수의 각종 분포경로를 고려하여 물 수지계산을 함으로써 유역의 지표 및 지하유출반응을 연속적으로 모의해 내는 부 프로그램이고, Channels는 Lands에서 모의된 지표유출 및 지하유출, 즉 하도에의 유입수문곡선을 운동파 추적(kinematic wave routing) 및 저수지 추적법에 의해 추적하여 유역출구에서의 계획 유출수문곡선을 계산해 내는 부 프로그램으로서 하로(河路)로부터의 분류(分流)나 하로의 도수(導水)과정도 처리할 수 있도록 되어 있다. HSP 모형은 Hydrocomp 회사(Hydrocomp Inc., 1969)의 특허로 되어 있어 미국 내뿐만 아니라 세계 각국에 위치한 약 200여 유역에 적용된 바 있으며, 모형 자체는 완전히 상품화되어 있다.

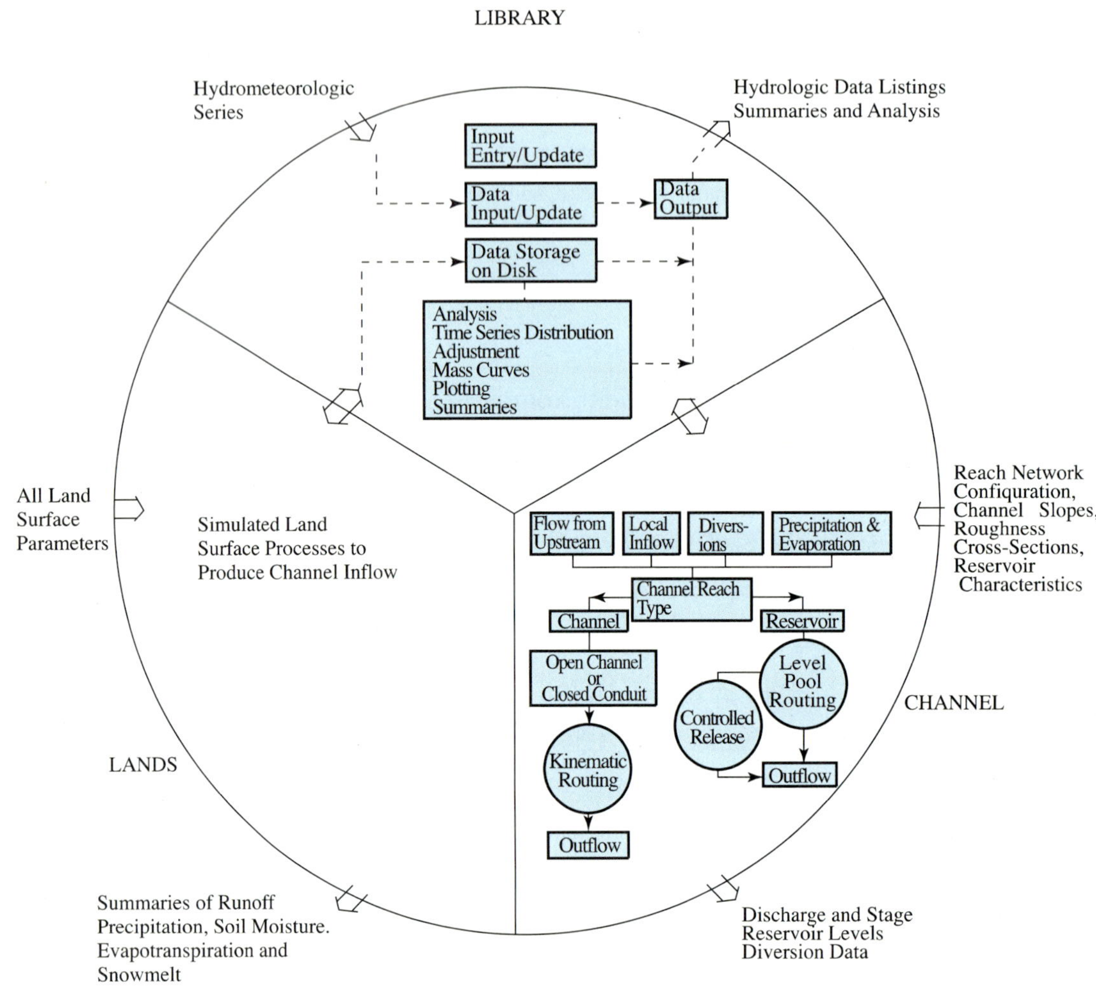

그림 12.24 HSP 모형의 구조

3) HSPF

James(1970)는 Crawford and Linsley가 ALGOL 프로그램인 언어로 개발한 SWM-IV 모형을 FORTRAN 언어로 번역하였으며, 이 FORTRAN Version은 여러 연구를 통해서 수정이 계속되어 왔다. 대표적인 예를 들면 Kentucky Watershed Model(KWM), Kentucky Self-Calibrating Version(OPSET), Ohio State University Version(OSU SWM), Texas Watershed Model(TWM), National Weather Service River Forecast System(NWSRFS) 등이며, 앞에서 소개한 HSP 모형은 PL/1 프로그래밍 언어로 작성되어 있으나 미국 환경보호청(EPA)은 이를 FORTRAN 언어로 바꾸어 Hydrologic Simulation Program-FORTRAN

(HSPF)을 개발하였다. HSPF의 지속적인 보완 Version은 미국 지질조사국(USGS)이 맡고 있으며 프로그램은 USGS의 Website(http://water.usgs.gov/software/surface_water.html)로부터 내려받기할 수 있다.

HSPF 모형은 아주 작은 유역에서부터 60,000 mi^2에 달하는 대규모 유역에 수없이 적용되어 오면서 프로그램이 개선되어 왔으며, 특히 사용자 편의를 위한 전후처리 Routine이 마련되어 왔다. 이 모형은 하천유량의 연속적인 모의뿐만 아니라 용존산소(dissolved oxygen)라든지 BOD, 대장균, 토사이송, 수온, pH, 비료성분, 질소, 인, 플랑크톤 등을 포함하는 수질항목을 모의하는 데에도 적용이 가능하다.

또한, HSPF 모형은 수량과 수질에 미치는 토지이용 변화영향과 융설로 인한 유출예보, 저수지 운영, 점 오염원 및 비점 오염원 처리방법의 효과, 토양침식 등도 모의할 수 있다. 계산 시간단위는 1일 단위까지 가능하며, 하천유량을 모의하기 위해서는 강우자료계열과 증발산량 자료계열이 필요하며, 수질모의를 위해서는 하천유량과 융설 모의 입력자료, 그리고 습도, 구름, 점 오염원, 비료뿌리기 등에 대한 자료를 필요로 한다.

4) API 모형

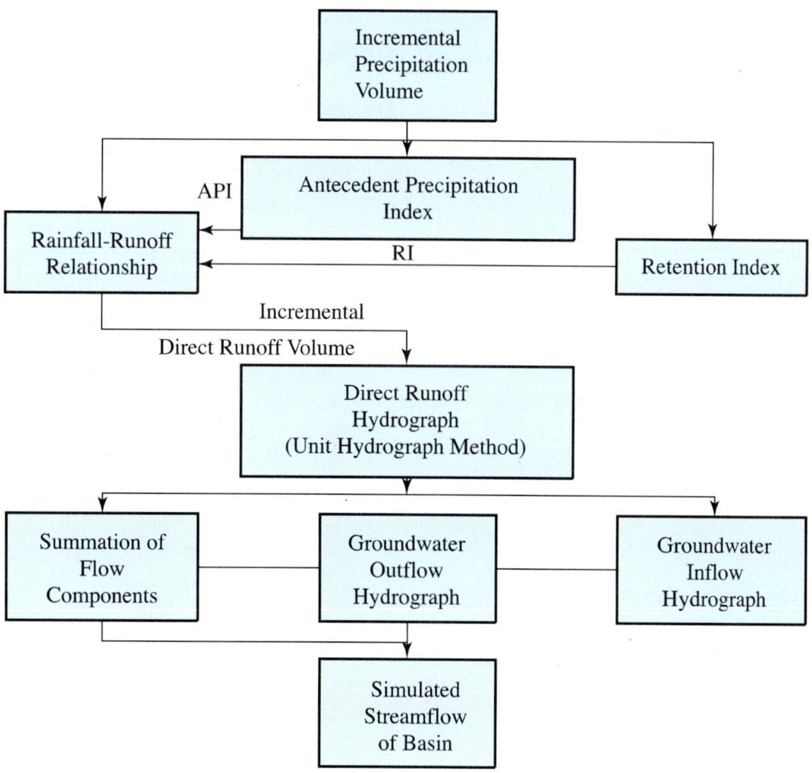

그림 12.25 API 모형의 구조

선행강수지수 모형(先行降水指數 模型, Antecedent Precipitation Index Model, API Model)도 유역으로부터의 유출기구를 모의하기 위한 모형으로 네 가지 주요 구성성분이 모형의 핵심을 이룬다(Sittner et al., 1969).

즉, 유효우량과 직접유출 간의 관계를 표시하는 단위유량도와 API 우량–유출관계, 지하수감수 관계 및 직접유출수문곡선의 함수로서 지하수 유출수문곡선을 계산하는 관계 등의 정립에 의하여 총 유출수문곡선을 모의발생하게 된다. 그림 12.25는 이 모형의 개략적인 구조를 표시하고 있다.

5) SSARR

미국 육군공병단(U. S. Army Corps of Engineers)에서 개발하기 시작한 본 모형은 Rockwood (1958)에 의해 처음으로 제안되었으며, 그 후 1964년 Rockwood가 이를 수정보완하여 SSARR (Streamflow Synthesis And Reservoir Regulation) 모형을 완성시켰다. 이 모형은 홍수추적을 위한 특수목적 모형으로서 비교적 큰 유역에 대한 홍수예보와 저수지 조절을 근본목적으로 삼고 있다. 본 모형은 몇 가지 주요사업에 실제로 적용되어 좋은 결과를 나타낸 바 있으며, 모형의 구조는 그림 12.26의 Flowchart에 표시한 바와 같고, 사용된 변수의 수는 24개이다.

그림 12.26에 표시된 바와 같이 SSARR 모형의 구조를 살펴보면 우선 실측되었거나 혹은 지표관계로부터 계산된 점우량과 강설량의 시간적 분포를 고려하여 입력자료로 사용하고, 이로부터 임의 시간 동안에 유역상에 균등하게 배분되는 수분입력(moisture input)을 결정하였다. 이 수분입력은 토양의 수분지표함수(soil moisture index function, SMI)에 의해 유출분과 토양수분의 증가분(soil moisture)으로 나누어진다. 토양수분은 증발산(evapotranspiration)에 의해 손실되며, 그림 12.26에서 알 수 있는 바와 같이 토양수분 중 일부가 침루하여 지하유출되는 과정은 포함시키지 않았다. 유출분(runoff)은 다시 기저유출의 침투지수(baseflow infiltration index, BII)에 의해 기저유출분과 직접유출분으로 나누어지며, 직접유출분은 다시 지표면 유출(surface runoff, S)과 지표하 유출(subsurface runoff, SS)로 나누어진다. 이상과 같은 구조에 의해 결국 하천수로의 유입수는 기저유출(지하수유출)과 지표하 유출 및 지표면 유출로 나누어지며, 이들 유출분은 각각 하천수로를 통해 추적된 후 유역의 출구지점에서 합성함으로써 총 유량을 계산하도록 되어 있다.

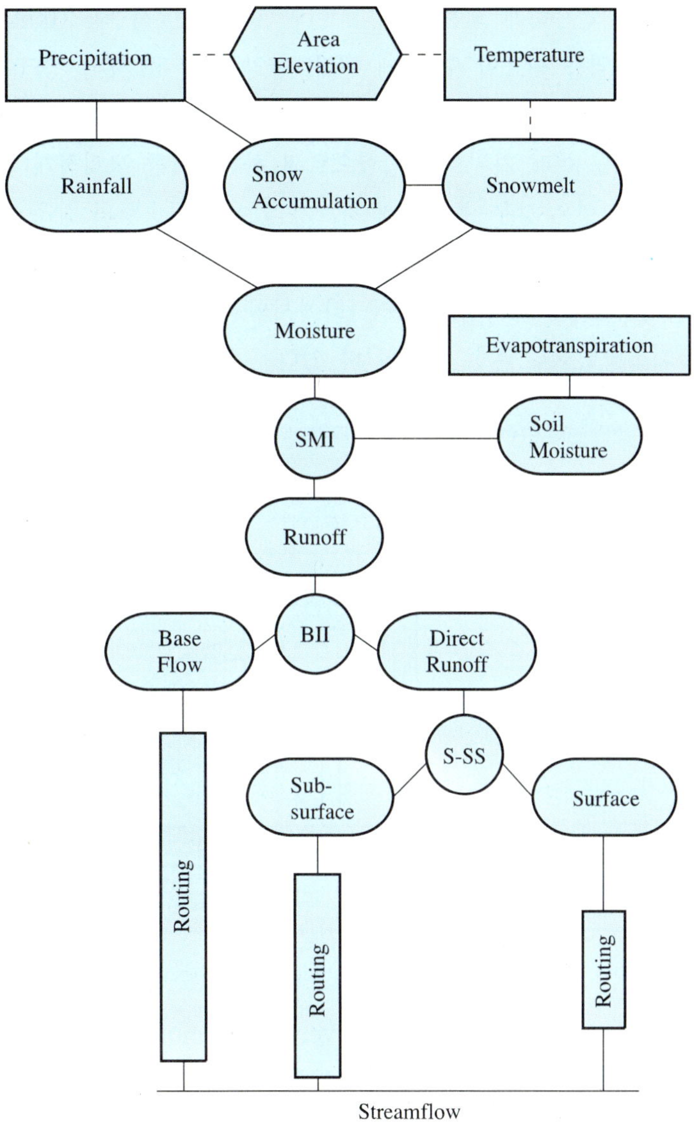

그림 12.26 SSARR 모형의 구조

6) Tank 모형

Sugawara(1984)가 제안한 탱크 모형(Tank Model)은 유역을 일련의 선형 혹은 비선형 탱크의 조합으로 보는 모형으로서 그림 12.27에서 보는 바와 같이 탱크의 측면출구(side outlet)를 통해 유출이 발생하며, 바닥출구(bottom outlet)를 통해서는 침투가 발생하고, 탱크 내에는 저류성분이 존재하는 것으로 본다. 또한 탱크의 수면에 강수가 발생하며, 증발은 탱크로부터의 물의 손실로 간주하게 되는 것이다. 이와 같은 개념적 탱크(tank)를 여러 개 병렬로 조합하면 큰 하천유역을 대표할 수 있게 된다. 만약 그림 12.27의 탱크에서 바닥출구와 저류공간을 없애면(측면출구가 바닥과 일치하는 경우), 탱크는 하도추적을 모의하게 되며, 이들 두 가지 유형의 탱크를 여러 가지로 조합함으로써 하천수계를 모의하게 되는 것이다(Sugawara et al., 1984). 이 모형은 강우-유출관계 자료가 없어서 연속형의 강우-유출관계모형에 의한 유출계산이 불가능한 경우 일 강우량 자료에 의해 장기간의 일 유출량 자료를 모의하기 위해 사용된다. 또한, 1980년대 말까지도 우리나라에서의 수자원계획수립을 위한 물 수지 분석대상 유출자료의 획득방법으로 흔히 사용된 바 있다.

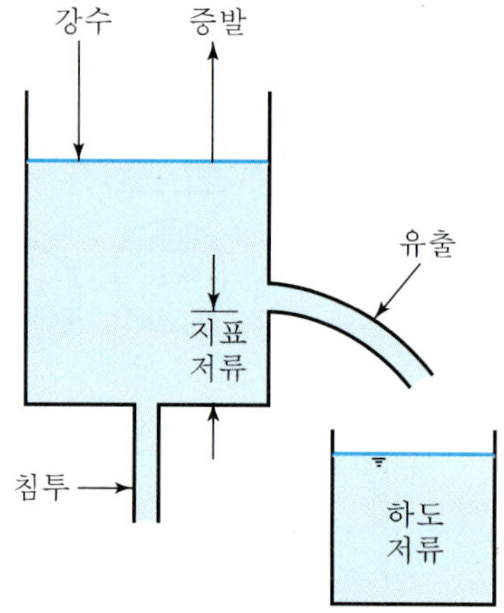

그림 12.27 단순 Tank 모형의 개념도

7) STORM

STORM 모형(Storage, Treatment, Overflow Runoff Model)은 제11.4.6절에서 이미 상세하게 소개한 바와 같이 일련의 단일호우사상이나 연속되는 일 강우량 계열로 인한 도시유출의 양과 질을 연속적으로 모의하기 위해 미국 육군공병단 수문공학연구소에서 개발한 모형이다(HEC, 1976). 이 모형은 가정하수나 영업하수, 산업폐수의 하천방류를 모의할 수 있으며, 간헐적인 혹은 연속적인 시간강우로부터 모의된 우기의 수문곡선을 각종 수문분석 목적으로 사용할 수도 있다.

우기의 시간-오염농도곡선(時間-汚染濃度曲線, pollutographs)을 기록된 호우사상 혹은 설계호우사상에 대하여 예측할 수 있으며, 방류하천에 미치는 오염물질 유출의 영향을 평가하는데 이 모형을 사용할 수도 있다. 시간-오염농도곡선은 통상 시간별 유출률이라든지 오염물질의 양 및 오염농도 등으로 구성된다.

STORM 모형의 개념적 구성 및 모의방법은 제11.4.6절에서 개략적으로 소개한 바와 같다. 이 모형을 적용하기 위해서는 강우로 인한 유출량을 조절할 수 있는 저류용량을 책정하는 데 도움이 될 수 있도록 각종 통계자료가 확보되어야 하며, 연평균 유출량이라든지 연평균 토양 침식량, 저류지로부터의 연평균 월류용량, 연평균 오염물질 방류량 등이 제공되어야 한다.

STORM 모형은 강우나 대기온도, 유출, 오염물질 축적, 지표면 침식, 갈수유량, 저류량과 처리율 등과 저류 및 처리시스템으로부터의 월류량 간의 상호작용을 모의할 수 있다. 유출량은 강우량과 지면저류량의 차이의 일부분(fraction)으로 계산되며, 일정처리 용량을 초과하는 유출량은 저류지에 분류되어 처리된다. 처리율과 저류용량을 초과하는 유출량은 월류되어 방류하천으로 직접 흘러들어가게 된다.

8) SWAT 모형

이 모형은 미국 농무성 농업연구소(USDA/Agricultural Research Service, ARS)에서 개발된 유역모형으로 Soil and Water Assessment Tool(SWAT)이라 부른다. SWAT는 대규모의 복잡한 유역에서 장기간에 걸친 다양한 종류의 토양과 토지이용 및 토지관리상태에 따른 물과 유사 및 농화학 물질의 거동에 대한 토지관리방법의 영향을 예측하기 위하여 개발되었다(Arnold, et al., 1994).

SWAT는 토양에서의 물 수지(water budget) 관계와 유역 및 하도 내에서의 수문순환으로 나누어서 고려하고 있다. 토양에서의 물 수지관계는 유역에서의 수분수지방정식에 근거하고 있으며, 소유역으로 구분된 수문반응단위(hydrologic response unit, HRU)에서의 유출은 소유역으로부터 계산되고 유역의 총 유출량을 얻기 위해 누적된다.

한편, 유역에서의 수문반응단위별 물 순환은 그림 12.28과 같은 SWAT 모형의 계산흐름도에 따라 모의되며, 유역으로부터의 침식(erosion)과 유사량은 개정 범용토양손실공식(Revised Universal Soil Loss Equation, 제11장 참조)에 의해 수문반응 단위별로 추정되며, 유역으로부터 하천으로 운반되어 하류로 운송되는 질소나 인 등의 영양물질(nutrients)도 추적되며, 토지피복식물의 성장, 살충제의 거동, 영농관리의 영향 등도 주 하천 및 하도와 저수지 등에서 추적된다.

SWAT 모형은 전체 215개의 모듈로 구성되어 있으며, 이 중에서 유출과 직접 관련된 모듈은 전부 138개이다.

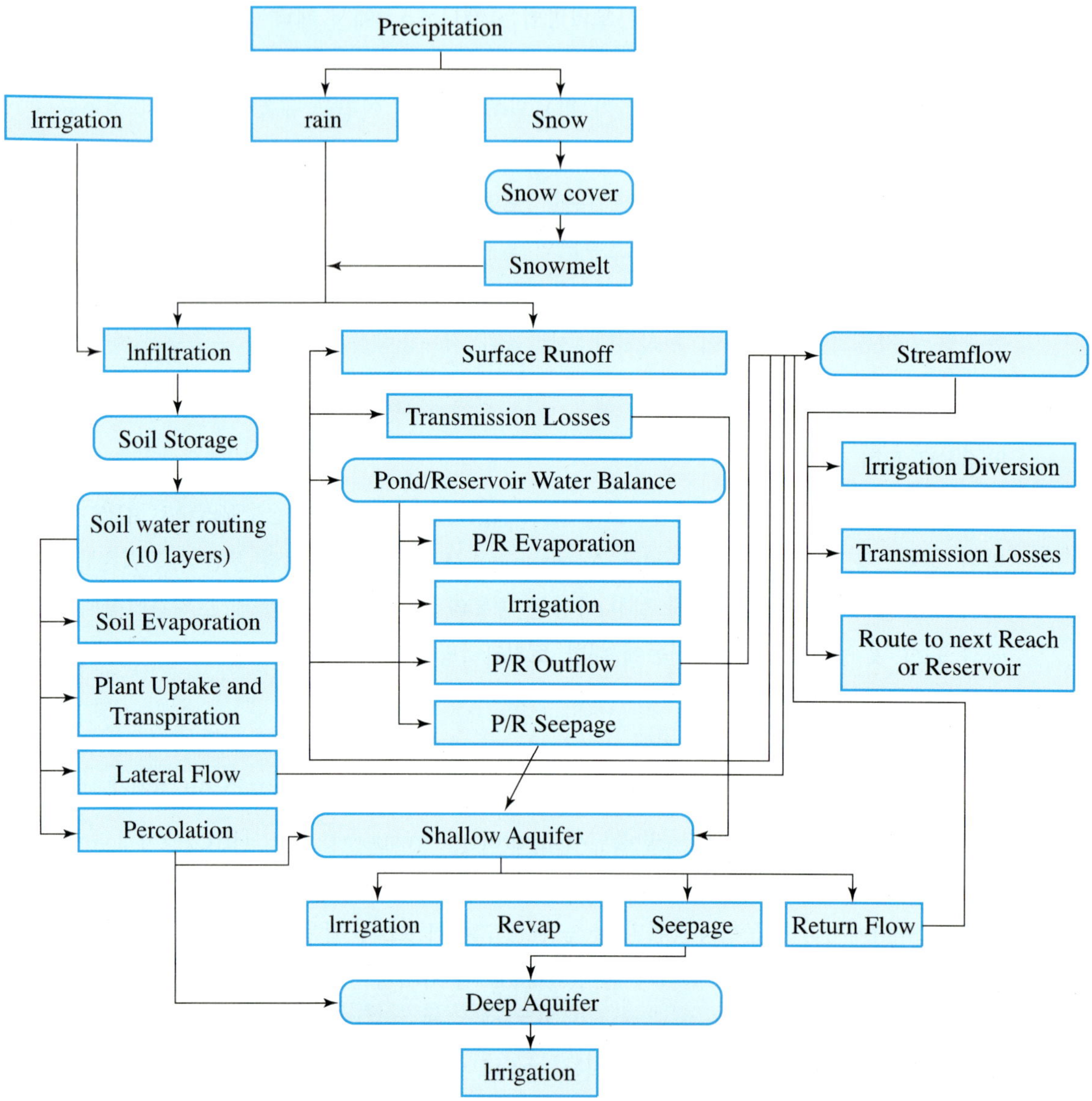

그림 12.28 SWAT 모형의 계산흐름도

국내에서는 과학기술부의 21세기 프론티어 사업 중의 하나인 「수자원의 지속적 확보기술개발사업」에서 "수문성분 해석시스템 개발"이라는 세부 연구과제 중의 하나로 SWAT-K(SWAT-Korea)라는 실용프로그램을 개발하였다. 이 프로그램은 미국 농무성의 SWAT 모형을 국내유역에 알맞게 보완·개선하여 목적별로 적용할 수 있도록 시도한 것이다(한국건설기술연구원, 2006).

12.5 집체형 모형의 검정과 정확도 기준

모형검정(模型檢正, model calibration)이란 프로그램화된 개념적 모형이 어떤 정도의 정확도 기준을 만족시키면서 자연계에서 발생한 호우로 인한 유역의 유출을 재연할 수 있도록 모형의 변수를 조정하는 과정이라 할 수 있다. 즉, 실측된 유역의 반응인 유출수문곡선과 모형에 의해 계산된 수문곡선이 어느 정도 이내로 접근될 때까지 과정변수인 침투라든지 토양수분저류량 등의 값을 조정해 나가는 것이다. 물론, 모든 모의모형이 전부 검정을 요하는 것은 아니고, 간단한 모형의 경우는 모든 변수가 직접 측정에 의해 결정되도록 되어 있는 모형도 없지는 않다.

12.5.1 검정에 있어서의 정확도 기준

모형의 검정을 위해서는 수문량의 모형에 의한 모의결과와 실측결과를 비교하여 모의결과를 받아들일 것인가를 평가하는 기준이 필요한 것이며, 이를 정확도 기준(accuracy criterion)이라 한다. 정확도 기준의 설정은 모형에서 모의하고자 하는 수문량의 종류에 따라 달라야 함이 옳으나, 기존모형은 그 대부분이 유출량 혹은 유출용적의 모의를 위해 개발되어 있으므로 이에 대한 몇 가지 정확도 기준을 살펴보기로 한다.

Dawdy와 O'Donnell(1965)이 그들의 모형에서 설정한 정확도 기준은 관측유량과 모의된 유량의 시각별 편차의 자승의 합이 최소가 되는 것이었다.

$$F^2 = \left| \sum_{i=1}^{N} (q_i - r_i)^2 \right|_{\text{minimized}} \tag{12.9}$$

여기서, F^2은 목적함수(objective function)이며, q_i, r_i는 각각 시각 i에 있어서의 관측유량 및 모의유량이다.

식 (12.9)의 목적함수 F^2은 유량의 자승과 같은 차원(次元)을 가지므로 관측 및 모의된 유량의 첨두값의 일치에 역점을 두는 결과가 되므로 Nash와 Sutcliffe(1970)는 식 (12.10)과 같은 무차원 목적함수를 정확도 기준으로 삼았다.

$$R^2 = \frac{\frac{1}{n}\sum_{i=1}^{n}(q_i - \bar{q})^2 - \frac{1}{n}\sum_{i=1}^{n}(q_i - r_i)^2}{\frac{1}{n}\sum_{i=1}^{n}(q_i - \bar{q})^2} \tag{12.10}$$

여기서, $\bar{q}$는 n시각까지의 관측유량의 평균값이고, R^2은 통계학에서 사용하는 결정계수

(coefficient of determination)와 유사한 무차원 목적함수이다.

Kutchment와 Koren(1968)이 제안한 정확도 기준은 실측유량과 모의유량 간의 편차의 절대값을 전 시간에 걸쳐 적분한 값이 최소가 되도록 하는 것이다. 즉,

$$F = \int_{t_0}^{T} |q_i - r_i| dt \tag{12.11}$$

여기서, F는 목적함수로서 최소화시키고자 하는 것이며, t_0와 T는 각각 시점 및 종점시각을 표시한다.

이 방법에서는 우선 모형이 지니고 있는 검정변수들의 초기값을 부여하고, F값이 최소가 될 때까지 첫 번째 변수를 변화시켜 최종적인 값을 결정하고 난 다음 동일한 절차를 되풀이함으로써 다른 검정변수값을 결정하게 되며, 이 절차가 끝나면 모형의 검정은 끝나게 된다.

전술한바 관측 및 모의된 유량의 첨두값의 일치에 편중하는 정확도 기준의 약점을 피하기 위해 Lichty, Dawdy, Bergmann(1968)은 유량뿐만 아니라 유출용량에 대한 기준도 설정하여 두 정확도 기준을 만족하도록 검정하였다. 즉

$$F_1 = \sum_{i=1}^{n} (\log_e r_i - \log_e q_i)^2 \tag{12.12}$$

$$F_2 = \sum_{i=1}^{n} (\log_e V_i - \log_e M_i)^2 \tag{12.13}$$

여기서, F_1, F_2는 각각 유량과 유출용적의 정확도 기준이며, V_i 및 M_i는 각각 i시각까지의 모의 및 실측된 유출용적을 표시한다.

Lichty, Dawdy, Bergmann의 방법을 모방하여 James(1970), Liou(1970) 등은 관측 및 모의유량의 편차의 자승의 합을 최소화하는 검정원리를 그대로 사용하면서 일 평균유출량, 월 총 유출용적, 3일간의 중간유출량 및 첨두유량 등의 4개 변수를 선정 사용하였다.

상술한 방법 이외에 검정의 정확성을 평가하는 다른 한 가지 기준은 상관계수라든지 분산, 표준편차, 표준오차 등의 통계학적 기준이다. Crawford와 Linsley(1966)는 Stanford Model과 HSP에 이들 통계학적 기준에 의한 검정의 정확성 평가수단을 마련하여 패턴 인식방법(pattern recognition method)과 함께 검정변수의 조정을 가능하게 하였다. 패턴 인식방법은 관측된 수문곡선과 모의되는 수문곡선을 동시에 오늘날 널리 활용되고 있는 GUI처럼 Cathode-Ray Tube에 동시에 비추어 비교하면서 변수값을 조정함으로써 최적 검정변수를 결정하는 방법이며, 이때 변수값을 조정하는 기준으로 전술한 통계학적 기준을 사용하게 되는 것이다.

12.5.2 모형의 검정방법

전술한 바와 같이 모형의 검정은 결국 모형이 포함하고 있는 변수의 최적화(parameter optimization)를 의미하는 것으로서 시행착오법(trial and error method), 매개변수 자동최적화 방법(automatic parameter optimization method) 및 혼합방법(combination method)의 세 가지 방법으로 크게 나눌 수 있다.

1) 시행착오법

이 방법은 모형의 변수 중 측정할 수 있는 변수는 측정값을 그대로 사용하는 반면 정확한 측정이 불가능한 과정변수(過程変数, process parameter)들의 값을 차례로 변화시켜 가면서 관측 및 모의 수문곡선이 설정된 정확도 기준을 만족시킬 때까지 변수값을 조정하여 최적 변수값을 결정하는 방법이다.

이 방법의 적용에 있어서 대단히 중요한 것은 개개 변수의 민감도(sensitivity)를 파악하여 가능한 한 시행착오의 횟수를 줄이는 일이라 하겠다. 즉, 과정변수 중 어떤 변수는 유출수문곡선에 큰 영향을 미치나 어떤 변수는 거의 영향을 미치지 않는 것도 있다. 따라서 각 모형의 변수들의 민감도를 파악하여 Crawford와 Linsley(1966)가 추천하고 있는 다음과 같은 절차에 의해 최종적인 검정변수값을 결정하게 되는 것이다.

첫째, 연강수량과 증발산량 및 유출량만을 고려하여 물 수지계산을 함으로써 관측 및 모의된 연간 유출용적을 비교한다. 만약, 모의된 연간 유출용적이 관측값보다 크면 증발산량을 증가시켜야 관측값에 가까워질 것이며, 증발산량을 증가시키기 위해서는 토양함유수분 및 침투율을 크게 해야 하므로 이와 관계있는 변수값을 크게 하여 시산을 반복함으로써 우선 모형의 입력과 출력의 연간 평형을 취하게 된다.

둘째, 연간 유출용적이 거의 일치되면 다음 단계는 관측된 일 평균우량의 계절적 분포를 재연할 수 있도록 변수를 조정해야 한다. 일 평균유량의 계절적 분포에 영향을 미치는 주요인자는 지하수유출이므로 모의된 지하수유출분이 너무 크면 침투율을 감소시키고, 토양수분 저류량을 감소시키는 방향으로 변수조정이 이루어져야 한다.

셋째, 유출의 연간 용적 및 계절적 분포가 재연되고 나면 수문곡선의 모양과 첨두값의 발생시간에 관심을 두게 된다. 수문곡선의 모양에 영향을 미치는 주 인자는 중간유출 및 하도저류량이며, 첨두값의 발생시간은 홍수추적에 관련되는 변수를 조정함으로써 맞출 수 있다.

마지막으로 검토해야 할 것은 홍수수문곡선 아래의 면적, 즉 홍수유출용적의 관측값과 모의값 간의 오차이다. 상술한 3단계 변수조정과정을 거치더라도 홍수기간 동안 부분적인 유량오차가 생기므로 최종적으로 미세한 변수조정에 의해 관측수문곡선과 모의수문곡선을 근사하게 만든다.

2) 매개변수 자동최적화 방법

이 방법은 프로그램화된 모형 내에 정확도 기준을 가장 잘 만족시키는 결과를 주는 최종변수를 자동적으로 결정할 수 있도록 변수 최적화 프로그램을 제공하는 방법이다. 따라서 본 방법에서는 모형에서 사용하고 있는 변수들의 수많은 조합 중 가장 정확한 결과를 주는 변수의 조합을 찾아내게 된다.

정확도 기준을 그림 12.29의 정확도 함수(accuracy function)가 최대가 되는 변수의 조합이라 한다면 수차례에 걸친 컴퓨터 계산결과는 2변수의 경우 그림 12.29와 같아질 것이다. 즉 변수 X_1의 값이 AD, 그리고 X_2의 값이 DC 사이의 값을 가질 때 정확도 함수 F는 그림 12.29에서처럼 X_1, X_2의 조합에 따라 각각 상이한 값으로 계산될 것이며, F값이 최대가 될 경우의 (X_1, X_2)가 바로 최적화된 경우인 것이다. 따라서 검정변수의 물리적인 크기를 고려하여, 초기값을 가정하고 F값을 계산한 후 변수값을 계속 변화시켜 가면서 F값을 계산하여 국지 최적치(局地 最適値, local potimum)가 아닌 절대 최적치(絶對 最適値, global optimum)에 해당하는 변수의 값이 최종변수값이 되는 것이다.

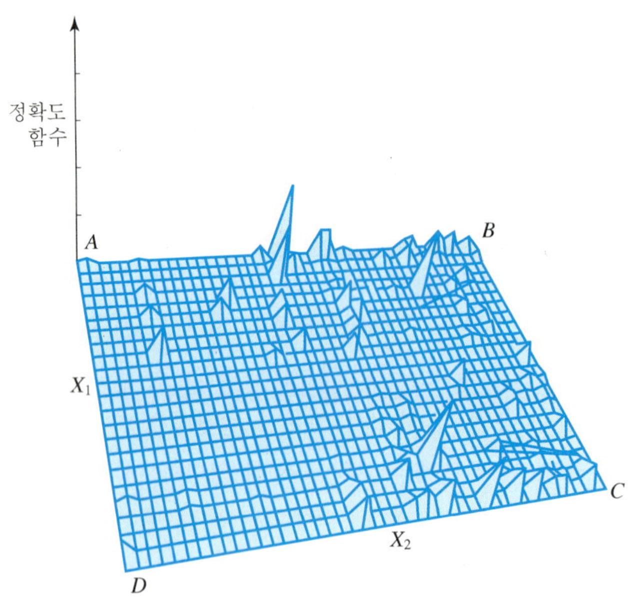

그림 12.29 모형변수에 따른 정확도 함수

표 12.19 모형의 검정을 위한 최적화 방법

Description of Method	Type and Classification of Method	References
Univariate search method	Deterministic/direct search	Beard(1967)
Rotating coordinate search method	Deterministic/direct search	Rosenbrock(1960), Ibbitt(1970)
Mutually conjugate direct search method	Deterministic/direct search	Powell(1964), Zangwill(1967)
Deflected gradient search method	Deterministic/gradient	Fletcher and Powell(1963)
Least squares method with implicit matrix inversion	Deterministic/least squares	Powell(1965)
Least squares method using Levenberg parameters	Deterministic/least squares	Marquartd(1963), Levenberg(1944)
Stochastic search method	Stochastic	Karnopp(1963)

수문학적 모의모형을 검정하기 위해 개발된 상기한 부류의 최적화 방법에는 표 12.19와 같은 여러 가지가 있으며 Rosenbrock(1960)의 방법은 가장 널리 사용되고 있는 방법이다.

3) 혼합방법

혼합방법은 시행착오에 의한 변수의 최적화 방법과 자동 변수최적화 방법을 혼합해서 사용하는 방법이다. 이 방법에서는 우선 모의를 위한 변수의 초기값을 시행착오법에 의해 적절하게 결정한 후 이를 기준으로 하여 자동적으로 변수를 최적화할 수 있도록 하는 방법이나 아직까지 깊은 연구가 되어 있지는 않다.

12.6 분포형 모형에 의한 수문모의기법

12.6.1 분포형 모형의 기본

분포형 모형은 유역의 공간적 유출특성변화를 반영하기 위하여 수치지형자료(DEM 자료), 토지피복관련자료, 토양관련자료 등의 지리정보에 근간을 두고 유역을 작은 격자망(格子網, grid cell)으로 나누어 격자(cell) 단위를 기반으로 하여 강우-유출관계를 분석하는 모형이다. 즉, 지표면 및 하도유출을 격자별로 지형에 따라 흐름 방향을 설정하여 흐름의 연속 및 운동량 방정식(제10장의 St. Venant 방정식)을 연립하여 정해(正解) 혹은 간략해(簡略解)를 구함으로써 유역출구지점에서의 유출수문곡선을 계산하게 된다. 이때 유역으로의 입력은 강우이며, 이는 실제강우(정체성 강우 혹은 이동성 강우)일 수도 있고 설계강우일 수도 있다. 유출에 기여하지 못하는 강우손실이 토양 속으로의 침투로 인해 발생하므로 침투모형(浸透模型)에 의해 시간에 따른 손실우량을 모의하게 된다.

분포형 모형은 수문순환의 성분과정을 대표하는 과정변수를 모형매개변수로 사용하는 집중형 모형과는 달리 유역으로부터의 유출메커니즘에 영향을 미치는 지형, 토지피복, 토양특성자료 등을 고려한 흐름방정식을 풀이하는 물리기반모형(物理基盤模型, physics-based model)이라 할 수 있다. 따라서, 유역의 각종 물리변수(物理変数, physical parameters)의 값들이 적정하게 결정되면 집체형 모형의 적용에서처럼 별도의 모형검정과정이 필요하지 않은 장점이 있다. 뿐만 아니라, 유역의 수원부에서 유역출구까지 연속적으로 일관성 있는 유출과정의 추적이 가능하고, 유역의 토지이용 변화나 저류지 및 침투시설이 유출에 미치는 영향 등을 합리적으로 모의할 수 있다.

그러나 분포형 모형은 유출계산시스템이 대단히 복잡하고 격자별로 많은 물리변수들의 적정한 결정이 쉽지 않으며, 입력자료의 양이 방대한 문제점을 지니고 있어서 실용적인 모형개발이 어려웠던 것이 사실이다. 그러나 1990년대에 들어서면서 지리정보시스템(GIS) 구축기술의 획기적인 발전과 레이더나 인공위성 강우자료의 활용성이 높아졌을 뿐만 아니라, 컴퓨터 계산용량 및 속도의 급격한 발전으로 더 이상 방대한 자료입력과 컴퓨터에 의한 모의계산이 큰 문제가 되지 않고 있어서 수문실무에의 적용 가능성이 점점 높아지고 있는 것은 사실이나 아직은 연구개발단계에 있는 모의모형이라 할 수 있겠다.

12.6.2 대표적인 분포형 모형

1990년 전후를 시점으로 하여 현재까지 분포형 매개변수 모형에 관한 연구는 계속되어 왔으며 대표적인 연구를 살펴보면 다음과 같다.

Abbot 등(1986a, b)은 강우, 차단, 증발산, 침투에 대한 고려와 2차원 표면류 유출해석, 지하수 유출을 포함하는 강우-유출 전 과정을 포함하는 모형을 제시하였고, 이 모형은 현재까지 MIKE-SHE(Systeme Hydrologique Europeen)라는 이름으로 덴마크의 수리연구소(Danish Hydraulic Institute, DHI)에서 보완·개선되어 왔다. 또한, Moore와 Grayson(1991)은 GIS 자료 및 원격지형공간자료로 구축되는 수치고도모형에 연계된 물리기반의 분포형 모형에 관해 기술하였다.

이와 같은 연구결과로 개발된 물리기반의 분포형 수문모의모형에는 r.water.fea(Vieux, 2001a, 2001b), CASC2D(Julien and Saghafian, 1991; Ogden and Julien, 1994; Julien et al., 1995), Distributed Hydrology-Vegetation Model(Wigmosta et al., 1994), WEP(日本土木研究所, 2002), MIKE-SHE(DHI, 1999), GSSHA(Downer and Ogden, 2002), Vflo^{TM}(Vieux et al., 2002, 2003; Vieux & Associates, 2004) 등이 있으며, 이 중 몇 가지 분포형 모형을 간단히 소개하기로 한다.

1) WEP 모형

WEP(Water and Energy transfer Process) 모형은 복잡한 토지이용이 이루어지고 있는 도시유역의 물 순환을 정량화하기 위해 일본토목연구소(Public Works Research Institute, PWRI)와 과학기술진흥사업단이 공동으로 개발한 분포형 매개변수를 사용하는 연속형 모형으로, 복잡한 물 순환과정을 물리식으로 직접 표현하는 물리기반의 공간분포모형으로 침투, 증발산, 지표면 및 지하수 유출, 지하수 유동 등을 격자단위로 계산할 수 있는 격자기반 모형이다.

이 모형의 연직방향 구조는 표면층, 과도층, 비 피압대수층, 피압대수층으로 형성되며, 표면류와 하도흐름의 추적계산에는 1차원 운동파 기법을, 지하수 흐름해석에는 지표면과 하도의 물 교환 및 각 대수층 간의 수직 물 교환(함양, 침투, 양수)을 고려하여 2차원 해석방법을 이용하고 있다. 증발과 증발산에는 각각 Penman 공식과 Penman-Monteith 공식(제4장)이 이용된다. 침투는 표층토양에서 지하수위까지를 수분전달층으로 설치하여 모의하며 호우시와 비호우시로 구분하여 호우시에는 Green-Ampt 방법(제5장)을, 비 호우시에는 Richard 방법을 적용하고 있다.

2) MIKE-SHE 모형

MIKE-SHE 모형은 SHE(Systeme Hydrologique Europeen) 모형에 근간을 두고 영국, 프랑스, 덴마크가 공동으로 개발하였으며, 토양층을 중심으로 강우, 차단, 증발산, 침투 등 물 순환의 각 과정에서 발생하는 모든 수문성분을 모의하는 물리기반의 공간분포형 매개변수를 사용하는 연속형 모형이다.

이 모형의 기본 모듈은 MIKE-SHE PP(Pre- and Post- Processor)와 MIKE-SHE WM(Water Movement)으로 구성되며, PP는 전처리 및 후처리에 관련되는 모듈이고, WM은 물 이동에 관련되는 모듈로서 전체 모형시스템의 근간이 된다.

물 순환과정을 모의하기 위해 차단량과 증발산량을 계산한 후 실제 증발산량을 산정하게 되는데 차단량은 수정 Rutter 모형, 증발산량은 Penman-Monteith 방법(제4장 참조)을 적용하여 산정한다. 지표면 흐름성분은 격자의 경계를 따라 이동하는 것으로 가정하여 St. Venant 방정식(제10장)을 이용하여 산정하며, 비 포화대 내 흐름은 수직흐름만을 가정하여 1차원

Richard 방정식을 유한차분법으로 풀어서 모의한다. 지하수 흐름을 나타내는 포화대 흐름에 대해서는 시공간적 변화를 계산하기 위해 2차원 Boussinesq 방정식을 이용하고 있다.

3) GSSHA 모형

GSSHA(Gridded Surface-Subsurface Hydrologic Analysis) 모형은 미 육군공병단의 공학연구개발센터(Engineering Research and Development Center)에서 개발된 공간분포형 모형으로 CASC2D 모형을 보완·개선한 모형이다.

CASC2D 유출모형은 건조지역 및 준 건조지역의 지표면 유출해석을 위해 개발된 분포형 매개변수를 사용하는 연속형 모형이나 GSSHA 모형은 다양한 기후특성을 가진 유역에도 적용이 가능하도록 하기 위하여 비 포화흐름 및 포화 지하 대수층 내 흐름해석에 대한 모듈을 CASC2D 모형에 추가한 모형이다.

이 모형은 유역을 균일한 유한 차분격자로 나누고 각 격자를 기본 단위로 하여 강우분포, 융설, 차단, 침투, 증발산, 지표면 저류를 포함하여 확산파 방정식(diffusion wave equation)을 사용하여 유출을 모의할 수 있도록 구성되어 있다.

4) Vflo™ 모형

Vflo™ 모형(Vieux, 2001, 2002, 2004)은 미국 Oklahoma 대학에서 개발된 물리기반의 분포형 매개변수를 사용하는 단일사상모형으로, 수치해를 구하기 위해 공간적으로는 유한요소법을, 시간적으로는 유한차분음해법을 사용하고 지표면 및 하도유출계산은 운동파 방정식(kinematic wave equation)을 사용한다.

한편, 하도망은 지형정보로부터 유도한 유하방향도(流下方向圖)로부터 형성되며 하도망의 지형학적 특성은 수문곡선의 형태와 유역의 반응특성을 결정하게 된다. 지표면, 하도, 저수지 등의 격자별 수리특성이 강우자료와 함께 모형에 입력이 되며, 완경사의 하도와 하천 이외의 저류는 Modified Puls 방법(제9장) 및 Jones 방정식으로 처리되며 지표면 격자로부터 발생하는 유출은 하도추적과 연결된다. 이때 하도추적은 실제 단면, 사다리꼴 단면, 혹은 수위-유량 관계곡선을 사용하여 수행된다. 또한 이 모형에서의 침투량 모의를 위해서는 Green-Ampt의 침투능 모형을 적용하고 있다.

Vflo™ 모형은 최근 국내의 많은 연구자들에 의해 레이더 강우 입력자료를 사용한 실시간 홍수예보기법을 개발하는 데 활용되고 있다(강부식 등, 2005; 오경두 등, 2006; 김광섭 등, 2007; 김병식, 2007; 김충수, 2007; 박진혁, 2007a, 2007b).

12.7 확정론적 수문모의모형의 응용분야

지금까지 소개된 확정론적 수문모의모형인 집체형 혹은 분포형 모형은 수문학 및 수자원 분야의 여러 가지 문제의 해결을 위해 응용되고 있다. 그림 12.30은 수문 및 수자원 자료의 관리(data management), 수문학적 설계(design), 수자원시스템의 운영조작(operation), 하천유역의 관리(river basin management), 연구 및 교육(research & teaching)에서의 응용 등을 도식적으로 표시하고 있으며 이들 응용분야를 요약해 보기로 한다.

12.7.1 자료 관리

확정론적 수문모의모형을 수문 및 수자원문제의 해결에 적용하기 위해서는 우선적으로 각종 자료, 즉 수문기상자료라든지 유역의 물리특성자료 및 과정변수자료 등을 검토하고 저장하며, 또한 최신자료로 보완해 나가야 하며, 이를 위해 모의모형이 응용된다.

확정론적 수문모의모형은 기존 우량계측망의 적합성검사 및 새로운 계측망의 설계를 위해서도 사용될 수 있다. 즉, 기존 우량계측망에 의해 획득된 점 우량자료로부터 면적우량을 계산하

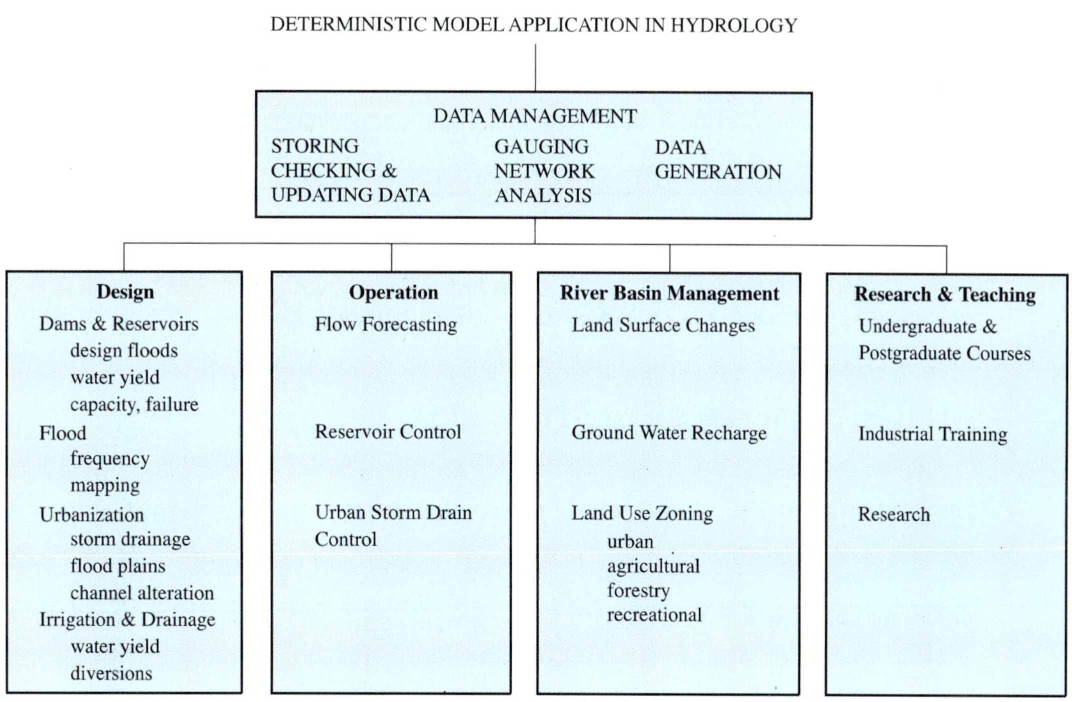

그림 12.30 확정론적 수문모의모형의 응용분야

고, 이의 시간적 분포를 결정한 후 모의모형을 적용하여 모의 유출수문곡선을 얻은 후 이를 실측 수문곡선과 비교함으로써 우량계측망의 적정성을 판단할 수 있게 된다. 이 분야 응용의 대표적 연구로는 Dawdy와 Bergmann(1969) 등의 연구가 있다.

자료관리를 위한 모의모형의 다른 한 가지 응용 예는 자료의 모의발생이다. 단기간 자료를 연장하여 장기간 자료를 획득하는 일반적인 방법은 제14장에서 소개될 추계학적 모의발생모형(推計学的 模擬發生模型, stochastic generation model)에 의해 우량 혹은 유량을 모의발생시키는 방법이다. 자료의 발생(data generation)에 있어서의 확정론적 모의모형의 역할은 실측되었거나 추계학적으로 발생시킨 우량자료를 유량자료로 환산하는 작업이라 할 수 있다. Ott(1971)는 추계학적으로 발생시킨 우량과 Stanford 모형을 사용하여 장기간 유량자료를 얻은 후 유량의 빈도분석을 하였으며, Benson 모형(1972)과 Lichty, Dawdy, Bergmann 모형(1968)을 사용하여 USGS의 유량기록을 연장한 바 있다.

12.7.2 수문학적 설계

확정론적 수문모의모형을 수문학적 설계에 응용하는 예로는 대략 다음과 같은 4가지 경우를 들 수 있다.

첫째로, 댐과 저수지의 설계를 위해서 댐 유역의 계획강우량과 기타 수문기상자료 및 유역의 물리특성자료를 사용하여 모의모형으로부터 계획홍수량을 결정할 수 있고(Hydrocomp Inc., 1972), 동 저수지로부터의 연 공급가능수량(annual water yield)을 계산할 수 있다(Hydrocomp Inc., 1973).

둘째로, 홍수의 빈도해석과 홍수범람구역도(flood map)의 작성에 응용될 수 있다. 즉, 단기간 유량자료밖에 없는 유역에 있어서 장기간 우량자료를 이용하여 모의모형에 의해 장기간 유량자료를 획득하고 나면 빈도분석법에 의해 재현기간별 확률홍수량을 결정할 수 있고, 각 홍수량에 해당하는 홍수위를 지형도상에 표시함으로써 홍수범람구역도를 작성할 수 있게 되는 것이다(Benson, 1972; Fleming and Franz, 1971).

셋째, 응용 예로는 도회지 지역에서의 우수관거의 설계이다. 이 목적을 위해 개발된 모형 중 대표적인 것은 전술한 바 있는 RRL 모형(1963) 및 ILLUDAS 모형(1974)이며, 도시화에 따른 직접연결 불투수지역(directly connected impervious area)만을 고려하여 우수관거로의 유입수문곡선을 합성하고, 이를 우수관거 내로 추적함으로써 우수관망의 홍수소통 능력을 평가할 수 있을 뿐만 아니라, 신도시의 우수관망을 설계할 수도 있다. 또한 도시화 정도를 가상하여 도시화 정도에 따른 계획홍수량의 점증현상에 대한 판단도 가능하게 되는 것이다.

마지막으로, 수문모의모형은 관개 및 농경지 배수시설의 설계에 응용될 수 있다. 즉, 최대 농작물 수확을 위해 관개용 저수지나 수로의 크기를 여하히 결정하며, 농경지의 배수처리를 위한 시설의 규모를 결정하기 위해 각종 조건을 모형에 부여하여 최대수확량을 줄 수 있는 시설의 규모를 결정하게 되는 것이다(Carr, 1973 ; Glymph et al., 1971).

12.7.3 수문시스템의 운영조작

전술한 저수지라든지 도시배수망, 관개시설 등의 설계에 못지 않게 시설 완공 후의 운영조작은 각 시설물로부터의 편익극대화에 대단히 중요하며, 이를 위해서도 모의모형은 많이 사용되고 있다. 첫째로, 모의모형은 기상예보에 따른 예상강우를 사용하여 수해상습지역에 대한 홍수의 크기를 예보하는 데 사용함으로써 사전경고에 의해 홍수피해를 절감시킬 수 있다(Bell, 1969). 뿐만 아니라 일단 설계, 시공된 댐과 저수지를 가장 효율적으로 운영함으로써 저수지로부터의 편익을 극대화할 수 있도록 댐 운영정책을 수립하는 데에도 모의모형이 응용된다(Walsh, 1971). 도시우수관망의 경우에도 우수관망 내에 각종 유량조절용 구조물을 설치하여 이를 효율적으로 운영함으로써 도시지역의 홍수피해를 최소화할 수 있는 운영조작기준의 설정에 수문모의모형을 응용할 수 있다(Anderson, 1970).

12.7.4 하천유역 관리

확정론적 수문모의모형은 하천유역의 관리형태에 따라 유역의 수문학적 반응이 어떻게 변화되어갈 것인지를 미리 예측하여 유역을 효율적으로 관리하는 데 이용할 수 있다. 즉, 하천유역의 지표피복상태를 변화시킬 경우 예상되는 유역의 홍수특성이라든지 지하수를 과다 양수하여 이용하거나 혹은 반대로 지하수를 대수층 내로 인공주입(artifitial recharge)할 경우 유역의 물 수지에 미치는 영향 등을 수문모의모형의 응용에 의해 미리 예견함으로써 하천유역의 최적관리가 가능하게 된다(Leaf and Brink, 1972; Trescott et al., 1970).

12.7.5 교육 및 연구

대학 혹은 대학원 과정에서 실시해 온 과거의 수문학 교육은 대부분 물 순환과정을 형성하는 개개 과정에 대한 양적 측정과 경험 및 개념적 해석방법을 중심으로 해서 이른바 성분모형 위주의 교육을 해 왔으나, 수문학에 있어서의 종국적인 관심은 이들 성분과정의 종합인 인과관계에 의해 인간에게 미치는 물의 양적 영향을 이수 및 치수적 측면에서 파악함으로써 물을 가장 현명하게 이용하고 다스리자는 데 있으므로 본 장에서 다루어 온 확정론적 수문모의기법은 이 목적을 가장 훌륭하게, 그리고 완전하게 달성시킬 수 있는 수문학 교육방법이라 믿어진다. 이는 비단 대학교육에서 뿐만 아니라, 수자원 실무에 종사하는 기술자나 행정가에게도 수문실무에의 자신감을 줄 수 있는 내용이며, 대학교수의 연구과제로서도 가장 종합적이고 발전의 여지가 많은 분야라 할 수 있다.

참고문헌

강부식, 김서영, 고익환, 레이더 강우를 이용한 격자기반의 저수지 홍수유입량모의, 한국수자원학회, '05 학술발표회 논문집, 2005.

김광섭, 김종필, 배동준, Radar를 이용한 초단시간 강우예측자료의 강우-유출모형 적용성 분석, 한국수자원학회, '07 학술발표회 논문집, 2007.

김병식, 홍준범, 김 원, 윤석영, 레이더 강우자료와 분포형 모형을 이용한 홍수유출량 산정, 한국수자원학회, '07 학술발표회 논문집, 2007.

김충수, 김학수, 도시하천 소배수구역에서의 분포형 수문모형의 효율성 평가, 한국수자원학회, '07 학술발표회 논문집, 2007.

박진혁, 강부식, 레이더 및 강우 수치예보자료를 이용한 초단기 강우-유출예측시스템 개발, 한국수자원학회, '07 학술발표회 논문집, 2007.

박진혁, 이을래, 김태국, 고익환, 홍수예측을 위한 분포형 모형과 집중형 모형의 유출해석비교, 한국수자원학회, '07 학술발표회 논문집, 2007.

오경두, 박상우, 류재희, 문용주, 안경열, 도시홍수량 산정을 위한 분포형 모형 적용방안, 제12회 도시홍수 재해관리 기술 세미나-도시유역 종합치수계획의 실무와 정책, 2006.

한국건설기술연구원, 제1회 SWAT-KOREA 컨퍼런스 논문집, 수자원의 지속적 확보기술개발사업단, 2006.

日本土木硏究所, WEPモテル解說書, PWRI, 2002.

Abott, M.B., Bathurst, J.C., Cunhem, J.A., O'Connel, P.E. and Rasmussen, J., "An Introduction to European Hydrological System-Systeme Hydrologique Europeen, (SHE): History and Philosophy of a Phisically-Based Distributed Modeling System", *J. of Hydrology*, Vol. 87, pp. 45-59, 1986a.

Abott, M.B., Bathurst, J.C., Cunhem, J.A., O'Connel, P.E. and Rasmussen, J., "An Introduction to European Hydrological System-Systeme Hydrologique Europeen, (SHE): Structure of a Phisically-Based Distributed Modeling System", *J. of Hydrology*, Vol. 87, pp. 61-77, 1986b.

Alley, W.M., and Smith, P.E., *Distributed Routing Rainfall-Runoff Model-Version II, User's Manual*, USGS Open-File Rep-82-344, 1982.

Arnold, J., Williams, A., Srinivasan, R., King, B., and Griggs, A., *SWAT, Soil and Water Assessment Tool*, Agricultural Research Service, USDA, Texas, 1994.

Beard, L.R., "Optimization Techniques for Hydrologic Engineering", *Water Resources*

Res. 3 : 3, 1967.

Bell, F.C., *Short Term Flood Forecasting with the Retention Model in Hydrological Forecasting*, Technical Report, No. 62, Geneva, World Meteorological Organization, 1969.

Benson, M.A., Discussion of the Paper, "Flood Frequency Estimating Techniques for Small Watersheds". G. Fleming and D. Franz, *Proc. ASCE*, 98 : HY 2, 1972.

Carr, D.P., *A Computer Simulation Study of Water Management of Rice Paddy in Korea*, Rome, United Nations/FAO/ROK 22, Internal Publication, 1973.

Carrigan, P.H., *Calibration of U.S. Geological Survey Ranfall-Runoff Model for Peak Flow Synthesis-Natural Basins*, U.S. Geological Survey Computer Report, U.S. Department of Commerce, National Technical Information Services, 1973.

Claborn, B.J. and Moore, W., *Numerical Simulation in Watershed Hydrology*, University of Texas, Hydraulic Engineering Lab., Technical Report, HYD 14-7001, 1970.

Carwford, N.H. and Linsley, R.K., *Digital Simulation in Hydrology, Stanford Watershed Model IV*. Technical Report 39, Stanford, Calif., Dept. of Civil Engineering, Stanford University, 1966.

Dawdy, D.R., Bergmann, J.M., "Effect of Rainfall Variability on Streamflow Simulation", *Water Resources Res.*, 5 : 5, 1969.

DHI, *Mike-SHE Water Movement*: User Manual, Danish Hydraulic Institute, Hϕrsholm, Denmark, 1999.

Division of Water Resources, Department of Civil Engineering, University of Cincinnati, *Urban Runoff Characteristics*, Water Pollution Control Research Series, EPA, 1970.

Downer, C.W. and Ogden, F.L., *GSSHA User's Manual, Gridded Surface-Subsurface Hydrologic Analysis*, Version T.43 for WHS 6.1, EDRL Technical Report, Engineering Research and Development Center, U.S. Army Corps of Engineers, Vicksburg, 2002.

Fleming, G., *Computer Simulation Techniques in Hydrology*, American Elsevier, New York, 1975.

Fleming, G., Franz D., "Flood Frequency Estimating Techniques for Small Watershed", *Proc. ASCE*, HY 9, Vol. 97, Paper 8383, Sept. 1971.

Fletcher, R. and Powell, M.J.D., "A Rapidly Convergent Descent Method for Minimization", *Computer J.* 6, 1963.

Glymph, L.M., Holtan, H.N. and England C.B., "Hydrologic Response of Watersheds to Land Use Management", Proc., Paper 8174, *J. Irrigatioin Drainage Divison*, ASCE, 97 : IR 2, 1971.

Harley, B.M., et al., *A Modulator Distribution of Catchment Dynamics*, MIT Report No. 133, 1970.

Hoggan, D.H., *Computer-Assisted Flood Plain Hydrology and Hydraulics*, 2nd ed., McGraw-Hill, New York, 1997.

Huber, W.C., "EPA-Storm Water Management Model-SWMM", Chapter 22 in *Computer Models of Watershed Hydrology*, Singh, V.P., ed., Water Resources Publications, Highlands Ranch, Colorado, 1995.

Huber, W.C., and Dickinson, R.E., *Storm Water Management Model, Version 4, User's Manual*, EPA/600/3-88/001a(NTIS PB88-236641/AS), EPA, Georgia, 1988

Hydrocomp Inc., *Operations Manual*, 2nd Ed, Palo Alto, Calif., 1969.

Hydrocomp Inc., *Probable Maximum Precipitation Floods in the Paranaida Watershed*, Brazil, Report Prepared for the International Engineering Co., Palo Alto, 1972.

Hydrocomp Inc., *A Preliminary Study of the Development of Water Resources of the Hamacan Subregion, Puerto Rico*, Report Prepared for the Puerto Rico Aqueduct and Sewer Authority, Commonwealth of Puerto Rico, Palo Alto, 1973.

Hydrologic Engineering Center, *HEC-1, Flood Hydrograph Package*, U.S. Army Corps of Engineers, 1973.

Hydrologic Engineering Center, *Urban Storm Water Runoff; STORM*, User's Manual, U.S. Corps of Engineers, Davis, Calif., 1976.

Hydrologic Engineering Center, *HEC-1 Flood Hydrograph Package, User's Manual*, U.S. Army Corps of Engineers, Davis, California, 1990.

Hydrologic Engineering Center, *HEC-HMS: Hydrologic Modeling System*, U.S. Army Corps of Engineers, Davis, California, 1998.

Hydrologic Engineering Center, *Hydrologic Modeling System, HEC-HMS, User's Manual*, Version 3.1.0, U.S. Army Corps of Engineers, Davis, California, 2006.

Ibbitt, R.P., *Systematic Parameter Fitting for Catchment Hydrology*, Ph. D. Thesis, Department of Civil Engineering, University of London, Imperial College, London, 1970.

James, L.D., *An Evaluation of Relationship between Streamflow Patterns and Watershed Characteristics through the Use of OPSET*, Research Report No. 36, Water Resources Institute, Univ. of Kentucky, Lexington, 1970.

James, W., ed., *Models and Applications to Urban Water Systems, Monograph* 9, *Proceedings of Conference on Urban Water Systems Modeling,* Toronto, 2000, Computational Hydraulics International, Ontario, Canada, 2001.

Johanson, R.C., Imhoff, J.C., and Davis, H., *User's Manual for Hydrologic Simulation Program-Fortran(HSPF)*, Environmental Protection Agency, Rep. EPA-600/80-015, 1980.

Julien, P.Y. and Saghafian, B, *CASC2D User's Manual-A Two Dimensional Watershed Rainfall-Runoff Model*, Civil Engineering Report, CER 90-91 PYJ-BS-12, Colorado State University, 1991.

Julien, P.Y., Saghafian, B, Ogden, F.L., "Raster-Based Hydrologic Modeling of Spatially-Varied Surface Runoff", *Water Resources Bulletin*, 31(3), 1995.

Karnopp, D.C., *Random Search Technique for Optimization Problems*, Automatica, 1, 1963.

Kutchment, L.S., Koren, V.I., "Modeling of Hydrologic Processes with the Aid of Electronic Computers", *Proc., Symp. the Use of Analogue and Digital Computers in Hydrology*, Vol. 2, Tucson, IASH/UNESCO, 1968.

Leaf, C.F., Brink, G.E., "Simulating Watershed Management Practices in Colorado Subalpine Forest", *Proc., ASCE, Annual Environmental Engineering Meeting*, Houston, Texas, 1972.

Levenberg, K., "A Method for the Solution of Certain Non-linear Problems in Least Squares", *Quart. J. Applied Maths.*, 2, 1944.

Lichty, R.W., Dawdy, D.R., and Bergmann, J.M., "Rainfall-Runoff Model for Small Basin Flood Hydrograph Simulation", *Proc., Symp. the Use of Analogue and Digital Computers in Hydrology*, Vol. 2, Tucson, IASH/UNESCO, 1968.

Liou, E.Y., *OPSET: Program for Computerized Selection of Watershed Parameter Values for the Stanford Watershed Model*, Research Report No. 34, Water

Resources Institute, University of Kentucky, Lexington, 1970.

Marquardt, D.W., "An Algorithm for Least-Squares Estimation of Non-linear Parameters", *J. Soc Industrial Applied Maths.*, 11 : 2, 1963.

Metcalf and Eddy, Inc., University of Florida, and Water Resources Engineers, Inc., *Storm Water Management Model*, Vols. 1-4. U.S. Environmental Protection Agency, Rep. 110224 DOC, 1971.

Moore, I.D. and Grayson, R.B., "Terrain-Based Catchment Partitioning and Runoff Prediction Using Vector Elevation Data", *Water Resources Research*, 27(6), 1991.

Nash, J.E. and Sutcliffe, J.V., "River Flow Forecasting through Conceptual Models", *J. Hydrology* 10, 1970.

National Weather Service, "River Forecast System, Forecast Procedures", *NOAA Technical Memorandum*, NWS, Hydrology-14, 1972.

Ogden, F.L. and Julien, P.Y., "Runoff Model Sensitivity to Radar Rainfall Resolution", *Journal of Hydrology*, 158, 1994.

Ott, R.F., *Streamflow Frequency Using Stochastically Generated Hourly Rainfall,* Tech. Report, No. 151, Dept. of Civil Engineering, Stanford University, Stanford, Calif., 1971.

Powell M.J.D., "An Efficient Method for Finding the Minimum of Several Variables without Calculating Derivatives", *Computer J.* 7, 1964.

Powell M.J.D., "A Method for Minimizing the Sum of Squares of Nonlinear Functions without Calculating Derivatives", *Computer J.* 8, 1965.

Ricca. V.T., *The Ohio State University Version of the Stanford Streamflow Simulation Model*, Part I-Technical Aspects, Ohio State University, Columbus, 1972.

Road Research Laboratory, *A Guide for Engineers to the Design of Storm Sewer Systems*, Road Note 35. London, Her Majesty's Stationery Office, 1963.

Rockwood D.M., *Application of Streamflow Synthesis and Reservoir Regulation-SSARR-Program to Lower Mekong River*, Publ. No. 80, FASIT Symposium, Tucson, Arizona, December, 1958.

Roesner, L.A., Aldrich, J.A. and Dickinson, R.E., *Storm Water Management Model, Version 4, User's Manual;* Extran Addendum, EPA/600/3-88/001b(NTIS PB88-236658/AS), EPA, Athens, Georgia, 1988.

Rosenbrock, H.H., "An Automatic Method for Finding the Greatest or Least Value of a Function", *Computer J.* 3, 1960.

Sittner, W.T., Schauss, C.E. and Montro, J.C., "Continuous Hydrograph Synthesis with an API-Type Hydrologic Model", *Water Resources Research*, Vol. 5, 1969.

Soil Conservation Service, *Computer Program for Project Formulation Hydrology*, Technical Release No. 20, U.S. Department of Agriculture, 1973.

Soil Conservation Service, *Hydrology, Section 4, National Engineering Handbook*, U.S. Department of Agriculture, Washington, D.C., 1985.

Soil Conservation Service, *Urban Hydrology for Small Watersheds*, Technical Rellase 55(2nd ed.), U.S. Department of Agriculture, 1986.

Sugawara, M., Watanabe, I, Ozaki, E., Katsuyama, Y., *Tank Model with Snow Component*, National Research Center for Disaster Prevention, Tchuchuba, Japan, 1984.

Terstriep, M.L., and Stall, J.B., *The Illinois Urban Drainage Area Simulator*, Illinois State Water Survey, Urbana, 1974.

Trescott, P.C., Pinder, O.F., Jones, J.F., "Digital Model of Alluvial Aquifer", Proc., Paper 7264, *J. Hydraulics Division, ASCE*, 95, HY 5, 1970.

U.S. Agricultural Research Service, *USDAHL-74, Revised Model of Watershed Hydrology*, Technical Bulletin 158, 1975.

Vieux, B.E., *Distributed Hydrologic Modeling Using GIS*, Kluwer Academic Publishers, Nowell, Massachusetts, Water Science Technology Series, Vol. 38, 2001a.

Vieux, B.E., Radar Rainfall Applications in Hydrology, Chapter 11 in Bedient, P.B. and Huber, W.C., *Hydrology and Floodplain Analysis*, Addison-Wesley Publishing Co., 3rd Edition, 2001b.

Vieux, B.E. and Vieux, J.E., "Vflo^{TM}: A Real-Time Distributed Hydrologic Model", *Proceedings of 2nd Federal Interagency Hydrologic Modeling Conference*, 2002(Paper on CD-ROM).

Vieux, B.E. and Moreda, F.G., "Ordered Physics-Based Parameter Adjustment of a Distributed Model", in *Advances in Calibration of Watershed Models*, Edited by Duan et al., Water Science and Application Series, 6, AGU, 2003.

Vieux and Associates, *Vflo^{TM} 3.0 Desktop User Manual*, 1215 Crossroads Blvd, Suite

118, Norman, Oklahoma, 2004.

Walsh, P.D., "Designing Control Rules for the Conjunctive Use of Impounding Reservoirs", *J. Inst. Water Engineers*, 25 : 7, 1971.

Wigmosta, M.S., Vail, L.W. and Lettenmeier, D.P., "A Distributed Hydrology-Vegetation Model for Complex Terrain", *Water Resources Research*, 30(6), 1994.

William, J.R., *HYMO: Problem-Oriented Computer Language for Hydrologic Modeling*, U.S. Department of Agriculture, Agricultural Research Service, 1973.

Hydrology

13장

확률론적 수문분석기법

13.1 서 론

각종 목적을 위한 수자원 시스템은 정확한 발생시간을 예측할 수 없는 특정 크기의 장래 수문사상에 대하여 계획되고 설계되는 것이 보통이다. 따라서, 수문학적 분석을 통해 홍수량(혹은 기타 수문량)이 어떤 특정값을 초과(혹은 비초과)할 확률(probability)을 추정할 수 있으면 계획되는 수자원 시스템의 경제적 및 사회적 평가에 크게 도움이 될 것임은 두말할 것이 없다. 대부분의 경우 홍수(洪水)나 갈수(渴水)를 완전히 방지한다는 것은 불가능하므로 특정 발생확률(probability of occurence)을 가지는 수문량에 대하여 계획하게 되며, 이를 초과할 경우에는 피해를 감수할 수밖에 없으나 장기적으로 볼 때 피해복구에 드는 비용이 과다설계로 인한 사업비의 증분보다는 크지 않은 범위 내에서 사회적 문제까지를 고려하여 설계수문량(設計水文量)을 선택하게 되는 것이다. 이러한 관점에서 볼 때 특정 크기의 홍수 혹은 갈수의 발생확률을 정확하게 결정한다는 것은 수자원 시스템의 설계에 필수적이라 할 수 있겠다.

만약 물 순환의 전 과정을 이론적으로 완전히 서술할 수 있고 이들 과정 간의 관계를 해석적으로 구명할 수 있다면 제12장까지 살펴본 확정론적 방법으로 설계수문량의 결정이 가능하겠으나 실제에 있어서는 물 순환과정 자체가 너무나 복잡하여 강우-유출관계를 완벽하게 확정론적으로 다룰 수가 없다. 뿐만 아니라 물 순환과정의 발생이 확률론적인 성격을 띄고 있으며 수문사상의 분석에 필요한 정보는 관측되는 수문자료에 포함되어 있다고 볼 수 있으므로 이들 자료를 확률통계적으로 분석하여 관측된 현상의 특성을 구명하고 앞으로의 발생양상이 어떠할 것인가에 대한 예측도 가능하게 된다.

이와 같은 수문자료의 분석절차를 확률론적 수문분석기법(probabilistic method of hydrologic analysis)이라 통칭하며 특히 특정 크기의 강우나 홍수 혹은 갈수의 발생빈도를 확률론적으로 예측하는 방법을 빈도해석(頻度解析, frequency analysis)이라 한다. 빈도해석법은 어떤 수문사상이 발생하는 원인과 과정 등에 관해서는 전혀 상관하지 않고 오직 어떤 크기를 가진 사상이 발생할 확률(혹은 빈도)을 결정하는 것이 확정론적 방법과 다른 점이다. 또한 확률론적 방법에서는 오직 관측된 수문자료집단의 확률통계학적 특성만을 고려하게 되며 개개 사상의 발생순서는 관계하지 않는다는 점이 다음의 제14장에서 소개할 추계학적 방법(推計學的 方法, stochastic method)과 상이하다 하겠다.

본 장에서는 우선 확률론적 수문분석기법의 기본이 되는 확률통계론의 기초를 요약 정리한 후 각종 수문자료의 빈도해석법 및 신뢰도에 대해 살펴보기로 한다.

13.2 확률과 확률분포

13.2.1 확률법칙

확률법칙(確率法則, law of probability)은 반복되는 관측값의 통계학적 특성분석의 근저가 된다. 어떤 사상(事象) E_1의 확률 $P(E_1)$이란 여러 차례의 시도(試圖, trials) 끝에 그 사상이 발생할 도수(度數)로 정의된다. 즉,

$$P(E_1) = \frac{n_1}{N} \tag{13.1}$$

여기서, n_1은 E_1이라는 사상의 발생도수(發生度數, frequency)이고, N은 시도횟수로서 충분히 큰 값이라야 하며, $\frac{n_1}{N}$은 상대도수(相對度數, relative frequency) 또는 확률이라 부른다.

확률법칙의 기본이 되는 몇 가지 원칙을 살펴보면 다음과 같다.

1) 어떤 사상의 발생확률은 항상 (+)의 값을 가지며 1보다 작다. 즉

$$O < P(E_i) < 1 \tag{13.2}$$

2) 1회 시도시 발생 가능한 각 사상의 발생확률의 총합(總合)은 1이다.

$$\sum P(E_i) = 1 \tag{13.3}$$

3) 여러 개의 독립된 사상의 발생확률은 각 사상의 확률을 합한 것과 같다. 즉

$$P(E_1 \cup E_2) = P(E_1) + P(E_2) \tag{13.4}$$

식 (13.4)의 $P(E_1 \cup E_2)$는 사상 E_1 혹은 E_2가 발생할 확률을 의미한다.

4) 두 사상 E_1, E_2가 연속해서 발생할 확률은 각 사상의 확률을 곱한 것과 같다. 즉

$$P(E_1 \cap E_2) = P(E_1) \times P(E_2) \tag{13.5}$$

위와 같은 확률의 기본원칙을 홍수 예에 적용해 보면 수문현상과 관련된 확률 및 위험도(risk)에 대한 흥미있는 면을 발견할 수 있다. $P(F) = 0.10$이라 함은 홍수위와 같아지거나 커질 확률이 매년 10%임을 의미한다. 바꾸어 말하면 장기적으로 볼 때 10년에 평균 1회 홍수를 겪게 됨을 말한다. 따라서 연(年, years)으로 표시되는 평균재현기간(平均再現期間, return period or recurrence interval) T는 다음과 같이 정의될 수 있다.

$$T = \frac{1}{P(F)} \tag{13.6}$$

따라서, 다음과 같은 확률관계가 성립한다.

1) 어떤 해(年)에 T년 빈도 홍수가 발생할 확률은

$$P(F) = \frac{1}{T} \tag{13.7}$$

2) 어떤 해(年)에 T년 빈도 홍수가 발생하지 않을 확률은

$$P(\overline{F}) = 1 - P(F) = 1 - \frac{1}{T} \tag{13.8}$$

3) n년 동안 계속해서 T년 빈도 홍수가 발생하지 않을 확률은

$$P_1(\overline{F}) \times P_2(\overline{F}) \times \cdots\cdots \times P_n(\overline{F}) = [P(\overline{F})]^n = \left(1 - \frac{1}{T}\right)^n \tag{13.9}$$

4) 연속되는 n년 동안에 최소한 한 번 T년 빈도 홍수가 발생할 확률은

$$R = 1 - [P(\overline{F})]^n = 1 - \left(1 - \frac{1}{T}\right)^n \tag{13.10}$$

여기서, R은 위험도(危險度, risk)라고 부른다. 표 13.1은 수공구조물의 설계수명기간(n)과

표 13.1 설계수명기간과 홍수재현기간(年)에 따른 위험도

위험도 %	설계수명기간(年)							
	2	5	10	15	20	25	50	100
75	2.00	4.02	6.69	11.0	14.9	18.0	35.6	72.7
50	3.43	7.74	14.9	22.1	29.4	36.6	72.6	144.8
40	4.44	10.3	20.1	29.9	39.7	49.5	98.4	196.3
30	6.12	14.5	28.5	42.6	56.5	70.6	140.7	281
25	7.46	17.9	35.3	52.6	70.0	87.4	174.3	348
20	9.47	22.9	45.3	67.7	90.1	122.5	224.6	449
15	12.8	31.3	62.0	90.8	123.6	154.3	308	616
10	19.5	48.1	95.4	142.9	190.3	238	475	950
5	39.5	98.0	195.5	292.9	390	488	976	1,949
2	99.5	248	496	743	990	1,238	2,475	4,950
1	198.4	498	996	1,492	1,992	2,488	4,975	9,953

홍수의 재현기간(T)에 따른 위험도(R)를 표시하고 있다. 예를 들면, 표 13.1로부터 어떤 수공구조물의 설계수명기간을 20년으로 하였을 때 재현기간 70년인 홍수가 발생하면 파괴 위험도는 25%임을 의미한다.

예제 13.1 5년 이내에 홍수피해를 입을 위험도 10%를 허용하는 범위 내에서 수공구조물을 설계하고자 한다면 설계홍수량의 재현기간을 얼마로 잡아야 할 것인가?

풀이 식 (13.10)에서 $R = 0.10$, $n = 5$일 경우이므로

$$0.10 = 1 - \left(1 - \frac{1}{T}\right)^5 \qquad \therefore\ T = 48.0\text{년(표 13.1)}$$

13.2.2 확률분포

연속형(連續型, continuous)이건 이산형(離散型, discrete)이건 간에 무작위 변량(無作爲 變量, random variable)은 각 변량이 가지는 특정값의 확률분포에 의하여 그 특성이 표시된다. 표 13.1은 1주 중 구름이 끼는 날의 수를 결정한 후 각 일수(日數)에 해당하는 주수(週數)를 구하여 총 관측주수로 나눔으로써 각 일수에 대한 확률을 결정할 수 있으므로 그림 13.1을 얻을 수 있다. 여기서 "구름이 끼는 날"은 변량(통상 X로 표시함)이며 "구름이 끼는 날의 수(0, 1, 2, ⋯, 7일 등)"는 변수(통상 x로 표시함)이다.

전 절의 확률의 기본법칙에서 살펴본 바와 같이 그림 13.1의 각 변수의 확률을 합하면 1이 된다. 즉

$$\sum_{i=1}^{n} P(x_i) = 1 \tag{13.3}$$

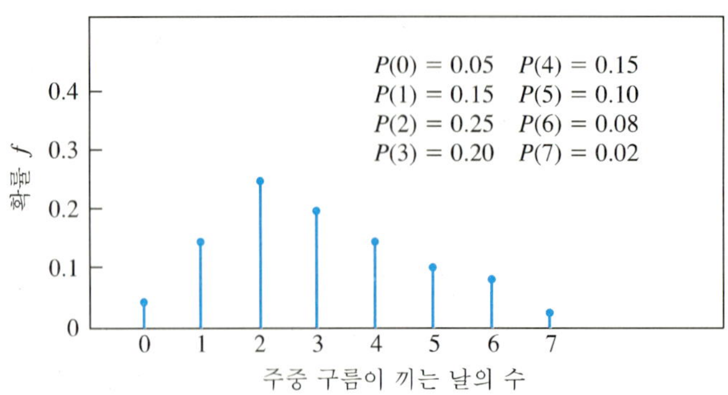

그림 13.1 주당(週當) 구름이 끼는 날의 확률분포

확률을 표시하는 다른 한 가지 편리한 방법은 누가확률분포함수(累加確率分布函數, cumulative probability distribution function, CDF)이다. 누가확률분포함수 $F(x)$는 어떤 변량 X가 특정변수 x보다 크지 않을 확률을 말하며 다음 식으로 표시된다.

$$F(x) = P(X \leq x) \tag{13.11}$$

따라서, $F(x)$는 0에서부터 1까지 증가하는 함수이며 그림 13.2는 그림 13.1에 대한 누가확률분포함수를 표시하고 있다. 그림 13.2 우상단의 표로부터 1주 중 구름이 끼는 일수가 5일보다 작을 확률은 90%임을 알 수 있다. 그림 13.1, 13.2의 예는 이산형 변량에 대한 것이며, 연평균유량의 경우에는 조금 달라진다. 그림 13.3은 어떤 수위표 지점에서 기록된 85년간의 분포를 표시하는 주상도(柱狀圖, histogram)로서 85개 연평균 유량을 0~900 m^3/sec까지 9개의 계급구간(階級區間, class interval)으로 나누어 각 구간에 속하는 유량의 수를 좌측 종축을 이용하여 표시하였으며 우측 종축에는 상대도수, 즉 각 계급구간에 속하는 유량의 발생확률을 표시하였다.

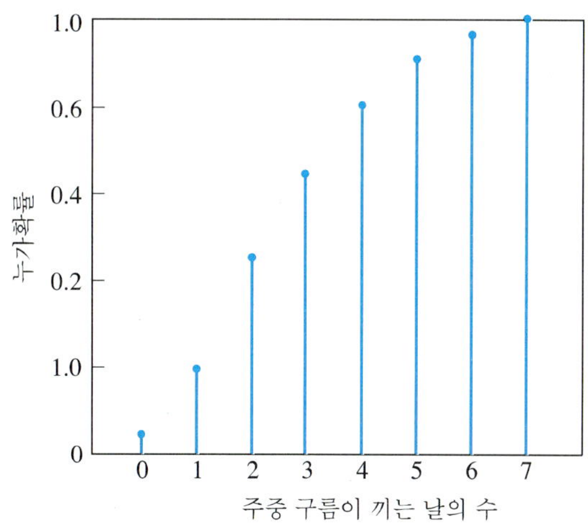

x	$P(x)$	$F(x)$
0	0.05	0.05
1	0.15	0.20
2	0.25	0.45
3	0.20	0.65
4	0.15	0.80
5	0.10	0.90
6	0.08	0.98
7	0.02	1.00

그림 13.2 누가확률분포

각 계급구간에 속하는 주상도의 윗변의 중앙점을 그림 13.3에서와 같이 직선으로 연결하여 도수다각형(度數多角形, frequency polygon)을 얻었으며 이 다각형은 계급구간을 아주 작게 택하면 극한에 가서는 한 개의 곡선이 되는데 이를 도수분포곡선(度數分布曲線) 혹은 빈도곡선(頻度曲線, frequency distribution curve)이라 한다. 그림 13.4에는 그림 13.3에 해당하는 누가확률분포함수가 표시되어 있다. 그림 13.3에 있는 주상도의 각 구간면적이 그 구간의 확률을 표시하도록 하고 주상도 아래의 전체 면적이 1이 되도록 그림 13.3을 다시 그리기 위해서는 각 구간의 상대도수 f/N를 구간폭 Δx로 나누어주어야 한다. 즉,

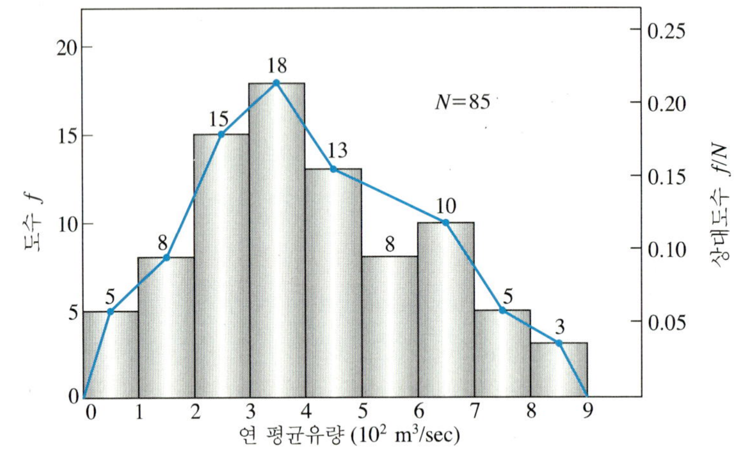

그림 13.3 평균 연 유량의 빈도곡선

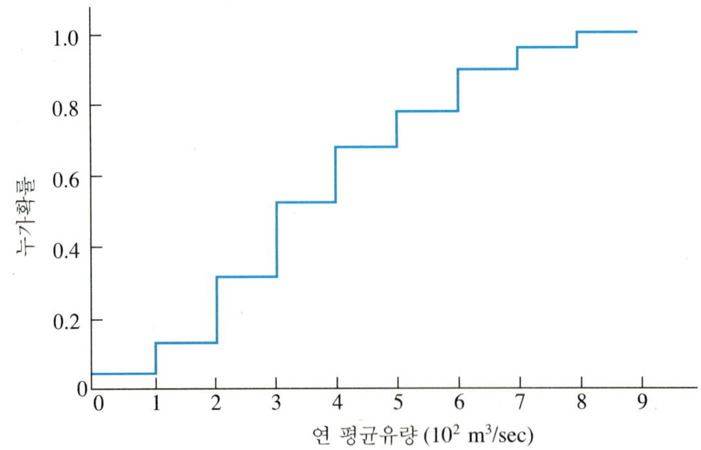

그림 13.4 누가확률분포(평균 연 유량)

$f/(N\Delta x)$는 각 구간의 단위폭당 확률이 되며 확률의 평균밀도를 나타낸다. 각 구간의 확률 f/N는 그림 13.5(b)상에 $\Delta F(x)$로 표시되어 있다. 따라서 다음과 같은 관계를 정의할 수 있다.

$$f(x) = \lim_{\Delta x \to 0} \frac{\Delta F(x)}{\Delta x} = \frac{dF(x)}{dx} \tag{13.12}$$

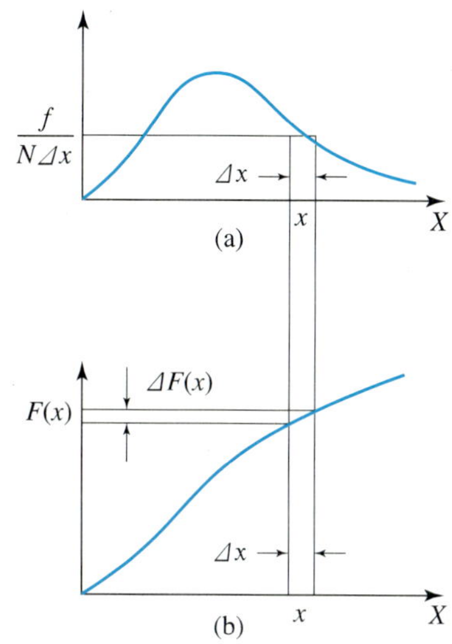

그림 13.5 연속형 확률분포

식 (13.12)로 표시되는 $f(x)$를 확률밀도함수(確率密度函數, probability density function)라 부르며 누가확률분포함수의 일차 도함수(導函數)로 표시됨을 알 수 있다. 확률밀도함수를 표시하는 곡선을 확률밀도곡선(確率密度曲線, probability density curve)이라 부른다. 연속형 변량에 대해서는 항상 $f(x) \geqq 0$이며 다음 관계가 성립한다.

$$\int_{-\infty}^{\infty} f(x)dx = 1 \tag{13.13}$$

또한 어떤 변량 X가 a와 b 사이의 값을 가질 확률은

$$P(a \leqq X \leqq b) = \int_a^b f(x)dx \tag{13.14}$$

확률밀도함수를 사용하여 누가확률분포함수를 표시하면

$$F(x) = P(-\infty \leqq X \leqq x) = P(X \leqq x) = \int_{-\infty}^{x} f(x)dx \tag{13.15}$$

이산형 변량에 대해서는 식 (13.13), (13.14), (13.15)의 관계처럼 적분형으로 표시할 수 없지만 다음과 같은 관계가 있다.

$$\sum_{\text{all } i} f(x_i) = 1 \tag{13.16}$$

$$P(a \leq X \leq b) = \sum_{X_i \geq a}^{X_i \leq b} f(x_i) \tag{13.17}$$

$$P(X \leq x_k) = \sum_{i=1}^{k} f(x_i) \tag{13.18}$$

13.2.3 확률분포의 특성

각종 확률분포의 수학적 특성은 그 분포의 모멘트(moment)를 취함으로써 밝혀질 수 있으며 이는 역학에서 다루는 모멘트 개념과 유사하다.

어떤 연속형 분포의 원점에 관한 r차 모멘트는 다음과 같이 정의된다.

$$u_r = \int_{-\infty}^{\infty} x^r f(x)dx \tag{13.19}$$

한편, 이산형 자료를 사용할 경우의 r차 모멘트는 다음과 같다.

$$\mu_r{}' = \frac{1}{n}\sum_{i=1}^{n}(x_i - \bar{x})^r \tag{13.20}$$

원점에 대한 1차 모멘트는 평균치(平均値, mean or average) μ이며, 이는 원점으로부터 확률밀도 곡선 아래의 면적중심까지의 거리를 나타낸다.

모멘트는 또한 원점이 아닌 다른 축에 관해서도 취할 수 있다. 고차(高次) 모멘트의 경우에는 원점보다도 평균값 축에 관하여 모멘트를 취하는 것이 보통이다. 즉

$$u_r = \int_{-\infty}^{\infty} (x-\mu)^r f(x)dx \tag{13.21}$$

한편, 이산형 자료를 사용할 경우의 r차 모멘트는 다음과 같다.

$$u_r = \frac{1}{n}\sum_{i=1}^{n}(x-\mu)^r \tag{13.22}$$

이와 같은 모멘트는 확률분포의 여러 가지 특성을 나타내는 매개변수를 규정하는 데 대단히 편리하며 이들 특성은 원점 및 평균값 축에 관한 모멘트를 병용해서 표시할 경우가 많으므로 다음의 관계가 도움이 될 경우가 많다.

$$\mu_1 = 0 \tag{13.23}$$

$$\mu_2 = \mu_2{}' - \mu_2 \tag{13.24}$$

$$\mu_3 = \mu_3{}' - 3\mu_2{}'\mu + 2\mu^3 \tag{13.25}$$

여기서, μ_1, μ_2, μ_3는 평균값 축에 관한 1, 2, 3차 모멘트를 뜻한다.

확률분포의 특성은 확률밀도함수의 매개변수(parameter)로 표시되는 것이 통상이며 이들 매개변수는 모멘트로서 규정된다. 분포의 특성을 나타내는 방법에는 중앙집중성향(中央集中性向, central tendency), 분산도(分散度, variance), 왜곡도(歪曲度, skewness) 및 첨예도(尖銳度, kurtosis) 등의 4가지를 결정하여 판단하는 방법이 있다. 실제에 있어서 통계학적 문제의 해석 절차는 표본자료의 분포로부터 매개변수를 계산하여 이를 표본자료의 모집단(母集團, population)에 대한 매개변수로 가정함으로써 모체의 분포특성을 유추해석하게 된다. 따라서, 여기서는 표본자료 자체가 이산형이므로 확률분포의 특성을 이산형으로 표시하기로 한다.

1) 중앙집중성향

이것은 관측값 혹은 자료가 분포의 중앙부분에 집중되어 있는 정도를 판별하는 방법이다. 산술평균치(算術平均値, arithmetic average, or mean)는 이를 판별하기 위한 척도로 통상 사용되며 원점에 대한 1차 모멘트로 정의된다.

$$\bar{x} = \frac{1}{n}\sum_{i=1}^{n} x_i \tag{13.26}$$

여기서, $\bar{x}$는 표본의 평균값으로서 모집단(母集團)의 평균값 μ의 개산치(概算値)로 사용되며, n은 표본의 크기이다. 산술평균 이외에도 기하평균(幾何平均, geometric mean) 및 조화평균(調和平均, hramonic mean) 등이 있으나 수문학에서는 별로 사용되지 않는다.

분포의 중앙집중 성향을 나타내는 다른 두 가지 방법은 중앙값(mediam)과 모드(mode)이다. 중앙값은 관측자료를 크기순으로 나열했을 때 중앙순번에 위치하는 값을 말하며 모드는 이산형 변량의 경우에는 도수가 가장 많은 값을, 연속형 변량의 경우에는 확률밀도곡선의 정점에 해당하는 값을 뜻한다.

2) 분산도

관측 자료값이 평균값 주위에 분산되는 정도를 판별하는 방법으로서 확률밀도함수의 평균값에 관한 2차 모멘트를 매개변수로 사용한다.

$$\sigma^2 = \frac{1}{n}\sum_{i=1}^{n}(x_i - \mu)^2 \tag{13.27}$$

여기서, σ^2은 모집단의 분산(分散, variance)을 가리킨다. 그러나 모집단의 평균값 μ를 정확히 알 수 있는 방법이 없으므로 식 (13.27)의 μ를 표본의 평균값 $\overline{x}$로 대치하여 표본의 분산 s^2을 다음과 같이 정의한다.

$$s^2 = \frac{1}{n-1}\sum_{i=1}^{n}(x_i - \overline{x})^2 \tag{13.28}$$

여기서, 식 (13.27)의 n 대신 $(n-1)$로 나누어 준 것은 μ 대신 $\overline{x}$를 사용함으로써 생기는 자유도(自由度, degree of freedom)의 손실을 고려해 주기 위한 것이며 자세한 증명은 통계학 책에서 찾아볼 수 있으므로 생략한다.

분산의 평방근을 표준편차(標準偏差, standard deviation) σ 혹은 s라 부르며 μ 혹은 $\overline{x}$와 같은 단위를 가지므로 이들 간의 관계해석에 편리하게 사용된다. 변동계수(變動係數, coefficient of variation) $C_V = \sigma/\mu$ 혹은 $C_V = s/\overline{x}$로 정의되며 상대적인 분산도를 파악하는 데 도움이 되는 매개변수이다.

3) 왜곡도

왜곡도(歪曲度)는 확률분포가 가지는 비대칭성(非對稱性)의 정도를 판별하기 위한 모집단의 매개변수로서 평균값에 관한 3차 모멘트로 정의된다.

$$\alpha = \frac{1}{n}\sum_{i=1}^{n}(x_i - \mu)^3 \tag{13.29}$$

또한, 모집단의 왜곡도 계수(歪曲度 係數, skewness coefficient) γ는 α/σ^3로 정의된다.

한편, 표본에 대한 왜곡도는 다음 식으로 표시되며,

$$a = \frac{n}{(n-1)(n-2)}\sum_{i=1}^{n}(x_i - \overline{x})^3 \tag{13.30}$$

왜곡도 계수 C_s는 a/s^3로 정의되며, 대칭형 분포의 경우엔 $C_s = 0$이며, 오른쪽으로 왜곡된 분포(positively skewed distribution)의 경우엔 $C_s > 0$이고, 왼쪽으로 왜곡된 분포(negatively skewed distribution)의 경우에는 $C_s < 0$이다(그림 13.6 참조).

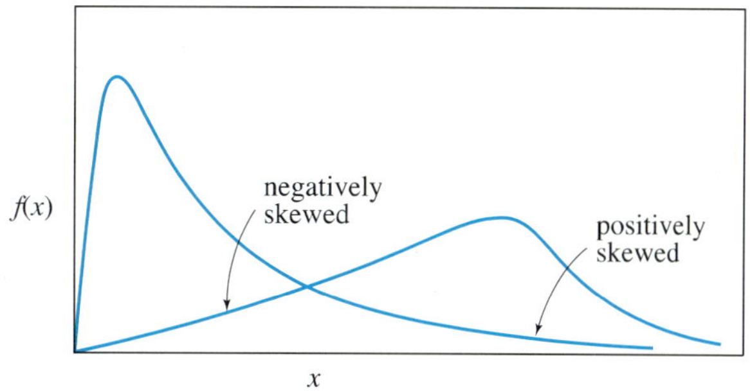

그림 13.6 왜곡된 확률분포형

4) 첨예도

첨예도(尖銳度, kurtosis)는 확률분포가 가지는 첨예 정도를 판별하기 위한 매개변수로서 모집단의 평균값에 관한 4차 모멘트로 정의된다.

$$k = \frac{1}{n}\sum_{i=1}^{n}(x_i - \mu)^4 \tag{13.31}$$

표본에 대한 첨예도는 다음과 같이 표시된다.

$$\hat{k} = \frac{n^2}{(n-1)(n-2)(n-3)}\sum_{i=1}^{n}(x_i - \bar{x})^4 \tag{13.32}$$

첨예도 계수(coefficient of kurtosis) C_k는 $\hat{k}/s^4$으로 정의되며, $C_k = 3$이면 정규분포(正規分布, normal distribution)이고, $C_k > 3$이면 확률분포의 중앙값이 정규분포의 경우보다 더 첨예하며, $C_k < 3$이면 정규분포의 경우보다 확률분포의 중앙부가 더 완만하다.

예제 13.2 표 13.2는 어떤 우량관측점에 있어서의 1986~2005년 강우량을 표시하고 있다.
1) 이 관측점에 있어서의 연강우량의 평균값, 중앙값, 표준편차, 변동계수를 구하라.
2) 적당한 계급구간을 사용하여 주상도, 도수다각형 및 누가확률분포도를 그려라.

풀이 1) 관측점의 연강우량의 평균값($\bar{x}$), 중앙값(x_m), 표준편차(s) 및 변동계수(C_V)의 계산은 표 13.3의 값으로부터 다음과 같이 결정된다.

$$\bar{x} = \frac{\sum_{i=1}^{20} x_i}{n} = \frac{15775}{20} = 788.75\ \mathrm{mm}$$

$$x_m = 660\,\text{mm}(\text{표 13.3의 } m = 10\text{에 대한 값})$$

$$s = \sqrt{\frac{\sum_{i=1}^{20}(x_i - \bar{x})^2}{n-1}} = \sqrt{\frac{2238.81 \times 10^3}{19}} = 343.27\,\text{mm}$$

$$C_V = \frac{s}{\bar{x}} = \frac{343.27}{788.75} = 0.435$$

2) 200 mm의 계급구간을 사용하여 각 구간에 속하는 우량의 발생확률과 누가확률을 구하면 다음 표 13.4와 같다.
표 13.4를 사용하여 그림 13.7과 같은 주상도 및 도수다각형을 그렸다.

표 13.2 연도별 강우량표

연도	우량(mm)
1986	730
1987	1085
1988	605
1989	1120
1990	1170
1991	655
1992	960
1993	1640
1994	660
1995	910
1996	960
1997	580
1998	580
1999	635
2000	360
2001	400
2002	530
2003	410
2004	1310
2005	475

표 13.3 연 평균우량, 표준편차, 변동계수의 산정을 위한 계산표

(1)	(2)	(3)	(4)
순위, m	연 강우량(mm)	$x_i - \bar{x}$	$(x_i - \bar{x})^2(10^3)$
1	1640	851.25	724.63
2	1310	521.25	271.70
3	1170	381.25	145.35
4	1120	331.25	109.73
5	1085	296.25	87.76
6	960	171.25	29.33
7	960	171.25	29.33
8	910	121.25	14.70
9	730	−58.75	3.45
10	660	−128.75	16.58
11	655	−133.75	17.89
12	635	−153.75	23.64
13	605	−183.75	33.76
14	580	−208.75	43.58
15	580	−208.75	43.58
16	530	−258.75	66.95
17	475	−313.75	98.44
18	410	−378.75	143.45
19	400	−388.75	151.13
20	360	−428.75	183.83
계(Σ)	15775		2238.81

표 13.4 계급구간별 절대도수 및 발생확률(상대도수)

계급구간	도수	발생확률(%)	누가확률 $P(X \le x)$, (%)
301~500	4	20.0	20.0
501~700	7	35.0	55.0
701~900	1	5.0	60.0
901~1100	4	20.0	80.0
1101~1300	2	10.0	90.0
1301~1500	1	5.0	95.0
1501~1700	1	5.0	100.0

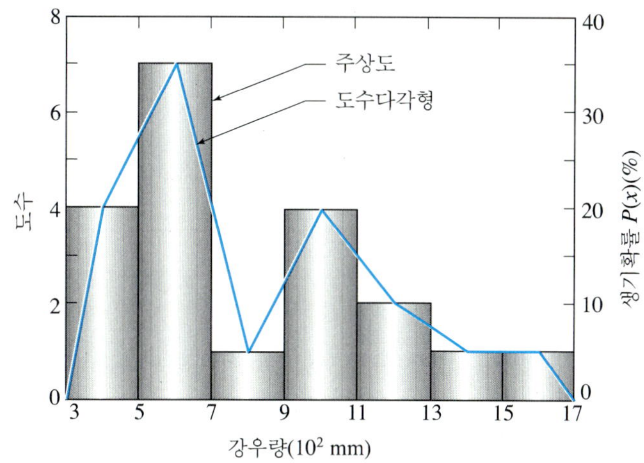

그림 13.7 주상도 및 도수다각형

13.3 확률분포형의 매개변수 추정방법

수문자료를 어떤 확률분포형에 맞추어 분석하기 위해서는 수문자료 계열로부터 확률분포의 특성을 대표하는 매개변수(媒介變數, parameters)를 추정하는 것이 필수적이다. 매개변수 추정방법에는 모멘트법(method of moments), 최우도법(最尤度法, method of maximum likelihood), 확률가중모멘트법(確率加重모멘트法, method of probability weighted moments, PWM) 및 L-모멘트법(L-moment method) 등이 있다.

13.3.1 모멘트법

제13.2.3절에서 소개한 모멘트법에 의한 특정 확률분포형의 매개변수 추정방법은 표본자료,

즉 관측자료에서 산정한 모멘트인 평균($\bar{x}$), 분산(s^2) 혹은 표준편차(s), 변동계수 $C_V = s/\bar{x}$, 왜곡도계수 $C_s = a/s^3$ 등의 매개변수를 모집단의 매개변수와 동일하다고 가정하는 방법이다. 그러나 대부분의 경우, 강우량이나 홍수량 등의 수문학적 확률변량들은 대칭형 분포가 아니라 비대칭형의 왜곡(歪曲, skewed)된 분포를 가지므로 모멘트법에 의한 매개변수 추정은 다소 효율성이 떨어지는 것으로 알려져 있으며, 특히 표본자료의 크기가 작을 때에는 부정확한 결과가 발생하므로 주의를 요한다.

13.3.2 최우도법

최우도법은 표본자료가 나올 확률이 최대가 되도록 확률분포형의 매개변수를 추정하는 방법이다. 주어진 표본자료에 대한 매개변수의 최우추정치(最尤推定値, maximum likelihood estimator)는 표본의 확률 혹은 확률밀도를 최대화하는 매개변수이다. 만약, 표본자료가 모집단 $f(x;\theta)$에서 취한 것이라면 표본자료의 발생확률은 다음과 같은 우도함수(尤度函數, likelihood function)로 표시할 수 있다.

$$L(\theta) = f(x_1;\theta) \cdot f(x_2;\theta) \cdot \cdots\cdots f(x_n;\theta) \tag{13.33}$$

여기서, $L(\theta)$은 매개변수가 1개(θ)인 우도함수이며, $f(x_n;\theta)$는 n번째 표본자료를 표시하는 확률밀도함수로서 우도함수 $L(\theta)$은 결합확률(joint probability)을 표시하며 이를 최대화하는 매개변수를 추정하는 것이 바로 매개변수 추정이다.

만약 확률분포형의 매개변수가 여러 개일 경우의 우도함수는 $L(\theta_i)$, $i = 1, 2, 3, \cdots, k$로 표시되며, 유도의 편리성 때문에 대수 우도함수(對數 尤度函數, logarithmic likelihood function)를 많이 사용하며 식 (13.34)와 같이 대수 우도함수를 매개변수(θ_i)별로 미분하여 0으로 놓고 식 (13.34)의 조건을 만족시키는 매개변수를 동시에 추정한다. 즉,

$$\frac{\partial \ln L(\theta_i)}{\partial \theta_i} = 0, \quad i = 1, 2, 3, \cdots, k \tag{13.34}$$

여기서, k는 선정된 확률분포함수의 매개변수 수이다.

일반적으로 최우도법을 사용하면 가장 효율적인 매개변수 추정치를 얻을 수 있으며, 표본자료의 크기가 충분할 때 매개변수 추정을 위한 다른 방법의 매개변수추정 효율성을 비교평가하는 기준으로 사용되기도 한다(Mood, 1974). 그러나, 최우도법은 모멘트법이나 확률가중모멘트법과는 달리 식 (13.34)가 비선형 연립방정식으로 표시되므로 해를 구하기 위해 Newton-

Raphson 방법을 사용하는 등 절차가 복잡하며, 때로는 수렴이 되지 않아 해를 구하지 못하는 경우도 생기며, 표본자료의 크기가 작을 때에는 비효율적인 것으로 알려져 있다. 따라서, 이 방법의 실무적용은 대체로 제한적이라 할 수 있다.

13.3.3 확률가중모멘트법

확률가중모멘트법은 모멘트법에서와 마찬가지로 모집단(population)의 확률가중모멘트는 표본자료(sample)의 확률가중모멘트와 같다고 가정하여 확률분포의 매개변수를 추정하는 방법이다. 모멘트법이나 최우도법에서는 자료의 크기에 상관없이 일정한 가중치를 부여하는 데 반해 확률가중모멘트법에서는 자료를 오름차순(ascending order)으로 재배열하고 크기가 가장 큰 자료에 최대가중치를 주고 가장 작은 자료값에 최소가중치를 주는 등 자료의 크기에 따라 가중치를 달리 주어 매개변수를 추정하는 방법이다. 이 방법은 표본의 크기가 작거나 왜곡된 자료일 경우에도 비교적 안정적인 결과를 얻을 수 있어서 최근에 가장 많이 사용되고 있는 매개변수 추정방법이라 할 수 있다.

확률가중모멘트의 일반식은 다음과 같이 나타낼 수 있다(Greenwood, et al., 1979).

$$M_{p,r,s} = E[X^p F^r(X)\{1 - F(X)\}^s] \tag{13.35}$$

여기서, p, r, s는 양(陽)의 정수(定數)이고, $E[\cdot]$는 기대치(期待値, expectation)를 표시하며, $F(x)$는 누가확률 혹은 비초과확률, $1 - F(x)$는 초과확률을 표시한다.

만약, 식 (13.35)에서 $r = 0$, $s = 0$이면 $M_{p,0,0} = E[X^p]$이며 이는 모멘트법에서의 원점에 대한 p차 모멘트가 된다. 그런데, 대부분의 수문자료분석에서는 주로 $p = 1$이고, r 및 s가 0 또는 양의 정수인 경우로서 모집단의 확률가중모멘트(population PWM)는 다음과 같이 표시한다.

$$M_{1,r,0} = E[XF^r(X)] = B_r \tag{13.36}$$

$$M_{1,0,s} = E[X\{1 - F(X)\}^s] = B_s \tag{13.37}$$

식 (13.36)은 비초과확률 $F(x)$를 사용하고, 식 (13.37)은 초과확률 $1 - F(x)$를 사용하여 확률가중모멘트를 표시하였다. 어느 식을 사용하여도 무방하나 비초과확률로 표시하는 $M_{1,r,0}$를 더 많이 사용하는 편이다.

한편, 표본자료의 불편기 확률가중모멘트(不偏倚 確率加重모멘트, unbiased sample PWM)는 다음 식과 같이 표시된다(Hosking, 1986).

$$\hat{B}_r = \frac{1}{n}\sum_{i=1}^{n}\frac{(i-1)!\ (n-1-r)!}{(i-1-r)!\ (n-1)!}X_i \tag{13.38}$$

$$\hat{B}_s = \frac{1}{n}\sum_{i=1}^{n}\frac{(n-i)!\ (n-s-1)!}{(n-i-s)!\ (n-1)!}X_i \tag{13.39}$$

여기서, X_i는 표본자료를 $X_1 < X_2 < \cdots < X_n$과 같이 오름차순으로 재정렬하였을 때 i번째 값이다.

비초과확률을 사용하여 확률가중모멘트를 구할 경우 식 (13.36)과 식 (13.38)의 r값의 변화에 따른 PWM은 다음과 같이 산정할 수 있다.

$$M_{1,0,0} = E[X] = \frac{1}{n}\sum_{i=1}^{n}X_i \tag{13.40}$$

$$M_{1,1,0} = E[XF(X)] = \frac{1}{n}\sum_{i=1}^{n}\frac{(i-1)}{(n-1)}X_i \tag{13.41}$$

$$M_{1,2,0} = E[XF^2(X)] = \frac{1}{n}\sum_{i=1}^{n}\frac{(i-1)(i-2)}{(n-1)(n-2)}X_i \tag{13.42}$$

$$M_{1,3,0} = E[XF^3(X)] = \frac{1}{n}\sum_{i=1}^{n}\frac{(i-1)(i-2)(i-3)}{(n-1)(n-2)(n-3)}X_i \tag{13.43}$$

한편, 초과확률을 사용하여 확률가중모멘트를 구하고자 하는 경우에는 위의 비초과확률을 사용하여 산정한 $M_{1,i,0}$로부터 다음 관계식에 의해 구할 수 있다.

$$M_{1,0,s} = \sum_{i=0}^{s}\binom{s}{i}(-1)^i M_{1,i,0} \tag{13.44}$$

식 (13.12)를 사용하여 $M_{1,0,s}$를 $M_{1,i,0}$의 항으로 표시하면 다음과 같다.

$$s=0\text{일 때 } M_{1,0,0} = M_{1,0,0} \tag{13.45}$$

$$s=1\text{일 때 } M_{1,0,1} = M_{1,0,0} - M_{1,1,0} \tag{13.46}$$

$$s=2\text{일 때 } M_{1,0,2} = M_{1,0,0} - 2M_{1,1,0} + M_{1,2,0} \tag{13.47}$$

$$s=3\text{일 때 } M_{1,0,3} = M_{1,0,0} - 3M_{1,1,0} + 3M_{1,2,0} - M_{1,3,0} \tag{13.48}$$

$$s=4\text{일 때 } M_{1,0,4} = M_{1,0,0} - 4M_{1,1,0} + 6M_{1,2,0} - 4M_{1,3,0} + M_{1,4,0} \tag{13.49}$$

13.3.4 L-모멘트법

L-모멘트법은 Hosking(1990)이 소개한 방법으로 확률분포형의 매개변수 추정치는 앞에서 소개한 확률가중모멘트법으로 추정한 매개변수와 동일하며 현재 주로 사용되고 있는 확률가중모멘트법은 확률가중모멘트의 선형조합인 L-모멘트 방법의 형태로 이루어져 있다. 표본자료의 L-모멘트 추정치는 다음과 같이 산정한다.

1차 모멘트 추정치는 일반 모멘트법에서의 평균치와 동일하다.

$$l_1 = E[X] = \overline{X} = \frac{1}{n}\sum_{i=1}^{n} X_i \tag{13.50}$$

2차 L-모멘트 추정치는 오름차순으로 재정렬시킨 표본자료에서 임의로 선정된 2개의 관측치 차에 대한 기대치를 2로 나눈 값이다. 즉,

$$l_2 = \frac{1}{2}E[X_{(1:2)} - X_{(2:2)}] \tag{13.51}$$

3차 및 4차 L-모멘트 추정치는 오름차순으로 재정렬시킨 표본자료에서 다음과 같이 산정한다.

$$l_3 = \frac{1}{3}E[X_{(1:3)} - 2X_{(2:3)} + X_{(3:3)}] \tag{13.52}$$

$$l_4 = \frac{1}{4}E[X_{(1:4)} - 3X_{(2:4)} + 3X_{(3:4)} + X_{(4:4)}] \tag{13.53}$$

여기서, X는 변량이며, $E[\cdot]$는 기대치, $X_{(i:n)}$은 오름차순으로 재배열된 표본자료 계열에서 임의로 n개를 선정했을 때 i번째로 큰 자료값이다. 또한, L-모멘트는 다음과 같이 확률가중모멘트 $M_{1,r,0}$에 의해 나타낼 수 있으며, 앞에서 설명한 $M_{1,r,0}$와 $M_{1,0,s}$의 관계를 이용하여 $M_{1,0,s}$로부터 구할 수도 있다. 즉,

$$l_1 = M_{1,0,0} \tag{13.54}$$

$$l_2 = 2M_{1,1,0} - M_{1,0,0} \tag{13.55}$$

$$l_3 = 6M_{1,2,0} - 6M_{1,1,0} + M_{1,0,0} \tag{13.56}$$

$$l_4 = 20M_{1,3,0} - 30M_{1,2,0} + 12M_{1,1,0} - M_{1,0,0} \tag{13.57}$$

L-모멘트법에서 L-변동계수 t와 L-왜곡도계수 t_3, 그리고 L-첨예도계수 t_4는 다음과 같이 산정된다.

$$L\text{-}C_V: \quad t = \frac{l_2}{l_1}, \quad 0 < t < 1 \tag{13.58}$$

$$L\text{-}C_s: \quad t_3 = \frac{l_3}{l_2}, \quad -1 < t_3 < 1, \quad r \geq 3 \tag{13.59}$$

$$L\text{-}C_k: \quad t_4 = \frac{l_4}{l_2}, \quad 0.25(5t_3^2 - 1) \leq t_4 \leq 1, \quad r \geq 3 \tag{13.60}$$

13.3.5 확률분포형의 매개변수 추정방법의 선택

위에서 소개한 매개변수 추정방법 중 모멘트법은 표본자료의 연수가 짧아 자료수가 충분하지 못할 경우 이상치(異常値)에 지나치게 민감한 문제점이 있으며, 최우도법은 비선형 연립방정식으로 표시되는 대수우도함수의 연립도함수식의 해를 구하기 어렵고 때로는 수렴해를 구하지 못할 경우가 있으며, 자료수가 충분하지 못할 경우 효율성이 크게 떨어지는 문제점이 있다. 따라서, 표본자료의 크기나 이상치로 인한 왜곡특성이 크게 나타나지 않는 확률가중모멘트법 혹은 L-모멘트법을 채택하는 것이 최근의 추세이다. 그러나, 확률가중모멘트법의 경우 크기 오름차순으로 나열하여 가장 큰 자료값에 큰 가중치를 주기 때문에 재현기간이 큰 경우에서 모멘트법이나 최우도법보다 지나치게 큰 설계값이 산정되는 경우가 있으므로 타 방법에 의한 결과와 비교검토하여 최종적인 선택을 하는 것이 좋다.

13.4 확률분포형

각종 수문사상의 통계학적 특성을 구명하기 위하여 여러 가지 이론적인 확률분포형이 사용되어 왔다. 그러나 이들 이론적 확률분포형들이 자연현상을 틀림없이 정확하게 표시할 수는 없으며 단지 어떤 현상의 관측자료를 적당한 이론적 분포형에 맞춤으로써 그 현상의 미래 발생확률을 추정하기 위해 사용된다. 여기서 살펴보고자 하는 확률분포형은 수문분석을 위해 가장 많이 사용되는 분포형들로서 매개변수는 앞에서 소개한 3가지 방법 중 매개변수의 추정이 용이한 모멘트법과 표본자료의 크기나 이상치의 영향을 크게 받지 않는 확률가중모멘트법에 의해 추정하는 절차를 소개하기로 한다.

수문자료의 분석에 사용되는 확률분포형은 전술한 바와 같이 이산형 분포(離散型 分布, discrete distribution)와 연속형 분포(連續型 分布, continuous distribution)로 나눌 수 있다. 이산형 분포 중에서는 어떤 크기의 강우나 홍수가 발생하는 시간간격, 어떤 사상이 일어나거나 혹은 일어나지 않을 확률 등을 결정하기 위한 이항분포(二項分布, binomial distribution)

혹은 푸아송 분포(Poission distribution) 등이 많이 사용된다. 그러나 대부분의 수문현상은 연속적으로 발생하는 것이 사실이며 이의 확률론적 해석을 위해서는 연속형 분포형을 사용하는 것이 보통이므로 이 중 수문해석에서 가장 많이 쓰이고 있는 분포형과 그의 매개변수 결정방법에 대해 살펴보기로 한다.

13.4.1 정규분포

정규분포(正規分布, normal distribution)는 종(鍾)모양의 대칭인 연속형 분포로써 어떤 사상의 모집단(population) 혹은 표본(sample)의 평균값으로부터의 오차는 통상 이 분포형을 가지는 것으로 알려져 있어서 Gauss의 오차법칙(誤差法則)이라 부르기도 한다.

정규분포의 확률밀도함수의 일반형은

$$f(x) = \frac{1}{\sigma\sqrt{2\pi}}\, e^{-\frac{1}{2}\left(\frac{x-\mu}{\sigma}\right)^2}, \quad -\infty < x < \infty \tag{13.61}$$

여기서, x는 자료값을 나타내며, μ와 σ는 각각 모집단의 평균값 및 표준편차를 표시한다.

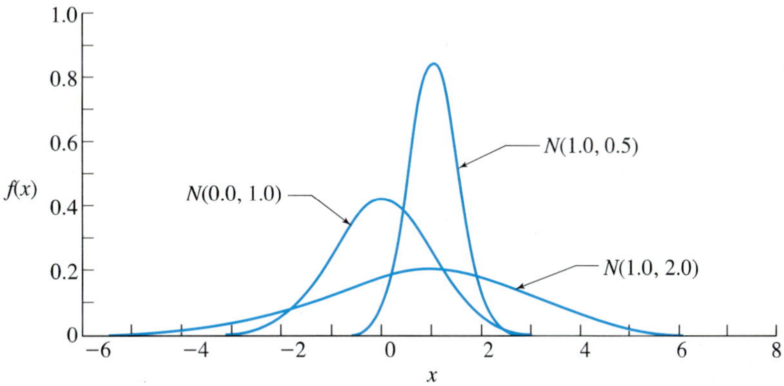

그림 13.8 평균값과 표준편차에 따른 정규확률밀도곡선

따라서 평균값이 μ이고 표준편차가 σ인 정규분포, $N(\mu, \sigma)$는 그림 13.8에서 보는 바와 같이 평균값을 중심으로 대칭인 분포이며 μ는 분포의 위치(location)를 결정하는 반면에 σ는 분포의 모양(shape)에 영향을 주게 된다.

평균값 μ, 표준편차 σ인 정규분포를 가지는 변량(variable) X가 특정값 x보다 작거나 같을 누가확률(cumulative probability)은 식 (13.61)을 $-\infty$에서 x까지 적분하여 얻을 수 있다.

즉,

$$F(x) = P(X \le x) = \frac{1}{\sigma\sqrt{2\pi}} \int_{-\infty}^{x} e^{-\frac{1}{2}\left(\frac{x-\mu}{\sigma}\right)^2} dx \tag{13.62}$$

식 (13.62)는 해석적인 적분이 불가능하므로 근사적분에 의해 $F(x)$를 계산할 수 있으며, μ와 σ의 값에 따라 $F(x)$값이 변하고 만다.

식 (13.61)과 (13.62)의 μ와 σ는 정규분포의 매개변수이며 이는 표본자료를 사용하여 식 (13.26) 및 식 (13.28)에 의해 각각 계산 결정된다.

만약, 다음과 같이 변수를 변환(혹은 표준화)하면

$$z = \frac{x-\mu}{\sigma} \tag{13.63}$$

식 (13.62)의 $dx = \sigma dz$이므로 이를 식 (13.63)과 함께 식 (13.62)에 대입하여 정리하면

$$F(z) = \int_{-\infty}^{z} \frac{1}{\sqrt{2\pi}} e^{-\frac{1}{2}t^2} dt \tag{13.64}$$

따라서, 식 (13.64)는 변환된 변수 z의 누가확률을 표시하며 확률밀도함수는

$$f(z) = \frac{1}{\sqrt{2\pi}} e^{-\frac{1}{2}z^2}, \quad -\infty < z < \infty \tag{13.65}$$

식 (13.65)로 표시되는 확률밀도곡선은 그림 13.9와 같이 표시되며 평균값 $\mu = 0$, 표준편차 $\sigma = 1$임을 증명할 수 있고 이 분포를 표준정규확률분포(標準正規確率分布, standard

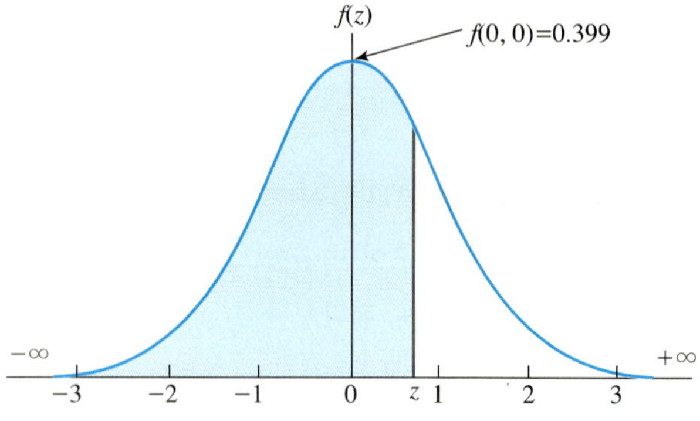

그림 13.9 표준정규확률분포 곡선

표 13.5 표준정규누가확률표

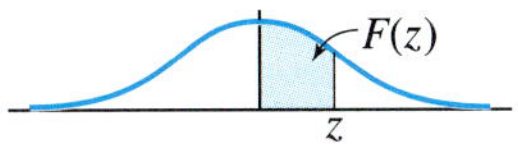

$$F(z)=\int_{0}^{z}\frac{1}{\sqrt{2\pi}}\,e^{-\frac{1}{2}z^{2}}\,dz$$

z	.00	.01	.02	.03	.04	.05	.06	.07	.08	.09
.0	.000	.0040	.0080	.0120	.0159	.0199	.0239	.0279	.0319	.0359
.1	.0398	.0438	.0478	.0517	.0557	.0596	.0636	.0675	.0714	.0753
.2	.0795	.0832	.0871	.0910	.0948	.0987	.1026	.1064	.1103	.1141
.3	.1179	.1217	.1255	.1293	.1331	.1368	.1406	.1443	.1480	.1517
.4	.1554	.1591	.1628	.1664	.1700	.1736	.1772	.1808	.1848	.1879
.5	.1915	.1950	.1985	.2019	.2054	.2088	.2123	.2157	.2190	.2224
.6	.2257	.2291	.2324	.2357	.2389	.2422	.2454	.2486	.2518	.2549
.7	.2580	.2611	.2642	.2673	.2704	.2734	.2764	.2794	.2823	.2852
.8	.2881	.2910	.2939	.2967	.2995	.3023	.3051	.3078	.3106	.3133
.9	.3159	.3186	.3212	.3238	.3264	.3289	.3315	.3340	.3365	.3389
1.0	.3413	.3438	.3461	.3485	.3508	.3531	.3554	.3577	.3599	.3621
1.1	.3643	.3665	.3686	.3708	.3729	.3749	.3770	.3790	.3810	.3830
1.2	.3849	.3869	.3888	.3907	.3925	.3944	.3962	.3980	.3997	.4015
1.3	.4032	.4049	.4066	.4082	.4099	.4115	.4131	.4147	.4162	.4177
1.4	.4192	.4207	.4222	.4236	.4251	.4265	.4279	.4292	.4306	.4319
1.5	.4332	.4345	.4357	.4370	.4382	.4394	.4406	.4418	.4430	.4441
1.6	.4452	.4463	.4474	.4485	.4495	.4505	.4515	.4525	.4535	.4545
1.7	.4554	.4564	.4573	.4582	.4591	.4599	.4608	.4616	.4625	.4633
1.8	.4641	.4649	.4656	.4664	.4671	.4678	.4686	.4693	.4699	.4706
1.9	.4713	.4719	.4726	.4732	.4738	.4744	.4750	.4756	.4762	.4767
2.0	.4772	.4778	.4783	.4788	.4793	.4798	.4803	.4808	.4812	.4817
2.1	.4821	.4826	.4830	.4834	.4838	.4842	.4846	.4850	.4854	.4857
2.2	.4861	.4865	.4368	.4871	.4875	.4878	.4881	.4884	.4887	.4890
2.3	.4893	.4896	.4898	.4901	.4904	.4906	.4909	.4911	.4913	.4916
2.4	.4918	.4920	.4922	.4925	.4927	.4929	.4931	.4932	.4934	.4936
2.5	.4938	.4940	.4941	.4943	.4945	.4946	.4948	.4949	.4951	.4952
2.6	.4953	.4955	.4956	.4957	.4959	.4960	.4961	.4962	.4963	.4964
2.7	.4965	.4966	.4967	.4968	.4969	.4970	.4971	.4972	.4973	.4974
2.8	.4974	.4975	.4976	.4977	.4977	.4978	.4979	.4980	.4980	.4981
2.9	.4981	.4982	.4983	.4983	.4984	.4984	.4985	.4985	.4986	.4986
3.0	.4987	.4987	.4987	.4988	.4988	.4989	.4989	.4989	.4990	.4990
3.1	.4990	.4991	.4991	.4991	.4992	.4992	.4992	.4992	.4993	.4993
3.2	.4993	.4993	.4994	.4994	.4994	.4994	.4994	.4995	.4995	.4995
3.3	.4995	.4995	.4996	.4996	.4996	.4996	.4996	.4996	.4996	.4997
3.4	.4997	.4997	.4997	.4997	.4997	.4997	.4997	.4997	.4998	.4998
·										
·										
·										
·										
4.0	.499968									

normal probability distribution) $N(0,\ 1)$이라 부른다. 한편, 식 (13.64)로 표시되는 누가확률은 그림 13.9의 음영 부분의 면적과 같다. 식 (13.64)의 z값에 대한 $F(z)$의 값을 적분에 의해 해석적으로 쉽게 구할 수 있는 방법이 없으므로 통상 표 13.5의 표준정규누가확률표를 사용하게 된다. 즉, 표 13.5에서 $z=0$이면 $z=-\infty$에서 $z=0$까지의 누가확률 $F(-\infty \le z \le 0) = 0.5$이며 $z=2.5$일 때의 $F(-\infty \le z \le 2.5) = 0.5+0.4938 = 0.9938$이다.

어떤 변량이 정규분포를 가질 경우 식 (13.63)으로 변수를 표준화하기만 하면 특정 누가확률에 해당하는 z값을 표 13.5를 사용하면 결정할 수 있으며 식 (13.63)의 역변환에 의해 원변량 x값을 다음과 같이 결정할 수 있다. 즉

$$x = \mu + z\sigma \tag{13.66}$$

식 (13.66)의 μ와 σ는 모집단에 대한 것이므로 표본자료의 경우는 표본의 평균값 $\bar{x}$ 및 분산 s를 사용해야 한다. 즉,

$$x = \bar{x} + zs \tag{13.67}$$

1) 모멘트법에 의한 매개변수의 추정

식 (13.31)의 정규분포의 확률밀도함수에서 보는 바와 같이 정규분포의 매개변수는 평균치(μ 혹은 $\bar{x}$)와 표준편차(σ 혹은 s)이며, 이는 표본자료의 경우 식 (13.26)과 (13.28)로 표시되었었다.

$$\bar{x} = \frac{1}{n}\sum_{i=1}^{n} x_i \tag{13.26}$$

$$s = \sqrt{\frac{1}{n-1}\sum_{i=1}^{n}(x_i - \bar{x})^2} \tag{13.28}$$

여기서, $\bar{x}$와 s는 각각 표본자료집단의 평균치와 표준편차이며, x_i는 개개 자료값이고, n은 자료의 총수이다.

2) 확률가중모멘트법에 의한 매개변수의 추정

Rao(2000)에 의하면 정규확률분포함수의 경우 평균치와 표준편차는 다음과 같이 1차 및 2차 L-모멘트로 산정된다.

$$\bar{x} = l_1 = \frac{1}{n}\sum_{i=1}^{n} x_i = M_{1,0,0} \tag{13.68}$$

$$s = \sqrt{\pi}\, l_2 = \sqrt{\pi}\, l_1 t \tag{13.69}$$

여기서, l_1, l_2는 각각 1차 및 2차 L-모멘트[식 (13.54) 및 식 (13.55)]이고, t는 L-변동계수 (l_2/l_1)이다.

13.4.2 2변수 대수정규분포

수문학에서 취급하는 많은 수의 변량들은 현저하게 오른쪽으로 왜곡(skewed)된 분포를 가지는 것으로 알려져 있다. 이러한 분포형은 정규분포처럼 평균값을 중심으로 하여 대칭이 되지 않으나 이들 변수의 대수값을 취하면 정규분포의 특성을 갖게 되므로 해석이 용이하게 된다. 대수정규분포(對數正規分布, lognormal distribution)는 변수의 대수값을 취하여 왜곡된 분포를 정규분포화한 것으로서 Galton의 법칙이라고도 부른다.

2변수 대수정규분포(two-parameter lognormal distribution)를 가지는 변수 x의 확률밀도함수는

$$f(x) = \frac{1}{\sigma_y \sqrt{2\pi}} \frac{1}{x} \exp\left[-\frac{1}{2}\left(\frac{\ln x - \mu_y}{\sigma_y}\right)^2\right], \quad 0 \le x < \infty \tag{13.70}$$

여기서, $\ln x = y$이고, μ_y와 σ_y는 각각 y의 평균값 및 표준편차이며, μ_y와 σ_y값에 따른 확률밀도곡선은 그림 13.10의 ⓐ곡선에서 볼 수 있는 바와 같이 하한값(lower bound) $x = 0$의 오른쪽으로 왜곡(positively skewed)된 모양을 보인다.

식 (13.70)을 $y = \ln x$의 항으로 표시하면 변수 y는 정규분포의 확률밀도함수로 표시할 수 있다. 즉,

$$f(y) = \frac{1}{\sigma_y \sqrt{2\pi}}\, e^{-\frac{1}{2}\left(\frac{y-\mu_y}{\sigma_y}\right)^2}, \quad -\infty < y < \infty \tag{13.71}$$

식 (13.70)과 (13.71)의 2개 변수 μ_y와 σ_y는 표본자료계열 x_i의 대수값인 $y_i = \ln x_i$의 평균값 $\bar{y}$의 표준편차 s_y를 다음과 같이 계산함으로써 추정될 수 있다. 즉,

$$\mu_y = \bar{y} = \frac{1}{n}\sum_{i=1}^{n} \ln x_i \tag{13.72}$$

$$\sigma_y = s_y = \sqrt{\frac{1}{n-1}\sum_{i=1}^{n}(\ln x_i - \bar{y})^2} \tag{13.73}$$

여기서, n은 자료의 수이다.

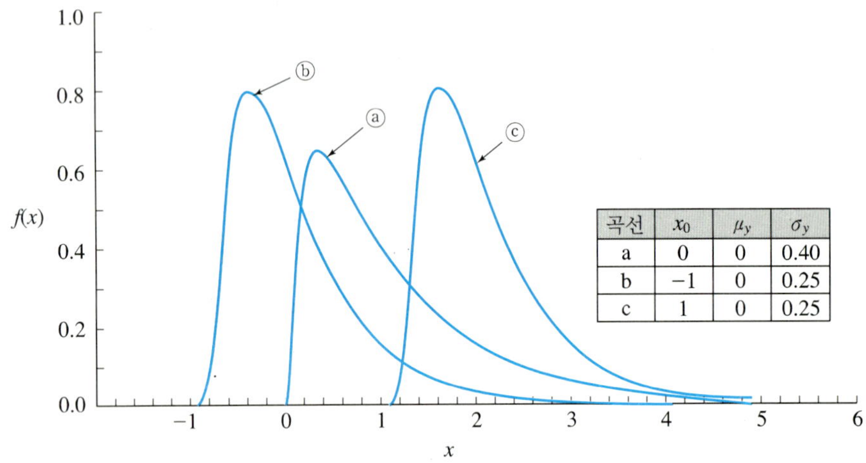

그림 13.10 대수정규분포의 확률밀도곡선

1) 모멘트법에 의한 매개변수의 추정

식 (13.70)으로 표시되는 2변수 대수정규분포의 매개변수인 μ_y와 σ_y의 추정을 위해 Chow (1953)는 표본자료 x_i의 대수값을 취하지 않고 x_i의 특성값으로부터 직접 $\bar{y}$와 s_y를 계산할 수 있는 방법을 다음과 같이 제시하였다.

$$\bar{y} = \frac{1}{2}\ln\left[\frac{\bar{x}^2}{(C_V^2+1)}\right] \tag{13.74}$$

$$s_y = \sqrt{\ln(C_V^2+1)} \tag{13.75}$$

여기서, C_V는 표본자료계열 x_i의 변동계수로서 x_i의 표준편차(s_x)를 평균값($\bar{x}$)으로 나눈 것이다. 2변수 대수정규분포의 매개변수인 $\bar{y}$와 s_y를 결정하기 위한 다른 한 가지 방법은 자료 x_i 및 y_i의 통계특성값 사이에 성립하는 다음의 관계를 이용하는 방법이다. 즉,

$$\bar{x} = \exp\left(\bar{y} + \frac{1}{2}s_y^2\right) \tag{13.76}$$

$$s_x^2 = \bar{x}^2[\exp(s_y^2)-1] \tag{13.77}$$

$$C_V = [\exp(s_y^2)-1]^{1/2} \tag{13.78}$$

$$C_s = 3C_V + C_V^3 \tag{13.79}$$

2변수 대수정규분포의 경우는 2개의 변수 $\bar{y}$, s_y만을 가지므로 식 (13.76)과 (13.77)의

$\bar{x}$, s_x를 표본자료로부터 계산하여 대입한 후, 두 식을 연립하여 풀어서 $\bar{y}$와 s_y를 구할 수 있으므로 완전한 확률밀도함수를 얻을 수 있다.

2) 확률가중모멘트법에 의한 매개변수의 추정

Rao(2000)에 의하면 $y_i = \ln x_i$의 표준편차와 평균치는 다음 식으로 산정된다.

$$s_y = 2\frac{z}{\sqrt{2}} = 2\,\mathrm{erf}^{-1}\left(\frac{l_2}{l_1}\right) = 2\,\mathrm{erf}^{-1}(t) \tag{13.80}$$

$$\bar{y} = \ln l_1 - \frac{s_y^2}{2} \tag{13.81}$$

여기서, z는 표준정규분포의 변량이고, l_1, l_2는 각각 1차 및 2차 L-모멘트이며, t는 L-변동계수이고, $\mathrm{erf}^{-1}(t)$는 error 함수(error function), $\mathrm{erf}(t) = [2F(t\sqrt{2}) - 1]$의 역함수로서 식 (13.80)으로부터 $z/\sqrt{2}$와 같고 z값은 누가확률 $F = (t+1)/2$에 해당하는 표준정규분포 변량값이다.

13.4.3 3변수 대수정규분포

만약 변량 x가 0이 아닌 하한값 x_0를 가지며, $(x - x_0)$가 2변수 대수정규분포를 가지면 변량 x는 3변수 대수정규분포(three-parameter lognormal distribution)로 표시될 수 있으며 확률밀도함수는 다음과 같다.

$$f(x) = \frac{1}{\sigma_y\sqrt{2\pi}}\frac{1}{(x - x_0)}\exp\left[-\frac{1}{2}\left\{\frac{\ln(x - x_0) - \mu_y}{\sigma_y}\right\}^2\right] \tag{13.82}$$

여기서, 매개변수 μ_y와 σ_y는 각각 $\ln(x - x_0)$의 평균값과 표준편차로서 분포의 축척(scale)과 모양(shape)을 결정하는 요소이며 x_0는 하한값으로부터 분포의 위치(location)를 결정하게 된다. 그림 13.10의 곡선 ⓑ와 ⓒ는 각각 $x_0 = -1$ 및 $x_0 = 1$이고 $\mu_y = 0$, $\sigma_y = 0.25$일 때의 3변수 대수정규분포의 확률밀도곡선을 표시하고 있다.

3변수 대수정규분포는 $(x - x_0) > 0$이면 (+) 혹은 (−)값을 가지는 사상에 적용될 수 있으나 2변수 대수정규분포는 (+)값을 가지는 사상에 대해서만 그 적용이 가능함을 명심해야 한다.

1) 모멘트법에 의한 매개변수의 추정

Rao(2000)에 의하면 3변수 대수정규분포의 모집단 매개변수 μ_y, σ_y 및 x_0는 다음 식에 의한 표본자료의 매개변수에 의해 추정된다.

$$\bar{y} = \ln\left(\frac{s_x}{C_{Vz}}\right) - \frac{1}{2}\ln(C_{Vz}^2 + 1) \tag{13.83}$$

$$s_y = [\ln(C_{Vz}^2 + 1)]^{1/2} \tag{13.84}$$

$$x_0 = \bar{x} - \frac{s_x}{C_{Vz}} \tag{13.85}$$

$$C_{Vz} = \frac{1 - W^{2/3}}{W^{1/3}} \tag{13.86}$$

$$W = \frac{1}{2}[-C_{sx} + (C_{sx}^2 + 4)^{1/2}] \tag{13.87}$$

여기서, s_x는 표본자료계열의 표준편차, C_{Vz}는 자료계열 $(x_i - x_0)$의 변동계수, C_{sx}는 자료계열 x_i의 왜곡도계수 (a_x/s_x^3)이다.

2) 확률가중모멘트법에 의한 매개변수의 추정

Rao(2000)에 의하면 확률가중모멘트법에 의한 3변수 대수정규분포의 매개변수 추정은 다음 식에 의한다.

$$\bar{y} = \ln\left[\frac{l_2}{2F\left(\frac{s_y}{2}\sqrt{2}\right) - 1}\right] - \frac{s_y^2}{2} \tag{13.88}$$

$$s_y = 0.999281u - 0.006118u^3 + 0.000127u^5 \tag{13.89}$$

$$x_0 = l_1 - \exp\left(\bar{y} + \frac{s_y^2}{2}\right) \tag{13.90}$$

$$u = \sqrt{\frac{8}{3}}\,F^{-1}\left(\frac{1 + t_3}{2}\right) \tag{13.91}$$

여기서, $F(\cdot)$는 표준정규분포의 누가확률이고 $F^{-1}(\cdot)$은 누가확률 F에 해당하는 표준정규변수값 z이며, t_3는 L-왜곡도계수(l_3/l_2)이다.

13.4.4 2변수 Gamma 분포

Gamma 분포는 수문학분야에서 가장 널리 사용되는 분포형 중의 하나이다. 대부분의 수문변량들은 왜곡된 분포를 가지므로 Gamma 분포는 연 최대홍수량이라든지 갈수량, 계절 혹은 연

유출용적 및 극대강수량 등의 발생확률분포를 표시하는 데 사용되어 왔으며, 2변수분포 혹은 3변수분포로 나눌 수 있다.

2변수 Gamma 분포는 다음과 같은 확률밀도함수를 가진다.

$$f(x) = \frac{1}{\alpha \Gamma(\beta)} \left(\frac{x}{\alpha} \right)^{\beta - 1} e^{-\frac{x}{\alpha}} \tag{13.92}$$

여기서, $\alpha > 0$일 때 $0 \le x < \infty$이며, $\alpha < 0$일 때 $-\infty < x \le 0$이며, 2개의 변수 α와 β는 각각 분포의 축척 및 형상을 결정하는 매개변수이며, $\Gamma(\beta)$는 완전 Gamma 함수(complete Gamma function)로서 다음과 같이 표시된다.

$$\begin{aligned} \Gamma(\beta) &= \int_0^{\infty} x^{\beta - 1} e^{-x} dx = (\beta - 1)\Gamma(\beta - 1) \\ &= (\beta - 1)(\beta - 2)(\beta - 3) \cdots 3 \cdot 2 \cdot 1 \end{aligned} \tag{13.93}$$

여기서, β는 정수(定數, integer)이다.

만약 β가 정수가 아닌 경우에는 $\Gamma(\beta)$는 불완전 Gamma 함수(incomplete Gamma function)라 하며 부록 III의 표를 이용하거나 다음과 같이 근사해를 구하여 사용한다(Abramowitz and Stegun, 1965).

$$\Gamma(\beta) = \frac{1}{\beta} \Gamma(\beta + 1) \tag{13.94}$$

$$\Gamma(\beta + 1) = 1 + a_1 \beta + a_2 \beta^2 + \cdots\cdots + a_8 \beta^8, \quad 0 \le \beta \le 1 \tag{13.95}$$

여기서, a_i값은 다음과 같다.

$$a_1 = -0.577192, \quad a_2 = 0.988206, \quad a_3 = -0.897057, \quad a_4 = 0.918207$$
$$a_5 = -0.756704, \quad a_6 = 0.482199, \quad a_7 = -0.193528, \quad a_8 = 0.035868$$

그림 13.11은 식 (13.47)에서 $\alpha > 0$일 경우의 2변수 Gamma 분포(그림 13.11의 ⓐ 및 ⓑ 곡선)와 3변수 Gamma 분포(그림 13.11의 ⓒ곡선)의 확률밀도곡선을 표시하고 있으며, 그림 13.12는 $\alpha < 0$일 경우의 2변수 및 3변수 Gamma 분포의 확률밀도함수를 표시하고 있다.

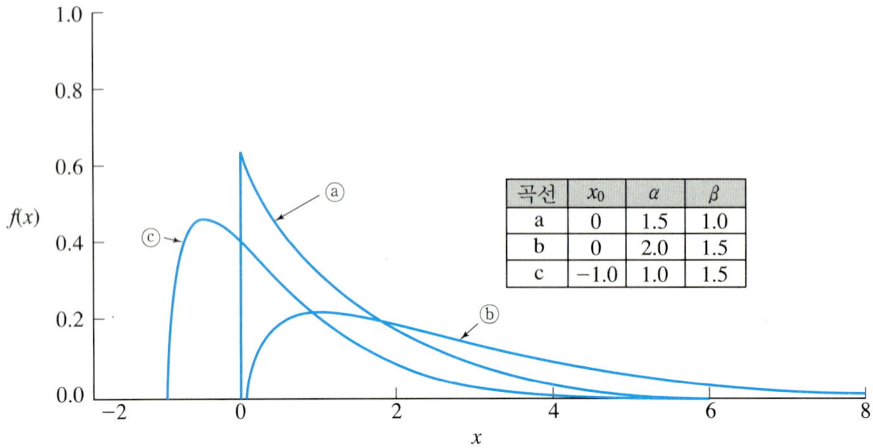

그림 13.11 Gamma 분포의 확률밀도곡선($\alpha > 0$)

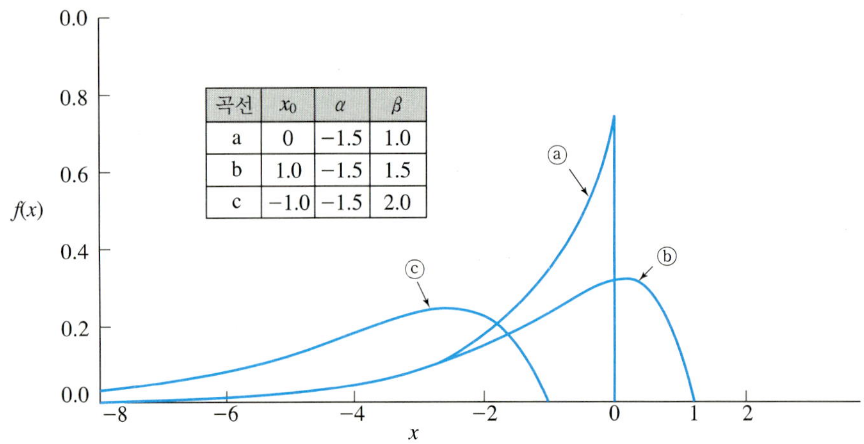

그림 13.12 Gamma 분포의 확률밀도곡선($\alpha < 0$)

한편, 2변수 Gamma 분포의 누가확률분포함수는 식 (13.92)를 적분하여 얻어지며, $\alpha > 0$일 때에는 다음과 같다.

$$F(x) = \int_0^x \frac{1}{\alpha \Gamma(\beta)} \left(\frac{x}{\alpha} \right)^{\beta - 1} e^{-\frac{x}{\alpha}} dx \qquad (13.96)$$

식 (13.96)은 해석적으로 적분이 불가능하므로 수치적분으로 해를 구하게 된다.

1) 모멘트법에 의한 매개변수의 추정

2변수 Gamma 분포의 매개변수인 α와 β를 모멘트법에 의해 추정하기 위해서는 다음과 같은 관계식을 이용한다.

$$\bar{x} = \hat{\alpha}\hat{\beta} = \frac{1}{n}\sum_{i=1}^{n} x_i \tag{13.97}$$

$$s^2 = \hat{\alpha}^2\hat{\beta} = \frac{1}{n-1}\sum_{i=1}^{n}(x_i - \bar{x})^2 \tag{13.98}$$

여기서, $\hat{\alpha}$, $\hat{\beta}$는 표본자료로부터 추정된 값으로 모집단에 대한 α, β를 대표하며, $\bar{x}$와 s^2은 각각 표본자료집단의 평균과 분산이다.

따라서, 식 (13.97)과 식 (13.98)을 연립하여 풀면 다음과 같이 $\hat{\alpha}$와 $\hat{\beta}$를 결정할 수 있다.

$$\hat{\beta} = \left(\frac{\bar{x}}{s}\right)^2 \tag{13.99}$$

$$\hat{\alpha} = \frac{\bar{x}}{\hat{\beta}} = \frac{s^2}{\bar{x}} \tag{13.100}$$

2) 확률가중모멘트법에 의한 매개변수의 추정

Hosking(1990)에 의하면 매개변수 $\hat{\beta}$는 L-변동계수인 t값의 크기에 따라 다음과 같이 추정된다. 즉,

$0 < t < 0.5$일 때

$$\hat{\beta} = \frac{1 - 0.3080z}{z - 0.05812z^2 + 0.01765z^3} \tag{13.101}$$

여기서, $z = \pi t^2$이다.

$0.5 < t < 1.0$일 때

$$\hat{\beta} = \frac{0.7213z - 0.5947z^2}{1 - 2.1817z + 1.2113z^2} \tag{13.102}$$

여기서, $z = 1 - t$이다.

한편, 매개변수 $\hat{\alpha}$는 다음 식으로 추정된다.

$$\hat{\alpha} = \frac{l_1}{\hat{\beta}} = \frac{\bar{x}}{\hat{\beta}} \tag{13.103}$$

13.4.5 3변수 Gamma 분포

3변수 Gamma 분포는 Pearson Type-Ⅲ 분포로도 알려져 있으며 확률밀도함수는 다음과 같이 표시된다.

$$f(x)=\frac{1}{\alpha\Gamma(\beta)}\left(\frac{x-x_0}{\alpha}\right)^{\beta-1}\exp\left(-\frac{x-x_0}{\alpha}\right) \tag{13.104}$$

여기서, $\alpha>0$일 때 $x_0\le x<\infty$이고, $\alpha<0$일 때는 $-\infty<x\le x_0$이며, α와 β는 각각 분포의 축척 및 형상을 결정하는 매개변수이며, x_0는 0이 아닌 값을 가지는 위치매개변수(location parameter)이다(그림 13.11 및 13.12 참조). 식 (13.55)의 $x-x_0=y$로 놓으면 y를 변수로 하는 2변수 Gamma 분포가 됨을 알 수 있다.

또한 3변수 Gamma 분포의 누가확률분포함수는 $\alpha>0$일 때 다음과 같은 적분으로 표시된다.

$$F(x)=\int_{x_0}^{x}\frac{1}{\alpha\Gamma(\beta)}\left(\frac{x-x_0}{\alpha}\right)^{\beta-1}\exp\left(-\frac{x-x_0}{\alpha}\right)dx \tag{13.105}$$

식 (13.105)도 해석적으로 적분이 불가능하므로 수치적분으로 해를 구하게 된다.

1) 모멘트법에 의한 매개변수의 추정

3변수 Gamma 분포의 매개변수 α, β, x_0는 다음과 같은 관계식에 의해 결정될 수 있음을 증명할 수 있다.

$$\hat{\beta}=\left(\frac{2}{C_s}\right)^2 \tag{13.106}$$

$$\hat{\alpha}=\frac{sC_s}{2} \tag{13.107}$$

$$\hat{x}_0=\bar{x}-\hat{\alpha}\hat{\beta} \tag{13.108}$$

여기서, C_s는 표본자료 x_i의 왜곡도계수(skewness coefficient)로서 식 (13.30)을 표준편차의 3승(s^3)으로 나눈 값을 의미한다.

2) 확률가중모멘트법에 의한 매개변수의 추정

Hosking(1991)에 의하면 3변수 Gamma 분포의 매개변수 β는 L-왜곡도계수 $t_3=l_3/l_2$의

값에 따라 다음과 같이 추정될 수 있다.

$t_3 \geq 1/3$일 경우

$$\hat{\beta} = \frac{(0.36067t_m - 0.5967t_m^2 + 0.25361t_m^3)}{(1 - 2.78861t_m + 2.56096t_m^2 - 0.77045t_m^3)} \tag{13.109}$$

여기서, $t_m = (1 - t_3)$이다.

$t_3 < 1/3$일 경우

$$\hat{\beta} = \frac{1 + 0.2906t_m}{(t_m + 0.1882t_m^2 + 0.0442t_m^3)} \tag{13.110}$$

여기서, $t_m = 3\pi t_3^2$이다.

한편, $\hat{\alpha}$와 $\hat{x}_0$는 각각 다음과 같이 추정된다.

$$\hat{\alpha} = \sqrt{\pi}\, l_2 \frac{\Gamma(\hat{\beta})}{\Gamma(\hat{\beta} + 0.5)} \tag{13.111}$$

$$\hat{x}_0 = l_1 - \hat{\alpha}\hat{\beta} = \overline{x} - \hat{\alpha}\hat{\beta} \tag{13.112}$$

13.4.6 Log-Pearson Type-Ⅲ 분포

이 분포형은 수문학에서 널리 사용되고 있으며 특히 홍수자료의 빈도해석에 가장 적절한 분포로 알려져 있어 미국 수자원평의회(水資源評議會, US Water Resources Council)에서는 홍수빈도 해석에 이 분포형을 적용하도록 권장한 바 있다.

Log-Pearson Type-Ⅲ 분포의 확률밀도함수는 다음과 같이 표시된다.

$$f(x) = \frac{1}{\alpha\Gamma(\beta)} \frac{1}{x} \left(\frac{\ln x - y_0}{\alpha}\right)^{\beta - 1} \exp\left(-\frac{\ln x - y_0}{\alpha}\right) \tag{13.113}$$

여기서, α와 β는 각각 분포의 축척 및 형상을 결정하는 매개변수이며, y_0는 위치매개변수(location parameter)이며, $\beta > 0$이고, α와 y_0는 (+) 혹은 (−)값을 가질 수 있다. 만약 $\alpha \geq 0$이면 그림 13.13(a)에서처럼 하한값 e^{y_0}를 가지는 오른쪽으로 왜곡된 분포가 되며, $\alpha < 0$이면 그림 13.13(b)에서처럼 상한값 e^{y_0}를 가지는 왼쪽으로 왜곡된 분포가 된다.

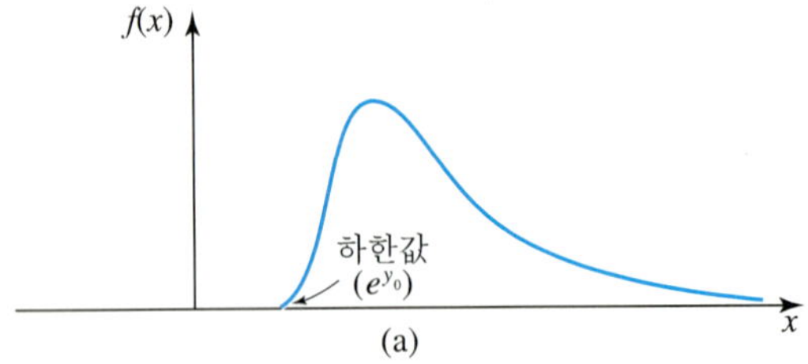

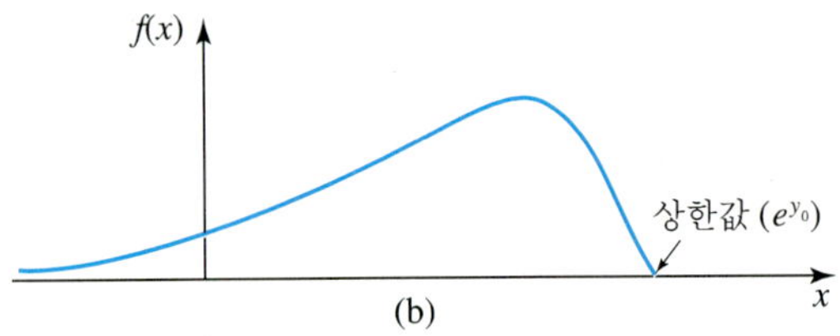

그림 13.13 Log-Pearson Type-Ⅲ 분포의 확률밀도곡선

식 (13.113)으로 표시되는 Log-Pearson Type-III 분포는 앞에서 살펴본 3변수 Gamma 분포(혹은 Pearson Type-III 분포) 및 대수정규분포와 밀접한 관계를 가진다. 즉 x가 매개변수 α, β, y_0를 가지는 Log-Pearson Type-III 분포이면 변량 $y = \ln x$는 역시 매개변수 α, β, y_0를 가지는 3변수 Gamma 분포[식 (13.104)]가 되며, y의 왜곡도계수가 0이면 x는 대수정규분포를 가지며 y는 정규분포를 가지게 된다.

Log-Pearson Type-III 분포의 누가확률분포함수는 식 (13.113)의 확률밀도함수를 적분하여 얻는다. 즉

$$F(x) = \int_l^x \frac{1}{\alpha\Gamma(\beta)}\frac{1}{x}\left(\frac{\ln x - y_0}{\alpha}\right)^{\beta-1}\exp\left(-\frac{\ln x - y_0}{\alpha}\right)dx \tag{13.114}$$

여기서, l은 하한값으로서 $\alpha > 0$이면 e^{y_0}의 값을 가지며, $\alpha < 0$이면 $l = -\infty$이다. $y = \ln x$이면 $dx = x dy$이며, 이를 식 (13.105)에 대입하면

$$F(y) = \int_{y_0}^y \frac{1}{\alpha\Gamma(\beta)}\left(\frac{y - y_0}{\alpha}\right)^{\beta-1}\exp\left(-\frac{y - y_0}{\alpha}\right)dy \tag{13.115}$$

따라서, 식 (13.115)는 식 (13.104)와 동일한 적분임을 알 수 있고 변량 x의 Log-Pearson Type-III 분포의 누가확률분포함수는 변량 $y = \ln x$의 3변수 Gamma 분포의 누가확률분포함수와 완전히 동일함을 알 수 있다.

1) 모멘트에 의한 매개변수의 추정

Log-Pearson Type-III 분포의 매개변수를 모멘트법에 의해 추정하는 방법에는 간접적 방법과 직접적 방법의 두 가지가 있다. 간접적 방법은 Log-Pearson Type-III 분포가 자료 x의 대수변환값 $y=\ln x$의 Pearson Type-III 분포(혹은 3변수 Gamma 분포)와 동일하므로 매개변수 α, β, y_0는 변량 y에 대한 식 (13.106)~(13.108)의 관계를 사용하여 구하는 방법이다. 즉

$$\hat{\beta}=\left(\frac{2}{C_{sy}}\right)^2 \tag{13.116}$$

$$\hat{\alpha}=\frac{s_y C_{sy}}{2} \tag{13.117}$$

$$\hat{y}_0=\bar{y}-\hat{\alpha}\hat{\beta} \tag{13.118}$$

여기서, s_y와 C_{sy}는 각각 $y=\ln x$ 자료계열의 표준편차와 왜곡도계수이며, $\bar{y}$는 y자료계열의 평균값이다.

한편, 자료계열 x의 자연대수치를 취하지 않고 x자료계열을 사용하는 직접적인 방법은 Kite(1977)에 의해 제안되었으며 다음 절차에 의해 매개변수를 추정한다. 즉, 원점에 대한 표본자료의 1차, 2차 및 3차 모멘트 μ_1', μ_2', μ_3'을 산정한 후 다음 식으로 B를 구한다.

$$B=\frac{\ln\mu_3'-3\ln\mu_1'}{\ln\mu_2'-2\ln\mu_1'} \tag{13.119}$$

매개변수 $\hat{\alpha}$는 다음 식으로부터 추정한다.

$$\hat{\alpha}=\frac{1}{A+3} \tag{13.120}$$

여기서, 식 (13.119)로 계산된 B값이 $3.5<B<6.0$이면,

$$A=-0.23019+1.65262C+0.20911C^2-0.04557C^3 \tag{13.121}$$

혹은 $3.0<B\leq 3.5$이면

$$A=-0.47157+1.99955C \tag{13.122}$$

식 (13.120)으로 산정된 $\hat{\alpha}$를 이용하여 나머지 매개변수인 $\hat{\beta}$와 $\bar{y}_0$를 다음 식으로 추정하게 된다.

$$\hat{\beta} = \frac{\ln(1+C_V^2)}{[\ln(1-\hat{\alpha})^2 - \ln(1-2\hat{\alpha})]} \tag{13.123}$$

$$\bar{y}_0 = \ln \bar{x} + \hat{\beta}\ln(1-\hat{\alpha}) \tag{13.124}$$

2) 확률가중모멘트법에 의한 매개변수의 추정

Log-Pearson Type-III 분포의 매개변수 추정을 위한 확률가중모멘트법으로 표본자료계열 x를 직접 사용하여 PWM의 계산에 의한 매개변수 산정방법은 아직 제안되어 있지 않다. 그러나 Log-Pearson Type-III 분포가 $y = \ln x$ 자료계열의 Pearson Type-III 분포(혹은 3변수 Gamma 분포)와 같으므로 3변수 Gamma 분포에서 소개한 방법은 식 (13.109)~(13.112)로 자료계열 y를 사용하여 매개변수를 추정할 수 있다.

13.4.7 일반화된 극치분포(GEV 분포)

일반화된 극치분포(極値分布, Generalized Extreme Value Distribution, GEV)의 확률밀도함수는 다음과 같이 표시된다.

$$f(x) = \frac{1}{\alpha}\left[1-\beta\left(\frac{x-x_0}{\alpha}\right)\right]^{\frac{1}{\beta}-1} \exp^{-\left[1-\beta\left(\frac{x-x_0}{\alpha}\right)\right]^{\frac{1}{\beta}}} \tag{13.125}$$

여기서, α는 축척매개변수, β는 형상매개변수, x_0는 위치매개변수이며, 변량 x값의 범위는 매개변수 β의 부호에 따라 결정된다. $\beta < 0$이면 Type-II 극치분포(Extreme Value Type-II, EV2)가 되고 왜곡도계수 $C_s > 1.1396$이 되며, $x_0 + \alpha/\beta < x < \infty$의 값을 가지게 되며 홍수빈도해석에 적절한 분포가 된다. 그러나, $\beta > 0$이면 Type-III 극치분포(Extreme Value Type-III, EV3)가 되고 $C_s < 1.1396$이 되며, $-\infty < x < x_0 + \alpha/\beta$의 값을 가지게 되어 상한계가 존재한다는 충분한 증거가 있기 전에는 홍수빈도해석에 적용되기에는 문제가 있다. 한편, $\beta = 0$이면 Type-I 극치분포(Extreme Value Type-I, EV1)가 되고, 이때의 $C_s = 1.1396$이며, $-\infty < x < \infty$의 값을 가진다.

일반화된 극치분포(GEV distribution)의 누가확률분포함수(Cumulative Probability Distribution Function, CDF)는 다음과 같이 표시된다.

$$F(x) = \exp\left\{-\left[1-\beta\left(\frac{x-x_0}{\alpha}\right)\right]^{\frac{1}{\beta}}\right\} \tag{13.126}$$

식 (13.125)와 식 (13.126)으로 표시되는 GEV 분포는 최대치 혹은 최소치 등의 극치자료계열의 발생빈도를 분석하는 데 자주 사용되며, 수문자료 중 홍수량 혹은 갈수량 자료계열의 분석에 널리 사용되고 있다.

1) 모멘트법에 의한 매개변수의 추정

모멘트법에 의한 GEV 분포의 매개변수 추정을 위해서는 우선 표본자료의 왜곡도계수 C_s 값의 크기에 따라 확률분포의 형상매개변수인 β를 다음과 같이 산정한다(Rao, 2000).

① $\beta < 0$인 경우($1.1396 < C_s < 10$인 경우): EV2

$$\hat{\beta} = 0.2858221 - 0.357983\,C_s + 0.116659\,C_s^2 - 0.022725\,C_s^3 + 0.002604\,C_s^4 - 0.000161\,C_s^5 + 0.000004\,C_s^6 \tag{13.127}$$

② $\beta > 0$인 경우($-2 < C_s < 1.1396$인 경우): EV3

$$\hat{\beta} = 0.277648 - 0.322016\,C_s + 0.060278\,C_s^2 + 0.016759\,C_s^3 - 0.005873\,C_s^4 - 0.00244\,C_s^5 - 0.000050\,C_s^6 \tag{13.128}$$

③ $\hat{\beta} < 0$인 경우($-10 < C_s < 0$인 경우): EV2

$$\hat{\beta} = -0.50405 - 0.00861\,C_s + 0.015497\,C_s^2 + 0.005613\,C_s^3 + 0.00087\,C_s^4 + 0.000065\,C_s^5 \tag{13.129}$$

이상과 같이 매개변수 $\hat{\beta}$값이 산정되면 나머지 매개변수인 $\hat{\alpha}$와 $\hat{x}_0$는 다음 식을 사용하여 추정하게 된다.

$$\hat{\alpha} = \left[\frac{s^2\hat{\beta}^2}{\Gamma(1+2\hat{\beta}) - \Gamma^2(1+\hat{\beta})}\right]^{1/2} \tag{13.130}$$

$$\hat{x}_0 = \bar{x} - \frac{\hat{\alpha}}{\hat{\beta}}[1 - \Gamma(1+\hat{\beta})] \tag{13.131}$$

여기서, $\bar{x}$와 s는 표본자료 x의 평균 및 표준편차이고 $\Gamma(\cdot)$는 Gamma 함수이다.

2) 확률가중모멘트법에 의한 매개변수의 추정

Hosking(1985)에 의하면 L-모멘트법에 의해 표본자료의 1차 및 2차 L-모멘트 l_1과 l_2와

L-왜곡도계수 $t_3 = l_3/l_2$를 산정하면 다음 관계식에 의해 GEV 분포의 3개 매개변수를 추정할 수 있다.

$$C = \frac{2}{3+t_3} - \frac{\ln 2}{\ln 3} \tag{13.132}$$

$$\hat{\beta} = 7.8590\,C + 2.9554\,C^2 \tag{13.133}$$

$$\hat{\alpha} = \frac{l_2 \hat{\beta}}{[\Gamma(1+\hat{\beta})](1-2^{-\hat{\beta}})} \tag{13.134}$$

$$\hat{x}_0 = l_1 + \frac{\hat{\alpha}}{\hat{\beta}}[\Gamma(1+\hat{\beta})-1] \tag{13.135}$$

13.4.8 Type-Ⅰ 극치분포(EV1 분포)

Type-Ⅰ 극치분포(EV1 분포)는 GEV 분포에서 매개변수 $\beta = 0$인 경우로서 Gumbel 분포라고 부르기도 하며, 극치자료 중에서도 연최대홍수량 혹은 강수량 자료의 빈도분석에 많이 이용되고 있다.

EV1 분포의 확률밀도함수는 다음과 같이 표시된다.

$$f(x) = \frac{1}{\alpha}\exp\left[-\frac{x-x_0}{\alpha} - \exp\left(-\frac{x-x_0}{\alpha}\right)\right], \qquad -\infty < x < \infty \tag{13.136}$$

여기서, $\alpha > 0$인 축척매개변수이며, x_0는 그림 13.14에서와 같이 최대확률(mode)이 발생하는 위치를 표시한다.

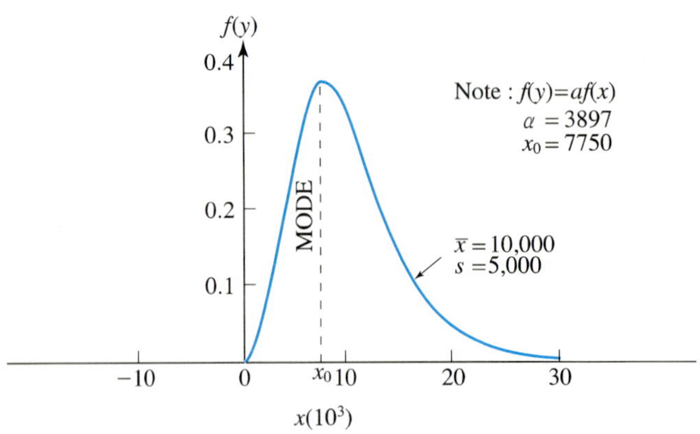

그림 13.14 Type-Ⅰ 극치분포의 확률밀도곡선

한편, 식 (13.136)을 적분하면 다음과 같은 누가확률분포함수를 얻게 된다.

$$F(x) = \exp\left[-\exp\left(-\frac{x-x_0}{\alpha}\right)\right] = e^{-e^{-y}} \tag{13.137}$$

여기서, $y = (x - x_0)/\alpha$이다.

1) 모멘트법에 의한 매개변수의 추정

Kite(1977)에 의하면 식 (13.136)으로 표시되는 Type-I 극치분포를 가지는 모집단 자료의 평균값 μ, 표준편차 σ 및 왜곡도계수 γ는 다음과 같이 표시할 수 있다.

$$\mu = x_0 + \epsilon\alpha = x_0 + 0.5772157\alpha \tag{13.138}$$

$$\sigma = \frac{\pi}{\sqrt{6}}\alpha \doteqdot 1.28255\alpha \tag{13.139}$$

$$\gamma = 1.1396 \tag{13.140}$$

여기서, $\epsilon = 0.5772157$은 Euler수(Euler's number)이다.

한편, Type-I 극치분포의 매개변수인 α와 x_0를 모멘트법으로 구한 결과는 식 (13.138) 및 (13.139)의 해인 다음 식으로 표시된다.

$$\hat{\alpha} = 0.7797s \tag{13.141}$$

$$\hat{x}_0 = \bar{x} - 0.5772158\hat{\alpha} = \bar{x} - 0.45s \tag{13.142}$$

여기서, $\bar{x}$와 s는 각각 표본자료 x의 평균값 및 표준편차이다.

2) 확률가중모멘트법에 의한 매개변수의 추정

Greenwood(1979)와 Hosking(1986)은 Type-I 극치분포의 매개변수 추정식을 다음과 같이 유도하였다.

$$\hat{\alpha} = \frac{l_2}{\ln 2} \tag{13.143}$$

$$\hat{x}_0 = l_1 - 0.5772157\hat{\alpha} = \bar{x} - 0.5772157\hat{\alpha} = \bar{x} - 0.45s \tag{13.144}$$

여기서, l_1, l_2는 각각 표본자료의 1차 및 2차 L-모멘트를 표시한다.

13.4.9 Type-Ⅱ 극치분포(EV2 분포)

Type-Ⅱ 극치분포는 GEV 분포에서 $\beta < 0$인 경우로서 Log-Gumbel 분포라고도 부르며, 확률밀도함수 $f(x)$와 누가확률분포함수 $F(x)$는 각각 다음과 같이 표시된다.

$$f(x) = \frac{\beta}{x-x_0}\left(\frac{\theta-x_0}{x-x_0}\right)^{\beta}\exp\left[-\left(\frac{\theta-x_0}{x-x_0}\right)^{\beta}\right] \tag{13.145}$$

$$F(x) = \exp\left[-\left(\frac{\theta-x_0}{x-x_0}\right)^{\beta}\right] \tag{13.146}$$

여기서, $\beta > 0$이고, $x_0 < \theta$이며, $x_0 < x < \infty$이다.

1) 모멘트법에 의한 매개변수의 추정

Type-II 극치분포의 매개변수는 GEV 분포의 경우처럼 표본자료의 왜곡도계수 C_s값에 따라 다음과 같이 β값을 추정한 후 x_0와 θ값을 추정하게 된다.

① $1.1396 < C_s < 1.48$인 경우

$$\hat{\beta} = 1731.6756 - 2342.8143\,C_s + 802.1566\,C_s^2 \tag{13.147}$$

② $1.48 < C_s < 1.54$인 경우

$$\begin{aligned}\hat{\beta} = {} & 222.5222 - 313.1802\,C_s + 179.5053\,C_s^2 \\ & - 50.6058\,C_s^3 + 6.978542\,C_s^4 - 0.376228\,C_s^5\end{aligned} \tag{13.148}$$

이와 같이 매개변수 $\hat{\beta}$값이 산정되면 나머지 매개변수 x_0와 θ값은 다음과 같이 추정된다.

$$\hat{x}_0 = \bar{x} - \frac{s\,\Gamma(1-\frac{1}{\hat{\beta}})}{\left[\Gamma\left(1-\frac{2}{\hat{\beta}}\right) - \Gamma^2\left(1-\frac{1}{\hat{\beta}}\right)\right]^{1/2}} \tag{13.149}$$

$$\hat{\theta} = \hat{x}_0 + \frac{\bar{x}-\hat{x}_0}{\Gamma\left(1-\frac{1}{\hat{\beta}}\right)} \tag{13.150}$$

여기서, $\bar{x}$와 s는 각각 표본자료의 평균과 표준편차이다.

2) 확률가중모멘트에 의한 매개변수의 추정

확률가중모멘트법에 의한 Type-II 극치분포의 매개변수 추정은 확률가중모멘트 $M_{1,i,0}$ 형태인 $M_{1,0,0}$, $M_{1,1,0}$, $M_{1,2,0}$를 이용하여 다음 식에 의해 k를 산정한 후 θ 및 x_0를 추정하게 된다.

$$\frac{3M_{1,2,0}-M_{1,0,0}}{2M_{1,1,0}-M_{1,0,0}}=\frac{1-3^{1/\hat{\beta}}}{1-2^{1/\hat{\beta}}} \tag{13.151}$$

여기서, $M_{1,i,0}$는 제13.3.3절에서 소개한 방법으로 산정할 수 있다.

식 (13.151)에서 $\hat{\beta}$을 계산하고 나면 매개변수 θ와 x_0는 다음과 같이 산정된다.

$$\hat{\theta}=\frac{M_{1,0,0}\left[1-2^{1/\hat{\beta}}\Gamma\left(1-\frac{1}{\hat{\beta}}\right)\right]-2M_{1,1,0}\left[1-\Gamma\left(1-\frac{1}{\hat{\beta}}\right)\right]}{(1-2^{1/\hat{\beta}})\Gamma\left(1-\frac{1}{\hat{\beta}}\right)} \tag{13.152}$$

$$\hat{x}_0=\frac{M_{1,0,0}-\hat{\theta}\Gamma\left(1-\frac{1}{\hat{\beta}}\right)}{1-\Gamma\left(1-\frac{1}{\hat{\beta}}\right)} \tag{13.153}$$

만약 식 (13.153)의 $\hat{x}_0=0$인 경우 $\hat{\beta}$와 $\hat{\theta}$는 다음과 같이 구할 수 있다.

$$\hat{\beta}=\frac{\ln 2}{\ln(2M_{1,1,0}/M_{1,0,0})} \tag{13.154}$$

$$\hat{\theta}=\frac{M_{1,0,0}}{\Gamma\left(1-\frac{1}{\hat{\beta}}\right)} \tag{13.155}$$

13.4.10 Type-Ⅲ 극치분포(EV3 분포)

Type-Ⅲ 극치분포는 GEV 분포에서 $\beta>0$인 경우로서 하한치가 0이고 일반적으로 오른쪽으로 왜곡되는 형태를 보이며 Weibull 분포로도 알려져 있다.

그림 13.15에서처럼 확률분포의 하한치가 0일 경우 연 최대치 계열의 확률밀도함수는 다음과 같이 표시되며, 확률밀도곡선은 그림 13.15와 같아진다.

$$f(x)=\frac{\beta}{\alpha}\left(\frac{x}{\alpha}\right)^{\beta-1}\exp\left[-\left(\frac{x}{\alpha}\right)^{\beta}\right],\qquad x\geq 0 \tag{13.156}$$

여기서, $\alpha > 0$는 축척매개변수이며 $\beta > 0$는 형상매개변수이며, 이를 2변수 Weibull 분포라 하며, 식 (13.156)을 적분하면 다음과 같은 누가확률분포함수를 얻는다.

$$F(x) = 1 - \exp\left[-\left(\frac{x}{\alpha}\right)^{\beta}\right] \tag{13.157}$$

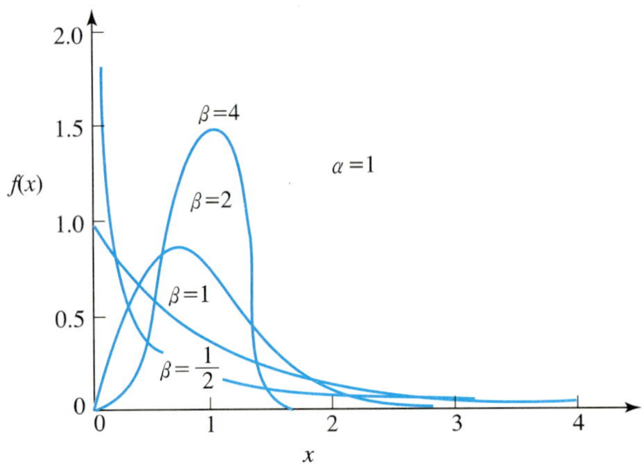

그림 13.15 Type-Ⅲ 극치분포의 확률밀도곡선(2변수 Weibull 분포)

만일, 다음과 같이 연 최대치 계열 x_i의 하한치가 0보다 큰 최소값 x_0라면 식 (13.156)은 다음과 같은 확률밀도함수로 표시되는 3변수 Weibull 분포가 된다.

$$f(x) = \frac{\beta}{\alpha}\left(\frac{x - x_0}{\alpha}\right)^{\beta - 1}\exp\left[-\left(\frac{x - x_0}{\alpha}\right)^{\beta}\right] \tag{13.158}$$

한편, 식 (13.158)을 적분하여 얻는 누가확률분포함수는 다음과 같아진다.

$$F(x) = 1 - \exp\left[-\left(\frac{x - x_0}{\alpha}\right)^{\beta}\right] \tag{13.159}$$

1) 모멘트법에 의한 매개변수의 산정

3변수 Weibull 분포의 3개 매개변수 α, β, x_0의 추정을 위해서는 표본자료의 평균 $\overline{x}$, 표준편차 s, 그리고 왜곡도계수 C_s를 산정한 후 다음 식을 사용한다.

$$\hat{\beta} = -0.729268 - 0.338679\,C_s + 4.96077(C_s + 1.1396)^{-1.0422}$$

$$+ 0.683609[\ln(C_s + 1.1396)]^2, \quad -1.08 \le C_s \le 6.0 \tag{13.160}$$

$$\hat{\alpha} = \frac{s}{[\Gamma(1+2/\hat{\beta}) - \Gamma^2(1+1/\hat{\beta})]^{1/2}} \tag{13.161}$$

$$\hat{x}_0 = \bar{x} - \hat{\alpha}\Gamma(1+1/\hat{\beta}) \tag{13.162}$$

2) 확률가중모멘트법에 의한 매개변수의 추정

확률가중모멘트법에 의한 3변수 Weibull 분포의 매개변수 추정에서는 확률가중모멘트 $M_{1,0,s}$의 형태인 $M_{1,0,0}$, $M_{1,0,1}$, $M_{1,0,2}$를 이용하여 다음 식에 의해 수치해석적으로 β값을 산정한 후 α 및 x_0를 추정하게 된다.

$$\frac{3M_{1,0,2} - M_{1,0,0}}{2M_{1,0,1} - M_{1,0,0}} = \frac{1 - 3^{-1/\hat{\beta}}}{1 - 2^{-1/\hat{\beta}}} \tag{13.163}$$

또는 다음과 같은 절차에 의해 β를 추정한다.

$$C = \frac{2}{3 - t_3} - \frac{\ln 2}{\ln 3} \tag{13.164}$$

$$\hat{\beta} = \frac{1}{7.8590C + 2.9554C^2} \tag{13.165}$$

$$\hat{\alpha} = \frac{M_{1,0,0} - 2M_{1,0,1}}{(1 - 2^{-1/\hat{\beta}})\Gamma\left(1 + \frac{1}{\hat{\beta}}\right)} = \frac{l_2}{(1 - 2^{-1/\hat{\beta}})\Gamma\left(1 + \frac{1}{\hat{\beta}}\right)} \tag{13.166}$$

$$\hat{x}_0 = l_1 - \hat{\alpha}\Gamma\left(1 + \frac{1}{\hat{\beta}}\right) \tag{13.167}$$

만일 $x_0 = 0$인 경우(2변수 Weibull 분포의 경우)

$$\hat{\beta} = \frac{\ln 2}{\ln(M_{1,0,0}/M_{1,0,1})} - \ln 2 \tag{13.168}$$

$$\hat{\alpha} = \frac{M_{1,0,0}}{\Gamma\left(1 + \frac{1}{\hat{\beta}}\right)} \tag{13.169}$$

한편, 3변수 Weibull 분포는 하한치가 0보다 큰 값을 가지면서 오른쪽으로 왜곡되는 분포이므로 갈수량 계열 등 연최소치 계열의 빈도분석에 자주 사용되며, 이때에 사용되는 확률밀도함수는 다음과 같이 표시된다.

$$f(x) = \frac{\beta}{\alpha - x_0}\left(\frac{x - x_0}{\alpha - x_0}\right)^{\beta - 1} \exp\left[-\left(\frac{x - x_0}{\alpha - x_0}\right)^{\beta}\right] \tag{13.170}$$

또한 누가확률분포함수는

$$F(x) = 1 - \exp\left[-\left(\frac{x - x_0}{\alpha - x_0}\right)^{\beta}\right] \tag{13.171}$$

식 (13.170)은 연최소치 계열의 분석을 위한 3변수 Weibull 분포이며 그의 평균값 μ와 분산 σ^2 및 왜곡도계수 γ는 다음과 같다.

$$\mu = x_0 + (\alpha - x_0)\Gamma\left(1 + \frac{1}{\beta}\right) \tag{13.172}$$

$$\sigma^2 = (\alpha - x_0)^2\left[\Gamma\left(1 + \frac{2}{\beta}\right) - \Gamma^2\left(1 + \frac{1}{\beta}\right)\right] \tag{13.173}$$

$$\gamma = \frac{\Gamma(1 + 3/\beta) - 3\Gamma(1 + 2/\beta)\Gamma(1 + 1/\beta) + 2\Gamma^3(1 + 1/\beta)}{[\Gamma(1 + 2/\beta) - \Gamma^2(1 + 1/\beta)]^{3/2}} \tag{13.174}$$

Gumbel에 의하면 식 (13.172)와 (13.173)은 다음 식으로 변형시킬 수 있다. 즉,

$$\alpha = \mu + \sigma A(\beta) \tag{13.175}$$

$$x_0 = \alpha - \sigma B(\beta) \tag{13.176}$$

여기서,

$$A(\beta) = [1 - \Gamma(1 + 1/\beta)]B(\beta) \tag{13.177}$$

$$B(\beta) = [\Gamma(1 + 2/\beta) - \Gamma^2(1 + 1/\beta)]^{-1/2} \tag{13.178}$$

식 (13.172)~(13.178)을 사용하여 3변수 Weibull 분포의 매개변수 α, β, x_0를 결정하는 절차를 살펴보면 다음과 같다.

1) 표본자료의 평균값 $\bar{x}$, 표준편차 s 및 왜곡도계수 C_s를 구하여 식 (13.172)~(13.174)의 모집단에 대한 값과 같다고 가정한다. 즉

$$\mu = \bar{x}, \quad \sigma = s, \quad \gamma = C_s$$

2) 식 (13.174)를 β에 관해 풀어서 추정 매개변수 $\hat{\beta}$의 값을 정한다($\hat{\beta}=\beta$로 가정한다).

3) 식 (13.178)과 식 (13.177)을 연속으로 풀어 $B(\beta)$, $A(\beta)$를 구한다.

4) 식 (13.175)와 식 (13.176)을 사용하여 $\hat{\alpha}$와 $\hat{x}_0$을 계산한다.

표 13.6은 식 (13.174)의 좌변값 $\gamma = C_s$일 때 우변의 $1/\beta$값과 이에 대한 식 (13.177)과 (13.178)의 $A(\beta)$ 및 $B(\beta)$의 값을 수록하고 있으며 이를 이용하면 식 (13.174)~(13.176)으로부터 3개 매개변수를 쉽게 결정할 수 있다.

표 13.6 Type-Ⅲ 극치분포의 매개변수 산정에 필요한 계산표

C_s	$1/\beta$	$A(\beta)$	$B(\beta)$	C_s	$1/\beta$	$A(\beta)$	$B(\beta)$
−1.000	0.02	0.446	34.016	2.000	1.00	0.000	1.000
−0.971	0.03	0.444	26.987	2.309	1.10	−0.040	0.867
−0.917	0.04	0.442	20.481	2.640	1.20	−0.077	0.752
−0.867	0.05	0.439	16.576	2.996	1.30	−0.109	0.652
−0.638	0.10	0.425	8.737	3.382	1.40	−0.136	0.563
−0.254	0.20	0.389	4.755	3.802	1.50	−0.160	0.486
0.069	0.30	0.346	3.370	4.262	1.60	−0.180	0.418
0.359	0.40	0.297	2.634	4.767	1.70	−0.196	0.359
0.631	0.50	0.246	2.159	5.323	1.80	−0.208	0.308
0.896	0.60	0.193	1.815	5.938	1.90	−0.217	0.263
1.160	0.70	0.142	1.549	6.619	2.00	−0.224	0.224
1.430	0.80	0.092	1.334	7.374	2.10	−0.227	0.190
1.708	0.90	0.044	1.154	8.214	2.20	−0.229	0.161

13.4.11 Wakeby 분포

Wakeby 분포는 다음 식에서와 같이 변량 x가 누가확률분포함수 $F(x)$의 역함수(逆函數, inverse function) 형태로 표시된다.

$$x = m + a[1-(1-F)^b] - c[1-(1-F)^{-d}] \tag{13.179}$$

여기서, m, a, b, c, d는 매개변수이고, $F=F(x)=P(X \le x)$로 누가확률 혹은 비초과확률을 표시한다.

식 (13.179)로 표시되는 Wakeby 분포는 5개의 매개변수를 가지므로 5변수 Wakeby 분포

[5-Parameter Wakeby distribution, WAK(5)]라 부르며 $m=0$인 경우를 4변수 Wakeby 분포라 한다.

Wakeby 분포는 식 (13.179)에서와 같이 역함수 형태로만 정의가 가능하므로 분포의 확률 밀도함수나 누가확률분포함수를 표현할 수가 없다. 따라서, 모멘트법이나 최우도법에 의한 매개변수의 추정은 할 수가 없고 확률가중모멘트법(PWM법)에 의해서만 매개변수의 추정이 가능하다.

Greenwood(1979)에 의하면 Wakeby 분포는 다음의 몇 가지 이유 때문에 홍수빈도해석에 대단히 유용하게 사용될 수 있다. 즉, 타분포의 경우는 매개변수가 2~3개이나 이 분포형은 5개의 매개변수를 가지므로 표본자료에 보다더 가깝게 분포를 맞출 수 있으며, 아주 작은 크기의 유량으로부터 홍수량에 이르기까지 넓은 범위의 유량을 고려할 수 있기 때문이다. 이러한 장점 때문에 Houghton(1978)은 홍수빈도해석에 Wakeby 분포를 사용할 것을 제안하였다. 5변수 Wakeby 분포의 매개변수 추정을 위한 확률가중모멘트법의 적용은 다음 절차에 따른다.

$$a=\frac{(b+1)(b+2)}{b(b+d)}\left\{\frac{[1]}{2+b}-\frac{[0]}{1+b}-m\right\} \tag{13.180}$$

$$b=\max(b_1,\, b_2) \tag{13.181}$$

$$c=\frac{(1-d)(2-d)}{d(b+d)}\left\{\frac{[0]}{1-d}-\frac{[1]}{2-d}+m\right\} \tag{13.182}$$

$$d=\frac{N_1+bN_2}{N_2+bN_3} \tag{13.183}$$

$$m=\frac{[3]-[2]-[1]+[0]}{4} \tag{13.184}$$

여기서, 기호 [·]는 다음과 같다.

$$[k]=(k+1)(k+1+b)(k+1-d)B_k, \quad k=0,\,1,\,2,\,3,\,4 \tag{13.185}$$

여기서, 식 (13.185)의 $B_k=M_{1,0,k}$이다.

한편, 식 (13.181)에서

$$b_1=\frac{(N_3C_1-N_1C_3)+H}{2(N_2C_3-N_3C_2)} \tag{13.186}$$

$$b_2=\frac{(N_3C_1-N_1C_3)-H}{2(N_2C_3-N_3C_2)} \tag{13.187}$$

여기서,

$$H = [(N_1C_3 - N_3C_1)^2 - 4(N_1C_2 - N_2C_1)(N_2C_3 - N_3C_2)]^{1/2} \tag{13.188}$$

5변수 Wakeby 분포의 경우는 $m \neq 0$이므로

$$N_{4-i} = (4)^i B_3 - (3)^{1+i} B_2 + 3(2)^i B_1 - B_0, \quad i = 1, 2, 3 \tag{13.189}$$

$$C_{4-i} = (5)^i B_4 - 3(4)^i B_3 + (3)^{1+i} B_2 - (2)^i B_1, \quad i = 1, 2, 3 \tag{13.190}$$

4변수 Wakeby 분포의 경우는 $m = 0$이므로

$$N_{4-i} = -(3)^i B_2 + (2)^{1+i} B_1 - B_0, \quad i = 1, 2, 3 \tag{13.191}$$

$$C_{4-i} = -(4)^i B_3 + 2(3)^i B_2 - (2)^i B_1, \quad i = 1, 2, 3 \tag{13.192}$$

위에서와 같이 Wakeby 분포의 매개변수는 확률가중모멘트법에 의해 식 (13.180)~(13.184)를 이용하여 추정하게 된다. 만약, 추정된 매개변수들이 다음의 Wakeby 분포의 적합성 조건에 맞지 않을 경우에는 $b = 50$으로 가정하고 b값을 점차적으로 줄여가면서 나머지 매개변수 값들을 산정한다. 만일 $b = -1.0$이 될 때까지 다음의 적합성 조건에 만족되는 매개변수를 구하지 못할 경우에는 표본자료가 Wakeby 분포를 따르지 않는 것으로 해석할 수 있다. 즉,

$$b + d > 0 \quad \text{또는} \quad b = cd = d = 0, \quad ab = 0\text{이면} \quad b = 0,$$
$$cd = 0\text{이면} \quad d = 0, \quad cd \geq 0, \quad ab + cd \geq 0, \quad b > -1\text{이고} \quad d < 1$$

13.5 확률분포형의 적합도 검정

관측된 수문자료군이 앞에서 살펴본 이론적 확률분포형 중 어느 분포에 적합하는가를 판단하는 방법에는 두 가지가 있다. 첫째 방법은 관측값과 그의 누가확률을 직선적으로 도시할 수 있도록 만든 특수방안지인 확률지(確率紙, probability paper)를 사용하는 방법이다. 이 방법에서는 자료값의 크기별 누가발생확률을 계산하고 적절한 확률지상에 도시한 후 이들 관계가 직선에 가깝게 나타나는가를 판별하여 그 분포형을 알 수 있게 된다. 다른 한 가지 방법은 자료군의 계급구간별 빈도를 계산하여 상대도수분포도를 작성한 후 이를 이론적 확률분포의 밀도함수와 정량적으로 비교하는 이른바 분포의 적합도 검정(適合度 檢定, goodness of fit test)을 실시하는 방법이다. 후자의 방법 중에서 가장 잘 알려져 있는 방법은 χ^2검정(카이 스

퀘어 검정, Chi-Square test)과 K-S 검정(Kolmogorov-Smirnov test), 확률도시 상관계수검정(Probability Plot Correlation Coefficient test, PPCC), 그리고 Cramer Von Mises 검정 등이 있다(국립방재연구소, 1988).

13.5.1 확률지에 의한 적합도 검정

확률지는 이론확률분포의 변수값 x와 그의 누가발생확률 $F(x)$가 직선적인 관계로 표시될 수 있도록 $F(x)$축의 눈금을 정한 특수방안지이다. 따라서 어떤 표본자료군을 특정확률지상에 도시했을 때의 선형성 혹은 비선형성은 표본자료군이 확률지가 대표하는 확률분포와 동일하다고 볼 수 있는지의 여부를 정성적(定性的)으로 판별해 주는 기준이 될 수 있다.

표본자료값을 확률지에 도시(圖示, plot)하기 위해서는 개개 자료값에 도시위치(圖示位置, plotting position)인 누가발생확률 $F(x)$를 부여해야 하며 이를 위한 여러 가지 방법에 대해서는 후술할 빈도해석에서 논하기로 하고 여기서는 가장 널리 사용되고 있는 Weibull 공식만 소개하기로 한다. 즉,

$$F(x) = P(X \le x) = 1 - P(X > x) = 1 - \frac{m}{n+1} \tag{13.193}$$

여기서, n은 표본자료의 수이고, m은 자료군을 제일 큰 값부터 작은 값의 순으로 나열했을 때의 순위이다.

수문자료의 분석에 사용되는 확률지에는 여러 가지가 있으나 여기서는 가장 많이 사용되고 있는 정규확률지의 작성원리에 대해 구체적으로 살펴본 후 수문분석에서 사용되고 있는 기타 확률지에 관해서도 간략하게 살펴보기로 한다.

정규확률지(正規確率紙, normal probability paper)는 표준정규확률분포에 기초를 둔 것으로서 그림 13.16에서처럼 종축은 표준정규확률분포를 가지는 변량 x를 표시하는 산술축이고 횡축은 누가확률 $F(z)$를 표시하는 확률축이다(표 13.5).

평균값이 μ이고 표준편차가 σ인 정규분포를 갖는 변량 x는 확률지상에서 $F(z) = 0.5$일 때 $x = \mu$인 점을 통과하게 되며, 경사가 $(x_p - \mu)/z$인 직선상에 놓이게 된다. 여기서, x_p는 누가확률 p에 해당하는 변수값이며 그림 13.16에서 $p = F(z) = 0.8413$일 때의 $z = 1$이고 경사는 $(x_{0.84} - \mu)$이다. 따라서, 이러한 방법으로 정규확률지의 작성이 가능하며 이 확률지는 특수제작되어 판매되고 있으며 부록 V-(1)에서처럼 표준화된 변량 z의 축척은 보통 생략되어 있다.

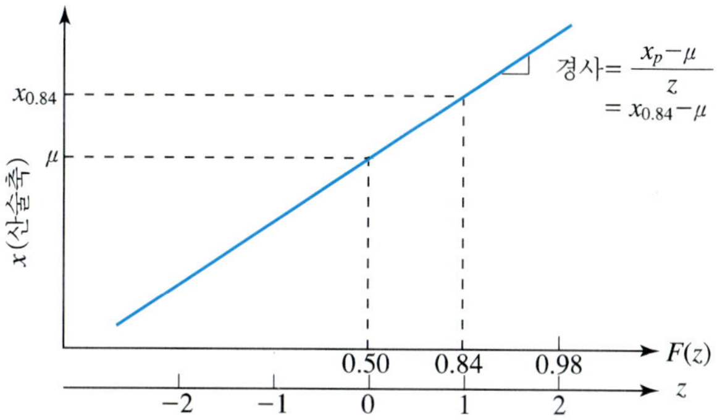

그림 13.16 정규확률지의 작성방법

어떤 자료군을 정규확률지상에 도시했을 때 자료점들이 확률지상에서 직선에 가깝게 나타나면 이 자료군은 정규확률분포를 가짐을 알 수 있으며 후술할 회귀분석법에 의해 회귀직선의 방정식을 구하면 모집단의 평균값과 표준편차를 구할 수 있을 뿐 아니라 특정 누가확률을 가지는 변수값의 크기도 구할 수 있다.

정규확률지 이외에도 수문자료의 확률론적 해석을 위해 사용되는 확률지에는 여러 가지가 있으며 이들의 작성원리도 정규확률지의 경우와 대동소이하다. 대수정규확률지(lognormal probability paper)는 분포의 변량축을 대수축(logarithmic scale)으로 하고 다른 한 축을 표준정규확률축으로 하는 확률지이며, 극치분포확률지(extremal probability paper)는 분포의 변량축을 산술축으로 하고 Type-I 극치분포의 누가확률[식 (13.136)]을 다른 한 축으로 하고 있으며, Gumbel 확률지라고도 부른다. 또한 대수극치분포확률지(log-extremal probability paper)는 극치분포확률지의 산술축을 대수축으로 대치하여 변량값을 도시하도록 만들어진 확률지로서 Weibull 확률지라고도 부른다. 이상에서 소개한 확률지의 표본은 부록 V-(2)~(4)에 첨부하였다(부록 V-(5)~(6)은 반 대수방안지 및 전 대수방안지임).

13.5.2 Chi-Square 검정

Chi-Square(카이 스퀘어) 검정은 관측된 확률변량의 분포가 어떤 형의 이론확률분포에 적합한가를 판단하기 위한 검정방법으로 1900년경에 Karl Pearson에 의해 제안되어 광범위하게 사용되어 왔다(Kottegoda, 1980). 적합도를 검정하고자 하는 어떤 확률변량에 대한 n개의 관측값을 크기에 의해 k개의 계급구간으로 나누고, 각 구간에 대한 상대도수(relative frequency) 혹은 확률 p_i를 구하면 Chi-Square 변량은 다음과 같이 정의된다.

표 13.7 Chi-Square 검정을 위한 한계값 $\chi^2_{1-\alpha,\nu}$

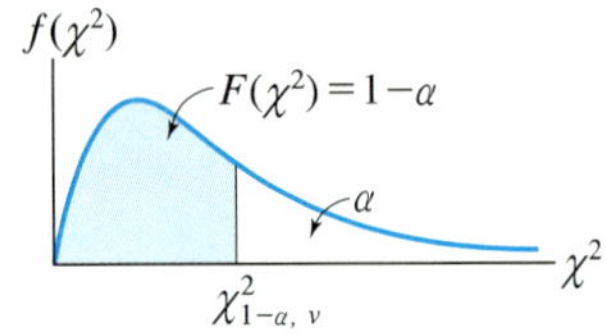

ν	$\chi^2_{.995}$	$\chi^2_{.99}$	$\chi^2_{.975}$	$\chi^2_{.95}$	$\chi^2_{.90}$	$\chi^2_{.75}$	$\chi^2_{.50}$	$\chi^2_{.25}$	$\chi^2_{.10}$	$\chi^2_{.05}$	$\chi^2_{.025}$	$\chi_{.01}$	$\chi^2_{.005}$
1	7.88	6.63	5.02	3.84	2.71	1.32	.455	.102	.0518	.0039	.0010	.0002	.0000
2	10.6	9.21	7.38	5.99	4.61	2.77	1.49	.575	.211	.103	.0506	.0201	.0100
3	12.8	11.3	9.35	7.81	6.25	4.211	2.37	1.21	.584	.352	.216	.115	.072
4	14.9	13.3	11.1	9.49	7.78	5.39	3.36	1.92	1.06	.711	.484	.297	.207
5	16.7	15.1	12.8	11.1	9.24	6.63	4.35	2.67	1.61	1.15	.831	.554	.412
6	18.5	16.8	14.4	12.6	10.6	7.84	5.35	3.45	2.20	1.64	1.24	.872	.676
7	20.3	18.5	16.0	14.1	12.0	9.04	6.35	4.25	2.83	2.17	1.69	1.24	.989
8	22.0	20.1	17.5	15.5	13.4	10.2	7.34	5.07	3.49	2.73	2.18	1.65	1.34
9	23.6	21.7	19.0	16.9	14.7	11.4	8.34	5.90	4.17	3.33	2.70	2.09	1.73
10	25.2	23.2	20.5	18.3	16.0	12.5	9.34	6.74	4.87	3.94	3.25	2.56	2.16
11	26.8	24.7	21.9	19.7	17.3	13.7	10.3	7.58	5.58	4.57	3.82	3.05	2.60
12	28.3	26.2	23.3	21.0	18.5	14.8	11.3	8.44	6.30	5.23	4.40	3.57	3.07
13	29.8	27.7	24.7	22.4	19.8	16.0	12.3	9.30	7.04	5.89	5.01	4.11	3.57
14	31.3	29.1	26.1	23.7	21.1	17.1	13.3	10.2	7.79	6.57	5.63	4.66	4.07
15	32.8	30.6	27.5	25.0	22.3	18.2	14.3	11.0	8.55	7.26	6.26	5.23	4.60
16	34.3	32.0	28.8	26.3	23.5	19.4	15.3	11.9	9.31	7.96	6.91	5.81	5.14
17	35.7	33.4	30.2	27.6	24.8	20.5	16.3	12.8	10.1	8.67	7.56	6.41	5.70
18	37.2	34.8	31.5	28.9	26.0	21.6	17.3	13.7	10.9	9.39	8.23	7.01	6.26
19	38.6	36.2	32.9	30.1	27.2	22.7	18.3	14.6	11.7	10.1	8.91	7.63	6.84
20	40.0	37.6	34.2	31.4	28.4	23.8	19.3	15.5	12.4	10.9	9.59	8.26	7.43
21	41.4	38.9	35.5	32.7	29.6	24.9	20.3	16.3	13.2	11.6	10.3	8.90	8.03
22	42.8	40.3	36.8	33.9	30.8	26.0	21.3	17.2	14.0	12.3	11.0	9.54	8.64
23	44.2	41.6	38.1	35.2	32.0	27.1	22.3	18.1	14.8	13.1	11.7	10.2	9.26
24	45.6	43.0	39.4	36.4	33.2	28.2	23.3	19.0	15.7	13.8	12.4	10.9	9.89
25	46.9	44.3	40.6	37.7	34.4	29.3	24.3	19.9	16.5	14.6	13.1	11.5	10.5
26	48.3	45.6	41.9	38.9	35.6	30.4	25.3	20.8	17.3	15.4	13.8	12.2	11.2
27	49.6	47.0	43.2	40.1	36.7	31.5	26.3	21.7	18.1	16.2	14.6	12.9	11.8
28	51.0	48.3	44.5	41.3	37.9	32.6	27.3	22.7	18.9	16.9	15.3	13.6	12.5
29	52.3	49.6	45.7	42.6	39.1	33.7	28.3	23.6	19.8	17.7	16.0	14.3	13.1
30	53.7	50.9	47.0	43.8	40.3	34.8	29.3	24.5	20.6	18.5	16.8	15.0	13.8
40	66.8	63.7	59.3	55.8	51.8	45.6	39.3	33.7	29.1	26.5	24.4	22.2	20.7
50	79.5	76.2	71.4	67.5	63.2	56.3	49.3	42.9	37.7	34.8	32.4	29.7	28.0
60	92.0	88.4	83.3	79.1	74.4	67.0	59.3	52.3	46.5	43.2	40.5	37.5	35.5
70	104.2	100.4	95.0	90.5	85.5	77.6	69.3	61.7	55.3	51.7	48.8	45.4	43.3
80	116.3	112.3	106.6	101.9	96.6	88.1	79.3	71.1	64.3	60.4	57.2	53.5	51.2
90	128.3	124.1	118.1	113.1	107.6	98.6	89.3	80.6	73.3	69.1	65.6	61.8	59.2
100	140.2	135.8	129.6	124.3	118.5	109.1	99.3	90.1	82.4	77.9	74.2	70.1	67.3

$$\chi^2 = \sum_{i=1}^{k} \frac{(n_i - np_i)^2}{np_i} \tag{13.194}$$

여기서, n_i는 관측된 표본자료의 i번째 구간에 속하는 관측값의 절대도수(絶対度數)이며, np_i는 전 관측값의 수 n에 이론적인 발생확률 p_i를 곱한 것으로서 검정하고자 하는 이론확률분포에 의해 기대되는 i번째 구간의 절대도수이다. 식 (13.194)로 표시되는 변량 χ^2은 $n \rightarrow \infty$에 따라 자유도의 수(number of degree of freedom, NDF) $\nu = k-1$로 하는 표 13.7에 있는 그림과 같은 Chi-Square 분포에 접근한다. 그러나 이론분포의 매개변수가 미지수여서 자료로부터 추정되어야 할 경우에는 확률분포에 포함되어 있는 변수의 수 h만큼 자유도를 감소시켜 주어야 한다. 즉, $\nu = k-h-1$이 된다.

어떤 통계자료 계열에 특정확률분포를 적용할 수 있다는 가설(假說, hypothesis)이 기각될 확률을 확률분포형의 적합도 검정의 유의수준(有意水準, significance level) α라 하며, 일반적으로 수문자료의 빈도분석에서는 $\alpha = 5 \sim 10\%$를 사용하며, 대체로 5%를 많이 채택하고 있다.

식 (13.194)로 계산된 검정통계량 χ^2이 다음의 관계를 만족시키면 가정된 확률분포는 유의수준 α로 적합성이 인정되며 그러하지 못하면 기각된다.

$$\chi^2 < \chi^2_{1-\alpha,\,\nu} \tag{13.195}$$

여기서, $\chi^2_{1-\alpha,\,\nu}$는 자유도의 수가 ν일 때 가정한 확률분포의 적합성을 유의수준 α로 인정하는 χ^2의 한계값으로 표 13.7로부터 구한다. 예를 들면, $\nu = 10$일 때의 유의수준 $\alpha = 5\%$로 분포의 적합성을 판정하고자 할 때의 χ^2의 한계값 $\chi^2_{0.95,\,10} = 18.3$이다.

표 13.7로부터 χ^2의 한계값은 유의수준 10%의 경우가 유의수준 5%의 경우보다 작으며, 유의수준이 커질수록 $\chi^2_{1-\alpha,\,\nu}$가 작아지므로 가정한 확률분포의 적합도 검정에서 기각될 가능성이 높아진다.

한편, χ^2검정은 표본자료의 수가 20개 이하일 때에는 계급구간의 설정에 문제가 있으므로 적용이 곤란하며, 가급적 표본자료의 수가 20~60개 정도일 때 계급구간의 수를 5~10개로 구분 해석하는 것이 바람직한 것으로 알려져 있다.

13.5.3 Kolmogorov-Smirnov 검정

확률분포의 적합도 검정에 널리 사용되는 또 한 가지 방법은 Kolmogorov-Smirnov 검정방법(K-S test)으로 Kolmogorov(1933)가 처음으로 검정원리를 제안하였고, 그 후 Smirnov

(1948)가 검정절차를 개발하였다(Kottegoda, 1980). 이 방법의 기본적인 절차는 표본자료의 누가확률분포와 가정된 이론확률분포의 누가확률분포를 비교하는 것으로서 양자의 최대편차가 표본의 크기와 유의수준에 따라 결정되는 한계편차(限界偏差)보다 크면 분포는 기각된다.

표본자료의 누가확률분포를 구하기 위해서는 우선 n개의 자료를 오름차순으로(가장 작은 값부터 크기순으로) 재배열하여 다음 식에 의해 자료값의 누가확률을 계산한다. 즉,

$$S_n(x) = \frac{k}{n}, \quad x_k \le x < x_{k+1} \tag{13.196}$$

여기서, $S_n(x)$는 크기순으로 재배열했을 때의 k번째 자료값의 누가발생확률이며 n은 자료의 총수이다. 그림 13.17에 표시된 계단식 누가확률분포곡선은 x값에 따라 도시한 $S_n(x)$를 표시하고 있으며 연속형 곡선은 가정된 이론확률분포의 누가확률분포곡선 $F(x)$를 표시하고 있다. 그림 13.17에서 볼 수 있는 바와 같이 x의 전 구간에 있어서의 $S_n(x)$와 $F(x)$의 최대편차는 다음과 같이 표시된다.

$$D_n = \text{Max}\,|F(x) - S_n(x)| \tag{13.197}$$

여기서, D_n은 n의 크기에 따라 좌우되는 확률변수로서 주어진 유의수준 α로서 적합성을 검정하고자 할 때 D_n은 다음 식으로 정의되는 한계값 D_n^α와 비교하게 된다. 즉,

$$P(D_n \le D_n^\alpha) = 1 - \alpha \tag{13.198}$$

식 (13.198)은 최대편차 D_n이 한계값 D_n^α보다 작으면 분포는 유의수준 α로서 그 적합성이

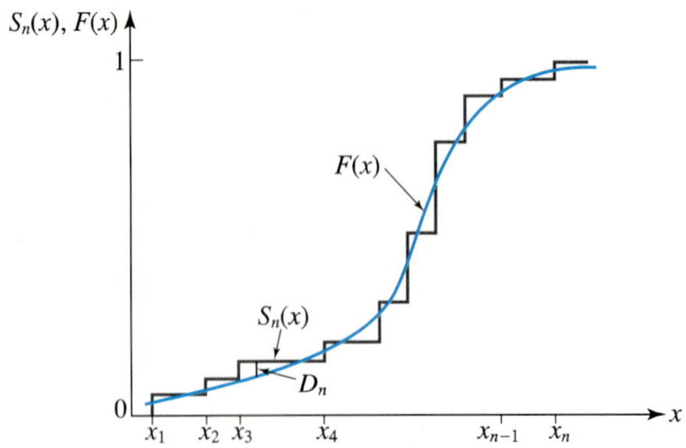

그림 13.17 경험적 및 이론적 누가확률분포곡선

표 13.8 Kolmogorov-Smirnov 검정을 위한 한계값, D_n^α

표본 크기, n	유의수준, α				
	.20	.15	.10	.05	.01
1	.900	.925	.950	.975	.995
2	.684	.726	.776	.842	.929
3	.565	.597	.642	.708	.829
4	.494	.525	.564	.624	.734
5	.446	.474	.510	.563	.669
6	.410	.436	.470	.521	.618
7	.381	.405	.438	.486	.577
8	.358	.381	.411	.457	.543
9	.339	.360	.388	.432	.514
10	.322	.342	.368	.409	.486
11	.307	.326	.352	.391	.468
12	.295	.313	.338	.375	.450
13	.284	.302	.325	.361	.433
14	.274	.292	.314	.349	.418
15	.266	.283	.304	.338	.404
16	.258	.274	.295	.328	.391
17	.250	.266	.286	.318	.380
18	.244	.259	.278	.309	.370
19	.237	.252	.272	.301	.361
20	.231	.246	.264	.294	.352
25	.21	.22	.24	.264	.32
30	.19	.20	.22	.242	.29
35	.18	.19	.21	.23	.27
40				.21	.25
50				.19	.23
60				.17	.21
70				.16	.19
80				.15	.18
90				.14	
100				.14	
$n \to \infty$	$\frac{1.07}{\sqrt{n}}$	$\frac{1.14}{\sqrt{n}}$	$\frac{1.22}{\sqrt{n}}$	$\frac{1.36}{\sqrt{n}}$	$\frac{1.63}{\sqrt{n}}$

인정됨을 의미한다. 유의수준 α에 따른 한계값 D_n^α는 n의 크기에 따라 달라지며 표 13.18은 이 값을 표시하고 있다.

한편, 그림 13.17은 누가확률분포곡선을 표시하므로 가정된 확률분포에 해당하는 확률지상에서 $F(x)$는 직선으로 표시되며 $S_n(x)$는 이 직선주위의 점들로 표시된다. 이때 D_n은 직선으로부터 최대편차를 가지는 점까지의 종거이며 식 (13.198)의 관계에 따라 분포의 적합성을 검정하게 된다.

이상에서 살펴본 Kolmogorov-Smirnov 검정방법은 χ^2검정에서와 달리 표본자료를 이론분포에 맞출 필요가 없다. 따라서 자료를 계급구간으로 나누어 이론분포를 표시하기 위한 매개변수를 계산할 필요가 없으므로 확률분포형의 적합도 검정을 위한 비매개변수방법(non-parametric method)이라 부른다. 그러나, 이는 이론확률분포의 매개변수가 필요 없다는 것이 아니며, 실제로 그림 13.17의 $F(x)$곡선을 그리기 위해서 필요한 매개변수는 기지의 값을 사용하거나 표본자료로부터 산정하여야 한다.

K-S 검정방법의 또 한 가지 장점은 표본자료의 수가 크지 않을 경우에도 확률분포형의 적합도를 적절한 신뢰도를 가지고 검정할 수 있다는 것이다.

13.5.4 PPCC 검정

PPCC(Probability Plot Correlation Coefficient) 검정방법은 Filliben(1975)에 의해 대상 표본자료가 정규분포인가를 판단하기 위해 처음으로 제안되었으며, 그 후 여러 연구자들에 의해 다른 2매개변수 혹은 3매개변수 확률분포형의 적합도 검정을 위한 방법으로 보완개선되었다(Vogel, 1986). Vogel(1989) 등은 작은 값을 가지는 유량자료계열에 대하여 정규분포, 2변수 및 3변수 대수정규분포, Log-Pearson Type-III 분포, Gumbel 분포, Log-Gumbel 분포, Weibull 분포형에 확대적용하였으며, Vogel과 McMartin(1991)은 3변수 Gamma 분포와 Log-Pearson Type-III 분포형에, Chowdhury(1991)는 GEV 분포형에 확대적용하는 등 거의 모든 확률분포형의 적합도 검정에 사용되고 있다.

PPCC 검정에서는 표본자료 계열 X를 가장 작은 값부터 크기 오름차순으로 재배열하고 각 순서별로 초과발생확률 p_i를 Filliben(1975)이 제시한 다음의 확률도시위치공식(確率圖示位置公式, probability plotting position formula)을 사용하여 계산한다. 즉,

$$p_i = 1-(0.5)^{1/n}, \quad i=1\text{일 때} \tag{13.199}$$

$$p_i = \frac{(i-0.3175)}{(n+0.365)}, \quad i=2,3,\cdots,n-1\text{일 때} \tag{13.200}$$

$$p_i = (0.5)^{1/n}, \quad i=n\text{일 때} \tag{13.201}$$

재배열된 표본자료 X_i마다 식 (13.199)~(13.201)로 산정된 초과확률 p_i에 대해 검정하고자 하는 이론확률분포의 누가확률분포함수로부터 이론적인 표본자료 값 m_i를 산정하여 표본자료

계열 X_i와 이론확률분포로부터 역함수 관계로 산정한 자료계열 m_i 간의 상관관계를 다음 식과 같은 적(積)모멘트 상관계수(product moment correlation coefficient) ρ_c로 표시한다.

$$\rho_c = \frac{\sum_{i=1}^{n}(X_i - \overline{X})(m_i - \overline{m})}{\sqrt{\sum_{i=1}^{n}(X_i - \overline{X})^2 \sum_{i=1}^{n}(m_i - \overline{m})^2}} \qquad (13.202)$$

여기서, $\overline{X}$는 표본자료 계열 X_i의 평균이고, $\overline{m}$는 이론확률분포를 사용하여 구한 자료계열 m_i의 평균이다.

한편, 이론적인 확률분포에 상응하는 자료계열 m_i를 산정하는 데 사용되는 확률분포형별 역함수(逆函數, inverse function) 관계는 표 13.9에 수록되어 있다.

식 (13.202)로부터 적모멘트 상관계수 ρ_c를 계산하면 다음과 같은 유의수준 α에 대한 검정한계치(檢定限界値) $r_\alpha(n)$과의 조건을 만족하면 가정한 확률분포형이 분석대상인 표본자료에 적합한 것으로 판단한다.

$$\rho_c > r_\alpha(n) \qquad (13.203)$$

표 13.9 확률분포형별 역함수

확률분포형	확률분포형의 역함수
Log-Normal	$x_T = x_0 + \exp(\mu_y + z\sigma_y)$
Gamma	수치적분에 의해 산정
Log-Pearson Type-III	수치적분에 의해 산정
Gumbel	$x_T = x_0 - \alpha \ln\left[-\ln\left(1 - \frac{1}{T}\right)\right]$
Log-Gumbel	$x_T = x_0 + (\theta - x_0)\left[-\ln\left(1 - \frac{1}{T}\right)\right]^{-1/\beta}$
Weibull	$x_T = x_0 + \alpha\left\{-\ln\left[1 - \left(1 - \frac{1}{T}\right)\right]\right\}^{1/\beta}$
GEV	$x_T = x_0 + \frac{\alpha}{\beta}\left\{1 - \left[-\ln\left(1 - \frac{1}{T}\right)\right]^{\beta}\right\}$
Wakeby	$x_T = m + a\left\{1 - \left[1 - \left(1 - \frac{1}{T}\right)\right]^{b}\right\} - c\left\{1 - \left[1 - \left(1 - \frac{1}{T}\right)\right]^{-d}\right\}$

주: 표의 x_0, α, β, θ와 m, a, b, c, d 등의 변수는 확률분포별 밀도함수식에 포함되어 있는 변수와 동일함.

Vogel과 McMartin(1991)은 유의수준 α와 표본자료의 크기 n에 따른 검정통계량을 유도하는 과정을 다음과 같이 제시하였다.

1) 결정된 확률분포형에 따른 매개변수를 이용하여 표본자료의 크기 $n=$ 10, 15, 20, …, 500 등의 자료계열을 각각 10만 개씩 모의발생(模擬發生, synthetic generation)시킨다(제14장의 추계학적 모의발생기법 참조).
2) 모의발생된 자료계열에 대해 식 (13.199)~(13.201)이나 기타 확률도시공식(표 13.14)을 사용하여 m_i를 계산한다.
3) 각 자료계열마다 식 (13.202)를 사용하여 PPCC 검정상관계수 ρ_c를 10만 개씩 산정한다.
4) 산정된 상관계수 ρ_c를 오름차순으로 정렬시킨 후 상관계수의 전체 수 10만 개의 유의수준 α를 곱하여 검정한계치 $r_\alpha(n)$을 결정한다.
5) 이상과 같이 자료의 수 n 및 유의수준 α에 따라 검정한계치 $r_\alpha(n)$을 구하여 도시하거나, 혹은 회귀분석을 통해 회귀관계식을 유도하면 임의의 표본자료 수(n)와 유의수준(α)에 따른 검정한계치를 쉽게 구할 수 있다.

13.5.5 Cramer Von Mises 검정

Cramer Von Mises 검정방법은 K-S 검정방법과 마찬가지로 누가확률분포함수를 이용하여 검정하는 방법이다. 이 검정방법에서는 표본자료계열 $X_1, X_2, \cdots, X_n$이 누가확률분포함수 $F(X;\theta)$로 정의되는 확률분포형을 모집단으로 한다는 가정을 검정하는 것으로 다음과 같은 검정통계치(檢定統計値) W를 구하여 이를 근거로하여 검정하게 된다(Thompson, 1966).

$$W=\frac{1}{12n}+\sum_{i=1}^{n}\left[F(X_i\,;\hat{\theta})-\frac{2i-1}{2n}\right]^2 \tag{13.204}$$

여기서, n은 표본자료의 수, $\hat{\theta}$는 표본자료로부터 구한 대상확률분포의 매개변수들이며, $F(X_i\,;\hat{\theta})$는 표본자료를 크기 오름차순으로 재배열했을 때 X_i 위치에서의 누가확률이다.

식 (13.204)로 구한 검정통계치 W가 유의수준 α에 대한 검정한계치 $W_{1-\alpha}(n)$보다 작으면 표본자료는 검정하고자 하는 확률분포형을 따르는 것으로 판단하게 된다. 즉

$$W< W_{1-\alpha}(n) \tag{13.205}$$

여기서, Cramer Von Mises의 검정한계치 $W_{1-\alpha}(n)$은 유의수준 α와 표본자료의 수 n의

함수임을 알 수 있으나 표본의 크기가 대단히 크면($n \rightarrow \infty$) α만의 함수가 된다.

표 13.10은 Cramer Von Mises 검정방법을 위한 검정한계치를 수록하고 있으며, 검정한계치 $W_{1-\alpha}(n)$은 유의수준(α)이 커지면 작아지고, 표본자료의 크기가 커지면 커지는 특성을 가짐을 알 수 있다.

표 13.10 Cramer Von Mises 검정방법에서의 검정한계치

자료의 크기	$1-\alpha$		
n	0.90	0.95	0.99
2	0.343	0.424	0.550
3	0.337	0.423	0.622
4	0.341	0.435	0.653
5	0.343	0.441	0.671
8	0.364	0.451	0.698
10	0.347	0.454	0.707
20	0.349	0.459	0.724
∞	0.347	0.451	0.743

예제 13.3 표 13.11은 낙동강 진동수위 관측소 지점에 관측한 20년간의 연유출용적(10^3 m^3/sec · day 단위) 계열을 표시하고 있다. 2변수 대수정규분포에 적합한가를 유의수준 5%로 Chi-Square 검정방법, Kolmogorov-Smirnov 검정방법 및 Cramer Von Mises 검정방법으로 검정하라.

표 13.11 연도별 유출용적자료(낙동강 진동수위 관측소 지점) (단위: 10^3 m^3/sec · day)

연도	연 유출용적	연도	연 유출용적
1964	143	1974	144
1965	170	1975	147
1966	155	1976	83
1967	79	1977	57
1968	88	1978	124
1969	204	1979	147
1970	208	1980	178
1971	98	1981	128
1972	165	1982	62
1973	83	1983	85

풀이 1) Chi-Square 검정

유출용적의 단위를 $10^3\,m^3$/sec · day로 취하면 표 13.11의 연 유출용적 자료를 그대로 사용하면 된다. 표 13.11의 유량을 표 13.12의 (1)란에서와 같이 6개 계급구간으로 나누어 구간별 절대도수를 구하면 (2)란과 같다.

한편, 표 13.11의 연 유출용적계열(x_i)의 평균값 $\bar{x}$ 및 표준편차 s_x와 x_i의 대수값($y_i = \ln x_i$)을 취한 후 계산한 y_i의 평균값($\bar{y} = \mu_y$)과 표준편차($s_y = \sigma_y$)를 구하면 다음과 같다.

$$\bar{x} = 127.40, \quad s_x = 45.85, \quad \bar{y} = 4.7795, \quad s_y = 0.3887$$

표 13.12 χ^2-Square 변량의 결정을 위한 계급구간별 계산

(1) 계급구간	(2) n_i	(3) z_i	(4) $P(z < z_i)$	(5) p_i	(6) np_i	(7) $(n_i - np_i)^2$	(8) $(n_i - np_i)^2/np_i$
~40	0	−2.8057	0.0025	-	-	-	-
40~70	2	−1.3661	0.0859	0.0834	1.668	0.1102	0.0661
70~100	6	−0.4486	0.3269	0.2410	4.820	1.3924	0.2889
100~130	2	0.2264	0.5896	0.2627	5.254	10.5885	2.0153
130~160	5	0.7605	0.7766	0.1870	3.740	1.5876	0.4245
160~190	3	1.2026	0.8854	0.1089	2.178	0.6757	0.3102
190~220	2	1.5797	0.9430	0.0575	1.150	0.7225	0.6283
계	20			0.9405			3.7333

따라서, 식 (13.70)에 의하면 2변수 대수정규분포의 확률밀도함수는

$$f(x) = \frac{1}{0.3887\sqrt{2\pi}}\,\frac{1}{x}\exp\left[-\frac{1}{2}\left(\frac{\ln x - 4.7795}{0.3387}\right)^2\right], \quad 0 \le x < \infty \qquad \text{(a)}$$

표 13.12의 계급구간폭 $\Delta x = 30(10^3\,\mathrm{m}^3/\mathrm{sec} \cdot \mathrm{day})$이므로 식 (a)에 Δx를 곱하면 x값에 대한 이론적인 생기확률을 구할 수 있다. $x = 40$부터 계급구간별 종점값에 대한 이론 생기확률 $f'(x) = f(x)\Delta x$를 구하여 확률밀도곡선을 그려보면 그림 13.18의 곡선과 같으며 계급구간별 절대도수[(2)란]를 전체도수 20으로 나누면 상대도수를 구할 수 있고 이를 주상도로 표시한 것이 그림 13.18의 막대 그래프이다. 그림 13.18의 실측상대도수와 이론 확률밀도곡선을 비교하여 관찰하면 분포형의 모양은 비슷함을 알 수 있으며 정량적인 검정은 Chi-Square 검정에 의한다.

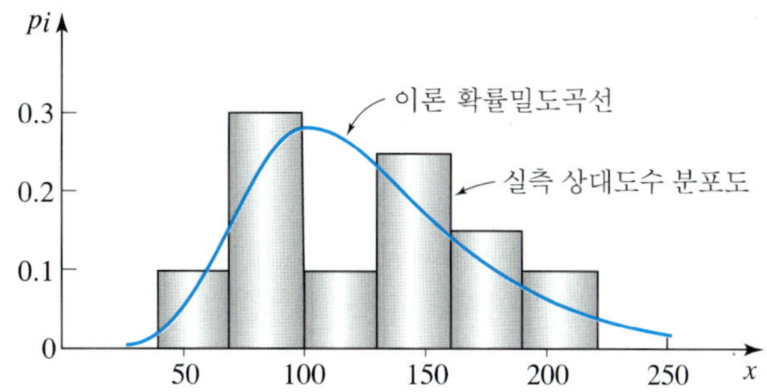

그림 13.18 실측 상대도수 분포도 및 이론 확률밀도곡선

Chi-Square 검정은 식 (13.194)에 의하는 바 표 13.12의 계급구간[(1)란]별 이론 생기확률 p_i는 구간의 종점값에 대한 누가확률에서 시점값에 대한 누가확률을 뺀 것으로 표시할 수 있다.

예를 들면, 구간 $x = 40 \sim 70$의 경우

$$p_i = P(x \le 70) - P(x \le 40) = F\left(\frac{\ln 70 - 4.7795}{0.3887}\right) - F\left(\frac{\ln 40 - 4.7795}{0.3887}\right)$$
$$= F(-1.3661) - F(-2.8057) \quad \text{(표 13.5 참조)}$$
$$= 0.0859 - 0.0025 = 0.0834 \quad \text{[표 13.12의 (5)란]}$$

따라서, 구간 $x = 40 \sim 70$에 대한

$$\frac{(n_i - np_i)^2}{np_i} = \frac{(2 - 20 \times 0.0834)^2}{20 \times 0.0834} = 0.0661$$

이와 같은 방법으로 나머지 계급구간에 대한 계산을 할 수 있으며, 그 결과는 표 13.12에 수록되어 있다.

표 13.12의 (8)란 값을 합산하면

$$\chi^2 = \sum_{i=1}^{6} \frac{(n_i - np_i)^2}{np_i} = 3.7333$$

2변수 대수정규분포의 매개변수는 2개($\bar{y}$, s_y)이므로 χ^2-분포의 자유도 $\nu = k - h - 1 = 6 - 2 - 1 = 3$이며 유의수준 $\alpha = 5\%\,(1 - \alpha = 95\%)$일 때의 χ^2의 한계값은 표 13.7로부터

$$\chi^2_{0.95,\,3} = 7.81$$

즉, 그림 13.18의 이론확률밀도곡선과 실측상대도수분포도의 비교에서 얻어진 $\chi^2 = 3.7333$

은 χ^2의 하한값 $\chi^2_{0.95,3} = 7.81$보다 작으므로 가정된 2변수 대수정규분포는 적합한 것으로 인정된다.

2) Kolmogorov-Smirnov 검정
표 13.11의 연유출용적 자료를 표 13.12에서와 같이 크기 역순으로 나열하고 식 (13.196)에 의해 자료값별 누가확률 $S_n(x)$[(3)란]를 구하여 그림 13.19에 계단식 곡선으로 표시하였다. 한편, 자료값 x_i의 대수값 $y_i = \ln x_i$의 평균값 $\bar{y} = 4.7795$, 표준편차 $s_y = 0.3887$을 이용하여 표준 정규변량 z_i를 구하면 (4)란과 같은 누가확률은 표 13.5로부터 알 수 있으며[(5)란], 이는 그림 13.19에 누가확률분포곡선 $F(x)$로 표시하였다.
식 (13.197)의 기준에 따라 최대편차를 구하면 $D_n = 0.1315$이며, $n = 20$, $\alpha = 5\% = 0.05$일 때의 K-S 검정을 위한 한계값은 표 13.8로부터 $D_{20}^{0.05} = 0.294$이다. 따라서 $D_n < D_n^{\alpha}$

표 13.13 Kolmogorov-Smirnov 검정을 위한 최대편차 계산

(1) 순서	(2) x_i	(3) $S_n(x_i)$	(4) z_i	(5) $P(X \le x_i)$	(6) $D_n(x_i)$
1	57	0.0500	−1.8946	0.0291	0.0209
2	62	0.1000	−1.6783	0.0467	0.0533
3	79	0.1500	−1.0549	0.1458	0.0042
4	83	0.2000	−0.9279	0.1768	0.0232
5	83	0.2500	−0.9279	0.1768	0.0732
6	85	0.3000	−0.8666	0.1931	0.1069
7	88	0.3500	−0.7774	0.2185	0.1315
8	98	0.4000	−0.5005	0.3083	0.0917
9	124	0.4500	0.1048	0.5417	0.0917
10	128	0.5000	0.1865	0.5739	0.0739
11	143	0.5500	0.4716	0.6814	0.1314
12	144	0.6000	0.4895	0.6877	0.0877
13	147	0.6500	0.5425	0.7063	0.0563
14	147	0.7000	0.5425	0.7063	0.0063
15	155	0.7500	0.6788	0.7523	0.0023
16	165	0.8000	0.8397	0.7994	0.0006
17	170	0.8500	0.9165	0.8203	0.0297
18	178	0.9000	1.0348	0.8496	0.0504
19	204	0.9500	1.3855	0.9170	0.0330
20	208	1.0000	1.4354	0.9244	0.0756

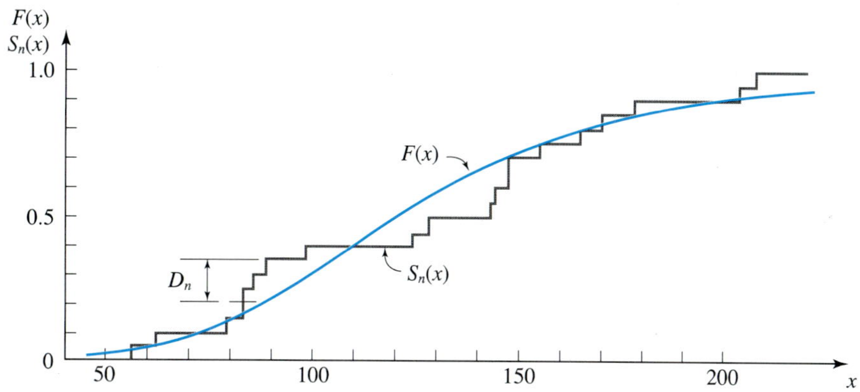

그림 13.19 이론적 및 경험적 누가확률분포곡선

이므로 가정된 2변수 대수정규분포는 Kolmogorov-Smirnov 검정에 의해서도 적합성이 인정된다.

3) Cramer Von Mises 검정

식 (13.204)의 $F(X_i\,;\hat{\theta})$는 2변수 대수정규분포의 누가확률을 표시하며, 매개변수 $\hat{\theta}$는 $\bar{y}=4.7795$, $s_y=0.3887$로 산정되었다.

표 13.11의 표본자료를 표 13.14에서와 같이 크기 오름차순으로 재배열하고 X_i에서의 누가확률 $F(X_i\,;\bar{y},\,s_y)$를 계산하여 표 13.14에 수록하였다.

식 (13.204)를 사용하면

$$W=\frac{1}{12\times 20}+0.0983569=0.1025$$

유의수준 $\alpha=5\%=0.05$이므로 $1-\alpha=0.95$이고 $n=20$이므로 표 13.10으로부터 검정한계치 $W_{0.95}(20)=0.459$이다.

따라서, 식 (13.205)의 관계 $W<W_{1-\alpha}(n)$이 성립하므로 2변수 대수정규분포의 적합성이 인정된다.

표 13.14 Cramer Von Mises 검정을 위한 계산

재배열 순위(i)	X_i	$z=\dfrac{\ln X_i-\bar{y}}{s_y}$	$F(z)$	$\dfrac{2i-1}{2n}$	$\left[F(z)-\dfrac{2i-1}{2n}\right]^2\times 10^3$
1	57	−1.895	0.0291	0.025	0.0168
2	62	−1.678	0.0468	0.075	0.7952
3	79	−1.055	0.1463	0.125	0.4536
4	83	−0.928	0.1765	0.175	0.0022
5	83	−0.928	0.1765	0.225	2.3522
6	85	−0.867	0.1930	0.275	6.7240
7	88	−0.778	0.2183	0.325	11.3848
8	98	−0.501	0.3082	0.375	4.4622
9	124	0.104	0.5414	0.425	13.5489
10	128	0.185	0.5734	0.475	9.6825
11	143	0.470	0.6808	0.525	24.2736
12	144	0.488	0.6873	0.575	12.6112
13	147	0.541	0.7057	0.625	6.5124
14	147	0.541	0.7057	0.675	0.9424
15	155	0.677	0.7509	0.725	0.6708
16	165	0.838	0.7989	0.775	0.5712
17	170	0.915	0.8199	0.825	0.0260
18	178	1.033	0.8492	0.875	0.6656
19	204	1.383	0.9166	0.925	0.0705
20	208	1.433	0.9241	0.975	2.5908
계					98.3569

13.5.6 최적 확률분포형의 채택

수문자료의 빈도분석(頻度分析, frequency analysis) 등 통계학적 분석에 있어서 가장 어려운 문제는 위에서 소개한 여러 가지 확률분포의 적합도 검정방법을 통해 표본자료에 가장 적합한 소위 최적 확률분포형(最適 確率分布型, best-fit probability distribution)을 채택하는 일이다.

위에서 살펴본 바와 같이 적합도 검정방법은 하나같이 표본자료로부터 검정통계치를 산정한 후 이를 표본자료의 수(n)와 유의수준(α)에 의해 결정되는 검정방법별 검정한계치와 비교하여 특정확률분포형의 기각(棄却) 혹은 수용(受容)여부를 판정하게 된다. 따라서, 특정한 적합도 검정방법에 의해 여러 확률분포형을 검정하였을 경우 그 중 많은 수의 분포형이 검정기준을 만족시키는 경우가 발생하며, 분포형별로 계산된 검정통계치의 크기는 검정한계치와의 비

교에 의해 기각 혹은 수용판정의 기준이 될 뿐이지 분포형별 검정통계치의 크기 비교로 최적분포형을 결정하는 것은 아니므로 최적분포형의 결정이 어렵다. 뿐만 아니라, 위에서 소개한 검정방법의 종류에 따라서도 확률분포형의 기각 혹은 수용이 달라질 수도 있다.

또한, 넓은 유역에 걸친 많은 우량관측소별, 또는 한 개 우량관측소의 여러 강우지속기간 우량자료를 빈도분석할 경우 최적 확률분포형이 각각 다르게 나타날 경우 최적 확률분포형을 각각 다르게 채택하여 확률강우량을 결정할 수도 있겠으나 각기 다른 확률분포형을 채택함에 따른 확률강우량의 상대적 크기에 문제가 생길 수도 있으므로 단일 확률분포의 채택이 권장되고 있다. 예를 들면, 우리나라 전역에 대한 「한국확률강우량도 작성(건설교통부, 2000)」에서는 관측소별 최적 확률분포형으로 Type-I 극치분포(Gumbul 분포)를 최적 분포형으로 채택한 지점이 55개소, GEV 분포를 채택한 지점이 13개소로 나타났으나 각기 다른 확률분포형의 채택에 따른 인접지역 간의 불연속방지 등을 고려하여 모든 관측소에 대해 Gumbel 분포로 통일하여 채택한 바 있다.

따라서, 수문자료계열의 빈도분석을 위한 최종적인 적정 확률분포형의 선정은 여러 확률분포형의 적합도를 검정통계치를 기준으로 분포형별로 검정한 후 기각되지 않고 수용된 여러 확률분포형으로 추정한 확률수문량을 상대적으로 비교평가하는 한편 위에서 언급할 실무적인 문제도 고려하여 결정하여야 할 것이다.

13.6 선형 회귀분석방법

회귀분석(回歸分析, regression analysis)이란 한 개의 종속변수와 한 개 혹은 그 이상의 독립변수 간의 관계식을 도출하는 통계학적 방법으로 일단 관계식이 얻어지면 임의의 독립변수에 대응되는 종속변수를 추정할 수 있게 된다. 회귀분석은 종속변수와 독립변수 간의 관계가 선형인가 혹은 비선형인가에 따라 선형 회귀분석(線型 回歸分析, linear regression analysis)과 비선형 회귀분석(非線型 回歸分析, nonlinear regression analysis)으로 나누며 수문학에서의 확률론적 해석에서는 확률분포를 선형화하는 확률지상에서의 자료점의 도시(圖示)로부터 회귀방정식(regression equation)을 얻기 위한 방법으로 선형 회귀분석을 주로 사용하므로 이의 원리와 응용방법에 대해 요약하기로 한다.

그림 13.20에서와 같이 종속변수와 독립변수의 관계가 선형일 경우 선형 회귀분석은 다시 독립변수가 한 개뿐일 경우와 한 개 이상일 경우로 나누며 전자의 경우를 단순 선형 회귀분석(單純 線型 回歸分析), 후자의 경우를 중 선형 회귀분석(重 線型 回歸分析)이라 한다. 회귀분석의 일반적인 방법에는 모멘트법(method of moments)과 최소자승법(最小自乘法, method of least squares)의 두 가지가 있으나 여기서는 간단하고 비교적 많이 사용되는 최소자승법에 대해서만 살펴보기로 한다.

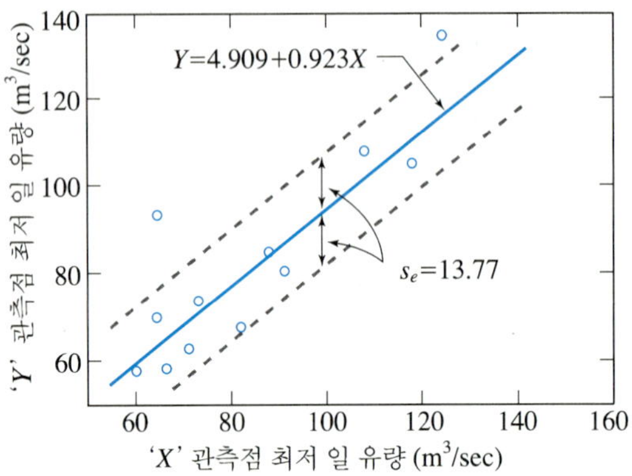

그림 13.20 단순 선형 회귀분석

13.6.1 단순 선형 회귀분석

우선 단순 선형 회귀분석(simple linear regression)의 경우를 생각하면 최소자승법에서는 두 변수 간의 상관관계를 가장 잘 표시하는 최적직선(最適直線, line of best fit or regression line)은 그 직선으로부터 각 자료점이 가지는 편차(偏差, deviation)의 제곱값을 합산한 값이 최소로 될 때 얻어진다는 것이다. 따라서, 자료점들을 통한 최적직선을

$$\overline{y_i} = \alpha + \beta x_i \tag{13.206}$$

라 하면 회귀상수(回歸常數, regression constants) α, β는 다음 기준에 의하여 결정된다.

$$\sum(y_i - \overline{y_i})^2 = \sum[y_i - (\alpha + \beta x_i)]^2 = A \text{ mininum} \tag{13.207}$$

식 (13.198)의 기준을 만족시키는 α와 β를 구하기 위해서는 식 (13.198)을 α와 β에 관하여 편미분한 것을 0으로 놓고 연립하여 풀면 된다. 즉

$$\frac{\partial}{\partial\alpha}\left[\sum\{y_i - (\alpha + \beta x_i)\}^2\right] = 0$$

$$\frac{\partial}{\partial\beta}\left[\sum\{y_i - (\alpha + \beta x_i)\}^2\right] = 0$$

따라서,

$$\sum y_i = \alpha n + \beta \sum x_i \tag{13.208}$$

$$\sum x_i y_i = \alpha \sum x_i + \beta \sum x_i^2 \tag{13.209}$$

식 (13.208), (13.209)를 표준방정식(normal equation)이라 부르며 이를 연립하여 α, β에 관하여 풀면

$$\alpha = \frac{\sum y_i \sum x_i^2 - \sum x_i \sum x_i y_i}{n\sum x_i^2 - (\sum x_i)^2} \tag{13.210}$$

$$\beta = \frac{n\sum x_i y_i - \sum x_i \sum y_i}{n\sum x_i^2 - (\sum x_i)^2} \tag{13.211}$$

자료점$(x_i,\ y_i)$들이 최소자승법으로 구한 최적직선으로부터 분산되는 정도는 각 자료점과 최적직선의 연직편차(vertical deviation)의 항으로 표시된다. 즉, i번째 연직편차는 $y_i - \overline{y_i} = y_i - (\alpha + \beta x_i)$이며 분산 정도는 다음과 같이 표시된다.

$$s_e^2 = \frac{1}{n-2}\sum [y_i - (\alpha + \beta x_i)]^2 \tag{13.212}$$

여기서, s_e는 표준 개산오차(標準 槪算誤差, standard error of estimate)라 부르며 실제의 적용에 편리한 공식은 식 (13.212)로부터 구할 수 있으며 다음과 같은 식으로도 표시할 수 있다.

$$s_e^2 = \frac{s_{xx}s_{yy} - (s_{xy})^2}{n(n-2)s_{xx}} \tag{13.213}$$

여기서,

$$\begin{aligned} s_{xx} &= n\sum x_i^2 - (\sum x_i)^2 \\ s_{yy} &= n\sum y_i^2 - (\sum y_i)^2 \\ s_{xy} &= n\sum x_i y_i - (\sum x_i)(\sum y_i) \end{aligned} \tag{13.214}$$

회귀분석에 있어서 종속변수(y_i)와 독립변수(x_i) 간의 상관성의 정도를 나타내는 계수를 단순 상관계수(simple correlation coefficient)라 하며 n쌍의 자료로 구성되는 표본의 단순 상관계수는 다음과 같이 정의된다.

$$r = \pm \frac{s_{xy}}{\sqrt{s_{xx} s_{yy}}} \tag{13.215}$$

혹은

$$r = \pm \sqrt{1 - \frac{s_e^2}{s_y^2}} \tag{13.216}$$

여기서,

$$s_y^2 = \frac{1}{n-1} \sum (y_i - \bar{y})^2$$

$$\bar{y} = \frac{1}{n} \sum y_i$$

상관계수 r은 -1에서 1 사이의 값을 가지며 만약 종속변수가 독립변수의 증가에 따라 증가하면 r은 (+)가 되고 감소하면 (−)가 된다. $r=1$은 완전상관(perfect correlation)을 의미하여 $r=0$은 무상관(no-correlation)을 의미한다.

예제 13.4 어떤 하천합류점의 상류 2개 지류상에 각각 1개의 수위관측소 A 및 B가 위치하고 있다. 1960~1971년의 12년간에 걸친 매년 최저유출량이 표 13.15의 (1), (2), (3)란과 같을 때 A와 B 수위관측소에서 관측된 유량 간의 선형 회귀방정식(linear regression equation), 상관계수(r) 및 표준개산오차(s_e)를 구하라.

풀이 1) 표 13.15의 계산으로부터

$$\sum x_i = 1{,}016, \quad \sum y_i = 997, \quad \sum x_i^2 = 91{,}216, \quad \sum y_i^2 = 88{,}777$$
$$\sum x_i y_i = 89{,}209, \quad s_{xx} = 62{,}336 \quad s_{yy} = 71{,}315, \quad s_{xy} = 57{,}556$$

2) 회귀상수 α, β는 식 (13.210), (13.211)로부터

$$\alpha = \frac{(997 \times 91{,}216) - (1{,}016 \times 89{,}209)}{(12 \times 91{,}216) - (1{,}016)^2} = 4.909$$

$$\beta = \frac{(12 \times 89{,}209) - (1{,}016 \times 997)}{12 \times 91{,}216 - (1{,}016)^2} = 0.923$$

따라서, 식 (13.206)에 의한 회귀직선의 방정식은 $\bar{y}_i = 4.909 + 0.923 x_i$이다.

표 13.15 단순 선형 회귀분석을 위한 계산

(1) 연도	(2) A 관측소 유량, x_i (m^3/sec)	(3) B 관측소 유량, y_i (m^3/sec)	(4) x_i^2	(5) y_i^2	(6) x_iy_i
1960	61	58	3,721	3,364	3,538
1961	92	81	8,464	6,561	7,452
1962	65	70	4,225	4,900	4,550
1963	72	63	5,184	3,969	4,536
1964	82	68	6,724	4,624	5,576
1965	67	58	4,489	3,364	3,886
1966	74	74	5,476	5,476	5,476
1967	118	105	13,924	11,025	12,390
1968	124	134	15,376	17,956	16,616
1969	108	108	11,664	11,664	11,664
1970	65	93	4,225	8,649	6,045
1971	88	85	7,744	7,225	7,480
계	1,016	997	91,216	88,777	89,209

3) 상관계수는 식 (13.215)로부터

$$r = \frac{57,556}{\sqrt{62,336 \times 71,315}} = 0.863$$

4) 표준개산오차 s_e는 식 (13.213)으로부터

$$s_e = \sqrt{\frac{(62,336 \times 71,315) - (57,556)^2}{12 \times 10 \times 62,336}} = 12.31$$

5) 회귀방정식을 표시하는 최적직선과 s_e를 표시하는 한계선은 그림 13.20에 표시하였다.

13.6.2 중 선형 회귀분석

위에서 살펴본 단순 선형 회귀분석의 절차는 중 선형 회귀분석(重 線型 回歸分析, multiple linear regression)에도 확장 적용할 수 있다. 예를 들면 1개 종속변수 y와 2개의 독립변수 x_1, x_2에 관한 선형 회귀분석 모형은

$$y = \alpha + \beta_1 x_1 + \beta_2 x_2 \tag{13.217}$$

최소자승법에 의하여 표준방정식을 구하면

$$\sum y = \alpha n + \beta_1 \sum x_1 + \beta_2 \sum x_2 \tag{13.218}$$

$$\sum y x_1 = \alpha \sum x_1 + \beta_1 \sum x_1^2 + \beta_2 \sum x_1 x_2 \tag{13.219}$$

$$\sum y x_2 = \alpha \sum x_2 + \beta_1 \sum x_1 x_2 + \beta_2 \sum x_2^2 \tag{13.220}$$

따라서, 식 (13.218)~(13.220)을 연립하여 풀면 α, β_1 및 β_2의 값을 구할 수 있으므로 회귀방정식을 얻게 된다.

한편, 회귀직선[식 (13.217)]으로부터 자료점이 분산되는 정도를 표시하는 표준개산 오차 s_e의 제곱은

$$s_e^2 = \frac{1}{n-3} \sum [y_i - (\alpha + \beta_1 x_{1i} + \beta_2 x_{2i})]^2 \tag{13.221}$$

따라서, 중 선형 상관계수(重 線形 相關係數, multiple linear correlation coefficient)

$$R = \pm \sqrt{1 - \frac{s_e^2}{s_y^2}} \tag{13.222}$$

만약, 중 선형 회귀분석에 포함되는 독립변수가 h개이면 최소자승법에 의한 표준방정식의 수와 회귀상수의 수는 각각 $(h+1)$개가 될 것이며 중 상관계수의 계산을 위한 s_e^2[식 (13.221)]의 우변의 분포는 $n-(h+1)$을 사용해야 한다.

종속변수와 독립변수 간의 비선형 관계가 있을 경우에는 이들 함수관계의 대수값을 취한 후 선형화하여 회귀분석을 실시할 수도 있다. 예를 들면

$$y = \alpha x_1^{\beta_1} x_2^{\beta_2} \tag{13.223}$$

는 다음과 같이 선형화가 가능하다.

$$\log_e y = \log_e \alpha + \beta_1 \log_e x_1 + \beta_2 \log_e x_2 \tag{13.224}$$

식 (13.224)에는 한 개의 종속변수($\log_e y$)와 두 개의 독립변수($\log_e x_1$ 및 $\log_e x_2$)가 포함되어 있는 중 선형 관계를 이루고 있으므로 식 (13.217)의 경우와 동일한 방법으로 회귀분석을 실시할 수 있다.

13.7 수문자료의 점 빈도해석

수문변량(水文變量, hydrologic variables)은 무작위하게 발생하는 성질을 가지고 있으므로 지금까지 살펴본 확률통계학의 기초원리는 수문자료의 분석에 널리 사용되어 왔다. 초기에는 주로 홍수빈도해석(洪水頻度解析, flood frequency analysis)에 사용되었으나 오늘날은 강우빈도해석(降雨頻度解析, rainfall frequency analysis) 등 여러 가지 수문자료의 발생빈도를 분석하는 데도 사용되고 있다.

확률론적 수문분석기법은 결국 확률통계학적 원리를 기본으로 하여 특정 크기의 수문량이 발생하는 빈도를 결정하거나 혹은 어떤 빈도로 발생할 수문량의 크기를 추정하고자 하는 것이므로 빈도해석기법을 의미하는 것이라 할 수 있다. 빈도해석은 분석대상 자료가 어떤 지점에서 관측된 자료에 국한될 경우는 점 빈도해석(點 頻度解析, point frequency analysisn)이라 하며 어떤 유역 내의 여러 관측지점의 점 빈도해석 결과를 망라하여 지역을 일관하는 수문량의 빈도특성을 구명하고자 하는 경우를 지역빈도해석(地域頻度解析, regional frequency analysis)이라 한다.

본 절에서는 수문자료의 빈도해석을 위한 수문자료계열의 구성방법과 수문량의 점빈도해석 방법으로 널리 사용되고 있는 확률도시법(確率圖示法, probability plotting technique)과 빈도계수법(頻度係數法, method of frequency factor)에 대해 고찰하기로 하며 갈수량과 강우량 등의 기타 점빈도해석과 지역빈도해석에 대해서는 후술하기로 한다.

13.7.1 수문자료치 계열의 종류

일반적으로 수문자료치 계열은 세 가지로 대별할 수 있다. 전기간치 계열(全期間値 系列, complete duration series)은 어떤 기간 동안의 자료를 총망라한 자료계열을 뜻한다[그림 13.21(a) 참조].

이 계열은 일반적으로 그 규모가 대단히 크다. 실제의 설계목적을 위해 수문 기술자들이 필요로 하는 자료는 수문학적으로 위험한 조건을 유발시키는 극단적인 값이므로 이 계열이 빈도해석을 위해 사용되는 일은 거의 없다. 따라서 실제에 사용되는 계열은 부분기간치 계열(部分期間値 系列, partial duration series)과 극치 계열(極値 系列, extreme value series)이다. 부분기간치 계열은 어떤 기준치보다도 큰 값을(혹은 작은 값을) 가진 모든 자료로서 구성되며 이 계열에 속하는 자료의 숫자가 기록연수와 같게 되도록 기준값이 선정되었을 때 이 계열을 연 초과치 계열(年 超過値 系列, annual exceedance series)이라 부르고[그림 13.21(c)], 그렇지 않은 경우는 비년 초과치 계열(非年 超過値 系列, non-annual exceedance series)이라 부른다.

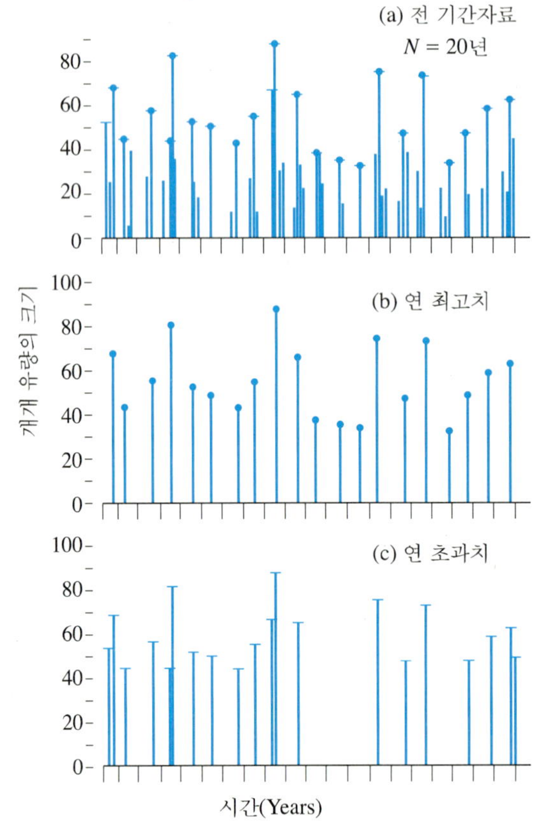

그림 13.21 수문자료치 계열

극치 계열은 해당 자료가 존재하는 기록기간을 일정기간 단위로 나누어 그 기간 내에 발생한 최대치(혹은 최소치)만으로 구성된 계열을 말한다. 통상 사용되는 기간 단위는 연(年)이며, 매년의 최대치(혹은 최소치)만으로 구성된 계열을 각각 연 최고치 계열(年 最高値 系列, annual maximum series) 및 연 최저치 계열(年 最低値 系列, annual minimum series)이라 부른다[그림 13.21(b)]. 상기한 수문자료치 계열을 분류하기 위해 그림 13.22를 준비하였다.

그림 13.21에 표시한 가상자료의 전자료치와 연 최고치 및 연 초과치가 크기순으로 그림 13.23에 표시되어 있다. 그림 13.23(b)는 많은 수의 연 초과치가 연 최고치보다 큼을 보여주고 있으며 20개 중 5개의 값만이 두 계열에서 같은 값을 가짐을 알 수 있다. 또한 그림 13.21(a)는 어떤 해의 두 번째 큰 값이 다른 해의 최고치보다 큰 경우가 있음을 보여주고 있다. 따라서 연 최고치 계열은 이들 두 번째 큰 값들이 사실상 다른 해의 최고치보다 크지만 계열에서 제외되어 있으므로 빈도해석에서는 이들의 영향이 고려되고 있지 않음을 알 수 있다. 반면에

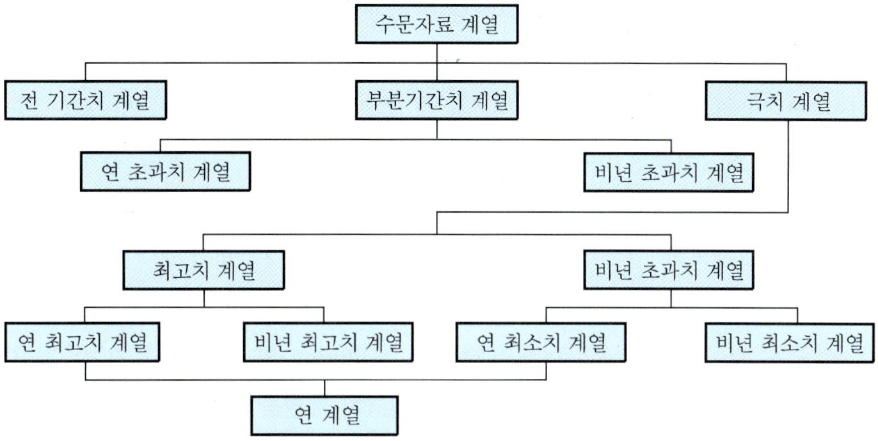

그림 13.22 수문자료계열의 분류

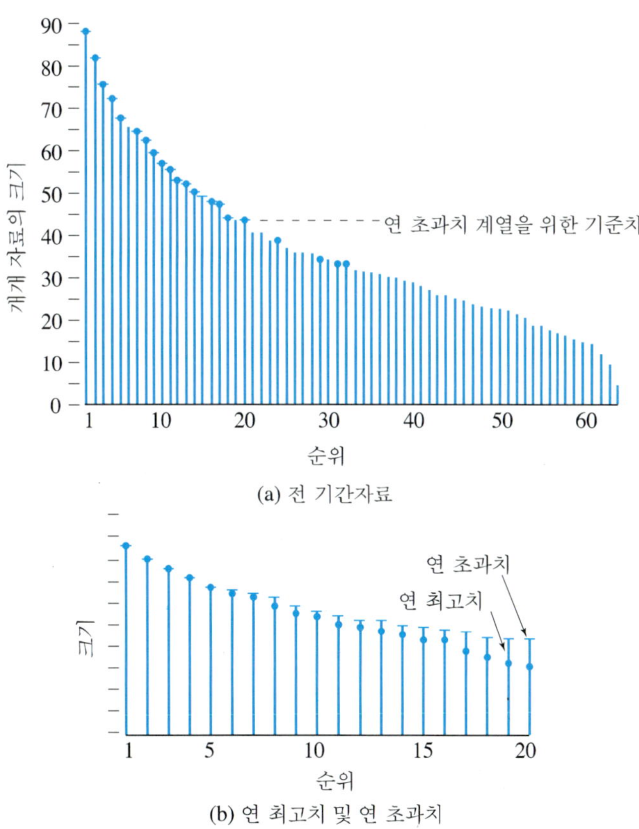

(a) 전 기간자료

(b) 연 최고치 및 연 초과치

그림 13.23 크기순으로 나열된 수문자료치 계열

연 초과치 계열은 같은 해에 연속적으로 발생한 여러 개의 값을 포함하고 있으므로 개개 자료의 독립성은 연 최고치 계열의 경우보다 결여되어 있는 것이다. 따라서 이와 같은 수문자료계열의 선택방법은 목적하는 수공구조물의 종류에 따라 적절하게 결정해야 한다. 만약 어떤 해에 발생한 최고치뿐만 아니라 두 번째 크기의 값도 그 구조물의 설계에 중요한 영향을 미칠 경우엔 연 초과치 계열을 선택하는 것이 좋다. 예를 들면, 여러 차례에 걸친 홍수로 인한 교량 기초의 파괴라든가 고속도로의 배수시설 붕괴 등은 한 개의 첨두유량에 의해서 뿐만 아니라 연속적인 여러 개의 홍수유량이 그 구조물의 파괴에 큰 영향을 미치므로 연 초과치 계열을 선택함이 좋을 것이나, 큰 댐의 여수로(餘水路, spillway)와 같은 것은 가장 위험한 수문학적 조건하에서 안전하도록 설계되어야 하므로 연 최고치 계열을 기준으로 설계하는 것이 타당할 것이다.

예제 13.5 표 13.16은 어떤 중규모 하천유역의 출구에서 기록된 20년간의 주요 홍수량 자료이다. 연최고치 계열과 연 초과치 계열을 작성하라.

표 13.16 연도별 대규모 홍수량 자료

연도	홍수량 (m^3/sec)	연도	홍수량 (m^3/sec)	연도	홍수량 (m^3/sec)	연도	홍수량 (m^3/sec)	연도	홍수량 (m^3/sec)
1931	125.4		75.4		75.4		108.6		117.2
	188.5		96.0		115.5		160.4	1947	159.4
	170.0	1935	155.0	1939	49.8	1943	39.9		130.5
	154.6		135.7		54.6		40.4		145.4
	98.0		100.0		39.9		48.3	1948	100.5
1932	108.0		147.8	1940	134.5	1944	60.5		92.7
	75.5	1936	94.6		187.6		38.8		114.9
	88.8		88.6		145.4		69.2	1949	43.5
1933	162.5		102.3		234.9		42.5		58.5
	180.3		113.6		200.0	1945	147.1	1950	70.5
	189.5	1937	110.2	1941	78.4		105.3		48.8
	111.5		75.3		94.3	1946	88.5		76.6
1934	47.8	1938	108.8	1942	165.4		92.8		60.5

풀이 매년의 최대 홍수량을 택하여 연 최고치 계열을 만들었으며 표 13.16의 전 자료 65개 중 크기순으로 20개를 택하여 연 초과치 계열을 만들었다(표 13.17). 표 13.17에서 알 수 있듯이 연 초과치 계열을 위한 기준값은 130.5 mm이다.

표 13.17 연 최고치 및 연 초과치 계열의 구성

순위	연 최고치 (m^3/sec)	연 초과치 (m^3/sec)	순위	연 최고치 (m^3/sec)	연 초과치 (m^3/sec)	순위	연 최고치 (m^3/sec)	연 초과치 (m^3/sec)	순위	연 최고치 (m^3/sec)	연 초과치 (m^3/sec)
1	234.9	234.9	6	155.0	180.3	11	112.6	159.4	16	76.6	145.4
2	189.5	200.0	7	147.1	170.0	12	110.2	155.0	17	69.2	145.4
3	188.5	189.5	8	117.2	165.4	13	108.0	154.6	18	58.5	135.7
4	165.4	188.5	9	115.5	162.5	14	96.0	147.8	19	64.6	134.5
5	159.4	187.6	10	114.9	160.4	15	94.3	147.1	20	48.3	130.5

13.7.2 표본자료 계열에 대한 예비적 해석

적정확률분포형에 맞추어 빈도분석(frequency analysis)을 실시하기에 앞서 대상자료를 도시하여 그 경향을 파악하는 것은 자료의 개략적인 성질파악에 도움이 된다. 또한 대상자료가 무작위성(無作僞性, randomness)이나 경향성(傾向性, trend)을 가지고 있는가를 검사하는 것과 자료계열 중에 이상치(異相値)가 있는지를 검사하는 것도 빈도분석에 있어서 대단히 중요하다.

1) 표본자료의 도시

분석대상 표본자료를 경년(経年)별로 도시(圖示, plotting)하여 그 형태를 파악함으로써 자료의 입력이 잘못되었다거나, 혹은 누락된 자료가 있는지를 시각적으로 확인하고 필요할 경우 수정보완하는 일은 대단히 중요하다.

2) 표본자료 계열의 무작위성 검사

수문자료의 빈도분석방법은 적정확률분포형에 맞추어 표본자료 계열을 분석하는 것이며, 자료계열을 구성하는 개개자료는 수문학적 지속성(水文學的 持續性, hydrologic persistence)을 가져서는 아니되며, 완전히 독립적인 무작위변량(random variable)이어야 하고 자료계열 자체는 무작위성을 가져야 한다. 여기서, 수문학적 지속성이란 수문자료 계열을 구성하는 개개 수문량이 무작위하게 독립적으로 발생하는 것이 아니라 비슷한 크기가 지속하려는 성질을 말한다. 즉, 하천의 임의단면에 있어서의 유량의 크기와 같이 짧은 시간 장경(시간 혹은 일) 동안에는 큰 값은 크게, 그리고 작은 유량은 작게 지속되는 성질을 의미한다.

따라서, 수문자료 계열이 수문학적 지속성을 가지면 확률분포가 전제하는 자료의 무작위성에 위배되므로 이러한 자료계열은 빈도분석하기에 부적절하다. 따라서, 표본자료 계열이 수문학적 지속성을 가지지 않는 무작위 시계열(random time series)임을 검사하는 무작위성 검사(無作爲性 檢査, test of randomness)가 필요하다.

표본자료 계열의 무작위성 검사를 위한 대표적인 방법으로는 Anderson의 Correlogram Test(Anderson, 1942; Yevjevich, 1972), Run Test(Keeping, 1966), Spearman의 Rank Correlation Coefficient Test(Keeping, 1966), 그리고 Turning Point Test(Clarke, 1973) 등이 있으며, 이들 방법은 국립방재연구소(1998)에 비교적 상세하게 소개되어 있다. 또한, Anderson의 Correlogram Test에 관해서는 제14.3절에도 소개되어 있다.

이들 방법에서는 각각 표준정규분포를 가지는 검정통계량을 정의하고 유의수준 α로 표본자료 계열의 무작위성을 나타내는 귀무가설(歸無假說, null hypothesis)을 기각할 수 없는 신뢰한계 내에 검정통계량이 들어가는지를 검사하게 된다.

빈도분석을 위한 대부분의 수문자료 계열은 연 최고치 혹은 연 최저치로 구성되므로 개개자료의 연속성이 없어서 수문학적 지속성을 보이지 않는 무작위 시계열로 밝혀져 있으며, 설사 자료계열이 무작위성에 위배되는 것으로 판명되더라도 다른 적절한 대안이 없으므로 구태여 자료계열의 무작위성을 검사할 필요가 없다고 할 수 있다.

3) 표본자료계열의 경향성 검사

수문자료 계열이 경년별(経年別)로 감소 혹은 증가하는 경향성(傾向性, trend)이 있는가를 검사하는 방법에는 Hotelling-Pabst 검사법과 Wald-Wolfowitz 검사법(Conover, 1971)과 Mann-Kendall 검사법(Hirsch, 1982) 등이 있다.

이들 방법에서는 무작위성의 검사에서처럼 표준정규분포를 가지는 검정통계량을 정의하고 표본자료로부터 산정한 검정통계량이 유의수준 α에 해당하는 신뢰한계 내에 들어가는지를 검사하게 된다.

그러나, 빈도분석을 위한 대부분의 수문자료 계열은 전술한 바와 같이 연최고치 혹은 연최저치로 구성되므로 경년별 자료의 경향성은 없는 것이 통상이므로 구태여 자료계열의 경향성 검정은 꼭 필요하지는 않다 하겠다.

4) 이상치의 검정

이상치(異常値, outlier)란 표본자료의 측정오류나 기록오류 등으로 인해 자료집단의 타 자료값으로부터 심하게 편차를 보이는 자료를 말한다. 표본자료집단에서 이상치가 있으면 표본자료를 확률분포에 적합시킬 때 오류를 초래하게 된다. 이상치에는 고 이상치(high outlier)와 저 이상치(low outlier)가 있을 수 있으며, 자료집단의 통계학적 특성에 각기 다른 결과를 가져오게 된다.

이상치의 발견을 위해 사용되는 대표적인 방법은 Grubbs와 Beck의 검사방법으로 다음과 같은 값을 계산하고, 이를 기준으로 이상치가 있는지를 검사하게 된다.

$$X_H = \exp(\overline{X} + sK_n) \tag{13.225}$$

$$X_L = \exp(\overline{X} - sK_n) \tag{13.226}$$

$$K_n = -3.62201 + 6.2844n^{1/4} - 2.49835n^{2/4} + 0.491436n^{3/4} - 0.037911n^{4/4} \tag{13.227}$$

여기서, $\overline{X}$ 및 s는 각각 표본자료 X_i의 자연대수치(自然對數値)를 취한 값의 평균 및 표준편차이고, K_n은 표본자료의 수(n)와 유의수준 $\alpha = 10\%$에 대한 Grubbs-Beck값이다. 위와 같이 구한 X_H보다 크면 고 이상치로 간주하며, X_L보다 작으면 저 이상치로 간주하여 표본자료의 분석에서 제외시킨다.

13.7.3 확률도시법에 의한 점 빈도해석

전술한 방법으로 수문자료치 계열을 작성하고 나면 이들 자료치 계열을 이론적 확률분포형에 맞추어서 그 자료가 대표하는 수문사상의 발생빈도를 분석하게 된다. 이러한 목적을 위해서는 자료치 계열을 구성하고 있는 개개 자료의 누가발생확률을 계산하여 자료치의 크기와 누가발생확률 간의 관계가 직선에 가장 가깝게 나타나는 확률지(제13.5.1절)상에 도시하게 된다. 확률지가 대표하는 이론적인 확률분포의 누가확률분포함수를 사용하면 자료점을 통과하는 이론직선을 그음으로써 장래에 발생할 특정빈도의 수문사상을 추정할 수 있게 되며 이와 같은 빈도해석 방법은 확률도시법(確率圖示法, probability poltting technique)으로 알려져 있다. 물론 확률도시 결과로부터 자료치 계열의 확률분포가 가정한 이론분포형(혹은 확률지)에 맞는가의 여부는 Kolmogorov-Smirnov 검정 등의 적합성 검정(제13.5.3절)에 의하여야 한다.

적절한 확률지상에 수문자료를 도시하기 위해서는 각 자료값의 누가발생확률을 결정해야 하며 이는 통상 도시위치공식(圖示位置公式, plotting position formula)에 의해 산정된다. 만약 분석되는 수문자료가 모집단이라면 가장 작은 값과 가장 큰 값이 자료에 포함되어 있을 것이므로 발생확률이 $0 \le P(X \le x) \le 1$의 모든 값을 가질 수 있으나 표본수문자료의 경우는 최대치 혹은 최소치를 항상 포함한다고 볼 수 없으므로 0과 1의 확률을 포함시킬 수는 없다. 따라서 도시위치를 결정하기 위해서는 보통 경험공식이 사용되고 있으며 흔히 사용되고 있는 공식은 표 13.18과 같다. 표 13.18의 (2)란의 n은 연최고치 자료 계열을 구성하고 있는 자료의 총 수이며, m은 전 자료를 제일 큰 것부터 제일 작은 것까지의 내림차순으로 나열했을 때의 순위이다. 또한 (3)란과 (4)란은 $n=10$, $m=1$일 때의 각 공식에 의한 초과확률(exceedance probability)과 재현기간(再現期間, return period 혹은 recurrence interval)을 나타내고 있다. 표 13.18의 공식 중에서 홍수량의 빈도해석에 가장 적합하고 널리 사용되는 공식은 Weibull 공식이다. 즉, 변량 X가 특정값 x를 초과할 확률은

$$P(X>x)=\frac{m}{n+1}=\frac{1}{T}=1-P(X\leq x) \tag{13.228}$$

여기서, T는 평균재현기간으로 초과확률의 역수이고 $P(X\leq x)$는 비초과확률(nonexceedance probability) 혹은 누가발생확률 $F(x)$를 뜻한다.

표 13.18 확률도시공식

공식명칭 (1)	초과확률 $P(X>x)$ (2)	$m=1$, $n=10$일 때	
		$P(X>x)$ (3)	T (4)
California	$\frac{m}{n}$	0.10	10
Hazen	$\frac{2m-1}{2n}$	0.05	20
Beard	$1-(0.5)^{m/n}$	0.067	14.9
Weibull	$\frac{m}{n+1}$	0.091	11
Chegadayev	$\frac{m-0.3}{n+0.4}$	0.067	14.9
Blom	$\frac{m-3/8}{n+1/4}$	0.061	16.4
Tukey	$\frac{3m-1}{3n+1}$	0.065	15.5
Gringorten	$\frac{m-0.44}{n+0.12}$	0.055	18.1
Cunnane	$\frac{m-0.4}{n+0.2}$	0.059	17
Adamowski	$\frac{m-0.25}{n+0.5}$	0.071	14

식 (13.228)을 다시 쓰면

$$T = \frac{n+1}{m} \tag{13.229}$$

Chow(1953)에 의하면 식 (13.228), (13.229)는 연최고치 계열의 해석에 가장 적합하며 연초과치 계열의 해석을 위해서는 표 13.18의 California 공식이 적합함을 실증한 바 있다. 상술한 공식에 의하면 초과확률 혹은 재현기간을 결정하고 나면 확률지에 자료점을 도시한 후 사용된 확률지의 특성을 감안하여 이론적인 누가확률분포곡선(확률지상의 직선)을 그리게 되며 분포형의 적정성 여부를 검사하게 된다.

예제 13.6 표 13.19는 어떤 수위표 지점에서 관측된 연 최대홍수량 계열을 크기순으로 나열한 것이다. 확률도시법으로 빈도분석을 실시하여 100년 빈도의 홍수량을 추정하라.

표 13.19 크기순으로 배열한 연 최대홍수량 (단위: m^3/sec)

793	768	747	747	711	683	660	648	624	585
585	546	529	528	500	469	465	465	465	455
451	445	422	419	381	347	316	311	300	

풀이 1) 표 13.19의 연별 최대홍수량을 크기순으로 나열하여 표 13.20과 같이 각 홍수량의 초과확률[(3)란]을 Weibull 공식으로 구하고 비초과확률[(4)란] $P(X \le x)$도 구하였다. 몇 가지 확률지에 표 13.20의 비 초과확률별 홍수량을 도시해 본 결과 그림 13.24에서 보는 바와 같이 대수정규확률지상에서 직선에 가장 가깝게 표시되었다.
도시된 자료점을 대표하는 이론 누가확률분포곡선을 그리기 위해 표 13.20의 (5)란과 (6)란의 계산값을 사용하여 $y = \log_{10} x$의 평균값 $\bar{y}$와 표준편차 s_y를 계산하면

$$\bar{y} = 2.708 \quad s_y = 0.1218$$

따라서, 직선의 방정식은

$$y = \log_{10} x = 2.708 + 0.1218 z$$

표 13.20의 (7)란은 (5)란의 y에 대한 $z = (y - \bar{y})/s_y$로 계산한 것이며 (8)란은 이에 상응하는 $F(z)$를 표 13.5로부터 구한 것이다. 따라서, (2)란과 (8)란의 값을 좌표점으로 하여 그림 13.24에 직선을 표시하였으며 이것이 이론적인 누가확률분포곡선이다.

표 13.20 확률도시법에 의한 빈도해석 및 K-S 검정

(1) m	(2) x	(3) $P(X>x)$	(4) $P(X\le x)=S_n(x)$	(5) $y=\log_{10}x$	(6) $(y-\bar{y})^2$	(7) z	(8) $F(z)$	(9) $\lvert F(z)-S_n(x)\rvert$
1	793	0.033	0.9667	2.8993	0.0366	1.570	0.9418	0.0249
2	768	0.0667	0.9333	2.8854	0.0314	1.456	0.9273	0.0060
3	747	0.1000	0.9000	2.8733	0.0273	1.357	0.9126	0.0126
4	747	0.1333	0.8667	2.8733	0.0273	1.357	0.9126	0.0459
5	711	0.1667	0.8333	2.8519	0.0207	1.181	0.8812	0.0479
6	683	0.2000	0.8000	2.8344	0.0160	1.038	0.8503	0.0503
7	660	0.2333	0.7667	2.8195	0.0124	0.916	0.8202	0.0535
8	648	0.2667	0.7333	2.8116	0.0107	0.850	0.8023	0.0690
9	624	0.3000	0.7000	2.7952	7.6E-03	0.716	0.7630	0.0630
10	585	0.3333	0.6667	2.7672	3.5E-03	0.486	0.6867	0.0200
11	585	0.3667	0.6333	2.7672	3.5E-03	0.486	0.6867	0.0534
12	546	0.4000	0.6000	2.7372	9E-04	0.239	0.5943	0.0056
13	529	0.4333	0.5667	2.7235	2E-04	0.127	0.5505	0.0162
14	528	0.4667	0.5333	2.7226	2E-04	0.120	0.5478	0.0145
15	500	0.5000	0.5000	2.6990	1E-04	−0.074	0.4705	0.0295
16	469	0.5333	0.4667	2.6712	1.4E-03	−0.303	0.3810	0.0857
17	465	0.5667	0.4333	2.6675	1.6E-03	−0.333	0.3696	0.0637
18	465	0.6000	0.4000	2.6675	1.6E-03	−0.333	0.3696	0.0304
19	465	0.6333	0.3667	2.6675	1.6E-03	−0.333	0.3696	0.0029
20	455	0.6667	0.3333	2.6580	2.5E-03	−0.411	0.3405	0.0072
21	451	0.7000	0.3000	2.6542	2.9E-03	−0.442	0.3293	0.0293
22	445	0.7333	0.2667	2.6484	3.6E-03	−0.490	0.3121	0.0454
23	422	0.7667	0.2333	2.6253	6.8E-03	−0.679	0.2485	0.0152
24	419	0.8000	0.2000	2.6222	7.4E-03	−0.705	0.2405	0.0405
25	381	0.8333	0.1667	2.5809	.0162	−1.044	0.1483	0.0184
26	347	0.8667	0.1333	2.5403	.0281	−1.377	0.0843	0.0490
27	316	0.9000	0.1000	2.4997	.0434	−1.711	0.0435	0.0565
28	311	0.9333	0.0667	2.4928	.0463	−1.768	0.0386	0.0281
29	300	0.9667	0.0333	2.4771	.0533	−1.896	0.0290	0.0043
계	15365			78.5329	0.4153	0		.9889

2) Kolmogorov-Smirnov 검정법(제13.5.3절)에 의해 본 예제에서 선택된 대수정규분포의 적합성을 판정하기 위해 그림 13.24의 직선으로부터 자료점의 편차인 $\lvert F(z)-S_n(x)\rvert$를 표 13.20의 (9)란에 계산하였으며[(8)란과 (4)란의 차의 절대값], 이 중 최대값인

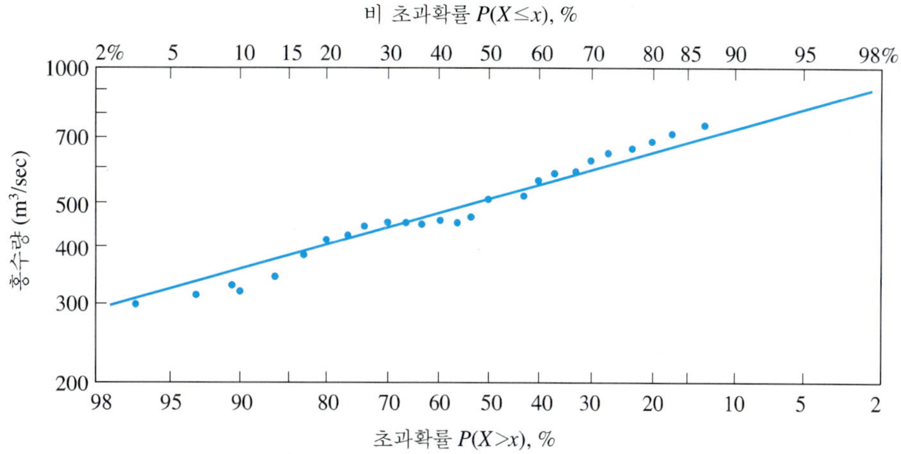

그림 13.24 확률도시법에 의한 빈도해석

$D_n = 0.0857$이다. 유의수준 $\alpha = 0.05(5\%)$이고 $n = 29$일 때의 K-S 검정의 한계값을 표 13.8로부터 구하면 $D_{29}^{0.05} = 0.242$이다.

$D_n < D_n^{\alpha} = 0.242$이므로 대수정규분포의 적합성은 유의수준 5%에서 받아들여진다.

3) $T = 100$년인 홍수량은 $P(X > x) = 0.01$ 혹은 $P(X \le x) = 0.99$인 홍수량이므로 표 13.5로부터 $z = 2.327$을 사용하면

$$y = \log_{10} x_{100} = 2.708 + 0.1218 \times 2.327 = 2.991$$

$$\therefore\ x_{100} = 979.5\ \text{m}^3/\text{sec}$$

13.7.4 빈도계수법에 의한 점 빈도해석

표본수문 자료의 변량 x는 일반적으로 그의 평균값 $\bar{x}$에 평균값으로부터의 편차 Δx를 더한 것으로 표시할 수 있다. 즉,

$$x = \bar{x} + \Delta x \tag{13.230}$$

여기서, 편차 Δx는 변량 x의 확률분포가 가지는 분산특성과 변량의 재현기간(혹은 발생확률) 및 확률분포형의 매개변수 등에 관계가 있는 것으로 알려져 있으며, 변량 x의 표준편차 s에 빈도계수(頻度係數, frequency factor) K를 곱한 것으로 표시된다. 즉, $\Delta x = sK$이다. 따라서

$$x_T = \bar{x} + sK_T \tag{13.231}$$

여기서, 빈도계수 K_T는 재현기간 T와 확률분포형의 함수이다.

식 (13.231)은 Chow(1953)에 의해 제안되어 수문자료의 빈도해석을 위한 일반식으로 알려져 있으며 빈도해석을 위해 추천되고 있는 각종 분포형에 적용함으로써 특정 재현기간을 가지는 수문량을 결정하는 데 사용된다. 선택된 분포형에 따라 $K_T \sim T$ 관계가 수립되며 이는 공식, 표 혹은 관계곡선의 형태를 갖는다.

식 (13.231)을 적용하기 위해서는 우선 표본자료로부터 적용하고자 하는 분포형의 매개변수를 계산하고 특정 재현기간에 상응하는 빈도계수를 $K_T \sim T$ 관계로부터 구하여 식 (13.231)로 x_T의 크기를 결정한다.

빈도해석에서 많이 사용되는 분포형의 $K_T \sim T$ 관계와 이를 빈도해석에 이용하는 방법을 살펴보기로 한다.

1) 정규분포

정규분포(제13.4.1절)의 빈도계수는 식 (13.231)로부터 다음과 같이 표시할 수 있다.

$$K_T = \frac{x_T - \bar{x}}{s} \tag{13.232}$$

식 (13.232)를 표준정규분포의 누가확률분포함수식[식 (13.34)]에 대입하면

$$P(X \le x) = \frac{1}{\sqrt{2\pi}} \int_{-\infty}^{K} e^{-\frac{1}{2}K^2} dK \tag{13.233}$$

따라서, K는 표준정규분포의 변환변수 z와 같음을 알 수 있으며 K의 여러 값에 대한 $P(X \le x)$값은 표준 정규누가확률표(표 13.5)로부터 구할 수 있으므로 식 (13.228)의 관계에 의해 재현기간 T를 계산할 수 있다. 즉,

$$T = \frac{1}{P(X > x)} = \frac{1}{1 - P(X \le x)} = \frac{1}{1 - F(x)} \tag{13.234}$$

한편, 식 (13.234)를 다시 정리하면,

$$P(X \le x) = F(x) = 1 - \frac{1}{T} \tag{13.235}$$

따라서, 재현기간 T년에 해당하는 빈도계수 K_T는 표준정규확률분포의 변량 z와 같으므로 재현기간 T년인 수문변량의 값은 식 (13.231)에 의해 산정된다.

정규확률분포의 빈도계수에 해당하는 z값을 표 13.5를 사용하지 않고 초과확률 $P(z > z_T) =$

$1/T$을 이용하여 다음의 경험식으로부터 구할 수도 있다.

$$W = \left[\ln \frac{1}{\{P(z > z_T)\}^2}\right]^{1/2}, \quad 0 < P \leq 0.5 \tag{13.236}$$

$P > 0.5$인 경우에는 P 대신 $(1-P)$를 사용하며, 이 경우 계산된 z값은 음(−)의 값을 가진다.

$$z = W - \frac{2.515517 + 0.802853\,W + 0.010328\,W^2}{1 + 1.432788\,W + 0.189269\,W^2 + 0.001308\,W^3} \tag{13.237}$$

예제 13.7 정규분포를 가지는 연 최대홍수량 계열의 매개변수를 모멘트법으로 추정한 결과 평균값 $\overline{x} = 3{,}500\ \mathrm{m^3/sec}$이고 표준편차 $s = 1{,}200\ \mathrm{m^3/sec}$였다. 재현기간 50년인 홍수량의 크기는 얼마인가?

풀이 $T = 50$년에 해당하는 초과확률은 식 (13.228)로부터

$$P(X > x) = \frac{1}{T} = \frac{1}{50} = 0.02$$

따라서, 비초과확률은

$$P(X \leq x) = F(x) = 1 - 0.02 = 0.98$$

표 13.5로부터 $F(x) = 0.98$에 해당하는 $z = 2.054$이며 이것이 K_{50}이다.
한편, 식 (13.236)과 식 (13.237)을 사용하여 $T = 50$년에 해당하는 정규분포의 빈도계수 K_{50}을 계산하면 $P(z > z_T) = 1/50 = 0.02$이므로 식 (13.236)으로부터

$$W = \left[\ln \frac{1}{(0.02)^2}\right]^{1/2} = 2.797$$

식 (13.237)을 사용하면

$$\begin{aligned} K_{50} &= z \\ &= 2.797 - \frac{2.515517 + 0.802853 \times 2.797 + 0.010328 \times (2.797)^2}{1 + 1.432788 \times 2.797 + 0.189269 \times (2.797)^2 + 0.00138 \times (2.797)^3} \\ &= 2.054 \end{aligned}$$

따라서, 50년 빈도의 홍수량은 식 (13.231)을 사용하면 다음과 같이 계산된다.

$$x_{50} = \bar{x} + sK_{50} = 3,500 + 1,200 \times 2.054 = 5,965 \text{ m}^3/\text{sec}$$

예제 13.8 표 13.21의 (1), (2)란은 어떤 우량 관측소의 연도별 4월 최대강우량을 표시하고 있다.

가) 빈도계수법에 의해 정규확률분포에 맞추어 빈도해석을 실시하고 초과확률 1%(재현기간 100년)에 해당하는 4월 최대강우량을 추정하라.

나) 강우량 자료의 초과확률을 Weibull 도시공식으로 산정하여 정규확률지에 도시하고 (확률도시법) 이론 누가확률곡선을 그린 후 초과확률 1%에 해당하는 4월 최대강우량을 결정하여 가)에서 추정한 값과 비교하라.

풀이 가) 빈도계수법에 의한 재현기간 100년의 4월 최대강우량

1) 모멘트법에 의한 정규확률분포의 매개변수 산정

표 13.21의 (2)란에서 $\sum_{i=1}^{n} x_i = 966$ mm이고 $n = 23$이므로

$$\text{평균: } \bar{x} = \frac{966}{23} = 42 \text{ mm}$$

표 13.21의 (3)란에서 $\sum_{i=1}^{n} (x_i - \bar{x})^2 = 962$이므로

$$\text{표준편차: } s = \sqrt{\frac{1}{22} \times 962} = 6.61 \text{ mm}$$

2) 확률가중모멘트법에 의한 매개변수 산정

식 (13.54)와 식 (13.68)에 의하면 1차 L-모멘트는

$$l_1 = M_{1,0,0} = \bar{x} = \frac{1}{n}\sum_{i=1}^{n} x_i = 42 \text{ mm}$$

그런데, 식 (13.41)에 의하면(표 13.21 참조)

$$M_{1,1,0} = \frac{1}{n}\sum_{i=1}^{n} \frac{(i-1)}{(n-1)} x_i = \frac{1}{23} \times 527.47 = 22.93 \text{ mm}$$

따라서, 식 (13.55)에 의하면 2차 L-모멘트는

$$l_2 = 2M_{1,1,0} - M_{1,0,0} = (2 \times 22.93) - 42 = 3.86 \text{ mm}$$

표 13.21 빈도계수의 적용을 위한 계산

(1) 연도	(2) 최대강우량 x(mm)	(3) $(x-\bar{x})^2$	(4) 재배열 x_i(mm)	(5) 재배열 순위 i	(6) PWM 계산항 $[(i-1)/(n-1)]\cdot x_i$
1978	43	1	32	1	0
1979	45	9	32	2	1.45
1980	38	16	34	3	3.09
1981	32	100	35	4	4.77
1982	47	25	36	5	6.55
1983	50	64	37	6	8.40
1984	52	100	37	7	10.09
1985	32	100	38	8	12.09
1986	51	81	38	9	13.82
1987	41	1	38	10	15.55
1988	43	1	41	11	18.64
1989	38	16	42	12	21.00
1990	36	36	43	13	23.45
1991	35	49	43	14	25.41
1992	38	16	44	15	27.94
1993	37	25	45	16	30.68
1994	37	25	47	17	34.18
1995	44	4	48	18	37.09
1996	34	64	49	19	40.09
1997	54	144	50	20	43.18
1998	49	49	51	21	46.36
1999	48	36	52	22	49.64
2000	42	0	54	23	54.00
계	966	962			527.47

식 (13.69)에 의해 표준편차를 계산하면

$$s = \sqrt{\pi}\, l_2 = \sqrt{\pi} \times 3.86 = 6.84 \text{ mm}$$

확률가중모멘트법으로 산정한 표준편차 $s = 6.84$ mm는 모멘트법에 의한 $s = 6.61$ mm와 근소한 차이가 있다.

3) 100년 빈도 4월 최대강우량

확률가중모멘트법에 의한 매개변수 $\bar{x} = 42$ mm, $s = 6.84$ mm를 사용하기로 한다. 초과확률 1%(누가확률 혹은 비초과확률 99%)에 대한 표준정규확률분포의 변환변수

$z_T = 2.327$(표 13.5)이 빈도계수 K_T이므로 식 (13.231)에 의하면

$$x_{100} = 42 + 6.84 \times 2.327 = 57.92 \text{ mm}$$

나) 확률도시법에 의한 100년 빈도 4월 최대강우량

1) 표 13.22는 표 13.21의 자료를 크기순으로 나열하고 각 자료값의 초과확률을 Weibull 공식(표 13.18)으로 계산하여 수록한 것이다.
2) 표 13.22의 초과확률별 강우량은 그림 13.25의 정규확률지에 표시하였다.
3) 정규확률분포의 이론적인 누가확률분포곡선을 그리기 위해 식 (13.231)을 사용하면 ($K_T = z_T$이므로)

$$x_T = 42 + 6.84 z_T$$

$z_T = 0$이면, $x_T = 42$ mm, 표 13.5로부터 $P(X \le x_T) = 50.0\%$
$z_T = 1$이면, $x_T = 48.84$ mm, 표 13.5로부터 $P(X \le x_T) = 84.13\%$
$z_T = -1$이면, $x_T = 35.16$ mm, 표 13.5로부터 $P(X \le x_T) = 15.87\%$

표 13.22 확률도시법의 적용을 위한 계산

순위, m	강우량(mm)	초과확률 $P(X > x)$, %	순위, m	강우량(mm)	초과확률 $P(X > x)$, %
1	54	4.2	13	41	54.7
2	52	8.3	14	38	58.3
3	51	12.5	15	38	62.5
4	50	16.7	16	38	66.7
5	49	20.8	17	37	70.8
6	48	25.0	18	37	75.0
7	47	29.2	19	36	79.7
8	45	33.3	20	35	83.3
9	44	37.5	21	34	87.5
10	43	41.7	22	32	91.7
11	43	45.8	23	32	95.8
12	42	50.0			

위의 3개 좌표점을 사용하여 그은 직선(누가확률분포곡선)이 그림 13.25에 표시되어 있으며 자료점들이 직선과 잘 합치(合致)되고 있음을 알 수 있다.

4) 그림 13.25의 이론누가확률곡선으로부터 초과확률 $P(X > x) = 1\%$에 해당하는 강우량 값을 읽으면 나)의 빈도계수법에서 계산한 57.92 mm와 비슷함을 알 수 있다.

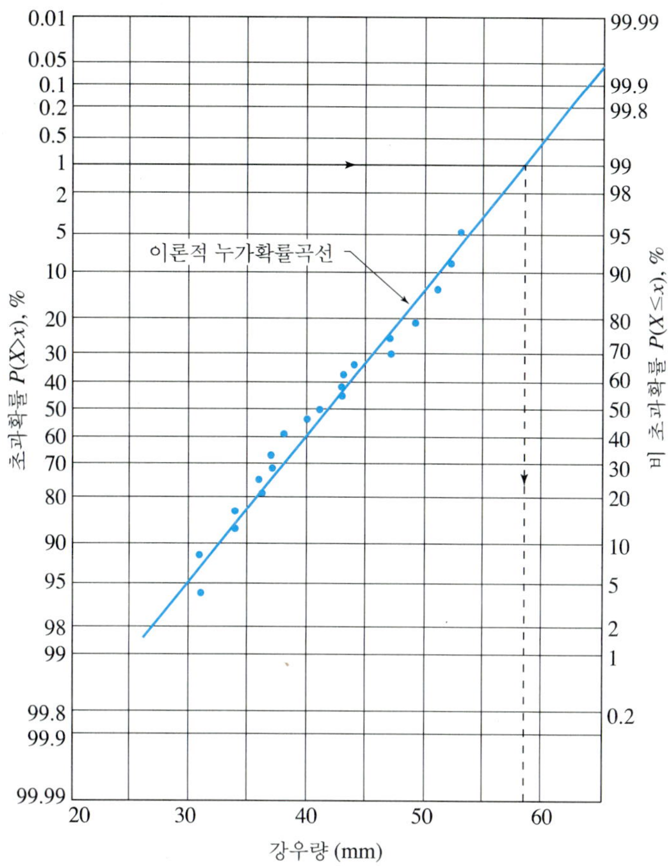

그림 13.25 연 최고치 계열의 해석(정규확률지)

2) 2변수 대수정규분포

2변수 대수정규분포(제13.4.2절)의 경우 재현기간 T년인 변량 X_T를 산정하는 방법에는 3가지가 있다. 변량 x의 대수값인 $y = \ln x$가 정규분포를 가지므로 어떤 재현기간 T에 해당하는 y_T를 다음과 같이 식 (13.231)의 형으로부터 구한 다음 대수 역변환(対数 逆変換)에 의해 x_T를 구하는 방법이다. 즉

$$y_T = \bar{y} + s_y K_{Ty} \tag{13.238}$$

$$x_T = \exp(y_T) \tag{13.239}$$

여기서, K_{Ty}는 재현기간 T에 해당하는 $y = \ln x$의 빈도계수이고 $\bar{y}$와 s_y는 각각 y의 평균치 및 표준편차이다.

두 번째 방법은 변량 x의 대수를 취하지 않고 표본자료 x를 직접 사용하여 재현기간 T에 해당하는 빈도계수 K_T를 다음 식으로 계산하여 식 (13.231)로 x_T를 계산하는 방법이다. 즉,

$$K_T = \frac{1}{C_V}\left(\exp[\{\ln(1+C_V^2)\}^{\frac{1}{2}}z - \frac{1}{2}\{\ln(1+C_V^2)\}] - 1\right) \tag{13.240}$$

여기서, $C_V = s/\bar{x}$ 로서 변동계수이고 z는 재현기간 T에 해당하는 비초과확률(혹은 누가확률) $F(x)$에 대응하는 표준정규분포의 변환변수값이다.

세 번째 방법으로는 2변수 대수정규분포의 빈도계수를 표 13.23을 사용하여 구하는 것이다. 즉, 표본자료의 변동계수 C_V[혹은 식 (13.79)에 의한 왜곡도계수]를 계산하고 재현기간 T에 해당하는 초과확률 $P(X > x)$를 결정하면 표 13.23으로부터 직접 빈도계수 K_T를 읽을 수 있으며 필요하다면 보간법으로 내삽하게 된다. 표 13.23에서 초과확률 99, 95, 80, 50%에 대한 빈도계수는 (−)값을 가진다.

표 13.23 대수정규분포의 빈도계수

C_s	초과확률 $P(X>x)$, (%)								C_V
	99 (−)	95 (−)	80 (−)	50 (−)	20 (+)	5 (+)	1 (+)	0.1 (+)	
0	2.33	1.65	0.84	0	0.84	1.64	2.33	3.09	0
0.1	2.25	1.62	0.85	0.02	0.84	1.67	2.40	3.22	0.033
0.2	2.18	1.59	0.85	0.04	0.83	1.70	2.47	3.39	0.067
0.3	2.11	1.56	0.85	0.06	0.82	1.72	2.55	3.56	0.100
0.4	2.04	1.53	0.85	0.07	0.81	1.75	2.62	3.72	0.136
0.5	1.98	1.49	0.86	0.09	0.80	1.77	2.70	3.88	0.166
0.6	1.91	1.46	0.85	0.10	0.79	1.79	2.77	4.05	0.197
0.7	1.85	1.43	0.85	0.11	0.78	1.81	2.84	4.21	0.230
0.8	1.79	1.40	0.84	0.13	0.77	1.82	2.90	4.37	0.262
0.9	1.74	1.37	0.84	0.14	0.76	1.84	2.97	4.55	0.292
1.0	1.68	1.34	0.84	0.15	0.75	1.85	3.03	4.72	0.324
1.1	1.63	1.31	0.83	0.16	0.73	1.86	3.09	4.87	0.351
1.2	1.58	1.29	0.82	0.17	0.72	1.87	3.15	5.04	0.381
1.3	1.54	1.26	0.82	0.18	0.71	1.88	3.21	5.19	0.409
1.4	1.49	1.23	0.81	0.19	0.69	1.88	3.26	5.35	0.436
1.5	1.45	1.21	0.81	0.20	0.68	1.89	3.31	5.51	0.462
1.6	1.41	1.18	0.80	0.21	0.67	1.89	3.36	5.66	0.490
1.7	1.38	1.16	0.79	0.22	0.65	1.89	3.40	5.80	0.517
1.8	1.34	1.14	0.78	0.22	0.64	1.89	3.44	5.96	0.544
1.9	1.31	1.12	0.78	0.23	0.63	1.89	3.48	6.10	0.570
2.0	1.28	1.10	0.77	0.24	0.61	1.89	3.52	6.25	0.596
2.1	1.25	1.08	0.76	0.24	0.60	1.89	3.55	6.39	0.620
2.2	1.22	1.06	0.76	0.25	0.59	1.89	3.59	6.51	0.643
2.3	1.20	1.04	0.75	0.25	0.58	1.88	3.62	6.65	0.667
2.4	1.17	1.02	0.74	0.26	0.57	1.88	3.65	6.77	0.691
2.5	1.15	1.00	0.74	0.26	0.56	1.88	3.67	6.90	0.713
2.6	1.12	0.99	0.73	0.26	0.55	1.87	3.70	7.02	0.734
2.7	1.10	0.97	0.72	0.27	0.54	1.87	3.72	7.13	0.755
2.8	1.08	0.96	0.72	0.27	0.53	1.86	3.74	7.25	0.776
2.9	1.06	0.95	0.71	0.27	0.52	1.86	3.76	7.36	0.796
3.0	1.04	0.93	0.71	0.28	0.51	1.85	3.78	7.47	0.818
3.2	1.01	0.90	0.69	0.28	0.49	1.84	3.81	7.65	0.857
3.4	0.98	0.88	0.68	0.29	0.47	1.83	3.84	7.84	0.895
3.6	0.95	0.86	0.67	0.29	0.46	1.81	3.87	8.00	0.930
3.8	0.92	0.84	0.66	0.29	0.44	1.80	3.89	8.16	0.966
4.0	0.90	0.82	0.65	0.29	0.42	1.78	3.91	8.30	1.000
4.5	0.84	0.78	0.63	0.30	0.39	1.75	3.93	8.60	1.081
5.0	0.80	0.74	0.62	0.30	0.37	1.71	3.95	8.86	1.155

주: (−), (+)는 Entry값의 부호임.

예제 13.9 표 13.24의 제 (1), (2)란에 주어져 있는 어떤 수위관측소 지점의 연 최대홍수량 계열을 2변수 대수정규분포에 맞추어 매개변수를 모멘트법과 확률가중모멘트법으로 산정한 후 빈도계수법으로 이 지점의 100년 빈도 홍수량을 추정하라.

풀이

표 13.24 연 최대홍수량 계열의 빈도분석을 위한 계산

(1) 연도	(2) 홍수량 $x(\mathrm{m}^3/\mathrm{sec})$	(3) $(x-\bar{x})^2$	(4) $(x-\bar{x})^3$	(5) $y=\ln x$	(6) $(y-\bar{y})^2$	(7) $(y-\bar{y})^3$	(8) 재배열 x_i	(9) 재배열 순위 i	(10) $nM_{1,1,0}$	(11) PWM 계산항 $[(i-1)(i-2)/(n-1)(n-2)]x_i$
1978	9.6	1102.2	36592	2.26	1.46	−1.772	7.8	1	0	0
1979	30.6	148.8	1815	3.42	0.00	0	9.6	2	0.44	0
1980	33.8	81.0	729	3.52	0.00	0	12.0	3	1.09	0.0520
1981	102.3	3540.3	210649	4.63	1.35	1.561	15.0	4	2.05	0.1948
1982	33.0	96.0	941	3.50	0.00	0	16.8	5	3.05	0.4364
1983	212.4	28628.6	4853956	5.36	3.57	6.751	18.1	6	4.11	0.7836
1984	33.6	84.6	778	3.51	0.00	0	26.7	7	7.28	1.7338
1985	62.4	384.2	7531	4.13	0.44	0.288	28.5	8	9.07	2.5909
1986	45.6	4.8	11	3.82	0.12	0.043	28.8	9	10.47	3.4909
1987	28.8	196.0	2744	3.36	0.01	0.001	29.7	10	12.15	4.6286
1988	58.5	15.7	62	4.07	0.36	0.216	30.6	11	13.91	5.9610
1989	16.8	676.0	17576	2.77	0.49	−0.343	33.0	12	16.50	7.8571
1990	18.1	571.2	13652	2.90	0.33	−0.185	33.6	13	18.32	9.6000
1991	42.3	0.3	0	3.75	0.08	0.023	33.8	14	19.97	11.4130
1992	36.6	38.4	238	3.60	0.02	0.002	36.6	15	23.29	14.4182
1993	45.9	9.6	30	3.83	0.13	0.047	42.3	16	28.84	19.2273
1994	15.0	772.8	21483	2.71	0.58	−0.439	45.6	17	33.16	23.6883
1995	28.5	205.5	2946	3.35	0.01	−0.002	45.9	18	35.47	27.0234
1996	7.8	1225.0	42875	2.05	2.02	−2.863	53.7	19	43.94	35.5675
1997	12.0	948.6	29216	2.49	0.96	−0.941	58.5	20	50.52	43.3052
1998	29.7	171.6	2248	3.39	0.00	0	62.4	21	56.73	51.3247
1999	26.7	259.2	4173	3.29	0.03	0.006	102.3	22	96.71	93.0000
2000	53.7	118.8	1295	3.98	0.26	0.133	212.4	23	212.40	212.4000
계	983.7	39279.2	5251540	79.69	12.22	2.965			699.47	568.6967

주: (4)란과 (10)란의 값은 예제 13.11에서 필요로 하는 계산항임.
(7)란은 예제 13.14에서 필요로 하는 계산항임.

1) 모멘트법에 의한 매개변수를 사용할 경우
표 13.24로부터

$$\bar{x} = \frac{983.7}{23} = 42.8 \text{ m}^3/\text{sec}$$

$$s_x = \sqrt{\frac{39279.2}{(23-1)}} = 42.3 \text{ m}^3/\text{sec}$$

$$C_V = \frac{s}{\bar{x}} = \frac{42.3}{42.8} = 0.99$$

$$\bar{y} = \frac{79.69}{23} = 3.47$$

$$s_y = \sqrt{\frac{12.22}{(23-1)}} = 0.75$$

따라서, 재현기간 $T=100$년에 해당하는 표준정규분포의 변량 $z=2.327$이고 이 값이 바로 2변수 대수정규분포의 빈도계수(K_{Ty})이므로 식 (13.238)을 사용하면

$$y_{100} = 3.47 + 0.75 \times 2.327 = 5.215$$

따라서, 식 (13.228)에 의하면

$$x_{100} = \exp(y_{100}) = \exp(5.215) = 184.06 \text{ m}^3/\text{sec}$$

2) 확률가중모멘트법에 의한 매개변수를 사용할 경우
식 (13.54)와 식 (13.68)에 의하면 1차 L-모멘트는

$$l_1 = M_{1,0,0} = \bar{x} = \frac{1}{n}\sum_{i=1}^{n} x_i = 42.8 \text{ m}^3/\text{sec}$$

표 13.24로부터

$$M_{1,1,0} = \frac{1}{n}\sum_{i=1}^{n}\frac{(i-1)}{n-1}x_i = \frac{1}{23} \times 699.47 = 30.41 \text{ m}^3/\text{sec}$$

따라서, 식 (13.55)에 의하면 2차 L-모멘트는

$$l_2 = 2M_{1,1,0} - M_{1,0,0} = (2 \times 30.41) - 42.8 = 18.02 \text{ m}^3/\text{sec}$$

한편, L-변동계수는

$$t = \frac{l_2}{l_1} = \frac{18.02}{42.8} = 0.42$$

식 (13.80)을 사용하면

$$s_y = 2\frac{z}{\sqrt{2}} = 2\text{erf}^{-1}(t) = 2\text{erf}^{-1}(0.42)$$

누가확률 $F = \frac{t+1}{2} = \frac{0.42+1}{2} = 0.71$에 대한 표준정규변수 z값은 표 13.5로부터 $z = 0.553$이다.
따라서, 식 (13.80)에서

$$s_y = 2 \times \frac{0.553}{\sqrt{2}} = 0.78$$

식 (13.81)을 사용하면

$$\overline{y} = \ln l_1 - \frac{s_y^2}{2} = \ln(42.8) - \frac{(0.78)^2}{2} = 3.45$$

식 (13.238)에 $\overline{y} = 3.45$, $s_y = 0.78$을 대입하면

$$y_{100} = 3.45 + 0.78 \times 2.327 = 5.265$$

따라서,

$$x_{100} = \exp(5.265) = 194.45 \text{ m}^3/\text{sec}$$

예제 13.10 어떤 지점의 연 최대홍수량 자료계열이 2변수 대수정규분포를 가지며 모멘트법으로 산정된 평균값 $\overline{x} = 8{,}000 \text{ m}^3/\text{sec}$이고 표준편차 $s = 2{,}096 \text{ m}^3/\text{sec}$이다. 빈도계수법으로 이 지점의 100년 빈도 홍수량을 추정하라.

풀이 식 (13.74)와 식 (13.75)의 관계를 사용하면 홍수량자료의 대수값 $y = \ln x$의 평균값 $\overline{y}$와 표준편차 s_y는 $C_V = 2{,}096/8{,}000 = 0.262$이므로 다음과 같다.

$$\overline{y} = \frac{1}{2}\ln\left[\frac{(8{,}000)^2}{(0.262)^2+1}\right] = 8.954$$

$$s_y = \sqrt{\ln[(0.262)^2 + 1]} = 0.258$$

1) $T = 100$년에 대한 $P(X \leq x) = F(x) = 0.99$이므로 표 13.5로부터 $z = 2.327 = K_{Ty}$이다.

식 (13.238)에 $\bar{y}$, s_y, K_{Ty}를 대입하면

$$y_{100} = 8.954 + 0.258 \times 2.327 = 9.554$$

따라서, 식 (13.239)에 의하면

$$x_{100} = \exp(y_{100}) = \exp(9.554) = 14{,}101 \text{ m}^3/\text{sec}$$

2) 한편, 식 (13.240)을 사용하여 자료 x의 빈도계수를 직접 계산하면 $\ln(1 + C_V^2) = \ln(1 + 0.0686) = 0.0664$이므로

$$K_{100} = \frac{1}{0.262}\left[\exp\left\{(0.0664)^{1/2} \times 2.327 - \frac{1}{2} \times 0.0664\right\} - 1\right] = 2.908$$

따라서, 식 (13.231)을 사용하면

$$x_{100} = 8{,}000 + 2{,}096 \times 2.908 = 14{,}095 \text{ m}^3/\text{sec}$$

3) 표 13.23의 빈도계수표에서 $C_V = 0.262$이고 초과확률 $P(X > x) = 1\%$(재현기간 100년)일 때의 $K_{100} = 2.90$이므로 식 (13.230)에 의하면

$$x_{100} = 8{,}000 + 2{,}096 \times 2.91 = 14{,}099 \text{ m}^3/\text{sec}$$

위의 세 가지 방법에 의한 계산결과는 거의 동일함을 알 수 있다.

3) 3변수 대수정규분포

3변수 대수정규분포(제13.4.3절)의 경우는 $y = \ln(x - x_0)$가 정규분포를 가지게 되므로 자료 y에 대해 확률수문량을 구한 후 역변환으로 재현기간 T년에 해당하는 수문량 x_T를 구하게 된다. 즉,

$$\ln(x_T - x_0) = \bar{y} + K_T s_y \qquad (13.241)$$

여기서,

$$K_T = z_T = \frac{\ln(x_T - x_0) - \overline{y}}{s_y} \tag{13.242}$$

따라서,

$$x_T = x_0 + \exp(\overline{y} + z s_y) \tag{13.243}$$

3변수 대수정규분포의 빈도계수는 다음 식으로 구할 수도 있다.

$$K_T = \frac{\exp\left(z s_y^2 - \frac{s_y^2}{2}\right) - 1}{\sqrt{\exp(s_y^2) - 1}} \tag{13.244}$$

따라서 T년 빈도의 수문량은

$$x_T = \overline{x} + K_T s_x \tag{13.245}$$

여기서, s_x, s_y는 각각 $(x - x_0)$와 $y = \ln(x - x_0)$의 표준편차이다.

예제 13.11 예제 13.9에 주어진 연 최대홍수량 자료를 3변수 대수정규분포에 맞추어 매개변수를 모멘트법과 확률가중모멘트법으로 산정한 후 빈도계수법으로 이 지점의 100년 빈도 홍수량을 추정하라.

풀이 1) 모멘트법에 의한 매개변수를 사용할 경우

예제 13.9의 홍수량 자료계열(x)의 왜곡도계수(C_{sx})를 산정할 수 있도록 표 13.24의 (4)란에 $\sum(x - \overline{x})^3$항이 계산되어 있다. 자료계열의 왜곡도계수는 식 (13.30)을 사용하면 다음과 같이 계산된다.

$$C_{sx} = \frac{a}{s_x^3} = \frac{1}{s_x^3} \frac{n}{(n-1)(n-2)} \sum_{i=1}^{n} (x_i - \overline{x})^3$$

예제 13.9에서 $\overline{x} = 42.8\ \mathrm{m^3/sec}$, $s_x = 42.3\ \mathrm{m^3/sec}$, $n = 23$으로 결정되었으며, 표 13.24에서 (4)란의 합계는 5,251,540이므로

$$C_{sx} = \frac{1}{(42.3)^3} \frac{23}{22 \times 21} \times 5,251,540 = 3.454$$

식 (13.87)을 사용하면

$$W = \frac{1}{2}\left[-3.454 + \{(3.454)^2 + 4\}^{1/2}\right] = 0.269$$

식 (13.86)을 사용하면

$$C_{Vz} = \frac{1-(0.269)^{2/3}}{(0.269)^{1/3}} = 0.904$$

식 (13.85)를 사용하면

$$x_0 = 42.8 - \frac{42.3}{0.904} = -3.992$$

식 (13.84)를 사용하면

$$s_y = \left[\ln\{(0.904)^2 + 1\}\right]^{1/2} = 0.773$$

식 (13.83)을 사용하면

$$\bar{y} = \ln\left(\frac{42.8}{0.904}\right) - \frac{1}{2}\ln[(0.904)^2 + 1]$$
$$= 3.857 - 0.299 = 3.558$$

따라서, 재현기간 $T = 100$년에 해당하는 빈도계수 $K_{100} = z = 2.327$이므로 식 (13.243)을 사용하면

$$x_{100} = -3.992 + \exp(3.558 + 2.327 \times 0.773)$$
$$= 208.05\ \mathrm{m^3/sec}$$

2) 확률가중모멘트법에 의한 매개변수를 사용할 경우
예제 13.9의 홍수량 자료계열(x)의 3차 L-모멘트(l_3)를 계산하는 데 필요한 확률가중모멘트 $M_{1,2,0}$[식 (13.42)]를 계산하기 위해 표 13.24의 (10)란에 표시된 항을 계산하였다.
식 (13.42)에 의하면

$$M_{1,2,0} = \frac{1}{23} \times (568.6967) = 24.73$$

따라서, $M_{1,2,0} = 24.73\ \mathrm{m^3/sec}$와 $M_{1,1,0} = 30.41\ \mathrm{m^3/sec}$, $M_{1,0,0} = 42.80\ \mathrm{m^3/sec}$ (예제 13.9에서의 계산치)를 식 (13.56)에 대입하면

$$l_3 = 6 \times 24.73 - 6 \times 30.41 + 42.80 = 8.72$$

따라서, 식 (13.59)에 의하면 L-왜곡도계수는 예제 13.9에서 $l_2 = 18.02$였으므로

$$t_3 = \frac{l_3}{l_2} = \frac{8.72}{18.02} = 0.484$$

식 (13.91)을 사용하면

$$u = \sqrt{\frac{8}{3}} F^{-1}\left(\frac{1+0.484}{2}\right) = \sqrt{\frac{8}{3}} F^{-1}(0.742)$$

표 13.5로부터 $F^{-1}(0.742) = z = 0.643$이므로

$$u = 1.050$$

식 (13.89)를 사용하면

$$\begin{aligned} s_y &= 0.999281 \times 1.050 - 0.006118(1.050)^3 + 0.000127(1.050)^5 \\ &= 1.056 \end{aligned}$$

식 (13.88)을 사용하면

$$\bar{y} = \ln\left[\frac{18.02}{2F\left(\frac{1.056}{2} \times \sqrt{2}\right) - 1}\right] - \frac{(1.056)^2}{2}$$

여기서, $F\left(\frac{1.056}{2} \times \sqrt{2}\right) = F(0.747) = 0.7725$(표 13.5)이므로

$$\bar{y} = 3.498 - 0.558 = 2.940$$

식 (13.90)을 사용하면($l_1 = 42.8$, $\bar{y} = 2.940$, $s_y = 1.056$이므로)

$$\begin{aligned} x_0 &= 42.80 - \exp\left[2.940 + \frac{(1.056)^2}{2}\right] \\ &= 42.80 - 33.035 = 9.765 \end{aligned}$$

따라서, 재현기간 $T = 100$년에 해당하는 빈도계수 $K_{100} = z = 2.327$이므로 식 (13.243)을 사용하면

$$x_{100} = 9.765 + \exp(2.940 + 2.327 \times 1.056)$$
$$= 230.58 \text{ m}^3/\text{sec}$$

3) 매개변수값 및 100년 빈도 홍수량의 비교

표 13.25 산정된 100년 빈도 홍수량의 비교 (단위: m^3/sec)

매개변수 산정방법 / 매개변수 및 x_{100}	모멘트법	확률가중모멘트법
$\bar{y}$	3.558	2.940
s_y	0.773	1.056
x_0	−3.992	9.765
100년 빈도 홍수량(x_{100})	208.05	230.58

표 13.25에서 보는 바와 같이 확률가중모멘트법으로 산정한 매개변수를 사용하여 계산한 100년 빈도 홍수량이 약 10% 정도 크게 계산되었음을 알 수 있다.

4) 2변수 Gamma 분포

2변수 Gamma 분포는 대수정규분포에서처럼 정규확률분포와 연관시켜 표준정규확률분포의 변량 z를 빈도계수로 사용할 수가 없으며, 다음의 방법들을 사용하여 빈도계수를 산정하여 확률수문량을 추정하게 된다.

① Kite 방법

$$K_T = \frac{\chi^2 C_s}{4} - \frac{1}{C_s} \tag{13.246}$$

$$\chi^2 = \nu\left[1 - \frac{2}{9\nu} + z\sqrt{\frac{2}{9\nu}}\right]^3 \tag{13.247}$$

$$C_s = \frac{\hat{\alpha}}{|\hat{\alpha}|}\frac{2}{\sqrt{\hat{\beta}}} \tag{13.248}$$

$$\nu = 2\hat{\beta} \tag{13.249}$$

여기서, C_s는 표본자료 계열의 왜곡도계수이고, z는 표준정규확률분포의 변량, $\hat{\alpha}$와 $\hat{\beta}$는 표본자료로부터 산정된 2변수 Gamma 분포의 매개변수이다.

한편, 재현기간 T년인 확률수문량 x_T가 다음 식으로 추정됨은 전술한 바 있다.

$$x_T = \bar{x} + sK_T \tag{13.231}$$

매개변수를 모멘트법으로 산정할 경우 식 (13.97)과 식 (13.100)을 사용하면 식 (13.231)은 다음과 같이 매개변수의 항으로 표시할 수 있다.

$$x_T = \hat{\alpha}\hat{\beta} + \sqrt{\hat{\alpha}^2\hat{\beta}}\, K_T \tag{13.250}$$

② Wilson-Hilferty 방법

표본자료 계열의 왜곡도계수 $0 < C_s \le 2$인 경우에는 다음과 같이 Wilson-Hilferty 관계식에 의해 빈도계수를 구할 수 있다.

$$K_T = \frac{2}{C_s}\left[\left\{\frac{C_s}{6}\left(z - \frac{C_s}{6}\right) + 1\right\}^3 - 1\right] \tag{13.251}$$

여기서, z는 표준정규확률분포의 변량이다.

한편, 왜곡도계수가 2보다 클 경우에는 식 (13.251)을 사용할 수 없으므로 식 (13.241)과 같이 표시되는 수정 Wilson-Hilferty 방법을 $0.25 < C_s \le 9.75$일 때 사용한다.

$$K_T = A\left\{\max\left[H,\ \left\{1 - \left(\frac{G}{6}\right)^2 + \left(\frac{G}{6}\right)^3 z\right\}\right] - B\right\} \tag{13.252}$$

$$H = \left[B - \frac{2/C_s}{A}\right]^{1/3} \tag{13.253}$$

여기서, A, B, G는 표본자료 계열의 왜곡도계수 C_s의 함수로 다음 식과 표 13.26을 사용하여 결정하며, z는 표준정규확률분포의 변량으로 재현기간 T가 주어지면 $F(x)$가 결정되므로 표 13.5로부터 결정할 수 있다.

$$z = a_0 + a_1 C_s + a_2 C_s^2 + a_3 C_s^3 + a_4 C_s^4 + a_5 C_s^5 \tag{13.254}$$

여기서, z는 G, $1/A$, B 혹은 H^3을 표시한다.

빈도분석을 위한 수문자료 계열의 경우 2변수 Gamma 분포는 오른쪽으로 왜곡되는 분포 $(C_s > 0)$로 표시되며 왜곡도계수 $C_s > 9.75$일 경우는 거의 없으므로 식 (13.251)과 식 (13.252)로 확률수문량을 추정하기에 충분하다.

표 13.26 A, B, G, H의 산정을 위한 식 (13.252)의 계수

	G	$1/A$	B	H^3
a_0	−0.385205 E−2	0.199447 E−2	0.990562 E+0	−0.365164 E−2
a_1	0.100426 E+1	0.484890 E+0	0.319647 E−1	0.175924 E−1
	0.651207 E−2	0.230935 E−1	−0.274231 E−1	−0.121835 E−1
a_3	−0.149166 E−1	−0.152435 E−1	0.777405 E−2	0.782600 E−2
a_4	0.163945 E−2	0.160597 E−2	−0.571184 E−3	−0.777686 E−3
a_5	−0.583804 E−4	−0.558690 E−4	0.142077 E−4	0.257310 E−4

예제 13.12 예제 13.9에 주어진 연 최대홍수량 자료계열을 2변수 Gamma 분포에 맞추어 매개변수를 모멘트법과 확률가중모멘트법으로 산정한 후 빈도계수법으로 이 지점의 100년 빈도 홍수량을 추정하라.

풀이 1) 모멘트법에 의한 매개변수를 사용할 경우

예제 13.9에서 $\bar{x} = 42.8\ \mathrm{m^3/sec}$, $s = 42.3\ \mathrm{m^3/sec}$로 계산되었으므로 식 (13.99) 및 식 (13.100)을 사용하면

$$\hat{\beta} = \left(\frac{\bar{x}}{s}\right)^2 = \left(\frac{42.8}{42.3}\right)^2 = 1.024$$

$$\hat{\alpha} = \frac{s^2}{\bar{x}} = \frac{(42.3)^2}{42.8} = 41.806$$

Kite 방법에 의해 100년 빈도 홍수량을 산정하기로 한다.
식 (13.246)~(13.249)에 의하면

$$\nu = 2 \times 1.024 = 2.048$$

$$C_s = \frac{41.806}{|41.806|}\ \frac{2}{\sqrt{1.024}} = 1.976$$

$$\chi^2 = 2.048 \times \left[1 - \frac{2}{(9 \times 2.048)} + 2.327 \times \sqrt{\frac{2}{(9 \times 2.048)}}\right]^3 = 9.317$$

$$K_T = \frac{9.317 \times 1.976}{4} - \frac{1}{1.976} = 4.097$$

따라서, 식 (13.250)에 의하면

$$x_{100} = (1.024 \times 41.806) + 4.097 \times \sqrt{(41.806)^2 \times 1.024} = 216.13\ \mathrm{m^3/sec}$$

2) 확률가중모멘트법에 의한 매개변수를 사용할 경우

예제 13.9에서 L-변동계수 $t = l_2/l_1 = 0.42$로 계산되었으며, $0 < t < 0.5$이므로 식 (13.101)을 사용하여 $\hat{\beta}$를 다음과 같이 계산할 수 있다. 여기서, 식 (13.101)의 $z = \pi t^2 = \pi(0.42)^2 = 0.554$이다. 따라서,

$$\hat{\beta} = \frac{1-(0.3080 \times 0.554)}{0.554 - 0.05812 \times (0.554)^2 + 0.01765 \times (0.554)^3} = 1.537$$

한편, 식 (13.103)을 사용하면

$$\hat{\alpha} = \frac{l_1}{\hat{\beta}} = \frac{\overline{x}}{\hat{\beta}} = \frac{42.8}{1.537} = 27.846$$

따라서, Kite의 식 (13.246)~(13.249)를 사용하면

$$\nu = 2 \times 1.537 = 3.074$$

$$C_s = \frac{27.846}{|27.846|}\frac{2}{\sqrt{1.537}} = 1.613$$

$$\chi^2 = 3.074 \times \left[1 - \frac{2}{9 \times 3.074} + 2.327 \times \sqrt{\frac{2}{9 \times 3.074}}\right]^3 = 11.529$$

$$x_{100} = \frac{11.529 \times 1.613}{4} - \frac{1}{1.613} = 4.029$$

따라서

$$x_{100} = 42.8 + 4.029 \times 42.3 = 213.23\ \mathrm{m^3/sec}$$

5) 3변수 Gamma 분포

3변수 Gamma 분포는 Pearson Type-Ⅲ 분포라고도 부르며 3개의 매개변수를 가진다. 식 (13.231)에 의해 임의의 재현기간 T를 가지는 x_T를 구하는 데 필요한 빈도계수 K_T는 재현기간(혹은 누가확률) T와 표본자료의 왜곡도계수 C_s에 따라 변하며 자유도 $\nu > 30$인 경우에는 다음 식으로 표시될 수 있다.

$$K_T = z + (z^2-1)\frac{C_s}{6} + \frac{1}{3}(z^3 - 6z)\left(\frac{C_s}{6}\right)^2 - (z^2-1)\left(\frac{C_s}{6}\right)^3 + z\left(\frac{C_s}{6}\right)^4 + \frac{1}{3}\left(\frac{C_s}{6}\right)^5 \tag{13.255}$$

표 13.27 Pearson Type-Ⅲ 분포의 빈도계수, K_T ($C_s > 0$인 경우)

왜곡도 계 수 C_s	재현기간(year)(T)										
	1.01	1.05	1.11	1.25	2	5	10	25	50	100	200
	초과확률 $P(X>x)$, (%)										
	99	95	90	80	50	20	10	4	2	1	0.5
	Positive Skew(오른쪽으로 왜곡)										
3.0	−0.667	−0.665	−0.660	−0.636	−0.396	0.420	1.180	2.278	3.152	4.051	4.970
2.9	−0.690	−0.688	−0.681	−0.651	−0.390	0.440	1.195	2.277	3.134	4.013	4.909
2.8	−0.714	−0.711	−0.702	−0.666	−0.384	0.460	1.210	2.275	3.114	3.973	4.847
2.7	−0.740	−0.736	−0.724	−0.681	−0.376	0.479	1.224	2.272	3.093	3.932	4.783
2.6	−0.759	−0.762	−0.747	−0.696	−0.368	0.499	1.238	2.267	3.071	3.889	4.718
2.5	−0.799	−0.790	−0.771	−0.711	−0.360	0.518	1.250	2.262	30.048	3.845	4.652
2.4	−0.832	−0.819	−0.795	−0.725	−0.351	0.537	1.262	2.256	3.023	3.800	4.584
2.3	−0.867	−0.850	−0.819	−0.739	−0.341	0.555	1.274	2.248	2.997	3.753	4.515
2.2	−0.905	−0.882	−0.844	−0.752	−0.330	0.574	1.284	2.240	2.970	3.705	4.444
2.1	−0.946	−0.914	−0.869	−0.765	−0.319	0.592	1.294	2.230	2.942	3.656	4.372
2.0	−0.990	−0.949	−0.895	−0.777	−0.307	0.609	1.302	2.219	2.912	3.605	4.298
1.9	−1.037	−0.984	−0.920	−0.788	−0.294	0.627	1.310	2.207	2.881	3.553	4.223
1.8	−1.087	−1.020	−0.945	−0.799	−0.282	0.643	1.318	2.193	2.848	3.449	4.147
1.7	−1.140	−1.056	−0.970	−0.808	−0.268	0.660	1.324	2.179	2.815	3.444	4.069
1.6	−1.197	−1.093	−0.994	−0.817	−0.254	0.675	1.329	2.163	2.780	3.888	3.990
1.5	−1.256	−1.131	−1.018	−0.825	−0.240	0.690	1.333	2.146	2.273	3.330	3.910
1.4	−1.318	−1.168	−1.041	−0.832	−0.225	0.705	1.337	2.128	2.706	3.271	3.828
1.3	−1.383	−1.206	−1.064	−0.838	−0.210	0.719	1.339	2.108	2.665	3.211	3.745
1.2	−1.449	−1.243	−1.086	−0.844	−0.195	0.732	1.340	2.087	2.626	3.149	3.661
1.1	−1.518	−1.280	−1.107	−0.848	−0.180	0.745	1.341	2.066	2.585	3.087	3.575
1.0	−1.588	−1.317	−1.128	−0.852	−0.164	0.758	1.340	2.043	2.542	3.022	3.489
.9	−1.660	−1.353	−1.147	−0.854	−0.148	0.769	1.339	2.018	2.498	2.957	3.401
.8	−1.733	−1.388	−1.166	−0.856	−0.132	0.780	1.336	1.993	2.453	2.891	3.312
.7	−1.806	−1.423	−1.183	−0.857	−0.116	0.790	1.333	1.967	2.407	2.824	3.223
.6	−1.880	−1.458	−1.200	−0.857	−0.099	0.800	1.328	1.939	2.359	2.755	3.132
.5	−1.955	−1.491	−1.216	−0.856	−0.083	0.808	1.323	1.910	2.311	2.686	3.041
.4	−2.029	−1.524	−1.231	−0.855	−0.066	0.816	1.317	1.880	2.261	2.615	2.949
.3	−2.104	−1.555	−1.245	−0.853	−0.050	0.824	1.309	1.849	2.211	2.544	2.856
.2	−2.178	−1.586	−1.258	−0.850	−0.033	0.830	1.301	1.818	2.159	2.472	2.763
.1	−2.252	−1.616	−1.270	−0.846	−0.017	0.836	1.292	1.785	2.107	2.400	2.670
.0	−2.326	−1.645	−1.282	−0.842	0	0.842	1.282	1.751	2.054	2.326	2.576

표 13.28 Pearson Type-Ⅲ 분포의 빈도계수, K_T ($C_s < 0$인 경우)

왜곡도 계 수 C_s	재현기간(year)(T)										
	1.01	1.05	1.11	1.25	2	5	10	25	50	100	200
	초과확률 $P(X>x)$, (%)										
	99	95	90	80	50	20	10	4	2	1	0.5
	Negative Skew(왼쪽으로 왜곡)										
−.1	−2.400	−1.673	−1.292	−0.836	0.017	0.46	1.270	1.710	2.000	2.252	2.252
−.2	−2.472	−1.700	−1.301	−0.830	0.033	0.850	1.258	1.680	1.945	2.178	2.388
−.3	−2.544	−1.726	−1.309	−0.824	0.050	0.853	1.245	1.643	1.890	2.104	2.294
−.4	−2.615	−1.750	−1.317	−0.816	0.066	0.855	1.231	1.606	1.834	2.029	2.201
−.5	−2.686	−1.774	−1.323	−0.808	0.083	0.856	1.216	1.567	1.777	1.955	2.108
−.6	−2.755	−1.797	−1.328	−0.800	0.099	0.857	1.200	1.528	1.720	1.880	2.016
−.7	−2.824	−1.819	−1.333	−0.790	0.116	0.857	1.183	1.488	1.663	1.806	1.926
−.8	−2.891	−1.839	−1.336	−0.780	0.132	0.856	1.166	1.448	1.606	1.733	1.837
−.9	−2.957	−1.858	−1.339	−0.769	0.148	0.854	1.147	1.407	1.549	1.660	1.749
−1.0	−3.022	−1.877	−1.340	−0.758	0.164	0.852	1.128	1.366	1.492	1.588	1.664
−1.1	−3.087	−1.894	−1.341	−0.745	0.180	0.848	1.107	1.324	1.435	1.518	1.581
−1.2	−3.149	−1.910	−1.340	−0.732	0.195	0.844	1.086	1.282	1.379	1.449	1.501
−1.3	−3.211	−1.925	−1.339	−0.719	0.210	0.838	1.064	1.240	1.324	1.383	1.424
−1.4	−3.271	−1.938	−1.337	−0.705	0.225	0.832	1.041	1.198	1.270	1.318	1.351
−1.5	−3.330	−1.951	−1.333	−0.690	0.240	0.825	1.018	1.157	1.217	1.256	1.282
−1.6	−3.388	−1.962	−1.329	−0.675	0.254	0.817	0.994	1.116	1.166	1.197	1.216
−1.7	−3.444	−1.972	−1.324	−0.660	0.268	0.808	0.970	1.075	1.116	1.140	1.155
−1.8	−3.499	−1.981	−1.318	−0.643	0.282	0.799	0.945	1.035	1.069	1.087	1.097
−1.9	−3.553	−1.989	−1.310	−0.627	0.294	0.788	0.920	0.996	1.023	1.037	1.044
−2.0	−3.605	−1.996	−1.302	−0.609	0.307	0.777	0.895	0.959	0.980	0.990	0.995
−2.1	−3.656	−2.001	−1.294	−0.592	0.319	0.765	0.869	0.923	0.939	0.946	0.949
−2.2	−3.705	−2.006	−1.284	−0.574	0.330	0.752	0.844	0.888	0.900	0.905	0.907
−2.3	−3.753	−2.009	−1.274	−0.555	0.341	0.739	0.819	0.855	0.864	0.867	0.869
−2.4	−3.800	−2.011	−1.262	−0.537	0.351	0.725	0.795	0.823	0.830	0.832	0.833
−2.5	−3.845	−2.012	−1.250	−0.518	0.360	0.711	0.771	0.793	0.798	0.799	0.800
−2.6	−3.889	−2.013	−1.238	−0.499	0.368	0.696	0.747	0.764	0.768	0.769	0.769
−2.7	−3.932	−2.012	−1.224	−0.479	0.376	0.681	0.724	0.738	0.740	0.740	0.741
−2.8	−3.973	−2.010	−1.210	−0.460	0.384	0.666	0.702	0.712	0.714	0.714	0.714
−2.9	−4.013	−2.007	−1.195	−0.440	0.390	0.651	0.681	0.683	0.689	0.690	0.690
−3.0	−4.051	−2.003	−1.180	−0.420	0.396	0.636	0.660	0.666	0.666	0.667	0.667

식 (13.255)에서 $C_s = 0$이면 $K_T = z$가 되며, 이는 표준정규확률분포의 변량 z에 상응하는 누가확률 $F(z)$로 표시되는 확률분포는 왜곡되지 않고($C_s = 0$), 좌우 대칭인 확률분포임을 의미한다.

한편, 표 13.27과 표 13.28은 식 (13.255)를 사용하여 양의 왜곡($C_s > 0$) 혹은 음의 왜곡($C_s < 0$)에 대하여 왜곡도계수(C_s)에 따른 재현기간(T)별 빈도계수(K_T)값을 표시하고 있다.

따라서, T년 빈도의 확률수문량 x_T는 식 (13.231)과 같이 추정되며, 3변수 Gamma 분포의 매개변수 $\hat{\alpha}$, $\hat{\beta}$, $\hat{x}$에 대한 식 (13.106)~(13.108)의 관계를 사용하면 $\overline{x} = \hat{x}_0 + \hat{\alpha}\hat{\beta}$이고 $s = \sqrt{\hat{\alpha}^2\hat{\beta}}$이므로 식 (13.231)은 다음과 같이 매개변수와 빈도계수의 항으로 표시할 수 있다.

$$x_T = \hat{x}_0 + \hat{\alpha}\hat{\beta} + K_T\sqrt{\hat{\alpha}^2\hat{\beta}} \tag{13.256}$$

예제 13.13 예제 13.9의 연 최대홍수량 계열을 3변수 Gamma 분포에 맞추어 매개변수를 모멘트법과 확률가중모멘트법으로 각각 구한 후 100년 빈도 홍수량을 빈도계수법으로 추정하라.

풀이 1) 모멘트법에 의한 매개변수를 사용할 경우

예제 13.9 및 13.11에서 표본자료의 평균 $\overline{x} = 42.8\ \mathrm{m^3/sec}$, 표준편차 $s = 42.3\ \mathrm{m^3/sec}$, 왜곡도계수 $C_s = 3.454$로 계산되었으므로 식 (13.106)~(13.108)을 사용하며

$$\hat{\beta} = \left(\frac{2}{C_s}\right)^2 = \left(\frac{2}{3.454}\right)^2 = 0.335$$

$$\hat{\alpha} = \frac{s\,C_s}{2} = \frac{42.3 \times 3.454}{2} = 73.052$$

$$\hat{x}_0 = \overline{x} - \hat{\alpha}\hat{\beta} = 42.8 - (0.335 \times 73.052) = 18.328$$

한편, 식 (13.255)로 빈도계수 K_T를 계산하면, $C_s/6 = 3.454/6 = 0.576$이고 $z = 2.327$(표 13.5)이므로

$$\begin{aligned} K_{100} &= 2.327 + [(2.327)^2 - 1] \times 0.576 + \frac{1}{3}[(2.327)^3 - 6 \times 2.327] \times (0.576)^2 \\ &\quad - [(2.327)^2 - 1] \times (0.576)^3 + 2.327 \times (0.576)^4 + \frac{1}{3} \times (0.576)^5 \\ &= 4.152 \end{aligned}$$

따라서, 식 (13.256)으로 100년 빈도 홍수량을 추정하면

$$x_{100} = 18.328 + (73.052 \times 0.335) + 4.152 \times \sqrt{(73.052)^2 \times 0.335}$$
$$= 218.35 \text{ m}^3/\text{sec}$$

한편, 식 (13.231)을 사용하면

$$x_{100} = 42.8 + 4.152 \times 42.3 = 218.43 \text{ m}^3/\text{sec}$$

2) 확률가중모멘트법에 의한 매개변수를 사용할 경우
예제 13.11에서 구한 2차 L-모멘트 $l_2 = 18.02$, 3차 L-모멘트 $l_3 = 8.72$이므로 L-왜곡도계수 $t_3 = l_3/l_2 = 0.484$이다.
$t_3 > 1/3$이므로 식 (13.109)를 사용하면($t_m = 1 - 0.484 = 0.516$)

$$\hat{\beta} = \frac{[(0.36067 \times 0.516) - 0.5967 \times (0.516)^2 + 0.25361 \times (0.516)^3]}{[1 - (2.78861 \times 0.516) + 2.56096 \times (0.516)^2 - 0.77045 \times (0.516)^3]}$$
$$= 6.650$$

식 (13.111)에 의해 $\hat{\alpha}$를 구하면

$$\hat{\alpha} = \sqrt{\pi} \times 18.02 \times \frac{\Gamma(6.650)}{\Gamma(6.650 + 0.5)}$$

여기서, 부록 Ⅲ의 불완전 Gamma 함수표를 이용하면

$$\Gamma(6.650) = \Gamma(5.650 + 1) = 5.650\Gamma(5.650)$$
$$= 5.65 \times 4.65 \times 3.65 \times 2.65 \times 1.65\Gamma(1.65)$$
$$\Gamma(6.650) = 5.65 \times 4.65 \times 3.65 \times 2.65 \times 1.65\Gamma(1.65)$$

부록 Ⅲ의 불완전 Gamma 함수표로부터 $\Gamma(1.65) = 0.90012$이므로

$$\Gamma(6.650) = 142.404$$
$$\Gamma(6.650 + 0.5) = \Gamma(7.150) = 6.15 \times 5.15 \times 4.15 \times 3.15 \times 2.15 \times 1.15\Gamma(1.15)$$

불완전 Gamma 함수표로부터 $\Gamma(1.15) = 0.93304$이므로

$$\Gamma(7.150) = 444.262$$

따라서,

$$\hat{\alpha} = \sqrt{\pi} \times 18.02 \times \frac{142.404}{444.262} = 10.238$$

식 (13.112)를 사용하면

$$\hat{x}_0 = 42.8 - (10.238 \times 6.650) = -25.238$$

따라서, 식 (13.256)으로 100년 빈도 홍수량을 추정하면($K_{100} = 4.152$)

$$x_{100} = -25.238 + (10.238 \times 6.650) + 4.152 \times \sqrt{(10.238)^2 \times 6.650}$$
$$= 152.46\ \mathrm{m^3/sec}$$

확률가중모멘트법으로 매개변수를 산정하여 추정한 $x_{100} = 152.463\ \mathrm{m^3/sec}$는 모멘트법에 의한 매개변수를 사용하여 추정한 $x_{100} = 218.43\ \mathrm{m^3/sec}$보다 너무 작게 계산되었다. 이는 아마도 예제에 주어진 표본자료 계열이 3변수 Gamma 분포와는 잘 맞지 않아 큰 편차를 갖기 때문일 수 있다.

6) Log-Pearson Type-Ⅲ 분포

이 분포는 전술한 바와 같이 홍수빈도해석을 위한 표준분포로 미국에서 널리 사용되어 왔으며, Pearson Type-Ⅲ 분포(3변수 Gamma 분포)에서의 변량 x를 $y = \ln x$로 변환하여 표시한다(제13.4.6절). 따라서, 이 분포의 빈도계수는 3변수 Gamma 분포에 대한 K_T값인 표 13.27과 13.28을 그대로 사용하여 결정하며 식 (13.231)형의 방정식은 다음과 같다.

$$\ln x_T = y_T = \bar{y} + K_{Ty} s_y \tag{13.257}$$

여기서, $\bar{y}$와 s_y는 $y_i = \ln x_i$의 평균값 및 표준편차이고 K_{Ty}는 자료계열 y_i를 사용하여 계산한 왜곡도계수 C_{sy}에 상응하는 빈도계수로서 표 13.27 혹은 13.28로부터 구한다. 따라서, 확률수문량을 결정하기 위해서는 $\bar{y}$, s_y 및 C_{sy}를 계산하고 표 13.27 혹은 13.28로부터 C_{sy}값에 대한 빈도계수 K_T를 구하여 식 (13.257)을 사용하여 x_T를 구하면 된다.

식 (13.257)을 Log-Pearson Type-Ⅲ 분포의 3개 매개변수 $\hat{\alpha}$, $\hat{\beta}$, $\hat{y}_0$의 항으로 표시하기 위해 식 (13.116)~(13.118)의 관계를 사용하면

$$\ln x_T = \hat{y}_0 + \hat{\alpha}\hat{\beta} + K_{Ty}\sqrt{\hat{\alpha}^2 \hat{\beta}} \tag{13.258}$$

예제 13.14 예제 13.9의 연 최대홍수량 계열을 Log-Pearson Type-III 분포에 맞추어 100년 빈도 홍수량을 추정하라. 매개변수는 모멘트법으로 산정하라.

풀이 예제 13.9에서 $\bar{y}=3.47$, $s_y=0.75$로 계산되었으며, 자료계열 $y_i=\ln x_i$의 왜곡도계수 C_{sy}는 표 13.24의 (7)란의 값을 사용하여 계산할 수 있다.

식 (13.30)에 의한

$$a=\frac{23}{22\times 21}\times 2.965=0.148$$

$$C_{sy}=\frac{a}{s_y^3}=\frac{0.148}{(0.75)^3}=0.351$$

표 13.27로부터 재현기간 $T=100$년에 대한 빈도계수 $K_{Ty}=2.580$이다.

한편, 식 (13.116)~(13.118)을 사용하면

$$\hat{\beta}=\left(\frac{2}{0.351}\right)^2=32.467$$

$$\hat{\alpha}=\frac{0.75\times 0.351}{2}=0.132$$

$$\hat{y}_0=3.47-(0.132\times 32.467)=-0.816$$

식 (13.258)을 사용하면

$$\ln x_{100}=-0.816+(0.132\times 32.467)+2.580\times\sqrt{(0.132)^2\times 32.467}$$
$$=5.410$$

따라서

$$x_{100}=\exp(5.410)=223.63\ \mathrm{m^3/sec}$$

예제 13.15 표 13.29는 어떤 수위표지점의 연 최대홍수량($\mathrm{m^3/sec}$) 자료이다. Log-Pearson Type-III 분포를 사용하여 빈도해석을 실시하고 재현기간 200년인 홍수량을 추정하라.

표 13.29 연 최대홍수량 자료

124	98	269	95	117	258	228	87	115	85
110	167	144	81	109	180	77	108	143	106
68	102	143	142	102	99	126			

풀이 1) 표 13.31은 표 13.30의 홍수량 자료를 크기순으로 나열한 후 Weibull 공식에 의한 초과확률과 기타 필요한 계산 결과를 수록하고 있다. 표 13.31의 보조계산으로 결정된 $y = \log_{10} x$의 통계특성값은 다음과 같다.

$$\bar{y} = 2.083, \quad s_y = 0.152, \quad C_{sy} = 0.806$$

표 13.30 홍수량 자료의 대수치의 평균, 표준편차 및 왜곡도 계수 계산

순위 m	홍수량 $x(\text{m}^3/\text{sec})$	$P(X>x)(\%)$	$y = \log_{10} x$	$(y-\bar{y})^2$	$(y-\bar{y})^3$
1	269	3.57	2.430	0.120	0.0418
2	258	7.14	2.412	0.108	0.0356
3	228	10.71	2.358	0.076	0.0208
4	180	14.29	2.255	0.030	0.0051
5	167	17.86	2.223	0.020	0.0027
6	144	21.43	2.158	0.006	0.0004
7	143	25.00	2.155	0.005	0.0004
8	143	28.57	2.155	0.005	0.0004
9	142	32.14	2.152	0.005	0.0003
10	126	35.71	2.100	0.000	0.0000
11	124	39.29	2.093	0.000	0.0000
12	117	42.86	2.068	0.000	0.0000
13	115	46.43	2.061	0.000	0.0000
14	110	50.00	2.041	0.002	−0.0001
15	109	53.57	2.037	0.002	−0.0001
16	108	57.14	2.033	0.003	−0.0001
17	106	60.71	2.025	0.003	−0.0002
18	102	64.29	2.009	0.006	−0.0004
19	102	67.86	2.009	0.006	−0.0004
20	99	71.43	1.996	0.008	−0.0007
21	98	75.00	1.991	0.009	−0.0008
22	95	78.57	1.978	0.011	−0.0012
23	87	82.14	1.940	0.021	−0.0030
24	85	82.71	1.929	0.024	−0.0040
25	81	89.29	1.909	0.030	−0.0053
26	77	92.86	1.887	0.038	−0.0075
27	68	96.43	1.833	0.063	−0.0156
Σ			56.237	0.601	0.0681

2) 표 13.31의 초과확률별 홍수량은 그림 13.26의 대수정규확률지에 도시되어 있다.

표 13.31 Log-Pearson Type-Ⅲ 분포에 의한 초과확률별 홍수량 계산

초과확률 $P(X>x)$, (%)	빈도계수 K_T(표 13.27)	$\log_{10}x_T$	x_T (m^3/sec)	초과확률 $P(X>x)$, (%)	빈도계수 K_T(표 13.27)	$\log_{10}x_T$	x_T (m^3/sec)
99	−1.734	1.819	65.9	10	1.337	2.286	193.2
95	−1.389	1.872	74.5	4	1.993	2.386	243.2
90	−1.167	1.906	80.5	2	2.454	2.456	285.8
80	−0.857	1.953	89.7	1	2.892	2.523	333.4
50	−0.133	2.063	115.6	0.5	3.313	2.587	386.4
20	0.782	2.202	159.2				

[식 (13.26)]: $\bar{y}=\dfrac{1}{27}\times 56.237=2.083$

[식 (13.28)]: $s_y^2=\dfrac{1}{27-1}\times 0.601=0.02312$ $\quad\therefore s_y=0.152$

[식 (13.30)]: $C_s=\dfrac{27}{26\times 25}\times 0.0681\times\dfrac{1}{(0.152)^3}=0.806$

3) Log-Pearson Type-Ⅲ 분포의 이론적인 누가확률분포곡선을 그림 13.26상에 그리기 위해 $C_s=0.806$일 때의 초과확률별 K_T를 표 13.27로부터 구하고 식 (13.257)의 관계($\log_{10}x_T=2.083+0.152K_T$)를 사용하여 x_T를 구하면 표 13.30과 같다.

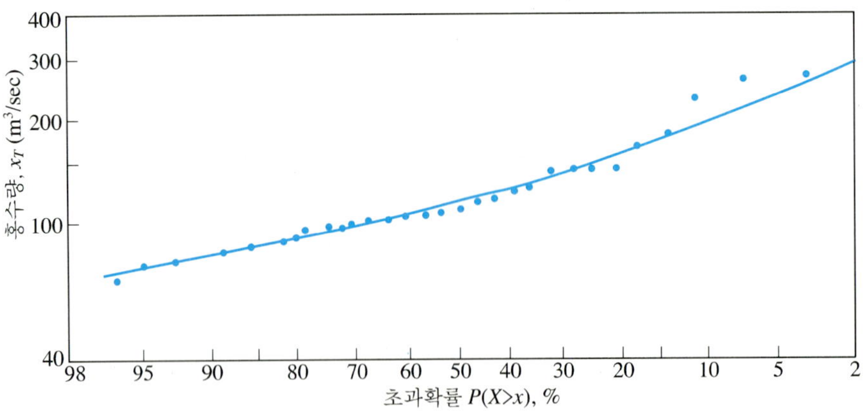

그림 13.26 Log-Pearson Type-Ⅲ 분포에 의한 빈도해석

표 13.31의 $P(X>x)$와 x_T를 사용하여 그림 13.26에 누가확률분포곡선을 표시하였으며 재현기간 200년에 해당하는 초과확률 $P(X>x)=1/200=0.005=0.5\%$에 상응하는 홍수량은 386.4 m^3/sec(표 13.31)임을 알 수 있다.

7) 일반화된 극치분포(GEV 분포)

일반화된 극치분포(Generalized Extreme Value Distribution, GEV)를 사용한 빈도해석은 제13.4.7절에서 소개한 방법으로 분포의 매개변수를 산정한 후 재현기간 T년에 대한 빈도계수 K_T를 구하여 확률수문량을 산정하게 된다.

식 (13.126)으로 표시되는 GEV 분포의 누가확률분포함수 $F(x)$를 변량 x에 관해 풀어서 역함수(逆函數, inverse function)를 구하면 다음과 같아진다.

$$x=x_0+\frac{\alpha}{\beta}\left[1-\{-\ln F(x)\}^{\beta}\right] \tag{13.259}$$

$F(x)=1-P(X>x)=1-\frac{1}{T}$(여기서, T는 재현기간)이므로

$$x_T=x_0+\frac{\alpha}{\beta}\left[1-\left\{-\ln\left(1-\frac{1}{T}\right)\right\}^{\beta}\right] \tag{13.260}$$

따라서, GEV 분포의 매개변수인 α, β 및 x_0를 표본자료로부터 구하면 확률수문변량 x_T를 산정할 수 있다.

한편, 식 (13.130)을 s에 관해 풀면

$$s=\frac{\alpha}{\beta}\sqrt{\Gamma(1+2\beta)-\Gamma^2(1+\beta)} \tag{13.261}$$

식 (13.131)을 $\bar{x}$에 관해 풀면

$$\bar{x}=x_0+\frac{\alpha}{\beta}[1-\Gamma(1+\beta)] \tag{13.262}$$

식 (13.261)과 식 (13.262)를 사용하여 식 (13.231)의 형태로 표시하면

$$x_T=x_0+\frac{\alpha}{\beta}[1-\Gamma(1+\beta)]+K_T\left[\frac{\alpha}{\beta}\sqrt{\Gamma(1+2\beta)-\Gamma^2(1+\beta)}\right] \tag{13.263}$$

식 (13.260)과 식 (13.263)의 우변을 같게 놓고 K_T에 관해 풀면

$$K_T = \frac{1-\left[-\ln\left(1-\frac{1}{T}\right)\right]^{\beta} - [1-\Gamma(1+\beta)]}{\sqrt{\Gamma(1+2\beta)-\Gamma^2(1+\beta)}} \tag{13.264}$$

예제 13.16 예제 13.9의 연 최대홍수량 계열을 GEV 분포에 맞추어 모멘트법과 확률가중모멘트법으로 매개변수를 산정한 후 100년 빈도 홍수량을 각각 추정하라.

풀이 1) 모멘트법에 의한 매개변수를 사용할 경우

예제 13.11에서 연 최대홍수량 자료계열의 $\bar{x}=42.8$, $s_x = 42.3$이고 왜곡도계수 $C_{sx} = 3.454$로 계산되었으므로 식 (13.127)을 사용하면

$$\begin{aligned}\hat{\beta} =&\ 0.2858221 - 0.357983 \times 3.454 + 0.116659 \times (3.454)^2 \\ &- 0.022725 \times (3.454)^3 + 0.002604 \times (3.454)^4 \\ &- 0.000161 \times (3.454)^5 + 0.000004 \times (3.454)^6 \\ =&\ -0.197\end{aligned}$$

식 (13.130)을 사용하면

$$\hat{\alpha} = \left[\frac{(42.3)^2 \times (-0.197)^2}{\Gamma(1-2\times 0.197) - \Gamma^2(1-0.197)}\right]^{1/2}$$

여기서, $\Gamma(1-2\times 0.197) = \Gamma(0.606) = 1.4694$ (부록 Ⅲ의 불완전 Gamma 함수표 참조)

$$\Gamma(1-0.197) = \Gamma(0.803) = 1.1595$$

따라서,

$$\hat{\alpha} = \left[\frac{(42.3)^2 \times (-0.197)^2}{1.4694 - (1.1595)^2}\right]^{1/2} = 23.571$$

식 (13.131)을 사용하면

$$\hat{x}_0 = 42.80 - \frac{23.57}{(-0.197)}[1-\Gamma(0.803)] = 23.717$$

따라서, 식 (13.260)에 의하면

$$x_{100} = 23.717 + \frac{23.571}{(-0.197)}\left[1-\left\{-\ln\left(1-\frac{1}{100}\right)\right\}^{-0.191}\right]$$
$$= 192.14 \text{ m}^3/\text{sec}$$

2) 확률가중모멘트법에 의한 매개변수를 사용할 경우

예제 13.11에서 홍수량 자료계열의 1차 L-모멘트 $l_1 = \bar{x} = 42.80$이고 L-왜곡도계수 $t_3 = l_3/l_2 = 8.72/18.02 = 0.484$로 산정되었으므로 식 (13.132)~(13.135)를 사용하면

$$C = \frac{2}{3+0.484} - \frac{\ln 2}{\ln 3} = -0.0570$$
$$\hat{\beta} = 7.8590 \times (-0.0570) + 2.9554 \times (-0.0570)^2 = -0.438$$
$$\hat{\alpha} = \frac{18.02 \times (-0.438)}{(\Gamma(1-0.438))(1-2^{0.438})}$$

여기서, $\Gamma(0.562) = 1.5742$이므로 (부록 Ⅲ의 불완전 Gamma 함수표 참조)

$$\hat{\alpha} = 14.135$$
$$\hat{x}_0 = 42.80 + \frac{14.135}{(-0.438)}[1.5742 - 1] = 24.270$$

따라서, 식 (13.260)을 사용하면

$$x_{100} = 24.270 + \frac{14.135}{(-0.438)}[1-\{-\ln(0.99)\}] = 234.030 \text{ m}^3/\text{sec}$$

8) Type-Ⅰ 극치분포(EV1 분포 혹은 Gumbel 분포)

Type-I 극치분포의 누가확률분포는 식 (13.137)로 소개된 바와 같이 다음 식으로 표시된다.

$$F(x) = \exp\left[-\exp\left(-\frac{x-x_0}{\alpha}\right)\right] \tag{13.137}$$

식 (13.137)의 변량 x에 관해 풀어서 $F(x)$의 역함수 관계를 표시하면 다음과 같아진다.

$$x = x_0 - \alpha \ln[-\ln F(x)] \tag{13.265}$$

여기서, $F(x)$는 재현기간 T와 다음의 관계를 가짐은 전술한 바 있다.

표 13.32 Type-Ⅰ 극치분포의 빈도계수(Gumbel-Kendall)

표본크기	재현기간(T년)								
n	5	10	15	20	25	50	75	100	1000
10	1.058	1.848	-	2.606	-	3.587	-	4.323	-
15	0.967	1.703	2.117	2.410	2.263	3.321	3.721	4.005	6.265
20	0.919	1.625	2.023	2.302	2.517	3.179	3.563	3.836	6.006
25	0.888	1.575	1.963	2.235	2.444	3.088	3.463	3.729	5.842
30	0.866	1.541	1.922	2.188	2.393	3.026	3.393	3.653	5.727
35	0.851	1.516	1.891	2.152	2.354	2.979	3.341	3.598	
40	0.838	1.495	1.866	2.126	2.326	2.943	3.301	3.554	5.576
45	0.829	1.478	1.847	2.104	2.303	2.913	3.268	3.520	
50	0.820	1.466	1.831	2.086	2.283	2.889	3.241	3.491	5.478
55	0.813	1.455	1.818	2.071	2.267	2.869	3.219	3.467	
60	0.807	1.446	1.806	2.059	2.253	2.852	3.200	3.446	
65	0.801	1.437	1.796	2.048	2.241	2.837	3.183	3.429	
70	0.797	1.430	1.788	2.038	2.230	2.824	3.169	3.413	5.359
75	0.792	1.423	1.780	2.029	2.220	2.812	3.155	3.400	
80	0.788	1.417	1.773	2.020	2.212	2.802	3.145	3.387	
85	0.785	1.413	1.767	2.013	2.205	2.793	3.135	3.376	
90	0.782	1.409	1.762	2.007	2.198	2.785	3.125	3.367	
95	0.780	1.405	1.757	2.002	2.193	2.777	3.116	3.357	
100	0.779	1.401	1.752	1.998	2.187	2.770	3.109	3.349	5.261
∞	0.719	1.305	1.635	1.866	2.044	2.592	2.911	3.137	4.936

$$F(x) = P(X \le x) = 1 - P(X > x) = 1 - \frac{1}{T} \tag{13.235}$$

식 (13.235)를 식 (13.265)에 대입하면

$$x_T = x_0 - \alpha \ln\left[-\left\{\ln\left(1 - \frac{1}{T}\right)\right\}\right] = x_0 - \alpha \ln[\ln T - \ln(T-1)] \tag{13.266}$$

Type-I 극치분포의 매개변수인 α와 x_0를 표본자료로부터 모멘트법으로 구한 식 (13.141)과 (13.142)를 식 (13.266)에 대입하면

$$x_T = \bar{x} - 0.45s - 0.7797s \ln[\ln T - \ln(T-1)]$$

$$= \bar{x} + s[-0.45 - 0.7797\ln\{\ln T - \ln(T-1)\}] \quad (13.267)$$

식 (13.267)을 식 (13.231)과 비교하면 Type-I 극치분포의 빈도계수는 다음과 같다.

$$K_T = -[0.45 + 0.7797\ln\{\ln T - \ln(T-1)\}] \quad (13.268)$$

식 (13.268)로부터 Type-I 극치분포의 빈도계수 K_T는 재현기간의 함수임을 알 수 있으며 Kendall(1967)에 의하면 K_T는 재현기간뿐만 아니라 자료표본의 자료수 n에도 대단히 민감하게 변하는 것으로 알려져 있다.

표 13.32는 표본크기와 재현기간에 따른 Gumbel-Kendall 빈도계수 K_T값을 표시하고 있으며 $n=\infty$인 경우의 Gumbel-Chow 빈도계수 값은 식 (13.268)에 의한 것이다.

예제 13.17 예제 13.9의 연 최대홍수량 계열을 Type-I 극치분포에 맞추어 모멘트법과 확률가중모멘트법으로 매개변수를 각각 산정한 후 100년 빈도 홍수량을 각각 추정하라.

풀이 1) 모멘트법에 의한 매개변수를 사용할 경우

식 (13.141)에 의하면

$$\hat{\alpha} = 0.7797s = 0.7797 \times 42.3 = 32.981$$
$$\hat{x}_0 = \bar{x} - 0.45s = 42.8 - (0.45 \times 42.3) = 23.765$$

식 (13.266)에 $\hat{\alpha}$, $\hat{x}_0$와 $T=100$년을 대입하면

$$x_{100} = 23.765 - 32.981 \times \ln(\ln 100 - \ln 99) = 175.478\ \mathrm{m^3/sec}$$

한편, 식 (13.268)에 의해 $T=100$년에 대한 빈도계수를 계산하면

$$K_{100} = -[0.45 + 0.7797\ln(\ln 100 - \ln 99)] = 3.137$$

따라서, 식 (13.231)에 의하면

$$x_{100} = 42.8 + 42.3 \times 3.137 = 175.50\ \mathrm{m^3/sec}$$

한편, 예제 13.9의 연 최대홍수량 계열의 자료수 $n=23$이므로 표 13.32로부터 $T=100$년에 대한 Gumbel-Kendall 빈도계수 $K_T{}'=3.772$이다. 따라서,

$$x_{100} = 42.8 + 42.3 \times 3.772 = 202.36\ \mathrm{m^3/sec}$$

2) 확률가중모멘트에 의한 매개변수를 사용할 경우

식 (13.143)에 의하면

$$\hat{\alpha} = \frac{l_2}{\ln 2} = \frac{18.02}{0.693} = 26.003$$

식 (13.144)에 의하면

$$\hat{x}_0 = \bar{x} - 0.45s = 42.8 - (0.45 \times 42.3) = 23.765$$

따라서, 식 (13.166)에 의하면

$$x_{100} = 23.765 - 26.003 \ln(\ln 100 - \ln 99) = 143.38 \text{ m}^3/\text{sec}$$

9) Type-Ⅱ 극치분포(EV2 분포 혹은 Log-Gumbel 분포)

Type-Ⅱ 극치분포의 누가확률분포는 제13.4.9절에서 소개된 바와 같이 다음 식으로 표시된다.

$$F(x) = \exp\left[-\left(\frac{\theta - x_0}{x - x_0}\right)^{\beta}\right] \tag{13.146}$$

식 (13.146)의 변량 x에 관해 풀어서 $F(x)$의 역함수를 구한 후 Type-I 극치분포의 경우처럼 $F(x)$를 재현기간 T와 연관시키면 역함수 관계는 다음과 같이 표시된다.

$$x_T = x_0 + (\theta - x_0)[\ln T - \ln(T-1)]^{-1/\beta} \tag{13.269}$$

따라서, 식 (13.147)~(13.150)에 의해 표본자료로부터 매개변수 $\hat{\beta}, \hat{x}_0$ 및 $\hat{\theta}$를 산정하면 재현기간별 변량 x_T를 추정할 수 있다. 그러나, Type-II 극치분포는 수문량의 빈도분석에는 그다지 자주 사용된 적이 없으므로 예제 풀이는 생략하기로 한다.

10) Type-Ⅲ 극치분포(EV3 분포 혹은 Weibull 분포)

① 연 최대치 계열의 빈도분석

3변수 Type-Ⅲ 극치분포는 전술한 바와 같이 GEV 분포에서 $\beta > 0$인 경우로서 하한치가 0보다 큰 x_0일 때 누가확률분포는 제13.4.10절에서 소개된 바와 같이 다음 식으로 표시된다.

$$F(x) = 1 - \exp\left[-\left(\frac{x - x_0}{\alpha}\right)^{\beta}\right] \tag{13.159}$$

식 (13.159)를 변량 x에 관해 풀어서 $F(x)$의 역함수 관계를 표시하면 다음과 같아진다.

$$x = x_0 + \alpha\left[-\ln\left\{1-\left(1-\frac{1}{T}\right)\right\}\right]^{1/\beta} \tag{13.270}$$

따라서, 3변수 Weibull 분포의 매개변수인 x_0, α, β를 표본자료를 사용하여 모멘트법 혹은 확률가중모멘트법으로 산정하면 재현기간 T년의 수문량 x_T를 추정할 수 있다.

한편, 식 (13.161)과 식 (13.162)를 식 (13.270)에 대입하면

$$x = \bar{x} + s\,\frac{\left[-\ln\left\{1-\left(1-\frac{1}{T}\right)\right\}\right]^{1/\hat{\beta}} - \Gamma\left(1+\frac{1}{\hat{\beta}}\right)}{\left[\Gamma\left(1+\frac{2}{\hat{\beta}}\right)-\Gamma^2\left(1+\frac{1}{\hat{\beta}}\right)\right]^{1/\hat{\beta}}} \tag{13.271}$$

따라서, 식 (13.271)을 식 (13.231)과 비교하면 Type-III 극치분포의 빈도계수는 다음과 같다.

$$K_T = \frac{\left[-\ln\left\{1-\left(1-\frac{1}{T}\right)\right\}\right]^{1/\hat{\beta}} - \Gamma\left(1+\frac{1}{\hat{\beta}}\right)}{\left[\Gamma\left(1+\frac{2}{\hat{\beta}}\right)-\Gamma^2\left(1+\frac{1}{\hat{\beta}}\right)\right]^{1/\hat{\beta}}} \tag{13.272}$$

예제 13.18 예제 13.9의 연 최대홍수량 계열을 Type-III 극치분포에 맞추어 모멘트법과 확률가중모멘트법으로 매개변수를 각각 산정한 후 100년 빈도 홍수량을 각각 추정하라.

풀이 1) 모멘트법에 의한 매개변수 산정의 경우

예제 13.11에서 표본자료의 왜곡도계수 $C_{sx} = 3.454$로 계산되었으므로 식 (13.160)을 사용하면

$$\begin{aligned}\hat{\beta} &= -0.729268-(0.338679\times 3.454)+4.96077\\ &\quad \times(3.454+1.1396)^{-1.0422}+0.683609[\ln(3.454+1.1396)]^2\\ &= 0.703\end{aligned}$$

$$\hat{\alpha} = \frac{42.3}{\left[\Gamma\left(1+\frac{2}{0.703}\right)-\Gamma^2\left(1+\frac{1}{0.703}\right)\right]^{1/2}}$$

부록 Ⅲ의 불완전 Gamma 함수표를 사용하면,

$$\Gamma\left(1+\frac{2}{0.703}\right)=\Gamma(3.845)=2.845\times1.845\Gamma(1.845)$$
$$=2.845\times1.845\times0.94411=4.956$$
$$\Gamma\left(1+\frac{1}{0.703}\right)=\Gamma(1.423)=0.883$$

따라서,

$$\hat{\alpha}=\frac{42.3}{[4.956-(0.883)^2]^{1/2}}=20.699$$
$$\hat{x}_0=42.8-20.699\Gamma(1.423)=24.523$$

식 (13.270)에 의해 $T=100$년 일 때의 x_{100}을 구하면

$$x_{100}=24.523+20.699\left[-\ln\left\{1-\left(1-\frac{1}{100}\right)\right\}\right]^{1/0.703}$$
$$=206.24\ \mathrm{m^3/sec}$$

2) 확률가중모멘트법에 의한 매개변수 산정의 경우

예제 13.11에서 표본계열의 2차 및 3차 L-모멘트 $l_2=18.02$, $l_3=8.72$로 계산되었고 L-왜곡도계수 $t_3=l_3/l_2=0.484$로 계산되었다.

식 (13.164)~(13.167)을 사용하면

$$C=\frac{2}{3-0.484}-\frac{\ln 2}{\ln 3}=0.164$$
$$\hat{\beta}=\frac{1}{(7.8590\times0.164)+2.9554\times(0.164)^2}=0.731$$
$$\hat{\alpha}=\frac{18.02}{\left[1-(2)^{-\frac{1}{0.731}}\right]\Gamma\left(1+\frac{1}{0.731}\right)}$$

부록 Ⅲ의 불완전 Gamma 함수표를 사용하면

$$\Gamma\left(1+\frac{1}{0.731}\right)=\Gamma(2.368)=1.368\Gamma(1.368)$$
$$=1.368\times0.88948=1.2168$$

따라서

$$\hat{\alpha} = \frac{18.02}{0.6126 \times 1.2168} = 24.175$$

$$\begin{aligned}\hat{x}_0 &= 42.8 - 24.175\Gamma\left(1 + \frac{1}{0.731}\right) \\ &= 42.8 - (24.175 \times 1.2168) = 13.384\end{aligned}$$

식 (13.270)에 의해 $T = 100$년일 때의 x_{100}을 구하면

$$\begin{aligned}x_{100} &= 13.384 + 24.175\left[-\ln\left\{1 - \left(1 - \frac{1}{100}\right)\right\}\right]^{1/0.731} \\ &= 208.68\ \mathrm{m^3/sec}\end{aligned}$$

② 연 최소치 계열의 빈도분석

갈수량 계열과 같은 연 최소치 계열의 경우 누가확률(비 초과확률) $F(x)$는 재현기간 T의 역수로 표시되므로 식 (13.171)을 $1/T$로 놓고 x에 관해 풀어서 식 (13.231)의 형태를 취하면

$$x_T = \bar{x} + s[\{A(\beta) - B(\beta)\} + B(\beta)\{\ln T - \ln(T-1)\}^{1/\beta}] \tag{13.273}$$

여기서, $A(\beta)$, $B(\beta)$는 식 (13.177) 및 식 (13.178)로 표시되며 β는 표본자료의 왜곡도계수 C_s에 의해 결정된다. 따라서, Type-III 극치분포의 빈도계수는

$$K_T = A(\beta) - B(\beta) + B(\beta)[\ln T - \ln(T-1)]^{1/\beta} \tag{13.274}$$

표 13.33은 왜곡도계수 C_s에 따른 재현기간별 빈도계수를 수록하고 있다.

표 13.33 Type-Ⅲ 극치분포의 빈도계수(연 최소치 계열의 빈도해석에 사용)

왜곡도 계수 C_s	초과확률 (%)					
	50	80	90	95	98	99
	재현기간 T (년)					
	2	5	10	20	50	100
−1.00	0.1567	−0.7329	−1.3134	−1.8641	−2.5680	−3.0889
−0.90	0.1446	−0.7501	−1.3215	−1.8546	−2.5232	−3.0889
−0.80	0.1321	−0.7666	−1.3282	−1.8430	−2.4766	−2.9282
−0.70	0.1189	−0.7825	−1.3332	−1.8294	−2.4280	−2.8465
−0.60	0.1051	−0.7977	−1.3366	−1.8134	−2.3771	−2.7634
−0.50	0.0906	−0.8122	−1.3382	−1.7950	−2.3239	−2.6788
−0.40	0.0754	−0.8258	−1.3379	−1.7741	−2.2683	−2.5928
−0.30	0.0595	−0.8385	−1.3356	−1.7506	−2.2103	−2.5055
−0.20	0.0428	−0.8502	−1.3313	−1.7245	−2.1502	−2.4172
−0.10	0.0255	−0.8607	−1.3248	−1.6960	−2.0881	−2.3282
0.00	0.0075	−0.8699	−1.3161	−1.6650	−2.0244	−2.2390
0.10	−0.0110	−0.8778	−1.3053	−1.6318	−1.9595	−2.1500
0.20	−0.0300	−0.8842	−1.2923	−1.5966	−1.8983	−2.0619
0.30	−0.0493	−0.8891	−1.2773	−1.5596	−1.8277	−1.9752
0.40	−0.0689	−0.8923	−1.2603	−1.5210	−1.7616	−1.8902
0.50	−0.0885	−0.8939	−1.2415	−1.4812	−1.6961	−1.8075
0.60	−0.1081	−0.8938	−1.2209	−1.4405	−1.6315	−1.7275
0.70	−0.1275	−0.8921	−1.1989	−1.3992	−1.5682	−1.6506
0.80	−0.1466	−0.8888	−1.1757	−1.3578	−1.5068	−1.5770
0.90	−0.1651	−0.8840	−1.1515	−1.3165	−1.4473	−1.5071
1.00	−0.1829	−0.8777	−1.1266	−1.2757	−1.3903	−1.4409
1.10	−0.2000	−0.8703	−1.1013	−1.2358	−1.3359	−1.3787
1.20	−0.2162	−0.8617	−1.0758	−1.1969	−1.2842	−1.3204
1.30	−0.2313	−0.8522	−1.0505	−1.1594	−1.2356	−1.2661
1.40	−0.2454	−0.8421	−1.0255	−1.1236	−1.1901	−1.2159
1.50	−0.2583	−0.8314	−1.0013	−1.0896	−1.1477	−1.1696
1.60	−0.2701	−0.8206	−1.9780	−1.0577	−1.1086	−1.1272
1.70	−0.2807	−0.8097	−1.9558	−1.0279	−1.0728	−1.0887
1.80	−0.2900	−0.7990	−1.9351	−1.0006	−1.0403	−1.0540
1.90	−0.2983	−0.7887	−1.9159	−1.9758	−1.0112	−1.0231
2.00	−0.3053	−0.7790	−1.8985	−1.9536	−1.9854	−1.9959

예제 13.19 어떤 하천유역의 매년 최소 일유량자료계열의 평균값 $\bar{x} = 150\ \mathrm{m^3/sec}$, 표준편차 $s = 60\ \mathrm{m^3/sec}$, 왜곡도계수 $C_s = 1.43$으로 계산되었다. Type-III 극치분포를 사용하여 연 최소 일유량이 $80\ \mathrm{m^3/sec}$ 이하가 될 확률을 구하고 재현기간 200년에 해당하는 일유량의 크기도 구하라.

풀이 1) $C_s = 1.43$이므로 표 13.6을 사용하면

$$\frac{1}{\beta} = 0.80, \quad A(\beta) = 0.092, \quad B(\beta) = 1.334, \quad \hat{\beta} = \beta = \frac{1}{0.80} = 1.25$$

식 (13.175)와 식 (13.176)을 사용하면($\bar{x} = \mu$, $s = \sigma$라 가정)

$$\hat{\alpha} = 150 + 60 \times 0.092 = 155.52$$
$$\hat{x}_0 = 155.52 - 60 \times 1.334 = 75.48$$

따라서, 식 (13.171)을 사용하면

$$P(X \leq 80) = 1 - \exp\left[-\left(\frac{80 - 75.48}{155.52 - 75.48}\right)^{1.25}\right] = 0.0272 = 2.72\%$$

2) $T = 200$년일 경우의 빈도계수를 식 (13.273)으로 계산하면

$$K_{200} = 0.092 - 1.334 + 1.334[\ln 200 - \ln 199]^{0.80} = -1.2227$$

따라서, 식 (13.273)을 사용하면

$$x_{200} = 150 + 60 \times (-1.2227) = 76.64\ \mathrm{m^3/sec}$$

예제 13.20 예제 13.9~13.18에서 주어진 연 최대홍수량 계열을 사용하여 각종 확률분포형과 두 종류의 매개변수 산정방법을 바탕으로 빈도계수법에 의해 추정한 100년 빈도 홍수량을 비교평가하라.

풀이 예제 13.9~13.18에서 빈도계수법으로 추정한 100년 빈도 홍수량을 요약정리하면 다음 표와 같다.

표 13.34 확률분포형별, 매개변수 산정방법별로 산정된 홍수량 비교 (단위: m^3/sec)

예제번호	확률분포형	매개변수 산정방법	
		모멘트법	확률가중모멘트법
13. 9	2변수 대수정규분포	184.06	194.45
13.11	3변수 대수정규분포	208.05	230.58
13.12	2변수 Gamma 분포	207.56	213.23
13.13	3변수 Gamma 분포	218.35	152.46
13.14	Log-Pearson Type-III 분포	223.63	-
13.16	GEV 분포	192.14	234.03
13.17	Type-I 극치분포	175.50(202.36)	143.38
13.18	Type-III 극치분포	206.24	208.68

주: Type-I 극치분포의 경우 괄호 안의 숫자(모멘트법 사용시)는 Gumbel-Kendall 빈도계수 사용시의 100년 빈도 홍수량임.

표 13.34에서 보는 바와 같이 모멘트법으로 매개변수를 산정할 경우 8개 확률분포를 사용한 빈도계수법에 의한 100년 빈도 홍수량은 184~223 m^3/sec로 약 39 m^3/sec의 최대편차를 보이고 있다. 한편, 확률가중모멘트법으로 매개변수를 산정할 경우는 3변수 Gamma 분포와 Type-I 극치분포의 경우를 제외하고는 194~234 m^3/sec로 약 40 m^3/sec의 최대편차를 보이고 있으며, 모멘트법을 사용할 경우보다는 약간 큰 100년 홍수량이 추정되었다. 3변수 Gamma 분포와 Type-I 극치분포의 경우 100년 빈도 홍수량은 타 분포에 비해 상당히 작게 추정되었으나 분명한 이유를 설명하기 어렵다.

예제 13.9~13.18에서의 빈도계수법에 의한 홍수량 추정에서는 일단 주어진 홍수량 표본자료 계열이 지정된 확률분포를 가진다고 가정하고 확률홍수량을 추정하는 절차를 예시하고자 한 것이다. 그러나, 실제의 빈도해석에서는 주어진 표본자료 계열을 여러 확률분포형에 맞추어 매개변수를 추정한 후에(모멘트법 혹은 확률가중모멘트법으로) 분포형 검정방법에 의한 확률분포형별 적합도 평가와 여러 가지 고려로 최적확률분포형을 선정한 후 재현기간별 빈도계수를 결정하여 확률수문량을 추정하게 된다.

11) Wakeby 분포

Wakeby 분포는 제13.4.11절에서 이미 소개한 바와 같이 변량 x는 누가확률분포함수 $F(x)$의 역함수 관계로 표시된다. 즉,

$$x = m + a[1 - \{1 - F(x)\}^{b}] - c[1 - \{1 - F(x)\}^{-d}] \tag{13.179}$$

식 (13.179)에 $F(x) = 1 - 1/T$ [식 (13.235)]을 대입하고 정리하면,

$$x = m + a(1 - T^{-b}) - c(1 - T^{d}) \tag{13.275}$$

예제 13.21 어떤 수위관측소 지점에서의 50년간의 연 최대홍수량 자료계열이 연도순 및 내림차순으로 표 13.35에 주어져 있다. 5매개변수 Wakeby 분포에 맞추어 매개변수를 산정한 후 누가확률분포곡선을 그리고, 100년 빈도 홍수량을 추정하라.

표 13.35 연 최대홍수량 자료계열

발생년도순의 연 최대홍수량(m^3/sec)									
270.53	950.90	866.78	186.34	822.93	526.68	482.22	537.65	370.79	221.20
787.46	195.99	801.53	276.32	324.94	618.38	966.72	594.59	337.73	526.68
118.88	368.46	410.09	493.12	221.49	720.14	908.31	681.11	360.41	200.19
565.16	688.81	393.52	474.52	643.43	446.86	393.52	505.76	720.14	480.67
399.00	658.34	336.79	559.95	410.09	512.16	505.76	945.48	704.37	206.16
크기역순의 연 최대홍수량(m^3/sec)									
118.88	186.34	195.99	200.19	206.16	221.20	221.49	270.53	276.32	324.94
336.79	337.73	360.41	368.46	370.79	393.52	393.52	399.00	410.09	410.09
446.86	474.52	480.67	482.22	493.12	505.76	505.76	512.16	526.68	526.68
537.65	565.16	594.59	599.95	618.38	643.43	658.34	681.11	688.81	704.37
720.14	720.14	787.46	801.53	822.93	866.78	908.31	945.48	950.90	966.72

풀이 1) 매개변수의 산정

표 13.35의 크기역순의 홍수량자료($i=1$에서 $i=50$까지)를 사용하여 식 (13.185)의 확률가중모멘트인 $B_k = M_{1,0,k}$를 계산하면 다음과 같다.

$$\hat{B}_0 = M_{1,0,0} = 514.7810, \quad \hat{B}_1 = M_{1,0,1} = 193.1728,$$
$$\hat{B}_2 = M_{1,0,2} = 109.0774, \quad \hat{B}_3 = M_{1,0,3} = 72.9222,$$
$$\hat{B}_4 = M_{1,0,4} = 53.4462$$

식 (13.189)를 사용하면

$$N_3 = -47.1025 \quad N_2 = 22.7152 \quad N_1 = -49.4962$$

식 (13.190)을 사용하면

$$C_3 = -12.2857 \quad C_2 = 8.3893 \quad C_1 = -30.2650$$

식 (13.188)을 사용하면

$$H = [\{(-49.4962)\times(012.2857)-(-47.1025)\times(-30.2650)\}^2 - 4 \times\{(-49.4962)\times 8.3893 - 22.7152\times(-30.2650)\}\{22.7152 \times(-12.2857)-(-47.1025)\times 8.3893\}]^{1/2} = 736.09$$

식 (13.186)과 (13.187)을 사용하면

$$b_1 = \frac{(-47.1025)\times(-30.2650)-(-49.4962)\times(-12.2857)+(736.09)}{2\times\{(22.7152)(-12.2857)-(-47.1025)\times 8.3893\}} = 6.6915$$

$$b_2 = 0.3505$$

따라서, 식 (13.181)로부터

$$\hat{b} = \max(b_1,\ b_2) = 6.6915$$

식 (13.183)을 사용하면

$$\hat{d} = \frac{(-49.4962)+6.6915\times 22.7152}{22.7152+6.6915\times(-47.1025)} = -0.3505$$

식 (13.185)를 사용하면

$$[0] = 5347.0944 \quad [1] = 7882.0622$$
$$[2] = 10625.9922 \quad [3] = 13578.8845$$

따라서 식 (13.184)에 의하면 $\hat{m} = 104.4811$

식 (13.180)에 의하면 $\hat{a} = 168.8859$

식 (13.182)에 의하면 $\hat{c} = -1014.8514$

2) 5변수 Wakeby 분포의 누가확률분포곡선의 작성

Wakeby 분포의 누가확률분포함수 $F(x)$의 역함수 관계로 표시되는 변량 x를 식 (13.179)의 형태로 표시하면 다음과 같다.

$$x = 104.4811 + 168.8859[1-\{1-F(x)\}^{6.6915}] + 1014.8514[1-\{1-F(x)\}^{0.3505}] \quad \text{(a)}$$

위의 역함수 관계식을 사용하여 본 예제의 표본자료를 5변수 Wakeby 분포에 적합시켰을 때의 누가확률분포곡선을 그림 13.27과 같이 작성하였다. 그림 13.27로부터 100년 빈도[$F(x) = 0.99$]에 해당하는 홍수량 $x_{100} = 1{,}086\ \mathrm{m^3/sec}$로 추정된다.

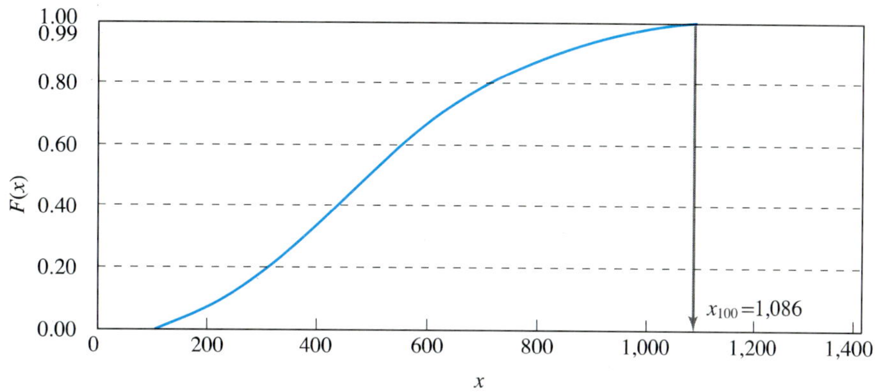

그림 13.27 5변수 Wakeby 분포의 누가확률분포곡선

3) 100년 빈도 홍수량의 추정

식 (a)에서 $1-F(x)=1/T=T^{-1}$이므로 재현기간 $T=100$년을 식 (a)에 대입하면,

$$\begin{aligned} x_{100} &= 104.4811 + 168.8859 \times [1-(100)^{-6.6915}] + 1014.8514 \\ &\quad \times [1-(100)^{-0.3505}] \\ &= 1{,}086.20 \text{ m}^3/\text{sec} \end{aligned}$$

13.7.5 수공구조물의 설계기준연한 설정

이상에서 살펴본 점빈도해석에 의하면 특정 재현기간을 가지는 수문사상의 크기를 추정할 수 있게 되며 각종 수공구조물의 설계기준수문량의 결정이 가능해진다. 그러나 지금까지 논의한 재현기간은 어떤 크기의 수문사상이 발생할 평균 재현기간을 의미하는 것으로서 같은 크기의 두 수문량이 차례로 발생할 실제의 시간간격을 의미하는 것은 아니다. 수문자료의 빈도해석에 의하여 어떤 평균 재현기간을 갖는 수문량의 크기가 결정되면 그 크기가 앞으로 n년 이내에 최소한 한 번 발생할 확률, 즉 위험도(危險度, risk)를 판단하는 것은 설계절차상 대단히 중요하다.

자료의 빈도해석에 의하여 얻은 누가확률분포곡선상의 어떤 크기의 변수 x에 해당하는 $P(X \leq x)$는 특정기간 동안에 변량 x의 값이 x보다 크지 않을 확률을 표시하며 누승확률법칙(累乘確率法則, multiplicative law of probability), [식 (13.5)]에 의하면 n년 동안에 x를 초과하지 않을 확률은

$$P(X \leq x)_n = [P(X \leq x)]^n \tag{13.276}$$

따라서,

$$P(X > x)_n = 1 - [1 - P(X \geq x)]^n \tag{13.277}$$

평균재현기간 $T = 1/P(X > x)$이므로

$$P(X > x)_n = 1 - \left(1 - \frac{1}{T}\right)^n \tag{13.278}$$

식 (13.278)을 정리하여 양변의 대수값을 취한 후 n에 관하여 풀면

$$n = \frac{\ln(1 - P(X > x)_n]}{\ln\left[1 - \frac{1}{T}\right]} \tag{13.279}$$

따라서, 빈도해석으로 얻은 표본의 누가확률곡선으로부터 임의의 x값에 대한 T를 결정할 수 있으므로 x만한 크기의 값이 장차 n년 동안에 최소한 1회 발생할 확률은 식 (13.278)로부터 구할 수 있다.

수공구조물의 경제성이라든지 파괴로 인한 영향의 대소 등 설계 여건에 따라 n년 동안에 최소한 1회 초과를 허용할 확률 $P(X > x)_n$이 결정되면 설계기준연한(設計基準年限, design period)으로 알려져 있는 n값은 식 (13.279)로부터 계산하여 설정할 수 있다. 따라서 빈도해석을 위한 각종 확률지의 확률축 T는 특정 설계기준연한 n에 대한 초과확률축으로 변환이 가능하다.

예제 13.22 어떤 수위관측소 지점에 건설하고자 하는 수공구조물이 건설 후 100년 이내에 홍수피해를 입을 위험도를 10% 이내가 되도록 하려면 계획홍수량을 얼마로 해야 할 것인가? 이 지점에 대한 40년간의 연 최대홍수량 자료계열(x_i)은 Log-Pearson Type-III 분포에 적합한 것으로 분석되었으며 자료계열의 자연대수치를 취한 $y_i = \ln x_i$의 평균치 $\overline{y} = 2.083$, 표준편차 $s_y = 0.152$, 왜곡도계수 $C_{sy} = 0.806$으로 계산되었다.

풀이 설계기준연한 $n = 100$년이고 초과확률 $P(X > x) = 0.1$이므로 식 (13.278)을 사용하면

$$0.1 = 1 - \left(1 - \frac{1}{T}\right)^{100} \qquad \therefore\ T = 949.6\text{년}$$

$T = 949.6$년에 대한 초과확률 $P(X > x) = 1/T = 0.00105$이다. $y_i = \ln x_i$의 왜곡도계수

$C_{sy} = 0.806$이고 $P(X > x) = 0.00105$ 혹은 $P(X \le x) = 0.99895$에 대한 $z = 3.075$ (표 13.5)이므로 이를 식 (13.255)에 대입하여 빈도계수를 구하면

$$K_T = 3.075 + (3.075^2 - 1) \times \left(\frac{0.806}{6}\right) + \frac{1}{3}(3.075^3 - 6 \times 3.075) \times \left(\frac{0.806}{6}\right)^2$$
$$- (3.075^2 - 1) \times \left(\frac{0.806}{6}\right)^3 + 3.075 \times \left(\frac{0.806}{6}\right)^4 + \frac{1}{3} \times \left(\frac{0.806}{6}\right)^5$$
$$= 4.255$$

따라서, 식 (13.257)에 의하면

$$\log_{10} x_T = 2.083 + 0.152 \times 4.255 = 2.730$$

따라서, 설계기준홍수량 $x_T = (10)^{2.730} = 537 \text{ m}^3/\text{sec}$

예제 13.23 평균재현기간이 200년[$P(X > x) = 0.5\%$]인 어떤 지점에서의 홍수량이 향후 50년 내에 최소한 1회 발생할 확률을 계산하라.

풀이 $T = 200$년, $n = 50$이므로 식 (13.278)로부터

$$P(X > x)_{50} = 1 - \left(1 - \frac{1}{200}\right)^{50} = 0.2217 = 22.17\%$$

13.8 기타 점 빈도해석

13.8.1 연 초과치 계열의 점 빈도해석

전 절까지의 예에서는 빈도해석에서 주로 사용되고 있는 연최고치 계열의 해석만을 취급하였으나 경우에 따라서는 연 초과치 계열(年 超過値 系列, annual exceedance series)에 대한 빈도해석을 해야 할 때도 있다. Chow(1953)에 의하면 지수분포(指數分布, exponential distribution)는 연 초과치 계열의 해석에 적합하며 누가확률분포함수는 다음과 같이 표시된다.

$$F(x) = P(X \le x) = 1 - \exp\left[-\frac{\log_e 10}{x_0}(x - b)\right] \tag{13.280}$$

여기서, x_0는 식 (13.142)에 정의된 바와 같고 b는 상수이다. 따라서 이론적인 재현기간은 식 (13.280)으로부터

$$T_E = \frac{1}{1 - P(X \le x)} = \exp\left[\frac{\log_e 10}{x_0}(x - b)\right] \tag{13.281}$$

식 (13.281)의 양변의 상용대수값을 취하여 정리하면

$$x = x_0 \log_{10} T_E + b \tag{13.281}$$

식 (13.282)로부터 변수 x를 산술축에, T_E를 대수축에 표시하면 이론적인 $x \sim T_E$관계는 직선으로 나타날 것이며 이를 위해서는 반 대수방안지(半 對數方眼紙, semi-logarithmic paper)가 통상 사용된다. 연 초과치 계열의 도시위치는 California 공식에 의하여 결정하는 것이 좋다함은 전술한 바 있다. 따라서 연 초과치 계열은 식 (13.282)의 형태로 회귀분석에 의하여 상수 a, b의 값을 결정함으로써 빈도해석이 가능하다.

연 초과치 계열의 평균재현기간 T_E는 연 최고치 계열의 평균재현기간 T_M과 다음의 관계가 있는 것으로 알려져 있다.

$$T_E = \frac{1}{\log_e T_M - \log_e (T_M - 1)} \tag{13.283}$$

식 (13.283)은 이론적으로 증명될 수도 있으며 이를 도표화한 것이 그림 13.28이다. 그림 13.28에서 알 수 있는 바와 같이 재현기간이 10년보다 클 때에는 T_E와 T_M이 거의 같으므로 실제에 있어서 연 초과치 계열의 T_E를 T_M으로 환산할 필요가 거의 없다.

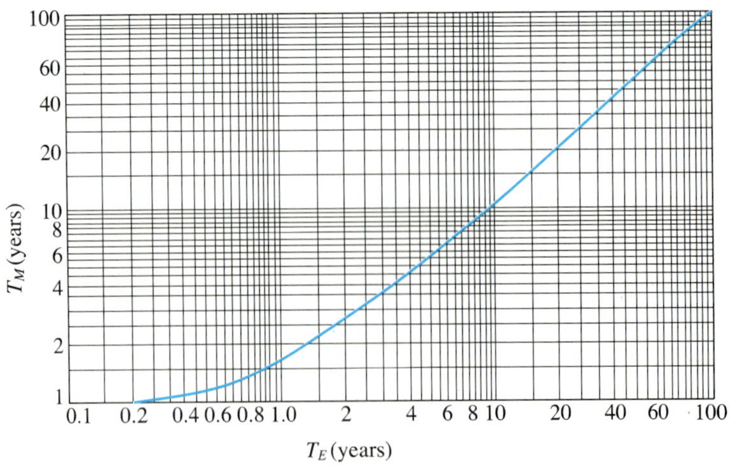

그림 13.28 T_E와 T_M의 관계

예제 13.24 예제 13.5에서 사용한 20년간의 홍수량 자료에 대한 연 최고치 및 연 초과치 계열을 사용하여 다음의 빈도해석을 실시하라.

1. California 공식을 사용하여 연 초과치 계열을 반 대수방안지에 표시하라.
2. Weibull 공식을 사용하여 연 최고치 및 연 초과치 계열을 극치확률지에 표시하라.

풀이 연 최고치 및 연 초과치 계열의 재현기간을 각각 Weibull 공식 및 California 공식으로 계산하여 표 13.36에 기입하였다.

1) 그림 13.29는 표 13.36의 연 초과치 계열을 반 대수방안지에 표시한 것이며 직선은 Eye-Fitting으로 그은 회귀직선이다. 보다 정확한 회귀직선은 최소자승법에 의해 구할 수 있을 것이다(제13.6절).
2) 그림 13.30은 표 13.36의 두 계열을 극치확률지에 표시한 것이다.

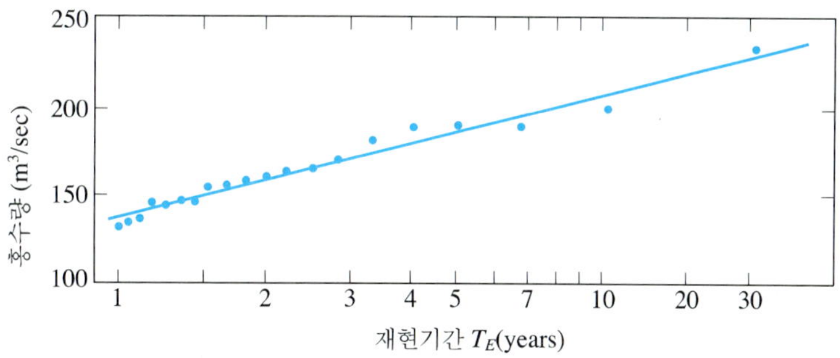

그림 13.29 연 초과치 계열의 빈도분석(California 공식 사용)

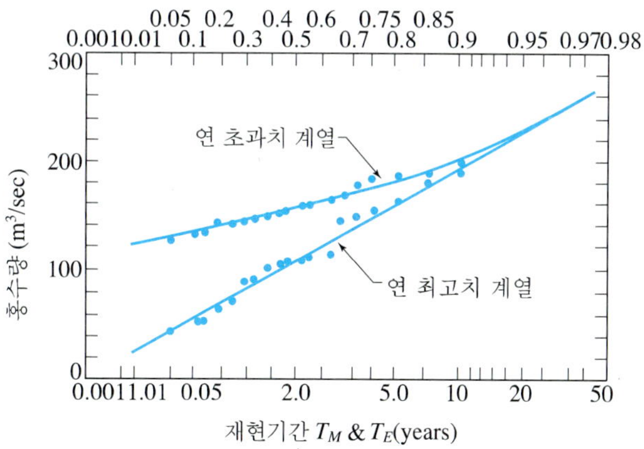

그림 13.30 연 초과치 계열 및 연 최고치 계열

그림 13.30으로부터 짧은 재현기간에 있어서는 두 계열이 크게 차이가 생김을 알 수 있으며 이는 그림 13.29 및 식 (13.283)의 내용과 일치함을 알 수 있다.

표 13.36 연 최고치 및 연 초과치 홍수량 계열의 도시위치 산정

순위	연 최고치 계열		연 초과치 계열		순위	연 최고치 계열		연 초과치 계열	
m	홍수량 (m^3/sec)	재현기간(년) $T_M=\frac{n+1}{m}$	홍수량 (m^3/sec)	재현기간(년) $T_E=\frac{n}{m}$	m	홍수량 (m^3/sec)	재현기간(년) $T_M=\frac{n+1}{m}$	홍수량 (m^3/sec)	재현기간(년) $T_E=\frac{n}{m}$
1	234.9	21.00	234.9	20.00	11	112.6	1.91	159.4	1.82
2	189.5	10.50	200.0	10.00	12	110.2	1.75	155.0	1.67
3	188.5	7.00	189.5	6.67	13	108.0	.62	154.6	1.54
4	165.4	5.25	188.5	5.00	14	96.0	1.50	147.8	1.43
5	159.4	4.20	187.6	4.00	15	94.3	1.40	147.1	1.33
6	155.0	3.50	180.3	3.33	16	76.6	1.31	145.4	1.25
7	147.1	3.00	170.0	2.86	17	69.2	1.24	145.4	1.18
8	117.2	2.63	165.4	2.50	18	58.5	1.17	135.7	1.11
9	115.5	2.33	162.5	2.22	19	54.6	1.11	134.5	1.05
10	114.9	2.10	160.4	2.00	20	48.3	1.05	130.5	1.00

13.8.2 점 강우량의 빈도해석

수공구조물의 설계홍수량을 설계강우량을 사용하여 합리식 등의 방법에 의해 산정하기 위해서는 한 지역의 재현기간별, 강우지속기간별 설계강우강도 혹은 강우량을 결정할 수 있는 그림 13.31과 같은 강우강도-지속기간-생기빈도곡선(rainfall intensity-duration-frequency curve, I-D-F curve)을 작성하는 것이 보통이다.

그림 13.31과 같은 관계곡선을 작성하기 위해서는 우선 대상지점의 장기간에 걸친 자기우량기록지로부터 단시간의 지속기간(10, 20, 30, 60, 120분 등)별로 연 최고치 계열을 작성하고 전술한 방법으로 점빈도해석을 실시하여 재현기간별 강우강도를 계산한다. 이와 같이 강우지속기간별, 재현기간별 강우강도가 결정되면 이들 자료를 사용하여 재현기간별로 지속기간-최대강우강도 관계를 최소자승법으로 회귀분석함으로써(제13.6절) 그림 13.31과 같은 회귀곡선을 얻을 수 있다.

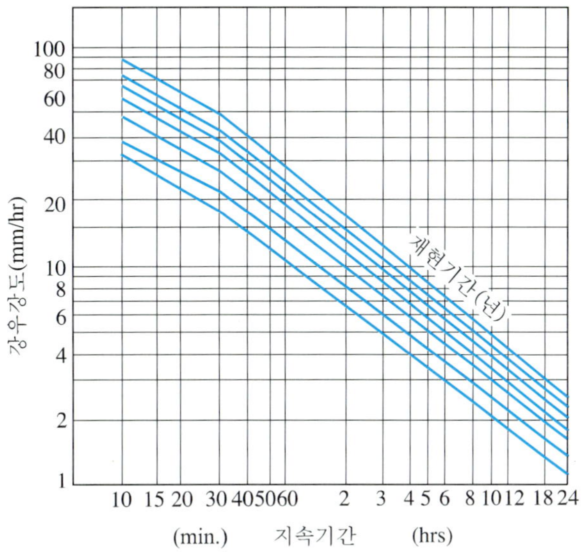

그림 13.31 강우강도-지속기간-생기빈도 관계곡선(예시)

13.8.3 갈수량의 빈도해석

수문학적으로 볼 때 가뭄 혹은 한발(旱魃, drought)이란 하천유량의 감소로 수자원 관리계통으로부터 기대되는 용수의 공급을 충족시키지 못하는 기간을 말하며 이때의 하천유량을 정성적으로 갈수량(渴水量, drought flow)이라 한다. 수문분야에서 관심을 가지게 되는 갈수량의 해석문제는 두가지 경우가 있다. 그 첫째는 인공 저류구조물이 없어서 한발로 인해 용수공급이 제한을 받을 경우로서 심각한 수질오염문제까지를 포함하는 경우이고, 다른 한 경우는 한발이 계속됨에 따라 댐의 저류량이 감소되어 용수공급을 위협받게 되는 경우이다. 후자에 속하는 문제는 대부분의 경우 기록치가 충분하지 못하므로 제14장에서 소개될 추계학적해석(推計學的解析, stochastic analysis)에 의하는 것이 가장 좋은 것으로 알려져 있다.

갈수량은 성격상 홍수량처럼 순간유량이 중요한 것이 아니라 한발이 계속되는 기간 동안의 총 유량이 주된 관심사이므로 해석을 위한 계속기간(duration)을 선정하는 것이 보통이다(1일, 5일, 10일, … 등). 따라서 갈수의 계속기간별로 매년 최저 평균유량을 선별하여 우선 연최저 평균유량 계열(年 最低 平均流量 系列)을 만든다. 확률도시위치 공식 중 California 공식을 사용하여 초과확률(혹은 재현기간)을 부여하고 그림 13.32와 같이 도시하여 자료점을 통과하는 회귀곡선을 그리게 된다. 그림 13.32는 대수정규확률지이나 Gumbel은 갈수량의 도시를 위해 Weibull 확률지(부록 V)를 추천한 바 있다.

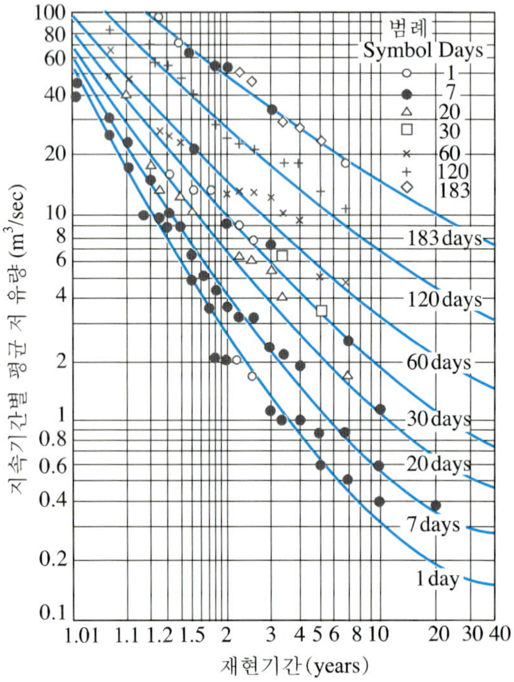

그림 13.32 지속기간별 평균 저 유량(低 流量)의 빈도곡선

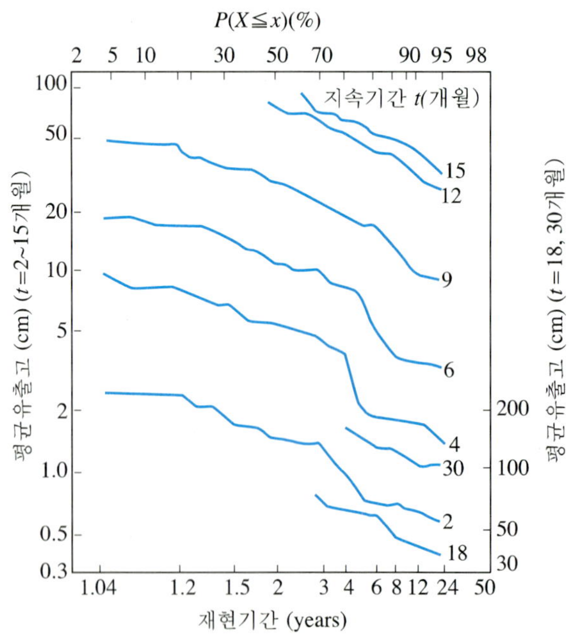

그림 13.33 지속기간별 평균 저 유하량의 발생빈도곡선(충주 수위관측소)

그림 13.33은 급수용 저수지의 용량 결정을 위해 남한강의 충주 수위관측소에서의 24년간의 일 유량자료를 사용하여 갈수지속기간별 최소 평균유량자료 계열의 점 빈도해석을 실시한 결과로 얻은 가뭄지속기간별 평균유출고(平均流出高, cm 단위)의 생기빈도(혹은 재현기간)를 표시하고 있다(윤용남, 1972).

하천수계상의 어떤 지점에서의 가용 하천유량의 규모와 변동성을 평가하기 위한 수단으로 그림 13.34와 같은 유황곡선(流況曲線, flow duration curve)을 작성한다. 이 곡선의 작성을 위해서는 해당 지점에서의 기록 연한 동안의 전 기간 일 유량자료를 사용하여 초과백분율별 일 유량을 결정하고 이를 그림 13.34와 같이 도시하면 된다.

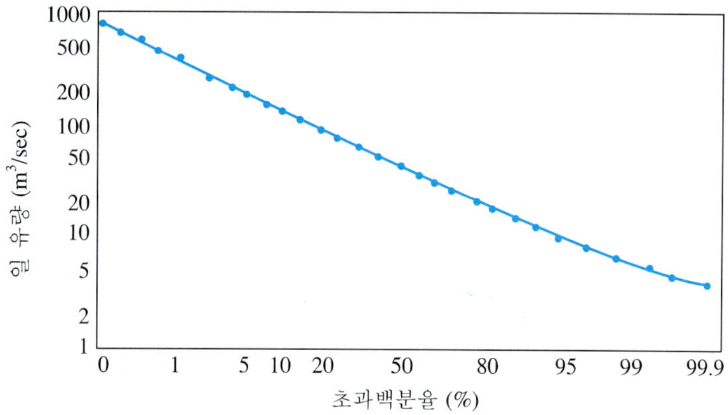

그림 13.34 전형적인 유황곡선

13.9 지역빈도해석

대부분의 경우 수문관측지점(水文觀測地點)에서 관측되는 자료기간은 비교적 짧은 것이 보통이므로 표본의 추출오차(抽出誤差, sampling error)도 큰 것이 보통이다. 따라서, 전 절까지 살펴본 점빈도해석에 의한 결과들로부터 장래에 발생할 수문사상을 예측할 수 있는 신뢰도에는 한계가 있다. 뿐만 아니라 엄밀하게 말하면 빈도분석 결과는 유도된 그 지점에서만 타당한 것이라 볼 수 있다. 이러한 단점을 보완하여 어떤 지역 전반을 대표할 수 있는 확률수문량을 추정할 수 있는 분석방법을 지역빈도해석(地域頻度解析, regional frequency analysis)이라 한다. 분석대상 수문자료는 지속기간별 강우량이라든지 갈수유량 혹은 홍수량이 되며, 강우량과 홍수량의 경우는 연 최대치 계열, 갈수유량의 경우는 연최소치 계열을 빈도분석하게 된다.

지금까지 개발된 지역빈도 해석방법에는 여러 가지가 있으나 하천유역 내 여러 수위관측소 지점의 연 최대홍수량 자료계열의 점빈도해석 결과를 지역화(地域化, regionalization)하는 지표홍수량방법(指標洪水量方法, index-flood method)과 L-모멘트법을 사용하는 지역빈도 해석방법에 대해 살펴보기로 한다.

13.9.1 지표홍수량 방법

지표홍수량방법(指標洪水量方法, index-flood method)은 미국 지질조사국(U.S. Geological Survey, USGS)에서 개발한 방법으로서 지역 전반에 걸친 수문학적 특성을 훌륭하게 요약해 주는 방법으로 알려져 있다. 지표홍수량방법에서는 홍수량 자료를 도식적으로 처리하여 얻은 결과를 도표화하여 사용하고 있지만 회귀분석, 상관관계분석 등의 통계학적 기법을 사용하면 더 양호한 결과를 얻을 수 있다.

이 방법에 의해 지역빈도곡선(地域頻度曲線, regional frequency curve)을 작성하는 절차는 다음과 같다(그림 13.35, 13.36 및 표 13.37 참조).

1) 유역특성이 비슷한 지역 내의 각 유량관측점에 대한 홍수량 빈도곡선을 그림 13.35와 같이 극치 확률지상에 작성한다.
2) 각 관측점의 홍수량 빈도곡선으로부터 택한 재현기간별(혹은 초과생기확률별) 홍수량의 평균 연 홍수량(平均 年 洪水量, mean annual flood)에 대한 비율을 계산한다. 여기서 평균 연 홍수량은 각 관측점의 재현기간 $T=2.33$년[식 (13.268)의 $K_T=0$에 해당하는 T값]에 해당하는 홍수량으로 정의된다.

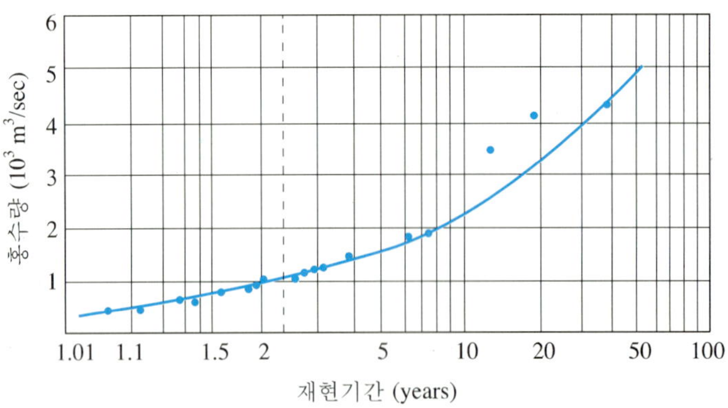

그림 13.35 관측점별 홍수빈도곡선

3) 지역 내 전 관측점에 대하여 계산된 비율을 재현기간별로 표 13.37과 같이 작성한 후 각 재현기간에 대한 중앙값(median, 표 13.37의 15개 값 중 8번째로 큰 값)을 결정한다.

4) 3)에서 구한 중앙값을 해당 재현기간에 대하여 그림 13.36과 같이 표시함으로써 지역홍수량의 빈도곡선을 얻는다.

표 13.37 관측점별, 재현기간별 홍수량의 평균 연 홍수량에 대한 비

관측점명		재현기간(년)					
		1.1	1.5	5	10	20	50
1	A	0.49	0.75	1.46	1.93	2.55	3.03
2	B	0.57	0.78	1.36	1.74	2.18	2.73
3	C	0.54	0.79	1.32	1.55	1.79	2.09
4	D	0.57	0.80	1.33	1.62	1.94	2.48
5	E	0.56	0.79	1.34	1.63	1.97	2.52
6	F	0.49	0.78	1.37	1.65	1.93	2.28
7	G	0.50	0.75	1.34	1.70	2.08	2.57
8	H	0.45	0.76	1.39	1.76	2.21	3.02
9	I	0.69	0.83	1.37	1.80	2.38	3.00
10	J	0.62	0.81	1.39	1.77	2.28	2.92
11	K	0.58	0.78	1.32	1.67	2.10	2.90
12	L	0.63	0.80	1.36	1.80	2.39	2.91
13	M	0.47	0.74	1.47	2.13	3.02	4.57
14	N	0.46	0.76	1.35	1.64	1.91	2.25
15	O	0.54	0.75	1.35	1.73	2.22	2.80
중앙값(Median)		0.54	0.78	1.36	1.73	2.18	2.80

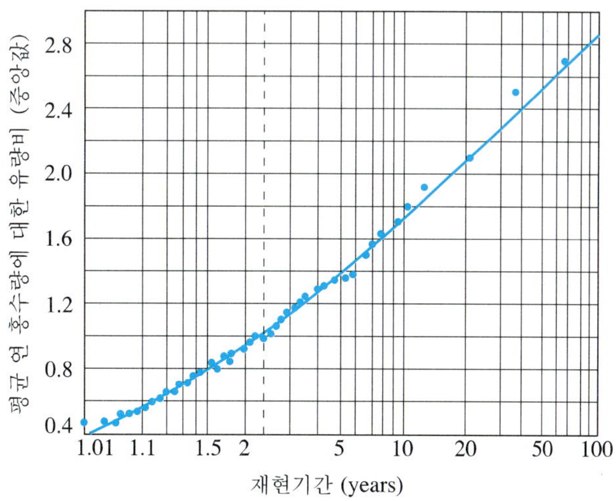

그림 13.36 지역홍수빈도곡선

위와 같은 절차에 따라 빈도곡선을 작성하는 데는 두 가지 문제점이 있다. 그 첫째는 지역수문특성의 동질성(同質性, homogeneity)을 확보하는 것이고, 두 번째는 결측치 혹은 다른 관측점에 비해 짧은 관측기록을 가진 관측점의 자료를 어떻게 보완하여 동일 기간자료로 만드느냐는 것이다.

13.9.2 L-모멘트법을 사용한 지역빈도해석

L-모멘트법을 사용한 지역빈도 해석방법은 Hosking(1989, 1990)과 Hosking(1991)의 확률가중모멘트와 L-모멘트 이론의 개발을 배경으로 하여 Hosking과 Wallis(1993)가 분석절차를 상세하게 정립하였다. 일반적인 해석절차는 지점별 자료의 검증, 지점별 자료의 수문학적 특성이 동질성을 가지는지에 대한 평가, 적정지역확률분포형의 선정, 지역빈도분포의 매개변수 산정 등이다.

1) 지점별 자료의 검증

지역 내 어떤 지점의 L-모멘트 값이 타지점의 값과 큰 차이를 보이는지를 확인하는 절차로서 불일치 척도(不一致 尺度, discordancy measure) D_i를 계산하여 자료의 오류 여부를 판단하게 된다. 즉,

$$D_i = \frac{1}{3}(u_i - \bar{u})^T S^{-1}(u_i - \bar{u}) \tag{13.284}$$

여기서, $u_i = [t^i, t_3^i, t_4^i]^T$로서 i지점자료의 L-모멘트의 변동계수(t), 왜곡도계수(t_3), 첨예도(t_4)의 벡터를 표시하며 $\bar{u}$는 지역 내 N개 지점의 u_i벡터의 산술평균 벡터로서 다음과 같이 표시된다.

$$\bar{u} = \frac{1}{N}\sum_{i=1}^{N} u_i \tag{13.285}$$

또한, 식 (13.284)의 S는 표본자료의 공분산 벡터로서 다음과 같이 표시된다.

$$S = \frac{1}{N-1}\sum_{i=1}^{N}(u_i - \bar{u})(u_i - \bar{u})^T \tag{13.286}$$

식 (13.284)로 계산되는 D_i값이 지나치게 큰 지점은 지역단위로 볼 때 자료의 일치도가 떨어지는 지점임을 의미하며 이러한 지점의 자료는 오류여부를 확인해야 한다.

열의 경향성 분석, Bulletin 17B 절차의 간이 분석 등을 포함하여 여러 가지 시계열자료의 확률통계학적 분석을 가능하게 한다.

13.10.2 국내의 대표적인 빈도해석 프로그램

국내 실무에서 사용되고 있는 대표적인 빈도해석 프로그램은 현 소방방재청 산하의 국립방재연구소(國立防災研究所, 1998)가 연구용역을 통해서 개발하였다. 이 프로그램의 개발목적은 1996년부터 시행되어온 특정규모 이상의 각종 개발사업에 대한 재해영향 평가제도(災害影響 評價制度)의 운영에 필요한 계획홍수량 산정을 위한 확률강우량을 점빈도해석 방법에 의해 산정하기 위한 것이었다.

이 빈도해석 프로그램은 「FARD(Frequency Analysis of Rainfall Data)」 프로그램이라 부르며 2006년 Version인 최신의 FARD 2006을 국립방재연구소의 홈페이지(www.nidp.go.kr)에서 설치파일(FARD 2006_setup.exe)을 내려받기하여 FARD 설치를 종료한 후 프로그램을 실행할 수 있다.

이 프로그램은 기본적으로 우량 관측소지점별로 지속기간별 연 최대우량 자료계열의 점빈도해석(point rainfall frequency analysis)을 실행하기 위해 개발된 프로그램이나 전술한 바와 같이 연 최대홍수량 계열이나 갈수우량 혹은 갈수유량 자료계열의 빈도해석에도 사용될 수 있을 것으로 본다.

이 프로그램에서의 빈도해석 절차는 본 장(제13장)에서 상세하게 살펴본 절차를 거의 그대로 따르고 있으며 FARD 프로그램의 구성을 Flow Chart로 표시해보면 그림 13.37과 같다.

주프로그램(main program)의 흐름도와 각 단계에서 사용하는 부프로그램(sub-program)의 구성은 그림 13.37에서 보는 바와 같고 각 부프로그램을 호출하여 단계별 계산을 하도록 되어 있다. 그림 13.37에서 보는 바와 같이 FARD 프로그램 내에서의 빈도해석 계산 절차를 보면, ① 입력자료의 읽어드림, ② 표본자료의 기본 통계값 계산, ③ 표본자료 계열에 대한 예비적 해석, ④ 확률분포형 별 매개변수의 산정(모멘트법, 최우도법, 확률가중모멘트법), ⑤ 매개변수의 적합도 검정, ⑥ 확률강우량의 산정 ⑦ 계산결과의 출력 등으로 되어 있다.

FARD 프로그램에 대한 보다 자세한 내용에 대해서는 국립방재연구소(1998)와 국립방재연구소의 Website에서 제공하는 FARD 2006 사용자 매뉴얼을 참고할 수 있다.

입력자료의 읽기

⇩

기본적인 통계값 계산	
MOMEN1	평균값, 표준편차, 변동계수, 왜도계수

⇩

예비적인 해석	
ANDTST	Anderson의 correlogram test
RUNTST	Run test
SPETST	Speaman의 rank correlation coefficient test
TUPTST	Turning point test

⇩

매개변수 추정			
확률분포형	모멘트법	최우도법	확률가중모멘트법
GAMMA	PARGAM1	PARGAM2	PARGAM3
GEV	PARGEV1	PARGEV2	PARGEV3
GUMBEL	PARGUM1	PARGUM2	PARGUM3
LOG-GUMBEL	PARLGU1	PARLGU2	PARLGU3
LOGNORMAL	PARLOG1	PARLOG2	PARLOG3
LOG-PEARSON TYPE III	PARLP1	PARLP2	PARLP3
WEIBULL	PARWBU1	PARWBU2	PARWBU3
WAKEBY			PARWKB

⇩

매개변수 적합성 검토
각 확률분포형의 확률변수 범위 및 추정된 매개변수 적합성 조건

⇩

적합도 검정	
CHITST	χ^2-test
KSTST	Kolmogorov-Smirnov test
CVMTST	Cramer Von Mises test
PPCCTST	Probability Plot Correlation Coefficient test

⇩

확률강우량 산정	
INVGAM	Gamma 분포형의 확률강우량
INVGEV	GEV 분포형의 확률강우량
INVGUM	Gumbel 분포형의 확률강우량
INVLGU	Log-Gumbel 분포형의 확률강우량
INVLOG	Lognormal 분포형의 확률강우량
INVLP	Log-Pearson type III 분포형의 확률강우량
INVWBU	Weibull 분포형의 확률강우량
INVWKB	Wakeby 분포형의 확률강우량

⇩

자료의 출력

그림 13.37 FARD 프로그램의 구성

연습문제

13장 확률론적 수문분석기법

13.1 어떤 수문사상 E_1과 E_2의 발생확률이 각각 0.3이다. 다음 두 가지 경우에 사상 E_1 혹은 E_2가 발생할 확률은 얼마인가?

가) 두 사상이 서로 독립적이나 상호 배타적(mutually exclusive)이 아닐 경우

나) 사상 E_2가 발생할 때 E_1도 발생할 확률이 0.1일 때

13.2 하곡(河谷)에 계획되고 있는 대규모 댐의 건설을 위해 가물막이 댐(coffer dam)을 임시로 건설하고자 한다. 만약 이 댐을 20년 홍수에 견딜 수 있도록 설계했다면 다음 네 가지 경우에 파괴될 위험도는 각각 얼마나 되는가?

가) 첫 해에 파괴될 위험도

나) 세 번째 해(년)에 파괴될 위험도

다) 본 댐의 건설기간(5년으로 가정) 동안에 최소한 1회 파괴될 위험도

라) 5년 동안 한 번도 파괴되지 않을 확률

13.3 어떤 하천상에 교량을 건설하고자 한다. 홍수로 인해 연속되는 2개년 동안에 최소 1회 교량이 범람될 위험도를 50% 이내로 제한하고자 할 경우 교량단면의 결정을 위한 홍수량의 재현기간을 몇 년으로 잡아야 할 것인가?

13.4 다음 표는 어떤 우량 관측소에 기록된 1954~1973년간의 연 강우량을 표시하고 있다.

가) 평균값, 중앙값 및 표준편차를 구하라.

나) 적당한 계급구간을 사용하여 주상도를 그려라.

다) 선형 방안지와 정규분포확률지상에 누가확률분포곡선을 그려라.

라) 다)의 그림으로부터 구한 중앙값 및 표준편차와 계산하여 구한 값을 비교하라.

연도	강우량(mm)	연도	강우량(mm)	연도	강우량(mm)	연도	강우량(mm)
1954	556	1959	499	1964	732	1969	305
1955	827	1960	732	1965	442	1970	404
1956	461	1961	1250	1966	442	1971	312
1957	853	1962	427	1967	484	1972	998
1958	892	1963	693	1968	274	1973	362

13.5 다음 표의 연 최대홍수량(m^3/sec) 계열이 정규확률분포를 가진다고 가정하고 홍수량이 10,000 m^3/sec를 초과할 확률을 구하라.

4,730	5,440	8,270	6,570	9,150	5,350	6,780	7,000	6,690	3,470
5,800	4,700	6,630	8,090	8,000	5,230	5,800	6,720	11,500	4,610
5,240	9,430	11,100	7,170	9,610	9,250	3,410	6,900	7,340	9,910
7,920	6,260	9,370	6,870	8,010	3,230	4,310	7,700	5,360	7,080
8,940	6,260	11,200	4,400	8,430	4,500	2,840	4,600	8,040	5,500
7,290	7,120	4,680	8,410	6,130	8,170	7,050	7,770	4,420	2,060
8,500	8,290	8,870	6,020	4,030	5,050				

13.6 문제 13.5의 홍수량 자료를 2,500 m^3/sec 이하를 1개 계급구간으로 하고 그 이상은 계급구간의 폭을 1,000 m^3/sec로 하여 홍수빈도를 표시하는 주상도를 그려라.

13.7 하천의 어떤 지점에서의 연 최대홍수량 자료가 정규확률분포를 가진다고 할 때 다음을 계산하라. 이 자료계열의 평균홍수량은 540 m^3/sec이고 표준편차는 90 m^3/sec이다.

가) 재현기간 100년인 홍수량의 크기

나) 홍수량이 800 m^3/sec보다 작거나 같을 확률

다) 홍수량 1,000 m^3/sec의 재현기간

13.8 문제 13.5의 연 최대홍수량 계열자료를 이용하여 2변수 대수정규확률분포의 매개변수를 모멘트법 및 확률가중모멘트법으로 산정한 후 빈도계수법으로 100년 빈도 홍수량을 각각 추정하라.

13.9 2변수 대수정규분포를 사용하여 문제 13.6의 계급구간 3,500~4,500에 대한 기대 상대도수를 구하라.

13.10 2변수 대수정규분포를 가지는 연 최대홍수량 자료의 자연대수치(y_i)의 평균 $\bar{y}=2.65$, 표준편차 $s_y=0.10$일 때 다음을 계산하라.

가) 재현기간 100년에 해당하는 홍수량의 크기

나) 홍수량이 800 m^3/sec보다 작거나 같을 확률

다) 홍수량 1,000 m^3/sec의 재현기간

13.11 어떤 수위관측소 지점에 대한 30년간의 연 최대홍수량 자료계열이 다음 표에 주어져 있다. 다음 확률분포의 매개변수를 모멘트법 및 확률가중모멘트법으로 산정한 후 모멘트법으로 산정한 매개변수를 사용하여 각 확률분포의 확률밀도곡선을 그리고, 연 최대홍수량이 35 m^3/sec를 초과할 확률을 각각 구하라.

(단위: m^3/sec)

24.5	61.4	27.2	31.5	39.9	33.9	27.9	22.7	11.8	8.0
27.5	30.6	37.0	21.8	41.6	15.0	17.1	12.6	22.6	51.3
22.4	20.5	27.6	29.1	6.3	25.4	22.4	32.9	45.9	68.9

가) 3변수 대수정규확률분포

나) 2변수 Gamma 분포

다) 3변수 Gamma 분포(Pearson Type-III 분포)

라) Log-Pearson Type-III 분포

마) GEV 분포

바) Type-I 극치분포(Gumbel 분포)

사) Type-III 극치분포(3변수 Weibull 분포)

13.12 문제 13.11에 주어진 연 최대홍수량 자료계열을 이용하여 5변수 Wakeby 분포의 매개변수를 확률가중모멘트법으로 산정하고 역함수 관계를 사용하여 재현기간 100년인 홍수량을 추정하라.

13.13 문제 13.6에서 작성한 계급구간별 도수를 사용하여 Chi-Square, Kolmogorov-Smirnov 및 Cramer-Von Mises 검정방법으로 유의수준 5%로 다음 확률분포의 적합도를 검정하라. 모멘트법으로 산정한 매개변수를 사용하라.

가) 2변수 대수정규확률분포

나) GEV 분포

다) Type-I 극치분포

13.14 문제 13.11의 연 최대홍수량 자료의 누가확률분포곡선을 정규확률지와 대수정규확률지상에 도시하고 이론적인 누가확률분포곡선을 그린 후 K-S 검정법에 의해 유의수준 5%로 정규분포 혹은 3변수 대수정규분포의 적합성을 검정하라. 도시위치 공식으로는 Weibull 공식을 사용하라.

13.15 어떤 수위표 지점의 연 유출고(mm) 자료가 다음 표에 수록되어 있다. 정규확률분포의 적합성을 5% 유의수준으로 Chi-Square, Kolmogorov-Smirnov, Cramer-Von Mises 방법으로 검정하라. 모멘트법에 의한 매개변수를 사용하라.

(단위: mm)

305	427	570	562	443	440	566	583	437	603	600	494
287	300	461	535	428	414	542	500	429	354	409	420
404	579	466	462	380	515	597	424	365	652	416	378
536	589	455	716	416	421	371	282	572	581	518	533

13.16 어떤 지역에 대한 연도별 첨두 홍수량과 이에 상응하는 강우량 및 선행 강우량이 다음 표에 수록되어 있다.

연도	첨두 홍수량 (m^3/sec)	강우량 (mm)	선행 강우량 (mm)	연도	첨두 홍수량 (m^3/sec)	강우량 (mm)	선행 강우량 (mm)	연도	첨두 홍수량 (m^3/sec)	강우량 (mm)	선행 강우량 (mm)
1948	9.6	34.0	48.5	1956	45.6	97.5	92.2	1964	15.0	49.3	116.8
1949	30.6	85.6	85.1	1957	28.8	54.1	115.3	1965	28.5	71.9	111.3
1950	33.8	61.7	121.2	1958	58.5	97.0	87.4	1966	7.8	31.8	9.9
1951	102.3	108.7	95.0	1959	16.8	55.9	135.4	1967	12.0	70.9	26.7
1952	33.0	46.2	94.5	1960	18.1	72.4	32.5	1968	29.7	144.3	73.7
1953	212.4	105.2	62.0	1961	42.3	42.9	91.2	1969	26.7	82.8	90.4
1954	33.6	72.9	37.6	1962	36.6	81.0	51.3	1970	53.7	46.0	161.0
1955	62.4	149.9	141.5	1963	45.9	37.6	56.1				

가) 내림차순의 연 최대유량 계열을 작성하고 Weibull 공식에 의해 도시위치를 결정하여 정규확률지, 대수 정규확률지 및 극치확률지(Gumbel paper)상에 빈도곡선을 그려라.

나) 모멘트법으로 유량계열의 평균값, 표준편차, 왜곡도 계수 및 변동계수를 구하라.

다) 각 확률지상에 표시된 자료에 대한 이론적인 누가 확률분포곡선을 구하라.

라) 연 최대홍수량을 종속변수로 취급하고 해당 강우량을 독립변수로 하여 선형 회귀분석을 실시하여 회귀직선의 방정식을 구하라.

마) 연 최대홍수량을 종속변수로, 해당 강우량 및 선행 강우량을 독립변수로 취급하여 중선형회귀분석을 실시하라. 회귀직선의 방정식은 어떻게 되는가?

바) 라) 및 마)에 대한 상관계수를 계산하라.

13.17 다음 표의 자료는 1961~1970년에 걸친 어떤 우량 관측점에서의 최대값에 가까운 10분 강우량을 표시하고 있다. 연 최대치 계열 및 연 초과치 계열(15개만을 선택할 것)을 작성하고 적절한 방안지에 누가확률분포곡선을 그려라.

연도	우량(mm)	연도	우량(mm)
1961	7.4	1966	9.7
	9.4		11.9
	11.2	1967	10.7
	12.4		8.9
1962	6.9		8.4
1963	8.4		9.7
	8.9		18.8
	16.8		4.8
	15.7	1968	10.4
	9.1		9.9
	6.9		13.5
	6.4		6.4
	7.9		13.2
	8.4	1969	19.3
	7.4		9.7
	9.1		10.7
1964	8.1		8.1
	14.7	1970	6.6
	9.1		7.6
	7.9		10.7
1965	5.6		9.1
	8.1		14.5
	10.4		11.2

13.18 어떤 소유역의 평균 홍수량 및 홍수량의 표준편차는 각각 36 m^3/sec 및 22 m^3/sec 이다. 홍수량 자료가 2변수 대수정규확률분포를 가진다고 가정하고 식 (13.74) 및 (13.75)를 사용하여 홍수량의 대수값의 평균 및 표준편차를 계산하라. 또한 표 13.5를 사용하여 대수정규확률지상에 누가확률분포곡선을 그려 확률도시법으로 재현기간 100년에 해당하는 홍수량의 크기를 구하라. 확률가중모멘트법으로 산정한 확률분포의 매개변수를 사용하라.

13.19 다음 표는 어떤 수위표 지점에 있어서의 20년간의 연 최대홍수량 자료를 표시하고 있다.

가) 연 최대홍수량의 평균값, 표준편차 및 왜곡도 계수를 구하라.

나) 정규확률지상에 자료를 도시하라. 도시위치 공식은 Weibull 공식을 사용하라.

다) 표 13.28의 Pearson Type-III 분포의 빈도계수를 사용하여 누가확률분포곡선을 그려라.

라) 정규확률분포 및 Pearson Type-III 분포로 가정했을 때의 50년 및 100년 빈도 홍수량을 추정하여 서로 비교하라.

연도	최대홍수량 (m^3/sec)	연도	최대홍수량 (m^3/sec)
1951	31.8	1961	40.5
1952	84.6	1962	34.2
1953	59.1	1963	63.0
1954	52.8	1964	32.7
1955	49.5	1965	86.7
1956	34.2	1966	33.0
1957	30.6	1967	55.2
1958	67.8	1968	51.3
1959	49.5	1969	48.9
1960	26.1	1970	37.8

13.20 문제 13.19의 결과를 Gumbel 확률지에 표시하고 빈도계수를 사용하여 회귀직선의 방정식을 구하여라. Gumbel 분포에 의해 추정한 50년 및 100년 홍수량의 크기는 얼마인가?

13.21 어떤 수위표 지점에서 관측된 40년간의 연도별 최대 홍수량 자료가 다음과 같은 특성값을 가진다.

평균값 ($\bar{x}$)	7,000 m^3/sec
표준편차 (s)	1,000 m^3/sec
왜곡도계수 (C_s)	1.0

홍수량계열이 다음 분포를 따른다고 가정하고 재현기간 100년인 홍수량을 빈도계수법으로 계산하라. 확률분포의 매개변수는 확률가중모멘트법으로 산정하라.

가) 3변수 대수정규확률분포

나) Log-Pearson Type-III 분포

다) GEV 분포

라) Type-I 극치분포

13.22 다음 표의 연 최대홍수량 자료에 대한 점빈도해석을 확률도시법 및 빈도계수법으로 각각 실시하여라. 확률분포형으로는 Pearson Type-III와 Log-Pearson Type-III를 택하고 분석결과를 전자의 경우는 정규확률분포와 그리고 후자의 경우는 대수정규확률분포에 의한 결과와 비교하라. 확률분포의 매개변수는 확률가중모멘트법으로 산정하라.

(단위: m^3/sec)

3,700	1,700	3,360	1,650	3,600	11,000	2,570	4,490
7,180	1,780	3,170	6,400	3,120	2,890	5,680	5,060
2,040	8,120	4,570	5,410	4,840	1,920	3,600	4,840
6,950	4,040	5,710	10,400	17,400	713	1,140	8,000

13.23 문제 13.22에서 추정된 50년 및 100년 홍수량을 Type-I 극치분포로 가정하여 빈도계수법으로 산정한 결과와 비교하라. 확률가중모멘트법에 의한 매개변수를 사용하라.

13.24 어떤 수계상에 위치한 수위관측소에 기록된 50년간의 연 최대홍수량 계열을 분석한 결과 100년 홍수량의 크기는 9,300 m^3/sec였으며 10년 홍수량은 7,200 m^3/sec였다. 첨두 홍수량이 Type-I 극치분포를 가진다고 가정하고

가) 이듬해에 6,000 m^3/sec보다 큰 홍수량이 발생할 확률을 구하라.

나) 향후 8년 이내에 최소한 1회의 100년 빈도 홍수량이 발생할 확률을 구하라.

다) 40년 빈도 홍수량의 크기를 구하라.

라) 연 홍수량의 평균값과 표준편차를 구하라.

13.25 재현기간 30년 이상인 홍수가 향후 3년 이내에 발생할 확률을 구하라.

13.26 어떤 수위표 지점에 있어서의 연 최대홍수량의 평균값은 963 m^3/sec이며 표준편차는 180 m^3/sec이다. 이 지점에 1200 m^3/sec의 홍수가 향후 5년 이내에 발생할 확률을 구하라.

13.27 어떤 유역의 연 최대홍수량을 60년간의 자료로부터 분석한 결과 평균값 5,700 m^3/sec와 표준편차 960 m^3/sec를 얻었다. 이 유역의 연 최대홍수량 계열이 이론적인 Type-I 극치분포를 가진다고 가정하고

가) 9,000 m^3/sec의 홍수가 내년에 발생할 확률을 구하라.

나) 재현기간 5년인 홍수의 크기를 구하라.

13.28 다음 표의 홍수량은 어떤 수위표 지점에 있어서의 일평균유량 자료로부터 발췌한 홍수량 자료이다.

(단위: m^3/sec)

1963	1964	1965	1966
30	120	27	39
75	90	63	57
60	54	57	27

가) 연 최대치 계열과 45 m^3/sec를 기준값으로 하는 연 초과치 계열(부분기간치 계열)을 작성하라.

나) 연 초과치 계열로부터 재현기간 8년에 해당하는 홍수량의 크기를 산정하라.

다) 재현기간 8년인 홍수를 배제하기 위해 계획된 암거의 예상 설계 수명기간이 10년이라면 암거의 파괴 위험도는 얼마인가?

13.29 다음 표의 자료는 어떤 수위관측소 지점에 있어서의 일, 주 및 월 최소유량의 연최저치 계열을 표시하고 있다. 일, 주, 월별 저유하량(低流下量) 빈도곡선을 적절한 확률지에 도시하라. 확률도시공식으로는 California 공식을 사용하라. 또한, 10년 빈도의 일, 주, 월별 저유하량을 추정하라.

연도	1일 유량 (m^3/sec)	1주 유량 (m^3/sec)	1개월 유량 (m^3/sec)	연도	1일 유량 (m^3/sec)	1주 유량 (m^3/sec)	1개월 유량 (m^3/sec)
1939	3.00	3.09	3.75	1953	2.55	2.58	2.73
1940	5.01	5.13	5.82	1954	2.04	2.10	2.46
1941	0.66	1.78	2.07	1955	2.49	2.88	3.00
1942	3.03	3.81	5.19	1956	1.92	1.98	2.16
1943	2.58	2.82	3.09	1957	1.86	1.92	2.28
1944	1.86	1.98	2.31	1958	2.64	2.79	3.21
1945	2.34	2.43	2.71	1959	2.28	2.43	3.51
1946	2.28	2.37	2.61	1960	2.49	2.76	3.09
1947	2.91	3.06	3.69	1961	2.97	3.09	4.56
1948	4.62	5.28	6.45	1962	2.70	2.85	3.15
1949	4.08	4.14	4.89	1963	1.80	1.83	2.13
1950	3.42	3.75	4.17	1964	1.53	1.62	1.86
1951	2.85	2.85	3.03	1965	1.92	2.07	2.28
1952	3.45	3.48	3.60				

13.30 여러분 지역에 가깝게 설치되어 있는 수위관측소 지점에 있어서의 최근 10년간의 일 평균유량 자료를 획득하여 지속기간 1일, 5일, 10일 및 30일 저유하량 계열을 분석하여 빈도곡선을 작성하고 10년 빈도 유량을 각각 추정하라.

13.31 문제 13.30에서 선택된 수위관측소의 전기간 일 평균유량 자료로부터 유황곡선을 작성하라.

13.32 다음 표는 충주 다목적댐 지점에서의 1917～1940년간의 월별 유출고(cm)를 표시하고 있다. 지속기간 9개월인 저유하량계열(부분기간치 계열로 24개의 9개월 저수유량으로 구성)을 작성하고 California 공식을 사용하여 Weibull 확률지에 도시하라.

(단위: cm)

년 \ 월	1	2	3	4	5	6	7	8	9	10	11	12
1917	1.12	1.16	3.36	6.28	4.84	0.67	20.48	2.06	10.91	0.93	0.46	0.29
1918	0.22	0.35	0.96	1.53	3.85	4.17	26.30	9.73	1.59	0.76	0.92	0.53
1919	0.33	0.28	0.57	1.11	2.24	6.91	17.32	5.12	4.65	3.21	0.63	0.32
1920	0.35	0.48	3.25	5.84	2.74	5.35	26.62	13.63	5.87	1.36	0.75	0.58
1921	0.38	0.34	1.77	4.71	3.28	2.92	21.46	5.26	6.54	2.07	1.06	1.07
1922	0.59	2.78	2.28	4.63	2.73	2.83	34.50	15.62	5.15	2.35	1.14	0.62
1923	0.86	1.23	7.57	7.95	2.98	1.08	20.40	7.14	30.06	2.07	2.56	1.48
1924	0.86	2.30	1.00	5.78	3.12	2.04	14.00	2.40	1.59	0.78	0.56	0.53
1925	0.35	0.33	0.98	1.47	1.73	4.90	36.10	15.47	13.11	1.87	1.36	1.49
1926	1.75	0.93	3.08	5.23	6.14	2.16	24.48	26.01	14.61	4.18	2.12	1.10
1927	2.79	1.30	4.78	10.61	12.78	1.71	8.48	15.90	8.42	4.01	1.64	1.23
1928	1.12	1.16	3.36	6.28	4.84	3.62	20.50	12.72	9.53	3.00	1.74	1.50
1929	1.05	0.83	1.85	2.86	2.22	3.22	9.91	7.10	3.80	1.59	1.02	5.20
1930	2.00	2.22	10.75	15.80	9.05	1.96	41.60	16.11	9.20	3.27	2.14	1.48
1931	1.34	1.64	4.95	10.42	10.15	4.75	16.53	18.66	7.35	2.76	2.72	3.32
1932	3.28	2.49	4.49	6.33	2.64	1.98	8.73	11.56	7.20	2.24	1.60	1.32
1933	1.12	0.89	2.33	6.55	8.59	7.68	15.05	22.36	14.61	6.49	2.77	1.94
1934	1.37	1.32	4.05	7.45	7.23	6.67	24.46	19.50	10.50	8.35	2.61	2.05
1935	1.90	1.29	2.96	5.62	2.67	4.82	15.69	11.00	5.35	2.05	2.08	1.39
1936	0.65	0.32	1.80	12.70	5.34	0.98	7.84	45.25	27.75	5.90	2.48	2.42
1937	0.79	0.64	1.68	8.64	4.16	2.61	17.32	8.97	5.46	3.47	3.40	1.77
1938	1.07	1.41	8.36	4.19	4.25	9.35	12.70	5.56	10.79	5.42	2.26	1.34
1939	0.64	1.38	2.26	4.25	4.52	2.03	2.61	1.95	1.60	1.23	1.75	1.33
1940	0.90	0.71	1.63	4.80	2.81	2.54	48.90	6.64	12.0	2.82	2.01	1.70

13.33 다음 표는 어떤 유역에 대한 지속기간별 강우강도의 초과횟수를 표시하고 있으며 표의 작성에 사용된 기록년은 34년이었다. 내삽법에 의하여 5년 빈도에 해당하는 지속기간별 강우강도의 초과횟수를 결정하여 강우강도-지속기간곡선을 적절한 방안지에 표시하고 강우강도식을 유도하라.

강우지속기간 (min.)	강우강도의 초과횟수 (회)						
	강우강도 (mm/hr)						
	25	50	75	100	125	150	175
5			73	48	21	9	2
10		68	51	26	11	3	1
15	72	35	23	11	5	1	
30	29	17	7	3	1		
60	15	6	2	1			
120	8	1					

13.34 국립방재연구소의 FARD 2006 빈도해석 프로그램을 사용하여 예제 13.20에 주어져 있는 50년간의 연 최대홍수량 계열을 빈도 해석하라. FARD에서 다루는 모든 확률분포형을 전부 사용하고 매개변수추정은 모멘트법과 확률가중모멘트법에 의하고, 적합도 검정은 4가지 방법 모두를 사용하라.

참고문헌

건설교통부, 가뭄기록조사 보고서, 1995.

국립방재연구소, 강우분석 프로그램의 개발, 연구보고서 NIDP-97-09, 1998.

윤용남, 給水用 貯水池 設計를 위한 低流下量의 統計學的 解析에 관한 硏究, 대한토목학회지 제20권 제1호, 1972.

Abramowitz, M. and Stegun, I.A., *Handbook of Mathematical Functions*, Dover Publications, New York, 1965.

Anderson, R.L., "Distribution of the Serial Correlation Coefficient", *Ann. Mathematical Statistics*, Vol. 13, No. 1, 1942.

Chow, V.T., *Frequency Analysis of Hydrologic Data with Special Application to Rainfall Intensities*, Bulletin Series No. 414, University of Illinois Engineering Experiment Station, Univ. of Illinois, Urbana, 1953.

Clarke, R.T., *Mathematical Models in Hydrology,* Irrigation and Drainage Paper, Vol. 19, Food and Agriculture Organization, U.N., Rome, 1973.

Conover, W.J., *Practical Non-Parametric Statistics*, John Wiley & Sons, New York, 1971.

Filliben, J.J., "The Probability Plot Correlation Coefficient Test for Normality", *Technometrics*, Vol. 17, No. 1, 1975.

Greenwood, J.A., Landwehr, J.M., Matalas, N.C., and Wallis, J.R., "Probability Weighted Moments: Definition and Relation to Parameters of Several Distributions Expressible in Inverse Form", *Water Resources Research*, Vol. 15, No. 5, 1979.

Hirsch, R.M., Slack, J.R., and Smith, R.A., "Techniques of Trend Analysis for Monthly Water-Quality Data", *Water Resources Research*, Vol. 18, 1982.

Hosking, J.R.M., Wallis, J.R. and Wood, E.F., "Estimation of the Generalized Extreme Value Distribution by the Method of Probability Weighted Moments", *Technometrics*, 27, 1985.

Hosking, J.R.M., and Wallis, J.R., "Paleoflood Hydrology and Flood Frequency

Analysis", *Water Resources Research*, Vol. 22. No. 4, 1986.

Hosking, J.R.M., *The Theory of Probability Weighted Moments*, Research Report, IBM Research Division, T.J. Watson Research Center, New York, 1989.

Hosking, J.R.M., "L-Moments: Analysis and Estimation of Distributions Using Linear Combinations of Order Statistics", *J. of Royal Statistical Society*, Vol. 52, No. 1, 1990.

Hosking, J.R.M., *Fortran Routines for Use with the Method of L-Moments*, Version 2, Research Report, IBM Research Division, T.J. Watson Research Center, New York, 1991.

Hosking, J.R.M., and Wallis, J.R., "Some Statistics Useful in Regional Frequency Analysis", *Water Resources Research*, Vol. 20, No. 2, 1993.

Houghton, J.C., "The Incomplete Means Estimation Procedure Applied to Flood Frequency Analysis", *Water Resources Research*, Vol. 14, No. 6, 1978.

Keeping, E.S., "Distribution Free Methods in Statistics", in *Proceeding of Hydrology Symposium*, No. 5, McGill University, Canada, 1966.

Kendall, G.R., "Probability Distribution of a Single Value in Statistical Methods in Hydrology", *Proceedings of Hydrology Symposium* 5, McGill University, Feb. 24-25, 1966 Queen's Printer, Ottawa, Canada, 1967.

Kite, G.W., *Frequency and Risk Analysis in Hydrology*, Water Resoures Publications, Fort Collins, Colorado, 1978.

Kolmogorov, A., *Sulla determinazione empirica di una legge di distribuzione*, Giornale dell Instituto Italiano degli Attuari, 4, 1933.

Kottegoda, N.T., *Stochastic Water Resources Technology*, Macmillan Press, 1980.

Rao, A.R. and Hamed, K.H., *Flood Frequency Analysis*, CRS Press, New York, 2000.

Smirnov, N., "Table of Estimating the Goodness of Fit of Empirical Distributions", *Ann. Math. Statistics*, 19, 1948.

Thompson, R., "Bias of the One-Sample Cramer Von Mises Test", *American Statistical Association*, Vol. 61, 1966.

Vogel, R.M., "The Probability Plot Correlation Coefficient Test for the Normal, Lognormal and Gumbel Distributional Hypotheses", *Water Resources Research*, Vol. 22, No. 4, 1986.

Vogel, R.M. and Kroll, C.N., "Low-Flow Frequency Analysis Using Probability Plot Correlation Coefficients", *J. of Water Resources Planning and Management, ASCE*, Vol. 115, No. 3, 1989.

Vogel, R.M. and McMartin, D.E., "Probability Plot Goodness-of-Fit and Skewness Estimation Procedures for the Pearson Type-Ⅲ Distribution", *Water Resources Research*, Vol. 27, No. 12, 1991.

Yevjevich, V., *Stochastic Processes in Hydrology*, Water Resources Publication, Fort Collins, Colorado, 1972.

Hydrology

14장 추계학적 수문모의발생기법

14.1 서 론

통계학에서 '추계학적(推計學的, stochastic)'이라는 단어는 '무작위(無作爲, random)한'이라는 단어와 동의어로 통용되나 수문학에서는 부분적으로 무작위하게 발생하는 수문시계열(hydrologic time series)을 지칭하는 데 사용되어 왔다. 수문시계열의 추계학적 해석을 위한 소위 추계수문학(stochastic hydrology)은 각종 수문분석을 위한 확정론적 방법(deterministic methods, 8장~12장)과 확률론적 방법(probabilistic methods, 13장) 사이의 빈틈을 메워주는 역할을 한다고 볼 수 있다. 확정론적 수문학에서 수문사상이 입력-출력관계를 유지하면서 확정적인 법칙에 따라 발생하는 것으로 보았으며, 확률론적 방법에서는 수문사상의 발생순서에는 관계하지 않고 초과 (혹은 비초과) 확률에만 관심을 가지나, 추계수문학에서는 수문사상의 발생순서를 고려하면서 생기확률(生起確率)을 분석하고자 하는 것이다.

수문분야에서 다루는 가장 전형적인 시계열은 어떤 지점에서의 하천유량 혹은 우량기록이다. 이들 자료는 일반적으로 관측기간이 짧으므로 장기간 동안의 수문사상을 대표하는 데는 한계가 있다. 따라서, 수문관측기록의 통계학적 특성을 유지하면서 보다 장기간의 수문자료를 인위적으로 발생시킬 수 있는 확률통계학적 방법이 등장하게 되었으며 이를 추계학적 수문모의발생기법(推計學的 水文模擬發生技法, stochastic hydrologic generation technique)이라 한다. 이는 결국 어떤 지점에 있어서의 단기간 수문계열을 추계학적으로 모형화하여 장기간의 시계열을 모의발생시키는 방법이므로 수문시계열 모형화기법(水文時系列 模型化技法, hydrologic time series modeling)이라고도 부른다(Salas et al., 1980).

추계학적 모의발생기법의 중요성은 수자원 시스템의 설계 및 운영기준의 설정에 있다. 일반적으로 설계자는 설계하고자 하는 시스템에 미지의 입력이 들어왔을 때 그 거동이 어떠할 것인가를 알려고 하며 이를 위한 풍부한 입력자료를 필요로 한다. 전술한 바와 같이 수문자료의 관측기간은 대체로 단기간이므로 장래의 기후에 급격한 변화가 없다는 전제 아래 관측자료를 추계학적으로 재연시키는 장기간 자료를 발생시키게 된다. 즉, 관측 자료계열의 생기확률이 장래에도 재현된다는 가정 아래 입력자료를 모의발생시켜 시스템에 입력시키면 출력을 얻게 되므로 시스템의 거동을 사전에 면밀히 파악할 수 있게 되는 것이다.

추계학적 방법은 당초 저수지의 설계문제를 해결하기 위해 수문분야에 처음으로 도입되었다. 저수지의 소요용량은 댐 지점을 통과하는 하천유량계열, 특히 저수유량계열(低水流量系列, low flow sequence)에 의해 결정된다. 즉, 관측유량자료의 기간이 충분히 길면 저수지로 유입되는 하천유량과 저수지로부터의 계획공급수량 간의 과부족을 누적시켜 나감으로써 소요용량을 결정할 수 있으며 저수지로부터의 용수공급 신뢰도를 판단할 수 있다. 그러나 관측기록은 대부분의 경우 짧으므로 모의발생 기법에 의한 장기 시계열의 발생을 필요로 하며 저수지의 운영을 입력-출력 시스템의 조작이라고 볼 때 확정론적 방법과 추계학적 방법의 연계적용이라 할 수 있다. 또한, 모의 발생되는 장기간 자료를 확률론적으로 해석하면(제13장) 단기간 자료의 경우보다 신뢰도가 높은 빈도해석을 할 수 있으며 이는 추계학적 방법과 확률론적 방법의 연계적용으로 볼 수 있다.

물론 추계수문학의 분야는 여러 가지 측면으로 급속하게 발전되어 왔으나 본 장에서는 하천 유량자료의 추계학적 모의발생 기법에 국한하여 살펴보기로 한다.

14.2 하천유량 모의발생방법의 분류

하천유량의 모의발생방법은 크게 세 가지로 나눌 수 있다. 첫째 방법은 Rippl의 누가용적곡선해석(累加容積曲線解析, mass curve analysis)에서 가정하는 방법으로 어떤 기간 동안 관측된 자료계열이 장래에도 연속해서 반복된다고 가정하는 단순 반복연장방법(單純 反復延長方法, simple repeatitive extention method)이다. 둘째 방법은 무작위발생방법(無作爲發生方法, random generation method)으로 자료계열을 형성하는 개개 유량은 특정한 이론확률분포에 따라 분포되며 각각 독립적으로 발생한다는 가정에 근거를 둔 방법이다. 셋째 방법은 자기회귀형 발생방법(自己回歸型 發生方法, autoregressive-type generatin method)으로 자료계열을 형성하는 개개 유량은 서로 독립적이 아니라 의존적이므로 앞의 값이 뒤의 값에 영향을 미친다고 가정하여 자료를 발생시키는 방법이다.

모의발생기법이 짧은 관측자료로부터 장기간 자료를 합성발생(合成發生, synthetic generation)시켜 자료를 확충시키는 것이라고 볼 때 첫째 방법은 수학적인 모형에 의한 합리적인 자료의 확충방법이 아니고 논리적인 근거가 없는 단순한 가정에 의한 것인데 반해, 둘째 및 셋째 방법은 수학적 모형에 의하는 합리적인 방법이라 볼 수 있다.

무작위 발생방법과 자기회귀형 발생방법 중 어느 방법을 선택하는가에 대한 기준은 유량자료계열의 수문학적 지속성(水文學的 持續性, hydrologic persistence) 여부에 달려 있다. 수문학적 지속성이란 수문시계열을 형성하는 개개 수문량이 무작위하게 독립적으로 발생하는 것이 아니라 비슷한 크기가 지속되려는 성질을 말한다. 즉, 하천의 어떤 단면에 있어서의 유량의 크기처럼 짧은 시간 장경(시간 혹은 일) 동안에는 큰 값은 크게, 그리고 작은 유량은 작게 지속되는 성질을 의미한다. 따라서 유량자료계열이 수문학적 지속성을 가지지 않는 것으로 판단되면 무작위 발생방법을 사용하게 되며, 지속성을 가진다고 판단되면 자기회귀형 발생방법을 사용하는 것이 보통이다.

또한 유량의 시간간격면에서 보면 누가용적곡선해석이나 무작위 발생방법은 연유량 및 계절 혹은 월유량에만 적용하는 것이 보통이며 자기회귀형 모형은 더 짧은 시간을 갖는 일 유량에까지 적용할 수 있다.

14.3 유량자료계열의 수문학적 지속성 판정

14.3.1 1차 계열상관계수에 의한 방법

유량자료계열의 수문학적 지속성을 판정하는 일반적인 척도는 자료의 1차 계열상관계수(1次系列相關係數, lag-one serial correlation coefficient)이다. 유량계열 Q_t의 1차 계열상관계수는 다음과 같이 정의된다(Box and Jenkins, 1970).

$$r_1 = \frac{C_1}{C_0} \tag{14.1}$$

여기서, C_0와 C_1은 각각 0차 및 1차 계열공분산(系列共分散, serial covariance)으로서 자료수 n이 충분히 클 때 다음과 같이 표시된다.

$$C_0 = \frac{1}{n}\sum_{t=1}^{n}(Q_t - \overline{Q}_t)^2 \tag{14.2}$$

$$C_1 = \frac{1}{n}\sum_{t=1}^{n-1}(Q_t - \overline{Q}_t)(Q_{t+1} - \overline{Q}_t) \tag{14.3}$$

여기서, $\overline{Q}_t$는 유량자료계열의 평균값이다.

한편, 유량자료의 수 n이 크지 않을 경우에 적용하는 경험공식으로 Fiering and Jackson (1971)은 다음 식을 제안하였다.

$$r_1 = \frac{\sum_{t=1}^{n-1} Q_t Q_{t+1} - \frac{1}{n-1}\left(\sum_{t=1}^{n-1} Q_t\right)\left(\sum_{t=2}^{n} Q_t\right)}{\left[\sum_{t=1}^{n-1} Q_t^2 - \frac{1}{n-1}\left(\sum_{t=1}^{n-1} Q_t\right)^2\right]^{1/2}\left[\sum_{t=2}^{n} Q_t^2 - \frac{1}{n-1}\left(\sum_{t=2}^{n} Q_t\right)^2\right]^{1/2}} \tag{14.4}$$

식 (14.1) 혹은 식 (14.4)로 표시되는 1차 계열상관계수는 자료계열을 구성하는 각 유량값이 한 시간단위만큼 선행하는 유량값과 얼마만한 상관도(수문학적 지속성)를 가지는가를 대표하며 완전 무작위 시계열의 경우는 이론적으로는 $r_1 = 0$이며 지속성이 강한 시계열의 경우에는 $r_1 \rightarrow 1$이 된다.

1차 계열 상관계수에 의한 자료계열의 수문학적 지속성 판정법에는 몇 가지가 있으나 여기서는 Exact Test에 관해 살펴보기로 한다. Anderson(1942)에 의하면 유량자료 모집단(母集團, population)의 r_1은 평균값 μ와 분산 σ^2이 각각 다음과 같이 표시되는 정규분포를 가진다. 즉

$$\mu = -\frac{1}{n-1} \tag{14.5}$$

$$\sigma^2 = \frac{(n-2)^2}{(n-1)^3} \tag{14.6}$$

따라서, 표준정규변량(標準正規変量, standard normal random variate) z [식 (13.63)]를 변량 r_1에 관해 표시하면

$$r_1 = \mu + \sigma z = -\frac{1}{n-1} + z\frac{(n-2)}{(n-1)^{3/2}} \tag{14.7}$$

식 (14.7)에서 95% 신뢰구간은 $F(z) = 0.025$와 0.975일 때의 $z = \pm 1.96$ 사이이므로 다음과 같다.

$$\left[\left\{-\frac{1}{n-1} - 1.96\frac{n-2}{(n-1)^{3/2}}\right\},\ \left\{-\frac{1}{n-1} + 1.96\frac{n-2}{(n-1)^{3/2}}\right\}\right] \tag{14.8}$$

즉, 유량계열로부터 계산된 r_1이 식 (14.8)로 표시되는 신뢰구간 내에 들면 수문학적 지속성이 거의 없는 무작위 계열(無作爲 系列, random series)이라 간주하고 신뢰구간 바깥에 위치하면 지속성이 있는 계열로 취급한다.

14.3.2 계열상관도에 의한 방법

유량자료계열의 수문학적 지속성은 자료의 계열상관도(系列相關圖, correlogram)를 작성 관찰함으로써 판단할 수도 있다. 계열상관도란 자료계열의 지체수(遲滯數, number of lags) k와 계열상관계수 r_k 간의 관계를 표시하는 그림 14.1과 같은 그림이다. k차 계열상관계수는 어떤 시점에서의 유량이 k시간단위 후의 유량과 가지는 상관도를 표시하는 것으로 일반식은 다음과 같다.

$$r_k = \frac{C_k}{C_0} \tag{14.9}$$

여기서, C_0는 식 (14.2)로 표시되며 C_k는

$$C_k = \frac{1}{n}\sum_{t=1}^{n-k}(Q_t - \overline{Q}_t)(Q_{t+k} - \overline{Q}_t) \tag{14.10}$$

한편, 유량자료의 수 n이 크지 않을 경우의 경험공식은 다음과 같다(Fiering and Jackson, 1971).

$$r_k = \frac{\sum_{t=1}^{n-k} Q_t Q_{t+k} - \frac{1}{n-k}\left(\sum_{t=1}^{n-k} Q_t\right)\left(\sum_{t=k+1}^{n} Q_t\right)}{\left[\sum_{t=1}^{n-k} Q_t^2 - \frac{1}{n-k}\left(\sum_{t=1}^{n-k} Q_t\right)^2\right]^{1/2}\left[\sum_{t=k+1}^{n} Q_t^2 - \frac{1}{n-k}\left(\sum_{t=k+1}^{n} Q_t\right)^2\right]^{1/2}} \tag{15.11}$$

그림 14.1(a)는 전형적인 무작위 시계열의 계열상관도를 표시하고 있으며 $r_1 < 0$로 r_k가 k축 주위로 진동하고 있어 계열상관성이 거의 없음을 알 수 있다. 반면에 그림 14.1(b)는 단기간 계열상관이 큰 자료계열의 계열상관도를 보이고 있다. 즉, r_1, r_2 등의 값이 0보다는 상당히

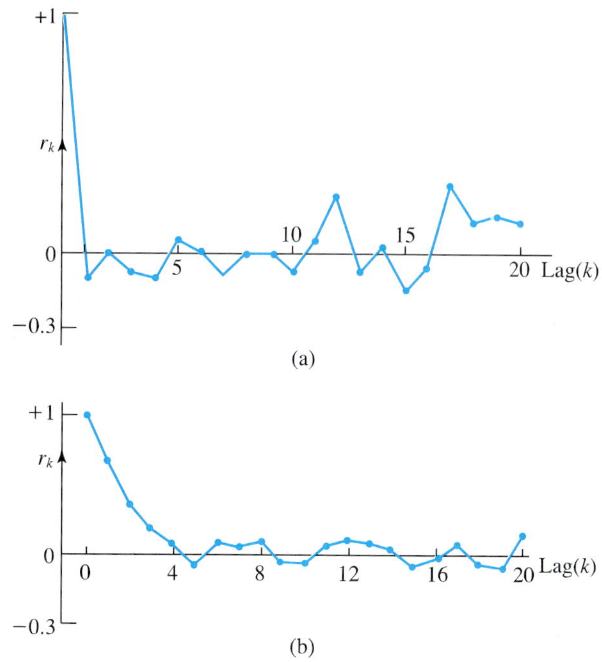

그림 14.1 계열상관도

크므로 단기 계열상관도가 높음을 알 수 있으며 자료계열은 수문학적 지속성이 있는 것으로 볼 수 있다.

예제 14.1 표 14.1은 낙동강의 진동수위관측소 지점에서 관측된 20년간의 연 유출용적(10^3 m^3/sec·day 단위) 자료이다. 이 자료계열의 1차 계열상관계수 및 계열상관도를 구하여 수문학적 지속성을 판정하라.

표 14.1 낙동강 진동수위관측소 지점의 연 유출용적 자료계열 (단위: 10^3 m^3/sec·day)

연도	1964	1965	1966	1967	1968	1969	1970	1971	1972	1973
연 유출용적 (10^3 m^3/sec·day)	143	170	155	79	88	204	208	98	165	83
연도	1974	1975	1976	1977	1978	1979	1980	1981	1982	1983
연 유출용적 (10^3 m^3/sec·day)	144	147	83	57	124	147	178	128	62	85

풀이 식 (14.9)에 의해 k차 계열상관계수 r_k를 구하면 표 14.2와 같으며 계열상관도를 그리면 그림 14.2와 같다.

표 14.2 k차 계열상관계수의 산정결과

k	r_k	k	r_k
1	0.1551	11	0.0029
2	−0.3656	12	−0.2680
3	−0.2663	13	−0.2904
4	0.0266	14	0.0370
5	0.2865	15	0.1831
6	0.2071	16	0.0266
7	−0.2887	17	−0.0988
8	−0.1585	18	−0.0708
9	0.1886	19	−0.0166
10	0.2102		

1) 1차 계열상관계수는 표 14.2에서 볼 수 있는 바와 같이 $r_1 = 0.1551$이다.
Exact Test에 의해 유량계열의 지속성을 판단하기 위하여 식 (14.8)의 관계를 사용하면 95% 신뢰구간은

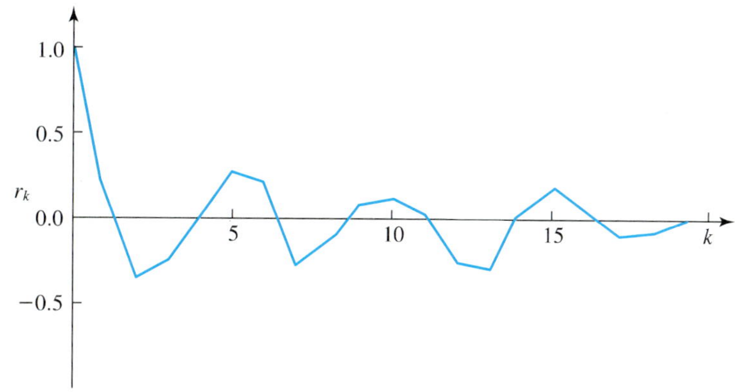

그림 14.2 계열상관도

$$상한치 = -\frac{1}{20-1} + 1.96 \times \frac{20-2}{(20-1)^{3/2}} = 0.373$$

$$하한치 = -\frac{1}{20-1} - 1.96 \times \frac{20-2}{(20-1)^{3/2}} = -0.479$$

따라서, $-0.479 < r_1 = 0.1551 < 0.373$ 이므로 유량계열은 수문학적 지속성을 가지지 않는 무작위 시계열로 볼 수 있다.

2) 그림 14.2의 계열상관도를 관찰하면 그림 14.1(a)의 계열상관도와 유사하므로 무작위 시계열로 간주할 수 있다.

14.4 단순 연장방법

단기간의 하천유량자료를 장기간 자료로 확충하기 위한 가장 간단한 방법으로서 Rippl은 과거의 유량계열이 그 순서를 유지한 채 계속 반복된다고 가정하여 자료기간을 연장시킴으로써 저수지의 소요용량 결정을 위한 입력자료로 사용하였으며 이는 Rippl 방법(Rippl method)으로 알려져 있다(Rippl, 1883). 즉, 저수지로 흘러들어올 장래의 유입량은 과거에 기록된 짧은 기간의 유입량자료계열이 저수지의 예상 수명 연한까지 계속 반복된다고 가정하는 것이다.

이와 같은 가정하에 확충 합성하는 유입량 자료를 사용하여 저수지의 수명 연한까지 유입용적을 누가해 나가면 누가용적곡선(累加容積曲線, mass curve)을 그릴 수 있으며 저수지로부터 요구되는 용수공급률과 누가용적곡선 간의 최대 연직편차를 구함으로써 소요저수지 용량을 결정한다. 누가용적곡선 해석에 의한 저수지의 소요용량 결정방법에 대해서는 제15.9.6절에서 자세히 소개하기로 한다.

누가용적곡선 해석을 위해 Rippl이 사용한 자료의 단순 반복연장방법(單純 反復延長方法)은 이론적인 근거가 부족하여 논란의 대상이 되어 왔다. 즉, 장래에 발생할 유량계열이 과거에 발생했던 유량계열과 유사성을 가질 수는 있으나 크기와 발생순서까지를 그대로 유지하면서 반복발생한다는 것은 실제로 거의 있을 수 없는 일이기 때문이다. 이러한 이유 때문에 보다 과학적인 방법으로서 무작위 발생방법과 자기회귀 발생방법의 출현을 보게 된 것이다.

14.5 무작위 발생방법

전술한 바와 같이 이 방법은 관측 유량자료계열이 수문학적 지속성을 가지지 않을 경우에 유량자료계열의 모의발생을 위해 사용되는 방법으로서 Monte Carlo 방법으로 알려져 있다(Yevjevich, 1972).

이 방법의 적용을 위한 일반적인 절차를 살펴보면, 첫째로 관측유량계열의 적정 확률분포형을 설정하는 것이다. 이를 위해서는 관측유량계열의 확률분포형(제13.4절)을 적절히 가정하여 확률분포의 매개변수를 결정함으로써, 이론적인 확률밀도함수를 구한 후, Chi-Square 혹은 Kolmogorov-Smirnov 검정법(제13.4절) 등에 의해 관측자료의 상대도수분포와 비교 분석하게 된다. 이와 같이 적정 확률분포형과 그의 매개변수가 결정되고 동일분포형을 가지는 난수(亂數, random number)를 발생시켜 매개변수를 사용하여 유량계열로 환산하게 된다(Haan, 1977).

이때 모의발생시킨 합성유량계열이 관측유량계열의 통계학적 특성을 재연(再演)시켜 주는지를 검사하기 위해 합성유량계열의 통계특성값을 계산하여 관측유량계열의 값과 비교할 필요가 있다.

무작위 발생방법을 주기성을 가지는 월유량자료계열의 발생에 적용하기 위해서는 주기성을 제거한 계열을 사용하여 자료를 발생시킨 후 원유량으로 환산하며, 연 유량계열의 경우는 수문학적 지속성이 없는 경우가 많으므로 연 유량을 그대로 사용하여 모의발생하게 된다. 본 절에서는 연 유출량자료계열을 무작위 발생방법으로 모의발생시키는 절차에 대해서만 살펴보기로 한다.

14.5.1 적정 확률분포형의 설정

관측 연 유량계열이 어떤 확률 분포형에 가장 적합한가를 검정하기 위해서는 우선 연 유량계열의 확률분포를 가정해야 한다. 연 유량계열의 확률분포로 가장 많이 사용되는 것은 제

13.4절에서 이미 소개한 정규분포, 2변수 대수정규분포, 3변수 대수정규분포, 2변수 Gamma 분포 및 3변수 Gamma 분포(Pearson Type-III 분포), Type-I 및 Type-III 극치분포 등이며 이들 분포의 매개변수는 모멘트법(method of moments), 최우도법(method of maximum likelyhoods) 및 확률가중모멘트법(probability weighted moment method)으로 결정될 수 있다 함은 제13.4절에서 언급한 바 있다(Kottegoda, 1980).

따라서, 관측 연 유량계열이 상기한 확률분포 중 어느 하나를 따른다고 가정하여 매개변수를 구하고 나면 분포형의 적합성을 제13.5절의 방법으로 검정하면 된다. 주어진 표본자료집단의 적정확률분포형 설정을 위해 Chi-Square 검정방법, K-S 검정방법, Cramer-Von Mises, PPCC 검정방법 등을 적용하는 구체적인 절차를 예제 13.3을 통해 상세하게 살펴본 바 있다.

14.5.2 난수의 발생방법

1) 균등난수의 발생

위에서와 같이 관측 유량자료계열의 적정분포형이 결정되고 나면 그 분포를 가지는 모집단으로부터 필요한 수만큼의 유량을 표본으로 추출(sampling)하면 된다. 이를 위한 일반적인 절차로는 우선 균등난수(均等亂數, uniform random number)를 발생시키고 이를 다시 적정분포형의 난수로 변환한 후, 분포형의 통계학적 특성값을 사용하여 유량으로 환산하게 된다(Haan, 1977). 여기서는 균등분포의 성질과 균등난수의 발생방법에 대해 살펴보기로 한다. 균등난수란 균등분포(均等分布, uniform distribution 혹은 rectangular distribution)를 가지는 난수를 말한다. 균등분포의 확률밀도함수는 그림 14.3에서 볼 수 있는 바와 같이 다음과 같다.

$$f(x) = \frac{1}{\beta - \alpha}, \qquad \alpha \leqq x \leqq \beta \tag{14.12}$$

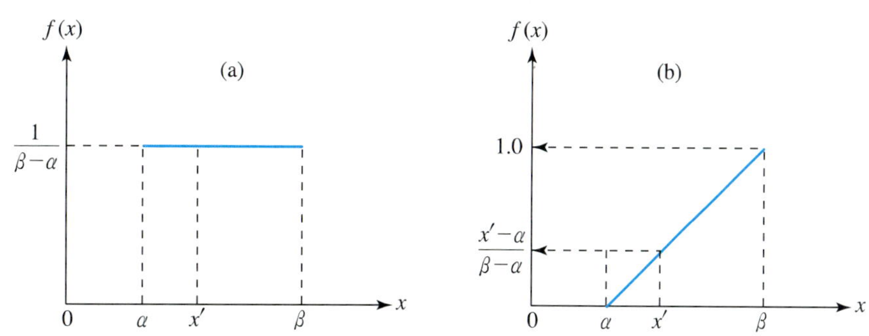

그림 14.3 균등분포의 확률밀도함수 및 누가확률분포 함수

한편, 누가확률분포함수는

$$F(x) = P(X \le x') = \int_{\alpha}^{x'} f(x)dx = \frac{x' - \alpha}{\beta - \alpha} = Ax' - B \tag{14.13}$$

여기서, $\alpha \le x' \le \beta$이며 A와 B는 상수이므로 $F(x)$는 그림 14.3(b)와 같이 직선으로 표시된다.

만약 식 (14.12)에서 $\alpha = 0$, $\beta = 1$이면 $f(x) = 1$이 되므로 $0 \le x \le 1$의 값을 가지며, $F(x)$는 원점을 지나는 45° 경사 직선이 되고 0과 1 사이의 값을 가지게 된다. $0 \le x \le 1$에서 $f(x) = 1$인 균등분포를 $U(0, 1)$로 표시하며 그의 누가확률분포 직선상의 모든 점에 해당하는 $F(x)$가 바로 균등난수 R_u인 것이다. 즉, $R_u = F(x) = x$이다.

이와 같이 0~1 사이의 값을 가지는 균등난수의 경험적인 발생방법에는 몇 가지가 있으나 가장 널리 사용되는 방법은 혼합조화법(混合調和法, mixed congruential method)이다. 즉,

$$x_t(ax_{t-1} + c) \quad (\text{modulo } m) \tag{14.14}$$

식 (14.14)에서 x_t는 $(ax_{t-1} + c)$를 정수(integer) m으로 나누고 남는 정수(定數, integer)이며 a, c, x_{t-1}은 0에서 $(m-1)$ 사이에 있는 정수이고, m은 일반적으로 대단히 큰 값의 정수를 택하도록 되어 있다. 따라서 식 (14.14)의 a, c, m 및 초기값 $x_{t-1} = x_0$가 주어지면 연속적으로 x_t를 계산할 수 있으며 x_t/m가 바로 균등난수계열을 이루게 된다.

대부분의 전자계산기시스템은 위의 방법에 의해 균등난수계열을 발생시키는 부프로그램(subroutine)을 갖추고 있으며 IBM Computer의 경우는 Subroutine RANDU에 의해 발생된다 (Gillet, 1976).

예제 14.2 식 (14.14)에서 $a = 3$, $c = 5$, $m = 16$으로 하고 초기값 $x_0 = 4$로 하여 균등난수를 발생시켜라.

풀이 식 (14.14)에 의하면 $x_t = 3x_{t-1} + 5(\text{modulo } m = 16)$이므로

$$\begin{aligned}
&x_0 = 4 && x_6 = 32(\text{modulo } 16) = 0 \\
&x_1 = 17(\text{modulo } 16) = 1 && x_7 = 5(\text{modulo } 16) = 5 \\
&x_2 = 8(\text{modulo } 16) = 8 && x_8 = 20(\text{modulo } 16) = 4 \\
&x_3 = 29(\text{modulo } 16) = 13 && x_9 = 17(\text{modulo } 16) = 1
\end{aligned}$$

$$x_4 = 44(\text{modulo } 16) = 12 \qquad x_{10} = 20(\text{modulo } 16) = 8$$
$$x_5 = 41(\text{modulo } 16) = \ \ 9 \qquad x_{11} = 29(\text{modulo } 16) = 13$$

위의 계산에서 x_8부터는 $x_0 \sim x_7$의 값이 다시 반복됨을 알 수 있으며 이는 m값을 작게 선정한 때문이다. IBM의 RANDU에서는 $m = 2^{32}$을 취하고 있다.
따라서, 본 예제에서 발생된 균등난수계열은 x_t/m이므로 다음과 같다.

$$\left(\frac{4}{16},\ \frac{1}{16},\ \frac{8}{16},\ \frac{13}{16},\ \frac{12}{16},\ \frac{9}{16},\ 0,\ \frac{5}{16}\right)$$

2) 표준정규분포 난수의 발생

균등분포난수는 대부분의 Computer System에서 Subroutine을 이용하면 쉽게 발생시킬 수 있으나 특정 확률분포를 갖는 유량계열을 모의발생시키기 위해서는 균등분포난수를 표준정규분포난수(標準正規分布乱數, standard normal random variates)로 변환시킨 후 이를 사용하여 유량계열의 분포형에 맞추어 합성유량계열을 발생시키게 된다. 따라서 우선 균등난수로부터 표준정규난수를 발생시키는 방법을 살펴보기로 한다.

균등난수로부터 표준정규분포를 가지는 난수를 발생시키는 방법에는 Box-Müller 방법과 중심극한정리(中心極限定理, central limit theorem)에 의한 두 가지 방법이 있다(Haan, 1977).

Box-Müller 방법에서는 두 개의 균등난수 x_t, x_{t+1}로부터 다음과 같은 관계에 의해 두 개의 표준정규분포난수 z_t, z_{t+1}을 발생시킨다.

$$z_t = (-2\ln x_t)^{1/2}\cos(2\pi x_{t+1}) \tag{14.15}$$

$$z_{t+1} = (-2\ln x_t)^{1/2}\sin(2\pi x_{t+1}) \tag{14.16}$$

식 (14.15)와 (14.16)의 변환으로 얻어지는 z_t와 z_{t+1}은 정규분포를 가지며 평균값은 0이고 표준편차는 1이 된다. 즉, 표준정규분포 $N(0, 1)$이 된다.

통계학에서의 중심극한정리를 사용하면 어떠한 난수계열이든 간에 여러 개의 난수 합(sum)은 정규분포를 가짐을 증명할 수 있으며, 특히, 0에서 1 사이의 값을 갖는 균등난수계열 $x_1, x_2 \cdots, x_n$을 다음 식으로 변환하면 z는 표준정규분포난수가 됨이 알려져 있다.

$$z = (x_1 + x_2 + \cdots + x_n) - \frac{1}{2}n \tag{14.17}$$

여기서, 합(合, sum)을 위한 난수의 수 $n = 12$이면 충분한 것으로 알려져 있다.

표 14.3 표준정규난수표(예)

열 \ 란	0	1	2	3	4	5	6	7	8	9
0	−0.523	0.611	−0.359	−0.393	0.084	−0.931	−0.027	0.798	1.672	−1.077
1	−1.536	−0.454	0.071	−2.129	1.525	0.261	2.319	0.972	0.767	−2.849
2	−0.121	0.968	−1.943	0.581	−0.711	−0.060	−0.482	−0.746	−0.747	1.254
3	−0.542	−0.807	0.168	0.839	−0.756	−0.453	−1.912	0.766	−0.890	0.205
4	0.131	−0.859	−1.096	−0.785	0.310	1.314	−0.231	0.029	1.819	−1.602
5	−0.234	0.551	0.743	−0.900	0.435	−2.999	0.212	0.869	−0.716	−0.410
6	−1.010	1.347	0.230	0.009	−1.495	2.145	−1.033	0.729	0.309	0.920
7	0.273	−0.857	−0.016	0.775	−1.740	0.353	−1.519	0.958	−0.448	2.185
8	−0.102	−1.111	−0.585	1.461	−0.307	1.489	−0.196	0.506	−0.662	−1.175
9	0.368	−0.710	0.407	0.066	−0.617	−0.580	0.107	−2.247	1.616	−1.060
10	−1.762	1.382	1.142	−2.056	−0.400	−1.701	−0.914	−1.000	−0.172	0.903
11	0.306	−0.607	−0.324	1.171	1.016	−1.829	1.723	−0.513	−0.657	2.011
12	−0.465	−1.214	−0.174	0.894	0.245	−0.987	−1.155	0.592	−0.411	−0.109
13	−0.004	−0.029	−0.633	0.004	−0.603	1.104	−0.655	1.191	0.938	−0.805
14	0.593	0.252	−0.541	0.318	1.268	1.972	0.875	−1.031	−1.175	0.445
15	0.233	0.430	−0.331	−1.272	−0.289	−0.060	−0.754	0.789	0.546	0.687
16	0.571	−0.215	−1.090	0.610	−0.810	−0.364	−1.282	0.010	0.586	0.926
17	0.370	0.976	1.017	1.106	0.441	−2.376	0.793	0.016	−0.704	0.146
18	−0.009	−1.285	−0.346	−0.323	0.609	−0.373	0.078	−1.034	0.153	0.998
19	0.416	−0.131	0.668	0.662	−1.835	1.646	0.197	0.131	0.783	0.076

따라서,

$$z = \left(\sum_{i=1}^{12} x_t \right) - 6 \tag{14.18}$$

표 14.3은 200개의 표준정규난수계열을 표시하는 난수표(乱數表, random number table)이다.

예제 14.3 표 14.4와 같이 $U(0, 1)$의 균등난수계열 4개를 사용하여 4개의 표준정규난수를 발생시켜라.

표 14.4 균등분포난수로부터 표준정규분포난수의 발생

Set 1	Set 2	Set 3	Set 4
0.289	0.109	0.630	0.252
0.303	0.915	0.311	0.230
0.957	0.034	0.974	0.558
0.018	0.894	0.321	0.684
0.109	0.134	0.820	0.693
0.053	0.717	0.457	0.373
0.044	0.193	0.118	0.664
0.058	0.564	0.147	0.336
0.849	0.393	0.402	0.763
0.286	0.731	0.445	0.433
0.898	0.816	0.419	0.283
0.732	0.056	0.071	0.972
Σ 4.596	5.556	5.115	6.241

풀이 따라서, 4개의 표준정규난수는

$$z_1 = 4.596 - 6 = -1.404$$
$$z_2 = 5.556 - 6 = -0.444$$
$$z_3 = 5.115 - 6 = -0.885$$
$$z_4 = 6.241 - 6 = 0.241$$

14.5.3 합성유량자료계열의 발생

이상과 같이 표준정규난수를 발생하고 나면 각종 분포형의 통계학적 특성값을 사용하여 합성유량계열(合成流量系列, synthetic streamflow sequence)을 발생시킬 수 있다(Fiering and Jackson, 1971).

1) 정규분포를 가지는 유량자료계열

Box-Müller 혹은 중심극한정리에 의한 방법으로 표준정규난수 z_t를 발생시키고 나면 평균값 μ이고 분산 σ^2인 정규분포 $N(\mu, \sigma^2)$을 가지는 유량계열 Q_t를 표본자료(관측유량계열)의 평균값 $\overline{Q}_t = \mu$, 분산 $s_Q^2 = \sigma^2$으로 하여 다음 관계에 의하여 발생시킬 수 있다. 즉, 식 (13.63)의 관계를 상기하면

$$z_t = \frac{Q_t - \overline{Q}_t}{S_Q} \tag{14.19}$$

따라서, 발생유량계열은

$$Q_t = \overline{Q}_t + S_Q z_t \tag{14.20}$$

2) 2변수 대수정규분포를 가지는 유량자료 계열

관측유량자료계열 Q_t의 대수값 계열이 정규분포를 가지는 경우이므로 표준정규난수를 발생시키고 나면 다음 관계식에 의해 합성유량계열로 환산하게 된다.

$$z_t = \frac{\ln Q_t - \overline{\ln Q_t}}{s_{\ln Q_t}} \tag{14.21}$$

여기서, $\overline{\ln Q_t}$ 및 $s_{\ln Q_t}$는 각각 $\ln Q_t$의 평균값 및 표준편차이다.

따라서, 발생유량계열은 식 (14.21)을 Q_t에 관해 풀어서 다음과 같이 얻을 수 있다.

$$Q_t = \exp(\overline{\ln Q_t} + z_t\, s_{\ln Q_t}) \tag{14.22}$$

3) 2변수 Gamma 분포를 가지는 유량자료계열

Fiering and Jackson(1971)에 의하면 다음 관계식에 의해 표준정규난수 z_t를 평균값이 0이고 표준편차가 1인 2변수 Gamma 분포(제13.4.4절)를 가지는 난수로 변환시킬 수 있다. 즉,

$$g_t = \frac{2}{\gamma_g}\left(1 + \frac{\gamma_g}{6} z_t - \frac{\gamma_g^2}{36}\right)^3 - \frac{2}{\gamma_g} \tag{14.23}$$

여기서, γ_g는 2변수 Gamma 분포를 갖는 난수의 왜곡도 계수로서 다음 식으로 구한다.

$$\gamma_g = \frac{1 - r_1^3}{(1 - r_1^2)^{3/2}} \gamma_Q \tag{14.24}$$

식 (14.24)에서 r_1은 유량계열 Q_t의 1차 계열상관 계수이고, γ_Q는 유량계열의 왜곡도 계수로서 다음과 같은 경험식으로 구한다.

$$\gamma_Q = \frac{\frac{1}{n}\sum_{t=1}^{n}(Q_t - \overline{Q}_t)^3}{\left[\frac{1}{n}\sum_{t=1}^{n}(Q_t - \overline{Q}_t)^2\right]^{3/2}} = \frac{\frac{1}{n}\sum_{t=1}^{n}Q_t^3 - \frac{3}{n^2}\left(\sum_{t=1}^{n}Q_t^2\right)\left(\sum_{t=1}^{n}Q_t\right) + \frac{2}{n^3}\left(\sum_{t=1}^{n}Q_t\right)^3}{\left[\frac{1}{n}\sum_{t=1}^{n}Q_t^2 - \overline{Q}_t^2\right]^{3/2}} \tag{14.25}$$

식 (14.23)으로 z_t를 2변수 Gamma 난수 g_t로 변환하고 나면 식 (13.63)의 관계로부터

$$g_t = \frac{Q_t - \overline{Q}_t}{s_{Q_t}} \tag{14.26}$$

따라서, 합성 유량계열은

$$Q_t = \overline{Q}_t + g_t s_{Q_t} \tag{14.27}$$

14.5.4 합성 유량자료계열의 통계학적 특성검토

이상과 같은 방법으로 합성 유량계열을 발생시키고 나면 발생된 유량계열이 관측 유량계열의 통계학적 특성을 잘 대표하는지를 검토해야 한다. 일반적으로 비교의 기준이 되는 통계특성값은 평균치, 표준편차 및 왜곡도 계수이다. 또한, 관측 및 합성 유량계열의 계열상관도를 각각 작성하여 서로 비교해 보는 것도 두 계열의 특성을 비교 평가하는 데 도움이 된다.

예제 14.4 예제 14.1의 낙동강 진동수위표의 유출용적 자료계열이 2변수 대수정규분포를 따른다고 가정하고 무작위 발생방법으로 100년간의 합성 유량자료계열을 발생시켜라.

풀이 2변수 대수정규분포이므로 발생방정식은 식 (14.22)이다. 식 (14.22)의

$$\overline{\ln Q_t} = \overline{y} = 4.7795, \quad s_{\ln Q_t} = s_y = 0.3887 \text{ (예제 14.2)}$$

따라서, 식 (14.22)의 표준정규난수 z_t를 중심극한정리에 따라 균등난수로부터 Computer에 의해 100개 발생시켜 식 (14.22)로 합성유량계열을 만들었으며 그 결과는 표 14.6과 같다. 표 14.6에 발생된 유량의 평균값 $\overline{Q}$, 표준편차 s_Q, 왜곡도 계수 C_s를 원자료(표 14.1)의 값과 비교하면 표 14.5와 같다.

표 14.5 원자료계열과 합성자료계열의 통계특성치 비교

구분	$\overline{Q}$	s_Q	C_s
원자료 계열	127.40	45.85	0.119
합성자료 계열	123.14	43.67	0.131

또한, 원자료 계열과 합성자료 계열의 계열상관도를 비교해 보면 그림 14.4와 같다.

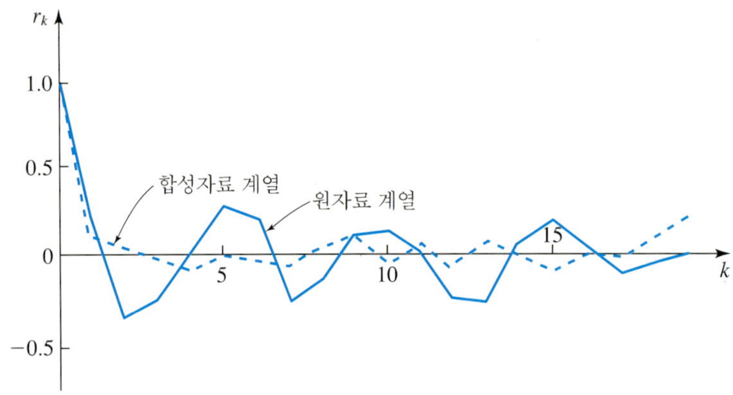

그림 14.4 원자료 및 합성자료 계열의 계열상관도 비교

위의 통계특성치 비교로부터 합성자료 계열은 원자료의 통계특성값을 비교적 잘 재연시켜주고 있을 뿐 아니라 계열상관도도 원자료 계열의 무작위성을 그대로 재연시켜주고 있어 2변수 대수정규분포에 의한 무작위 발생방법은 진동지점의 연 유출용적 발생방법으로 적합하다 하겠다.

표 14.6 무작위발생방법으로 합성된 유출용적자료계열(낙동강 진동수위표)

년	z_t, $N(0, 1)$	Q_t	년	z_t, $N(0, 1)$	Q_t
1	−0.8556	85	51	−0.4000	101
2	−1.0423	79	52	−1.4738	67
3	−0.7694	88	53	−0.0530	116
4	1.3919	204	54	−1.5684	64
5	0.7263	157	55	1.0010	175
6	1.1434	185	56	0.2258	129
7	−0.3937	102	57	0.3806	138
8	0.5001	144	58	0.7420	158
9	−0.4545	99	59	−2.0670	53
10	−0.0264	117	60	−0.4150	101
11	−0.2918	106	61	−2.1771	51
12	−0.9461	82	62	0.1675	127
13	−0.8426	85	63	1.3701	202
14	1.4873	212	64	0.7958	162
15	1.2455	193	65	1.1713	187
16	0.1311	125	66	0.1405	125
17	0.8620	166	67	−0.5802	95
18	−0.2593	107	68	−0.4055	101
19	−0.1315	113	69	0.7382	158
20	−0.8029	87	70	−1.0001	80
21	−0.0740	115	71	0.3422	135
22	−2.4562	45	72	−2.3565	47
23	−0.2084	109	73	0.2701	132
24	−0.6343	93	74	0.5859	149
25	−1.0356	79	75	−0.8175	86
26	0.1449	125	76	−0.3724	103
27	0.6247	151	77	−2.0589	53
28	0.1284	125	78	−0.8133	86
29	0.1161	124	79	0.2586	131
30	0.2680	132	80	−0.9176	83
31	0.1823	127	81	−0.7202	89
32	−1.4644	67	82	1.9650	255
33	0.4324	140	83	−0.1655	111
34	0.9574	172	84	0.3812	138
35	0.1778	127	85	−0.3000	105
36	−0.5005	98	86	−0.1042	123
37	0.6246	151	87	1.3011	197
38	0.1603	126	88	−0.1673	111
39	−0.8104	86	89	−2.1154	52
40	−0.4940	98	90	0.7906	161
41	0.2472	131	91	0.4244	140
42	0.3545	136	92	−0.1828	110
43	0.6174	151	93	−0.8908	84
44	1.7458	234	94	−0.4264	100
45	0.5728	148	95	0.1319	125
46	1.7870	238	96	−0.1113	114
47	−1.2192	74	97	0.4671	142
48	0.1271	125	98	−1.4767	67
49	1.3237	199	99	−1.1292	76
50	0.8939	168	100	0.4043	139

14.6 자기회귀형 발생방법

자기회귀형 모형(自己回歸 模型, autoregressive model)은 관측 유량자료계열이 수문학적 지속성을 가질 경우에 유량을 모의발생하는 방법이다. 하천유량은 시간단위가 짧을수록 지속성이 강해지는 것이 보통이며 연 유량의 경우에도 관측지점에 따라서는 강한 지속성을 나타내는 경우가 허다하므로 자기회귀형의 발생방법은 하천유량계열의 모의발생에 널리 사용되고 있으며 Markov 모형(Markov model)이라고도 부른다(Box and Jenkins, 1970; Fiering and Jackson, 1971).

Markov 모형에 의해 유량계열을 모의발생시키는 일반적인 방정식은 다음과 같이 표시된다.

$$Q_t = d_t + e_t \tag{14.28}$$

여기서, Q_t는 합성되는 유량이며, d_t는 유량의 확정론적 성분(確定論的 成分, deterministic component)이고, e_t는 무작위 성분(無作爲 成分, random component) 혹은 추계학적 성분(推計學的 成分, stochastic component)이다.

자연계에서의 수문사상이 가지는 계열상관성을 모의발생 과정에서 고려해주기 위해 확정론적 성분을 포함시키며 이는 대부분의 수문사상이 가지는 지속성을 반영해 주는 것이다. 식 (14.28)의 무작위 성분 e_t는 평균값이 0이며 일정한 분산을 가지고 특정한 확률분포를 가지는 것으로 가정하여 모의발생을 하게 된다. 식 (14.28)에서 전제되는 다른 한 가지 중요한 가정은 한 시점에서의 유량과 다음 시점에서의 유량 간의 지속성이 시간에 따라 변하게끔 유역 자체의 특성이 변하는 것은 아니라는 것이다. 즉, 연속되는 두 유량 간의 지속성의 정도는 이들 유량의 크기에는 무관하게 일정한 것으로 간주한다는 가정이다. 실제에 있어서는 연속되는 두 개의 작은 유량 간의 지속성이 큰 유량 간의 지속성보다 높은 것으로 알려져 있으나 문제를 단순화하기 위해서 이러한 가정이 통상 전제된다.

연속되는 유량 간의 지속성을 표시하는 확정론적 성분은 다음과 같은 선형 자기회귀식(線型 自己回歸式)으로 표시될 수 있다.

$$d_t = \beta_0 + \beta_1 Q_{t-1} + \beta_2 Q_{t-2} + \cdots + \beta_m Q_{t-m} \tag{14.29}$$

여기서, d_t는 m개의 선행유량의 선형조합으로 표시되는 유량의 확정론적 성분이며 가장 간단한 경우는 $m=1$일 때의 다음과 같은 1차 Markov 모형이다.

$$Q_t = \beta_0 + \beta_1 Q_{t-1} + e_t \tag{14.30}$$

식 (14.30)으로 표시되는 모형에서는 현 시점에서의 유량이 바로 전 시점에서의 유량에 의해서만 영향을 받는다고 가정하는 것으로써 실제와는 어느 정도 차이가 있으나 연속되는 유량 간의 독립성을 가정하는 모형보다는 정확한 결과를 줄 뿐 아니라 모형 자체가 단순하므로 여러 가지 수자원 계획을 위한 유량의 모의발생에 가장 많이 사용되어 왔다. 따라서, 여기서는 우선 1차 Markov 모형에 의한 유량계열의 모의발생 방법에 대해 살펴보기로 하고 이어서 다차(多次) Markov 모형에 대해서도 약술하기로 한다.

1차 Markov 모형에 의해 유량을 발생시키기 위해서는 식 (14.30)의 β_0, β_1 및 e_t를 결정해야 하며, 이들 값의 결정을 위한 관측유량 계열의 적정 확률분포형 선정과 확률분포의 매개변수 산정은 유량계열의 무작위 발생방법(제14.5절)에서와 동일한 방법에 의하므로 여기서는 반복을 피하기로 한다. 1차 Markov 모형은 유량자료의 계절성에 따라 단일 계절모형(單一 季節模型, single season model)과 다 계절모형(多 季節模型, multi-season model)으로 분류된다.

14.6.1 단일 계절 1차 Markov 모형

단일 계절 1차 Markov 모형(single season first-order Markov model)은 유량계열이 연 유량처럼 단일계절(년) 동안의 유량으로 구성되어 있어서 계열의 평균값, 분산 및 계열상관계수 등이 단일값을 가지는 경우에 대해 적용하는 1차 Markov 모형을 말한다. 단일계절 유량인 연유량은 무작위 발생방법(제14.5절)에서 언급한 바와 같이 통상 정규분포, 2변수 대수정규분포 및 2변수 Gamma 분포에 가장 잘 맞는 것으로 알려져 있으므로 이들 분포형을 가지는 유량계열의 발생방법에 대해 살펴보기로 한다(Fiering and Jackson, 1971).

1) 정규분포를 가지는 유량자료계열

정규분포를 가지는 유량계열의 경우 각 유량 Q_t는 평균값 μ와 바로 전의 유량 Q_{t-1}과 평균값의 차의 일부분 무작위성분 e_t의 합으로 표시된다고 생각한다. 즉

$$Q_t = \mu + \rho_1 (Q_{t-1} - \mu) + e_t \tag{14.31}$$

여기서, ρ_1은 유량 모집단의 1차 계열상관계수(一次 系列相関係数)이다. 전술한 바와 같이 e_t는 평균값이 0이고 일정한 분산을 가지는 무작위 성분이므로 Q_{t-1}에 무관하며 모의발생시키고자 하는 유량 Q_t가 정규분포를 가지려면 e_t가 정규분포를 가져야 한다.

평균값 μ를 가지는 식 (14.31)의 Q_t의 분산은 다음과 같은 관계를 가진다.

$$\sigma^2 = E[\mu + \rho_1 (Q_{t-1} - \mu) + e_t]^2 - \mu^2 = \rho_1^2 \sigma^2 + \sigma_e^2 \tag{14.32}$$

여기서, E는 기대치(期待値, expectation)를 표시하며 σ_e^2은 무작위 성분 e_t의 분산을 표시한다. 식 (14.32)를 정리하면

$$\sigma_e^2 = \sigma^2(1-\rho_1^2) \tag{14.33}$$

만약, z_t를 평균값이 0이고 표준편차가 1이며 계열 상관성이 전혀 없는 정규분포를 가지는 변량이라 가정하면 $z_t\sigma_e = z_t\sigma\sqrt{1-\rho_1^2}$은 평균값이 0이며 표준편차가 $\sigma\sqrt{1-\rho_1^2}$인 정규분포를 가지게 될 것이며 이에 해당하는 모의발생 방정식은 다음과 같이 표시된다.

$$Q_t = \mu + \rho_1(Q_{t-1}-\mu) + z_t\sigma\sqrt{1-\rho_1^2} \tag{14.34}$$

여기서, z_t는 평균값이 0이고 표준편차가 1인 정규분포를 가지는 무작위 변량(표준정규난수)이며 식 (14.34)에 의해 발생되는 유량은 실측 유량기록의 평균값, 분산 및 1차 계열상관계수와 동일한 값을 가지게 된다. 전형적인 z_t의 값은 표 14.5에 수록한 바 있다.

정규분포를 갖는 유량을 실제로 모의발생하기 위해서는 수계(水系)상의 한 지점에서의 관측유량계열을 표본으로 하여 표본의 평균값 $\overline{Q}_t$, 표준편차 s_Q 및 1차 계열상관계수 r_1을 계산한 후, 식 (14.34)에 표본의 통계값을 대입한 다음과 같은 식에 의하여 축차적으로 유량을 발생시키게 된다.

$$\begin{aligned} Q_1 &= \overline{Q}_t + r_1(Q_0 - \overline{Q}_t) + z_1 s_Q\sqrt{1-r_1^2} \\ &= \overline{Q}_t(1-r_1) + r_1 Q_0 + z_1 s_Q\sqrt{1-r_1^2} \end{aligned} \tag{14.35}$$

$$Q_2 = \overline{Q}_t(1-r_1) + r_1 Q_1 + z_2 s_Q\sqrt{1-r_1^2} \tag{14.36}$$

따라서, 일반식은 다음과 같이 표시된다.

$$Q_t = \overline{Q}_t(1-r_1) + r_1 Q_{t-1} + z_t\, s_Q\sqrt{1-r_1^2} \tag{14.37}$$

식 (14.35)에서 Q_0는 모의발생을 시작하기 위한 유량의 초기값으로서 통상 표본유량의 평균값 $\overline{Q}_t$를 그대로 사용한다. 이 초기값은 연속적으로 발생되는 유량의 값에 큰 영향을 미치므로 발생된 유량계열의 초기에 속하는 50여 개의 유량은 계열로부터 제거하고 나머지 유량을 사용하는 것이 좋다.

정규분포를 갖는 유량을 모의발생함에 있어서 한 가지 주의할 사항은 음의 유량에 관한 것이다. 정규분포에 있어서는 음(minus)의 값에도 0이 아닌 확률이 부여되므로 상기한 모의발생 과정에서 음의 유량이 발생될 수 있다. 이때 그 다음 유량의 발생을 위해서 음의 유량을 사용해야

하나 일단 유량계열의 발생을 끝내면 발생된 유량계열에 포함된 음의 유량은 제거해야 한다.

예제 14.5 어떤 수위표 지점에 있어서의 20년간에 걸친 연 유량이 표 14.7과 같을 때 다음과 같은 각종 통계값을 구하라.

1) 평균 2) 분산 3) 표준편차
4) 왜곡도 계수 5) 1차 계열상관계수 6) 2차 계열상관계수

표 14.7

연도별	1	2	3	4	5	6	7	8	9	10
유량 (m^3/sec)	429	376	515	360	584	451	435	483	738	815
연도별	11	12	13	14	15	16	17	18	19	20
유량 (m^3/sec)	447	569	550	704	1065	684	765	609	661	636

풀이 각종 통계값의 계산에 필요한 값들은 표 14.8에 계산하여 수록하였다.

표 14.8 각종 통계값의 결정을 위한 계산표

t	Q_t	Q_t^2	Q_t^3	$Q_t \cdot Q_{t+1}$	$Q_t \cdot Q_{t+2}$	$Q_t - \overline{Q}_t$	$\sum_{t=1}^{n}(Q_t - \overline{Q}_t)$	z_t	z_t^2	$\log_e Q_t$	$(\log_e Q_t)^2$
1	429	184,041	78,953,589	161,304	220,935	−159.8	−159.8	−0.9255	0.8565	6.0615	36.7413
2	376	141,376	53,157,376	193,640	135,360	−212.8	−372.6	−1.2324	1.5189	5.9296	35.1600
3	515	265,225	136,590,875	185,400	300,,760	−73.8	−446.4	−0.4272	0.1827	6.2442	38.9896
4	360	129,600	46,656,000	210,240	162,360	−228.8	−675.2	−1.3251	1.7559	5.8861	35.6462
5	584	341,056	199,176,704	263,384	254,040	−4.8	−680.0	−0.0278	0.0008	6.3699	40.5756
6	451	203,401	91,733,851	196,185	217,833	−137.8	−817.8	−0.7981	0.6369	6.1115	37.3500
7	435	189,225	82,312,875	210,105	321,030	−153.8	−971.6	−0.8907	0.7934	6.0753	36.9098
8	483	233,289	112,678,587	356,454	393,645	−105.8	−1077.4	−0.6127	0.3755	6.1800	38.1926
9	738	544,644	401,947,272	601,470	329,886	149.2	−928.2	0.8641	0.7467	6.6039	43.6121
10	815	664,225	541,343,375	364,305	463,735	226.2	−702.0	1.3100	1.7162	6.7032	44.9327
11	447	199,809	89,314,623	254,343	245,850	−141.8	−843.8	−0.8212	0.6744	6.1026	37.2417
12	569	323,761	184,220,009	312,950	400,576	−19.8	−863.6	−0.1147	0.0131	6.3439	40.2448
13	550	302,500	166,375,000	387,200	585,750	−38.8	−902.4	−0.2247	0.0505	6.3099	39.8151
14	704	495,616	348,913,664	749,760	481,536	115.2	−787.2	0.6672	0.4451	6.5568	42.9913
15	1065	1,134,225	1,207,949,625	728,460	814,725	476.2	−311.0	2.7579	7.6061	6.9707	48.5911
16	684	467,856	320,013,504	523,260	416,556	95.2	−215.8	0.5514	0.3040	6.5280	42.6142
17	765	585,225	447,697,125	465,885	505,665	176.2	−39.6	1.0205	1.0413	6.6399	44.0880
18	609	370,881	225,866,529	402,549	326,424	20.2	−19.4	0.1170	0.0137	6.4118	41.1114
19	661	436,921	288,804,781	354,296		72.2	52.8	0.4181	0.1748	6.4938	42.1688
20	536	287,296	153,990,656			−52.8	−0.0	−0.3058	0.0935	6.2841	39.4903
계	11,776	7,500,172	5,177,696,020	6,921,190	6,576,666	0.0		0.0000	19.0000	126.8066	805.4663

1) 평균 [식 (13.26)]

$$\bar{x} = \frac{1}{20}\sum_{i=1}^{20} x_i = \frac{11776}{20} = 588.8(\text{m}^3/\text{sec})$$

2) 분산[식 (13.28)]

$$s_{Q_t}^2 = \frac{1}{20-1}\left(\sum_{i=1}^{20} Q_t^2 - 20\overline{Q}_t^2\right)$$

$$= \frac{1}{19}[7,500,172 - 20(588.8)^2] = 29,813.83(\text{m}^3/\text{sec})^2$$

3) 표준편차

$$s_{Q_t} = \sqrt{s_{Q_t}^2} = \sqrt{29,813.85} = 172.667(\text{m}^3/\text{sec})$$

4) 왜곡도 계수[식 (14.25)]

$$d_1 = \frac{1}{20}\sum_{i=1}^{20} Q_t^3 = \frac{1}{20}\times 5,177,696,020 = 258,884,801(\text{m}^3/\text{sec})$$

$$d_2 = \frac{3}{(20)^2}\left(\sum_{t=1}^{20} Q_t^2\right)^2\left(\sum_{t=1}^{20} Q_t\right) = \frac{3}{400}\times 7,500,172\times 11,776$$

$$= 662,415,191(\text{m}^3/\text{sec})$$

$$d_3 = \frac{2}{(20)^3}\left(\sum_{t=1}^{20} Q_t\right)^3 = \frac{2}{8,000}\times(11,776)^3 = 408,256,774(\text{m}^3/\text{sec})$$

$$d_4 = \left(\frac{1}{20}\sum_{t=1}^{20}\overline{Q}_t^2 - (\overline{Q}_t)^2\right)^{0.5} = \left[\frac{1}{20}\times 7,500,172 - (588.8)^2\right]^{0.5}$$

$$= 168.295(\text{m}^3/\text{sec})$$

$$\therefore \gamma_Q = \frac{d_1 - d_2 + d_3}{d_4^3} = 0.9916$$

5) 1차 계열상관계수[식 (14.4)]

$$f_1 = \sum_{t=1}^{19} Q_t Q_{t+1} = 6,921,190(\text{m}^3/\text{sec})^2$$

$$f_2 = \sum_{t=1}^{19} Q_t = 11,240(\text{m}^3/\text{sec})$$

$$f_3 = \sum_{t=2}^{20} Q_t = 11,347(\mathrm{m^3/sec})$$

$$f_4 = \sum_{t=1}^{19} Q_t^2 - \frac{1}{19}\left(\sum_{t=1}^{19} Q_t\right)^2 = 7,212,876 - \frac{1}{19}(11,240)^2$$

$$= 563,528.6(\mathrm{m^3/sec})^2$$

$$f_5 = \sum_{t=2}^{20} Q_t^2 - \frac{1}{19}\left(\sum_{t=2}^{20} Q_t\right)^2 = 7,316,131 - \frac{1}{19}(11,347)^2$$

$$= 539,583(\mathrm{m^3/sec})^2$$

$$\sqrt{f_4} = 750.685(\mathrm{m^3/sec})$$

$$\sqrt{f_5} = 734.563(\mathrm{m^3/sec})$$

$$\therefore\ r_1 = \frac{f_1 - \frac{1}{19}(f_2 \cdot f_3)}{\sqrt{f_4}\sqrt{f_5}} = \frac{208,543.7}{551,425.9} = 0.3782$$

6) 2차 계열상관계수[식 (14.11)]

$$k_1 = \sum_{t=1}^{18} Q_t Q_{t+2} = 6,576,666(\mathrm{m^3/sec})^2$$

$$k_2 = \sum_{t=1}^{18} Q_t = 10,579(\mathrm{m^3/sec})$$

$$k_3 = \sum_{t=3}^{20} Q_t = 10.971(\mathrm{m^3/sec})$$

$$k_4 = \sum_{t=1}^{18} Q_t^2 - \frac{1}{18}\left(\sum_{t=1}^{18} Q_t\right)^2 = 6,775,955 - \frac{1}{18}(10,579)^2 = 558,441.6(\mathrm{m^3/sec})^2$$

$$k_5 = \sum_{t=3}^{20} Q_t^2 - \frac{1}{18}\left(\sum_{t=3}^{20} Q_t\right)^2 = 7,174,755 - \frac{1}{18}(10,971)^2 = 487,930.5(\mathrm{m^3/sec})^2$$

$$\sqrt{k_4} = 747.290(\mathrm{m^3/sec})$$

$$\sqrt{k_5} = 698.520(\mathrm{m^3/sec})$$

$$\therefore\ r_2 = \frac{k_1 - \frac{1}{18}(k_2 \cdot k_3)}{\sqrt{k_4}\sqrt{k_5}} = 0.2467$$

예제 14.6 예제 14.5의 20년간에 걸친 연 평균유량 자료가 정규분포를 가진다고 가정하고 유량계열을 모의 발생하라.

풀이 연 유량자료이므로 1차 Markov 모형에 의하여 모의발생하면 된다. 즉

$$Q_t = \overline{Q}_t + r_1(Q_{t-1} - \overline{Q}_t) + z_t s_Q \sqrt{1-r_1^2}$$

예제 14.5에서 구한 통계값은 다음과 같다.

$$\overline{Q}_t = 588.8(\mathrm{m^3/sec})$$
$$s_Q = 172.667(\mathrm{m^3/sec})$$
$$r_1 = 0.3782$$

$t=1$일 때의 $Q_{t-1} = Q_0 = \overline{Q}_t = 588.8$로 놓고 z_t를 평균값이 0이고 표준편차가 1인 표준정규난수(표 14.5)로부터 취하여 유량을 모의발생하면 표 14.9와 같다.

표 14.9 연 평균유량의 모의발생(정규분포)

t	Q_t	$Q_t - \overline{Q}_t$	$r_1(Q_t - \overline{Q}_t)$	$\overline{Q}_t + r_1(Q_t - \overline{Q}_t)$	z_t	$z_t s_Q \sqrt{1-r_1^2}$	Q_{t+1}
0	588.80	0.00	0.00	588.80	−0.523	−83.60	505.20
1	505.20	−83.60	−31.62	557.18	0.611	97.66	654.85
2	654.85	66.05	24.98	613.78	−0.359	−57.38	556.40
3	556.40	−32.40	−12.26	570.54	−0.393	−62.82	513.73
4	513.73	−75.07	−28.39	560.41	0.084	13.43	573.83
5	573.83	−14.97	−5.66	583.14	−0.931	−148.81	434.33
6	434.33	−154.47	−58.42	530.38	−0.027	−4.32	526.06
7	526.06	−62.74	−23.73	565.07	0.798	127.55	692.63
8	692.63	103.83	39.27	628.07	1.672	267.26	895.32
9	895.32	306.52	115.92	704.72	−1.077	−172.15	532.57

2) 2변수 대수정규분포를 가지는 유량자료계열

Markov의 모의발생기법을 사용하여 대수정규분포를 가지는 유량을 발생하고자 할 경우에는 표본유량계열의 대수값의 평균, 표준편차, 계열상관계수 및 왜곡도계수와 동일한 값을 가지도록 유량계열을 발생해야 한다. Matalas(1966)는 문제가 되고 있는 지점에서의 유량의 하한값에 가까운 값을 a라 하고 Q를 특정유량이라 할 때 $y = \log_e(Q-a)$가 정규분포를 가진다고

가정하였으며 Q의 통계값들은 y의 통계값과 다음과 같은 관계가 있음을 밝혔다.

$$\mu_Q = a + \exp\left(\frac{\sigma_y^2}{2} + \mu_y\right) \tag{14.38}$$

$$\sigma_Q^2 = \exp[2(\sigma_y^2 + \mu_y)] - \exp[\sigma_y^2 + 2\mu_y) \tag{14.39}$$

$$\gamma_Q = \frac{\exp(3\sigma_y^2) - 3\exp(\sigma_y^2) + 2}{[\exp(\sigma_y^2) - 1]^{3/2}} \tag{14.40}$$

$$\rho_{1Q} = \frac{\exp(\sigma_y^2 \cdot \rho_{1y}) - 1}{\exp(\sigma_y^2) - 1} \tag{14.41}$$

Matalas(1966)는 관측유량계열의 대수값의 통계값보다도 유량자료 자체의 통계값을 재연할 수 있도록 표본유량의 통계값인 $\overline{Q}_t$, s_Q^2, $\hat{\gamma}_Q$, 그리고 r_{1Q}를 계산하여 식 (14.38)~(14.41)에 대입함으로써 μ_y, σ_y^2, ρ_{1y} 및 a를 결정하도록 권장하였다. 합성유량의 대수값으로 구성되는 유량계열 $h_1, h_2, \cdots, h_n$을 모의발생하는 데 사용되는 통계값은 관측자료의 대수값에 대한 값이 아니고 이들로부터 계산된 μ_y, σ_y^2, ρ_{1y} 및 a이며 실제로 발생되는 유량의 값은 다음 관계식으로부터 구하게 된다.

$$Q_t = \exp(h_t) + a \tag{14.42}$$

대수정규분포를 가지는 유량계열의 모의발생을 위한 다른 한 가지 방법은 관측유량계열의 대수값에 대한 통계값 $\overline{y}$, s_y^2, r_{1y}를 계산하여 정규분포 유량계열을 모의발생하는 식 (14.34)를 적용함으로써 합성유량의 대수값 h_t를 얻은 후, 이로부터 유량계열을 얻는 방법이다. 즉

$$h_t = \overline{y} + r_{1y}(h_{t-1} - \overline{y}) + z_t\, s_y \sqrt{1 - r_{1y}^2} \tag{14.43}$$

$$Q_t = \exp(h_t) \tag{14.44}$$

예제 14.7 예제 14.5의 20년간에 걸친 연 평균유량자료가 대수 정규분포를 가진다고 가정하고 유량계열을 모의발생하라.

풀이 유량자료의 통계값인 $\overline{Q}_t = 588.8$, $s_Q^2 = 29{,}813.9$, $r_{1Q} = 0.3782$ 및 $\hat{\gamma}_Q = 0.992$를 사용하여 식 (14.38)~(14.41)로부터 유량의 대수값에 대한 통계값을 다음과 같이 계산한다. 식 (14.40)을 사용하면

$$0.992 = \hat{\gamma}_Q = \frac{\exp(3\sigma_y^2) - 3\exp(\sigma_y^2) + 2}{[\exp(\sigma_y^2) - 1]^{3/2}}$$

$$\exp(\sigma_y^2) = 1.1041 \quad \therefore \ \sigma_y^2 = 0.099$$

s_Q^2과 σ_y^2을 식 (14.39)에 대입하면

$$29{,}813.9 = \exp[2(0.099 + \mu_y)] - \exp(0.099 + 2\mu_y)$$

$$\therefore \ \mu_y = 6.233$$

r_{1Q}와 σ_y^2을 식 (14.41)에 대입하면

$$0.3782 = \frac{\exp(0.099\rho_{1y}) - 1}{1.1041 - 1}$$

이를 정리하여 ρ_{1y}에 관하여 풀면

$$\rho_{1y} = 0.394$$

마지막으로 식 (14.38)로부터

$$588.8 = a + \exp(0.0495 + 6.233)$$

$$\therefore \ a = 53.7$$

이상과 같이 유량자료의 대수값의 통계값이 계산되면 1차 Markov 모형에 의하여 합성유량의 대수값 h_t를 다음 식으로 모의발생하고 이를 변환함으로써 합성유량 계열을 얻게 된다. 즉

$$h_t = \mu_y + \rho_{1y}(h_{t-1} - \mu_y) + z_t \sigma_y \sqrt{1 - \rho_{1y}^2}$$

$$Q_t = a + \exp(h_t)$$

이들 식에 의하여 대수정규분포를 가지는 연 평균유량계열을 발생시키는 계산과정은 표 14.10에 상세하게 수록되어 있다.

표 14.10 연 평균유량의 모의발생(2변수 대수정규분포)

t	h_t	$h_t-\mu_y$	ρ_{1y} $(h_t-\mu_y)$	$\mu_y+\rho_{1y}$ $(h_t-\mu_y)$	z_t	$\frac{z_t\sigma_y}{\sqrt{1-\rho_{1y}^2}}$	h_{t+1}	$\exp(h_{t+1})$	$a+\exp$ $(h_{t+1})=Q_{t+1}$
0	6.2330	0.000	0.0000	6.2330	−1.536	−0.4442	5.7888	326.622	377.622
1	5.7888	−0.4442	−0.1750	6.0580	−0.454	−0.1313	5.9267	374.913	425.913
2	5.9267	−0.3063	−0.1207	6.1123	0.071	0.0205	6.1326	460.746	511.746
3	6.1328	−0.1002	−0.0395	6.1935	−2.129	−0.6157	5.5779	264.503	315.503
4	5.5779	−0.6551	−0.2581	5.0749	1.525	0.4410	6.4159	611.484	662.484
5	6.4159	0.1829	0.0721	6.3051	0.261	0.0755	6.3805	590.245	641.245
6	6.3805	0.1475	0.0581	6.2911	2.319	0.6706	6.9618	1055.494	1106.494
7	6.9618	0.7288	0.2871	6.5201	0.972	0.2811	6.8012	898.950	949.950
8	6.8012	0.5682	0.2289	6.4569	0.767	0.2218	6.6787	795.278	846.278
9	6.6787	0.4457	0.1759	6.4086	−2.849	−0.8239	5.5847	266.319	317.319

3) 2변수 Gamma 분포를 가지는 유량자료계열

Markov 모형은 평균값 μ, 분산 σ^2 및 왜곡도 계수 γ_Q인 2변수 Gamma 분포를 가지는 유량의 모의발생에도 사용된다.

합성유량계열의 무작위 성분은 14.5.3절의 무작위 발생방법에서 이미 소개한 평균값이 0이고 표준편차가 1인 Gamma 난수 g_t를 사용하게 된다. 즉, 관측 유량계열의 왜곡도계수 γ_Q[식 (14.25)]와 1차 계열상관계수 r_1을 계산하여 식 (14.23)과 (14.24)에 의해 표준정규난수 z_t를 Gamma 분포를 가지는 난수 g_t로 변환하게 되며 모의발생 방정식은 다음과 같이 식 (14.34)와 비슷한 형태를 가지게 된다.

$$Q_t=\mu+\rho_1(Q_{t-1}-\mu)+g_t\sigma\sqrt{1-\rho_1^2} \tag{14.45}$$

식 (14.45)의 μ, ρ_1, σ 대신 관측유량계열의 평균값 $\overline{Q}_t$, 1차 계열상관계수 r_1 및 표준편차 s_Q를 사용하면 발생방정식은

$$\begin{aligned} Q_1 &= \overline{Q}_t+r_1(Q_0-\overline{Q}_t)+g_1 s_Q\sqrt{1-r_1^2} \\ &= \overline{Q}_t(1-r_1)+r_1Q_0+g_1 s_Q\sqrt{1-r_1^2} \end{aligned} \tag{14.46}$$

$$Q_2=\overline{Q}_t(1-r_1)+r_1Q_1+g_2 s_Q\sqrt{1-r_1^2} \tag{14.47}$$

따라서, 일반식은

$$Q_t = \overline{Q}_t(1-r_1) + r_1 Q_{t-1} + g_t s_Q \sqrt{1-r_1^2} \tag{14.48}$$

정규분포를 가지는 유량계열의 모의발생에서와 같이 식 (14.46)의 Q_0는 모의발생을 시작하기 위한 초기값으로써 표본 유량의 평균값 $\overline{Q}_t$를 그대로 사용하는 것이 통상이며, 발생된 유량계열의 초기부분에 속하는 50여 개의 유량을 계열로부터 제거하고 나머지 유량을 각종 수자원 계획목적을 위해 사용하는 것도 정규분포의 경우와 동일하다.

14.6.2 단일계절 다 지체 Markov 모형

1차 Markov 모형에서는 과거유량이 현재의 유량에 미치는 영향이 1차 선행(先行)유량에 국한되어 있다고 가정하나 다 지체모형(多 遲滯模型, multi-lag model)에서는 여러 개의 선행유량이 현재의 유량값을 지배한다고 생각한다. 즉, 다 지체모형에서 유량의 확정론적 성분 d_i는 다음과 같은 일반적인 관계를 가진다고 가정한다(Box and Jenkins, 1970).

$$d_i = \beta_0 + \beta_1 Q_{i-1} + \beta_2 Q_{i-2} + \cdots\cdots \ \beta_m Q_{i-m} \tag{14.49}$$

여기서, m은 고려 대상에 넣는 선행유량의 수로서 1보다 큰 값을 가진다.

다 지체모형의 비교적 합당한 예는 지하수 저류량이 비교적 장기간에 걸쳐 하천유량에 공헌하는 경우라고 말할 수 있으나 실제유량은 과거유량에 의해 결정된다기 보다는 복잡한 수문기상학적인 인자의 복합적인 작용에 의하여 결과되는 것으로서 물리적인 근거는 비교적 희박하다고 볼 수 있다.

그림 14.5는 정규 분포를 가지는 시계열에 대한 이론적인 Markov 모형의 계열상관도(系列相關圖, correlogram)를 표시하고 있다. 계열상관도는 고려하는 지체수의 변화에 따른 계열상관계수의 변화양상을 표시하는 그림으로써 유량계열의 지속성 혹은 독립성을 판단하는 기준이 된다함은 전술한 바 있다.

그림 14.6은 연 유량계열로부터 구한 전형적인 계열상관도와 이론적인 Markov 모형의 계열상관도를 비교하고 있다. 다 지체모형에 의하여 발생되는 유량계열의 계열상관도는 통상 그림 14.6의 경험적인 계열상관도와 비슷한 모양을 가지므로 유량의 모의발생을 위한 다지체모형의 적용이 타당성을 갖는 것으로 보고 있다.

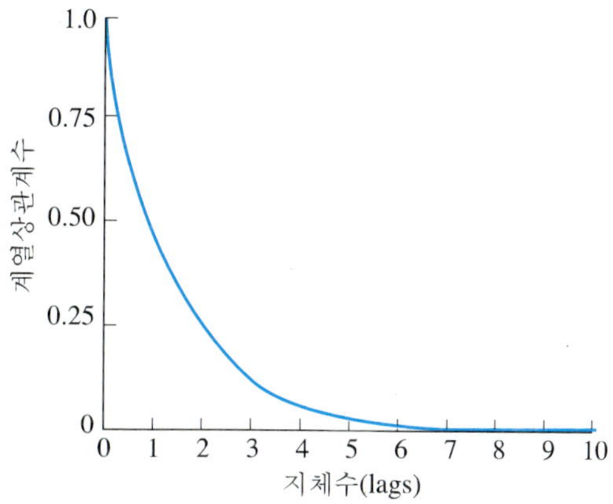

그림 14.5 이론적 계열상관도(Markov 모형)

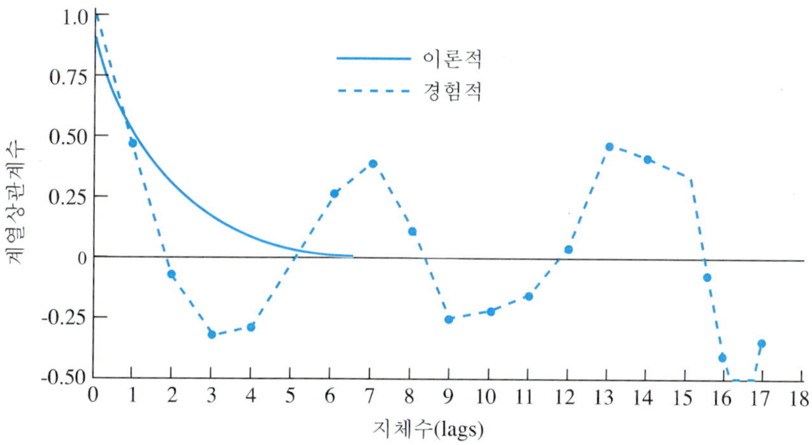

그림 14.6 이론 및 경험적 계열상관도(Markov 모형)

다 지체모형의 적용에서 가장 문제가 되는 것은 얼마나 많은 수의 선행유량을 모형에 포함시키느냐는 것이다. 즉, 식 (14.49)에서 m값을 얼마로 선정함이 가장 효과적인 것인가이다. 이의 결정을 위한 일반적인 절차를 간추려 보면 대략 다음과 같다.

우선 현재의 유량 Q_t와 1차 선행유량 Q_{t-1} 간의 선형관계를 가정하여 회귀분석에 의하여 회귀상수 β_0와 β_1을 개략적으로 계산한다. 즉,

$$Q_t = \beta_0 + \beta_1 Q_{t-1} \tag{14.50}$$

여기서, Q_t는 유량자료를 표시하며 회귀분석에 의해 구한 β_0 및 β_1의 개산치(概算値)를 각각 b_0, b_1이라 하고 다음 식에 의하여 각 실측유량에 대응하는 개산유량 Q_t'을 계산한다.

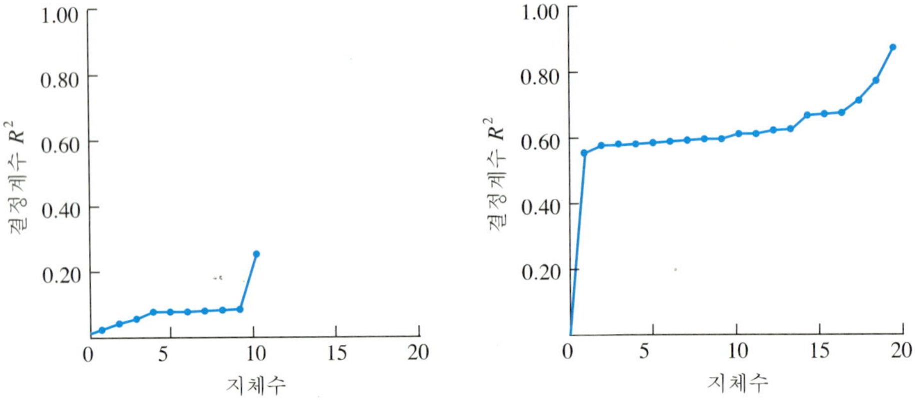

그림 14.7 적정 지체수의 결정

$$Q_t' = b_0 + b_1 Q_{t-1} \tag{14.51}$$

식 (14.50)으로 표시되는 선형모형의 적합성 정도를 판단하기 위하여 Q_t와 Q_t' 간의 상관계수(correlation coefficient)의 자승으로 표시되는 결정계수(決定係數, coefficient of determination)를 다음 식으로부터 계산하게 된다(Fiering and Jackson, 1971).

$$R^2 = \frac{\left[\left(\sum_{t=2}^{n} Q_t Q_t'\right) - \left(\frac{1}{n-1}\right)\left(\sum_{t=2}^{n} Q_t\right)\left(\sum_{t=2}^{n} Q_t'\right)\right]^2}{\left[\sum_{t=2}^{n} Q^2 - \frac{1}{n-1}\left(\sum_{t=2}^{n} Q_t\right)^2\right]\left[\sum_{t=2}^{n} Q_t'^2 - \frac{1}{n-1}\left(\sum_{t=2}^{n} Q_t'\right)^2\right]} \tag{14.52}$$

다음으로는 현재유량 Q_t와 선행유량 Q_{t-1} 및 Q_{t-2} 간의 선형관계를 다음과 같이 가정한다.

$$Q_t = \beta_0 + \beta_1 Q_{t-1} + \beta_2 Q_{t-2} \tag{14.53}$$

회귀분석에 의하여 β_0, β_1 및 β_2의 개산치(概算值) b_0, b_1 및 b_2를 계산하여 각 Q_t에 해당하는 Q_t'을 얻어 Q_t 및 Q_t' 간의 결정계수 R^2을 계산한다. 이와 같이 지체수(遲滯數, number of lags)를 증가시켜 가면서 R^2을 계산해 나가면 R^2의 값은 그림 14.9에서 보는 바와 같이 점차적으로 커지다가 거의 일정한 값에 도달한 후 다시 급격한 증가를 보이는 것이 보통이다.

결정계수 R^2은 독립변수와 종속변수 간의 회귀방정식으로부터 실제자료가 분산되는 정도를 표시하는 계수이므로 R^2이 일정한 값에 머무른다는 것은 분산 정도가 지체수의 증가에 따라 별로 작아지지 않음을 표시한다. 따라서, 유량자료의 모의발생에 포함시킬 지체의 수는 R^2이

거의 일정값에 도달할 때의 지체수로서 결정하는 것이 보통이며 상한값으로서 통상 8~10의 지체수를 기준으로 삼는다.

유량의 무작위 성분 e_i는 정규분포 혹은 대수정규분포를 가지는 것으로 가정함이 통상이다. $z_1, z_2, \cdots$을 평균값이 0이고 분산이 1인 표준정규난수라 하면 다 지체모형의 모의발생 방정식은 다음과 같아진다.

$$Q_t = b_0 + b_1 Q_{t-1} + b_2 Q_{t-2} + \cdots + b_m Q_{t-m} + z_t s_Q \sqrt{1-R^2} \tag{14.54}$$

여기서, s_Q는 유량표본의 표준편차이며, $s_Q\sqrt{1-R^2}$은 표준개산오차(標準概算誤差, standard error of estimate)라 부른다.

단일 지체모형의 경우와는 달리 다 지체모형은 Gamma 분포를 가지는 유량의 모의발생에는 사용될 수 없다. 이는 단순히 다 변수 Gamma 분포에 대한 일반적인 이론이 정립되어 있지 않기 때문이다.

표본유량으로부터 실제로 유량을 모의발생하는 절차는 우선 상기한 방법으로 발생에 사용할 R^2의 값을 결정하고 표본의 표준편차 s_Q를 계산한다. 다음으로 m개의 초기유량을 $\overline{Q}_t$로 놓고(즉, $Q_1 = Q_2 = \cdots = Q_m = \overline{Q}_t$로 놓음), z_{m+1}, z_{m+2}, $\cdots$을 평균값이 0이고 표준편차가 1인 표준정규난수라 하고 다음 식에 의하여 유량계열을 모의 발생하게 된다.

$$Q_{m+1} = b_0 + b_1 Q_m + b_2 Q_{m-1} + \cdots + b_m Q_1 + z_{m+1} s_Q \sqrt{1-R^2} \tag{14.55}$$

$$Q_{m+2} = b_0 + b_1 Q_{m+1} + b_2 Q_m + \cdots + b_m Q_2 + z_{m+2} s_Q \sqrt{1-R^2} \tag{14.56}$$

일반적으로

$$Q_{m+t} = b_0 + b_1 Q_{m+t-1} + b_2 Q_{m+t-2} + \cdots + b_m Q_t + z_{m+t} s_Q \sqrt{1-R^2} \tag{14.57}$$

예제 14.8 예제 14.5의 20년간 연 평균유량자료를 사용하여 정규분포를 가지는 유량계열을 모의발생하고자 할 때의 발생방정식을 구하라. 단, Lag-two 모형을 사용하라.

풀이 Lag-two 모형의 일반식은

$$Q_t = \beta_0 + \beta_1 Q_{t-1} + \beta_2 Q_{t-2}$$

회귀분석에 의하여 β_0, β_1, β_2의 개산치를 구하면

$$b_0 = 373.36, \quad b_1 = 0.2673, \quad b_2 = 0.1286$$

따라서, 회귀방정식에 의해 계산되는 $i = 3,\ 4,\ \cdots,\ 20$에 대한 유량은

$$Q_t{}' = 373.36 + 0.2673\,Q_{t-1} + 0.1286\,Q_{t-2}$$

결정계수를 식 (14.52)에 의해 구하면

$$c_1 = \sum_{t=3}^{20} Q_t Q_t{}' = 6,748,984.5$$

$$c_2 = \frac{1}{18}\sum_{t=3}^{20} Q_t \sum_{t=3}^{20} Q_t{}' = \frac{1}{18}(10,971)(10,971.00002) = 6,686,824.4$$

$$c_3 = \sum_{t=3}^{20} Q_t^2 - \frac{1}{18}\left(\sum_{t=3}^{20} Q_t\right)^2 = 7,174,755 - \frac{1}{18}(10,971)^2 = 487,930.6$$

$$c_4 = \sum_{t=3}^{20} Q_t{}'^2 - \frac{1}{18}\left(\sum_{t=3}^{20} Q_t{}'\right)^2 = 6,748,948.5 - \frac{1}{18}(10,971,00002)^2 = 62,124.1$$

$$\therefore\ R^2 = \frac{(c_1 - c_2)^2}{c_3 c_4} = \frac{3,863,878,000}{(487,930.6)(62,124.1)} = 0.1275$$

따라서, 모의발생 방정식은 다음과 같다.

$$Q_t = 373.36 + 0.2673\,Q_{t-1} + 0.1286\,Q_{t-2} + z_t(172.667)\sqrt{1 - 0.1275}$$

여기서 모의발생 초기의 2개 유량은 표본유량의 평균값인 $\overline{Q}_t = 588.8\ \mathrm{m^3/sec}$를 사용하여 발생과정을 반복하면 된다.

14.6.3 기타 단일 계절모형

위에서 살펴본 연 유량과 같은 단일계절 유량계열을 모의발생시키기 위한 Markov 모형 이외에도 연 유량계열의 발생에 사용되는 모형에는 여러 가지가 있다. 이 중 흔히 사용되는 모형은 ARMA 모형(autoregressive moving average model)으로 발생방정식의 일반형은 다음과 같다(Box and Jenkins, 1970).

$$y_t = \beta_1 y_{t-1} + \beta_2 y_{t-2} + \cdots + \beta_p y_{t-p} + e_t - \alpha_1 e_{t-1} - \alpha_2 e_{t-2} \cdots - \alpha_q e_{t-q} \qquad (14.58)$$

여기서, $\beta_i y_{t-i}$항으로 표시되는 부분은 모형의 확정론적 성분이며, e_t 및 $\alpha_i e_{t-i}$항으로 표시되는 부분은 추계학적 성분이다. 식 (15.58)의 y_t는 평균값이 0이고 분산이 σ_y^2인 계열로서

유량계열 Q_t를 다음과 같이 변환한 것이다.

$$y_t = \frac{Q_t - \overline{Q}_t}{s_Q} \tag{14.59}$$

또한, 식 (14.58)의 e_t는 평균값이 0이고 분산이 σ_e^2인 추계성분계열로서 표준정규난수 z_t와 다음의 관계를 가진다.

$$z_t = \frac{e_t - 0}{\sigma_e} \qquad \therefore\ e_t = \sigma_e z_t \tag{14.60}$$

식 (14.58)의 ARMA(p, q) 모형은 다 지체를 고려하는 일반형이므로 실제로는 간단한 모형이 널리 사용되고 있다. 즉, 연 유량계열의 발생에 가장 많이 사용되는 ARMA 모형은 ARMA (1, 1) 모형으로서 $p=1$, $q=1$인 경우이며 발생방정식은 다음과 같다.

$$y_t = \beta_1 y_{t-1} + e_t - \alpha_1 e_{t-1} \tag{14.61}$$

식 (14.61)로 유량계열을 발생시키기 위해서는 모형의 매개변수인 α_1과 β_1을 결정해야 하며 Yule-Walker 방정식으로부터 다음 관계를 사용하여 결정할 수 있음을 증명할 수 있다(Box and Jenkins, 1970).

$$\hat{\beta}_1 = \frac{r_2}{r_1} \tag{14.62}$$

$$\hat{r}_1 = \frac{(\beta_1 - \alpha_1)(1 - \alpha_1\beta_1)}{1 - 2\alpha_1\beta_1 + \alpha_1^2} \tag{14.63}$$

여기서, r_1과 r_2는 관측유량계열의 1차 및 2차 계열상관계수이므로 이를 계산하여 식 (14.62)에 대입하면 β_1을 산정할 수 있고 다시 식 (14.63)을 풀면 α_1의 추정이 가능하다.

따라서, $\hat{\alpha}_1$, $\hat{\beta}_1$ 및 식 (14.60)을 식 (14.61)에 대입하면

$$y_t = \hat{\beta}_1 y_{t-1} + \sigma_e z_t - \hat{\alpha}_1 \sigma_e z_{t-1} = \hat{\beta}_1 y_{t-1} + \sigma_e (z_t - \hat{\alpha}_1 z_{t-1}) \tag{14.64}$$

식 (14.64)에 표본유량계열에 대한 식 (14.33)의 관계를 대입하면

$$y_t = \hat{\beta}_1 y_{t-1} + s_y \sqrt{1 - r_1^2}\,(z_t - \hat{\alpha}_1 z_{t-1}) \tag{14.65}$$

따라서, $y_{t-1}=0$, $z_{t-1}=0$을 초기값으로 하여 y_t의 반복발생이 가능하며 식 (14.59)의 역변환으로 유량계열 Q_t를 발생시킬 수 있다. 즉,

$$Q_t = \overline{Q}_t + s_Q y_t \tag{14.66}$$

이상에서 소개한 ARMA 모형 이외에 단일 계절유량의 발생에 사용되는 모형으로는 ARIMA 모형(autoregressive integrated moving average model), Fracational Gaussian Noise(FGN) Model, Fast Fractional Gaussian Noise(FFGN) Model 및 Broken Line Model 등이 있으나 본서의 수준을 넘기 때문에 자세한 내용은 취급하지 않기로 한다.

14.6.4 다 계절 1차 Markov 모형

지금까지 살펴본 Markov 모형에서는 시간단위를 년(年)으로 잡았으며 매년의 유량은 동일한 분포를 가지고 자료기간 동안의 유량의 평균, 분산 및 계열상관계수는 단일값을 가지는 것으로 생각했으며 이는 실제 연유량 자료의 해석과 모의발생을 위해서는 대체로 합당한 가정이라 할 수 있다. 그러나, 월 유량이라든지 계절유량 등 기타 1년을 몇 개의 시간구간으로 나누어서 유량자료를 분석해야 할 경우에는 통계값이 단일값을 가지지 않고 월 혹은 계절에 따라 각각 다른 값을 가지게 된다. 예를 들면 우기에 속하는 월 혹은 기간 동안의 유량의 평균값은 건기의 평균값보다 클 것임은 당연한 사실이다. 이와 같이 월별 혹은 계절별로 상이한 유량의 특성을 반영하면서 유량을 모의발생하기 위해서는 Markov 모형을 약간 수정해서 적용해야 하며 1차 Markov형이 가장 많이 사용되고 있으므로 이에 대해서만 살펴보기로 한다.

일년을 m개의 상이한 계절(월 혹은 기타 시간구간)로 구분했을 경우의 각 계절유량에 Markov 모형을 적용한다고 생각하자. 이 경우에는 두 개의 지수(index)를 사용해서 특정유량 $Q_{i,j}$를 표시해야 한다. 즉, 첫 번째 지수 i는 연유량 계열 중의 어떤 년(年)에 속하는 유량인가를 표시하며, 두 번째 지수 j는 1부터 m까지의 값을 가지는 계절 중 어떤 계절에 해당하는 유량인가를 표시하는 계절번호이다. $j=1\sim m$에 대한 평균유량 μ_j는 각 계절 유량의 평균값이며 σ_j는 j계절유량의 표준편차이고 ρ_j는 j계절유량과 $(j-1)$ 계절유량 간의 1차 계열상관계수로서 다음과 같이 정의된다.

$$\rho_j = \{E[(x_{i,j}-\mu_j)(x_{i,j-1}-\mu_{j-1})]\}/(\sigma_j\sigma_{j-1}) \tag{14.67}$$

여기서, $x_{i,j}$는 j계절에 속하는 유량을 표시하며 ρ_1은 m번째 계절유량과 첫 번째 계절유량 간의 1차 계열상관계수를 뜻한다. 따라서 다 계절 1차 Markov 모형(多 季節 一次 Markov 模

型, Multi-season first-order Markov Model)의 모의발생 방정식은 다음과 같으며 Thomas-Fiering 모형이라고도 부른다.

$$Q_{i,\,j} = \mu_j + \frac{\rho_j \sigma_j}{\sigma_{j-1}}(Q_{i,\,j-1} - \mu_{j-1}) + z_{i,\,j}\,\sigma_j \sqrt{1-\rho_j^2} \tag{14.68}$$

식 (14.68)은 다 계절 1차 Markov 모형의 일반식이다. 실제로 어떤 지점에 대한 표본유량을 가지고 다 계절유량을 모의발생할 경우에는 표본유량이 어떠한 확률분포형을 가지느냐에 따라 식 (14.68)의 무작위 변량 $z_{i,\,j}\,\sigma_j\sqrt{1-\rho_j^2}$ 의 결정방법이 달라지므로 흔히 사용되는 정규분포, 대수정규분포 및 Gamma 분포의 경우에 대해서 살펴보기로 한다(Fiering and Jackson, 1971).

1) 정규분포를 가지는 유량자료계열

표본유량이 정규분포를 가지는 유량계열 $Q_{1,\,1}$, $Q_{1,\,2}$, $\cdots$, $Q_{1,\,m}$, $Q_{2,\,1}$, $Q_{2,\,2}$, $\cdots$, $Q_{p,\,m}$ 이라면 이들 유량자료는 m개의 계절에 대한 p년의 유량자료이며 모의발생을 위해서는 식 (14.68)의 통계값 μ_j, σ_j, ρ_j 및 μ_{j-1}, σ_{j-1} 등을 표본유량으로부터 우선 계산해야 한다.

유량 모집단의 μ_j에 해당하는 표본의 평균값 $\overline{Q}_j$와 분산 s_{Qj}^2은

$$\overline{Q}_j = \frac{1}{p}\sum_{k=1}^{p} Q_{k,\,j} \tag{14.69}$$

$$s_{Qj}^2 = \frac{1}{p-1}\sum_{k=1}^{p} Q_{k,\,j}^2 - \frac{1}{p(p-1)}\left(\sum_{k=1}^{p} Q_{k,\,j}\right)^2 \tag{14.70}$$

또한 j계절과 $(j-1)$계절 유량 간의 1차 계열 상관계수는

$$r_j = \frac{\sum_{k=1}^{P} Q_{k,\,j} Q_{k,\,j-1} - p\,\overline{Q}_j\,\overline{Q}_{j-1}}{s_{Qj}\, s_{Qj-1}(p-1)} \tag{14.71}$$

만약 유량 $Q_{i,\,j}$의 두 번째 지수 $j=0$이거나 혹은 $\overline{Q}$ 및 s_Q의 지수 $j=0$이 되면 이는 m으로 대치되어야 하며 $Q_{i,\,j}$의 첫 번째 지수 i는 1만큼 감소시켜 주어야 한다[식 (14.71)에서 r_1을 계산할 때 $Q_{1,1}$과 $Q_{1,0}$가 분자에 나타나며 이때 $Q_{1,0}$는 $Q_{0,\,m}$으로 대치해 주어야 한다]. 이때 만약 전년의 마지막 계절유량 $Q_{0,\,m}$이 있으면 이를 그대로 사용하게 되나 $Q_{0,\,m}$이 없으면 식 (14.71)의 분자는 $(p-1)$개의 항만을 가지게 되므로 $p/(p-1)$를 곱해줌으로써 분자값

을 구하게 된다.

유량계열의 모의발생을 위해 $z_{1,1}, z_{1,2}, \cdots, z_{1,m}, z_{2,1}, z_{2,2}, \cdots$를 평균값이 0이고 분산이 1인 일련의 표준정규난수라 하고 $Q_{0,m} = \overline{Q}_m$으로 놓으면 모의발생방정식(模擬發生方程式)은 다음과 같이 표시된다.

$$Q_{1,1} = \overline{Q}_1 + \frac{r_1 s_{Q1}}{s_{Qm}}(Q_{0,m} - \overline{Q}_m) + z_{1,1} s_{Q1}\sqrt{1-r_1^2} \tag{14.72}$$

$$Q_{1,2} = \overline{Q}_2 + \frac{r_2 s_{Q2}}{s_{Q1}}(Q_{1,1} - \overline{Q}_1) + z_{1,2} s_{Q2}\sqrt{1-r_2^2} \tag{14.73}$$

일반적으로

$$Q_{i,j} = \overline{Q}_j + \frac{r_j s_{Qj}}{s_{Qj-1}}(Q_{i,j-1} - \overline{Q}_{j-1}) + z_{i,j} s_{Qj}\sqrt{1-r_j^2} \tag{14.74}$$

여기서, 지수 j의 값이 $(m+1)$이 되면 $j=1$로 놓는 동시에 i를 1만큼 증가시켜 주어야 한다. 음의 유량을 처리하는 방법은 정규분포를 가지는 유량계열에 대한 단일계절모형의 경우와 동일하다.

예제 14.9 어떤 수위표 지점에서, 월 유출용적계열의 평균과 표준편차 및 인접 월간 계열상관계수는 표 14.11과 같다.
표준정규난수 -0.523, 0.611 및 -0.359를 사용하여 Thomas-Fiering의 다계절 1차 Markov 모형에 의해 발생 초년도의 1, 2, 3월 유출용적을 계산하라. 월 유출용적계열은 정규분포를 가지는 것으로 가정하라.

표 14.11 월별 유출용적계열의 통계특성치

월별	평균 (10^6 m^3)	표준편차 (10^6 m^3)	계열상관계수
Jan.	16	4	$r_{JD} = 0.64$
Feb.	14	5	$r_{FD} = 0.86$
Mar.	26	24	$r_{MF} = 0.30$
⋮	⋮	⋮	⋮
Dec.	18	5	$r_{DN} = 0.72$

풀이 식 (14.74)를 다시 쓰면

$$Q_{i,\,j}=\overline{Q}_j+r_j\frac{s_{Qj}}{s_{Qj-1}}(Q_{i,\,j-1}\overline{Q}_{j-1})+z_{i,\,j}s_{Qj}\sqrt{1-r_j^2}$$

초기 유출량 $Q_{1D}=\overline{Q}_D=18$이므로

$$Q_{1J}=\overline{Q}_J+r_{JD}\frac{s_{QJ}}{s_{QD}}(Q_{1D}-\overline{Q}_D)+z_{1,\,1}s_{QJ}\sqrt{1-r_{JD}^2}$$
$$=16+0.64\times\frac{4}{5}\times(18-18)+(-0.523)\times4\times\sqrt{1-(0.64)^2}$$
$$=14.39$$

마찬가지 방법으로

$$Q_{1F}=14+0.86\times\frac{5}{4}\times(14.39-16)+(0.611)\times5\times\sqrt{1-(0.86)^2}$$
$$=13.83$$
$$Q_{1M}=26+0.30\times\frac{24}{5}\times(13.83-14)+(-0.359)\times24\times\sqrt{1-(0.3)^2}$$
$$=17.54$$

따라서, 모의발생 초년도의 1월, 2월 및 3월 유출용적은 다음과 같다.

$$Q_{1J}=14.39\times10^6\ \mathrm{m}^3,\quad Q_{1F}=13.83\times10^6\ \mathrm{m}^3,\quad Q_{1M}=17.54\times10^6\ \mathrm{m}^3$$

2) 2변수 대수정규분포를 가지는 유량자료계열

표본유량계열 $Q_{i,\,j}(Q_{1,\,1},\ Q_{1,\,2},\ \cdots,\ Q_{1,\,m},\ Q_{2,\,1},\ Q_{2,\,2},\ \cdots)$가 2변수 대수정규분포를 가질 경우에는 $y_{i,\,j}=\log_e Q_{i,\,j}$가 정규분포를 가지므로 발생방정식에 포함되는 모든 변수를 변환된 유량계열인 $y_{i,\,j}$를 사용하여 계산한 후, 식 (14.74)의 형태와 동일한 모의발생방정식을 사용하면 된다. 즉,

$$y_{i,\,j}=\overline{y}_j+\frac{r_{yi}s_{yi}}{s_{yj-1}}(y_{i,\,j-1}-\overline{y}_{j-1})+z_{i,\,j}s_{yj}\sqrt{1-r_{yj}^2} \tag{14.75}$$

여기서, $y_{i,\,j}=\log_e Q_{i,\,j}$이며, $\overline{y}_i$와 s_{yi}는 j월의 $y_{i,\,j}$의 평균과 표준편차이고 r_{yi}는 j월과 $(j-1)$월의 $y_{i,\,j}$ 간의 1차 계열상관계수이며 $z_{i,\,j}$는 표준정규난수이다.

식 (14.75)에 의한 $y_{i,\,j}$계열의 발생절차는 정규분포를 갖는 유량계열의 발생을 위한 식 (14.74)의 적용절차와 동일하며 합성유량계열로의 변환은 다음 관계식에 의한다.

$$Q_{i,\,j}=\exp(y_{i,\,j}) \tag{14.76}$$

3) 2변수 Gamma 분포를 가지는 유량자료계열

표본유량이 Gamma 분포를 가질 경우에는 식 (14.69)~(14.71)의 $\overline{Q}_j$, s_{Qj}^2 및 r_j 이외에 표본의 왜곡도 계수 γ_{Qj}를 다음 식으로부터 구해야 한다.

$$\gamma_{Qj} = \frac{\dfrac{1}{p}\displaystyle\sum_{k=1}^{p} Q_{k,\,j}^3 - 3s_{Qj}^2\,\overline{Q}_j + \overline{Q}_j^3}{s_{Qj}^3} \tag{14.77}$$

1에서 m 사이의 값을 가지는 각 j에 대하여 $g_{t,\,j}$를 다음과 같이 정의하고

$$g_{t,\,j} = \frac{\gamma_{Qj} - r_{j-1}^3 \gamma_{Qj-1}}{(1-r_j^2)^{3/2}} \tag{14.78}$$

$t_{i,\,\gamma,\,j}$를 다음과 같이 정의한다.

$$t_{i,\,\gamma,\,j} = \frac{2}{g_{t,\,j}}\left(1 + \frac{g_{t,\,j} z_{i,\,j}}{6} - \frac{g_{t,j}}{36}\right)^3 - \frac{2}{g_{t,\,j}} \tag{14.79}$$

여기서, i값은 m개의 유량에 대해서는 고정되지만 j가 1에서 m까지 변하면 $(m+1)$번째에는 $i=i+1$이 되며 이 과정은 모의발생이 끝날 때까지 반복된다.

따라서, Gamma 분포를 갖는 유량의 모의발생 방정식은 다음과 같이 표시할 수 있다.

$$Q_{1,\,1} = \overline{Q}_1 + \frac{r_1 s_{Q1}}{s_{Qm}}(Q_{0,\,m} - \overline{Q}_m) + t_{1,\,r,\,1} s_{Q1}\sqrt{1-r_1^2} \tag{14.80}$$

$$Q_{1,\,2} = \overline{Q}_2 + \frac{r_2 s_{Q2}}{s_Q}(Q_{1,\,1} - \overline{Q}_1) + t_{1,\,r,\,2} s_{Q2}\sqrt{1-r_2^2} \tag{14.81}$$

일반적으로

$$Q_{i,\,j} = \overline{Q}_j + \frac{r_j s_{Qj}}{s_{Qj-1}}(Q_{i,\,j-1} - \overline{Q}_{j-1}) + t_{i,\,\gamma,\,j} s_{Qj}\sqrt{1-r_j^2} \tag{14.82}$$

여기서, $Q_{0,\,m}$은 표본유량기록의 전전년의 마지막 계절유량이며 통상 m번째 계절의 평균유량 $\overline{Q}_m$을 그대로 사용한다.

14.7 유량자료계열 모의발생모형의 응용분야

이상에서 살펴본 유량시계열의 모의발생 모형은 수자원시스템의 거동이 유량의 발생순서 및 크기에 의해 지배될 경우 짧은 관측자료계열보다는 풍부한 장기간 유량계열을 시스템에 입력시켜 줌으로써 보다 더 신뢰성 있는 분석을 가능하게 해준다. 따라서, 모의발생모형의 진가는 용수수급용 저수지의 경우처럼 저류량(貯溜量)이 매년 말에 다음해로 이월되는 등 시간 의존성이 지배적일 때 필수적이며 주된 응용분야를 살펴보면 다음과 같다.

14.7.1 저수지의 적정규모결정

추계학적 모의발생모형의 가장 대표적인 응용분야는 저류량의 연별 이체(年別 移替, annual carry-over)를 고려한 저수지의 적정규모결정이라 할 수 있다(제15.9절). 저수지의 용량을 결정하기 위해서는 댐 지점에서의 가용 수자원량과 물 수요량의 시간적 분포를 비교하여 물 부족이 가장 심한 경우에 대처할 수 있도록 해야 한다. 물론 저수지의 규모를 Rippl의 누가용적 해석으로 결정하고자 할 경우 관측유량자료의 단기성 때문에 해석의 신뢰도를 보장할 수 없으므로 발생 가능한 최대한의 유량계열을 모의발생시켜 물의 공급 가능량과 소요 수요량을 동일 시간기준으로 수지분석함으로써 신뢰성을 가지는 저수지의 용량결정을 하자는 것이다.

14.7.2 저수지의 운영조작분석

저수지의 운영조작분석(運營操作分析, operation study)은 저수지의 물을 가장 경제적으로 사용할 수 있는 기준을 설정하기 위한 분석이라 할 수 있다. 전술한 바와 같이 유량계열의 발생순서가 중요한 경우에는 추계학적으로 모의발생된 장기간의 유량계열은 분석의 신뢰도를 높여 준다. 따라서 저수지의 최적운영방안을 결정하기 위해서는 대부분의 경우 모의발생된 장기간의 유량계열을 입력자료로 사용하고 있다(제15.9절).

14.7.3 광역 수자원 시스템의 분석

추계학적 모의발생모형은 단일저수지의 규모결정이나 운영 분석뿐만 아니라 유역 전반에 걸친 수자원시스템의 설계 및 운영분석을 위한 입력자료를 제공하는 수단으로 사용될 수 있다. 즉, 유역전반에 걸친 기존 수자원 시스템에 특정 목적으로 저수지를 추가 건설하고자 할 때 시스템 전체의 편익에 미치는 영향의 분석이라든지 혹은 광역 수자원 시스템의 최적운영방안을 결정하기 위해 개개 저수지로의 장기간 입력자료계열을 제공하기 위해서는 추계학적 모의발생기법 이외의 다른 대안이 없는 것이다.

연습문제

14.1 다음 자료는 어떤 댐 예정지점에서 관측된 연간 유출용적(10^6 m^3)을 표시하는 시계열이다. 1차 계열 상관계수와 계열상관도에 의해 자료계열의 수문학적 지속성을 검사하라.

$$Q_1 = 1{,}881 \quad Q_2 = 1{,}945 \quad Q_3 = 1{,}390 \quad Q_4 = 1{,}016 \quad Q_5 = 1{,}346$$
$$Q_6 = 1{,}076 \quad Q_7 = 1{,}487 \quad Q_8 = 1{,}696 \quad Q_9 = 1{,}296 \quad Q_{10} = 1{,}536$$

14.2 다음 자료는 어떤 댐 예정지점에서 관측된 연간 유출용적(10^6 m^3)계열이다. 저수지로부터 댐 건설 후 24년간 매년 12×10^6 m^3를 물 부족 없이 공급하고자 할 때 Rippl의 누가용적해석으로 소요 저수지의 용량을 결정하라. 또한, 가능한 최대공급률은 얼마인가?

$$Q_1 = 19 \quad Q_2 = 14 \quad Q_3 = 21 \quad Q_4 = 8 \quad Q_5 = 11 \quad Q_6 = 23 \quad Q_7 = 10 \quad Q_8 = 9$$

14.3 문제 14.1의 자료를 2변수 Gamma 분포에 적합시키고 확률밀도함수를 구하라. 또한 Kolmogorov-Smirnov 방법(유의수준 5%)으로 분포의 적합성을 검정하라. 만약, 다음과 같은 균등분포 난수가 주어졌다면 무작위 발생방법에 의해 발생되는 첫 번째 유출용적의 값은 얼마이겠는가? 단, 중심극한정리에 의해 표준정규 난수를 구하는 것으로 한다.

0.630	0.311	0.974	0.321	0.820	0.457
0.118	0.147	0.402	0.445	0.419	0.071

14.4 다음 자료는 어떤 수위표 지점에서의 연도별 최대 일 평균유량(m^3/sec)이다. 2변수 Gamma 분포에 적합시키고 다음에 답하라.

6,597	9,231	4,813	8,551	6,229
4,757	4,898	5,135	10,165	7,645
6,654	4,870	5,719	4,360	4,870
3,029	3,851	4,983	4,672	4,474
3,794	8,155	8,126	6,456	4,898
5,719	3,437	7,399		

가) 확률밀도함수를 구하라.

나) Chi-Square 및 Kolmogorov-Smirnov 방법에 의해 5% 유의수준으로 적정 분포형을 검정하라.

다) 1차 계열상관계수에 의해 유량자료계열의 수문학적 지속성을 판단하라.

라) 문제 14.3의 균등난수를 사용하여 첫 번째 발생유량을 결정하라.

14.5 식 (14.14)에서 $a=41$, $c=3$, $m=10^6$이고 $x_{t-1}=x_0=123,456$일 때 혼합조화법으로 24개의 균등난수를 발생시킨 후 Box-Müller 방법과 중심극한정리에 의해 표준 정규난수로 변환시켜라.

14.6 예제 14.1의 낙동강 진동지점의 연 유출용적계열이 2변수 Gamma 분포를 따른다고 가정하고 Monte Carlo 방법으로 100년간의 유출용적계열을 발생시켜라.

14.7 다음 자료는 어떤 수위표 지점에서의 연 평균유출용적($10^3\,m^3$)계열을 표시하고 있다.

39.8	42.9	69.0	43.7	56.7	46.0	28.8	32.9	48.9	48.5	59.0
56.3	49.0	43.7	36.8	52.2	54.8	77.6	83.1	59.3	69.4	76.2
72.9	71.3	61.5	62.6	57.5	51.6	50.9	60.9	45.2	52.0	48.0
41.4	43.7	35.1	42.0	35.1	43.6	54.1	44.4	59.0	48.9	53.2
75.3	57.6	69.6	73.5	72.5	48.0	73.7				

가) 유출용적계열의 수문학적 지속성을 판정하라.

나) 2변수 대수 정규분포 및 Gamma 분포 중 적정 분포형을 선정하라.

다) 1차 Markov 모형으로 100년간의 유출용적계열을 모의발생하라.

14.8 문제 14.7의 유출용적자료계열이 2변수 대수정규분포에 적합하다고 가정하고 2차 Markov 모형으로 100년간의 유출용적계열을 모의발생시켜라.

14.9 문제 14.7의 유출용적자료 계열이 정규분포에 적합하다고 가정하고 3차 Markov 모형으로 100년간의 유출용적계열을 모의발생시켜라.

14.10 어떤 수위표 지점의 월 유출용적계열로부터 월별 평균과 표준편차 및 인접 월간의 계열상관계수를 계산한 결과는 다음과 같다.

월간	평균 유출용적(10^6 m^3)	표준편차(10^6 m^3)	계열상관계수
Jan.	15.70	4.41	r_{JD}= 0.637
Feb.	13.62	4.15	r_{FJ}= 0.864
Mar.	26.21	24.32	r_{MF}= 0.302
Apr.	22.25	11.52	r_{AM}= 0.854
May.	23.03	10.09	r_{MA}= 0.460
Jun.	37.54	23.94	r_{JM}= −0.009
Jul.	206.09	57.71	r_{JJ}= 0.316
Aug.	619.60	118.56	r_{AJ}= 0.486
Sep.	371.62	192.37	r_{SA}= 0.449
Oct.	92.45	69.33	r_{OS}= 0.258
Nov.	20.84	5.34	r_{NO}= 0.682
Dec.	18.01	5.08	r_{DN}= 0.716

Thomas-Fiering 모형으로 이 수위표 지점에서의 100년간의 월 유출용적자료 계열을 모의발생하라.

참고문헌

14장 추계학적 수문모의발생기법

Anderson, R.L., "Distribution of Serial Correlation Coefficient", *Ann. Methematical statistics*, Vol. 13, No. 1, 1942.

Box, G.E.P. and Jenkins, G.M., *Time Series Analysis, Forecasting and Control*, Holden-Day, San Francisco, 1970.

Fiering, M.B. and Jackson, B.R., *Synthetic Streamflows*, Water Resources Monograph No. 1, American Geophysical Clarion, New York, 1971.

Gillet, B.E., *Introduction to Operations Research, A Computer Oriented Algorithmic Approach*, McGraw-Hill, New York, 1976.

Haan, C.T., *Statistical Methods in Hydrology*, Iowa State University Press, Ames, Iowa, 1977.

Kottegoda, N.T., *Stochastic Water Resources Technology*, Macmillan Press, London, 1980.

Matalas, N.C., "Some Aspects of Time Series Analysis in Hydrologic Studies", *Proc. Hydrology Symposium* 5, *Statistical Methods in Hydrology*, McGill University, Queen's Printer, Ottawa, 1966.

Rippl, W., "The Capacity of Storage Reservoirs for Water-Supply", *Proc. Institute of Civil Engineers*, Vol. 71, 1883.

Salas, J.D., Delleur, J., Yevjevich, V. and Lane, W.L., *Applied Modeling of Hydrologic Time Series*, Water Resources Publications, Littleton, Colorado, 1980.

15장

Hydrology

수공구조물의 수문학적 설계

15.1 서 론

지금까지 살펴본 각종 수문학적 해석기법은 결국 치수 및 이수목적을 가지는 수공구조물(水工構造物, hydraulic structures)의 수문학적 설계(水文學的 設計, hydrologic design)를 위한 응용에 목적을 둔다. 수공구조물의 수문학적 설계란 결국 특정목적으로 건설하고자 하는 대소 수공구조물의 크기 혹은 치수(size)를 결정하는 데 기준이 되는 설계홍수량(設計洪水量, design flood)을 결정하는 것이라 할 수 있으며, 구조물의 수문학적 특성에 따라 첨두홍수량(尖頭洪水量, peak discharge)이 될 수도 있고, 또는 완전한 형태의 홍수수문곡선(洪水水文曲線, flood hydrograph)이 될 수도 있다. 즉, 홍수의 소통을 목적으로 하는 하천 제방과 같은 구조물의 경우는 첨두홍수량 형태의 설계홍수량이 필요하나 댐, 저류지 등과 같은 이수 및 치수기능을 가지는 저류시설의 경우는 완전한 형태의 유출수문곡선의 결정이 필요하다.

설계홍수량은 수공구조물의 건설을 계획하는 데 기준이 되는 홍수량이라는 뜻에서 계획홍수량(計劃洪水量, design flood)이라고도 부른다. 댐의 경우 설계홍수량이란 어떤 특정발생빈도 혹은 재현기간을 가지는 홍수량인 계획홍수량을 의미하며, 하천제방이나 기타 하천시설물의 경우는 상류에 위치한 댐 등 저류시설의 홍수조절효과가 고려된 계획홍수량을 기준으로 설계하게 되며, 시설물의 홍수조절효과가 고려되지 않은 자연상태에서의 유출로 인한 홍수량을 기본홍수량(基本洪水量)이라 하여 계획홍수량과 구별하고 있다.

수문분석이 동반되는 대부분의 수문설계는 장래에 발생이 예상되는 수문사상(hydrologic event)의 재현기간(再現期間, recurrence interval or return period)에 해당하는 설계수문량(設計水文量), 즉 설계홍수량 혹은 설계갈수유량을 대상으로 한다. 만약, 설계대상유역에 대한 유량자료가 없을 경우에는 제8장과 9장에서 살펴본 강우-유출관계 분석기법을 이용하여 강우자료로부터 설계홍수수문곡선(設計洪水水文曲線, design flood hydrograph)을 합성할 수 있다. 또한, 설계대상 유역에 대한 유량자료 계열이 충분할 경우에는 제12장에서 소개한 빈도해석기법을 적용할 수도 있고 경우에 따라서는 지역빈도해석기법 등으로 설계수문량을 결정할 수도 있다.

본 장에서는 이와 같은 대소규모 수공구조물의 수문학적 설계방법과 설계에 필요한 각종 자료, 설계빈도, 설계홍수량 및 홍수수문곡선의 합성방법 등을 주로 치수측면에서 살펴보기로 하며, 각종 이수목적을 위한 저수지의 저수용량 결정방법과 홍수조절을 위한 용량을 결정하는 방법 등에 관해서도 소개하기로 한다.

15.2 수공구조물의 규모 분류

수공구조물은 구조물의 설치지점 상류의 하천유역 면적의 크기라든지 구조물 자체의 크기, 그리고 홍수로 인해 구조물이 파괴될 경우 하류에 발생이 예상되는 피해의 정도 등에 따라 소규모 수공구조물(小規模 水工構造物, minor hydraulic structure), 중규모 수공구조물(中規模 水工構造物, medium-size hydraulic structure) 및 대규모 수공구조물(大規模 水工構造物, major hydraulic structure)로 분류된다.

소규모 수공구조물은 제7.10절에서 소개한 바와 같이 수문학적으로 소규모 유역(small catchment)의 특성을 가지는 유역의 출구에 설치되는 소형구조물로 홍수로 인한 대규모 파괴시에도 인명손실이 거의 없고 피해액 또한 크지 않은 도로암거(道路暗渠, highway culvert)라든지, 소하천의 제방(levee), 도시 우수배제시스템(urban storm drainage system), 비행장 배수시설(airport drainage structure), 관개용수로(irrigation canal), 방재용 홍수저류지(洪水貯溜池, flood detention pond) 등이 이에 속한다. 소규모 수공구조물의 설계홍수량 결정에는 합리식(合理式) 등 경험적인 단순홍수량 공식이 통상 사용된다.

중규모 수공구조물은 수문학적으로 중규모 유역(medium-size catchment)의 특성을 가지는 유역에 설치되는 중간 규모의 구조물로 대대적인 파괴발생시에는 약간의 인명손실도 있을 수 있으며, 피해액은 소규모 구조물의 파괴시보다는 크나 대체로 구조물 소유주의 재정 능력으로 해결이 가능한 경우로서 소규모 소류지(沼溜池)댐의 본체와 자유월류식 여수로라든지, 중규모 하천제방, 수력발전시설, 도시 유수지시설, 배수면적이 상당히 큰 철도암거 등이 이에 속한다. 중규모 유역의 경우는 호우기간 동안의 강우강도가 시간적으로는 변화나 공간적으로는 일정하다고 가정할 수 있으므로(제7.10절) 단위유량도 개념의 적용에 의한 강우-유출관계 분석으로 설계홍수량을 산정할 수 있으며 하도의 저류효과를 크게 고려할 필요는 없으므로 홍수추적의 필요성은 없다.

한편, 대규모 수공구조물은 수문학적으로 대규모 유역(large catchment)의 특성을 가지는 유역에 설치되는 큰 규모의 구조물로서 구조물의 대대적인 파괴 발생시에는 막대한 인명손실과 재앙에 가까운 재산피해가 예상되므로 고도의 안전도(安全度)가 요구되는 구조물로서 중규모 이상의 댐 본체와 여수로, 대하천의 하구언 시설, 원자력 발전소 관련시설 등이 이에 해당한다. 대규모 수공구조물의 경우 홍수로 인한 구조물의 파괴는 절대로 허용될 수 없으므로 가능최대홍수량(可能最大洪水量, Probable Maximum Flood, PMF)에도 안전할 수 있도록 설계홍수량이 결정되어야 하며, 단위도 개념의 도입에 의한 유출계산뿐만 아니라 하도홍수추적 개념의 적용도 고려되어야 한다.

15.3 수공구조물의 수문학적 설계방법

수공구조물의 설계홍수량을 결정하기 위해서는 과거에 발생한 홍수량 기록을 기초로 하여 적정 크기의 홍수량을 선택하거나, 혹은 과거에 발생한 호우기록을 기초로 하여 적정 크기의 강우량을 선택하여 강우-유출관계분석(제8장 및 제9장) 방법에 의해 홍수량을 결정하는 두 가지 방법이 있으며 전자를 홍수량 기준방법(洪水量 基準方法, flow-based method), 후자를 강수량 기준방법(降水量 基準方法, precipitation-based method)이라 부른다. 이들 두 가지 방법 모두 설계홍수량의 결정을 위해서는 적정설계빈도의 설정이 필요하므로, 우선 설계빈도별(혹은 재현기간별)로 홍수량을 결정하게 되며, 이를 발생빈도 기준방법(發生頻度 基準方法, frequency-based method)이라 한다.

이와 같은 빈도 기준방법에 의해 산정된 설계빈도별 홍수량 중 어느 빈도의 홍수량을 설계홍수량으로 선택할 것인가는 설계하고자 하는 수공구조물의 수명연한(寿命年限) 동안의 비용-편익분석(費用-便益分析, benefit-cost analysis)에 의하며, 이를 위험도 기준방법(危險度 基準方法, risk-based method)이라 한다.

가능최대 강수량(혹은 가능최대 홍수량)이 발생하더라도 안전이 보장되는 수공구조물을 설계하고자 할 경우에는 빈도기준방법이나 위험도 기준방법을 뛰어넘어 수공구조물의 가상파괴로 인한 인명 및 재산피해를 원천적으로 봉쇄할 수 있는 안전도가 보장될 수 있도록 설계되어야 하며, 이를 극한사상 기준방법(極限事象 基準方法, critical-event method)이라 한다.

15.3.1 홍수량 기준방법

설계대상유역에 대한 하천유량자료가 있을 경우에는 다음과 같이 홍수량 기준방법에 의해 설계홍수량을 결정할 수 있다.

1) 대상유역의 연 최대홍수량 자료계열의 빈도해석
2) 지역홍수빈도해석결과(제13장)와 계측지점에서의 유역특성인자 간의 회귀분석결과로 얻은 경험공식 사용
3) 역사적인 홍수흔적(flood mark) 자료가 있을 경우 수면경사-면적법(제7장) 등에 의한 극대 홍수량의 산정

15.3.2 강수량 기준방법

하천유량자료가 계측되지 못한 유역의 경우에는 빈도분석방법에 의해 설계강우량을 결정한

후 강우-유출관계분석방법(제8장 및 9장)에 의해 설계강우량으로부터 설계홍수량을 산정하는 강우량 기준방법을 사용하며, 일반적인 절차를 요약하면 다음과 같다.

1) 대상유역에 대한 강수량 자료의 빈도분석으로 확률강우량 산정
2) 산정된 확률강우량을 강우-유출관계 분석방법에 의해 확률홍수량으로 변환
3) 피해위험도가 높은 대규모 수공구조물의 경우는 가능최대강수량(可能最大降水量, Probable Maximum Precipitation, PMP)을 산정한 후 이를 PMF로 변환하여 채택

수공구조물의 수문설계는 구조물의 크기를 결정하는 것이므로 강수량보다는 홍수량이 기준이 된다. 따라서, 자료가 충분할 경우에는 홍수량 기준 방법이 선호되어야 할 방법이나 이 방법에 의해서는 특정 빈도의 첨두홍수량은 결정되나 저수지의 홍수조절효과검토 등에 필요한 완전한 수문곡선의 결정은 가능하지 않다. 또한, 강우량 자료의 측정지점수와 자료연수는 유출량 자료보다는 일반적으로 풍부하며, 강우-유출관계분석에 의하는 강수량 기준방법은 첨두홍수량뿐만 아니라 홍수량의 시간적 변화를 표시하는 완전한 홍수수문곡선의 계산이 가능하므로 대부분의 수공구조물 설계에서는 강수량 기준방법이 사용되고 있으며, 장기간 홍수량 자료계열의 구축이 가능할 경우에는 홍수량 기준방법으로 결정되는 설계홍수량과 비교검토하게 된다.

15.3.3 발생빈도 기준방법과 위험도 기준방법

홍수량자료를 분석하든지 혹은 강수량 자료를 분석한 후 홍수량 자료로 변환하든지 간에 수문설계에서는 구조물의 설계대상 최소 재현기간을 설정하게 되며 위에서 설명한 발생빈도 기준방법으로 설계홍수량을 결정하게 된다. 홍수량이나 강수량 자료의 빈도분석결과로 얻는 재현기간별 수문량은 자료연수의 범위 내에서는 신뢰도가 높으나 자료연수를 초과하는 재현기간에 대한 외삽추정 홍수량의 신뢰도는 떨어질 수밖에 없다.

수공구조물의 설계를 위한 최소 재현기간의 설정은 일반적으로 경제성 분석에 의하지 않으나 최적 재현기간은 구조물 건설사업의 경제적 위험도 분석(經濟的 危險度分析, economic risk analysis)을 바탕으로 결정되는데 이를 위험도 기준방법이라 한다. 이 방법에서는 그림 15.1에서 보는 바와 같이 사업에 들어가는 총 예상비용(total expected costs)을 최소화할 수 있도록 구조물의 크기를 결정하는 것이며, 총 예상비용은 구조물의 건설비용과 잔여 잠재홍수피해액을 합산한 금액이 된다. 그림 15.1에서 보는 바와 같이 건설하고자 하는 수공구조물의 규모(S)가 커짐에 따라 구조물 비용은 증가하게 되나 홍수피해(위험비용)는 점점 감소하게 되며 총 예상비용은 이들 두 비용을 합한 비용으로 구조물의 규모가 커짐에 따라 점점 감소하다가

어떤 규모보다 커지면 다시 증가하고 있음을 알 수 있다. 따라서, 총 예상비용이 최소가 되는 최적 규모(optimum size, S^*)에 상응하는 설계빈도가 이 구조물의 최적 설계빈도가 되는 것이다.

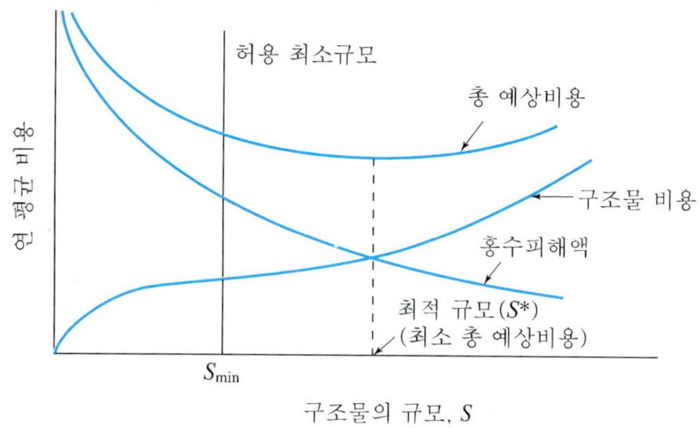

그림 15.1 구조물의 최적 규모결정을 위한 경제적 위험도 분석 원리

15.3.4 극한사상 기준방법

다목적댐과 같은 대규모 수공구조물 하류의 인명과 재산은 댐의 파괴가 발생할 경우 홍수로 인해 상상할 수 없는 규모의 피해를 입게 된다. 따라서 이들 구조물의 수문학적 설계에 있어서는 전술한 바 있는 빈도기준방법이나 위험도 기준방법 등에 의해서 설계홍수량을 결정하는 것이 아니라 최악의 기상학적 및 수문학적 조건을 고려하여 발생 가능한 가능최대강수량(PMP)으로 인한 가능최대홍수량(PMF)을 설계홍수량으로 취하게 되며, 이를 극한사상 기준방법이라고 앞에서 정의한 바 있다.

15.4 수문학적 설계를 위한 각종 자료의 획득

수공구조물의 효율적인 수문설계를 위해서는 구조물의 설계지점과 대상유역에 대한 각종 지상학적 자료(地相學的 資料, physiographic data)와 수문자료(水文資料, hydrologic data)가 필요하다.

15.4.1 지상학적 자료

수공구조물의 수문학적 설계는 전술한 바와 같이 치수 혹은 이수목적 구조물의 크기를 결정하기 위한 설계홍수량(design flood) 혹은 설계저수량(設計低水量, design low flows)을 추정하는 것이므로 구조물 지점을 유역의 출구로 하는 하천유역에 대한 각종 지상학적 특성자료를 필요로 한다. 제7장에서 언급한 바와 같이 하천유역의 면적이라든지 유로 연장 및 경사, 유역경사, 유역의 형상, 개략적인 토지이용 현황 등 지상학적 인자들은 지형도(地形圖, topographic map)로부터 획득될 수 있다. 우리나라 전역에 대한 지형도(혹은 지도)는 건설교통부 산하 국립지리정보원(國立地理情報院)에서 현지측량 및 항공사진 측량 등 다양한 방법을 사용하여 축척 1 : 5,000, 1 : 10,000, 1 : 25,000, 1 : 50,000의 지형도와 축척 1 : 250,000의 지세도(地勢圖), 축척 1 : 1,000,000의 대한민국전도와 축척 1 : 25,000의 토지이용도(土地利用度, land-use map)를 종이지도로 제작하여 대행업체(중앙지도주식회사 등)를 통해 일반에 판매하고 있다.

또한 건설교통부(수자원기획관실 하천환경팀/2007년 현재)에서는 우리나라 5대 하천(한강, 낙동강, 금강, 영산강, 섬진강) 유역별로 우량, 수위 및 유량관측소가 표시된 축척 1 : 250,000의 하천유역도가 제작되어 있어서 하천유역별 지상자료의 획득은 물론이고 수문관측소의 위치정보 파악에 큰 도움을 주고 있다. 또한, 건설교통부(2002)와 한국수자원공사(2007)는 축척 1 : 75,000의 전국 하천지도 책자인 「우리ㄱ름길라잡이」를 제작 배포한 바 있다.

또한, 최근의 정보기반시설의 확충과 함께 건설교통부는 1995년부터 지리정보(地理情報, geographic information)에 대한 수요를 충족시키기 위해 국가지리정보시스템(國家地理情報시스템, National Geographic Information System, NGIS) 구축사업을 추진해 왔으며, 현재로서는 축척 1 : 1,000, 1 : 5,000, 1 : 25,000 수치지형도(數値地形圖, Digital Elevation Map, DEM)가 전국 혹은 지역별로 제작되어 있으며, 2000년부터는 축척 1 : 25,000의 수치토지이용도도 제작되어 보급되고 있다.

유역의 평균침투능을 지배하는 토양의 특성 분석에 필요한 토양의 전국적인 분포를 표시하는 토양도(土壤圖, soil map)는 농림부의 농촌진흥청 산하 농업과학기술원에서 축척 1 : 25,000 이상인 수치화된 정밀토양도를 제작하였으며, 전국적인 지질분포를 표시하는 지질도(地質圖, geologic map)는 축척 1 : 25,000과 1 : 50,000으로 한국지질자원연구소가 제작하여 제공하고 있다.

15.4.2 기상 및 수문자료

수공구조물의 수문학적 설계에 필요한 기상자료인 강우량과 기온, 일조시간, 습도, 증발량, 풍향 및 풍속 등은 제3.7절에서 소개한 바와 같이 기상청 홈페이지를 통해 획득할 수 있으며, 매월 발간되는 기상월보와 매년 발간되는 기상연보를 통해서도 획득될 수 있다.

또한, 수문자료는 건설교통부의 우량관측소에서 측정되는 강우량과 수위, 유량, 유사량 등의 자료를 한강홍수통제소 등 4개 홍수통제소의 홈페이지로부터 거의 실시간으로 획득할 수 있을 뿐만 아니라, 건설교통부가 관리하고 있는 국가수자원관리종합정보시스템인 WAMIS로부터 여러 가지 유역정보 및 물 관련 사회정보와 함께 수문정보를 획득할 수 있다. 뿐만 아니라, 건설교통부가 매년 발간하고 있는 한국수문조사연보 「우량편」, 「수위편」 및 「유량편」으로부터도 각종 수문정보를 획득할 수 있다.

15.5 수공구조물의 수문설계빈도

수공구조물의 설계빈도(設計頻度, design frequency)는 일반적으로 구조물의 파괴에 따른 잠재적인 재산피해액이나 인명피해, 그리고 산업활동 중단으로 인한 간접적인 경제적 피해 등을 모두 고려하여 결정하게 된다. 어떠한 수공구조물이든 간에 홍수로 인한 재산 및 인명피해의 위험성은 있기 마련이나, 인명피해의 우려가 없는 경우 수문설계는 수용할만한 설계빈도를 채택하여 최소비용으로 구조물을 설계하게 된다(그림 15.1의 $S_{\min}$). 이와 같은 최소비용 구조물설계의 한 대안으로 그림 15.1에 표시된 바와 같이 경제적 위험도 분석을 구조물에 들어가는 비용(structural cost)과 홍수피해액(flood damages)의 합인 총 예상비용이 제일 작은 규모로 구조물을 설계하는 경우를 생각할 수 있으며, 이 경우가 경제적으로 가장 유리함을 알 수 있다. 따라서, 몇 개의 설계빈도를 선택하여 그 빈도홍수량에 안전할 수 있는 구조물의 설치비용과 잔여 홍수피해액을 각각 구하여 합한 액수를 설계빈도별로 그림 15.1과 같이 표시해 보면 총 예상비용이 최소가 되는 구조물의 규모를 결정할 수 있게 된다.

그림 15.1로부터 구조물의 규모를 크게 하면 구조물 비용은 증가하게 되나 잔여홍수피해는 감소함을 알 수 있으며, 이는 경제적 비용(economic cost)이 많이 들어갈수록 홍수피해는 감소하여 구조물의 안전도(safety)는 높아짐을 뜻하나 구조물의 설계측면에서는 비용과 안전도의 타협(compromize between economy and safety)을 기하기 위해 최소 총 예상비용에 해당하는 구조물의 규모, 즉 설계빈도를 채택하는 것이다.

15.5.1 중소규모 구조물의 설계빈도

위에서는 경제적 위험도 분석방법에 의한 수공구조물의 최적 설계빈도 결정원칙에 대해 소개하였으나 분석에 포함되는 홍수피해액의 정확한 산정이 어렵기 때문에 중소규모 구조물의 경우는 관습적으로 사용되고 있는 기준을 적용하는 것이 보통이며, 표 15.1은 몇몇 중소규모 구조물에 대해 추천되고 있는 설계빈도(혹은 홍수재현기간)를 표시하고 있다.

표 15.1 중·소규모 구조물의 설계빈도(US/SCS, 1965)

구조물의 종류	재현기간, T(년)	초과확률($1/T$)
고속도로 배수암거		
(하루 통과차량 대수)		
0~400	10	0.10
400~1700	10 ~ 25	0.10 ~ 0.04
1700~5000	25	0.04
> 5000	50	0.02
비행장 배수시설	5	0.20
철도 배수시설	20 ~ 50	0.04 ~ 0.02
도시 배수시설	2 ~ 10	0.5 ~ 0.10
하천제방	2 ~ 50	0.50 ~ 0.02
배수구(drainage ditch)	5 ~ 50	0.20 ~ 0.02

한편, 표 15.2는 최근에 개정된 우리나라 「하천설계기준·해설(건설교통부, 2005)」에서 추천하고 있는 주요 소규모 수공구조물의 설계대상홍수의 재현기간(년)을 표시하고 있다.

표 15.2 주요 중·소규모 수공구조물의 설계빈도(건설교통부, 2005)

구조물의 종류	재현기간, T(년)	초과확률($1/T$)
배수시설	2 ~ 50	0.50 ~ 0.02
배수로	20 이상	0.05 이하
방수로	20 이상	0.05 이하
배수제	20 이상	0.05 이하
배수펌프장	20 이상	0.05 이하
유수지 및 홍수저류지	20 이상	0.05 이하
하천제방		
국가하천	100~200	0.01~0.005
지방하천	50~200	0.02~0.005

15.5.2 소규모 댐의 설계기준

소규모 댐의 경우도 일반적인 중·소규모 구조물의 경우처럼 댐의 위치라든가 파괴에 따르는 댐 하류의 피해 정도 등을 고려하여 설계빈도를 결정하게 된다. 예를 들어, 댐이 인구가 많은 어떤 도시의 바로 상류지점에 위치하여 그의 파괴로 인한 막대한 재산피해 및 인명피해가 예상된다면 이러한 파괴 가능성을 사전에 배제하기 위하여 댐의 어떤 부속구조물은 가능최대강수량에 대하여 설계해야 된다. 가능최대강수량이란 제3장에서 간단히 소개한 바와 같이 어떤 지역에 최악의 기상조건이 형성되었을 때 그 지역에 예상되는 최대우량을 말한다. PMP는 수분의 양을 고려하여 유역 내에 존재 가능한 최악의 기상조건을 전제로 하여 수문기상학적 방법(hydro- meteorological method)에 의해 산정되며 우리나라 전역에 대해서는 건설교통부(2004)가 지속기간 1~72시간, 유역면적 25~20,000 km^2에 해당하는 전 PMP값이 등우선도의 형태로 작성되어 있으며 어떤 유역면적에 대한 PMP는 DAD 관계도를 사용하여 결정할 수 있도록 되어 있음을 제3장에서 언급한 바 있다.

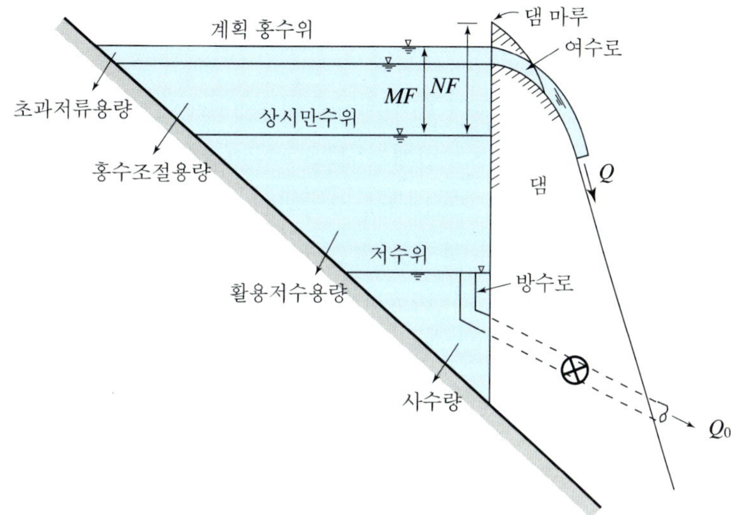

그림 15.2 댐의 여유고와 각종 저수용량

댐의 수문학적 설계는 댐에 부속되는 여러 가지 구조물 각각의 설계를 포함하므로 두 가지 혹은 그 이상의 설계빈도를 사용하는 것이 보통이다. 예를 들면, 비상 여수로(非常 餘水路, emergency spillway)의 설계빈도와 댐의 여유고(餘裕高, free board)의 설계빈도는 각각 다르게 취하게 된다. 그림 15.2는 전형적인 대·소 규모 댐의 여유고를 표시하고 있으며 표 15.3은 미국개척국(U.S. Bureau of Reclamation, USBR)에서 추천하고 있는 정상 여유고(正常餘裕高, normal free board, NF) 및 최소 여유고(最小 餘裕高, minimal free board, MF)를 나타내고 있다. 표 15.3의 정상 여유고는 흙댐상류면이 암석으로 보호되어 있을 경우 풍속 100 mi/hr에도 저수지 내의 파도가 댐을 넘지 못하도록 정한 것이며 최소 여유고는 50 mi/hr에 대한 것이고, 콘크리트 댐의 경우는 표 15.3의 값을 50% 정도 증가시키도록 추천하고 있다. 표 15.3에서 대안거리(對岸距離, fetch length)란 댐으로부터 바람이 불어 오는 대안(windward shore)까지의 직선거리를 의미한다.

표 15.3 여유고 기준(USBR)

대안(對岸)거리(mile)	정상 여유고(NF)		최소 여유고(MF)	
	ft	m	ft	m
< 1	4	1.2	3	0.9
1	5	1.5	4	1.2
2.5	6	1.8	5	1.5
5	8	2.4	6	1.8
10	10	3.0	7	2.1

소규모 댐의 주 여수로(主 餘水路, prinicipal spillways)에 대한 미국토양보존청(U.S. Soil Conservation Service, SCS; 현재는 U.S. Natural Resources Conservation Service, NRCS라 부름)의 설계기준은 표 15.4에 요약되어 있다. 소규모 댐의 설계빈도는 댐의 계획된 용도에 맞추어 선택하게 되며 파괴로 인한 하류의 피해규모를 충분히 고려하여 결정하게 된다. SCS는 소규모 댐을 댐의 가상 파괴시 예상되는 피해규모에 따라 다음과 같은 세 가지 유형으로 분류하고 있다(Ogrosky, 1964).

Class-A : 댐 파괴로 인해 농경지라든지, 시골도로, 농가시설 등이 홍수피해를 입게 되는 자연하천 혹은 농경지 하천에 설치되는 소규모 댐

표 15.4 소규모 댐의 주 여수로 설계기준(US/SCS, 1985)

댐의 분류	댐의 목적	$V_s \cdot He$ ① (ac-ft)·ft	상류의 기존 혹은 계획댐 유무	해당 재현기간의 설계강우량	
				흙댐	식생피복댐
Class-A	단일 혹은 다목적	30,000 이하	없음.	P_{50}	P_{25}
		30,000 이상	없음.	$0.5(P_{50}+P_{100})$	$0.5(P_{25}+P_{50})$
		모든 경우	있음.②	P_{100} ③	P_{50}
Class-B	단일 혹은 다목적	모든 경우	없거나 있음.	P_{100}	P_{50}
Class-C	단일 혹은 다목적	모든 경우	없거나 있음.	P_{100}	P_{100}

주: ① 저수지의 저수용량 V_s(ac-ft)와 댐의 유효높이 He(ft)를 곱한 값
② 상류 댐의 파괴가 하류 댐에 붕괴위험을 줄 경우 적용
③ 지속기간 6시간의 100년 빈도 강우량

Class–B : 댐 파괴로 인해 독립 가옥이라든지 고속도로, 철도 등이 홍수피해를 입게 될 뿐 아니라 주요 공공시설의 피해로 인한 사용 중단사태가 발생하는 자연하천 혹은 농경지 하천에 설치되는 소규모 댐

Class–C : 댐 파괴로 인해 약간의 인명손실뿐 아니라 가옥과 산업 및 상업시설, 주요공공시설, 고속도로 및 철도 등이 피해를 입게 되는 지역에 설치되는 소규모 댐

표 15.4를 보면 소규모 댐의 경우 SCS의 설계강우량에 대한 기준은 댐 파괴로 인한 하류의 피해영향이 심각할 것으로 예상되는 Class–C 댐의 경우에도 100년 빈도 강우량을 설계강우량으로 채택하고 있어서 후술하는 우리나라의 댐 설계기준보다 안전도 측면에서 크게 떨어지고 있음을 알 수 있다.

미국토양보존청(SCS)에 의하면 소규모 댐은 대부분의 경우 높이 100 ft(약 30.5 m) 이내의 것을 말하며 비상 여수로 정점까지의 저수용량이 25,000 acre–ft(약 $30.85 \times 10^6\ m^3$) 이내의 것으로 규정하고 있다. 참고적으로 SCS가 소규모 댐의 비상 여수로 및 여유고 설계를 위한 설계수문곡선을 합성할 때 사용하는 설계강우의 빈도를 소개하면 표 15.5와 같다. 표 15.5의 값은 지속기간 6시간을 기준으로 한 설계우량이며 P_{100}은 재현기간 100년인 6시간 우량값으로서 미국기상청(U.S. National Weather Service, NWS)에서 작성한 재현기간별, 지속기간별 등우선도(제3장)로부터 결정할 수 있으며, PMP는 6시간 점 가능최대우량으로서 PMP도로부터 얻는다.

표 15.5에서 보는 바와 같이 Class–A, B, C 소규모 댐의 경우 비상여수로 및 여유고 설계강우량의 채택은 최소치로는 지속기간 6시간의 100년 빈도 강우량, 중간값으로는 100년 빈도

표 15.5 소규모 댐의 비상여수로 설계기준(US/SCS, 1985)

댐의 분류	$V_s \cdot He$ ①	상류의 기존 혹은 계획댐 유무	해당 재현기간의 설계강우량	
			비상 여수로 설계	여유고 설계
Class–A	30,000 이하	없음.	P_{100} ②	$P_{100}+0.12(\mathrm{PMP}-P_{100})$
	30,000 이상	없음.	$P_{100}+0.06(\mathrm{PMP}-P_{100})$	$P_{100}+0.26(\mathrm{PMP}-P_{100})$
	모든 경우	있음.	$P_{100}+0.12(\mathrm{PMP}-P_{100})$	$P_{100}+0.40(\mathrm{PMP}-P_{100})$
Class–B	모든 경우	없거나 있음.	$P_{100}+0.12(\mathrm{PMP}-P_{100})$	$P_{100}+0.40(\mathrm{PMP}-P_{100})$
Class–C	모든 경우	없거나 있음.	$P_{100}+0.26(\mathrm{PMP}-P_{100})$	PMP ③

주: ① 표 15.4에서의 정의와 동일함.
② 지속기간 6시간인 100년 빈도 강우량
③ 지속기간 6시간인 PMP

강우량에 PMP와 100년 빈도 강우량의 차의 백분율만큼 더한 강우량, 그리고 최대치로는 지속기간 6시간의 PMP로 사용하도록 되어 있으며, P_{100}은 확률강우량도로부터 구하고, PMP는 PMP도로부터 구한다.

15.5.3 대규모 수공구조물의 설계기준

대규모 수공구조물의 수문학적 설계를 위한 고려사항은 소규모 댐이나 도로암거, 도시배수시스템 등의 경우보다 훨씬 더 복잡하다. 대규모 수공구조물의 대표적인 예인 대댐의 여수로 규모를 경제적으로 결정하기 위해서는 댐 하류의 인명 및 재산에 대한 보호수준이라든지, 여수로 건설사업비, 저수지 운영조건 등 여러 가지를 면밀히 조사하여 수립되는 최종설계에 따라야 한다. 따라서, 대규모 수공구조물의 설계는 단순한 발생빈도기준방법(frequency-based method)에 의한 설계강우량으로는 안전도가 부족하므로 대부분의 경우 전술한 바 있는 극한사상기준방법(critical-event method)을 채택하게 된다.

대규모 수공구조물의 설계호우로는 가능최대강수량(可能最大降水量, Probable Maximum Precipitation, PMP)과 표준설계강우량(標準設計降雨量, Standard Project Storm, SPS)과 역사적 기록호우(歷史的 記錄豪雨, paleostorm)의 세 가지를 들 수 있으며, 각각에 대해 개략적으로 살펴보기로 한다.

1) 가능최대강수량

인구가 밀집되어 있는 도시 혹은 농촌지역의 상류에 대규모 댐(major dam)을 건설할 경우에는 있을 수도 있는 댐 붕괴로 인한 막대한 인명과 재산피해를 원천적으로 방지하기 위해 가능최대 강수량(PMP)을 설계호우(設計豪雨, design storm)로 채택한다.

PMP는 유역의 기상학적 인자들이 최악의 조합을 이루어 특정 지속기간 동안 일정 규모의 유역면적상에 최대의 호우를 발생시킬 경우의 최대강수량이라 정의할 수 있으며, FEMA(1990)의 정의를 요약하면 다음과 같다.

- PMP는 어떤 하천유역상에 내릴 것으로 예측할 수 있는 어떤 지속기간 동안의 최대 강수량이다.
- PMP는 어떤 지역에서 충분히 가능한 가장 극심한 기상학적 및 수문학적 조건들이 최악의 상태로 조합을 이룰 때 발생할 것으로 예상되는 최대 강우량이다. PMP는 아주 낮은 미지(未知)의 발생확률을 가진다.

한편, 미국에서 홍수조절 목적 댐의 운영관리업무를 맡고 있는 육군공병단(U.S. Army Corps of Engineers, COE)은 PMP를 다음과 같이 정의하고 있다.

"PMP represents the critical depth-area-duration relations for a particular area during various seasons of the year that would result if conditions during an actual storm in the region would increase to represent the most critical meteorological conditions that are considered probable of occurrence. The critical meteorological conditions are based on an analysis of air-mass properties(effective precipitable water, depth of inflow layer, temperatures, wind, etc.), synopic situations prevailing during the recorded storms in the region, topographic features, seasons of occurrence, and location of the respective areas involved".

PMP를 산정하는 방법에는 제3장에서 이미 소개한 바와 같이 수문기상학적 방법(水文氣象學的 方法, hydrometeorological method)과 세계적인 기록 강우자료를 이용한 포락곡선 방법(envelope-curve method), 그리고 통계학적 방법(statistical method) 등이 있으며, 각 방법의 개요에 대해서는 이미 설명한 바 있다.

우리나라에서 가장 최근에 작성된 PMP도는 제3장에서 소개된 바와 같이 건설교통부(2004)가 전국에서 발생했던 주요 기록적인 호우를 수문기상학적 방법으로 분석하여 지속기간 1, 2, 6, 12, 24, 48, 72시간과 유역면적 25, 100, 200, 1000, 2000, 10000 및 20000 km^2에 대하여 축척 1 : 1,500,000 지도로 작성하였으며, 대규모 유역의 설계강우량 및 홍수량 산정에 널리 사용되고 있다.

2) 표준설계강우량

표준설계강우량(標準設計降雨量, Standard Project Storm, SPS)은 가능최대강우량(PMP)과는 달리 해당지역에 가장 극심한 강우량-유역면적-지속기간(Depth-Area-Duration) 관계를 가지는 기 발생 호우기록을 분석하여 결정하게 되며 통상 PMP의 약 50% 정도인 것으로 알려져 있다. 일반적으로 해당지역에 기록된 4~5개의 기록적인 호우사상을 선택하여 SPS를 산정한다.

U.S. Department of the Army(1965)의 SPS에 대한 정의를 요약하면 다음과 같다.

"SPS is a storm of unspecified frequency that may be expected from the most severe combination of meteorological and hydrological conditions that are considered reasonably characteristic of the geographycal region involved, excluding extremely rare combinations. The SPS is usually about 50 percent of the amount resulted from PMP for the area".

3) 역사적 기록호우 혹은 홍수

역사적 기록호우(歷史的 記錄豪雨, paleostorms) 혹은 역사적 기록홍수(paleofloods) 자료는 세계 각 지역에서 오랜기간 동안에 걸쳐 발생한 기록적인 강우 혹은 홍수자료를 말하며, 그림 15.3 및 15.4에서와 같이 도시(圖示)하여 포락곡선(envelope curve)을 작도함으로써 강우지속 시간별 가능최대강수량(PMP)이나 유역면적 크기별 비홍수량(比洪水量, specific flood)의 추정에 의한 가능최대홍수량(PMF)의 결정이 가능하다.

그림 15.3은 Creager의 최대강우량 포락곡선(Creager and Justin, 1950)이며 이를 보완한 포락곡선이 WMO가 제시한 그림 3.29(제3장)이다. 식 (3.15)와 (3.16)을 사용하여 강우지속

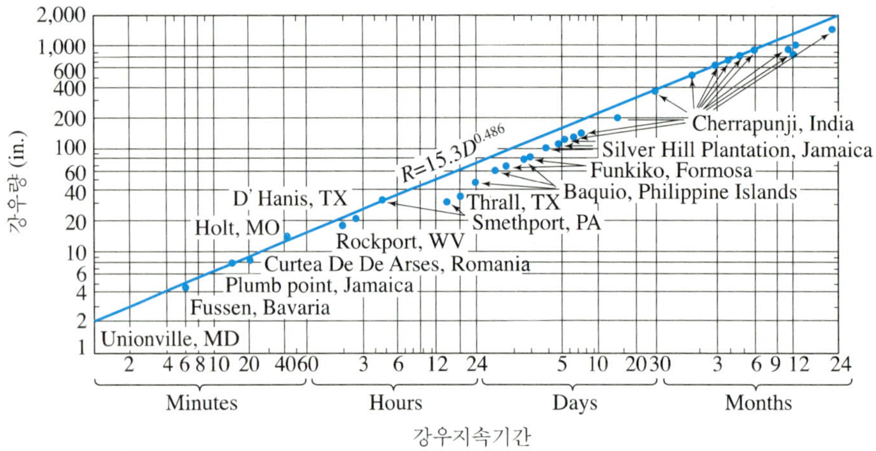

그림 15.3 기록강우량-지속기간관계(전 세계) (Creager의 최대강우량 포락곡선)

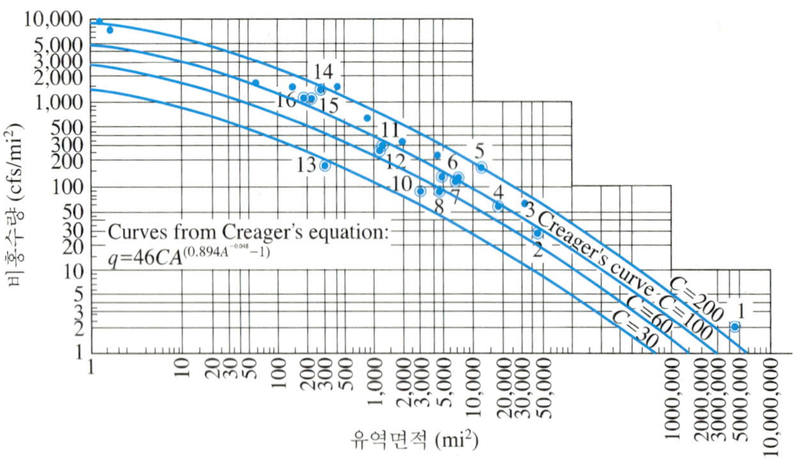

그림 15.4 Creager의 최대 비홍수량 포락곡선(전 세계)

시간 $D=24$시간일 때의 최대강우량 R을 계산해보면 각각 74.37 inch와 71.47 inch로 큰 차이는 나지 않으나 WMO의 경험공식이 더 큰 PMP값을 주고 있다.

한편, 그림 15.4는 Creager의 최대 비홍수량 포락곡선(Creager and Justin, 1950)으로 전 세계적으로 기왕에 발생한 기록적인 홍수를 유역면적으로 나눈 비홍수량(比洪水量) 자료를 표시한 것이며, Creager의 회귀곡선식은 그림 15.4에도 표시된 바와 같이 다음 식으로 표시된다.

$$q = 46CA^{x} \tag{15.1}$$

$$x = 0.894A^{-0.048} - 1 \tag{15.2}$$

여기서, q는 비홍수량(cfs/mi^2)이고, A는 유역면적(mi^2)이며, $C=30 \sim 200$의 범위를 가지는 상수이다.

그림 15.4에서 알 수 있는 바와 같이 비홍수량은 동일 유역면적이더라도 상당한 진폭을 보이나 가능최대 홍수량(PMF)을 대표하는 포락곡선은 최대 비홍수량을 포락하는 $C=200$의 경우이므로 식 (15.1)은 다음과 같아진다.

$$q = 9200A^{x} \tag{15.3}$$

식 (15.3)을 사용하여 유역면적(A)별 최대 비홍수량과 최대 홍수량을 계산해보면 표 15.6과 같다. 표 15.6을 보면 유역면적 130~26,000 km^2 범위에서의 최대 비홍수량은 2.01~36.52 m^3/sec/km^{2}의 범위 내에 있음을 알 수 있다.

표 15.6 유역면적별 최대 비홍수량 및 최대 홍수량(전 세계)

유역면적(A)		x	최대 비홍수량(q)		최대 홍수량(Q)	
mi^2	km^2		cfs/mi^2	cms/km^2	ft^3/sec	m^3/sec
50	130	−0.259	3340	36.52	167000	4729
100	259	−0.283	2499	27.32	249900	7077
500	1295	−0.337	1133	12.34	566500	16043
1000	2590	−0.358	776	8.49	776000	21976
5000	12950	−0.406	290	3.16	1450000	41064
10000	25900	−0.425	184	2.01	1840000	52109

15.5.4 대규모 댐의 설계기준

대댐(large dams)의 신규 건설과 건설 후의 주기적인 댐 안전도 평가를 위해서는 각종 수문학적 분석이 필요하며, 댐의 가상 파괴로 인한 막대한 인명피해와 경제적인 피해를 고려하여 대댐의 설계기준을 설정하여야 한다.

댐이 파괴되는 경우 저수지에 저류되어 있는 물의 초기 저수위는 댐 하류보다 엄청나게 높으므로 댐이 파괴되기 시작하면 치명적인 홍수파가 댐 하류로 상당한 거리까지 전파되면서 재앙에 가까운 홍수피해를 입히게 된다. 따라서, 미국토목학회(美國土木學會, American Society of Civil Engineers, ASCE)의 여수로 설계홍수량 T/F팀(Snyder, 1964)은 표 15.7에서와 같이 댐의 크기 유형별로 댐의 규모(저수량과 높이)와 댐 파괴시 예상 피해 정도에 따른 여수로 설계홍수량(餘水路 設計洪水量, spillway design flood)의 크기 결정에 대한 기준을 마련하여 제안하였다.

표 15.7 댐 여수로의 설계홍수량 결정기준(Snyder, 1964)

댐 유형별	댐의 크기 조건		댐 파괴시 예상피해		댐 여수로 설계홍수량
	저수량(ac-ft)	댐 높이(ft)	인명피해	재산피해	
대규모 댐 (댐 파괴허용불가)	> 50,000	> 60	다수	막대함 (치명적)	PMF
중규모 댐	1,000~50,000	40~100	가능하지만 소수	댐 소유권자의 재정능력한도 내	SPF
소규모 댐	< 1,000	< 50	무	댐 건설비용 정도	발생빈도 기준 홍수량: 50~100년 빈도

주: 1 ac-ft = 1,233 m^3, 1 ft = 0.3048 m

표 15.7로부터 다목적 댐 등의 대규모댐(large dam)의 여수로 설계홍수량으로는 PMF를 채택해야 하며, 중규모 댐의 경우에는 PMF의 약 50% 크기인 표준설계홍수량(Standard Project Flood, SPF)을 채택해야 함을 알 수 있다.

한편, 댐 여수로의 설계홍수량 결정을 위한 국내 실무에서는 콘크리트 댐(concrete dam)의 경우는 100년 빈도의 저수지 유입홍수량, 필댐(earth-fill dam)의 경우는 200년 빈도의 저수지 유입홍수량의 120%(약 500~1,000년 빈도)를 채택하는 등 빈도홍수량을 최근까지 사용해 왔으나 지구온난화로 인한 이상기상으로 홍수 규모가 점점 커지고 있어서 근래에 와서는 다목적 댐 및 생·공용수 댐 등 주요 댐의 여수로나 댐 마루 표고의 결정은 가능최대홍수량(PMF)을 기준으로 하도록 댐 설계기준(건설교통부/한국수자원학회, 2005)과 하천설계기준·해설(건설교통부, 2005)에서 정하고 있다.

15.6 설계호우의 합성

수공구조물의 수문학적 설계빈도(設計頻度, design frequency)가 선택되고 나면 다음의 수문설계 단계는 설계호우의 각종 특성변수를 결정하는 것이다. 즉, 설계대상유역 내 우량관측소의 강우지속기간별 연 최대치 우량계열의 빈도분석에 의한 지점확률강우량의 산정과 이로부터 유역의 평균면적 확률강우량의 산정이 필요하며, 지속기간별 면적확률강우량의 시간분포를 결정하여 총 우량주상도(總雨量柱狀圖, total rainfall hyetograph)를 작성하여야 한다. 한편, 설계호우의 지속기간(持續期間, design storm duration)으로는 총 우량주상도로부터 손실우량을 제외시킨 유효우량주상도(有效雨量柱狀圖, effective rainfall hyetograph)에 유역의 대표 단위유량도를 적용하여 구한 홍수수문곡선의 첨두홍수량이 최대가 되거나(홍수소통 구조물의 경우), 저류용량 혹은 저수위(貯水位)가 최대가 되는(홍수저류용 구조물의 경우) 강우계속기간, 즉 임계지속기간(臨界持續期間, critical duration)을 선택해야 한다.

이와 같이 설계호우의 각종 특성 변수를 결정하기 위한 여러 가지 분석에 앞서서 우량자료계열의 수집 및 사전처리가 필요하므로 이에 대해 우선적으로 살펴보기로 한다.

15.6.1 우량관측소별 강우량자료의 수집, 변환 및 검정

1) 우량관측소의 선정기준

설계대상유역 내 혹은 인근에 위치한 기상청 및 건설교통부 관할 우량관측소를 대상으로 선정하며, 대상관측소 중에서 해당유역과의 거리, 관측년수, 관측소 표고 등을 검토하여 선정하며, 대규모 유역의 경우는 관측소의 밀도 및 분포상태를 추가로 고려한다.

일반적으로 대·중·소규모 구조물의 수문설계에 사용되는 강우량 자료는 통상적인 수문데이터베이스(D/B)로부터 제공되는 고정시간 강우량자료(clock-hour rainfall data)를 임의시간 강우량자료로 환산하여 사용하고 있기 때문에 시간우량 자료의 관측년수가 최소한 30년 이상인 우량관측소를 선정하는 것이 바람직하다. 설계대상 유역 내에 우량관측소가 많이 분포되어 있는 대규모 유역의 경우에는 관측소의 밀도 및 분포상태를 추가적으로 고려하여 가급적 많은 관측소를 선정하는 것이 좋으며, 중규모 이하 유역의 경우는 유역 내에 관측소가 없는 경우가 많으므로 대표성을 가지는 유역 내 혹은 유역 바깥의 인근 관측소 한 개 혹은 여러 개를 채택한다.

2) 강우지속기간별 고정시간 강우량 자료의 수집

수문설계에 필요한 강우량 자료는 1시간, 1일(어느 날 0시에서 24 : 00시까지) 등 고정시간(固定時間) 강우량이 아닌 시작시간을 임의로 택하여 정하는 지속기간 60분, 1440분 등 임의시간(任意時間) 강우량 자료이다. 임의시간 강우량 자료는 자기우량기록지로부터 판독하여야 하지만 관측년수가 짧고, 결측자료가 많아 직접 판독하여 임의시간 강우량 자료를 수집하는 것은 현실적으로 곤란한 경우가 대부분이다. 따라서, 고정시간 시우량자료를 수집하여 이를 임의시간 강우량으로 환산하는 방법을 주로 사용하고 있다.

종래에는 설계강우의 지속기간으로 소규모 구조물의 경우는 해당유역의 집중시간(集中時間, time of concentration)을 사용하였고, 중규모 이상의 도시 유수지 설계시에는 설계강우의 지속기간을 24시간으로 통일 적용하는 등 대표지속기간을 하나로 결정하였으므로 수집대상 강우량 자료가 간단하였다. 그러나, 오늘날에 와서는 첨두홍수량이 최대, 혹은 저류용량(첨두저수위 혹은 첨두방류량)이 최대가 되는 강우지속기간인 임계지속기간에 해당하는 홍수량을 설계홍수량으로 채택하고 있으므로 최대한 많은 지속기간의 강우량 자료를 수집분석하여야 한다. 기본적으로 10분, 60분, 그리고 1시간~24시간까지는 1시간 간격으로 시우량자료를 수집하는 것이 좋으며, 임계지속기간이 24시간을 초과할 것으로 예상되는 경우에는 48시간 또는 72시간까지도 1시간 간격으로 수집하여야 한다.

이와 같이 수집되는 강우량 자료에서 단기간의 결측치는 빈도분석시 자료계열에서 제외시키는 것보다는 제3장에서 소개한 산술평균법, 정상 연 강수량비율법 혹은 역거리 자승법 등의 결측지 보완방법을 사용하여 보완하는 것이 바람직하다.

3) 임의시간 강우량 자료로의 변환

수문학적 지속기간은 고정시간이 아닌 임의시간을 의미하므로 수집된 고정시간 강우량자료를 임의시간 강우량자료로 변환하여 사용해야 하며, 변환을 위한 환산계수는 표 15.8과 같고 회귀곡선은 그림 15.5와 같다(건설교통부, 2000).

표 15.8 고정시간-임의시간 자료환산계수

고정시간	1시간	3시간	6시간	24시간	1일
임의시간	60분	180분	360분	1440분	1440분
환산계수	1.129(1.13)	1.033	1.013(1.02)	1.005(1.01)	1.161(1.13)

주: ( ) 내의 값은 U.S. Weather Bureau(1958)가 제시한 값임.

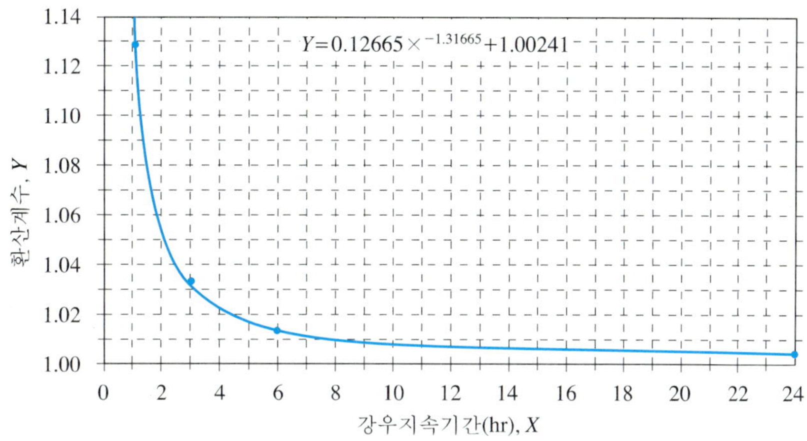

그림 15.5 고정시간-임의시간 환산계수의 회귀곡선

표 15.8의 임의지속기간 환산계수의 산정절차(건설교통부, 2000)를 보면 강우관측소별로 고정시간과 임의시간의 연 최대치 계열을 구축하고 이를 점 빈도해석하여 각 계열별 확률강우량을 산정한 후 관측소별로 고정시간 확률강우량과 임의시간 확률강우량을 선형방안지에 도시하여 선형회귀분석에 의해 산정된 계수(회귀직선의 기울기)를 임의지속기간 환산계수로 제시하고 있다. 따라서, 이 환산계수의 적용은 상기 계수의 유도과정을 고려하여 고정시간 확률강우량을 빈도해석으로 산정한 후 환산계수를 곱함으로써 임의시간 확률강우량으로 변환하는 것이 타당하다. 한편, 대규모 하천유역의 경우 유역의 임계지속기간이 24시간보다 큰 48시간 혹은 72시간이 되는 경우도 있으나 그림 15.5에서 보는 바와 같이 강우지속기간이 24시간을 초과할 경우 지속기간 증가에 따른 환산계수의 변화는 미미하므로 고정지속기간 24시간에 해당하는 환산계수인 1.005를 사용하면 된다.

4) 강우량 자료의 검정

이상과 같이 수집·변환된 임의시간 강우량 자료를 강우지속기간별로 연 최대치 계열을 작성하여 점빈도해석을 실행하기 전에 몇 가지 검정(檢定)이 필요하다. 강우량 자료의 검정에는 제13장에서 이미 소개한 바와 같이 이상치(outlier) 검정과 자료계열의 무작위성(randomness) 검정, 그리고 자료의 평균이나 분산(표준편차) 등의 크기가 증가하거나 감소하는 등의 경향성(trend)을 가지는지 등을 검정해야 하는 바 검정방법론에 대해서도 제13장에서 이미 소개한 바 있어서 되풀이하지 않기로 한다.

강우량 자료계열의 빈도해석에 전제되는 기본조건은 자료계열의 무작위성이므로 경향성 또한 없어야 하는 것이다. 따라서, 위에서 언급한 자료의 검정은 빈도분석 측면에서는 사실상 필요하지 않다고 할 수 있으며, 설사 검정결과 자료계열이 무작위하지 않고 상관성 혹은 경향성을 보인다 하더라도 다른 대안이 없으므로 그대로 빈도분석을 할 수밖에 없다.

15.6.2 빈도해석에 의한 지점 확률강우량의 산정

설계하고자 하는 수공구조물의 대상유역 내 혹은 인근에 설치되어 있는 우량관측소의 지속기간별 연 최대치 우량자료계열이 임의시간 우량으로 구축되면 제13장의 절차에 따라 빈도해석(frequency analysis)을 실행함으로써 지점 확률강우량을 산정할 수 있다. 즉, 각종 확률분포형의 적용, 확률분포의 매개변수 추정, 최적 확률분포형의 선정, 그리고 빈도계수법이나 역함수법에 의한 확률강우량의 산정 등의 절차를 국립방재연구소가 개발 보급한 FARD(Frequency Analysis of Rainfall Data/FARD 2006까지 보급) 프로그램 등을 실행함으로써 우량관측소별로 강우지속기간별 확률강우량(재현기간별 강우량)을 결정하게 된다.

위와 같은 절차로 빈도해석에 의해 결정된 우량관측소별, 강우지속기간별 확률강우량은 비교의 목적으로 「한국확률강우량도(건설교통부, 2000)」상에서 해당지점의 강우지속기간별 확률강우량의 크기를 읽은 후 서로 비교함으로써 빈도해석의 신뢰도를 입증할 수도 있다. 참고로 「한국확률강우량도」는 제3장에서 소개한 바와 같이 강우지속기간 30분, 1, 2, 3, 6, 12, 24시간 및 재현기간 2, 5, 10, 20, 50, 100, 200년에 대한 확률강우량도(rainfall frequency map) 49매를 작성한 1 : 1,500,000 축척의 지도책자로 되어 있다.

위에서 설명한 우량관측소 지점의 강우지속기간별 확률강우량은 확률강우량을 강우지속기간으로 나눔으로써 확률강우강도(確率降雨强度)로 표시할 수 있으므로 제3장에서 살펴본 강우강도-지속기간-발생빈도(Intensity-Duration-Frequency, IDF) 관계로 표시할 수 있으며 이를 관계식으로 표시한 것을 강우강도식(降雨强度式)이라 하였다. 강우강도식은 우량관측소 지점의 우량자료를 빈도해석하여 유도되므로 소규모 유역의 강우특성을 대표하는 관계식으로 해석할 수 있으므로 빈도해석에 의해 산정되는 지점 확률강우량의 경우와 마찬가지로 소규모 수공구조물의 설계홍수량 산정에 바로 사용될 수 있다.

15.6.3 면적확률강우량의 산정

하천유역의 면적이 커지면 유역전반에 걸쳐 균일한 강도로 강우가 발생하는 경우는 거의 없으며 일정한 강우지속기간 동안의 강우량은 호우중심으로부터 멀어질수록 감소하며, 면적 평균강우량은 유역에 내린 총 강우량을 유역면적으로 나눈 등가우량 깊이를 의미하므로 호우중심으로부터 비가 내린 면적을 크게 잡을수록 면적 강우량은 점점 작아진다(그림 3.24 참조).

따라서, 중규모 혹은 대규모 유역을 대상으로 하는 중·대규모 수공구조물의 설계홍수량을 구하기 위해서는 지점 확률강우량이 아닌 면적확률강우량(面積確率降雨量)을 산정하여 사용하여야 하며, 유역면적이 10 mi^2(약 26 km^2) 이상인 경우는 강우특성의 공간적 변화를 고려해 주기 위해 면적확률강우량을 사용하는 것이 바람직하다. 즉, 유역면적이 약 26 km^2 이하인 경우, 대상유역 내에 한 개의 우량관측소만 있다면 그 지점의 확률강우량을 면적확률강우량으로 이용하고 유역 내에 여러 개의 우량관측소가 있을 경우에는 각 지점별 확률강우량을 Thiessen 가중법이나 등우선법에 의해 평균한 강우량을 산정하여 면적확률강우량으로 사용할 수 있다. 그러나, 유역면적이 26 km^2보다 커지면 강우특성의 공간적 변화를 고려해 주어야 하므로 유역의 면적확률강우량 산정에 면적감소계수(面積減少係數, Area Reduction Factor, ARF) 혹은 면적우량환산계수(面積雨量換算係數)를 도입하게 된다.

분석대상유역에 대한 면적감소계수 혹은 면적우량환산계수를 산정하는 절차를 요약하면 다음과 같다.

① 대상유역 내 우량관측소별로 강우지속기간별 연 최대우량계열을 빈도해석하여 지점 확률강우량을 산정한다.

② 대상유역의 하천상류에서 하류방향으로 유역면적을 늘려가면서 면적별로 홍수량 산정지점별, 강우지속기간별 지점확률강우량을 Thiessen 방법 등으로 평균하여 지점평균확률강우량 R_p를 산정한다. 이 경우는 유역 내 모든 우량관측소에서 동일한 재현기간의 강우(예를 들면, 100년 빈도)가 동시에 내린다는 가정이므로 실제로는 발생할 수 없는 큰 값의 면적확률강우량이 될 수밖에 없으며 이를 교정하기 위해 면적감소계수를 곱해주게 된다.

③ ②에서 언급한 면적별(홍수량 산정지점별)로 관측소별, 강우지속기간별 동시간 우량자료를 Thiessen 방법 등으로 평균하여 산정한 연 최대 면적우량계열을 빈도해석하여 면적평균 확률강우량 R_a를 산정한다.

④ 면적크기별로 ③에서 산정한 면적평균 확률강우량(R_a)을 ②에서 구한 지점평균확률강우량(R_p)으로 나누어 면적크기별 비(比) R_a/R_p를 구한다.

⑤ ④에서 산정한 비(比)를 면적크기별로 산술평균하여 각 면적에 해당하는 지속기간별, 재현기간별 면적우량환산계수 ARF를 산정한다.

⑥ ⑤에서 산정한 ARF를 표로 나타내고 이를 평활화(smoothing)하는 회귀식으로 추정하고 그림으로 나타낸다.

건설교통부(2000)는 「한국확률강우량도의 작성」에서 위에서 설명한 절차를 따라 한강유역에 대한 면적우량환산계수를 강우지속기간별, 유역면적별 및 재현기간별로 산정하였으며, 제3장의 그림 3.25에서 100년 빈도 강우의 면적우량환산곡선을 강우지속기간별로 이미 표시한 바 있다.

또한, 건설교통부(2000)에서는 한강유역 전체에 대한 면적우량환산곡선식인 식 (3.13)을 회귀분석에 의해 유도하였으며 이를 다시 쓰면 다음과 같다.

$$\mathrm{ARF}(A) = 1 - M\exp[-(aA^{b})^{-1}] \tag{3.13}$$

여기서, A는 유역면적(km^2)이고, M, a, b는 재현기간(년) 및 강우지속기간(시간)에 관계되는 회귀상수로서 표 15.9에 수록되어 있다.

식 (3.13)으로 표시되는 한강유역에 대한 면적우량환산계수는 2000년 이전의 한강유역에 국한된 우량자료만을 분석하여 유도하였고 2002년의 태풍 루사, 2003년의 태풍 매미, 그리고 2006년 7월의 전국적인 대홍수 등으로 전반적인 강우는 공간적 분포특성이 달라졌을 가능성이 많아 보완연구가 필요한 것으로 보이며, 낙동강, 금강 등 다른 대 하천유역에의 직접 적용도 의문시되므로 대 하천유역별 ARF를 결정하기 위한 추가작업이 필요하다 하겠다.

중규모 혹은 대규모 하천유역의 면적확률강우량을 산정하기 위한 ARF는 결국 유역의 확률홍수량을 산정하는 데 사용되므로 하천상에 선정되는 홍수량 산정지점을 유역출구로 하는 상류유역면적(A)을 기준으로 특정강우지속기간 및 재현기간에 대하여 그 값을 정하여 지점평균확률강우량 R_p에 곱하여 면적확률강우량 R_a를 구하는 것이 타당하다 하겠다. 즉

$$R_a = R_p \times \mathrm{ARF} \tag{15.4}$$

표 15.9 강우 지속기간-재현기간별 ARF 관계곡선식의 회귀상수

재현기간 (년)	회귀상수	지속기간(시간, hr)						
		0.5	1	2	3	6	12	24
2	M	2.4287	3.4312	3.9660	5.3167	0.9116	1.0720	1.3319
	a	0.1712	0.1867	0.1602	0.1410	0.1155	0.1192	0.1195
	b	0.1721	0.1221	0.1259	0.1191	0.2406	0.1864	0.1450
3	M	3.1380	3.9124	4.5831	7.0366	1.6828	0.9662	1.1229
	a	0.1790	0.1897	0.1630	0.1418	0.1409	0.1007	0.1350
	b	0.1471	0.1128	0.1177	0.1085	0.1691	0.2225	0.1463
5	M	3.6486	3.6220	5.1082	6.8533	4.2678	3.7612	0.9835
	a	0.1815	0.1944	0.1642	0.1446	0.1451	0.1319	0.1442
	b	0.1357	0.1153	0.1126	0.1089	0.1156	0.1178	0.1513
10	M	3.0931	3.7249	6.7562	10.7957	3.7564	2.9752	3.2710
	a	0.1835	0.1966	0.1621	0.1417	0.1495	0.1348	0.1453
	b	0.1473	0.1128	0.1018	0.0946	0.1194	0.1285	0.0957
20	M	3.7566	3.5125	9.3566	14.4697	5.9526	4.0555	4.3961
	a	0.1854	0.1998	0.1584	0.1387	0.1463	0.1349	0.1448
	b	0.1329	0.1147	0.0913	0.0874	0.1025	0.1164	0.0869
30	M	2.6730	3.7203	9.9311	13.5588	7.3204	4.3371	8.9801
	a	0.1841	0.1996	0.1579	0.1403	0.1450	0.1356	0.1358
	b	0.1594	0.1115	0.0895	0.0887	0.0956	0.1138	0.0719
50	M	2.7129	3.7410	11.2864	15.9672	8.8585	5.4253	1.5786
	a	0.1856	0.2008	0.1565	0.1387	0.1428	0.1338	0.1633
	b	0.1576	0.1106	0.0858	0.0849	0.0906	0.1071	0.1185
100	M	2.7718	3.7278	11.0670	17.9015	11.4217	6.2567	1.7808
	a	0.1869	0.2018	0.1581	0.1376	0.1405	0.1336	0.1646
	b	0.1552	0.1105	0.0855	0.0825	0.0840	0.1027	0.1124
200	M	3.4280	3.4252	15.4089	15.9854	13.3671	7.2174	2.5280
	a	0.1884	0.2047	0.1521	0.1397	0.1387	0.1332	0.1661
	b	0.1384	0.1141	0.0784	0.0847	0.0807	0.0983	0.0994

주: 0.5시간, 즉 30분의 매개변수는 추정된 면적우량 환산계수를 이용하여 산정한 것임.

예제 15.1 유역면적이 2,000 km^2인 한강수계 내 어떤 하천유역 내에 위치한 4개 우량관측소의 24시간 지속 연 최대우량 자료계열에 대한 점 빈도해석결과 표 15.10과 같은 100년 빈도 강우량이 결정되었다. 이 유역의 100년 빈도 24시간 면적강우량을 산정하라. 4개 관측소의 Thiessen 계수는 표 15.10에 주어져 있다.

표 15.10

우량관측소	A	B	C	D
100년 빈도 24시간 강우량(mm)	405	383	345	390
Thiessen 계수	0.35	0.30	0.15	0.20

풀이 1) 지점평균확률강우량을 산정하면

$$R_p = (405\times 0.35) + (383\times 0.30) + (345\times 0.15) + (390\times 0.20)$$
$$= 386.4\ \text{mm}$$

2) 표 15.9에서 재현기간 100년, 강우지속기간 24시간일 때 회귀상수의 값은 다음과 같다.

$$M = 1.7808,\quad a = 0.1646,\quad b = 0.1124$$

식 (3.13)을 적용하면($A = 2000\ \text{km}^2$)

$$\text{ARF} = 1 - 1.7808\exp[-\{0.1646(2000)^{0.1124}\}^{-1}] = 0.866$$

3) 따라서, 100년 빈도 24시간 면적강우량은 식 (15.4)를 사용하면,

$$R_a = 0.866\times 386.4 = 334.5\,\text{mm}$$

15.6.4 가능최대 강수량의 추정

1) 수문기상학적 방법에 의한 추정

중 · 소규모 수공구조물의 설계강우량은 제15.3.3절에서 언급한 발생빈도 기준방법 혹은 위험도 기준방법 등에 의해 산정하는 것이 보통이다. 즉, 제13장의 빈도해석 방법에 의해 적정 강우지속기간의 확률강우량을 산정한 후 구조물의 설계빈도에 상응하는 설계홍수량을 채택하게 된다. 그러나, 파괴로 인한 하류의 피해위험도가 대단히 높은 다목적 댐 등 대규모 수공구조물의 경우(제15.5.3절)는 극한사상 기준방법을 채택해야 하므로 통상적으로 가능최대강수량

(PMP) 혹은 표준설계강우량(SPS)을 설계강우량으로 채택하며, 이들 극한 강우사상에 대한 정의와 추정방법의 개요에 대해서는 제3장과 제15.5.3절에서 이미 소개한 바 있으므로 여기서는 수문실무에서 가장 많이 사용되고 있는 수문기상학적 방법(水文氣象學的 方法, hydrometeorological method)을 중심으로 PMP의 추정절차에 관해서 살펴보기로 한다.

호우전이(豪雨轉移, storm transposition)는 기상학적 특성이 비슷한 지역에서 발생한 극한 강우를 설계대상지역으로 전이시켜 분석하는 것으로 설계대상지역에서의 우량자료가 부족하거나 극한 호우가 발생한 적이 없는 유역에서 적용하는 방법이다. 극한 호우를 대상지역으로 전이할 경우에는 두 지역의 기상학적 동질성을 고려해야 하며 동질성 판단의 기준은 계절 및 연평균 강우량, 강우의 이동경로, 극한 강우를 초래하는 기후상태, 대상지역의 연평균 유출량과 첨두홍수량, 토양 및 토지이용상태 등이다. 일반적으로 수문기상학적 방법에 의한 PMP는 대상유역의 평균강우량 산정, 수분최대화 및 호우의 전이를 통한 강우량의 조정, 그리고 지속기간별, 면적별 자료로부터 최대값을 찾기 위한 포락곡선 방법을 통해 산정하게 된다(건설부, 1988; 건설교통부, 2000; 건설교통부, 2005).

PMP의 산정을 위한 일반식은 다음과 같이 표시할 수 있다.

$$\text{PMP} = OP \cdot R_{IP} \cdot R_{HT} \cdot R_{VT} \cdot R_{GF} \tag{15.5}$$

여기서, OP는 호우전이에 의한 유역평균강우량, R_{IP}는 수분최대화비(水分最大化比), R_{HT}는 수평전이비(水平轉移比), R_{VT}는 수직전이비(垂直轉移比)이고, R_{GF}는 지형영향비(地形影響比) 혹은 산악영향비이며, 각각의 결정방법을 살펴보면 다음과 같다.

가) 유역평균강우량

전국적으로 기왕에 발생했던 태풍이나 집중호우 중에서 가장 큰 강우량을 발생시킨 호우를 전이대상 호우로 선정하고 대상호우의 등우선도(等雨線圖)를 투명용지에 작도하여 수공구조물의 설계대상유역도상에 최대 유역평균우량이 발생할 수도 있도록 중첩시켜서 설계대상유역의 최대평균강우량 P_T를 산정한다.

만약, 설계대상유역에 대한 최대평균강우량(D)-유역면적(A)-지속기간(D)관계(제3장에서의 DAD 관계)가 수립되어 있으면 이를 이용하여 유역의 최대평균강우량 P_T를 산정할 수도 있다.

나) 수분최대화비

수분최대화(moisture maximization)는 실제 호우지역에서의 관측강우량을 가강수량(可降水量, precipitable water, 제3장 참조), 즉 대기 중의 모든 수증기가 강우로 변할 경우의 강수량 수준으로 증가시키는 것을 뜻한다. 따라서, 실제 내린 강우량에 대한 대기 중의 가강수량의 비를 수분최대화비(moisture maximization ratio) 또는 수분조정비(moisture adjustment factor) R_{IP}라 하며 다음과 같이 표시한다.

$$R_{IP}=\frac{W_m(L_1,\ E_1)}{W_a(L_1,\ E_1)} \tag{15.6}$$

여기서, $W_m(L_1,\ E_1)$과 $W_a(L_1,\ E_1)$은 실제로 발생한 호우(전이된 호우)의 위치(L_1)와 고도(E_1)에서의 최대 가강수량(최대 12시간 지속 1000 hPa 이슬점에 의한 가강수량)과 실제 가강수량(실제강수량)을 각각 표시한다. 식 (15.6)으로 표시되는 수분최대화비의 실질적인 상한계치(上限界值)는 약 1.7 정도인 것으로 알려져 있다.

다) 수평전이비 및 수직전이비

수평전이비와 수직전이비는 실제 호우지역의 조건과 전이지역(설계대상유역)의 조건차이를 조정하기 위한 계수로서 산악효과가 작은 평탄한 지역에서 사용한다.

수평전이비 R_{HT}는 동일고도상의 실제 호우발생지역과 전이지역에서의 가강수량의 비로 나타낸다.

$$R_{HT}=\frac{W_m(L_2,\ E_1)}{W_m(L_1,\ E_1)} \tag{15.7}$$

여기서, $W_m(L_2,\ E_1)$은 전이지역 위치(L_2)와 고도(E_1)에서의 가강수량이고 $W_m(L_1,\ E_1)$은 실제 호우발생지역의 위치(L_1)와 고도(E_1)에서의 가강수량이다.

수직전이비 R_{VT}는 실제 호우발생지역과 전이지역의 고도차에 따른 조정계수로 호우발생지역과 전이지역의 표고차가 300 m 이상일 경우에만 다음과 같이 산정하여 고려한다.

$$R_{VT}=0.5+0.5\left[\frac{W_m(L_2,\ E_2)}{W_m(L_2,\ E_1\pm300)}\right] \tag{15.8}$$

여기서, $W_m(L_2,\ E_2)$는 전이지역의 위치(L_2)와 고도(E_2)에서의 가강수량이고 $W_m(L_2,\ E_1\pm300)$은 전이지역의 위치(L_2)와 고도($E_1\pm300$)에서의 가강수량이다.

라) 지형영향비

지형영향비 R_{GF}는 강우 현상에 대한 지형영향 또는 산악의 영향을 고려해주기 위한 계수로 다음 식으로 산정한다.

$$R_{GF} = \frac{P_{24}^{100}(L_2)}{P_{24}^{100}(L_1)} \tag{15.9}$$

여기서, $P_{24}^{100}(L_1)$과 $P_{24}^{100}(L_2)$는 각각 호우발생지역의 위치와 전이지역 위치에서의 강우지속기간이 24시간이고 재현기간이 100년인 확률강우량이다.

설계대상유역에 전이시킨 기록적인 호우를 사용하여 식 (15.5)에 의해 산정되는 PMP는 면적 PMP이므로 별도의 조정 없이 강우지속기간별, 유역면적별 면적 PMP로 사용할 수 있다.

2) 가능최대 강우량도(PMP도)를 사용한 추정

가장 최근에 보완된 「전국 PMP도 재작성보고서(건설교통부, 2005)」를 이용하여 설계대상유역에 대한 PMP를 추정하고자 할 경우에는 다음의 절차를 따르면 된다.

① PMP를 추정하고자 하는 대상유역의 위치와 유역면적 및 유역중심을 결정한다.

② PMP도를 이용하여 대상유역의 중심을 기준으로 유역면적별, 지속기간별 PMP값을 추출한 후, 유역면적별 강우깊이-지속기간 관계를 그림 15.6에서와 같이 방안지상에 도시하여 포락 및 균일화를 수행하고, 이로부터 강우지속 기간별, 유역면적별로 강우깊이 값을 읽어서 반대수지상에 도시하여 지속기간별 강우깊이-유역면적 관계를 포락 및 균일화한다.

③ 최종적으로 포락 및 균일화된 지속기간별 강우깊이-유역면적 관계곡선(그림 15.7)으로부터 설계대상유역의 면적에 대한 지속기간별 강우깊이를 읽음으로써 PMP를 결정한다.

예제 15.2 우리나라 12대 하천 중의 하나인 삽교천 유역의 지속기간별 가능최대강우량(PMP)을 「한국가능최대강수량도(PMP도)」를 사용하여 추정하라.

풀이 1) PMP도의 면적별, 지속기간별 강우깊이 독치에 의한 강우깊이-지속기간 관계의 포락

삽교천 유역의 유역중심을 결정한 후 전국 PMP도(건설교통부, 2005)를 이용하여 면적별, 지속기간별 강우깊이를 읽어서 산술방안지에 표시하여 포락 및 균일화를 실시하면 그림 15.6과 같아진다(「삽교천 유역 종합치수계획 보고서」, 건설교통부, 2007).

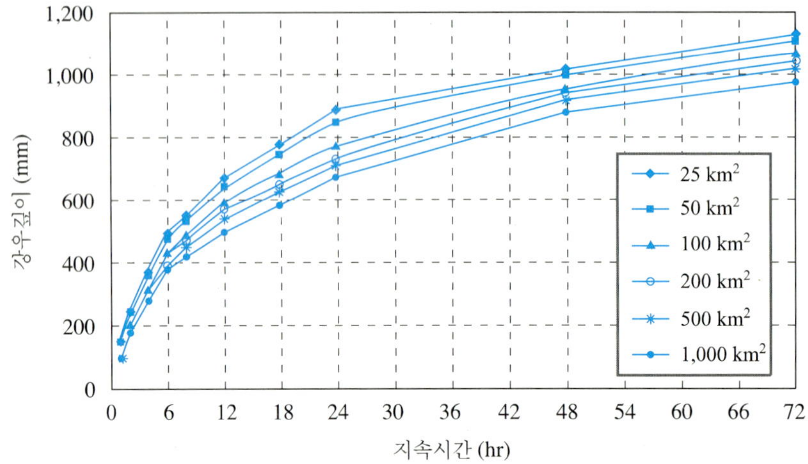

그림 15.6 강우깊이-지속기간 관계의 포락

2) 강우지속기간별, 강우깊이-면적관계의 포락 및 균일화

강우깊이-지속기간에 대한 포락 및 균일화를 실시한 후 강우지속기간별로 강우깊이-유역면적 관계를 포락하면 그림 15.7과 같아지고, 이로부터 해당 지속기간별 PMP를 결정하면 표 15.11과 같아진다.

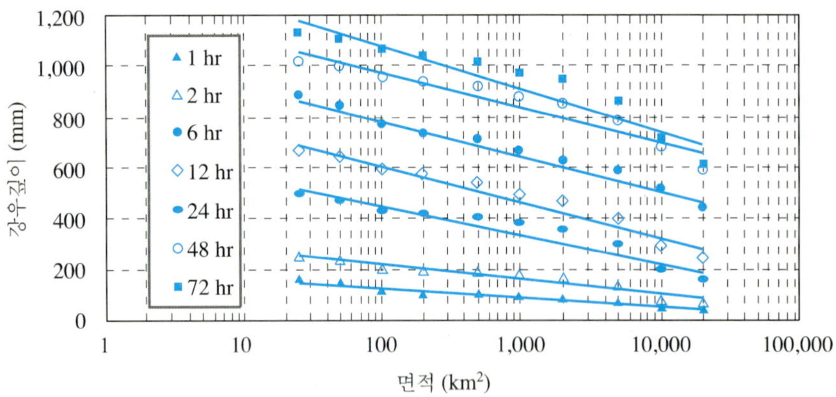

그림 15.7 강우깊이-면적-지속기간에 대한 포락

표 15.11 PMP도의 면적별, 지속시간별, 강우깊이 독치(포락 및 균일화)

유역면적 (km^2)	지속시간별 강우량 (mm)									
	1 hr	2 hr	4 hr	6 hr	8 hr	12 hr	18 hr	24 hr	48 hr	72 hr
25	149.68	256.06	386.46	516.85	575.22	691.95	783.91	875.87	1057.18	1182.78
50	138.37	237.53	360.11	482.70	538.10	648.88	740.72	832.55	1015.16	1131.54
100	127.05	218.99	333.77	448.55	500.97	605.80	697.52	789.24	973.14	1080.30
200	115.74	200.46	307.43	414.40	463.84	562.73	654.32	745.92	931.12	1029.06
500	100.78	175.96	272.61	369.25	414.76	505.79	597.22	688.66	875.58	961.32
1,000	89.46	157.42	246.26	335.10	377.64	462.71	554.03	645.34	833.56	910.07
2,000	78.15	138.89	219.92	300.95	340.51	419.64	510.83	602.03	791.55	858.83
5,000	63.19	114.39	185.10	255.80	291.43	362.69	453.73	544.77	736.00	791.09
10,000	51.87	95.85	158.75	221.65	254.31	319.62	410.54	501.45	693.98	739.85
20,000	40.55	77.32	132.41	187.50	217.18	276.54	367.34	458.14	651.97	688.60

3) 삽교천 유역의 지속기간별 PMP

PMP도를 이용하여 산정한 값을 포락하여 삽교천 유역(유역면적 1,649.39 km^2)에 해당하는 지속기간별 강우량을 표 15.11(혹은 그림 15.7)로부터 결정한 후 그림 15.8에서와 같이 강우량(PMP)-지속기간 관계를 표시하는 회귀식을 구하여 지속기간별 PMP를 추정하면 표 15.12와 같다.

표 15.12 PMP도에 의한 삽교천 유역의 지속시간별 PMP

구분	삽교천 유역의 지속시간별 PMP (mm)									
	1 hr	2 hr	4 hr	6 hr	8 hr	12 hr	18 hr	24 hr	48 hr	72 hr
포락치	82.00	145.00	229.00	313.00	354.00	435.00	526.00	617.00	806.00	877.00
유역 PMP	118.81	152.72	216.10	276.60	331.79	429.64	547.85	636.29	793.64	879.69

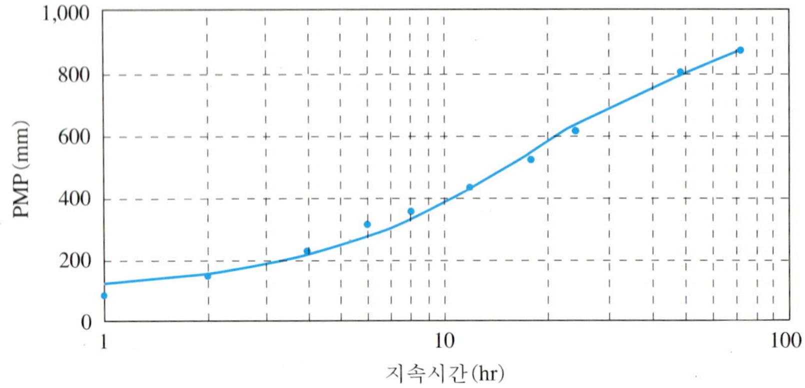

그림 15.8 삽교천 유역 가능최대강수량(PMP)

예제 15.3 예제 15.2에서 취급한 삽교천 유역의 강우지속기간별 PMP를 포락곡선 방법에 의해 추정하여 예제 15.2의 결과와 비교하라.

풀이 포락곡선 방법으로 Creager 공식[식 (3.14)], WMO 공식[식 (3.15)], Bleasdale 공식[식 (3.16)]과 우리나라 중앙기상대 공식[식 (3.17) 및 (3.18)]을 사용하면 PMP 추정치는 다음 표와 같다.

표 15.13 포락곡선 방법에 의한 PMP 추정치

방법별		지속기간별 PMP (mm)						
		1 hr	2 hr	6 hr	12 hr	24 hr	48 hr	72 hr
포락곡선방법	Creager	388.6	542.3	928.3	1300.2	1821.0	2550.4	3105.9
	WMO	424.2	587.5	984.7	1363.9	1889.1	2616.6	3165.9
	Bleasdale	393.7	556.8	964.4	1363.8	1928.7	2727.6	3340.7
	중앙기상대	118.6	161.9	265.1	361.9	494.1	610.7	691.4
PMP도 이용		118.8	152.7	276.6	429.6	636.3	793.6	879.7

표 15.13으로부터 Creager, WMO, Bleasdale 공식에 의한 PMP는 우리나라의 포락곡선 방법이나 PMP도를 이용하여 추정한 PMP보다 월등하게 큼을 알 수 있다. 이는 외국 공식의 경우는 전 세계적인 기록강우(우리나라에서는 발생 불가능한 크기의 강우)를 포함하여 경험식을 유도하였기 때문인 것으로 해석된다.

15.6.5 확률강우량의 시간분포결정

제15.6.3절에서 소개한 방법으로 설계대상유역에 대한 면적확률강우량을 산정하고 나면 설계하고자 하는 수공구조물의 설계빈도(재현기간)를 설정하여 면적설계강우량(面積設計降雨量)을 결정하게 되며 이를 적절하게 시간분포시켜 설계우량주상도(設計雨量柱狀圖, design hyetograph)를 결정하게 된다. 이와 같은 설계강우량의 시간분포(time distribution)는 제8장에서 살펴본 바와 같이 단위유량도를 적용하여 계산하게 되는 설계홍수수문곡선의 모양뿐만 아니라 첨두홍수량(尖頭洪水量)의 크기에 큰 영향을 미치게 되므로 유출계산 측면에서 보면 설계호우의 대단히 중요한 특성인자 중의 하나이다.

강우의 시간분포는 원칙적으로 해당지역의 과거 강우자료로부터 강우지속기간 동안에 총 강우량이 시간에 따라 어떻게 분포되었는지를 통계학적으로 분석하여 그 지역에 적합한 시간분포모형을 개발하여 사용해야 하나 우리나라의 경우 자료부족과 연구미흡으로 직접 시간분포모형을 개발하여 사용하지 못하고 외국의 기존 시간분포 방법인 Mononobe 방법, Huff 방법, Yen-Chow 방법, 교호블록 방법 등을 사용하고 있으므로 이들 방법에 대해 살펴보기로 한다(건설교통부, 2000).

1) Mononobe 방법

Mononobe 시간분포 방법은 일본에서 개발된 방법으로 다음 식으로 t시각까지의 누가강우량을 축차적으로 산정하여 총 강우량을 시간분포시키는 방법이다.

$$R_t = \frac{R_T}{T}\left(\frac{T}{t}\right)^n \cdot t \tag{15.10}$$

여기서, R_T는 강우지속기간 동안의 설계강우량(mm)이고, R_t는 시간 t까지의 누가우량(mm), T는 강우지속기간으로 보통 24시간(1일)을 사용하며, 상수 n은 통상 2/3를 사용한다.

식 (15.10)을 사용하여 구하는 R_t는 t시간까지의 누가우량이므로 임의의 시간구간 $\Delta t = t_2 - t_1$ 동안의 강우량은 $(R_{t2} - R_{t1})$이 된다. 따라서, 총 강우지속기간 T를 Δt시간으로 나눈 개수의 시간구간(Δt)별 강우량을 결정할 수 있으며, 이를 그림 15.9와 같이 전진형(advanced type), 중앙집중형(centered type) 혹은 지연형(delayed type) 중에서 그 유역의 강우분포양상과 유사한 형태를 선택하여 시간분포시키게 된다. 전진형의 경우는 Δt시간별 강우량이 가장 큰 것부터 가장 작은 것까지 차례로 배치하며, 중앙집중형의 경우는 가장 큰 것을 중앙에, 다음은 그 우측, 그 다음은 좌측 등으로 배치하며, 지연형의 경우는 전진형과 반대의 순서로 Δt별 강우량을 배치한다.

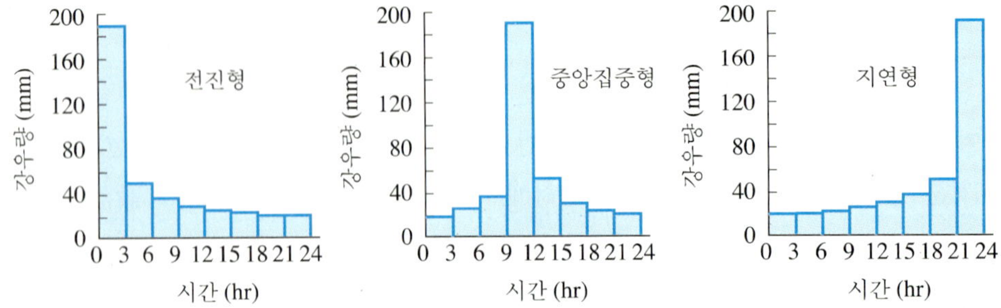

그림 15.9 Mononobe 강우분포의 유형

Mononobe 시간분포공식에서는 일본의 여러 지역에서 개발된 $n=2/3(0.667)$로 고정하여 사용하고 있으나, 이는 지역별 강우특성의 차이를 고려하지 못하는 문제점을 지니며, 우리나라의 경우 $n=0.667$은 과대한 것으로 평가되고 있다. 따라서, 농업진흥공사(1974)는 우량관측소별로 특정 재현기간의 1시간 확률강우량 R_1과 24시간 확률강우량 R_{24}를 이용하여 다음 식으로부터 n값을 계산하여 표 15.14와 같이 제시하였다.

$$n=\frac{\ln(24R_1/R_{24})}{\ln 24} \tag{15.11}$$

표 15.14 지역별 Mononobe 공식의 n값(농업진흥공사, 1974)

지역	n값	지역	n값	지역	n값	지역	n값
강릉	0.5008	수원	0.5977	이리*	0.4804	여수	0.5304
춘천	0.5764	대전	0.5486	대구	0.5570	진주	0.5788
속초	0.4922	서산	0.5722	추풍령	0.5272	제주	0.5407
서울	0.5917	전주	0.6002	광주	0.5563	서귀포	0.4953
인천	0.5863	군산	0.5541	목포	0.5186		

* 지금의 익산

예제 15.4 대전광역시 지역에 대한 강우량 자료의 빈도분석 결과로 얻어진 100년 빈도 24시간 확률강우량은 345 mm이다. $\Delta t=2$시간으로 하여 Mononobe의 중앙집중형 우량주상도를 작성할 수 있도록 계산하라.

풀이 대전 우량관측소의 $n=0.5484$(표 15.14)이고 식 (15.10)의 $R_T=345\,\text{mm}$, $T=24\,\text{hr}$이므로 $t=2\,\text{hr}$까지의 누가우량은

$$R_2 = \frac{345}{24}\left(\frac{24}{2}\right)^{0.5484} \times 2 = 112.3\ \text{mm}$$

$t = 4\,\text{hr}$까지의 누가우량은

$$R_4 = \frac{345}{24}\left(\frac{24}{4}\right)^{0.5484} \times 4 = 153.6\ \text{mm}$$

$t = 24\,\text{hr}$까지 동일한 방법으로 누가우량을 계산한 결과와 2시간 구간별 우량, 그리고 Mononobe의 중앙집중형에 맞추어 시간분포시킨 결과는 표 15.15에 수록되어 있다.

표 15.15 Mononobe의 중앙집중형 분포에 따른 우량주상도 계산(대전 우량관측소)

시간(hr)	누가우량(mm)	시간구간우량(mm)	Mononobe 중앙집중형분포(mm)
0	0.0	-	-
2	112.3	112.3	14.0
4	153.6	41.3	15.7
6	184.5	30.9	18.2
8	210.1	25.6	22.2
10	232.3	22.2	30.9
12	252.3	20.0	112.3
14	270.5	18.2	41.3
16	287.3	16.8	25.6
18	303.0	15.7	20.0
20	317.7	14.7	16.8
22	331.7	14.0	14.7
24	345.0	13.3	13.3

2) Huff 방법

① Huff 방법의 기본

수공구조물의 설계홍수량 산정에 필요한 설계우량주상도를 결정하기 위한 Huff의 총 강우량의 시간분포방법은 Huff(1967)가 미국 Illinois주에 위치한 유역면적 400 mi^{2}까지의 다양한 하천유역에서 발생한 호우에 대해 호우기간 중에 내린 총 우량의 시간분포 양상을 분석하여 강우의 시간분포 모형을 제시한 것이다. Huff는 실제로 발생한 호우기간 중의 누가우량곡선을 관찰하여 총 강우지속기간을 4개의 등시간구간으로 나누었을 때 가장 큰 강우량이 어느 구간에서 발생하느냐에 따라 강우의 시간분포 특성을 4가지로 구분하였다. 즉, 총 강우지속기간 중 처음 1/4 구간에서 가장 큰 강우량이 발생하면 1분위 호우(一分位 豪雨, first quartile storm),

2/4 구간에서 발생하면 2분위 호우(second quartile storm), 3/4 구간에서 발생하면 3분위 호우(third quartile storm), 그리고 4/4 구간에서 발생하면 4분위 호우(fourth quartile storm)로 분류하였다.

이와 같이 강우의 시간분포형을 4개 분위로 분류한 후 각 분위에 속하는 개개 호우의 시간별 누가우량기록을 호우별 총 지속기간과 총 우량을 사용하여 다음과 같이 무차원화(無次元化)하였다.

$$PT(i) = \frac{T(i)}{TO} \times 100\% \tag{15.12}$$

$$PR(i) = \frac{R(i)}{RO} \times 100\% \tag{15.13}$$

여기서, $PT(i)$는 총 강우지속기간 TO(분)에 대한 임의시간 $T(i)$에서의 강우지속기간 백분율(%)이며, i는 단위시간 구간 수로서 통상 $i=10$을 택하며, $PR(i)$는 총 지속기간 TO 동안의 총 우량(mm)에 대한 임의시간 $T(i)$까지의 누가우량 백분율(%)이다. 따라서 식 (15.12)의 $PT(i)$와 식 (15.13)의 $PR(i)$로 그려지는 곡선은 그림 15.10(a)와 같은 무차원 강우시간분포곡선(dimensionless curve for rainfall time distribution)이 된다.

Huff는 우량관측소별로 각 분위에 속해있는 무차원화된 강우자료들을 무차원 지속기간(%)별로 무차원 강우량(%)을 Weibull의 확률도시위치공식(確率圖示位置公式, probability plotting position formula, 제13장 참조)을 사용하여 초과확률 10%, 20%, …, 90%에 해당하는 무차원 강우량(%)을 결정하여 그림 15.10(a)와 같은 강우의 무차원 시간분포(dimensionless time distribution)를 제시하였다.

② Huff 방법의 국내 적용

국내에서는 건설교통부(2000)가 전국의 69개 주요 기상청 우량관측소 지점에 대해 Huff 방법에 의한 무차원의 우량의 시간분포곡선을 유도하였으며, 그림 15.10(a)는 서울 우량관측소에 대한 유도결과이다. 그림에서 총 강우지속시간을 100%로 하고 10개 구간으로 나누어 총 강우량의 각 10%에 해당하는 시간구간에서의 강우량을 총 강우량에 대한 %로 표시하고 있다. 그림 15.10(b)는 서울 우량관측소의 1분위 호우에 대해 초과발생확률 10%, 50%, 90%되는 우량주상도를 나타내고 있으며, 이들 우량주상도 중에서 설계강우의 우량주상도를 선택하게 된다. 그림 15.10(a)의 초과확률 50%의 우량주상도는 해당분위에서 총 강우량의 절반을 초과하는 누가강우량의 시간적 분포양상을 표시하며, 90%의 우량주상도는 호우의 10% 또는 그 이하가 발생할 분포를 의미한다. 그림 15.10(a)에서 볼 수 있는 바와 같이 1분위 호우의 10%에 해당하는 분포에서는 총 강우량의 약 90%가 처음 30% 기간 동안 내린다.

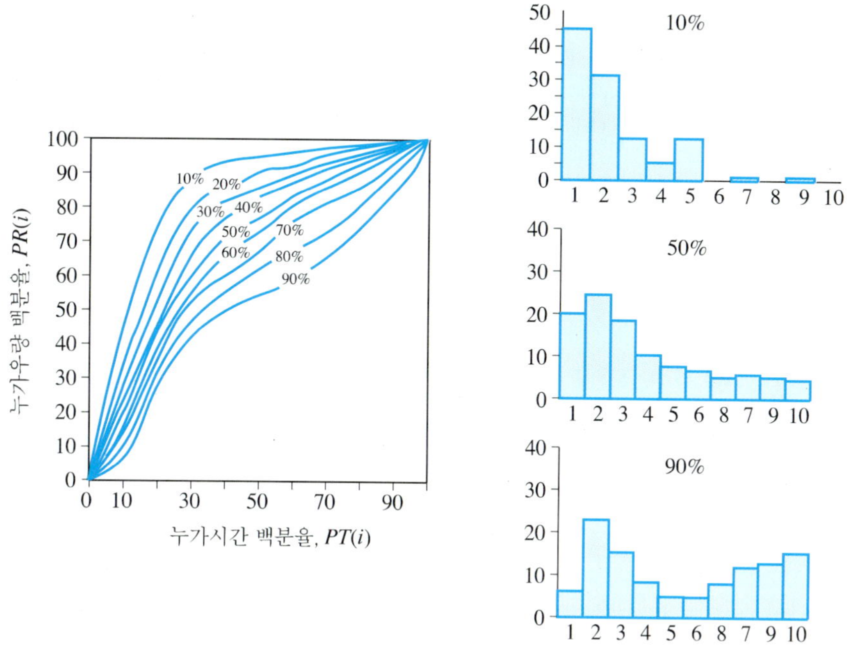

(a) 무차원 강우시간 분포곡선

(b) 초과발생확률별 우량주상도

그림 15.10 무차원 강우시간 분포곡선 및 우량주상도
(서울 우량관측소, 1분위 호우)

각 분위별로 초과발생확률 10%~90%의 9가지 분포형태가 존재하지만 첨두강우량이 해당 분위의 중심에 위치하는 초과발생확률 50%를 주로 선택하여 적용하게 된다. 표 15.16은 서울 우량관측소의 각 분위별 초과발생확률 50%에 해당하는 무차원 강우지속기간(%)별 무차원 누가강우량(%)을 표시하고 있으며, 그림 15.11은 이를 곡선들로 표시하고 있다.

일반적으로 그림 15.11과 같은 분위별 무차원 누가우량곡선은 10% 간격으로 작성되는 것이 보통이나 그러하지 않을 경우에도 정확한 보간을 위해 다음과 같은 회귀방정식을 구하여 무차

표 15.16 분위별 초과발생확률 50%에 해당하는 무차원 누가우량백분율(서울 우량관측소)

구분	무차원 강우지속기간(%)										
	0	10	20	30	40	50	60	70	80	90	100
1분위	0.0	21.0	45.2	62.5	72.4	77.8	83.6	88.0	92.9	96.9	100
2분위	0.0	4.5	12.6	26.8	50.0	69.8	82.0	90.1	94.6	97.9	100
3분위	0.0	3.8	7.9	14.3	21.6	34.2	54.3	75.7	91.1	96.9	100
4분위	0.0	3.8	7.9	11.4	16.4	22.4	28.6	37.5	56.9	83.9	100

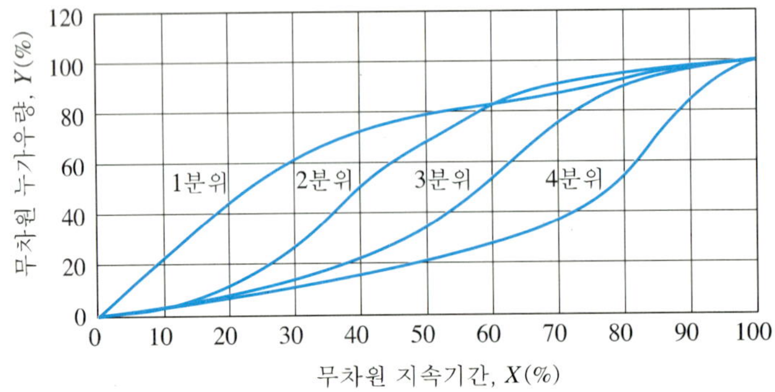

그림 15.11 분위별 초과발생확률 50%에 해당하는 무차원 누가우량곡선(서울 우량관측소)

원 강우지속기간 $X(\%)$에 따른 무차원 누가강우량 $Y(\%)$를 산정하게 된다.

$$Y = C_0 + C_1 X + C_2 X^2 + C_3 X^3 + \cdots + C_n X^n \tag{15.14}$$

여기서, C_i, $i = 0, 1, 2, \cdots, n$은 n차 다항식(polynomial equation)의 회귀상수이며, $n = 5 \sim 7$ 정도면 된다.

이와 같이 무차원 누가우량곡선이 결정되면 강우지속기간 중의 단위시간구간 i에 해당하는 무차원 누가우량(%)은 다음 식의 관계로부터 산정되며, 산정된 무차원 지속기간(%)과 무차원 누가우량(%)에 총 강우지속기간과 총 누가우량을 각각 곱하여 설계우량주상도를 얻게 된다. 즉,

$$R_i = Y_i - Y_{i-1} \tag{15.15}$$

여기서, Y_i는 i단위시간구간까지의 무차원 누가우량(%)이고, Y_{i-1}은 $(i-1)$ 단위시간구간(전 시간)까지의 무차원 누가우량(%)이며, R_i는 i단위시간구간 동안의 무차원 우량(%)이다.

③ Huff 방법에서의 호우의 분위 채택

Huff 방법에 의한 설계강우량의 시간분포는 채택하는 분위(分位)에 따라 그림 15.10(b)에서와 같이 우량주상도가 크게 달라지므로 단위도 등의 강우-유출모형으로 계산되는 유출량의 시간적 분포 및 첨두유출량의 크기에 큰 차이가 발생한다. 건설교통부(2000)에서는 우량관측소별 무차원 강우시간 분포곡선을 유도할 때 사용한 호우자료들이 어느 분위에 가장 많이 소속하는지가 분석되어 있으므로 우량관측소별 최빈분위(最頻分位)를 결정할 수 있다.

표 15.17은 서울 우량관측소의 무차원 강우시간 분포곡선을 분위별로 유도하는 데 사용한 분위별 호우사상의 수를 표시하고 있으며, 최빈분위는 전체 호우사상 수 1000개 중 283개(28.3%)

를 차지하는 1분위임을 알 수 있다.

표 15.17 무차원 강우시간 분포곡선 작성에 사용된 호우사상의 수(서울 우량관측소)

강우지속시간(hr)	1분위	2분위	3분위	4분위	계
< 6	92	83	71	63	309
7~12	85	60	77	55	277
13~18	40	44	82	20	166
19~24	25	32	35	11	103
> 25	41	51	32	21	145
계	283	270	277	170	1000

그러나 표 15.17에서 보는 바와 같이 관측소별 최빈분위는 강우지속기간에 따라 변화하며, 강우강도의 크기에 따라서도 분위가 달라지는 것으로 분석되었다. 즉, 강우강도가 분석에 사용된 호우들의 평균 강우강도보다 큰 호우를 중호우(重豪雨), 작은 호우를 경호우(輕豪雨)로 분류하였을 경우 서울 우량관측소에서의 중호우의 최빈분위는 2분위가 지배적이나 경호우의 경우는 1분위가 지배적인 것으로 분석되었다. 따라서, 서울지역의 경우 치수구조물의 설계를 위한 설계강우의 분위는 1분위보다는 2분위를 채택하는 것이 안전측일 것이라고 할 수 있다. 또 한 가지 설계호우의 분위채택시 고려해야 할 사항은 홍수량 산정에 미치는 초기손실우량의 영향이다. 즉, 홍수량 계산시 유효우량 산정방법으로 가장 많이 사용하고 있는 SCS 유효우량산정법의 경우 제1 혹은 2분위 시간분포를 사용할 경우에는 초기손실의 영향으로 설계우량주상도의 첨두부분이 낮아지기 때문에 계산되는 첨두홍수량이 작아지게 되며, 이와 같은 영향은 유역면적이 작은 유역일수록 크다. 이러한 측면에서 보면 3분위 혹은 4분위 시간분포를 채택하는 경우가 첨두홍수량이 더 크게 계산되므로 높은 설계빈도로 설계하는 수공구조물의 경우는 안전측면을 고려하여 3, 4분위 시간분포를 채택하는 것이 합리적일 수도 있다.

대부분의 중규모 이상의 수공구조물 설계시에는 대상유역 내의 여러 개 우량관측소의 자료를 사용하여 유역의 면적평균우량을 산정한 후 이를 시간 분포시킴으로써 설계우량주상도를 작성한다 함은 제15.6.3절에서 이미 설명한 바 있다. 이와 같이 대상유역 내의 여러 개 우량관측소가 동일한 Huff 분포의 최빈분위를 가지지 않을 경우 Huff 분포의 적용이 문제가 될 수 있다. 이 경우에는 각 우량관측소별 최빈분위의 Huff 분포를 적용하여 강우의 시·공간적 변화특성을 반영할 수 있도록 하여야 한다.

그러나, 유역 내 어느 특정 우량관측소의 Huff 분포의 최빈분위를 일괄적으로 적용하거나 또는 우량관측소별 최빈분위를 관측소별 유역면적을 지배인자로 하여 가중 평균하여 유역대표 Huff 분포형을 구한 후 이를 전 유역에 적용하는 것은 강우의 지역적 시간분포특성을 무시하고 동일한 시간적 분포를 가지는 강우가 유역 전체에 동시에 내리는 것으로 가정하는 것이므로 타당하지 못한 방법이라 할 수 있다.

따라서, 유역 내 우량관측소별 설계강우량에 각각 Huff의 최빈분위 시간분포를 먼저 적용하여 설계우량주상도를 작성한 후, 각 관측소별 설계우량주상도의 종거에 관측소별 Thiessen 가중치를 적용하여 유역평균 설계우량주상도를 작성해야 하며, 여기에 유역 전체에 대한 면적우량환산계수(ARF)를 곱해줌으로써 설계홍수량 계산에 사용할 최종적인 우량주상도를 작성하게 되는 것이다.

그림 15.12의 예는 위에서 설명한 바와 같이 유역 내 우량관측소 A, B, C 중에서 지배면적이 가장 큰 A관측소의 Huff 최빈분위를 전 유역에 걸쳐 적용할 경우와 각 관측소의 최빈분위를 각각 적용할 경우의 지점평균 확률강우량(면적우량환산계수를 곱하지 않은 강우량)을 Huff 방법으로 시간분포시킨 우량주상도를 표시하고 있으며, 두 경우의 강우시간분포에는 상당한 차이가 있음을 알 수 있다.

이상에서 고찰해 본 바와 같이 Huff의 강우시간분포방법은 적용측면에서 여러 가지 문제점을 안고 있으므로 현명한 공학적 판단이 필요하다 하겠다.

예제 15.5 예제 15.1의 유역에 대하여 계산된 100년 빈도의 24시간 면적확률강우량 334.5 mm를 Huff 방법으로 시간분포시켜 설계우량주상도를 그려라. 이 유역 내 대표 우량관측소는 홍천(표 15.10의 관측소 'A')이며, 호우의 최빈분위는 2분위이다. 초과발생확률 50%의 무차원 누가우량곡선을 사용하고, 강우지속기간은 10개 구간으로 나누어 적용하라.

풀이 홍천 우량관측소의 2분위, 초과발생확률 50%에 해당하는 무차원 지속기간별 무차원 누가우량은 건설교통부(2000)로부터 획득하여 표 15.18에 수록하였으며, 무차원 시간구간별 무차원 우량(%)을 산정한 후 설계면적강우량인 334.5 mm와 강우지속기간 24시간을 사용하여 실제강우지속시간(hr)별 구간강우량(mm)을 표 15.18에서와 같이 계산하였다. 그림 15.13은 설계우량주상도를 표시하고 있다.

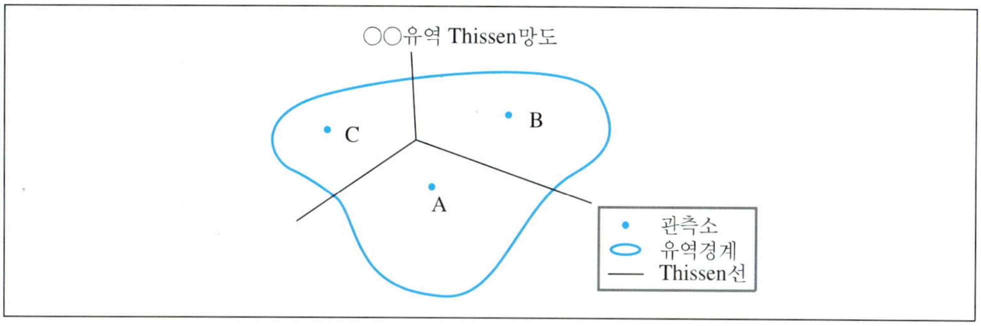

○○유역 강우관측소의 Thiessen망도

○○유역의 강우관측소별 지점 확률강우량 및 평균 확률강우량

관측소	24시간 확률강우량	지배면적 (km^2)	Thiessen 가중치	가중 확률강우량	24시간 평균 확률강우량
A관측소	435.9 mm	500	0.5	218.0 mm	422.1 mm
B관측소	395.3 mm	300	0.3	118.6 mm	
C관측소	427.4 mm	200	0.2	85.5 mm	

○○유역의 각 강우관측소별 Huff 회귀다항식 [X: 무차원 지속기간(%), Y: 무차원 누가우량(%)]

관측소	Huff 회귀다항식	분위
A관측소	$Y=-0.444X+6.773X^2-6.521X^3+1.195X^6$	2분위
B관측소	$Y=0.171X+0.203X^2+1.890X^3-1.279X^6$	3분위
C관측소	$Y=-0.139X+5.895X^2-5.855X^3+1.104X^6$	4분위

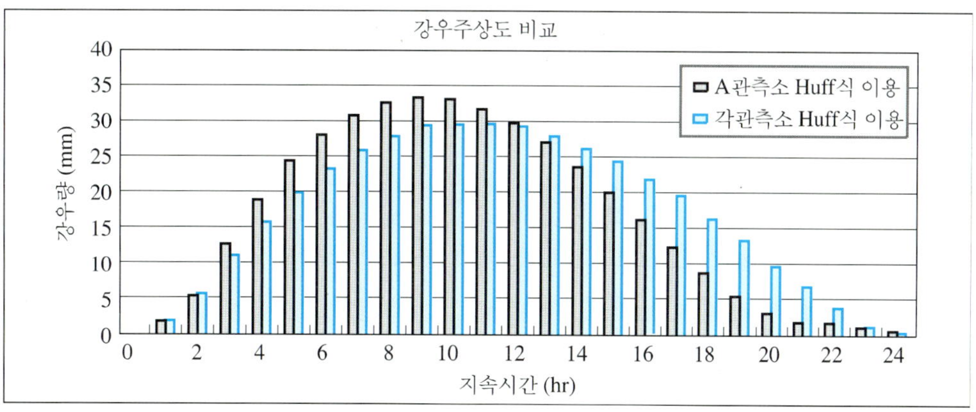

그림 15.12 관측소별 Huff식과 지배관측소의 Huff식 적용시의 유역대표 우량주상도 비교(대한토목학회, 2005)

표 15.18 Huff 방법에 의한 설계우량주상도 계산

지속기간(%)	0	10	20	30	40	50	60	70	80	90	100
누가우량(%)	0.0	4.6	12.2	29.1	47.7	65.4	80.0	89.2	93.4	96.9	100.0
구간우량(%)	0.0	4.6	7.6	16.9	18.6	17.7	14.6	9.2	4.2	3.5	3.1
지속기간(hr)	0.0	2.4	4.8	7.2	9.6	12.0	14.4	16.8	19.2	21.6	24.0
구간우량(mm)	0.0	15.4	25.4	56.5	62.2	59.2	48.8	30.8	14.1	11.7	10.4

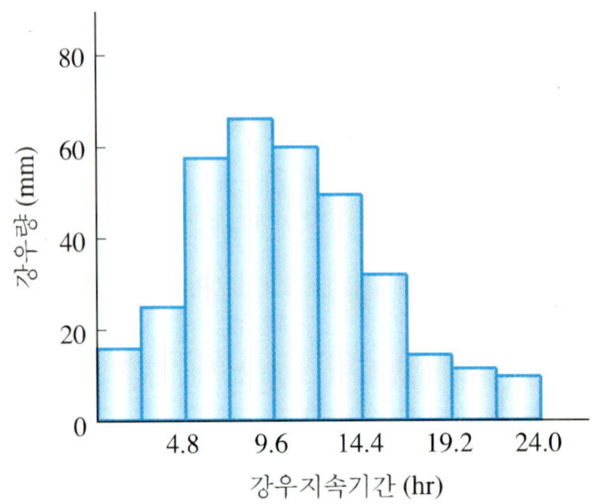

그림 15.13 Huff 방법에 의한 설계우량주상도

3) Yen-Chow 방법

이 방법은 Yen and Chow(1980)가 설계강우의 시간분포를 위해 개발한 방법으로 삼각형 우량주상도 방법(triangular hyetograph method)이라고도 부른다. 어떤 지점의 설계강우량이 R(mm)이고 강우지속기간이 t_d(hr)이면 그림 15.14의 삼각형의 면적이 R(mm)이고 밑변의 길이가 t_d(hr)인 것이므로 삼각형의 높이 h(mm/hr)는 다음과 같아진다.

$$h = \frac{2R}{t_d} \tag{15.16}$$

호우전진계수(豪雨前進係數, storm advanced coefficient) r을 다음과 같이 총 강우지속기간 t_d에 대한 첨두강우강도의 발생시각(삼각형의 꼭지점 시각)까지의 시간 t_a의 비(比)로 정의한다. 즉,

$$r = \frac{t_a}{t_d} \tag{15.17}$$

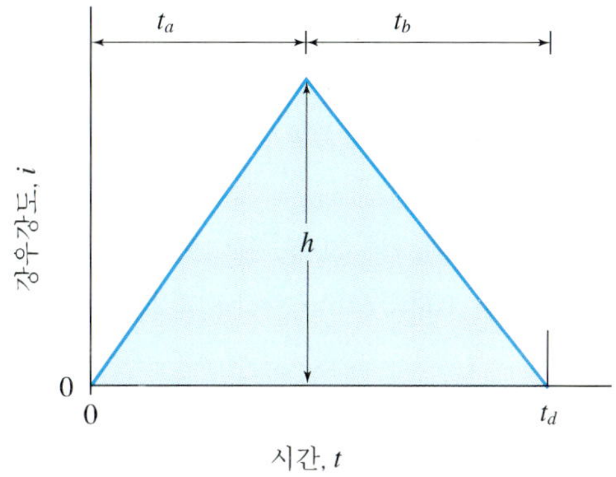

그림 15.14 삼각형 설계 우량주상도(Yen-Chow 방법)

따라서, 첨두강우강도 발생시각부터 강우종료시까지의 감소시간(recession time) t_b는 다음과 같다.

$$t_b = t_d - t_a = (1-r)t_d \tag{15.18}$$

식 (15.18)과 그림 15.14로부터 $r = 0.5$이면 첨두강우강도는 지속기간의 중앙시간에 발생하므로 중앙집중형(中央集中形)이 되고, $r < 0.5$이면 전진형(前進形), $r > 0.5$이면 지연형(遲延形)이 된다. 우량관측소 지점의 r값은 많은 호우기록으로부터 첨두강우강도 발생시간과 강우지속기간의 비를 계산하여 결정하며 표 15.19는 건설교통부(2000)가 결정한 우리나라 주요 우량관측소 지점에 대한 호우전진계수의 일부를 수록하고 있다. 표 15.19로부터 알 수 있는 바와 같이 우리나라 주요 우량관측소의 경우는 r값이 0.5 부근의 값을 가지므로 중앙집중형에 가깝다고 할 수 있다.

표 15.19 우리나라 주요 우량관측소의 호우전진계수(r)

관측소	강릉	서울	수원	대전	포항	전주	광주	부산	목포	여수
호우전진계수(r)	0.522	0.472	0.501	0.456	0.490	0.449	0.482	0.509	0.457	0.524

예제 15.6 서울 우량관측소 지점의 강우강도식[식 (3.12)]을 사용하여 재현기간 10년, 강우지속시간 30분인 설계강우량을 산정하고 Yen-Chow의 삼각형 우량주상도 방법을 사용하여 설계 우량주상도를 작성하라.

풀이 식 (3.12)로 표시되는 강우강도식을 다시 쓰면,

$$I(T,\ t) = \frac{a + b\ln\left(\dfrac{T}{t^n}\right)}{c + d\ln\left(\dfrac{\sqrt{T}}{t}\right) + \sqrt{t}} \tag{3.12}$$

식 (3.12)에 $T = 10$년, $t = 30$분, 표 3.9로부터 구한 서울지역의 단기간 호우에 대한 식 (3.12)의 회귀상수값 $a = 153.0746$, $b = 144.5254$, $c = 0.6011$, $d = 0.1562$, $n = -0.1488$을 대입하면

$$I(10,\ 30) = \frac{153.0746 + 144.5254\ln\left(\dfrac{10}{30^{-0.1488}}\right)}{0.6011 + 0.1562\ln\left(\dfrac{\sqrt{10}}{30}\right) + \sqrt{30}} = 97.6\,\text{mm/hr}$$

따라서, 10년 빈도 30분 설계강우량은

$$R = 97.6 \times 0.5 = 48.8\,\text{mm}$$

한편, $t_d = 30$분 $= 0.5\,\text{hr}$이고 표 15.19로부터 서울지역의 $r = 0.472$이므로 식 (15.16)을 사용하면

$$h = \frac{2R}{t_d} = \frac{2 \times 48.8}{0.5} = 195.2\,\text{mm/hr}$$

식 (15.17)을 사용하면

$$t_a = rt_d = 0.472 \times 0.5 = 0.296\,\text{hr} = 14.2\,\text{min.}$$

식 (15.18)을 사용하면

$$t_b = (1 - 0.472) \times 0.5 = 0.264\,\text{hr} = 15.8\,\text{min.}$$

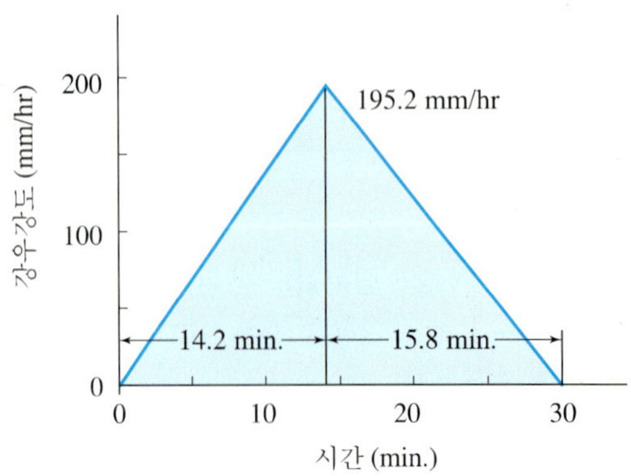

그림 15.15 삼각형 설계우량주상도(서울, 10년, 30분)

그림 15.15는 위에서 계산된 서울지역의 10년 빈도, 30분 설계강우의 삼각형 설계우량주상도를 표시하고 있다.

4) 교호블록 방법

교호블록 방법(交互블록 方法, alternating block method)은 강우강도-지속기간-발생빈도(IDF) 곡선 혹은 강우강도식을 이용하여 설계우량주상도를 작성하는 간단한 방법으로 국내에서는 Blocking 방법으로도 불리고 있으며 적용절차를 요약하면 다음과 같다.

① 총 강우지속기간 t_d를 n개의 Δt 시간구간으로 나눈다.

② 설계재현기간 T를 선택한 후 강우강도식에 의해 각 지속시간 Δt, $2\Delta t$, $3\Delta t$, …에 대한 강우강도를 계산한다(혹은 IDF 곡선으로부터 읽음).

③ ②에서 구한 강우강도에 지속시간을 곱하여 지속시간별 누가우량을 계산한다.

④ 임의지속 시간에 대한 누가우량으로부터 전 시간단계의 지속시간에 대한 누가우량을 빼어 각 시간구간 Δt에 대한 강우량을 결정한다.

⑤ 이와 같이 결정된 Δt별 강우량을 그림 15.9(b)와 같이 지속기간 t_d의 중앙에 최대 강우량이 위치하도록 재배치하고 그 다음 큰 강우량을 그 오른쪽에, 그 다음 크기는 왼쪽에 위치시키는 등 Mononobe 방법에서의 중앙집중형 배치와 동일하게 분포시킴으로써 설계우량주상도를 작성하게 된다.

이상에서 소개한 교호블록 방법에 의한 설계호우의 시간분포 방법은 연속되는 모든 지속시간에 대하여 특정 재현기간의 최대 우량조건으로 시간분포시키므로 첨두홍수량을 과다하게 산정하는 단점이 있는 것으로 알려져 있어서 소규모 유역에서의 확률강우량보다는 PMP에 적용성이 더 높은 것으로 알려져 있다.

예제 15.7 예제 15.6을 교호블록 방법에 의해 풀어라.

풀이 식 (3.12)에 $T=10$년과 서울지역 강우강도식의 회귀상수 a, b, c, d 및 n값을 대입하면

$$I(10,\, t) = \frac{153.0746 + 144.5254\ln\left(\dfrac{10}{t^{-0.1488}}\right)}{0.6011 + 0.1562\ln\left(\dfrac{\sqrt{10}}{t}\right) + \sqrt{t}} \tag{a}$$

여기서, t는 지속시간(min.)이다.

전술한 바 교호블록 방법의 적용절차에 의한 계산결과는 표 15.20에 정리하였으며 계산란별 설명은 다음과 같다.

표 15.20 교호블록 방법에 의한 설계우량주상도 계산

(1) 지속시간 t (min.)	(2) 강우강도 (mm/hr)	(3) 누가우량 (mm)	(4) 시간구간별 우량(mm)	(5) 재배치 시간 구간(min.)	(6) 재배치 시간구간별 우량 (mm)
5	188.2	15.7	15.7	0-5	5.5
10	149.4	24.9	9.2	5-10	7.3
15	128.6	32.2	7.3	10-15	15.7
20	115.0	38.3	6.1	15-20	9.2
25	105.2	43.8	5.5	20-25	6.1
30	97.6	48.8	5.0	25-30	5.0

(1)란: 총 강우지속기간 t_d를 6개의 5분 시간간격($\Delta t = 5\,\text{min.}$)으로 나누었음.

(2)란: 식 (a)에 지속시간 t를 대입하여 강우강도(mm/hr)를 계산.

(3)란: (2)란의 강우강도에 (1)란의 지속시간을 곱하여 누가우량을 계산.

(4)란: 임의지속 시간에 대한 누가우량으로부터 전 시간단계의 지속시간에 대한 누가우량을 빼어 각 시간구간에 대한 강우량을 계산

(5)란: 시간구간별 우량의 재배치를 위한 시간구간 설정

(6)란: 설계우량주상도의 종거값[(4)란 값의 중앙집중형 배치]

그림 15.16은 표 15.20의 (5)란과 (6)란의 값으로 설계우량주상도를 작도한 것이며, 예제 15.6에서 계산된 삼각형 설계우량주상도를 중첩시켜 표시하였으며, 두 시간분포가 상당히 비슷함을 알 수 있다.

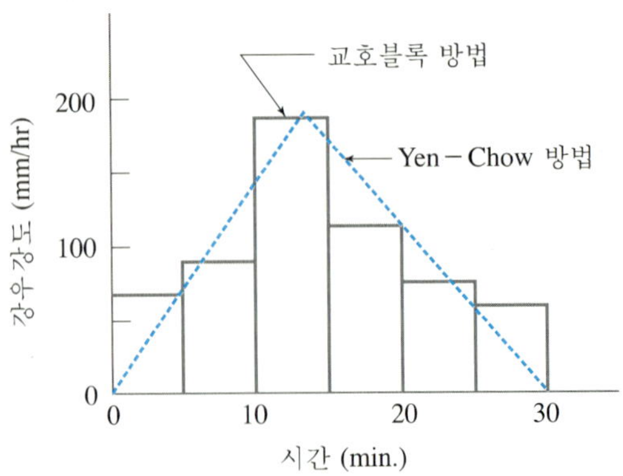

그림 15.16 설계우량주상도(서울, 10년-30분 설계우량)

15.6.6 가능최대 강수량의 시간분포

지금까지 살펴본 확률강우량의 시간분포방법들은 실제로 발생한 호우자료를 사용하여 시간 분포특성을 확률통계적으로 분석하여 제시된 것이나 PMP의 경우는 발생한 자료기록이 없으므로 확률강우량의 경우처럼 시간분포 모형의 제시가 쉽지 않다.

따라서, 현재 수문실무에서는 앞에서 소개한 Huff 방법, Mononobe 방법, 그리고 교호블록 방법 등을 PMP의 시간분포 모형으로 사용하고 있다.

한편, 미국 육군공병단의 수문공학연구소(Hydrologic Engineering Center, HEC)에서 개발한 HEC-1 Flood Hydrograph Package(HEC, 1987)에서 적용하고 있는 미국기상청(U.S. National Weather Service, NWS)의 PMP 시간분포방법인 NWS 시간분포방법을 소개하면 다음과 같다.

① 48시간 PMP의 24시간 구간별 비율은 다음과 같이 정한다.

$$R24\,\mathrm{HR}(1) = 1 - \frac{\mathrm{PMP}\ 24}{\mathrm{PMP}\ 48} \tag{15.19}$$

$$R24\,\mathrm{HR}(2) = \frac{\mathrm{PMP}\ 24}{\mathrm{PMP}\ 48} \tag{15.20}$$

여기서, PMP 24와 PMP 48은 각각 24시간 및 48시간 PMP(mm)이며, $R24\,\mathrm{HR}(1)$과 $R24\,\mathrm{HR}(2)$는 각각 처음 24시간과 다음 24시간에 분포되는 PMP의 비율이다.

② 24시간 PMP의 6시간 구간별 비율은 다음과 같다.

$$R6\,\mathrm{HR}(1) = 0.4 \times \frac{(\mathrm{PMP}\ 24 - \mathrm{PMP}\ 12)}{\mathrm{PMP}\ 24} \tag{15.21}$$

$$R6\,\mathrm{HR}(2) = \frac{\mathrm{PMP}\ 12 - \mathrm{PMP}\ 6}{\mathrm{PMP}\ 24} \tag{15.22}$$

$$R6\,\mathrm{HR}(3) = \frac{\mathrm{PMP}\ 6}{\mathrm{PMP}\ 24} \tag{15.23}$$

$$R6\,\mathrm{HR}(4) = 0.6 \times \frac{(\mathrm{PMP}\ 24 - \mathrm{PMP}\ 12)}{\mathrm{PMP}\ 24} \tag{15.24}$$

여기서, PMP 6과 PMP 12는 각각 6시간 및 12시간 PMP(mm)이며, $R6\,\mathrm{HR}(1) \sim R6\,\mathrm{HR}(4)$는 처음 6시간 구간에서부터 네 번째 6시간 구간에 분포되는 PMP의 비율을 표시한다.

③ 6시간 PMP의 1시간 구간별 비율은 default값으로 10, 12, 15, 38, 14, 11%로 분포시키도록 추천되고 있다(U.S. Department of the Army, 1965).

이상에서 소개한 PMP의 시간분포를 위한 NWS 방법은 이론적인 근거는 없으나 미국의 수문실무에서 흔히 사용되고 있는 방법이다. 따라서, PMP의 시간분포는 확률강우량의 시간분포 결정에 사용되는 Huff 방법, Mononobe 방법 및 교호블록 방법 등과 함께 NWS 방법 등을 적용하여 가장 큰 설계홍수량을 발생시키는 방법을 채택하는 것이 치수측면에서 안전측이라 할 수 있겠다.

15.6.7 설계강우의 지속기간 설정

수공구조물의 설계홍수량 산정에 있어서 설계강우의 지속기간 설정은 구조물의 크기(size) 결정에 결정적인 영향을 미치므로 대상유역의 크기, 강우지속기간의 특성, 홍수유출형태, 수공구조물의 종류 등을 종합적으로 고려하여 결정하여야 한다. 종래에는 설계강우의 지속기간은 홍수도달시간(혹은 유역의 집중시간)을 기준으로 설정해 왔는데, 이는 일정강도의 강우가 유역의 도달시간까지 계속되면 유역의 최원점(最遠点)으로부터 유역출구(流域出口, watershed outlet)까지 홍수가 도달하여 첨두홍수량이 발생한다는 물리적 개념에 근거한 것이다.

그러나, 실제 유역에서 발생하는 호우의 경우 강우강도는 시간에 따라 변동하며, 이를 반영하는 설계우량주상도는 설정하는 강우지속기간에 따라 동일 설계빈도에서도 계산되는 첨두홍수량의 크기는 큰 차이를 보이게 된다. 홍수유출 측면에서 보면 첨두홍수량은 집중시간이 짧은 소규모 유역에서는 호우의 첨두강우강도에 의해 지배되나 집중시간이 긴 대규모 유역에서는 첨두강우강도보다는 주로 강우용적(총 우량)에 의해 결정되는 것으로 알려져 있다.

따라서, 최근의 수문실무에서는 수공구조물의 안전을 위하여 설계홍수량의 산정시 수공구조물의 설계 또는 계획의 목적에 따라 설계강우량의 지속기간으로 다음과 같이 정의되는 임계지속기간(臨界持續期間, critical duration)을 사용하고 있다.

① 홍수소통용(疏通用) 수공구조물(하천제방, 도로암거, 도시우수관망 등)의 경우는 설계강우량의 지속기간 중 가장 큰 첨두홍수량을 발생시키는 강우지속기간
② 홍수저류용(貯溜用) 수공구조물(댐, 홍수조절지, 저류지 등)의 경우는 저류용 구조물로 유입하는 홍수용적 혹은 저수위(貯水位)가 최대가 되는 강우지속기간

따라서, 설계홍수량 산정을 위한 임계지속기간은 여러 개의 가정된 강우지속기간의 설계강우량을 시간분포시켜 강우-유출관계 모형에 의해 홍수수문곡선을 계산하여 결정한다. 그림

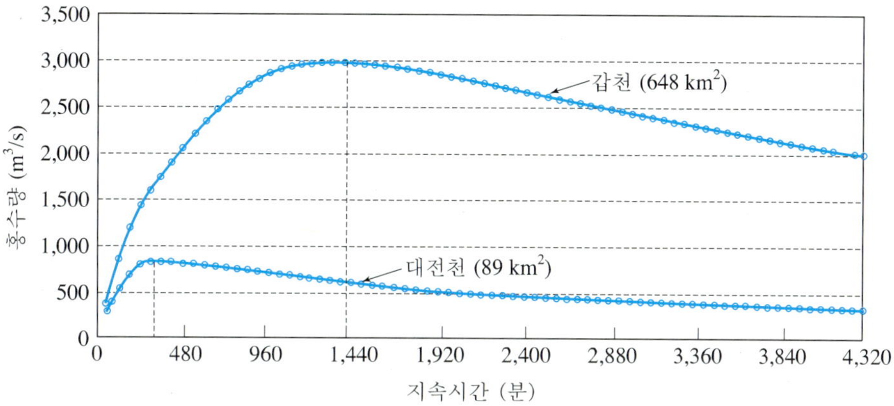

그림 15.17 강우지속기간에 따른 100년 빈도 홍수량

15.17은 홍수소통용 수공구조물인 제방설계를 위한 금강수계 내 갑천과 대전천의 100년 빈도 홍수량 산정을 위한 임계지속기간을 결정하기 위해 여러 강우지속기간에 대한 설계홍수수문곡선을 계산한 결과를 비교하고 있으며, 그림 15.17로부터 갑천과 대전천의 임계지속기간은 각각 1,440분과 420분 정도임을 알 수 있다(「금강유역종합치수계획보고서」, 건설교통부, 2007).

15.7 소규모 수공구조물의 설계홍수량 산정방법

소규모 수공구조물(minor hydraulic structure)은 제7.10절에서 소개한 바와 같이 유역면적이 비교적 작은 소규모 유역으로부터의 홍수를 배제하기 위한 구조물이다. 소규모 유역에서는 강우가 시간적 및 공간적으로 균일하게 내리는 것으로 볼 수 있으며, 일반적으로 강우지속기간이 유역의 집중시간(time of concentration)보다 길고 표면류(表面流, overland flow)의 영향을 많이 받으며, 유역의 토지이용상태가 유출에 지배적인 영향을 미친다. 이와 같은 특성을 가지는 소규모 유역에 설치되는 도로 및 철도의 배수암거라든지, 비행장 배수시설, 도시배수시설, 방재용 홍수저류지(洪水貯溜池 , flood detention pond) 등의 소규모 수공구조물의 설계홍수량을 산정하는 방법에는 자연하천유역에서 경험적으로 유도된 단순홍수량 산정공식(單純洪水量 算定公式)과 도시지역의 첨두홍수량 산정에 사용되는 합리식(合理式), 그리고 단위유량도법(單位流量圖法) 등이 있다. 소규모 유역의 경우는 대부분 첨두홍수량 자료계열의 획득이 거의 불가능하므로 빈도해석방법(제13장)에 의해 설계홍수량을 산정하는 경우는 드물다.

15.7.1 단순홍수량 산정공식의 적용

이 방법은 자연하천유역에서 경험적으로 유도된 단순홍수량 산정공식에 의해 유역으로부터의 첨두홍수량(尖頭洪水量, peak flood discharge)을 산정하는 방법으로 첨두홍수량을 유역면적, 유로연장 혹은 유역경사 등의 항으로 표시하는 것이다. 대표적인 공식으로는 제7.11.4절 「기타 첨두홍수량 산정공식」에서 소개한 Meyer형의 홍수량 공식에 속하는 공식들로서 국내 실무에서 사용된 적이 있는 가지야마(Kajiyama) 공식 및 수정 가지야마 공식과 건설부의 비홍수량 공식(比洪水量 公式) 등이 있으며, 소규모 구조물의 설계홍수량을 산정하는 데 사용된다.

15.7.2 합리식의 적용

제7.11.1절과 제11.4.1절에서 소개한 바 있는 합리식(rational formula)은 실제와는 다른 몇 가지 가정을 전제로 한다는 약점은 있으나 방법의 간편성 때문에 소규모 도시하천유역으로부터의 설계홍수량 산정에 아직까지도 사용되고 있다. 이 방법은 주로 비행장의 배수설계라든가 도시 우수관망(urban storm drainage systems)의 설계 등 포장된 소유역에 적용하면 만족할 만한 결과를 얻을 수 있으나 유역면적이 크거나 농경지 등에는 좀처럼 좋은 결과를 기대하기 힘들다.

비행장의 배수시설은 지표수를 배제시킴으로써 비행장 내의 침수로 인한 교통장애를 최소한으로 줄이자는 데 그 목적이 있으며 전 배수망은 다음 몇 가지의 기능을 수행할 수 있도록 설계된다. (1) 비행장 내에 지표수를 집수하여 우수거를 통해 외부로 배수하고, (2) 과잉지하수를 제거하며, (3) 지하수위를 강하시키고, (4) 비행장 주위의 모든 사면으로부터의 침식을 방지할 수 있도록 설계되어야 한다. 합리식은 (1)의 문제해결을 위해 적용되는 것으로 배수설계를 위한 첨두홍수량의 계산은 그 지역에서 획득된 I-D-F 곡선(제3장)과 지형상세도를 이용하여 실행한다. 계획된 전 배수망을 지형도상에 우선 표시한 후 여러 개의 소구역으로 나누고, 주 관거(主 管渠, main storm sewer)와 측거(側渠, lateral storm sewer) 및 흐름의 방향, 비행장 표면의 경사, 지표수 유입구(inlet) 등을 표시한 후 각 소구역에 대한 유출계수 C값 및 각 유입구로의 도달시간, 관거 내의 홍수 통과시간(travel time) 등을 결정하여 I-D-F 곡선으로부터 설계강우강도를 선택하면 식 (7.61)에 의해 설계홍수량을 각 관거별로 차례차례 결정해 나갈 수 있다.

도시 우수관망의 배수설계는 비행장의 배수설계보다 일반적으로 복잡하나 합리식의 적용방법은 비행장의 배수설계와 비슷하다. 구체적인 방법은 제7.11.1절에 소개한 바 있으므로 되풀이 하지 않기로 한다.

이외에도 도시 우수관망의 설계홍수량 결정방법에는 제9.7.3절에서 소개한 바 있는 RRL 방법과 같은 유역 홍수추적법이 있으며, 관거 내의 부정부등류의 연속방정식 및 운동방정식을 적절한 초기조건 및 경계조건을 사용하여 수치해석적으로 푸는 수리학적 홍수추적법(제10장)도 있다. 특히, 수리학적 홍수추적 방법은 고속전자 계산기의 등장으로 도시 우수관망의 자동설계를 위해 사용되고 있으며 제11장 및 제12장에서 소개한 바 있는 확정론적 수문모의모형인 ILLUDAS와 SWMM은 설계홍수량의 결정으로부터 관망의 수리학적 설계까지를 자동화하기 위해 개발된 Computer Program이다.

합리식은 방법 자체가 전제로 하는 몇 가지 가정 때문에 주로 포장된 도시지역의 소유역 면적에 주로 사용되나 우리나라 실무에서 소규모 자연하천유역의 개략적인 설계홍수량 산정을 위해서도 적용되어 왔다. 이 방법에서는 근본적으로 식 (7.61)의 관계를 사용하나 설계강우 강도(I)를 다음과 같은 모노노베형 공식(Mononobe型 公式)으로부터 결정하고 자연하천 유역에 대한 유출계수로 표 15.21의 값을 사용한다. 즉

$$I = \frac{R_{24}}{24}\left(\frac{24}{t_c}\right)^{2/3} \tag{15.25}$$

여기서, R_{24}는 유역의 24시간 최대우량(mm)이며, t_c는 유역의 집중시간 혹은 홍수도달시간(hr)으로서 하천의 상류부에 대해서는 Rziha 공식[식 (7.73)], 중하류부에 대해서는 Kraven-I 혹은 II 공식[식 (7.74) 및 (7.75)]을 사용하여 계산한다. 식 (15.25)에서 R_{24}로 24시간 확률강우량(mm)을 사용하면 I는 확률강우강도(mm/hr)로 계산된다.

표 15.21 합리식의 유출계수 C(자연하천유역)

유역상태	C
급경사 산지(山地)	0.75~0.90
기복이 있는 토지와 수림	0.50~0.75
평탄한 전지(田地)	0.45~0.60
관개 중의 답지(畓地)	0.70~0.80
산지 하천	0.75~0.85
평지 하천	0.45~0.75
유역의 반 이상이 평지인 대하천	0.50~0.75

15.7.3 단위유량도법의 적용

앞에서 소개한 소유역의 첨두홍수량(설계홍수량) 산정을 위한 단순홍수량 공식이나 합리식 등은 설계홍수량의 시간적인 분포는 알 수 없고 첨두홍수량만을 산정하게 된다. 도로나 철도의 암거라든지 도시배수시설, 소규모 하천의 제방 등의 소규모 수공구조물은 홍수를 하류로 신속하게 소통시키기 위한 구조물이므로 첨두홍수량만 결정되면 구조물의 수리학적 설계로 구조물의 크기를 결정할 수 있다. 그러나, 방재용 소규모 홍수저류지 등과 같이 홍수를 저류시켜 하류의 홍수크기를 감소시키고자 하는 소규모 저류용 구조물의 경우에는 첨두홍수량뿐만 아니라 완전한 홍수수문곡선의 계산이 필요하며, 이를 위해서는 단위유량도법의 적용이 필요하다.

설계홍수량 산정을 위한 단위유량도법의 적용은 설계대상유역의 규모에 따라 유출특성이 달라지기 때문에 유출계산 방법에도 다소 차이가 있다. NRCC(1989)는 유역의 규모에 따른 강우특성과 유출특성을 고려하여 설계홍수수문곡선의 결정을 위한 유출계산방법을 표 15.22에서와 같이 요약하였다.

표 15.22 유역규모의 분류기준

구분	소규모 유역	중규모 유역	대규모 유역
유역면적	25 km^2 이하	25~250 km^2	250 km^2 이상
강우강도	일정	변화	변화
강우분포	균일	균일	변화
유출형태	지표면유출 하도저류무시	지표면, 하도유출 하도저류무시	지표면, 하도유출 하도저류효과 감안
유출계산방법	합리식, 단위도법	단위도법	단위도법 (홍수추적 및 합성)

소규모 유역은 유역면적이 약 25 km^2(약 10 mi^2) 이하인 유역으로 강우강도는 강우지속기간 동안 일정하며 강우의 시간분포 또한 균일하다고 볼 수 있으며, 유출형태는 지표면 유출이 지배적이고 하도저류는 무시할 수 있어서 단순홍수량 공식, 합리식 혹은 단위유량도법 등을 사용할 수 있다. 중규모 유역은 유역면적 25~250 km^2의 유역으로 강우강도는 공간적으로 변화하나 강우의 시간분포는 균일하다고 보며 유출의 형태는 지표면 및 하도유출로 구성되나 하도저류효과는 무시할 수 있어서 홍수추적 계산 없이 단위유량도법으로 설계홍수수문곡선을 계산할 수 있다.

한편, 대규모 유역은 유역면적이 250 km^2 이상의 유역으로 강우강도가 공간적으로 변화하며, 강우분포도 시간적으로 변화하는 것으로 볼 수 있고, 유출의 형태는 지표 및 하도유출로 구성되며 하도의 저류효과도 고려해주어야 한다. 따라서, 유출계산은 전체 유역을 적절한 개수의 소유역과 하도구간으로 분할하여 소유역에 단위유량도를 적용하고 하도구간에서는 홍수추적을 축차적으로 행하여 수문곡선을 합성해 나가야 한다.

이상에서 살펴본 표 15.22의 유역규모별 강우 및 유출특성과 유출계산방법은 어디까지나 경험적인 내용을 정리한 것이라 할 수 있으며, 특히, 유역의 규모를 구분하는 면적의 크기는 이론적 근거에 의한 것이 아니므로 상당한 진폭을 허용해야 할 것이다. 또한, 표 15.22에서 볼 수 있는 바와 같이 단위유량도에 의한 유출계산방법은 소규모, 중규모 및 대규모 유역에 모두 적용할 수 있다. 그러나, 소규모 유역에 대해서는 유역을 몇 개의 소유역으로 분할하지 않고 한 개의 단일유역으로 보아 단위유량도를 적용할 수 있으나, 중규모 유역의 경우는 한 개의 단일유역으로 취급하거나, 혹은 몇 개의 소유역으로 분할하여 단위도의 적용과 홍수추적계산까지도 행할 수 있다.

한편, 대규모 유역의 경우는 유역면적이 커서 단위유량도의 기본 가정을 벗어나는 강우-유출관계가 예상되므로 전체 유역을 적정한 개수의 소유역과 하도구간으로 나누어 단위유량도의 적용과 하도추적계산을 병행하여 수문곡선을 합성해 나가는 것이 타당한 방법이라 하겠다.

따라서, 소규모 수공구조물의 설계홍수량 산정을 위한 단위유량도법은 설계대상유역을 한 개의 단일유역으로 취급하여 유역을 대표하는 단위유량도를 적용하게 된다.

즉, 선택된 설계재현기간에 해당하는 설계강우량을 결정하고 이를 시간분포시킨 후 유효우량을 산정하여 단위유량도를 적용함으로써 완전한 홍수수문곡선을 계산하는 방법으로 제8장에서 상세하게 살펴본 바 있으며, 그 계산절차를 간략하게 다시 요약정리하면 다음과 같다.

1) 수공구조물의 중요도에 따라 설계재현기간을 선택한다(제15.5절).
2) I-D-F 관계곡선 혹은 강우강도식, DAD 곡선 등을 이용하거나(제3장) 연 최대치 우량자료 계열을 빈도해석하여 설계강우량을 결정한다(제13장).
3) 설계강우량의 시간분포를 결정하여 설계우량주상도(設計雨量柱狀圖, design rainfall hyetograph)를 작성한다(제15.6.5절).
4) US/SCS의 유효우량산정법에 의해 시간구간별 유효우량을 산정하여 설계유효우량주상도를 작성한다(제5장).
5) 유역의 단위유량도 혹은 합성단위유량도를 유도한다(제8장).

6) 4)의 설계유효우량주상도에 5)의 단위유량도를 적용하여 직접 홍수수문곡선을 계산한다 (제8장).

7) 직접 홍수수문곡선에 기저유량을 더하여 설계홍수수문곡선(設計洪水水文曲線, design flood hydrograph)을 계산한다(제8장).

예제 15.8 인천시 남동공업단지로 유입되는 승기천 유역의 면적은 29.8 km^2이며 유로연장은 12.5 km, 평균경사는 1/525이다. 이 유역은 소규모 유역으로 분류할 수 있으며, 이 유역의 재현기간 100년인 24시간 우량은 307 mm로 추정되었고 Clark 방법으로 유도된 지속기간 30분인 단위도의 종거는 표 15.23과 같다. 다음의 방법으로 소규모 수공구조물인 하천제방의 개수를 위한 100년 빈도 계획홍수량을 구하라. 기저유량은 5 m^3/sec로 일정하다고 가정하라.

1) 수정 가지야마 공식(제7.11.4절)

2) 합리식의 자연하천유역 적용(제15.7.2절)

3) 단위유량도법의 적용(제15.7.3절)

표 15.23 30분 단위유량도(승기천 유역)

시간(hr)	단위도종거(m^3/sec)	시간(hr)	단위도종거(m^3/sec)	시간(hr)	단위도종거(m^3/sec)
0	0.5	5.5	8.1	11.0	1.3
0.5	2.4	6.0	6.9	11.5	1.1
1.0	6.6	6.5	5.8	12.0	0.9
1.5	13.1	7.0	4.9	12.5	0.8
2.0	18.7	7.5	4.1	13.0	0.7
2.5	20.6	8.0	3.5	13.5	0.6
3.0	18.9	8.5	3.0	14.0	0.5
3.5	16.0	9.0	2.5	14.5	0.4
4.0	13.5	9.5	2.1	15.0	0.3
4.5	11.4	10.0	1.8	15.5	0.3
5.0	9.6	10.5	1.5	16.0	0.2

풀이 1) 수정 가지야마(Kajiyama, 梶山) 공식

$A < 42.9\,km^2$이므로 식 (7.82)를 사용해야 한다. 식 (7.82)에 $r_{100} = 307\,mm$, $A = 29.8\,km^2$, $L = 12.5\,km$, 그리고 유출이 비교적 적은 유역으로 보아 $F = 0.0067$을 대입하면

$$Q_{100} = 0.0067 \times (310 + 307) \times \left[4 + \frac{29.8}{(12.5)^2}\right] \times (29.8)^{1.016 - 0.1135 \log_{10} A}$$
$$= 308.87\,\mathrm{m^3/sec}$$

2) 합리식의 자연하천유역 적용

도시지역이 아닌 자연하천유역이므로 식 (15.25)로 설계강우강도 I_{100}을 계산해야 된다. 유역의 홍수 도달시간을 Kraven(I) 공식으로 계산하면

$$t_c = 0.444 \frac{12.5}{\left(\frac{1}{525}\right)^{0.515}} = 139.69\,\mathrm{min.} = 2.33\,\mathrm{hrs}$$

따라서, 식 (15.25)에 의하면

$$I_{100} = \frac{307}{24} \times \left(\frac{24}{2.33}\right)^{2/3} = 60.56\,\mathrm{mm/hr}$$

유역의 현상태는 평탄한 전지(田地)로 분류할 수 있으므로 표 15.21의 중앙값을 택하면 유출계수 $C = 0.525$이다. 합리식[식 (7.61)]에 위의 값을 대입하면

$$Q_{100} = 0.2778 \times 0.525 \times 60.56 \times 29.8 = 263.20\,\mathrm{m^3/sec}$$

3) 단위유량도법

가) 본 유역은 홍수도달시간 $t_c = 2.33\,\mathrm{hrs}$인 소유역이므로 인천지방의 강우강도-지속기간-재현기간 관계로부터 확률강우량을 결정해야 한다. 인천지방의 I-D-F 곡선으로부터 재현기간 100년에 해당하는 지속기간 2.5시간인 강우강도를 구하면 $I_{100} = 72.0\,\mathrm{mm/hr}$이므로 100년 빈도의 강우량 $R_{100} = 72.0 \times 2.5 = 180.0\,\mathrm{mm}$이다.

나) 설계우량주상도의 작성을 위해 시간분포형으로 Mononobe의 분포식[식 (15.25)]을 사용하여 t시까지의 누가우량(累加雨量)을 표시하면,

$$R_t = \frac{180}{2.5}\left(\frac{2.5}{t}\right)^{2/3} \times t \qquad \text{(a)}$$

식 (a)에서 t는 0.5 hr 간격의 0.5 hr~2.5 hr까지의 시간이며, R_t는 t시까지의 누가우량(mm)으로 다음과 같다.

$$R_{0.5} = 105.26 \quad R_{1.0} = 132.63 \quad R_{1.5} = 151.82 \quad R_{2.0} = 167.10 \quad R_{2.5} = 180.00$$

따라서, 0.5 hr 구간별 우량(mm)은

$$R_{0 \sim 0.5} = 105.26 \quad R_{0.5 \sim 1.0} = 27.37 \quad R_{1.0 \sim 1.5} = 19.19$$

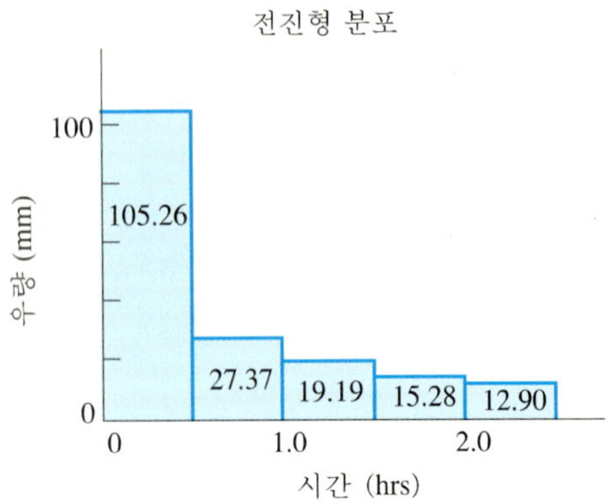

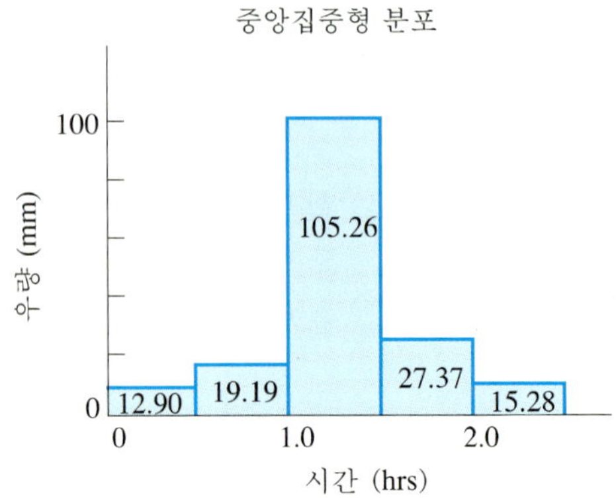

그림 15.18 총 우량의 시간분포

$$R_{1.5\sim2.0} = 15.28 \quad R_{2.0\sim2.5} = 12.90$$

이와 같이 계산된 0.5시간 구간별 우량을 전진형과 중앙집중형으로 배치해 보면 그림 15.18과 같다.

다) SCS 방법에 의해 유효우량을 계산하기 위해서는 유역의 토양-피복형 및 AMC 조건에 따라 유출곡선지수 CN을 결정해야 하나 본 유역의 경우는 AMC-III 조건하에 CN=80이라 생각하고 계산하기로 한다.

식 (5.31)에 의하면

$$S = \frac{25,400}{80} - 254 = 63.5\,\text{mm}$$

따라서, 식 (5.30)에 의해 0.5시간 단위 누가우량별 누가유효우량을 다음 식으로 계산할 수 있으며 계산된 시간구간별 유효우량과 함께 표 15.24 및 표 15.25에 수록하였다.

$$Q = \frac{(P - 0.2 \times 63.5)^2}{P + 0.8 \times 63.5} = \frac{(P - 12.7)^2}{P + 50.8} \tag{b}$$

표 15.24 시간구간별 유효우량의 계산(전진형)

시간구간(hr)	0~0.5	0.5~1.0	1.0~1.5	1.5~2.0	2.0~2.5
누가우량, P(mm)	105.26	132.63	151.82	167.10	180.00
누가유효우량, Q(mm)	54.90	78.41	95.52	109.41	121.27
시간구간 유효우량(mm)	54.90	23.51	17.11	13.89	11.81

표 15.26 설계 홍수수문곡선의 합성(전진형)

시간 (hr)	U.G. (m^3/sec)	U.G.× 5.490	U.G.× 2.351	U.G.× 1.711	U.G.× 1.389	U.G.× 1.186	기저유량 (m^3/sec)	총 유량 (m^3/sec)
0.0	0.00	0.00	0.00	0.00	0.00	0.00	5	5.00
0.5	0.50	2.75	0.00	0.00	0.00	0.00	5	7.75
1.0	2.40	13.18	1.18	0.00	0.00	0.00	5	19.35
1.5	6.60	36.23	5.64	0.86	0.00	0.00	5	47.73
2.0	13.10	71.92	15.52	4.11	0.69	0.00	5	97.24
2.5	18.70	102.66	30.80	11.29	0.33	0.59	5	153.68
3.0	20.60	113.09	43.96	22.41	9.17	2.85	5	196.49
3.5	18.90	103.76	48.43	31.00	18.20	7.83	5	215.21
4.0	16.00	87.84	44.43	35.25	25.97	15.54	5	214.03
4.5	13.50	74.12	37.62	32.34	28.61	22.18	5	199.86
5.0	11.40	62.59	31.74	27.38	26.25	24.43	5	177.38
5.5	9.60	52.70	26.80	23.10	22.22	22.42	5	152.24
6.0	8.10	44.47	22.57	19.51	18.75	18.98	5	129.27
6.5	6.90	37.88	19.04	16.43	15.83	16.01	5	110.20
7.0	5.80	31.84	16.22	13.86	13.33	13.52	5	93.78
7.5	4.90	26.90	13.64	11.81	11.25	11.39	5	79.98
8.0	4.10	22.51	11.52	9.92	9.58	9.61	5	68.14
8.5	3.50	19.22	9.64	8.38	8.06	8.18	5	58.48
9.0	3.00	16.47	8.23	7.02	6.81	6.88	5	50.40
9.5	2.50	13.73	7.05	5.99	5.69	5.81	5	43.27
10.0	2.10	11.53	5.88	5.13	4.86	4.86	5	37.26
10.5	1.80	9.88	4.94	4.28	4.17	4.15	5	32.41
11.0	1.50	8.23	4.23	3.59	3.47	3.56	5	28.09
11.5	1.30	7.14	3.53	3.08	2.92	2.97	5	24.63
12.0	1.10	6.04	3.06	2.57	2.50	2.49	5	21.65
12.5	0.90	4.94	2.59	2.22	2.08	2.13	5	18.97
13.0	0.80	4.39	2.12	1.88	1.81	1.78	5	16.97
13.5	0.70	3.84	1.88	1.54	1.53	1.54	5	15.33
14.0	0.60	3.29	1.65	1.37	1.25	1.30	5	13.86
14.5	0.50	2.75	1.41	1.20	1.11	1.07	5	12.53
15.0	0.40	2.20	1.18	1.03	0.97	0.95	5	11.32
15.5	0.30	1.65	0.94	0.86	0.83	0.83	5	10.11
16.0	0.30	1.65	0.71	0.68	0.69	0.71	5	9.44
16.5	0.20	1.10	0.71	0.51	0.56	0.59	5	8.47
17.0	0.00	0.00	0.47	0.51	0.42	0.47	5	6.87
17.5	0.00	0.00	0.00	0.34	0.42	0.36	5	6.11
18.0	0.00	0.00	0.00	0.00	0.28	0.36	5	5.63
18.5	0.00	0.00	0.00	0.00	0.00	0.24	5	5.24

주: U.G.=단위도의 종거

표 15.27 설계 홍수수문곡선의 합성(중앙집중형)

시간 (hr)	U.G. (m^3/sec)	U.G.× 0.0	U.G.× 0.454	U.G.× 7.804	U.G.× 2.465	U.G.× 2.004	기저유량 (m^3/sec)	총 유량 (m^3/sec)
0.0	0.00	0.00	0.00	0.00	0.00	0.00	5	5.00
0.5	0.50	0.00	0.00	0.00	0.00	0.00	5	5.00
1.0	2.40	0.00	0.23	0.00	0.00	0.00	5	5.23
1.5	6.60	0.00	1.09	3.90	0.00	0.00	5	9.99
2.0	13.10	0.00	2.00	18.73	1.23	0.00	5	27.96
2.5	18.70	0.00	5.95	51.51	5.92	1.00	5	69.37
3.0	20.60	0.00	8.49	102.23	16.27	4.81	5	136.80
3.5	18.90	0.00	9.35	145.93	32.29	13.23	5	205.81
4.0	16.00	0.00	8.58	160.76	46.10	26.25	5	246.69
4.5	13.50	0.00	7.26	147.50	50.78	37.47	5	248.01
5.0	11.40	0.00	6.13	124.86	46.59	41.28	5	223.86
5.5	9.60	0.00	5.18	105.35	39.44	37.88	5	192.85
6.0	8.10	0.00	4.36	88.97	33.28	32.06	5	163.67
6.5	6.90	0.00	3.68	74.92	28.10	27.05	5	138.75
7.0	5.80	0.00	3.13	63.21	23.66	22.85	5	117.85
7.5	4.90	0.00	2.63	53.85	19.97	19.24	5	100.69
8.0	4.10	0.00	2.22	45.26	17.01	16.23	5	85.73
8.5	3.50	0.00	1.86	38.24	14.30	13.83	5	73.23
9.0	3.00	0.00	1.59	31.00	12.08	11.62	5	62.29
9.5	2.50	0.00	1.36	27.31	10.11	9.82	5	53.60
10.0	2.10	0.00	1.14	23.41	8.63	8.22	5	46.39
10.5	1.80	0.00	0.95	19.51	7.39	7.01	5	39.87
11.0	1.50	0.00	0.82	16.39	6.16	6.01	5	34.38
11.5	1.30	0.00	0.68	14.05	5.18	5.01	5	29.91
12.0	1.10	0.00	0.59	11.71	4.44	4.21	5	25.94
12.5	0.90	0.00	0.50	10.15	3.70	3.61	5	22.95
13.0	0.80	0.00	0.41	8.58	3.20	3.01	5	20.20
13.5	0.70	0.00	0.36	7.02	2.71	2.61	5	17.70
14.0	0.60	0.00	0.32	6.24	2.22	2.20	5	15.98
14.5	0.50	0.00	0.27	5.46	1.97	1.80	5	14.51
15.0	0.40	0.00	0.23	4.68	1.94	1.60	5	13.24
15.5	0.30	0.00	0.18	3.90	1.48	1.40	5	11.97
16.0	0.30	0.00	0.14	3.12	1.23	1.20	5	10.69
16.5	0.20	0.00	0.14	2.34	0.99	1.00	5	9.47
17.0	0.00	0.00	0.09	2.34	0.74	0.80	5	8.97
17.5	0.00	0.00	0.00	1.56	0.74	0.60	5	7.90
18.0	0.00	0.00	0.00	0.00	0.49	0.60	5	6.09
18.5	0.00	0.00	0.00	0.00	0.00	0.40	5	5.40

표 15.25 시간구간별 유효우량의 계산(중앙집중형)

시간구간(hr)	0~0.5	0.5~1.0	1.0~1.5	1.5~2.0	2.0~1.5
누가우량, P(mm)	12.90	32.49	137.35	164.72	180.00
누가유효우량, Q(mm)	0	4.54	82.58	107.23	127.27
시간구간 유효우량(mm)	0	4.54	78.04	24.65	20.04

라) 표 15.24와 표 15.25에 계산된 시간구간별 유효우량을 각각 표 15.23의 0.5 hr-단위유량도에 적용하여 계산한 설계 홍수수문곡선은 표 15.26 및 표 15.27과 같다. 표 15.26과 15.27로부터 총 우량의 시간적 분포를 전진형으로 했을 경우 계획홍수량은 215.21 m^3/sec이나 중앙집중형으로 했을 경우에는 248.01 m^3/sec로 약간 큼을 알 수 있다. 이는 SCS의 유효우량 산정공식[식 (5.30)]에서 초기의 강우량이 크면 손실우량도 크게 계산되기 때문이다.

따라서, 단위유량도법에 의한 100년 계획 홍수량으로는 248.01 m^3/sec를 채택한다.

4) 산정된 계획홍수량의 비교

위의 3개 방법에 의해 산정한 승기천의 100년 빈도 계획홍수량을 보면 수정 가지야마 공식에 의한 값이 308.87 m^3/sec로 가장 크고, 다음으로는 합리식에 의한 값이 263.20 m^3/sec, 제일 작은 값은 단위유량도법에 의한 248.01 m^3/sec이다. 3개 방법에 의한 계획홍수량의 차이는 크지 않으나 수정 가지야마 공식은 모노노베의 중앙집중형 강우분포로 인해 대체로 홍수량을 크게 계산하는 것으로 알려져 있은 바 이 예제에서도 마찬가지 결과를 보이고 있다.

15.8 중 · 대규모 수공구조물의 설계홍수량 산정방법

표 15.22에서의 유역면적과 강우 및 홍수유출특성에 따른 유역의 수문학적 규모 분류는 유역의 크기에 따른 홍수유출특성을 고려하여 적절한 홍수유출계산방법을 선택할 수 있도록 하기 위함이다.

중규모 및 대규모 유역의 경우는 유역의 규모가 커서 소규모 유역의 홍수량 산정에 사용되는 단순홍수량 공식이나 합리식 등의 경험공식을 사용할 수는 없고, 단위유량도법을 적용하여 유역으로부터의 유출을 계산하고 하도(河道)의 저류능력의 대소에 따라 하도홍수추적(河道洪水追跡)을 행하는 절차를 밟게 되는 것이 통상이다.

중규모 유역의 경우에는 유역의 크기와 하도의 특성에 따라 하도의 저류효과를 완전히 무시하여 소규모 유역의 경우처럼 한 개의 단일유역으로 취급하여 단위유량도법을 적용할 수도 있고, 한편, 하도의 저류효과가 커서 이를 고려해 주어야 할 경우에는 몇 개의 소유역과 하도구간으로 나누어 단위유량도법 및 하도추적법을 차례로 적용하여 홍수유출을 계산할 수도 있다.

그러나, 대규모 유역의 경우는 강우의 공간적 및 시간적 분포가 변화하며 하도의 저류효과가 커서 유출계산에 고려해주어야 하므로 단위유량도법의 전제가 되는 가정에 맞도록 전체 유역을 적정한 개수의 소유역과 하도구간으로 구분하여 단위유량도의 적용에 의한 지표면 유출계산과 하도의 저류효과를 고려해 주기 위한 하도홍수추적계산에 의해 홍수유출수문곡선을 합성하게 된다.

따라서, 이하에서는 국내 신하천법(新河川法, 2008년 4월 7일 시행)의 제24조(유역종합치수계획의 수립)와 제25조(하천기본계획의 수립)의 대상하천유역이 되는 중·대규모 유역을 여러 개의 소유역과 하도구간으로 분할하여 설계홍수수문곡선을 계산하는 절차에 관하여 살펴보기로 한다.

15.8.1 홍수량 산정지점의 선정과 소유역 및 하도구간의 분할

중·대규모 유역의 홍수량 산정지점은 대상하천 상·하류의 홍수량 변화를 파악할 수 있을 정도의 간격을 두고 하천상의 지점을 선정하게 되며, 지류하천의 분류 합류점과 주요 하천구조물이 설치되어 있는 지점 등도 포함하는 것이 좋으며, 다음 사항을 고려할 필요가 있다.

1) 과거 계획에서 선정되었던 홍수량 산정지점, 주요 지류의 본류 합류점, 본류상의 주요지류 합류점의 상·하류지점, 수위관측소 지점, 댐 등 기존의 주요 하천구조물 설치지점 등
2) 유역의 홍수조절지, 방수로, 천변저류지 등 홍수방어 대안에 포함되어 있거나 홍수조절효과의 평가가 필요한 지점 등

한편, 소유역으로의 분할은 단위유량도법의 기본 가정인 강우-유출관계의 선형성과 유역의 동질성(homogeneity), 강우강도 및 시간분포의 균일성 등을 확보할 수 있도록 함과 동시에 필요한 홍수량 산정지점을 분할하는 소유역의 출구(出口, outlet)가 되도록 분할하는 것이 바람직하다.

NRCC(1989)에 의하면 분할하는 소유역의 면적을 지나치게 작게 잡아 전체 유역을 너무 많은 숫자의 소유역 및 하도구간으로 분할하면 강우-유출 모의결과는 오히려 나빠질수도 있음을 지적하였으며, 표 15.22의 중·대규모 유역의 강우 및 유출특성을 감안하여 분할하는 것이 바람직하다.

그림 15.19는 유역의 총 면적이 471.8 km^2인 삽교천 수계 내 무한천 유역의 유역종합치수계획수립(건설교통부, 2007)에서 선정된 홍수량 산정지점과 소유역 및 하도구간 분할현황을 표시하고 있다.

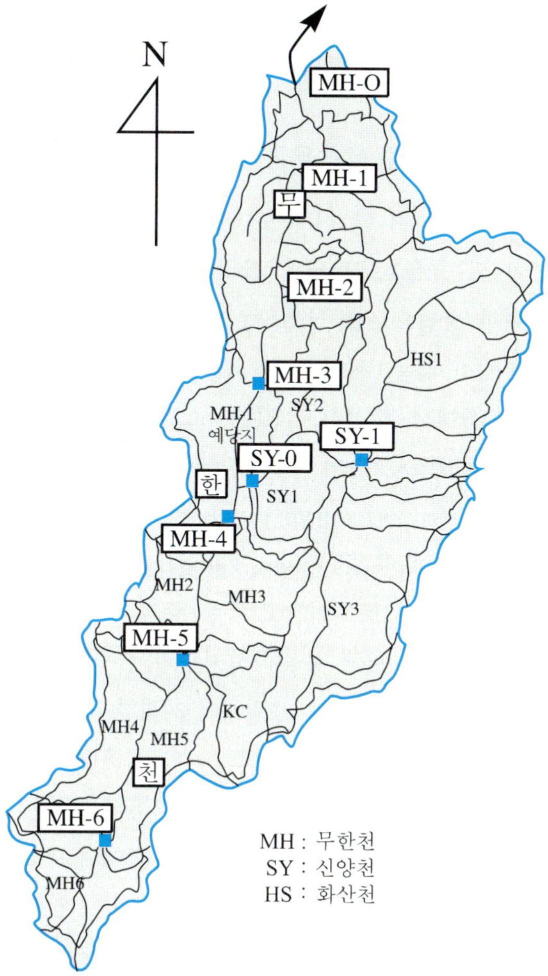

그림 15.19 삽교천 수계 내 무한천 유역(홍수량 산정지점 및 소유역 분할)

15.8.2 설계강우의 설정

중·대규모 수공구조물의 수문학적 설계빈도(設計頻度) 혹은 재현기간(再現期間)이 선택되면 대상유역의 면적설계강우량의 크기를 결정한 후 그의 시간분포를 결정함으로써 설계강우(設計降雨, design storm)를 설정하게 된다. 즉, 설계홍수량의 산정에 적용할 설계우량주상도(設計雨量 柱狀圖, design rainfall hyetograph)를 작성하게 되며, 자세한 절차에 대해서는 제15.6절에서 상세하게 소개한 바 있으므로 간단히 요약하면 다음과 같다.

1) 대상유역 내 우량관측소별 강우량 자료수집, 변환 및 검정
2) 빈도분석에 의한 지점확률강우량의 산정(극한 강우의 경우는 가능최대 강수량의 추정)

3) 면적확률 강우량의 산정

4) 확률강우량의 시간분포 결정(확률우량주상도 혹은 PMP 주상도의 작성)

15.8.3 유효우량 산정에 의한 설계 유효우량주상도의 작성

설계우량주상도를 사용하여 단위유량도법으로 설계홍수수문곡선을 계산하기 위해서는 강우-유출모형의 입력이 되는 유효우량의 시간적 분포를 표시하는 설계 유효우량주상도를 작성하여야 하며, 이를 위한 방법으로는 일정비법, 일정손실률법, 침투능곡선법, SCS 유출곡선지수법 등이 있으나 「하천설계기준・해설」(건설교통부, 2005)과 「하천정비기본계획수립 및 하천대장작성지침」(건설교통부, 2004)에서 추천하고 있는 SCS 유출곡선지수법을 적용하는 것이 바람직하며, 자세한 내용은 제5.6절에 소개되어 있다.

과거에는 유출곡선지수(runoff curve number) CN을 수작업(手作業)에 의해 산정하였으나 지형공간정보시스템(地形空間情報system, Geographic Information System, GIS) 기법의 발달과 수치지도화된 토양도와 토지이용도(혹은 토지피복도) 자료가 일반화됨에 따라 GIS 기법에 의해 객관적이고 일관성 있는 유출곡선지수의 산정이 가능하게 되었다.

토양도는 농촌진흥청 산하 농업과학기술원에서 제작한 수치지도화된 개략토양도(축척 1 : 50,000), 정밀토양도(축척 1 : 25,000), 세부정밀토양도(축척 1 : 5,000)를 이용할 수 있으며, 토지이용도는 건설교통부 산하의 국립지리정보원, 토지피복도는 환경부가 제작한 수치지도를 이용할 수 있으며, 이들 자료가 가용하지 않을 경우에는 항공사진이나 위성영상자료 등을 이용하여 작성한 토지피복도를 이용할 수 있다.

ArcView GIS 프로그램과 WMS(Water Modeling System) 등의 소프트웨어를 사용하여 유출곡선지수를 산정하는 절차를 요약하면 다음과 같다.

1) 유역범위에 해당하는 토양도와 토지이용도를 ArcView에서 추출(clip)한다.

2) 토양도는 다시 수문학적 토양군 A, B, C, D로 재분류한다. 이때 토양도와 토지이용도의 두 자료가 같은 유형의 자료(벡터 혹은 레스터)가 아닐 때에는 같은 유형으로 변환하여야 한다.

3) SCS의 유출곡선표에 나타나 있는 기준값을 적용하여 격자요소(grid cell)별 연산에 의해 CN값을 산정한다.

4) 각 소유역별로 평균 CN값을 산정한다. 이때 소유역을 나타내는 다각형을 이용하여 그리드(grid) 연산에 의해 다각형 내에 포함된 셀(cell)들의 평균 CN값을 구할 수 있다.

이상과 같은 방법으로 소유역별로 토지이용상태별, 토양형별 CN값이 결정되면 분할된 소유역별 평균 CN값이 결정되므로 SCS의 유효우량산정식[식 (5.30)]을 사용하여 시간구간별 유효우량을 산정함으로써 설계유효우량주상도를 작성하게 된다.

15.8.4 강우–유출모형의 선정 및 모형매개변수의 초기치 산정

단위유량도법을 사용하여 설계우량주상도로부터 자연하천유역의 설계홍수수문곡선을 계산하는 단일사상 강우–유출모형 중 우리나라 수문실무에서 가장 많이 사용되어온 모형은 HEC-1모형이다. HEC-1은 유역특성의 GIS 분석을 기반으로 하는 HEC-HMS로 대치되고 있는 추세이며, 제12.4.1절에서 이미 두 모형에 대한 상세한 소개와 예제 풀이를 통해 모형의 적용방법을 소개한 바 있다. HEC-1과 HEC-HMS는 기본적으로 거의 동일한 홍수량 산정모듈(module)을 채택하고 있으나 각각 DOS와 WINDOW라는 운영체제의 상이함과 더불어 기능상 다소 차이가 있어서 사용목적에 맞추어 선택적으로 사용하는 것이 바람직하다.

HEC-1이나 HEC-HMS에서 이용하는 합성단위유량도 방법에는 Clark, SCS, Snyder 단위도법 등이 있으나 Clark 단위도법이 단위도의 특성에 대한 제어가 가장 우수한 것으로 알려져 있어서 국내에서 가장 널리 사용되고 있다. 한편, SCS 합성단위도법은 유역 지체시간만을 매개변수로 하므로 적용 자체는 단순하지만 경사가 매우 완만한 유역에서는 적용성이 떨어지는 것으로 알려져 있다.

한편, 자연하천유역이 아닌 하수관망이 발달한 도시 소유역에 대해서는 합성단위유량도법 이외에 유역특성에 맞추어 ILLUDAS나 SWMM 등 검증된 도시유출모형을 이용하여 홍수량을 산정할 수 있다.

강우–유출모형에 의한 성공적인 홍수량계산은 모형의 매개변수 결정의 신뢰도가 전제되어야 가능하다. HEC-1과 HEC-HMS 모형의 주요매개변수로는 집중시간(혹은 도달시간), 지체시간(lag time) 및 유역 저류상수(storage coefficient) 등이며 분할된 소유역별로 각종 경험공식에 의해 산정하여 강우–유출모형의 매개변수의 초기치로 사용하게 되며 후술할 모형의 검정과정을 통해 최종치가 결정된다.

소유역별 집중시간(time of concentration)에 대한 경험공식에는 제7.11.2절에서 소개한 바와 같이 Kirpich, Rziha, Kerby, Kraven(I), Kraven(II), SCS 평균유속공식 등 여러 가지 경험공식이 있으나 공식별로 결과치의 차이가 대단히 크므로 최적 공식의 선택에 주의를 요하며, 홍수시 적정한 범위의 유속인 2.0~3.5 m/sec를 고려하여 선택하는 것이 바람직하다.

유역의 지체시간(basin lag time)은 제8.12절에서 유효우량의 중심(重心)에서 첨두홍수량 발생시각까지의 시간장경으로 정의되었으며, HEC-1 및 HEC-HMS 모형에서 Snyder 단위도법의 2가지 매개변수 중의 하나이고, SCS 단위도법의 유일한 매개변수이다. SCS의 유역 지체시간 공식인 $T_l = 0.6t_c$[식 (8.58)]는 자연하천유역에서 발생한 여러 강우-유출사상을 분석하여 도출한 관계식으로 집중시간이 산정된 경우 지체시간을 평가하는 유용한 관계식이라 할 수 있다.

지체시간을 추정하는 경험공식은 대부분 유역면적이나 하천경사 등의 함수로 표시되며 Snyder, SCS 공식 등은 제8.12절에서 소개한 바 있다. 따라서, 몇 가지 공식을 적용하여 유역의 지체시간을 산정한 후 비교검토하여 공식의 적용성과 유역의 수문특성을 고려하여 지체시간을 결정하는 것이 바람직하며, 이때 SCS 단위도법에서 사용하고 있는 $T_l = 0.6t_c$ 관계식에 의해 계산되는 값과의 비교도 도움이 된다.

한편, 유역 저류상수(storage coefficient)는 Clark 단위도법의 2가지 매개변수 중의 하나로서 계산되는 첨두홍수량의 크기와 수문곡선의 전반적인 모양에 직접적인 영향을 미치는 매개변수로 분할된 소유역별로 적절한 초기값을 결정해 준 후 모형의 검정과정에서 매개변수의 보정(補正)을 수행하게 된다.

유역 저류상수는 유역특성과 연관시키기가 어려워서 집중시간보다 더욱 결정이 어려운 인자이나 제9.7.4절에서 소개한 바와 같이 Clark 공식이나 Linsley 공식처럼 하천유로의 길이, 경사, 그리고 유역면적 등의 함수로 표시되기도 하고 Sabol 공식이나 Russel 공식, 그리고 Peters 공식처럼 집중시간과의 회귀식을 사용하여 결정하기도 한다. 따라서, 유역 저류상수의 경우도 몇 가지 경험공식을 적용하여 산정한 후 서로 비교검토하여 공식의 적용성과 유역의 수문특성 등을 고려하여 결정하는 것이 바람직하다.

15.8.5 강우-유출모형의 검정 및 검증

설계대상유역의 상류 혹은 하류에 수위관측소가 위치하고 있어서 주요 호우사상별로 실측 홍수유출수문곡선을 획득할 수 있을 경우에는 이를 재현할 수 있도록 강우-유출모형의 각종 매개변수를 조정하는 모형검정(模型檢正, model calibration) 과정을 거치게 된다. 이를 위해서는 우선 소유역별로 경험공식 등에 의해 결정된 매개변수들의 초기값을 부여한 후 실측강우에 모형을 적용하여 계산한 홍수수문곡선을 실측 홍수수문곡선과 비교하여 첨두홍수량이라든지, 총 홍수체적, 그리고 홍수수문곡선의 전반적인 모양 등이 어떤 정확도 기준(accuracy criterion)에 들어올 때까지 매개변수값을 보정(補正)해 나가게 되며, 정확도 기준 내에 들어올 때의 매개변수값을 최종치로 받아들여서 모형이 해당유역의 홍수수문곡선 계산을 위해 검정된 것으로 보고 모형의 검정에 사용되지 않은 강우-유출사상 자료에 모형을 적용하여 계산되는 홍수수문곡선과 실측수문곡선을 비교하는 모형검증(模型檢證, model verification) 절차를 거쳐서 설계홍수수문곡선 계산을 위한 최종적인 모형을 준비하게 되는 것이다.

이와 같이 실측 강우 및 유출자료를 사용한 모형의 검정은 모형이 포함하고 있는 매개변수의 수가 여러 개이고 특히 전체 유역을 여러 개의 소유역으로 분할하여 유출계산을 할 경우에는 소유역별 매개변수 세트(set)를 경험공식에 의한 초기치(初期値)에서부터 시작하여 보정해 나가야 하므로 모형에 의해 모의되는 수문곡선(simulated hydrograph)과 실측된 수문곡선(observed hydrograph)이 일치되기를 기대할 수는 없으며, 최적의 매개변수 보정으로도 두 수문곡선의 편차가 상당히 크게 나타나는 것이 보통이다. 따라서, 전반적으로 관측 및 계산 홍수수문곡선이 적당한 범위 내에서 근접하는 홍수량으로 표시되는 수준에서 모형의 검정결과를 받아들이는 수밖에 없다.

위에서 설명한 모형의 만족할 만한 검정을 위한 절차를 HEC-1 및 HEC-HMS 모형의 경우에 대하여 요약하면 다음과 같다.

1) 먼저 검정 대상 호우사상으로 인한 총 유출체적이 실측치와 모의치(계산치) 간에 대체로 큰 차이가 없도록 SCS의 유출곡선지수(CN) 등 관련인자들의 값을 보정한다.
2) 첨두홍수량의 발생시간이 대체로 일치하도록 유역의 집중시간(t_c)이나 지체시간(t_l) 등 첨두발생시간과 직접적인 관계가 있는 매개변수를 보정한다.
3) 홍수수문곡선의 모양을 결정하는 유역 저류상수(R) 등을 조정하여 모의수문곡선의 전체적인 모양과 첨두홍수량의 크기가 실측 수문곡선에 가급적 근접하도록 하는 것이 바람직하다.

그러나, 실제로는 유역 저류상수를 조정할 경우는 2)에서의 첨두홍수량의 발생시간이 변화하게 되므로 2)와 3)의 조정과정을 반복하여 최적의 결과를 얻도록 하여야 한다.

강우-유출모형의 검정을 하고자 하는 수위관측소 지점의 상류에 댐이 있을 경우에는 검정 대상 호우기간 중의 댐의 운영률(運營律, operation rule)이 아니라 실제의 수문(水門)운영 자료를 최대한 반영하여 하류의 수문곡선을 모의하도록 하여야 한다. 그러나, HEC-1이나 HEC-HMS에서 댐으로부터의 방류량은 저수지 수위별 방류량 자료로 입력되므로 실제로 이루어지는 수문조작(水文操作)을 모의하는 데에는 한계가 있다.

15.8.6 설계홍수수문곡선의 계산을 위한 임계지속기간의 고려

실측 강우-유출자료를 사용하여 모형의 검정절차가 끝나면 제15.8.2절에서 설명한 수공구조물의 설계빈도에 해당하는 설계호우주상도를 모형에 입력하면 합성단위유량도법(Clark, SCS, Snyder 단위도법 등)에 의해 설계홍수수문곡선을 계산할 수 있다.

그런데, 한 유역의 설계호우의 지속기간은 제15.6.7절에서 설명한 바와 같이 홍수소통용 구조물의 경우는 첨두홍수량을 최대로 하는 지속기간, 그리고 홍수저류용 구조물의 경우는 구조물의 저류량 혹은 저수위를 최대로 하는 지속기간, 즉 임계지속기간(critical duration)을 채택하도록 되어 있다.

따라서, 중·대규모 유역의 설계홍수량 산정시는 3, 6, 9, 12, 15, 18, 24, 36, 48 및 72시간 등의 강우지속기간에 해당하는 설계강우량을 시간분포시켜 홍수수문곡선을 계산한 후 최대 첨두홍수량 혹은 최대저류량을 발생시키는 강우지속기간을 설계 강우의 임계지속기간으로 채택하고 그에 상응하는 홍수수문곡선을 최종적인 설계홍수수문곡선으로 결정하게 된다.

만약, 상류에 댐이 있을 경우에는 저수지 홍수추적계산을 통하여 하류로 방류되는 홍수량을 고려하여 임계지속기간을 결정해야 함은 물론이다.

15.8.7 하도 홍수추적방법 및 하도추적 매개변수의 결정

하도 홍수추적방법에는 제9장과 제10장에서 살펴본 바와 같이 순수 수문학적 추적방법인 Muskingum 하도추적법과 확산파(diffusion wave) 모형에 속하는 Muskingum-Cunge 하도추적법, 그리고 동역학파 모형(dynamic wave model)에 속하는 하도추적법 등이 있으나 HEC-1과 HEC- HMS 모형에서는 Muskingum 혹은 Muskingum-Cunge 하도추적법을 사용한다. 자연하천의 하도단면에 대해서는 Muskingum 방법을 적용하는 것이 일반적이며, 하도단면의 모양, 에너지 경사, 조도계수 등 하도 제원의 결정이 용이한 개수(改修)된 하도구간의 경우에는 Muskingum-Cunge 방법이 일반적으로 적합하다.

Muskingum 방법의 매개변수인 하도저류상수 K와 하도저류량에 기여하는 하도구간의 유입량과 유출량의 가중인자 x는 저류량-유입량-유출량 자료가 있을 경우에는 해석적 결정이 가능하나, 자료가 없을 경우 K는 홍수파의 하도구간 통과시간으로 보아 하도구간 거리를 구간 평균유속을 1.5배한 홍수파의 전파속도로 나누어 산정하기도 하며 x값의 이론적인 범위는 0~0.5이나 실제로는 0.05~0.25의 값을 가지는 것으로 알려져 있으며 통상 0.2 정도의 값을 많이 사용한다.

15.8.8 유역 및 하도 홍수추적의 조합에 의한 설계홍수수문곡선의 합성

소유역의 강우-유출 모형의 매개변수가 결정되고 하도구간의 홍수추적을 위한 매개변수가 결정되어 모형의 검정(檢正)이 끝나면 제12.4.1절의 HEC-1 모형에 의한 유출계산절차에 대한 설명에서와 같이 그림 15.20(a)와 같은 분할된 소유역과 하도구간을 통한 유출계산은 그림

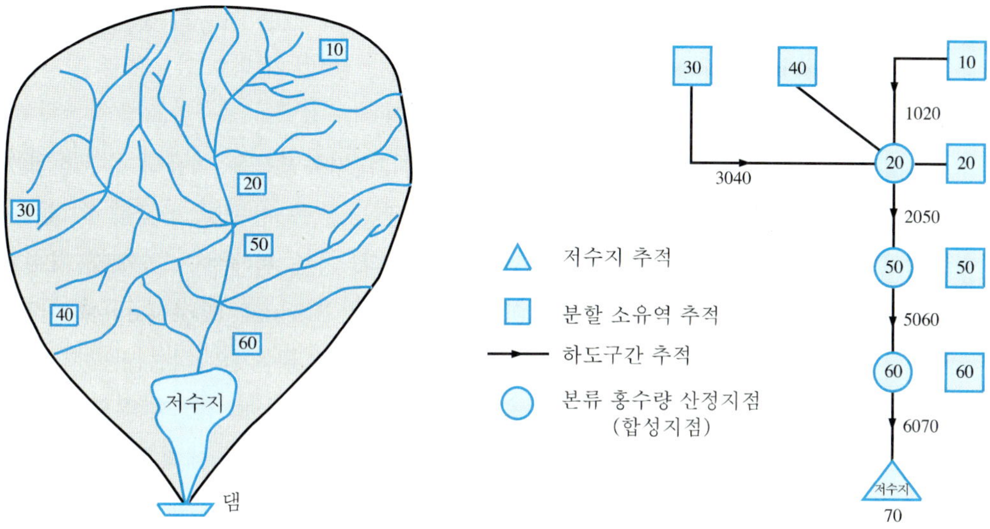

(a) 소유역 및 하도분할 (b) 유출계산 흐름도

그림 15.20 유역추적 및 하도추적과 합성에 의한 유출계산 모식도

15.20(b)의 유출계산 흐름도에서 보는 바와 같이 유역의 상류에서부터 하류방향으로 차례로 진행된다. 즉, 설계강우량의 시간적 분포를 표시하는 설계우량주상도를 유역에 적용하여 최상류의 10번 소유역 출구점에서의 홍수수문곡선을 계산한 후, 하도구간 1020을 통해 20번 소유역의 출구까지 홍수추적하는 한편, 30번 소유역 출구점에서의 홍수수문곡선을 계산한 후 하도구간 3040을 통해 20번 소유역의 출구까지 홍수추적한다. 또한, 40번 소유역에 대한 설계유효우량으로 인한 홍수수문곡선을 계산하고 이를 20번 소유역의 출구지점에서 10번 및 30번 소유역으로부터 추적되어 내려온 홍수수문곡선과 합성(synthesis)하여 하도구간 2050을 통해 하도추적할 수문곡선을 작성하게 된다. 이하 유역출구까지의 유출계산도 그림 15.20(b)의 흐름도에 표시된 순서에 따라 유역추적과 하도추적 및 홍수량 산정지점에서의 합성과정을 계속하게 된다. 그림 15.20(b)의 유출계산 흐름도에서 10, 20, 30, 50번 소유역과 전체 유역의 출구지점(댐 지점)은 홍수량 산정지점이며 유역출구에 위치한 저수지는 홍수시 저수지 운영률(貯水池 運營律, reservoir operation rule)에 따라 저수지 홍수추적을 하게 된다.

15.8.9 댐 하류지점 홍수량 산정시 저수지 운영에 대한 고려

대하천의 하류부 하천제방이라든지 하구둑과 같은 대규모 수공구조물의 설계홍수량을 산정해야 할 경우 상류에 홍수조절기능을 가지는 댐이 위치하고 있으면 그의 홍수조절효과를 고려하여 하류의 수공구조물 설계지점에서의 홍수량을 산정해야 한다.

홍수시 댐/저수지의 운영은 댐 관리규정에서 정하고 있는 저수지 운영률에 의하며 저수지 운영방법(Reservoir Operation Method, ROM)에는 여러 가지가 있으므로 각각에 대해 살펴보기로 한다(건설부, 1991; 정종호·윤용남, 2007).

홍수시 저수지 운영의 기본은 홍수를 저수지의 저류공간을 이용하여 조절함으로써 하류의 홍수피해를 경감시키는 동시에 홍수 후에 소요되는 각종 용수를 공급할 수 있도록 충분한 양의 물을 저수지 내에 확보하는 것이라 할 수 있다. 이를 위해서는 첫째로, 저수지의 상시만수위(常時滿水位, High Water Level, H.W.L., or Normal Pool Level) 이하에 있는(그림 15.2 참조) 공용량(空容量)을 홍수로 최대한 채워서 비홍수기의 각종 용수수요에 대비해야 하며, 둘째로, 홍수의 일부를 홍수저류공간에 저류시킴으로써 하류로의 홍수방류량(洪水放流量)의 크기를 조절해야 하며, 마지막으로는 홍수기간 중 저수위를 계획홍수위 이하로 유지시킴으로써 댐의 안전을 보장할 수 있어야 한다.

이와 같은 저수지 운영조작조건(貯水池運營操作條件)을 고려한 운영방법에는 모의조작기법(模擬操作技法, simulation technique)과 최적화기법(最適化技法, optimization technique)이 있으나 후자는 그 적용에 있어서 여러 가지 제약이 많아 국내 저수지의 운영조작에 아직 활용되지 못하고 있다. 따라서, 이론이 비교적 간단하고 이미 국내 다목적 댐에 이용되어온 모의조작기법에 관해 살펴보기로 한다.

모의조작기법에 의한 저수지 운영방법(貯水池運營方法, Reservoir Operation Method, ROM)에는 Auto ROM, SRC(Spillway Rule Curve) ROM, Rigid ROM 및 Technical ROM 등이 있으며 각각에 대해 살펴보면 다음과 같다.

1) Auto ROM

이 운영방법은 용수의 확보(water conservation)와 댐 안전(dam safety)만을 보장해 주는 방법으로서 저수지가 상시만수위(H.W.L.)보다 낮을 때에는 저수지로 유입되는 홍수량을 최대한으로 저류시키나 일단 저수위가 상시만수위에 도달하면 더 이상의 저수위 상승을 허용하지 않고 여수로 수문(水門)을 완전개방하여 여수로 방류곡선(餘水路 放流曲線, spillway rating curve)에 따라 유입홍수량을 가능한 범위 내에서 전량 방류시키는 방법이다. 따라서, 이 방법에서는 원칙적으로 저수위가 상시만수위보다 높아지지 않도록 운영하게 됨으로 상시만수위 위에 책정되어 있는 다목적 댐의 홍수조절공간을 활용하지 못하는 결과가 초래되어 홍수기의 과다한 댐 하류로의 방류로 인해 댐 하류의 홍수피해를 증가시킬 우려가 있다. 이 방법은 원래 여수로 마루표고(spillway crest elevation)가 상시만수위와 동일한 소규모 저수지에 적용하도록 제안된 방법으로 홍수조절에 의한 첨두홍수량의 저감효과는 그림 15.21에서 보는 바와 같이 그다지 크지 못한 것이 보통이다.

Auto ROM에 의한 저수지 운영절차는 다음의 세 가지로 요약할 수 있다.

① 저수위가 상시만수위보다 낮을 경우에는 여수로의 수문을 완전 폐쇄한 상태에서 유입하는 홍수를 전량 저류시킨다.

② 저수위가 상시만수위에 도달했을 경우에는 여수로의 수문을 부분개방하여 저수위를 상시만수위로 유지할 수 있도록 유입 홍수를 방류시킨다.

③ 저수위가 상시만수위보다 높아졌을 경우에는 유입홍수량이 여수로 수문의 방류능력보다 커서 저수위가 상시만수위를 초과하게 되면 수문을 완전 개방하여 방류하며, 저수위가 낮아져서 상시만수위에 다시 도달하면 ②의 절차를 따른다.

중규모 이상의 댐과 같이 여수로의 마루표고가 상시만수위보다 낮은 경우와 다목적 댐과 같이 홍수기 제한수위(洪水期 制限水位)가 설정되어 있는 경우에는 Auto ROM을 적용하지 않는 것이 좋다.

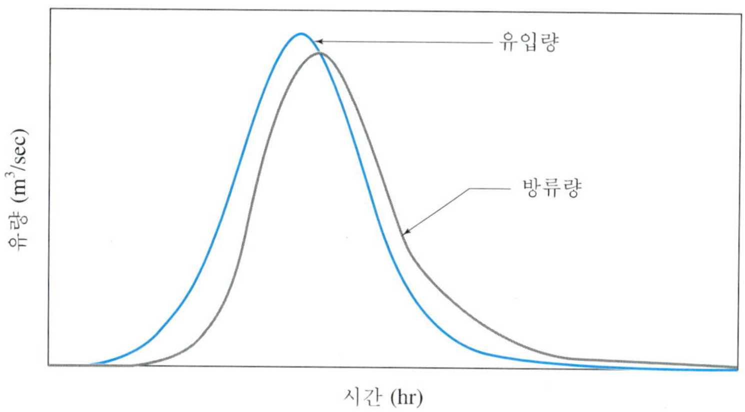

그림 15.21 Auto ROM에 의한 홍수조절(소규모 저수지의 경우)

2) SRC ROM

SRC ROM(Spillway Rule Curve ROM)은 저수지로의 유입홍수수문곡선의 예측과 관계없이 적용하는 방법으로 Auto ROM과 비슷하며, 홍수가 저수지로 유입시 저수위를 계획홍수위 이하로 유지하면서 저수위에 해당하는 여수로 방류기준곡선(Spillway Rule Curve, SRC)상의 방류량을 댐 하류로 방류하는 방법이다.

이 방법은 저수지 수위에 따라 미리 결정되어 있는 방류량으로 홍수를 방류하기 때문에 계획홍수량과 비슷한 홍수량이 유입할 때에는 적절한 홍수조절방안이 될 수 있으나 유입홍수량이 계획홍수량과 큰 차이가 있을 경우에는 홍수진행 상황을 적절히 반영하지 못하는 단점을 가진다.

표 15.28은 충주댐의 여수로 방류기준곡선(SRC)을 표로 표시하고 있으며, 그림 15.22는 표 15.28의 기준에 따라 저수지로부터 홍수를 방류했을 경우의 저수지 유입수문곡선과 방류곡선을 표시하고 있다. 즉, 충주호의 저수위가 EL. 139.5 m가 될 때까지는 발전방류 200 m^3/sec로만 방류하고 이를 초과하면 수문을 부분 개방하여 방류량을 여수로 방류기준곡선에 따라 점차 증가시키다가 계획홍수위인 EL. 145.0 m에 0.5 m 미달인 EL. 144.5 m에 이르면 수문을 완전 개방한다.

표 15.28 충주댐의 SRC(Spillway Rule Curve)

저수지수위(EL. m)	방류량(m^3/s)	비고	저수지수위(EL. m)	방류량(m^3/s)	비고
126.0	0	여수로 마루표고	141.5	1,200	
130.0	200		142.0	2,000	
135.0	200		142.5	3,000	
139.0	200		143.0	4,600	
138.0	200	제한수위	143.5	6,600	
139.0	200		144.0	9,300	
139.5	200		144.5	12,000	수문 완전개방
140.0	250		145.0	16,200	계획홍수위
140.5	400		146.0	17,700	
141.0	700	상시만수위	147.0	20,700	

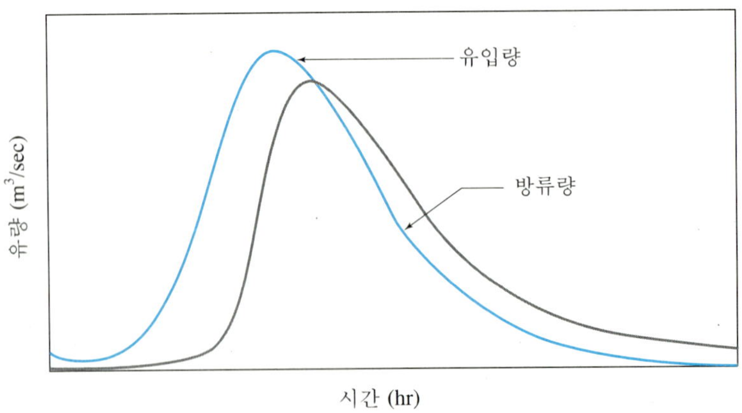

그림 15.22 SRC ROM에 의한 홍수조절(충주댐의 경우)

3) Rigid ROM

이 운영방법은 저수위(貯水位)와 저수지로의 유입량의 크기를 토대로 하여 방류량을 결정하는 방법으로서 현 시각에서의 저수위가 상시만수위보다 낮으면 홍수종료시각에 저수위가 상시만수위에 도달할 수 있도록 방류량을 적절히 조절하고, 현시각 저수위가 상시만수위보다 높으면 상시만수위와 계획홍수위(Flood Water Level, F.W.L.) 사이의 공용량의 저류효과를 이용하여 홍수를 조절할 수 있도록 하는 방법이다.

홍수시 Rigid ROM은 일정률-일정량 방류(一定率 - 一定量 放流)에 의해 저수지를 운영하는 것으로 홍수유입량을 예측하여 유입량이 첨두유량에 도달할 때까지는 일정률로 방류하고 첨두유량에 도달한 이후에는 일정량 방류를 실시하여 총 방류기간 중의 홍수저류 총량이 저수지의 홍수조절용량(洪水調節容量, flood control storage capacity), 즉 상시만수위와 계획홍수위 사이의 저류용량과 일치하도록 운영하는 것이다. 따라서, Rigid ROM에서는 그림 15.23에서와 같이 어떤 시각 t_i에서의 저수위와 계획홍수위 사이의 저류공간 S_{t_i}를 유입홍수로 채울 수 있도록 홍수유입량 $I(t)$에 대한 방류량 $O(t)$의 비인 $R = O(t)/I(t)$를 결정해야 한다. 그림 15.23을 참고로 하여 이 조건을 식으로 표시하면 다음과 같다.

$$S_{t_i} = (1-R)\int_{t_i}^{t_p} I(t)dt + \int_{t_p}^{t_e} I(t)dt - I(t_e)\cdot(t_e - t_p) \tag{15.26}$$

여기서, $I(t)$는 시각 t에서의 유입홍수량(m^3/sec), t_p는 첨두홍수유입량 $I(t_p)$의 발생시각, t_e는 홍수유입량 $I(t_e)$와 t_p시각 이후의 일정방류량이 일치되는 시각이다.

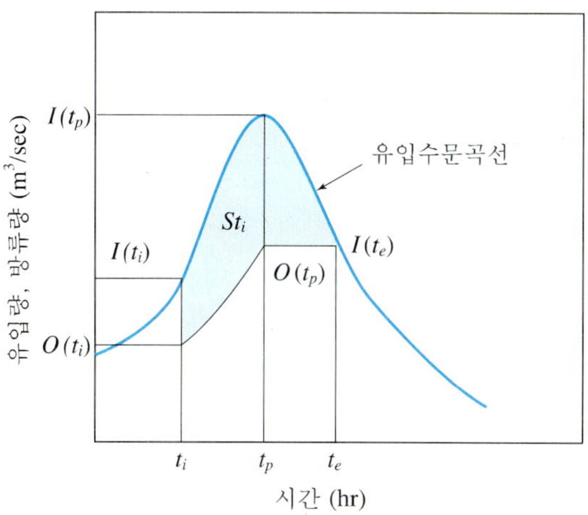

그림 15.23 Rigid ROM에 의한 저수지 홍수조절

식 (15.26)에서 어떤 시각 t_i에서의 S_{t_i}는 간단히 계산할 수 있으며 유입홍수수문곡선만 예측되면 $I(t)$, t_p가 정해지므로 식 (15.26)이 성립되도록 R값을 시행착오적으로 구할 수 있다. 즉, R값을 가정하면 t_p에서의 $O(t_p)$가 결정되고 $O(t_p) = I(t_e)$가 되는 시각 t_e가 결정되어 식 (15.26)의 우변의 모든 항이 계산되므로 기지값인 S_{t_i}값과 비교하여 등식(等式) 관계가 성립하는지를 확인하는 절차를 거쳐 일정률 R이 결정된다.

이와 같이 일정률 R이 결정되면 시각 t_i에서의 방류량 $O(t_i) = R \cdot I(t_i)$로 계산된다.

이상과 같은 Rigid ROM에 의한 저수지 운영방법의 수립을 위해 필요한 자료는 댐 지점에서 측정한 저수위와 저수지 상류에 위치한 수위관측 지점에서의 홍수위 측정자료를 사용하여 산정하는 유입홍수량이다. Rigid ROM에 의한 저수지 운영절차를 요약하면 다음과 같다.

① 저수지 상류에 위치하는 가장 가까운 수위관측소에서의 측정수위 자료를 Rating Curve에 의해 유량자료로 환산한다.

② 저수지의 유역면적과 상류의 수위관측소 지점의 유역면적비에 의해 ①에서 구한 유량으로부터 저수지로의 유입홍수량 $I(t)$를 산정한다.

③ 댐 지점에서의 저수위를 계속 측정한다.

④ 식 (15.26)에서 일정률 R을 가정하여 식의 좌우변 값(S_{t_i}는 기지값)이 같아지면 방류량 $O(t) = R \cdot I(t)$를 결정하고 이를 방류할 수 있도록 여수로 수문(水門)을 조작한다.

저수지 홍수조절을 위해 Rigid ROM을 적용할 때에는 표준 홍수로 통상 200년 빈도홍수를 설정하여 일정률(R)을 결정한 후 다른 재현기간의 홍수에 대해서도 표준홍수에 대하여 결정한 일정률(R)을 적용하는 방법과 홍수사상별로 일정률을 각각 산정하여 적용하는 방법이 있다. 표준홍수에 대하여 결정한 일정률을 적용하는 경우에는 유입량에 따라 미리 결정된 방류량으로 방류하기 때문에 계획홍수량과 비슷한 홍수량이 유입할 때에는 적절한 홍수조절방안이 될 수 있으나 계획홍수량보다 훨씬 작은 홍수량이 유입할 때에는 홍수진행 상황을 적절히 반영하지 못하는 문제점이 생긴다.

Rigid ROM은 실제로 일정률 방식의 수문조작을 실시하기가 매우 어려울 뿐 아니라 첨두홍수량이 하나인 단일홍수수문곡선에서는 적용이 그런대로 가능하나 첨두홍수량이 여러 개 발생하는 복합수문곡선(composite hydrograph)일 경우에는 적용하기가 거의 불가능한 단점이 있다.

4) Technical ROM

이 운영방안에서는 예측되는 저수지 유입홍수수문곡선을 기초로 하여 최고 저수위를 계획

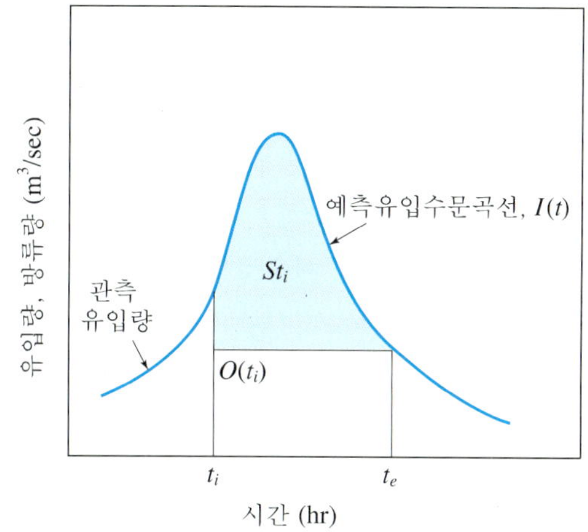

그림 15.24 Technical ROM에 의한 홍수조절

홍수위(F.W.L.)까지 이르도록 운영하며, 유입홍수수문곡선의 예측은 저수지 유역에 내리는 강우량의 관측과 단위유량도의 적용에 의한 유출계산에 의해 이루어진다. 예측시점에서 볼 때 강우의 발생은 불확실하므로 예측되는 유입홍수수문곡선 역시 시간에 따라 변할 수밖에 없다.

저수지 유역에서의 강우-유출모형에 의해 유입홍수수문곡선이 예보되면 그림 15.24에서 보는 바와 같이 시각 t_i에서의 방류량 $O(t_i)$는 예측된 유입홍수로 인한 저수지 내 저류량의 크기가 시간 t_i에서의 홍수조절 공용량(空容量) S_{t_i}와 같아지도록 결정하면 된다. 즉,

$$S_{t_i} = \int_{t_i}^{t_e} [I(t) - O(t_i)]dt \tag{15.27}$$

여기서, $I(t)$는 예측된 유입홍수수문곡선을 표시하며 t_e는 유입홍수량 $I(t_e)$와 시각 t_i에서의 방류량 $O(t_i)$가 같아지는 시각이다. 식 (15.27)에서 $O(t_i)$를 가정하면 식의 좌우변의 값이 모두 결정되므로 식 (15.27)을 만족시키는 방류량 $O(t_i)$를 시행착오적으로 구할 수 있게 된다.

Technical ROM을 제대로 적용하기 위해서는 우선적으로 홍수계속기간 동안의 완전한 유입 홍수수문곡선이 정확하게 예측되어야 하므로 유출계산 모형의 정확성이 관건이라 할 수 있다. 그러나, 실제 홍수사상발생시는 시간적으로 변화하는 강우사상에 대한 유출계산 모형의 적용성에 한계가 있어서 완전한 유입 홍수수문곡선의 정확한 예측이 어려우므로 많은 오차가 발생할 수밖에 없어서 Rigid ROM보다는 실무적용성이 떨어지는 것으로 알려져 있다.

15.8.10 댐의 수문학적 안전성 검토를 위한 가능최대홍수량의 산정

제15.5.4절의 대규모 댐의 설계기준에서 언급한 바와 같이 댐의 파괴로 인한 인명 및 재산 피해가 치명적일 것으로 예상되는 주요 댐의 여수로 설계홍수량으로는 가능최대홍수량(PMF)을 채택하도록 되어 있다(Snyder, 1964 ; 건설교통부, 댐설계기준, 2005 ; 건설교통부, 하천설계기준·해설, 2005). 이와 같이 댐 여수로의 설계홍수량을 가능최대홍수량으로 정하는 것은 발생 가능한 최악의 기상 및 수문학적 조건하에 발생하는 홍수가 저수지로 유입하여 저수위(貯水位)를 댐 마루표고 이상으로 상승시킴으로써 댐이 붕괴되는 것을 방지하기 위해 충분히 큰 용량의 여수로를 설계하고자 함이다. 이런 관점에서 보면 여수로의 설계홍수량을 PMF로 설정하는 것은 댐의 수문학적 안전성(水文學的 安全性, hydrologic safety)을 확보하기 위함이라 할 수 있다.

그림 15.25는 댐 여수로와 댐 마루표고(dam crest elevation)를 설계하기 위한 PMF 수문곡선을 계산하는 절차를 표시하고 있다. 제15.6.4절에서 살펴본 바와 같이 수문기상학적 방법에 의해 주요 기록호우의 댐 유역 전이로 직접 PMP를 산정하거나 혹은 전국 PMP도 재작성 보고서(건설교통부, 2005)를 사용하여 댐 유역의 PMP를 산정한 후 PMP의 최대용적을 나타낼 수 있도록 대상 댐 유역의 형상과 방위(orientation)를 고려하여 그림 15.25(b)와 같은 타원형의 공간분포(건설부, 1988)를 적용하여 댐 유역의 평균적인 가능최대강수량을 재산정하게 된다.

이와 같이 가능최대강수량이 최종적으로 산정되면 제15.6.5와 15.6.6절에 소개된 Huff, Mononobe, Blocking 방법 혹은 NWS 시간분포 방법 등을 적용하고 적정 설계강우지속기간을 설정하여 PMP 주상도(柱狀圖)를 작성한 후 HEC-1 혹은 HEC-HMS 및 기타 강우-유출모형을 적용하여 댐 유역의 가능최대홍수량(PMF)을 산정하게 된다. 강우-유출모형의 적용을 위해서는 기왕 발생한 주요 호우사상의 강우 및 유출자료를 충분히 수집하여 모형의 매개변수를 최적화하는 모형검정절차를 거친 후 PMP 주상도에 단위도를 적용하여 PMF 수문곡선을 계산하게 된다.

이와 같이 계산된 PMF 수문곡선은 댐으로 인해 형성되는 저수지의 홍수조절효과를 고려해 주기 위해 댐별 홍수시의 저수지 운영방법(ROM)에 따라 홍수추적(洪水追跡, flood routing) 절차를 거침으로써 댐 여수로 지점에서의 PMF 홍수수문곡선을 계산하게 되는 것이며, PMF 수문곡선의 첨두홍수량이 바로 여수로 설계홍수량(餘水路 設計洪水量, spillway design flood)이 된다.

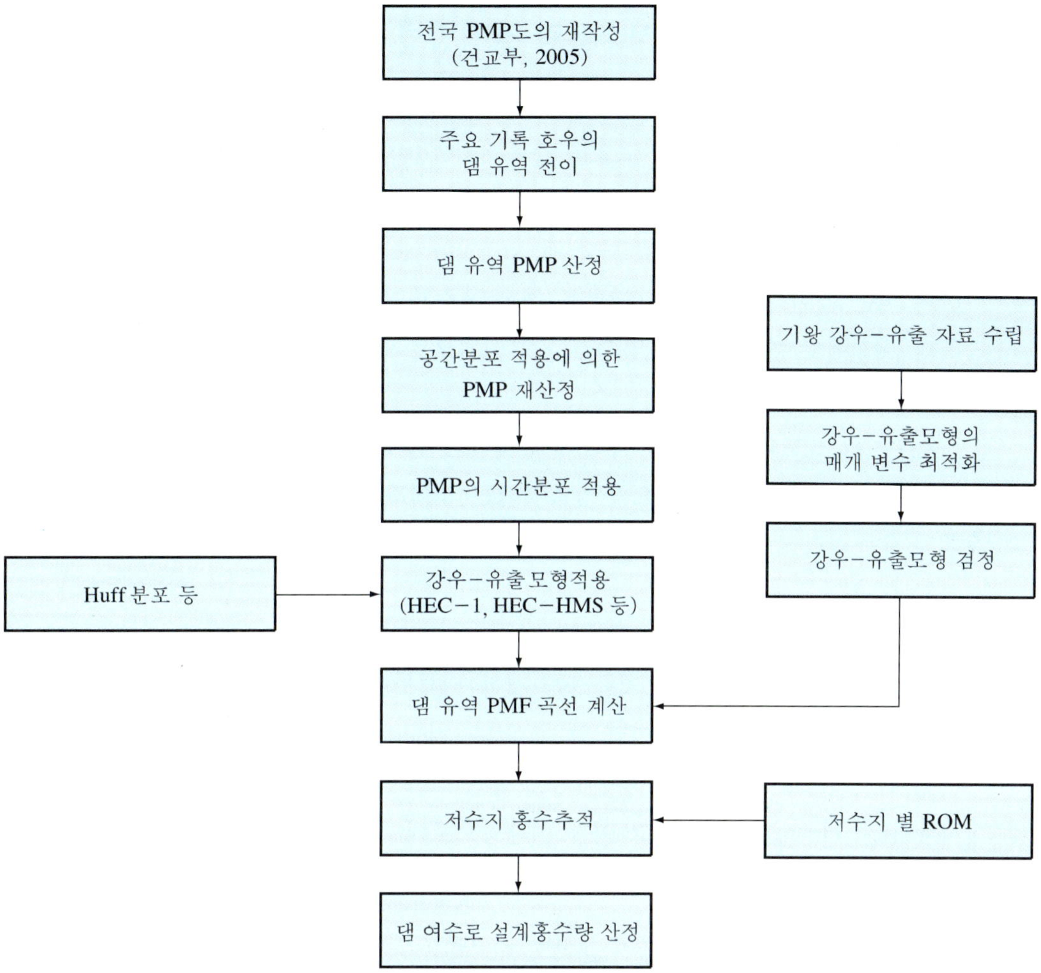

(a) 가능최대홍수량(PMF)의 산정흐름도

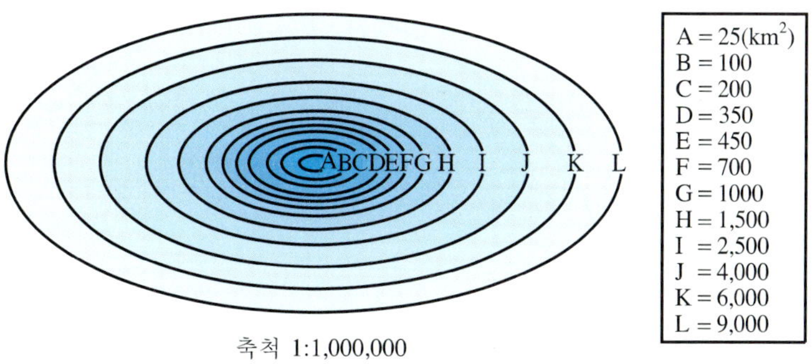

(b) PMP 산정을 위한 타원형 공간분포 형상

그림 15.25 가능최대홍수량(PMF)의 산정

15.9 용수공급 목적댐의 저수용량 결정방법

생활용수라든지 공업용수, 농업용수 및 수력발전용수 등을 자연하천으로부터 직접 취수하는 방법으로서는 갈수기에 용수수요를 충족시키기 어려우므로 풍수기 혹은 홍수기의 풍부한 물을 일단 저류했다가 갈수기에 각종 이수 목적을 충족시키기 위해 대규모 수공구조물로 분류될 수 있는 저류용 저수지(貯溜用 貯水池, storage reservoir or conservation reservoir)를 건설하게 되는 것이다. 대부분의 저류용 혹은 용수공급용 저수지(water-supply reservoir)는 이수 목적 이외에도 홍수시의 과잉수를 저류시킴으로써 하류홍수를 경감시키는 역할을 겸하도록 설계하는 것이 보통이다.

저수지의 규모와 용수공급 목적이 무엇이든 간에 저수지의 주된 기능은 하천유량의 크기를 안정화시켜 변동하는 물 수요를 충족시키는 것이라고 할 수 있으며, 여기서는 이와 같은 저수지의 수문학적 설계, 즉 저수용량 결정방법(貯水容量 決定方法)에 대해서만 살펴보기로 한다.

15.9.1 저수지의 물리적 특성

저수지의 주 기능이 물을 저류하는 것이기 때문에 가장 중요한 물리적 특성은 저류용량(貯溜容量, storage capacity)이라 할 수 있다. 저수지의 용량은 저수지 지역의 지형측량에 의해 결정되는 것으로 지형측량도상에서 표고별 면적을 구하여 면적-표고곡선(面積-標高曲線, area-elevation curve)을 작성하고 이를 적분함으로써 그림 15.26과 같은 표고별 저류량을 표시하

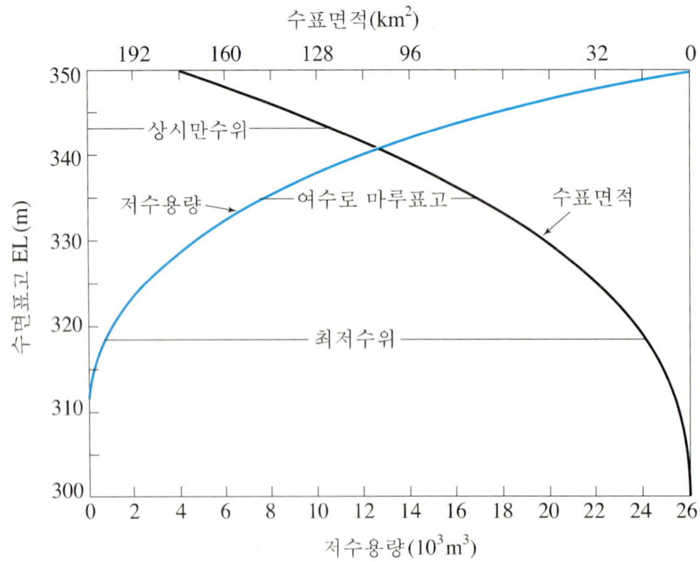

그림 15.26 저수지의 수면표고-면적-저수용량 곡선

는 표고-용량곡선(標高-容量曲線, elevation-capacity curve)을 얻게 된다(제9장 참조).

저수지의 상시만수위(常時滿水位, normal pool level or high water level, H.W.L.)란 그림 15.2에서처럼 저수지의 정상적인 운영조건하에서 올라갈 수 있는 최대수위를 말하며 홍수조절 기능을 갖지 않는 저수지의 경우는 여수로 마루표고(spillway crest elevation) 혹은 여수로 수문의 정점표고로 결정되며 홍수조절 목적을 가지는 저수지의 경우에는 그림 15.2에서 보는 바와 같이 여수로 마루표고보다 높게 정함으로써 홍수조절용량(洪水調節容量, flood control storage capacity)을 갖도록 한다. 저수지의 최저수위(最低水位, minimum pool level)는 정상적인 운영조건하에서 내려갈 수 있는 최저수위로서 사수위(死水位)라고도 부르며 이 수위에 해당하는 저수지의 용량을 사수량(死水量, dead storage)이라 한다. 사수위는 댐에 설치된 방류수로(outlet) 중 가장 낮은 것에 의해 결정되며 이 수위 아래의 물은 이용이 불가하며 주로 저수지 수명기간 동안의 퇴적토사를 위한 공간으로 사용된다. 저수지 내 상시만수위와 최저수위 사이의 저류공간을 활용저수용량(活用貯水容量, active storage capacity)이라 하며 각종 이수 목적을 충족시키기 위한 것이다. 다목적 댐의 경우 홍수조절용량은 상시만수위 위에 설정되며 홍수시 댐 여수로를 월류할 경우에 여수로의 마루표고 위에 잠정적으로 저류되는 홍수용적을 초과저류용량(超過貯溜容量, surcharge storage)이라 한다.

15.9.2 저수지의 용수공급 가능률

저류용 저수지의 수문학적 설계에 있어서 가장 중요한 사항은 저수지의 용량과 그의 용수공급 가능률(用水供給 可能率, reservoir yield) 간의 관계분석이라 할 수 있다. 용수공급 가능률이란 어떤 기간 동안에 저수지로부터 공급 가능한 수량을 의미하는 것으로 저수지의 크기에 따라 일별, 월별 혹은 연별 용수공급량으로 표시된다.

대부분의 저수지사업에서 기준으로 삼고 있는 용수공급 가능률은 안전공급률(安全供給率, safe yield)이며 이를 보장공급률(保障供給率, firm yield)이라고도 한다. 용수의 보장공급률이란 최고갈수기 동안에도 공급을 보장할 수 있는 최대 공급률을 뜻하며 최대갈수기(最大渴水期, critical drought period)는 기록상의 최저유량이 계속되는 기간을 말한다. 풍수기간 동안에 안전공급률을 초과하는 수량은 2차 공급률(2次 供給率, secondary yield)이라 하며 수력발전의 경우 가정용 전력은 안전공급률을 기준으로 하여 발전계획을 세워야 하나 공장의 동력을 위한 전력은 2차 공급률까지를 감안하여 계획을 세우게 된다. 한편, 평균 용수공급률(平均 用水供給率, average yield)은 상당한 기간 동안에 공급 가능한 용수공급률의 산술평균값을 의미한다.

15.9.3 용수분배용 저수지의 용량결정

한 지역의 용수를 분배할 목적으로 계획되는 저수지의 용량을 결정하기 위해서는 저류방정식 [storage equation, 식 (9.2)]의 원리를 적용하면 된다. 즉

예제 15.9 어떤 소도시의 생활용수 공급을 지하수 정호(井戶)로부터 분배용 저수지로 양수하여 분배함으로써 해결하고자 한다. 시간당 용수수요량이 표 15.29와 같이 추정되었다면 용수분배용 저수지의 용량을 얼마로 해야 할 것인가? 펌프의 양수율은 $10^4\ m^3/hr$로 일정하다고 가정하라.

표 15.29 분배용 저수지의 소요용량 결정

(1) 종점 시간	(2) 용수수요량($10^4\ m^3$)	(3) 양수율($10^4\ m^3$)	(4) 소요 저수용량($10^4\ m^3$)
01 : 00	0.52	1.00	0
02 : 00	0.46	1.00	0
03 : 00	0.43	1.00	0
04 : 00	0.41	1.00	0
05 : 00	0.43	1.00	0
06 : 00	0.51	1.00	0
07 : 00	0.61	1.00	0
08 : 00	0.91	1.00	0
09 : 00	1.18	1.00	0.18
10 : 00	1.26	1.00	0.26
11 : 00	1.28	1.00	0.28
12 : 00	1.26	1.00	0.26
13 : 00	1.24	1.00	0.24
14 : 00	1.22	1.00	0.22
15 : 00	1.22	1.00	0.22
16 : 00	1.21	1.00	0.21
17 : 00	1.23	1.00	0.23
18 : 00	1.28	1.00	0.28
19 : 00	1.35	1.00	0.35
20 : 00	1.40	1.00	0.40
21 : 00	1.39	1.00	0.39
22 : 00	1.33	1.00	0.33
23 : 00	1.17	1.00	0.17
24 : 00	0.70	1.00	0
Total	24.00	24.00	4.02

풀이 표 15.29의 (4)란에 시간별 물 부족량(물 수요량과 양수량의 차)을 계산하였으며 24시간 동안의 시간별 물 부족량의 합이 바로 소요 저수용량이므로 $4.02\times10^4\ m^3$이다.

$$\overline{I}\Delta t - \overline{O}\Delta t = \Delta S \tag{15.28}$$

$\overline{I}$는 시간구간 Δt 동안의 평균유입량이며 $\overline{O}$는 평균유출량(여기서는 용수공급가능률)이고 ΔS는 저류량의 변화량이다.

따라서, 시간구간별 용수수요량을 저수지로의 유입량으로 충족시키기 위해서는 식 (15.28)의 시간구간별 저류량 변화 ΔS를 계산하여 용수수요량이 저수지로의 유입량보다 커서($\Delta S < 0$) 물 부족이 생기는 시간구간의 물 부족량을 합산함으로써 소요 저수용량을 결정할 수 있게 된다.

15.9.4 저수지의 저수용량 결정

하천수계상에 건설되는 댐으로 인해 형성되는 저수지의 용량결정원리는 예제 15.9의 분배용 저수지의 경우와 다를 것이 없으나 약간 복잡하며, 이수(利水)목적의 저수지의 저수용량 결정 절차는 저수지 운영분석(貯水池 運營分析, reservoir operation study)으로 알려져 있다. 저수지 운영분석은 저수지의 운영조작 기준에 따라 어떤 기간 동안 저수지의 거동을 모의해 보는 것으로 최적운영기준의 설정이라든지 최적발전용량, 여수로나 방수로의 최적용량 등 여러 가지 의사결정을 위해 실시된다.

이와 같은 저수지 운영분석은 기록상의 최대 갈수기간을 선정하여 실시할 수도 있고, 전 기록기간을 대상으로 할 수도 있으며, 또한 제14장에서 소개한 수문학적 모의발생기법으로 장기간 유량계열을 모의발생시켜 전 기간에 대하여 실시할 수도 있다. 기록상의 최대 갈수기간에 대한 분석으로는 그 기간에 해당하는 갈수가 재발할 경우 물 부족을 일으키지 않도록 용수공급 가능한 저수지의 용량을 결정할 수 있을 뿐이나 전 기간을 대상으로 할 경우는 저수지의 용량뿐 아니라 기록상의 매년에 대하여 관개, 수력발전 등의 목적에 이용 가능한 수량까지도 결정할 수 있게 된다.

저수지 운영분석은 연 유량이나 월 유량 혹은 일유량자료계열을 사용하여 실시할 수 있으나 연유량계열의 분석으로는 대체로 만족할만한 정확도를 얻기가 힘들다. 따라서, 유입량에 비해 저수용량이 비교적 큰 저수지의 경우에는 월 유량계열을 사용할 수도 있으나, 소규모 저수지의 경우는 월 중의 일별 유량의 발생순서도 저수지의 거동에 중요한 영향을 미치므로 일 유량계열을 사용하는 것이 바람직하다.

저수지 운영분석은 제15.9.6절에서 소개하게 될 도식적 방법으로 할 수도 있으나 보다 정확한 정보를 위해서는 도표화(tabulation)하여 계산하는 것이 보통이며, 각종 저수지 운영조작기준의 우열을 비교하기 위해 시산이 필요할 경우에는 저수지 운영분석을 컴퓨터 프로그램을 사용하는 것이 보통이다.

저수지의 운영분석을 위해 유량계열을 분석하기에 앞서 몇 가지 준비작업이 필요하다. 댐 예정지점에서의 유량자료가 계측되지 않았을 경우에는 수계상 혹은 가까운 인접유역의 관측점 자료를 적절한 방법으로 조정하여 댐 예정지점에 대한 유량자료계열을 합성해야 하며, 유량자료기간이 짧은 경우에는 장기간 자료를 가지는 관측점과의 상관분석으로 자료기간을 확장할 필요가 있다. 또한 단기간 실측유량계열을 사용하여 제14장의 방법으로 장기간 유량계열을 모의발생시킬 수도 있다. 이와 같이 적정기간의 유량자료가 얻어지면 최대 갈수년을 한 개 혹은 몇 개 선정하여 운영분석을 하게 된다.

저수지 운영분석은 전술한 바와 같이 저수지를 하나의 시스템으로 보았을 때 기간별 입력과 출력을 가지고 저류량의 시간적 변화를 따지는 물 수지분석(물 收支分析, water budget analysis)이라고 볼 수 있다. 저수지로의 입력은 댐 지점에서의 유입량과 저수지 표면에 떨어지는 강수량이며, 출력에는 기득 수리권(旣得 水利權, prior water rights)을 보장할 수 있는 방류량, 저수지 표면으로부터의 증발량 및 용수수요량이 포함된다. 여기서, 저수지상에 떨어지는 강수량과 저수지면으로부터의 증발량을 체적으로 환산하기 위해서는 매월의 저수지 평균수위에 해당하는 수표면적을 강수심(降水深)과 증발심(蒸發深)에 각각 곱해주면 된다. 따라서, 월자료를 사용하여 저수지 운영분석을 할 경우에는 월별 저수지상 강수량과 기득수리권 보장수량 및 증발량을 저수지 유입량에 가감하여 순 하천유입량을 용적으로 구한 후 월별로 용수수요량이 순 하천유입량을 초과하는 용적(월별 물 부족량)을 계산하여 합산함으로써 소요 저수용량을 결정할 수 있다.

예제 15.10 표 15.30의 (1)~(5)란에는 어떤 댐 예정지점에서의 최대 갈수년에 대한 월별 유입량, 증발량, 강수량 및 저수지로부터의 용수수요량이 표시되어 있다. 기득 수리권의 보장수량으로는 120,000 m^3/month와 월별 하천유입량 중 작은 것을 취하도록 하며 건설되는 저수지로 인해 수몰되는 지역에 내렸던 과거 강우량의 25%가 하천으로 유출된다고 가정하고 소요 활용저수용량을 구하라.

저수지로 인한 수표면적의 증가량은 4 km^2이며 월증발 접시계수는 0.7로 일정하다고 가정하라.

표 15.30 용수공급용 댐의 소요 저수용량 결정

(1) 월별	(2) 유입량 (10^3 m^3)	(3) 접시증발량 (mm)	(4) 강수량 (mm)	(5) 용수수요량 (10^3 m^3)	(6) 수리권보장량 (10^3 m^3)	(7) 증발량 (10^3 m^3)	(8) 강수량 (10^3 m^3)	(9) 순 유입량 (10^3 m^3)	(10) 소요 저수용량 (10^3 m^3)
1	2	76	0	156	2	213	0	−213	369
2	0	43	0	144	0	120	0	−120	264
3	0	20	0	96	0	56	0	−56	152
4	0	25	10	58	0	70	30	−40	98
5	0	33	20	36	0	92	60	−32	68
6	4	61	117	36	4	171	351	180	0
7	2520	89	114	48	120	249	342	2493	0
8	5280	127	119	48	120	356	357	5161	0
9	36	147	13	96	36	412	39	−373	469
10	12	155	18	156	12	434	54	−380	536
11	6	137	5	168	6	384	15	−369	537
12	4	117	0	168	4	328	0	−328	496
계	7864	1030	416	1200	304	2885	1248	5923	2989

풀이 표 15.30의 (6)~(10)란의 월별 계산절차는 다음과 같다.

(6)란: (2)란의 유입량과 120×10^3 m^3 중 작은 것을 택한다.

(7)란: (3)란의 증발접시 증발량(mm)에 증발접시 계수 0.7과 저수지의 수표면적 증가량 4×10^6 m^2를 곱하여 계산한다.

(8란): (4)란의 강수량에다 강수유입량의 증가율 75%를 곱하고, 여기에 저수지 수표면적 증가량 4×10^6 m^2를 곱하여 계산한다.

(9)란: 저수지로의 입력인 유입량[(2)란]과 강수량[(8)란]을 더한 값에서 수리권 보장량[(6)란]과 증발량[(7)란]을 빼어 계산한다.

(10)란: 순 유입량[(9)란]에서 용수수요량[(5)란]을 빼어 (−)값이 나오는 달은 물 부족이 생기는 달이며, (+)값이 나오는 달은 물 부족이 없는 달(6~8월)이므로 소요 저수용량에는 영향을 주지 않는다. 따라서, 물 부족이 생기는 달(6, 7, 8월을 제외한 9개월)의 부족 총량인 $2{,}989\times10^3$ m^3가 소요 저수용량이 된다.

15.9.5 일정용량 저수지로부터의 용수공급 가능률 결정

저수지의 저류용량이 댐 지점에서의 조건에 의해 일정하게 정해졌을 경우 이 저수지로부터의 공급가능률을 추정해야 할 경우가 있다. 이때 안전공급률은 저수지 내의 가용저류량과 최대 갈수기간 동안의 저수지 유입량의 합이 된다. 즉, 예제 15.10에서 최대 갈수기간인 9월부터

12월까지의 순 유입량은 $-1,450\times10^3\ m^3$이며 만약 8월말까지의 저수지 내 가용 저류량이 $2,000\times10^3\ m^3$라면 이 기간 동안에 가용한 순 저류량은 $550\times10^3\ m^3$ 혹은 $137.5\times10^3\ m^3$/month이다. 9월~12월간의 4개월은 최대 갈수기간이므로 여타의 월 공급가능률은 이보다 클 것이나 이는 저수지의 2차 공급률로 보아야 할 것이다.

15.9.6 누가용적해석에 의한 용수공급용 저수지의 용량 결정

최대 갈수년을 선정하여 저수지의 소요용량을 결정하는 전 절까지의 방법은 갈수기간이 1년 이상인 장기 갈수현상에 대한 고려가 되지 않기 때문에 때로는 문제점이 있다. 실제로 갈수현상은 몇 년 동안 계속될 수도 있으므로 다음과 같이 설명되는 Rippl의 누가용적곡선(累加容積曲線, mass curve)을 해석하는 방법이 더 신뢰도가 높다. 누가용적곡선은 현안 지점에서의 몇 년간의 순 유입량의 누가값을 월별로 도시한 그림 15.27과 같은 곡선을 말한다. 그림 15.27은 4년간의 장기간 유입량 관측값 중 최대갈수를 대표할 수 있는 기간에 대한 것이며 누가용적곡선상의 임의 점에서의 접선경사는 그 시점에서의 저수지 유입률을 뜻한다. 그림

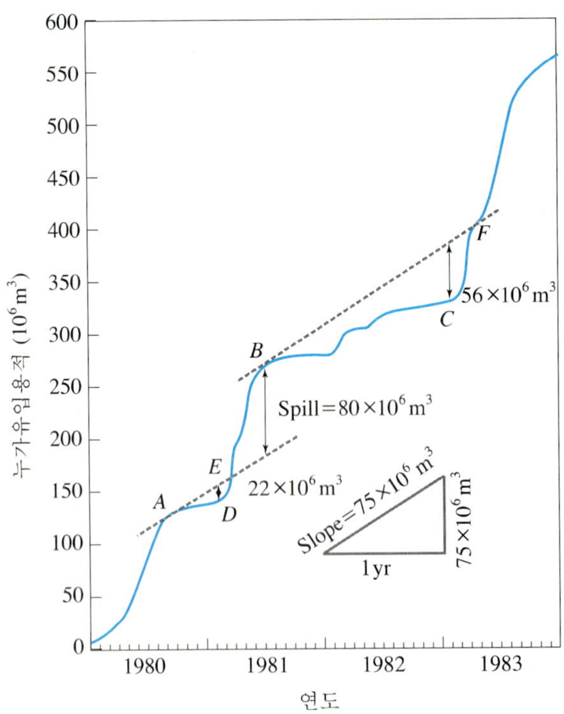

그림 15.27 누가용적곡선 해석

15.27 상에서 일정률의 용수수요곡선(用水需要曲線, water demand curve)은 수요율을 경사로 하는 직선으로 표시할 수 있으며 누가용적곡선의 정점(A, B 등)에 수요율과 같은 경사를 갖는 접선을 그으면 저수지로부터의 취수율(取水率)을 표시하게 된다. 용수수요곡선이 누가용적곡선과 만나는 점에서는 저수지가 만수상태에 이르게 되며 이 두 곡선 간의 최대 연직편차는 용수수요곡선이 표시하는 수요율을 충족시키기 위해 소요되는 저수용량이 되는 것이다. 누가용적곡선상의 연속되는 두 개 정점(A 및 B)에서 그은 용수수요곡선 간의 연직 종거차는 댐의 월류량(越流量, spill water)이다. 만약 용수수요율이 월별로 일정하지 않을 경우 수요곡선은 누가곡선의 형태로 표시되나 누가용적 해석방법의 적용절차에는 변함이 없다.

예제 15.11 어떤 댐 예정지점에서의 누가유입량곡선이 그림 15.27과 같을 때 연간 용수수요를 $75\times10^6\,\text{m}^3$로 일정하게 유지하기 위해서 저수지의 저수용량을 얼마로 설계해야 할 것인가?

풀이 그림 15.27에서 볼 수 있는 바와 같이 누가용적곡선상의 정점 A, B를 통과하는 경사 $75\times10^6\,\text{m}^3$/year의 접선을 그어 얻은 용수수요곡선과 누가용적곡선 간의 최대 연직종거차는 C점에서 $56\times10^6\,\text{m}^3$로 나타났으며 이것이 소요 저수용량이다.

그림 15.27에서 알 수 있듯이 이 저수지는 A점에서 처음으로 만수되어 D점에서는 $(56-22)\times10^6=34\times10^6\,\text{m}^3$로 저류량이 줄어 들었다가 E점에서 다시 만수상태에 이르게 되며 B점까지는 저수지로의 순 유입량이 수요량보다 많아 잉여수 $80\times10^6\,\text{m}^3$는 댐의 여수로를 통해 월류하게 된다. B점으로부터 C점까지는 저류량이 계속 감소하여 C점에서는 공백상태가 되나 F점에서 다시 만수상태에 이른다.

15.9.7 누가용적곡선에 의한 용수공급 가능률의 결정

누가용적곡선은 주어진 저수용량을 가지는 저수지로부터의 용수공급 가능률을 결정하는 데 이용될 수 있다.

그림 15.28에서처럼 저수지가 만수상태에 있게 되는 점 A와 B에서 누가용적곡선과의 최대 연직종거차가 저수지 용량보다 크지 않도록 접선을 그으면 이 접선의 경사가 바로 연간 용수공급 가능량이 된다. 누가용적곡선상에 여러 개의 정점이 있을 경우에는 접선경사가 가장 완만한 수요곡선이 표시하는 공급가능률이 안전공급률이 된다. 여기서 한 가지 주의해야 할 사항은 정점에서 그은 접선이 반드시 누가용적곡선과 교차해야 한다는 것이다.

그림 15.28의 경우 저수지 용량은 $30\times10^6\,\text{m}^3$이며 안전공급률은 B에서 C까지 그은 직선의 경사인 $60\times10^6\,\text{m}^3$/year임을 알 수 있다.

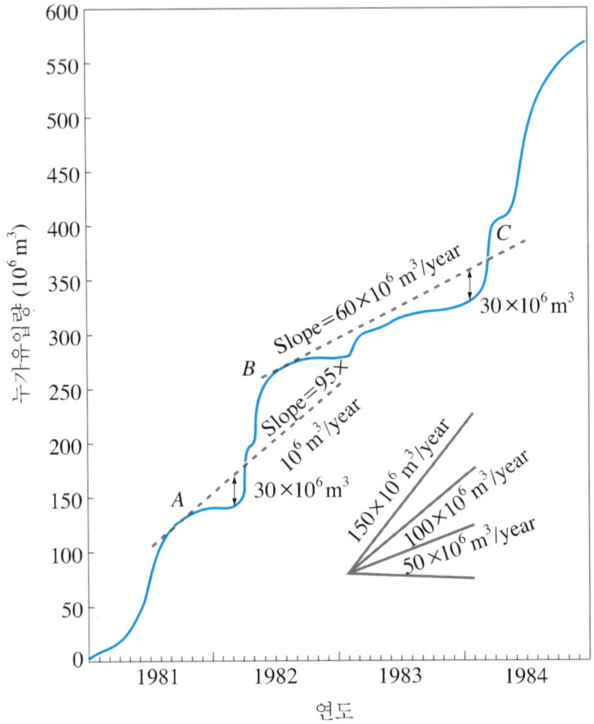

그림 15.28 용수공급 가능률의 결정

15.10 홍수조절목적을 가지는 다목적 댐의 저수용량 결정방법

한 개 이상 여러 가지 목적을 위해 건설되는 다목적 댐으로 형성되는 다목적 저수지(多目的貯水池, multi-purpose reservoir)는 대부분의 경우 앞 절에서 살펴본 생활 및 도시용수, 공업용수, 관개용수 및 수력발전용수 등을 공급하는 기능 이외에 홍수를 저류할 공간을 저수지 내에 설정하여 홍수를 조절함으로써 하류의 홍수피해를 경감시키도록 계획되고 시공된다.

다목적 저수지의 각종 용수공급을 위한 소요 저수용량의 결정방법은 전 절에서 소개한 방법과 매우 동일하며 이 용량에 의해 저수지의 상시만수위가 결정된다(그림 15.2). 홍수조절용량은 저수지의 상시만수위선위의 공간에 확보되며 이 용량의 크기는 댐의 설계 유입홍수수문곡선(제15.8.10절)을 저수지를 통해 홍수추적(제9장)함으로써 결정할 수 있다. 즉, 댐 유역의 설계 유입수문곡선은 제15.8.10절에서 살펴본 바와 같이 댐의 가상 파괴로 인한 하류 피해가 심각할 경우는 가능최대 홍수량곡선(PMF 수문곡선)을 대상으로 하며, 이는 가능최대 강수량(PMP)에 단위유량도 이론이나 기타방법을 사용하여 그림 15.25의 절차에 따라 PMF 수문곡선을 합성하게 된다. 합성되는 PMF 수문곡선은 저수지로의 유입수문곡선이므로 저수지의 수면표고별 저류량곡선과 유출량곡선으로부터 저류량-유출량 관계를 얻을 수 있게 되고 저수지 홍수추적(제9장) 방법으로 홍수추적하면 댐 여수로 홍수수문곡선을 계산할 수 있게 된다. 따라서, PMF 수문곡선에 상응하는 저수지의 최대수위인 계획홍수위(計劃洪水位, design flood water level, FWL)가 결정되며 이 계획홍수위와 상시만수위 사이의 저류공간이 바로 홍수조절용량(洪水調節容量, flood control storage capacity)이 된다. 이와 같은 저수지의 홍수조절용량 결정을 위한 저수지 홍수추적 계산시 택하게 되는 저수지의 시점수위(始點水位)는 상시만수위로 하는 것이 안전측이다.

따라서, 저수지의 총 저류용량(total storage capacity)은 각종 용수공급 목적의 활용저수용량과 홍수조절 목적의 홍수조절용량 및 여수로 마루표고 위에 잠정적으로 저류되는 초과저류용량, 그리고 토사퇴적 공간인 사수량(死水量, dead storage)을 모두 합한 저류공간을 의미하여 이는 그림 15.2에 표시되어 있는 바와 같다.

연습문제

15.1 한강 유역에서의 재현기간 10년, 50년, 100년에 해당하는 면적우량환산계수곡선을 표 15.9를 사용하여 작도하라. 유역면적이 500 km^2인 유역 내 우량관측소의 지점평균 100년 빈도 24시간 강우량이 395 mm였다면 이 유역의 면적평균 강우량은 얼마인가?

15.2 우리나라 12대 하천 중의 하나인 안성천 유역의 지속기간별 가능최대 강수량(PMP)을 「한국가능최대강수량도」 혹은 「전국 PMP도 재작성」을 이용하여 추정하고 포락곡선방법에 의한 결과와 비교하라.

15.3 서울 지역의 지속기간 1시간, 재현기간 20년인 강우량의 시간분포를 Huff, Yen-Chow(삼각형 분포), Mononobe 및 교호블록 방법으로 계산하여 우량주상도를 그리고 서로 비교하라.

15.4 낙동강의 지류인 금호강 상류에 건설된 운문댐의 유역면적은 301 km^2, 유로연장은 33.5 km, 평균 유로경사는 0.00685이다. 댐 유역의 강우빈도해석으로부터 재현기간 200년인 24시간 강우량은 286.4 mm로 결정되었다. 가지야마의 수정 홍수량공식과 자연하천유역에 적용할 수 있는 합리식으로 댐 유역의 200년 빈도 설계홍수량을 산정하라. 유역은 대체로 산지하천 유역으로 볼 수 있다.

15.5 아래 그림과 같은 상가지역과 주거지역의 분계선을 따라 주 우수관거를 매설하고자 한다. 우수관거의 10년 빈도 홍수량을 계산하라. 이 지역의 설계 강우강도식은 $I_{10} = 5,661/(t+36.3)$ mm/hr이다(t는 강우 지속기간, min.). 우수관거 내의 최대 유속은 1.5 m/sec로 제한하라.

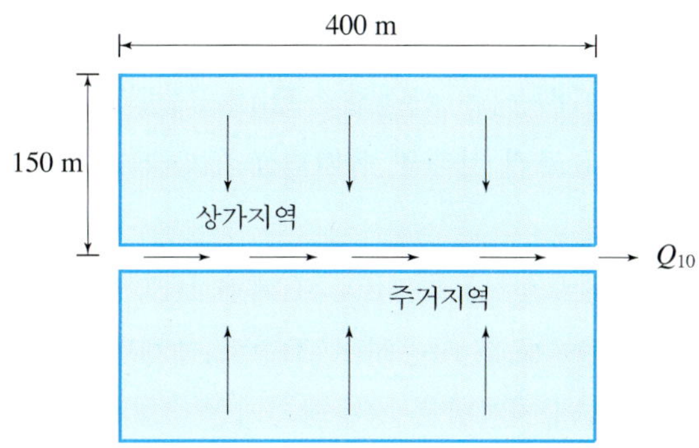

15.6 문제 15.4의 운문댐 유역의 수문분석으로 얻은 1시간 단위도의 종거가 다음 표에 수록되어 있다. SCS 방법에 의해 구한 이 유역의 CN=84(AMC－III하)이며 기저유량은 13 m^3/sec로 일정하다. 사력댐에 대하여 채택되는 200년 빈도 계획 홍수량의 크기를 단위도법으로 계산하고 운문댐 건설 당시의 계획 홍수량과 비교하라. Mononobe 공식에 의한 중앙집중형 강우분포를 사용하라.

시간(hr)	1	2	3	4	5	6	7	8
U.G.(m^3/sec)	4.47	14.95	17.46	14.66	10.04	6.68	4.44	2.95
시간(hr)	9	10	11	12	13	14	15	16
U.G.(m^3/sec)	1.96	1.30	0.86	0.57	0.38	0.25	0.16	0.11

15.7 남한강의 지류인 달천강 상류에 위치한 괴산댐 유역에 대한 24시간 PMP를 한국가능최대강수량도(건교부, 2005)를 사용하여 결정하고 Nakayasu 종합단위도법으로 단위유량도를 유도하여 PMF 유입수문곡선을 작성하라. SCS 방법에 의해 유효우량을 산정할 수 있도록 토양도와 토지이용도를 사용하여 토양-피복형별 면적과 대표 CN을 구하여 댐 유역 전체에 대한 CN값을 결정하라. 또한 Huff의 강우시간 분포 방법을 사용하여 PMP를 분포시켜라.

15.8 의정부시에서 발원하여 서울특별시를 관류하여 한강 하류부에 유입하는 국가 하천인 중랑천 유역의 종합치수계획수립을 위한 주요지점별 200년 빈도 설계홍수량을 산정하고자 한다. 다음 절차를 따라 수문분석을 실시하라.

가. 적절한 개수의 소유역과 하도구간으로 분할

나. 서울 우량관측소의 강우지속기간별 200년 빈도 강우량[서울 지역 강우강도공식, 식 (3.12) 사용]을 산정하고 Huff 3분위로 시간분포

다. AMC-III 조건 아래의 유역평균 CN=84로 하여 SCS 방법으로 설계유효우량주상도 작성

라. 강우-유출모형으로는 HEC-1(혹은 HEC-HMS)을 채택하고 중랑교 지점의 과거 호우-유출자료를 사용하여 모형의 매개변수 최적화 결정으로 모형의 검정 실시

마. 홍수량 산정지점별로 강우지속기간별 200년 빈도 홍수수문곡선을 HEC-1 모형으로 계산하고, 최대 첨두홍수량이 발생하는 강우지속기간, 즉 임계지속기간에 해당하는 200년 빈도 홍수수문곡선을 설계홍수수문곡선으로 채택

15.9 남한강에 위치한 우리나라 최대의 홍수조절효과를 가지는 충주 다목적 댐의 200년 빈도 홍수수문곡선이 저수지로 유입할 때 Auto ROM, Rigid ROM 및 Technical ROM에 의한 저수지 운영 모의계산을 실시한 후 유입수문곡선과 방류수문곡선을 그려서 비교하라. 충주 다목적 댐의 200년 빈도 홍수수문곡선과 저수위별 방류량 곡선 등 모의계산에 필요한 자료는 한국수자원공사로부터 획득할 수 있다. 저수지의 초기수위는 하계 홍수기 제한수위인 EL. 138 m로 가정하라.

15.10 예제 15.9에서 펌프에 의한 양수를 08 : 00~17 : 00시까지만 할 경우 용수수요를 충족시키는 데 필요한 저수지 용량은 얼마인가? 또한, 펌프의 소요용량은?

15.11 어떤 소규모 저수지로의 유입 및 유출량이 다음 표와 같다.

(단위: 10^3 m^3/sec)

시간	유입량	유출량	시간	유입량	유출량
10 : 00	0.60	0.90	16 : 00	1.62	0.36
12 : 00	0.78	0.78	18 : 00	1.44	0.24
14 : 00	1.26	0.60	20 : 00	1.08	0.24

10 : 00시 현재의 저수지 내 저류량이 5,200 m^3였다면 17 : 00시의 저수지 내 저류량은 얼마나 되겠는가?

15.12 어떤 댐 예정지점에서 관측된 최대 갈수기간(3년) 동안의 월별 유량(10^3 m^3)이 다음 표와 같다. 저수지로부터 연간 일정공급률 72,000 m^3로 공급하고자 한다면 저수지 용량을 얼마로 해야 할 것인가? 증발량과 강수량의 영향은 무시하라.

월별	1972	1973	1974	월별	1972	1973	1974
1	0	0	0	7	17	6	25
2	0	0	1	8	26	5	47
3	0	0	3	9	15	3	16
4	0	7	4	10	32	2	18
5	18	5	15	11	8	1	7
6	22	6	17	12	3	0	4

15.13 다음 표는 어떤 저수지 예정지점에서의 월 평균유입량, 증발량, 강수량 및 용수수요량을 표시하고 있다. 기득수리권을 보호하기 위해 0.15 m^3/sec와 자연 유하량 중 작은 유량을 하류로 흘려야 한다. 저수지의 평균 수표면적은 6.5 km^2이며 수몰될 저수지 부근 지역의 과거 유출계수는 0.40이라고 가정할 때 저수지의 소요용량은 얼마인가? 만약, 전년도의 월별 유량도 아래표의 유량과 꼭 같다면 이 저수지는 용수수요를 충족시킬 수 있을 것인가를 판단하라.

월별	평균유량 (m^3/sec)	증발량 (mm)	강수량 (mm)	용수수요량 (10^6 m^3)	월별	평균유량 (m^3/sec)	증발량 (mm)	강수량 (mm)	용수수요량 (10^6 m^3)
1	0.09	216	0	4.68	7	3.21	55	138	1.30
2	0.15	208	0	4.55	8	2.85	70	78	1.95
3	0.75	203	0	4.42	9	3.27	83	42	2.60
4	0.12	159	0	2.60	10	1.56	94	26	3.90
5	2.85	88	122	2.34	11	0.60	143	6	4.68
6	3.09	55	164	1.30	12	0.27	205	0	4.68

15.14 어느 군 소재지의 일 최대 용수수요량의 시간분포는 다음 표와 같다. 24시간 일정양수율로 펌프에 의해 분배용 저수지에 양수한 후 공급하고자 한다면 펌프의 용량은 얼마로 할 것인가? 또한 소요 저수지의 용량은 얼마로 해야 하겠는가?

시각	용수수요량 (m^3/min.)	시각	용수수요량 (m^3/min.)	시각	용수수요량 (m^3/min)	시각	용수수요량 (m^3/min.)
01 : 00	2,880	07 : 00	2,240	13 : 00	3,640	19 : 00	3,760
02 : 00	2,400	08 : 00	2,760	14 : 00	3,740	20 : 00	3,880
03 : 00	2,140	09 : 00	3,100	15 : 00	3,740	21 : 00	3,940
04 : 00	2,120	10 : 00	3,400	16 : 00	3,680	22 : 00	4,000
05 : 00	2,000	11 : 00	3,480	17 : 00	3,700	23 : 00	3,800
06 : 00	2,000	12 : 00	3,600	18 : 00	3,760	24 : 00	3,560

15.15 다음 표는 어떤 소하천 유역의 최대 갈수기간(4개년) 동안의 월별 수문자료를 표시하고 있다. 이 유역의 출구에 건설된 저수지의 용량이 6.5×10^6 m^3라면 이 저수지의 안전공급률은 얼마인가? 이 하천유역으로부터의 최대 공급가능률은 얼마이며 이를 위해 소요되는 저수지의 용량은? 저수지의 평균 수표면적은 0.52 km^2, 수몰지의 유출계수는 0.2, 증발접시 계수는 0.7로 각각 가정하라.

월별	유출용적(10^3 m^3)				강수량(mm)				증발량 (mm)
	1981	1982	1983	1984	1981	1982	1983	1984	
1	0	0	0	1	0	0	0	0	84
2	0	0	0	0	0	0	0	0	75
3	0	0	0	0	0	0	26	5	42
4	0	0	0	0	10	49	26	21	21
5	0	0	0	0	21	0	133	13	24
6	4	0	1	10	74	179	96	91	33
7	2639	1359	81	2366	117	237	34	237	60
8	5798	34	390	23	122	31	143	34	87
9	0	442	17	2119	13	88	0	153	126
10	0	8	10	4784	18	5	18	151	144
11	10	5	8	30	5	49	16	0	153
12	0	1	1	10	0	0	16	0	135

15.16 다음 표는 낙동강 수계의 금호강 상류에 위치한 운문댐 지점의 20년간 월별 평균 유출량(m^3/sec)을 표시하고 있다. 누가용적곡선을 그리고, 저수지 용량을 연 평균 유출용적과 같게 하였을 때 보장받을 수 있는 안전공급률을 구하여라. 20년 중 몇 년 동안 연간 용수공급량이 안전공급량의 125%를 초과하지 못하는지를 밝혀라.

만약, 운문저수지로부터 480,000 m^3/day로 연중용수를 공급하고자 한다면 저수지 소요용량을 얼마로 하여야 할 것인가? 실제로는 증발량과 저수지상 강수량을 고려하여야 하나 여기서는 상쇄되는 것으로 가정하라.

년 \ 월	1	2	3	4	5	6	7	8	9	10	11	12	합계
1963	1.8	1.0	1.6	8.2	9.5	47.6	21.8	17.5	2.0	2.6	1.2	1.3	116.1
1964	1.7	1.2	2.2	10.5	4.3	3.8	11.8	3.8	14.2	1.9	1.2	1.1	57.7
1965	1.2	1.2	2.0	4.1	3.3	0.9	68.8	8.7	2.3	2.0	6.3	1.8	102.6
1966	0.9	2.9	10.2	3.5	5.3	1.9	13.9	13.5	3.6	4.4	2.4	1.2	63.7
1967	1.3	1.9	3.4	7.3	1.7	10.3	7.0	3.3	6.9	2.1	3.2	1.1	49.5
1968	0.9	1.0	2.6	2.5	2.4	1.2	21.7	18.8	5.0	4.7	1.4	1.1	63.4
1969	1.4	1.9	1.3	12.8	3.6	2.7	24.4	15.5	57.4	1.9	1.4	1.5	125.8
1970	0.9	3.2	1.2	4.1	6.7	6.3	45.4	27.3	17.7	2.7	1.2	1.3	118.0
1971	1.9	2.5	1.8	2.4	3.7	6.6	5.3	16.2	2.5	1.9	1.2	1.2	47.2
1972	3.2	1.5	11.5	4.0	6.7	2.4	25.6	20.9	14.3	2.1	5.0	2.2	99.4
1973	3.0	1.2	1.2	8.0	6.5	2.1	5.1	7.1	12.6	3.4	1.2	1.1	52.5
1974	0.9	2.7	1.6	9.1	7.6	5.8	31.4	7.0	2.1	5.5	1.3	2.1	77.1
1975	1.2	1.4	3.2	8.0	2.9	4.4	24.8	2.7	13.6	4.4	5.7	1.5	73.8
1976	0.9	5.5	2.5	10.5	1.8	7.6	2.0	16.0	4.9	2.5	1.4	1.5	57.1
1977	0.9	1.0	3.8	11.5	2.7	2.8	3.6	5.6	9.5	2.0	5.1	1.7	50.2
1978	0.9	2.0	2.1	3.4	1.2	38.2	4.9	6.4	2.9	4.3	2.3	1.4	70.0
1979	2.4	2.7	2.0	6.2	7.4	13.1	9.5	36.9	9.4	1.9	1.2	1.3	94.0
1980	1.2	1.0	2.9	7.0	3.4	9.0	25.5	20.2	16.9	4.0	1.5	1.2	93.8
1981	1.0	1.6	1.2	3.9	1.2	9.5	7.0	11.4	23.5	2.2	1.6	1.2	65.3
1982	1.1	1.3	2.6	3.1	2.2	0.9	10.5	31.5	2.2	2.0	4.7	1.2	63.3
합계	1.43	1.93	3.04	6.50	4.20	8.85	18.50	14.51	11.17	2.92	2.52	1.40	77.0

참고문헌

건설부, 가능최대강수량추정, 수자원관리기법연구조사보고서, 1988.

건설부, 한강수계유출프로그램 개선방안, 한강홍수통제소, 1991.

건설교통부, 한국확률강우량도의 작성, 2000.

건설교통부, 한국의 가능최대강수량추정, 1999년도 수자원관리기법연구조사보고서, 제2권 2000.

건설교통부, 지역적 설계강우의 시간적 분포, 1999년도 수자원관리기법개발연구조사보고서, 별책 제2권, 2000.

건설교통부, 하천정비기본계획수립 및 하천대장작성지침, 2004.

건설교통부, 전국 PMP도 재작성보고서, 2005.

건설교통부/한국수자원학회, 댐 설계기준, 2005.

건설교통부, 하천설계기준 · 해설, 2005.

건설교통부, 삽교천 유역종합치수계획보고서, 2007.

건설교통부, 금강 유역종합치수계획보고서, 2007.

농업진흥공사, 한국 하천의 수계별 유황에 관한 수문학적 연구, 1974.

대한토목학회, 유역종합치수계획수립 방법에 관한 웍샵, 2005년도 수공분과위원회 특별웍샵, 2005.

정종호, 윤용남, 수자원설계실무, 제2판, 구미서관, 2007.

Creager and Justin, *Hydroelectric Handbooks*, John Wiley & Sons, New York, 1950.

Federal Emergency Management Agency, *Probable Maximum Precipitation and Probable Maximum Flood, Proceedings, FEMA Workshop*, Berkeley Springs, 1990.

Hydrologic Engineering Center, HEC-1 *Flood Hydrograph Package, User Manual*, U.S. Army Corps of Engineers, Davis, California, 1987.

Huff, F.A., "Time Distribution of Rainfall in Heavy Storms", *Water Resources Research*, Vol. 3, No. 4, 1967.

National Research Council of Canada(NRCC), *Hydrology of Floods in Canada: A Guide to Planning and Design*, Edited by Watt, W. E., 1989.

Ogrosky, H.O., "Hydrology of Spillway Design: Small Structures-Limited Data", *ASCE, J. Hyd. Div.*, Vol. 90, HY3, 1964.

U.S. Department of the Army, Office of the Chief of Engineers, *Standard Project Flood Determinations*, Civil Engineer Bulletin No. 52-8, EM 1110-2-1411, Washington, D.C., 1965.

U.S. Soil Conservation Service, *Earth Dams*, Engineering Memorandum 27, Sec. A, Washington, D.C., 1965.

Yen, B.C. and Chow, V.T., "Design Hyetographs for Small Drainge Structures", *Proceedings, ASCE, J. Hydr. Div.*, Vol. 106, HY 6, 1980.

Hydrology

부 록

Ⅰ 물의 물리적 성질

1) 물의 밀도, ρ (g/cm^3)

t [℃]	0.0	0.1	0.2	0.3	0.4	0.5	0.6	0.7	0.8	0.9
0	0.000868	875	881	888	894	900	905	911	916	922
1	927	932	936	941	945	949	953	957	961	965
2	968	971	974	977	980	982	984	987	989	691
3	992	994	995	996	997	998	999	999	999	000
4	1.00000	000	000	999	999	998	997	996	995	993
5	0.99992	990	998	986	984	982	980	977	974	971
6	968	965	962	958	955	951	947	943	939	934
7	930	925	920	915	910	905	899	894	888	882
8	876	870	864	858	851	845	838	831	824	817
9	809	802	794	786	778	770	762	754	746	737
10	738	719	710	701	692	683	673	663	653	643
11	0.999633	623	612	602	591	580	570	559	549	536
12	525	513	502	490	478	466	454	442	429	417
13	404	361	378	365	352	339	326	312	299	285
14	271	257	243	229	215	200	186	171	156	142
15	127	111	096	081	066	050	034	018	003	986
16	0.998970	954	938	921	905	888	871	854	837	810
17	803	786	768	750	733	715	697	679	661	643
18	624	606	587	569	550	531	512	493	474	454
19	435	415	396	376	356	336	316	296	275	255
20	234	214	193	172	151	130	109	088	066	045
21	0.998023	002	980	958	936	914	892	869	847	824
22	0.997802	779	756	734	710	987	664	641	617	594
23	570	547	523	499	475	451	426	402	378	353
24	329	304	279	254	229	204	179	154	128	103
25	077	051	026	000	974	948	921	895	869	842
26	0.996816	789	762	736	709	682	655	627	600	573
27	545	518	490	462	434	406	387	350	322	294
28	265	237	208	179	151	122	093	064	035	005
29	0.995976	947	917	888	858	828	798	768	738	703
30	678	648	617	587	556	526	495	464	433	402

2) 물의 동점성계수, $\nu\,(\times 10^2\ \mathrm{cm^2/sec})$

t [℃]	0.0	0.1	0.2	0.3	0.4	0.5	0.6	0.7	0.8	0.9
0	1.792	1.786	1.780	1.774	1.768	1.761	1.755	1.749	1.743	1.737
1	.731	.725	.719	.713	.707	.701	.696	.690	.684	.679
2	.673	.667	.661	.655	.650	.645	.639	.634	.629	.624
3	.619	.613	.603	.608	.598	.592	.582	.577	.572	.572
4	.567	.562	.557	.552	.542	.537	.537	.533	.528	.524
5	1.519	1.515	1.510	1.505	1.500	1.496	1.491	1.478	1.482	1.477
6	.473	.468	.464	.459	.455	.451	.446	.442	.438	.433
7	.428	.424	.420	.416	.412	.408	.403	.399	.395	.391
8	.386	.383	.379	.375	.371	.367	.363	.359	.355	.351
9	.346	.342	.339	.335	.331	.327	.323	.319	.315	.311
10	1.308	1.304	1.300	1.296	1.293	1.289	1.285	1.282	1.278	1.274
11	.274	.267	.264	.260	.256	.253	.250	.246	.243	.240
12	.237	.233	.230	.226	.223	.220	.217	.214	.211	.207
13	.204	.201	.198	.194	.191	.185	.182	.178	.175	.175
14	.172	.169	.166	.162	.159	.156	1.53	.150	.147	.144
15	1.141	1.138	1.135	1.132	1.129	1.126	1.123	1.120	1.117	1.115
16	.112	.109	.106	.103	.100	.098	.095	.092	.089	.063
17	.048	.081	.078	.075	.072	.069	.067	.065	.062	.059
18	.057	0.55	.053	.050	.047	.045	.042	.040	.037	.035
19	.032	0.29	0.26	.024	.022	0.19	.017	.014	.012	.009
20	1.007	1.004	1.002	1.000	0.997	0.995	0.993	0.990	0.988	0.986
21	0.983	0.981	0.978	0.076	.974	.972	.969	.967	.964	.962
22	.960	.958	.955	.953	.951	.949	.947	.945	.942	.940
23	.938	.936	.934	.932	.929	.927	.925	.923	.921	.919
24	.917	.915	.913	.911	.909	.907	.905	.903	.901	.899
25	0.897	0.895	0.893	0.893	0.891	0.889	0.887	0.885	0.883	0.879
26	.877	.875	.873	.871	.869	.867	.866	.864	.862	.860
27	.858	.856	.854	.852	.850	.848	.846	.845	.843	.841
28	.839	.837	.835	.833	.832	.830	.828	.826	.825	.823
29	.821	.819	.818	.816	.814	.813	.811	.809	.808	.806
30	0.804	0.803	0.801	0.799	0.798	0.796	0.794	0.793	0.791	0.790

3) 물의 점성계수 $\mu = \rho\nu$ (centipoise = 0.01 poise = 0.01 dyne · sec/cm^2)

t [℃]	0	1	2	3	4	5	6	7	8	9	10
μ	1.7921	1.7313	1.6727	1.6191	1.5674	1.5188	1.4728	1.4284	1.3860	1.3462	1.3077
t [℃]	11	12	13	14	15	16	17	18	19	20	21
μ	1.2713	1.2363	1.2028	1.1708	1.1404	1.1111	1.0828	1.0559	1.0299	1.0050	0.9810
t [℃]	22	23	24	25	26	27	28	29	30	–	–
μ	0.9579	0.9358	0.9143	0.8937	0.8737	0.8545	0.8360	0.8180	0.8007	–	–

4) 물의 표면장력 (dyne/cm)

t [℃]	0	5	10	15	16	17	18	19
T	75.64	74.92	74.22	73.49	73.34	73.19	73.05	72.90
t [℃]	20	21	22	23	24	25	30	–
T	72.75	72.59	72.44	72.28	72.13	71.97	71.18	–

II 단위환산표

1) 길이환산 (표준단위 : m)

단위	mm	cm	m	km	in	ft	yd	mi
1 mm	1	0.1	0.001	10^{-6}	0.0394	0.00328	0.00109	6.21×10^{-7}
1 cm	10	1	0.01	10^{-5}	0.3937	0.0328	0.0109	6.21×10^{-6}
1 m	10^{3}	100	1	0.001	39.37	3.281	1.094	6.21×10^{-4}
1 km	10^{6}	105	10^{3}	1	39,370	3,281	1,093.6	0.621
1 in	25.4	2.54	0.0254	2.54×10^{-5}	1	0.0833	0.0278	1.58×10^{-5}
1 ft	304.8	30.48	0.3048	3.05×10^{-4}	12	1	0.333	1.89×10^{-4}
1 yd	914.4	91.44	0.9144	9.14×10^{-4}	36	3	1	5.68×10^{-4}
1 mi	1.61×10^{6}	1.61×10^{5}	1.61×10^{3}	1.6093	63,360	5,280	1,760	1

2) 면적환산 (표준단위 : m^2)

단위	cm^2	m^2	km^2	ha	in^2	ft^2	yd^2	mi^2	ac
1 cm^2	1	10^{-4}	10^{-10}	10^{-8}	0.155	1.08×10^{-3}	1.2×10^{-4}	3.86×10^{-11}	2.47×10^{-8}
1 m^2	10^{4}	1	10^{-6}	10^{-4}	1,550	10.76	1.196	3.86×10^{-7}	2.47×10^{-4}
1 km^2	10^{10}	10^{6}	1	100	1.55×10^{9}	1.076×10^{7}	1.196×10^{6}	0.3861	247.1
1 ha	10^{8}	10^{4}	0.01	1	1.55×10^{7}	1.076×10^{5}	1.196×10^{4}	3.861×10^{-3}	2.471
1 in^2	6.452	6.45×10^{-4}	6.45×10^{-10}	6.45×10^{-8}	1	6.94×10^{-3}	7.7×10^{-4}	2.49×10^{-10}	1.59×10^{-7}
1 ft^2	929	0.0929	9.28×10^{-8}	9.29×10^{-6}	144	1	0.111	3.587×10^{-8}	2.3×10^{-5}
1 yd^2	8,361	0.8361	8.36×10^{-7}	8.36×10^{-5}	1,296	9	1	3.23×10^{-7}	2.07×10^{-4}
1 mi^2	2.59×10^{10}	2.59×10^{6}	2.59	259	4.01×10^{9}	2.79×10^{7}	3.098×10^{6}	1	640
1 ac	4.05×10^{7}	4,047	4.047×10^{-3}	0.4047	6.27×10^{6}	43,560	4,840	1.563×10^{-3}	1

3) 체적환산 (표준단위 : m^3)

단위	ml	liter	m^3	in^3	ft^3	gal	ac-ft	million gal
1 ml	1	0.001	10^{-6}	0.06102	3.53×10^{-5}	2.64×10^{-4}	8.1×10^{-10}	2.64×10^{-10}
1 liter	10^{3}	1	0.001	61.02	0.0353	0.264	8.1×10^{-7}	2.64×10^{-7}
1 m^3	10^{6}	10^{3}	1	61,023	35.31	264.17	8.1×10^{-4}	2.64×10^{-4}
1 in^3	16.39	1.64×10^{-2}	1.64×10^{-5}	1	5.79×10^{-4}	4.33×10^{-3}	1.33×10^{-8}	4.329×10^{-9}
1 ft^3	28,317	28.317	0.02832	1,728	1	7.48	2.296×10^{-5}	7.48×10^{-6}
1 gal	3,785.4	3.785	3.78×10^{-3}	231	0.134	1	3.069×10^{-6}	10^{-6}
1 ac-ft	1.233×10^{9}	1.233×10^{6}	1,233.5	75.27×10^{6}	43,560	3.26×10^{5}	1	0.326
1 m · gal	3.875×10^{9}	3.785×10^{6}	3,785	2.31×10^{8}	$1,338\times10^{5}$	10^{6}	3.0684	1

주: m · gal: million gallons

4) 유량환산 (표준단위 : m^3/sec)

단위	m^3/sec	m^3/day	liter/sec	ft^3/sec	ft^3/day	ac-ft/day	gal/min	gal/day	mgd
1 m^3/s	1	8.64×10^4	10^3	35.31	3.051×10^6	70.05	1.58×10^4	2.282×10^7	22.824
1 m^3/d	1.16×10^{-5}	1	0.0116	4.09×10^{-4}	35.31	8.1×10^{-4}	0.1835	264.17	2.64×10^{-4}
1 liter/s	0.001	86.4	1	0.0353	3,051.2	0.07	15.85	2.28×10^4	2.28×10^{-2}
1 ft^3/s	0.0283	2,446.6	28.32	1	8.64×10^4	1.984	448.8	6.46×10^5	0.646
1 ft^3/d	3.28×10^{-7}	0.02832	3.28×10^{-4}	1.16×10^{-5}	1	2.3×10^{-5}	5.19×10^{-3}	7.48	7.48×10^{-6}
1 ac-ft/d	0.0143	1,233.5	14.276	0.5042	43,560	1	226.28	3.259×10^5	0.3258
1 gal/m	6.3×10^{-5}	5.451	0.0631	2.23×10^{-3}	192.5	4.42×10^{-3}	1	1,440	1.44×10^{-3}
1 gal/d	4.4×10^{-8}	3.79×10^{-3}	4.382×10^{-5}	1.55×10^{-6}	0.1337	3.07×10^{-6}	6.94×10^{-4}	1	10^{-6}
1 mgd	4.38×10^{-2}	3,785	43.82	1.55	1.337×10^5	3.07	694	10^6	1

주: mgd: million gallons/day, ac-ft: acre-foot, gal: gallon

5) 속도환산 (표준단위 : m/sec)

단위	ft/sec	mi/hr	m/sec	km/hr	knots
1 ft/sec	1	0.6818	0.3048	1.097	0.5925
1 mi/hr	1.467	1	0.447	1.609	0.869
1 m/sec	3.281	2.237	1	3.6	1.944
1 km/hr	0.9113	0.6214	0.2778	1	0.54
1 knots	1.688	1.151	0.5144	1.852	1

6) 압력환산 (표준단위 : milibar)

단위	ft H_2O	in. Hg	mm Hg	milibar	kPa	psi	kg/m^2
1 ft H_2O(32°F)	1	0.883	22.42	29.89	2.989	0.4335	304.8
1 in. Hg(32°F)	1.133	1	25.4	33.86	3.386	0.4912	345.3
1 mm Hg(0℃)	0.0446	0.03937	1	1.333	0.1333	0.01934	13.6
1 milibar	0.0335	0.02953	0.7501	1	0.1	0.0145	10.2
1 kPa(N/m$\times10^3$)	0.335	0.2953	7.501	10	1	0.145	102
1 lb/in^2(psi)	2.307	2.036	51.71	68.95	6.895	1	703.1
1 kg/m^2	0.00328	0.002896	0.07356	0.09807	0.009807	0.001422	1

7) 에너지환산(표준단위 : Joule)

단위	Btu	cal	J	kW · hr	ft · lb	Hp · hr
1 Btu(60°F)	1	252	1,055	0.000293	777.9	0.0003929
1 cal(15℃)	0.003969	1	4.186	1.163×10^{-6}	3.087	1.559×10^{-6}
1 Joule	0.0009482	0.2389	1	2.788×10^{-7}	0.7376	3.725×10^{-7}
1 kW · hr	3,413	860,100	3.6×10^{6}	1	2.655×10^{6}	1.341
1 ft · lb	0.001286	0.3239	1.356	3.766×10^{-7}	1	5.051×10^{-7}
1 Hp · hr	2,545	641,300	2.685×10^{6}	0.7457	1.98×10^{6}	1

주: Btu: British thermal unit

8) 질량환산(표준단위 : kg)

질량 단위 명칭	크기	질량 단위 명칭	크기
그램(gram)	1 g$=10^{-3}$ kg	그레인(grain)	1 gr=1/7000 lb=64.7989 mg
톤(ton)	1 ton$=10^{3}$ kg	온스(ounce)	1 oz=1/16 lb=28.3495 g
캐럿(carat)	1 ct=200 mg$=10^{-5}$ kg	영국톤(ton)	1 ton=2240 lb=1016.05 kg
파운드(pound)	1 lb=0.45359237 kg	미국톤(short ton)	1 sh.ton=2000 lb=907.15 kg
슬러그(slug)	1 slug=14.5939 kg		

9) 힘환산(표준단위 : Newton)

힘 단위 명칭	크기	힘 단위 명칭	크기
뉴턴(Newton)	1 N=1 kg · m/sec^{2}	다인(dyne)	1 dyne=1 g · cm/sec$^{2}=10^{-5}$ N
파운달(poundal)	1 pdl=0.138255 N	킬로그램 중 (kilogram weight)	1 kg=9.80665 N
파운드 중(pound force)	1 lbf=4.44822 N		

10) 동력, 공률(표준단위 : watt)

동력, 공률 단위 명칭	크기
킬로칼로리 · 매시	1 Kcal/hr=1.16222 W
킬로그램 중 · 미터 · 매시	1 kgw · m/sec=9.80665 W
피트 · 파운드 중 · 매초	1 ft · lbf/sec=1.35582 W
프랑스마력(metric horce power)	1 P.S.=75 w · m/sec=735.5 W
영국마력(British horce power)	1 hp=550 ft · lbf/sec=745.7 W

(11) 온도환산

온도 단위	크기	온도 단위	크기	온도 단위	크기
섭씨(Centigrade)	℃=5/9(°F−32)	화씨(Fahrenheit)	°F=9/5(℃)+32	켈빈(Kelvin)	K=℃+273

(12) SI 단위의 크기구분별 접두어

접두어 명칭	기호	크기	접두어 명칭	기호	크기
엑사(exa)	E	10^{18}	데시(deci)	d	10^{-1}
페타(peta)	P	10^{15}	센티(centi)	c	10^{-2}
테라(tera)	T	10^{12}	밀리(mili)	m	10^{-3}
기가(giga)	G	10^{9}	마이크로(micro)	μ	10^{-6}
메가(mega)	M	10^{6}	나노(nano)	n	10^{-9}
킬로(kilo)	k	10^{3}	피코(pico)	p	10^{-12}
헥토(hecto)	h	10^{2}	펨토(femto)	f	10^{-15}
데카(deca)	da	10	아토(atto)	a	10^{-18}

III 불완전 Gamma 함수표

$$\Gamma(n) = \int_0^\infty e^{-x} x^{n-1} dx \; ; \quad \Gamma(n+1) = n\Gamma(n)$$

n	$\Gamma(n)$	n	$\Gamma(n)$	n	$\Gamma(n)$	n	$\Gamma(n)$
1.00	1.00000	1.25	.90640	1.50	.88623	1.75	.91906
1.01	.99433	1.26	.90440	1.51	.88659	1.76	.92137
1.02	.98884	1.27	.90250	1.52	.88704	1.77	.92375
1.03	.98355	1.28	.90072	1.53	.88757	1.78	.92623
1.04	.97844	1.29	.89904	1.54	.88818	1.79	.92877
1.05	.97350	1.30	.89747	1.55	.88887	1.80	.93138
1.06	.96874	1.31	.89600	1.56	.88964	1.81	.93408
1.07	.96415	1.32	.89464	1.57	.89049	1.82	.93685
1.08	.95973	1.33	.89338	1.58	.89142	1.83	.93969
1.09	.95546	1.34	.89222	1.59	.89243	1.84	.94261
1.10	.95135	1.35	.89115	1.60	.89352	1.85	.94561
1.11	.94739	1.36	.89018	1.61	.89468	1.86	.94869
1.12	.94359	1.37	.88931	1.62	.89592	1.87	.95184
1.13	.93993	1.38	.88854	1.63	.89724	1.88	.95507
1.14	.93642	1.39	.88785	1.64	.89864	1.89	.95838
1.15	.93304	1.40	.88726	1.65	.90012	1.90	.96177
1.16	.92980	1.41	.88676	1.66	.90167	1.91	.96523
1.17	.92670	1.42	.88636	1.67	.90330	1.92	.96878
1.18	.92373	1.43	.88604	1.68	.90500	1.93	.97240
1.19	.92088	1.44	.88580	1.69	.90678	1.94	.97610
1.20	.91817	1.45	.88565	1.70	.90864	1.95	.97988
1.21	.91558	1.46	.88560	1.71	.91057	1.96	.98374
1.22	.91311	1.47	.88563	1.72	.91258	1.97	.98768
1.23	.91075	1.48	.88575	1.73	.91466	1.98	.99171
1.24	.90852	1.49	.88595	1.74	.91683	1.99	.99581
						2.00	1.00000

주: 양(陽)의 큰 값 x에 대한 $\Gamma(x)$는 다음 식(Stirling's asymtotic series)으로 계산한 값에 접근한다.

$$\Gamma(x) = x^x e^{-x} \sqrt{\frac{2x}{x}} \left[1 + \frac{1}{12x} + \frac{1}{288x^2} - \frac{139}{51840x^3} - \frac{571}{2488320x^4} + \cdots \right]$$

IV 우리나라의 수문학적 토양군

토양부호	토양군	토양부호	토양군	토양부호	토양군	토양부호	토양군	토양부호	토양군	토양부호	토양군
AaB	C	BDD2	D	BsC	D	CiC	D	DaE2	A	DiF3	A
AaC	C	BDE2	D	Bt	D	CjB	D	DaE3	A	DJC2	D
AaD	C	BEB	D	BuC	C	CJB	D	DaE4	A	DJD2	D
AbB	A	BeB	D	BuD2	C	CjC	D	DaF2	A	DjE2	A
AdB	B	BEC	D	Bv	D	CJC	D	DaF3	A	DjE3	A
AdC	B	BeC	D	BwD	A	CkB	D	DaF4	A	DjF2	A
AgB	B	BeD	A	BwE	A	CkC	D	DBB	A	DjF3	A
AgC	B	BfC2	D	BxC2	B	CkD	D	DBC	A	DkB	A
AhB	D	BFC2	D	BxD2	B	CI	D	DbE2	A	DKB	A
AhC	D	BfD2	D	BxE2	B	CIB	D	DbE3	A	DkC	A
AkB	D	BFD2	D	BxE3	B	CmE2	B	DbF2	A	DKC	A
AkC	D	BFE2	C	BYB	D	CmE3	B	DbF3	A	DLB	A
AkD	D	Bg	D	ByB2	D	CmF2	B	DCB	A	DIB	A
Am	D	BG	D	ByC2	D	CmF3	B	DCC	A	DLC	A
AmB	D	BH	D	ByC3	D	Cn	D	DcC2	D	DIC	A
AmC	D	BhB	B	ByD	D	Co	D	DcD2	D	DmB	A
AnB	A	BhC	B	ByD2	D	CpB2	D	DD	D	DMD2	D
AnC	A	BhD	B	ByE2	D	CpC2	D	Dd	D	DMD3	D
AnD	A	BiB	D	BzB	D	Cq	A	De	D	DME2	D
AnE	A	BiC	D	BzC	D	CqB	A	DEB	B	DME3	D
AoB	D	BjB	A	CAD2	B	CrE	A	DEC	B	DN	D
ArB	A	BjC	A	CaD2	B	CrE2	A	DED	B	DnB	D
ArC	A	BkC2	C	CAE2	B	CrF	A	DEE	B	DnC	D
ArD	A	BkD2	C	CaE2	B	CrF2	A	DF	A	Do	C
ARD2	B	BLB	B	CaE3	B	CsE	A	DfC2	D	DoB	C
ARE2	B	BIB	B	CaF2	B	CsE2	A	DfD2	D	DoC	C
AsC2	B	BLC	B	CaF3	B	CsF	A	DfE2	D	DPB	D
AsC3	B	BIC	B	CBC	D	CsF2	A	DfF2	D	DPC	D
AsD2	B	BLD	B	CbE2	C	CtC2	C	DgC	D	DPD	D
AsD3	B	BID	B	CcC	A	CtD2	C	DGC2	C	DpE2	D
AsE2	B	BIE	B	CcD	A	CtE2	C	DgC2	C	DpE3	D
AsE3	B	Bm	D	CcE2	A	CTE2	C	DgD	D	DpE4	D
AwB	A	BMB	D	CcF2	A	CuB	D	DGD2	C	DpF2	D
AyB	D	BMC	D	CdB	D	CvE2	C	DgD2	C	DpF3	D
AyC	D	Bn	D	CdC	D	CvF2	C	DgD4	D	Dq	A
BaB	D	Bo	A	Ce	D	CvF3	C	DgE	D	DQD	D
BbC2	D	Bp	D	CfB	A	Cw	D	DgE2	D	DrB	A
BBD2	D	BqB	D	CGB	D	CXC	D	DgE4	D	DRD2	C
BbD2	D	BqC	D	CGC	D	CXD	D	DgF2	D	DRD3	C
BbE2	D	BRB	D	CGD	D	CXE	D	Dh	D	DRE2	C
BcB	D	BRC	D	CgD2	C	CxE	D	DH	D	DRE3	C

주: 본 토양군 분류는 농촌진흥청 **농업과학기술원**에서 완성한 최신 분류이며 다음의 문헌에 분류과정이 소개되어 있음.
정강호, 허승오, 손연규, 박찬원, 하상건, 정석재, "**투수속도 실측자료를 이용한 수문학적 토양 유형의 분류**", 수문해석을 위한 토양수리특성과 토양전자지도의 활용에 관한 세미나, 농촌진흥청 농업과학기술원, 2007.

토양부호	토양군	토양부호	토양군	토양부호	토양군	토양부호	토양군	토양부호	토양군	토양부호	토양군
BcC2	D	BRD2	C	ChC	A	CxF	D	DIC2	C	DSC2	D
BcD2	D	BRE2	C	ChD	A	DA	D	DID2	C	DsD	A
BdB	D	BrE3	D	ChE	A	DaD2	A	DID3	C	DsD2	D
BDC2	D	BRS	D	CiB	D	DaD3	A	DIE2	C	DsD2	D
DsD3	A	ErD3	A	GJC	D	GYB2	D	HMB	C	IgB	D
DsD4	A	ErE2	A	GJC2	D	Gz	D	Hn	D	IgC	D
DsE	A	ErF2	A	GJD	D	Ha	D	HN	D	Ih	B
DsE2	A	EsC2	A	GJD2	D	HAC	C	Ho	D	IJ	A
DsE3	A	ESC2	A	GkB	D	HAD	C	HP	D	IJB	A
DsE4	A	EsC3	A	GkC	D	HAE	C	HpE2	D	IjC	D
Dt	D	EsD2	A	GkD	D	HBC	D	HpF2	D	IIC2	A
DTB	A	ESD2	A	GIB	D	HbC2	D	Hq	D	IID2	A
DTC	A	EsD3	A	GIB2	D	HbD2	D	HQC	A	IIE2	A
DTD	A	ESD3	A	GIC	D	HbE2	D	Hr	A	IIF2	A
Du	D	ESE2	A	GIC2	D	HbE3	D	HRB	C	Im	B
DUC	D	ESE3	A	GID	D	HbF2	D	HRC	C	ImB	B
DUD	D	ESF2	A	GID2	D	Hc	D	HRD	C	ImC	B
DvC2	C	GaB2	D	GM	C	Hd	D	Hs	D	InB	C
DvD2	C	GaC2	D	GmB	D	HDB	A	HsB	D	Io	D
DVE2	D	GaD2	D	GmC	D	HdB	A	HSD2	D	IrD2	A
DvE2	D	GBB	D	GmD	D	HdC	D	Ht	D	IrE2	A
DvF2	C	GbB2	D	GnE	D	He	D	HT	D	IrE3	A
DWB	D	GbC	D	GnE2	D	HEB	D	HtB	D	IrF2	A
DwB	D	GBC	D	GnF	D	HEC	D	HU	D	IsC2	A
DWC	D	GbC2	D	GnF2	D	HF	A	Hu	D	IsD2	A
DwC	D	GBC2	D	GnF3	D	Hf	A	HuB	A	IsD3	A
DWD	D	GbD	D	Go	D	Hg	B	HuC	A	IsD4	A
DwD	D	GbD2	D	GpB	D	HG	B	HV	D	IsE2	A
DxB	D	GbE	C	GpC	D	HgB	B	HvB	D	IsE3	A
DxC	D	GbE2	C	Gq	D	HGB	B	HvC	D	IsE4	A
DxD	D	Gc	D	GQ	D	HgC	B	Hw	A	IsF2	A
DXF2	C	GcB	D	Gr	D	Hh	D	HxB	C	IsF3	A
Dy	D	GcC	D	GRB	D	HHB	D	HXB	C	IvE2	A
DyB	D	Gd	D	GrB	D	HHC	D	HxC	C	IvF2	A
DYC	A	GDB	D	GRC	D	HI	D	HXC	C	IwB	A
DYD	A	GdB	D	GsB	D	HiB	B	HxD	C	IwC	A
DZB	C	GDC	D	GSB	D	HIB	B	HXD	C	IwD	A
DzC	D	GdC	D	GsC	D	HiC	B	Hy	A	JAB	D
DZC	D	GeE2	D	Gt	D	HiD	B	HYB	D	JaC	A
DzD	D	GeE3	D	GUB	D	Hj	D	HYC	D	JAC	A
DZD	D	GeF2	D	GUC	D	HjB	D	HZC2	D	JaD	A
EaD2	D	GeF3	D	GuC2	C	HJD	A	HzE2	D	JaE	A
EaE2	D	GfC2	C	GUC2	C	HJE	A	HzE3	D	JaF	A
EaF2	D	GfD2	C	GuD2	C	Hk	A	HzF2	D	Jb	D
EfB	B	GfE2	C	GvB	A	HKC2	D	HzF3	D	JBB	D

토양부호	토양군	토양부호	토양군	토양부호	토양군	토양부호	토양군	토양부호	토양군	토양부호	토양군
EfC	B	GFE3	C	GvC	A	HKD2	D	IaB	A	JBC	D
EgB	D	Gg	D	Gw	D	HKE2	D	IaC	A	Jc	C
EgC	D	GGC2	D	GxD	B	HI	A	IbB	A	Jd	A
EgD	D	GGC3	D	GxD2	B	HLB	B	IbC	A	JdB	A
EkB	B	GGD2	D	GxE	B	HLC	B	Ic	D	JDE	D
EkC	B	GGD3	D	GxE2	B	HLD	B	IdB	A	Je	C
EoB	D	Gh	D	GxE3	B	Hm	C	IdC	A	JeB	C
EoC	D	Gi	D	FxF2	B	HM	C	IdD	A	JEB	C
EoD	D	Gj	D	Gy	D	HmB	C	IfB	A	JeC	C
JEC	C	JsE	C	KfB	D	KxB	D	MkB	D	MzD3	B
JeD	C	JSE	C	KfC	D	KxC	D	MkC	D	MzE2	B
JED	C	JsE2	C	KfD	D	KXF2	B	MlB	D	MzE3	B
JfB	C	JsF	C	KgB	D	KyB	D	Mm	D	MzF2	B
JFB	C	JSF	C	KgC	D	KyC	D	MMC	B	MZF2	B
JfC	C	JsF2	C	KgD	D	KyD	D	MMD	D	NaC2	A
JFC	C	JtB	D	KhB	A	KzD2	A	MME	D	NaD2	A
JfD	C	JTB	D	Ki	D	KzD3	A	MMF	D	NaD3	A
Jg	A	JTC	D	KI	D	KzE2	A	Mn	A	NaE2	A
JGB	B	JuB	D	KJB	D	KzE3	A	MnB	A	NaE3	A
JGC	B	Jv	D	KjB	D	KzF2	A	MnC	A	NaF2	A
JHB	D	JvB	D	KJC	D	LF	0	MoB	D	NbB	D
JhB	D	JvC	D	KjC	D	Ma	D	MoC	D	Nc	D
Ji	D	JwB	B	KjD	D	MbB	C	MoD	D	Nd	A
JiB	D	JwC	B	Kk	D	MbC	C	Mp	D	NfD2	D
JiC	D	JwD	B	KkB	D	MbD	C	MqD2	C	NfE2	D
JiD	D	JwD2	B	KkC	D	MbE	C	MqE2	C	Ng	D
JiE	D	JwE	B	KlE2	A	McC2	C	MQE2	C	NGB	B
JjE2	D	JxB	D	KlF2	A	McD2	C	MqF2	C	NGC	B
JjF2	D	JxC	D	KmB	A	McD3	C	MQF2	C	NjC	C
JkB	C	JXD	B	KmC	A	McE2	C	Mr	D	NjD	C
JkC	C	JXE	B	KmD	A	MD	0	Ms	D	NkB	A
JkD	C	JyB	D	KnC	C	MdD	D	MtB	A	NkC	A
JlB	C	JYB	D	KnD	C	MdD2	D	MtC	A	NmE	B
JlC	C	JyC	D	KnE	C	MdD3	D	MtD	A	Nn	A
JlD	C	JYC	D	KoB	D	MdD4	D	MTD2	D	NoC2	D
JlE	C	JzB	A	KoC	D	MdE	D	MtE	A	NoD2	D
JLE2	D	JzC	A	KoD	D	MdE2	D	MTE2	D	NoE2	D
JLF2	D	JZC2	B	Kp	D	MdE3	D	MuB	A	Np	D
JmB	D	JZD2	B	KqB	D	MdE4	D	MuC	A	NrE2	A
JmC	D	JZE2	B	KQC2	A	MdF	D	MuD	A	NrE3	A
JmD	D	JZF2	B	KQD2	A	MdF2	D	MuE	A	NrF2	A
JME	B	KAB	A	KQE2	A	MeB	D	MvE	D	NsD2	D
JNB	A	KaC	C	KQF2	A	MfB	A	MVE2	D	NsE2	D
JnB2	D	KaD	C	KrB	D	MfC	A	MvE2	D	NsE4	D
JNC	A	KaE	C	KrC	D	MfD	A	MvF	D	NsF2	D

토양부호	토양군	토양부호	토양군	토양부호	토양군	토양부호	토양군	토양부호	토양군	토양부호	토양군
JnC2	D	KBB	D	KRC2	C	MfE	A	MVF2	D	NsF3	D
JND	A	KBC	D	KrD	D	MfF	A	MvF2	D	NtC2	B
JnD2	D	KbC	D	KRD2	C	Mg	D	MvF3	D	NtD2	B
JoB	A	KbD	C	KrE	D	MhC	B	Mw	D	Nw	D
JoC	A	KbE	C	KsD	D	MhD	B	MwB	D	NwB	D
JoD	A	KbF	C	KsE	D	MhE	B	MxC2	D	NwC	D
JoE	A	Kc	A	KsF	D	MiB	A	MxC3	D	Ny	D
Jp	A	KcB	A	KtC2	C	MiC	A	MxD2	D	OaE	A
JqB	D	KdD2	C	KtD2	C	MiD	A	MxD3	D	OaE2	A
JqC	D	KDE2	A	KtE2	C	MiE	A	MxE2	D	OaF	A
JrB	C	KdE2	A	Ku	D	Mj	A	MxF2	D	OaF2	A
JrC	C	KDF2	A	Kv	D	MjB	A	My	A	Oc	D
JrD	C	KdF2	A	KvB	D	MjC	A	MzC2	B	OcB	D
JRF2	B	Ke	D	Kw	D	MjD	A	MzD2	B	OcC	D
OdD	D	PgD	D	RsD	B	SjD4	B	SpC	D	SxF2	B
OdE	D	PH	D	RsE	B	SjE2	B	SpD	D	SYB	A
OdF	D	PhB	D	SaB	D	SjE4	B	SqB	A	SyD2	C
OdF2	D	PhC	D	SAB	D	Sk	D	SqC	A	SyE2	C
OeB	D	PhD	D	SAC	A	SKC	A	SqD	A	SyE4	C
OeC	D	Pi	D	SB	D	SKD	A	SQE	A	SZB	A
OgB	A	PiB	D	SbC	B	SKE	A	SqE	A	SzB	A
OgC	A	PiC	D	SbD	B	SIB	D	SrB2	C	SZC	A
OnC2	B	PjB	D	SbE	B	SLB	D	SrC2	C	SzC	A
OnC3	B	PJB	D	ScB	D	SIC	D	SRE2	A	TaC2	A
OnD2	B	PjC	D	ScC	D	SLC	D	SRE3	A	TaD2	A
OnD3	B	PJC	D	ScD	D	SMC	D	SRF2	A	TaE2	A
OnD4	B	PJD	D	SCD2	C	SMD	D	SRF3	A	TaE3	A
OnE2	B	PkB	D	SCE2	C	SmD2	A	SsC	D	TaF2	A
OnE3	B	PkC	D	Sd	C	SmD3	A	SSC2	C	TBD2	A
OnE4	B	PL	D	SD	C	SmD4	A	SSC3	C	Tc	D
OnF2	B	PoB	D	SDB	C	SME	D	SsD	D	Td	D
OnF3	B	PoC	D	SDC	C	SmE2	A	SSD2	C	TD	D
Oo	D	PoD	D	SDD	C	SmE3	A	SSD3	C	TeC2	D
Op	D	Pp	D	Se	D	SmE4	A	SsE	D	TeD2	D
OrB	A	Pr	D	SE	D	SMF	D	ST	D	TeE2	D
OrC	A	Ps	A	SfB	D	SmF2	A	StC	D	TF	D
OrD	A	PsB	A	SFB	D	SmF3	A	StD	D	TgB	A
OsD2	A	PsC	A	SfC	D	Sn	D	StE	D	TGD2	A
OsE	A	PsD	A	SFC	D	SnB	D	SuB	A	TgC	A
OsE2	A	Pt	D	SG	D	SNC2	A	SuC	A	TkC	D
OsE3	A	Pu	A	SgC	A	SNC3	A	SuD	A	TkD	D
OsF	A	PuB	A	SgC2	A	SND2	A	SUE2	D	TMD4	A
OsF2	A	PuC	A	SgC3	A	SND3	A	SUF2	D	TME2	A
OtC	D	Px	A	SgD	A	SND4	A	SV	D	TME4	A
OtD	D	PxB	A	SgD2	A	SNE2	A	SvD4	B	TnB	C

토양부호	토양군	토양부호	토양군	토양부호	토양군	토양부호	토양군	토양부호	토양군	토양부호	토양군
PaC	D	Pz	A	SgD3	A	SNE3	A	SvE2	B	TnC	C
PaD	D	PzB	A	SgD4	A	SNE4	A	SvE3	B	TnD	C
PaE	D	PzC	A	SgE2	A	SNF2	A	SvE4	B	TnE	C
PbC	C	RB	D	SgE3	A	SNF3	A	SvF2	B	ToB	A
PbC2	C	RC	D	SgE4	A	SoB2	C	SvF3	B	ToC	A
PbD	C	RCS	D	SgF2	A	SoC	C	SW	D	ToD	A
PbD2	C	RgB	A	SgF3	A	SoC2	C	SwB	D	Tp	D
PbE	C	RgC	A	SH	D	SoC3	C	SwC	D	TpB	D
PcD	C	RgD	A	Sh	D	SoC4	C	SwD	D	TpC	D
PcE	C	RgE	A	SiC	C	SoD	C	SwE	D	TrD2	A
PdB	D	RiC	A	SIC	C	SoD2	C	SwF	D	TrE2	A
PdC	D	RL	D	SiD	D	SoD3	C	SxC2	B	TrE3	A
Pe	D	Rn	B	SID	D	SoD4	C	SxC3	B	TS	D
PE	D	RO	D	SiE	D	SoE	C	SXD2	A	Tt	D
PfB	A	RrC	A	SIE	D	SoE2	C	SxD2	A	UBC	A
PfC	A	RrD	A	SJC	D	SoE3	C	SxD3	B	UbC	A
PfD	A	RrE	A	SjC2	B	SoE4	C	SXE2	A	UBD	A
PgB	D	RS	D	SJD	D	SP	D	SxE2	A	UbD	A
PgC	D	RsC	B	SjD2	B	SpB	D	SxE3	B	UdB	B
UdC	B	Vc	A	WmB	D	YaE2	A	YgD	D	YqB	D
UgC	D	VcB	A	WmC	D	YaE3	A	YH	D	YrB	A
UgD	D	VgB	D	WnC2	A	YbC2	A	YhC2	B	YrC	A
UgE	D	VgC	D	WnD2	A	YbC3	A	YhD2	B	Ys	D
UhB	D	VgD	D	WnE2	A	YbC4	A	YhE2	B	YTB	D
UhC	D	VmB	D	Wo	D	YbD2	A	YiC2	A	YtB	D
UjB	D	VmC	D	WoB	D	YbD3	A	YiD2	A	YTC	D
UjC	D	VnB	D	WoC	D	YbD4	A	YiD3	A	YtC	D
UmC	A	VnC	D	WoD	D	YbE2	A	YjB	D	YTD	D
UmD	A	Vo	D	WrB	A	YbE3	A	YjC	D	Yu	D
UmE	A	VoB	D	WRE	A	YcB	D	YjD	D	YuB	D
UnC	B	Vp	D	WRF	A	YcC	D	YKB	D	YuC	D
UnD	B	W	D	WsC2	C	YcD	D	YkB	D	Yv	D
UnE	B	WaB	A	WsD2	C	YdB	D	YKC	D	YvB	D
UoB	A	WaC	A	WsD3	C	YdC	D	YkC	D	Yw	D
UoC	A	WBB	D	WsE2	C	YdD	D	YI	B	YwB	D
UpB	D	WBC	D	WxB	D	YeB	D	YLB	D	YwC	D
UpC	D	WBC2	D	X	D	YeC	D	YLC	D	Yx	B
UrE2	A	WcB	D	YaB2	A	YEE2	D	Ym	D	YxB	B
UrF2	A	WdB	A	YaC	A	YEF2	D	YNB	D	YyC	A
UsD2	A	WdC	A	YaC2	A	YF	D	YnB	D	YZB	D
UsE2	A	WgB	D	YaC3	A	Yf	D	YNC	D	YzB	D
UsE3	A	WiC	A	YaD	A	YaB	D	YnC	D	YZC	D
UsF2	A	WiD	A	YaD2	A	YGB	D	YND	D	YzC	D
VaB	D	WjE	A	YaD3	A	YgC	D	YoB	B	ZZC	C
VaC	D	WjF	A	YaD4	A	YGC	D	Yp	D		

V 각종 확률지 및 대수방안지

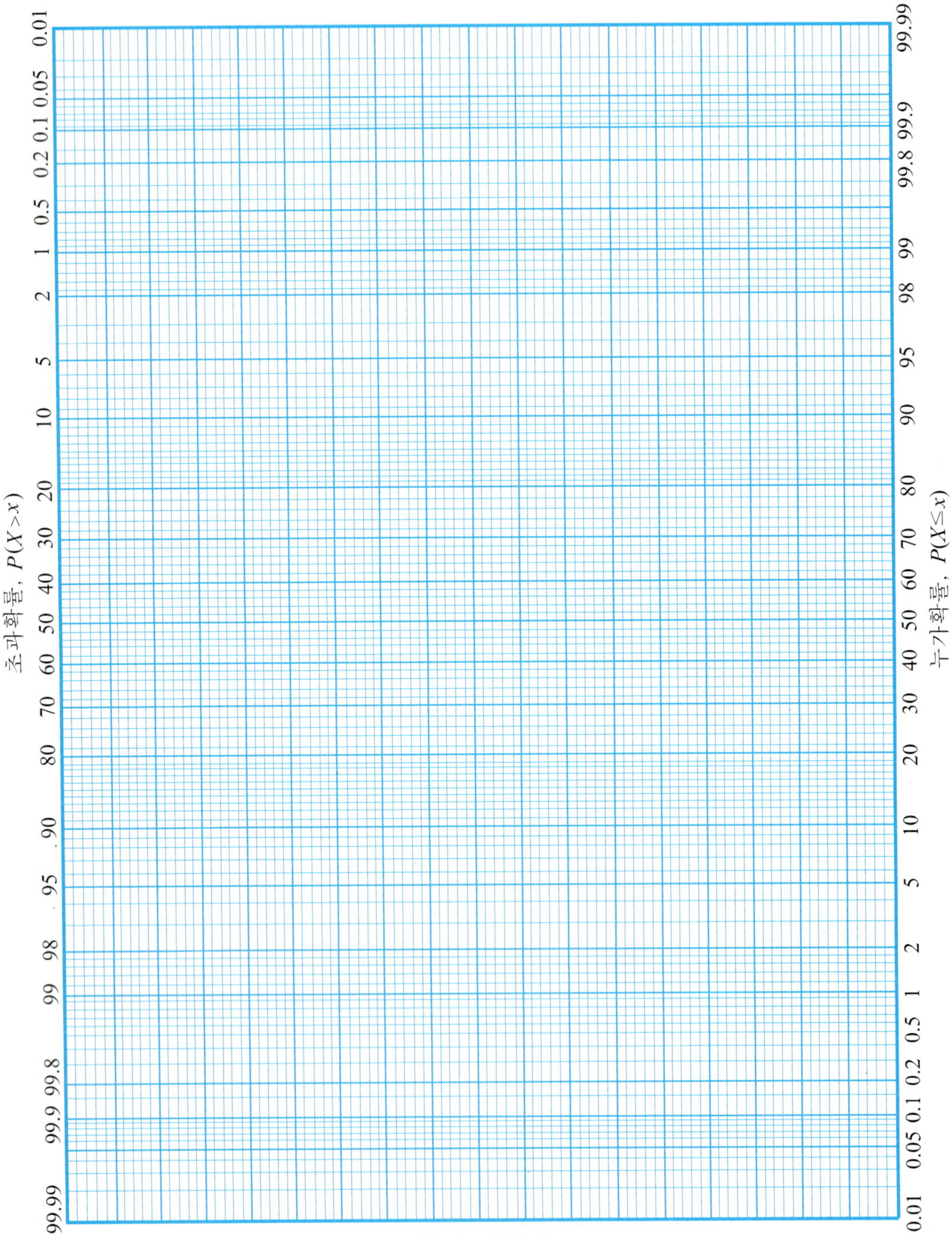

(1) 정규 확률지

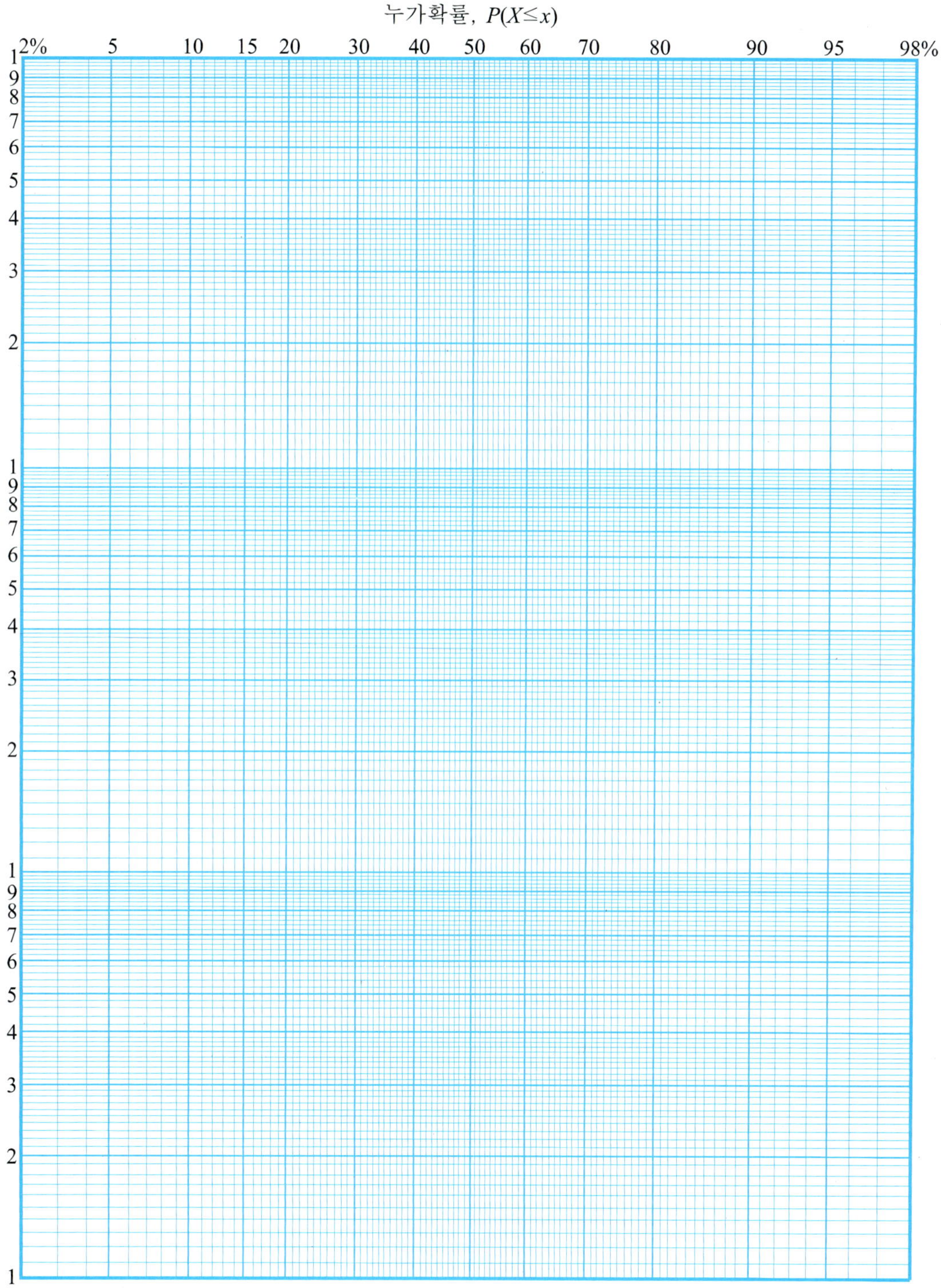
누가확률, P(X≤x)
2% 5 10 15 20 30 40 50 60 70 80 90 95 98%
1 9 8 7 6 5 4 3 2
1 9 8 7 6 5 4 3 2
1 9 8 7 6 5 4 3 2
1

(2) 대수정규 확률지

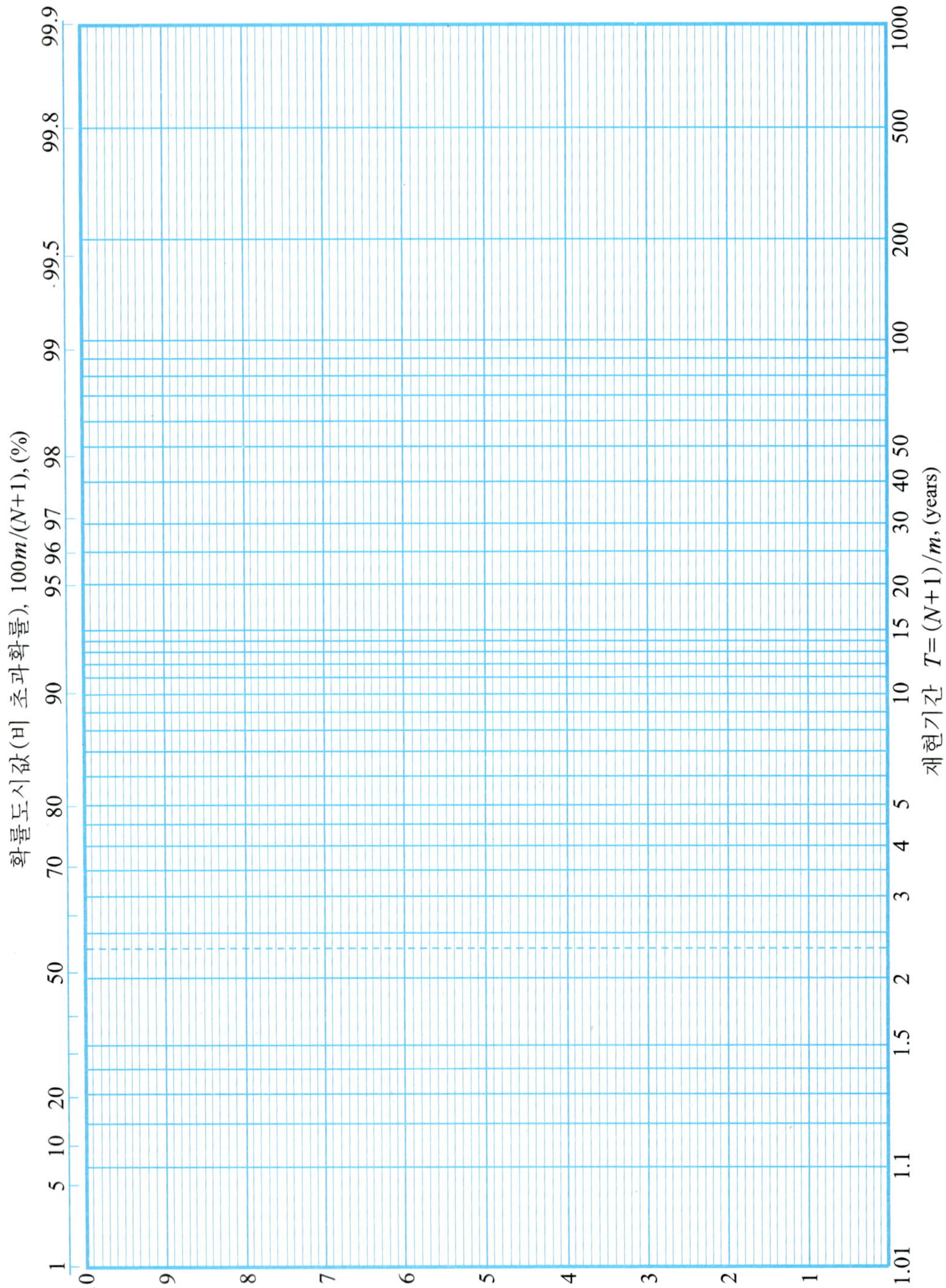

(3) Type－I 극치분포 확률지(Gumbel 확률지)

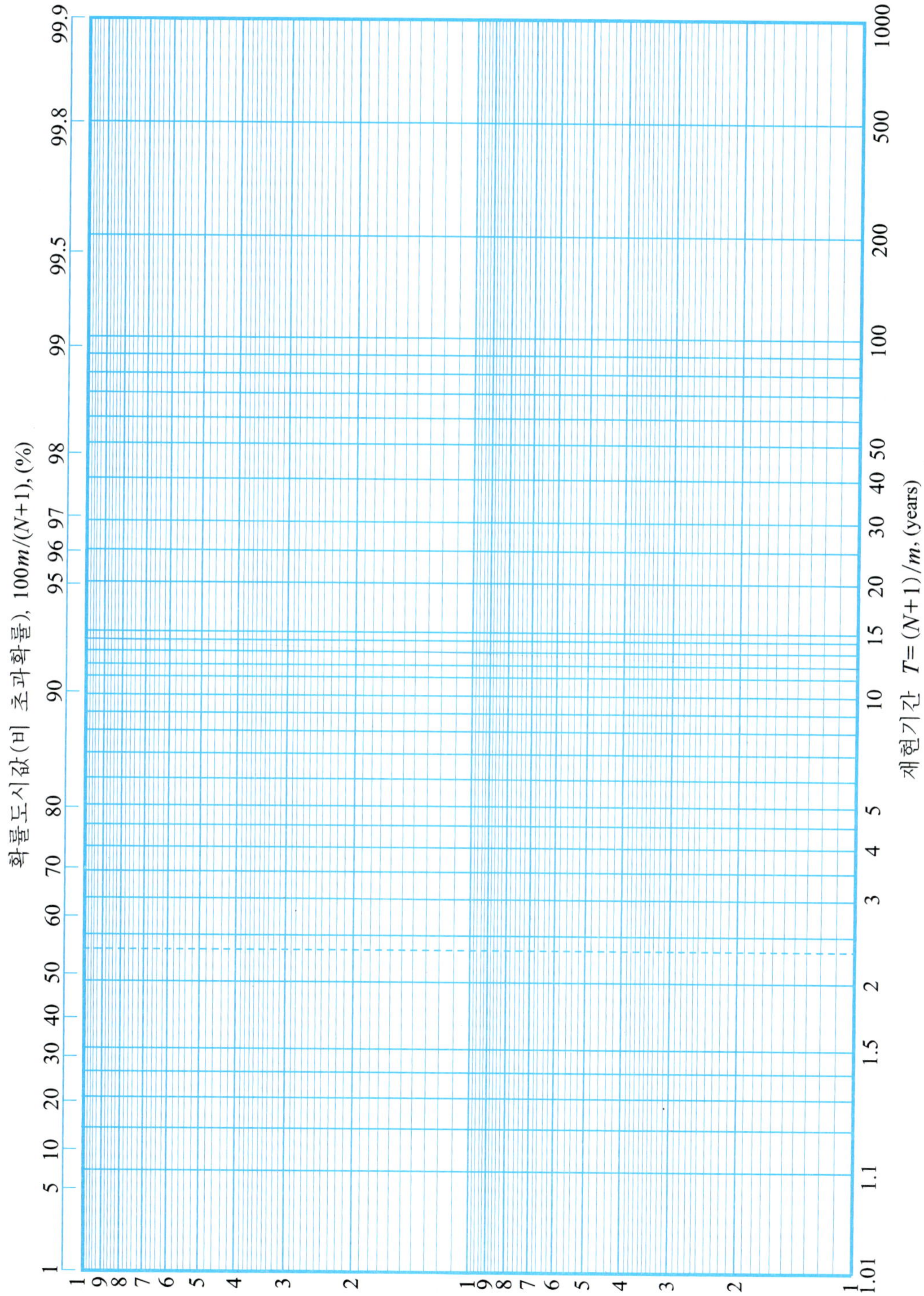

(4) Type－Ⅲ 극치분포 확률지(Weibull 확률지)

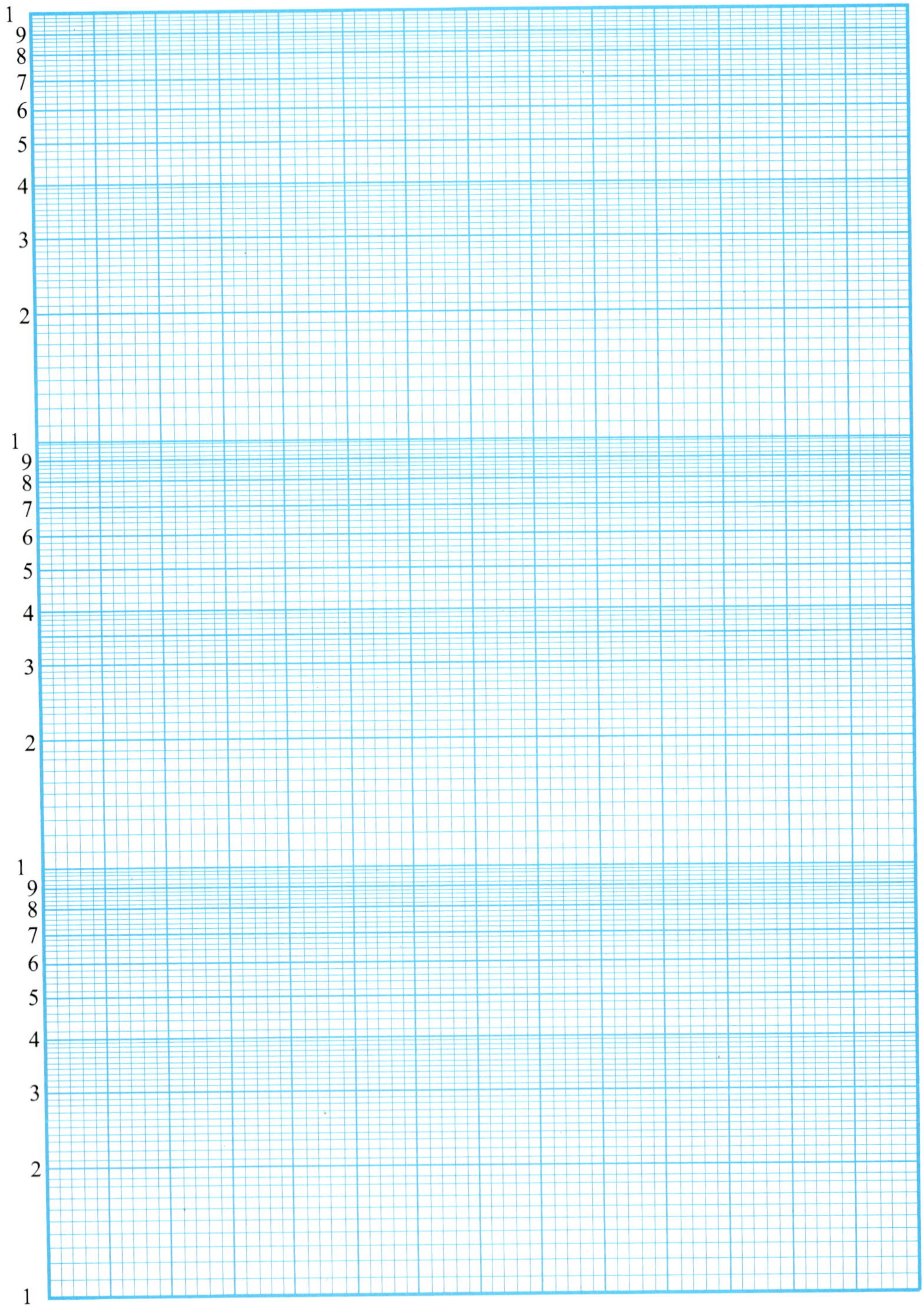

(5) 반 대수방안지(3 Cycles)

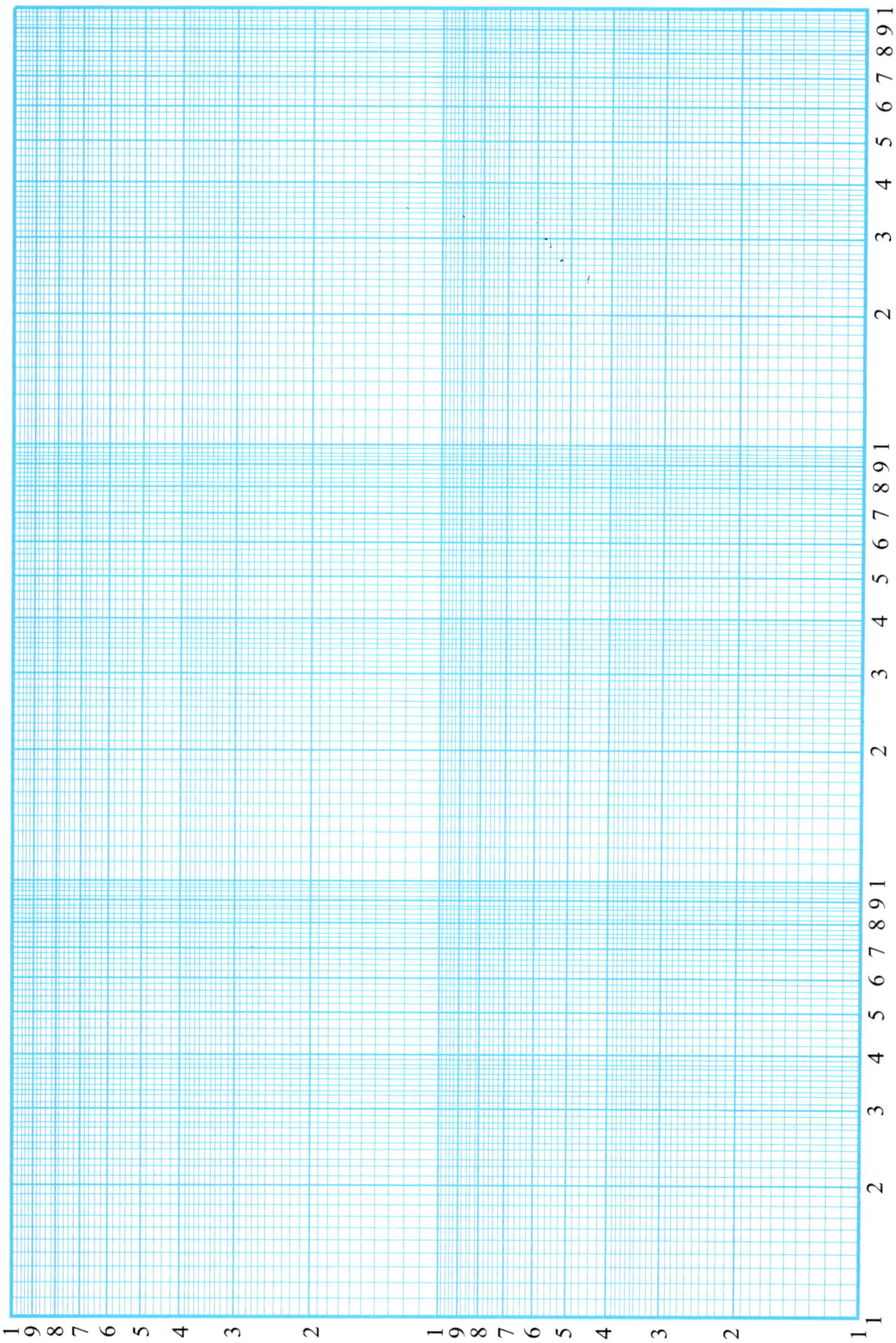

(6) 전 대수방안지(3×2 cycles)

찾아보기

ㄱ

숫자

저자약력

학 력

1959. 2.~1963. 2.	육군사관학교 졸업, 이학사
1965. 2.~1967. 2.	미국 University of Illinois 대학원, 공학석사(수공학)
1968. 9.~1970. 9.	미국 University of Illinois 대학원, 공학박사(수공학)

경 력

1971. 2. ~ 1982. 8.	육군사관학교 교수부 토목공학과, 조교수, 부교수, 교수
1983. 9. ~ 2006. 2.	고려대학교 토목·환경공학과 교수
1994. 5. ~ 2006. 2.	고려대학교 방재과학기술연구센터 소장
1996. 6. ~ 1998. 6.	고려대학교 대학본부 관리처장
1986. 9. ~ 1988. 2.	한국건설기술연구원 원장(제2대)
1999. 3. ~ 2001. 2.	한국수자원공사 비 상임이사
2002.11. ~ 2003. 4.	국무총리실 수해방지대책기획단 민간위원장
2006. 3. ~ 현 재	(주)삼안 상임고문
2008. 9. ~ 현 재	고려대학교 명예교수

학술단체경력

1999. 3. ~ 2001. 2.	한국수자원학회 회장
2002. 2. ~ 2004. 2.	한국물학술단체연합회 회장
2002. 2. ~ 2004. 5.	한국방재협회 회장
1999. 3. ~ 2001. 2.	한국대댐회 부회장
1995. 5. ~ 1997. 2.	대한토목학회 부회장
2004. 5. ~ 2007. 6.	국제대댐회(ICOLD) 부총재
2004. 7. ~ 2007. 8.	아세아-대양주 지구과학회(AOGS) 수문과학부문 회장
2007.10. ~ 2009. 6.	한국자연재해저감산업협회 회장
2005. 5. ~ 현 재	한국방재협회 명예회장

수 상

정부포상

보국훈장 삼일장(1980), 대통령 표창(1980), 국민훈장 동백장(2000), 옥조근정훈장(2006)

학술단체 포상

대한토목학회 논문상(1979), 한국수문학회 학술상(1981), 대한토목학회 학술상(1986), 한국대댐회 학술상(1992), 한국수자원학회 학술상(1994), 대한토목학회 공로상(1997), 국제 물과학·공학회(ICHE) 특별봉사상(2000), 일본수문수자원학회(JSHWR) 국제상(2002), 국제대댐회(ICOLD) 명예 회원상(2003), 한국방재협회 공로상(2005)

저 서

토목공학개론(공저, 청문각, 1973), 수문학(태창출판사, 1974), 수문학-기초와 응용-(청문각, 1976), 수리학-기초편-(공저, 청문각, 1979), 기초수리실험법(청문각, 1980), 확률의 기초개념(공동번역, 형설출판사, 1981), 수리학-기초와 응용-(청문각, 1985), 공업수문학(청문각, 1987), 기초수문학(청문각, 2008), 기후변화와 물(IPCC 기술보고서-VI 번역서, 기상청, 2009)

수문학 - 기초와 응용-

2007년 12월 15일 제1판 1쇄 펴냄
2013년 08월 15일 제1판 6쇄 펴냄

지은이 윤용남
펴낸이 류제동
펴낸곳 **청문각**

전무이사 양계성 | 편집국장 안기용 | 책임편집 우종현 | 본문디자인 에바다에딧 |
표지디자인 에바다에딧 | 제작 김선형 | 영업 나상욱·함승형
출력 ㈜한국커뮤니케이션 | 인쇄 영프린팅 | 제본 과성제책

주소 413-120 경기도 파주시 교하읍 문발로 116 | 우편번호 413-120
전화 1644-0965(대표) | 팩스 070-8650-0965 | 홈페이지 www.cmgpg.co.kr
등록 2012. 11. 26. 제406-2012-000127호

ISBN 978-89-92592-40-6 (93530)
값 38,000원

* 잘못된 책은 바꾸어 드립니다.

유량 환산표

UNIT	m^3/sec	m^3/day	liter/sec	ft^3/sec	ft^3/day	ac-ft/day	gal/min	gal/day	mgd
1 m^3/sec	1	8.64×10^{4}	10^{3}	35.31	3.051×10^{6}	70.05	1.58×10^{4}	2.282×10^{7}	22.824
1 m^3/day	1.157×10^{-5}	1	0.0116	4.09×10^{-4}	35.31	8.1×10^{-4}	0.1835	264.17	2.64×10^{-4}
1 liter/sec	0.001	86.4	1	0.0353	3051.2	0.070	15.85	2.28×10^{4}	2.28×10^{-2}
1 ft^3/sec	0.0283	2446.6	28.32	1	8.64×10^{4}	1.984	448.8	6.46×10^{5}	0.646
1 ft^3/day	3.28×10^{-7}	0.02832	3.28×10^{-4}	1.16×10^{-5}	1	2.3×10^{-5}	5.19×10^{-3}	7.48	7.48×10^{-6}
1 ac-ft/day	0.0143	1233.5	14.276	0.5042	43,560	1	226.28	3.259×10^{5}	0.3258
1 gal/min	6.3×10^{-5}	5.451	0.0631	2.23×10^{-3}	192.5	4.42×10^{-3}	6.94×10^{-4}	1440	1.44×10^{-3}
1 gal/day	4.4×10^{-8}	3.79×10^{-3}	4.382×10^{-5}	1.55×10^{-6}	0.1337	3.07×10^{-6}	694	1	10^{-6}
1 mgd	4.38×10^{-2}	3785	43.82	1.55	1.337×10^{5}	3.07		10^{6}	1

주: mgd(million gallons per day), ac-ft(acre-foot)

체적 환산표

UNIT	ml	liter	m^3	in^3	ft^3	gal	ac-ft	million gallons
1 ml	1	0.001	10^{-6}	0.06102	3.53×10^{-5}	2.64×10^{-4}	8.1×10^{-10}	2.64×10^{-10}
1 liter	10^{3}	1	0.001	61.02	0.0353	0.264	8.1×10^{-7}	2.64×10^{-7}
1 m^3	10^{6}	1000	1	61,023	35.31	264.17	8.1×10^{-4}	2.64×10^{-4}
1 in^3	16.39	1.64×10^{-2}	1.64×10^{-5}	1	5.79×10^{-4}	4.33×10^{-3}	1.33×10^{-8}	4.329×10^{-9}
1 ft^3	28,317	28.317	0.02832	1728	1	7.48	2.296×10^{-5}	7.48×10^{-6}
1 U.S.gal	3785.4	3.785	3.78×10^{-3}	231	0.134	1	3.069×10^{-6}	10^{-6}
1 ac-ft	1.233×10^{9}	1.233×10^{6}	1233.5	75.27×10^{6}	43,560	3.26×10^{5}	1	0.3260
1 million gallons	3.785×10^{9}	3.785×10^{6}	3785	2.31×10^{8}	1.338×10^{5}	10^{6}	3.0684	1